El proyecto constructivo en arquitectura —
del principio al detalle

José Luis Moro

El proyecto constructivo en arquitectura — del principio al detalle

Volumen 4 Principios

Springer Vieweg

José Luis Moro
Leinfelden, Baden-Württemberg, Germany

ISBN 978-3-662-70278-9 ISBN 978-3-662-70279-6 (eBook)
https://doi.org/10.1007/978-3-662-70279-6

This Springer Vieweg imprint is published by the registered company Springer-Verlag GmbH, DE, part of Springer Nature.
The registered company address is: Heidelberger Platz 3, 14197 Berlin, Germany

Dedicado a mi esposa María Julia

y a mis hijos Diana, Julia y Luis

Introducción

El presente volumen 4 está concebido como compendio de los volúmenes 1 a 3, ya publicados, y a la vez como complemento de los mismos. En cierto modo, fue resultado del gran volumen de los primeros tomos, que no era previsible al inicio del proyecto de esta obra. Debido a la constante expansión y especialización de las normas de construcción en los últimos diez años, la tercera edición original en idioma alemán de los tres primeros volúmenes, que se publicó entre los años 2021 y 2022, ha acabado siendo aun más voluminosa que la primera.

El propósito de los volúmenes 1 a 3 era explicar el proyecto constructivo de forma clara y comprensible basándolo en unos cuantos conceptos fundamentales. Al mismo tiempo, se procuró mantener suficiente calado y congruencia con las normas técnicas, cuya aplicación es indispensable para un proyecto profesional en la práctica de la construcción. El intento de combinar ambos objetivos se vio lastrado desde el inicio —como sólo se manifestó más tarde— por una contradicción interna y, por tanto, posiblemente no era realmente realizable ya de primeras. Pues tal vez sea imposible evitar que la gran cantidad de información necesaria para ejecutar en la actualidad un proyecto de edificio moderno oscurezca, al menos parcialmente, una visión más integral. Quedan así, en cierto modo, sin resaltar adecuadamente las interrelaciones causales que actúan en el trasfondo y los principios técnicos elementales subyacentes que se ofrecen para solucionar problemas técnicos.

Fue de esta sensación de verse ante un proyecto incompleto de donde surgió la idea de publicar un cuarto volumen. Este acabó siendo más conciso, resumiendo los principios esenciales del diseño constructivo, sin necesariamente tener la pretensión de reflejar el último estado de la técnica en todo su detalle, como viene compilado en las normas vigentes. Desde el punto de vista del autor, este propósito ya lo cumplen los tres primeros volúmenes.

Además, este volumen complementario aborda importantes temas de fondo que requieren una cierta distancia de enfoque con respecto al trabajo detallado del proyecto constructivo. Esto se aplica, por ejemplo, al capítulo 1, que trata de las consecuencias importantes, pero a menudo pasadas por alto, del gran tamaño que siempre presentan los edificios, así como al capítulo 5, que analiza el desarrollo de las formas arquitectónicas, en particular la de la forma constructiva más común, a saber, el ortoedro. Al final del capítulo 5, el texto se distancia, por una sola vez, del tenor fáctico por lo demás dominante en esta obra y, ante la actual diversificación de las formas constructivas como consecuencia de la emergencia de nuevos métodos de planificación y técnicas de fabricación digitales, hace un llamamiento personal a la comunidad de profesionales de la construcción. Por último, en el capítulo 10 se ensaya esbozar una teoría general de la construcción de edificios, aún rudimentaria pero al menos sistemática, basada en la premisa de que, desde un punto de vista técnico, el proyecto constructivo no persigue otra cosa que dar solución a las subfunciones constructivas fundamentales y utilizar para ello las propiedades físicas de los materiales empleados, organizados en una configuración espacial apropiada.

Para hacer justicia al carácter de este volumen que se acaba de esbozar esquemáticamente, se ha hecho un gran esfuerzo en cuanto a la composición gráfica y tipográfica de las páginas y la redacción del texto para permitir un flujo de lectura continuo e ininterrumpido. A diferencia de los tres primeros volúmenes, no se han resaltado tipográficamente los términos clave. En su lugar, se han repetido en la columna marginal. Por la misma razón, las referencias a ilustraciones se han eliminado de la columna de texto y se han colocado en el margen exterior. En general, el autor se ha tomado la libertad de utilizar un estilo textual algo más informal y cercano al lenguaje cotidiano que el de los volúmenes 1 a 3, con la intención de hacer más accesible el contenido. Por tanto, se piden disculpas de antemano por cualquier posible irritación que esto pueda causar entre expertos y profesionales.

Se puso especial cuidado en la preparación de numerosos bocetos a mano alzada y a lápiz, parcialmente coloreados. En comparación con los dibujos técnicos, más precisos y sobrios, de los tres primeros volúmenes, el carácter algo más informal y esperemos que más inmediatamente comprensible de estas ilustraciones dibujadas a mano pareció más apropiado para el carácter general de este volumen. El hecho de que, haciéndolo, se desdeñaran, por así decirlo, las posibilidades actuales de la moderna tecnología digital de visualización (que, sin embargo, se utilizaron profusamente en los tres primeros volúmenes) y, por tanto, se fuera a contracorriente, se aceptó con plena conciencia. Esto se aplica en particular a los dibujos axonométricos seccionales a doble página realizados en acuarela de edificios de importancia histórica o relevancia contemporánea del capítulo 8, que fueron minuciosamente elaborados a mano. Sin embargo, cuando era importante la precisión, se utilizaron algunos dibujos técnicos procedentes de los tres primeros volúmenes. No obstante, desde el punto de vista del autor, en este volumen no hay repeticiones ni duplicaciones, tanto de material gráfico como textual, hasta cuando se tratan temas similares a los de los tres primeros volúmenes. Incluso un tema aparentemente tan sobrio como las uniones se trata en el capítulo 9 en gran medida desde una perspectiva completamente distinta de la del volumen 3.

Agradecimiento

El volumen 4 no podría haberse escrito si los volúmenes 1 a 3 no se hubieran producido antes. Por ello, quiero reiterar mi agradecimiento a todos los que contribuyeron a la publicación de estos últimos. También me gustaría dar las gracias a Michael Fleck, que escuchó pacientemente mis inquisitivas preguntas y siempre encontró respuestas bien meditadas y convincentes. Me gustaría dar las gracias a nuestros ayudantes estudiantiles Maren Sänger, Kim Fohmann, Johannes Rinderknecht, Uta Lambrette, Katrin Fessel y Nina Kurz por su meticuloso trabajo de maquetación. Quiero dar las gracias también a los Sres. Harms y Kumm y la Sra. Lunau de la editorial Springer por su apoyo y paciencia.

Leinfelden, septiembre de 2024
J. L. Moro

RESUMEN DEL CONTENIDO DE LA OBRA COMPLETA

CONTENIDO DEL VOLUMEN 4

1 Escala

2 Sostenibilidad

ALA

J. L. Moro, *El proyecto constructivo en arquitectura — del principio al detalle*, https://doi.org/10.1007/978-3-662-70279-6_1

1. Las profesiones de construcción como disciplinas técnico-creativas

La construcción de edificios sirve para la ejecución material de su diseño. La tarea consiste en construir el edificio —una estructura técnica hecha por el hombre— de acuerdo con una forma especificada con la ayuda de materiales seleccionados para cumplir con tareas definidas.

Este proceso es común, en cuanto a su planteamiento, metodología y objetivos operativos, a muchas profesiones creativas, de diseño y construcción, así como a algunas artísticas. Entre ellas se encuentran ocupaciones relacionadas con la construcción y las que no lo son, cada una con un enfoque diferente.

Entre ellas figuran en primer lugar, en lo que respecta al diseño de nuestro entorno vital inmediato y extendido, el arquitecto paisajista, el diseñador de interiores, el diseñador industrial y el diseñador gráfico —por nombrar sólo unos cuantos—; además, en la parte artístico-creativa, las del artista plástico, el diseñador de moda y el diseñador de joyas; en el ámbito técnico-ingenieril, el del ingeniero mecánico, el del proyectista de plantas industriales, etc. Todos ellos crean objetos artísticos o técnicos mediante el tratamiento selectivo del material. Los géneros artísticos creativos, como la música o la literatura, o numerosas profesiones que diseñan o planifican pero no procesan materiales, como el desarrollo de software, quedan excluidos de este grupo y no se consideran aquí.

Debido a los puntos en común entre estos grupos profesionales, a menudo se pueden lograr efectos sinérgicos, por ejemplo, a través de la transferencia de tecnología o también mediante la inspiración mutua o la función de modelo de conducta, especialmente entre las profesiones artísticas y creativas. A la inversa, un buen conocimiento de las diferencias entre las profesiones permite resaltar aún más sus especificidades, reconocer mejor las respectivas competencias básicas, pero también sus límites en comparación con profesiones afines y, por lo tanto, prestan ayuda en procesos y decisiones importantes. Por lo tanto, a continuación se intentará elaborar algunos rasgos característicos de las profesiones de la construcción en comparación con sectores profesionales afines. En el proceso se prestará especial atención a la interrelación entre la arquitectura y el arte.

2. La profesión de arquitecto

La cuestión de lo que distingue fundamentalmente la actividad de un profesional de la construcción, es decir, en particular de un arquitecto o ingeniero civil, de la de otras profesiones afines es, sin embargo, más difícil de responder de lo que parece a primera vista. Pues tanto las profesiones de la construcción como todas las afines tienen en común un tipo de actividad creativa, o de planificación y diseño, que se orienta hacia un objetivo situado entre tres polos:

PRODUCTO TÉCNICO

El de fabricar un producto técnico que cumpla determinadas funciones útiles. Esta actividad la efectúan profesiones como la de diseñador industrial, diseñador gráfico, diseñador de automóviles, ingeniero civil o arquitecto.

El otro, crear un objeto o evento artístico que transmita una expresión artística específica o un mensaje simbólico. Este grupo incluye artistas plásticos, con algunas reservas también a arquitectos, así como algunos ingenieros civiles ambiciosos.

OBJETO ARTÍSTICO

O el tercero, producir un hábitat digno para las personas. En este campo trabajan arquitectos paisajistas y urbanistas, a su vez arquitectos y a veces también artistas plásticos, por ejemplo. Los ingenieros civiles ejercen efectivamente una fuerte influencia sobre nuestro entorno vital, especialmente a través de las infraestructuras, aunque a menudo esto no desempeñe un papel importante en su autoimagen.

ENTORNO VITAL

Entre estos tres polos, el lado técnico-pragmático, el lado expresivo-artístico y el lado del hábitat, se pueden situar todos los grupos profesionales enumerados, algunos más inclinados hacia un extremo, otros más hacia el otro. Las profesiones de la construcción ocupan —en la percepción general— una cierta posición intermedia indecisa (pero también podría decirse integradora) que permite a los arquitectos en particular ocupar posiciones individuales en el campo conceptual entre tecnología, arte y hábitat.

3. Rasgos distintivos de las profesiones de la construcción

■ Si ahora intentamos distinguir las profesiones de la construcción de las demás profesiones que conforman nuestras vidas e influyen en nuestras percepciones, tenemos que encontrar rasgos distintivos adecuados que sean lo más claros posible.

Los edificios tienen una utilidad y en este sentido se diferencian de las obras de arte, que no tienen por qué tener utilidad inmediata. Sin embargo, en este aspecto no se diferencian de productos básicos de uso, productos industriales, vehículos, etc. La funcionalidad inherente a los edificios (de lo contrario, son esculturas) es un rasgo distintivo importante de las profesiones de la construcción y se analizará con más detalle a continuación.

☞ *Aptdo. 9. El arquitecto y el artista plástico, pág. 23, así como Cap. 4., Aptdo. 1. Definiciones, pp. 168 y ss.*

Sin embargo, los edificios siempre tienen una dimensión artística, o se contemplan y juzgan, con razón, desde una perspectiva artística. Esto es así porque en la percepción del espectador —y como objetos visualmente dominantes de nuestro entorno— siempre están sometidos instintivamente a una evaluación estética. Se pueden evaluar varias características: la relación de sus partes constituyentes entre sí, la naturaleza simbólica de su expresión arquitectónica y la coherencia del concepto de diseño subyacente; también pueden influir asociaciones con cánones de diseño conocidos (arquitectura clásica, arquitectura moderna, arquitectura histórica) así como connotaciones culturales y sociales.

Esta faceta de la construcción no existe en la gran mayoría de las estructuras de ingeniería y también en numerosos productos industriales, como maquinaria corriente, diseñada primordialmente según objetivos funcionales. En cambio, coincide en gran medida con los objetivos de las bellas artes, sobre todo de la escultura artística, que también opera con objetos tridimensionales.

Los edificios influyen en el espacio vital en el que pasamos buena parte de nuestra vida diaria, crean interiores o espacios urbanos habitables generados artificialmente y, en este sentido, difieren de simples objetos cotidianos o de productos técnicos comparables. Sin embargo, no difieren fundamentalmente, en cuanto a este objetivo, del diseño paisajístico o de medidas de ingeniería medioambiental, que también configuran nuestro entorno vital amplio en función de nuestras necesidades

Estas consideraciones demuestran que los criterios mencionados no proporcionan realmente un rasgo distintivo útil e inequívoco de las profesiones de la construcción. Esto no debe sorprender ya que, como se ha mencionado, ocupan una posición intermedia dentro del triángulo tecnología/arte/hábitat.

GRAN ESCALA

Pero desde el punto de vista del autor, hay un criterio distintivo realmente relevante y útil de las profesiones de la construcción que a menudo se pasa por alto debido a su autoevidencia. La comprensión de las ramificaciones de largo alcance de esta auténtica característica diferenciadora también ofrece una ayuda importante para una práctica del diseño más consciente y segura: Lo que les caracteriza es la *gran escala* de sus producciones. Los edificios siempre tienen dimensiones relativamente grandes que apenas alcanza ningún otro tipo de estructura u objeto hecho por el hombre. A continuación, trataremos de demostrar tanto la validez de esta simple tesis como sus graves consecuencias para el diseño de edificios y las profesiones de la construcción en su conjunto.

4. La escala como rasgo distintivo esencial

Veamos con más detalle el criterio de las estructuras de gran escala. ¿Qué significa *grande*? Si comparamos los productos de los profesionales de la construcción con los de otras profesiones afines, se observa que de hecho son mucho mayores, y casi sin excepción. Los edificios suelen ser más grandes que objetos utilitarios, vehículos o esculturas,
1 y de hecho bastante más grandes, por un múltiplo. Aunque algunos ejemplos parezcan refutar esta regla —vehículos del tamaño de un edificio, como barcos; o esculturas alcanzando casi el tamaño de un edificio, como las de Richard Serra—, esta afirmación es válida al menos en lo que respecta al tamaño medio estadístico de estos dos grupos de productos. Además, estaría justificado afirmar que los ingenieros mecánicos o los artistas plásticos que elaboran estos productos de gran tamaño actúan básicamente como profesionales de la construcción, porque —y esto es lo que importa en este contexto— su trabajo está (en consecuencia) sujeto a las mismas *leyes físicas de escala* que las de aquellos. Pero más sobre esto en un momento.

LEYES FÍSICAS DE ESCALA

A pesar de la reducción que estamos haciendo al aislar las estructuras de gran escala, la lista de ocupaciones que crean estas estructuras sigue siendo relativamente larga:

PAREJA DE COMPARACIÓN	CARACTERÍSTICAS		OBJETO COMPARATIVO	EDIFICIO	
objeto artístico/edificio	**tamaño** **factor**	1,524 m 1			157 m 100
automóvil/edificio	**tamaño** **factor**	4,613 m 1			157 m 34
artículo de utilidad/ edificio	**tamaño** **factor**	0,200 m 1			157 m 785
animal terrestre/ edificio	**tamaño** **factor**	5 m 1			157 m 31

1 Comparación de los tamaños absolutos de edificios y objetos diversos: de artefactos, estructuras técnicas y seres vivos. seres vivos. El edificio elegido para la comparación (Seagram Building, Nueva York) sólo tiene dimensiones moderadas para un rascacielos moderno y sólo representa aquí un orden de magnitud medio.

Incluye a los ya mencionados arquitectos e ingenieros civiles, pero también a profesiones como arquitectos paisajistas, urbanistas, ingenieros de protección medioambiental y toda una serie de otras profesiones de la ingeniería, como planificadores territoriales, ingenieros de caminos, ingenieros hidráulicos, ingenieros de plantas industriales, etc.

Si, en un último paso, quisiéramos diferenciar las profesiones clásicas de la construcción (arquitecto, ingeniero civil) aplicando otro criterio de eliminación, podríamos caracterizar muchas de sus realizaciones —si bien no todas— como estructuras *autoportantes* de gran escala, es decir, aquellas que salvan vanos de diversos órdenes de magnitud. Se trata de vanos que se salvan libremente para cubrir espacios interiores, como en el caso de edificios, o para salvar un obstáculo, como en el caso de puentes. Si aplicamos este criterio a nuestra ya abreviada lista de profesiones, la mayor parte de la actividad de los arquitectos quedaría efectivamente cubierta, así como la de los ingenieros estructuristas y, en cierta medida, también la de la ingeniería civil, en la medida en que en ella intervienen estructuras autoportantes, como puentes o viaductos.

ESTRUCTURAS AUTOPORTANTES DE GRAN ESCALA

3 *Burj Khalifa* en Dubai, actualmente el edificio más alto, con unos 830 metros.

2 Puente de *Akashi-Kaikyo* (en Kobe, Japón), actualmente la construcción de mayor envergadura del mundo, con una luz libre central de 2 km.

5. Efectos de la escala en la naturaleza y la técnica de la construcción

■ Si se pretende valorar y evaluar la magnitud de los productos de los profesionales de la construcción, es decir, de edificios, también es útil, en un primer paso, compararlos con criaturas de la naturaleza viva. En términos de su estructura funcionalmente diferenciada y su complejidad biológica, los seres vivos son (cuanto menos) comparables a edificios. Sin embargo, ocupan curiosamente un espectro dimensional que —en lo que respecta a animales terrestres— ni siquiera alcanza el tamaño de una pequeña casa unifamiliar en su extremo superior, es decir, en el caso del elefante. Animales aun más grandes (existentes en nuestra era terrestre) sólo pueden existir en el agua, como ballenas de algo más de 30 m de tamaño, y sólo, como veremos, gracias a las condiciones gravitatorias que allí se dan. Incluso los dinosaurios gigantes extintos alcanzaron, en el mejor de los casos, tamaños del orden de un edificio de oficinas menor. La altura de los árboles más grandes es del orden de 120 m. En comparación: Actualmente, la mayor estructura autoportante (¡!) hecha por el hombre salva casi 2 km (el puente *Akashi-Kaikyo* en Japón); el rascacielos más **2**
alto alcanza 830 m de altura (el *Burj Khalifa* en Dubai). Y la **3**
evolución hacia estructuras aún más grandes está lejos de haberse completado.

Resumiendo: Incluso cuando trabajan en sus tareas habituales, los profesionales de la construcción operan con objetos físicos a escalas muy superiores a las que operan la mayoría de las demás disciplinas técnicas, más allá de las escalas de obras de artistas plásticos (aparte de aquellos como Christo y Serra), más allá incluso de las de la naturaleza viva, que ya abdica en el extremo inferior de las escalas habituales de la construcción.[1]

5.1 La influencia de la escala sobre las condiciones físicas

■ Aparte de constatar las enormes escalas con las que opera la construcción, es necesario examinar las consecuencias del tamaño absoluto de objetos físicos.

La observación atenta de la naturaleza revela facetas de la influencia que ejerce la escala sobre organismos vivos y, por extensión, sobre objetos físicos en general. A continuación, observaremos varios factores físicos que dependen directamente de la escala tanto de la naturaleza viva como de la inanimada.

5.1.1 Térmica

REGLA DE BERGMANN

■ El tamaño absoluto de un ser vivo influye decisivamente en las condiciones térmicas a las que se ve sometido su metabolismo.[2] En biología, este hecho se refleja, entre otras cosas, en la llamada *regla de Bergmann*: Según ella, los seres vivos de una misma especie tienden a ser más grandes en los climas más fríos que en los más cálidos. Este fenómeno puede observarse comparando pingüinos del Ártico (más grandes) con los de la costa sur de Chile (más pequeños); **4**
bueyes almizcleros del frío norte (más grandes) con cabras montesas de regiones más meridionales (más pequeñas); **5**
alces de Escandinavia (más grandes) con cérvidos autócto-

6 nos (más pequeños).[3]

RELACIÓN ENTRE SUPERFICIE Y VOLUMEN A/V

La razón radica en un factor decisivo: la relación cambiante entre la superficie y el volumen del cuerpo (A/V). Cuanto mayor sea la primera en comparación con el segundo, mayor será la disipación térmica del cuerpo a la atmósfera. Esto es esencial para los procesos vitales de los organismos, ya que el calor que se genera constantemente por la combustión en la que se basan los procesos metabólicos debe disiparse, pues de lo contrario se acumularía y provocaría el colapso orgánico. Los organismos más grandes sufren (comparativamente) menos pérdidas de calor, porque al aumentar el tamaño la superficie aumenta (sólo) a la segunda potencia, mientras que el volumen aumenta a la tercera; la superficie, es decir, la superficie de radiación térmica, disminuye por tanto continuamente en proporción al volumen durante este proceso. Sin embargo, el volumen del cuerpo es responsable de los procesos metabólicos que generan calor corporal: cuanto mayor es el volumen, más calor corporal se genera en términos absolutos. Por lo tanto, en condiciones idénticas, los organismos más grandes pierden menos calor corporal —en relación con su tamaño corporal— que los más pequeños. (Las diferentes tasas de crecimiento de

4 Pingüinos grandes de la Antártida (izquierda) y pequeños del más cálido sur de Chile (derecha).

5 Buey almizclero más grande de regiones más frías (izquierda) y cabra más pequeña de clima templado (derecha). Ambos pertenecen al mismo género.

6 Alce más grande de regiones más frías (izquierda) y ciervo rojo más pequeño de climas templados (derecha).

la superficie y el volumen, es decir a la segunda y tercera potencia respectivamente, son un factor central de nuestras consideraciones —más adelante trataremos otro efecto de este hecho geométrico elemental—).

La influencia del tamaño absoluto también queda demostrada por otras observaciones de la naturaleza, que analizaremos a continuación.

Dinámica

5.1.2

Los observadores atentos de películas de animación suelen reconocer por ciertas características la escala en la que se rodó una determinada escena trucada. Esto se debe a que ciertos fenómenos físicos de la dinámica que son visibles a simple vista están ligados a una escala fija. Este es el caso, por ejemplo, con el patrón de ondas de una superficie de agua, que está relacionado causalmente con la viscosidad del agua y no es escalable. Por ejemplo, escenas acuáticas rodadas con modelos de barcos a pequeña escala suelen ser inmediatamente reconocibles como tales. Lo mismo ocurre, 7
por ejemplo, con el flameado —o la falta del mismo— de telas de banderas. Al igual que la formación de olas depende de las leyes de mecánica de fluidos y de las propiedades físicas del agua, el patrón de los pliegues depende del grosor

7 Patrones de oleaje claramente diferentes en el submarino a escala original de la izquierda y el modelo reducido de submarino de la derecha.

8 Patrones de flameado claramente diferentes en la bandera grande de la izquierda (14 m x 21 m) y la bandera de mesa pequeña de la derecha (aprox. 10 cm x 20 cm). Pero el material es el mismo.

9 Zapatos para adultos más blandos, zapatos para niños más rígidos fabricados con el mismo material.

10 En nuestra percepción, las secuencias de movimiento están estrechamente vinculadas a la escala y a la masa asociada. Ciertos movimientos bruscos de figuras animales muy grandes en las películas de animación parecen a veces inverosímiles porque no son físicamente posibles en la realidad.

y la rigidez de los tejidos utilizados y, al igual que el patrón
de olas, no se puede escalar, ya que el grosor y la rigidez de
los tejidos sólo varían dentro de límites relativamente estre-
chos. Así pues, el tamaño absoluto de una bandera puede
inferirse fácilmente por comparación observando el patrón
de pliegues (que tienen un tamaño prácticamente constante),
8 incluso si faltan otros objetos de referencia.

Condiciones similares prevalecen con la elasticidad de
zapatos de diferente tamaño hechos del mismo material de
cuero de idéntico espesor e igual rigidez. Por ello, el calzado
infantil es necesariamente más rígido e inflexible que el de
9 adultos, siempre que esté fabricado con el mismo material.

El tamaño también influye mucho en el movimiento de
objetos en el espacio. Incluso si no se tiene en cuenta el
efecto de la mayor superficie de ataque de objetos grandes
sobre la resistencia al aire, su tamaño influye profundamente
en sus movimientos en el espacio debido a la mayor inercia
que suele acompañarlo. Algunos procesos de frenado o
aceleración bruscos, así como cambios bruscos de dirección,
simplemente no son físicamente posibles para objetos de
cierto tamaño debido a su inercia cinética. Esta regla suele
manifetársele al espectador atento en películas de animación
en las que, por ejemplo, dinosaurios gigantes simulados digi-
talmente —que asociamos a un material de una determinada
densidad: el tejido celular orgánico— realizan movimientos
o cambios de dirección bruscos al caminar que contradicen
flagrantemente nuestro sentido innato (o aprendido) de la
dinámica y la motricidad y, por tanto, tienen un efecto irritante
10 sobre el espectador.

5.1.3 Gravedad

Por último, pasamos a considerar el factor dependiente del tamaño más importante para nuestras consideraciones, es decir, el efecto de la gravedad.

Las pulgas de agua son capaces de mantenerse en la su-
11 perficie del agua, mientras que los organismos, por ejemplo,
de tamaño humano, no. Como veremos con más detalle
dentro de un momento, esto no se debe a que el material
del que están hechas las pulgas de agua sea más ligero
—no es otra cosa que tejido celular orgánico—, sino sólo a
su pequeño tamaño. Su peso, muy pequeño en términos
absolutos, lo soporta fácilmente la tensión superficial del
agua. Sin embargo, precisamente esto ya no es posible con
el peso de un ser humano, que resulta causalmente de su
tamaño absoluto, teniendo una materia corporal de la misma
densidad bruta que la pulga: A diferencia de ésta, un humano
se hunde instantáneamente en el agua. Al igual que en las
condiciones térmicas, también en este caso resulta que el
tamaño y el peso muerto crecen (o disminuyen), obviamente,
en diferentes progresiones.

11 Las pulgas de agua son tan pequeñas que su peso lo soporta la tensión superficial del agua. Sin embargo, la densidad aparente de su cuerpo es la misma que la de otras criaturas.

También debido al tamaño absoluto, los objetos más grandes corren un mayor riesgo de sufrir daños al caer al suelo que los más pequeños. Esto también es una consecuencia del efecto del peso muerto, que depende de la escala. Cuanto mayor sea el peso muerto de un objeto con una forma determinada, mayor será el riesgo de daños. Esto a su vez se debe al hecho de que el área de impacto crece con la segunda potencia, mientras que el volumen, y por tanto la masa, lo hace con la tercera; es decir, la compresión (fuerza, —por tanto, peso— dividida por el área) que se produce en el impacto alcanza rápidamente proporciones destructivas para objetos mayores. Así, en condiciones favorables, modelos de aviones a escala reducida pueden sobrevivir a una caída desde una altura igual a varias veces su tamaño sin sufrir daños, pero nunca un avión real. Animales pequeños, como los gatos, pueden saltar desde grandes alturas sin dificultad y sin lesionarse, mientras que esto no es posible para animales más grandes desde alturas de escala comparable. En general, los niños corren menos riesgo de lesionarse que los adultos cuando se caen. Esto se debe únicamente a su pequeño tamaño. Esta es la razón por la que los niños a veces permanecen completamente ilesos en accidentes, en contra de las expectativas de los adultos, y puede ser por esta razón (solamente) que sólo *parezcan* estar bendecidos con un ángel de la guarda —o bien al final resulta que este ángel de la guardia, de hecho, es la física—.

12 Las hormigas parecen transportar pesos enormes que parecen ir mucho más allá de lo posible en nuestra propia escala.

Las hormigas parecen tener una fuerza enorme, ya que pueden cargar objetos que pesan varias veces su peso corporal. Esto no se debe ni mucho menos a sus enormes **12** paquetes musculares, sino únicamente a su pequeño tamaño, porque la masa corporal —como ya hemos visto con las condiciones térmicas— no sólo aumenta con la tercera potencia (ver arriba), sino que, comprensiblemente, también *disminuye* en la misma proporción. En cambio, la fuerza muscular, que siempre es proporcional a la superficie de la sección transversal absoluta de un músculo, disminuye (o aumenta) mucho más lentamente (concretamente sólo con la segunda potencia, de forma similar a la superficie corporal en las condiciones térmicas). En animales muy pequeños, como las hormigas, la fuerza muscular por consiguiente aumenta de forma desproporcionada en relación con la masa corporal, una consecuencia sólo del tamaño absoluto.[4]

Estos son algunos ejemplos esclarecedores de la influencia del tamaño absoluto de los objetos sobre su comportamiento físico, incluyendo en particular los que demuestran el efecto de la gravedad. A continuación, analizaremos otro efecto de este último tipo, que es sumamente importante para nuestros fines.

5.2 La influencia de la escala sobre el proyecto constructivo

¿Qué consecuencias tienen estas observaciones de la naturaleza para la concepción y el diseño de edificios? La respuesta es: La escala no es una variable insignificante en el diseño y la ejecución de estructuras de edificación, al igual que no lo fue en el desarrollo evolutivo de los organismos vivos que hemos considerado anteriormente. Sorprendentemente, este hecho elemental escapa a la atención de muchos profesionales de la construcción. Por un lado, la arquitectura está siempre vinculada al tamaño del ser humano, que efectivamente es constante no crece con el edificio. Este hecho ya influye significativamente en la percepción de la arquitectura. (Sin embargo, no trataremos aquí este importante aspecto.) Por otro lado, en la superficie terrestre rigen leyes físicas inamovibles, en las que el tamaño absoluto de los edificios influye como un factor decisivo. Lo que siempre está presente para ingenieros y encuentra su formulación matemática y científica en forma de las leyes de modelo, a menudo no resulta familiar para otros profesionales de la construcción, especialmente arquitectos: es decir, que no es posible realizar construcciones de una determinada forma a cualquier escala arbitraria. O dicho de otra manera: El tamaño absoluto de un edificio influye en las posibles formas que puede adoptar. Pues, como veremos a continuación, permite ciertas formas, pero no otras. A la inversa, una determinada forma de una estructura también determina el límite superior de la escala en la que es materialmente realizable. U otra formulación de esta tesis: Hay ciertas formas que, a partir de cierto tamaño, simplemente no son físicamente construibles con los materiales disponibles.

LEYES DE MODELO

6. La interdependencia del tamaño y la capacidad de carga

■ La primera persona que fundamentó y formuló científicamente la influencia del tamaño absoluto de objetos sobre su comportamiento físico fue Galileo Galilei. Para ello utilizó un ejemplo del reino animal: Para ilustrarlo, comparó el hueso de un pequeño animal con el de un dinosaurio en cuanto
15 a su esbeltez. A continuación, formuló la regla geométrica básica que ya conocemos por las consideraciones anteriores: El hecho de que el hueso de dinosaurio, con la misma función, el mismo material, pero de tamaño mucho mayor, tenga unas proporciones claramente más robustas se debe a que, con el aumento de tamaño, aumenta la influencia de su propio peso, así como del peso adicional del cuerpo que tiene que soportar, por lo que su capacidad de carga debe aumentar desproporcionadamente —de ahí las proporciones robustas— para compensar el efecto igualmente desproporcionado del peso que tiene que soportar. Esto se debe (por analogía directa con las condiciones térmicas) al hecho de que con el aumento continuo de la escala, la masa, que es directamente proporcional al peso muerto,[6] aumenta con la

☞ *Aptdo. 5.1.1 Térmica, pág. 9*

13 Una ballena varada muere bajo la presión de su propio peso, al verse privada del efecto compensador de la flotabilidad hidráulica que prevalece en el agua. Al salir del agua, superó inmediatamente, para su desgracia, su tamaño límite definido físicamente.

tercera potencia,[7] al igual que el volumen asociado, mientras que la capacidad de carga, que es una función de la sección transversal bidimensional del hueso, en este caso, o de cualquier otro apoyo responsable de soportarla, sólo aumenta con la segunda.[8] Es obvio que a partir de cierta escala, el peso muerto consume las reservas de carga y entonces la estructura debe colapsar inevitablemente bajo su propio peso. Este límite de escala se denomina *tamaño límite*. Esto es exactamente lo que les ocurre a las ballenas varadas, que de repente se ven privadas del útil resultado de la flotación hidráulica en el agua, que tiene un efecto reductor del peso. **13**

TAMAÑO LÍMITE

Esta brillante observación de Galileo tiene el carácter de una ley natural y es *ineludible*, por mucho que nos neguemos a reconocerla. Por qué algunas profesiones de la construcción, como los arquitectos, desconocen esta ley elemental o no son conscientes de sus consecuencias para su propio trabajo es uno de los mayores misterios del mundo de la construcción. Por lo tanto, tratemos de extraer de esta ley física las conclusiones relevantes para la construcción, en particular las relacionadas con el diseño.

La influencia del plan de construcción

6.1

PLAN DE CONSTRUCCIÓN

■ En primer lugar, nos referimos a límites superiores de escala, o tamaños límite, que se aplican en cada caso a determinados *sistemas estructurales*, también se podría decir: a determinados planes de construcción —utilizaremos este último término repetidas veces en nuestras siguientes consideraciones—. En algún momento, cada plan de construcción alcanza su propio límite superior de escala, un límite que no puede superar por razones físicas. Si se pretende aumentar aun más el tamaño, es ineludible —si no se cambia de material— pasar a otro plan de construcción más eficiente, es decir, a uno que cumple la misma función estructural —por ejemplo, salvar una determinada luz— con menos material y, por tanto, con menor peso propio.[9] En este sentido, es decir, principalmente en el aspecto estructural y de economía de material, existen efectivamente planes de construcción más y menos eficientes (precisamente en este sentido utilizaremos el término *eficiencia* en lo sucesivo).

En principio, las variantes más económicas en cuanto a materiales, es decir, las estructuras de construcción ligera,

14 Cubierta del Estadio Olímpico de Múnich: forma de equilibrio bajo tracción extremadamente eficiente en cuanto a consumo de material.

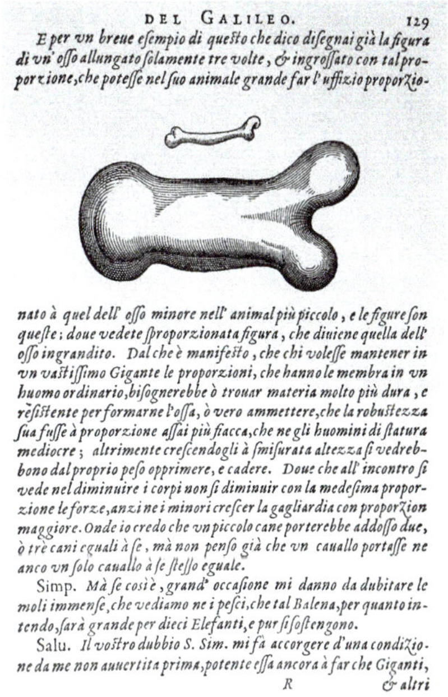

DEL GALILEO. 129

E per vn breue esempio di questo che dico disegnai già la figura di vn' osso allungato solamente tre volte, & ingrossato con tal proporzione, che potesse nel suo animale grande far l' uffizio proporzionato à quel dell' osso minore nell' animal più piccolo, e le figure son queste; doue vedete sproporzionata figura, che diuiene quella dell' osso ingrandito. Dal che è manifesto, che chi volesse mantener in vn vastissimo Gigante le proporzioni, che hanno le membra in vn huomo ordinario, bisognerebbe ò trouar materia molto più dura, e resistente per formarne l'ossa, ò vero ammettere, che la robustezza sua fusse à proporzione assai più fiacca, che ne gli huomini di statura mediocre; altrimente crescendogli à smisurata altezza si vedrebbono dal proprio peso opprimere, e cadere. Doue che all' incontro si vede nel diminuire i corpi non si diminuir con la medesima proporzione le forze, anzi ne i minori crescer la gagliardia con proporzion maggiore. Onde io credo che vn piccolo cane porterebbe addosso due, ò trè cani eguali à se, mà non penso già che vn cauallo portasse ne anco vn solo cauallo à se stesso eguale.

Simp. Mà se così è, grand' occasione mi danno da dubitare le moli immense, che vediamo ne i pesci, che tal Balena, per quanto intendo, sarà grande per dieci Elefanti, e pur si sostengono.

Salu. Il vostro dubbio S. Sim. mi fà accorgere d'una condizione da me non auuertita prima, potente essa ancora à far che Giganti,

R & altri

15 Galileo Galilei: Comparación de la esbeltez de un hueso de dinosaurio y la de un animal más pequeño. De los *Discorsi* (1638).[5]

☞ *Véase Cap. 5., Aptdo. 2.1 Forma y fuerza, pp. 179 y ss.*

FORMA DE EQUILIBRIO

o las que pueden cumplir básicamente una tarea estática con menos material que estructuras portantes comparables, pueden alcanzar escalas mayores. Es obvio que la influencia del peso muerto puede mermarse reduciendo el peso, por ejemplo por un diseño más eficiente, sin cambiar el tamaño, de modo que el límite de lo materialmente factible puede ampliarse hacia escalas mayores, por así decirlo. La regla más importante en este contexto es que sólo las estructuras que funcionan en gran medida sin esfuerzos flectores, o al menos con flexiones mínimas, pueden avanzar hacia los rangos de escala más grandes, ya que la flexión es siempre la causa de un mayor consumo de material, como demostraremos en otro lugar. En construcción, éstas son las *formas de equilibrio*, que están sometidas a esfuerzos predominantemente axiales. Entre ellas, destacan las variantes bajo tracción pura, que son las que más aprovechan el
14 material. No es una coincidencia que el puente *Akashi-Kai-*
2 *kyo* mencionado anteriormente sea, entre otras cosas, una forma de equilibrio bajo tracción. Por otra parte, el tamaño de vigas sometidas a esfuerzos flectores, por ejemplo, está limitado a pocas decenas de metros, y una losa de forjado de hormigón maciza está incluso limitada a luces de sólo unos 7 u 8 m cuando se utiliza de forma estándar y razonablemente económica. Esto demuestra que los tamaños límite pueden alcanzarse sin duda también en ámbitos de escala pequeños, es decir, aquellos en los que suelen tener lugar los trabajos cotidianos de diseño y construcción. Para ello, basta con un plan de construcción especialmente ineficaz —más adelante se hablará más de ello—, como a menudo se desarrolla en el tablero de dibujo o el monitor del arquitecto o, como veremos en breve, un material con una relación resistencia/peso no especialmente favorable: el hormigón.

La naturaleza viva ofrece una vez más ejemplos ilustrativos de esta regla: Las especies de los reinos animal y vegetal también están limitadas a ciertos rangos de escala característicos, de nuevo como resultado de su particular constitución, (en este caso el material —el tejido celular— sólo puede optimizarse dentro de unos límites muy estrechos),[10] lo que en biología, sin embargo, no sólo es una consecuencia de factores estáticos, sino también de numerosos factores fisiológicos.[11] Los insectos, por ejemplo, están restringidos a un tamaño límite de unos pocos centímetros. No existen insectos más grandes, presumiblemente porque no pueden existir por razones de metabolismo así como por las propiedades mecánicas de su exoesqueleto.[12] Los seres humanos también varían de tamaño dentro de un rango de escala relativamente estrecho. Especialmente en las aves, existe un estricto límite superior de tamaño, que es bien comprensible en el sentido de nuestra tesis. Esto se debe, en particular, a la relación entre la masa corporal, que aumenta a la tercera potencia, y la fuerza motriz de los músculos pectorales, que aumenta, ya que es proporcional a su sección muscular, sólo a la segunda potencia. Más allá del tamaño límite, que se alcanza con una masa de algo más de 10 kg, ya no es posible reunir suficiente fuerza muscular para superar la atracción gravitatoria de la tierra al volar, manteniendo unas dimensiones musculares fisiológicamente tolerables.[13] En este sentido, las aves demasiado grandes son víctimas del mismo fenómeno físico que, a la inversa, hace que los animales del tamaño de las hormigas sean tan fuertes (véase más arriba). **12**

6.2 La influencia del material

■ En segundo lugar, esta ley se aplica en cada caso a un material específico. Galileo ya reconoció que cuanto más resistente es un material, más grande puede ser un determinado diseño con las mismas proporciones geométricas.[14] Desde el punto de vista físico, el factor decisivo no es principalmente la resistencia por sí sola, sino la relación entre la resistencia y el peso muerto específico, es decir, la densidad bruta, que ya influye en el efecto del peso muerto en el mismo origen, por así decirlo.[15] Cuanto mayor sea la resistencia y menor la densidad aparente, es decir, cuanto mayor sea el valor de la relación referida, más se puede ampliar un límite de escala hacia arriba para un determinado plan de construcción. Esto es así porque el efecto perjudicial del peso muerto, cada vez más dominante al aumentar el tamaño del objeto, se contrarresta, por así decirlo, con mayor resistencia. Incluso los planes de construcción ineficientes de por sí se benefician de este fenómeno.[16]

Si se comparan con este criterio, los distintos materiales tienen un rendimiento diferente, como cabe esperar: Algunos materiales muy resistentes, como el acero, tienen, por un lado, gran capacidad de carga, pero, por otro lado, también son muy pesados, lo que reduce su eficiencia (factor 7, aproximadamente). La madera se comporta peor que el acero a este respecto, pero presenta valores sorprendentemente buenos (factor aproximado de 4), porque combina buenos valores de resistencia con un peso extraordinariamente bajo. No así la mayoría de los materiales minerales, que rondan alrededor del factor 2 debido a su alta densidad aparente, así como a su resistencia sólo moderada. Por el contrario, se consiguen capacidades de rendimiento extremas con nuevos tipos de materiales poliméricos como la aramida (factores de alrededor de 180). Por lo tanto, con un plan de construcción idéntico, también se puede superar o ampliar un límite de escala utilizando un material más eficiente en el sentido mencionado. Este es precisamente el punto en el que se encuentran actualmente las mayores estructuras construidas, los puentes colgantes, que probablemente tendrán que recurrir a materiales de fibra de carbono o de polímero en futuros proyectos para superar la actual luz máxima de 2 km.

✏ *Los valores altos representan un mayor rendimiento.*

6.3 Modelos

■ En tercer lugar, esta norma significa que un modelo a escala, como habitualmente se construye con fines ilustrativos al desarrollar proyectos de edificios —en particular lo hacen arquitectos— no es comparable directamente y sin restricciones con la estructura construida a tamaño real en términos de su capacidad de carga y sus deformaciones bajo carga. Esto puede inducir a error al proyectista que utiliza este modelo con fines de estudio o fines ilustrativos. En principio, un modelo a escala reducida es mucho más rígido y resistente que la construcción geométricamente similar
ISOMORFISMO (es decir, de forma idéntica o isomorfa) pero a escala real. Esto se debe a la influencia muy reducida del peso muerto en el modelo por razones de su pequeño tamaño, como se ha comentado anteriormente. La regla general es que un modelo puede soportar la misma carga por unidad de superficie que la estructura correspondiente en su tamaño original. (¡Esto en cuanto a la fuerza relativa de un modelo!)

Las consecuencias de este fenómeno son múltiples, una vez que se analizan con detenimiento: Si un modelo a escala se derrumba bajo la carga de área esperada (es decir, la carga por unidad de superficie), es casi seguro que la estructura real se comportará exactamente igual bajo esta carga. Sin embargo, a la inversa, no es necesariamente cierto que si
17 el modelo resiste la carga, la estructura también lo haga. Si no consideramos el efecto de carga del peso muerto (como hemos hecho hasta ahora), sino otros efectos de carga como el del viento, puede ocurrir que un modelo se derrumbe bajo una determinada presión de viento por unidad de superficie, pero la estructura no lo haga bajo la misma. Esto se debe a que, al aumentar el tamaño, el área de ataque del viento —y, por tanto, la carga de viento en términos absolutos— aumenta a la segunda potencia, pero la masa estabilizadora o el peso muerto de la estructura —como hemos visto— lo hace a la tercera. En este caso concreto, el peso muerto tiene (por una vez) un efecto favorable sobre la capacidad

17 Este modelo a escala reducida se sostiene en suspensión con dos dedos. Esto no sería posible con el edificio en su tamaño original en condiciones límite comparables, pues se desintegraría por el efecto del peso propio. Esto ilustra la fuerza relativa de los modelos en comparación con los edificios.

16 El tramo libre de este elemento de hormigón que sobresale horizontalmente en la zona del retranqueo de la fachada **RF** en el centro muestra un cuelgue claramente reconocible bajo su propia carga en comparación con los dos tramos adyacentes lateralmente, apoyados linealmente. En el modelo de trabajo a escala que usó el arquitecto, este elemento era probablemente totalmente recto.

de carga de la estructura.[17]

Las deformaciones en el modelo —o su falta— también pueden tener un efecto engañoso sobre el proyectista. Las losas de forjado planas de gran luz o en voladizo aparecen tensas y rectas en el modelo, pero luego cuelgan en la estructura real, por así decirlo gimiendo bajo su propia carga. **16**

Estas diferencias entre el comportamiento de carga y deformación de objetos de idéntica forma a diferentes escalas no desmienten, por supuesto, el hecho de que —con las reservas oportunas— se puede aprender mucho sobre la estructura construida observando un modelo a escala.

La dependencia entre la forma y su tamaño absoluto

6.4

■ En cuarto lugar, y esta parece ser posiblemente la conclusión más importante de nuestras consideraciones hasta ahora, es cierto que, como consecuencia directa de lo que se ha dicho anteriormente, existe una dependencia mutua de la forma y el tamaño del edificio que no se puede ignorar, una afirmación que rara vez se escucha en el discurso general del mundo de la construcción. Esto se debe a que **19, 18** la influencia de la fuerza sobre la estructura del edificio generalmente aumenta con el incremento del tamaño, debido a la influencia continuamente creciente de una componente específica de la fuerza, a saber, la carga muerta. Con el aumento del tamaño, un plan de construcción inalterado y la misma resistencia del material relacionada con su peso, esto consume lentamente las reservas de carga de la estructura. **20** Además, en general es cierto que si se quiere penetrar en ámbitos de mayor escala, a partir de un determinado punto —es decir, a partir del límite superior de escala característico del plan de construcción elegido, el tamaño límite— no habrá más remedio que cambiar el plan de construcción en favor de variantes más eficientes, lo que inevitablemente implica cambios en la forma del edificio y, por tanto, en el concepto de diseño. (También lo permitiría elegir un material de mayor rendimiento, pero esta opción tiene claros límites

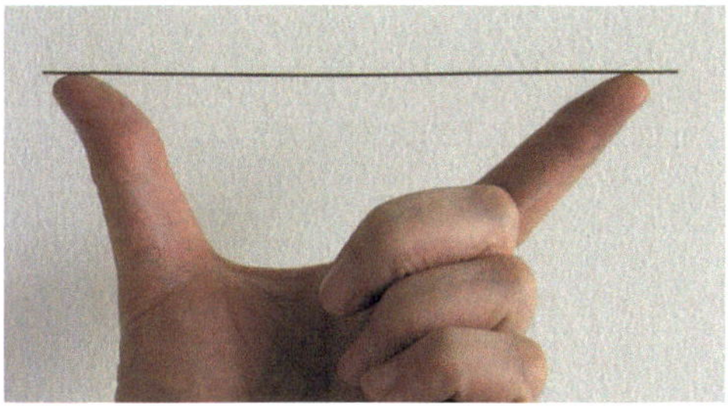

19 La varilla pequeña sobre la mano tiene una esbeltez extraordinaria (luz de 16 cm, canto de 1 mm, igual a 1/160 de la luz).

18 Debido a su tamaño, la pesada estructura de celosía del puente de Øresund nunca podrá igualar la esbeltez de la barra de ⧉ **19** (vano de 140 m, canto de 11 m, igual a 1/12 del vano).

20 Una impresión de la construcción de celosía extremadamente pesada del tramo de acceso del puente de Öresund a pesar de su gran canto. El plan de construcción de la viga de celosía, que es bastante ineficiente en comparación con un arco, por ejemplo, ya se acerca a su tamaño límite, donde un aumento del canto ya no da lugar a una mayor capacidad de carga.

☞ *Para el concepto de la forma de equilibrio, véase Cap. 5., Aptdo. 2.1.3 La forma de equilibrio libre de flexión, pp. 183 y ss.*

en la técnica — al igual que en la naturaleza—.) Cuanto más se avanza en esta línea hacia escalas cada vez mayores, más importante es la influencia de la fuerza sobre la forma. En un momento dado, al final, no queda más remedio que recurrir a una auténtica forma de equilibrio. Ésta, finalmente, es *estrictamente* dependiente de la fuerza, como se explica en otro lugar.

6.5 El predominio de la función portante

■ Y por último, en quinto lugar: Con escalas más pequeñas, los arquitectos están acostumbrados a sopesar diversos requisitos relacionados con el uso frente a la función de carga y, en cada caso, a realizar diferentes ponderaciones entre estas funciones a menudo contradictorias. Así, puede ocurrir en determinadas circunstancias de proyecto que la función portante se deje de lado en favor de otros factores: física constructiva, uso, forma, clima (un proceso perfectamente legítimo). Por otro lado, al aumentar el tamaño, es seguro que en algún momento la función portante predominará sobre otras consideraciones, y por lo tanto sobre todo el diseño del edificio, y su influencia aumentará constantemente. Cuanto más ineficiente sea el plan de construcción elegido, antes se producirá este momento. En el curso de este proceso de aumento de tamaño, el material (o sus propiedades mecánicas, como la resistencia, la rigidez, el comportamiento deformacional, etc.), así como la construcción en su conjunto, adquieren una importancia cada vez mayor, lo que es evidente debido a la importancia cada vez mayor del efecto de carga.

☞ *Aptdo. 6.1 La influencia del plan de construcción, pág. 15*

En la práctica, esta dependencia entre la forma del diseño y su implementación material, es decir, el material y la construcción, suele comenzar a escalas bastante pequeñas: en concreto, cuando la forma es (estáticamente) ineficiente (o el material es débil). Ya lo hemos comprobado con la losa de hormigón con luces máximas de unos 7 m. Y los arquitectos de hecho recurren a estas formas constructivas o —en nuestro sentido— planes de construcción ineficientes más a menudo de lo que uno podría pensar. Paradójicamente, se puede afirmar lo siguiente: Cuanto menos atención se preste al efecto de la fuerza al concebir el diseño, es decir, cuanto más ineficiente sea el plan de construcción que se elija, antes, es decir, en tamaños más pequeños, pueden surgir condiciones constructivas críticas que dificulten realizar una solución de diseño elegida en su día o la hagan completamente irrealizable. O expresado de otra manera: El desprecio del proyectista por la función portante, que se manifiesta eligiendo un plan de construcción ineficaz, se ve penalizado en el acto con el predominio desproporcionado de la propia función portante que se acaba de despreciar. A menudo, el arquitecto se da cuenta de este hecho sólo a posteriori, es decir, después de que el tamaño y la forma general del edificio se hayan determinado en el diseño preliminar o incluso en el proyecto básico (sobre todo, al ser puesto en aviso el arquitecto por indicación del ingeniero estructurista);

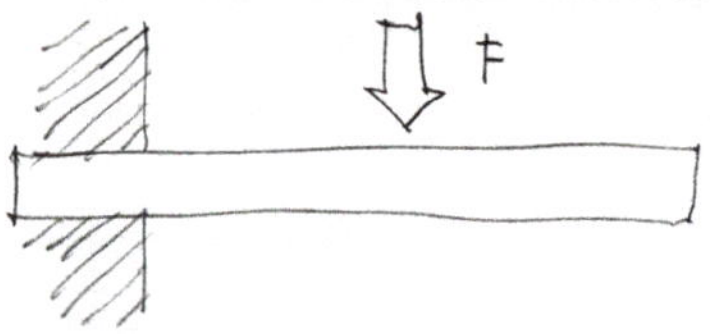

21 Losa o viga en voladizo: plan de construcción muy ineficiente.

normalmente demasiado tarde para hacer correcciones de proyecto realmente efectivas.[18] La única opción que suele quedar entonces es la del parcheado más o menos febril. Si el proyectista quiere operar en gran medida sin restricciones formales causadas por factores estáticos y constructivos, es decir, restricciones dependientes de la fuerza como analizamos en este contexto, debería limitarse a escalas más pequeñas. De hecho, la mayoría de los arquitectos suelen operar en estas regiones en su actividad diaria. En ellas, los planes de construcción ineficientes no suelen tener un impacto demasiado grave. Si, por el contrario, el arquitecto se aventura a penetrar en ámbitos de escala más grandes, lo que particularmente hacen los de renombre sobrestimando dramáticamente sus propias capacidades, se aconseja entonces incluir consideraciones estructurales ya al determinar el diseño básico de la forma del edificio. Aunque esto excluye de entrada ciertos patrones o planes básicos formales y estructurales (debido a su ineficacia), sólo restringe aparentemente, pero no realmente, la libertad creativa del proyectista. Volveremos a este importante punto más adelante.

7. Planes de construcción eficientes e ineficientes

■ Un buen ejemplo de un plan de construcción intrínsecamente ineficiente (a nivel de componente) es la losa de hormigón ya mencionada, que cubre un vano entre dos soportes. Ya una losa de hormigón de 30 cm de grosor consume unas tres cuartas partes (¡!) de su capacidad de carga sólo para sostenerse a sí misma; sólo una cuarta parte está disponible para la carga viva. A pesar de su evidente ineficacia, la losa de hormigón forma parte del repertorio estándar en la construcción de pisos, debido a sus innegables ventajas en la edificación de plantas múltiples y a su favorable comportamiento ante el fuego y la acústica. Al mismo tiempo, este ejemplo muestra claramente el límite superior de la escala de este plan de construcción: como se comentó, a los 7 u 8 m de luz se alcanza el límite económico, no muy por encima sigue el límite físico absoluto de su capacidad de carga, su tamaño límite en el que se derrumba bajo su propia carga, sin importar el grado de armadura. El tamaño límite es aún menor cuando el plan de construcción es (aún) más ineficiente, es decir, con una losa de hormigón en voladizo. En este caso, los límites razonables de escala rondan un máximo de unos 4 m.[19] 21

Aparte de este plan de construcción ineficiente de la losa de hormigón, que —como hay que admitir— tiene ventajas funcionales y de fabricación tangibles e innegables, hay numerosos planes de construcción ineficientes en la construcción, especialmente en el campo de la arquitectura, que no ofrecen ninguna ventaja funcional o de otro tipo, sino que son simplemente extravagantes (y por lo tanto, de alguna manera emocionantes). En el mejor de los casos, ofrecen cuestionables efectos deslumbrantes. Sin embargo, frecuentemente se traducen en construcciones reales —al

27 Estadio Olímpico de Pekín: una pesada construcción porticada (ver abajo) que está muy cerca del tamaño límite.

25 Museo Porsche de Stuttgart: una (supuesta) proeza estática casi imposible de construir, resultado de una idea formal cuestionable (ver abajo).

23 Museo Mercedes de Stuttgart: Los puntales diagonales detrás de la fachada de vidrio no estaban previstos originalmente y tuvieron que introducirse en una fase tardía del diseño por razones estructurales. Son completamente ajenos al concepto de diseño, que se basa en una cinta horizontal ondulante (una banda de Möbius, en palabras del arquitecto): no son más que una auténtica muleta, probablemente inventada en un ataque de pánico.

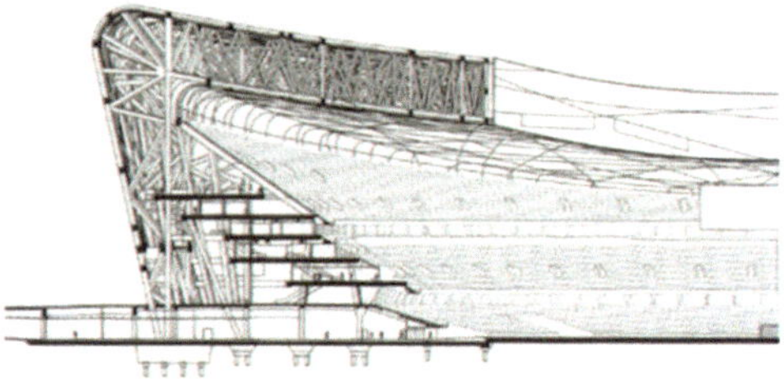

26 Estadio Olímpico de Pekín: En la sección se aprecian los enormes pórticos de celosía que se interpenetran mutuamente (obsérvese la enorme densidad de barras).

22 Museo Porsche de Stuttgart: Diagrama esquemático de la forma general del edificio y de su estructura portante; una mesa a la que le falta una pata [sic].

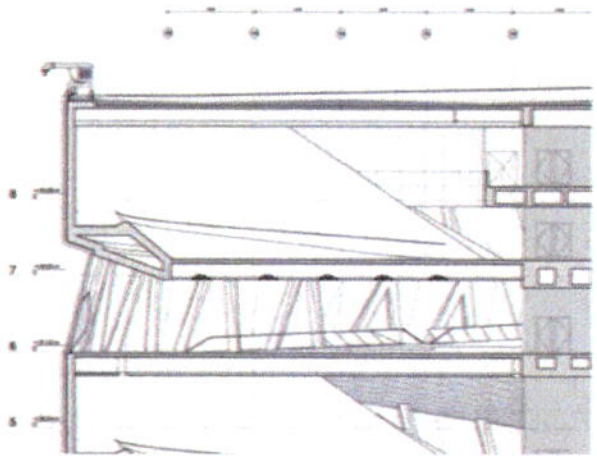

24 Museo Mercedes de Stuttgart: Sección a través de los forjados de piso. Originalmente estaban pensados para sobresalir en voladizo del núcleo (derecha), pero al final tuvieron que apoyarse en los bordes con puntales.

menos en las escalas más grandes— con fuerza bruta, por
21–27 así decirlo, y a cualquier precio. Ahora bien, el observador atento sospecha posiblemente que la poderosa expresión arquitectónica y el fuerte impacto visual que obviamente se persiguen con esta clase de proyectos, por su parte, ciertamente también podrían lograrse de forma más inteligente con planes de construcción diferentes (¿tal vez más eficientes?). De hecho, no hay prueba convincente alguna de que exista una dependencia necesaria entre una fuerte expresión arquitectónica y la extravagancia (o el total sinsentido y manifiesto dislate) del diseño de un edificio.

También hay casos en los que no se pone de manifiesto hasta algún momento tardío del proceso de proyectación el simple hecho de que el plan de construcción elegido ya en el diseño preliminar *no puede*, ni por asomo, realizarse físicamente a escala 1:1, por lo que entonces hay que recurrir (en estado de pánico) a parches de emergencia, a muletas. Sin embargo, el hecho de que algunos arquitectos, maestros de la dialéctica insidiosa, luego reivindiquen retóricamente estas soluciones, surgidas del puro pánico, ante los desinformados como si fueran recursos especialmente ingeniosos —en su mayor parte, productos de alta tecnología moderna, sin la cual los enormes problemas técnicos inherentes a esos conceptos absurdos de hecho serían completamente irresolubles—, no merma en nada la chocante irracionalidad de todo el proceso y la inaudita incapacidad de estos proyectistas a los ojos de cualquier observador atento e informado. **23, 24**

☞ *Véase al respecto también Cap. 5., Aptdo. 9. La nueva libertad formal: un llamamiento, pp. 232 y ss.*

8. La escala en el contexto de la historia del desarrollo de formas constructivas

■ Una mirada retrospectiva a la historia de la construcción también revela hechos instructivos sobre el tema de la escala. Especialmente con la llegada de la modernidad, aparecen en la construcción generalmente claros saltos de escala. Esto fue el resultado de dos factores: Por un lado, la introducción de nuevos materiales más resistentes, como el acero y el hormigón armado. En 1911, este último material permitió superar, por primera vez desde la antigüedad, el récord de luz del Panteón (43 m) (con un plan de construcción de hecho inalterado, es decir, la cúpula esférica).[20] Los primeros rascacielos de Chicago también se remontan a la introducción de la construcción moderna de acero. Con tales alturas de edificio, la obra de fábrica portante ya había alcanzado su tamaño límite. Éste sólo pudo superarse con la ayuda de un material más resistente (el acero).

Por otro lado, los saltos de escala se debieron al desarrollo y la aplicación de planes de construcción novedosos. Estos se crearon sobre la base de avances científicos, nuevos métodos de cálculo y nuevas tecnologías de construcción disponibles. Un buen ejemplo son también los rascacielos de Chicago mencionados anteriormente. Surgieron no sólo como resultado del uso de un nuevo material más resistente, sino también gracias a la introducción del método de construcción de esqueleto, que reduce el peso en comparación con la construcción de muro, es decir, que es un plan de construcción mucho más eficiente. También en este caso nos encontramos con la ya conocida discontinuidad en el diseño, es decir, la transición de un plan de construcción ineficiente a otro más eficiente, que es el único que permite agrandar el diseño de un edificio más allá de su tamaño límite.[21] Esta tendencia es especialmente evidente en las construcciones tensadas de grandes luces, un tipo de construcción que no existía en la historia de la construcción hasta la fecha, aparte de viviendas nómadas de pequeña escala. (También aquí fue decisiva la influencia del nuevo material, el acero.)

☞ *Véase Cap. 8., Aptdo. 3.3 Reparto de cargas, pág. 325, y Aptdo. 6.2 Métodos de construcción de esqueleto de acero, pp. 418 y ss.*

9. El arquitecto y el artista plástico

■ Por último, la cuestión de la escala nos parece sumamente útil para distinguir la profesión del arquitecto de la del artista plástico, una cuestión que surge una y otra vez, que preocupa emocionalmente a muchos arquitectos y cuya respuesta convincente arrojaría, sin embargo, algo de luz sobre la autoimagen, a veces algo confusa, de esa profesión.

Un criterio obvio de demarcación entre la arquitectura y

el arte es el —ya mencionada anteriormente— necesario cumplimiento del propósito y la responsabilidad social de la arquitectura, en contraste con el arte, que está libre de cualquier propósito o responsabilidad inmediata. No entraremos aquí en detalles a pesar de la trascendental importancia de este factor. La razón es que, en cierta medida, todos los capítulos siguientes de esta obra, que casi todos tratan de diversas subfunciones constructivas, están dedicados en última instancia precisamente a este tema, es decir, a la forma en que una construcción apropiada puede hacer que un edificio sea apto a largo plazo para su uso. Evidentemente, las obras de arte están totalmente libres de este molesto aparato funcional. Por tanto, en este punto sólo cabe recordar la necesaria finalidad utilitaria de la arquitectura con una cita de Adolf Loos:

> La casa debe gustar a todos. A diferencia de la obra de arte, que no tiene que gustar a nadie. La obra de arte es un asunto privado del artista. La casa no lo es. La obra de arte se implanta en el mundo sin que haya necesidad de ella. La casa cubre una necesidad. La obra de arte no es responsable ante nadie, la casa ante todos. La obra de arte quiere sacar a la gente de su zona de confort. La casa tiene que servir para la comodidad. La obra de arte es revolucionaria, la casa conservadora. La obra de arte apunta a la humanidad en nuevas direcciones y piensa en el futuro. La casa piensa en el presente.[22]

30 Estatua de mármol del emperador Augusto, procedente de la *Villa Prima Porta*, aprox. 20–17 a. C. La pierna derecha está (discretamente) apoyada en el grupo del tocón de árbol y el niño. El brazo extendido se acerca peligrosamente al tamaño límite. La mano derecha posiblemente sostenía originalmente una lanza de bronce, que proporcionaba un apoyo adicional al brazo que corría peligro de cizallarse.

28 Jinete de Bamberg, Catedral de Bamberg; 1ª mitad del siglo XIII. El caballo y el jinete se apoyan en un pilar para garantizar la estabilidad de la escultura. Además, la pata delantera derecha del caballo está arriostrada transversalmente para mejorar la estabilidad, mientras que la pata trasera derecha está unida a la cola con el mismo fin. El escultor no se arriesgó lo más mínimo.

29 Jinete de Magdeburgo, representación del emperador Otón I (hacia 1240); un enorme zócalo de piedra sostiene el vientre del caballo para dar a la escultura la estabilidad necesaria. En las primeras estatuas ecuestres, se aceptaron incluso apaños tan drásticos como éste ante el difícil problema de la estabilidad.

Este criterio de distinción es lo suficientemente convincente y poderoso. Distingue plausiblemente la arquitectura del arte; sin embargo, la necesaria funcionalidad y el imprescindible valor utilitario son —como ya se ha señalado— también propios de otras profesiones visuales o, en particular, técnicas. Pero hay, como hemos visto, otro rasgo distintivo que comúnmente escapa a la conciencia general porque parece tan nimio y evidente: la escala de los respectivos objetos físicos creados por el artista o el arquitecto respectivamente. A continuación vamos a tratar por fin esta cuestión nada trivial.

El artista y el modo cómo gestiona la gravedad

9.1

En primer lugar, es importante recordar que el arquitecto y el artista visual están sujetos a las mismas leyes físicas de la gravedad. Aunque para muchos géneros artísticos visuales este hecho es en gran medida irrelevante por diversas razones, se ven afectados por él en particular los artistas plásticos. Buenos ejemplos de ello son las estatuas de material pétreo frágil o de metal. Ilustran muy bien la estrecha **28–33**
relación entre el tamaño, la propiedad del material y el plan de construcción. En este contexto, resulta útil un breve análisis de la evolución histórica de las esculturas.

Los escultores se enfrentaban esencialmente a dos problemas difíciles de resolver: Es decir, creaban imágenes idénticas de formas vivas que evolucionaron adaptándose a ciertas características materiales, concretamente las del tejido celular orgánico. Sin embargo, lo hacían con materiales

31 Estatua ecuestre de bronce de Marco Aurelio, Museos Capitolinos, hacia 165 d. C. Las propiedades superiores del bronce permiten prescindir por completo de soportes adicionales. Incluso se llega a representar una pata de caballo levantada.

32 Primera estatua ecuestre de bronce con un caballo a punto de saltar, apoyado sólo sobre sus patas traseras. Obsérvese también que el centro de gravedad del grupo está muy por delante del soporte. Sin embargo, sin el apoyo adicional de la cola, esta audaz configuración no podría haberse llevado a cabo. No obstante, es una obra maestra de la fundición de bronce. Representación de Felipe IV de España, Madrid. Autor: Pietro Tacca, 1634–1640.

33 Estatua ecuestre del príncipe Eugenio, Viena, 1865, caballo encabritado. Apoyo proporcionado por una cola de caballo intencionalmente sobredimensionada, colocada muy atrás en relación con los cascos traseros, estando el centro de gravedad más cerca del apoyo que en ⮺ **32**.

con propiedades completamente diferentes, como la piedra o el metal (este hecho elemental, pero muy trascendental, 30, 31 se pasa por alto en la mayoría de los casos).

Hay diferencias notables en cuanto a la densidad aparente y la resistencia de los respectivos grupos de materiales, es decir, el tejido celular, por un lado, y los materiales idóneos para uso escultural, por otro. Mientras que la densidad aparente de la materia orgánica es similar a la del agua (10 kN/m^3), las rocas alcanzan valores varias veces superiores en comparación (25 a 30 kN/m^3). Aunque las figuras de bronce son en su mayoría huecas, lo que naturalmente reduce su peso, la densidad relativamente alta del metal (87 kN/m^3) no resulta sin embargo del todo irrelevante. Esto significa que el peso muerto del material, generalmente mucho mayor que el de la materia orgánica, tiene un efecto muy desfavorable sobre las estatuas en comparación con el organismo vivo. Además, la resistencia a la tracción de la piedra natural, especialmente el mármol (aproximadamente 5 N/mm^2) es casi insignificante comparada con la resistencia a la tracción mucho mayor de tendones orgánicos (60 a 100 N/mm^2).[23] Debido a su alta resistencia a la tracción (unos 400 N/mm^2), el bronce es mucho más favorable en este sentido.[24]

Por otro lado, otro factor complicaba a menudo el trabajo de los escultores: Las réplicas más atrevidas de figuras vivientes las muestran en un estado dinámico, no estático, 32 por ejemplo caballos al principio de un salto. Mientras que en la figura real este estado de equilibrio casi flotante dura sólo temporalmente y está fuertemente respaldado por la inercia dinámica de la masa en movimiento, que hace que el cuerpo aparentemente permanezca en el aire, por así decirlo, durante segundos, ambos factores están completamente ausentes en imágenes estáticas. Incluso un caballo real encabritado no puede mantener este estado de equilibrio durante más de unos segundos. Las estatuas de caballos (al menos de piedra) de tamaño natural también son mucho más pesadas que los caballos vivos. Así, las condiciones estáticas resultan más difíciles con la estatua o, a veces, simplemente terminan siendo inmanejables. Por ello, los artistas se vieron a veces obligados a recurrir a medidas drásticas.

El estrechamiento de las piernas de una figura erguida hasta los dos esbeltos tobillos fue siempre el problema técnico más difícil de resolver para los escultores. La considerable masa del cuerpo que se apoya en ellas —en el caso de estatuas ecuestres, incluso la masa acumulada del jinete y el caballo— exponía las estrechas piernas o patas, especialmente los tobillos o los menudillos, a un grave riesgo de fractura.[25] En la mayoría de los casos, había que recurrir 30 a trucos más o menos disimulados para garantizar una estabilidad suficiente de la escultura. Los brazos extendidos corrían siempre el riesgo de cizallarse por su propio peso y por la fragilidad del material, por lo que en ocasiones (y dis- 30 cretamente) se apoyaban en lanzas o bastones. Las estatuas 28 ecuestres de piedra se apoyaban en paredes o se sostenían sobre aparatosos pedestales situados bajo el vientre del caballo. Aunque las estatuas ecuestres de bronce tenían los mismos planes de construcción inconvenientes que las de piedra, eran huecas y se beneficiaban de la mayor resistencia y ductilidad del bronce, por lo que ya en una etapa temprana se prescindió en gran medida de (embarazosas) muletas. Con el desarrollo de la técnica de fundición en bronce, también se realizaron posturas de la figura del caballo más atrevidas y dinámicas, últimamente también encabritado o incluso saltando. Sin embargo, debido a que el tamaño límite del plan de construcción elegido se excedía irremediablemente, tenía que proporcionar apoyo adicional la cola del caballo, que (cosa notable) en tales casos siempre llegaba hasta el suelo y discretamente añadía, por así decirlo, una tercera pata. **29** **31** **33, 32** **33**

De ello se desprende la gran influencia de los factores de tamaño, material y plan de construcción (también) en el trabajo artístico de los escultores que, operando con sus obras al borde del tamaño límite, probablemente se vieron obligados, muy a su pesar, a intervenir masiva y ostensiblemente en el diseño de sus esculturas para garantizar su estabilidad.

9.2 El juego provocador con el tamaño límite

Probablemente el tema preocupó demasiado a generaciones de artistas como para no convertirse en un objeto de tratamiento artístico en sí mismo. En un notable acto de autorreflexión, algunos artistas convirtieron la compleja interacción de la forma, el material y el tamaño, y en particular la percepción humana de los mismos, en el centro de su obra.

Veamos la forma de la escultura de Nicolas Brancusi *l'oiseau dans l'espace*. Esta escultura de piedra con forma de huso que se estrecha hacia abajo llama la atención por la **34**

34 Escultura *l'oiseau dans l'espace*, Constantin Brancusi, altura aprox. 1,40 m.

35 Torre *Swiss Re* (*The Gherkin*), Londres, Foster & Asociados; altura aprox. 180 m.

36 Escultura de Isamu Noguchi, *Museum of Modern Art*, Nueva York.

constricción en su base, que le confiere una apariencia extremadamente frágil. Probablemente sólo se puede conseguir que se mantenga en pie con la ayuda de un pasador de metal escondido en la piedra. Sin duda, el artista era plenamente consciente de haber alcanzado —o, más exactamente, de haber superado ya— el tamaño límite de esta forma, dada la escasa capacidad de carga y el gran peso del material pétreo. Precisamente con la provocativa constricción parece querer evocar el efecto de ligereza, y con ello quitarle la pesadez al material pétreo, al menos virtual y visualmente. Sabe (¿instintivamente?) que esta forma no resulta plausible ejecutada en un material pétreo pesado y que, en consecuencia, se tiende a asociarla en cambio con un material ligero y con la idea de ligereza, por ejemplo, de una pluma de ave, a la que la escultura también se aproxima formalmente. Este juego con nuestra percepción parte del supuesto que tenemos un sentido arraigado de la posibilidad o imposibilidad fáctica de un objeto estático de un determinado tamaño, con una determinada forma y hecho de un determinado material. Es precisamente a esta capacidad a la que Brancusi apela implícitamente con su escultura.

36 La escultura de Isamu Noguchi también juega conscientemente con el concepto de tamaño límite, que sin duda somos capaces de valorar intuitivamente en el contexto de una escala concreta e incluso de un material específico. Tenemos la sensación de que el prisma apuntado se encuentra en un equilibrio extraordinariamente inestable y amenaza con volcar en cualquier momento. Como pequeño pisapapeles, esta forma sería probablemente poco llamativa, pero ciertamente lo es a esta escala. El artista utiliza esta flagrante provocación con el fin de expresarse artísticamente. Así, reconoce simultáneamente, deliberada o inadvertidamente, tanto la existencia del tamaño límite como nuestra capacidad de percibirlo.[26] (El hecho de que, para este juego irritante y provocador, se introduzcan refuerzos ocultos cuando sea necesario, se varíen los grosores de las paredes o se ahuequen partes de la escultura según convenga mientras que otras se hagan sólidas, es otra cuestión y, como todo esto permanece oculto a la vista, es irrelevante al fin y al cabo.)

9.3 La importancia de la escala para artistas y arquitectos

La delimitación entre las profesiones del artista plástico y del arquitecto es una cuestión importante que preocupa sobre todo a numerosos arquitectos, ya que muchos de ellos consideran que su autoimagen profesional está mal valorada y que se ofende su honor profesional si —en opinión del autor, justificadamente— se les niega su calidad de artistas. El mito del artista-arquitecto, imbuido de inspiración divina, establecido ya en el Renacimiento italiano (por Giorgio Vasari, entre otros),[27] que no existía antes —por ejemplo, entre los maestros de obras medievales—, al menos no de esta forma explícita y reivindicada públicamente, ha sobrevivido hasta nuestros días con asombrosa pertinacia. Perdura hoy en la figura del *arquitecto estrella*, aunque posiblemente no en la forma explícitamente reivindicada cargada de connotaciones sobrenaturales que promulgaba Vasari.

Sin embargo, es evidente que hay un malentendido en este caso, y uno extraordinariamente trascendental, casi trágico. Decir que un arquitecto no es un artista no significa que su trabajo no tenga componentes artísticos o que el efecto de la arquitectura no pueda ser estimulante emocional e intelectualmente como lo es el de todas las artes visuales, aunque es dudoso (cuanto menos) que en arquitectura exista la misma profundidad e intensidad espiritual que en auténticas obras de arte. En este sentido, ambas profesiones, la del arquitecto y la del artista plástico, no cabe duda que tienen claros puntos en común.

No obstante, ya se mencionó anteriormente el carácter de la arquitectura que va siempre ligado a la *funcionalidad*, que no se puede obviar y que por sí mismo ya traza una línea bastante dura entre ambas disciplinas. Ahora bien, hay que admitir que la exigencia de usabilidad no es estrictamente categórica. Sobre todo los arquitectos que se consideran ante todo artistas a menudo hacen caso omiso de esta necesidad (en gran medida impunemente). Las consecuencias negativas en forma de funcionalidad limitada, o incluso inadecuada, del edificio son ciertamente perceptibles —sobre todo para el usuario—, pero a menudo se aceptan, aunque a regañadientes, (al fin y al cabo, es el diseño de un *arquitecto estrella* y por tanto habrá que apechugar con algún que otro inconveniente ...) o bien se mitigan sus efectos con medidas técnicas (o apaños técnicos). En este sentido, puede afirmase que, si uno se lo propone, casi cualquier forma concebible de edificio puede adecuarse más o menos a su finalidad, aunque la forma —como ya se ha dicho— siempre tenga efectos de gran alcance sobre el balance térmico y energético (relación A/V), la iluminación, la luz solar, la organización interna de las zonas de uso, el acceso externo e interno al edificio, la evacuación en caso de incendio, la relación urbanística con edificios vecinos y mucho más. Incluso constantes de uso aparentemente irrefutables, como suelos horizontales planos, ya han sido literalmente tiradas por la borda en algunos proyectos de arquitectos estrella, **37**
que —lejos de ser criticados por ello— en cambio recibieron

37 EPFL Rolex Learning Centre, Lausana (arqu.: Sanaa).

aplauso generalizado.

Hacer caso omiso de las (supuestamente) férreas normas de funcionamiento de edificios no es, por tanto, del todo imposible; más bien todo lo contrario: Ocurre más a menudo de lo que se supone. La falta de funcionalidad (simplemente) pone a prueba la tolerancia y paciencia de las personas que utilizan estos edificios, limita sus opciones, sin duda disminuye su bienestar general y (sobre todo) aumenta innecesariamente los costes de construcción. El consenso social, en cualquier caso, no parece tabuizar esta práctica. Hasta qué punto aprueba un arquitecto tal grado de autoindulgencia es, por otra parte, una cuestión de ética profesional particular.

Sin embargo, el otro rasgo distintivo entre el arte y la arquitectura es cualitativamente diferente: el tamaño absoluto de sus respectivos productos. Aquí hay un límite duro y verdaderamente insalvable que ni siquiera el arquitecto (o artista plástico) más irreflexivo y autocomplaciente puede traspasar: a saber, el tamaño límite físico de la estructura producida o el del diseño elegido para ella. Al final de nuestras consideraciones, es preciso analizar con más detalle las consecuencias de esta ley natural para ambos grupos profesionales.

El plan de construcción de la escultura *l'oiseau dans l'es-*
34 *pace* puede realizarse única y exclusivamente en el rango de tamaño máximo de esta escultura, nunca en el de un edificio. Si se ejecuta una forma sólo aproximadamente comparable en tamaño de edificio, se requiere —con las resistencias de los materiales disponibles hoy en día— una
35 superficie de apoyo proporcionalmente mucho mayor: En nuestra terminología, por tanto, un plan de construcción modificado y más eficiente. Lo mismo se aplica sin reservas
36 a la forma de la escultura de Isamu Noguchi. Traducido a nuestra nomenclatura, esto significa que los atrevidos y extremadamente ineficientes planes de construcción de estas esculturas ya fueron llevados muy cerca de sus tamaños límite. Las escalas mucho mayores, como son habituales en la construcción, requieren forzosamente un cambio en el plan de construcción y por tanto un cambio de forma. En este sentido, al artista no le queda vedado un acercamiento lúdico y burlonamente provocador al tamaño límite. Se consigue con medidas técnicas auxiliares relativamente inofensivas —también se pueden llamar *trucos* si se quiere—: refuerzos de acero ocultos, lastrado o adelgazamiento localizados, cambios en el grosor de las paredes, cambios de material, etc. En cambio, el acercamiento deliberado al tamaño límite conlleva medidas mucho más serias, complejas y costosas en edificios del tamaño para el que están diseñados.

Es cierto, sin embargo, que algunos artistas plásticos se acercan con sus obras a las escalas típicas de la arquitectura. Merece la pena examinar de cerca su trabajo: En cuanto a su tamaño, las esculturas de acero de Richard Serra podrían pasar por edificios, pero más bien pequeños. Su plan de construcción, sin embargo, ya es bastante eficiente por sí

39 Esculturas de Richard Serra.

38 Christo: Envoltura del Reichstag de Berlín.

mismo: paneles con apoyo lineal y sólo ligero desplome, pero con curvatura estabilizadora y rigidizadora, todo ello fabricado con un material de alta resistencia capaz de soportar esfuerzos de compresión y tracción, es decir, el acero. 37
Se podría afirmar que su repertorio formal se halla de todos modos (¿consciente o inconscientemente para el artista?) dentro del canon de las formas aptas para la construcción.

No cabe duda de que Christo también actúa a escala de edificio. Sus obras de arte, sin embargo, no son formas 38
originadas por la propia mano del artista, sino que son esencialmente formas puras de equilibrio —estructuras textiles— que adquieren su forma geométrica automáticamente como resultado de la acción de las fuerzas y, como ejemplos de construcción ligera extrema, pertenecen ya a priori a las formas constructivas menos influenciadas o limitadas por su peso propio —que en cualquier caso es muy pequeño—. Sin embargo, hay que señalar que Christo también se permite ciertas libertades en comparación con estructuras de edificios convencionales, lo que amplía considerablemente su libertad de diseño: Sus construcciones efímeras sólo están diseñadas para una corta vida útil. Las membranas, que en su mayoría se colocan planas, suspendidas o sujetas con cuerdas, se harían pedazos si estuvieran expuestas a cualquier tormenta fuerte y, por tanto, eluden algunos de los estrictos requisitos a los que la arquitectura —incluida la textil— se ve sujeta.

☞ *Véase al respecto Cap. 5., Aptdo. 2.1.3 La forma de equilibrio libre de flexión, pp. 183 y ss.*

Estos ejemplos ilustran claramente algo importante: La profesión artística goza de ciertas libertades formales. No sólo se derivan de que el arte no tiene por qué tener utilidad (véase la cita de Adolf Loos) —la necesaria usabilidad de los edificios es una restricción muy importante de la libertad de acción del arquitecto en la gran mayoría de los proyectos arquitectónicos—, sino que también resultan de la escala relativamente pequeña en la que generalmente trabaja el artista. Sin embargo, sus producciones —como todo lo demás en el universo— están sujetas a leyes naturales que pueden imponerle limitaciones significativas incluso a pequeñas escalas, como hemos visto, en particular, en el caso de esculturas.

La profesión de arquitecto, en cambio, está sujeta a restricciones formales aún más estrechas. Esto se debe a las condiciones físicas de las grandes escalas con las que opera principalmente. Ciertas formas constructivas le están sencillamente vetadas a partir de un cierto tamaño absoluto, que está bien dentro del espectro de tamaño de la arquitectura corriente, no importa a qué trucos técnicos se recurra, a pesar de todos los costes que se esté dispuesto a aceptar, simplemente por pura imposibilidad física. La diferencia realmente crucial radica en el tamaño.

En cuanto a la cuestión de la forma arquitectónica, lo único cierto es que determinadas formas no están disponibles para los arquitectos, pero sólo a partir de cierto tamaño. O dicho de otra manera: En comparación directa con el artista plástico, el arquitecto sólo puede recurrir a un repertorio reducido de formas. No obstante, nadie negará seriamente que la riqueza de las opciones de diseño de que disponen los arquitectos sigue siendo enorme y no cabe duda que es lo suficientemente grande como para que todo arquitecto esforzado y ambicioso tenga una tarea exhaustiva para toda su vida profesional. De hecho, como se ha señalado anteriormente, el repertorio de formas es mucho mayor hoy en día que en la época preindustrial y seguirá ampliándose significativamente en este sentido en el futuro con nuevos materiales más resistentes y ligeros y métodos de diseño y dimensionamiento más refinados y precisos. ¿Quién querría afirmar que los arquitectos históricos, por las posibilidades técnicas más limitadas de su época, estaban restringidos en su expresividad artística en comparación con arquitectos actuales y, por tanto, alcanzaban un nivel artístico menos elevado en sus obras que los arquitectos modernos?

Probablemente no sea un acto demasiado trágico si, como arquitecto, finalmente se consigue reconocer que —aunque existan claras similitudes entre ellas— las disciplinas de las artes plásticas y la arquitectura son, en última instancia, dos cosas diferentes. Las fronteras entre ambas profesiones son a veces fluidas, pero a veces también duras, como demuestra el ejemplo del repertorio de formas, estrictamente limitado por razones de escala, accesible a los arquitectos. Quizá toda la tragedia que emana de la frustración de muchos arquitectos (o incluso profesionales de la construcción en general) que no se sienten suficientemente reconocidos como artistas resida en un malentendido fundamental: que la excelencia artística siempre debe ir de la mano de una libertad de acción y diseño sin límites. Este supuesto es sencillamente erróneo. Lo refutan a muchos niveles innumerables obras de arte de la más alta categoría que se han creado a lo largo de la historia de la humanidad en las condiciones más restrictivas —limitaciones técnicas, tabúes sociales y religiosos, cánones de diseño generalmente aceptados, limitaciones económicas, etc.— y que dan testimonio de la capacidad del hombre para manifestar sus impulsos espirituales más profundos a través de la creación cultural, con total independencia de cualquier restricción aparente.

Nada ha cambiado hasta el día de hoy.

Notas

1 Esta afirmación no tiene en cuenta los organismos sistémicos como las colonias de hongos u otros sistemas biológicos vivos de la biosfera, que en su conjunto pueden alcanzar dimensiones aún mayores. Según Smil V (2019) *Growth*, las criaturas absolutamente más grandes no son las ballenas azules, sino los árboles Secuoya, que, con una altura de unos 120 metros y una fitomasa de unas 3.000 toneladas, empequeñecen a cualquier ballena azul. Pero incluso esta escala es superada con creces por rascacielos de tamaño medio.

2 En biología, la dependencia entre el tamaño corporal y diversos parámetros biológicos se trata en la subdisciplina de la *alometría* (gr. *allos* diferente). Fue fundada y bautizada en 1936 por Julian Huxley, profesor honorario de zoología experimental en el King's College de Londres, y Georges Teissier (Smil V (2023) *Size*, pág. 132).

3 Formulada por el biólogo alemán Carl Bergmann en 1847 y por el zoólogo estadounidense Joseph Asaph Allen en 1877. La regla establece que la masa corporal de los mamíferos aumenta en proporción a la distancia de su hábitat al ecuador y, en consecuencia, en proporción al descenso de las temperaturas. La regla de Allen establece que los animales de sangre caliente en climas más fríos tienen relaciones A/V más pequeñas que los de climas más cálidos y que esta adaptación produce extremidades y otras protuberancias más cortas (Smil V (2023), pág. 62). Sin embargo, la regla de Bergmann no está exenta de polémica entre los expertos. Esto no resta generalidad a las leyes de la escala, sino que tiene que ver con la influencia relativa de otros factores en el equilibrio térmico de un animal de sangre caliente, como la capacidad de aislamiento térmico de su piel o su pelaje, factores que, según los críticos de la regla, ésta no toma en consideración suficientemente. Véase a este respecto Reiss M J (1991) *The Allometry of Growth and Reproduction*, Cambridge, pp. 135 y ss.

4 Schmidt-Nielsen K (1984) *Scaling—Why is Animal Size so Important?*, Cambridge, pp. 210 y s.

5 Texto original de Galileo: „Para explicarlo, os he dibujado un hueso que excede en tres veces la longitud habitual [representada en la imagen superior, nota del autor] y que ha sido engrosado hasta tal punto que podría ser tan útil para el animal correspondientemente grande como el hueso pequeño lo es para el animal más pequeño. En la figura se puede ver la desproporción del hueso grande. Por lo tanto, si en un gigante se quisieran mantener las proporciones habituales, habría que encontrar materia más firme, o bien prescindir de la firmeza y hacer que el gigante sea más débil que las personas de estatura ordinaria; si es demasiado grande [es decir, en el tamaño límite, nota del autor] tendría que colapsar debido a su propio peso. En cambio, cuando el cuerpo se hace más pequeño, se produce un aumento relativo de la fuerza. Por eso creo que un perro pequeño podría cargar a otros dos o tres del mismo tamaño, mientras que un caballo apenas podría llevar a un solo caballo sobre su lomo." Galileo Galilei (1638) *Discorsi*, pág. 129, citado en Szábo I (1979) *Geschichte der mechanischen Prinzipien*, Birkhäuser, tabla IV.

6 El peso muerto es la masa multiplicada por la constante de la aceleración debida a la gravedad.

7 Aunque el aumento del volumen corporal a la tercera potencia de la longitud del cuerpo, manteniéndose invariable la forma, es un hecho geométrico indiscutible, el matemático y estadístico belga Adolphe Quetelet afirmó, basándose en numerosos datos estadísticos, que el peso corporal de

las personas adultas con estaturas diferentes es aproximadamente igual al *cuadrado* (no al cubo) de la estatura. Por lo tanto, para los cuerpos humanos se aplica lo siguiente: $M \sim L^2$. Esto fue confirmado en 1972 por Ancel Keys, fisiólogo estadounidense, basándose en estudios epidemiológicos detallados (según Smil V (2023), pp. 122 y ss.). Esto se debe (presumiblemente) al hecho de que en el mundo real de la biología no se puede asumir un isomorfismo absolutamente uniforme (es decir, identidad de proporciones corporales y, por tanto, de formas corporales) a lo largo de todo el espectro de tamaños considerado, al menos en los seres humanos. O dicho de otro modo: los cuerpos humanos más altos suelen tener proporciones más esbeltas que los más bajos y, en consecuencia, tienen proporcionalmente menos masa de la que cabría esperar.

8 La relación entre el volumen y el área, como todas las demás relaciones vinculadas al tamaño, puede expresarse con la fórmula general $\mathbf{y} = \mathbf{a}\,\mathbf{x}^{\mathbf{b}}$. Si $\mathbf{b} = 1$ existe una similitud geométrica estricta, es decir, un isomorfismo. Si $\mathbf{b} < 1$, **y** (por ejemplo, el área) crece más lentamente que **x** (por ejemplo, el volumen). En la literatura científica, esta relación suele representarse mediante gráficos logarítmicos (es decir, $\log \mathbf{y} = \log \mathbf{a} + \mathbf{b} \log \mathbf{x}$). En ese caso, la función produce una línea recta cuyo gradiente es igual al valor **b**. Para la relación área/volumen considerada resulta un valor de $\mathbf{b} = 2/3 = 0{,}67$. En la alometría biológica, la mayoría de los valores de **b** están en el rango de 0,6 a 08.

9 Análogamente, ocurre en el mundo animal con los principios fisiológicos de acción. Schmidt-Nielsen (1984) escribe sobre esto: „Un organismo muy pequeño, por ejemplo una ameba, puede abastecerse de oxígeno por difusión, lo que es suficiente para que el oxígeno llegue a todo el organismo con una tasa de suministro suficiente. Esto no es posible con organismos mucho más grandes porque la difusión a grandes distancias es un proceso muy lento. Sin embargo, esta restricción del suministro de oxígeno puede superarse utilizando el transporte de masas, es decir, la convección, para transportar el oxígeno. El aire de nuestros pulmones no puede renovarse sólo por difusión, por lo que los pulmones se ventilan por convección. Del mismo modo, el oxígeno no puede llegar a las distintas partes del cuerpo por difusión, por lo que el oxígeno se transporta a través del torrente sanguíneo hasta las inmediaciones de las células que lo consumen. Estos procesos nos resultan tan familiares que ya ni siquiera los percibimos como discontinuidades en el diseño, es decir, como invenciones novedosas para superar las limitaciones impuestas al metabolismo por la lentitud de la difusión a grandes distancias." (pp. 212 y ss).

10 Según Schmidt-Nielsen (1984, pág. 47), incluso en las aves capaces de volar, en las que por razones obvias (véase la nota 12) una reducción de su propio peso es de importancia decisiva para su capacidad de volar, no hay diferencias notables con mamíferos terrestres en cuanto a la relación entre

el peso del esqueleto y el del cuerpo, contrariamente a la creencia común de que los huesos de las aves son huecos y están llenos de aire y, por tanto, son mucho más ligeros que los de animales terrestres. Sin embargo, esto último sí que es válido para los huesos de las alas, lo que se explica plausiblemente por su movilidad necesariamente mayor, un interesante paralelismo con la influencia de la masa en los procesos de movimiento, como se comenta en el *Apartado 5.1.2 Dinámica*. Por otra parte, los huesos de las patas de las aves son (de nuevo según Schmidt-Nielsen, 1984) más pesados que los de mamíferos terrestres, lo que a su vez puede explicarse por el esfuerzo que supone aterrizar sobre dos patas (en lugar de cuatro). En definitiva, en este caso concreto parece corroborarse que la naturaleza sólo puede variar las propiedades de los materiales dentro de límites muy estrechos.

11 Véase la nota 9.

12 Las verdaderas razones no se han explorado del todo. Véase Schmidt-Nielsen (1984), pág. 10 y pág. 52.

13 Las especies de aves vivas más grandes (más o menos) con capacidad de vuelo pesan unos 13 kg. Una de ellas es la avutarda gigante africana (*ardeotis kori*), que sólo puede volar durante un corto periodo de tiempo. Los buitres y los albatros alcanzan pesos similares y vuelan durante largos periodos, pero utilizan para ello las corrientes de viento o la sustentación térmica (Schmidt-Nielsen (1984), pág. 191). Sólo podemos especular sobre el tamaño del cuerpo (especialmente la envergadura) y el peso corporal de los mayores pterosaurios extintos (ibid. pp. 28 y s.). Sin embargo, el autor Vaclav Smil comenta: Investigaciones recientes han demostrado "que un pterosaurio cretácico del género *Alanqa*, que vivió hace unos 95 millones de años, tenía huesos vertebrales muy ligeros, lo que reducía notablemente su masa esquelética total, aunque aumentaba significativamente su carga articular, y que permitía a este gran pterosaurio con una envergadura de 4 a 6 metros recoger presas relativamente pesadas sin riesgo de dañar su columna cervical. El mayor pterosaurio desdentado con un cuello largo y rígido, *Quetzalcoatlus northropi*, tenía una envergadura máxima que era el doble de grande [!, nota del autor] —pero millones de años de evolución en el Cretácico no pudieron producir avances mecánicos y estructurales que hubieran hecho posibles criaturas voladoras aún mayores—." Smil V (2923), pág. 109.

14 Véase la cita en la nota 5.

15 También se suele expresar con el término longitud de desgarro. Es la longitud máxima que una cuerda de un material con una resistencia determinada y un peso específico característico puede alcanzar libremente suspendida antes de romperse por su propia carga.

16 Por supuesto, no es una coincidencia que los diseños más absurdos, que se acercan al tamaño límite, pero que sin embargo se construyen contra todo impedimento, estén hechos casi sin excepción del material de construcción más

eficiente, es decir, el acero.

17 Este predominio de la gravedad sobre las cargas horizontales es, por cierto, la razón de la estabilidad de todas las llamadas estructuras de gravedad, como las presas o los muros pesados. Incluso las construcciones de obra convencionales sólo son estables gracias a este efecto.

18 Desde este punto de vista, podría ser legítimo argumentar que, a partir de un determinado tamaño, el arquitecto debería ceder su responsabilidad sobre el diseño global a un ingeniero civil, al menos a alguien que entienda y domine las complejas interacciones entre la fuerza y la forma, si es que el arquitecto no entiende las leyes de la física, que entonces afectan de lleno al diseño.

19 Un escultor se enfrenta a circunstancias similares: El brazo extendido, que proyecta horizontalmente, de una estatua de mármol de tamaño natural ya se encuentra muy cerca de su tamaño límite. Aquí, un plan de construcción decididamente ineficiente (voladizo) se une a un material relativamente débil (mármol). La debilidad del material se debe a la combinación de un peso muerto relativamente alto y una resistencia relativamente baja, especialmente (en este caso) a la tracción. Frei Otto dio esta interesante indicación en una entrevista el 23 de mayo de 2013. En: Moro, J L (ed) (2013) *Frei Otto zum 85sten*, Stuttgart. Lo mismo ocurre con las esculturas de bronce con caballos encabritados. Este aspecto se trata con más detalle en la *Sección 9.1*.

20 Esto ocurrió con la construcción de la *Jahrhunderthalle* en Wroclaw durante los años 1911 a 1913, con una luz de 65 m. Se considera comúnmente que rompió el récord porque tiene un esquema constructivo similar al del Panteón. Sin embargo, ya hubo antes vanos de más de 48 m, por ejemplo la sala de máquinas de la Exposición Universal de París de 1889, con unos 110 m.

21 Véanse los comentarios sobre las discontinuidades en el proyecto en la nota **9**.

22 En: Loos A (2006) *Warum Architektur keine Kunst ist – Fundamentales über scheinbar Funktionales*, Metroverlag, capítulo *Architektur*, pp. 75 y ss.

23 La resistencia a la tracción de los tendones orgánicos es de unos 60 a 100 N/mm², es decir, unas 15 veces la del mármol (Schünke M (2000) *Funktionelle Anatomie – Topographie und Funktion des Bewegungssystems*, pág. 83), que está en el ámbito de 5 N/mm². Naturalmente, hay que tener en cuenta la mayor superficie de la sección transversal completa de mármol y la sección transversal (en comparación, reducida) del tendón. Por lo tanto, más decisivo que el factor de resistencia a la tracción debería ser el del peso muerto. En términos de resistencia a la compresión, el mármol (entre 70 y 150 N/mm²) y el hueso cortical (la capa externa más firme del hueso, entre alrededor 100 y 230 N/mm²), por ejemplo, no están muy alejados. Una vez más, hay que tener en cuenta la sección transversal bastante menor del hueso en comparación con la de la estatua (por ejemplo, la de un tobillo), lo

que es un factor que favorece las condiciones estáticas de la estatua. Sin embargo, debe tenerse en cuenta que la resistencia a la compresión no es realmente decisiva para el fallo de miembros esbeltos, sino el riesgo de pandeo, que a su vez depende de la resistencia a la tracción, no a la compresión, de los materiales, ya que el pandeo es un proceso de flexión.

24 El bronce, una aleación de cobre y estaño, tiene una resistencia a la tracción de unos 400 N/mm^2.

25 Interesante y revelador en este contexto es el destino del Coloso de Rodas, una de las Siete Maravillas del Mundo Antiguo, terminada hacia el año 292 a. C. La estatua medía aproximadamente 33 metros de altura y era de bronce fundido. El coloso tenía forma humana y estaba de pie a horcajadas sobre la entrada del puerto. Según fuentes contemporáneas, la envoltura de bronce de la estatua se reforzó por dentro con piedras y andamios de hierro. Un terremoto provocó su derrumbe en el año 227/226 a. C., (sólo) unos 65 años después de su construcción. En vista de la gran masa (del cuerpo), que se sostenía a gran altura sobre unas piernas delgadas (y unos tobillos aún más delgados), y del hecho de que incluso en condiciones normales (es decir, sin terremotos) la figura probablemente ya estaba cerca de su tamaño límite, su destino estaba probablemente predeterminado y era, en última instancia, inevitable. El Coloso fue retratado con razón en la literatura antigua como un ejemplo de la arrogancia humana y, por tanto, como expresión de un desprecio insensato por las realidades físicas. Así pues, al menos algunos contemporáneos (pero no los constructores) ya tenían entonces una idea rudimentaria de las leyes naturales imperantes, en la época premoderna, mucho antes de que se formularan explícitamente de forma científica, aunque, como todos sabemos, a posteriori siempre se sabe más. La siguiente anécdota también es reveladora: " Los rodios, que inicialmente encargaron a Chares una estatua mediana de unos 18 metros de altura y fijaron el precio, cambiaron el pedido y duplicaron las dimensiones. Chares se dio cuenta demasiado tarde de que debería haber exigido ocho veces el precio en lugar de dos. Se arruinó por el encargo, lo que le llevó al suicidio." Probablemente no se había dado cuenta de que el volumen entra en el cálculo en la tercera potencia (no en la potencia simple como la altura), es decir, con $2^3 = 8$ (pudiendo posiblemente hacerse una reducción dependiendo del grado de oquedad de la estatua) (según Sexto Empírico, *Adversus matematicos 7*, 106 y s., en Wikipedia, palabra clave *Coloso de Rodas*, consultada el 21 de marzo de 2024.

26 Probablemente no sea una completa coincidencia que Noguchi fuera asistente de Brancusi en sus años de juventud.

27 En su obra principal: *Le vite de' più eccellenti pittori, scultori e architettori*, Florencia, 1550

2 SOSTENIBILIDAD

J. L. Moro, *El proyecto constructivo en arquitectura — del principio al detalle*, https://doi.org/10.1007/978-3-662-70279-6_2

1. Construcción, medio ambiente y cultura en la época preindustrial y contemporánea

Toda operación de construcción es, y siempre ha sido, una intervención en el medio ambiente natural y siempre representa una perturbación local (por pequeña que sea) del equilibrio ecológico. Para ello, se extraen materias primas de la naturaleza, se convierten en materiales de construcción en procesos técnicos complejos que consumen energía y otros recursos, se transportan a otros lugares y se transforman en edificios, a veces a través del el paso intermedio de la prefabricación de elementos de construcción en una planta fija.

Estos procesos relativamente complejos, incluso en las construcciones más sencillas, tuvieron lugar durante largos periodos de desarrollo humano en gran medida en armonía con la naturaleza, al menos en una medida que no era lo suficientemente grande como para perturbar gravemente el equilibrio ecológico en una zona amplia o incluso a nivel global.[1] La compatibilidad de la actividad constructiva tradicional, o más exactamente preindustrial, con el entorno natural no sólo se explica por su pequeña escala en comparación con las condiciones actuales, sino también por los propios métodos de construcción. En su mayoría se basaban en materiales de construcción disponibles a nivel local que eran relativamente fáciles de extraer o convertir para la construcción y que se podían utilizar sin infraestructura técnica importante. En la mayoría de los casos, los materiales se dejaban en gran medida en su estado natural, con poca transformación técnica, y al final de la vida útil del edificio se devolvían al ciclo natural de los materiales en un proceso de renaturización o descomposición. Ejemplos de ello son la arcilla y la madera.

MÉTODO CONSTRUCTIVOS

El fuerte apremio económico al que estaban sometidos la mayoría de los métodos constructivos tradicionales, simplemente porque ya de primeras surgieron casi exclusivamente de las condiciones de una economía de la escasez, también prescribía un uso correspondientemente económico de los materiales, la mano de obra y otros recursos. Los métodos constructivos tradicionales, equiparables a manuales o patrones de diseño y construcción que se desarrollaron, demostraron su eficiencia y se transmitieron a lo largo de generaciones, proporcionaron los conocimientos necesarios para hacer realidad el inevitable objetivo de la mayor economía posible y, por tanto, —como efecto colateral— una alta compatibilidad ecológica. Sin embargo, los asentamientos —poblados y ciudades— que surgieron de este modo también llevaban la impronta cultural de las sociedades humanas o civilizaciones que se realizaron a través de ellas y, a su vez, en el efecto inverso por así decirlo, moldearon la vida social y cultural y la conciencia de las personas.

Así, en casi todas las culturas humanas preindustriales, surgió una estrecha interconexión entre el entorno local —con sus recursos disponibles y sus condiciones límite dadas, por ejemplo, el clima—, los tipos de construcción resultantes y la civilización. Por un lado, ésta última se basaba en el entorno construido; por otro, éste también estaba conformado por normas y costumbres específicas de convivencia humana, así como por conceptos religiosos y artísticos.

La irrupción de la era industrial

■ Este equilibrio (a veces precario) entre la civilización humana y el medio ambiente natural, que prevaleció a lo largo de la prehistoria y de largos periodos históricos, así como la relativa gran estabilidad y coherencia interna de las sociedades tradicionales, se ha visto sacudido en sus cimientos por la llegada de los métodos de producción industrial y las rupturas de las bases de la civilización asociadas. En lo que respecta al ámbito de la construcción, y en particular al subsector de la construcción de edificios, las consecuencias de la industrialización pueden caracterizarse brevemente como sigue.

Después de que la industria de la construcción se caracterizara durante mucho tiempo por una gama relativamente restringida de materiales de construcción poco o medianamente procesados o técnicamente transformados, se abrieron camino en la construcción nuevos materiales como resultado de la industrialización. Se basaban en procesos técnicos de fabricación relativamente complejos que dependían de una amplia infraestructura industrial. Esto se aplica en particular al acero y al hormigón modernos, pero también a otros materiales resultantes de procesos de transformación física o química complejos, por ejemplo los plásticos.

La introducción de estos nuevos materiales y de los métodos de construcción asociados a ellos desencadenó también una rápida evolución de los modelos constructivos durante el período pionero de la industrialización, que se alejaron cada vez más de los tradicionales o los hicieron completamente obsoletos. Los métodos constructivos convencionales, que representaban un equilibrio muy delicado entre las (escasas) posibilidades técnicas y económicas efectivamente disponibles, las capacidades físicamente dadas de los materiales utilizados y las formas de vida tradicionalmente arraigadas, ya no pudieron hacer frente a las condiciones drásticamente modificadas de la era industrial y fueron sustituidos por otros nuevos. Este proceso histórico tuvo lugar esencialmente durante el siglo XIX y encontró su expresión más visible sobre todo en la construcción moderna de hierro y hormigón de la época.

☞ *Cap. 8. Métodos constructivos, pp. 308 y ss.*

Al mismo tiempo, la industrialización de los métodos constructivos aumentó drásticamente el consumo de recursos, tanto para la producción de materiales como para la construcción. Los procesos de fabricación industrial requieren grandes cantidades de energía; fuentes de energía y materias primas, algunas de ellas difíciles de obtener, se transportan de forma laboriosa y costosa desde regiones lejanas del mundo para su procesamiento, y durante estos procesos se generan numerosas emisiones nocivas y depósitos contaminados que ponen en peligro tanto el entorno natural como la vida y la salud de las personas.

Además, muchos métodos de fabricación industrial han

dado lugar a materiales que, o bien son resistentes a la intemperie y, por tanto, prácticamente imposibles de introducir en el ciclo ecológico (por ejemplo, los plásticos), o bien contienen contaminantes que emiten durante su ciclo de vida o que vierten en los suelos o en las corrientes de agua tras su eliminación. Lo mismo ocurre con numerosas sustancias residuales que no se transforman en materiales, pero que sin embargo se producen necesariamente durante el proceso de fabricación industrial. Básicamente, tanto el consumo de recursos como los impactos ambientales nocivos de la producción industrial han aumentado drásticamente en comparación con la época preindustrial. En la mayoría de los casos, las estructuras de los edificios modernos ya no pueden pasar a los ciclos naturales de los materiales, como ocurre con los tradicionales, sin que se produzcan daños medioambientales importantes.

La situación se ve agravada por la explosión demográfica y el desarrollo económico de numerosos países emergentes de los últimos 100 años (posibilitada sobre todo por la industrialización), que ha provocado una intensa actividad constructora en muchas regiones del mundo, con la consiguiente dispersión urbana en espacios ecológicos y culturales y la degradación general de las condiciones de vida de los habitantes.

1.2 La crisis

CRISIS DEL PETRÓLEO DE 1973

Existe un consenso generalizado de que una primera ruptura en la propia forma de entender el desarrollo industrial clásico se produjo con la primera crisis del petróleo de 1973.[2] Este acontecimiento trascendental dejó muy claro por primera vez a las sociedades industriales avanzadas que el desarrollo industrial que había tenido lugar hasta ese momento había alcanzado sus límites. Ya no se podía pasar por alto que el petróleo era un bien escaso y finito y, por lo tanto, una piedra angular de la era industrial, a saber, la energía barata y abundantemente disponible, había comenzado a tambalearse.

INFORME DEL CLUB DE ROMA DE 1972

Poco antes de la crisis del petróleo, en 1972, el informe del Club de Roma ya señalaba los límites del crecimiento humano, un crecimiento que en las sociedades industriales siempre se ha definido principalmente en términos económicos y que se considera todavía en esa forma en amplios círculos como un criterio esencial para la prosperidad de las sociedades actuales. Otro hito en la toma de conciencia de los peligros globales de una economía industrial desatada y de la necesidad de realizar profundas correcciones de rumbo en materia de política social, económica e industrial fue la primera cumbre del clima celebrada en Río de Janeiro en 1992, que reunió por primera vez a representantes de todos los países del mundo con esta intención.

CUMBRE DEL CLIMA EN RIO DE JANEIRO DE 1992

Si bien en una primera reacción a la crisis del petróleo se dieron los primeros pasos para aumentar la eficiencia energética en casi todos los ámbitos de la actividad humana, por ejemplo también a través de la nueva construcción de bajo consumo energético que surgió entre los años 1970 y 90, se impuso cada vez más a partir de entonces un enfoque más amplio y holístico, que no sólo tiene en cuenta el consumo de recursos y, en su caso, las cargas medioambientales, sino también aspectos más amplios, no sólo materiales y de salud, sino también del bienestar anímico de las personas. Al mismo tiempo, fue ganando terreno la idea de que el objetivo último de la actividad humana, especialmente de la actividad económica, la construcción y la producción, debe ser la preservación a largo plazo de la especie humana, es decir, de las condiciones ecológicas, económicas y sociales básicas de las que depende su supervivencia. Esto condujo al nacimiento del concepto de *desarrollo sostenible* de las sociedades humanas.

DESARROLLO SOSTENIBLE

1.3 Desarrollo sostenible

INFORME DE LA COMISIÓN BRUNDTLAND DE 1987

■ La primera formulación del concepto de sostenibilidad que se difundió a nivel mundial fue el informe de la Comisión Brundtland de las Naciones Unidas de 1987. Allí se puede encontrar la siguiente definición general:

> El desarrollo sostenible es aquel que satisface las necesidades del presente sin correr el riesgo de que las generaciones futuras no puedan satisfacer sus propias necesidades.[3]

Esto se refiere no sólo a las necesidades de mera supervivencia, sino también a las que permiten una vida equilibrada y plena dentro de una comunidad humana:

> En su sentido más amplio, la estrategia de desarrollo sostenible pretende promover la armonía entre las personas y entre éstas y la naturaleza.[4]

ECOLOGÍA
ECONOMÍA
COMUNIDAD, CULTURA

En general, en los últimos tiempos se ha impuesto un concepto global de sostenibilidad, que se basa esencialmente en tres pilares, a saber, la ecología, la economía y la comunidad humana y la cultura.

En términos de construcción, esto significa que los edificios sostenibles deben tener el menor impacto negativo posible sobre el medio ambiente natural como resultado de su construcción, funcionamiento y desmantelamiento; que sean económicos y provechosos en el cumplimiento de sus tareas; que, en última instancia, garanticen el bienestar general del ser humano y sean compatibles con sus ideas de comunidad y cultura.

CALIDAD TÉCNICA
CALIDAD PROCESUAL

Además, la sostenibilidad se asocia hoy a otros criterios que tienen un carácter unificador, por así decirlo, y son comunes a los tres pilares. Se trata, por un lado, de la calidad técnica del edificio, que debe garantizar la realización de las funciones que debe cumplir de forma fiable y duradera; por otro lado, la calidad procesual, que tiene por objeto garantizar que el proceso de planificación y ejecución se lleve a cabo de forma profesional y satisfactoria.

2 Sostenibilidad

1.4 El concepto de sostenibilidad

Este concepto de sostenibilidad extraordinariamente amplio, que a lo largo del tiempo ha ido incorporando a su espectro criterios de calidad cada vez más diversos, adquiere actualmente un carácter cada vez más generalizado como criterio de calidad holística de la construcción. En consecuencia, sólo un edificio sostenible es también un buen edificio; o los buenos edificios son siempre necesariamente sostenibles. Este uso en cierto modo inflacionario del concepto de sostenibilidad, que a menudo se utiliza como un eslogan comercial y, por lo tanto, frecuentemente se priva de su significado original, requiere una extrema precaución en su aplicación. Hay que tener en cuenta algunos problemas.

Las dificultades metodológicas surgen por el hecho de que el diseño de edificios no sólo tiene que seguir las exigencias del bienestar humano, sino que éstas también suelen estar predeterminadas, o al menos influidas, en sentido contrario por las posibilidades técnicas existentes. Las exigencias tan elevadas que se plantean hoy en día en materia de confort térmico en los interiores, por ejemplo, no habrían surgido si no se hubieran desarrollado a tiempo las posibilidades técnicas para ello, por ejemplo, envolventes de edificio bien aisladas y sistemas de calefacción y refrigeración modernos.

Además de las condiciones técnicas y funcionales, un edificio sostenible también debe satisfacer las necesidades espirituales de las personas según la definición global de sostenibilidad, que también incluyen la percepción estética. Siguiendo esta lógica, la calidad estética de los edificios tendría que recibir una ponderación adecuada frente a otros factores, algo que, sin embargo, no ocurre, o se hace de forma insuficiente, en los actuales sistemas de evaluación de la sostenibilidad.

También acechan otros escollos metodológicos: Por un lado, el diseño de edificios está indudablemente condicionado por ideas culturales arraigadas; por otro lado, éstas también están a veces claramente influenciadas y modificadas por tendencias arquitectónicas innovadoras. Una aplicación demasiado estricta del concepto de sostenibilidad, obsesionada con detalles, puede resultar a veces contraproducente en este sentido y, por ejemplo, cortar de raíz enfoques innovadores y no convencionales.

2. Diseño constructivo sostenible

El tema de la presente obra, el diseño constructivo de edificios, es una subárea de la proyectación de edificios. Por tanto, en el presente contexto se omiten numerosos criterios de sostenibilidad que podrían echarse en falta, especialmente los relativos al diseño general del edificio. Esto incluye, por ejemplo, la flexibilidad y convertibilidad de la distribución en planta del edificio, la comerciabilidad del edificio en su conjunto o cuestiones de integración urbana del mismo. Los restantes criterios se examinarán a continuación con más detalle, siempre que estén directamente relacionados con la construcción. Se pueden asignar a su vez a los tres pilares de la sostenibilidad: a saber, el ecológico, el económico y el sociocultural.

Sin embargo, algunos de los criterios de la lista de factores de sostenibilidad relacionados con el proyecto constructivo forman parte del repertorio de la proyectación convencional y siempre han sido, y siguen siendo, la base de cualquier trabajo de planificación apto para obtener resultados. Esto se aplica, en particular, a las denominadas subfunciones constructivas, cuyo cumplimiento permite llevar a cabo el uso previsto del edificio, es decir, residir, trabajar u otras actividades humanas. Se trata de las clásicas funciones protectoras: protección contra la humedad, protección contra el viento, protección térmica, protección acústica, protección contra incendios.

PROTECCIÓN CONTRA LA HUMEDAD
PROTECCIÓN TÉRMICA
PROTECCIÓN CONTRA EL VIENTO
PROTECCIÓN ACÚSTICA
PROTECCIÓN CONTRA INCENDIOS

La mayoría de ellas tienen una doble característica: Por un lado, son un requisito básico para la salud, el confort y la satisfacción de los usuarios, ya que sin la protección que proporcionan no se puede garantizar el confort, la seguridad y la salud necesarios en los espacios interiores; este aspecto figura, en el contexto de los criterios de sostenibilidad, entre los factores socioculturales. Por otra parte, la mayoría de estas funciones protectoras simultáneamente proporcionan la garantía de la integridad de los materiales y la durabilidad de la construcción, ya que, sin esta protección, ésta se desintegraría bajo la acción de la intemperie en un corto período de tiempo; este factor figura a su vez entre los criterios de calidad técnica.

Otra tarea que puede asignarse a la categoría de calidad técnica y que, además de las clásicas funciones protectoras mencionadas anteriormente, también puede entenderse como una subfunción constructiva, es garantizar la durabilidad de la construcción. Es una regla básica elemental del proyecto constructivo que desde tiempos inmemoriales ha estado en el centro de los esfuerzos de todo proyectista. Los elevados requisitos de durabilidad que se imponen a casi todos los edificios son una característica distintiva de la construcción (en contraste con otros sectores comerciales e industriales), reflejan las importantes inversiones en términos de trabajo y coste que siempre conllevan los edificios y representan una de sus contribuciones más importantes a la sostenibilidad.

DURABILIDAD

La última subfunción constructiva, además de las mencionadas funciones de protección y durabilidad, es la función de la transmisión de fuerzas. Aunque no se incluye explícitamente en las listas actuales de criterios de sostenibilidad, se entiende implícitamente como un requisito básico de toda construcción y puede atribuirse a la calidad técnica, así como a la exigencia de seguridad.

TRANSMISIÓN DE FUERZAS

Como conclusión de estas consideraciones, se puede afirmar que desde el punto de vista del proyecto constructivo, al que se dedica esta obra, un tratamiento estrictamente igualitario de las subfunciones constructivas y de las restantes tareas de sostenibilidad plantea dificultades metodológicas y, por tanto, no parece tener sentido. Por lo tanto, las primeras se tratan por separado y en profundidad en lo que sigue, como ha sido habitual hasta ahora, debido a su especial importancia. Las últimas completan y diferencian el tratamiento del tema del proyecto constructivo y, en este sentido, representan una contribución bienvenida a una teoría contemporánea general de la construcción de edificios, pero por las razones mencionadas deben ocupar un escalafón subordinado.

2.1 Del bajo consumo energético a la sostenibilidad

CONSTRUCCIÓN DE BAJO CONSUMO ENERGÉTICO

☞ *Cap. 7. Composición, pp. 272 y ss.*

■ La construcción respetuosa con el medio ambiente comenzó poco después de la primera crisis del petróleo, en 1973, con el esfuerzo por gastar menos energía durante el funcionamiento de los edificios. En los últimos 50 años, el desarrollo de las construcciones de edificios, en particular de las envolventes, ha estado dominado por la mejora constante del aislamiento térmico, es decir, esencialmente el aumento continuo del espesor de las capas de aislamiento térmico. Para ello hubo que superar numerosas y graves dificultades de diseño constructivo. Se tratan en forma concentrada en otra parte. A la vista del alto consumo energético del parque de edificios en aquella época, esa estrategia era sensata y estaba justificada, y a la vista de la necesidad, todavía existente actualmente, de que los edificios antiguos se pongan al día, aún lo es hoy.

Los progresos realizados en el desarrollo de nuevos edificios de bajo consumo de energía redujeron drásticamente el mismo durante su funcionamiento, es decir, en particular la energía utilizada para acondicionar térmicamente el edificio, es decir calefactarlo o refrigerarlo. En las llamadas casas pasivas, el consumo para calefacción supone alrededor de una vigésima parte de los valores de un edificio antiguo medio. Las casas de energía cero y de energía plus también existen hoy en día en forma de prototipos, aunque todavía no están técnicamente desarrolladas. Esto significa que la energía de operación se ha reducido hasta tal punto que otros consumos energéticos (necesariamente) pasan a ser el centro de atención. Esto incluye la energía incorporada, encapsulada en los materiales; la energía necesaria para mantener su funcionalidad durante la operación del edificio, por ejemplo para su mantenimiento o reparación; así como la energía necesaria para su reciclaje y eliminación al final del ciclo de vida. El tipo y la naturaleza de los materiales utilizados, así como la interacción constructiva de los componentes fabricados con ellos, desempeñan aquí un papel esencial.

En el transcurso del progreso de la planificación y la construcción ecológicas, ha quedado claro que una reiterada mejora forzada del aislamiento térmico más allá de ciertos valores límite puede no ser conveniente. Esto se debe a un dilema al que se ve enfrentado el proyectista: Mientras que los aumentos iniciales del grosor del aislamiento suponen un importante ahorro de energía con espesores de aislamiento menores, los aumentos posteriores se vuelven cada vez más ineficaces. Para grandes espesores de aislamiento, son necesarios aumentos importantes de grosor para conseguir cualquier mejora apreciable. Por este motivo —así como por otras razones, como el consumo de superficie útil debido a los grandes espesores de las paredes exteriores— el ahorro de energía de operación llega a su límite. Las capas de aislamiento térmico sobredimensionadas también aglutinan una energía incorporada nada despreciable, que en estas condiciones puede llegar a anular el ahorro que se obtiene con un mayor aislamiento térmico.

Por lo tanto, la visión un tanto limitada de la construcción de bajo consumo de energía, como se ha señalado anteriormente en el contexto de los esfuerzos globales para alcanzar sostenibilidad, también ha dado paso en el proyec-

☞ *Véase al respecto Cap. 10. Aptdo. 3.3.3 Protección térmica > Aislamiento térmico, pág. 602 y ss., en particular el diagrama de* **63**.

área temática	**grupo de criterios**	**criterio**	**ponderación relativa**
calidad ecológica	efectos sobre el medio ambiente global y local	evaluación del ciclo de vida — impactos ambientales debidos a emisiones	
		riesgos para el medio ambiente local	
		extracción de materiales respetuosa con el medio ambiente	
	utilización de recursos y generación de residuos	análisis del ciclo de vida — energía primaria	
		demanda de agua potable y volumen de aguas residuales	
		utilización del suelo [1]	
calidad económica	costes del ciclo de vida	costes relacionados con la construcción en el ciclo de vida	
	rendimiento	flexibilidad y convertibilidad	
		aptitud para la comercialización	
calidad sociocultural y funcional	salud, comodidad y satisfacción del usuario	confort térmico	
		calidad del aire interior [2]	
		vonfort acústico	
		confort visual [3]	
		influencia del usuario	
		cualidades del espacio exterior	
		seguridad y riesgos de incidentes	
	funcionalidad	accesibilidad [4]	
		accesibilidad pública	
		confort ciclista	
	calidad estética	procedimiento para el concepto urbanístico y de diseño	
		arte en el edificio	
		cualidades de la distribución en planta	
calidad técnica	calidad de la ejecución técnica	protección contra incendios	
		protección acústica	
		calidad y de protección térmica y contra la humedad de la envolvente del edificio	
		adaptabilidad de los sistemas técnicos	
		facilidad de limpieza y mantenimiento	
		facilidad de desensamblaje y desmontaje	
		control de emisiones	

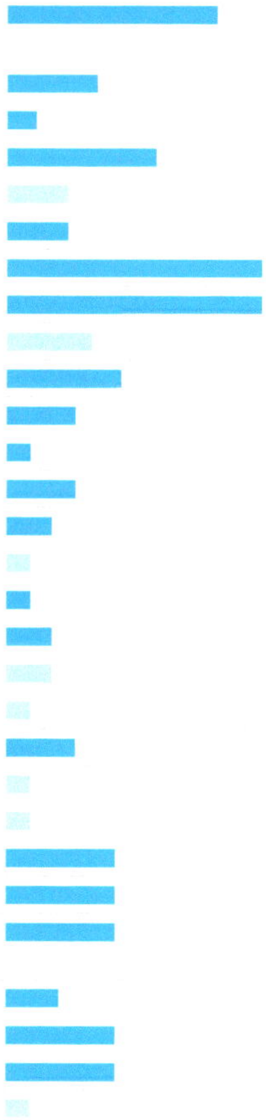

[1] Las estructuras de edificios, como muros exteriores, también pueden ocupar suelo debido a su grosor.
[2] En la construcción de edificios, la elección del material de las superficies de componentes expuestos (como paredes interiores o suelos) puede influir en la calidad del aire interior.
[3] La elección de los materiales, el diseño y el color de las superficies de componentes expuestos, como paredes interiores o suelos, influyen en la calidad visual.
[4] El diseño de elementos constructivos como suelos o barandillas, por ejemplo, así como el diseño de las superficies envolventes interiores, como paredes, pueden influir en la accesibilidad.

1 Lista de criterios de sostenibilidad del sistema de evaluación del *Consejo Alemán de Construcción Sostenible* (*DGNB*) (los factores no relevantes para la construcción aparecen en gris).

CONSTRUCCIÓN SOSTENIBLE

to constructivo a la visión más amplia de la construcción sostenible. Es necesario realizar una evaluación holística del consumo y de los impactos ambientales que no sólo abarque una sola fase del ciclo de vida del edificio (por ejemplo, el funcionamiento), sino todas las fases, incluidas la construcción, la eliminación y el reciclaje. Los métodos numéricos de captación de impactos ambientales, tal y como se definen a continuación, desempeñan un papel crucial en este proceso. La posibilidad de una evaluación exhaustiva de la sostenibilidad de un proyecto de construcción la ofrecen varios sistemas de evaluación desarrollados a nivel nacional
1 pero aplicados internacionalmente.

3. Ecología

■ En términos de sostenibilidad, el proyecto constructivo puede considerarse una poderosa herramienta en manos del proyectista del edificio. Las decisiones de proyecto en la fase de ejecución, en la que las cuestiones constructivas cobran la mayor importancia, ejercen una fuerte influencia sobre la calidad medioambiental, el control de costes y, en muchos aspectos, también en la compatibilidad social de un edificio.

☞ Un análisis comparativo de los materiales de construcción más importantes en cuanto a su compatibilidad medioambiental se halla en Cap. 3., Aptdo. 11.4 Análisis del ciclo de vida, pág. 152

ANÁLISIS DEL CICLO DE VIDA (ACV)

INVENTARIO DEL CICLO DE VIDA

EVALUACIÓN DE IMPACTOS

☞ Aptdo. 3.2.3 Etiquetado y declaraciones de producto medioambientales (Environmental Product Declarations, EPD), pág. 54

La elección de un material influye ya en numerosas fuentes de consumo de energía y en el impacto medioambiental en la fase de construcción, que resultan de la transformación de materias primas en materiales de construcción industriales. Sin embargo, la elección del material también influye en otros factores, como la intensidad del mantenimiento o los ciclos de renovación durante su vida útil, así como los gastos de reciclaje o eliminación cuando la estructura del edificio se desmantela. Estas influencias se reflejan en el análisis del ciclo de vida mediante dos factores: mediante el *inventario del ciclo de vida*, que hace un balance del consumo de energía, materias primas y otros recursos, y la *evaluación de impactos*, que registra las repercusiones medioambientales. Ambos factores pueden cuantificarse ya hoy en día recurriendo a bases de datos de acceso general.

Los materiales encarnan la jerarquía de diseño de menor complejidad. Se utilizan para fabricar componentes, que a su vez se conectan para formar ensamblajes, subsistemas y, en última instancia, todo el edificio. Estas estructuras con mayor grado de complejidad también generan o influyen en el consumo de recursos y en el impacto medioambiental, ya que éstos están predeterminados por el proceso de montaje, por un lado; por otra parte, el tipo de montaje también influye significativamente en factores como el mantenimiento, la intercambiabilidad durante el funcionamiento y el desmontaje al final del ciclo de vida.

Los datos sobre el impacto medioambiental de construcciones más complejas sólo existen parcialmente hoy en día, por ejemplo a nivel jerárquico de componentes constructivos, como ventanas, puertas, etc. Para una evaluación completa de la sostenibilidad de un proyecto constructivo, en el futuro también habrá que proporcionar y procesar datos adecuados para elementos constructivos con mayores grados de complejidad.

El registro de la compatibilidad medioambiental de materiales y construcciones

3.1

■ Los materiales de construcción modernos no suelen ser materias primas más o menos sin procesar, sino productos industriales adaptados a nuestras necesidades, generalmente en un largo proceso de transformación. Tanto la extracción de materias primas como su posterior transformación en materiales de construcción requieren en algunos casos un considerable consumo de energía. Esta proporción de energía se denomina consumo de *energía primaria* o *energía incorporada* (en inglés: *embodied energy*) y ya está contenida o encapsulada, por así decirlo, en cada material que se utiliza. Este consumo representa por sí solo una carga para el medio ambiente, ya que actualmente sigue alimentándose en gran medida de fuentes de energía no renovables. Pero el proceso de extracción de materias primas y su transformación en materiales técnicos también es causa de contaminación ambiental, ya que los procesos técnicos asociados emiten sustancias nocivas. Estos efectos se resumen bajo el término general de *impactos ambientales*. En este sentido, el proceso de fabricación de materiales genera flujos de entrada (las materias primas a consumir y el consumo de energía necesario), así como flujos de salida (residuos, emisiones), que tienen un impacto sobre el ecosistema.

CONSUMO DE ENERGÍA PRIMARIA, ENERGÍA INCORPORADA

IMPACTOS AMBIENTALES

FLUJOS DE ENTRADA, FLUJOS DE SALIDA

Sin embargo, las fases de extracción de materias primas y su posterior transformación en materiales no cubren por sí solas el impacto medioambiental de las construcciones. Además, hay que tener en cuenta los pasos posteriores hacia el edificio terminado y también las fases de su ciclo de vida completo, es decir, la transformación posterior de los materiales en componentes y su montaje en la fábrica para formar construcciones, el montaje in situ en la obra, el cuidado y el mantenimiento o la renovación durante la fase de funcionamiento del edificio y la eliminación o el reciclaje al final del ciclo de vida. En todas estas fases del ciclo de vida de la construcción, que se resumen en la lista de ⧉ **2**, **2** se producen los correspondientes consumos de recursos e impactos ambientales, que se cuantifican en cada caso (como en la propia producción de los materiales) por medio del inventario del ciclo de vida y la evaluación de impactos medioambientales.

CICLO DE VIDA

Esta práctica de cuantificación refleja el hecho de que, mientras que los efectos ecológicos solían considerarse previamente a lo sumo a nivel local en las inmediaciones del edificio, hoy en día se requiere una consideración más amplia hasta el nivel global. El análisis del ciclo de vida en la construcción es importante porque la construcción representa una parte muy grande del consumo total de recursos y energía, incluidas las emisiones contaminantes resultantes, en la mayoría de las economías del mundo, especialmente en los países industrializados. Esta se encuentra en el orden de 40–50 %. Una actuación responsable de los profesionales de la construcción puede, pues, contribuir de forma decisiva a la protección del medio ambiente. Por tanto, en el futuro es probable que se convierta en una práctica habitual que los profesionales de la construcción comprueben la compatibilidad medioambiental de cada decisión de proyecto y también del proyecto de construcción general al final del proceso. En lo que respecta a las cuestiones relacionadas con los materiales y la construcción, se presenta a continuación un breve resumen de algunos métodos adecuados.

3.2 **Análisis del ciclo de vida (ACV)** (Life-Cycle Assessment, LCA)

■ El análisis del ciclo de vida es uno de los varios métodos de evaluación disponibles (junto con la evaluación de riesgos, la evaluación del comportamiento ambiental, las auditorías ambientales y la evaluación del impacto ambiental) para evaluar el comportamiento medioambiental de un material o producto derivado. Tiene en cuenta los aspectos ecológicos, pero no los económicos o sociales. La economía y la compatibilidad social deben incluirse en una evaluación exhaustiva de la sostenibilidad, pero no pueden tratarse con mayor detalle en este contexto debido a su complejidad y a su naturaleza multifacética. La perspectiva del ACV es global, es decir, no capta los impactos locales en el medio ambiente o en los usuarios. Para ello, se pueden utilizar varios de los métodos alternativos mencionados anteriormente.

El análisis del ciclo de vida se basa en la recopilación

fase de producción *		
	A1	extracción y transformación de materias primas; transformación de materiales secundarios utilizados como insumos (por ejemplo, procesos de reciclado).
	A2	transporte al fabricante
	A3	producción
fase de construcción	**A4**	transporte a la obra
	A5	instalación en el edificio
fase de utilización		(en lo referente a la estructura del edificio)
	B1	uso o aplicación del producto instalado
	B2	inspección, mantenimiento, limpieza
	B3	reparación
	B4	cambio, sustitución
	B5	mejora, modernización
fase de utilización		(en lo referente al funcionamiento del edificio)
	B6	consumo de energía para el funcionamiento del edificio (sistema de calefacción y otros equipos)
	B7	consumo de agua para el funcionamiento del edificio
fase de eliminación		
	C1	desmantelamiento, demolición
	C2	transporte para el tratamiento de residuos
	C3	tratamiento de residuos para su reutilización, recuperación y/o reciclado
	C4	eliminación
reutilización recuperación reciclaje		
	D	flujos netos y créditos (beneficios)

*Los módulos **A1** a **A3** son obligatorios para cualquier EPD conforme a la norma *EN 15804*; todos los demás son opcionales.

2 Fases del ciclo de vida según *EN 15804*, 6.2. Todos los datos del inventario del ciclo de vida y la evaluación de impacto de las EPD se organizan de acuerdo con estas fases.

y evaluación de los flujos de entrada y salida del ciclo de vida completo de un sistema de productos y los posibles impactos ambientales que pueden derivarse de ellos a lo largo de su ciclo de vida. A este respecto, la entidad técnica investigada se considera un sistema que está virtualmente separado del medio ambiente, interactúa con él, tiene las correspondientes entradas y salidas materiales y energéticas durante todo su ciclo de vida y, por lo tanto, causa impactos ambientales. Los flujos de materiales y energía directamente cuantificables (entradas o consumo de recursos; salidas o residuos o emisiones) se registran esencialmente en la fase de análisis del inventario del ciclo de vida (ICV, inglés: *Life-Cycle Inventory Analysis*, LCI), mientras que los impactos ambientales indirectamente cuantificables se registran en la fase de evaluación de impactos del ciclo de vida (EICV; inglés: (*Life-Cycle Impact Assessment*, LCIA).

📖 *EN ISO 14040, 3.2*

SISTEMA

Los siguientes factores o indicadores se registran en las dos fases de recogida de datos, es decir, el inventario del ciclo de vida y la evaluación de impactos.

3.2.1 **Indicadores del inventario del ciclo de vida** (Life-Cycle Inventory Analysis, LCI)

■ Los „flujos de entrada (recursos) y de salida (residuos, emisiones) que traspasan el límite del sistema se registran cuantitativamente en forma de valores clave". Estos datos representan „el punto de partida de la evaluación de impactos". El consumo de recursos tiene una relevancia diferente en función de si el recurso respectivo está suficientemente disponible o, por el contrario, es escaso. En el primer caso, el consumo de recursos se contabiliza principalmente por el consumo de energía para el suministro de los mismos o por el impacto medioambiental resultante. En el caso de recursos escasos, también se cuantifica y se evalúa el propio consumo. Los recursos pueden ser bióticos o abióticos, finitos o renovables.

📖 *EN ISO 14044, 3.24*

Los indicadores agregados del inventario del ciclo de vida son:

- consumo de energía primaria, no renovable [en MJ] (PENRT), de recursos energéticos abióticos finitos como el petróleo, el carbón, el gas natural, el uranio;

PENRT = *Primary Energy Non Renewable Total*

- consumo de energía primaria, renovable [en MJ] (PERT), procedente de la energía eólica, hidroeléctrica y solar;

PERT = *Primary Energy Renewable Total*

- consumo de agua [en kg]: comparación del consumo con la tasa de recarga local o regional;
- utilización del espacio natural;
- residuos: salida de residuos finales después del tratamiento (incineración de residuos, depósito en vertedero adecuado).

3.2.2 **Indicadores de la evaluación de impactos** (Life-Cycle Impact Assessment, LCIA)

La evaluación de impactos consiste en analizar las posibles repercusiones sobre el medio ambiente elaborando modelos con métodos científicos. Para registrar adecuadamente los efectos nocivos de los distintos factores ambientales y poder relacionarlos con un valor de referencia de aplicación general a efectos de comparabilidad mutua, se utilizan los llamados

EQUIVALENTE

equivalentes. El efecto de un determinado gas de efecto invernadero emitido durante la producción de un producto se relaciona, por ejemplo, con el efecto de 1 kilogramo de dióxido de carbono (CO_2), o se expresa en kilogramos de CO_2 equivalente.

3 En el análisis se incluyen los siguientes factores:

- Potencial de escasez de recursos abióticos, en cada caso en relación con los recursos materiales no fósiles (ADPE) [kg de Sb equivalente] y con las fuentes de energía fósiles (ADPF) [MJ]; el valor de referencia para el ADPE es el antimonio [Sb].

- Potencial de acidificación (PA; inglés: *Acidification Potential*, AP) [kg de SO_2 equivalente]. Acidificación de los suelos y las aguas como resultado de la conversión de contaminantes atmosféricos (óxidos de azufre, óxidos de nitrógeno) en ácidos (ácido sulfúrico, ácido nítrico) (reducción del valor de pH); daños en los ecosistemas y en las estructuras de los edificios. El valor de referencia es el dióxido de azufre (SO_2).

- Potencial de agotamiento del ozono o potencial de agotamiento de la capa de ozono estratosférica (inglés: *Ozone Depletion Potential*, ODP) [kg CCl_3 equivalente]. Agotamiento del ozono vital de la estratosfera, que protege contra los efectos de la radiación ultravioleta; los responsables son clorofluorocarbonos (CFC) y óxidos de nitrógeno (NO_X); por lo que aumenta el calentamiento de la atmósfera y los efectos nocivos del aumento de la radiación ultravioleta. El valor de referencia es el CCl_3F, un clorofluorocarbono (CFC).

- Potencial de calentamiento global (inglés: *Global Warming Potential*, GWP) [kg CO_2 equivalente]. Efecto invernadero debido a la emisión de gases de efecto invernadero antropogénicos (CO_2, metano, CFC); por lo que aumenta el calentamiento de la atmósfera. El valor de referencia es el dióxido de carbono (CO_2); también hay que tener en cuenta el tiempo de permanencia de los gases en la atmósfera en cada caso, lo que se hace tomando como referencia un periodo de integración concreto, normalmente cien años (GWP 100).

- Potencial de eutrofización (inglés: *Eutrophication Potential*, EP) [kg $(PO_4)^3$ equivalente (equivalente de fosfato)]. Acumulación de nutrientes en las masas de agua por efecto de contaminantes atmosféricos, aguas residuales y fertilización agrícola, lo que provoca el „vuelco" de los suelos o las masas de agua. El valor de referencia es el fosfato $(PO_4)^3$.

- Potencial de smog de verano o formación fotoquímica de ozono o potencial de formación de ozono troposférico (inglés: *Photochemical Ozone Creation Potential*, POCP) [kg C_2H_4 equivalente]. El ozono a nivel del suelo (en contraste con el ozono estratosférico) es perjudicial para los seres humanos, así como para las plantas y los materiales. La referencia es el eteno (C_2H_4).

parámetros que describen el uso de recursos y otra información medioambiental

indicador	dirección	unidad	producción A1–A3	transporte A4	instalación A5	uso B1	manteni-miento B2	reparación B3	reemplazo B4	conversión/ renovación B5	demolición C1	transporte C2	tratamiento de residuos C3	potencial de reciclaje D
energía primaria renovable como fuente de energía (PERE)	entrada	MJ	72,3	1,6	0,43	0	0	0	0	0	1,7	0,26	762	–47,1
energía primaria renovable para uso material (PERM)	entrada	MJ	0	0	0	0	0	0	0	0	0	0	0	0
energía primaria renovable total (PERT)	entrada	MJ	72,3	1,6	0,43	0	0	0	0	0	1,7	0,26	0,762	–47,1
energía primaria no renovable como fuente de energía (PENRE)	entrada	MJ	846	41	19	0	0	0	0	0	42	6,55	19,2	–319
energía primaria no renovable para uso material (PENRM)	entrada	MJ	0	0	0	0		0	0	0	0	0	0	0
total de energía primaria no renovable (PENRT)	entrada	MJ	846	41	19	0	0	0	0	0	42	6,55	19,2	–319
uso de materiales secundarios (SM)	entrada	kg	69,4	0	0	0	0	0	0	0	0	0	0	0
combustibles secundarios renovables (RSF)	entrada	MJ	146,8	0	0	0	0	0	0	0	0	0	0	0
combustibles secundarios no renovables (NRSF)	entrada	MJ	286,1	0	0	0	0	0	0	0	0	0	0	0
uso de los recursos de agua dulce (FW)	entrada	m^3	0,217	0	0	0	0	0	0	0	0,044	0	0	0
residuos peligrosos al vertedero (HWD)	salida	kg	0,163	0	0	0	0	0	0	0	0	0	0	0
residuos no peligrosos eliminados (NHWD)	salida	kg	0,001	0	0	0	0	0	0	0	0	0	0	0
eliminación de residuos radiactivos (RWD)	salida	kg	0,049	0	0,001	0	0	0	0	0	0	0	0	0
componentes para la reutilización (CRU)	salida	kg	0	0	0	0	0	0	0	0	0	0	0	0
materiales para reciclar (MFR)	salida	kg	0	0	0	0	0	0	0	0	0	0	2,4E+03	2,4E+03
materiales para la recuperación de energía (MER)	salida	kg	0	0	0	0	0	0	0	0	0	0	0	0
energía eléctrica exportada (EEE)	salida	MJ	0	0	0	0	0	0	0	0	0	0	0	0
energía térmica exportada (EET)	salida	MJ	0	0	0	0	0	0	0	0	0	0	0	0

parámetros que describen el impacto ambiental

indicador	unidad	producción A1–A3	transporte A4	instalación A5	uso B1	manteni-miento B2	reparación B3	reemplazo B4	conversión/ renovación B5	demolición C1	transporte C2	tratamiento de residuos C3	potencial de reciclaje D
potencial de calentamiento global (GWP)	kg de equ. CO_2	190,7	3	1,35	0	0	0	0	0	3,02	0,47	1,38	–23,08
potencial de agotamiento de la capa de ozono estratosférico (ODP)	kg de equ. CFC_{11}	6,7	1,6E-10	3,08E-9	0	0	0	0	0	1,63E-14	2,65E-11	7,45E-11	–9,57E-08
potencial de formación de ozono troposférico (POCP)	kg de equ. eteno	0,033	0,0012	0,000649	0	0	0	0	0	0,00373	0,000712	0,0017	–0,00405
potencial de acidificación del suelo y del agua (AP)	kg de equ. SO_2	0,273	0,0094	0,00918	0	0	0	0	0	0,0288	0,00474	0,013	–0,041
potencial de eutrofización (EP)	kg de equ. PO_4^3	0,0435	0,0021	0,00186	0	0	0	0	0	0,00613	0,00102	0,0028	–0,00591
potencial de agotamiento abiótico de recursos no fósiles (ADPE)	kg de equ. Sb	0,000339	1,37E-07	5,15E-08	0	0	0	0	0	1,39E-07	2,17E-08	6,34E-08	–1,9E-08
potencial de agotamiento abiótico de combustibles fósiles (ADPF)	MJ	724,5	41,2	18,14	0	0	0	0	0	41,9	6,5	19,1	–242,7

flujo de referencia: 1 m^3 de hormigón estructural C 20/25, densidad aparente 2.400 kg/m^3

3 Ejemplo de EPD para hormigón estándar C 20/25 con inventario de ciclo de vida (arriba) y evaluación de impacto (abajo).[6]

3.2.3 **Etiquetado y declaraciones de producto medioambientales** (Environmental Product Declarations, EPD)

Los conjuntos de datos aplicables en la práctica están a disposición del proyectista en forma de etiquetas o declara-
3 ciones de producto medioambientales (EPD). Constituyen la base de datos para la evaluación ecológica de edificios según la norma. Se basan en normas internacionales y en la norma europea,[5] por lo que están coordinadas internacionalmente. Las EPD proporcionan información medioambiental cuantificada sobre los productos o servicios de construcción, normalizada y comparable sobre una base científica, y recogen los parámetros del inventario del ciclo de vida, la evaluación de impactos y también información sobre las emisiones relevantes para la salud en el aire interior, el suelo y el agua durante la fase de uso del edificio. Esto permite al planificador tomar decisiones informadas a la hora de seleccionar productos lo más respetuosos posible con el medio ambiente.[7]

Las EPD las proporcionan los fabricantes. Las normas de la categoría de productos básicos (PCR básicas) garantizan que los fabricantes publiquen datos técnicos verificables y coherentes sobre la calidad ecológica de edificios, componentes o materiales de construcción. Estos son responsables de la información proporcionada.

Cualquier proyectista puede acceder a bases de datos de EPD adecuadas y de acceso público.[8]

4. Economía

Por analogía con el consumo de recursos y el impacto medioambiental de operaciones de construcción, que, para garantizar la sostenibilidad, deben registrarse no sólo durante la fase de construcción, sino a lo largo de todo el ciclo de vida de la estructura, la gestión sostenible de costes requiere la inclusión de los costes que se producen no sólo durante la construcción, sino también durante el funcionamiento y el desmantelamiento de la estructura del edificio. Sólo así es posible hacer una estimación realista de los costes totales que un determinado proyecto de construcción causará al propietario o al operador a largo plazo. Este enfoque difiere fundamentalmente de la práctica actual de registrar durante la fase de proyecto únicamente los costes de construcción y documentarlos para el cliente al final de la obra. El proyectista, en este caso principalmente el arquitecto, ha cumplido en tal caso por el presente con sus obligaciones de acuerdo con la tabla de honorarios y, por tanto, ya no es responsable de los costes que surjan en las fases posteriores de la vida útil de la estructura.

Esta práctica está en proceso de evolución hacia un registro mucho más exhaustivo de costes, ya en la fase de proyecto, con objeto de obtener una planificación sostenible. Aunque esta exigencia aún no está anclada en los baremos de honorarios de los proyectistas, esta ampliación de su competencia y su responsabilidad en materia de planificación está siendo impulsada principalmente por la presión cada vez mayor que se ejerce sobre la evaluación externa de la sostenibilidad de un proyecto de construcción.

Los certificados de sostenibilidad se han convertido en un factor comercial de peso en la comercialización inmobiliaria y, sin duda, ganarán en importancia en el futuro. Los factores económicos desempeñan un papel en los sistemas de evaluación proporcional a su relevancia. 1

4.1 Dificultades metodológicas

■ Al tratarse de un proceso de planificación que se entrelaza en una compleja red de factores interrelacionados que a veces son difíciles de cuantificar o predecir, la captación de los costes del ciclo de vida completo de un proyecto de construcción está plagada de diversas dificultades metodológicas. Las más importantes se examinarán con más detalle a continuación.

El registro de los costes reales de construcción durante la fase de proyecto, incluso antes de la finalización de la estructura, ya representa una proyección hacia el futuro (próximo), que está asociada a diversos imponderables y a veces a previsiones sólo parcialmente fundamentadas. Los costes reales, a veces notablemente superiores a los estimados, sobre todo los costes de construcción, que a veces se disparan y que finalmente resultan ser un múltiplo de los estimados originalmente, son una expresión de la dificultad inherente de registrar por adelantado con fiabilidad los costes de construcción de una estructura técnica no producida en serie tan compleja como un edificio.

Evidentemente, esta dificultad se multiplica si se quiere prever de forma fiable no sólo los costes de la fase de construcción, sino todos los costes del ciclo de vida. Para ello, es imprescindible hacer ciertas suposiciones hipotéticas sobre la vida útil, los ciclos de renovación de ciertos componentes, el tipo de deconstrucción al final del ciclo de vida, la posibilidad de reutilizar o reciclar partes del edificio y, en definitiva, los costes previstos de vertido y eliminación. Es obvio el posible margen de imprecisión de estas previsiones que se extienden hasta un futuro lejano. Es extremadamente difícil hacer predicciones precisas sobre la vida útil habitual de edificios, que oscila entre 50 y 100 años o más, en lo que respecta a la evolución prevista de costes, al desgaste de materiales y construcciones utilizados, a cualquier emisión contaminante inesperada o a otros daños que puedan tener que repararse con un coste elevado, así como a otros desarrollos futuros, al menos plausibles. La propia asunción de una vida útil determinada, necesariamente sujeta a grandes incertidumbres, tiene una fuerte influencia en los costes asociados al funcionamiento del edificio, que en total suponen una parte importante de los costes del ciclo de vida.

Además, en el desarrollo de los costes del ciclo de vida intervienen otros factores externos relacionados con el edificio particular, que influyen en la comerciabilidad de un inmueble, por ejemplo. Entre ellos se encuentran la evolución urbana, como la gentrificación de distritos urbanos, o las fluctuaciones generales del nivel de los alquileres, que son prácticamente imposibles de predecir a largo plazo. Por último, también influyen en la comerciabilidad de un inmueble algunos factores psicológicos extraordinariamente difíciles de detectar, como cambios en el atractivo de determinados tipos de edificio o estilos arquitectónicos, que son prácticamente imposibles de prever a largo plazo.

A pesar de estas dificultades, difícilmente evitables, de las que el proyectista debe ser consciente y que deben inducirle a preservar una adecuada cautela y evaluación diferenciada, el esfuerzo por registrar, al menos de forma aproximada, los costes del ciclo de vida supone un claro avance respecto a la práctica anterior de gestión de costes durante el proyecto descrita anteriormente, que estos factores ni siquiera los toma en consideración. Es de esperar que en el futuro el proyectista disponga de datos empíricos adecuados como referencia, que al menos le proporcionen una guía aproximada para tomar decisiones de proyecto acertadas. Cabe esperar que la creciente digitalización del proceso de planificación, especialmente con la introducción y generalización de los sistemas BIM, apoye esta tarea compleja y multifacética.

SISTEMA BIM (BUILDING-INFORMATION MANAGEMENT)

A continuación se examinarán con más detalle los factores esenciales que influyen significativamente en la cuantificación de los costes del ciclo de vida.

4.2 Vida útil

Si bien el estimar la vida útil prevista de todo el edificio es una asunción previa a la vez difícil y significativa para registrar los costes del ciclo de vida, es igual de importante prever de la forma más realista posible la vida útil de componentes individuales (como suelos o revestimientos de fachada) o de partes de subsistemas (como módulos técnicos del edificio, por ejemplo, sistemas de calefacción o cableado eléctrico) que se suelen sustituir en ciclos de renovación más cortos. Esto depende del envejecimiento de los componentes individuales o de la estructura completa del edificio, que puede tener varias causas, como desgaste mecánico, descomposición debida a influencias ambientales, degradación inherente al material de la estructura, accidentes o acontecimientos naturales, etc., pero también mantenimiento y cuidado inadecuados. El envejecimiento acaba provocando una pérdida o una reducción inaceptable de la funcionalidad de un determinado componente.

ENVEJECIMIENTO

4 Demolición de un edificio. Debido a la fuerte subida de los precios del suelo, los edificios situados en el centro de las ciudades suelen demolerse mucho antes del final de su vida útil técnica.

Las partes individuales del edificio están obviamente sujetas a influencias externas muy diferentes, que dan lugar a diferentes ritmos de envejecimiento. Los componentes del edificio expuestos a erosión mecánica constante, como los suelos, suelen tener ciclos de renovación mucho más cortos que los que no están afectados; las superficies expuestas a la intemperie, como cubiertas o fachadas, también pueden estar sujetas a ciclos de vida relativamente cortos, en función de los materiales y la construcción.

VIDA ÚTIL TÉCNICA

En este contexto, sin embargo, hay que diferenciar claramente el concepto de vida útil: Si bien la vida útil técnica puede definirse sobre la base de las características conocidas de los materiales o de la experiencia estadística como el período durante el cual un componente conserva su funcionalidad, la vida útil efectiva puede, sin embargo, diferir considerablemente de ella. Así, por ejemplo, consideraciones económicas reflejadas en una vida útil económica 4 pueden hacer que se sustituya una parte de un edificio antes de que haya expirado su vida útil técnica.

VIDA ÚTIL EFECTIVA

VIDA ÚTIL ECONÓMICA

Además del envejecimiento físico, también hay que tener en cuenta la obsolescencia, es decir, cuando un componente se considera obsoleto y, por tanto, se sustituye. Esto puede ser por razones técnicas o legales, porque las normas de construcción o la legislación de construcción han cambiado con el tiempo; o también por razones estéticas, porque el elemento se considera anticuado.

OBSOLESCENCIA

Ciclo de vida

Básicamente, el ciclo de vida de un edificio se divide en las fases de nueva construcción, uso, renovación y deconstrucción.

NUEVA CONSTRUCCIÓN

USO

RENOVACIÓN

DECONSTRUCCIÓN

Durante la fase de planificación, que precede a la construcción del edificio, se toman decisiones cruciales que influyen no sólo en los costes de construcción propiamente dichos, sino también en los costes subsiguientes que surgen en las fases posteriores del ciclo de vida. Se puede afirmar que el margen de decisión sobre la evolución posterior de los costes es máximo durante esta fase inicial. Sin embargo, 5 también es inicialmente mayor la falta de claridad de la base de la que se dispone para tomar decisiones.

La fase de utilización es el periodo durante el cual la estructura puede utilizarse para el uso previsto y se aprovecha la funcionalidad del conjunto, así como de las partes. Todas las medidas técnicas, administrativas y organizativas necesarias para la realización y el desempeño de la función del edificio se contabilizan como uso.

Quedan excluidas las medidas de mantenimiento necesarias que se producen periódicamente. En este contexto, se asignan a la fase de renovación. Estas medidas persiguen el objetivo de mantener o, en su caso, restaurar la funcionalidad de la estructura. El mantenimiento incluye la revisión,

MANTENIMIENTO

REVISIÓN

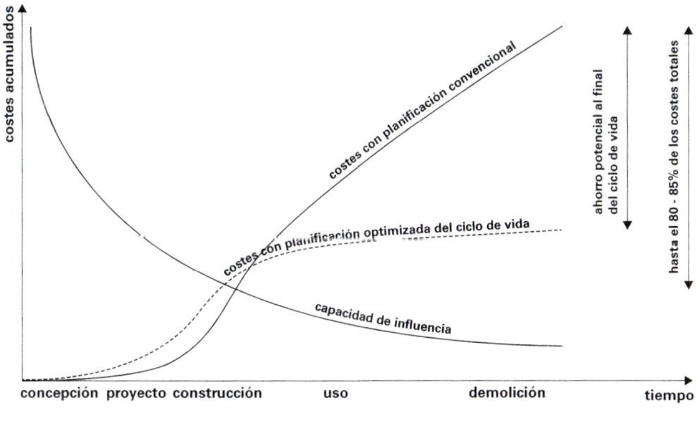

5 Costes del ciclo de vida y cómo influir en ellos a lo largo de la vida útil.[9]

6 Separación de granos tras la trituración de hormigón residual para su reciclado.

INSPECCIÓN
REPARACIÓN
MEJORA

la inspección, la reparación y la mejora.

REUTILIZACIÓN DE COMPONENTES

Al final del ciclo de vida está la deconstrucción. Para maximizar la sostenibilidad de una operación de desmantelamiento, se suelen aplicar las siguientes prioridades: Es preferible la reutilización al mayor nivel posible de complejidad técnica, es decir, la reutilización directa de elementos completos del edificio (por ejemplo, de fachadas) o al menos de componentes (por ejemplo, ventanas o puertas). En la práctica, sin embargo, este tipo de deconstrucción rara vez tiene lugar. Todavía queda mucho por hacer en este campo.

REUTILIZACIÓN DE MATERIALES, RECICLAJE

☞ *Sobre el reciclado, véase* ***Vol. 1****, Cap. III-6 Reciclaje, pp. 164 y ss.*

RECICLAJE DESCENDENTE

MATERIALES PRIMARIOS, SECUNDARIOS

La siguiente mejor opción es reutilizar o reciclar los ma-
6 teriales de construcción con el mayor nivel de complejidad técnica posible. Para ello es necesario reciclar materiales industriales de alto valor y de calidad comparable (así se hace con los metales, por ejemplo). Si no es posible mantener la calidad del material, se convierte en un material secundario de menor calidad en un proceso de reciclaje descendente (esto se hace con el hormigón, por ejemplo). Los materiales secundarios sustituyen a los primarios de nueva producción en la cadena de producción y, por tanto, suponen un ahorro de costes y un alivio para el medio ambiente.

RECICLAJE TÉRMICO

Si las opciones anteriores no están disponibles o no son prácticas, lo que queda es el reciclaje térmico de los materiales de construcción combustibles para aprovechar su valor calorífico y, si es necesario, reciclar aún más las cenizas resultantes, o en última instancia, eliminarlos en vertederos.

4.4 Costes del ciclo de vida

📖 *DIN 276-1*

📖 *DIN 18960, 5.2*

7 La **7** ofrece una visión general de los principales factores de coste incurridos durante las diferentes fases del ciclo de vida. Para los costes de construcción, así como en parte para los costes totales de edificación, la norma proporciona la clasificación por grupos de costes que se suele utilizar en la planificación. En el contexto de la construcción de edificios, son relevantes el grupo de costes 300 para construcciones y, de forma limitada, el grupo de costes 400 para instalaciones técnicas, en la medida en que influyen en la construcción de los edificios, por ejemplo, cuando se integran equipos técnicos en elementos constructivos, como instalaciones en forjados de piso.

La norma proporciona un desglose aplicable del coste de uso. Los elementos de coste de esta norma que son directamente aplicables a las estructuras de los edificios
8 se recopilan en **8**.

Asuntos sociales y culturales

■ Los aspectos socioculturales del proyecto constructivo se refieren al bienestar físico y mental de las personas. Al principio parece extraño que unos criterios tan aparentemente distantes de factores técnicos influyan en la construcción

fase del ciclo de vida	aspectos económicos y efectos
construcción **A0**, **A1** a **A5**	costes de los productos de construcción listos para usar suministrados de fábrica
	costes incurridos entre la fábrica y la obra
	trabajos preparatorios y equipamiento provisional de la obra
	construcción del edificio
	acondicionamiento inicial del edificio, acondicionamiento o transformación de edificios nuevos
	subvenciones e incentivos financieros, si procede
utilización **B1** a **B5**	reparaciones y sustitución de componentes menores
	sustitución y renovación de grandes sistemas y componentes
	adaptación o retroadaptación del edificio
	limpieza
	renovación
	tratamiento previsto o renovación prevista
utilización **B6** a **B7**	costes energéticos durante el funcionamiento del edificio
	costes asociados a la utilización del agua
	impuestos
	subvenciones e incentivos económicos
eliminación **C1** a **C4**, **D**	deconstrucción/desmantelamiento, demolición
	todos los gastos de transporte asociados al proceso de desmantelamiento y eliminación de la estructura
	tasas e impuestos
	costes y/o ingresos derivados de la reutilización, el reciclado y la recuperación de energía en la fase de eliminación

7 Costes del ciclo de vida relacionados con la construcción según *EN 15643-4*, 5.4.2.

nº	grupo de costes de utilización	comentarios
300	**costes de funcionamiento**	
330	**limpieza y mantenimiento de edificios**	
331	limpieza de mantenimiento	desglose por superficies de material y tipos de uso posibles
332	limpieza de cristales	ventanas exteriores, acristalamiento interior
333	limpieza de fachadas	posibilidad de desglose según superficies de material y elementos de protección, con y sin empleo de equipos
334	limpieza de sistemas técnicos	diversos equipos técnicos; relevancia limitada del diseño
339	limpieza y cuidados, otros	repetición de la limpieza básica
350	**operación, inspección, mantenimiento**	
350	operación, inspección y mantenimiento de estructuras de edificios	sistemas de drenaje, impermeabilización del edificio, revestimientos de pared, paredes plegables/corredizas, puertas, ventanas, barandillas, pasamanos, balcones, escaleras correderas, tejados, cúpulas, instalaciones fijas
359	operación, inspección, mantenimiento, otros	
390	**gastos de funcionamiento, otros**	
400	**gastos de reparación**	
410	**gastos de reparación de estructuras de edificios**	
411	cimientos	
412	paredes exteriores	
413	paredes interiores	
414	forjados	
415	cubiertas	
416	accesorios constructivos	
419	gastos de reparación de estructuras de edificios, otros	
490	**gastos de reparación, otros**	

8 Costes de uso relacionados con la construcción según *DIN 18960*, 5.2.

DIN EN 15643-3
DIN EN 16309

de edificios. Sin embargo, un examen más detallado pone de manifiesto que, al menos, las cuestiones de bienestar térmico y acústico están estrechamente relacionadas con el diseño constructivo. Se trata, sobre todo, del aislamiento térmico, de la protección contra la humedad, el viento y los ruidos, es decir, de subfunciones constructivas elementales que influyen decisivamente en el proyecto constructivo.

La componente sociocultural de estas funciones protectoras siempre se ha incluido implícitamente en el proyecto constructivo porque se considera un requisito fundamental (similar a la componente puramente técnica de estas subfunciones, cuyo objetivo es la conservación y la durabilidad de la estructura y se asigna a la categoría de calidad técnica en nuestro contexto de sostenibilidad), pero rara vez se formula explícitamente como tal.

En el transcurso del desarrollo y la posterior diferenciación del concepto de sostenibilidad, han aparecido otros numerosos factores socioculturales, algunos de los cuales también estaban implícitamente presentes en el pasado, pero que ahora se formulan y reivindican más explícitamente con el fin de garantizar de forma más completa la sostenibilidad de las construcciones.

EN 15643-3

La norma ofrece un marco de clasificación para poder hacer justicia a los factores socioculturales, que a veces son difíciles de registrar y evaluar. Los parámetros que contiene se analizan con más detalle a continuación.

5.1 Accesibilidad

En el contexto del diseño de edificios, la accesibilidad se refiere esencialmente a la accesibilidad sin barreras, un concepto que cada vez se entiende de forma más amplia y diferenciada, teniendo en cuenta no sólo limitaciones físicas sino también numerosas limitaciones cognitivas de las personas afectadas. El diseño y la calidad de superficies expuestas de componentes, por ejemplo, componentes envolventes de espacios, como suelos, paredes y techos, son relevantes a este respecto y pueden contribuir a reducir barreras obstructivas.[10]

5.2 Adaptabilidad

Este criterio describe la capacidad de la estructura de un edificio para adaptarse a diferentes requisitos de uso o tecnología, o para permitir cambios en estos requisitos. Esto afecta a numerosas cuestiones de diseño, como la desmontabilidad e intercambiabilidad de componentes envolventes o de partes del equipamiento técnico del edificio contenidas en ellos o integradas constructivamente en los mismos, el grado de movilidad para adaptarse a diferentes situaciones, etc.

5.3 Salud y comodidad

Las condiciones acústicas determinan claramente el bienestar de las personas. La calidad de los elementos de separación en términos de aislamiento acústico, que garantiza que no se produzcan inmisiones sonoras molestas en un espacio, así como su calidad acústica ambiental en el mismo espacio, que garantiza que no se produzcan reflexiones sonoras molestas, dependen directamente del tipo de construcción y de la elección del material de los elementos envolventes.

El confort térmico en espacios interiores es un requisito fundamental con consecuencias de gran alcance para el proyecto constructivo, especialmente de componentes envolventes. Hay que tener en cuenta tanto la temperatura del aire como la temperatura de superficies radiantes expuestas de componentes, así como la humedad ambiental. Además, es relevante para el diseño la adaptabilidad y controlabilidad de las condiciones térmicas, ya que están directamente condicionadas por las masas de almacenamiento térmico, por ejemplo.

También puede verse afectada por el proyecto constructivo, por ejemplo, la calidad del aire interior cuando tienen lugar emisiones de materiales desde las superficies expuestas de componentes. La elección de los materiales, así como, en parte, la forma en que se instalan en la construcción, también influyen en las propiedades electromagnéticas. El bienestar también incluye evitar descargas electrostáticas.

El confort visual viene determinado por la iluminación natural o artificial de los interiores. Una vez más, el diseño y la elección de los materiales de las superficies envolventes de un espacio, y por tanto factores constructivos, influyen claramente en el nivel de iluminación. Evitar los efectos de deslumbramiento también depende a menudo de la elección correcta de las superficies de componentes.

La percepción espacial también desempeña un papel en cuestiones de bienestar. Aunque está determinada principalmente por el diseño espacial y, por tanto, por factores no constructivos, también ejercen una influencia que no debe subestimarse en este contexto las cuestiones relativas a la naturaleza, la textura y las características materiales de las superficies que rodean el espacio.

Molestias para las zonas limítrofes 5.4

■ Los factores relevantes en este contexto son las emisiones de ruido al exterior (por ejemplo, en el caso de superficies de materiales reflectantes del sonido), así como emisiones de contaminantes u olores de componentes exteriores del edificio al aire exterior, que pueden afectar a zonas vecinas.

Mantenimiento 5.5

■ Esto incluye la evaluación de las consecuencias de actividades de mantenimiento para los usuarios del edificio y para el vecindario. También incluye efectos sobre la salud y la comodidad debidos a inspecciones periódicas o trabajos de mantenimiento, molestias, peligros o impedimentos durante reparaciones, así como restricciones a la utilización de la estructura, o de partes de ella, durante estas actividades.

Seguridad/protección 5.6

■ De acuerdo con este requisito, las construcciones de edificios deben ser resistentes a influencias climáticas (por ejemplo, la radiación ultravioleta, la luz) y a temperaturas fluctuantes, así como a impactos extraordinarios (terremotos, explosiones y, especialmente, incendios). Aunque se especifican valores mínimos oficiales de protección contra incendios bajo el efecto del fuego, las medidas que van más allá de los valores obligatorios deben considerarse como contribuciones positivas adicionales a la seguridad de los ocupantes. En los edificios de investigación e industriales, por ejemplo, también desempeña un papel importante la resistencia de componentes a productos químicos. Las medidas de seguridad contra impactos también pueden influir en las decisiones de diseño en casos concretos. Las cuestiones de seguridad personal contra el robo o el vandalismo también suelen estar relacionadas con aspectos constructivos, por ejemplo, en el diseño constructivo de ventanas o puertas. En principio, las superficies de materiales deben estar diseñadas de forma que sea posible una evacuación sin obstáculos y segura del edificio en caso de peligro.

5.7 Procuración de materiales y servicios

■ Esto se refiere esencialmente a la adquisición socialmente responsable de productos y servicios, así como a su trazabilidad. En determinadas condiciones, puede ser conveniente que las operaciónes de construcción utilicen técnicas y servicios de construcción disponibles a nivel local, por ejemplo, para apoyar a los oficios e industrias locales.

5.8 Implicación de los interesados (Stakeholder Involvement)

■ Este factor influye sobre todo en decisiones del proyecto general del edificio, pero también puede afectar a aspectos constructivos, que —si es necesario, adecuado o posible— deben coordinarse con los usuarios a los que afectan.

5.9 Calidad estética

■ Por último, cabe mencionar la calidad estética de las construcciones de edificios, que no se considera ni se evalúa adecuadamente en las normas del sector ni en los sistemas de evaluación de la sostenibilidad. Por un lado, representa una cualidad de sostenibilidad sociocultural que es deseable en sí misma. Los detalles de ejecución constructiva, siempre que muestran un diseño correcto y pulcro, que revelan vívidamente al ojo del espectador sus elementos constitutivos y su interacción, representan una valiosa cualidad que, más allá del cumplimiento funcional y de la calidad puramente técnica, satisface la sensibilidad artística y la capacidad perceptiva de las personas. Además, la armonización del diseño de los detalles constructivos con el concepto de diseño global del edificio en su conjunto, de manera que los detalles de ejecución lo potencien visualmente, es otra importante característica de calidad del diseño constructivo.

Notas

1 Esto no es cierto para todas las culturas humanas preindustriales. Algunas obviamente han destruido sus propios recursos vitales. Véase a este respecto Diamond J (2020) *Colapso. Por qué unas sociedades perduran y otras desaparecen*, Debate; ibid. (2016) *Sociedades comparadas: Un pequeño libro sobre grandes temas,* Debate; ibid. (2013) *El mundo hsta ayer.¿Qué podemos aprender de las sociedades tradicionales?* Debate.

2 En 1973–1974, los Estados de la OPEP quintuplicaron el precio del petróleo; en 1979–1980, casi lo cuadruplicaron de nuevo. Inauguraron un largo periodo de inestabilidad económica mundial caracterizado por elevada inflación y crecimiento económico muy reducido. Por otra parte, estas crisis del petróleo desencadenaron a su vez una cooperación más estrecha entre los países occidentales importadores de petróleo, que acumularon reservas estratégicas de petróleo, activaron nuevas fuentes nacionales de petróleo y aumentaron sustancialmente la eficiencia energética. Otros factores como el rápido desarrollo económico de China o el lento agotamiento de muchos yacimientos petrolíferos (Alaska, Mar del Norte) provocaron la última subida drástica de los precios del petróleo hasta situarse en torno a los 145 $/barril en julio de 2008, un máximo hasta ahora que desembocó en la crisis económica del otoño de 2008 (V Smil (2017) *Energy and Civilization – A History*, pp. 365 y s.).

3 Informe de la Comisión Brundtland (1987), cap. 2,1.

4 Ibid., cap. 2, IV, 81.

5 La norma internacional es la *ISO 14025, ISO 14040 y ss.*, la europea la *EN 15804.*

6 Los datos provienen de la base de datos Ökobau.dat (www.ökobau.dat).

7 *EN 15804*, 5.1.

8 Algunas de estas bases de datos son: Ökobau.dat (www.ökobau.dat), Institut für Bauen und Umwelt (IBU, www.bau-umwelt.de), WECOBIS (www.wecobis.de) y bases de datos comerciales como GaBi (www.gabi-software.com).

9 Bundeministerium für Umwelt, Naturschutz, Bau und Reaktorsicherheit (BMUB) (2014) *Leitfaden Nachhaltiges Bauen*, pág. 29. Edición más actual (2016) disponible en https://www.nachhaltigesbauen.de/fileadmin/pdf/Leitfaden_2015/LFNB_D_final-barrierefrei.pdf

10 Véase, por ejemplo, el papel que desempeña un elemento constructivo como el suelo en el contexto de la accesibilidad; véase a este respecto Moro J L (2015) *Detail Praxis – Fußböden*, volumen 1, pp. 16 y ss., Múnich.

3 MATERIALES

J. L. Moro, *El proyecto constructivo en arquitectura — del principio al detalle*, https://doi.org/10.1007/978-3-662-70279-6_3

1. La importancia del material para el diseño y la construcción

En general, se reconoce que un buen conocimiento de los materiales de construcción es una base esencial para un proyecto constructivo cualificado y eficaz. Los distintos materiales tienen propiedades mecánicas y físicas muy variadas, lo que da lugar a especificaciones muy diferentes para el diseño constructivo, incluso en fases preliminares de proyecto, dependiendo del material que se emplea.

Aunque esta afirmación es difícil de refutar, también es cierto que la influencia del material sobre el diseño es una cuestión mucho más compleja y multifacética de lo que se suele suponer. Las constantes materiales que se consideraban irrevocables en la edificación y la construcción tradicionales, que han caracterizado notablemente los métodos constructivos clásicos en cuanto a sus soluciones constructivas convencionales —piénsese, por ejemplo, en la construcción de madera de carpintería— y que se reflejaban en el concepto de adecuación de un diseño o una construcción al material (véase más adelante para más información al respecto), se han puesto en tela de juicio con la introducción de materiales modernos. Estos o bien presentan resistencias mucho mayores o estructuras materiales modificadas, características físicas distintas o suelen ser mucho más manipulables para ciertos fines de proyecto que los materiales primarios clásicos, generalmente menos procesados. Esto también es evidente en la construcción de madera, por ejemplo, donde la estricta anisotropía propia del material se ha visto superada por diversos materiales derivados de la madera, en gran medida isótropos. También pueden citarse otros ejemplos de otros métodos constructivos.

ADECUACIÓN AL MATERIAL

Aquí, por otra parte, no sólo intervienen aspectos fácticos, es decir, parámetros cuantificables y analíticamente definibles, sino también factores ideológicos que están sujetos a la concepción o filosofía de diseño personal de cada uno o más bien a baremos culturales generalmente aceptados. El objetivo de las siguientes explicaciones es tratar de forma condensada las propiedades esenciales de los materiales de construcción más importantes, pero también arrojar más luz sobre esta interrelación tan ambigua entre las propiedades físicas y la percepción simbólica de los materiales.

1.1 Algunas definiciones

MATERIAL

MATERIA

MATERIAL TÉCNICO

El término *materiales* se utiliza generalmente para describir aquellas sustancias que se utilizan específicamente para fines técnicos; en ocasiones, sin embargo, también en general sustancias de las que se compone algo específico (por ejemplo, el material orgánico celular del cuerpo de un ser vivo), usándose a veces en su lugar en este sentido más general el término alternativo *materia*. Un término equivalente, pero más preciso en cuanto a usos técnicos, es el de *materiales técnicos*,[1] es decir, aquellos materiales que se utilizan con fines técnicos, en este caso para la construcción.

No cabe duda de que los materiales disponibles en las distintas épocas y regiones del mundo han desempeñado siempre un papel extraordinariamente importante en el desarrollo de la humanidad. No en vano se distinguen las distintas épocas culturales denominándolas según el material predominante en cada caso: es decir, la Edad de Piedra, la Edad de Bronce o la Edad de Hierro.[2] Sin embargo, no se trata tanto de los materiales propiamente dichos con valor utilitario específico, sino de los materiales de las herramientas con las que se procesaban. El material básico y el material de las herramientas siempre han estado estrechamente vinculados en términos de historia del desarrollo. Por analogía, también se podría caracterizar la historia del desarrollo de la humanidad por los materiales que se utilizaron en determinadas épocas para ciertos tipos de construcción. El hecho de que esto no haya sucedido hasta ahora probablemente no se deba tanto a la falta de relevancia de esta perspectiva, sino a la falta de interés en este asunto por parte de los historiadores que practican la historiografía generalmente aceptada, o posiblemente también a su falta de instrucción al respecto.

Sin embargo, en el mundo de la construcción se ha convertido en una costumbre clasificar y nombrar, si no ciertas formas arquitectónicas, al menos ciertos *métodos constructivos* en función de los materiales utilizados:[3] Se habla de métodos de construcción de madera, de métodos de construcción de obra de fábrica y de métodos de construcción de acero. Sólo en la medida en que determinados materiales se utilicen de forma que tengan una influencia significativa sobre el diseño propiamente dicho serán objeto de nuestra consideración en lo que sigue. El resto de materiales relevantes para la construcción habrá que pasarlos por alto en gran medida en este contexto. Por lo tanto, sólo nos ocuparemos de los materiales más importantes para las estructuras portantes primarias, que para nuestros fines también se podrían denominar materiales principales.

MÉTODO CONSTRUCTIVOS

MATERIALES PRINCIPALES

Hasta ahora, ha sido habitual hablar no sólo de métodos constructivos propios de materiales, sino también de ciertas conexiones específicas de ciertos materiales, por ejemplo, conexiones para madera y para acero. Lo que resulta irónico es que en los últimos años muchos profesionales de la construcción se han dado cuenta de que todos estos términos, si se profundiza en la temática, resultan ser erróneos. Esto se debe a que ciertos métodos constructivos en diferentes materiales funcionan, en última instancia, de acuerdo con principios constructivos y de diseño idénticos. Una conexión atornillada, por ejemplo, opera según un determinado principio mecánico que bloquea las cargas que actúan sobre ella y que es idéntico para conexiones atornilladas de cualquier material, ya sea madera, acero o incluso hormigón. En consecuencia, la referencia al material es realmente incoherente, porque es más bien contingente, no necesaria. La visión predominante en la actualidad, más bien transversal en cuanto a materiales, es también la base de la presente obra.

☞ *Cap. 9., Aptdo. 7. Mocánica de la transmisión de fuerzas, pág. 516*

PERSPECTIVA TRANSMATERIAL

Pero el tema es demasiado complejo, y al mismo tiempo demasiado importante, para tratarlo de forma superficial. Por tanto, vamos a profundizar en esta cuestión un poco más a continuación.

1.2 El concepto de adecuación al material

1 Imitación de un forjado tradicional de troncos de palmera formado por vigas redondas de piedra labrada (Sakkara, Egipto).

FORMA CONSTRUCTIVA Y MATERIAL

2 Tipi: vivienda nómada de construcción extremadamente ligera. El diseño se deriva directamente de las propiedades de los materiales utilizados.

Un concepto clave en este contexto es la adecuación de un diseño o una construcción al material. Se parte del supuesto que existe una estrecha correlación entre las propiedades del material y las formas constructivas realizadas con el material respectivo. (Por supuesto, se asume correctamente que hay grupos de materiales con propiedades muy diferentes). La existencia de este vínculo es ciertamente innegable, al menos en el caso de la mayoría de las formas constructivas tradicionales en su conjunto. Siempre se hace especialmente evidente cuando prevalecen condiciones económicas fuertemente restrictivas, es decir, siempre que se requiere una eficiencia material extrema (por las razones que sea, no siempre tienen que ser de naturaleza económica).

Sin embargo, una mirada más atenta muestra que esta regla aparentemente férrea ha sido violada con bastante frecuencia en la arquitectura, incluso en tiempos históricos. Los ejemplos más destacados proceden de la antigua arquitectura egipcia o griega, donde las formas que originalmente parecían derivadas de la construcción con cañas, troncos de
1 palmera o madera fueron simplemente copiadas en piedra. (Por su interés, profundizaremos en este proceso un poco más adelante).

Sin embargo, es estrictamente cierto que las formas constructivas tradicionales más extendidas, es decir, las ordinarias no representativas, que siempre han estado (inevitablemente) sujetas a estrictas limitaciones económicas, estuvieron de hecho estrechamente adaptadas a las respectivas propiedades materiales. Sin embargo, esta correspondencia entre el diseño y el material no fue tanto el resultado de una libre elección o, por así decirlo, de una convicción ideológica, sino más bien del puro apremio económico. O formulado de otra manera: Cuando los medios disponibles son escasos, no queda más remedio que trabajar de acuerdo con el material, no en su contra. En este sentido, las mencionadas excepciones, que en cambio persiguen una imitación mimética, siempre han sido —y siguen siendo

3 Edificio hecho prácticamente de un solo material: madera.

hoy— costosas extravagancias de sociedades ricas.

La economía se basa en la eficiencia —nos referimos en este contexto a eficiencia en cuanto al consumo de materiales— y cuanto mayor sea la eficiencia requerida, más entra en juego el propio diseño global además del diseño constructivo.[4] Ejemplos extremos como los de la construcción ligera nómada, que siempre por razones obvias tuvo que ser extremadamente ligera para ser transportada, ilustran hasta qué punto el uso de un material concreto bajo una intensa compulsión de eficiencia produce realmente formas constructivas específicas y reconocibles.[5] En este sentido, **2**
la elección de un diseño que sea eficiente con respecto a un material concreto es tan importante como la elección de un *plan constructivo* que sea correcto para un principio de carga concreto en una escala de tamaño concreta (como ya se ha señalado anteriormente). También hay que tener en cuenta que las formas constructivas tradicionales se basan en su mayoría en el procesamiento de un único material principal: en la mayoría de los casos, el *único* material que era asequible (o que estaba disponible) en la región respectiva. **3**

☞ *Cap. 1. Escala, pp. 4 y ss.*

Lo que se ha dicho hasta ahora se aplica esencialmente a las formas constructivas preindustriales (al mismo tiempo orientadas a la eficiencia). La industrialización ha socavado esta norma de dos maneras.

Materiales industriales modernos 1.3

■ Al principio, esto sucedió simplemente porque se introdujeron tipos de material completamente nuevos en el curso de la industrialización y el proceso de innovación en el sector de los materiales, pero especialmente en el ámbito de los productos de construcción industriales derivados de ellos, ha continuado hasta hoy, de hecho incluso ha aumentado en dinamismo y velocidad. Los materiales modernos clásicos son el acero, el hormigón y, por supuesto, el hormigón armado. Aparecieron en el mundo de la construcción a mediados del siglo XIX y, por lo tanto, cuentan con un período de desarrollo de unos 170 años. No se puede negar que durante este período surgieron tipos de edificio y de construcción completamente nuevos, que sólo pueden explicarse por la presencia de estos materiales modernos. Ejemplos especialmente destacados son las modernas estructuras de acero sometidas a esfuerzos de tracción, una novedad absoluta en la historia de la construcción (al menos en las dimensiones realizadas hoy en día).

☞ *Cap. 8. Métodos constructivos, pp. 308 y ss.*

Sin embargo, cabe lamentar —o celebrar, según el punto de vista, por supuesto— que, a pesar de (o precisamente a causa de) las posibilidades de diseño enormemente ampliadas gracias a los materiales y las tecnologías modernas, la concordancia y la congruencia entre la forma y el material de construcción no ha aumentado precisamente en comparación directa con los patrones tradicionales. Por el contrario: La regulación estricta ejercida por las limitadas posibilidades técnicas del pasado se ha visto prácticamente anulada por la tecnología industrial. El hecho de que hoy en día se pueda (supuestamente) construir casi cualquier cosa[6] puede parecer a algunos un logro cultural, pero si se examina más de cerca también se puede llegar a la concusión que es exactamente lo contrario. También puede que haya desempeñado un papel en este caso el periodo de evolución relativamente corto de las formas constructivas modernas, simplemente porque de hecho no ha habido tiempo suficiente para extraer conclusiones de diseño pertinentes de la amplia gama de materiales y tecnologías disponibles, y sobre todo para plasmarlas en patrones o tipos de diseño socialmente aceptados. Por otro lado, las formas constructivas tradicionales pueden remitirse a un proceso evolutivo de ensayo y error, o de mejora gradual (así como de establecimiento cultural y social) de patrones útiles, algunos de los cuales se remontan a miles de años atrás.[7]

☞ *Cap. 5., Aptdo. 9. La nueva libertad formal: un llamamiento, pp. 232 y ss.*

1.4 Riqueza colectiva y compulsión menguante de eficiencia

Otra razón por la que el concepto de adecuación al material ha perdido su sentido en el mundo industrializado es la riqueza (en términos históricos) inaudita de las sociedades industriales. La consecuencia lógica más evidente de esta evolución es la clara reducción de la compulsión económica a obtener la mayor eficiencia posible, que históricamente siempre ha venido repercutiendo en las formas constructivas tradicionales y les ha impuesto estrechas normas de diseño en una especie de proceso de optimización evolutiva. O expresado de otra manera: Hoy podemos permitirnos (y lo hacemos con profusión) construir de forma ineficiente y derrochadora (incluso francamente irracional). Cuanto más destacado y representativo sea el edificio, mayor será la probabilidad de que esta tendencia generalizada se lleve al extremo. La explosión de costes y los problemas técnicos, a menudo casi insolubles, de muchos edificios públicos representativos contemporáneos pueden explicarse sin duda por esta tendencia. Del mismo modo que ignoramos los simples hechos de la escala, las ineludibles leyes de la física nos castigan también en este caso por ignorarlas.

☞ *Cap. 1. Escala, pp. 4 y ss.*

1.5 Construcción compuesta

Las tendencias modernas en la construcción con materiales compuestos también han tenido un efecto desintegrador sobre el vínculo entre el material y la forma. Cuantos más materiales con propiedades diferentes intervengan en la estructura de un edificio, menos probable será por tanto que las propiedades de los materiales influyan en la forma del edificio. Pero ésta es precisamente la idea fundamental de la construcción compuesta o mixta: Combinar materiales con propiedades fuertemente divergentes de manera que se apoyen mutuamente en sus puntos débiles y produzcan así algo más que la simple suma de dos materiales. La construcción de hormigón armado, que en opinión de muchos profesionales de la construcción nunca ha producido un vocabulario formal característico, demuestra hasta qué punto estos compuestos pueden socavar la estrecha conexión clásica entre el material y la forma.

4 Conexión típica de construcción moderna de madera de ingeniería: se realiza con piezas de acero.

Condiciones similares a las de la construcción mixta también surgieron de métodos de construcción modernos, como la construcción de madera de ingeniería: Mientras que en la carpintería tradicional apenas se utilizaba otro material que **4**
no fuera la madera, en la construcción moderna e industrial de madera se utilizan mucho conectores de acero. La idea básica es pasar a un material diferente, más resistente y eficiente allí donde la madera manifiesta sus debilidades, es decir, principalmente en los nudos. La construcción moderna de madera laminada también ha ampliado enormemente la gama de formas realizables haciendo posible fabricar componentes de madera de cualquier geometría y tamaño o incluso elementos bidimensionales.

1.6 „Diseño de materiales"

■ En relación con el concepto de adecuación al material, también conviene contemplar el concepto de *diseño de materiales*, una palabra de moda que, al parecer, se utiliza actualmente de forma un tanto inflacionaria.[8] En cierto modo, el diseño de un material significa exactamente lo contrario de la adecuación a un material: Mientras que el término segundo supone una influencia directa de determinadas propiedades de un material determinado sobre el diseño, el primero se refiere al proceso técnico de adaptación de un material para fines específicos de diseño o construcción, aquí en particular para requisitos funcionales específicos, lo que equivale a hacérselo a medida por así decirlo. Este concepto de diseño de materiales ha cobrado protagonismo gracias a la enorme ampliación de las posibilidades técnicas de la ciencia y la tecnología de materiales modernas. A menudo se hace referencia a modelos naturales, que a veces pueden servir de guía para el desarrollo de estos materiales, por lo que a menudo se utiliza el término materiales bioinspirados o biónicos.

MATERIALES BIOINSPIRADOS
MATERIALES BIÓNICOS

Aunque todavía no se sabe en este momento hasta qué punto realmente somos capaces de adaptar los materiales a nuestras necesidades, es indiscutible que algo parecido al diseño de materiales ha existido en el desarrollo tecnológico del hombre desde hace bastante tiempo. En la mayoría de los casos, el objetivo era mejorar ciertas propiedades de materiales ya conocidos y comunes para fines constructivos específicos. Sin embargo, esto siempre tuvo lugar paulatinamente dentro de un marco relativamente estrecho. Un buen ejemplo es la invención de los aglomerantes hidráulicos. En cierto sentido, ha ocurrido dos veces en la historia: una vez en la antigüedad; una segunda vez en el siglo XIX. El desarrollo del acero a partir del material básico, el hierro, también puede entenderse como un proceso continuo y prolongado de diseño de materiales.[9] Lo mismo ocurre con los materiales modernos a base de madera, como se comentará más adelante. Se han abierto grandes posibilidades de futuro, como se ha señalado, gracias a la construcción de materiales compuestos: es decir, combinando materiales con propiedades divergentes, que en suma generan un cierto valor añadido. Este aumento del valor añadido se observa de forma más evidente en el ejemplo más conocido de material compuesto, el hormigón armado.

Las posibilidades de un diseño selectivo y deliberado de materiales varían en función del grupo de materiales considerado. Algunas, como las membranas técnicas, pueden optimizarse de forma muy específica para perfiles funcionales concretos. Esto llega hasta el punto de que una especie de pliego de condiciones funcional es suficiente para sacar a concurso un material de membrana específico.

Los materiales a base de madera son también un buen ejemplo de las posibilidades del diseño moderno de materiales. Ilustran cómo las tendencias naturales de la madera a deformarse, difíciles de controlar, se pueden domar, por así decirlo, cortándola o triturándola y posteriormente recomponiéndola para su uso técnico. Si es necesario, se llega a cortar el tronco del árbol en chapas de unos pocos milímetros de grosor, que se vuelven a encolar en capas para formar el componente listo para usar, como en el caso de la madera microlaminada, por ejemplo. En particular, la madera microlaminada de haya muestra cómo esta madera dura, que hasta hace poco se consideraba inservible para la construcción debido a su fuerte tendencia a la deformación, puede hacerse utilizable para uso constructivo mediante este proceso técnico específico aprovechando sus propiedades mecánicas, por lo demás excelentes, y a la vez mitigando sus propiedades negativas.

La pronunciada anisotropía de la madera como material base también se manipula deliberadamente mediante el mismo proceso para tareas específicas, encolando madera aserrada o chapas con diferentes orientaciones de la veta, ya sea con una sola orientación o con orientaciones alternas o en todas las etapas intermedias imaginables. El contrachapado y la madera laminada cruzada son materiales en gran medida isótropos, fabricados a partir de la madera anisótropa, que eran impensables en la construcción tradicional de madera y pueden considerarse una innovación del diseño moderno de materiales.

En el caso de otros grupos de materiales, se están investigando formas de realizar cambios específicos en la estructura del material que influyan no sólo en sus propiedades mecánicas sino también en las físicas (o en ambas a la vez) para su aplicación en tareas de proyecto específicas. Esto se aplica, por ejemplo, a materiales en los que se busca un equilibrio óptimo entre resistencia mecánica y capacidad de aislamiento térmico. Esta categoría incluye materiales en los que determinadas características físicas se localizan específicamente dentro del continuo del material, por ejemplo, para componentes envolventes, con capas exteriores más resistentes y una capa central más porosa y mejor aislante térmicamente; o estructuras de material específicamente diseñadas que maximizan el recorrido térmico entre el interior y el exterior de componentes envolventes para obtener mayores valores de aislamiento térmico. (Especialmente en estas áreas, proporcionan a menudo inspiración los modelos naturales.)

Otros ejemplos de materiales técnicamente mejorados o *diseñados* son los polímeros y compuestos autorreparables capaces de reparar grietas por sí solos; los plásticos biocompostables que pueden ser descompuestos en CO_2 y H_2O por microorganismos; las superficies de vidrio autolimpiantes con una fina capa de TiO_2 que repelen la suciedad mediante fotocatálisis e hidrofobidad o están hechas de material superhidrófobo; superficies de componentes recubiertas de TiO_2 que repelen la suciedad cuando se exponen a la intemperie, ya que las moléculas de dióxido se activan por la radiación ultravioleta y forman radicales libres que contrarrestan la descomposición; hormigón dúctil (ECC, *engineered cemetitious composite*) con partículas de poliestireno incrustadas y fibras poliméricas de alcohol polivinílico capaces de puentear microfisuras.[10]

Un cierto obstáculo para el diseño de materiales son las estrictas normas que garantizan que los materiales utilizados en la práctica de la construcción cumplan su servicio de forma fiable, duradera y segura. Esto significa que los materiales deben contar ya con la aprobación de las autoridades de construcción o bien someterse a un procedimiento relativamente complejo para obtener la aprobación en casos individuales. Una vez más, las membranas técnicas, que pueden considerarse materiales especiales y no estándar, son un buen ejemplo de este último caso, ya que la mayoría de las veces se requiere el consentimiento para utilizarlas, porque no están cubiertas por la normativa. Sin embargo, se enfrentan a mayores dificultades los materiales de construcción convencionales, cuyo uso sí está regulado por las normas. En este caso, los materiales mejorados tendrían que obtener autorizaciones individuales en cada caso, un proceso que eleva los costes y es también inmanejable en términos de plazos en la mayoría de los proyectos de construcción.

Material y sostenibilidad

2.

■ Desde la perspectiva de la sostenibilidad, los edificios se consideran subsistemas de un ecosistema global en el que se producen determinados flujos de entrada en forma de energía y recursos, por un lado, y determinados flujos de salida en forma de emisiones y residuos, por otro. Esto se hace con un enfoque holístico que abarca no sólo la fase de construcción sino todas las fases del ciclo de vida.

☞ *Cap. 2. Sostenibilidad, pp. 34 y ss.*

En los primeros años de desarrollo de la construcción respetuosa con el medio ambiente y de bajo consumo de energía, la atención se centró principalmente en la eficiencia energética durante la fase de operación de un edificio. Esto dio lugar a las correspondientes innovaciones de diseño y construcción, gracias a las cuales el consumo de energía de operación pudo reducirse a una fracción del de edificios convencionales. Esta estrategia se justificaba porque los mayores consumos e impactos ambientales se registraban efectivamente durante la fase de utilización. Tras una drástica reducción de estos valores de consumo, que se refleja actualmente en el estándar de casa pasiva, que se está extendiendo constantemente, así como en las casas de energía cero y plus, la atención del proyectista se centra ahora en la energía ligada a la propia estructura del edificio —la energía incorporada—, así como en los efectos medioambientales derivados de la construcción del edificio. A lo largo de todo el ciclo de vida, el porcentaje de energía incorporada en casas pasivas ya ha superado cuantitativamente al de la energía de operación.

En este contexto, los materiales desempeñan un papel cada vez más destacado en el proceso de planificación, no sólo para casas pasivas técnicamente avanzadas y de alta eficiencia energética y no sólo para la fase de construcción de un edificio, sino para el conjunto del edificio y durante toda su vida útil: su suministro, su instalación, su uso, su mantenimiento y cuidado durante el funcionamiento del edificio, así como la forma en que se gestionan al final del ciclo de vida de un edificio, o del ciclo de renovación de uno de sus subsistemas son los principales responsables de los flujos de entrada y salida más importantes en la construcción. Estos flujos de recursos y de energía directa o indirectamente relacionados con los materiales, así como los impactos medioambientales nocivos asociados, pueden cuantificarse, evaluarse y —con ciertas restricciones ya mencionadas— controlarse o, en la medida de lo posible, minimizarse como parte del proyecto del edificio, en particular del proyecto constructivo, con la ayuda de herramientas digitales adecuadas y bases de datos especializadas.

Aunque este enfoque deliberado todavía no se corresponde con la práctica general de proyecto, cabe suponer con realismo que se impondrá en un futuro próximo si se quiere conseguir una reducción significativa de la huella ecológica de la construcción.

3. La ciencia de materiales al servicio del proyecto constructivo

☞ *Cap. 4., Aptdo. 1.2 Las subfunciones constructivas, pág. 171*

■ Como se verá más adelante en el contexto de las subfunciones constructivas de un edificio, los materiales se utilizan en el contexto de la construcción general con el objetivo de cumplir una o más de estas subfunciones específicas: es decir, el sellado contra el agua o el viento, el aislamiento térmico, la conducción de fuerzas, etc. Esto se hace, como veremos, aprovechando las respectivas propiedades características del material. Sólo éstas permiten que un material específico cumpla de forma fiable y permanente las funciones que le han sido asignadas, aquí en particular las subfunciones constructivas. Esta es una de las principales razones por las que un buen conocimiento de las propiedades de los materiales es un requisito previo fundamental para un diseño cualificado, que persigue esencialmente el cumplimiento de tareas constructivas fundamentales.

Otra razón esencial es el hecho de que los materiales, antes de que puedan utilizarse para su fin previsto, hay que transformarlos en piezas, ensamblajes o componentes constructivos prácticamente utilizables. Los procedimientos de transformación necesarios para ello dependen en gran medida de las propiedades del material respectivo. Hay una diferencia fundamental entre moldear primero un ladrillo y luego cocerlo, por un lado, y serrar una escuadría de madera de un tronco de árbol por otro. Las propiedades esenciales del componente resultante ya vienen, por tanto, predeterminadas por este procedimiento de transformación.

PIEZA, ENSAMBLAJE, COMPONENTE CONSTRUTIVO

PROCEDIMIENTOS DE TRANSFORMACIÓN

Las propiedades del material también influyen en la conformación de componentes (la tesis principal del concepto de adecuación al material, como hemos visto). A menudo, esta influencia sobre la forma no es directa, sino que se produce de forma indirecta a través de la influencia del método de procesamiento, que a su vez especifica una forma determinada para el componente. Un ejemplo ilustrativo es el proceso de laminación de perfiles de acero convencionales, cuyas características especiales influyen de forma decisiva en la forma de los productos de acero estructural, pero que, a su vez, viene condicionado y predeterminado por las características especiales del acero como material de construcción.

Por otra parte, las propiedades de los materiales también desempeñan un papel importante en la construcción, el desmantelamiento, el reciclaje y la eliminación de una estructura. Esto se aplica en particular en relación con las conexiones que, según el proceso, se establecen una vez para estos fines y posteriormente se desmontan de nuevo. También en este caso, resultan decisivas las características del material.

4. Propiedades y estructura de los materiales

■ Mientras que la teoría convencional de la proyectación constructiva tiende a considerar las propiedades de los materiales como fenómenos empíricos que deben registrarse y cuantificarse analíticamente con fines prácticos, pero que es preciso cuestionar en cuanto a su origen de fondo, esta obra defiende que las propiedades de un material están vinculadas causalmente a su estructura química y física específica y que el conocimiento básico de la misma, por tanto, permite explicar de forma plausible numerosas condiciones empíricas: De hecho, las propiedades físicas de las sustancias están fuertemente influenciadas por su estructura material. Dependen —más de lo que suelen suponer los no profesionales— de las relaciones geométricas o topológicas de las partículas básicas entre sí, así como de las fuerzas de cohesión que actúan entre ellas, por lo que pueden explicarse vívidamente con su ayuda. Un examen más detallado de la estructura material, hasta el nivel atómico o molecular, es sumamente esclarecedor, en este sentido, también para profesionales de la construcción, pues ayuda a comprender el comportamiento de los materiales en las condiciones constructivas. El autor está convencido de que los conocimientos escolares corrientes de química y física son más que suficientes para este fin.

ESTRUCTURA MATERIAL QUÍMICA Y FÍSICA

5. Materia

■ Por lo tanto, antes de proceder al tratamiento convencional de los materiales típicos de la construcción, primero veremos con más detalle los materiales básicos esenciales en cuanto a su estructura química y física material característica.

5.1 Fuerzas de cohesión

■ Las fuerzas de cohesión de los materiales son la causa de la unión química de los elementos básicos que componen la mayoría de los materiales de construcción. Suelen ser el resultado de compuestos químicos formados por elementos de la tabla periódica, que son unos 100 en total. (Muy pocos materiales aptos para la construcción son verdaderos elementos químicos básicos; los que más se acercan son los metales, por ejemplo los ferrosos como el acero.) Las fuerzas de cohesión entre las partículas básicas se deben esencialmente a dos causas: bien a intercambiar directamente electrones o bien compartirlos en orbitales atómicos en una especie de nube de electrones. Se denomina entonces un enlace *de valencia*, enlace *atómico o covalente*. Son los enlaces químicos más fuertes y estables. Están geométricamente orientados. Se encuentran, por ejemplo, en componentes básicos de los materiales, como el cuarzo, en el que se basan muchos materiales minerales. O, alternativamente, se crean al transferir un electrón de un átomo a otro, como resultado de las fuerzas electromagnéticas de atracción inducidas entre los iones polares, desequilibrados en términos de carga, así creados. En este caso, en contraste con el enlace atómico anterior, no es la tendencia a la saturación a través del enlace de valencia lo que actúa como fuerza de unión, sino una carga eléctrica. Esto se denomina un **5** *enlace iónico*. Aunque es extraordinariamente estable, falla bruscamente sin previo aviso en determinadas condiciones. El enlace iónico es característico de la estructura de los materiales minerales. Por último, existe el caso en el que los electrones los comparten varios troncos atómicos —similar al enlace atómico— pero no dentro de un enlace de valencia direccional como el descrito anteriormente, sino dentro de un gas de electrones no direccional, o nube de electrones, que está, por así decirlo, flotando entre estos troncos atómicos. En este caso, se trata del *enlace metálico*, que se produce obviamente con los metales utilizados habitualmente en la **6** construcción, en este caso principalmente el acero. Por regla general, se caracteriza por su gran dureza y resistencia y, en

ENLACE DE VALENCIA, ATÓMICO O COVALENTE

ION

ENLACE IÓNICO

GAS DE ELECTRONES, NUBE DE ELECTRONES

ENLACE METÁLICO

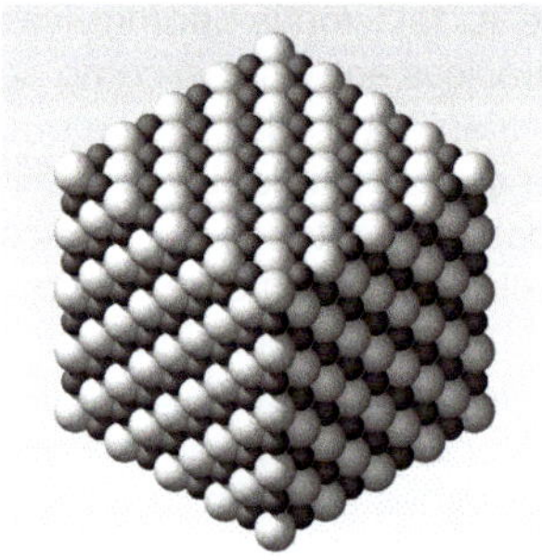

5 Modelo esférico de un **enlace iónico**. Los iones con carga positiva y negativa de la red espacial se muestran en gris claro y oscuro respectivamente.

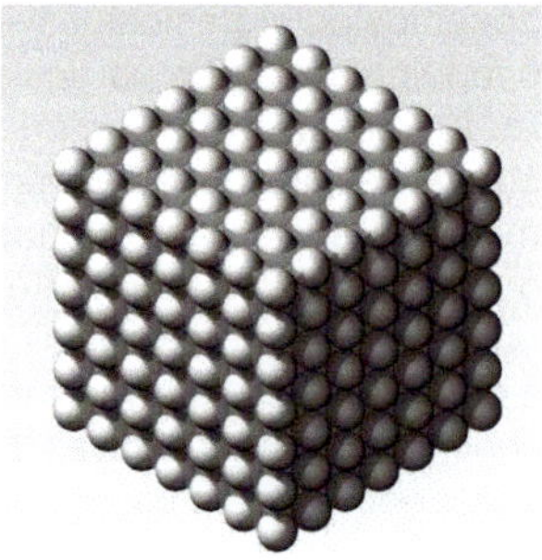

6 Modelo esférico de un **enlace metálico**. El gas de electrones se representa entre los elementos de la red en forma de matriz semitransparente.

determinadas condiciones, por su extraordinaria tenacidad.

Acabamos de definir de la forma más concisa los tres llamados *enlaces de valencia principales*. Son las fuerzas químicas de unión más fuertes y explican la cohesión de los materiales, así como las propiedades materiales esenciales de algunos grupos de materiales que son importantes para la construcción, en particular todos los materiales minerales y metálicos. Además, también existen los llamados *enlaces de valencia secundarios*, mucho más débiles, que se basan en fuerzas electrostáticas de atracción relativamente tenues entre moléculas ya saturadas. Puede ocurrir —como en el caso de la madera— que actúen en una dirección enlaces de valencia principales, más fuertes, y en la otra enlaces de valencia secundarios, más débiles. Estas relaciones de fuerzas químicas se manifiestan entonces en la anisotropía del material.

ENLACES DE VALENCIA PRINCIPALES

ENLACES DE VALENCIA SECUNDARIOS

ANISOTROPÍA

Debido a su importancia, veamos con más detalle los diferentes enlaces de valencia principales y secundarios mencionados previamente.

Enlace atómico 5.1.1

■ El enlace atómico es el tipo de enlace de numerosos bloques moleculares químicos de materiales de construcción. Por ejemplo, el enlace entre un átomo de silicio y cuatro átomos de oxígeno en la molécula de óxido de silicio con forma de tetraedro (SiO_2) es un enlace atómico o covalente. El **7**
óxido de silicio es un componente fundamental de la mayoría de los materiales minerales. Sin embargo, esta molécula de enlace covalente va superpuesta en la estructura material de los materiales de construcción por otros tipos de enlace, en este caso principalmente por el enlace iónico. Las pro- **8**
piedades de los materiales vienen dadas en particular por esta estructura química superpuesta, y no tanto por la del bloque de construcción básico. Por lo tanto, son de mayor importancia para las presentes consideraciones relacionadas con la construcción los siguientes dos tipos de enlace.

ÓXIDO DE SILICIO

Enlace iónico 5.1.2

■ El enlace iónico produce una estructura espacial ordenada de iones con carga eléctrica: los cationes con carga positiva y los aniones con carga negativa. Debido a la atracción electromagnética entre ellos, se crean estructuras espaciales estables en forma de retícula espacial en las que los iones con cargas opuestas se hallan densamente empaquetados

CATIÓN, ANIÓN

RETÍCULA ESPACIAL

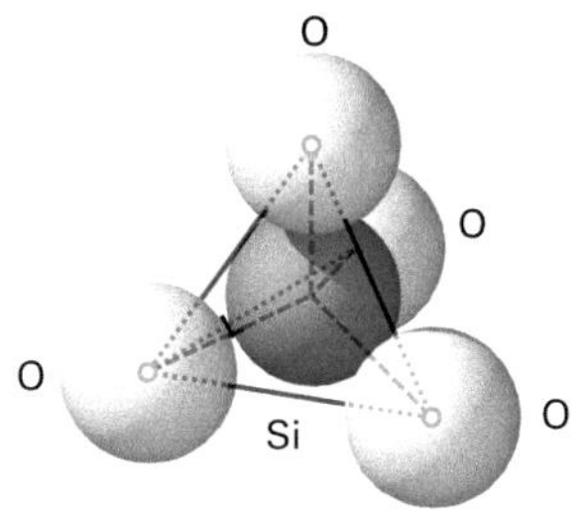

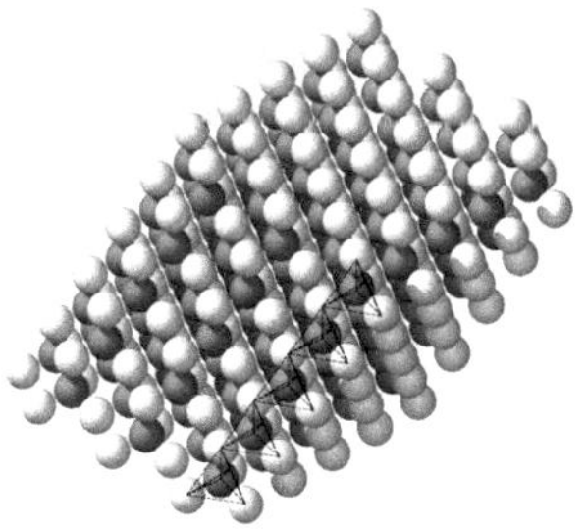

8 Modelo esférico de la molécula de dióxido de silicio SiO_2 con geometría tetraédrica.

7 Modelo esférico de la red iónica del dióxido de silicio SiO_2 (cuarzo) formada por moléculas tetraédricas.

5 unos junto a otros. Los compuestos químicos resultantes son principalmente óxidos y sales. La dureza, la resistencia y la fragilidad de los materiales minerales se explican por la fuerza de unión polar relativamente fuerte entre los iones. Su considerable resistencia a los efectos del fuego también se debe a esto. Sin embargo, la fragilidad característica a la vez conduce a una mayor sensibilidad a los esfuerzos

ROTURA FRÁGIL

cortantes y de tracción. La llamada rotura frágil se produce en los materiales minerales al menor desplazamiento en la estructura de la retícula (por ejemplo, por una fuerte fuerza de cizalladura), en cuanto este desplazamiento hace que se enfrenten iones con la misma carga, que en consecuencia
6 se repelen. Se produce entonces una repulsión de los dos paquetes reticulares a ambos lados del plano de cizalladura

ROTURA POR CORTANTE

7 y, en consecuencia, una repentina rotura por cortante. Por lo tanto, la tenacidad característica de los materiales metálicos está ausente en los materiales minerales, que en general se

MATERIALES FRÁGILES

consideran, por lo tanto, materiales frágiles.

5.1.3 Enlace metálico

La cohesión dentro de la estructura espacial regular del entramado atómico de los metales es el resultado, como ya se ha comentado, de la nube de electrones común a todos
6 los átomos y, por tanto, no está dirigida de forma unívoca. Forma una especie de masilla o matriz en la que se incrustan y sujetan los bloques de construcción de la estructura reticular. Una polaridad se desarrolla en este caso sólo entre esta nube de electrones, con carga negativa, y los troncos atómicos, con carga positiva. El enlace metálico es fuerte y duradero, y explica la dureza y alta resistencia de los materiales metálicos.

Al mismo tiempo, sin embargo, esta unión entre los bloques de construcción de la retícula es relativamente resiliente y flexible, en marcado contraste con las retículas de iones minerales descritas anteriormente. Este medio intersticial, que no está alineado de forma unívoca en términos de

DISLOCACIONES

fuerza, permite fuertes dislocaciones o desplazamientos en la estructura de la retícula cristalina en la mayoría de
11, 12 los metales. El proceso es comparable al deslizamiento de materiales a granel sueltos, por ejemplo nieve o arena, en

LÁMINAS DE DESLIZAMIENTO

las llamadas láminas de deslizamiento en capas. Esta peculiaridad del enlace metálico explica la capacidad de este grupo

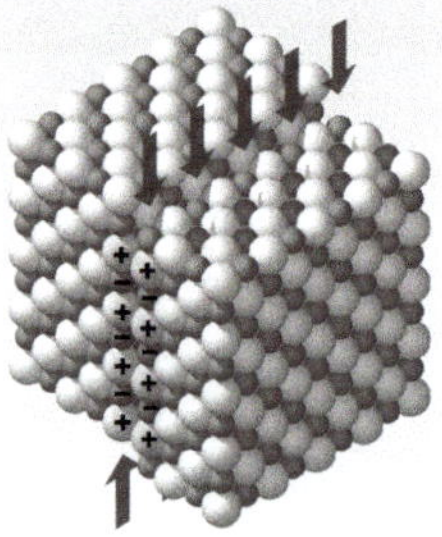

9 Carga sobre una red iónica provocada por un esfuerzo cortante. Debido a una deformación inicial por cizalladura de los paquetes reticulares vecinos a lo largo del plano de cizalladura, iones de la misma polaridad entran en la zona de sus campos electrostáticos respectivos (+ con + y – con –).

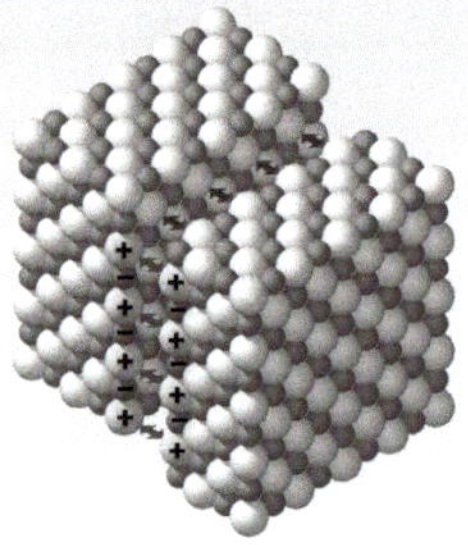

10 Como resultado de la repulsión entre los componentes de la red de la misma polaridad, la red de iones se divide en el plano de cizalladura.

TENACIDAD, DUCTILIDAD

de materiales para soportar considerables deformaciones plásticas, es decir, irreversibles, antes de que se produzca una fractura de separación. Esto se denomina la *tenacidad* o *ductilidad* de los metales. Empíricamente, conocemos este comportamiento al doblar una barra de hierro delgada hasta que ya no se recupera y, por tanto, sufre una deformación permanente. Ningún material mineral soportaría tal proceso sin romperse. En comparación con la fractura por separación repentina, este tipo de fallo puede considerarse relativamente benigno, sobre todo porque las deformaciones plásticas conducen a redistribuciones de fuerzas dentro de la estructura del material y, en consecuencia, a un alivio de las zonas en riesgo.

Otras propiedades materiales de los metales también pueden explicarse con la ayuda del enlace metálico y la nube de electrones que actúa en él, como el brillo metálico o la conductividad eléctrica.

5.1.4 Enlaces de valencia secundarios

13 ENLACE DE VAN DER WAALS

ENLACE DE PUENTE DE HIDRÓGENO

ADSORCIÓN

■ Los enlaces de valencia secundarios, más débiles, son el *enlace de Van der Waals*, en el que los dipolos polarizados asimétricamente se atraen en un compuesto pero pueden moverse libremente (por ejemplo, en plásticos), y también el enlace de puente de hidrógeno. Este último se basa en la capacidad del átomo de hidrógeno de unirse a más de un átomo (como en H_2). El enlace de puente de hidrógeno subyace a numerosos fenómenos relevantes para la construcción, como la adhesión del agua a interfaces de sólidos (adsorción), que causa muchos problemas a los proyectistas, así como los procesos de hidratación en el fraguado del cemento o incluso la resistencia a la tracción transversal de del tejido molecular de la micela de madera.

5.2 Cristales

5, 6

ESTRUCTURA AMORFA

■ Se ha visto en la discusión del enlace iónico y del metálico cómo pueden surgir estructuras espaciales o retículas estrictamente ordenadas geométricamente como resultado de fuerzas de enlace entre bloques básicos de construcción atómicos o moleculares. Se denominan cristales. Las estructuras moleculares no ordenadas, en cambio, se denominan amorfas. Por lo tanto, los materiales cristalinos incluyen materiales minerales y metálicos. Otros materiales también pueden tener componentes cristalinos, como la madera,

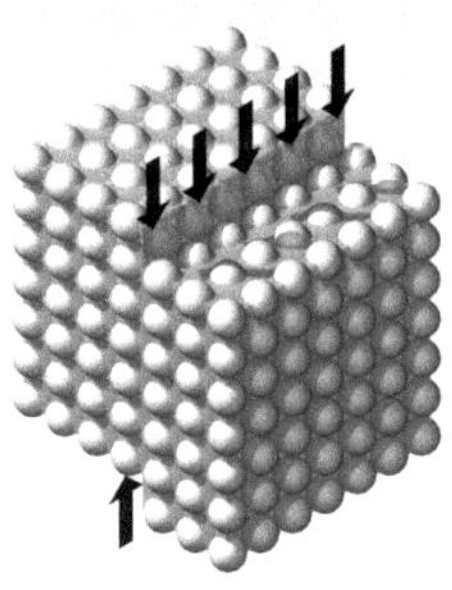

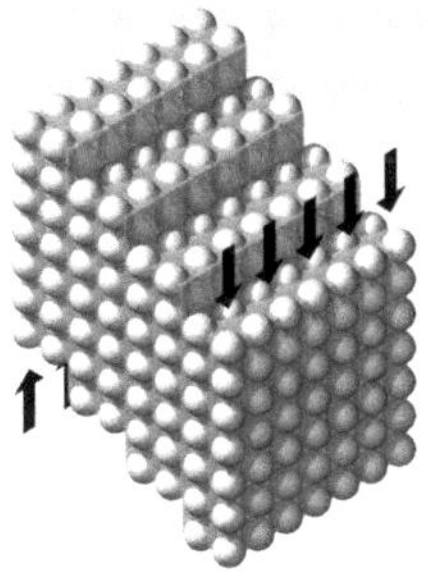

11 Planos de traslación o deslizamiento sobre los que la red cristalina se desliza un múltiplo de la célula unitaria, en este caso un módulo reticular.

12 Deslizamiento paralelo múltiple en forma de láminas deslizantes.

cuya resistencia a lo largo de la fibra se basa en la existencia de cadenas moleculares cristalinas orientadas en la dirección de la misma. En principio, las sustancias cristalinas tienen una fuerte cohesión interna y, por tanto, poseen una gran resistencia, dureza y durabilidad.

☞ *Véase* **76** *en pág. 118.*

La incorporación ordenada de los bloques básicos de una retícula cristalina puede imaginarse vívidamente como el encaje de un grupo de imanes idénticos para formar un paquete denso y regular. Este es precisamente el proceso que tiene lugar durante la denominada *epitaxia*, o crecimiento de cristales: Cuando se forma un material cristalino a partir de un líquido o una masa fundida amorfa, crecen simultáneamente pequeños monocristales, o cristalitos, en forma de gránulos. Están estrictamente ordenados geométricamente en su estructura reticulada, como se describe. Durante la epitaxia, acaban chocando con los límites de los gránulos vecinos y se solidifican como un todo en una estructura material granular y continua. Ésta, considerada en su conjunto, es de nuevo desordenada, ya que las orientaciones de las estructuras de los cristalitos individuales son arbitrarias. De este modo, a pesar del orden cristalino de los monocristales considerados individualmente, el resultado final es un material isótropo no alineado. Esto describe la estructura gruesa de los metales y materiales minerales.

EPITAXIA

MONOCRISTALES, CRISTALITOS 14

A pesar del orden espacial teóricamente perfecto dentro de un cristalito, en la realidad existen numerosos defectos estructurales de la retícula en la estructura espacial. Pue-
15 den ser huecos no ocupados o bloques de construcción
16 intermedios en el espacio entre los nudos de la retícula. También existen las denominadas desalineaciones, en las que los paquetes de la retícula están desplazados unos con respecto a otros por uno o más módulos básicos reticulares,
17 violando las reglas. Los defectos estructurales locales de este tipo suelen ser la causa de grietas, fracturas o procesos de deslizamiento, como los descritos para los metales. Por ejemplo, los bloques de construcción intermedios en la estructura cristalina atómica de metales ferrosos, es decir,

DEFECTOS ESTRUCTURALES

DESALINEACIONES

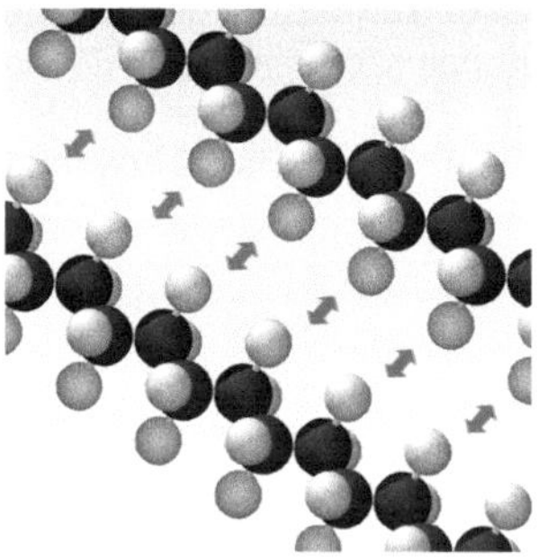

13 Fuerzas de Van-der-Waals: Enlace lateral de los filamentos de la molécula de cadena debido a la atracción polar.

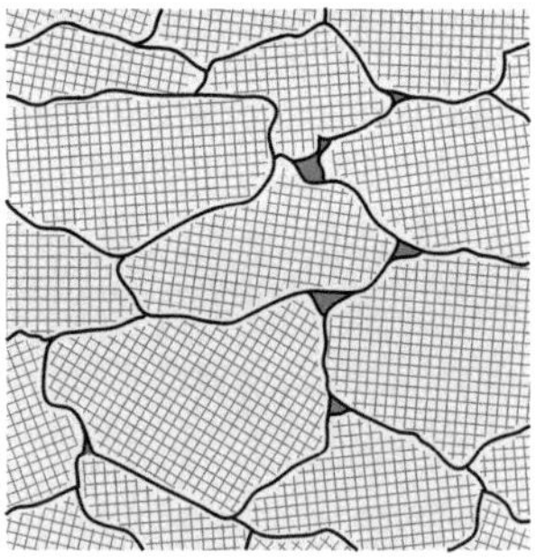

14 Microestructura de monocristales, cada uno con su propia red cristalina ordenada, pero en conjunto desordenada, es decir, isótropa.

átomos de carbono, dificultan el deslizamiento o la fluencia del metal y, por tanto, lo fragilizan.

Materiales orgánicos

■ Además de los materiales metálicos y minerales cristalinos, que son extremadamente importantes para la construcción, también ocupan una posición importante dentro de la gama de materiales relevantes para la construcción los materiales orgánicos. Los primeros también se denominan materiales inorgánicos. Los materiales orgánicos se han venido utilizando en la construcción durante la historia del desarrollo humano en forma de numerosos productos animales como huesos, pieles y pelo, en forma de aglutinantes bituminosos y especialmente en forma de madera u otros productos vegetales. Desde la industrialización, las sustancias orgánicas también han aparecido en la construcción en forma de plásticos.

MATERIALES INORGÁNICOS

El bloque químico básico de los materiales orgánicos es el átomo de carbono, que tiene la capacidad de formar enlaces covalentes muy estables consigo mismo o con átomos de hidrógeno. En este último caso, se forman hidrocarburos (CH), que al mismo tiempo constituyen el bloque químico básico de todos los organismos vivos. 18

HIDROCARBUROS

Los hidrocarburos se forman en el proceso de polimerización, que no es diferente a la epitaxia de cristales, pero no resulta en estructuras espaciales reticulares, sino en forma de largas cadenas moleculares o macromoléculas. Las 19 sustancias formadas por estas cadenas moleculares tienen ciertas propiedades parecidas a los cristales, pero no tienen la misma resistencia y durabilidad que las sustancias inorgánicas cristalinas. Son sensibles a la radiación ultravioleta, al oxígeno y al calor y suelen ser inflamables. Su rigidez es baja en comparación con metales y materiales minerales, pero ofrecen buenas propiedades de aislamiento térmico.

POLIMERIZACIÓN

MACROMOLÉCULAS

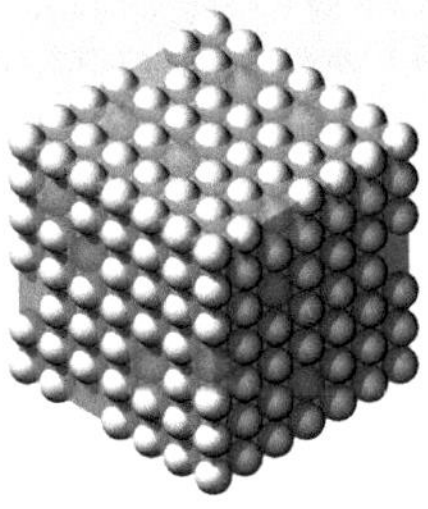

15 Espacios ausentes en la trama espacial. Algunas ubicaciones de módulos no están ocupadas ne la trama.

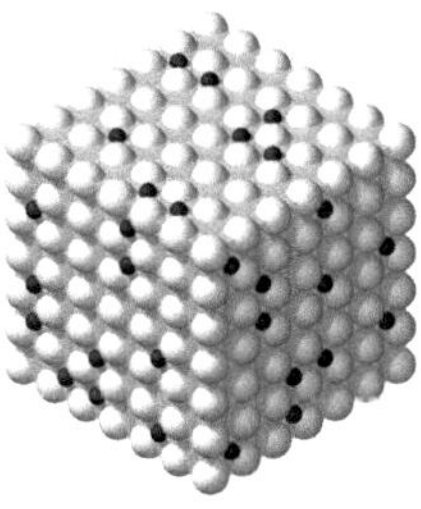

16 Solución sólida de intercalación. Átomos pequeños del componente intercalado se depositan en los huecos intersticiales en un orden aleatorio. Ejemplo: Carbono C en una red espacial de Fe como el acero.

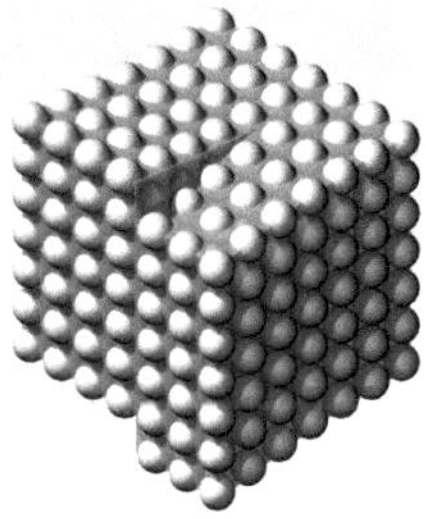

17 Defecto de construcción de la trama. Dislocación helicoidal.

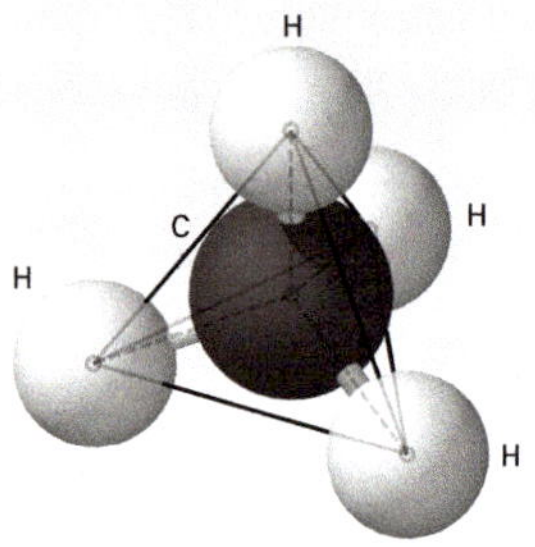

18 Combinación de un átomo de carbono con cuatro átomos de hidrógeno para formar CH_4 (metano).

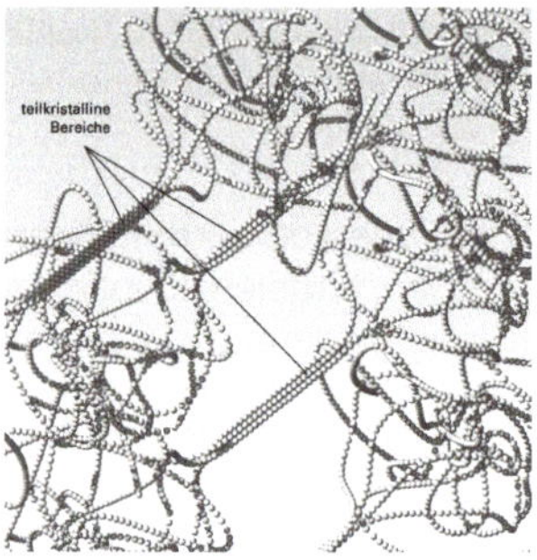

19 Estructura molecular de un **plastómero** (esquema) formado por cadenas moleculares o macromoléculas. Tramos afieltrados se alternan con tramos semicristalinos.

6. Aspectos generales relacionados con la construcción

En los capítulos anteriores se han comentado diferentes tipos de fuerza de enlace interna que son las principales responsables de la cohesión de los materiales utilizados en la construcción. Estas fuerzas que actúan en el interior de los materiales son la base de la capacidad de los mismos para realizar de forma fiable sus principales tareas. Esto se aplica en particular a la función de transmisión de fuerzas, pero también a otras subfunciones constructivas, como el sellado contra diversos medios. La clasificación aproximada en grupos de materiales introducida anteriormente ya permite una primera evaluación aproximada de las características básicas de los materiales.

Igualmente importante para la aplicación constructiva cualificada de los materiales es la comprensión de la exposición de los materiales en sus interfaces, así como de las diversas influencias externas que tienden o están asociadas al riesgo de alterar o romper completamente la cohesión del material. Esto incluye tanto los procesos de deformación y descomposición como el efecto destructivo del fuego. Aunque los materiales suelen reaccionar de manera diferente a estas influencias, se pueden describir, sin embargo, ciertos fenómenos físicos que son comunes a todos ellos o a los que se ven sometidos de la misma manera. A continuación se ofrecerá un breve resumen.

20 Humedad ascendente por vía capilar en un pilar de piedra natural, reconocible por las sales que migran hacia arriba con la humedad.

21 A pesar de la preservación constructiva de la madera que proporciona una base de piedra, la base de la columna se ve afectada por la humedad que asciende a través de la testa.

22 Interfaz de un sólido o un líquido. La componente electrostática dirigida hacia el espacio no tiene pareja de unión y, por tanto, permanece activa. Todos los demás efectos de fuerza se neutralizan entre sí.

24 Las moléculas de agua se acumulan como agua de adsorción sobre la superficie del sólido.

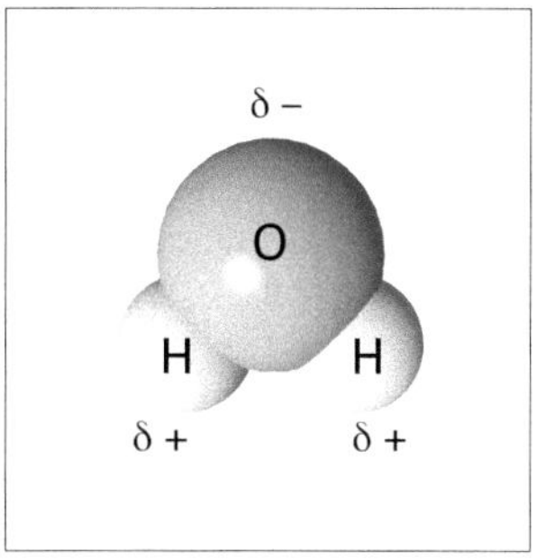

23 La electronegatividad de la molécula de agua H_2O se debe a su estructura asimétrica (modelo esférico). Se trata de un dipolo.

Interfaces

■ En primer lugar, es importante el hecho elemental de que la estructura de los materiales —creada por las fuerzas de cohesión entre las partículas, que actúan en todas las direcciones espaciales— termina en sus superficies exteriores circundantes y que allí prevalecen condiciones electromagnéticas especiales, por razones puramente geométricas: Esto se debe a que la capa más externa de las partículas de la sustancia, átomos o moléculas, no tiene compañero de enlace en el exterior. Por lo tanto, la fuerza de unión orientada en esta dirección no está saturada y, en consecuencia, sigue ejerciendo su efecto hacia el exterior. Dependiendo de la polaridad de las sustancias activas contenidas en el espacio gaseoso circundante, es decir, en nuestro caso en la atmósfera, se producen correspondientes procesos físicos o reacciones químicas. **22**

El agua es un medio muy importante para las aplicaciones constructivas que afecta a las superficies limítrofes de los materiales. En el caso de los materiales hidrófilos, es decir, que atraen el agua, las moléculas de agua cargadas polarmente se adhieren a la superficie por las fuerzas electromagnéticas de atracción que actúan hacia el exterior, un proceso físico conocido como *adsorción*.[11] La adsorción es la principal responsable de la cohesión de ciertos granulados, especialmente de suelos, y es de gran importancia en el contexto de la mecánica de suelos. También se usa el término del efecto de aglomerado de suelos por hidratación. Esto se debe a que cuando dos interfaces cubiertas por una película de agua de adsorción se acercan entre sí, se produce una especie de cierre instantáneo como resultado de la fuerza de atracción por adsorción, de modo que ambas interfaces se adhieren entre sí. Aplicado a las interfaces de partículas granulares, este proceso explica el aglomerado del suelo mencionado. **23** **24**

MATERIALES HIDRÓFILOS

ADSORCIÓN

AGLOMERADO POR HIDRATACIÓN

La adsorción de agua en las interfaces de materiales, en las que una película de agua está firmemente unida a la superficie, explica también otro fenómeno extraordinariamente relevante para la construcción, como es la fuerza de atracción capilar, o capilaridad. En el caso de las interfaces que ya están muy juntas y aún no están humedecidas, como ocurre, por ejemplo, en la construcción cuando se unen componentes a tope, la penetración de agua en dicha junta capilar[12] da lugar a la humectación de las interfaces y, como resultado del efecto que ejercen los flancos de la junta cargados electromagnéticamente en ambos lados, a la atracción activa del agua introduciéndola en la brecha capilar. Esta fuerza incluso supera el efecto de la gravedad. Esto significa que: La absorción por capilaridad también se produce verticalmente hacia arriba. El requisito básico para ello es una anchura mínima de hueco. A medida que la brecha se ensancha, el efecto de la atracción capilar también disminuye.

CAPILARIDAD

Los fenómenos de adsorción y de capilaridad explican la tendencia de los materiales porosos a absorber activamente el agua, incluso cuando sólo están parcialmente en contacto con ella. Dependiendo de varios factores, esto también puede ocurrir en contra del efecto de la gravedad, por ejemplo cuando el agua del suelo asciende en la zona de la base de
20 muros de piedra, pero también cuando el agua es arrastrada verticalmente en la cara testera de un poste de madera que
21 se apoya en zona húmeda.

6.2 Deformaciones

■ Muchos están acostumbrados a considerar los edificios como estructuras completamente inmóviles y estáticas. Sin embargo, en la realidad están sometidos a numerosas deformaciones debidas a diversas causas: a factores externos como cambios de temperatura, fluctuaciones de la humedad del aire o efectos de la fuerza, o también a procesos de cambio inherentes al material. Estas deformaciones no pueden evitarse por completo, pero deben limitarse hasta tal punto que, por un lado, no se vea afectada la capacidad de servicio de la estructura y, por otro, no se produzcan daños significativos. No hay que temer daños, sobre todo, si las deformaciones vuelven a remitir en un futuro próximo. Esto puede ocurrir tan pronto como se restablezcan las condiciones iniciales antes de la deformación, es decir, cuando, por ejemplo, se vuelve a reducir una carga. Estas deformaciones se denominan reversibles, en contraposición a las irreversibles. Las deformaciones elásticas bajo fuerza son un buen ejemplo de la primera categoría. Las dilataciones por temperatura también son generalmente reversibles. Las deformaciones no reversibles, en cambio, son en su mayoría deformaciones plásticas que pueden causar grandes daños (aunque no necesariamente).

CAPACIDAD DE SERVICIO

DEFORMACIONES ELÁSTICAS

DEFORMACIONES PLÁSTICAS

A continuación, destacaremos brevemente varias causas de los procesos de deformación relevantes para la construcción.

6.2.1 como resultado del cambio de temperatura

DILATACIONES

FUERZA DE COACCIÓN

■ Los edificios están casi siempre expuestos a la atmósfera y, por tanto, a fluctuaciones climáticas. Por esta razón, las estructuras de edificio suelen estar sometidas a cambios de temperatura relativamente grandes, según la región climática. Estos provocan las correspondientes dilataciones en el material. El proyectista debe tenerlas muy en cuenta y, en la mayoría de los casos, no debe impedir que se desarrollen. Si, a pesar de todo, esto ocurre, es de esperar el efecto de fuerzas de coacción a veces enormes, que en este caso deben ser monitorizadas por la planificación y neutralizadas en su efecto.

FUSIÓN

Las dilataciones térmicas son reversibles en la mayoría de los materiales utilizados habitualmente en la construcción, es decir, éstos vuelven al estado inicial después de ser devueltos a la anterior temperatura, siempre que no se superen ciertos límites específicos del material. Estos están relacionados en particular con las transiciones de fase: En el caso de materiales sólidos, de sólido a líquido, es decir, durante la fusión, un proceso en el que se producen cambios de forma plásticos, es decir, irreversibles. Para romper la estructura del material sólido durante la fusión, es necesario suministrar una determinada cantidad de energía, período durante el cual no se produce aumento de temperatura, porque la energía se utiliza exclusivamente para romper la cohesión del material sólido. Las excepciones son las sustancias amorfas, para las que esta fracturación tiene lugar de forma continua, es decir, para las que no se puede determinar un punto de fusión específico. (La transición de fase del agua líquida al hielo sólido también es importante para la construcción. En este caso se produce una importante dilatación, que es la responsable del efecto explosivo, a veces devastador, del hielo en materiales porosos. (Volveremos sobre este punto más adelante.) Los procesos de fusión, es decir, los procesos en los que los materiales pierden su resistencia, pueden producirse en algunos casos en condiciones de uso normal (como la fusión de capas de asfalto en cubiertas bajo fuerte radiación solar), pero son especialmente importantes en caso de incendio.

☞ *Aptdo. 6.4 Procesos de descomposición, pp. 90 y ss.*

6.2.2 como resultado de la fuerza

RESISTENCIA MECÁNICA, RIGIDEZ

ESFUERZOS, FUERZAS INTERNAS

ELONGACIÓN

■ La fuerza no es la única, pero sí una causa muy importante de deformación. A diferencia de los gases y los líquidos, en los que los efectos de fuerzas locales provocan instantáneamente importantes cambios de forma, las sustancias sólidas ofrecen resistencia a éstos, es decir, su resistencia mecánica y su rigidez. Es precisamente esta resistencia a la fuerza externa lo que predestina a los materiales sólidos para la construcción. En este proceso, las cargas externas que actúan sobre la construcción generan esfuerzos o fuerzas internas en el material, que éste contrarresta con sus propias fuerzas de cohesión y, por tanto, con la correspondiente resistencia mecánica. Las deformaciones resultantes, en este caso elongaciones, son la única manifestación reconocible y medible de unas fuerzas que, de otro modo, serían indetectables visualmente. En consecuencia, medir las deformaciones permite sacar conclusiones sobre las fuerzas que actúan en cada caso. Las elongaciones se producen en la dirección de la fuerza, pero también transversalmente al mismo tiempo. Esto último se denomina elongación transversal.

ELONGACIÓN TRANSVERSAL

DEFORMACIÓN ELÁSTICA

Las deformaciones reversibles debidas a la aplicación de una fuerza se denominan deformaciones elásticas. Existe una estricta proporcionalidad entre la fuerza aplicada, o la tensión resultante en la estructura del material, y el alargamiento. Este es el caso, por ejemplo, con muelles en espiral y se utiliza para medir el peso. La proporcionalidad encuentra su formulación matemática en la ley de Hooke. La representación gráfica de la ley de Hooke pertenece a la categoría de los llamados diagramas tensión-deformación (también denominados diagramas tenso-deformacionales o

LEY DE HOOKE

DIAGRAMA DE TENSIÓN-DEFORMACIÓN

25 diagramas σ-ε). Representan gráficamente la dependencia entre la aplicación de la fuerza y la deformación resultante y permiten evaluar rápidamente el comportamiento deformacional dependiente de la carga de un material en sus características básicas. La proporcionalidad directa típica de la elasticidad se expresa en el diagrama en forma de línea recta: Por lo tanto, la doble fuerza provoca una doble elongación. La pendiente de la línea recta, o la relación entre σ y ε, se llama módulo de elasticidad (o módulo de Young) del material, un valor específico del mismo que cuantifica su rigidez, es decir, su resistencia a la deformación. (Sin embargo, se verá cómo también pueden darse relaciones muy diferentes entre la tensión y la deformación, especialmente con deformaciones plásticas.) Las deformaciones elásticas vuelven a remitir debido a fuerzas restauradoras inmanentes —la memoria de forma— que devuelven las partículas del tejido material a su posición inicial.

MÓDULO DE ELASTICIDAD, MÓDULO DE YOUNG

MEMORIA DE FORMA

Los materiales cristalinos, es decir, los materiales minerales y metálicos, tienen un grado de elasticidad especialmente alto en comparación con materiales amorfos y orgánicos. Pero la madera, un material orgánico, también tiene buenos valores de elasticidad debido a su característica semicristalina en la dirección de las fibras. Sin embargo, esto se aplica a condiciones normales. Si se supera un determinado nivel de carga, se produce un desgarro o las deformaciones elásticas se convierten en deformaciones plásticas irreversibles. Consideremos ahora este último caso.

DEFORMACIÓN PLÁSTICA

La memoria de forma, que activa las correspondientes fuerzas restauradoras en el caso de deformaciones elásticas, no actúa en el caso de materiales plásticos (como arcilla húmeda), incluso en el caso de materiales por lo demás elásticos a partir de un determinado estado, de modo que se producen desplazamientos, distorsiones o dislocaciones irreversibles en la estructura del material. Ya se abordó ante-

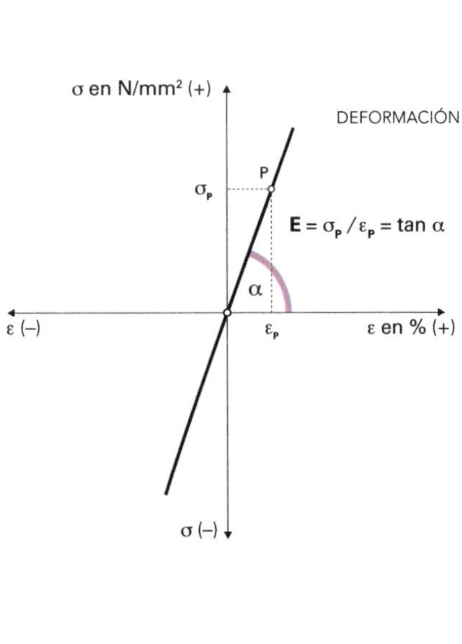

25 Diagrama tensión-deformación (diagrama σ-ε) de un material elástico idealizado en el intervalo de compresión (σ –) y de tracción (σ +). La relación entre los pares de valores σ_P y ε_P en cualquier punto **P**, o la pendiente de la recta, da el módulo de elasticidad **E**, una medida de la rigidez del material.

riormente con el ejemplo de la ductilidad de los metales. Este proceso de desplazamiento o dislocación de la estructura cristalina de los metales se puede describir con el término más general de deslizamiento. El deslizamiento es uno de los procesos de deformación plástica dependientes de la carga más importantes en la construcción. La fluencia también pertenece a esta categoría. A continuación describiremos brevemente ambos fenómenos.

☞ *Aptdo. 5.1.3 Enlace metálico, pp. 78 y s.*

DESLIZAMIENTO

FLUENCIA

Los procesos de fluencia son detectables en la madera y especialmente en el hormigón. El hormigón sufre una deformación bajo una carga constante, que luego se cementa firmemente, por así decirlo, debido a la hidratación incompleta y en continuo progreso, es decir, a la formación continua de cristales en el hormigón, y ya no puede revertirse, incluso cuando se alivia la carga. La fluencia aparece sobre todo en el hormigón joven y sólo remite al cabo de los años.

☞ *Aptdo. 7.2.1 Principio técnico básico, pp. 94 y ss.*

Los procesos de deslizamiento resultan familiares de materiales secos a granel sueltos. Sin embargo, también se producen de forma similar con granulados ligados al agua (como suelos), así como con sustancias cristalinas como el hielo y especialmente los metales (dúctiles).

Lo característico de este proceso es el desplazamiento mutuo de láminas de deslizamiento a lo largo de los llamados planos de deslizamiento, hasta que (después de deformaciones inevitablemente irreversibles) se alcanza un estado de equilibrio, o el material se desintegra completamente. Tiene un significado constructivo especial el deslizamiento de metales, pero también el de suelos, factor determinante en la mecánica de suelos. Las dislocaciones por deslizamiento se producen en los granulados entre partículas de tamaño de grano, mientras que en los metales se producen a nivel submicroscópico entre partículas atómicas o moleculares. Debido a su especial importancia en nuestro contexto, a continuación examinaremos el deslizamiento de materiales sólidos. Los aceros dúctiles o dulces, como los estructurales, son especialmente relevantes en este caso. Aunque los materiales minerales, al ser extremadamente frágiles, no se comportan de forma dúctil, sin embargo presentan ciertas características de deslizamiento en determinadas condiciones al fracturarse a lo largo de planos oblicuos.

PLANOS DE DESLIZAMIENTO

Ya se explicó anteriormente en el contexto del enlace metálico el proceso esencial que se produce en el deslizamiento de metales dúctiles. Las retículas cristalinas metálicas se comportan elásticamente a niveles de fuerza bajos, como se ha visto. Por encima de un cierto límite, paquetes laminares enteros de retícula, de varios planos reticulares de espesor, comienzan a desplazarse entre sí a lo largo de planos de deslizamiento. Esto sólo puede efectuarse en pasos modulares, es decir, por un múltiplo del módulo básico reticular, en la dirección de deslizamiento. Después, **11, 12**
la lámina deslizante vuelve a asentarse en una nueva posición regular, por así decirlo. La deformación resultante es irreversible, es decir, plástica. En las superficies metálicas

☞ *Aptdo. 5.1.3 Enlace metálico, pp. 78 y s.*

26 Estriación traslacional leve pero, en comparación con la superficie plana, reconocible en la arista de una pieza metálica plegada en la que se ha producido una deformación plástica por deslizamiento.

26 suele ser visible en forma del llamado estriado de traslación, pero en cualquier caso por un ligero aclaramiento del color perceptible a simple vista. Estos deslizamientos se producen preferiblemente partiendo de defectos ya existentes en la retícula cristalina, es decir, donde ya de primeras hay irregularidades en la estructura del cristal. Dado que la resistencia a la cizalladura del material es menor, en varias potencias de diez, que la resistencia normal a la tracción y a la compresión, el deslizamiento se produce primero como resultado de los esfuerzos cortantes causados por el efecto de la fuerza axial. Dado que estos esfuerzos cortantes están orientados en diagonal a la fuerza, el deslizamiento se produce entonces en un ángulo de 45° con respecto a ella. Esto se puede observar especialmente en la fractura por deslizamiento de materiales minerales bajo carga de compresión.

BLOQUEO DE DISLOCACIÓN

Los componentes extraños que se incrustan en intersticios de la retícula cristalina, como átomos de carbono en hierro, se enredan en el cristal, por así decirlo, e impiden u
16 obstaculizan una dislocación. Como resultado, aumentan la fragilidad del material. Esto se denomina bloqueo de dislocación. Por esta razón, eliminar la mayor cantidad posible de carbono del material base de hierro es el proceso esencial de la siderurgia, con el objetivo de producir aceros dúctiles.[13]

☞ *Véase el diagrama tensión-deformación del acero estructural en Aptdo. 8.2 Comportamiento deformacional, pág. 112.*

FATIGA

Dado que, debido a la composición granular aleatoria de los metales comúnmente utilizados en la construcción, estos procesos de deslizamiento deben terminar a más tardar en el límite de grano de los cristalitos, se produce al final un nuevo endurecimiento paulatino del material si persiste la deformación. Esto se debe a una especie de acumulación de deslizamientos dentro del granulado de los monocristales, que están orientados al azar. Finalmente, el material se vuelve cada vez más frágil bajo esfuerzo sostenido y se rompe. Asimismo pueden formarse, debido a cambios constantes de carga, microfisuras en los límites de grano, que con el tiempo se convierten en macrofisuras y provocan un fallo repentino del material. Este proceso se denomina fatiga.

REDISTRIBUCIÓN DE CARGA

Aunque no son deseables, por razones obvias, grandes deformaciones irreversibles en estructuras de edificio, las deformaciones plásticas pueden utilizarse de forma beneficiosa en determinadas condiciones. Esto ocurre, por ejemplo, durante la conformación de materiales metálicos durante su fabricación, como el plegado o la embutición de chapas finas. Sin embargo, deformaciones plásticas locales también pueden dar lugar a redistribuciones de carga beneficiosas si la tensión del material es demasiado grande. El material elude automáticamente, por así decirlo, el esfuerzo excesivo bajo el cual fallaría sin ductilidad adecuada. Esto se aplica en particular a aceros estructurales dulces. Además, las grandes deformaciones plásticas anuncian un posible fallo mucho antes de que se produzca: otro tipo de comportamiento benigno bajo tensiones extremas, que contrasta con las traicioneras fracturas espontáneas que sufren los materiales frágiles.

6.2.3 como resultado de otros factores

MERMA E HINCHAZÓN

■ Numerosos factores independientes de la carga también pueden provocar deformaciones, tanto reversibles como permanentes e irreversibles. Se trata, por ejemplo, de la influencia de la humedad del aire en determinados materiales porosos, en este caso especialmente la madera. Los cambios en la humedad relativa provocan en la madera mermas e hinchazones cíclicas, es decir, una disminución y un aumento de volumen. Este proceso es reversible. Sin embargo, la madera de construcción también está sometida a un proceso de secado continuo, que progresa permanentemente hasta que pierde el contenido de humedad naturalmente dado en su estado vivo y alcanza el contenido de humedad adecuado para la instalación de alrededor del 18%. En el proceso, se producen varios mecanismos deformacionales no reversibles, como pueden ser alabeo, combado, bombeo, agrietamiento, etc. Se deben a la estructura material extraordinariamente compleja de la madera, que se genera y crece de forma natural. 27

Muchos materiales minerales, como el hormigón, están sometidos a un proceso continuo de retracción debido a reacciones químicas dentro de la estructura del material. Este proceso es irreversible. Aceros laminados suelen estar sometidos a tensiones parásitas que, en condiciones desfavorables, pueden llegar a provocar grietas espontáneas. Las piezas de acero delgadas que se calientan localmente, como durante la soldadura, tienden a alabearse y, por lo tanto, también experimentan una deformación permanente.

27 Estructura material natural característica de la madera, caracterizada por irregularidades, grietas y grandes deformaciones.

6.3 Rotura

ROTURA FRÁGIL, POR SEPARACIÓN

ROTURA POR FATIGA

■ Si los esfuerzos que provocan las deformaciones mencionadas anteriormente llegan a ser mayores que las fuerzas de cohesión del material, al final del proceso de deformación se produce una rotura del material o incluso un desgarro y una desintegración completa del componente. Como se ha visto anteriormente, pueden producirse cambios de forma claramente visibles de antemano —como en el caso de rotura por deformación de materiales tenaces como el acero estructural— o apenas perceptibles, como en el caso de la típica rotura frágil o por separación de materiales minerales, pero también de la madera. La rotura por fatiga espontánea tras una carga dinámica prolongada es especialmente traicionera. Dependiendo del contexto, una rotura puede ser prácticamente intrascendente o, por el contrario, provocar el colapso de toda la estructura del edificio. Este último es el mayor accidente que se puede asumir en la construcción, porque pueden perder la vida o su salud personas y pueden producirse enormes daños materiales.

Aunque la rotura se asocia principalmente con el fallo de la función portante, el agrietamiento también abre la puerta a varios procesos de descomposición, como se discute en el siguiente apartado, y por lo tanto también impide otras subfunciones constructivas importantes. Una grieta puede, por ejemplo, perjudicar o anular completamente una función de sellado en una capa impermeabilizante.

Sin embargo, las roturas no tienen por qué tener consecuencias negativas drásticas. En algunos materiales, por ejemplo piedras artificiales como el hormigón o los ladrillos, la formación de grietas es, por así decirlo, inherente al ma-
28 terial y, por tanto, inevitable. Por regla general, no perjudica significativamente la funcionalidad del material. La madera también muestra una fuerte tendencia a agrietarse a lo largo de la veta, pero sin una reducción notable de su capacidad
27 de carga.

6.4 Procesos de descomposición

☞ *Aptdo. 6.1 Interfaces, pág. 83 y ss.*

■ Los procesos de descomposición se producen como resultado de efectos atmosféricos sobre superficies exteriores de materiales. Ya se han señalado anteriormente las razones de la especial reactividad de las superficies externas. La descomposición en la superficie puede perjudicar las funciones esenciales de un componente. La descamación o la eliminación de las capas superficiales puede conducir, por ejemplo, a una reducción continua de las secciones transversales de los componentes y, finalmente, como consecuencia del aumento de la tensión actuando sobre la superficie, al fallo bajo carga. También las funciones de sellado o protección pueden verse seriamente comprometidas por la descomposición del material, por ejemplo, cuando se desprende el recubrimiento de hormigón de los insertos de acero en el hormigón armado. A continuación se abordarán brevemente los procesos de descomposición más importantes para la construcción.

HELADAS

Los materiales porosos que absorben agua corren el riesgo de sufrir la acción de las heladas. El responsable de este proceso es el efecto explosivo del hielo, que ocupa un volumen bastante mayor en comparación con el agua líquida. Las capas exteriores del material se ven especialmente afectadas, sobre todo las zonas fisuradas. El agua
29 se acumula en los poros y las grietas, se congela formando hielo, que luego hiende el material. Una vez que las capas su-
30 perficiales se separan, este proceso continúa en las nuevas superficies expuestas. Menos afectados por este peligro son los materiales con estructura muy densa en la que sólo se puede almacenar poca agua, o con una gran resistencia que puede soportar las fuerzas de rotura, o los paquetes sueltos de gránulos o piedras (como la grava) que permiten que el hielo se expanda libremente en las cavidades encerradas.

CORROSIÓN

Diversos procesos de corrosión química pueden provocar el debilitamiento, la ruptura o la disolución de las fuerzas

28 Grieta en la junta de mortero del aparejo de un muro de ladrillo.

29 Acumulación de humedad en grietas de retracción del hormigón. En las grietas, la humedad penetra más profundamente en el material.

de cohesión a través de la transformación química de los materiales. En el proceso, los materiales forman nuevos compuestos químicos con sustancias de la atmósfera. Un buen ejemplo es la corrosión de metales ferrosos, que se basa en la reacción del hierro con el oxígeno atmosférico **31**
para formar óxido de hierro con la participación del agua. En este proceso, la estructura cristalina del metal se disuelve gradualmente, por lo que se pierde su resistencia. Este proceso puede evitarse o ralentizarse utilizando aleaciones adecuadas o aplicando revestimientos protectores. En el caso de la corrosión por contacto entre metales de diferente nobleza, la retícula atómica del metal menos noble se rompe por los iones del más noble. La carbonatación del hormigón también implica una transformación química del hormigón **30**
como resultado de la acción de sustancias atmosféricas.

La radiación ultravioleta de la luz solar directa ataca especialmente a las sustancias orgánicas. Esto afecta, por ejemplo, a la madera, cuya sustancia solidificadora, la lignina, es destruida por la radiación ultravioleta, lo que reduce la **32**
resistencia del material. Los selladores bituminosos también corren peligro bajo esta radiación.

☞ *Aptdo. 9.1 Madera, pág. 121 y ss.*

Sin embargo, el mayor peligro para los materiales biológicos como la madera son los procesos de descomposición biológica, es decir, los provocados por microorganismos **33**
vivos. Se produce putrefacción. Estos también atacan la lignina, que es la principal responsable de la resistencia del tejido de soporte. Sin embargo, estos parásitos necesitan un determinado ambiente húmedo para desarrollar su efecto destructivo. Son inofensivos en un ambiente seco, por lo que la madera de construcción se seca hasta un contenido de humedad de instalación de alrededor del 15%. Pero incluso en un entorno completamente saturado de agua, por ejemplo en sumersión en el agua, las piezas de madera están protegidas de sus efectos. Esta es la única razón por la que son posibles cimientos de pilotes de madera en un

PUTREFACCIÓN

30 Desprendimiento del recubrimiento de hormigón en hormigón armado: El acero de armadura desprotegido se corroe.

31 Corrosión del metal.

32 Agrisamiento de la madera por efecto de la radiación ultravioleta y la intemperie. Sin embargo, inmediatamente debajo de los aleros, la madera está casi intacta.

33 Putrefacción incipiente en la parte inferior de una fachada de madera en la zona vulnerable de conexión con una marquesina.

PRESERVACIÓN CONSTRUCTIVA DE LA MADERA

suelo que siempre está saturado de agua. En consecuencia, la denominada preservación constructiva de la madera persigue el objetivo de proteger de forma fiable las piezas de madera de la humedad constante, es decir, de los niveles de humedad que favorecen los parásitos.

6.5 Impacto del fuego

CARGA DE FUEGO

El fuego siempre ha supuesto una peligrosa amenaza para las estructuras de edificios. Numerosos materiales utilizados tanto para estructuras portantes primarias como, sobre todo, para el acabado son combustibles y, por tanto, contribuyen a la carga de fuego, que constituye el poder calorífico en un incendio y, por tanto, un importante factor de riesgo de la estructura del edificio. Como resultado de un incendio, pueden perderse vidas humanas, así como considerables bienes materiales. Esto puede ocurrir bajo el efecto directo del fuego, o indirectamente a través del efecto dañino y generalmente destructivo de los gases de combustión. La pérdida de valores de propiedad puede ser consecuencia tanto del incendio como, paradójicamente, del uso del agua de extinción. El mayor accidente que cabe suponer es, una vez más, como en el caso de la rotura de materiales, el colapso completo de la estructura debido al fallo estático de la estructura portante primaria, especialmente durante las fases iniciales del incendio, antes de que las personas pudieran evacuar el edificio.

RESISTENCIA AL FUEGO

Es lógico que el riesgo de incendio esté directamente relacionado con el comportamiento bajo fuego de los respectivos materiales utilizados. Los distintos grupos de materiales suelen mostrar un comportamiento diferente a este respecto. Aunque la combustibilidad del material en sí influye en la carga global de fuego del edificio (véase más arriba), no dice nada inicialmente sobre su resistencia al fuego. Un buen ejemplo son los materiales metálicos, especialmente el acero estructural, que a una temperatura de incendio relativamente baja, de unos 600 °C, pasa de un estado cristalino a uno amorfo, volviéndose plástico y perdiendo en gran medida su resistencia. El acero, no obstante, es incombustible, pero a pesar de ello no muestra una resistencia al fuego significativa.

Las materias orgánicas, incluida la madera, se basan en el bloque básico molecular del carbono y, por tanto, son siempre combustibles. En este sentido, ya representan una carga de fuego en sí mismas. Los plásticos pierden rápidamente su resistencia al fuego, se funden y a veces emiten gases tóxicos o gotean peligrosamente cuando se utilizan en techos. Aunque la madera también es combustible, su comportamiento ante el fuego es relativamente benévolo, ya que sólo arde lentamente consumiendo capas por el exterior y se aísla térmicamente del fuego a sí misma formando una capa de carbonilla. Queda una sección transversal del núcleo residual que soporta al menos temporalmente la carga y es capaz —durante el período de evacuación necesario— de transferir las cargas que se producen.

Los materiales minerales son especialmente resistentes al fuego. Su punto de fusión es de alrededor de 1.700 °C. Para que se alcance esta temperatura crítica, son necesarios largos tiempos de combustión y altas cargas de fuego. No obstante, pueden producirse desprendimientos de las capas superficiales en una fase relativamente temprana. Aunque las construcciones sólidas no corren peligro, esto puede llevar a condiciones críticas en el hormigón armado en cuanto la armadura quede expuesta al fuego sin protección. La elevada capacidad de almacenamiento térmico de los materiales minerales también favorece su comportamiento general ante el fuego, ya que los pesados componentes tienen un efecto refrigerante. Esta característica especial también es ventajosa en la interacción del hormigón con el acero en estructuras compuestas.

Materiales minerales

Los materiales minerales figuran entre los más antiguos que la humanidad ha utilizado para la construcción. El simple apilamiento de piedras encontradas en el campo para formar un muro seco de piedra es probablemente uno de los métodos constructivos más antiguos que se han utilizado. La transformación de la tierra en materiales aptos para la construcción, por ejemplo en forma de arcilla o ladrillos, es también uno de los métodos de construcción más antiguos de la humanidad. La piedra natural y los materiales cerámicos se caracterizan siempre por una notable resistencia y una gran durabilidad. Aunque las piedras naturales ya no tienen gran importancia en la construcción moderna, otro material mineral, el hormigón, ha asumido su papel anteriormente dominante. Por lo tanto, aún hoy, este grupo de materiales sigue desempeñando un papel importante en la construcción.

La estructura material de los materiales minerales se basa en el bloque básico del dióxido de silicio (SiO_2), que se combina con otros óxidos, como el óxido de aluminio, para
formar sustancias químicas duraderas y muy resistentes. Los **8**
materiales minerales son siempre cristalinos. La fuerza de
unión que crea la cohesión material es el enlace iónico. Es la **5**
causa de la notoria fragilidad de los materiales minerales en su conjunto, es decir, su incapacidad para absorber fuerzas de tracción. Además de la típica forma de cristalización espacial en forma de monocristales, que tienen una estructura

☞ *Aptdo. 5.2 Cristales, pág. 79 y ss.*
☞ *Aptdo. 5.1.2 Enlace iónico, pág. 77 y s.*

35 Revestimiento de muro de granito duro trabajado (izquierda) y relleno de pared de caliza sedimentaria tosca (ver estratificación).

34 Estructuras materiales de varias piedras naturales: Travertino cortado verticalmente en ángulo recto con la estratificación (centro, gran losa); piedra caliza (derecha); arenisca (tiras por encima y por debajo de la losa de travertino) —todas las rocas, sedimentarias—; granito, roca ígnea (abajo).

molecular espacial regulada, el dióxido de silicio también puede cristalizar en moléculas en forma de cadena, como en el caso del amianto, por ejemplo, o en forma de capas, como en el caso de minerales de arcilla. A este orden molecular se superpone el orden de la macroestructura, que puede remontarse a diversos procesos de conformación naturales y artificiales. A continuación se examinarán con más detalle algunos de ellos.

MACROESTRUCTURA

7.1 Roca natural

Todos los materiales minerales se remontan en última instancia a un material primordial que constituye esencialmente la corteza terrestre: lava solidificada. Algunos tipos de rocas naturales, las llamadas rocas ígneas o magmáticas, surgen directamente de ella y son inmediatamente aptas para la construcción. Algunos ejemplos son el granito o el basalto. **35, 34**

ROCAS ÍGNEAS, ROCAS MAGMÁTICAS

Otras rocas naturales surgieron a partir de productos erosivos de rocas ígneas, que posteriormente volvieron a solidificarse para formar roca a través de diversos procesos geológicos, en el proceso conocido como diagénesis. Este grupo incluye, por ejemplo, las rocas sedimentarias, que se forman por deposición y posterior consolidación de sedimentos, y como resultado tienen una estructura en capas. En consecuencia, son claramente anisótropas, es decir, tienen propiedades mecánicas claramente diferentes en función de la dirección espacial. Las rocas sedimentarias son, por ejemplo, calizas y areniscas. **35, 34**

DIAGÉNESIS

ROCAS SEDIMENTARIAS

Las llamadas rocas metamórficas se forman a partir de la alteración, o metamorfosis, de rocas magmáticas o sedimentarias, en un proceso de solidificación debido a condiciones cambiantes de presión y temperatura, que dan lugar a cambios estructurales físicos y reacciones químicas. Rocas metamórficas típicas son las cuarcitas (formadas a partir de areniscas) o el mármol (formado a partir de calizas).

ROCAS METAMÓRFICAS

7.2 Roca artificial

Aunque las piedras naturales ya no desempeñan ningún papel como materiales de carga, sí lo hacen como materiales de revestimiento y de acabado. La piedra caliza, por sí sola, como producto de partida para cementos hidráulicos, ha conservado indirectamente o incluso ha aumentado su antigua importancia como material para piezas de albañilería. Sin embargo, son mucho más importantes para la actividad de construcción moderna las rocas artificiales.

7.2.1 Principio técnico básico

La roca artificial producida para la construcción también se compone de productos erosivos de roca magmática, es decir, principalmente de diversas tierras o de roca natural triturada. A partir de ella, se producen pastas plásticas añadiendo agua, que luego se transforman en material pétreo sólido en un proceso de solidificación técnica, que reproduce la diagénesis natural. La estructura material resultante es prácticamente isótropa en su totalidad, es decir, no está alineada espacialmente.

Las pastas mezcladas para la producción de roca artificial

apta para la construcción constan siempre de al menos dos componentes fundamentales: un árido granular o material de relleno, que es mayormente inerte, y un aglomerante, que crea la cohesión entre los componentes no reactivos del árido y, por lo tanto, es el principal responsable de la resistencia final del material. La masa solidificada entre las partículas agregadas se denomina matriz. En la construcción, pueden utilizarse como áridos grava, piedra triturada o arena, y como aglomerantes yeso, arcilla, cal o cemento. **36**

ÁRIDO

AGLOMERANTE

MATRIZ

A diferencia de las rocas naturales, en las que formas específicas sólo pueden obtenerse o producirse escogiendo, rompiendo, partiendo, cortando o cincelando, es decir, empleando en la mayoría de los casos cantidades considerables de trabajo o energía, las rocas artificiales pueden adoptar casi cualquier forma sin necesidad de coste elevado gracias al proceso de moldeado o colado descrito anteriormente. La conformación plástica o por colado de componentes grandes o incluso de estructuras completas de edificios sólo ha sido posible gracias a la moderna tecnología del hormigón. Antes de eso, se estaba limitado a dimensiones más pequeñas como la del ladrillo; antes de la introducción de la tecnología del hormigón, los elementos de construcción en escalas más grandes no podían preformarse con pastas plásticas. Sin embargo, incluso en la época premoderna, las pastas artificiales tenían una enorme importancia constructiva, concretamente como mortero. Las capas intermedias de mortero plástico, **37** que posteriormente se solidifica, siempre han permitido colocar piezas de albañilería irregulares, poco trabajadas o imprecisas por el proceso de fabricación.[14] (Esto último **38** se aplica al ladrillo, por ejemplo.) Esto siempre representó un factor económico importante, ya que ahorraba mucho trabajo, pero permitía producir un aparejo mecánicamente estable comparable a una obra de fábrica en seco.

MORTERO

También se pueden conseguir propiedades específicas de la roca artificial mediante manipulación técnica específica del proceso su fabricación. De este modo, es posible obtener densidades y resistencias extremadamente altas, así como elevada porosidad para lograr un buen aislamiento térmico. De este modo, siempre se podían utilizar materiales minera-

36 Estructura de hormigón formada por el árido (grava) y la matriz circundante.

37 *Opus caementitium* formado por capas de piedra triturada y masa de mortero hidráulico plástico.

38 Albañilería antigua con una gruesa capa de mortero para nivelar los ladrillos toscamente moldeados.

les con las propiedades necesarias cuando no se disponía de rocas naturales adecuadas o sólo se podían transportar con gran coste. Para ello, o bien se disponía de procesos menos intensivos en energía y correspondientemente económicos, que —como en el caso de la arcilla, por ejemplo— se basaban en el efecto aglomerante del agua de adsorción; o bien se utilizaban procesos de producción que consumían mayor cantidad de energía pero que, a cambio, proporcionaban mayores densidades y resistencias, como en el caso de la cocción de ladrillos.

Básicamente, estos últimos procesos, que consumen mucha energía, se basan en el efecto aglomerante de la cocción de los minerales de la arcilla, lo que da lugar a productos finales cerámicos, o en la puesta en marcha de determinadas reacciones químicas. Estas últimas se diferencian en hidráulicas y no hidráulicas, lo que es relevante para la durabilidad general y el comportamiento mecánico de la roca artificial que emerge de ellas.

REACCIÓN HIDRÁULICA

Las rocas artificiales no hidráulicas se forman por el proceso químico de la carbonatación. Parte de la cal como sustancia básica y depende de la presencia de dióxido de carbono del aire. Tradicionalmente, se utilizaba el término *cales aéreas* en aplicaciones constructivas. Tienen una fina estructura de poros y una gran elasticidad, pero su resistencia es limitada y pueden necesitar largos periodos de tiempo para solidificarse, especialmente cuando se impide el contacto con el aire (como en núcleos de muros).

CARBONATACIÓN

CALES AÉREAS

Las rocas artificiales hidráulicas, en cambio, se forman en el proceso químico de la hidratación. Para ello, además de cal pura, como cal aérea, se necesitan ciertas sustancias adicionales, los llamados factores hidráulicos —principalmente óxidos de silicio, aluminio y hierro—, que están contenidos en la arcilla.

HIDRATACIÓN

FACTORES HIDRÁULICOS

La sustancia básica para las rocas artificiales hidráulicas es, por tanto, una mezcla de cal y arcilla puras, es decir, marga. Se añade agua para mezclar, lo que desencadena la epitaxia de los cristales en una reacción química y produce así con-

41 Construcción tradicional de arcilla en Egipto.

39 Ladrillos de adobe secados al aire: El efecto aglomerante se debe a la adsorción de agua.

40 Tapial: Arcilla introducida en capas en un molde en estado plástico y compactada mediante apisonado.

sistencias similares a las de las rocas, con gran durabilidad y resistencia. No es necesario el contacto con el aire. Toda la tecnología del hormigón se basa en este proceso técnico.

El principio técnico básico de la roca artificial, tanto hidráulica como no hidráulica, se basa, por tanto, en la trituración inicial, la combustión posterior y la reconstrucción química final, añadiendo agua, de la misma sustancia, es decir, la piedra caliza ($CaCO_3$). La combustión, un proceso endotérmico,[15] suministra energía al aglomerante, que permanece ligada de forma latente en él, por así decirlo, y posteriormente despliega su efecto programado durante la restauración técnica de la estructura material sólida de la piedra caliza. Esto ocurre a través del fraguado,[16] un proceso exotérmico,[17] que libera parte de la energía en forma de calor. Este proceso de destrucción y restauración subsiguiente (paradójico sólo a primera vista), sin embargo, permite la manipulación técnica de la piedra caliza para fines constructivos específicos.

PROCESO ENDOTÉRMICO

PROCESO EXOTÉRMICO

A continuación veremos con más detalle estos diferentes tipos de consolidación de roca artificial.

7.2.2 Roca artificial fabricada por el aglomeramiento por adsorción

☞ *Aptdo. 6.1 Interfaces, pág. 83 y ss.*

■ Las rocas artificiales aglomeradas por el agua son sin duda las más antiguas que la humanidad ha utilizado para la construcción. Su cohesión material se basa en el ya explicado efecto de unión por adsorción de agua en las interfaces de las partículas. En este grupo de materiales, sirven de aglomerantes minerales arcillosos y, a veces, mica. Como se ha visto, la arcilla cristaliza a partir del dióxido de silicio en forma de plaquetas planas, que inicialmente se deslizan libremente unas sobre otras como resultado del efecto adhesivo del agua en la masa de arcilla plástica blanda. Esta circunstancia explica su plasticidad en estado húmedo. Una vez que la mayor parte del agua de amasado se ha secado, sólo queda el agua de adsorción, que sólo tiene unas pocas capas moleculares de espesor, lo que desarrolla un fuerte efecto adhesivo y produce una masa de roca firme y rígida. Este material sólido está lleno de poros muy finos y, por tanto, tiene una ligereza y una capacidad de aislamiento térmico relativamente altas.

Así es como se producen los materiales de arcilla que se utilizan, por ejemplo, en forma de ladrillos de adobe secados al aire o como material de relleno en la construcción de tapial. **39, 40**
Tienen una resistencia relativamente baja a la intemperie, porque la cohesión del material se disuelve rápidamente bajo la acción del agua, ya que el efecto cohesivo de la adsorción vuelve a disminuir. Por lo demás, los métodos de construcción con tierra tienen la gran ventaja de la amplia disponibilidad del material básico, la tierra, el consumo extraordinariamente bajo de energía para su fabricación y un equilibrio muy favorable entre la capacidad de almacenamiento térmico (es decir, la densidad bruta) y la capacidad de aislamiento térmico (es decir, la porosidad), lo que los predestina para su uso en envolventes de edificios. Sobre todo en regiones **41**
del mundo donde escasean combustibles como la madera,

el método de construcción con tierra, de bajo consumo de energía, se ha generalizado, preferentemente en regiones 41 áridas. Especialmente cuando hay fuertes fluctuaciones diarias de temperatura, por ejemplo en regiones desérticas, este material muestra sus extraordinarias ventajas térmicas de aislamiento térmico y capacidad de almacenamiento de calor combinados cuando se utiliza en construcciones de paredes sólidas. Por otro lado, la desventaja de la escasa resistencia a la intemperie del adobe es poco importante, especialmente en regiones desérticas con poca lluvia. Debido a su bajísima proporción de energía incorporada y a su pequeña huella ecológica, este material desempeña hoy en día un papel especial en el contexto de la construcción económica, de bajo consumo de energía y respetuosa con el medio ambiente.

7.2.3 Roca artificial cerámica

■ Las propiedades mecánicas de la piedra artificial aglomerada por agua pueden mejorarse notablemente cociendo la masa de arcilla. Así se crean materiales cerámicos. El proceso de cocción elimina en primer lugar el agua contenida en el material base, también el agua de adsorción, y lo hace así resistente al agua. Posteriormente, procediendo en el proceso de cocción, las partículas de arcilla se solidifican formando una estructura material sólida debido a reacciones químicas. Por lo tanto, la cohesión del material ya no puede disolverse por el efecto del agua, como ocurre con la piedra aglomerada por agua: el material se vuelve resistente a la intemperie. Un progresivo aumento de la temperatura

SINTERIZACIÓN

de cocción conduce a la sinterización, una fusión de los componentes formando una estructura de baja porosidad o incluso completamente impermeable, parecida al vidrio y extraordinariamente duradera. Resultan ladrillos refractarios

LADRILLO REFRACTARIO, LADRILLO RECOCHO

42 o recochos.

LADRILLOS CERÁMICOS

Tradicionalmente, los ladrillos cerámicos se hacían primero a mano en pequeños moldes de madera en forma de ortoedro a partir de masas de arcilla plástica y luego se cocían. Para ello, se apilaban en un horno de ladrillos, en el que a los ladrillos apilados se les añadía combustible, madera o carbón. El proceso de cocción duraba hasta 14 días. Se requería oficio artesanal para fabricar ladrillos de propiedades consistentes. La densidad del material variaba en función de la exposición de la piedra a las brasas del fuego: Así, los lados de los ladrillos, que estaban directamente expuestos al calor, estaban más densamente consolidados que las tablas superiores e inferiores, donde los ladrillos apilados estaban en contacto. Este hecho se aprovechaba tradicionalmente colocando los ladrillos en aparejos de tal forma que se exponían a la intemperie sólo las caras laterales (de ahí las hiladas de panderetes y de sardineles en remates de muro). Los formatos de ladrillo mucho más grandes que las dimensiones habituales del palmo de una mano eran difícilmente factibles por razones de fabricación. Con su diseño estrictamente modular, el ladrillo fue el primer elemento de

42 Ladrilo refractario o recocho.

construcción prefabricado y producido en serie de la historia de la humanidad.

Los ladrillos cerámicos pueden fabricarse con diferentes densidades aparentes, es decir, con diferente porosidad y consistencia del material, también en una gama muy amplia de colores. En comparación con la piedra natural, el ladrillo cocido, generalmente más poroso, tenía siempre la ventaja de una mayor capacidad de aislamiento térmico. Esto sigue siendo cierto hoy en día en comparación con el material sucesor de la piedra, es decir, el hormigón. Además, la moderna tecnología de construcción industrializada permite aumentar considerablemente la porosidad del material base. Para este fin, se mezcla con granulados que se calcinan durante el proceso de cocción y dejan huecos. Asimismo, **46** modernos procesos de extrusión permiten producir ladrillos con estructuras celulares o alveolares extraordinariamente intricadas con una elevada proporción de huecos.

Esto permite obtener unas propiedades de aislamiento térmico comparables a las de la madera de construcción. Por el contrario, la sinterización puede producir ladrillos recochos excepcionalmente densos y resistentes que pueden considerarse prácticamente resistentes a la intemperie.

Aunque el ladrillo cerámico ha perdido en gran medida su importancia tradicional en la construcción actual y puede competir sólo con dificultad con otros materiales y métodos de construcción, especialmente debido a los requisitos muy incrementados en cuanto a aislamiento térmico, este material todavía tiene un lugar firme en la memoria visual de nuestra cultura, si bien en la mayoría de los casos hoy en día, por desgracia, sólo como una especie de papel pintado aplicado externamente como cara vista, casi nunca como un material realmente estructural. Debido a su idoneidad casi exclusiva como material de construcción de muro, está sometido a la misma presión competitiva aplastante de la construcción de esqueleto en la construcción moderna que todos los métodos de construcción de muro en su conjunto. Sólo como producto industrial de construcción muy sofisticado, es decir, como ladrillo aligerado perforado verticalmente y altamente aislante, la llamada termoarcilla, es capaz de mantener una cierta posición en determinados ámbitos como la construcción residencial. **46**

TERMOARCILLA

7.2.4 Roca artificial fabricada con aglomerantes no hidráulicos

■ Como ya se ha descrito anteriormente, para la producción técnica de roca artificial no hidráulica, primero se tritura y se calcina la piedra caliza natural, con lo que se liga energía. Se produce la llamada cal viva. La piedra caliza, es decir carbonato de calcio ($CaCO_3$), se descompone en este proceso en óxido de calcio (CaO) y dióxido de carbono (CO_2). A continuación, la cal viva se convierte en cal hidratada ($Ca(OH_2)$) añadiendo agua de amasado, con lo que se vuelve a liberar calor. Esta cal apagada, finamente pulverizada, está lista como aglomerante para la transformación final a roca artificial sólida. Mezclada con áridos, por ejemplo arena,

CAL VIVA

$$CaCO_3 \rightarrow CaO + CO_2$$

CAL HIDRATADA

$$CaO + H_2O \rightarrow Ca(OH)_2$$

reacciona al añadir agua de amasado, ya que el agua se combina con el dióxido de carbono del aire en el proceso de carbonatación para formar ácido carbónico. El contacto con el aire es, por tanto, requisito básico para este proceso químico de solidificación. De ahí el nombre de cales aéreas. El ácido carbónico se combina finalmente de nuevo con el óxido de calcio, liberando agua, para formar carbonato de calcio, la piedra caliza técnicamente (re)producida.

CARBONATACIÓN

CARBONATO DE CALCIO

$$Ca(OH)_2 + H_2O + CO_2 \rightarrow CaCO_3 + 2H_2O$$

MORTERO DE CAL

Este proceso técnico, que se acaba de describir en sus distintos pasos, produce el mortero de cal, que es históricamente muy importante.[18] En ausencia de verdaderos aglomerantes hidráulicos (una condición que —aparte del período relativamente corto del hormigón romano— prevalece en casi toda la historia de la construcción preindustrial), proporcionó la base técnica de los métodos de construcción de obra de fábrica. Se utilizaba tanto para juntas como para enfoscados o enlucidos. En comparación con materiales minerales aglomerados por hidratación, se caracterizan por una resistencia y durabilidad mucho mayores y tienen una gran elasticidad, que hace que se produzcan pocas fisuras.[19] Sin embargo, requieren tiempos de secado y fraguado extraordinariamente largos. Esto se debe a varios factores: Es necesario añadir agua de amasado para poner en marcha en primer lugar la reacción descrita. Además, esta reacción química produce dos moléculas de agua como producto de escisión ($2H_2O$). El agua de amasado y el agua liberada químicamente conducen así a una elevada humedad en la construcción, que debe disiparse primero antes de alcanzar las resistencias necesarias. El agua de amasado también es necesaria porque el bajo contenido de dióxido de carbono del aire no es suficiente para desarrollar el efecto aglomerante necesario en las fases iniciales del fraguado. Esto debe lograrse primero por el efecto de adsorción del agua de amasado. Sólo lentamente se hace notar el efecto químico del dióxido de carbono en el aire, que sustituye sucesivamente a la unión de adsorción. Es lógico que sea un proceso largo: una cierta debilidad de este proceso técnico de fabricación. Los voluminosos núcleos de muro de las enormes construcciones de la antigüedad romana, todos ellos construidos con la ayuda de aglomerantes hidráulicos, simplemente no habrían sido técnicamente factibles en la Edad Media usando cales aéreas. Incluso después de cientos de años, los núcleos de algunos muros medievales hechos de cales aéreas permanecían aún en estado plástico húmedo.[20]

7.2.5 Roca artificial fabricada con aglomerantes hidráulicos

Como se ha visto, con la roca artificial hidráulica se pueden conseguir resistencias mucho más altas y tiempos de fraguado más cortos (también con completa independencia del contacto con el aire) que con cales aéreas. Empíricamente, la humanidad reconoció el efecto favorable de los aditivos de arcilla en las mezclas de mortero en diversas fases de desarrollo de la tecnología de la construcción,[21] lo que por regla general condujo inicialmente a morteros de cal hidráu-

MORTEROS DE CAL HIDRÁULICOS

licos. Estos tenían mayor resistencia en comparación con cales aéreas puras y eran relativamente fáciles de producir añadiendo polvo de ladrillo, un factor hidráulico. Por otro lado, los aglomerantes hidráulicos puros exigen competencias técnicas que sólo estaban presentes en la antigüedad romana (e incluso entonces prácticamente sólo en Roma Occidental)[22] y que desde entonces sólo se han vuelto a desarrollar con el inicio de la era industrial.[23]

Un requisito previo para la existencia de una verdadera roca artificial hidráulica —esencialmente lo que ahora se denomina hormigón— es que la cal pura (CaO) contenida en la mezcla inicial de componentes del aglomerante esté completamente ligada por los factores hidráulicos.[24] En consecuencia, ya no queda cal pura; el proceso de solidificación tiene lugar en el proceso químico de la hidratación y no de la carbonatación como en las cales aéreas. Dado que la hidratación no depende del contacto con el aire, el proceso de fraguado también puede tener lugar dentro de núcleos de muros y también bajo el agua.

HORMIGÓN

HIDRATACIÓN

Los aglomerantes hidráulicos modernos son los cementos Portland. Se hornean a partir de piedra caliza natural triturada y factores hidráulicos a altas temperaturas, un proceso endotérmico. El resultado es un clínker sólido y duro, parecido al vidrio, llamado clínker de cemento. A continuación, se muele convirtiéndolo en polvo fino. La energía almacenada se despliega posteriormente al contacto con el agua de amasado durante la formación de la estructura material de la roca artificial, un proceso exotérmico que genera calor de fraguado. En este proceso, se forman cristales en forma de aguja a partir de los granos de cemento humedecidos, que generan sucesivamente una estructura sólida parecida al fieltro: la pasta de cemento solidificada que forma la matriz del hormigón. Este proceso continúa durante un período de tiempo largo, durante el cual se forma una estructura de roca sólida. Incluso después de un período de tiempo continuado, gracias al proceso de hidratación continua, pueden volver a soldarse grietas pequeñas, un proceso llamado rehidratación. El factor decisivo para la resistencia del hormigón producido de esta manera es la densidad de la estructura cristalina, que a su vez puede ser influenciada técnicamente por mezclas adecuadas, un proceso de fraguado controlado y, en particular, por la correcta relación agua-cemento, es decir, la proporción correcta de agua y cantidad de cemento.

CEMENTO PORTLAND

CLÍNKER DE CEMENTO

CALOR DE FRAGUADO

REHIDRATACIÓN

RELACIÓN AGUA-CEMENTO

El hormigón resultante de este proceso es un material artificial extraordinariamente complejo en su comportamiento mecánico, que presenta una notable combinación de comportamiento viscoso y elástico (o viscoelástico), caracterizado por deformaciones plásticas irreversibles y elásticas reversibles. Sus características plásticas permiten al hormigón aliviarse en caso de sobreesfuerzos locales —al igual que metales dúctiles como el acero estructural— redistribuyendo tensiones, lo que supone una cierta bondad de comportamiento. Por supuesto, esto se aplica al único

COMPORTAMIENTO VISCOELÁSTICO

esfuerzo que el hormigón puede soportar realmente, es decir, la compresión. Sin embargo, bajo tracción, el hormigón falla de forma tan traicionera y repentina como todos los demás materiales minerales.

En contra de la opinión popular, el material de construcción hasta la fecha más importante de la era técnica, el hormigón, no es un material inerte e inmutable, sino que, por el contrario, es extraordinariamente complejo, cambiante a lo largo del tiempo, con un comportamiento a veces difícil de evaluar, pero que, por otro lado, también se puede influir ampliamente para fines técnicos específicos.

Como ya se ha señalado, el hormigón moderno cumple todos los requisitos para ser un material verdaderamente moldeable con el que se pueden construir estructuras monolíticas completas. Aparte del período históricamente relativamente corto del *opus caementitium* romano, los hormigones modernos han inaugurado una fase completamente nueva de la construcción, que ha eliminado en parte la justificación de las reglas tradicionales, aparentemente férreas, del diseño de edificios. Las consecuencias de la libre disponibilidad de roca artificial hidráulica para la construcción fueron enormes y siguen teniendo efecto en nuestros días. La accesibilidad sencilla y universal de los componentes básicos (quizás con la excepción del cemento, un producto industrial), el proceso de amasado técnicamente relativamente simple de los hormigones normales, la durabilidad relativamente buena, la conformabilidad casi ilimitada, el comportamiento favorable ante el fuego y la densidad aparente relativamente alta representan una combinación de propiedades que difícilmente puede ofrecer ningún otro material en diversos ámbitos de aplicación en la construcción. Algunos componentes, como cimientos, envolventes en contacto con el terreno o forjados de edificios de varias plantas, apenas pueden fabricarse hoy en día sin hormigón. En particular, la producción sin juntas de componentes superficiales en dimensiones típicas de la construcción es una ventaja de la piedra artificial hidráulica que no puede igualar ningún material de la competencia.

Sin embargo, este material ha sido criticado recientemente por su (presunto) desfavorable impacto ecológico. Esto se debe especialmente al consumo de energía y las emisiones de gases de efecto invernadero causados durante la producción de cemento. Sin embargo, los valores efectivos del análisis del ciclo de vida sugieren algo diferente. Ahora bien, no se puede negar que la producción de cemento, en su conjunto, en efecto tiene un impacto medioambiental perjudicial. De hecho, es de un orden de magnitud no despreciable, comparable en su conjunto al de la producción de acero o al de todo el tráfico de automóviles. Esto no se debe tanto a indicadores ecológicos desfavorables del hormigón en sí, sino a su gran volumen de producción en todo el mundo, lo que a su vez es prueba de la economía, la versatilidad, los buenos valores de rendimiento y la fácil disponibilidad del material.

✏ *Se trata del CO_2 emitido durante el calcinado de la piedra caliza:*
$CaCO_3 \rightarrow CaO + CO_2$

☞ *Véase **Vol. 1**, Cap. III-5, Aptdo. 2.1 EPD de hormigón C20/25 y 2.2 EPD de hormigón C30/37, pp. 150 y s.*

☞ *Véanse más detalles, también en comparación con otros materiales, en Aptdo. 11.4 Análisis del ciclo de vida, pp. 152 y ss.*

Comportamiento deformacional 7.3

RETRACCIÓN

La deformación independiente de la carga más característica de los materiales minerales es la retracción, es decir, una reducción progresiva de su volumen. También están expuestos a un proceso cíclico de contracción y tumescencia como resultado de cambios en la humedad del aire; sin embargo, esto es sólo marginal en su alcance y no tiene la misma importancia que con otros materiales, especialmente la madera.

Mucho más importante es el proceso de retracción continua que se superpone a este proceso cíclico y que puede atribuirse a dos causas: por una parte, la evaporación constante del agua de amasado contenida en los poros; por otra, la ligazón química continua de esta agua almacenada, que se consume lentamente por diversos procesos químicos. Aunque esto también se aplica a materiales cerámicos, es especialmente significativo en relación con el proceso de hidratación del hormigón. Por esta razón, la retracción continua es más claramente perceptible en el hormigón y, en consecuencia, tiene la mayor importancia constructiva. Los procesos de retracción, que nunca se producen de forma totalmente uniforme, se manifiestan también en forma de grietas finas, que son prácticamente inevitables sobre todo 43
en rocas artificiales, pero que no reducen significativamente su capacidad de carga y su utilidad.

Bajo carga, los materiales minerales muestran un tipo de comportamiento viscoelástico como el descrito anteriormente, es decir, una combinación típica de deformación elástica y plástica. A bajos niveles de carga, el material reacciona casi elásticamente y pierde esta propiedad con el aumento de

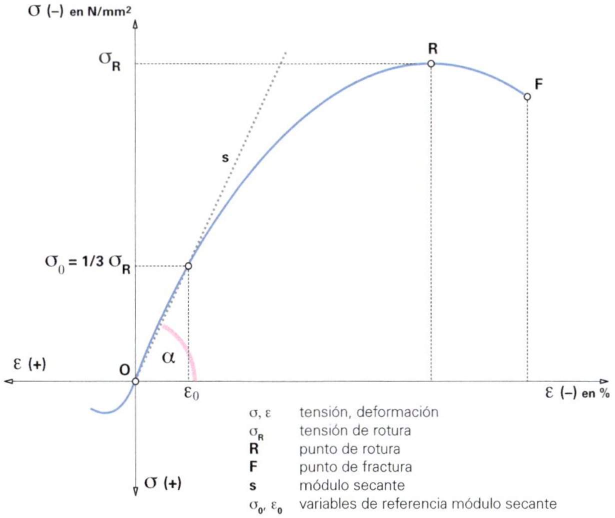

44 Diagrama tensión-deformación de **materiales minerales**. Hay una clara diferencia entre la tensión máxima σ en la zona de compresión (cuadrante superior derecho) y en la zona de tracción (cuadrante inferior izquierdo): un signo de su pronunciada fragilidad.

43 Grietas de retracción en el hormigón.

45 Ladrillos artificiales colocados en aparejo, conformados y dimensionados según un estricto sistema dimensional.

la carga a favor de una deformación plástica cada vez más pronunciada. Gráficamente, este comportamiento se expresa en el diagrama tenso-deformacional mediante una curva sin tramos realmente rectilíneos, cuya curvatura aumenta al
44 aumentar la carga. Es característico tanto de rocas naturales como de artificiales, incluido el hormigón, por supuesto.[25] Esto se aplica al único tipo de esfuerzo técnicamente utilizable: la compresión. En el ámbito de tracción, la curva muestra claramente el mínimo esfuerzo que es capaz de soportar, lo cual es un rasgo característico de la fragilidad de los materiales minerales.

FLUENCIA

Otro fenómeno dependiente de la carga y estructuralmente significativo es la fluencia del hormigón, que puede atribuirse en particular al proceso de hidratación en constante progreso incluso después del fraguado. La fluencia es un proceso de deformación plástica irreversible. Los principios de este proceso ya se han discutido anteriormente.

☞ *Aptdo. 6.2 Deformaciones > 6.2.2 como resultado de la fuerza, pp. 85 y ss.*

7.4 Productos de construcción

■ Los materiales minerales se han utilizado siempre, y se siguen utilizando hoy en día, en dos formas de procesamiento: como bloques de construcción o en forma colada. A continuación, analizaremos ambas variantes.

Los bloques de construcción hoy sólo se procesan en su variante artificial. Están sujetos a un estricto sistema dimensional modular que permite instalar el mismo bloque de
45 construcción en diferentes posiciones espaciales: tumbado sobre la tabla, tumbado de canto, así como de pie; por otra parte, ya sea longitudinalmente en dirección del paramento o también transversalmente a él.[26] Todas las posiciones están integradas en una estricta retícula espacial ortogonal que permite un aparejo de unidades sin huecos. A diferencia de otros materiales, este principio constructivo se basa en piezas individuales en gran medida sin cortar. Aunque los bloques se pueden cortar o martillar (con cierto esfuerzo) si se desea, y algunos aparejos requieren cortar alguna que otra unidad, esta operación tediosa y que requiere mucho tiempo puede evitarse en gran medida si se mantiene con rigor el sistema modular. En consecuencia, las dimensiones principales de una construcción de obra de fábrica pueden

☞ *Véase Cap. 10., Aptdo. 2.2 Órdenes modulares, pp. 576 y ss.*

APAREJO

47 Ladrillos ligeros perforados verticalmente colocados en aparejo. La distancia horizontal entre las llagas solapadas se conoce como dimensión de solapo y es la principal responsable de la capacidad de carga de la obra de fábrica.

46 Ladrillo aligerado perforado verticalmente.

calcularse siempre como múltiplos del módulo base de la unidad. Hoy en día, incluso los bloques de construcción de gran formato se identifican siempre como múltiplos de un módulo básico.

La forma característica de componer los bloques de construcción para formar un componente superficial, es decir, un muro, es el aparejo. Hay algunas reglas básicas **47** que deben observarse para el funcionamiento mecánico de un aparejo: Las juntas de tendel, es decir, las horizontales, son siempre continuas (y estrictamente horizontales); las llagas, es decir, las verticales, en cambio, están siempre desplazadas unas de otras hilada por hilada. Como resultado de este patrón de orden geométrico, se producen solapos entre las piezas que están superpuestas, de modo que los esfuerzos cortantes horizontales pueden transmitirse por rozamiento entre ellas, y los verticales por el enclavamiento o enjarje mutuo de las unidades. Debido a su modularidad y a las posiciones alternativas de colocación de las unidades, este aparejo de bloques puede continuarse en ángulo recto formando esquina. Por lo tanto, a diferencia de otros métodos de construcción, no existe una singularidad en el principio de construcción en la esquina.

SOLAPO

ENJARJE

☞ *Cap. 9., Aptdo. 7.3 Transmisión de esfuerzo cortante, pp. 541 y ss.*

Los bloques de construcción se fabricaban tradicionalmente en formatos limitados que se podían agarrar con una mano. Esto coincidía con la peculiaridad de los ladrillos cerámicos hechos de material arcilloso, que difícilmente podían hacerse más grandes, también por razones de tecnología de fabricación. Hoy en día, en cambio, se prefieren formatos mayores, ya que acortan el tiempo de trabajo en la colocación de los bloques y, por tanto, ahorran costes (elevados) de mano de obra. La proporción de juntas, que siempre son un punto débil tanto en términos mecánicos como térmicos (debido a las juntas de mortero continuas formando puente térmico), también puede reducirse de esta manera. Sin embargo, los ladrillos modernos de gran formato pueden seguir colocándose manualmente, ya que, de todos modos, se fabrican relativamente ligeros por razones de aislamiento térmico (véase más adelante) y también van equipados con ranuras de agarre. **46**

El tipo de ladrillo más antiguo es el ladrillo macizo, que resulta del proceso de conformación del ladrillo hecho a mano. Los ladrillos más modernos de fabricación industrial extruida o prensada, tal y como aparecieron en el siglo XIX, admiten perforaciones. Los ladrillos perforados, o los ladrillos perforados verticalmente con perforaciones más esbeltas, ofrecen valores de aislamiento térmico mucho mayores que los ladrillos macizos, pero tienen una capacidad de carga correspondientemente menor. Las cavidades están orientadas verticalmente para mantener la mayor capacidad de carga posible en esta orientación. La evolución hacia un ahuecamiento progresivo del cuerpo del ladrillo con el fin de aumentar la capacidad de aislamiento térmico ha alcanzado su máximo, de momento, con los modernos ladrillos alige-

LADRILLO MACIZO

LADRILLO PERFORADO

LADRILLO PERFORADO VERTICALMENTE

LADRILLO ALIGERADO PERFORADO VERTICALMENTE

46 rados perforados verticalmente. En el proceso, el ladrillo se convierte en una delicada estructura alveolada intercalada con tabiques esbeltísimos. Además, el propio material arcilloso se porosifica con la ayuda de un proceso especial, es decir, se introducen en él pequeñas bolsas de aire.

☞ *Aptdo. 7.2.3 Roca artificial cerámica, pp. 98 y s.*

7.5 Propiedades relevantes para el diseño

El grupo de materiales minerales reúne los materiales de construcción más antiguos que ha utilizado la humanidad. Aparte de la madera, cuyo uso para viviendas nómadas es posiblemente aún más antiguo, las tierras y las rocas se han utilizado ampliamente para la construcción al menos desde que el hombre se hizo sedentario. El apilamiento de piedras naturales es una forma elemental y obvia de construir, que en principio se sigue practicando hoy en día en la variante con piedras artificiales. La fabricación de estructuras con material de arcilla plástica ha encontrado hoy su continuación en la construcción moderna de hormigón.

Algunas propiedades de los materiales minerales los distinguen claramente de otros y tienen una influencia importante sobre el diseño de edificios hechos con estos materiales. En la historia del desarrollo, han dado lugar a métodos de construcción reconocibles y también a cánones específicos de diseño arquitectónico, al menos en lo que respecta a la construcción con bloques. Aunque, como se ha señalado, no existen verdaderas limitaciones imperativas y las excepciones a la regla son numerosas, se pueden nombrar algunas constantes de validez ampliamente universal, como se verá a continuación.

Una característica importante de los materiales minerales desde el punto de vista mecánico es su fragilidad, que se manifiesta en su incapacidad para absorber esfuerzos de tracción. Estos materiales frágiles pueden, en cambio, soportar compresión de forma eficaz y económica. Por esta razón, las estructuras portantes de materiales de piedra o tierra siempre se han sometido a esfuerzos de compresión puros. En cambio, los esfuerzos flectores, es decir, la combinación de esfuerzos de tracción y de compresión de magnitud comparable, siempre fueron prohibitivos para estos materiales, a menos que se utilizaran con esbelteces tan pequeñas, es

48 Construcción clásica adintelada hecha de grandes bloques de piedra con grandes brazos de palanca internos para reducir las tensiones de flexotracción en el frágil material pétreo.

49 Arco de fábrica de ladrillo.

decir, con grandes pares interiores y pequeños momentos flectores —como en la construcción clásica adintelada— que **48** los esfuerzos de tracción se situaran por debajo del límite crítico. Sin embargo, esto sólo fue posible a costa de una enorme masividad y de vanos muy pequeños. Por lo demás, las estructuras de piedra o tierra eran siempre formas de equilibrio exentas de flexiones: ya sea muros verticales o construcciones de arco o bóveda cubriendo vanos en horizontal, siempre sometidos a esfuerzos de compresión pura. Las curvaturas necesarias para estas últimas, algunas **49** de ellas biaxiales, podrían producirse fácilmente gracias al facetado con bloques individuales pequeños, típicos de los aparejos de piedra.

CONSTRUCCIÓN ADINTELADA

FACETADO

La sensibilidad a la tracción se aplica, incluso en mayor medida que al propio material, a la junta a tope en los aparejos de bloques, la única forma utilizable de construir con bloques apilados. Ni en la ejecución en seco piedra sobre piedra ni con una capa intermedia de mortero puede esta junta absorber una tracción apreciable. Las fuerzas horizontales, por ejemplo, del viento o de terremotos, pueden provocar tensiones en la junta en forma de momentos de vuelco, si no fuera por el elevado peso propio de los materiales minerales, que supera estas fuerzas de levantamiento. El esfuerzo cortante también se neutraliza con la ayuda del rozamiento dentro de la junta y las elevadas cargas que la comprimen. En este sentido, el método de construcción de obra de fábrica característico de los aparejos estratificados y entrelazados sólo es funcional estáticamente bajo la estricta condición de la alta densidad de estos materiales. Aparejos hechos con bloques de espuma ligera, por ejemplo, simplemente se desmoronarían con el viento.

☞ *Véase Cap. 8., Aptdo. 3. Características de las construcciones de pared, pp. 318 y ss.*

Las barras, sobre todo las delgadas, son difíciles de producir en una sola pieza a partir de piedras o tierras y especialmente difíciles de manipular, ya que son extremadamente propensas a romperse debido a su fragilidad. Por lo tanto, la aplicación predestinada de los materiales minerales no es la armazón de barras, sino más bien la construcción bidimensional en forma de pantalla o de muro, ya sea fundida monolíticamente o compuesta por un aparejo de bloques

CONSTRUCCIÓN DE MURO

51 Armazón de hormigón armado.

50 Huella claramente reconocible del encofrado de tablas sobre una superficie de hormigón visto.

de construcción de formato más bien pequeño y compacto. El resultado es, por un lado, el muro vertical y, por otro, la cáscara curvada, esta última en la variante con curvatura uniaxial como bóveda; en la variante con curvatura biaxial, como cúpula. No obstante, existen suficientes excepciones a esta regla, en las que la estructura pétrea se descompone en una estructura nervada, estando estas nervaduras o costillas o bien hechas en una sola pieza (como en una columna de piedra monolítica o de hormigón) o bien compuestas por piezas individuales (como en pilares rectilíneos o en cinchos curvos de bóveda).[27] La excepción más importante a esta regla general es la construcción de hormigón armado, donde la armadura proporciona la resistencia a la tracción que de otro modo le faltaría al hormigón, que es un material frágil
51 por naturaleza.

☞ *Véase Aptdo. 6.5 Impacto del fuego > palabra clave: resistencia al fuego, pág. 86.*

En su uso en la construcción de muro, los materiales minerales desarrollan importantes puntos fuertes: Su invariable incombustibilidad, así como su alta resistencia al fuego, los predestina como mamparos contra incendios, tanto en vertical como en horizontal como forjados cortafuego. Además, la gran masa por unidad de superficie de los elementos constructivos envolventes fabricados de materiales minerales es un factor importante que favorece el aislamiento acústico. Por esta razón, es relativamente fácil conseguir altos valores de aislamiento acústico con separaciones sólidas. Desde el punto de vista térmico, ya se ha indicado que pueden realizarse construcciones de pared exterior incluso de una sola hoja con alto aislamiento térmico, por ejemplo, con ladrillos aligerados, pero también con hormigón celular. Tanto las superficies de piedra vista como las de hormigón, así como los recubrimientos en forma de revoque, son (salvo algunas excepciones)[28] aptos para soportar la intemperie de forma permanente.

ENCOFRADO

Los materiales minerales moldeables, como el hormigón, permiten básicamente una conformación libre, pero para ello requieren siempre un encofrado que prefigura la superficie límite exterior de la estructura. Siempre se compone de un material sólido, como madera o acero, y por lo tanto está
50 sujeto a las limitaciones específicas de estos materiales. Dado que los elementos de partida del encofrado son planos —como paneles o tableros—, son extremadamente difíciles de producir, en particular, superficies de encofrado de doble curvatura. Por lo tanto, la libertad de moldeado del material, en principio libre de impedimento, se ve muy limitada en la aplicación práctica por la influencia de la construcción del encofrado. Además, el espacio de encofrado negativo y, por tanto, la propia forma positiva resultante del hormigonado deben estar diseñados de tal manera que el hormigón fresco, altamente viscoso y de consistencia húmeda parecida a la de la tierra, pueda rellenarse y compactarse de forma adecuada. Este factor también impone ciertos límites a la conformabilidad libre, así como a la esbeltez, de componentes fabricados con hormigón vertido.

Tanto los métodos de construcción con bloques como los de materiales minerales moldeables tienen la desventaja fundamental de generar humedad y posiblemente también estar sujetos a tiempos de fraguado largos. Por lo tanto, se denominan métodos de construcción en húmedo, a diferencia de los métodos de construcción en seco o de ensamblaje, como se dan, por ejemplo, con los materiales madera o acero. Los tiempos de construcción de los materiales minerales suelen ser por tanto más largos, una desventaja de este grupo de materiales que no debe subestimarse. Las piezas fabricadas con materiales sensibles a la humedad, como la madera, deben protegerse de la misma cuando estén en contacto con materiales minerales. También pueden ser necesarias medidas de secado. Además, los trabajos de hormigonado no pueden, por ejemplo, llevarse a cabo durante heladas, lo que, dependiendo del clima local, puede representar un importante obstáculo para las operaciones de construcción.

CONSTRUCCIÓN EN HÚMEDO

En cuanto a las restantes subfunciones físicas, además de la función portante, los materiales minerales muestran claros puntos fuertes: Su densidad puede ajustarse tanto a alta porosidad y buen aislamiento térmico como a alta densidad aparente y a alta capacidad de carga, ya sea mediante la selección adecuada del material en el caso de materiales naturales o mediante la manipulación técnica en el caso de materiales artificiales. La carga de humedad también se puede contrarrestar con una estructura material densa. La durabilidad es excelente en comparación, al igual que, como se ha visto, la resistencia al fuego. Por estas razones, los materiales minerales suelen sustituir a materiales de la competencia cuando éstos últimos no pueden cumplir los requisitos. Ejemplos de ello son cimientos, componentes en contacto con el terreno, zócalos de construcciones de madera y metal, forjados de planta y mamparos contra incendios.[29]

☞ *Véase Aptdo. 7.2 Roca artificial > 7.2.1 Principio técnico básico, pp. 94 y s.*

☞ *Véase Aptdo. 6.5 Impacto del fuego > palabra clave: resistencia al fuego, pág. 86.*

Materiales metálicos

■ A diferencia de los materiales minerales, los metales no llegaron a la construcción hasta una fase muy tardía de su desarrollo. Su uso a gran escala sólo comenzó con la industrialización.[30] Los metales, por su parte, han tenido una extraordinaria importancia cultural en el desarrollo de la humanidad por su uso en la fabricación de objetos cotidianos, especialmente armas y herramientas. Durante mucho tiempo, los metales sólo se utilizaron en la construcción como elementos de fijación de pequeño formato, como grapas o pasadores. Antes de la industrialización, sólo se fabricaron estructuras completas de metal en casos excepcionales.[31] Las piezas metálicas siempre se consideraron productos relativamente caros y, por lo tanto, valiosos, cuya fabricación requería gran esfuerzo artesanal.[32] No fue hasta finales del siglo XIX cuando el hierro y el acero se impusieron como materiales adecuados para estructuras primarias de carga. El acero es el material metálico más importante para la construcción y será el principal material considerado en lo que sigue.

ACERO

8.1 Principio técnico básico

☞ *Véase para la estructura material de los metales: Aptdo. 5.1.3 Enlace metálico, pp. 78 y s., así como 6.2 Deformaciones > 6.2.2 como resultado de la fuerza, pp. 85 y ss.*

■ La estructura material cristalina de los metales ya ha sido descrita anteriormente en sus características básicas. Esencialmente, los metales ferrosos relevantes para la construcción consisten en una amalgama de monocristales en forma de grano que, considerados individualmente, son regulares en su estructura reticular local pero están alineados
14 aleatoriamente en su conjunto. En el arrabio, los átomos de carbono individuales están incrustados en los espacios
16 intersticiales de la retícula atómica de los átomos de hierro. Impiden o dificultan los típicos procesos de deslizamiento del metal dentro de la estructura reticular, que son los principales responsables de la ductilidad de un material. Como resultado, los metales ferrosos con alto contenido de carbono son extraordinariamente frágiles. Sólo la eliminación de la mayor cantidad posible de átomos de carbono de la retícula atómica metálica en un proceso técnico permite activar y utilizar el potencial elástico, o la tenacidad, que está latente en estos materiales. Por lo tanto, se consideran aceros —en contraste con el hierro— los metales cuyo contenido de carbono cae por debajo de un determinado nivel y el material es, en consecuencia, maleable en el estado al rojo vivo, es decir, puede amasarse o deformarse plásticamente. Esta tenacidad es la que confiere al acero sus características de resiliencia, su idoneidad para absorber flexión, su buen comportamiento bajo cargas extremas y su forjabilidad, que es un requisito previo para la conformación técnica.

52 Forja a mano.

En la época preindustrial, el hierro en bruto se transformaba en piezas de hierro técnicamente útiles mediante el
FORJA **52** recocido al fuego y la forja a mano. El calentamiento hasta altas temperaturas consumía valioso combustible y el procesamiento manual mediante martilleo para dar forma y, al mismo tiempo, eliminar la escoria carbonosa del trozo de hierro pastoso, consumía energía, consumía tiempo y era laborioso. Al mismo tiempo se modificaba y mejoraba la estructura cristalina del hierro mediante la llamada recristalización.

Los procedimientos industriales modernos de producción de acero persiguen esencialmente el mismo objetivo: eliminar las sustancias no deseadas del arrabio, especialmente el carbono, pero también, por ejemplo, el fósforo y el azufre.

54 Ferrería medieval. Observe el gran fuelle en la parte superior izquierda para el refinación.

53 Refinación: En el convertidor, se elimina el carbono no deseado añadiendo oxígeno al arrabio licuado.

REFINACIÓN

Esto se hace en el proceso conocido como refinación a altas temperaturas, alrededor de 1.500 °C, y con la adición de oxígeno, que se suministra ya sea puro, contenido en aire, en aire enriquecido con oxígeno o en otros agentes oxidantes. Las fórmulas químicas al margen muestran cómo los 53
componentes no deseados se ligan a átomos de oxígeno y se convierten en óxidos, que luego escapan en forma de gases o precipitan como escorias.[34]

ALEACIÓN

Mediante la aleación con sustancias especiales como el manganeso, el cromo o el níquel, se pueden controlar posteriormente específicamente las propiedades del acero. Los distintos métodos de postratamiento también pueden influir en la estructura cristalina y, por tanto, en las propiedades del material: El proceso de forjado, laminado y estirado en el estado recocido en caliente deforma los cristalitos, inicialmente esféricos, en fibras o columnas alargadas alineadas, lo que aumenta considerablemente la resistencia en la dirección de la deformación. El preestiramiento en frío, por el que el acero se deforma plásticamente hasta justo antes del bloqueo de dislocación, también aumenta considerablemente la resistencia, pero a costa de la elasticidad.

TEMPLE, TEMPLADO

El enfriamiento repentino del acero al rojo vivo en agua, el temple o templado, también influye en la estructura cristalina y aumenta considerablemente la dureza del material. Todos estos procesos pueden invertirse mediante un nuevo recocido o revenido, con lo que se produce una recristalización y se descargan de nuevo las tensiones internas acumuladas.

$$Fe + Si + Mn + Ca + 2\tfrac{1}{2}O_2 \rightarrow SiO_2 + CaO + MnO + FeO$$

$$2P + 5FeO + 3CaO \rightarrow Ca_3(PO_4)_2 + 5Fe$$

$$C + FeO \rightarrow CO + Fe$$

Reacciones químicas durante el proceso de escorificación y refinado del acero.[33]

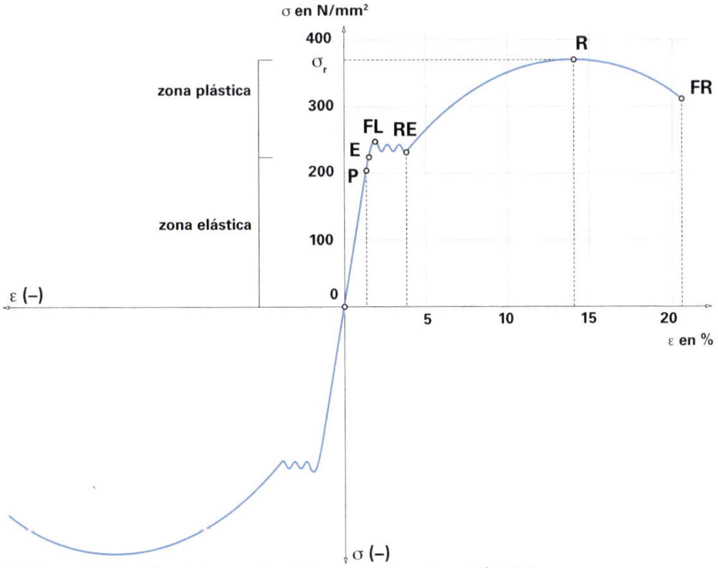

55 Diagrama tensión-deformación del **acero estructural** (S 235).

P límite de proporcionalidad
E límite de elasticidad
FL límite de fluencia
RE límite de rendimiento
R límite de rotura
FR límite de fractura

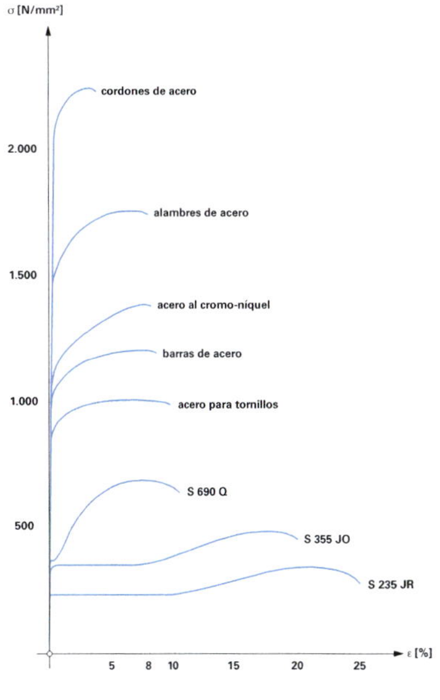

56 Diagramas tensión-deformación del acero estructural (S 235, abajo) y de **aceros de mayor resistencia**. Mientras que la resistencia a la rotura aumenta drásticamente hacia la parte superior, la capacidad de fluencia también se reduce, lo que puede reconocerse por la meseta decreciente de las curvas.

8.2 Comportamiento deformacional

■ En cuanto al comportamiento higroscópico de los metales, son completamente inertes a diferencia de otros materiales, es decir, no reaccionan a cambios de humedad del aire. Sin embargo, resulta especialmente interesante y significativo desde el punto de vista estructural su comportamiento bajo carga, especialmente el del material principal, el acero. Mientras que en los materiales minerales hemos observado una especie de comportamiento viscoelástico combinado en todo el ámbito de carga, en el acero, en cambio, surgen
55 dos ámbitos de deformación claramente separados: una claramente elástica con deformaciones reversibles bajo carga inicial y una plástica a partir de un determinado nivel de carga hasta el límite de rotura y fractura. Este fenómeno se expresa gráficamente en el diagrama tenso-deformacional del acero estructural en una línea recta empinada, que corresponde al ámbito elástico y, por regla general, también representa el ámbito de trabajo técnicamente utilizable del material. La gran inclinación de la línea representa el elevado módulo de elasticidad y, por tanto, la extraordinaria rigidez del material. Por encima de una determinada carga, el llamado límite elástico, la línea se convierte en una zona plana irregular. Aquí, a pesar de las crecientes deformaciones, no se pueden absorber cargas adicionales. Esto se denomina el deslizamiento o la fluencia del material. En el proceso, ya sufre deformaciones plásticas irreversibles. Sin embargo, posteriormente, la curva vuelve a ascender a medida que la carga sigue aumentando: una nueva solidificación debido al bloqueo de dislocación entre los cristalitos. Al final, en el nivel de la tensión máxima que se puede absorber, se produce la rotura. Después, la tensión absorbible disminuye y el material se desgarra y fractura completamente.

LÍMITE ELÁSTICO

☞ *Véase Aptdo. 6.2 Deformaciones > 6.2.2 como resultado de la fuerza, pp. 85 y ss.*

Sin embargo, la característica dúctil del acero estructural convencional, reconocible por el tramo de curva plano en
56 forma de meseta, no existe en aceros de alta resistencia. Estos, por el contrario, muestran una progresión elástica empinada en línea recta e ininterrumpida, hasta que al final la curva se dobla bruscamente justo antes de la rotura. Estos aceros suelen estar preestirados y, por tanto, ya han perdido su fluidez, es decir, son bastante más frágiles que los aceros estructurales convencionales.

☞ *Véase Aptdo. 8.1 Principio técnico básico, pp. 110 y ss.*

57 Acero estructural resistente a la intemperie (izquierda).

58 Acero inoxidable (derecha).

Productos de construcción

Para su uso en la construcción, el material básico del acero se diferencia en varios grados de acero y productos de construcción que pueden utilizarse en la práctica. Tanto la composición química del material como la forma en que se transforma en un producto de construcción desempeñan un papel importante. A continuación se analizarán ambos factores.

En cuanto a la composición química, se distingue entre aceros no aleados y aleados. Los aceros no aleados son aceros estructurales convencionales hechos de metal ferroso con un contenido reducido de carbono. Se denominan aceros básicos porque representan el estándar en el uso constructivo. En cuanto a su resistencia, se clasifican, como todos los demás aceros, según el valor mínimo de su límite elástico.[35] En el caso de los aceros no aleados o de baja aleación, hay dos etapas importantes: 255 y 355 N/mm^2. El primero corresponde al acero estructural convencional, el segundo al acero estructural con mayor resistencia para fines especiales. Para requisitos aún más exigentes, también se dispone de aceros de calidad soldable no aleados con una estructura metálica de grano especialmente fino.

ACERO ALEADO, ACERO NO ALEADO

ACERO BÁSICO

La segunda categoría en términos de composición química la constituyen los aceros aleados. Se especializan para determinadas tareas añadiendo en el proceso de producción metalúrgica selectivamente ciertos elementos de aleación como el cromo, el níquel o el cobre. Esto se utiliza para manipular sus propiedades materiales. Los aceros estructurales con resistencia mejorada a la corrosión atmosférica son aceros aleados con cobre y cromo. La capa exterior 57 de óxido forma una especie de capa pasiva que ralentiza

ACERO ESTRUCTURAL CON RESISTENCIA MEJORADA A LA CORROSIÓN ATMOSFÉRICA

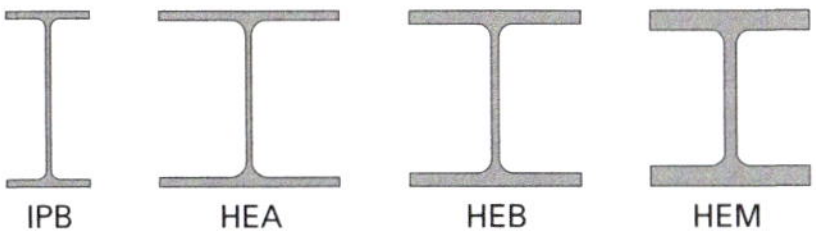

60 Barras de acero de armadura: producto industrial de acero (producto semiacabado) fabricado según un proceso estrictamente lineal.

59 Laminado en caliente de productos siderúrgicos.

61 Perfiles en I laminados en caliente.

62 Perfiles en I estándar.

considerablemente el proceso de corrosión. Por lo tanto, pueden quedar expuestos a la intemperie sin ser tratados.

ACERO INOXIDABLE Otro grupo importante de aceros aleados son los aceros
58 inoxidables. Tienen cromo y níquel añadidos y un contenido de carbono reducido que no supera el 1,2 %. Aunque tienen un límite elástico similar al de aceros estructurales, tienen una mayor resistencia a la tracción y a la rotura. Su conductividad térmica es también algo menor que la de aceros estructurales convencionales. La oxidación atmosférica crea una resistente capa pasiva brillante.

Además de la composición química, también es decisivo para el tipo de uso práctico de los aceros en la construcción el procedimiento de transformación. El acero se procesa según dos métodos fundamentalmente diferentes: Por un lado, por la acción de una fuerza de conformación, ya sea en caliente amasando una pieza de acero en bruto o en frío aprovechando la fluidez plástica del material; por otro lado, mediante un proceso de fundición en un molde negativo. La primera variante, basada en la fuerza, se utiliza para fabricar productos estándar en forma de barra o plancha, los
PRODUCTO SEMIACABADO llamados productos semiacabados, en un proceso estricta-
60 mente lineal. Estos productos industriales de base pueden ser objeto de un tratamiento posterior mediante técnicas de transformación adecuadas (corte, perforación, fresado, etc.) que se adaptan al proyecto en cuestión. Por otro lado, la variante de fundición, similarmente a otros procesos, suele producir componentes individualizados o específicos para un proyecto con forma especial. Mientras que el primer proceso produce exclusivamente elementos de partida rectilíneos, la técnica de fundición de acero, por el contrario, permite una conformación libre en gran medida. Veamos con más detalle estos dos procesos por su importancia constructiva.

El método más importante de conformación mediante el
LAMINADO EN CALIENTE 59 uso de fuerza de conformación es el laminado en caliente. En este proceso, la masa de acero amasable se hace pasar por un tren de laminación a unos 1.000 °C en varias pasadas sucesivas, obteniéndose gradualmente la forma final en pequeños pasos individuales de moldeado. En el proceso, unos rodillos ejercen la presión necesaria sobre la masa plástica bruta. Se pueden realizar diferentes secciones transversales: bandas, chapas, aceros planos, diversos aceros perfilados y también tubos cerrados. Estos proporcionan el material básico para la construcción de acero convencional. Todas las secciones transversales están estrictamente normalizadas. Secciones transversales especiales adaptadas a un proyecto particular son prácticamente imposibles de realizar en este proceso de fabricación. Debido al procedimiento estrictamente rectilíneo, no es posible desviarse de las aristas rectas en la dirección longitudinal.

63 Perfiles de tubo redondo.

El producto de acero estructural laminado en caliente más
VIGA EN I 61 común es la viga en I o la viga doble T. Su sección transversal consta de dos alas paralelas y un alma que las une. La forma de su sección transversal está optimizada para soportar

67 Chapa fina enrollada en una bobina.

68 Corte automático de una pieza en bruto a partir de una chapa.

66 Chapa trapezoidal.

64 Barras de acero para hormigón armado, perfiladas.

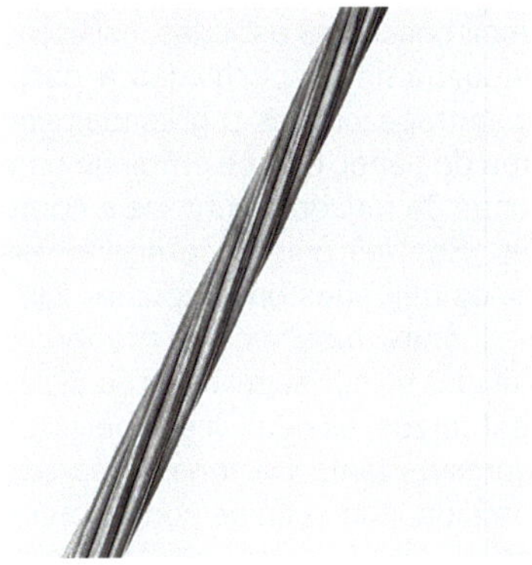
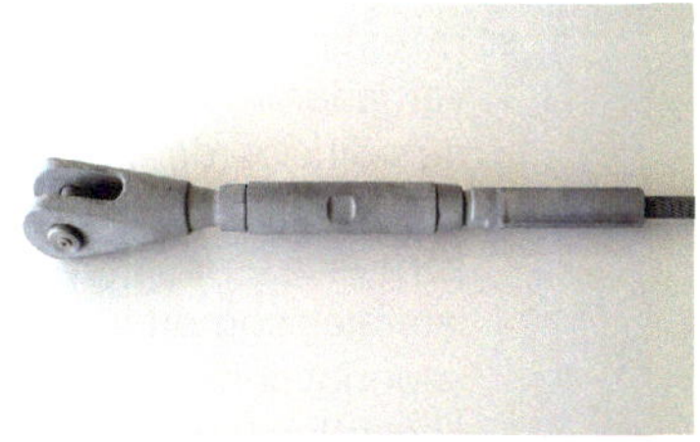

65 Cable.

71 Terminal para conectar un extremo de cable.

69 Pilar del puente de acero fundido (el tramo posterior del puntal es de acero estructural).

70 Nudos de fundición, soldados a tubos redondos contiguos de acero laminado.

momentos flectores: Las alas (algo más gruesas) absorben las fuerzas normales de flexotracción y flexocompresión, el alma (algo más delgada) absorbe los esfuerzos cortantes asociados a los momentos flectores.

PERFILES EN I (ESTRECHOS)
PERFILES IPE (DE ANCHURA MEDIA)
VIGAS IPB, HEA, HEB, HEM
(VIGAS DE ALA ANCHA)

Hay disponibles vigas en I de anchura estrecha y media,
62 así como vigas de ala ancha. Las primeras están optimizadas para su uso como vigas de flexión, ya que tienen un par (y, por lo tanto, un momento resistente) correspondientemente grande cuando están en posición vertical en comparación con el ancho del ala. Estas últimas son adecuadas para vigas muy cargadas o para su uso en columnas en las que las condiciones de rigidez en ambas direcciones principales de la sección transversal deben ser lo más asimiladas posible. Por esta razón, los perfiles tubulares son especialmente idóneos para columnas: tubos redondos, cuadrados o rectangulares
SECCIONES MSH **63** (secciones MSH).

CHAPAS

Otros productos laminados en caliente importantes son las chapas planas, ya sea en forma de placas rectangulares (chapas medias y pesadas) o —con espesores lo suficientemente pequeños— en forma de banda continua (chapas
67 finas), que luego pueden enrollarse en bobinas. Las chapas proporcionan el material básico para piezas individuales cor-
68 tadas como piezas en bruto, que luego se unen para formar piezas o componentes más complejos; las chapas finas proporcionan el material para su posterior transformación en productos conformados en frío. El conformado en frío, un tipo modificado de proceso de laminación a temperaturas bajas, puede utilizarse para producir secciones esbeltas, así como
CHAPAS TRAPEZOIDALES
chapas trapezoidales adecuadamente perfiladas a partir de chapas finas. Las chapas trapezoidales o grecadas son elementos planos, en forma de panel, que se emplean para el acabado de construcciones de forjado o cubierta o como
66 revestimiento de fachadas. Son los únicos componentes verdaderamente superficiales utilizados en la construcción de edificios de acero. Las chapas trapezoidales modernas están adecuadamente perfiladas en sus superficies parciales sometidas a los mayores esfuerzos, es decir, las superficies laterales sometidas a esfuerzo cortante y la zona del cordón superior sometida a compresión, con el fin de contrarrestar el pandeo y la deformación.

ACEROS DE ARMADURA

Los productos de acero laminado en caliente también incluyen los aceros de armadura, es decir, los utilizados para
60, 64 la armadura del hormigón armado. Normalmente se trata de barras con sección redonda y superficie perfilada para una unión por forma con el hormigón circundante. Los aceros en barra también pueden someterse a un tratamiento térmico o a un preestiramiento en frío para mejorar su capacidad de carga. También se sueldan en fábrica para formar mallazos completos de acero estructural en forma de retícula.

También se utilizan para fabricar cables de acero alambres
CABLES **65** de acero trefilados en frío. Representan una base importante para la construcción moderna ligera de acero bajo tracción.
CABLE EN ESPIRAL ABIERTO
En su forma más simple aparecen como cables en espiral

abiertos. El término *abierto* alude a un requisito importante para los cables, a saber, la protección contra la corrosión. Los alambres individuales combinados en un cable tienen una gran superficie total expuesta a la humedad, especialmente en los inevitables huecos entre los alambres. Por lo tanto, los cables en espiral abiertos corren el riesgo de corrosión y deben protegerse siempre contra la misma con medidas adicionales adecuadas, como galvanización, recubrimiento o revestimiento. Para ello, también se pueden fabricar los llamados cables en espiral cerrados, en los que la capa de alambres circundante está formada por alambres perfilados en forma de Z que, al tensarse, producen un cierre hermético. Por último, para cargas más elevadas, los cables redondos también pueden fabricarse con cordones trenzados, que a su vez están formados por hilos individuales trenzados: como un trenzado en varios niveles jerárquicos. Los cables vienen equipados de fábrica en sus extremos con terminales adecuados que permiten la conexión a anclajes.

CABLE EN ESPIRAL CERRADO

71 TERMINALES

Por último, cabe mencionar los productos de acero fundido. Los materiales de acero fundido pueden moldearse libremente en gran medida, dentro de los límites de fabricación del propio proceso de fundición. Las restricciones del proceso de laminación lineal, que esencialmente sólo produce barras rectilíneas o láminas planas, no se aplican aquí. El material base de fundición, tal y como se utiliza para tareas sencillas como la fundición con grafito laminar, tiene un contenido de carbono algo mayor (entre el 2 y el 4 %) y, en consecuencia, una mayor fragilidad. Se puede mejorar notablemente la ductilidad en la variante de fundición con grafito esferoidal gracias a su estructura material más favorable. Con un tratamiento previo y posterior adecuado, también es soldable: un aspecto importante cuando se trata de unir piezas de fundición con acero estructural convencional en conexiones portantes. El llamado revenido (recocido) también sirve para mejorar la ductilidad del material (fundición maleable). La fundición de acero moderna, en la que ya sirve de material de partida el acero de bajo carbono, muestra una soldabilidad especialmente buena. Sin embargo, para procesar el acero fundido son necesarias medidas metalúrgicas relativamente complejas, como operar con temperaturas de fusión elevadas, de unos 1.600 °C, eliminar y reparar defectos de fundición y posterior recocido. Sin embargo, el resultado es un material de acero dúctil y fácilmente soldable.

FUNDICIÓN CON GRAFITO LAMINAR

FUNDICIÓN CON GRAFITO ESFEROIDAL

FUNDICIÓN MALEABLE

FUNDICIÓN DE ACERO

69, 70

8.4 Propiedades relevantes para el diseño

El acero posee una serie de características especiales que lo diferencian de otros materiales utilizados habitualmente en la construcción. Estas características también influyen claramente en el diseño de estructuras de acero. En este contexto, por un lado, desde el punto de vista mecánico, hay que mencionar la tenacidad o ductilidad del acero estructural convencional, que va unida a la capacidad de absorber fuerzas de compresión y tracción de magnitud similar. Esta propiedad predestina al acero a absorber flexión, es decir, fuerzas combinadas de flexocompresión y flexotracción, además de las fuerzas de compresión y tracción axial puras, para las que el material también es excepcionalmente adecuado. Por ello, los componentes de acero pueden instalarse en prácticamente todas las posiciones y sistemas estructurales imaginables: como columnas sometidas a compresión, como vigas o pórticos sometidos a flexión y como barras o cables sometidos a tracción.

TENACIDAD, DUCTILIDAD

GRAN RESISTENCIA

En este contexto, cabe destacar la extraordinaria resistencia del material en comparación con materiales de la competencia. El acero estructural ordinario tiene una resistencia a la compresión diez veces superior a la del hormigón normal (por no hablar de la resistencia a la tracción), o incluso diez veces la de la madera a lo largo de la veta, así como unas 20 veces la de una pieza de albañilería normal. Los aceros de alta resistencia tienen incluso una resistencia diez veces superior a la de los más modernos hormigones de ultra alta resistencia. Estos valores extremadamente altos permiten construir estructuras de acero con proporciones extraordinariamente esbeltas. También se pueden realizar grandes vanos o, en la construcción de edificios, plantas con un mínimo de columnas y, por tanto, con un máximo de flexibilidad de uso.

Sin embargo, hasta cierto punto, esta notable capacidad del acero como material también tiene un inconveniente: La extraordinaria esbeltez de los componentes de acero aumenta en consecuencia el riesgo de pandeo bajo cargas de compresión. Por esta razón, la resistencia a la compresión teóricamente utilizable casi nunca puede aprovecharse realmente. En cambio, son decisivos en estas condiciones los criterios de estabilidad contra el pandeo. Sin embargo, esta restricción obviamente no se aplica bajo tracción, por lo que el acero sólo puede mostrar realmente sus verdaderas capacidades bajo este tipo de esfuerzo. El verdadero dominio del acero moderno, en el que ningún otro material puede competir con él, son las estructuras modernas sometidas a esfuerzos de tracción.

ESTRUCTURAS SOMETIDAS A TRACCIÓN

ALTA DENSIDAD APARENTE

Otra característica del acero que merece mención es su notable densidad aparente: No hay que olvidar que el acero es tres veces más pesado que el hormigón normal. Una consecuencia importante de este hecho en términos de diseño es que los componentes planos no perfilados de acero —como tableros o placas hechas de chapas planas— resultan ser demasiado pesados para su uso estructural.

Aquí es donde aparece el inconveniente característico de los elementos bidimensionales de sección uniforme, es decir, su elevado peso muerto, que en este caso se debe a la alta densidad del material. Por esta razón, planchas planas pesadas de acero no pueden emplearse razonablemente en la construcción. En cambio, en la construcción de acero las superficies se crean mediante chapas finas perfiladas, es decir, chapas trapezoidales. Su capacidad de carga no **66** se basa en el espesor del material, sino en la forma de su sección transversal. Sin embargo, su rigidez al esfuerzo cortante en su plano es limitada. También por esta razón, la construcción de paredes diafragma de acero no es realmente factible. En consecuencia, la construcción de acero es siempre una construcción de esqueleto o, en general, una construcción de armazón.

CONSTRUCCIÓN DE ARMAZÓN

A diferencia de los materiales minerales en su uso normal, el acero permite un montaje en seco, sin humedad de obra ligada ni tiempos de fraguado. Como resultado, los tiempos de montaje son cortos. Esta es una enorme ventaja de este material, que la madera también posee de forma similar. Las conexiones desmontables estándar de la construcción de acero también permiten un fácil reciclaje de la misma al final de su vida útil. Además, el material es casi totalmente reutilizable, ya que se puede volver a fundir sin dificultad. La calidad del acero nuevo reciclado no merma al fundir el acero viejo. Las cantidades relativamente grandes de energía que consume la producción de acero pueden reducirse en general gracias a la buena reciclabilidad después de varios ciclos de reutilización, pero en general sigue existiendo una huella ecológica cuestionable en comparación con otros materiales, también en lo que respecta a impactos ambientales. Mientras no alcancen la madurez a gran escala procesos de fundición más respetuosos con el medio ambiente basados en energías renovables, hay que aceptar esta circunstancia como el reverso de la incomparable resistencia y rigidez del material.

MONTAJE EN SECO

☞ *Véase **Vol. 1**, Cap. III-5, Aptdo. 2.7 EPD de acero estructural, pág. 156*
☞ *Véanse más detalles, también en comparación con otros materiales, en Aptdo. 11.4 Análisis del ciclo de vida, pp. 152 y ss.*

En cuanto a su comportamiento físico, es significativo que el acero tiene una conductividad térmica extraordinariamente alta. Para hacerse una idea cuantitativa aproximada, vale la pena hacer una comparación con materiales de la competencia: Es treinta veces mayor que la del hormigón normal, 400 veces mayor que la de la madera. El problema de los puentes térmicos en envolventes de acero de edificios es, por tanto, crítico. Además, el acero también puede difícilmente competir con materiales de la competencia cuando se utiliza en envolventes debido a su sensibilidad relativamente alta a la corrosión. Por lo tanto, son raros los cerramientos de edificios en construcción pura de acero. La alta conductividad térmica también tiene un efecto desfavorable en caso de incendio: El calor de los focos de incendio locales puede propagarse y extenderse rápidamente por la estructura de acero por su alta conductividad, con lo que el acero pierde su resistencia relativamente pronto.

ALTA CONDUCTIVIDAD TÉRMICA

☞ *Véase Aptdo. 6.4 Procesos de descomposición > palabra clave: corrosión, pág. 85.*
☞ *Véase Aptdo. 6.5 Impacto del fuego > palabra clave: resistencia al fuego, pág. 86.*

9. Materiales orgánicos

☞ *Véase Aptdo. 9. Materiales orgánicos, pp. 120 y ss.*

Los materiales orgánicos han aparecido en diversas formas en el desarrollo de la tecnología de la construcción: como fibras vegetales, por ejemplo en el cierre de superficies envolventes, como cubiertas de paja, o en la armadura de adobe; como productos de origen animal, como pieles de animales para envolventes de tiendas nómadas; como aglutinantes o selladores bituminosos; pero, por supuesto, especialmente en forma de madera.

Aunque los materiales orgánicos siempre estaban disponibles como productos de desecho de la agricultura o la ganadería, también eran fáciles de procesar debido a su baja dureza y elasticidad y tenían buenas propiedades de aislamiento térmico, en cambio, tenían la desventaja de su escasa durabilidad y su inflamabilidad, lo que los situaba en clara desventaja en competencia con materiales minerales, especialmente para estructuras permanentes. Por lo tanto, a excepción de la madera, estos polímeros naturales nunca adquirieron una importancia verdaderamente fundamental para el desarrollo de formas constructivas.

POLÍMEROS SINTÉTICOS = PLÁSTICOS

Los polímeros sintéticos, es decir, los plásticos, son un producto de los tiempos modernos y, a pesar de las numerosas aplicaciones experimentales, aún no se han abierto camino en la industria de la construcción como materiales principales estructurales. Actualmente están empezando a desarrollar cierta importancia como matriz o también material de fibra de compuestos sintéticos. Sin embargo, es previsible que su relevancia para la construcción aumente considerablemente.

HIDROCARBUROS

Son características de la estructura de los materiales orgánicos las largas cadenas moleculares de átomos de
13, 18 carbono e hidrógeno: los hidrocarburos. Sólo en la dirección longitudinal de la cadena desarrollan estas macromoléculas mayor resistencia, que se basa esencialmente en el enlace covalente entre los átomos de carbono dispuestos en fila. Estas cadenas moleculares se presentan en distintos materiales orgánicos con diferentes patrones estructurales: cuasi-cristalinas, espacialmente reticuladas entre sí, alineadas paralelamente y reticuladas con enlaces de puente de hidrógeno, amorfamente enredadas o incluso retorcidas en
13, 19 espiral. Las propiedades materiales de los materiales orgánicos dependen en gran medida de esta agrupación específica y de la reticulación mutua de las cadenas moleculares. Van desde resistencias axiales extremadamente altas (como en fibras de aramida) hasta plasticidad (como en betún).

Por estas razones, la madera se presenta como el único material orgánico realmente relevante para la construcción hasta la fecha, al menos en lo que respecta a su uso como material principal estructural. Por lo tanto, a continuación nos concentraremos en la madera al considerar los materiales orgánicos.

☞ *Más información sobre plásticos en:* ***Vol. 1****, Cap. IV-1, Aptdo. 9.3.2 Materiales sintéticos, pp. 220 y ss., así como Cap. IV-9 Materiales sintéticos, pp. 350 y ss.*

9.1 Madera

La madera es el único material biológico[36] que ha desempeñado un papel notable en la historia de la construcción y que sigue teniendo relevancia en la actualidad. Los inicios de la construcción de madera se remontan a la historia más antigua de la humanidad y no se pueden reconstruir históricamente. Sin embargo, es cierto que la madera —junto con los materiales minerales— constituyó la base material de las primeras viviendas humanas.[37] Al igual que las piedras y la tierra, la madera era fácil de conseguir, sobre todo en regiones de clima templado, y fácilmente transportable debido a su poco peso. A diferencia de la elaboración de piedras naturales y el modelado y, dado el caso, la cocción de piedras artificiales, la madera es fácil de procesar a mano con herramientas relativamente sencillas y utilizando sólo cantidades modestas de energía.

72 Estructura de anillos anuales en la sección transversal de un tronco de árbol.

Utilizada adecuadamente, la madera puede protegerse eficazmente contra uno de sus puntos débiles más relevantes, como es su susceptibilidad a procesos de descomposición biológica. Si la madera se protege de la humedad constante y de la exposición excesiva a la luz solar, puede mantener su utilidad durante siglos.[38] Desde el punto de vista medioambiental, ningún otro material puede competir con la madera: La capacidad del organismo vivo del árbol de retener el dióxido de carbono de la atmósfera es única en los materiales de construcción y contribuye de forma notable a la protección del medio ambiente.

☞ *Véase Aptdo. 2. Material y sostenibilidad, pág. 73, y en comparación con otros materiales en Aptdo. 11.4 Análisis del ciclo de vida, pp. 152 y ss.*

La influencia de este material en el desarrollo de las formas arquitectónicas es difícil de sobrestimar: Los edificios de madera han servido de inspiración, incluso como modelo para el diseño de edificios de piedra, en un notable proceso de transferencia de formas constructivas entre grupos de materiales mutuamente ajenos. A este respecto, fueron decisivas importantes ventajas de este material: la relación singularmente favorable entre resistencia y peso muerto, así como entre resistencia y capacidad de aislamiento térmico. Ningún otro material puede competir ni siquiera remotamente con la madera en estos campos.

☞ *Véase Aptdo. 1.2 El concepto de adecuación al material, pág. 68, así como **Vol. 1**, Cap. IV-2, Aptdo. 3. Aptitud para el material, pp. 245 y ss.*

Al igual que ocurre con otros materiales, las propiedades esenciales de la madera pueden explicarse y comprenderse bien contemplando la estructura específica del material. Como material biológico, la madera tiene incluso una estructura material mucho más compleja que materiales de la competencia, circunstancia que también se manifiesta en un comportamiento deformacional mucho más complejo. Por lo tanto, en primer lugar, examinaremos la estructura material de la madera.

9.1.1 Estructura material

Para comprender la estructura macroscópica del material, es esencial tener en cuenta el proceso de crecimiento del tronco del árbol del que se corta la madera de construcción. El cuerpo del tronco se desarrolla por crecimiento anual de una nueva capa o manto celular de forma casi cónica que, partiendo del cámbium, la capa de crecimiento propiamente

CÁMBIUM

dicha, se añade anualmente al exterior de las capas más antiguas. Estas capas individuales son reconocibles en la sección transversal del tronco como anillos concéntricos
ANILLOS ANUALES 72 densamente empaquetados, los llamados anillos anuales. La forma cónica sigue la geometría del tronco del árbol, que se va estrechando hacia arriba. Las capas del manto en el cuerpo del tronco de muchas especies de árbol (pero no todas) se dividen en dos zonas:

DURAMEN Por un lado, en el duramen en la zona interior cerca del eje del tronco. Esta madera está en gran parte muerta y suele estar impregnada de agentes curtientes especiales. Tiene una mayor resistencia a la infestación de plagas y, por lo general, también una mayor resistencia mecánica.

ALBURA Por otro lado, en la albura de la zona exterior circundante. En consecuencia, se trata de las zonas celulares más jóvenes en las que tiene lugar el transporte de savia, por el cual el árbol se abastece de nutrientes.

Todas las capas del manto están formadas por fibras
FIBRAS DE MADERA empaquetadas dispuestas longitudinalmente en la dirección
73, 74 del tronco. Se trata de células tubulares con una cavidad,
LUMEN el lumen, y con paredes de celulosa, cuya resistencia se
LIGNINA basa principalmente en la sustancia matriz de la lignina, en la que se incrustan las cadenas de polímeros de celulosa de las fibras. Dependiendo de la estación en la que se formen las respectivas fibras, las células tienen una consistencia más suelta o una estructura más compactada y lignificada.
MADERA TEMPRANA Por tanto, se distingue la madera temprana, más ligera y
MADERA TARDÍA blanda, que crece más rápido en primavera, y la madera tardía, más firme, que crece más lentamente hacia el final de la temporada de crecimiento. Cada envoltura celular es visible a simple vista en sección como anillo anual debido a estas diferencias de densidad y coloración.

El cuerpo del tronco está rodeado en su exterior por la capa de crecimiento, el cámbium, del que cada año sale una nueva capa celular, es decir, una nueva capa anular, en el
CORTEZA exterior del cuerpo del tronco, así como la corteza protectora.

La estructura microscópica y submicroscópica de la madera también es responsable de importantes propiedades mecánicas del material. Las paredes celulares son cruciales para la resistencia de la madera. Tienen una estructura diferenciada compuesta de capas individuales, que a su vez se componen de fibras alineadas paralelamente al eje del
HACES DE FIBRILLAS tronco: Son haces de fibrillas enrollados en espiral alrededor del eje longitudinal. Por su parte, están formadas por
MICELAS cordones de micelas en los que las moléculas de la cadena
75 de celulosa van incrustadas en una matriz de lignina. Éstas están reticuladas en algunos tramos, las regiones cristalinas, mediante enlaces de puente de hidrógeno, de modo que forman una estructura resistente, casi cristalina. En particular, la estructura de cadena cristalina prácticamente ininterrumpida a lo largo del eje de la fibra explica la resistencia característica de la madera en la dirección de la veta.

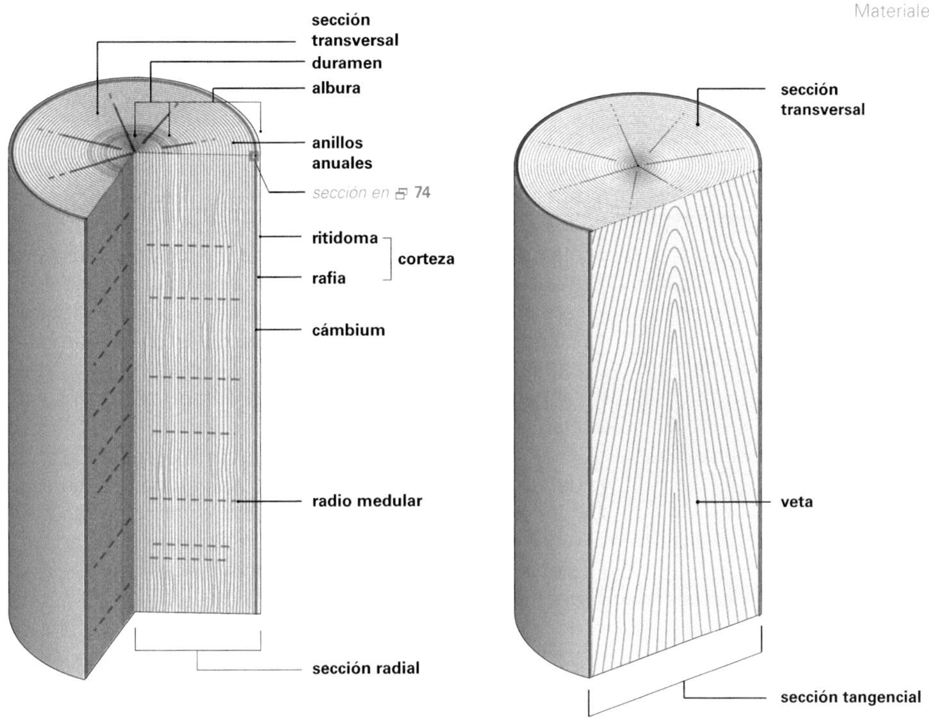

73 Tronco de árbol cortado radialmente (izquierda) y tangencialmente (derecha) y sus características estructurales.

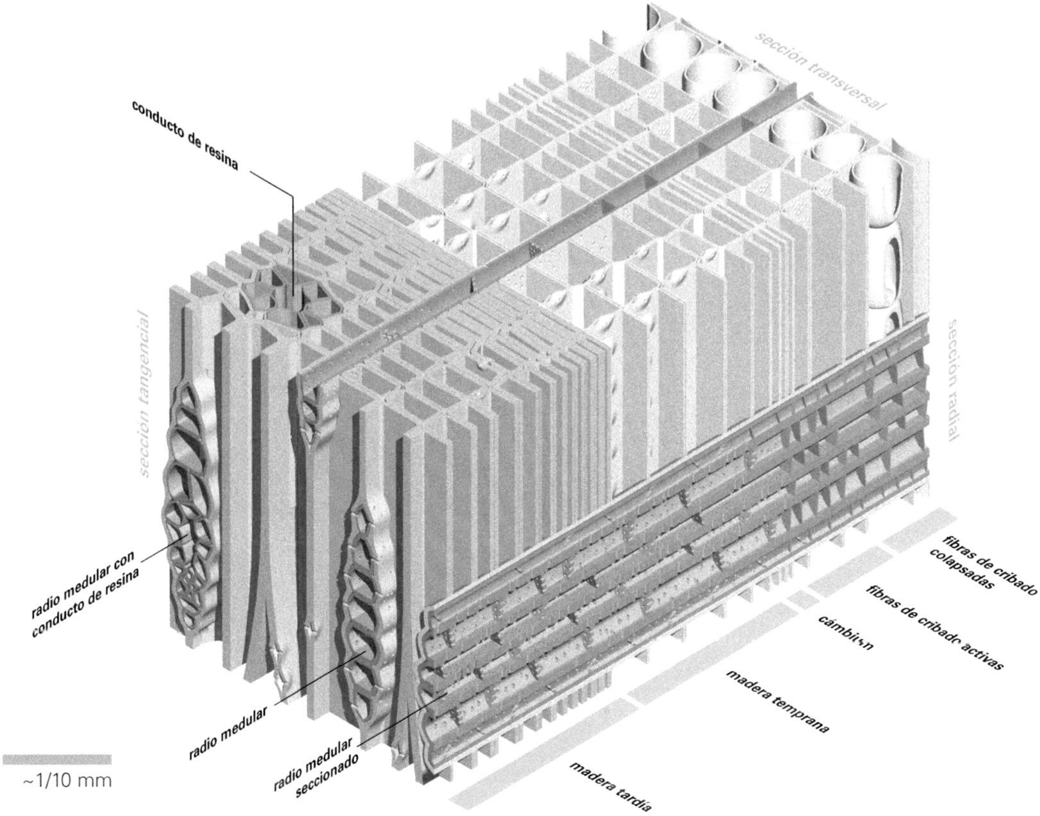

74 Sección del líber y del anillo anual más joven de una madera de conífera.[39]

9.1.2 Principio técnico básico

Las piezas de construcción de madera se crean, sin excepción, primero cortando el tronco del árbol y, dado el caso, procesando posteriormente los productos cortados que se obtienen. Como resultado, se suelen producir elementos en forma de barra con secciones transversales

ESCUADRÍAS

mayoritariamente rectangulares, es decir escuadrías, cuyo tamaño está limitado por los diámetros medios del tronco. Menos frecuentemente, los troncos se cortan también en capas finas y planas (chapas), por ejemplo, mediante pelado tangencial. Al aserrar el tronco del árbol, se distinguen tres planos de corte.

SECCIÓN TRANSVERSAL

La sección transversal es la sección perpendicular al eje
73 del tronco. Las capas del manto del tronco forman círculos
72 concéntricos, los anillos anuales. Por el corte resulta que todas las fibras del tronco están seccionadas transversalmente y, por tanto, tienen su lumen abierto hacia la superficie

MADERA TESTERA, MADERA DE TESTA

del mismo. Esto se denomina la madera testera o madera de testa. Esto es importante desde el punto de vista constructivo, porque debido a la fuerte absorción capilar de las

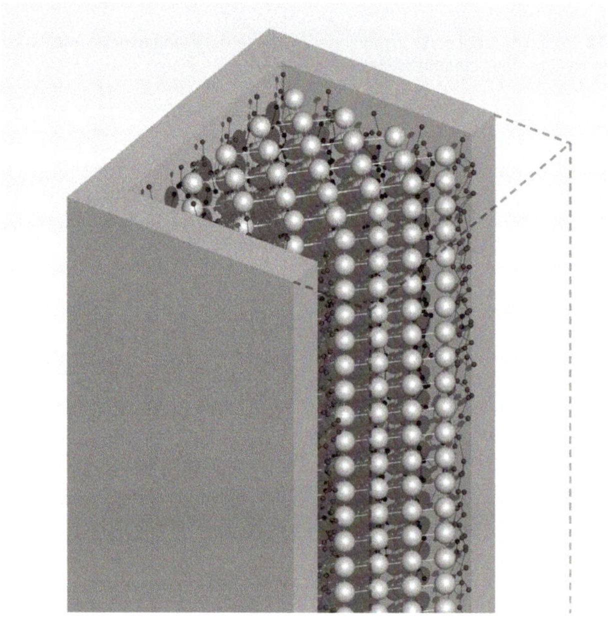

76 Modelo simplificado de una micela cortada lateralmente.[40] Las cadenas cristalinas de polímeros de celulosa que aquí se muestran como cadenas esféricas longitudinales están unidas lateralmente por enlaces de puente de hidrógeno más débiles.

77 Veteado característico de la madera en un corte tangencial en la tablilla central.

75 Madera laminada encolada: producto de madera elaborado mediante el encolado de láminas de tabla.

fibras abiertas (que es en parte responsable del transporte de savia en el árbol vivo),[41] esta superficie de madera es particularmente sensible a la penetración de la humedad, y en consecuencia a la descomposición. La protección de secciones transversales, o de la madera testera, contra la humedad es una de las tareas más importantes de la preservación constructiva de la madera.

☞ ***Vol. 1***, *Cap. VI-6, Aptdo. 4.4.3 Preservación constructiva de la madera, pp. 866 y ss.*

SECCIÓN RADIAL

La sección radial transcurre a lo largo de un plano que pasa por el eje del tronco. Las capas del manto aparecen **73 l**
esencialmente como franjas o vetas paralelas.

SECCIÓN TANGENCIAL

La sección tangencial se realiza a lo largo de cualquier plano paralelo al eje del tronco. Por lo tanto, éste siempre **77, 73 r**
discurre (visto en cualquier sección transversal imaginaria) tangecialmente a un anillo de árbol particular (de ahí la denominación). Las hojas cónicas cortadas paralelamente al eje aparecen en la sección tangencial aproximadamente como líneas hiperbólicas. Crean el característico veteado de la madera.

VETEADO

La configuración respectiva de la veta en cada corte particular muestra de qué plano de corte se trata en cada caso en un madero aserrado.

La madera aserrada puede transformarse subsiguientemente en productos de construcción más complejos mediante diversas técnicas de unión, en particular el encolado o adhesivado, en un proceso de fabricación posterior. **75**

Comportamiento deformacional

9.1.3

■ La madera presenta deformaciones relativamente grandes en el uso constructivo y, en general, muestra un comportamiento deformacional extraordinariamente complejo. Por esta razón, construir con madera requiere una consideración especial de esta propiedad característica. Tanto las cargas como las influencias atmosféricas desempeñan un papel en este caso.

Deformaciones independientes de la carga

9.1.3

■ En primer lugar, cabe esperar las siguientes deformaciones independientes de la carga en el uso constructivo de la madera.

78 (Arriba) comportamiento típico de agrietamiento y deformación de la madera.

79 (Derecha) junta abierta en una tarima debido a la merma de la madera. Este efecto se aprecia especialmente en ángulo recto a la veta en la junta lateral (arriba y abajo), pero apenas se aprecia a lo largo de la veta en la junta testera (derecha)

Las dilataciones debidas a cambios de temperatura se producen de forma análoga a todos los demás materiales, siendo la madera la que menos se deforma en comparación.

MERMA, HINCHAZÓN

Las deformaciones también se producen como resultado de la merma y la hinchazón higroscópica, es decir, dependiente de la humedad. La madera absorbe la humedad del ambiente y cambia su volumen en función del contenido de humedad, aumentándolo en un ambiente húmedo y disminuyéndolo en un ambiente seco. En el estado instalado, es responsable de este fenómeno en particular la humedad relativa. La madera recién cortada contiene más del 100 % de humedad y suele llegar a la obra con un contenido de humedad relativamente alto (alrededor del 20 %), incluso después del secado. En espacios calefactados, continúa secándose durante un largo periodo de tiempo y finalmente alcanza el contenido de

HUMEDAD DE EQUILIBRIO

humedad de equilibrio, que se encuentra en un mínimo de alrededor del 7 %. Esto va asociado a un proceso de merma continua, cuya intensidad está influenciada por la humedad relativa, pero que sin embargo domina el comportamiento deformacional de la madera hasta el secado final, es decir, hasta que se alcanza el contenido de humedad de equilibrio. A continuación, se produce la merma e hinchazón cíclica dependiente de la humedad del aire. Cuanto más rápido sea el secado, más fuerte será el alabeo y la tendencia al agrietamiento de la madera. El secado continuo y lento, en cambio, favorece su estabilidad. También se hace notar en estas deformaciones higroscópicas la anisotropía del material. El proceso de merma e hinchazón es diez veces
79 mayor transversalmente a la dirección de la veta que longitudinalmente.

Además, después de ser cortada en escuadría, la madera experimenta complejos cambios de forma, como alabeo,
78 deformación o agrietamiento, que se deben a varios factores: por un lado a la posición del perfil de la escuadría en el

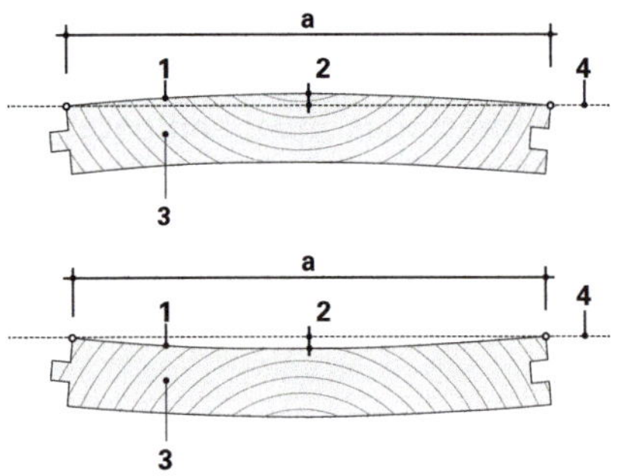

81 Curvatura transversal de una tabla debida a la rectificación de los anillos anuales por contracción tangencial. Especificaciones dimensionales según norma.

- **1** superficie vista
- **2** dimensión de curvatura transversal
- **3** sección transversal
- **4** línea de referencia
- **a** ancho

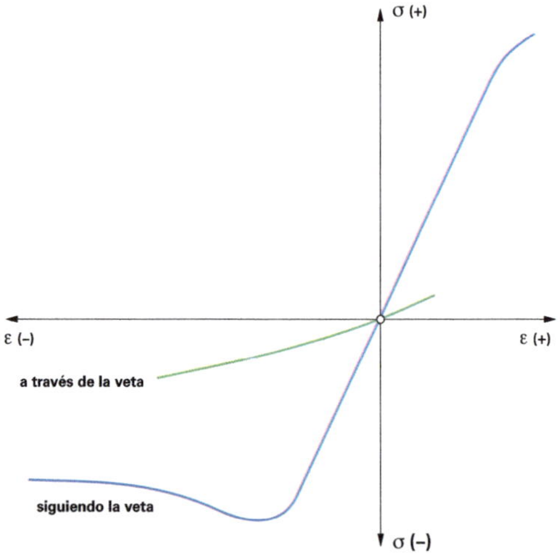

80 Diagrama tensión-deformación de la madera.

tronco. La madera tardía, más firme, tiende a contraerse más que la temprana, por lo que predomina la tendencia de los anillos anuales a contraerse tangencialmente y, por tanto, a enderezarse. El duramen se encoge menos que la albura, **81** lo que se aprecia claramente en tablas fabricadas a partir de cortes tangenciales. Por otro lado, la característica particular de una escuadría también se debe a las peculiaridades del crecimiento del árbol. Factores como la ramificación, el crecimiento espiral, el crecimiento torcido y otras características especiales del árbol desempeñan aquí un papel decisivo. Por último, también influye el proceso de tala. Tradicionalmente, la madera se talaba en enero, durante la luna nueva (de ahí que se llame madera lunar), la época de menor contenido de savia, y el árbol se depositaba en la ladera de la montaña copa hacia abajo de manera que la savia restante pudiera escurrirse hacia las ramas en la medida de lo posible antes de podar el tronco. La madera talada de esta manera tenía una gran durabilidad y también era especialmente resistente a plagas. Sin embargo, estos procedimientos ya no son de uso generalizado en la actualidad.

MADERA LUNAR

Thoma E (1999) „Dich sah ich wachsen", Scharnstein

Deformaciones dependientes de la carga

■ Las deformaciones de la madera en función de la carga se expresan por medio de la relación entre la tensión y la deformación resultante: El diagrama tenso-deformacional de la madera muestra una progresión básicamente rectilínea, **80** que refleja las características fundamentalmente elásticas del material. Sólo bajo fuerte carga se produce una deformación plástica. También bajo carga constante o de larga duración, cabe esperar ciertas deformaciones plásticas además de las elásticas. Se denominan fluencia, como en el caso del hormigón.

CARACTERÍSTICA ELÁSTICA

FLUENCIA

Si, además de la fuerza, también afectan a la madera altas temperaturas y altos grados de humedad, también se pueden producir deformaciones plásticas de forma técnicamente deliberada. Listones de madera tratados al vapor pueden adoptar casi cualquier curvatura, por ejemplo para la construcción de muebles (muebles de madera curvada). En este sentido, la madera muestra un comportamiento similar al de los termoplásticos, lo que a su vez es una indicación de la estructura molecular muy similar de ambos grupos de materiales.

9.1.4 Productos de construcción

■ Los productos de construcción de madera son el resultado de tres procesos básicos de fabricación: En primer lugar, de la producción de escuadrías, o madera aserrada, a partir de la madera maciza, es decir, a partir del material del tronco sin procesar posteriormente. De ahí surgen, casi sin excepción, elementos en forma de barra como vigas, maderos escuadrados o listones. Además, se obtienen productos de madera transformando diversos productos de madera, como chapas, astillas o fibras, para formar materiales derivados de la madera planos o con forma de barra. Por último, se fabrican productos de construcción a partir del encolado u

MADERA ASERRADA

MATERIALES DERIVADOS DE LA MADERA

ELEMENTOS DE MADERA COMPUESTOS

otra conexión de escuadrías de madera aserrada formando elementos compuestos más complejos. Estos últimos pueden tener forma de barra o ser planos. Tanto los materiales derivados de la madera como los elementos de madera compuestos son productos de la moderna tecnología de producción industrial. En particular, han cambiado permanentemente la construcción de madera en comparación con la carpintería tradicional los productos de construcción bidimensionales. La variedad de productos derivados de la madera modernos, difícil de abarcar, requiere un análisis algo más detallado.

Rollizos, madera aserrada

85 ■ Los rollizos, es decir, la madera sólo descortezada y no
86 procesada, así como la madera aserrada, se someten a estrictas inspecciones de calidad visuales y mecánicas y, como resultado, se clasifican en las correspondientes clases de calidad y clasificación según la norma. En el caso de la madera aserrada, se distingue entre vigas, madera escuadrada, tablones, tablas y listones en función de las dimensiones de la sección transversal.

Materiales derivados de la madera

■ Los materiales derivados de la madera son componentes en forma de panel o de barra que se producen prensando partes de madera como chapas, varillas o partes de madera triturada como astillas, fibras y virutas de madera añadiendo agentes aglutinantes, por ejemplo, resinas sintéticas, agentes aglutinantes minerales, etc. Las ventajas de los materia-

85 Rollizo.

86 Madera aserrada, escuadría.

87 Contrachapado de construcción: chapas de madera encoladas en cruz.

82 Madera microlaminada: Dirección uniforme de la veta de las chapas.

83 Madera maciza multicapa: tablero de tres y cinco capas.

84 Aglomerado de virutas (*Laminated Strand Lumber*).

les derivados de la madera se basan en evitar o corregir los defectos de crecimiento, el comportamiento más uniforme y predecible en cuanto a resistencia y deformación y la baja sensibilidad a los cambios de humedad. Los materiales derivados de la madera difieren según el grado de triturado, el tipo y la calidad de la madera utilizada, el aglutinante y la madera utilizada, el aglutinante y el método de prensado. Se dividen en cuatro grandes grupos.

MATERIALES DE CAPAS

El primer grupo son los materiales de capas, esencialmente el contrachapado, la madera laminada y la madera maciza multicapa. Suelen estar formados por al menos tres capas de madera encoladas y prensadas en forma de paneles o piezas moldeadas. El contrachapado se compone de al menos tres capas de madera encoladas entre sí y cuyas direcciones de fibra están contrapeadas (por eso *contra*chapado); como resultado, las capas individuales de chapa no pueden deformarse sin obstáculos, sino que se bloquean unas a otras. De **87**
este modo, la anisotropía típica de la madera se neutraliza, por así decirlo, por medios constructivos. Las capas pueden consistir en chapas de madera, tablas de madera, listones de madera o varillas de madera.

CONTRACHAPADO

MADERA MICROLAMINADA

La madera microlaminada está formada por varias capas de chapa de madera de hasta 3 mm de grosor, encoladas entre sí y cuyas fibras discurren en sentido longitudinal; para **82**
anchos mayores, algunas capas también se pueden orientar en sentido transversal para aumentar la estabilidad (máx. 15 % de las capas de chapa). La estratificación claramente alineada de las chapas proporciona a los paneles laminados una gran resistencia en la dirección de la veta.

MADERA MACIZA MULTICAPA

Productos típicos de madera maciza multicapa son los tableros de tres y cinco capas. Estos tienen capas encoladas **83**
en cruz (tres o más raramente cinco capas) de madera de conífera. Las capas superiores están hechas con un grosor menor que el de la capa intermedia. Las láminas tienen de 5 a 10 mm de grosor y unos 100 mm de ancho. Esto crea una especie de superficie de madera maciza isótropa en cuanto a deformación y comportamiento de carga.

AGLOMERADO

El segundo grupo de materiales derivados de la madera son los tableros de aglomerado. Se componen de pequeñas astillas de madera y/u otros materiales fibrosos similares a la madera, así como de aglutinantes mezclados, como resinas sintéticas, pero también cemento o yeso, que se unen bajo presión (aglomerado prensado). Están disponibles en diferentes modalidades: Intrallam LSL (*Laminated Strand Lumber*) se compone de listones de álamo encolados entre sí. La **84**
madera en tiras de Parallam PSL (*Parallel Strand Lumber*) se compone de tiras de chapa peladas de abeto Douglas o pino amarillo del sur, de unos 16 mm de ancho y unos 3 mm de grosor, alineadas en paralelo al eje longitudinal de la viga y encoladas entre sí. Este material en forma de barra es muy adecuado para vigas, pilares, vigas de caballete, correas y viguetas de forjado. Los tableros de virutas largas son, en particular, tableros planos prensados OSB (*Oriented Strand*

INTRALLAM LSL

PARALLAM PSL

TABLEROS PLANOS PRENSADOS OSB

92 *Boards*). Consisten en virutas longitudinales encoladas (*strands*), preferentemente paralelas a la superficie del panel. Las virutas longitudinales suelen ser paralelas a la dirección de producción en las capas superficiales y transversales a la misma en la capa intermedia. Como resultado, la rigidez a la flexión en la dirección longitudinal de los paneles es mucho mayor que en la dirección transversal. Además, también

TABLEROS PLANOS PRENSADOS DE AGLOMERADO (FPY)

existen tableros planos prensados de aglomerado (FPY) fabricados con pequeñas virutas de madera encoladas a
93 presión (alineadas en paralelo al plano del panel).

MATERIALES DE FIBRA DE MADERA

El tercer grupo comprende los materiales de fibra de madera. Para producirlas, la madera se corta primero mecánicamente en astillas y luego se desfibra a alta presión de vapor y alta temperatura. La pulpa se mezcla en un agitador o cuba de hélice. Según el tipo de panel, se añade a la mezcla resina adhesiva, emulsión acuosa de betún o emulsión de parafina. La suspensión de fibras resultante se deshidrata y se compacta. Las láminas formadas con ella se secan a unos 170 °C, se enfrían y se cortan a medida.

Los tableros de fibra de madera duros, semiduros y extraduros tienen una cara superior lisa y, según el método de fabricación, una cara inferior texturizada. La dirección de procesamiento es irrelevante para los tableros de fibra de madera, ya que tienen aproximadamente las mismas dimensiones de merma en cada dirección. Se distingue
91 entre tableros de fibra de madera porosos (SB), tableros aislantes de fibra de madera (HFD), tableros de fibra de
95 madera duros y semiduros (HB o HFH), tableros de fibra de
94 madera de densidad media (MDF) y tableros ligeros de lana
88 de madera (HLW).

MATERIALES COMPUESTOS (DE MADERA)

El cuarto grupo incluye los materiales compuestos (de madera). Se trata de diversos productos fabricados con fines especiales, como hojas de puerta contrachapadas o con capas intermedias o cavidades especiales, paneles compuestos de parqué y productos similares.

Elementos de madera compuestos

El producto de madera más importante compuesto por escuadrías individuales es la madera laminada encolada

MADERA LAMINADA ENCOLADA (GLULAM)

89 (*glulam*). Se fabrica encolando varias tablas (al menos tres), normalmente de madera de conífera, para formar una sección transversal total en un lecho de prensado.

La producción se lleva a cabo en talleres climatizados con prensas de encolado, tras el secado técnico previo de los maderos. El material aglutinante son colas de resina sintética. Los componentes de mayor tamaño se pueden componer uniendo longitudinalmente las láminas de tabla individuales mediante conexiones de dientes triangulares. Lo mismo puede ocurrir entre secciones de componentes ya ensamblados. Tras el prensado y, si es necesario, la realización de una conexión de dientes triangulares, los componentes se cepillan en la cepilladora de gruesos. La madera laminada tipo *glulam* permite producir secciones transversales grandes y formas de viga complejas que también sirven para vanos mayores.

92 Tablero OSB (*Oriented Strand Board*).

93 Tablero aglomerado plano prensado.

91 Tablero de fibra de madera blando y poroso.

95 Tablero de fibra de madera duro.

94 Tablero de fibra de densidad media.

88 Tablero ligero de lana de madera.

89 Madera laminada.

90 Viga de madera encolada *Trigonit*.

96 Madera laminada cruzada (muestra): tablero de madera maciza formado por cinco capas de tablas encoladas en cruz con ranuras para el libre despliegue de las deformaciones.

97 Elemento de construcción de madera.

Sus dimensiones vienen limitadas únicamente por el tamaño de las máquinas cepilladoras y los vehículos de transporte.

Las ventajas de la viga laminada radican en la reducción del comportamiento de torsión y merma y en el aumento de la estabilidad dimensional y los valores de resistencia transversal a la veta.

Además de las vigas laminadas, existen otros elementos

compuestos en el mercado. Entre ellos se encuentran
90 vigas perfiladas encoladas fabricadas industrialmente y disponibles como productos semiacabados, como vigas de madera encolada marca *Trigonite*, vigas con alma ondulada y vigas con alma de tablero. Además, también hay productos especiales tipo cercha, como cerchas con placas clavo o cerchas marca *Greim*.

ELEMENTOS DE MADERA MACIZA

En los últimos años, también han cobrado importancia elementos de madera maciza en diversos diseños: Están formados por capas múltiples unidas de forma flexible por medio de fijaciones mecánicas, por capas múltiples pegadas (paneles de madera, tableros, tablas), en cuyo caso hay una unión rígida, o bien por láminas de madera blanda pegadas en una sola capa (los llamados elementos de tablas apiladas).

ELEMENTOS DE TABLAS APILADAS

PANELES DE MADERA MACIZA (SWP)

Los paneles de madera formados por piezas de madera encoladas entre sí, como las dos últimas variantes mencionadas, se denominan paneles de madera maciza (*Solid-Wood Panel,* SWP) según la norma. Se distingue entre paneles monocapa y multicapa. En el sentido de la norma, se trata de paneles formados por piezas de madera —tablas, láminas, escuadrías, duelas o tablones— que se encolan en sus lados estrechos y, si son de varias capas, en los lados anchos. Los tableros multicapa constan de dos capas exteriores paralelas en su dirección de veta y al menos una capa interior ortogonal a la dirección de la veta de las capas exteriores. En
96 la práctica de la construcción actual, aparecen en particular como elementos de madera laminada cruzada.

MADERA LAMINADA CRUZADA

Debido a la estructura descrita anteriormente, en su uso como placa de forjado siempre se obtiene una placa con descarga unidireccional con un buen reparto transversal de cargas. En el caso de tableros de madera maciza de una sola capa, como los que se utilizan en forjados de tablas apiladas, esto se debe a la anisotropía del material con dirección principal de carga según la orientación de la veta. El reparto transversal es el resultado del encolado de las juntas longitudinales. En el caso de tableros de madera maciza de varias capas, la dirección principal de la carga viene determinada por la orientación de la veta de las capas de la cara superior e inferior, donde se concentran los esfuerzos de flexocompresión y flexotracción. A la capa interior orientada transversalmente, o a varias de ellas dado el caso, se le asigna en este contexto la tarea de repartir transversalmente las cargas. De esta manera se puede obtener, por ejemplo, una transferencia de carga bidireccional casi pura en forjados.

ELEMENTOS DE CONSTRUCCIÓN DE MADERA

☞ *Cap. 8. Métodos constructivos, pp. 308 y ss.*

Recientemente, se han establecido en el mercado diversos diseños de elementos de forjado fabricados con piezas de madera encoladas o unidas mecánicamente, los llamados
97 elementos de construcción de madera. Tienen similitudes con los tableros de madera maciza descritos anteriormente, como su estructura de láminas de madera, pero, al igual que los forjados en la construcción de panel de madera, se caracterizan por sus nervaduras. También de forma análoga a paneles de madera, hay una cooperación estática entre la

costilla y las capas exteriores. Alternativamente, estas últimas se interrumpen por las costillas para darles la máxima altura y utilizar el canto completo del elemento. Gracias a su gran capacidad de carga, son posibles vanos de hasta 15 m. Las longitudes de los elementos alcanzan casi 20 m y, por tanto, permiten un efecto continuo sobre varios vanos.

El lastrado mediante relleno de las cavidades con piedras o materiales granulares mejora el comportamiento acústico; diseños especiales perfilados o perforados de la capa inferior del techo aumentan la absorción del sonido y, por tanto, mejoran la acústica ambiental. También se puede garantizar una buena protección contra el fuego mediante ejecución adecuada de las capas exteriores.

Propiedades relevantes para el diseño 9.1.5

■ La madera es un material regenerativo, de hecho, el único que existe. Con una gestión forestal adecuada, puede volver a crecer continuamente en la medida de la demanda sin restricción alguna. Se trata de un aspecto ecológicamente muy importante que se está convirtiendo cada vez más en el centro de atención de la proyectación de edificios.

☞ *Cap. 4. Funciones, pp. 162 y ss.*

La madera tiene una durabilidad relativamente baja. Está muy amenazada por la podredumbre y los parásitos, pero también es muy duradera en condiciones adecuadas. Un requisito previo para la putrefacción de la madera debida a la infestación por hongos es la presencia continua de humedad. Si, por el contrario, la madera se sumerge en agua excluyendo el aire, vuelve a estar protegida contra la putrefacción. Por lo tanto, la primera y esencial tarea de una preservación eficaz de la madera es evitar la humedad constante en contacto con el aire.

Por otro lado, la madera es completamente compostable y no deja contaminación residual (si no lleva aditivos tóxicos). También es un aspecto ecológicamente positivo, aunque el proceso de putrefacción devuelve a la atmósfera el carbono almacenado en el material en forma de CO_2.

La madera es combustible y, por esta razón, a diferencia de los principales materiales de la competencia, ya representa una carga de fuego por sí misma, es decir, básicamente un riesgo de incendio. Su comportamiento ante el fuego es, sin embargo, bondadoso. Por otro lado, la combustibilidad de la madera permite eliminarla casi por completo mediante su incineración, lo que también supone una importante ventaja ecológica. Al mismo tiempo, tiene un impacto positivo su valor calórico. Sin embargo, hay que tener en cuenta que el carbono almacenado en el árbol se escapa de nuevo a la atmósfera durante el reciclado térmico, al igual que durante el compostaje.

☞ *Aptdo. 6.5 Impacto del fuego, pp. 92 y s.*

La madera es fácil de trabajar. Son suficientes para este fin herramientas manuales ligeras. Su blandura, por otra parte, es también una desventaja cuando se trata de soportar cargas concentradas, especialmente a través de la veta.

☞ *Aptdo. 6.2 Deformaciones > 6.2.2 como resultado de la fuerza, pp. 85 y ss.*

A diferencia de otros materiales, la madera es un material biológico que también suele considerarse *vivo.*[42] Aunque este último término tiene mucho de místico y es, en sentido estricto, inexacto, lo cierto es que, incluso después de cortar la madera a medida, se producen numerosos procesos de deformación que, aunque disminuyen con el secado, nunca remiten del todo.

☞ *Aptdo. 9.1.3 Comportamiento deformacional, pp. 125 y ss.*

La madera maciza sólo puede suministrarse en forma de barra, ya que se corta del tronco del árbol, que a su vez tiene forma rectilínea. Las piezas planas de mayor tamaño no pueden realizarse en madera maciza sin empalmes.

Las propiedades mecánicas de la madera están fuertemente caracterizadas por su anisotropía, que ya es estructuralmente inherente a su composición micro y macroscópica. Tal y como se ha descrito, el material se compone esencialmente de haces de fibras organizados de forma muy diferenciada y alineados a lo largo del eje del tronco. Por lo tanto, hay que distinguir claramente entre el comportamiento mecánico de la madera bajo esfuerzo, en cada caso, paralelo o transversal a la veta. Esto se aplica de la misma manera que para su comportamiento deformacional. La madera tiene la mayor resistencia en la dirección de la veta. Por otro lado, la tracción a través de la veta tiende a separar las fibras. Este esfuerzo sólo puede ser contrarrestado por la adherencia entre fibras vecinas. Se basa en la fuerza de unión de resinas y tejidos celulares y es, de primeras, menor que la fuerza axial de la propia fibra. Bajo compresión transversal, las fibras huecas se colapsan, como si fueran pajas. Esto conduce a fuertes deformaciones permanentes, es decir, plásticas. La célula de la fibra se comprime de manera que la cavidad del lumen se aplasta y las paredes de las células entran en un estado densamente empaquetado.

☞ *Aptdo. 9.1.1 Estructura material, pp. 121 y ss.*

☞ *Aptdo. 9.1.3 Comportamiento deformacional, pp. 125 y ss.*

En la dirección de las fibras, la madera puede absorber tracción y compresión casi por igual, lo que corresponde a sus características como material dúctil, al menos en algunos aspectos. En esta dirección entra en efecto la cohesión mole-
74 cular de las macromoléculas. Esta propiedad predestina a la madera para componentes sometidos a esfuerzos flectores, ya que éstos deben absorber simultáneamente esfuerzos de flexotracción y de flexocompresión. La flexión también corresponde a una condición de esfuerzo típica del tronco del árbol vivo, para la que la planta está biológicamente y evolutivamente optimizada. El árbol actúa, por así decirlo, como una barra empotrada bajo una carga de viento que actúa lateralmente. Además, las capas del manto exterior del tronco están más juntas, lo que da lugar a una estructura material más densa en el perímetro, que es donde se hallan los esfuerzos máximos. Esto puede aprovecharse mediante un corte adecuado para obtener una mayor rigidez a la flexión.

☞ *Aptdo. 9.1.3 Comportamiento deformacional > Deformaciones dependientes de la carga, pp. 127 y s.*

Pero la madera también puede absorber bien esfuerzos axiales de tracción y compresión, es decir, en la dirección de las fibras. A pesar de su blandura, la madera de construcción ordinaria (madera de conífera) tiene una resistencia a la compresión a lo largo de la veta comparable a la del hormigón normal. Además, la relación entre la resistencia y

☞ *Aptdo. 11.3.1 Resistencia, pp. 148 y ss.*

el peso muerto o la densidad aparente de la madera es más favorable que la de casi cualquier otro material común. Sin embargo, esta buena resistencia a la tracción y a la compresión sólo puede aprovecharse parcialmente en el conjunto de la construcción, ya que es casi inevitable un debilitamiento de la sección transversal en los puntos de conexión, lo que reduce la capacidad de carga del componente.

☞ *Cap. 9. Uniones, pp. 464 y ss.*

A los esfuerzos cortantes a través de la veta las fibras oponen una fuerte resistencia. Se necesitan grandes fuerzas de cizalladura para cortar una barra de madera a través de su eje. Por otro lado, ante esfuerzos cortantes paralelos a la fibra, la madera muestra una notable debilidad. Las fuerzas adhesivas, muy modestas, entre las fibras adyacentes limitan no sólo las fuerzas de tracción que se pueden absorber (véase más arriba), sino también la resistencia al deslizamiento de los haces de fibras entre sí, como efecto del esfuerzo cortante.

En principio, la madera muestra un comportamiento benévolo incluso bajo carga pesada, ya que sufre grandes deformaciones claramente reconocibles antes del fallo, que, por así decirlo, ejercen un efecto de advertencia bienvenido. Por otro lado, su fallo final se caracteriza por fractura frágil abrupta, lo que es contrario a este comportamiento.

10. Materiales compuestos

■ Los materiales compuestos están formados por al menos dos materiales diferentes que se unen para formar una unión mecánica. El objetivo técnico de esta combinación de materiales es utilizar las propiedades mutuamente complementarias de los materiales implicados. Los materiales compuestos típicos son materiales moldeados reforzados con fibra o materiales procesables plásticamente reforzados con fibra. La idea de rodear materiales fibrosos con una matriz moldeable o trabajable plásticamente que se endurece posteriormente subyace a varios materiales antiguos, como ladrillos de arcilla armados con paja (adobe) o paredes de bajareque hechas con cañizo cubierto de arcilla:[43] Las fibras asumen las fuerzas de tracción que harían que el material frágil de la matriz por sí solo se agrietara; la matriz es resistente a la compresión —propiedad de la que carecen las fibras— y, a su vez, protege el material de las fibras incrustadas de influencias externas.

10.1 Hormigón armado

■ El hormigón armado no es un material primario como los que se han tratado hasta ahora, sino un material compuesto de hormigón y acero. Se examinará con más detalle en este capítulo debido a su extraordinaria importancia constructiva actual.

10.1.1 Principio técnico básico

■ Al igual que ocurre con otros materiales compuestos, los dos componentes, el acero y el hormigón, tienen asignadas sus propias tareas: Con respecto a la transmisión de fuerzas, el hormigón se encarga de la absorción de las fuerzas de compresión, el acero de las fuerzas de tracción.

☞ *Aptdo. 8. Materiales metálicos, pp. 109 y ss.*

Aunque los altos valores de resistencia del acero también permiten, en principio, soportar grandes esfuerzos de compresión, del mismo orden de magnitud que las fuerzas de tracción, esta capacidad se ve, sin embargo, muy limitada por el riesgo de pandeo de las delgadas barras de armadura. Aunque la matriz de hormigón impide parcialmente este pandeo, los insertos de acero, que suelen estar situados en la zona de los bordes del componente (por buenas razones, debido a las tensiones de tracción que allí se concentran), podrían sin embargo pandear bajo compresión, ya que el delgado recubrimiento de hormigón se desprende fácilmente en estas condiciones. Para evitarlo, la armadura principal va rodeada y atada por una armadura de estribo que impide **100** que las barras se desplacen. De este modo, también se puede activar la resistencia a la compresión del acero para componentes sometidos a grandes cargas de compresión, como columnas. La armadura de estribo también evita que el hormigón, sometido a grandes esfuerzos de compresión, se agriete o desconche y, en consecuencia, aumenta su resistencia a la compresión. Además, como malla de armadura finamente distribuida, evita la formación de grietas grandes debido a la inevitable tendencia a la retracción del hormigón (armadura de retracción).

ARMADURA DE ESTRIBO

ARMADURA DE RETRACCIÓN

Sin embargo, por regla general, existe una amplia división de tareas, como en el caso de componentes sometidos a esfuerzos flectores, donde el hormigón absorbe los esfuerzos de flexocompresión a modo de un cordón de compresión y el acero absorbe los esfuerzos de flexotracción a modo de

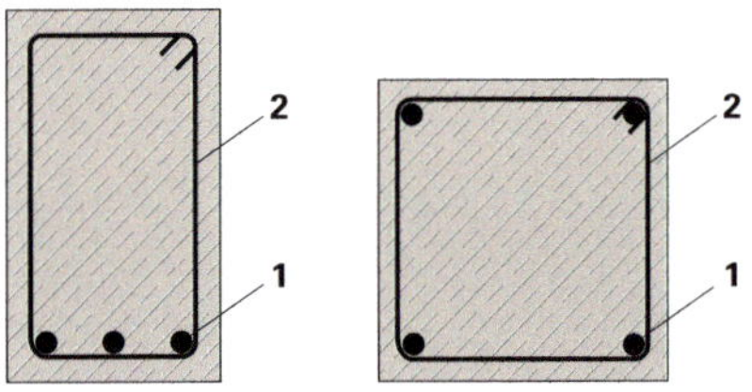

100 Armadura principal (**1**) y de estribo (**2**) para secciones transversales de componentes de hormigón armado.

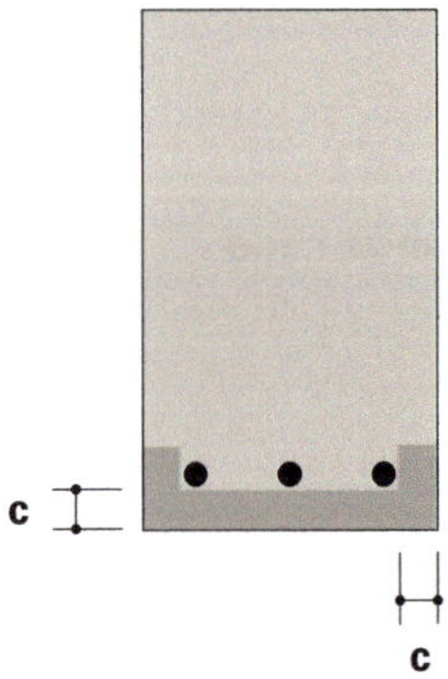

99 Recubrimiento **c** de hormigón de las barras de armadura.

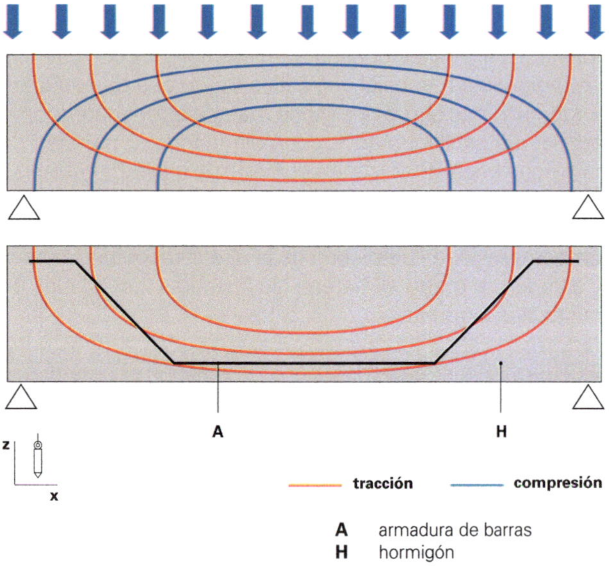

98 Arriba: **trayectorias de tensiones principales** en una viga de flexión bajo carga uniforme. Abajo: Cobertura de la componente de tracción con armadura de barras **A**.

un cordón de tracción. Los esfuerzos deben cortocircuitarse **98** dentro del componente, lo que se hace bien mediante un anclaje adecuado de los aceros en el cuerpo del hormigón (lazos o ganchos en el extremo de las barras) o —como es habitual hoy en día en la tecnología moderna del hormigón— mediante la unión (es decir, un bloqueo esencialmente positivo) entre los dos materiales. Para ello, los aceros de armadura se perfilan en la fabricación durante el proceso de laminación.

En la zona sometida a esfuerzos de tracción, el hormigón se agrieta rápidamente en forma de finas grietas debido a su fragilidad, de modo que la fuerza de tracción se transfiere a los insertos de acero. Estos evitan que las grietas se ensanchen bajo tracción.

Las barras de armadura pueden ajustarse libremente en el cuerpo de hormigón a la trayectoria de las tensiones principales de tracción en el componente. Para ello, primero se colocan en el espacio del encofrado según las necesidades, se fijan en su posición y luego se embeben en el hormigón fresco durante el proceso de vertido. Separadores garantizan una distancia mínima entre las barras y el encofrado y, por tanto, un recubrimiento mínimo de hormigón. **99**

SEPARADORES

RECUBRIMIENTO DE HORMIGÓN

El hormigón armado combina propiedades extraordinarias de los dos mundos de los materiales frágiles y dúctiles en un único material compuesto. Las desventajas de cada uno de los materiales implicados se eliminan en gran medida (fragilidad del hormigón así como tendencia al pandeo; sensibilidad al fuego y susceptibilidad a la corrosión del acero), mientras que sus ventajas aumentan (mayor resistencia a la compresión del hormigón gracias a la armadura; aseguramiento de la resistencia a la tracción del acero mediante una protección eficaz).

10.1.2 Comportamiento deformacional

■ El hecho de que el compuesto entre ambos materiales, hormigón y acero, cumple con los requisitos en cuanto a su funcionalidad en el uso constructivo queda demostrado por su rendimiento probado en las operaciones diarias de construcción así como por el dominio general del hormigón armado en las actividades de construcción actuales. Sin embargo, este hecho no es en absoluto una obviedad ya de primeras, ya que —como se ha señalado— se trata de dos materiales con propiedades en parte muy divergentes.

☞ *Aptdo. 10.1.1 Principio técnico básico, pp. 135 y s.*

Un requisito básico esencial para la existencia duradera del efecto de compuesto es, en primer lugar, el comportamiento de dilatación (casualmente) bastante similar del hormigón y del acero ante fluctuaciones de temperatura. Esto se manifiesta en sus coeficientes de dilatación muy similares.

✏ ***Hormigón*** *10 · 10^{-6} K^{-1},* ***acero*** *12 · 10^{-6} K^{-1}*

Sin embargo, siguen existiendo diferencias fundamentales en el comportamiento deformacional de los dos materiales implicados, lo que significa que el efecto estático del compuesto no está totalmente exento de tensiones internas. En particular, el complejo comportamiento deformacional del hormigón (retracción, fluencia) entra en conflicto con el comportamiento relativamente inerte del acero. Las tensiones internas que pueden resultar de ello permanecen sin mayores consecuencias gracias únicamente a la buena naturaleza y ductilidad de los dos materiales implicados: El acero es capaz de fluir bajo grandes cargas; el hormigón elude las grandes tensiones locales por su comportamiento viscoelástico; también es capaz de volver a soldar grietas finas por recristalización cuando se comprimen de nuevo después de la descarga.

Deformaciones independientes de la carga

■ En cuanto a deformaciones independientes de la carga, es decisivo el comportamiento del hormigón. El acero, en cambio, apenas se deforma sin carga. En particular, debe tenerse muy en cuenta en el diseño la tendencia a la retracción del hormigón, por ejemplo en el apoyo estático de elementos de hormigón armado con el fin de evitar coacciones, y también en la armadura, que debe limitar la formación de grietas por retracción mediante armadura de estribo o de malla finamente distribuida (armadura de retracción), especialmente en lo que respecta a la abertura de fisura.

Deformaciones dependientes de la carga

■ Para una barra cargada axialmente, se aplica lo siguiente: El comportamiento deformacional en régimen de compresión corresponde esencialmente al del hormigón. En el ámbito de la tracción, se puede suponer que las deformaciones son elásticas hasta que se alcanza la resistencia a la tracción del hormigón ($\mathbf{f_{ct}}$). Una vez superada la $\mathbf{f_{ct}}$, aparecen las primeras grietas en el hormigón, en las que el acero de armadura debe asumir la parte de carga $\mathbf{F_c}$. La tensión en el acero aumenta en las grietas del hormigón. Dependiendo del grado de armadura y del módulo de elasticidad del acero y del hormigón, el factor oscila entre 4 y 16 veces (para un hormigón medio).

✏ *Esto se debe a la anisotropía del material compuesto*

El hormigón armado es un material compuesto y su comportamiento deformacional no puede representarse de forma adecuada en un diagrama tensión-deformación, ya que depende del tipo de tensión y de la dirección considerada. Además, el hormigón armado presenta propiedades materiales muy divergentes a través de la sección transversal. Para una orientación aproximada, se utiliza un diagrama de
101 fuerza-deformación. La fuerza registrada en él es la que actúa sobre la sección transversal total. La tensión se promedia en toda la longitud de la barra. En realidad, la elongación en las grietas es mayor que en las zonas sin grietas.

10.1.3 Comportamiento ante el fuego

☞ *Aptdo. 6.5 Impacto del fuego, pp. 92 y s.*

✏ *λ = 2,1 W/(mK)*

■ El hormigón protege las armaduras de acero de la expo-
99 sición directa al fuego cubriéndolas. El acero de armadura expuesto a las llamas fallaría en muy poco tiempo. Además, el hormigón enfría el acero gracias a su gran capacidad de almacenamiento de calor y a su gran masa. Su conductividad térmica relativamente baja impide la rápida propagación del calor del fuego en el componente.

En general, el hormigón armado como material compuesto

puede calificarse como material ideal en términos de protección contra incendios. En la mayoría de los casos, las dimensiones estáticas requeridas de los componentes de hormigón armado ya garantizan resistencia al fuego (**R 90**).

Durabilidad

10.1.4

■ Con el recubrimiento completo de las armaduras de acero, el hormigón cumple una importante función protectora contra la corrosión de los aceros embebidos. El ambiente alcalino 99
que se establece en el cuerpo del hormigón como resultado de la humedad residual ligada (agua de amasado) crea una capa pasiva en la superficie del acero, lo que conduce a la paralización del proceso de corrosión. En particular, la carbonatación del hormigón como consecuencia de influencias ambientales conduce a una neutralización del medio alcalino y, por tanto, a una anulación del efecto protector. Como resultado, se produce la corrosión de las armaduras de acero con consecuencias peligrosas para la estructura. 30

☞ *Aptdo. 7.2.5 Roca artificial fabricada con aglomerantes hidráulicos, pp. 100 y ss.*

CAPA PASIVA

CARBONATACIÓN

El requisito previo para una protección eficaz de la armadura es el recubrimiento completo y continuo del acero por el hormigón con un espesor suficiente (antes 25 mm, hoy 30 a 40 mm). Daños en este recubrimiento pueden provocar graves desperfectos en la armadura.

Propiedades relevantes para el diseño

10.1.5

■ Desde el punto de vista constructivo, hay una serie de aspectos importantes para el hormigón armado como material compuesto en lo que respecta a la disposición e instalación de la armadura en el cuerpo del componente.

Los insertos de acero se colocan donde se esperan los mayores esfuerzos de tracción y se alinean a lo largo de éstos. Fuertes concentraciones de carga pueden conducir 98
a altas densidades de armadura, por lo que las barras, dado 103
el caso, se colocan en más de un nivel. En principio, hay que tener cuidado de dejar suficiente espacio entre los aceros para que el hormigón fresco se extienda y los envuelva completamente. De lo contrario, no se garantiza un efecto

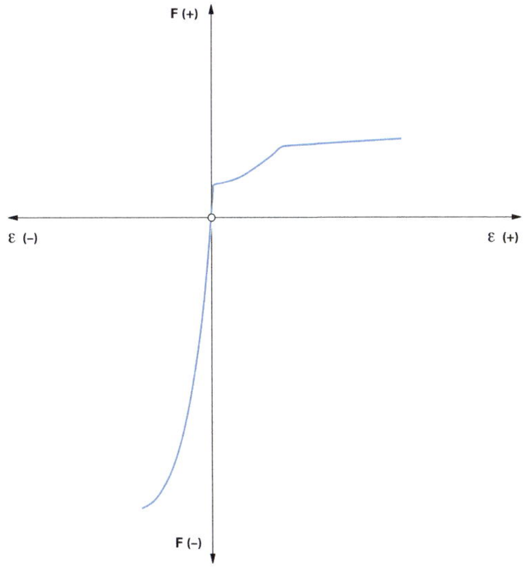

101 Diagrama fuerza-deformación del hormigón armado.

103 Alta densidad de armadura en la solera sometida a grandes cargas de una nave industrial.

102 Mallazos de acero de armadura prefabricados para la armadura de componentes planos.

de adherencia suficiente ni una protección eficaz contra la corrosión. Básicamente, debe quedar suficiente espacio dentro de la ferralla armada para una buena compactación del hormigón. En términos de práctica constructiva, esto significa que se debe dejar espacio suficiente para un vibrador.

Aunque los flujos de fuerzas en el componente rara vez son estrictamente rectos (véase el curso de las trayectorias
98 de las tensiones principales en **98**), las barras de acero se colocan preferentemente en tramos rectos (si es necesario, dobladas en ángulo), si es posible incluso en una cuadrícula ortogonal, por razones de racionalización. Las tensiones oblicuas al eje de la pieza (como esfuerzos cortantes debidos a fuerzas transversales) se absorben mediante barras ortogonales en cruz (ejemplo: armadura principal y de estribo en una viga de flexión). También por razones de racionalización, los componentes planos se arman con la ayuda de mallazos
102 de acero prefabricados.

Una ventaja fundamental de este material compuesto es que, a diferencia de todos los demás materiales disponibles, se puede realizar un verdadero principio de construcción integral a nivel del edificio,[a] en el que se pueden obviar completamente juntas y conexiones. A diferencia de otros métodos de construcción basados en el principio integral, pueden soportarse simultáneamente en la sección transversal del componente esfuerzos de tracción y compresión.

☞ [a] *Cap. 9., Aptdo. 2. El principio constructivo, pp. 473 y ss.*

Además, el hormigón armado es el único material con propiedades de resistencia tenaz (que le confiere el acero) que puede transformarse en componentes superficiales sin juntas. Mientras que las superficies, con otros materiales, tienen que ensamblarse mediante una laboriosa unión de tiras, barras o bloques de construcción, éstas pueden crearse con hormigón armado mediante simple vaciado.

☞ *Cap. 6. Superficies, pp. 248 y ss.*

11. Los principales grupos de materiales adecuados para la construcción en comparación mutua

La elección de un material concreto en el transcurso del proyecto constructivo viene determinada, además de por otros criterios importantes como coste, disponibilidad o factores estéticos, en gran medida por la tarea principal que debe cumplir en el contexto de la construcción, es decir, esencialmente la subfunción constructiva que se le asigna, ya sea una o varias. Si el material, por ejemplo, forma parte de una estructura portante primaria, la función de transmisión de fuerzas suele estar en primer plano, y a veces también la protección contra incendios; en el caso de componentes envolventes del edificio, esto se aplica generalmente a las funciones de aislamiento contra la humedad, el viento, el calor y, si procede, el sonido. Se espera que prácticamente todos los componentes sean lo más duraderos posible frente a diversas influencias externas.

El diseño de edificios en el contexto de la construcción sostenible también requiere, entre otras cosas, una evaluación cuantitativa del impacto medioambiental de una estructura a lo largo de su ciclo de vida. La elección del material influye de forma decisiva en este factor, ya que

☞ *Cap. 2. Sostenibilidad, pp. 34 y ss.*
☞ *Aptdo. 2. Material y sostenibilidad, pp. 73 y s.*

determina no sólo la cantidad de energía ligada a él como resultado de su fabricación y los efectos medioambientales de la misma, sino también, del mismo modo, los costes de transporte hasta la obra, sus necesidades de mantenimiento y renovación durante su periodo de uso y su retirada al final de su ciclo de vida y el consumo de recursos y las cargas medioambientales durante el reciclaje (así como el ahorro asociado) o la eliminación.

Algunos conjuntos de datos relevantes se han presentado anteriormente, están generalmente disponibles para el proyectista en forma de EPDs unificadas y se convertirán cada vez más en una parte fundamental del trabajo de planificación común.

☞ *Cap. 2., Aptdo. 3.2.3 Etiquetado y declaraciones de producto medioambientales (Environmental Product Declarations, EPD), pág. 54*

Rendimiento funcional frente a huella ecológica

■ Si se desea que las necesidades asociadas al uso de edificios —vivir, trabajar, recreo, etc.— se satisfagan con medidas constructivas suficientes y adecuadas —es decir, en primer lugar, que se cumplan las subfunciones constructivas que hacen posible implementarlas a nivel técnico— es inevitable interferir de forma disruptiva en el equilibrio ecológico, es decir, dejar la correspondiente huella ecológica. Esto se expresa esencialmente a través del análisis del ciclo de vida del proyecto de construcción, a lo largo de todo su ciclo de vida hasta su eliminación. Esto es así porque la construcción genera necesaria e inevitablemente daños medioambientales. La tarea del proyectista es, por tanto, conseguir la relación más favorable posible entre el beneficio técnico, es decir, en principio el cumplimiento de las subfunciones constructivas al menos hasta los valores objetivo definidos, y el consumo de recursos necesario y los impactos medioambientales perjudiciales resultantes.

☞ *Cap. 2., Aptdo. 3.2 Análisis del ciclo de vida (ACV) (Life-Cycle Assessment, LCA), pp. 50 y ss.*

Por lo tanto, no se trata siempre de buscar compulsivamente la menor huella ecológica posible en términos de cantidad, porque esto significaría en última instancia abstenerse de construir, sino de lograr el mayor beneficio posible en el marco de lo que se considera social y culturalmente como exigencias lícitas, produciendo perturbaciones ambientales justificables. A este respecto, ofrece ayuda en el nivel jerárquico del material la definición de un equivalente funcional, es decir, de unos requisitos funcionales claramente definidos, que debe cumplir una cantidad o una dimensión determinada de un componente fabricado con materiales a elegir opcionalmente. Este criterio común puede utilizarse con cierta justificación para evaluar las respectivas huellas ecológicas de las diferentes opciones de materiales y realizar una elección de materiales informada y fundamentada.

EQUIVALENTE FUNCIONAL

Utilizando el ejemplo de la función de conducción de fuerzas, esto puede ilustrarse como sigue: Para la ejecución de una pieza bajo compresión de una longitud determinada bajo una carga axial determinada, se asume que se puede elegir entre varios materiales, por ejemplo, acero, madera y hormigón armado. Suponiendo diferentes secciones transversales o formas de la barra adecuadas para el material y la fabricación respectivos, pueden entonces compararse diferentes soluciones constructivas hechas de diferentes materiales en términos de su huella ecológica sobre la base uniforme de un equivalente funcional común, es decir, en este ejemplo, la transferencia de una determinada carga axial.

Esto representa una gran simplificación de las condiciones reales, ya que en la práctica de la planificación son (o pueden ser) decisivos muchos otros factores para la elección del material, por ejemplo, en el caso de la barra, la protección contra el fuego; la durabilidad; la idoneidad del material para conexiones en las juntas; la elección del material hecha ya por otros motivos por formar parte la pieza de un oficio particular (por ejemplo, construcción de acero) y, por último pero no menos importante, la apariencia formal.

Hasta aquí la teoría. Sin embargo, la aplicación práctica alberga una serie de escollos. Pues siguiendo este modelo operativo, sería necesario con este razonamiento examinar las opciones materiales con respecto a cada función individual relevante con la ayuda de un equivalente funcional asociado. Para obtener una evaluación final, habría que agregar las evaluaciones individuales de las distintas funciones mediante un sistema de evaluación aplicando ponderaciones específicas a cada subfunción constructiva para llegar a una valoración final de la idoneidad ecológica de los materiales investigados. En consecuencia, habría que sopesar la capacidad de carga relacionándola, en cuanto a su relevancia, con el aislamiento acústico, la protección contra incendios, etc., una tarea nada fácil. Aunque este proceso es concebible en principio, lo cierto es que es comparable, por su complejidad y su fiabilidad no del todo sólida, a los sistemas de evaluación que se utilizan habitualmente hoy en día en la construcción sostenible, que aplican este proceso principalmente al nivel jerárquico del edificio en general y dan resultados no siempre convincentes.

☞ *Sobre las dificultades metodológicas inherentes a la evaluación ecológica, véase Cap. 2, Aptdo. 4.1 Dificultades metodológicas, pp. 55 y s.*

Este planteamiento ilustra claramente la complejidad y las dificultades inherentes a una evaluación ecológica holística de los materiales, que por regla general debe realizarse siempre en función de la situación particular, es decir, siempre en función de los equivalentes funcionales que se definan en cada caso. Hay una clara diferencia entre el examen de las opciones de materiales para un forjado autoportante y para una cimentación. Además, no es lo mismo que se trate de un componente oculto e invisible en una construcción o de uno visible y que posiblemente desempeñe un papel importante en un concepto formal de diseño.

Además, en muchos casos las tareas deben cumplirse a un nivel tan exigente que, al final, prácticamente sólo es posible una gama de materiales extraordinariamente reducida, o bien sólo se puede utilizar un único material. Por ejemplo, cuando se trata de una huella ecológica extremadamente pequeña, la madera está prácticamente predestinada como material; si se requieren valores de conductividad térmica extremadamente bajos para materiales de aislamiento térmico, la elección se limita a unos pocos materiales de fibra o espuma; si, por el contrario, se requieren niveles de resistencia extremadamente altos, prácticamente no hay forma de obviar el acero como material: puentes de 2 km de luz libre simplemente no se pueden construir con madera u hormigón armado; elementos de conexión con altas concentraciones de fuerza sólo pueden ser de acero, no de madera, hormigón o ladrillo, etc.

☞ *Cap. 1., Aptdo. 5.2 La influencia de la escala sobre el proyecto constructivo, pág. 13*

No obstante, es previsible que la evaluación cuantitativa de la huella ecológica de las diferentes opciones de materiales disponibles en una particular situación de diseño se convierta cada vez más en tarea cotidiana del diseñador. A pesar de las dificultades metodológicas mencionadas anteriormente, es de esperar que las herramientas modernas de planificación, como los sistemas BIM, faciliten el procesamiento y la evaluación de amplios conjuntos de datos y proporcionen un apoyo útil, al menos una plataforma de partida, para una evaluación final, que en última instancia puede que haya que confiarla, a fin de cuentas, al juicio ponderante y deliberante del proyectista competente y experimentado. Sin embargo, siguiendo el procedimiento descrito, este juicio se basaría en datos sólidos y comprensibles para otras partes interesadas y sería un antídoto eficaz contra los juicios espontáneos y faltos de fundamento, lamentablemente demasiado frecuentes, que proclaman que un determinado material es un asesino del clima, o un salvador del mismo, según el caso.

Dado que el proyecto constructivo, por las razones que se acaban de exponer, está siempre vinculado a la evaluación deliberativa, y que los valores absolutos de rendimiento de los materiales para un único parámetro funcional, considerados de forma aislada, tienen por tanto poca importancia a menos que se evalúen de forma comparativa con los de opciones competidoras, a continuación se llevará a cabo una evaluación comparativa discursiva y deliberativa de los diferentes grupos de materiales, separados según las funciones esenciales. Incluso si la parte más difícil de la tarea —es decir, la comparación y evaluación de los equivalentes funcionales entre sí— no se lleve a cabo en este contexto, esta visión comparativa puede ser, no obstante, una ayuda útil para el diseñador.

11.2 Conductividad térmica

■ Un objetivo importante en el proyecto constructivo de componentes envolventes exteriores es minimizar la transferencia de calor a través de ellos. Para ello, se eligen materiales que tengan la menor conductividad térmica posible. Las capas de aislamiento térmico introducidas específicamente para este fin están hechas principalmente de estos materiales. Su capacidad de aislamiento térmico se basa esencialmente en que encierran pequeños poros de aire. Son lo suficientemente pequeños como para eliminar la convección en su interior. Es la conductividad térmica extraordinariamente baja del aire estancado la que proporciona el efecto de aislamiento térmico deseado. La propia 105

✏ *Aire estancado:* $\lambda = 0{,}026\,W/(mK)$

estructura del material fibroso, afelpado, espumado o celular, que garantiza la formación de poros, sólo interviene de forma marginal en este proceso termodinámico en los materiales aislantes térmicos convencionales.

Debido a la proporción mucho mayor que supone la estructura material alveolar que genera los huecos dentro del volumen de elementos como ladrillos aligerados perforados verticalmente, ésta juega un papel más importante en el flujo de calor a través de este material. En este caso, las
104 costillas de material cerámico están más implicadas en el flujo de calor que las fibras o las paredes celulares de los materiales aislantes de fibra o espuma convencionales. Patrones geométricos especiales de las costillas cerámicas que forman los alvéolos garantizan un frenado del flujo de calor en los ladrillos aligerados perforados verticalmente por el retranqueo de las costillas en la dirección del flujo de calor y, por lo tanto, prolongan deliberadamente la trayectoria de conducción del calor.

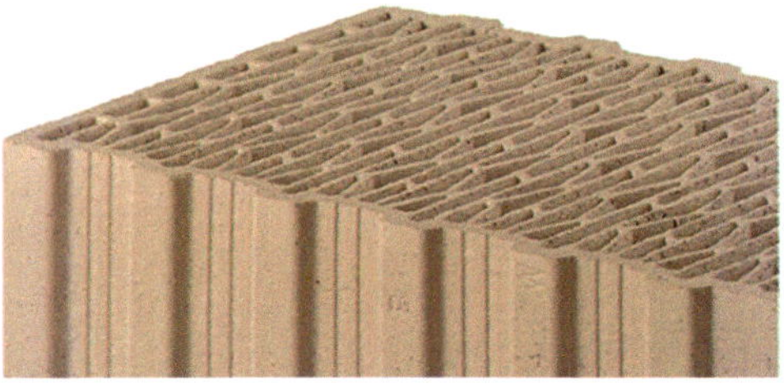

104 Estructura alveolar de un ladrillo aligerado perforado verticalmente. Se puede reconocer la geometría en zigzag de las costillas en la dirección del flujo de calor (entre izquierda y derecha) produciendo una trayectoria de conducción de calor lo más larga posible.

✏ *Ladrillos aligerados perforados verticalmente: λ = 0,18 W/(mK)*

Un efecto similar se consigue porosificando el material cerámico de las propias costillas. La intensificación difícilmente evitable del flujo de calor a través de las costillas cerámicas, comparado con el aire estancado en las cavidades, conduce a un aumento correspondiente de la conductividad térmica en comparación con materiales de aislamiento térmico, que se halla en el orden de 3 a 5 veces. Aunque esto supone una pérdida en términos de aislamiento térmico, materiales como ladrillos aligerados perforados verticalmente o el hormigón celular tienen, en cambio, una capacidad de carga que supera las capacidades de cualquier material de aislamiento térmico. Esta circunstancia permite utilizar estos materiales en muros de carga de edificios de pocas plantas, es decir, en presencia de cargas moderadas.

Esto representa un compromiso entre dos subfunciones constructivas fundamentales, a saber, entre el aislamiento térmico y la conducción de fuerzas. En esencia, existe un grave conflicto de objetivos entre ambos, que desde el punto de vista de proyecto sería deseable verlo resuelto en un único material. Una estructura de material porosa, como es necesaria para una baja conductividad térmica, es en principio perjudicial para la conducción de fuerzas, que se basa principalmente en la mayor resistencia mecánica posible del material. A continuación analizaremos este conflicto de objetivos, que es muy importante para el diseño constructivo.

☞ *Cap. 4., Aptdo. 2. Asignación de funciones parciales a componentes o capas, pp. 172 y ss.*

No obstante, son posibles, en principio, compromisos practicables entre ambos propósitos, como los descritos para el ladrillo aligerado perforado verticalmente, y suponen una valiosa contribución a la simplificación constructiva de paredes exteriores. De forma similar al ladrillo aligerado, esto también se aplica al hormigón celular.

Un material que ofrece un excelente compromiso entre los dos objetivos, el de protección térmica y el de conducción de fuerzas, es la madera. Su estructura material, ya de primeras, consiste en una trama celular de fibras finas y alargadas.

☞ *Aptdo. 9.1.1 Estructura material, pp. 121 y s.*

Gracias a los volúmenes de aire que encierra, ofrece un buen aislamiento térmico (sólo unas cuatro veces menor que el de la lana mineral). Al mismo tiempo, tiene buena resistencia mecánica en la dirección longitudinal de estas fibras, en la que conducen la fuerza las paredes celulares rectilíneas de celulosa y lignina. La resistencia de la madera de construcción convencional, es decir, la madera blanda, en dirección longitudinal de las fibras es comparable a la del hormigón normal (25 N/mm^2). Sin embargo, su coeficiente de conductividad térmica es mucho menor que el del hormigón. Es unas 10 veces menor si se considera la dirección a lo largo de la veta, que es menos favorable para la madera, y unas 18 veces menor si se considera a través de la misma. Esto, a su vez, se debe al efecto termodinámico de la estructura anisótropa del material, en la que el flujo de calor a través de la fibra se ralentiza debido a la falta de paredes celulares continuas y lineales, es decir, debido al desplazamiento irregular de las fibras entre sí y la consiguiente prolongación de las vías de conducción del calor. Afortunadamente, esto también coincide con la dirección en la que se instala la madera en componentes envolventes, ya que elementos lineales de madera se montan generalmente en el plano de la envolvente, rara vez en ángulo recto con ella.

✏ *Madera de coníferas: λ = 0,13 W/(mK)*

✏ *Hormigón: λ = 2,3 W/(mK)*

✏ *Madera de coníferas a través de la veta: λ = 0,13 W/(mK)*

✏ *Madera de coníferas a lo largo de la veta: λ = 0,22 W/(mK)*

Esta notable estructura material de la madera es también la razón de su excelente relación entre capacidad de carga y peso muerto, una ventaja que es muy importante en términos de conducción de fuerzas.

☞ *Aptdo. 11.3.3 Relación entre resistencia y densidad aparente, pp. 151 y s.*

Una optimización simultánea comparable del aislamiento térmico y la capacidad de carga es el objetivo de una intensa investigación actual de materiales innovadores, que ya ha logrado un éxito considerable en este ámbito.[44] Se trata, entre otros, de hormigones con zonas porosas concentradas específicamente en el núcleo de los componentes, para los que se crea una gradación continua de la estructura del material desde las zonas densas del exterior hasta las menos densas del interior. También se están desarrollando metales espumados con propiedades similares.

☞ *Aptdo. 1.6 „Diseño de materiales", pp. 71 y ss.*

Los valores de aislamiento térmico y resistencia equilibrados también desempeñan un papel en elementos de fijación de componentes envolventes. El anclaje de pantallas de intemperie a un muro de fondo u otra subestructura, o también insertos de armadura para la rotura de puente térmico en losas de forjado, penetran en las capas de aislamiento térmico y forman puentes térmicos. Es importante minimizar el flujo de calor a través de estas fijaciones mecánicas, que son inevitables, así como la condensación en sus superficies en la medida de lo posible. En estos elementos suele primar la función portante, por lo que se intenta reducir la conductividad térmica al menos en la medida de lo posible en estas circunstancias. Para ello, se utilizan aceros inoxidables que sólo tienen un tercio de la conductividad térmica de aceros estructurales convencionales, pero que tienen la misma resistencia mecánica o incluso una mayor. Al mismo tiem-

105 ✏ *Acero inoxidable: λ = 17–30 W/(mK), en comparación con alrededor de 50–60 W/(mK) para acero estructural* po, se elimina el riesgo de corrosión por condensación. Un efecto similar se consigue con el uso de plásticos especiales.

De igual modo que los materiales fuertemente especializados en el aislamiento térmico, como materiales aislantes de fibra o espuma, no tienen resistencia mecánica digna de mención, los materiales de alta resistencia con una estructura material muy densa y mayoritariamente cristalina se caracterizan por una conductividad térmica entre alta y extremadamente alta. A efectos prácticos de la construcción, estas condiciones ya se dan para un material moderadamente resistente como el hormigón normal, cuyo coeficiente de conductividad térmica (66 veces mayor que el de la lana mineral) lo hace inadecuado para su uso en construcciones de cerramientos exteriores de una sola hoja sin aislamiento.

✏ Hormigón normal: λ = 2,3 W/(mK) en comparación con la lana mineral: λ = 0,035 W/(mK) **105**

Los valores de resistencia más elevados, así como las conductividades térmicas más altas con diferencia, los presentan los metales. En comparación con los demás materiales aptos para la construcción, hay un verdadero salto en el orden de magnitud de los coeficientes de conductividad térmica. En comparación con el valor de referencia de la conductividad térmica de la lana mineral, los aceros estructurales alcanzan 1.700 veces sus valores, el aluminio incluso 5.700 veces. Por esta razón, pero también por su susceptibilidad a la corrosión, el acero rara vez se utiliza como material básico para construcciones de cerramiento; en el mejor de los casos en la construcción industrial, donde es importante reducir extremadamente los costes y la protección térmica no es necesariamente una prioridad. En la construcción de edificios, el material está predestinado a utilizarse en estructuras portantes interiores protegidas térmicamente.

✏ Acero estructural: λ = 50–60 W/(mK); aluminio: λ = 200 W/(mK) **105**

Por otro lado, el aluminio, uno de los materiales de construcción con mayor conductividad térmica, se utiliza a menudo en fachadas ligeras. Esta desventaja, sin embargo, se contrarresta con una rotura de puente térmico consistente de la construcción de la fachada. Por su ligereza, estabilidad dimensional y precisión, así como por su resistencia a la corrosión tras la formación de una capa pasiva, este material ofrece, por lo demás, condiciones ideales para este ámbito de aplicación constructiva.

11.3 Capacidad de carga

RESISTENCIA

RIGIDEZ

COMPORTAMIENTO DEFORMACIONAL EN FUNCIÓN DE LA CARGA

RELACIÓN ENTRE RESISTENCIA Y DENSIDAD APARENTE

■ En el presente contexto, los indicadores más importantes de la capacidad de carga de materiales son los siguientes factores: la resistencia mecánica, distinguiendo en cada caso entre la resistencia a la compresión y a la tracción; la rigidez; el comportamiento deformacional en función de la carga y la relación entre la resistencia y la densidad aparente. Para los presentes propósitos, esto cubre suficientemente el concepto de capacidad de carga en su aplicación a materiales (no a componentes o estructuras portantes). La resistencia describe la capacidad de un material para absorber compresión y tracción (o adicionalmente esfuerzo cortante); la rigidez, su capacidad para resistir la flexión o mantener la estabilidad contra el pandeo en componentes esbeltos; el

grupo de materiales	material	densidad bruta [kN/m³]	conductividad térmica [W/(mK)]	factor de comparación [1]
mineral	hormigón	24	2,3	66
	hormigón celular	4	0,11	3
	ladrillo macizo	16	0,7	20
	ladrillo aligerado perforado verticalmente	6	0,18	38
	lana mineral [2]	0,46	0,035	**1**
	aerogel	1	0,020	0,57
	vidrio	25	0,8	23
orgánico	madera maciza de coníferas (a través de la veta)	5	0,13	4
	madera maciza de coníferas (a lo largo de la veta)	5	0,22	6
	madera maciza de frondosas (a través de la veta)	8	0,18	5
	poliestireno extruido (XPS)	0,32	0,035	1
metálico	acero estructural	78	x 10 60	1.714
	acero inoxidable	78	x 3,3 20	571
	aluminio	28	x 33 200	5.714
gaseoso	aire	0,01	0,026	0,74

[1] En función de la conductividad térmica del material de referencia seleccionado: lana mineral.
[2] Material de referencia.

105 Representación gráfica comparativa de la **conductividad térmica** de diferentes grupos de materiales utilizando ejemplos de materiales seleccionados. Las diferentes cifras de conductividad térmica se relacionan mediante un factor de comparación (derecha) con los materiales más eficientes a este respecto, a saber, materiales de aislamiento térmico: la lana mineral y la espuma de poliestireno. Un material de baja conductividad térmica que puede utilizarse para estructuras portantes primarias, es decir, que tiene suficiente resistencia, es la madera, que generalmente sólo conduce entre 4 y 5 veces más calor que la lana mineral/espuma de poliestireno en aplicaciones estructurales. El material de ladrillo aligerado y perforado es similar. El hormigón ya tiene una conductividad térmica 66 veces superior. El acero estructural tiene una conductividad térmica unas 1.700 veces superior (aquí ya no se puede representar proporcionalmente), el aluminio incluso unas 5.700 veces. Ambos materiales representan un puente térmico peligroso desde el punto de vista del aislamiento térmico.[45]

grupo	material	densidad bruta [kN/m³]	factor de comparación compresión [1]	resistencia [N/mm²] ◂ compresión	resistencia [N/mm²] tracción ▸	factor de comparación tracción [2]
mineral	hormigón C 20/25	24	1	25	2	0,14
	hormigón C 50/60	24	2,5	x 1,5 60	4	0,3
	hormigón C 100/115	24	4,8	x 6 115	5	0,2
	ladrillo macizo	16	1	25	0,2	0,01
	ladrillos aligerado perforado verticalmente	6	0,3	6	0,2	0,01
	hormigón celular	5	0,2	4	0,2	0,01
	ladrillo silico-calcáreo	16	0,8	20	0,2	0,01
	vidrio flotado [3]	25	34	x 20 800	45 x 1,1	3,2
orgánico	madera maciza de conífera (II a la veta) [4]	4	**1**	24	14 [5] / 24 [5]	**1** [6]
	madera maciza de conífera (⊥a la veta)	4	0,1	2,5	0,4	0,03
	madera de frondosa (II a la veta)	8	1,5	35	25 [5] / 35 [5]	1,8
	madera laminada encolada	4	1,3	30	25	1,8
metálico	acero estructural S 235 (lím. de rend.) [7]	78	9,8	x 6 235	235 x 6	17
	acero estructural S 355 (lím. de rend.) [7]	78	15	x 9 355	355 x 9	25
	acero de grano fino S 960 (lím. de rend.) [7]	78	40	x 24 960	960 x 24	69
	aluminio (lím. elástico) [7]	28	8,4	x 5 200	200 x 5	14

[1] Referido a la resistencia a la compresión del material de referencia seleccionado: madera maciza de conífera.
[2] Referido a la resistencia a la tracción del material de referencia seleccionado: madera maciza de conífera.
[3] La resistencia a la tracción del vidrio depende en gran medida de la integridad de su superficie. Valor medio estadístico computable.
[4] Material de referencia.
[5] El valor más pequeño indica la resistencia a tracción (en toda la sección transversal); el valor más grande, la resistencia a flexotracción (en la fibra extrema).
[6] Se selecciona como valor de referencia para el factor de comparación de tracción, en un enfoque bastante conservador, la resistencia a la tracción en toda la sección transversal (14 N/mm²) .
[7] Tensión máxima admisible en la zona elástica. Aceptando una deformación plástica limitada, se pueden utilizar más reservas de resistencia del material.

106 Resumen de los valores de **resistencia máxima** de los grupos de materiales más importantes basado en ejemplos de materiales seleccionados (valores orientativos aproximados).

comportamiento de deformación inducida por la carga caracteriza los cambios elásticos y/o plásticos de la forma bajo el efecto de una carga; la relación entre la resistencia y la densidad aparente pone finalmente en relación dos factores que tienen efectos opuestos: Una alta resistencia refuerza una estructura, mientras que una alta densidad aparente agota las reservas de carga.

☞ *Para el concepto de diagrama tensión-deformación, cf. Aptdo. 6.2 Deformaciones > 6.2.2 como resultado de la fuerza, pp. 85 y ss.*

Algunos de los factores esenciales mencionados pueden explicarse claramente utilizando las curvas tenso-deformacionales de los distintos materiales. **107**

11.3.1 Resistencia mecánica

■ En primer lugar, nos centramos en la resistencia mecánica, que puede estimarse a partir de la tensión máxima de compresión o de tracción que se puede absorber, es decir, la tensión de rotura. **107, 106**

En primer lugar, los diagramas de tensión-deformación muestran que algunas curvas ocupan tanto el cuadrante positivo como el negativo (esto se aplica a los aceros y a la madera), mientras que otras sólo están en el cuadrante negativo (hormigón, obra de fábrica). Esto pone de manifiesto que hay dos grandes grupos de materiales, uno de los cuales puede soportar tanto esfuerzos de compresión como de tracción casi de la misma manera, mientras que el otro sólo puede soportar la compresión. Se trata de los dos grandes grupos de materiales tenaces o dúctiles, por un lado, y de materiales frágiles, por otro. **107**

MATERIALES TENACES, DÚCTILES

MATERIALES FRÁGILES

TENSIÓN DE ROTURA σ_R

Si se observan los diagramas mostrados, se aprecian las enormes diferencias entre las tensiones de rotura de los distintos materiales, es decir, las tensiones máximas que pueden ser absorbidas antes de que el material se rompa y, por tanto, deje de cumplir su función portante. Se puede observar que especialmente los materiales metálicos, es decir, los aceros, destacan claramente en este aspecto del grupo de los restantes materiales, es decir, la madera, el hormigón y la obra de fábrica. Es instructivo observar las tensiones de rotura de los grupos de materiales en sus respectivas magnitudes: Mientras que los materiales no metálicos convencionales tienen tensiones de rotura características que apenas superan los 25 N/mm², incluso el acero estructural **107 B** más sencillo (S 235) alcanza una resistencia unas diez veces superior (235 N/mm²) incluso en el ámbito elástico (es decir, sin sufrir aún deformaciones plásticas irreversibles). **107 A**

LÍMITE DE ELASTICIDAD σ_E

Los otros posibles aumentos de valores de los grados de acero de alta resistencia se muestran en el diagrama general de la parte inferior derecha. **107 A** Según esto, los aceros de alta resistencia, comparados con el acero estructural S 235, alcanzan a su vez un máximo de diez veces sus esfuerzos de rotura. De ello se deduce que los aceros de alta resistencia pueden soportar 100 veces mayores esfuerzos que todo el grupo de materiales no metálicos convencionales.

En resumen, esto significa que no hay ningún material comúnmente utilizado en la construcción hoy en día que pueda siquiera acercarse a proporcionar una resistencia comparable

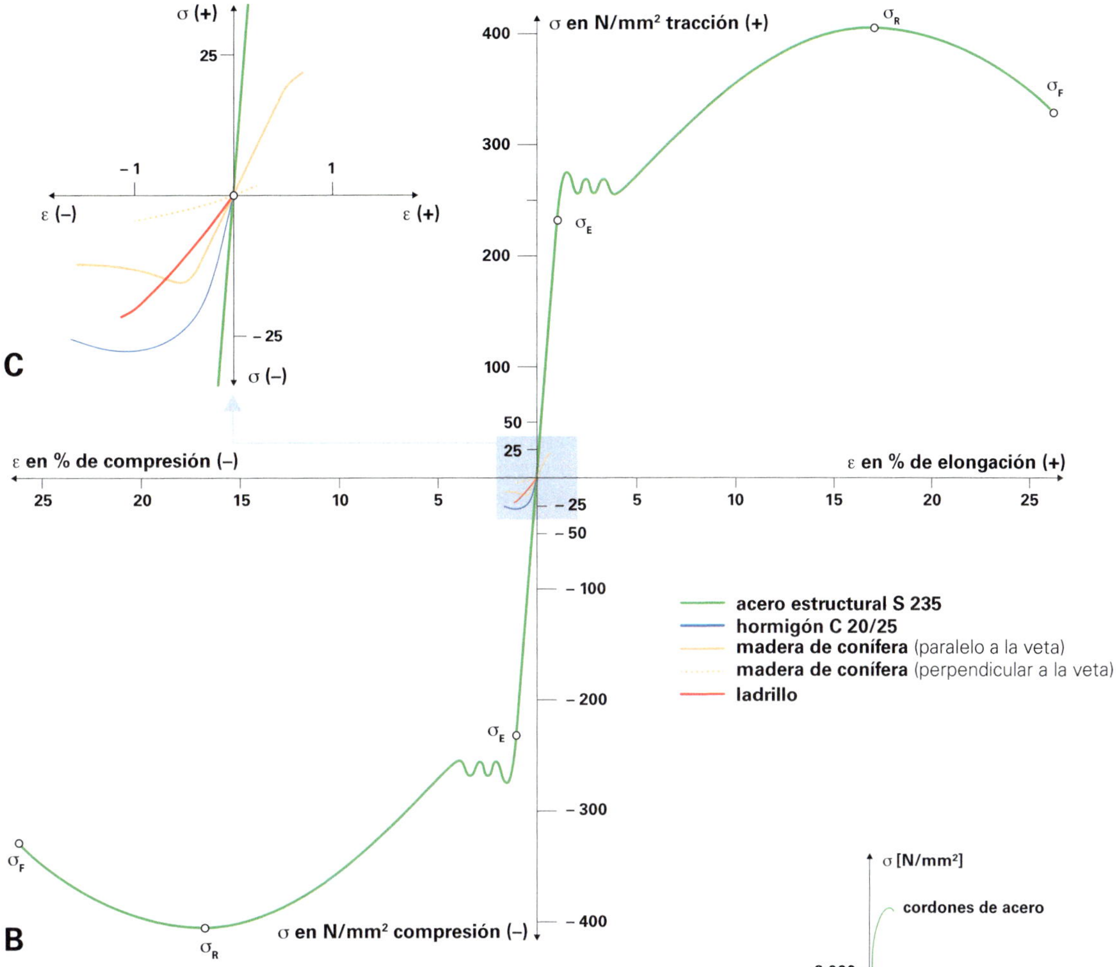

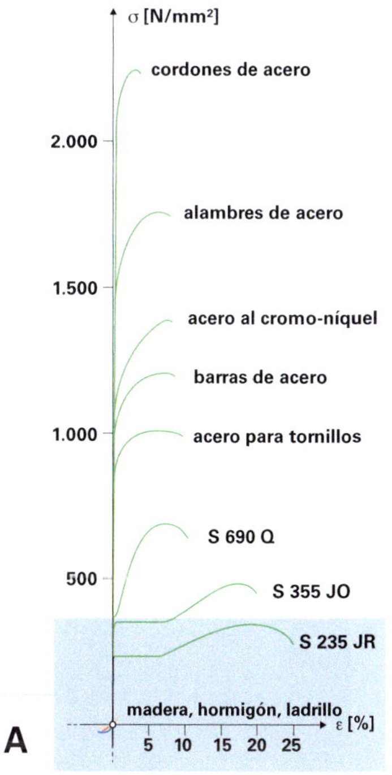

107 Diagramas tensión-deformación de diversos materiales orgánicos, minerales y metálicos. Abajo a la derecha hay un diagrama general que incluye los aceros de alta resistencia; arriba una sección ampliada del mismo con una ilustración más detallada del acero estructural convencional S 235 y el resto de materiales: madera, hormigón y fábrica. Se muestran en cada caso la deformación (ε), el alargamiento (+) y la compresión (–), así como la tensión de tracción (σ +) y la tensión de compresión (σ –) asociadas. Por consiguiente, en los sistemas de coordenadas mostrados, el cuadrante superior derecho describe el comportamiento bajo tracción y el cuadrante inferior izquierdo el comportamiento bajo compresión. (En el diagrama general de la parte inferior derecha no se muestran las líneas de compresión en el cuadrante inferior izquierdo correspondientes a los aceros, ya que son idénticas a las líneas de tracción mostradas). Los vértices de las curvas de tensión-deformación indican las tensiones de fractura respectivas σ_B, es decir, el nivel de carga bajo el cual el material se rompe, mientras que los extremos de las curvas indican la tensión de tracción respectiva σ_Z a la que el material finalmente se fractura y desgarra.

107 B a la del acero. Por cierto, esto se aplica de manera similar tanto a la tensión de compresión como a la de tracción, lo que puede verse en la curva tenso-deformacional reflejada simétricamente en el origen de coordenadas del acero estructural S235. Por esta razón, ciertas tareas de ingeniería estructural sólo pueden resolverse con este material. Esto se aplica, por ejemplo, a fijaciones mecánicas, que están hechas casi exclusivamente de acero (y no, por ejemplo, de madera, hormigón o materiales cerámicos pesados), y también a estructuras portantes de gran luz a partir de una determinada magnitud de vanos o tamaños.

Sin embargo, estos valores de resistencia (comparativamente) sobresalientes se pagan con un consumo de energía primaria (también comparativamente) muy grande y un grave daño medioambiental durante la producción del material, que supera literalmente los estándares de los materiales de la competencia también en este ámbito. Esto es aún más cierto en el caso de materiales aún más resistentes, como las fibras de carbono, cuya resistencia oscila entre 3.000 y 7.000 N/mm², es decir, entre 1,5 y 3,5 veces la de los aceros de mayor resistencia. Este punto de vista se analizará más adelante.

☞ *Aptdo. 11.4 Análisis del ciclo de vida, pp. 152 y ss.*

11.3.2 Rigidez, comportamiento deformacional en función de la carga

MÓDULO DE ELASTICIDAD

■ La rigidez de un material puede estimarse mediante la pendiente de la curva tenso-deformacional, ya que se define como la relación entre la tensión y la deformación resultante. Se registra numéricamente mediante el módulo de elasticidad o módulo E.

La altísima rigidez que manifiesta la trayectoria en línea
107 A, B recta se aprecia claramente en las líneas σ-ε de los aceros. La trayectoria recta de la curva es indicativa de la proporcionalidad entre la tensión y la deformación según la ley de Hooke, que es una propiedad de la deformación elástica. La curva característica del acero estructural S 235 muestra esta progresión inicial en línea recta hasta el límite elástico σ_E, pero poco después cambia a una meseta en la que las deformaciones aumentan sin alcanzar niveles de tensión superiores. El material fluye o se desliza, es decir, sufre deformaciones plásticas que no pueden revertirse. Después, el material se endurece de nuevo, lo que se aprecia en que la curva asciende de nuevo en forma de arco (es decir, con una clara deformación plástica) hasta que alcanza el punto de rotura σ_R al final y falla.

DUCTILIDAD

Esta curva, característica de los aceros estructurales, muestra que el material experimenta una grave deformación plástica antes del fallo final, que generalmente es visible a simple vista. Esta fluidez, que también se denomina ductilidad en la terminología técnica, puede entenderse como una cierta bondad de estos materiales, en contraste con el fallo repentino e imprevisto de los materiales no dúctiles, aquí en particular los minerales frágiles bajo tracción, pero también de la madera, que a menudo se rompe bruscamente sin previo aviso.

También se puede observar en las líneas σ-ε que a medida **107 A**
que aumenta la resistencia de los grados de acero, su ductilidad disminuye constantemente. Esto significa que los más altos valores de resistencia sólo pueden alcanzarse a costa de una mayor fragilidad del material, o de que éste pierda cada vez más su ductilidad, distintivo de benevolencia constructiva.

Los diagramas también muestran la pronunciada anisotropía de la madera. Se manifiesta en las curvas claramente diferentes cuando se carga respectivamente de forma longitudinal y transversal a la veta. Transversalmente a la **107 C**
veta, la curva es mucho más plana, es decir, el material es mucho más blando o menos rígido en esta dirección que paralelamente a la misma. El corto tramo de la curva en el cuadrante positivo, es decir, en el ámbito de tracción, muestra la prácticamente inexistente resistencia a la tracción de la madera a través de la veta.

Relación entre resistencia mecánica y densidad aparente 11.3.3

En última instancia, es informativa para el comportamiento de carga de los materiales la cuestión de hasta qué punto éstos combinan la mayor resistencia mecánica posible con la menor densidad aparente posible también, un factor que suele expresarse mediante una razón característica. Esta **108**
relación es tan significativa porque, como ya se ha explicado, las estructuras portantes (como todos los objetos) están sujetas al fenómeno físico de que, con el aumento del tamaño, el efecto del peso muerto aumenta de forma desproporcionada en comparación con la capacidad de carga, hasta que al final se alcanza un tamaño límite en el que el peso muerto consume las reservas de carga en su totalidad.

☞ *Cap. 1. Escala, pp. 4 y ss.*

Los valores de los materiales minerales muestran claramente la combinación característica de una resistencia sólo moderada con una densidad aparente relativamente alta. Se trata de materiales pesados que no son especialmente resistentes en comparación. Por otro lado, la madera se caracteriza por una combinación extraordinariamente ventajosa de resistencia relativamente alta y peso muerto

grupo	material	resistencia a tracción [N/mm²]	resistencia a compresión [N/mm²]	densidad bruta [kN/m³]	valor de la relación resistencia/densidad bruta [–]	factor de comparación [1]
mineral	hormigón normal	–	– 25	24	1	0,2
	hormigón de res. media	–	– 60	24	2,5	0,5
	hormigón de res. alta	–	– 115	24	4,8	0,96
	ladrillo aligerado perf. vert.	–	– 6	6	1	0,2
	ladrillo macizo	–	– 25	16	1,6	0,32
orgánico	madera (II a la veta) [2]	+ 25	– 25	5	5	**1**
	aramida	+ 2.700	–	14	193 ▸ x 25	39
metálico	acero estructural S 235 [3]	+ 235	– 235	78	3	0,6
	acero alta resistencia	+ 2.300	– 2.300	78	29 ▸ x 3,9	5,8

[1] Referido a la resistencia de la madera como material de referencia (a lo largo de la veta).
[2] Material de referencia.
[3] Tensión máxima admisible en la zona elástica. Aceptando una deformación plástica limitada, se pueden utilizar más reservas de resistencia del material.

108 Relaciones entre **resistencia** y **densidad aparente** de los grupos de materiales más importantes.

extraordinariamente bajo. Esta es una ventaja característica de este material. El valor de razón de la madera estructural corriente (5) es incluso mayor que el de los hormigones de alta resistencia y de gran rendimiento (4,8). Por lo tanto, el hecho de que la madera no se utilice más a menudo en estructuras de alto rendimiento no se debe a este factor, sino a otros puntos débiles del material, como su limitada durabilidad, su combustibilidad y la dificultad de transferir grandes fuerzas del material a las conexiones. La excelente combinación de resistencia y densidad de la madera también destaca en comparación con el acero estructural convencional, que (sorprendentemente) sólo alcanza una relación de 3, lo que se debe principalmente a su peso muerto y densidad relativamente altos.[46] Valores mucho más altos (hasta 29) se alcanzan con aceros de alta resistencia, que poseen varias veces la resistencia del acero estructural con la misma densidad bruta. Las aleaciones de titanio consiguen una gran resistencia con un peso relativamente bajo (relación aprox. 20), pero no se utilizan en la industria de la construcción.

✏ *Por ejemplo, aleaciones de titanio para aplicaciones aeroespaciales (Ti-6Al-4V, Grado 5): Resistencia entre 895 y 950 N/mm²; densidad aparente en torno a 45 kN/m³.*

Los materiales orgánicos de alto peso molecular, como la aramida o el carbono, alcanzan razones extremadamente altas (alrededor de 200). Estos materiales, formados por moléculas de cadena larga, muestran una resistencia extraordinariamente alta con un peso propio relativamente bajo. Aunque por el momento son la excepción en el sector de la construcción debido a su elevado coste, su extrema capacidad de carga promete aumentar considerablemente en el futuro los tamaños límite a los que se ve limitada actualmente la construcción.

✏ *Por ejemplo, carbono: resistencia mínima aprox. 3.000 N/mm²; densidad aparente aprox. 17,5 kN/m³; véase también aramida en* **109**.

11.4 Análisis del ciclo de vida

Aunque los análisis del ciclo de vida incluyen otros muchos parámetros, sólo se utilizarán aquí al comparar los materiales, por razones de viabilidad, los dos factores más importantes de las dos categorías del inventario del ciclo de vida y la evaluación de impactos: a saber, el consumo de energía primaria no renovable (PENRT) y el potencial de calentamiento global (GWP), respectivamente.

CONSUMO DE ENERGÍA PRIMARIA NO RENOVABLE (PENRT)
POTENCIAL DE CALENTAMIENTO GLOBAL (GWP)

109 Un primer vistazo al diagrama de análisis del ciclo de vida deja claro lo siguiente: Los tres grandes grupos de materiales minerales, orgánicos y metálicos respectivamente se dividen esencialmente en dos categorías claramente distinguibles: a saber, por un lado, los materiales minerales y orgánicos, que se caracterizan por un consumo de energía primaria no renovable entre bajo y moderado y un potencial de calentamiento global entre pequeño y negativo, y, por otro lado, los materiales metálicos, que alcanzan valores casi exorbitantes en estos dos parámetros, en algunos casos varios cientos de veces superiores a los de los materiales minerales y orgánicos.

Dentro del amplio grupo de materiales minerales y orgánicos, la madera maciza para la construcción destaca por el menor consumo de PENRT. El hormigón normal está justo por encima de este valor, un hecho que contradice la idea errónea, muy extendida, de que el hormigón es especialmente desfavorable en términos de consumo de recursos durante su producción y especialmente perjudicial para el medio ambiente. Sin embargo, hay que tener en cuenta que aquí no se incluye la parte proporcional de la armadura. Sin embargo, ésta supone sólo un pequeño porcentaje en componentes convencionales de hormigón armado y cambia el valor PENRT del material sólo ligeramente. Los hormigones de alta resistencia y los bloques de albañilería también presentan consumos de energía no renovable igualmente moderados.

☞ *Cf. el comentario al final del Aptdo. 7.2.5 Roca artificial fabricada con aglomerantes hidráulicos, pág. 100 y ss.*

La producción de cemento, que constituye la base de la moderna tecnología del hormigón, alberga un potencial de calentamiento global (GWP) atribuible a la emisión de CO_2. En términos de masa, una unidad de cemento emite una unidad de CO_2; la mitad de la emisión procede de la división del $CaCO_3$ y la otra mitad de la operación de los hornos de cemento. Esta primera parte, que resulta de una reacción química necesaria en el proceso de fabricación, no podrá evitarse en el futuro sustituyendo las fuentes de energía no renovables por otras renovables. Se trata de un argumento utilizado a menudo por los detractores de la industria cementera. En cambio, se hace referencia a la situación

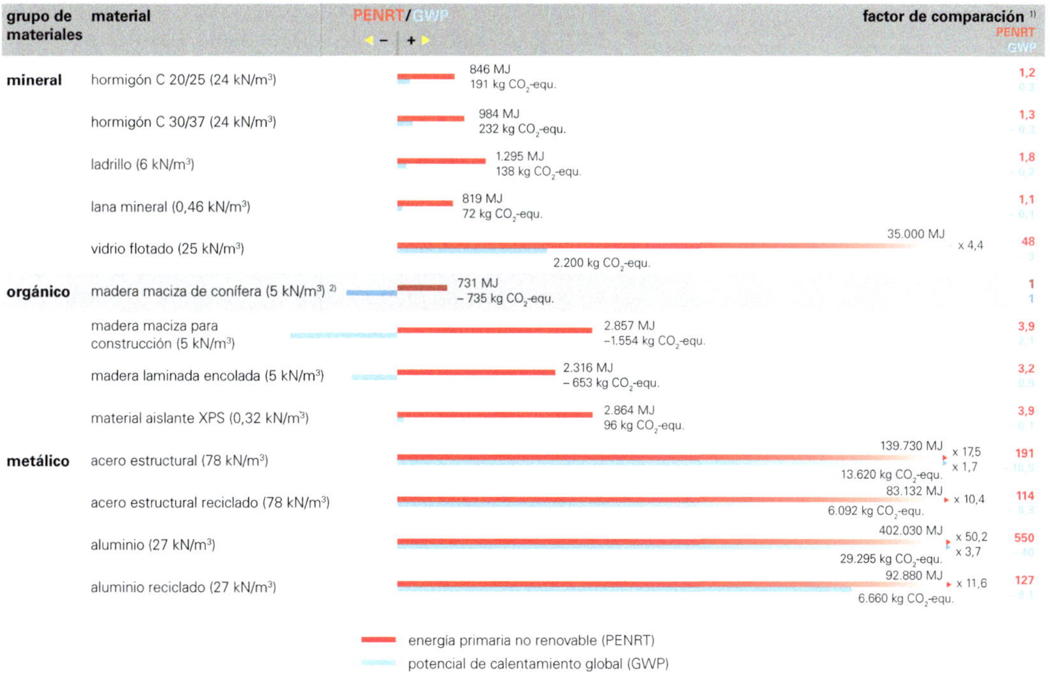

[1] Con respecto a los valores PENRT/GWP del material de referencia seleccionado: madera maciza de coníferas.
[2] Material de referencia

109 Análisis del ciclo de vida (valores de ACV) de materiales seleccionados a modo de ejemplo de los grupos de materiales más importantes utilizados habitualmente en la construcción, cada uno de ellos representado por el consumo de energía primaria no renovable (PENRT) del inventario del ciclo de vida y el potencial de calentamiento global (GWP) de la evaluación de impacto. Se tienen en cuenta las fases de producción (**A1**–**A3**) y reciclado (**D**).

del llamado *acero verde* (véase más adelante), en el que la posibilidad de cubrir la mayor parte del consumo energético durante la producción con energías renovables sí existe en principio (pero aún no se ha hecho realidad, al menos no a escala industrial).

La industria cementera se esfuerza tanto por aumentar la eficiencia energética de la producción como por reducir las emisiones. Las medidas incluyen el uso de cementos y materiales de construcción a base de MgO, cemento geopolímero y cementos procedentes del tratamiento de escorias y cenizas volantes. El uso de cenizas volantes reduce el consumo de energía en la producción de clínker, evita su vertido y la extracción de nuevas materias primas. También contribuyen a reducir considerablemente las emisiones de CO_2. Al mismo tiempo, estos cementos permiten aumentar la resistencia del hormigón y reducir la armadura.[47]

Llama la atención el consumo relativamente elevado de PENRT de los productos de madera transformados, como madera maciza constructiva o materiales derivados de la madera, como vigas laminadas, que más bien contradicen la opinión popular de que la madera es el material de construcción con menor contenido de energía incorporada. Obviamente, esto no se aplica a los productos de madera modernos altamente procesados. Sus valores PENRT son aproximadamente tres veces superiores a los del hormigón normal, un hecho bastante sorprendente. La razón es el consumo de energía necesario para el secado, el procesamiento y, si es necesario, el encolado de la madera.

Las espumas de poliestireno presentan un consumo de PENRT similar al de materiales a base de madera. Estos valores incluyen no sólo el consumo de energía para el procesamiento (PENRE), sino también para el uso de materiales (PENRM), es decir, los hidrocarburos fósiles que proporcionan la base para su composición material. Esto, a su vez, refuta en gran medida la crítica que se suele hacer a estos materiales de que son especialmente intensivos en energía porque consumen petróleo durante su producción. Al menos en lo que respecta al consumo de energía no renovable, este punto de vista es obviamente insostenible. Sin embargo, esto no cambia el hecho de que una gran parte de la energía no renovable utilizada para la producción de espumas de poliestireno, es decir, el consumo de petróleo crudo como materia prima (PENRM), tampoco será sustituida por energía renovable en el futuro, lo que sin duda es el caso de otros materiales, como los derivados de la madera, para la energía utilizada durante el procesamiento (PENRE), al menos en principio.

PRIMARY ENERGY NON-RENEWABLE FOR MATERIAL USE

PRIMARY ENERGY NON-RENEWABLE AS ENERGY SOURCE

Los signos y magnitudes de los impactos ambientales (GWP) también son dignos de mención. Los materiales minerales muestran valores entre moderados y pequeños en este ámbito. Sin embargo, la mayor importancia ecológica en este contexto se encuentra en los valores negativos de la madera y los materiales derivados de ella. Son los únicos materiales aptos para la construcción que no sólo no provocan ninguna emisión de gases de efecto invernadero perjudiciales en el balance general, sino que, por el contrario, captan el dióxido de carbono de la atmósfera (de ahí los valores negativos de GWP). Esto ocurre a través de la fotosíntesis en el organismo vivo del árbol. Así, el carbono almacenado en la madera se retira temporalmente de la atmósfera hasta que se recicla térmicamente o se descompone al final de su ciclo de vida. Estos procesos de descomposición devuelven el carbono almacenado a la atmósfera. Lejos de impulsar el calentamiento global como todos los demás materiales, la madera y los materiales derivados de la madera contribuyen, desde esta perspectiva, a frenarlo. La madera utilizada en edificios, especialmente en estructuras portantes primarias, puede considerarse un sumidero temporal de carbono para la atmósfera terrestre. Se trata, por tanto, de un tipo de secuestro biológico del carbono de la atmósfera, comparable en sus efectos a otras medidas técnicas de secuestro geológico u oceánico, actualmente en desarrollo. La mayor duración posible de estructuras de madera no sólo ofrece ventajas de uso, sino también medioambientales, ya que prolonga el tiempo de almacenamiento del carbono atmosférico.

SUMIDERO TEMPORAL DE CARBONO

Sin embargo, es probablemente erróneo sacar la conclusión de estas condiciones de que una regla férrea de la construcción, la que prescribe la mayor eficiencia material posible y el consumo económico de materiales, deba ser invertida precisamente en el caso de estructuras de madera. El consumo irreflexivo de materiales en el proyecto constructivo genera naturalmente costes adicionales evitables; también produce cargas muertas innecesarias, que pueden ser visualmente desagradables en algunos componentes del edificio, especialmente en forjados de planta, además de acercarse con facilidad a los tamaños límite físicos, y naturalmente también aumenta el consumo de material en los oficios asociados, por ejemplo las fijaciones metálicas.[48]

☞ *Cap. 1. Escala, pp. 4 y ss.*

Hasta aquí la versión oficial de la literatura establecida. Sin embargo, no hay que olvidar que esta evaluación (más bien piadosa) de la madera como material con respecto a su potencial de calentamiento global depende de la definición de los *límites del sistema* que se contempla en la evaluación ecológica. Esta evaluación tan favorable presupone que el árbol *está incluido en el sistema*, es decir, que el CO_2 que almacena durante su vida beneficia al material que posteriormente se produce a partir de él (la madera). Este enfoque es problemático (como mínimo). Invirtiendo el razonamiento esto significaría que, si no se construyera, es decir, si no se utilizara madera, habría que deducir su valor (negativo) de GWP en el análisis del ciclo de vida, es decir, se produciría un *daño* medioambiental por el importe del valor absoluto (negativo) de GWP, lo que obviamente es una suposición absurda. O enfocado de otro modo: Este planteamiento sólo es sostenible en el supuesto de que todos los árboles talados para obtener madera se plantaran y cultivaran

☞ *Sobre la cuestión de los límites del sistema véase **Vol. 1**, Cap. III-2, Aptdo. 2.2 Límites del sistema, pág. 109* *exclusivamente* con este fin y no existieran de otro modo: otro supuesto difícil de justificar. Por consiguiente, es más convincente atribuir el balance positivo de CO_2 al *árbol* y no a la madera de construcción. Es el primero el que capta el dióxido de carbono de la atmósfera, no la última. Desde esta perspectiva, se produce entonces lógicamente un potencial de calentamiento global positivo para el suministro de madera (como para todos los demás materiales) como resultado de su procesamiento (tala, aserrado, secado, etc.). Este sería, por así decirlo, el impacto medioambiental del consumo de energía no renovable, que se refleja en el valor PENRT. En consecuencia, el valor de GWP sería positivo (no negativo).

Otra hipótesis realista sería que, por término medio, alrededor de la mitad de la materia prima, es decir, del tronco, se acumula como residuo durante la fabricación de la madera de construcción y posteriormente se utiliza térmicamente, es decir, se incinera. Esto significa que la mitad del carbono almacenado en el árbol ya se devuelve a la atmósfera durante la producción de la madera de construcción. Este valor GWP (positivo) (de los residuos de madera quemados), que equivale en términos cuantitativos (al menos) al valor GWP (negativo) de la madera de construcción (alrededor de –700 kg CO_2-eq.) registrado en las tablas, tendría que asignarse también a este material, de modo que aparecería efectivamente para la fase de producción (A1 a A3) con (en el mejor de los casos) ± 0 kg CO_2-eq. (GWP) en la tabla.[49]

✏ *Producción: Fases A1-A3; Eliminación: Fases C1-C4, en cada caso según EN 15804; véase* ***Vol. 1****, Cap. III-2, Aptdo. 2.5 Etiquetado y declaraciones medioambientales de productos (Environmental Product Declaration, EPD), pp. 113 y ss.*

Si, en un paso más, se incluye en el análisis de ciclo de vida (ACV) no sólo la producción, sino también el final de la vida útil de la madera, que en su mayor parte se recicla térmicamente o sino se pudre, los + 700 kg CO_2-eq. restantes (almacenado en la propia madera) tendría que incluirse en el ACV, de modo que la madera tendría un valor de GWP de (al menos) + 700 kg CO_2-eq. al final de su ciclo de vida (y no negativos). Esto parece plausible, ya que el carbono almacenado por el árbol (o al menos la mayor parte del mismo) se habría devuelto a la atmósfera en ese momento (700 + 700 = 1.400 kg de CO_2-eq.).

Estas consideraciones sugieren que los valores tabulares disponibles públicamente, que casi rozan la acrobacia numérica, deberían tomarse con cierto escepticismo y que, tanto en lo que respecta al consumo de energía primaria no renovable (PENRT) como al potencial de calentamiento global (GWP), la madera debería situarse en una clase que ya queda por encima de la de la mayoría de los materiales minerales —incluido el hormigón—, es decir, en el rango de 700 a 2.500 MJ (PENRT) y (como mínimo) + 700 kg CO_2-eq. (GWP), pero todavía muy por debajo de los valores de los materiales metálicos.

Sus valores PENRT y GWP relativamente moderados, junto con el hecho de que la madera es también el único material renovable que está disponible en cantidades prácticamente ilimitadas con una gestión forestal sostenible adecuada, y que puede causar un efecto climático positivo adicional con una alta demanda de madera para la construcción y la correspondiente reforestación sistemática,[50] hacen no obstante que sea un material muy adecuado desde el punto de vista ecológico, aunque no necesariamente el campeón absoluto del clima como se representa a veces (que obviamente no existe en esta forma, muy a nuestro pesar). A este balance ecológico positivo se suman las otras ventajas de este material ya mencionadas, a saber, sus buenos valores globales de resistencia, su alta precisión en el procesamiento, su rápido montaje, su combinación única de resistencia y capacidad de aislamiento térmico y también de resistencia y ligereza.

La situación es completamente diferente para los materiales metálicos. Si nos fijamos primero en el consumo de PENRT, el acero estructural ordinario requiere unas 190 veces el de la madera estructural maciza y 160 veces el del hormigón normal (sin armar). Nótese que la presente comparación se basa en el mismo valor de referencia para *todos* los materiales, es decir 1 m^3. Por regla general, las EPD difieren de esta práctica en el caso del acero y, en su lugar, basan sus valores de ACV en 1.000 kg, lo que en general, teniendo en cuenta la densidad bruta del acero de 7.850 kg/m^3, da lugar a valores que son unas 7,8 veces menores en comparación (distorsionada). A primera vista, esto hace que el enorme consumo de energía primaria no renovable y el alto potencial de calentamiento global del acero aparezcan algo más favorables, pero este enfoque no cambia el hecho indiscutible que la huella ecológica de los materiales metálicos es muy grande en comparación.

Al igual que los demás metales, el acero se puede reciclar muy bien. El reciclaje de la chatarra metálica puede reducir los valores de análisis del ciclo de vida a aproximadamente a la mitad. En principio, no hay límite en cuanto al número posible de ciclos de reciclaje. Las calidades del acero reciclado son idénticas a las de la chatarra de acero, por lo que no hay ningún tipo de reciclado a la baja. Lo mismo ocurre con el aluminio, cuyos valores PENRT en la producción primaria son casi tres veces superiores a los del acero, pero que pueden reducirse aún más que con éste mediante el reciclaje.[51] Tras el reciclaje, el acero y el aluminio alcanzan prácticamente los mismos valores de PENRT y GWP. Pero incluso el consumo ocasionado por el acero y el aluminio reciclados sigue siendo muy elevado en comparación.

A menudo se afirma que están a punto de introducirse a gran escala técnicas innovadoras de siderurgia que utilizan energías renovables y que esto podría reducir drásticamente los valores de PENRT y GWP. En comparación con los materiales de la competencia, especialmente el hormigón, al acero se le adscribe el mérito de que las emisiones de gases de efecto invernadero que produce actualmente su fabricación podrían minimizarse notablemente sustituyendo energías fósiles, ya que las grandes cantidades de energía que genera la producción se gastan prácticamente en el calentamiento del convertidor de acero bruto y no surgen como emisiones del propio proceso de producción. En el caso del hormigón, o más bien del cemento que actúa como aglomerante, en cambio, se alega que produce gases de efecto invernadero el propio proceso de producción. Por lo tanto, incluso con el uso de energías renovables, éstas —en el caso del hormigón— sólo podrían reducirse en un porcentaje moderado (actualmente entre el 20 y el 25%). Aunque estos argumentos son en gran medida válidos, no hay que pasar por alto que el llamado *acero solar* o *verde* todavía no puede producirse a gran escala de forma razonablemente económica —como se comentó— y que sólo el futuro mostrará si esto de hecho ocurrirá en algún momento. Por lo pronto, tenemos pues que operar con los valores de ACV actualmente válidos (no precisamente halagüeños) del acero estructural.

Para poder estimar la magnitud real de la enorme huella ecológica de los materiales de alta tecnología en su conjunto —especialmente los metálicos, que desempeñan un papel importante en la industria de la construcción—, merece la pena hacer una comparación: Mientras que los grupos de materiales minerales y orgánicos (a excepción de los materiales de fibra de alto peso molecular) se sitúan en el orden de 700 a 3.000 MJ/m^3 PENRT, incluso el acero estructural simple, como se ha señalado, se sitúa en el rango de 140.000 MJ/m^3, es decir, al menos 50 veces más en comparación. El aluminio supera claramente al acero estructural en términos de consumo de PENRT (400.000 MJ/m^3), es decir, consume unas tres veces más. Los materiales altamente técnicos, como el titanio, tienen una huella ecológica aún mayor. Las aleaciones de titanio tienen un vertiginoso consumo energético de 2 TJ/m^3 (= 2.000.000 MJ/m^3) y, por tanto, consumen 15 veces más energía que el acero estructural. Los materiales orgánicos de alto peso molecular, como el carbono o la aramida, alcanzan unos 270.000 MJ/m^3, es decir, aproximadamente el doble que el acero estructural.[52] No obstante, hay que señalar que ambos materiales, el titanio y las fibras de carbono o aramida, no se utilizan prácticamente hoy por hoy —como se ha dicho— en la industria de la construcción y sólo se citan aquí a efectos comparativos. En el caso de todos los materiales mencionados, resulta evidente que las resistencias extremadamente elevadas sólo pueden conseguirse a costa de un consumo de energía enormemente alto durante la producción.

☞ *Aptdo. 11.1 Rendimiento funcional frente a huella ecológica, pág. 141 y ss.*

No obstante, hay que señalar una vez más que la comparación de materiales estrictamente en función del valor de referencia volumétrico entraña riesgos: Es engañoso comparar directamente un m^3 de hormigón o madera con un m^3 de acero. Aquí vuelven a entrar en juego los equivalentes funcionales mencionados. Hay que tener en cuenta que 1 mm^2 de sección transversal de un componente fabricado en acero puede proporcionar una resistencia 10 a 100 veces más alta en comparación con la mayoría de los materiales de la competencia. Por esta razón, entre otras, algunas tareas de construcción, desde un principio, no pueden realizarse sin utilizar acero.

Hay que tener en cuenta, por otra parte, que las resistencias extremadamente altas también permiten una construcción extremadamente ligera. Cuanto más resistente sea un material, menos material habrá que utilizar y menor será su peso muerto. Este último, como hemos visto, se caracteriza por la propiedad desfavorable de agotar las reservas de carga a medida que aumenta la escala de las estructuras. Aunque el acero no alcanza una relación resistencia/densidad tan buena como la de la madera debido a su elevada densidad aparente, este material consigue, no obstante, gracias a su gran resistencia, evitar la espiral descendente de la capacidad de carga que siempre amenaza cuando una estructura se acerca a su tamaño límite.

CONSTRUCCIÓN EXTREMADAMENTE LIGERA

☞ *Cap. 1. Escala, pp. 4 y ss.*

En cierto modo, los pobres valores de análisis del ciclo de vida de los materiales metálicos pueden entenderse como el precio que se paga —como se comentó— no sólo por sus prestaciones extremas, especialmente en cuanto a la resistencia, sino también por su alta precisión y estabilidad dimensional.[53]

Notas

1 En lo siguiente, el término *material* se entenderá implícitamente com *material técnico*. Aunque ambos términos están muy cercanos en cuanto a su significado, sin embargo, no son del todo congruentes: en la investigación biomotriz o alométrica de la estructura corporal de los organismos vivos (véase el *Capítulo 1 Escala*), también se hablará de materiales biológicos, que no son técnicos.

2 Esta clasificación de las épocas de la historia de la humanidad, el llamado sistema de los tres periodos, fue introducida por Christian Jürgensen Thomsen, investigador danés de la Antigüedad, en 1836 (Smil V (2023) *Materials and Dematerialisation—Making the Modern World*, pág. 31), en función de los materiales predominantes en cada caso - Edad de Piedra, Edad de Bronce, Edad de Hierro.

3 No obstante, hay buenas razones para utilizar otras clasificaciones, posiblemente más apropiadas que la que corresponde al material: En el *Capítulo 8*, introduciremos la distinción entre sistema de pared y sistema de esqueleto como la característica de clasificación jerárquicamente más alta, en lugar del material. En los círculos especializados, la perspectiva transmaterial es hoy especialmente pronunciada en la clasificación de conexiones. Hemos adoptado esta práctica en el *Capítulo 9 Uniones*. Para más detalles, consúltese el párrafo siguiente.

4 En el *Capítulo 5 Forma*, nos familiarizaremos con las llamadas formas de equilibrio, que se utilizan siempre que se requiere que una estructura o material alcance una eficiencia estática extrema.

5 Por ejemplo, las tiendas beduinas hechas con materiales textiles.

6 La suposición de que hoy se puede construir cualquier cosa es errónea: En el *Capítulo 1 Escala*, ya hemos mostrado los límites que no se pueden sobrepasar en la construcción. Sin embargo, es innegable que la tecnología moderna ha ampliado considerablemente los límites de lo técnicamente viable. Sin embargo, sigue siendo cierto que el desprecio de las leyes materiales siempre va asociado a una mayor complicación constructiva y, en consecuencia, también a un aumento de los costes, por no hablar de las embarazosas muletillas constructivas que burlan la inteligencia humana y a las que a veces hay que recurrir como consecuencia de este desprecio. Se encontrará más información en el siguiente *Apartado 1.4*.

7 Esta es una razón plausible del amor nostálgico que el público profesa por las formas arquitectónicas históricas y tradicionales y del rechazo, a veces rabioso, de la arquitectura moderna.

8 Véase al respecto también (Smil V (2023), pp. 223 y s.).

9 El desarrollo de los aceros estructurales modernos se describe en Werner F, Seidel, J (1992) *Der Eisenbau – vom Werdegang einer Bauweise*, Berlín, Múnich, Verlag für Bauwesen.

10 Smil V (2023), pág. 224

11 No se debe confundir con el término *absorción*, que significa otra cosa.

12 El término latino *capillus* significa cabello, y el término *junta capilar* significa junta con el ancho de un cabello, lo que alude a la escasa anchura de la grieta.

13 Por esta razón, los aceros se diferencian de otros materiales ferrosos más frágiles por su contenido máximo de carbono del 2 %.

14 También existían ciertas formas de transición entre el vaciado o moldeado completo de la estructura de un edificio a partir de hormigón plástico y el uso de mortero en la junta de las piedras: Por ejemplo, la obra de fábrica histórica bizantina con juntas de mortero que eran (al menos) tan gruesas como las propias hiladas de ladrillo. En consecuencia, el comportamiento mecánico de esta fábrica dependía en gran medida de las propiedades y el comportamiento deformacional del mortero, y menos de los del ladrillo. Las secciones de ladrillo de Santa Sofía se construyeron con esta técnica de albañilería. La mayoría de las estructuras romanas de hormigón hechas de *opus caementitium* también consistían en una mezcla de hormigón y ladrillo, utilizándose este último a menudo como encofrado permanente. Véase también la nota 20.

15 El término *endotérmico* (del griego endo = dentro, thérme = calor) significa "que incorpora calor".

16 Este proceso exotérmico durante el fraguado del hormigón es claramente reconocible por la liberación de calor.

17 El término *exotérmico* (del griego exo = fuera, thérme = calor) significa "que desprende calor".

18 Los primeros morteros de cal fueron desarrollados y utilizados en la construcción por los fenicios en lo que hoy es el Líbano alrededor del año 1.000 a.C. El combustible necesario para alcanzar una temperatura de calcinación de unos

1.000 °C procedía de los cedros. Otros pueblos, como los egipcios, no podían alcanzar temperaturas de calcinación tan elevadas por falta de combustible y tenían que conformarse con mortero de yeso o arcilla. Véase: Sinn B H (1973) *Und machten Staub zu Stein: die faszinierende Archäologie des Betons von Mesopotamien bis Manhattan*, Düsseldorf, pág. 91.

19 Incluso hoy en día se sigue añadiendo cal al mortero para conseguir una mayor elasticidad, por ejemplo en morteros modernos de cal-cemento.

20 Se sabe que los problemas estructurales surgidos durante la construcción de Santa Sofía se debieron al lento endurecimiento del mortero de cal utilizado (o a la vertiginosa velocidad del proceso de construcción). Incluso se hacía, al menos parcialmente, hidráulico añadiendo polvo de ladrillo. No obstante, los inconvenientes de las cales aéreas en el proceso de construcción y en el posterior comportamiento deformacional de la estructura acabaron por hacerse notar. Véase a este respecto: Mainstone R (1997) *Hagia Sophia, Architecture, Structure and Liturgy of Justinian's Great Church*, Nueva York, pág. 70, 166, 205. Véase también la nota 14.

21 El ejemplo más antiguo conocido de piedra artificial parecida al hormigón se encontró en Lepenski Vir (en la frontera entre Serbia y Rumanía). La edad estimada es de 7.000 años. Se trata de soleras de cabañas hechas de cal viva, posiblemente con aditivos de trass, lo que las convertiría en un hormigón hidráulico (según: Sinn B H (1973), pág. 37).

22 La tecnología romana del hormigón se basaba en las tierras volcánicas puzolánicas de los alrededores de Nápoles (llamados así por la ciudad de Pozzuoli), que tenían propiedades hidráulicas. Aunque la tecnología del hormigón se utilizó ampliamente durante el periodo imperial tanto en Italia como en las provincias cercanas (sin embargo, las rutas de transporte de las tierras puzolánicas no eran demasiado largas: el Aula Palacial de Tréveris, construida en 305–311 d. C., no está abovedada con hormigón, pero sí lo está la contemporánea basílica de Majencio de Roma), el conocimiento de esta técnica de construcción se perdió con la caída del Imperio Romano de Occidente. En Roma Oriental (Constantinopla) se utilizó más tarde la técnica del ladrillo, que alcanzó una considerable madurez, sobre todo en la construcción de bóvedas (véase p. e. Choisy A (1986) *L'art de batir chez les Byzantins*). Sin embargo, el autor Václav Smil niega que el opus caementitium pueda denominarse hormigón, aunque el término "hormigón romano" se utiliza comúnmente incluso en los círculos de ingeniería. Se refiere al hecho de que no contiene verdadero cemento como aglomerante, sino una mezcla de cal apagada y tierra puzolánica (pulvere puteolano) (Smil V (2023), pág. 29). Este debate parece más bien ser una cuestión de perspectiva y definición de términos y, por lo tanto, contribuye poco a una comprensión más profunda del tema. Véase también la nota 17 del *Capítulo 5*.

23 Sobre el renaciente desarrollo técnico de los hormigones hidráulicos durante la revolución industrial, véase: Sinn B

H (1973).

24 Isaac Charles Johnson, pionero inglés de la tecnología del hormigón, señaló en 1844 que la hidráulica es una fusión en la que "toda la cal está firmemente ligada al ácido silícico, la alúmina y el hierro [los factores hidráulicos, nota del autor], de modo que se produce un clínker de cemento sólido similar a la piedra en el que ya no hay cal libre, apagada y flotante en estado no disuelto"." (Citado según: Sinn B H (1973), pág. 27).

25 Se trata de hormigón sin armar. El hormigón armado tiene una curva tenso-deformacional diferente. Véase *Apartado 10. Materiales compuestos, pág. 135.*

26 En la terminología técnica, estas capas se conocen con los siguientes nombres: hilada de soga (horizontal), hilada de tizón (transversal), hilada de panderete (horizontal de canto), hilada de sardinel (vertical de canto), soga (a lo largo del paramento), tizón (transversal al paramento).

27 El mejor ejemplo de este tipo de construcción pétrea es el estilo gótico medieval, que perseguía sistemáticamente la disolución de elementos constructivos superficiales en construcciones acanaladas o nervadas. Considérese, por ejemplo, la transformación de la bóveda por arista superficial en la estructura nervada de la bóveda de crucería. Sin embargo, no hay que perder de vista que los maestros de obras góticos llevaron al límite las posibilidades técnicas de la construcción en piedra.

28 La porosidad de los materiales, que aumenta su capacidad de aislamiento térmico, plantea un riesgo particular cuando se exponen directamente a la intemperie, ya que los materiales pueden absorber agua. Por lo tanto, las construcciones de muros de hormigón celular o ladrillos aligerados perforados verticalmente deben ir siempre provistas de un revoque protector.

29 Otro ejemplo elocuente del proceso de sustitución de materiales competidores por otros minerales fue la sucesiva sustitución de cerchas de madera por estructuras abovedadas en iglesias medievales. El riesgo de incendio desempeñaba aquí un papel importante. Lo mismo se aplica esencialmente al creciente uso del hormigón en la construcción moderna de rascacielos en detrimento del acero.

30 Para la evolución histórica de los aceros estructurales modernos, véase: Werner F, Seidel, J (1992). Véase también el *Cap. 8., Aptdo. 6.2Métodos de construcción de esqueleto de acero, pág. 418.*

31 Entre estos casos excepcionales se encuentran las cerchas del pórtico del Panteón de Roma (125–128 d.C.) y (presumiblemente) la de la Basílica Ulpia (107–113 d.C.), ambas de bronce. (Según: Choisy (1983) I, 531); véase también la nota 19 en el *Capítulo 5. Forma*). En China, se fabricaban cadenas para puentes colgantes con hierro fundido bajo en carbono durante la dinastía Han (206 a. C.–220 d. C.) (Smil V (2023), pág. 32).

32 A principios de la Edad Media, a menudo se desmantelaban grandes edificios antiguos con el único fin de extraer los

herrajes metálicos (véase a este respecto p. e.: Liz Guiral J (1988) *El puente de Alcántara: arqueología e historia*, pág. 87). También es notable y revelador que a jefes de tribus germánicas de la época les gustara llevar como adorno una tapa de alcantarilla romana de hierro colgada del cuello.

33 Fuente: Dillinger Hüttenwerke AG.

34 La escoria metalúrgica resultante se transforma en piedras artificiales (piezas de escoria), materiales aislantes, cementos Portland de hierro o se utiliza en la construcción de carreteras y en la industria del vidrio.

35 Anteriormente, se utilizaba para clasificar los aceros el límite de rotura. Ejemplo: St37 designaba un acero estructural convencional no aleado con una resistencia mínima a la rotura de 37 kp/mm^2 = 370 N/mm^2. Hoy en día, se opta por el límite elástico porque caracteriza la gama estructuralmente utilizable sin deformación plástica. El equivalente de St37 hoy es, por tanto, S235 con un punto de rendimiento mínimo de 235 N/mm^2.

36 A menudo se hace referencia a la madera como un material *natural*, lo que sin duda es; pero, a este respecto, la madera no difiere significativamente de materiales como la piedra natural o la mayoría de las piedras artificiales. Si entendemos por materiales *no naturales* aquellos con un alto grado de transformación industrial, las distinciones son bastante graduales si se examinan más de cerca: Aparte del cemento Portland, que es sin duda un producto industrial, los demás componentes, claramente naturales, que son los áridos (arena, grava) y el agua de amasado hacen que el hormigón deba considerarse también un material en gran medida natural. También se suele afirmar que la madera es un material *vivo*. Sin embargo, desde un punto de vista biológico, la madera de un tronco talado aparentemente está más o menos tan muerta como un clavo. Por supuesto, el complejo y polifacético comportamiento deformacional de la madera puede considerarse en cierto modo una forma de vivacidad, no en un sentido estrictamente científico, sino figurado. Sin embargo, este término induce a error en lugar de aportar algún tipo de contribución esclarecedora.

37 Véanse también las teorías sobre la cabaña primígena de La Mettrie, Laugier, Viollet-le-Duc y otros.

38 La Pagoda Horyuji de Nara (Japón) está hecha de madera talada hace unos 1.400 años (Smil V (2023), pág. 25).

39 Según: Mägdefrau (1951) *Botanik,* Heidelberg.

40 Según: Navi P, Heger F (2004) *Combined Densification and Thermo-Hydromechanical Processing of Wood*, en: MRS Bulletin, mayo 2004, vol. 29, nº. 5

41 Mägdefrau (1951), pág. 66.

42 La mayor parte de la fitomasa, es decir, la biomasa, del árbol está contenida en forma de celulosa y lignina en los polímeros estructurales y las paredes celulares. Sin embargo, estos tejidos celulares ya están muertos durante su vida. El tejido vivo es el del cámbium (floema), que se funde progresivamente con el tejido muerto (xilema) en sección transversal y

representa alrededor del 15 % de la masa total del árbol. Tras la tala, éste también muere (Smil (2019) *Growth*, pág. 455).

43 Es interesante a este respecto la etimología de la palabra alemana para pared: "Wand" que se deriva de "winden"= tejer, entretejer.

44 Se trata de los llamados materiales gradientes o materiales escalonados con transiciones continuas de propiedades.

45 Aunque una representación logarítmica de los valores podría mostrar aquí las barras en su totalidad, el autor ha optado, no obstante, por esta variante no logarítmica, ya que los logaritmos, por desgracia, no transmiten suficientemente bien de forma intuitiva las relaciones de los órdenes de magnitud existentes. También se mantiene esta práctica en todos los demás gráficos de barras comparativos.

46 La madera también tiene otra ventaja relacionada con el material, y es que presenta la menor dilatación térmica en comparación con otros materiales.

47 Smil V (2023) pp. 74 y s.

48 Sin duda se ofrecen métodos más inteligentes y menos contraproducentes de utilizar grandes cantidades de madera como almacén de carbono.

49 Posiblemente se trate de una hipótesis demasiado favorable, ya que cabe suponer (con razón) que los valores de GWP derivados de la transformación (aserrado, cepillado, secado, etc.) ya están incluidos en los aproximadamente –700 kg CO_2-eq. Por lo tanto, el valor absoluto de GWP de la madera almacenada sería superior a este valor, digamos hipotéticamente 900 kg CO_2-eq. En definitiva, resultaría un valor GWP de:

$$-700\,\text{kg}\,CO_2\text{-eq.} + 900\,\text{kg}\,CO_2\text{-eq.} = +200\,\text{kg}\,CO_2\text{-eq.}$$

No es fácil determinar los datos reales con respecto a los índices de utilización efectiva de la madera talada para la construcción y la transformación posterior o la utilización térmica de los residuos de madera, ya que las bases de datos de ACV apenas proporcionan información al respecto. El autor Václav Smil proporciona la siguiente información: La relación media entre la fitomasa (masa vegetal) del árbol cortada por encima del suelo y el volumen del tronco realmente utilizable es de 2,1, con fluctuaciones específicas de cada especie entre 1,7 y 2,5. Esto significa que aproximadamente la misma cantidad que el volumen del tronco corresponde a ramas, ramitas, secciones del tronco sin valor, hojas, etc. Si estas partes no se siguen procesando y se pudren o se utilizan térmicamente, el carbono ligado a ellas se escapa a la atmósfera poco después de la tala. Según Smil, el propio volumen del tronco neto se desglosa en las siguientes proporciones: 54% de madera aserrada (rango de variación de 45–62%); 29% de astillas y recortes; 11% de serrín; 1% de virutas de madera; 4% de pérdidas por merma. Las astillas, las virutas de madera y el serrín se procesan posteriormente para la producción de tableros aglomerados y pasta para papel, para acolchado en jardinería o para la producción de celulosa, o bien se queman para su utilización térmica (Smil V (2023) pp. 66 y s.).

50 Las perspectivas de una gestión forestal verdaderamente sostenible que satisfaga adecuadamente la demanda de madera para la construcción y otros productos madereros durante periodos de tiempo más largos son buenas: En Estados Unidos, por ejemplo, el volumen incremental neto por crecimiento anual de madera fue de 708 Mm^3 en total según la base de datos de 2016, mientras que el volumen talado fue de 368 Mm^3, es decir, algo más de la mitad. En los bosques del norte de EE.UU., el índice era de 2,4 (incremento : tala); en los bosques del sur era de 1,8 y el doble, es decir, 3,6, en la costa del Pacífico (Smil V (2023), pág. 66).

51 A menudo se afirma que reciclar aluminio ahorra hasta un 96% de la energía que se necesitaría para producir aluminio nuevo a partir de bauxita. Sin embargo, esto sólo se aplica a la fusión de chatarra pura (consumo: aprox. 7 GJ/t) y no tiene en cuenta la energía utilizada para eliminar revestimientos (7 GJ/t), añadir aluminio puro para ajustar la aleación (8 GJ/t), conformar (colada, laminado, etc. 30 GJ/t). En última instancia, esto se traduce en un ahorro de energía en el reciclado de alrededor del 74%, no del 96% (Smil V (2023), pág. 149).

52 V Smil (2017) *Energy and Civilization—A History*, pág. 375

53 Los artículos de prensa sobre este tema son muy numerosos e influyen mucho en la opinión pública. He aquí algunos ejemplos de fuentes acreditadas: New York Times: *Concrete, a Centuries-Old Material, Gets a New Recipe*, 11.08.2020; ibidem: *The Steel Mill That Helped Build the American West Goes Green*, 16.10.2021; ibidem: *Making the Concrete and steel We Need Doesn't Have to Bake the Planet*, 04.03.2021; MIT Technology Review: *A new way to make steel could cut 5 % of CO_2 emissions at a stroke*, 24.09.2018; Columbia/SIPA Center on Global Energy Policy: *Low-Carbon Heat Solutions for Heavy Industry: Sources, Options and Costs Today*, 07.10.2019; IOP Science—Environmental Research Letters: *Readily implementable techniques that can cut annual CO_2 emissions from the production of concrete by over 20%*, 25.07.2016.

4 FUNCIONES

J. L. Moro, *El proyecto constructivo en arquitectura — del principio al detalle*, https://doi.org/10.1007/978-3-662-70279-6_4

1. Definiciones

Los edificios se construyen con fines específicos que justifican la inversión relativamente grande que siempre requiere la construcción. En su mayoría, éstos corresponden a objetivos muy diferentes: En gran medida, se trata de actividades humanas que van a tener lugar en el edificio, como habitar, trabajar, reunirse, conversar o entretenerse y muchas más. Pueden considerarse como las funciones básicas de edificios y están definidas por el uso de los mismos, por lo que pueden describirse como funciones utilitarias.

FUNCIONES UTILITARIAS

Sin embargo, también se persiguen objetivos a otros niveles de significado, por ejemplo, medidas de desarrollo urbano, es decir, la continuación o finalización de una trama urbana existente; u objetivos sociales, como la mejora de un barrio; o simbólicos, como la encapsulación de una idea social o culturalmente significativa. Esto ocurre, por así decirlo, de forma paralela y simultánea a las funciones utilitarias, que casi nunca faltan en los edificios. Estas funciones relacionadas con el uso, operativas, por así decirlo, pueden considerarse, de hecho, como funciones elementales prácticamente indispensables. Desde el punto de vista del proyecto general, se cumplen mediante una organización espacial y un diseño del edificio adecuados.

En un paso sucesivo de diferenciación, estas funciones o tareas fundamentales pueden desglosarse en funciones principales y subfunciones constructivas más concretas. Las funciones principales son las que garantizan la estabilidad a largo plazo y la utilidad general. Este último objetivo requiere crear un interior acondicionado climáticamente y dotado de los medios necesarios. El cumplimiento de las funciones principales es, por tanto, un requisito básico para permitir las funciones operativas o utilitarias definidas anteriormente.

FUNCIONES PRINCIPALES

Además, las funciones principales dependen de la implementación de subfunciones —o funciones parciales— constructivas más minuciosamente diferenciadas. Se trata principalmente de funciones protectoras que resguardan el interior de diversos efectos medioambientales u otros efectos indeseables. Entre ellos se encuentran el calor o el frío, la humedad, el viento, el sonido y el fuego. Pueden cumplirse con materiales de construcción y con construcciones compuestas por ellos, es decir, a nivel constructivo con los medios materiales a los que se tiene acceso —por ese motivo, se denominan subfunciones *constructivas*—. En consecuencia, se puede afirmar que un objetivo principal de la construcción de edificios, al menos desde el punto de vista operativo, es el cumplimiento precisamente de estas subfunciones constructivas. Un indicador importante del rendimiento, la eficiencia y la calidad de las soluciones constructivas en términos funcionales es, por tanto, la medida en que cumplen estas subfunciones y la durabilidad con que lo hacen. Por esta razón, serán el centro de las siguientes consideraciones y se examinarán con más detalle a continuación.

SUBFUNCIONES CONSTRUCTIVAS

Las funciones principales

■ En primer lugar, existe una diferenciación de las funciones utilitarias, de orden superior, a nivel de las llamadas tres funciones principales, que deben cumplirse de entrada para permitir que se desempeñen las funciones utilitarias. Entendemos como tal la función portante, la envolvente así como la de suministro y eliminación.

FUNCIÓN PORTANTE, FUNCIÓN ENVOLVENTE, FUNCIÓN DE SUMINISTRO Y ELIMINACIÓN

Las partes del edificio a las que se encomiendan respectivamente estas funciones principales se denominan los tres *grupos funcionales principales*. En general, se entiende que se trata, en primer lugar, de la estructura portante, en segundo lugar, de la envolvente y, en tercer lugar, del equipamiento técnico. Esta clasificación se basa, por tanto, en la suposición, bastante útil, de que la inmensa mayoría de los edificios consisten, en primer lugar, en una armazón o estructura cuya tarea es transferir las cargas propias y externas al terreno; además, en una envolvente compuesta de componentes (necesariamente) bidimensionales con función protectora; y, por último, en un sistema para el suministro y, en su caso, la retirada de determinados medios o también para el suministro de, por ejemplo, impulsos eléctricos portadores de información que son necesarios para el funcionamiento —es decir, para el cumplimiento de la respectiva función utilitaria o de uso— del edificio, es decir, por ejemplo, telefonía o Internet.

GRUPOS FUNCIONALES PRINCIPALES

ESTRUCTURA PORTANTE, ENVOLVENTE, EQUIPAMIENTO TÉCNICO

Si bien esta subdivisión es útil, no debe ocultar el hecho de que estos grupos funcionales principales (o *subsistemas*, como se les llama a veces) ocasionalmente se fusionan y apenas pueden distinguirse unos de otros: El ejemplo más claro es la función combinada de carga y protección de un muro exterior de carga convencional, que en realidad pertenece a dos grupos funcionales principales simultáneamente: a saber, la estructura portante y la envolvente. **1**

SUBSISTEMA = GRUPO FUNCIONAL PRINCIPAL

En este contexto, es interesante observar que con el desarrollo progresivo de la tecnología de la construcción,

1 Construcción de pared: No hay diferenciación entre las funciones principales de soporte y envolvente. Ambas funciones las cumple el mismo componente, el muro.

2 Construcción de esqueleto: clara diferenciación entre las funciones principales de soporte y envolvente. Las columnas soportan cargas, las superficies acristaladas envuelven el interior.

4 Funciones

DIFERENCIACIÓN DE LOS GRUPOS FUNCIONALES PRINCIPALES

y la creciente complejidad, en parte debida a ella, de las estructuras de edificios, también se ha producido una diferenciación progresiva entre los tres grupos funcionales principales. El ejemplo más obvio es, una vez más, el muro exterior, que en los métodos históricos de construcción de muro cumplía una función envolvente y portante al mismo tiempo, y que luego se diferenció separándolo en una estructura portante tipo esqueleto y una envolvente ligera y no
2 portante con el advenimiento de la arquitectura moderna.[1] Incluso se puede afirmar que la estricta separación de los grupos funcionales principales, y su deliberada exhibición estética ante el observador, se convirtió en un sello distintivo de la arquitectura moderna en general y, en particular, en una especie de dogma de la arquitectura moderna tecnificada, llamada de alta tecnología o *high tech* (otro mito surgido de
3 la infatuación del siglo XX con la tecnología).

En principio, no se puede negar que una separación técnica de los grupos funcionales principales, o subsistemas, puede ofrecer claras ventajas, sencillamente porque de esa manera es más fácil abordar las funciones principales una por una, por así decirlo, y evitar así ciertos conflictos entre tareas incompatibles, es decir, tareas que puede cumplirlas sólo con dificultad un único material o una única construcción al mismo tiempo. Se asignan, pues, de antemano a grupos funcionales principales físicamente separados, abriendo así la opción de cumplirlas respectivamente una por una con materiales o construcciones diferentes. Al mismo tiempo, sin embargo, es obvio que la complejidad de la estructura del edificio aumenta considerablemente, lo que no simplifica precisamente las tareas del proyectista y del diseñador. Esto también supone una mayor complicación técnica, ya que hay que ensamblar un mayor número de componentes para formar una unidad funcional. Además, desde el punto de vista ecológico, esto se traduce, por un lado, en un mayor aporte de energía primaria y, por otro, posiblemente dificulta mucho más la separación de la estructura del edificio en componentes individuales reciclables al final de su ciclo de vida. También se pueden perder las ventajas de los métodos de construcción compuesta, que se basan en la combinación, y no en la separación, de materiales y componentes con propiedades diferentes.

También por esta razón, se ha producido en los últimos

3 Separación de los principales grupos funcionales llevada al extremo y deliberadamente enfatizada (*Centre Pompidou*, París): estructura de acero blanca; servicios de colores, siempre en el exterior; fachada trasparente retranqueada.

años una cierta tendencia en retroceso en pos de una integración funcional renovada o una especie de desdiferenciación. Hoy en día, la cuestión del grado adecuado de diferenciación funcional se contempla con más sobriedad que en la fase heroica de la arquitectura de alta tecnología y se hace un esfuerzo por equilibrar y evaluar las ventajas y desventajas de forma holística, especialmente según criterios de sostenibilidad.

Las subfunciones constructivas

1.2

■ Si se continúa el proceso de desglose jerárquico progresivo de las funciones, como se acaba de iniciar, nos encontramos, después de las funciones principales mencionadas anteriormente, con las subfunciones constructivas o funciones parciales: Por lo tanto, para cumplir la función principal envolvente, deben cumplirse una serie de funciones individuales que están vinculadas causalmente a ella. De hecho, la función envolvente depende de la capacidad de proteger contra la humedad, aislar el calor, sellar contra el viento, aislar el sonido,[2] proteger contra el fuego, y garantizar todo esto durante un largo período de tiempo, es decir, durante la vida útil del edificio o un solo ciclo de renovación de un elemento del mismo.[3]

FUNCIÓN PARCIAL

PROTECCIÓN CONTRA LA HUMEDAD
PROTECCIÓN TÉRMICA
SELLADO CONTRA EL VIENTO, ESTANQUEIDAD AL AIRE
PROTECCIÓN ACÚSTICA
PROTECCIÓN CONTRA INCENDIOS
DURABILIDAD

Por regla general, todas estas subfunciones las debe cumplir un único componente superficial, y en interacción entre ellas: Normalmente, en el caso de una pared exterior corriente, por ejemplo, ésta debe proteger contra la humedad, así como contra el viento, el calor y el frío, y al mismo tiempo proporcionar aislamiento acústico suficiente. Ni que decir tiene que también hay que transmitir fuerzas a través de la pared exterior, ya sean fuerzas procedentes de la estructura portante primaria o que inciden directamente en la secundaria. Estas tareas, que a veces entran en conflicto mutuo, no son, como regla general, fáciles de armonizar en la estructura de un edificio y, además, aplicando una solución que sea lo más sencilla posible desde el punto de vista técnico, ahorre espacio y, por supuesto, sea lo más económica posible. A continuación, esto se explicará con más detalle.

TRANSMISIÓN DE FUERZAS, FUNCIÓN PORTANTE

☞ *Cap. 7. Composición, pp. 272 y ss.*

Estas subfunciones constructivas son las que más preocupan durante el proyecto constructivo. Algunas de ellas incluso tienen que diferenciarse en otras subfunciones para poder ser tratadas adecuadamente: La protección contra la humedad tiene numerosas facetas en la construcción que el proyectista debe conocer y estar capacitado para abordar en términos de diseño y tecnología. En efecto, la humedad es uno de los peores enemigos de los edificios, un agente peligrosamente destructivo que se presenta con diferentes disfraces: no sólo como agua de precipitación, sino también como humedad del suelo, como humedad bajo presión hidráulica en el suelo, como vapor de agua, como lluvia torrencial, como lámina de agua que fluye por las fachadas, como niebla, como hielo, como nieve, como nieve a la deriva, como humedad capilar en la construcción, etc. El proyectista también debe regular adecuadamente el equilibrio del vapor

AGUA DE PRECIPITACIÓN
HUMEDAD DEL SUELO, CON O SIN PRESIÓN
LÁMINA DE AGUA EN FACHADAS
NIEBLA, HIELO, NIEVE, NIEVE A LA DERIVA
HUMEDAD CAPILAR

VAPOR DE AGUA

de agua dentro de la construcción.

UBICACIÓN EN EL EDIFICIO

Además, no se puede suponer que todas las subfunciones tengan un efecto uniforme y constante sobre todo el edificio: Normalmente se evaluarán de forma diferente según su ubicación en el mismo y se tratarán en consecuencia. Por ejemplo, la exposición a la humedad es completamente diferente según se trate de un componente del edificio que está en contacto con el terreno y expuesto a la humedad constante del mismo, o de una zona de zócalo sometida a agua de salpicadura; de una fachada regular en la que el agua de lluvia escurre de forma relativamente rápida y fiable, o de una cubierta plana que está sujeta al mayor grado de exposición y en la que el agua de precipitación puede incluso acumularse dado el caso. Como se verá, son precisamente estas diferentes situaciones de exposición las que han dado lugar a áreas de construcción claramente distintas o
4 incluso a componentes constructivos formal y técnicamente diferenciados en la historia del desarrollo de la arquitectura: por ejemplo, a una zona de zócalo de piedra, a una fachada vertical sobre rasante, a una cubierta inclinada, etc.

☞ *Cap. 10., Aptdo. 3.3.1 Protección contra la humedad, pp. 581 y ss.*
☞ *Cap. 10., Aptdo. 3.3.1 Protección contra la humedad > Bloqueo del agua de precipitación, pp. 583 y ss.*

2. Asignación de funciones parciales a componentes o capas

SOLUCIÓN MULTIFUNCIONAL

SOLUCIÓN MONOFUNCIONAL

■ Al igual que se han considerado dos casos extremos para el edificio en su conjunto, a saber, que se asigne más de una función principal a la misma construcción o parte del edificio (se podría decir: la solución multifuncional) o que, alternativamente, sólo se asigne una función principal a un componente (esto sería entonces la variante monofuncional), también se pueden, por tanto, seguir diferentes estrategias para las subfunciones: A su vez, se pueden asignar varias subfunciones a un componente global homogéneo en términos constructivos, o se pueden distribuir las funciones sobre múltiples hojas o capas que están, por así decirlo, unificadas para formar un conjunto funcional global. El primero sería el enfoque multifuncional, el segundo el monofuncional.

Así, si el muro exterior convencional de una sola hoja, que solía cumplir numerosas funciones simultáneamente (aunque con eficacia moderada), se descompone en la construcción moderna en numerosas capas individuales, a cada una de las cuales se le asigna esencialmente una sola subfunción, se ha abierto la posibilidad de cumplir estas subfunciones, que se han diferenciado separándose en el proceso por así decirlo, con mayor eficacia. Este es precisamente el objetivo que suele perseguir la tecnología moderna de la construcción, que en cierto modo ha roto radicalmente con las prácticas constructivas tradicionales.

☞ *Cap. 7., Aptdo. 1. Composición de componentes envolventes, pp. 278 y s.*

CAPA DE AISLAMIENTO TÉRMICO

Esta circunstancia es especialmente evidente en una singular capa funcional de las paredes exteriores, que tiene una importancia fundamental hoy en día por una buena razón: la capa de aislamiento térmico. Ésta no sólo es responsable de garantizar temperaturas interiores confortables, sino que también es decisiva para el consumo de energía durante el período de funcionamiento de un edificio, es decir, (aún hoy por hoy) para la mayor parte de la energía consumida durante toda la vida útil.[4] Por lo tanto, nació en primer lugar por la necesidad de ahorrar energía y ha experimentado un proceso continuo de aumento de grosor en las últimas décadas.

Esta capa mayoritariamente fibrosa o espumosa sólo puede hacer una sola cosa: a saber, aislar el calor. En nuestro sentido, es por tanto decididamente monofuncional. En todos los demás ámbitos, básicamente no sirve para nada: No puede soportar cargas; no resiste la difusión del vapor de agua (lo que se asocia al peligroso riesgo de daños por condensación, dado el gran gradiente de temperatura entre sus superficies interior y exterior (el que ciertamente es intencional); absorbe la humedad a la primera oportunidad y, por tanto, pierde inmediatamente su funcionalidad; en lo que respecta a la insonorización —considerada la capa por sí sola— es un verdadero desastre.

Su falta de capacidad de carga, ya de por sí, ha provocado un fatal desdoblamiento constructivo de la envolvente, anteriormente monohoja, en dos hojas separadas una de otra y, en consecuencia, ha sumido al proyectista en un dilema casi irresoluble: O bien construye una segunda casa exterior alrededor de la interior —la variante de doble hoja sólida— que es razonablemente (nunca completamente) autoportante, con la única intención de proteger la sensible capa de aislamiento térmico de las inclemencias del tiempo (es decir, mata moscas a cañonazos, por así decirlo); o bien cuelga un revestimiento ligero protector delante del aislamiento térmico para este fin —la variante de hoja simple con aislamiento y revestimiento ligero añadido— que luego tiene que fijar a la estructura interior penetrando el aislamiento, de modo que a su vez crea puentes térmicos a través de estas fijaciones, que van necesariamente acompañadas de riesgo de condensación y de una reducción de la eficacia de la capa de aislamiento térmico.

La respuesta más satisfactoria a esta complicada dicotomía es, hasta la fecha, el sistema compuesto de aislamiento térmico, en el que, en una especie de acto de malabarismo, una pantalla de intemperie exterior que funciona de forma razonablemente permanente (un revoque) simplemente se aplica directamente sobre el sustrato (realmente muy deficiente) que proporciona la capa de aislamiento térmico, sin anclajes posteriores y, por tanto, sin puentes térmicos.

Esta breve incursión en un problema concreto de diseño constructivo resultante de la asignación de funciones —más adelante se abordarán otros— pretende ilustrar lo relevante que es que el proyectista preste gran atención a las subfunciones constructivas. En el proceso continuo de especialización progresiva de las funciones, es decir, poniendo un énfasis cada vez mayor sobre una sola capacidad funcional de una capa, se aprovechan naturalmente las propiedades físicas específicas de ciertos materiales. Los materiales bituminosos, por ejemplo, garantizan estanqueidad; tejidos sueltos de fibras y espumas proporcionan aislamiento térmico; láminas de plástico y metal, estanqueidad al vapor o

4 Tres zonas del edificio claramente diferenciadas desde el punto de vista constructivo, con exposición a la intemperie gradualmente distinta: zócalo, pared exterior y cubierta.

SISTEMA COMPUESTO DE AISLAMIENTO TÉRMICO

☞ *Cap. 7., Aptdo. 2. Variantes básicas de composición, pp. 280 y ss.*

efecto de barrera al vapor; hojas rígidas de diversos materiales adecuados para este fin, la conducción de fuerzas, etc. Por esta razón, los componentes modernos de varias capas normalmente son una mezcla pronunciada de materiales. Se tratará esta cuestión con más detalle en otro lugar.

☞ *Cap. 7. Composición, pp. 266 y ss.*

3. Principios de solución para el cumplimiento de las subfunciones constructivas

■ Los requisitos derivados de las subfunciones constructivas comentadas se cumplen en la construcción, como se ha ilustrado anteriormente con el ejemplo del aislamiento térmico, con la ayuda de las propiedades específicas de los materiales utilizados. Esto se aplica tanto a las superficies de los componentes como a las uniones entre ellos.

El proyectista suele disponer de varios principios de solución para el cumplimiento constructivo de los requisitos con el fin de conseguir los efectos físicos necesarios. Se reflejan, por ejemplo, en la elección de los materiales, en la forma de combinarlos en el diseño y en la geometría de los mismos. Así, un valor de aislamiento acústico deseado puede conseguirse alternativamente utilizando una masa pesada y flexible distribuida homogéneamente por la superficie de un componente separador de espacios o utilizando un sistema de masa-muelle de doble hoja vibrante que consiste en hojas conectadas entre sí de forma elástica.

Se trata de dos principios de solución fundamentalmente diferentes, pero que al final producen el mismo efecto físico, es decir, el necesario aislamiento acústico. La elección de uno de estos principios de solución es un paso de proyecto que debe darse (o debería darse) antes del desarrollo real de la construcción del edificio ejecutada en determinados materiales y que amplía considerablemente el espectro de soluciones posibles. La elección de un principio de solución, es decir, la elección de un principio físico de acción respondiendo a una subfunción específica, tiene una influencia profunda sobre la solución constructiva final. El proyectista debe efectuarla con meditación y consideración cuidadosa antes de la elaboración constructiva final.

☞ *Véase al respecto Cap. 10., Aptdo. 1. El concepto y el proceso del proyecto constructivo en el contexto del proyecto general, pp. 570 y ss.*

En los siguientes capítulos se analizarán posibles principios de solución, así como soluciones constructivas derivadas de ellos. En primer lugar, se aborda la cuestión de cómo garantizar la funcionalidad del componente a través de toda su superficie, incluidas las juntas de empalme. Una cuestión fundamental en este contexto es cómo puede componerse la superficie envolvente usando elementos constructivos individuales. Esta cuestión se aborda en el *Capítulo 6*.

☞ *Cap. 6. Superficies, pp. 248 y ss.*

La composición constructiva del elemento envolvente garantiza también, como se ha señalado, la funcionalidad global del mismo con respecto a las subfunciones constructivas. Esta cuestión fundamental se analiza en detalle para cada subfunción constructiva por separado en el *Capítulo 7*.

☞ *Cap. 7. Composición, pp. 272 y ss.*

Por último, el *Capítulo 10* aborda con detalle las soluciones constructivas que permiten realizar eficazmente las subfunciones mencionadas con medios constructivos.

☞ *Cap. 10. Diseño constructivo, pp. 562 y ss.*

Notas

1 Los sistemas de esqueleto existen desde tiempos inmemoriales y no se limitan de ningún modo a la arquitectura moderna. Esto se explica con más detalle en el *Capítulo 8. Métodos constructivos.* Aquí sólo se aborda explícitamente la sustitución del muro exterior macizo por el muro cortina en la construcción de esqueleto, tal y como se produjo con la llegada de la arquitectura moderna.

2 Cabe distinguir las disciplinas del *aislamiento acústico* entre espacios adyacentes, por un lado, y la *acústica de sala* o *acústica espacial*, que se ocupa de las condiciones acústicas dentro de un mismo espacio, ante todo de la reverberación acústica. La acústica de sala no se trata en esta obra, aunque es cierto que tiene una cierta influencia limitada sobre el aislamiento acústico.

3 El requisito de durabilidad se trata en esta obra como una subfunción independiente del mismo rango jerárquico que las demás. Es obvio que la durabilidad es una especie de requisito primordial, ya que afecta a todas las demás subfunciones: Esto se debe a que su objetivo es garantizar que las subfunciones constructivas restantes se desempeñen durante un periodo de tiempo prolongado. Sin embargo, dado que la durabilidad se basa en la prevención de procesos de destrucción o descomposición de materiales, que son los mismos o muy similares para todas las subfunciones, y que además tiene una extraordinaria importancia para la construcción en general, se tratará aquí por separado como una subfunción constructiva independiente.

4 Esto se debe a que, al mejorar constantemente el aislamiento térmico de las envolventes de edificios, se ha reducido significativamente la proporción de energía operativa (frente a la energía incorporada, que está ligada al material y la construcción), pero no hasta tal punto que se haya vuelto irrelevante.

5 FORMA

J. L. Moro, *El proyecto constructivo en arquitectura — del principio al detalle*, https://doi.org/10.1007/978-3-662-70279-6_5

1. La forma como parámetro de diseño determinante

GEOMETRÍA

Aunque la geometría de un edificio —o su forma— no define de modo exhaustivo un diseño, sí que es la base más importante para la configuración físico-material de una estructura tal y como se percibe sensorialmente como usuario y espectador de la misma; pues ésta determina ya de primeras profundamente la percepción visual del objeto. Otros factores que también son importantes para la percepción sensorial, como el color, la textura, etc., no van incluidos en el término geometría. No obstante, la forma o la geometría de un edificio es sin duda la característica más llamativa, la que más atrae la atención del diseño de un edificio y más estimula la imaginación de los arquitectos, así como la de los usuarios y espectadores.[1]

Sin embargo, además de la apariencia visual y de la reacción emocional y el juicio estético resultante por parte del espectador, la forma o geometría del edificio también proporciona especificaciones contundentes y cuantificables para ciertas funciones no visuales de una estructura. El comportamiento térmico, por ejemplo, está vinculado de forma causal a la geometría del edificio, más concretamente a su compacidad, registrada numéricamente en la relación V/A entre el volumen encerrado y la superficie exterior. La resistencia al viento lo es igualmente. También existe una estrecha relación entre la geometría del edificio, por un lado, y el diseño espacial, así como la organización operativa interna, por otro, al igual que el recipiente y el contenido son mutuamente dependientes. La ejecución constructiva y el proceso de construcción dependen igualmente de la forma básica de una estructura. Por último, pero no por ello menos importante, existe una influencia mutua entre la forma de la estructura y su comportamiento portante, como se verá con más detalle a continuación. En este sentido, puede afirmarse que la definición de la geometría del edificio o de la estructura predetermina por sí sola el camino para el cumplimiento de las funciones esenciales del edificio, incluida la expresión formal, ya en una fase relativamente temprana de proyecto.

☞ *Véanse también los comentarios sobre la influencia de la geometría sobre las conexiones en el Cap. 9., Aptdo. 6. Geometría de la conexión, pp. 511 y ss.*

RELACIÓN V/A

En el transcurso del proceso de diseño y de la especificación cada vez más precisa de la geometría del edificio, entran a menudo en conflicto mutuo los efectos de determinadas especificaciones de forma sobre las funciones individuales del edificio. Por ejemplo, una forma de edificio especialmente compacta con una favorable relación V/A puede, por el contrario, resultar un obstáculo importante para la iluminación y ventilación de espacios interiores. Estos efectos funcionales, posiblemente contradictorios, los debe sopesar entre sí el diseñador en cuanto a su respectiva relevancia. De hecho, este acto es uno de los pasos esenciales en un proceso de diseño. Las preferencias personales desempeñan un papel importante en este sentido, especialmente en lo que respecta a la ponderación de cuestiones estéticas, y a menudo los efectos (especialmente funcionales y técnicos) de una forma determinada no se examinan con suficiente atención de antemano. Por otra parte, las consecuencias de las propias especificaciones geométricas son de una inexorabilidad despiadada, por así decirlo, con la implacabilidad de una ley natural, y a menudo se manifiestan sólo en una fase tardía de la proyectación o incluso de la ejecución, un momento en el que correcciones del diseño o iteraciones puede que ya no sean factibles.

En el presente capítulo se examinarán con más detalle las interrelaciones y dependencias entre la forma del edificio y las funciones constructivas más significativas para los presentes fines.

2. Forma y función

■ Discutir las interrelaciones generales entre el diseño y la función en todas sus facetas va más allá del ámbito temático de esta obra. Esto se debe a que este tema forma parte más bien del ámbito del diseño general de edificios, que se aborda aquí sólo de pasada, sólo en la medida en que está directamente interrelacionado con la construcción del mismo. Sin embargo, es necesario en este contexto examinar más de cerca la estrecha relación que existe entre la forma, por un lado, y al menos la subfunción constructiva más significativa, por el otro, que es la función portante. Como se verá a continuación, ésta tiene un impacto duradero sobre la ejecución constructiva y material del proyecto.

2.1 Forma y fuerza

■ Puede parecer una perogrullada, pero es un hecho que las fuerzas relevantes para la construcción sólo pueden fluir allí donde está dispuesto material en cualquiera de sus manifestaciones: generalmente sólido, pero a veces también líquido o gaseoso.[2] Ejemplos del primer caso son la gran mayoría de las estructuras de edificio hechas de materiales sólidos. Un ejemplo de los últimos es la carga de viento que actúa sobre los edificios, que se transmite a través de presión de gas, es decir, la presión del aire. En cambio, sin existir un nexo material no puede fluir ninguna fuerza, al menos ninguna que sea relevante para la construcción. Sin embargo, hay una excepción, una fuerza que también actúa sin trayectoria material, incluso en el vacío: la única fuerza de campo relevante para la construcción —pero posiblemente la más importante en este contexto—, es decir, la gravedad.

GRAVEDAD

Incluso esta constatación elemental, es decir que la transmisión de fuerzas, en todos los casos relevantes para la construcción en los que debe transferirse una carga a través de la estructura del edificio al suelo, requiere material en la trayectoria de la fuerza, o que las trayectorias de la fuerza vienen a su vez determinadas por las trayectorias de material, ya pone de manifiesto la estrecha relación que existe entre la forma de los cuerpos sólidos —los edificios en el presente contexto— y el flujo de la fuerza. Conformando los componentes, es decir, disponiendo selectivamente material en el espacio, por así decirlo, se controla el flujo de fuerzas dentro de las estructuras. El objetivo final de la conducción de fuerzas, que ya se ha definido como una de las subfunciones constructivas, es transferir las cargas al

☞ *Cap. 4., Aptdo. 11.2 Las subfunciones constructivas, pág. 171.*

subsuelo, manteniendo la forma estructural especificada y excluyendo deformaciones inaceptables.

2.1.1 Redirección de fuerzas

Cuando las cargas verticales debidas a la gravedad son dominantes, lo que ocurre muy a menudo en la construcción, la forma más sencilla de transferir las fuerzas al terreno bajo el edificio es la vertical directa, es decir, siguiendo directamente la orientación de la gravedad. Según la tesis que se acaba de formular, esto significa que se necesitan trayectorias verticales continuas compuestas de material, en las que la fuerza pueda fluir verticalmente sin interrupción. Este es el caso, por ejemplo, de estructuras masivas de gravedad, como las que se consideran, por ejemplo, a rellenos o diques. Las pirámides históricas también permiten este tipo de trayectorias de fuerza verticales no perturbadas en el continuo de su estructura portante. Pero ya en el proceso de cubrir el interior de la cámara funeraria, surge la típica tarea constructiva de salvar un espacio. Está también ineludiblemente asociada a una redirección de la fuerza. Esto es siempre el caso cuando se cubren espacios: una tarea elemental de la construcción convencional, que es un requisito previo para casi todas las tareas comunes de construcción. Dado que los espacios cerrados se cubren esencialmente con elementos constructivos que discurren oblicuos o incluso horizontales, es decir, que (necesariamente) se desvían de la vertical, se deduce que la mayor parte de la construcción que persigue fines utilitarios, es decir la edificación así como partes de la ingeniería civil, implica necesariamente la redirección de fuerzas.

TRAYECTORIAS DE CARGA VERTICALES

ESTRUCTURAS DE GRAVEDAD

→ 1

REDIRECCIÓN DE LA FUERZA

CUBRIMIENTO DE ESPACIOS

→ 2

Redirigir fuerzas inevitablemente cuesta material y complicación constructiva. El alcance de la redirección de fuerzas es incluso un indicador importante del esfuerzo constructivo que se debe realizar en una tarea particular de construcción.[3] En general, es cierto que cuanto mayor sea el grado de redirección de la fuerza, mayor será el esfuerzo constructivo asociado, por ejemplo en forma de consumo de material. Por esta razón, conviene mantener el grado de redirección de la fuerza, aunque sea inevitable como tal ya de primeras en la mayoría de las tareas de construcción, dentro de límites

1 Pirámide: una estructura de gravedad con desviación mínima de la fuerza.

tolerables. Este precepto elemental de la construcción se expresa, por ejemplo, en el empeño general por mantener las luces lo más pequeñas posible desde un principio cuando se proyecta la estructura de un edificio, porque las luces, como es obvio, siempre son un factor determinante para el alcance de la redirección de fuerzas.

Para entender qué consecuencias puede tener la desviación de fuerzas, conviene contemplar algunos ejemplos sencillos: Considérese un componente rectilíneo en el que fluye una fuerza axial, ya sea de tracción o de compresión. Con una sección transversal uniforme, las denominadas trayectorias de tensiones principales, que ilustran esencialmente el flujo de fuerzas de compresión y tracción, discurren paralelas entre sí sin interferencias. Hay un flujo continuo de fuerza sin concentraciones de tensión y sin la más mínima redirección de fuerzas. **3A**

TRAYECTORIAS DE TENSIONES PRINCIPALES

Si ahora se introduce lateralmente una muesca, es decir, un cambio de forma, las trayectorias de tensiones principales se desvían inmediatamente y fluyen alrededor del hueco. **3B** Esto conlleva tres efectos: Por un lado, se producen tensiones transversales ortogonales en los puntos de redirección de la fuerza que son de signo contrario, es decir, tensiones de tracción cuando la tensión normal es de compresión; tensiones de compresión cuando es de tracción. Estas tensiones transversales no están presentes en el caso inicial. Por otro lado, en este punto de desviación se producen máximos de tensión que pueden ser varias veces superiores a la tensión normal. Se hacen más grandes a medida que aumenta su **3C** proximidad a la muesca. Esto se conoce como *tensiones de entalla*. En tercer lugar, en este caso de una muesca asimétrica en una barra relativamente delgada, también surge un

☞ *Véase también al respecto Cap. 9., Aptdo. 7.2 Transmisión de tracción, pp. 527 y ss.*

TENSIONES DE ENTALLA

2 Pirámide: trayectorias de fuerza verticales en gran medida continuas, con la excepción de la desviación de fuerza por encima de las cámaras funerarias.

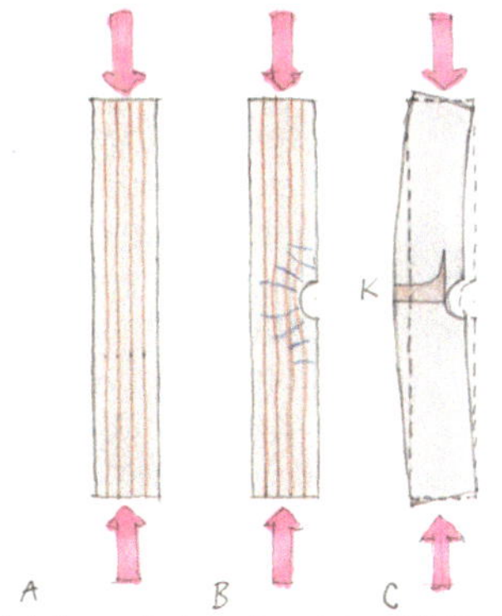

3 Influencia de la forma en el flujo de fuerzas: **A** flujo de fuerzas sin perturbar en la barra homogénea en forma de trayectorias de tensiones principales paralelas (aquí compresión, en rojo). **B** barra con muesca lateral: Las principales trayectorias de tensión se desvían, dando lugar a tensiones de tracción transversales (azul). **C** En la zona de la entalladura se produce un aumento de las tensiones de entalla (**K**) y la barra se deforma por flexión.

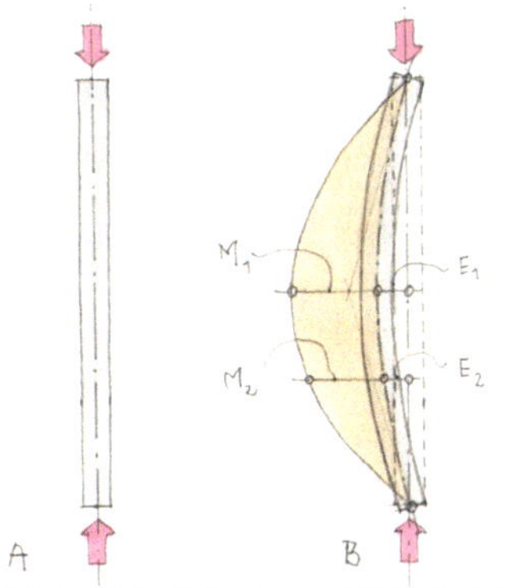

4 Influencia de la forma en el flujo de fuerza: **A** El flujo de fuerzas sin perturbar en la barra recta provoca fuerzas axiales puras (en este caso compresión). **B** barra curvada: Las excentricidades $\mathbf{E_i}$ generan momentos flectores proporcionales $\mathbf{M_i}$ en la barra, así como esfuerzos cortantes asociados (no mostradas aquí).

3C momento flector debido a la excentricidad.

Este sencillo ejemplo muestra por sí solo la dramática influencia que puede tener un cambio de forma relativamente modesto en el tipo de fuerzas internas, manteniendo las demás condiciones inalteradas.

Otro ejemplo sencillo ilustra el mismo asunto: Si hay que transmitir una fuerza entre dos puntos $\mathbf{P}_1$ y $\mathbf{P}_2$, la forma más sencilla y eficaz de hacerlo es mediante una barra rectilínea
4A que conecte ambos puntos. La fuerza fluye en sentido normal[4] en ella en estas condiciones y genera fuerzas de tracción o compresión puras en su material. Si ahora se modifica la forma de la barra, por ejemplo, deformándola en forma de arco, se crea inmediatamente un momento flector
4B debido a la excentricidad, así como esfuerzos cortantes asociados. En particular, los momentos flectores resultantes, que también surgieron en el ejemplo anterior, tienen un efecto que reduce dramáticamente la eficiencia estática del sistema. Dado que esta circunstancia es de extraordinaria importancia en el presente contexto, se le prestará algo más de atención en lo que sigue.

REDUCCIÓN DE EFICIENCIA POR FLEXIÓN

2.1.2 Consideración comparativa de esfuerzos axiales y flectores

Un simple cálculo estático de dos sistemas comparativos, una barra esbelta cargada a lo largo de su eje central y una barra esbelta cargada transversalmente al mismo, produce los siguientes resultados: Mientras que en la barra sometida a una carga axial la fuerza interna, ya sea de compresión o de tracción, es exactamente igual a la carga externa y ésta se distribuye como tensión normal de forma uniforme y cons-
5A tante por toda la sección transversal de la barra, en la barra sometida a una carga transversal a su eje, es decir, la barra sometida a flexión, ésta adopta la conocida forma triangular
5B según Navier.[5] Las tensiones de tracción y de compresión que se producen en la sección transversal como consecuencia de la flexión, la flexotracción y la flexocompresión, no se distribuyen de forma uniforme, a diferencia de lo que ocurre con una barra sometida a tensiones normales, sino que muestran claros máximos en los bordes de la sección, en las denominadas fibras extremas. Sin embargo, en el eje central, la llamada fibra neutra, la tensión es igual a cero. Esta distribución, obviamente inhomogénea, de la tensión a través de la sección transversal ya pone de manifiesto lo desigual que es la tensión que actúa sobre el material debido a este tipo de esfuerzo, es decir, flexión, y, en consecuencia, lo ineficazmente que se utiliza la rigidez del material, que, sin embargo, está disponible uniformemente en toda la sección.

FLEXOTRACCIÓN, FLEXOCOMPRESIÓN

FIBRA EXTREMA

FIBRA NEUTRA

Pero esta situación es aún más dramática si se tiene en cuenta lo grandes que resultan ser los máximos de tensión en las fibras extremas en comparación con la tensión normal del primer ejemplo. Un simple cálculo estático de una viga de un solo vano sometida a una carga concentrada céntrica muestra que esta tensión de borde en el lugar más desfavorable, es decir, en el centro de la viga, es 24 veces (!) mayor que la tensión normal del primer ejemplo.[6]

Una experiencia elemental puede ilustrar mejor esta circunstancia: Imagínese que uno se enfrenta a la tarea de romper una varilla delgada utilizando la menor fuerza posible. Habría tres opciones disponibles: someter la varilla con ambas manos a tracción, a compresión o a flexión. Cualquier persona sensata elegiría esta última opción y flectaría la varilla hasta romperla. Esto es una clara evidencia del severo esfuerzo al que se ven sometidas las secciones transversales bajo flexión. La siguiente mejor opción sería comprimirla, ya que, más allá de un determinado nivel de fuerza, la varilla pandearía, lo que a su vez inicia esencialmente un proceso de flectado y la destruye rápidamente. La opción más desfavorable en este contexto es, sin duda, la tracción, ya que se requiere el mayor esfuerzo para destruir la varilla delgada de esta manera; evidencia clara de la eficacia estática de este tipo de carga axial, en la que no interviene la flexión.

La conclusión de esta observación es clara: La flexión somete al sistema estructural, y por tanto a su material, a una tensión desproporcionadamente alta en comparación con la fuerza axial. Los sistemas estructurales que transfieren las cargas predominantemente bajo flexión, las llamadas formas flectadas, son por lo tanto fundamental e inevitablemente ineficientes en cuanto al uso del material. Por este motivo, uno de los principales objetivos de construcciones eficientes en términos estructurales, es decir, de construcciones ligeras, es evitar en lo posible los esfuerzos flectores. A continuación se examinará con más detalle cómo esto se puede lograr mediante un diseño adecuado.

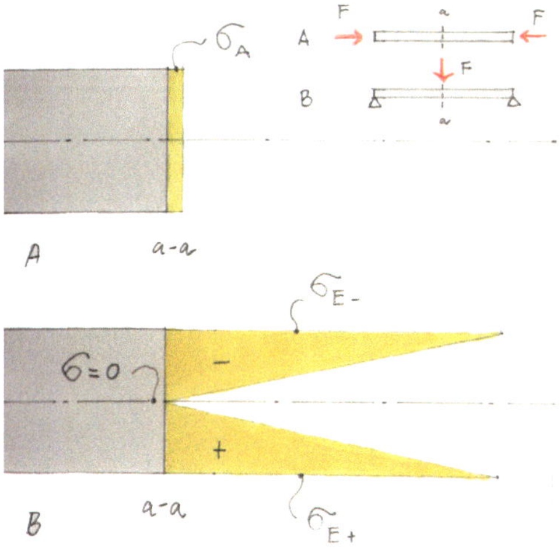

5 Las tensiones normales en la barra sometida a esfuerzo axial (**A**) σ_A se distribuyen uniformemente por toda la sección transversal de la barra. Las tensiones de flexocompresión y flexotracción de la barra (**B**) sometida a esfuerzos transversales al eje de la barra adoptan la forma triangular según Navier. Son cero en el propio eje de la barra. Asumen los valores máximos σ_E en las dos fibras extremas. Las magnitudes de las tensiones σ_A/σ_E mostradas corresponden a las condiciones respectivas reales en la sección transversal de la barra bajo la misma fuerza externa **F** (!) pero con diferente orientación.

La forma de equilibrio libre de flexión 2.1.3

FORMA DE EQUILIBRIO

La siguiente cuestión esencial que se plantea en este contexto es cómo se puede evitar la flexión eligiendo la forma correcta. Por lo tanto, se buscan diseños libres de esfuerzos flectores. En lenguaje técnico se denominan *formas de equilibrio*.[7] Este término pretende expresar que tienen su origen en las reglas del flujo de fuerzas y no en la voluntad creativa libre, también podría decirse desenfrenada, del proyectista.

Para determinar las formas de equilibrio sirve una simple analogía: Como es obvio, se puede asegurar ya de primeras que no hay flexión en un sistema estructural si se utilizan componentes que de por sí no tienen rigidez a la flexión, es

6 Pasarela suspendida: La banda flexible adopta la forma de una línea funicular.

decir, que ni siquiera pueden absorber flexión. Se trata, por
6 tanto, de elementos flexibles como cuerdas, por ejemplo. En consecuencia, las cuerdas, que siempre son flexibles, no pueden evitar adoptar bajo carga una forma de equilibrio sin sufrir flexiones. Dado que las cuerdas no pueden absorber la compresión o la flexión, sino sólo la tracción, resulta necesariamente que sólo esta última fuerza fluirá en ellas.

FORMA DE SUSPENSIÓN

La forma que adopta la cuerda en el ensayo de suspensión —empezaremos aquí con sistemas planos—, la llamada *forma de suspensión*, depende de varios factores. En primer
7 lugar, del tipo de la carga: Es lógico que la cuerda cambie su forma instantáneamente en cuanto cambie la orientación o el punto de aplicación de la fuerza que actúa sobre ella, o cambie la distribución de la totalidad de las fuerzas que actúan, es decir, el patrón de cargas.

EMPUJES

Además, también es crucial el apoyo: En primer lugar, en este caso sólo es posible un apoyo articulado fijo, no desplazable, es decir, el llamado apoyo bivalente.[8] Esto se debe a que el apoyo de la cuerda colgante, al igual que el de todos los demás sistemas sin flexión, produce empujes horizontales, además de las fuerzas verticales, como consecuencia directa de cargas externas alineadas verticalmente. Estas fuerzas horizontales deben bloquearse en los apoyos con fuerzas de reacción opuestas. Esto representa una cierta desventaja en comparación con los sistemas flectados, en los que las cargas verticales no generan también inmediatamente, como en el presente caso, empujes horizontales.

En segundo lugar, es comprensible que la cuerda también cambie su forma inmediatamente en cuanto se modifique la posición de los puntos de apoyo. Por último, también interviene la longitud de la cuerda, otro factor que influye decisivamente en la forma de suspensión. Sin embargo, una vez que se han determinado la carga, el apoyo y la longitud de la cuerda, la forma de suspensión es el resultado forzoso e ineludible de leyes físicas (no del albedrío del proyectista) y, por tanto, puede predecirse.

Ahora bien, es interesante observar que la forma de suspensión, siguiendo las leyes físicas, siempre se establece por sí misma, pero que los factores mencionados anteriormente —patrón de cargas, apoyo y longitud de cuerda— se prestan, sin embargo, a ser manipulados, por así decirlo, por el diseñador. Así, aunque éste no tiene la posibilidad de intervenir directamente en la propia forma de suspensión, que es una necesidad física como se ha comentado, sí que puede influir en ella en cierta manera, al menos indirectamente.

Así pues, se han descrito esencialmente las formas de equilibrio de los sistemas de cuerdas o cables, es decir, de los sistemas que están sometidos a tensiones puras de tracción o que sólo pueden ser sometidos a ellas. Pero, continuando el razonamiento, es interesante observar que la reflexión del sistema colgante, es decir la forma de suspensión, sobre el eje horizontal, es decir, su inversión vertical, a su vez produce una forma de equilibrio. Si ésta se somete

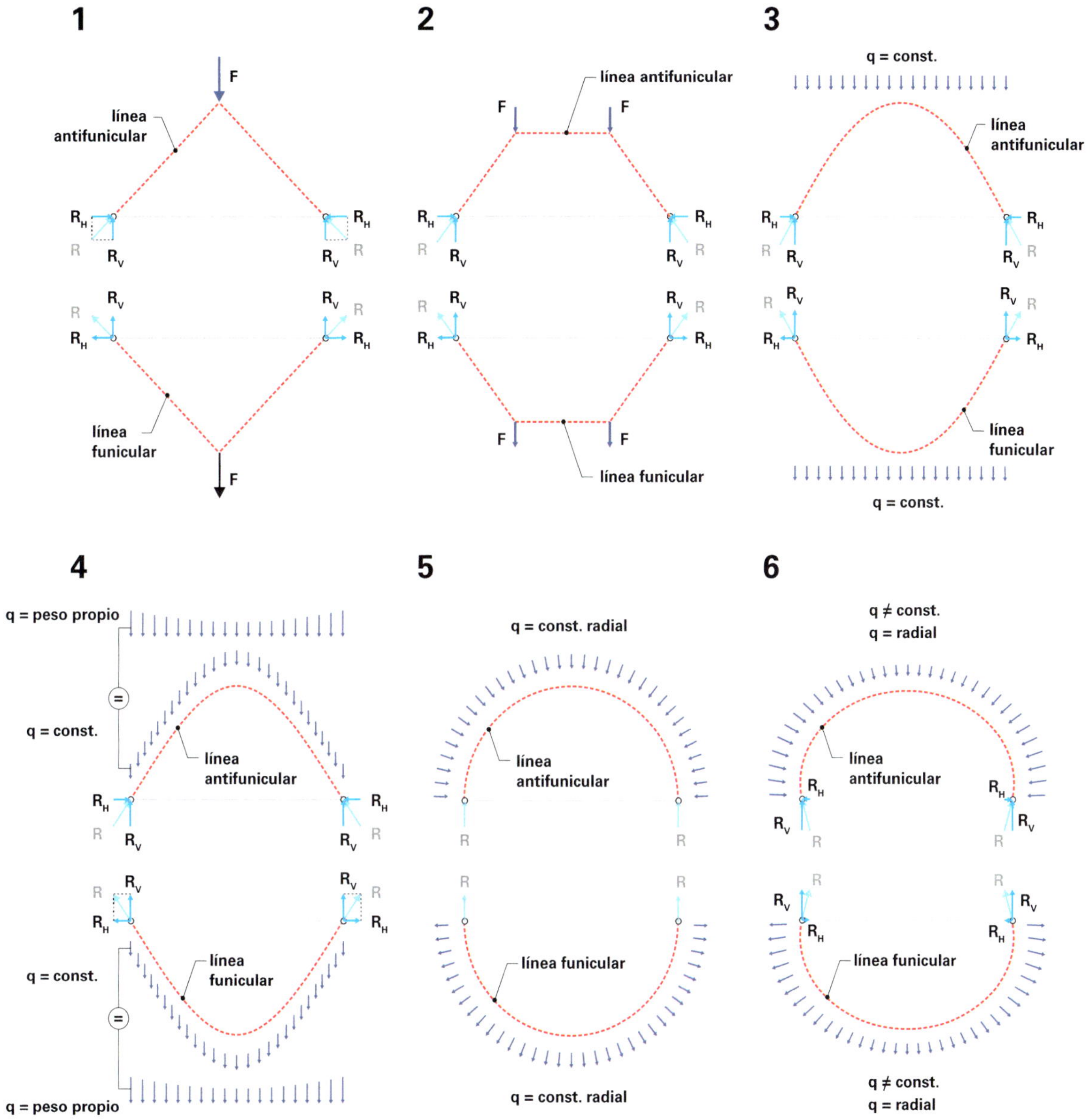

7 Formas de **líneas antifuniculares** o **de empujes** (imágenes superiores en cada caso) y **líneas funiculares** correlativas (imagen reflejada inferior en cada caso) bajo diferentes cargas asumiendo longitudes comparables de barra/cuerda. Los seis casos:

1 carga única en el centro: línea recta.
2 dos cargas individuales: línea funicular.
3 carga lineal horizontal constante: parábola de 2º grado.
4 carga muerta: línea catenaria (hipérbola).
5 carga radial constante: arco circular.
6 carga lineal radial no constante: elipse.

a exactamente la misma carga que la forma de suspensión, el resultado es una forma completamente libre de flexiones que, en este caso, no está sometida exclusivamente a tracción, sino lo está sólo a compresión. De este modo, el ensayo de suspensión ha mostrado o dado a conocer, por así decirlo, bajo unas condiciones de contorno determinadas, la trayectoria ideal de la fuerza que no produce flexión, es decir, la forma de equilibrio actuando bajo compresión pura. Si ahora se localiza en esta trayectoria de fuerzas material resistente a la compresión, se obtiene un diseño libre de flexión bajo carga de compresión (pura). Por analogía con la forma de suspensión de la cuerda, que se denomina *línea funicular*, su forma inversa se llama *línea antifunicular* o *línea de empujes*. Una línea antifunicular es, por tanto, una forma de equilibrio, y en consecuencia libre de flexión, actuando bajo compresión pura.

LÍNEA FUNICULAR

LÍNEA ANTIFUNICULAR, LÍNEA DE EMPUJES

2.1.4 Limitaciones prácticas

■ A pesar de esta importante analogía entre la línea funicular y la antifunicular, existen en este contexto algunas diferencias cruciales entre ambas: Mientras que los sistemas sometidos a esfuerzos de tracción, como cuerdas, no sólo pueden estar, sino que siempre están, efectivamente libres de rigidez a la flexión, esto no es cierto para los sistemas sometidos a esfuerzos de compresión. Esto se debe a que un elemento sin ninguna rigidez a la flexión se desviaría, es decir, pandearía, bajo la más mínima carga de compresión. Esto es exactamente lo que hacen las cuerdas cuando se comprimen. Por esta razón, en condiciones prácticas, siempre es necesaria una cierta rigidez a la flexión para las formas de equilibrio sometidas a compresión, con el fin de evitar el pandeo de la barra comprimida, que es lo que el sistema estático que se contempla representa a fin de cuentas. Sin embargo, esto no significa que se pierdan por completo las ventajas de la forma de equilibrio: La rigidez a la flexión necesaria para este fin es sólo marginal en comparación con la requerida para las formas flectadas reales.

Sin embargo, esto tiene otras consecuencias: Debido a la ausencia total de rigidez a la flexión, las cuerdas se adaptan siempre al patrón de cargas prevalente. Si éste cambia, la cuerda también cambia inmediatamente su forma. Los cambios de forma que se producen en el proceso pueden ser considerables y suelen resultar muy por encima de lo que se puede tolerar en estructuras manteniendo su utilidad.[9]

No así los sistemas sometidos a compresión: Debido a su indispensable rigidez a la flexión, su forma no puede adaptarse en absoluto a cambios de las condiciones de carga asumiendo una nueva forma de equilibrio cuando cambian las circunstancias. Por así decirlo, siempre están conformados para un determinado patrón de cargas que se preestablece desde el principio. En cuanto esta carga cambia, pierden inmediata e *inevitablemente* su calidad de forma de equilibrio (pura). El problema es que, en la práctica de la construcción, las cargas de hecho cambian constantemente, en mayor o menor grado. Esto se aplica tanto a cargas vivas como a cargas externas, por ejemplo causadas por viento, nieve o terremotos. Sólo la carga muerta es siempre fiable, porque es inmutable.

Si una forma de equilibrio sometida a esfuerzos de compresión pierde su calidad de tal debido a un cambio en el patrón de cargas, es decir, pierde la congruencia entre la geometría del sistema estructural y la geometría de la línea de empujes

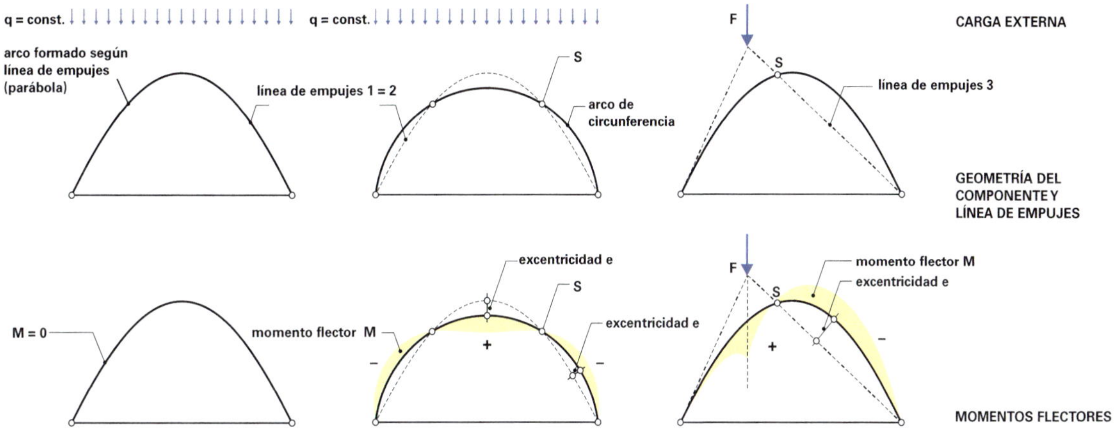

1

10 Caso **1**: Congruencia de la geometría del componente con la línea de empujes **1**, que resulta del patrón de carga de carga lineal constante **q**. No hay momentos flectores en la sección transversal, sólo fuerzas axiales.

2

8 Caso 2: Desviación de la geometría del componente (en este caso un arco de círculo) respecto a la línea de empujes. En el ejemplo mostrado se asume el mismo patrón de carga que en el caso **1**; la línea de empujes (**2**) es, por tanto, la misma que allí, es decir, una parábola cuadrática. Sin embargo, el círculo se desvía de la parábola. Esto provoca momentos flectores proporcionales a la excentricidad **e**. Se producen momentos flectores **M** positivos o negativos en función del lado hacia el que se produce la desviación de la línea de empujes. Los puntos de momento cero se sitúan en las intersecciones entre la línea baricéntrica y la línea de empujes (**S**).

3

9 Caso 3: Desviaciones de la geometría del componente respecto a la línea de empujes. En este caso, la geometría del componente se mantiene sin cambios en comparación con el caso **1**. Según la carga en el caso **1** (carga lineal constante), corresponde a una parábola cuadrática. Aquí se varía el **patrón de carga**. Actúa una carga excéntrica concentrada **F**. Las desviaciones entre la línea baricéntrica definida del componente y la línea de apoyo modificada aquí provocan a su vez momentos flectores.

Las cargas alternas, como suelen ocurrir en las estructuras portantes, dan lugar a este tipo de esfuerzo flector, que en la mayoría de los casos requiere una rigidez mínima a flexión del arco.

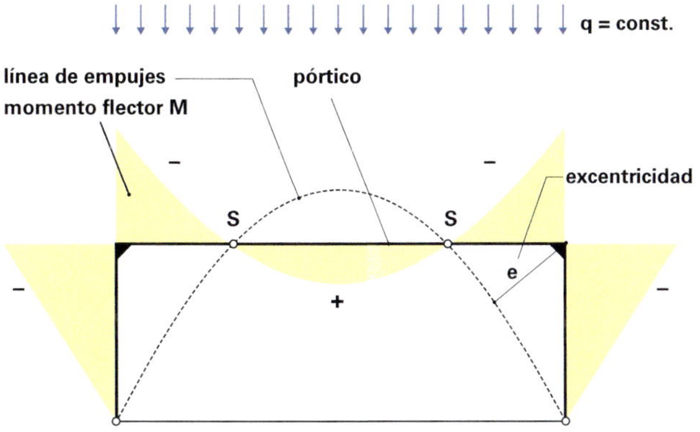

11 Pórtico biarticulado con la línea de empujes dependiente de la carga (parábola) y la geometría angular del componente. Las excentricidades **e** conducen en cada caso a momentos flectores **M**, que son nulos en los puntos de intersección **S**, pero asumen los máximos en la excentricidad máxima en las esquinas.

10 porque ésta se desvía de la línea del sistema dada con el
cambio de carga, reaparece inmediatamente la flexión. Lo
9 mismo se aplica, por supuesto, a un sistema cuya geometría
ya se desvía *desde el principio* de la línea de empujes ideal
correspondiente a una carga que no cambia necesariamente
en este caso — como el histórico arco de fábrica, que se
construyó con forma circular por motivos de fabricación y por
tanto se desviaba desde el principio de la línea de empujes,
8 que en realidad era aproximadamente parabólica. Esta flexión
es proporcional a la desviación dimensional efectiva entre la
línea baricéntrica del sistema y la línea de empujes, que se
EXCENTRICIDAD
denomina *excentricidad*. Cuanto mayor sea la discrepancia
entre la línea de empujes ideal y la línea baricéntrica real
del sistema, es decir, cuanto mayor sea la excentricidad,
mayores serán los momentos flectores que actúan sobre
el sistema. Se distribuyen a lo largo del eje de la barra en
función de la respectiva excentricidad existente localmente.
Mientras que un arco parabólico se acerca mucho a una
forma de equilibrio ideal, o línea de empujes en este caso,
un pórtico con forma rectangular no es otra cosa que una
forma flectada que presenta una desviación dramática de
11 la línea de empujes. Por lo tanto, sufre momentos flectores
considerables, cuyos máximos se encuentran en los puntos
con mayor desviación con respecto a la línea de empujes
ideal, es decir, en las esquinas.

Aunque todo esto representa una cierta desventaja estática (al menos en parte) de las formas de equilibrio rígidas a la flexión y sometidas a compresión en comparación con las completamente libres de flexión y sometidas a tracción, las primeras tienen la ventaja de una deformabilidad muy limitada desde un principio. Esto da la certeza de que la capacidad de servicio de la construcción se mantiene siempre.

ESTRUCTURAS PORTANTES MÓVILES

PRETENSADO MECÁNICO Y NEUMÁTICO

Por supuesto, este requisito puramente operativo también debe aplicarse a las formas de equilibrio sometidas a cargas de tracción, que —con justificación— se denominan estructuras portantes móviles. Sin embargo, esta exigencia no se cumple, en este caso particular, con la ayuda de rigidez a la flexión —que no pueden tener por definición— sino con la ayuda de un pretensado. Esto puede hacerse, por ejemplo, mecánicamente por medio de cables que corren en direcciones opuestas o, en el caso de membranas, neumáticamente por medio de presión de gas.

Hasta aquí la explicación muy resumida del concepto de la forma de equilibrio. Conviene ahora hacer una comparación básica entre las formas de equilibrio y las flectadas, especialmente en lo que respecta a su diseño y a los respectivos paradigmas de diseño asociados a ellas en la mente de los diseñadores.

2.2 Diseñar con formas de equilibrio y formas flectadas

En lo que respecta al diseño formal y constructivo de las formas de equilibrio y las flectadas en la práctica constructiva, existen algunas diferencias fundamentales, que ya se han abordado en parte anteriormente: Las formas de equilibrio

que cubren un vano —una subcategoría de las mismas, importante en este contexto— generan, a diferencia de las formas flectadas, fuerzas de apoyo horizontales en sus soportes, además de las verticales. Se producen, por ejemplo, **7**
con los arcos en forma de empujes sobre estribos. Deben bloquearse con precauciones constructivas adecuadas. En determinadas circunstancias, pueden ser muy complejas y costosas y, en condiciones adversas, pueden incluso anular parte de la eficacia de las estructuras libre de flexión.[10]

Además, este tipo de forma de equilibrio siempre muestra claras diferencias de altura entre sus puntos altos o bajos y sus soportes. Se denominan *flechas, monteas* o *sagitas*. Por **12**
lo tanto, las flechas, necesarias por razones estructurales, siempre presuponen una altura de construcción considerable, por regla general mucho mayor que el canto de formas flectadas comparables. Ésta puede ser una seria desventaja de las formas de equilibrio bajo ciertas condiciones. Esto es especialmente cierto cuando el factor del canto de la construcción es decisivo, como en el caso de forjados de edificios de varias plantas.[11] Pero el proyectista se ve siempre compensado con una reducción drástica del consumo de material.

FLECHA, MONTEA, SAGITA

Por último, hay que tener en cuenta que las formas de equilibrio que abarcan espacios, siempre que estén sometidas a una carga distribuida —lo que es la norma en la construcción—, necesariamente presentan una curvatura. Las formas de equilibrio tridimensionales incluso presentan con frecuencia no sólo una curvatura uniaxial, como en el caso de bóvedas de cañón, sino biaxial, como en el caso de cúpulas. Esta última no es del todo fácil de realizar con los productos de construcción disponibles, en su mayoría material rectilíneo o plano.

CURVATURA

Sin embargo, la diferencia más importante radica en el modo en que las formas de equilibrio y formas flectadas surgen en el proceso de diseño. El factor decisivo aquí es que, a diferencia de las formas de equilibrio, las formas flectadas pueden diseñarse en gran medida independientemente del flujo de fuerzas. Una viga bajo flexión sobre dos apoyos, por ejemplo, está siempre sometida exactamente al mismo esfuerzo como resultado de las fuerzas seccionales, independientemente de la forma que adopte. La estrecha relación entre forma y flujo de fuerzas que se ha descrito para las formas de equilibrio no existe para las formas flectadas. En consecuencia, el diseñador disfruta de la mayor libertad

FORMA Y FLUJO DE FUERZAS

12 Fuertes flechas resultantes de la pronunciada curvatura necesaria de las formas de equilibrio, como las membranas.

de diseño posible con estas últimas, al menos así parece a primera vista. De hecho, la noción generalizada de que los diseños de edificios surgen directamente de la imaginación y la inventiva del diseñador, que se traducen, por así decirlo, de su mano creativa directamente a la realidad construida, surgió con certeza por la costumbre de operar con formas flectadas, es decir, formas que no son de equilibrio. Los proyectistas que operan con formas de equilibrio, en cambio, no gozan de esta libertad sin ataduras, porque tienen que aceptar ciertas restricciones derivadas del estrecho vínculo que existe en ellas entre la forma y el flujo de fuerzas, pero, no obstante, también tienen —dependiendo del punto de vista, por supuesto— suficientes opciones a su disposición para expresar su voluntad creadora.

En este contexto, estaría justificada la pregunta de por qué motivo se le ocurriría a un diseñador someterse voluntariamente a las restricciones de diseño que imponen las formas de equilibrio. Esta pregunta es complicada. Merece una respuesta matizada: Ya se ha visto más arriba qué desventajas tienen las formas de equilibrio. En primer lugar, deben *determinarse* en lo que respecta a su geometría exacta al ser el resultado físico obligatorio de unas condiciones de contorno predefinidas, que es lo que son en realidad. En cambio, las formas flectadas no se *determinan*, sino se *definen*, porque son producto de la libre decisión del diseñador. Determinar exactamente formas de equilibrio puede suponer una gran complicación de modelación o de cálculo, dependiendo de los métodos que se utilicen para ello. Además, las formas de equilibrio son relativamente difíciles de construir. Debido a su típica curvatura, sólo en raras ocasiones pueden fabricarse con componentes rectilíneos o planos. Por último, hay que mencionar que las formas de equilibrio a menudo sólo se pueden construir con la ayuda de costosos cimbrados, ya que no suelen desarrollar su capacidad de carga hasta su finalización.

Todos estos no son ciertamente factores que aboguen a favor de las formas de equilibrio. Por otra parte, su ventaja esencial radica en su insuperable eficiencia estática y su impresionante esbeltez. En contraste, su contraparte, la forma flectada, conlleva siempre una pesada hipoteca, a saber, su ineficiencia estática que consume —casi devora— material, que genera grandes cargas muertas y a menudo resulta en formas torpes. Este es, por así decirlo, el precio que hay que pagar por la libertad de la que se goza al diseñar formas flectadas.

Y este precio suele aceptarse de buen grado, sobre todo por parte de los arquitectos.[12] Sin embargo, esto ocurre sobre todo de forma inconsciente, ya que las consecuencias de las propias acciones, o sus causas, suelen permanecer ocultas al juicio del diseñador. La cuantía del precio, es decir, la magnitud del consumo de material y la complicación constructiva necesarios para ejecutar formas flectadas, por lo que también es el criterio esencial para saber si está justificado en un caso concreto recurrir a éstas o no, se mide por un factor decisivo: la escala o el tamaño de la estructura. Ya se ha tratado este tema en detalle más arriba. A medida que aumenta el tamaño de la estructura o el componente, el criterio del consumo de material se vuelve cada vez más importante, hasta que se alcanza el llamado tamaño límite y el diseño deja de ser viable completamente. Poco antes de esta etapa final, por así decirlo, se suele incurrir en costes de construcción horrendos y en retrasos de obra críticos.

ESCALA

☞ *Cap. 1. Escala, pp. 4 y ss.*

TAMAÑO LÍMITE

Es cierto, no obstante, que la actividad principal del arquitecto, al menos en lo que se refiere a edificios convencionales, se desenvuelve dentro del ámbito dimensional de lo que puede realizarse razonablemente con formas flectadas. Sin embargo, esto también depende de la eficiencia, desde el punto de vista estático, de la forma flectada elegida. Porque incluso dentro de la categoría de formas flectadas, hay enormes diferencias de eficiencia entre los distintos diseños. Basta contemplar la diferencia entre un voladizo empotrado y una viga continua de varios vanos, ambas formas flectadas. Esta última tiene sólo una octava parte del momento flector del primero con la misma luz.

Si se superan ciertos tamaños, ya sea de todo el edificio o de componentes individuales, o si se eligen formas constructivas —también se podría decir esquemas constructivos— especialmente ineficientes para una escala determinada, se alcanzan con relativa rapidez los tamaños límite y, por tanto, los límites de lo que se puede ejecutar razonablemente. Esto es especialmente cierto en el caso de estructuras de grandes luces y edificios de gran altura, ámbitos en los que arquitectos alcanzan rápidamente los límites de sus conocimientos, pero también a nivel de componentes de escalas mucho más pequeñas: Una losa plana de hormigón ya alcanza su tamaño límite con una luz de unos 7–8 m, a partir de la cual su capacidad de carga se consume prácticamente en su totalidad para soportar la carga muerta de la propia losa, hasta que finalmente colapsa bajo su propia carga a medida que aumenta la luz y se alcanza finalmente el tamaño límite, independientemente de cómo esté dimensionada y/o armada.

ESQUEMA CONSTRUCTIVO

☞ *Véase también al respecto Cap. 1., Aptdo. 6.1 La influencia del plan de construcción, pp. 15 y s.*

Así, cuando las formas flectadas se utilizan con descuido, las escalas pequeñas son benignas; las grandes, en cambio, son despiadadas e implacables. Por lo tanto, se puede argumentar que, a partir de un determinado tamaño, la elección de una forma de equilibrio se impone, por así decirlo, porque el efecto de la carga asume un dominio (literalmente) aplastante y, en consecuencia, es esencial una eficiencia suficiente del sistema de carga. A la inversa, se puede argumentar que los esquemas constructivos extremadamente ineficientes desde el punto de vista estático, tal como a menudo surgen del ánimo juguetón del diseñador (ignorante o indiferente), sólo son realizables a escalas relativamente pequeñas. Sin embargo, si alguien intenta desafiar estas dos sencillas reglas, se topa con leyes físicas inexorables que le castigan debidamente por hacerlo, a menudo con costes horrendos; a veces con problemas difícilmente resolubles en la ejecución; en casos extremos, con la pura imposibilidad de realizar el proyecto.

2.3 Hábitos de diseño

■ Por último, conviene hacer algunas observaciones sobre los hábitos mentales e intelectuales que prevalecen en el diseño: Cabe suponer que el modo, a veces muy despreocupado, en que algunos proyectistas, en particular arquitectos, valoran el comportamiento estructural de las formas constructivas o arquitectónicas con que operan se basa en una marcada incapacidad, o falta de voluntad, para reconocer y admitir las consecuencias físicas de la escala en la que están actuando. O en otras palabras: Muchos de nosotros carecemos del conocimiento, especialmente de la apreciación intuitiva, firmemente anclada en nuestra conciencia, de las consecuencias físicas derivadas del mero tamaño de los objetos físicos. Esto puede deberse a que en nuestra infancia, cuando nos familiarizamos de forma lúdica con las leyes de la física, tendíamos a manejar objetos de una escala pequeña: en concreto, juguetes u objetos corrientes de uso cotidiano. Mientras que nuestros antepasados tenían ocasionalmente experiencia directa con la construcción de objetos de gran tamaño usando sus propias manos, por ejemplo construyendo sus propias casas, esto es poco frecuente en la era industrial, ya que hoy los edificios los erigen especialistas. Sencillamente, hoy en día carecemos de la experiencia elemental de manejar objetos grandes y pesados. Por lo tanto, a menudo caemos en la falacia de que estos últimos se comportan físicamente exactamente igual que los primeros. Esto es un error. Esta idea errónea también es la base de la falsa suposición de que los modelos de edificios reducidos a escala se comportan estructuralmente de la misma manera que el edificio a escala 1:1.[13] También es la verdadera razón de la escandalosa arrogancia que muestran las filosofías de diseño que exigen estricta e incondicionalmente libertad de diseño ilimitada. En última instancia, también oculta el hecho de que el diseño de estructuras de edificios, desde la fase más temprana, independientemente de la escala a la que se trabaje, requiere que se aborden seriamente los problemas de transmisión de fuerzas.

☞ *Cap. 1., Aptdo. 6.3 Modelos, pág. 18*

3. El predominio del ortoedro

■ En vista de la importancia, que difícilmente se puede sobrestimar, de la geometría o la forma para el diseño de edificios y en particular su estrecha vinculación —como se ha visto— con preocupaciones y consideraciones estructurales, se intentará a continuación examinar más de cerca una geometría básica que se da con extraordinaria frecuencia en la construcción, a saber, el *ortoedro*, en cuanto a su historia de desarrollo con respecto a sus orígenes conceptuales, tecnológicos y culturales.

ORTOEDRO 13

Con las posibilidades técnicas en constante expansión de la época moderna, se ha abierto paso en la escena arquitectónica una variedad casi inflacionaria de geometrías básicas. Su discusión exhaustiva, sin embargo, iría más allá del alcance de esta obra y no aportaría nada esencial en términos de conocimiento. Por lo tanto, nos limitaremos a los pocos patrones geométricos básicos que han dominado nuestro entorno construido hasta ahora, y que siguen haciéndolo hoy en día, a pesar de todo.

Si se intenta extraer ciertos patrones básicos recurrentes del conjunto de geometrías básicas de edificios realmente existentes, se llega a un resultado notable: La gran mayoría de las formas de edificios, tanto contemporáneos como históricos, se derivan de sólo unas pocas geometrías elementales. Esto se aplica principalmente a edificios de todo tipo, y de forma algo menos estricta a otra clase de estructuras. Entre estas geometrías elementales, la geometría prismática, especialmente en la forma del ortoedro —una forma flectada, por cierto—, ejerce un dominio casi aplastante. Apenas hay diferencias entre las distintas regiones del mundo. Las peculiaridades de las distintas culturas humanas, que en otros campos aparecen con tanta claridad, parecen nivelarse por completo precisamente en este punto. Los edificios con forma de ortoedro son la geometría básica predominante en todas las zonas culturales, regiones climáticas y continentes. Y esto no se debe a la difusión generalizada de estándares culturales occidentales, técnicos e industriales, sino que persiste con continuidad histórica desde tiempos inmemoriales, incluso remontándose a lo más profundo de la prehistoria, como muestran numerosos hallazgos arqueológicos.

La cuestión de cuál podría ser la razón de este hecho notable tiene una dimensión cultural y socio-histórica extraordinariamente interesante, que, sin embargo, no puede analizarse en esta obra desde la presente perspectiva, es decir la del proyecto constructivo propiamente. Por otro lado, los antecedentes técnicos y de diseño, que son suficientemente complejos, interesantes e informativos en sí mismos, sí que se examinarán con más detalle en el resto de este capítulo. La argumentación no se centra tanto en una perspectiva contemporánea, sino que tiene la vista puesta en

13 Edificio ortoédrico, aquí en la forma aún más regular del cubo aproximado (Biblioteca Municipal de Stuttgart).

el desarrollo histórico de tipos de edificio abarcando varios miles de años, que al final ha producido ciertos patrones básicos reconocibles. El hecho de que se procede en gran medida de forma especulativa, sacando conclusiones tentativas a posteriori, por así decirlo, es indiscutible y, por otra parte, ineludible a la vista de los resultados generales de la investigación en este campo, que son más bien escasos.

4. Propiedades del ortoedro

Una hipótesis obvia que se desprende del predominio global de la geometría ortoédrica es que debe haber ventajas de peso a favor de este tipo de diseño de edificios, o que hay desventajas o dificultades de igual peso asociadas a patrones básicos diferentes. Para llegar al fondo de éstos y aquellos, se pueden hacer primero algunas consideraciones sencillas.

4.1 Efectos de la carga externa

En primer lugar, al construir hay que tener siempre en cuenta el efecto y la influencia de la gravedad. Como se ha comentado en el capítulo anterior, cuanto más grande es la estructura del edificio, mayor es la influencia de la gravedad, pero en la construcción ya nos encontramos en rangos de tamaño, incluso para los edificios más pequeños, en los que el efecto de la gravedad no es (ya) secundario, a diferencia, por ejemplo, de una pequeña maqueta de cartón. Cualquiera que haya participado en la construcción ha tenido esta experiencia elemental. Cuanto más pesado sea el material de construcción utilizado, es decir, cuanto mayor sea su peso específico o densidad aparente, mayor será el peso (proverbial) de este factor.

Ahora bien, la gravedad es siempre *vertical* —no importa en qué lugar de la tierra se halle uno— por lo que los componentes cuya geometría básica sigue esta línea vertical, como una pared a plomo, ofrecen importantes ventajas ya de principio: Si se asumen ciertas proporciones entre altura y anchura, son intrínsecamente estables, ya que su centro
14 de gravedad se encuentra sobre la zona del núcleo central

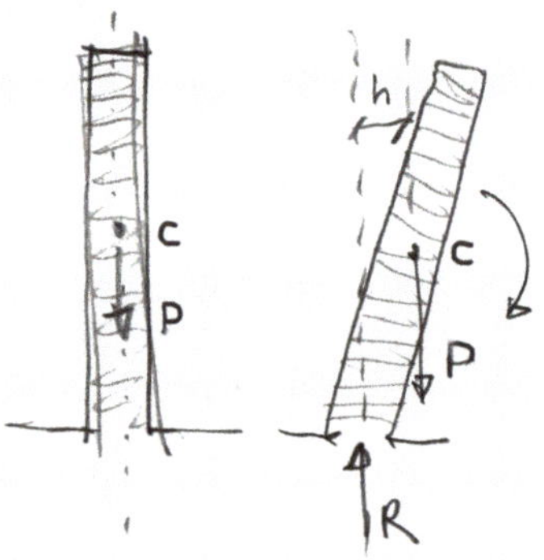

14 Muro vertical intrínsecamente estable (izquierda). La carga **P** atraviesa la superficie de apoyo. El muro inclinado (derecha) está sometido a un momento de vuelco programado **M** = **P** · **h**. **C** centro de gravedad.

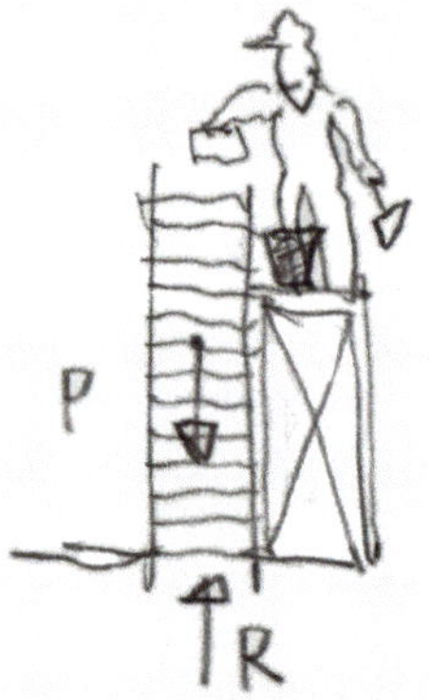

15 La pared de capas verticales sucesivas permanece en una posición estable en cada estado intermedio.

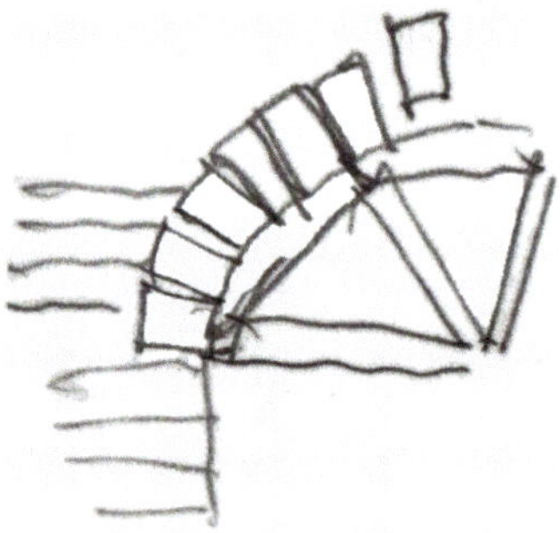

16 Un arco de fábrica requiere una cimbra durante la fase de construcción.

del apoyo. En el caso de construcciones que se levantan por
hiladas, como en el caso de la obra de fábrica, esto es válido
no sólo para el estado acabado, sino también para el estado

ESTADO DE CONSTRUCCIÓN

de construcción: Mientras se levanta un muro, siempre es
igual de estable que al final; o para ser más precisos: es 15
incluso más estable antes de finalizarlo. Por el contrario, un
componente inclinado no es estable por sí mismo, al menos
si la inclinación es tan fuerte que la proyección sobre el suelo
del centro de gravedad se encuentra más allá de la superficie
de apoyo o de la superficie del núcleo central del mismo.
En este caso se produce por necesidad un momento de 17
vuelco, lo que hace que el componente se caiga si no está
apuntalado o anclado. En el caso de un levantamiento hilada
a hilada, el punto de colapso de la construcción se alcanzará
también en algún momento del estado de construcción en
esta posición inclinada, ya que su centro de gravedad se des-
plaza continuamente hacia el exterior y en algún momento
sobrepasa necesariamente los límites de la zona de apoyo.

La geometría de componentes rectilíneos verticales ofrece, por tanto, dos primeras ventajas notables: Con proporciones de componente suficientemente compactas, el elemento puede permanecer estable, tanto durante la construcción como en su estado final. (En principio, no se tienen en cuenta aquí otras cargas que la gravedad: Esto está absolutamente justificado en el caso de la construcción sólida, y al menos parcialmente en el caso de la ligera.)

Por lo tanto, las medidas de apoyo adicionales como cim-
brados, andamiajes o apuntalamientos, que siempre son ca-
ras y requieren tiempo, son innecesarias. La complicación de
estas medidas de andamiaje queda ilustrada por los trabajos
de cimbrado necesarios para erigir arcos de obra de fábrica. 16
Con arcos o bóvedas no hay otra opción, obviamente, que
desviarse de la vertical. Los ingeniosos métodos con los que
los antiguos maestros de obras conseguían a veces hacer
superfluo este trabajo de cimbrado dan una idea aproximada

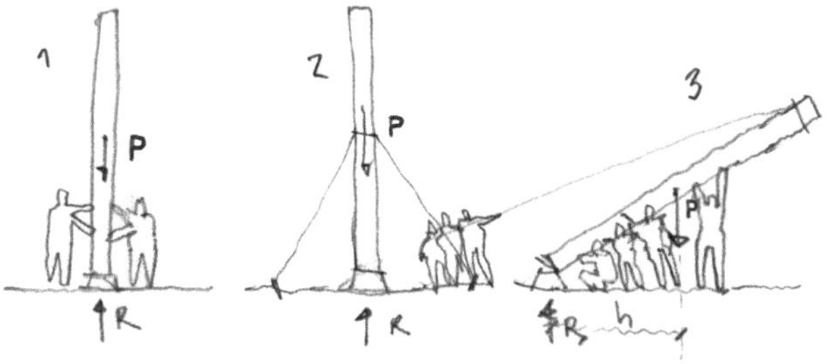

17 Estado de construcción: La posición vertical del soporte (**1**) permite sujetarlo con el mínimo esfuerzo; Incluso pequeños desplomes (**2**) pueden ser peligrosos, por lo que se requiere un aseguramiento permanente; el mayor esfuerzo se requiere para una posición muy inclinada (**3**), ya que debe contrarrestarse el momento de vuelco **M** = **P** · **h**.

de lo importante que era siempre construir sin cimbra, y por tanto a plomo siempre que fuera posible. La expresión *tener aplomo* ha penetrado incluso en el uso lingüístico —seguramente por su extraordinario significado constructivo—: no significa otra cosa que poseer estabilidad anímica.

Como se trata de leyes físicas y no de extravagancias negociables, naturalmente también se aplican a organismos vivos, por ejemplo también al cuerpo humano, que tampoco está inclinado con respecto a la vertical. Cabe señalar, de paso, que esta observación sólo aparentemente trivial da lugar a una ventaja adicional que tienen cerramientos verticales, a saber, que el perfil del espacio resultante es de máxima utilidad porque se puede pisar y es accesible
18 en todas partes, también en la proximidad del cerramiento.

4.2 Efectos del esfuerzo interno

Hasta aquí la cuestión de la estabilidad y el equilibrio de las fuerzas *externas*. Pero la geometría recta vertical también tiene ventajas con respecto a las fuerzas *internas*, o los esfuerzos que actúan dentro del componente: Las formas constructivas cuya geometría de diseño sigue estrictamente la línea del flujo de fuerzas —al menos del flujo de fuerzas dominantes— en las condiciones de contorno dadas son formas de equilibrio, como se ha explicado anteriormente, y exactamente una forma de este tipo es un componente rectilíneo o plano en posición vertical (para la condición de carga vertical, independientemente de si es carga muerta o sobrecarga). Por lo tanto, tiene la ventaja que ofrece toda forma de equilibrio, es decir, estar completamente libre de flexión. Un componente rectilíneo o plano que se encuentra en posición vertical bajo una carga vertical está efectivamente libre de esfuerzos flectores, siempre y cuando no se sobrepasen ciertas esbelteces máximas. Cualquier desviación de la directriz recta —independientemente de que se mantenga o no la estabilidad sin apuntalado— genera momentos flectores inevitables que suponen un esfuerzo adicional (considerable) para el material y, en casos extre-
19 mos, pueden provocar el pandeo del componente. Mientras

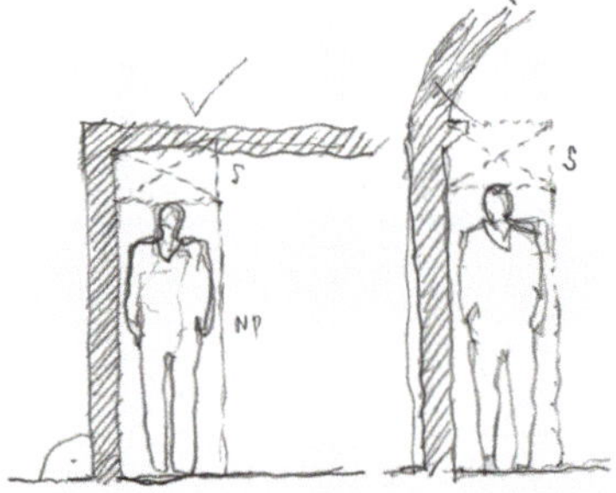

18 Los cerramientos verticales permiten aprovechar al máximo el espacio del suelo.

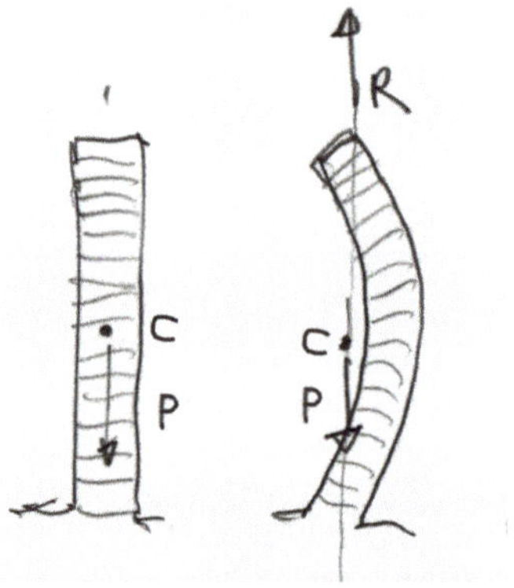

19 Las desviaciones de la línea recta vertical (como a la derecha) generan irremediablemente momentos flectores.

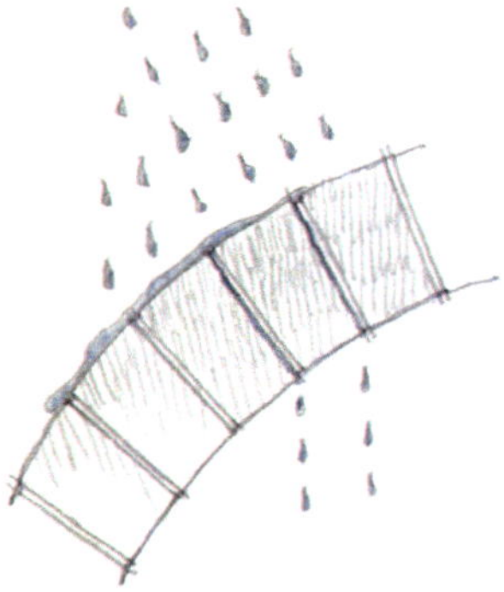

20 Las juntas de mortero pasantes en un aparejo de fábrica son puntos débiles en cuantoi a la protección contra la humedad.

que materiales tenaces como la madera o el acero podrían soportar esa flexión —o las flexotracciones que la acompañan— si fuera necesario, ésta no la pueden soportar los materiales frágiles como la piedra.

Por lo tanto, se puede afirmar que las estructuras sólidas históricas, en particular, prácticamente no pueden, debido a su elevado peso muerto y a su fragilidad, sino estar alineadas de forma recta y a plomo. También favorece —como se ha visto— la alineación vertical de las mismas el principio tectónico que les subyace, a saber, la estratificación o el apilamiento gradual de material. (Sin embargo, con las correspondientes condiciones de contorno, también es posible construir con inclinación, como en el caso del arco o la bóveda, pero siempre siguiendo de nuevo una forma de equilibrio, a saber, la línea antifunicular. Más adelante, en este mismo capítulo, se hablará de ello.)

Resumamos nuestra primera conclusión: Los componentes rectilíneos en posición vertical son estables por sí mismos o pueden mantenerse en este estado de forma permanente con apoyos auxiliares mínimos. Esto no se aplica a todas las demás construcciones fuera de plomo. Además, los componentes verticales están diseñados idealmente con respecto a la fuerza de gravedad que actúa también en dirección vertical, es decir, sin flexiones según una forma de equilibrio, sobre todo si la fuerza de gravedad domina sobre los efectos de fuerzas de otras direcciones, como es el caso del material de construcción pesado. Estos argumentos son especialmente relevantes en el caso de la construcción sólida, tradicionalmente muy extendida en todo el mundo.

Efectos de la protección contra la lluvia

4.3

■ Otro punto de vista importante, que a veces se pasa por alto, se deriva también de la orientación vertical de la gravedad: Dado que los componentes verticales, en este caso en particular los componentes planos, siguen la dirección de caída de la precipitación (que a su vez se debe a la gravedad) de forma más o menos exacta, ofrecen la menor superficie posible para que ésta ataque, por lo que están expuestos a

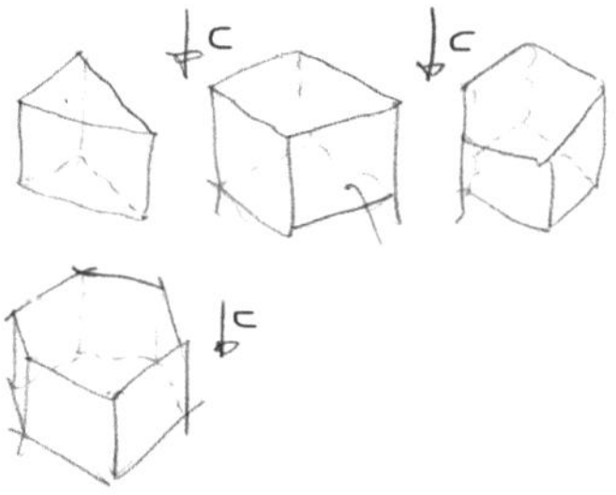

21 Las formas prismáticos con aristas verticales son una respuesta a las condiciones de fuerza resultantes del efecto de la carga **C** vertical.

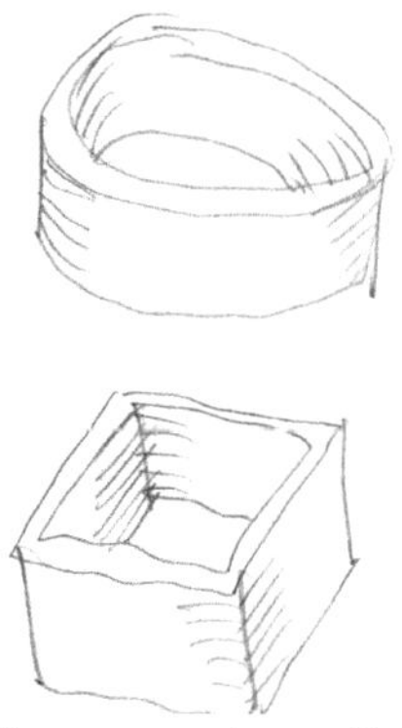

22 Las formas de muro cerradas son fáciles de construir con bloques de pequeño formato y ofrecen una resistencia inherente al vuelco.

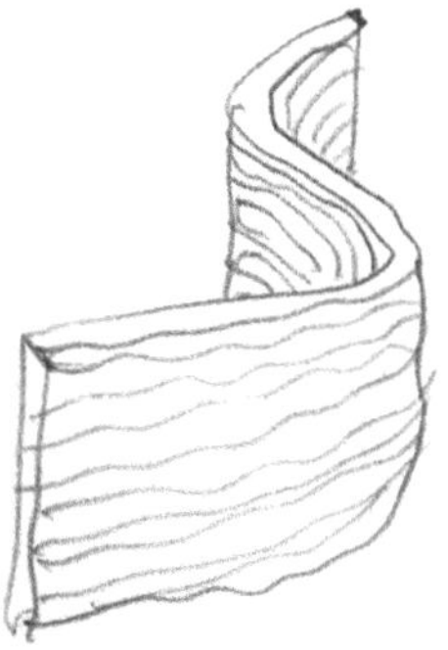

23 La curvatura paralela al plano del suelo proporciona estabilidad incluso con formas de muro abiertas.

una mínima acción de intemperie y, por lo tanto, también se ven afectados mucho menos que componentes inclinados (y tanto más, horizontales) expuestos a la misma. Entre los materiales especialmente sensibles a la humedad casi constante, como ya es de esperar en superficies inclinadas en regiones climáticas moderadas (cuanto más, tropicales), figuran tradicionalmente los materiales pétreos, pero también la madera: que son los dos materiales antiguos más importantes. Por ello, los muros de piedra se construían casi exclusivamente en vertical, no sólo por las razones estructurales y constructivas antes mencionadas, sino también por razones de protección contra la humedad y de durabilidad. En el caso de aparejos de obra de fábrica, son sensibles a la entrada de humedad en particular las juntas entre sillares o ladrillos, lo que es fatal en el caso de juntas pasantes, por
20 ejemplo en el caso de una bóveda de fábrica expuesta. Incluso en el caso de muros verticales, los paramentos debían ser lo más lisos posible, al menos en climas templados, sin piedras que sobresalieran, ya que éstas pueden conducir el
21 agua de lluvia a las juntas.

La marcada distinción morfológica (y también conceptual) entre el *muro* vertical y la *cubierta* inclinada resulta de la necesidad de adaptar la cubierta en su construcción y elección de materiales a las mayores exigencias que se derivan de su posición inclinada. El diseño adecuado de las juntas (solapamiento en la dirección del flujo de agua) y la fácil sustitución de las tejas (los tejados se pueden retejar con relativa facilidad después de desgastarse), así como una cierta pendiente mínima para el rápido drenaje del agua, siempre han permitido hacer frente de forma económica a la gran carga de humedad que actuaba sobre las superficies de cubierta. Además, una pared exterior podía protegerse casi por completo de la lluvia simplemente con un ligero voladizo de un alero proyectando más allá del paramento de la misma.

A partir de estas especificaciones elementales, ya se pueden derivar algunas restricciones para las formas básicas aptas para la construcción: todas las construcciones de pared formando cerramientos verticales con geometría prismática o también generalmente cilíndrica (no necesariamente
21–23 cilíndrica circular), así como —en este segundo caso con especificaciones de forma menos restrictivas— todas las construcciones de esqueleto con columnas verticales rectas. Las geometrías de planta son, en principio, arbitrarias. Se verá en un paso posterior que otras consideraciones también impondrán límites aún más estrechos a éstas.

4.4 El cubrimiento

■ Porque no hay que olvidar —en segundo lugar— que la estructura del edificio no sólo consta de cerramientos laterales, es decir, de paredes, sino también de un cubrimiento: ya sea un forjado de piso o una cubierta. Las cuestiones de forma relativas al cubrimiento se analizarán con más detalle a continuación. Sin embargo, ya se puede afirmar aquí que la lógica constructiva del cubrimiento se deriva de la tarea elemental de abarcar libremente un determinado vano. La luz depende directamente del canto de la construcción del forjado o de la cubierta, del sistema estático elegido y del **24** material utilizado, y viceversa: Esto significa que una vez que se establecen estos parámetros para un cubrimiento, se deriva de ellos casi inevitablemente una cierta luz fija —con un cierto margen de fluctuación, por supuesto—. A la inversa, una luz determinada, por ejemplo, basada en requisitos de uso, conlleva un canto, un sistema estático y un material correspondientes.

Aunque las luces de los diferentes cubrimientos de un edificio suelen variar, especialmente por razones de uso, es decir, los diferentes espacios celulares de las habitaciones pueden estar diseñados con diferentes luces, es cierto que dentro de la construcción del forjado de una misma estancia no se suele cambiar el canto del forjado, y por lo tanto, la luz. Si, por la razón que sea, se ha optado por una (única) luz y un único canto de forjado para una determinada estancia, se deduce necesariamente que las paredes portantes sobre las que se apoya la construcción del forjado deben ser *paralelas* entre sí. Esta especificación adicional limita la geometría preferida de la planta de la célula espacial a cubrir al paralelogramo o al trapecio y la célula misma al prisma con caras laterales verticales, siendo dos enfrentadas de ellas paralelas entre sí —las que soportan el cubrimiento—. **25**

PRISMA

Sigamos con esta línea de razonamiento: Se ha visto que es razonable que los muros portantes sean paralelos entre

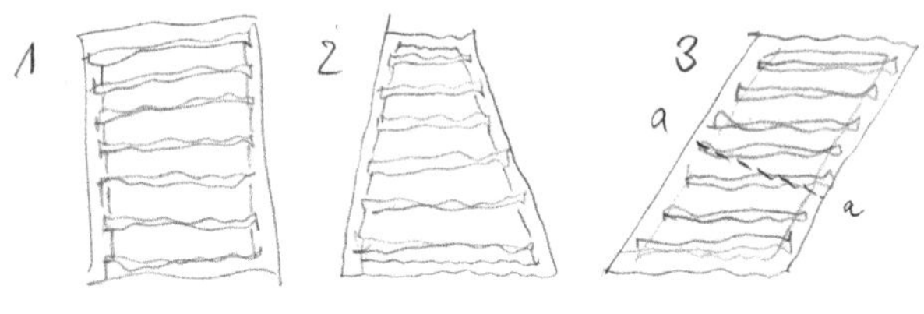

25 Las paredes de cerramiento paralelas y perpendiculares (**1**) corresponden a la lógica constructiva del cubrimiento; no así las otras variantes **2** y **3**.

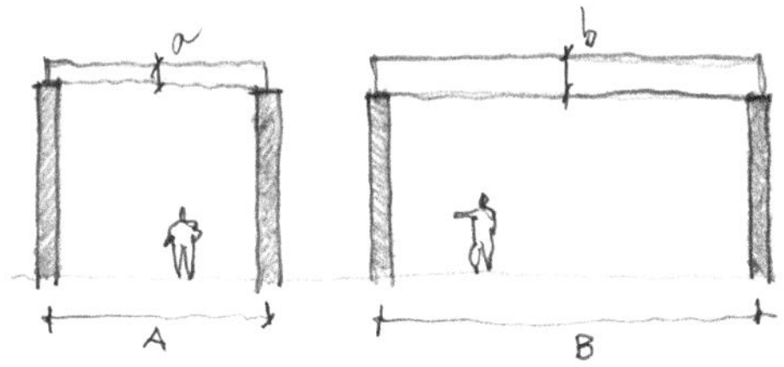

24 El canto del cubrimiento (**a**, **b**) depende del vano a cubrir (**A**, **B**).

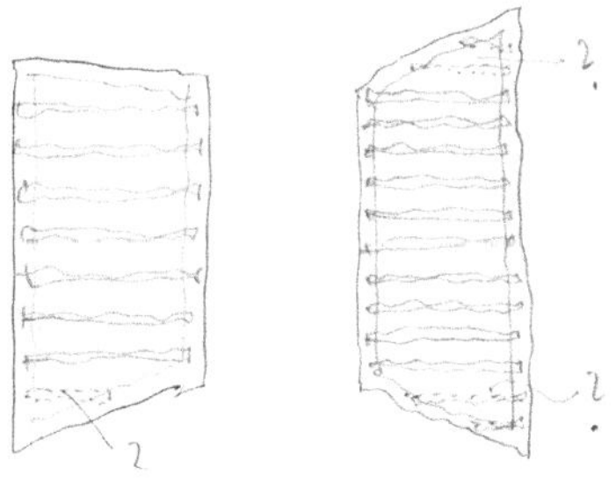

26 Las paredes testeras que discurren en ángulo recto también son una consecuencia lógica de la transferencia de carga unidireccional; de lo contrario, se requieren componentes especiales (vigas sobredimensionadas).

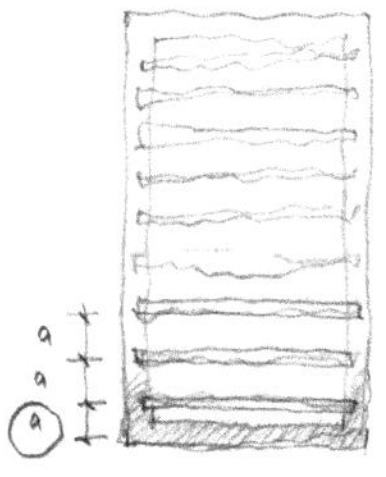

27 Los vanos iguales **a** de la carrera de vigas secundarias también corresponden a la lógica constructiva del cubrimiento.

sí. ¿Qué ocurre con las dos paredes testeras restantes? Unas paredes extremas fuertemente oblicuas en planta crearían una esquina en ángulo agudo que, a su vez, tendría que ser salvada con vigas más cortas cortadas en longitudes escalonadas, lo que iría en contra de la lógica descrita an-
26 teriormente. Vigas dispuestas con inclinación con respecto al muro de carga, paralelas al muro extremo o testero que (en este caso) va orientado en oblicuo (lo que daría lugar a
25 una figura básica en forma de paralelogramo), contradicen flagrantemente la lógica estructural, ya que aumentan innecesariamente la luz sin obtener ninguna ganancia.

También existe otro punto de vista: La misma lógica que se ha aplicado a la construcción principal del cubrimiento también se aplica de la misma manera a la construcción secundaria que discurre transversalmente a ella, en el presente ejemplo del forjado de vigas de madera, a saber, a la carrera de vigas secundarias superpuesta o al entablado o aplacado que forma entrevigado. Dado que su luz está calibrada a la distancia dada entre las vigas principales, esto significa que conviene que el último tramo entre la última viga y el muro extremo tenga una luz uniforme y, por lo tanto, sea rectangular; y por esta misma razón el muro final ha de discurrir
27 en ángulo recto con el muro de carga.

De esta línea de razonamiento se deduce que la geometría básica ideal de la célula espacial considerada es el ortoedro. La derivación se hizo sobre la base de un forjado plano de vigas; sin embargo, los principios explicados también se aplican (con sólo pequeñas restricciones que no merman la validez general de este principio) a otras construcciones de forjados unidireccionales. Sin embargo, no se aplican a losas con descarga bidireccional ni a cascarones abovedados. (Ahora bien, no hay que olvidar que, desde esta perspectiva, las losas y los auténticos cascarones laminares abovedados son productos extravagantes de la tecnología de construcción moderna y, en consecuencia, completamente irrelevantes en términos de historia del desarrollo, al menos en los períodos de desarrollo que se están considerando aquí). La elección del forjado plano de vigas (de madera) (o de la armazón de vigas de una cubierta inclinada, que está sujeta a la misma lógica) para la presente argumentación se justifica porque éste representó el estándar efectivo de cubrimiento en todo el mundo durante miles de años y ciertamente desempeñó un papel decisivo en el desarrollo del patrón geométrico básico del ortoedro.

4.5 Proporciones de intercolumnios

■ Es notable el hecho —a menudo pasado por alto— de que la lógica estático-constructiva del cubrimiento unidireccional que aquí se discute no favorece la forma de planta cuadrada, sino la rectangular de proporciones alargadas. Si las necesidades funcionales de la célula individual sólo exigen una superficie útil mínima y unas proporciones del espacio razonables para su uso y no demasiado extremas (lo que se da en la mayoría de los casos), resulta ventajoso definir la proporción de la planta de manera que se cree una luz mucho más corta, que se utiliza lógicamente para orientar el cubrimiento —elegir, en cambio, la luz mayor sería necio—. Crear luces idénticas en ambas direcciones ortogonales, tratándose de un forjado unidireccional, en realidad sólo atestigua ignorancia, extravagancia sin límites o embriaguez en la mesa de dibujo (o ante el monitor CAD) —a no ser que otras razones de peso, no estructurales, lo aconsejen, se entiende—. En realidad, tal solución sólo tiene sentido, desde el punto de vista estructural, en el caso de cubrimientos bidireccionales —como se ha señalado, productos estrafalarios de la tecnología de construcción moderna que no tienen la menor importancia en términos de historia del desarrollo—; ahora bien, con la importante excepción de las cúpulas.

4.6 La adición de células espaciales

■ En tercer lugar: Aunque el ortoedro ya se impone por las consideraciones constructivas mencionadas, hay otras ventajas de peso que lo favorecen. La línea de razonamiento esbozada anteriormente deja claro lo estrechamente restringidas que están las dimensiones de una célula espacial cubierta, es decir: en la dirección de descarga del cubrimiento. Por lo tanto, en la mayoría de los casos, no se puede cubrir (literalmente) la necesidad efectiva de espacio total con una sola habitación.

El principio constitutivo de los edificios presupone, por tanto, que normalmente sólo se puede satisfacer esta necesidad con una combinación o un conjunto compuesto de células individuales, de por sí dimensionalmente limitadas. Por razones económicas, esto requiere a su vez geometrías básicas que puedan ser teseladas sin huecos en la superficie de una planta, e incluso puedan ser empaquetadas sin huecos en un espacio de varias plantas. Mientras que la teselación bidimensional permite un cierto número de geometrías alternativas (una de ellas es el rectángulo), el espacio tridimensional sólo puede llenarse sin huecos con unas pocas geometrías básicas —al menos según la definición

☞ *Más información sobre el término "teselado" se halla en Cap. 6., Aptdo. 5. La creación de capas bidimensionales continuas, pp. 258 y s.*

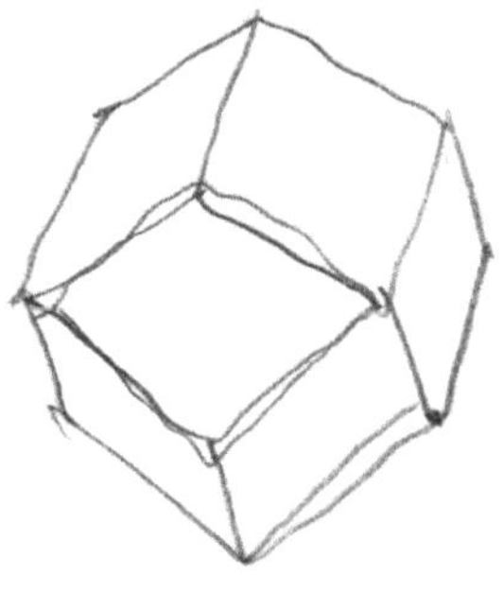

28 Cuerpo elemental con el que se puede rellenar el espacio sin huecos: dodecaedro rómbico.

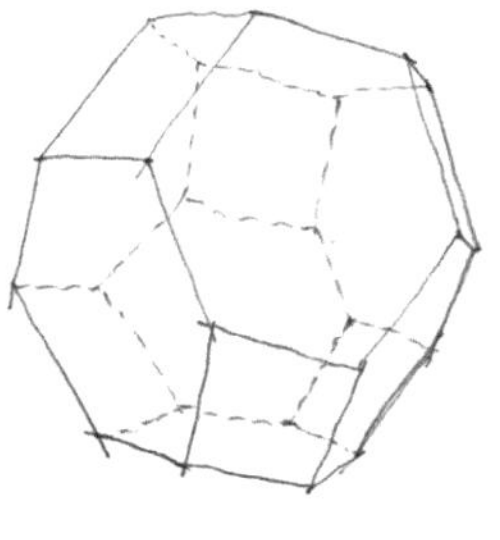

29 Cuerpo elemental con el que se puede rellenar el espacio sin huecos: octaedro truncado

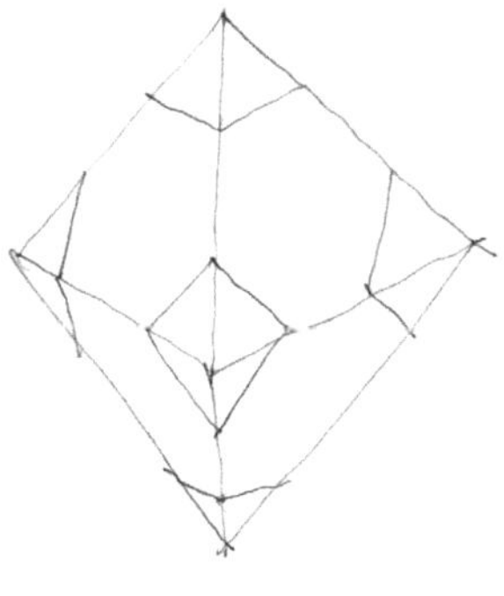

30 Formación del octaedro truncado cortando las esquinas de un octaedro.

matemática estricta que postula cuerpos regulares siempre
28, 29, 30 iguales—. Esencialmente, son tres: el dodecaedro rómbico,
DODECAEDRO RÓMBICO el octaedro truncado y el cubo. La necesidad funcional de
OCTAEDRO TRUNCADO que forjados divisorios sean horizontales y estén nivelados y
CUBO de obtener el máximo aprovechamiento del espacio excluyen
ya de partida los dos primeros. La única geometría básica
adecuada para la construcción, por tanto, es el cubo, y para
este propósito, una variación ligera igualmente adecuada
pero más adaptable, que es el ortoedro. Por lo tanto, un
principio tectónico extendido que ha probado su eficacia es
el empaquetamiento denso y sin huecos de células individuales estructurales con forma de ortoedro formando un
34, 33 edificio completo, si es necesario también con varios pisos.

La figura global circunscrita puede ser, aunque no necesariamente, a la vez un ortoedro perfecto. También cumplen
los principios de la lógica tectónica descrita las geometrías
globales poliédricas ortogonales, de composición modular
libre, compuestas por múltiples ortoedros retranqueados
34 unos de otros. El hecho de que sea, no obstante, el ortoedro
perfecto el que domine como forma global puede deberse
a dos razones: Por un lado, la forma constructiva de la cubierta inclinada, predominante en las zonas lluviosas en la
época preindustrial, favorece una forma básica del edificio
32 lo más simple y elemental posible. Cada retranqueo y cada
angulación de la geometría básica conduce inevitablemente a intersecciones más o menos complicadas en la cubierta inclinada, que comúnmente se han obviado por razones de simplicidad y economía. Por otra parte, la forma básica de ortoedro puro tiene siempre la relación más favorable entre la superficie exterior y el volumen en comparación con las variantes con forma de poliedro quebrado. Este ha sido siempre un criterio importante en regiones del mundo con climas extremadamente fríos o cálidos —también en la época premoderna— y lo vuelve a ser recientemente para la construcción de bajo consumo de energía.

34 Diseño global modular irregular compuesto por ortoedros retranqueados mútuamente.

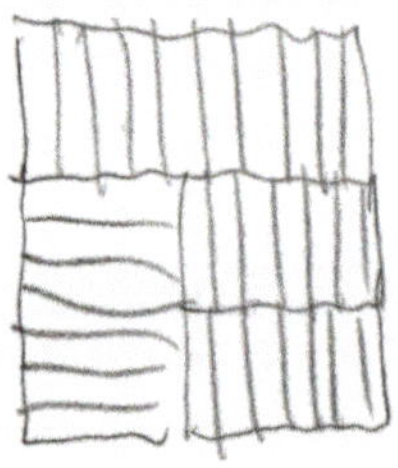

33 Empaquetamiento denso y sin huecos de células estructurales individuales: un principio tectónico muy extendido.

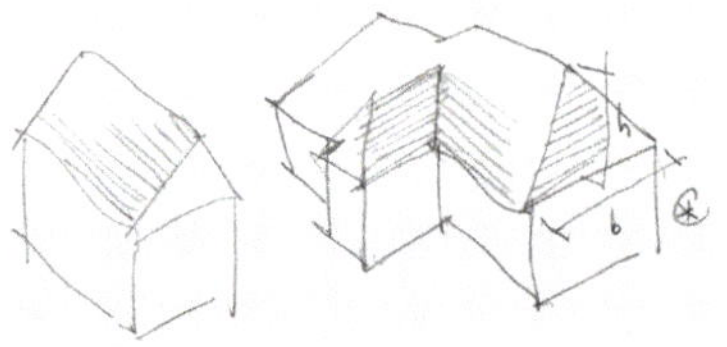

32 Las cubiertas inclinadas favorecen las formas ortoédricas sencillas (izquierda). Los planos de planta más complicados (derecha) también conllevan formas de cubierta más complicadas y numerosas limas de faldón.

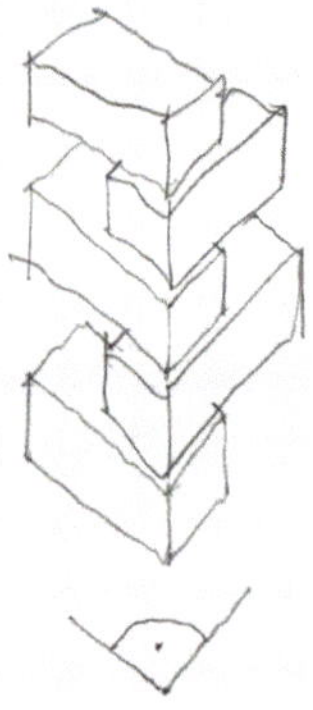

31 Formación de esquinas en albañilería simplemente colocando los ladrillos alternativamente de un lado y de otro.

Modularidad

4.7

En cuarto lugar: El ángulo recto, en el que se basa la geometría del ortoedro, tiene ventajas de peso que —a pesar de ser tan esenciales, o precisamente por serlo— a menudo se pasan por alto. Muchas veces se olvida que la construcción con bloques individuales siempre iguales, o al menos con los de una geometría siempre igual con pequeñas desviaciones dimensionales, sólo se puede realizar con el ángulo recto —aparte de una mampostería primitiva y rupestre—. El truco radica en que con un bloque de construcción con forma de ortoedro (siempre idéntico) formando aparejo en un muro se puede dar la vuelta a la esquina a voluntad, porque un bloque se puede colocar una vez en una dirección, y luego otro en la dirección ortogonal, y a pesar de las caras laterales cambiantes —en ladrillos, un tizón y una soga— se crea una esquina o arista perfecta. **31, 35**

Del mismo modo, dentro del aparejo ortogonal del muro, un bloque puede colocarse tanto longitudinalmente con respecto al paramento (soga) como transversalmente (tizón), yacente de canto (en una hilada de panderetes) o finalmente erguido (en una hilada de sardineles). Asimismo, siempre **36** puede disponerse en no menos de seis (¡!) posiciones alternativas en cada ubicación en el aparejo del muro: Las rotaciones de 180° alrededor de los tres ejes de simetría del bloque siempre lo revierten a la misma geometría inicial. Este principio constructivo subyace la obra de fábrica regular compuesta de piezas de albañilería, que ha desempeñado un papel decisivo en la historia del desarrollo de los tipos tradicionales de edificio, e influencia profundamente las formas arquitectónicas que se derivan de él.

Estas relaciones de simetría también se aplican a la conformación y disposición de espacios celulares de geometría rectangular: Las cuatro esquinas de una estancia rectangular son utilizables absolutamente por igual. Las habitaciones de células contiguas también tienen condiciones espaciales idénticas a ambos lados de un tabique de separación y, en consecuencia, una usabilidad igualmente buena. **37**

35 Sencilla continuación de la construcción alrededor de la esquina utilizando el ladrillo modularizado sin ningún trabajo adicional o retrabajo.

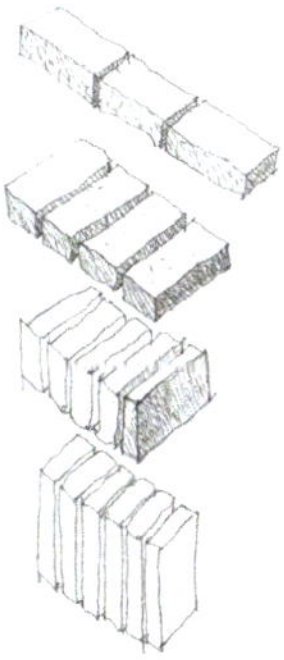

36 Varias posiciones posibles del bloque de construcción en el aparejo modular de muros.

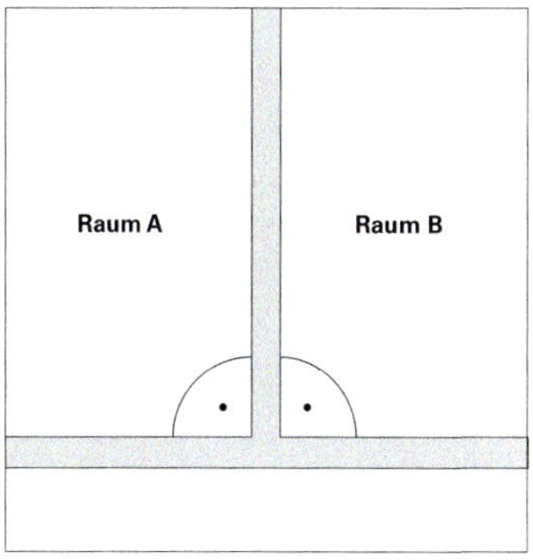

37 Los espacios rectangulares crean condiciones espaciales idénticas en todos sus lados.

4.8 Fabricación

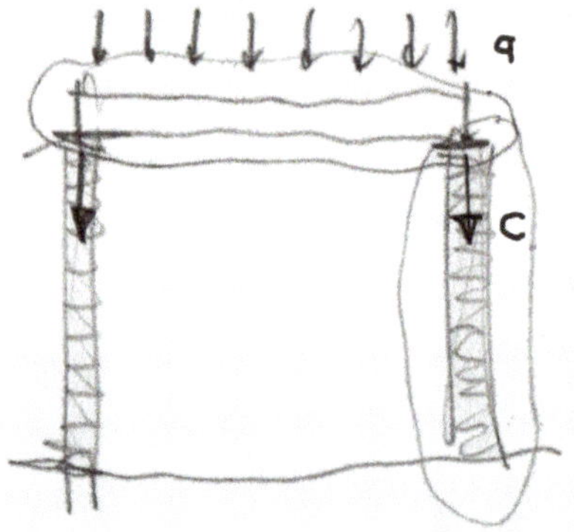

38 Ortoedro: carga vertical **C** y, por tanto, axial en las paredes laterales verticales, pero carga no axial **q** en el cubrimiento plano.

En quinto lugar y por último: Los componentes rectilíneos o planos, que constituyen la base de la geometría del ortoedro, también tienen importantes ventajas sobre componentes curvos en términos de tecnología de fabricación: Los componentes rectilíneos en forma de barra suelen surgir de un proceso de creación o fabricación específico precisamente con esta forma básica, como la madera de construcción o el acero laminado. Los componentes con geometría rectilínea también tienen la ventaja de que el constructor puede marcarlos fácilmente con una cuerda o valorar su precisión mirando en escorzo sin necesidad de conocimientos geométricos especiales. También son compactos para embalar (lo que no está necesariamente garantizado con formas de geometrías más complicadas) y fáciles de transportar y manejar. Los componentes planos tienen ventajas comparables. Suelen ser, a su vez, el resultado del ensamblaje de componentes rectilíneos. Las superficies curvas regladas, que —al igual que las planas— también pueden estar compuestas por barras rectas, se encuentran ocasionalmente en diseños premodernos en la variante especial del cilindro, normalmente el cilindro circular regular, pero casi nunca en variantes no regulares. Las superficies regladas de doble curvatura (como conoides, hiperboloides monocónicos o paraboloides hiperbólicos), en las que las generatrices rectas no son paralelas en el espacio, son muy raras. Las superficies curvas no regladas prácticamente no tienen importancia en cuanto a la historia del desarrollo de formas arquitectónicas. Prácticamente sólo se han construido desde tiempos recientes (de nuevo, con la importante excepción de la geometría de la cúpula esférica, de la que se hablará más adelante).

Todo esto no significa, sin embargo, que no hayan existido superficies irregulares de forma libre en el desarrollo de las formas de edificios. La mayor parte de ellas se fabricaban empíricamente a mano utilizando materiales de construcción adecuados, como paja, pieles de animales, tejidos o similares. Las superficies complejas de forma libre que no siguen ninguna definición matemática elemental también se encuentran ocasionalmente en la obra de fábrica, como demuestran, por ejemplo, las bóvedas tabicadas catalanas. Sin embargo, esto no merma la validez general de la tesis expresada anteriormente.

4.9 Condicionantes económicos

Las consideraciones anteriores, que muestran las ventajas bastante manifiestas de la geometría del ortoedro y aportan razones bastante convincentes para el predominio obvio de esta geometría básica, pueden parecer a algunas personas demasiado superficialmente racionales, demasiado técnicas o demasiado centradas en la economía. Esta objeción puede rebatirse con el hecho de que fueron precisamente estos criterios los que dieron forma a la construcción durante miles de años y produjeron los arquetipos correspondientes, con la excepción de pocos edificios representativos seculares o sagrados. Sólo la arquitectura moderna, que por primera vez en la historia fue capaz de recurrir a recursos desbordantes, a nuevas tecnologías de construcción más eficientes y a una riqueza históricamente inédita, fue capaz de romper con esta forma de pensar estrictamente racional y económica, y sólo en casos aislados en los que el despilfarro (a veces insensato) de material y mano de obra se toleraba o incluso se deseaba.[a] Antes de eso, la gente se preocupaba sobre todo de la mera existencia, para lo cual una vivienda mínima (a menudo construida con las propias manos) es un requisito básico en la mayoría de las regiones climáticas de la tierra. Aunque hoy en día nos permitimos el lujo de construir numerosas estructuras verdaderamente estrambóticas que, por capricho necio, violan la lógica tectónica y que, por tanto, desperdician sin sentido ni provecho valiosos materiales de construcción, mano de obra humana y escasa energía, los principios de la construcción mencionados anteriormente conservan, sin embargo, su validez intemporal, que destapa cualquier moda disparatada efímera como lo que es.

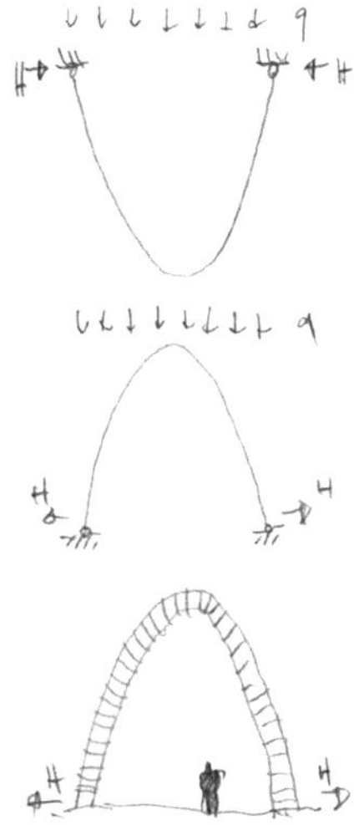

a línea funicular

b línea antifunicular

c forma pura de equilibrio

39 Forma de equilibrio parabólica **c** arqueada o abovedada.

■ El intento de reconstruir las ventajas de la geometría básica del ortoedro de forma argumentativa, por así decirlo en sentido retroactivo, se ha centrado hasta ahora en las ventajas relacionadas con la construcción —es decir, principalmente las estáticas, constructivas, operativas y las vinculadas con la fabricación y el uso— de los componentes portantes verticales. De hecho, también parece haber algunas razones de peso para este enfoque, ya que evidentemente deben haber tenido una influencia decisiva en la aparición de este arquetipo estructural, al menos más que el cubrimiento que abarca el espacio. Pues: La geometría básica del ortoedro favorece el efecto portante de los cerramientos o de las partes portantes verticales, ya que se pueden considerar formas puras de equilibrio y por tanto estáticamente eficientes, mientras que perjudica al del cubrimiento plano, que precisamente 38
no es tal forma de equilibrio en las circunstancias dadas.

El cubrimiento plano 5.

☞ [a] *Véanse, a este respecto, los comentarios en el Aptdo. 9.7 El estado actual, pág. 240*

Condiciones estáticas 5.1

■ O formulado de otra manera: En el sistema estático que se contempla, el apoyo vertical (considerado por separado por sí mismo) sí es una forma de equilibrio (línea funicular = línea de diseño), mientras que el cubrimiento no lo es (línea funicular ≠ línea recta horizontal de diseño). El sistema completo formado por el apoyo vertical y el cubrimiento horizontal, considerado en su conjunto, tampoco es una forma de equilibrio. Por consiguiente, el cubrimiento está sometido a un esfuerzo flector necesario e ineludible (que consume material y canto). No así los apoyos verticales (recuérdese: estamos contemplando la carga vertical).

Este hecho se pone rápidamente de manifiesto con una simple reflexión: La tarea elemental de redirigir una carga vertical distribuida a través de un espacio o vano a dos puntos de apoyo conduce, como es bien sabido, a la línea funicular parabólica hallada en el ensayo de suspensión. Esta es la 39a
forma de equilibrio correspondiente al sistema dado y a las

condiciones de contorno definidas con él (como también la longitud de la cuerda y la flecha resultante) que después habrá de aplicarse al modelo invertido actuando bajo compresión. Así pues, si se invierte esta geometría, se obtiene
39b una línea de empujes parabólica en vertical. Una estructura de edificio con una geometría de diseño que sigue esta línea sería una forma de equilibrio pura y, por lo tanto, libre
39c de flexión. Las fuerzas horizontales dirigidas hacia adentro que se producen en los apoyos en el modelo de suspensión aparecen en el sistema invertido como empujes dirigidos hacia afuera.

Se puede musitar sobre la cuestión de por qué fue precisamente el ortoedro, y no este sistema que se acaba de describir, que es claramente más eficiente desde un punto de vista estático, el que se convirtió en el estándar efectivo en la historia del desarrollo; pero tal vez las respuestas ya se han insinuado anteriormente: La bóveda, que es la manifestación constructiva del sistema descrito, apenas puede construirse sin cimbrado, al menos en la zona del remate superior; no se puede apilar ni teselar, ni en planta ni en el espacio tridimensional; la zona bajo los arranques inclinados es difícil de utilizar; además, se producen empujes horizontales en los apoyos, que no existen en el caso del ortoedro. Debido a las limitaciones geométricas, con la forma abovedada o bien se crea un espacio de gran altura que no suele ser útil (en el caso de perfiles de bóveda realzados) o se aceptan, haciendo el perfil más rebajado, mayores fuerzas en la sección transversal y en los apoyos y, además, posiblemente se complica el proceso de construcción (la construcción sin cimbra es entonces casi imposible): un dilema que no es fácil de resolver. Todos ellos son problemas relacionados con el uso y la construcción que, en principio, no es que no puedan resolverse; de hecho, hay bastantes ejemplos de esta variante de diseño. Pero tampoco se puede negar el hecho de que siempre han tenido una existencia marginal.

El cerramiento vertical siempre ha sido la solución preferida para la envolvente y la delimitación del espacio, como se desprende de su casi abrumadora presencia y dominio histórico efectivo, y ello, obviamente, a pesar de las desventajas estáticas relacionadas causalmente con él, como se acaba de ver. Más arriba se han expuesto detalladamente las presuntas razones que lo explican. Que nos parezcan justificadas o no en retrospectiva histórica, y la cuestión si en ello puedan haber jugado un papel decisivo otras razones que las puramente racionales y pragmáticas, son asuntos extraordinariamente interesantes, en los que, sin embargo, no se podrá profundizar en este contexto.

41 Forjado de vigas de madera horizontales en un edificio de adobe en Arabia Saudí. Los maderos retorcidos, de calidad inferior (para nuestros estándares), muestran claramente lo preciada que es la madera en esta región del mundo y que incluso allí es insustituible para la construcción de cubiertas planas.

40 Cúpula de fábrica extremadamente plana, muy cercana a un cubrimiento completamente plano. Raro ejemplo de cubrimiento de piedra casi plano. Puerta de entrada al casco antiguo de El Cairo, *Bab Al-Futuh*, 1087.

5.2 Tipos de ejecución constructiva

A pesar de los inconvenientes mencionados, el cubrimiento plano sobre muros verticales ha dominado la construcción durante mucho tiempo (al igual que sigue haciéndolo hoy en día). Los cubrimientos planos siempre se han asociado tradicionalmente a la madera como material, porque el forjado plano siempre ha sido uno de vigas de madera, en todas las regiones del mundo, incluso en lugares donde la madera siempre fue un material preciado, caro y escaso. Se han venido construyendo forjados planos de madera incluso en el más profundo desierto de Arabia. 41

En algunas raras excepciones, se utilizaron losas planas 45,
de piedra autoportantes en lugar de forjados de madera: 46
Una construcción sustitutiva laboriosa, pesada y costosa que sólo sirve para luces pequeñas. El hecho de que en la construcción de templos de la antigüedad clásica (así como en la construcción megalítica prehistórica) se colocaran horizontalmente como cubrimiento losas y bloques de piedra no refuta la presente tesis, sino más bien lo contrario: En la construcción clásica adintelada, como se denomina este principio constructivo en la historia del arte y la arquitectura, se aceptaban siempre tanto luces (casi ridículamente) pequeñas como costes horrendos (en dinero o mano de obra), ya que esta solución sólo se realizaba en piedra para edificios de culto, nunca para la inmensa mayoría, es decir, edificios utilitarios (como se aprecia, el despilfarro irracional de material y mano de obra también existía en algunos casos en aquella época). 42

Sólo en los tiempos modernos se sustituyó el forjado de vigas de madera por otras construcciones planas: por el forjado de vigas de acero y, sobre todo, por el forjado macizo de losa de hormigón. Sin embargo, esto ocurrió hace apenas 100 años. Los cubrimientos planos hechos de materiales puramente minerales, es decir, de piedra natural o artificial, que abarcan vanos útiles eran, y siguen siendo, inviables
a un coste razonable.[14] Estos materiales frágiles no son 40
capaces de absorber los esfuerzos de tracción inevitables

45 Sala hipóstila egipcia de Karnak, maqueta.

CONSTRUCCIÓN ADINTELADA

44 Cerchas sobre la nave central de San Miniato al Monte, Florencia.

46 Sala hipóstila egipcia de Karnak, vista interior.

42 Construcción adintelada. Templo de la Esfinge, El Cairo.

43 Forjado de vigas de madera.

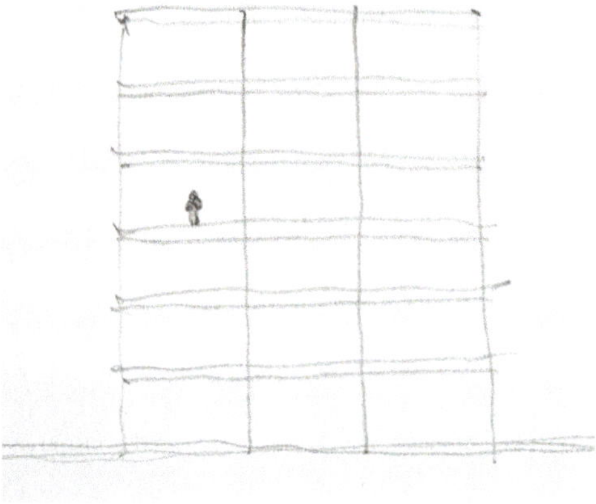

47 Apilamiento eficiente de plantas con forjados planos.

ocasionados por los momentos flectores, y mucho menos lo son las juntas de empalme entre bloques.

Esto también describe la aplicabilidad del forjado plano, tradicionalmente limitada: Desde el punto de vista del desarrollo histórico, los cubrimientos planos sólo podían abarcar luces menores de apenas unos pocos metros. El hecho de que en algunos casos se salvaran vanos (algo) más grandes utilizando vigas de madera pesadas no merma la validez
43 de esta afirmación. Sin embargo, fue posible penetrar en magnitudes de vano completamente diferentes con construcciones de madera de mayor eficiencia estática, como
44 cerchas de techumbre trianguladas o, al menos, techumbres con tornapuntas.[15] Las superficies inclinadas de cubierta, creadas en feliz coincidencia con los requisitos estructurales de la triangulación, eran ideales para las cubiertas de tejas disponibles. Los inconvenientes de esta solución, en cambio, han sido siempre la escasa durabilidad de la madera como material y el riesgo de incendio al que siempre está expuesta.

5.3 El apilamiento vertical

Sin embargo, las enormes ventajas del cubrimiento plano sólo se aprecian realmente cuando se empiezan a apilar pisos en la construcción de varias plantas. La geometría plana es, obviamente, un requisito básico para un piso transitable, y el canto relativamente pequeño de un forjado plano (comparado con la flecha necesariamente mayor de uno abovedado)
47 es un argumento económico casi imbatible a su favor. El apilamiento de plantas comenzó relativamente pronto en la historia de la construcción y adquirió una importancia adicional en la era moderna con el desarrollo del tipo de edificio de gran altura. Incluso hoy en día, el forjado plano desempeña, como es bien sabido, un papel dominante, sobre todo en la construcción de pisos, como forjado intermedio apilable que ocupa muy poco espacio.

5.4 El modelo de la arquitectura clásica adintelada

Es interesante para la presente reflexión un punto de vista que no se debe dejar de mencionar antes de proceder al examen de las construcciones abovedadas: La arquitectura adintelada, que presumiblemente se originó a partir de la idea estructural elemental de levantar y tender bloques de piedra (escandalosamente) pesados sobre pilares o colum-

48 Reinterpretación clasicista de la construcción adintelada griega. Edificio del Parlamento finlandés en Helsinki, 1926–1931.

49 Resurgimiento del arquitrabe clásico en forma moderna y abstracta (Archivo de Literatura de Marbach, arqu.: Chipperfield Arch.)

nas, se ha consolidado durante muchos siglos en la mente de los maestros constructores, especialmente de los arquitectos, como el epítome y la esencia de una arquitectura sublime y, por así decirlo, atemporal. La influencia duradera (incluso podría decirse que devastadora) que este principio estructural —uno que, estrictamente hablando, es notablemente torpe y no particularmente astuto— ha tenido en el desarrollo de la arquitectura occidental queda muy patente por su recalcitrante persistencia a través de sus diferentes resurgimientos históricos; a saber: en la antigüedad romana, el Renacimiento, el Clasicismo, etc. A continuación, se ofrecerán algunos ejemplos significativos. La forma pura de ortoedro siempre fue la forma básica a imitar, que estaba causalmente ligada a este principio constructivo, y también el tópico de la columnata regular con distancia mínima entre columnas —característica que, en la tumba megalítica y el templo clásico griego adintelado hecho de piedra sí que respondía a una cierta lógica, como se debe admitir—.

Incluso hoy en día, en nuestra época supuestamente regida por racionalidad técnica y científica, pervive esta imagen arquitectónica estereotipada, aunque abstraída formalmente hasta los huesos, con ropaje moderno, por así decirlo políticamente correcto, todo ello ejecutado con materiales técnicamente avanzados que podrían salvar sin problemas luces varias veces mayores. **49**

Esta pervivencia, a través de las épocas, de una idea constructiva primitiva procedente de la Edad de Piedra, a la que su adopción y transformación en la antigüedad griega confirió, de algún modo, algo así como la consagración de un canon cultural occidental, muestra vivamente cómo un método constructivo que originalmente puede explicarse por la técnica constructiva disponible y el material utilizado en la fecha (si se aceptan aquellas condiciones límite, éste resulta incluso racional) se transforma luego, en su manifestación visible, en un patrón cultural que produce innumerables imitaciones posteriores, las que luego, cuando se consideran

50 Interesante transición gradual entre la subestructura cúbica del edificio, que tiene especialmente en cuenta requisitos funcionales, y la forma de cúpula redonda, determinada estáticamente. Mezquita en el casco antiguo de El Cairo.

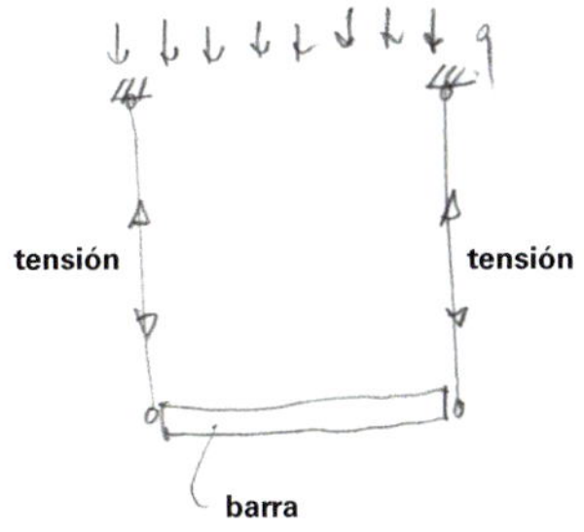

51 Sistema de comparación compuesto por dos cuerdas y una barra horizontal rígida.

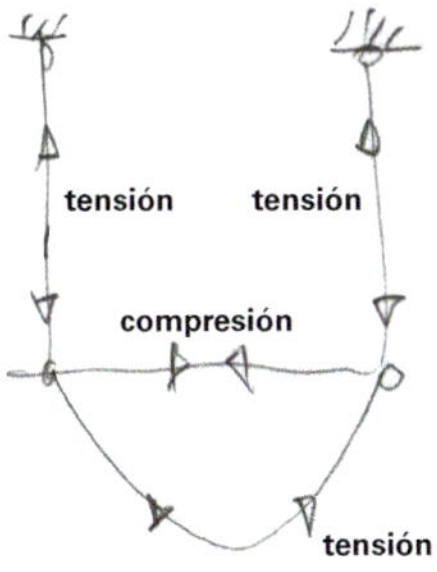

52 Sustitución de la barra rígida (en ⧉ **51**) por una cuerda suspendida y una barra de compresión pura (forma de equilibrio).

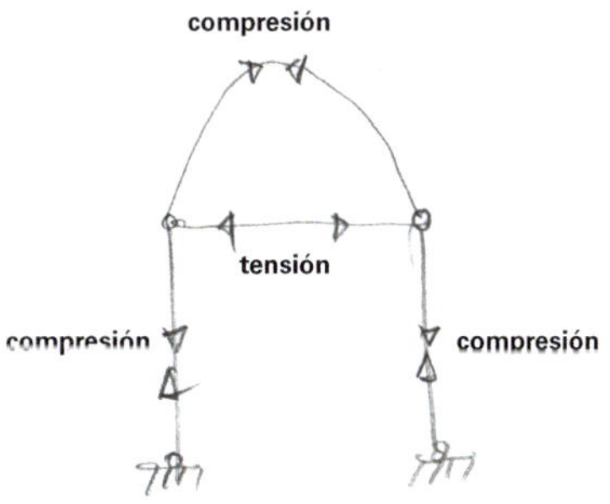

53 Inversión del sistema en ⧉ **52**.

sobriamente bajo las condiciones límite modificadas, pierden todo sentido y toda razón de ser. Curiosamente, esto suele escapar a la atención de los arquitectos, o quizás les resulta indiferente. Pero a continuación se hablará más de ello.

6. Transición al cubrimiento abovedado

■ Si para las reflexiones posteriores, partiendo de la cons-
39 trucción pura de la bóveda descrita en **39**, se postulan
ahora —por ejemplo, por razones de uso— apoyos verticales y, por tanto, cerramientos del espacio verticales, el sistema estáticamente ideal de la cuerda con cuelgue parabólico resultante del ensayo de suspensión cambia inmediatamente como sigue: Se introduce una barra recta rígida y resistente a la flexión cuya longitud es igual a la distancia entre los
51 apoyos, es decir, igual a la longitud del vano. La cuerda se
corta en dos tramos, a cuyos extremos se une la barra. En comparación con el sistema anterior, la barra fuerza ambos tramos de cuerda a adoptar una posición vertical, que es lo que se pretendía desde el principio. Debe ser rígida a la flexión para soportar la carga vertical distribuida que asumimos. Este sistema comparativo equivale al ortoedro invertido: dos apoyos verticales, bajo esfuerzo puramente de compresión, sin flexión, y un cubrimiento horizontal, sometido a flexión, pero resistente a la misma.

Si ahora se intenta, en un paso más, aprovechar las ventajas de una forma de equilibrio no sólo para las paredes sino también para el cubrimiento, es decir para la barra rectilínea actuando bajo flexión, se sugiere el siguiente cambio: Se sustituye la barra rígida (con su correspondiente canto mínimo) por una cuerda floja que cuelga. Para que ambos tramos de cuerda laterales, que siguen colgando verticalmente en este momento, no se desvíen de la vertical por efecto del tramo de cuerda combada y vuelvan a revertir a la forma
39 funicular parabólica original, como en **39**, es necesario otro
elemento: una barra de compresión recta, que sustituye a la anterior barra flectada y que sólo está dimensionada para
52 compresión pura, no para flexión, es decir, para absorber
los empujes causados en el apoyo por el tramo de cuerda parabólico colgante, que van dirigidos hacia adentro. Estos se cortocircuitan, por así decirlo, a través de la barra de compresión, que es el motivo por el que se introdujo.

Después de transformar este sistema invertido en el siste-
53 ma original erguido, la célula estructural básica se compone
de los siguientes elementos: dos apoyos verticales, bajo compresión pura, una bóveda parabólica bajo compresión pura y una barra tirante que mantiene ambos apoyos de la bóveda en posición cortocircuitando los empujes de la bóveda que actúan en ellos —que, al haber invertido el sistema, ya no se dirigen hacia adentro, sino hacia afuera—. Se trata, tanto en los componentes individuales como en su conjunto, de una forma de equilibrio y, en consecuencia, libre de flexión.

Esta sencilla derivación despliega una amplia categoría de geometrías básicas de extraordinaria importancia en la historia de la arquitectura, cada una de las cuales representa un abandono del ortoedro puro, concretamente porque sustituyen el cubrimiento plano por uno curvo. Se explican por la voluntad de sustituir el cubrimiento plano del ortoedro, que puede que sea ventajoso desde el punto de vista pragmático y de uso, pero que es estructuralmente desfavorable por estar sometido a flexión, por un cubrimiento curvo mucho más eficaz en su comportamiento portante. Se trata, pues, del *edificio abovedado*, que materializa este principio portante en el plano, y, en su extensión espacial producida por la revolución en torno a su eje de simetría, del *edificio con cúpula*.

EDIFICIO ABOVEDADO

EDIFICIO CON CÚPULA

7. El cubrimiento abovedado

55 Edificio con cúpula en el norte de África.

■ Antes de proceder, en un esbozo histórico muy abreviado, a examinar más de cerca algunas variantes estructurales seleccionadas que esta idea elemental de diseño ha producido, vale la pena examinar las circunstancias que acompañan a la cubierta abovedada que desplazó a la plana en algunos casos.

Si la madera no estaba disponible, era demasiado cara o no era apropiada por razones de exposición al fuego o de durabilidad insuficiente, también se utilizaron formas abovedadas para luces pequeñas. Se solían abovedar preferentemente vanos pequeños sobre todo en regiones climáticas cálidas y con poca madera, si no había razones de uso que lo desaconsejaran: es decir, si se trataba de cubiertas, que —a diferencia de forjados de piso— no necesitan ser transitadas. **55** También en regiones climáticas húmedas se utilizó la bóveda de piedra siempre cuando la madera hubiera estado expuesta a la humedad con un cubrimiento plano, es decir, por ejemplo, en techos de sótanos.

Sin embargo, es de verdadera importancia para la historia de la arquitectura otra aplicación de las construcciones abovedadas: Las bóvedas resultaban siempre indispensables cuando hubo que cubrir vanos grandes y, al mismo tiempo, se planteaban altas exigencias de durabilidad, no sólo en cuanto a la resistencia del material bajo humedad, sino también en cuanto a protección contra el fuego. El desarrollo de un tipo de edificio realizado originalmente con forjado plano de madera y posteriormente cubierto con bóveda de piedra se puede apreciar bien, en particular, en la basílica.[16] A continuación, se utilizará este tipo de edificio, de extraordinaria relevancia histórica, como base para algunas reflexiones sobre la geometría básica del ortoedro.

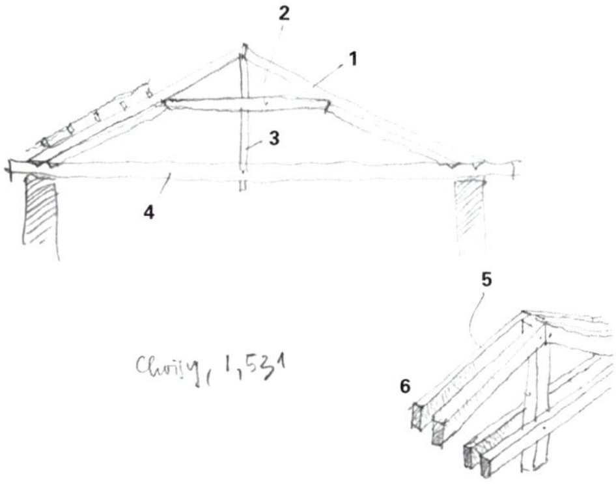

54 Cercha romana/románica utilizada para cubrir naves centrales de basílicas. **1** par; **2** nudillo; **3** pendolón; **4** viga de atado; **5** par doble; **6** pendolón simple

BASÍLICA

7.1 El tipo constructivo de la basílica

■ Numerosos ejemplos históricos de basílicas con techumbres de madera demuestran que era perfectamente posible abarcar grandes luces con una construcción de madera.[17] Sin **54** embargo, esto queda especialmente patente con las cerchas de cubierta autoportantes situadas encima de las bóvedas de piedra de muchas iglesias abovedadas. Los cuchillos de madera se colocaban como elemento protector sobre los cascarones de piedra, sensibles a la humedad, únicamente

por la necesaria protección contra la intemperie (esto era
56 predominantemente el caso en Europa Central).[18]

7.1.1 Neutralización de los empujes de la bóveda mediante tirantes internos

☞ *Véase Cap. 9., Aptdo. 7.1 Transmisión de compresión, pág. 517 y ss., así como 5.3.1 Atornillar, pp. 492 y ss.*

Con el paso del tiempo, se hizo cada vez más necesario el ensachamiento de los interiores en las iglesias tipo basílica, ya que eran salas de reunión para la congregación, especialmente en la nave central. En el caso de la bóveda, el sistema estático con tirante horizontal, como se muestra
53 en el ejemplo anterior, se utilizó sólo raramente. Las barras de hierro resistentes a la tracción con la longitud necesaria (igual a la luz de la bóveda), y sobre todo con la resistencia requerida, eran difíciles de fabricar y resultaban costosas; unas cadenas habrían cedido con facilidad. En la época preindustrial, probablemente no se estaba dispuesto a confiar la estabilidad de toda la construcción a un material tan extravagante como el hierro, que la experiencia había demostrado que era susceptible a la corrosión y poco duradero.[19] La mera idea de depender tanto de la fiabilidad a largo plazo de una construcción sometida a esfuerzos de tracción no debió ni siquiera de ocurrírsele a los antiguos maestros constructores o, simplemente, debió descartarse como idea temeraria. El deseo de no perturbar el espacio interior con feos y torpes barrotes también puede haber jugado un papel importante, como mantiene obstinadamente la historia del arte (aunque el aparatoso apuntalado externo introducido posteriormente como reemplazo de tirantes, curiosamente, no se consideró —ni se considera hoy en día— una fealdad, más bien al

57 Cortocircuitado de los empujes de las bóvedas mediante tirantes de hierro visibles (*San Lorenzo*, Florencia).

56 Cercha cubriendo el vano sobre una bóveda de piedra, erigida con el único fin de proteger de la humedad la sensible fábrica de la bóveda (catedral de Ratisbona).

contrario). Dichos tirantes se utilizaban como mucho para 57
vanos pequeños o, en el mejor de los casos, como elemento accesorio cuando no se acababa de confiar plenamente en el efecto sustentante del sistema de estribos externos.[20]

7.1.2 Apoyo por estribado exterior

■ En lugar del cortocircuitado de los empujes de la bóveda con la ayuda de un tirante interior, prevaleció, como se sabe, el estribado exterior de los arranques de la bóveda
y sus riñones con la ayuda de un elaborado sistema de 59, 60 CONTRAFUERTE
contrafuertes. Esto tenía al menos la ventaja de convertir la fuerza de tracción, que (en aquella época) era casi imposible de gestionar en términos de ingeniería estructural, en la familiar fuerza de compresión,[21] para la que se disponía de un material adecuado y de eficacia probada: la piedra.

Ahora bien, ¿cómo pueden transferirse de forma segura a la cimentación empujes, no precisamente despreciables, actuando en gran altura? (También cabe preguntarse: ¿Cómo se le ocurre a uno construir una bóveda apoyada sobre cabeceras de muro a gran altura?) Como consecuencia del acto trascendental de sustituir la techumbre plana por la bóveda, los antiguos constructores de iglesias probablemente no acabaron siendo muy felices con el tipo básico del ortoedro sin modificar, provisto de apoyos constituidos por muros verticales, que en realidad evolucionó —como se explicó— a partir de la techumbre plana y se optimizó para ella. De hecho, siempre tuvieron que lidiar con una combinación de dos factores críticos: por una parte, la presencia ineludible de grandes empujes ejercidos por las bóvedas sobre las cabeceras de los muros verticales susceptibles de volcar y, por otra, la gran altura de sus estructuras, lo que planteó la cuestión primordial, nada fácil de resolver, de cómo estos empujes podían transferirse de manera fiable al subsuelo (donde han de acabar necesariamente).

7.1.3 Estribado en forma de muros diafragma

■ La solución de los antiguos constructores romanos, que hacían un amplio uso de estructuras abovedadas, consistía en estribar los empujes de las bóvedas con la ayuda de

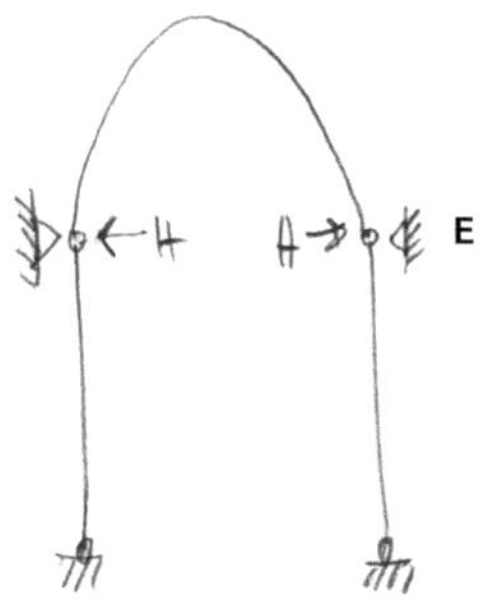

59 Estribado externo del arranque de la bóveda. **E** estribado exterior.

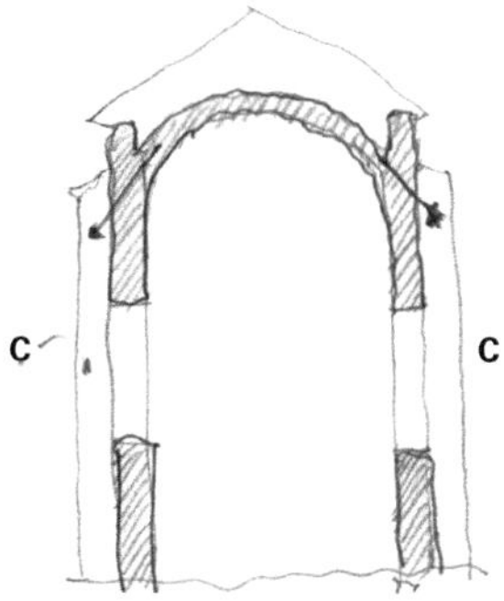

60 Estribado exterior de la bóveda de cañón mediante contrafuertes exteriores **C** (*Santa María del Naranco*, Asturias).

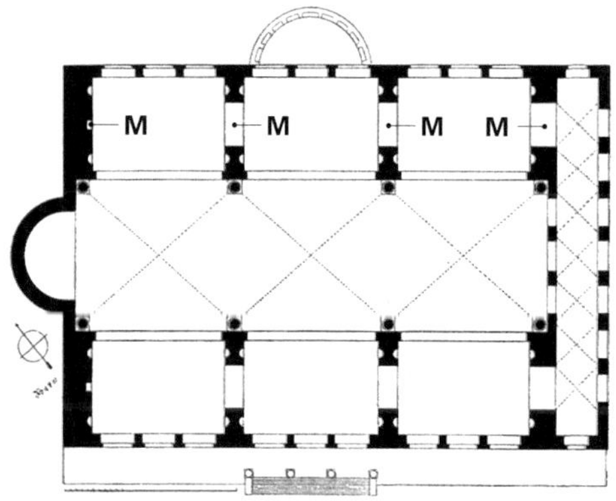

58 Planta de la basílica de Majencio: eliminación de los empujes de las bóvedas de la nave central mediante muros traviesa **M** en las naves laterales.

61 Media sección transversal de la basílica de Majencio: transmisión de los empujes de las bóvedas mediante diafragmas transversales entre las bóvedas de cañón de las naves laterales (ilustrado aquí con flechas). La nave central está iluminada por los clerestorios laterales situados sobre las naves laterales.

62 Basílica de Majencio: vista de la bóveda de cañón de una nave lateral; se pueden ver los dos muros estribo transversales a ambos lados, así como los arranques de la bóveda de la nave central ya inexistente en la parte superior.

63 Antigua basílica de San Pedro: basílica paleocristiana cubierta con una cercha de madera (véase también **54**).

muros diafragma, a veces enormes, dispuestos transver-
58 salmente. Un rasgo característico de los edificios romanos era que estos muros estribo se integraban en la estructura del edificio en la medida de lo posible y así quedaban ocultos a la vista: posiblemente una especie de solución para salir del paso, ya que, a pesar de los numerosos conceptos constructivos innovadores desarrollados por los propios arquitectos romanos, éstos seguían emocionalmente apegados al vocabulario formal de la construcción adintelada griega y no podían (o no querían) emplear un elemento nuevo técnicamente necesario como un estribado independiente, especialmente en el exterior del edificio. La consecuencia lógica de esta estrategia era que las naves laterales, en las que se integraban las traviesas diafragma sustentantes, resultaban segmentadas espacialmente y sólo podían conectarse entre sí con dificultad. Así, además de la espaciosa nave principal abovedada, se crearon (por así decirlo, como precio para ocultar los muros diafragma estabilizantes) salas laterales en forma de nicho, que en cierto modo estaban separadas espacialmente de la sala principal, estaban más bien subordinadas a ella y tenían un claro carácter subalterno. Es posible que esto coincidiera en términos funcionales con la finalidad de las antiguas basílicas, que eran foros públicos, aulas de palacio o salas de mercado[22] (curiosamente, esta solución la retomaron posteriormente los arquitectos renacentistas en sus edificios eclesiásticos y los nichos laterales se declararon —como recurso conveniente— capillas: pero se hablará de esto más adelante).

La nave central se cubrió con bóvedas por arista de hormigón, las naves laterales con bóvedas de cañón trans-
61 versales.[23] Gracias a las aberturas proporcionadas por los arcos laterales de las bóvedas por arista, estaba garantizada la generosa iluminación de la sala principal por encima de las naves laterales, más bajas. El fuerte estribado de la bóveda principal por medio de los muros estribo laterales permitía ejecutar unas bóvedas principales muy grandes y pesadas: una posibilidad de la que los constructores romanos hicieron amplio uso y que, gracias a la madurez de la técnica del *opus caementitium*, no les causó demasiados problemas en térmi-
62 nos de construcción, al menos en la fase tardía del imperio.

Como se sabe, esto cambió drásticamente a principios de la Edad Media, con la consecuencia de que en términos de tecnología de la construcción —y, por tanto, de concepción arquitectónica— se revirtió prácticamente a soluciones primitivas y se volvió a empezar de cero, por así decirlo. En particular, los recursos en términos de logística y tecnología de construcción eran muy diferentes a los de la antigua Roma, es decir, mucho más limitados, y (como era de esperar) tuvieron una influencia profunda sobre el desarrollo posterior de la construcción.

A continuación, se expondrá de forma resumida qué problemas estructurales tuvieron que resolver los maestros de obra medievales en el desarrollo posterior de la basílica y cómo, en este proceso, se desarrollaron soluciones estéticas y de diseño totalmente nuevas fruto de una experimentación bastante desprejuiciada.

La basílica medieval

7.1.4

■ Después de que se adoptara el tipo de construcción basilical para las primeras iglesias cristianas medievales, que en un principio se cubrían con cerchas de madera a la antigua usanza romana,[24] los arquitectos poco a poco **63**
comenzaron a atreverse a usar bóvedas para cubrir vanos pequeños, y posteriormente cada vez más grandes, acercándose a los modelos antiguos. Curiosamente, se adoptó un enfoque extraordinariamente cauteloso y al principio sólo se abovedaban criptas subterráneas, en las que los empujes de la bóveda podían introducirse fácilmente en el suelo circundante o simplemente eran sobrecomprimidos por las grandes cargas que provenían desde arriba a través de los pilares y los muros. Más tarde, como se verá, se abovedaron **64**
las naves laterales, más estrechas y bajas, y finalmente la **66**
nave central, más alta.

Toda reducción de altura alcanzable —o aceptable en términos de iluminación o efecto espacial— simplificó el problema, nada trivial, de desviar con seguridad los empujes horizontales de la bóveda que se producen a gran altura hacia el suelo del edificio, es decir, resolver estructuralmente la altura hasta la nave central. Es bien sabido que, incluso sin bóveda, es decir, con cubiertas planas, un muro no puede construirse hasta una altura arbitraria sin correr el riesgo de que vuelque o pandee a partir de una determinada esbeltez por la acción de cargas laterales como el viento o cargas verticales. Sin embargo, este problema se agrava en gran **65**

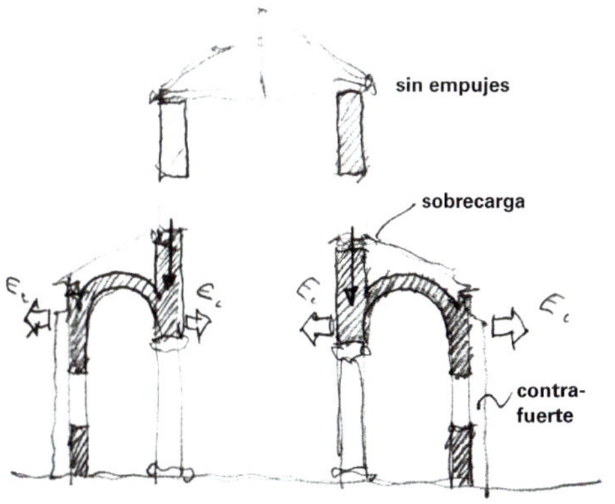

66 Naves laterales abovedadas, nave central cubierta con cercha. Los empujes laterales E_L hacia el interior de las bóvedas de las naves laterales sobre los pilares de la nave central fueron sobrecomprimidos, al menos parcialmente, por la carga de los muros superiores de la nave central.

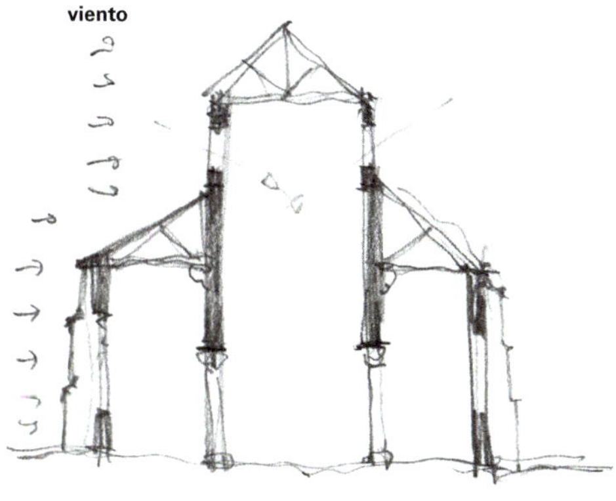

65 Riesgo de vuelco de una sección transversal basilical debido a la carga del viento.

64 (Izquierda) cripta abovedada bajo una basílica cubierta con cercha (Colegiata de San Servacio, Quedlinburg, siglo XI)

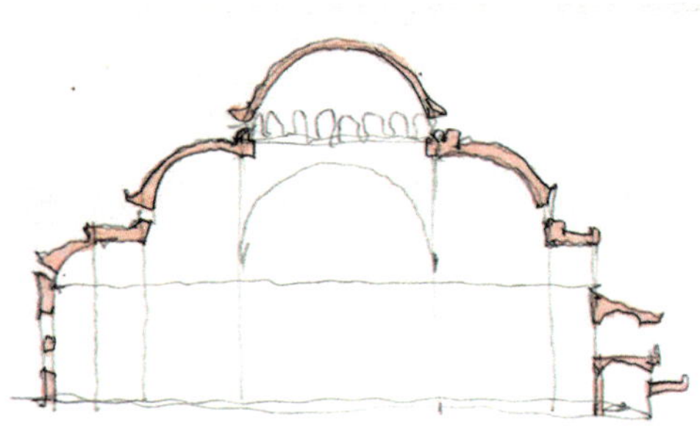

67 Disposición en cascada de las bóvedas para facilitar la transmisión de sus empujes a través de las cáscaras de bóveda en contacto.

medida por la existencia de empujes en la cabecera del muro, ineludibles ya que proceden de las bóvedas.

Los muros laterales de las naves, sometidos a cargas horizontales del viento en sus paramentos, pero sobre todo en sus cabeceras por los empujes de las bóvedas, no podían arriostrarse y estabilizarse con muros transversales (y mucho menos con forjados), como era habitual en la construcción de muro, ya que se trataba de edificios consistentes en grandes naves sin separaciones espaciales transversales y, por tanto, no podían, por definición, existir tales pantallas traviesas. El arriostramiento transversal mediante muros diafragma sólo en las naves laterales, como era habitual en la antigüedad romana, sin duda podría haber resuelto el problema estático del estribado de los empujes de forma similar a la basílica de Majencio mencionada anteriormente. Sin embargo, esta configuración nunca se utilizó en la construcción de iglesias medievales. Esto puede deberse al intento de unir espacialmente las naves laterales y la nave central en la medida de lo posible y, de este modo, poner a disposición de los fieles reunidos el mayor espacio posible, tanto en anchura como en longitud, es decir, presumiblemente para mantener despejadas las líneas de visión hacia el altar desde el mayor número posible de puntos de observación. Este estricto requisito de diseño, común a prácticamente todas las iglesias basilicales medievales de varias naves, junto con la renuncia a tirantes internos —independientemente de la motivación a la que puedan responder ambas especificaciones de diseño— obligó en última instancia a los arquitectos a utilizar elementos de arriostramiento o estribado *externos* para la transferencia de las cargas de viento y, en particular, de los empujes procedentes de las bóvedas. Como veremos más adelante, esta decisión tuvo consecuencias trascendentales para el posterior desarrollo del tipo de edificio basilical.

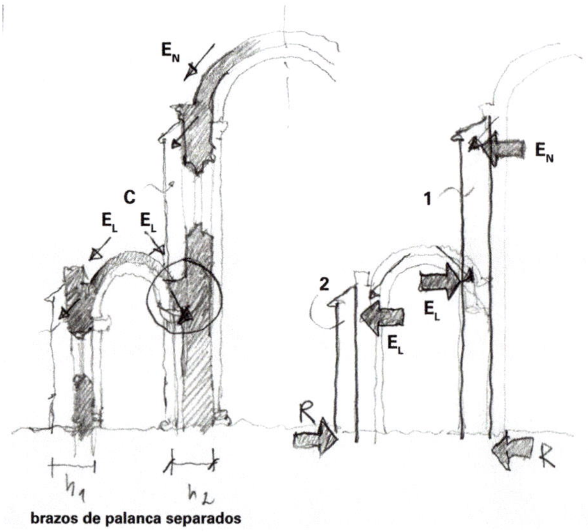

68 (Boceto de la izquierda) basílica abovedada de tres naves: Los empujes de la bóveda de la nave central $\mathbf{E_N}$ los sostienen contrafuertes **C**. El momento de vuelco actuando sobre su cabecera se ve contrarrestado por el efecto de los empujes horizontales $\mathbf{E_L}$ orientados al interior producidos por la bóveda lateral situada más abajo.

69 (Boceto de la derecha) como resultado del sistema estructural mostrado en ⇗ **68**, el contrafuerte **1** está sometido a flexión y esfuerzo cortante. El canto que puede oponer a esta carga ($\mathbf{h_2}$ en ⇗ **68**) es sólo limitado.

En las primeras basílicas medievales, los empujes de la bóveda de la nave principal, al principio, debían introducirse de forma casi directa en las bóvedas de las naves laterales, como si se tratara de una disposición en cascada de las naves principales y laterales. Sin embargo, esto limitaba mucho la altura del claristorio, ya que las bóvedas de las naves principal y laterales debían estar lo más cerca posible unas de otras para la transferencia de cargas, y dificultaba la iluminación de la nave central.

Si se elevaba el claristorio para mejorar la iluminación **67** y de este modo también la bóveda de la nave central, los empujes de la bóveda principal tenían que ser soportados por pilares de obra de fábrica relativamente delgados en el claristorio de la nave central, que se fundían con los pilares exentos flanqueando la nave central situados más abajo en el espacio interior. Aunque se apoyaban lateralmente en las **68,** bóvedas de las naves laterales a la altura de éstas, el esfuerzo **69** cortante resultante en el pilar limitaba el desfase de altura entre la nave central y las laterales y, en consecuencia, la altura total de la nave principal. Este tipo de transferencia de carga limitaba, por tanto, la altura de la nave central ya de principio, por así decirlo, e imponía estrictas limitaciones de diseño y construcción a los maestros de obra medievales que experimentaban con la construcción de bóvedas.

Sin embargo, a lo largo del desarrollo histórico de las basílicas medievales, de hecho se observa un aumento constante de la altura del edificio. Hay algunas razones válidas para ello, que se examinarán con más detalle a continuación.

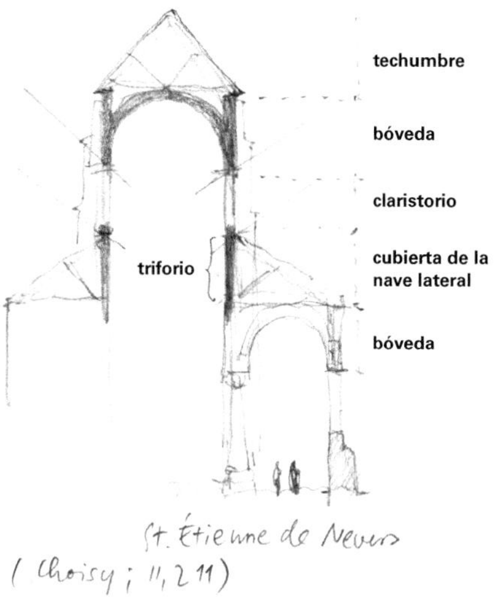

70 Alturas escalonadas de los elementos constitutivos de una sección basilical con bóvedas de cañón sobre las naves.

7.1.5 La evolución hacia alturas cada vez más grandes

Cualquiera que esté familiarizado con la literatura estándar de la historia del arte y de la arquitectura dedicada a iglesias medievales sabe que el aumento continuo de la altura de las iglesias en el curso de su desarrollo histórico se suele considerar un principio formal derivado de la teología y filosofía, como si fuera expresión de una espiritualidad religiosa exaltada y símbolo del sublime ente celestial.[25] Sin embargo, visto fríamente, es casi inevitable la sospecha de que se

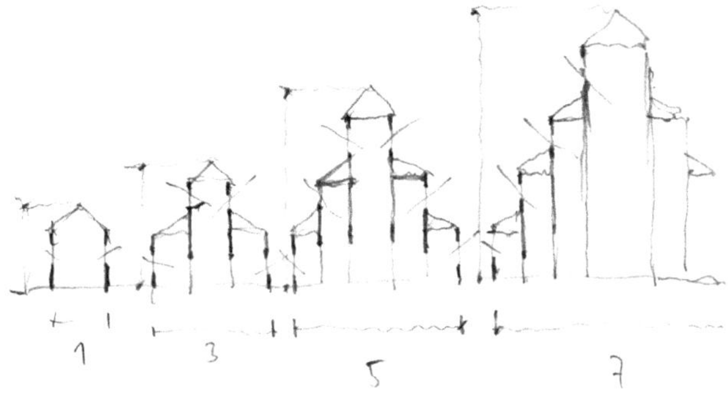

71 Figura transversal escalonada característica de las basílicas de varias naves con disposición en cascada. Existe una interdependencia entre el ancho (resultante del número de naves) y la altura del edificio.

trata, como tantas otras veces, de una explicación esotérica y difusa, inventada a posteriori. Porque hay buenas razones, muy mundanas, que han hecho que las grandes alturas de las iglesias fueran prácticamente inevitables ante el avance de las facultades de proyecto y construcción de los maestros de obras. Se verá por qué.

Por un lado, las grandes alturas resultan casi naturalmente del esquema basilical básico: Su valor utilitario se basa esencialmente en la creación de un espacio cubierto utilizable mediante el encadenamiento lateral de crujías o naves relativamente estrechas cuya anchura viene determinada por la máxima luz realizable de su cubierta (que actúa por descarga unidireccional): En la arquitectura eclesiástica cristiana, estas

72 Introducción tentativa de una abertura de ventana en la superficie lateral de la bóveda de cañón (iglesia abacial de *Notre Dame de Payerne*).

73 Cambio de la orientación de la bóveda de cañón de la nave central para una mejor iluminación del interior (iglesia abacial de *Saint-Philibert de Tournus*).

crujías son la nave principal y las laterales. Grandes anchuras de espacio (las longitudes no eran un problema de todos modos debido al principio de construcción constitutivo, que era de por sí *direccional*) simplemente no eran realizables en aquella época, si no era mediante la interconexión de unidades espaciales estrechas, es decir, las naves. La iluminación y la ventilación de las zonas interiores sólo era posible, a diferencia de lo que ocurre hoy en día,[26] con la ayuda de huecos de ventana en los muros y, en consecuencia, sólo podía conseguirse de forma satisfactoria elevando las naves interiores por encima de las exteriores más vecinas. Esta **71**
disposición en cascada, que en las condiciones de contorno imperantes puede explicarse fácilmente por necesidad funcional elemental, ya obliga por sí misma a alcanzar una cierta altura, especialmente de la nave central. Cuanto más ancho sea el edificio en general, o cuanto mayor sea el número de naves añadidas, más alto resultará el edificio y, en consecuencia, la nave central.[27]

En segundo lugar, la altura mínima del edificio se ve incrementada por factores como las cubiertas inclinadas de las naves laterales, que protegen sus bóvedas de la intemperie. **70**
Estas bloquean una franja de pared en el muro lateral de la nave vecina más alta, en la que no se pueden disponer ventanas (ejecutada decorativamente en el interior como un triforio) y que obliga a la fila de ventanas de la nave situada por encima de ella a desplazarse aún más hacia arriba.[28] Si

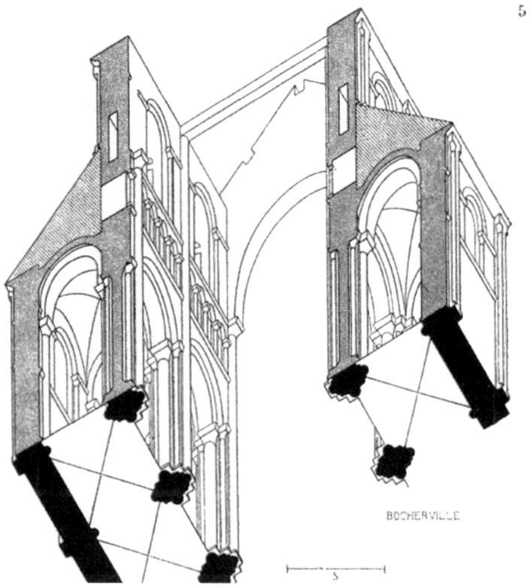

75 Basílica con bóvedas de crucería sólo en las naves laterales (Bocherville, según Choisy).

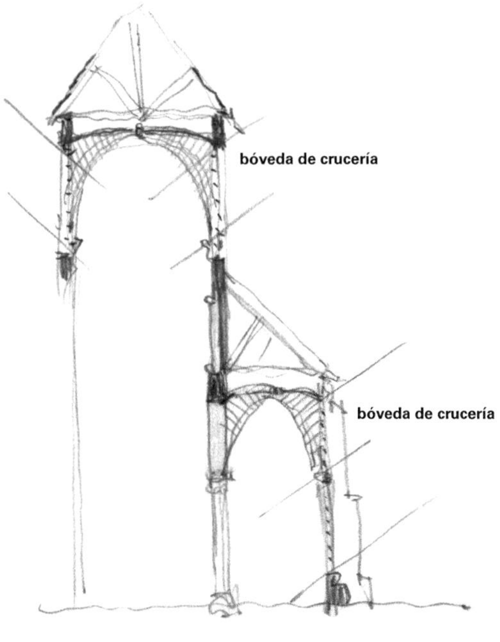

74 La introducción de la bóveda de crucería permitió iluminar las naves lateralmente sin tener que incurrir por ello en grandes alturas (como ocurría con las bóvedas de cañón) (véase al respecto **70**).

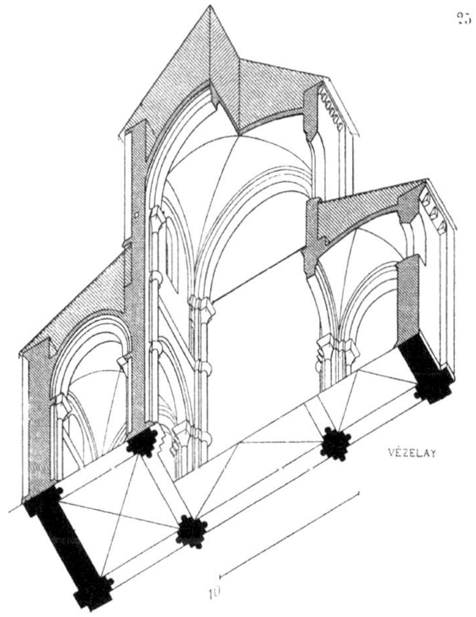

76 Basílica con bóvedas de crucería en la nave central y las naves laterales (Vézelay, según Choisy) (véase también **77**, **78**).

además hay una bóveda de cañón continua bajo el tejado a una agua (como en las iglesias románicas más antiguas), tampoco se puede situar una ventana en la zona de altura ocupada por ella. Esto afecta tanto a las naves laterales como a la nave central. Al principio, se tomaron medidas tentativas, con la intención de mejorar la iluminación, como recortar aberturas a modo de lucernario en las mismas bóvedas de cañón, un enfoque que, sin embargo, tenía más bien el ca-
72 rácter de un apaño y no prevaleció. Lo mismo ocurrió con la orientación transversal de la bóveda de cañón sobre la nave central, que si bien permitía abrir ventanas en los laterales, segmentaba fuertemente el espacio de la iglesia y, presu-
73 miblemente por ese motivo, nunca acabó imponiéndose.

La perforación lateral de las bóvedas de cañón con la
BÓVEDA POR ARISTA **74** ayuda de bóvedas transversales formando bóveda por arista fue, en cierto modo, una respuesta a este problema y, en principio, permitió reducir la altura del edificio o agrandar las ventanas y mejorar la iluminación: una solución que, como se ha visto, ya les era familiar a los constructores romanos.

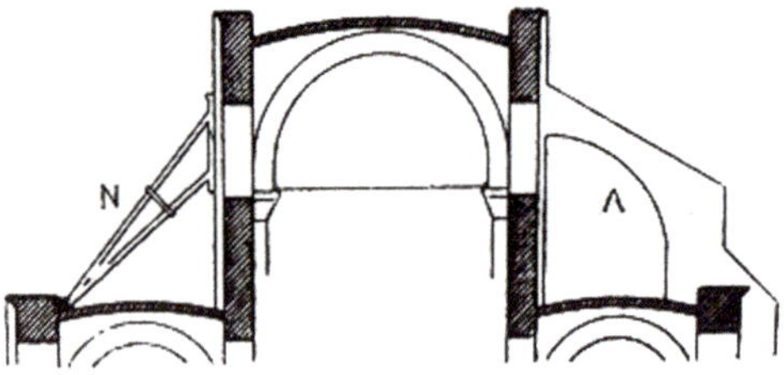

77 Primera introducción del arbotante (**A**) en Vézelay como transformación en piedra de un puntal (**N**) erigido inicialmente sólo de forma provisional.

78 Basílica de Vézélay: primera iglesia francesa con bóvedas por arista sobre la nave central (véase también ⊡ **76**). Los empujes de la bóveda concentrados en los pilares de apoyo (no en los muros) provocaron daños estructurales, que dieron lugar a la posterior inserción de arbotantes exteriores (⊡ **77**). A partir de entonces, sentaron un precedente.

En un primer momento, se introdujo la bóveda por arista en las naves laterales, más pequeñas y más bajas,[29] y 75
posteriormente los arquitectos se atrevieron a aplicar esta solución también a las naves principales.[30] La ganancia para 76
las condiciones de iluminación en la nave fue grande, pero los desafíos estructurales no disminuyeron: Los empujes laterales de las bóvedas por arista ya no se distribuían *linealmente*, como en las bóvedas de cañón, sobre las cabeceras de los muros laterales, sino que se concentraban en puntos sobre los mismos y, en consecuencia, eran mucho mayores. Enormes muros transversales tipo diafragma, que habrían acogido estos empujes como en los modelos romanos, no eran factibles —como se comentó— manteniendo las condiciones espaciales de la basílica cristiana, es decir, naves principales y laterales unificadas espacialmente en sí mismas y entre sí.

7.1.6 La introducción del arbotante

■ Los problemas de estabilidad que amenazaban a una de las primeras iglesias francesas con bóvedas por arista sobre la nave central, Sainte-Marie-Madeleine de Vézélay (1104),[31] 78
condujeron, en cierto modo en consecuencia lógica, a la introducción de un elemento de soporte adicional —aunque más que una solución meditada, fue el resultado de algo así como un ataque de pánico—, que curiosamente se convertiría en la norma en el desarrollo posterior de este tipo de edificio: el *arbotante*. ARBOTANTE

Tras la aparición de peligrosas grietas en esta iglesia poco después de su finalización, a pesar de haberse instalado preventivamente tirantes a nivel de las impostas (ya parece 76, 77
que se barruntaban los maestros de obra más o menos las consecuencias de introducir bóvedas por arista con empujes concentrados, aunque no en todo su alcance), se añadieron puntales de soporte de madera en el exterior, que recogían 77
los empujes de la bóveda de la nave y los desviaban hacia el muro exterior de las naves laterales. Aparentemente, esto resolvió el problema. Esta medida temporal fue sustituida posteriormente por arbotantes de piedra.[32] (Todo indica que no les disgustó del todo la solución o, más aún, acabó pareciéndoles un recurso particularmente ingenioso).

Este fue —aparte de una intervención profunda en la apariencia exterior de la basílica— un importante paso de desarrollo tipológico que introdujo notables mejoras estructurales. Por primera vez se activó el par equivalente a toda la anchura de la nave lateral para compensar el momento de vuelco actuando sobre las paredes laterales como consecuencia de los empujes de la bóveda de la nave central. 79r
Esta dimensión era mucho mayor que la anchura de los pilares de la nave central que sostenían los empujes en la zona del claristorio. 79l

O formulado de otra manera: Desde entonces ya no era necesario situar las bóvedas de la nave central y de las naves laterales lo más juntas posible en altura (lo que hasta entonces había imposibilitado o limitado la altura del claristorio) para que los empujes de las bóvedas se transmitieran de forma continua en cascada. La bóveda de la nave central podía en adelante desplazarse hacia arriba casi a voluntad, arrastrando, por así decirlo, visiblemente los arcos de los arbotantes con ella hacia arriba. A partir de ese momento, los arcos estabilizadores de los arbotantes eran claramente visibles desde el exterior, apareciendo como elementos independientes,[33] y ya no estaban protegidos de la intemperie por cubiertas añadidas.

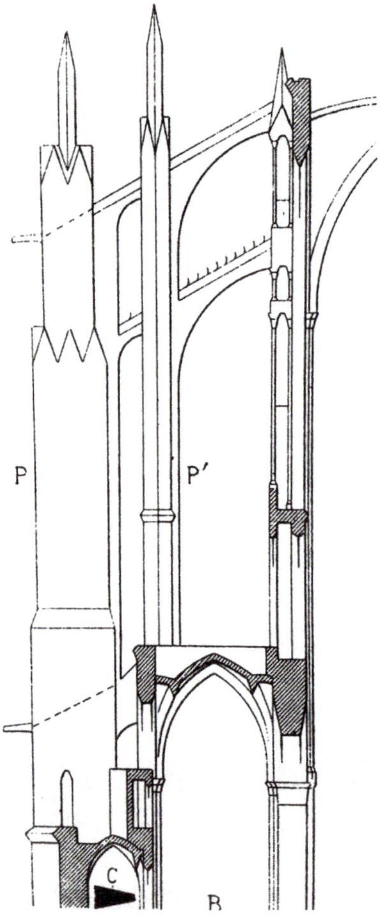

Románico (contrafuertes)

Gótico (arbotantes)

80 (Arriba) Elaborado sistema de dobles arbotantes para estribado adicional de la bóveda de la nave central en sus riñones (Catedral de Beauvais).

79 (Arriba derecha) Prevención del fuerte esfuerzo cortante en el pilar central (izquierda, brazo de palanca interior $\mathbf{h_1}$; véase también ⧉ **68, 70**) introduciendo el arbotante (derecha); activación de la anchura total de la nave lateral **h** como brazo de palanca del estribado.

81 (Derecha) Catedral de Beauvais, ápside.

La introducción del doble arbotante 7.1.7

RIÑONES DEL ARCO

DOBLE ARBOTANTE

No sólo había que sostener las impostas de las bóvedas contra desplazamientos laterales, sino que el propio arco perpiaño debía apoyarse desde el exterior en su punto más débil, es decir, en los llamados riñones del arco, para no fallar en la sección transversal portante por efecto de las excentricidades resultantes de la desviación entre la línea antifunicular y la línea del arco. En un paso más, se desarrolló de esta forma el doble arbotante en el período del Alto Gótico. Como muestra la sección transversal de la catedral de **80** Beauvais, no sólo se aumentó considerablemente la altura del claristorio,[34] iluminando así profusamente la nave central, sino que el arbotante, creado originalmente como elemento auxiliar, se sublimó en términos estilísticos para formar un elemento expresivo arquitectónico.[35] Como suele ocurrir en **81** la historia de la arquitectura, estos elementos constructivos, que inicialmente surgieron de una combinación de audacia y de pura necesidad (resultante de ella), se transformaron en un elemento de diseño y estilo. Esto también supuso un claro alejamiento del concepto formal de la antigüedad clásica, un punto de vista que se tratará más adelante.

El sistema global conceptual de la basílica abovedada 7.1.8

La evolución de la construcción de iglesias basilicales medievales es un proceso de desarrollo en términos de diseño y construcción extraordinariamente interesante que —si se aplican normas estrictas de eficiencia conceptual— en realidad proviene de un malentendido de base: a saber, colocar una forma de equilibrio (en sí misma) eficiente, la bóveda, sobre una forma que no lo es (en cuanto al flujo de fuerzas modificado por aquella), a saber, la carcasa o subestructura del edificio con forma de ortoedro, y en resumidas cuentas crear un sistema que en su conjunto se aleja de cualquier forma de equilibrio y, en consecuencia, de cualquier tipo de eficiencia constructiva y material. El hecho de que las prótesis introducidas en respuesta —es decir, los arbotantes externos—, convertidas así en indispensables, se estilizaran subsiguientemente (como lo hace la historia del arte, que en retrospectiva se extasía con ellas), como si fueran un artificio especialmente refinado, es sólo un ejemplo llamativo de una práctica que sigue estando muy extendida hoy en día, especialmente entre arquitectos: a saber, crear —inadvertidamente— graves problemas en una fase temprana del proceso de diseño emprendiendo un rumbo conceptual equivocado, que luego se superan espectacularmente con gran aparato constructivo (y torpes construcciones auxiliares), y luego presentar a este procedimiento, verdaderamente irreflexivo e irracional, como si fuera la cúspide del ingenio profesional.[36]

El hecho de que en el transcurso del desarrollo de la arquitectura eclesiástica medieval se mantuviera, a pesar de los enormes obstáculos que se presentaron, obstinadamente un concepto básico (en realidad) erróneo, a saber, el ortoedro, no deja de ser sorprendente. Lo que, con el debido respeto por los logros de los maestros de obras medievales, puede calificarse justificadamente de ceguera conceptual se debe

82 Forma elemental ortoédrica típica de un palacio del Renacimiento temprano (*Palazzo Medici-Riccardi*, Florencia).

presumiblemente —una vez más— al conocido mecanismo psicológico de la mímesis,[37] según el cual una forma concluyente y fácticamente eficaz en unas condiciones iniciales, a la que uno se ha acostumbrado, se retiene aún en condiciones cambiadas, en contra de toda racionalidad. Un acto de mímesis en este caso sería, por tanto, la preservación de la forma original del ortoedro de piedra con cubrimiento plano y muros verticales a pesar de la presencia de un sistema estático drásticamente modificado —el de la bóveda produciendo empujes sobre los muros—. Un fenómeno, pues, de imitación ciega e irreflexiva.

MÍMESIS

7.2 El cambio de rumbo en la época moderna

■ Sin embargo, la aparatosa complicación del sistema de arbotantes gótico comenzó pronto a ofender la sensibilidad del hombre del Renacimiento, en particular del principal teórico y propagandista de la época, Giorgio Vasari. Para él, el gótico no era más que una expresión de crudeza y torpeza bárbaras. El ideal contemporáneo, en cambio, comenzó a ser la arquitectura de la antigüedad clásica, cuyo canon de formas derivaba de la construcción pétrea adintelada. En consecuencia, sólo la forma geométrica elemental, en

84 (Arriba) *Sant'Andrea in Mantua*. La maqueta muestra claramente la estructura interior formada por una bóveda de cañón sobre la nave central y bóvedas de cañón transversales más pequeñas sobre las naves laterales (véase la bóveda seccionada al fondo a la derecha). Los considerables empujes de la bóveda principal se transfieren a través de los muros intermedios entre las bóvedas laterales (también en la parte posterior derecha). En la parte superior derecha, encima del alero, se ven los contrafuertes en forma de pantalla para los riñones de la bóveda principal. Como la iglesia está integrada en gran medida en los edificios vecinos, éstos apenas se aprecian desde el exterior (véase también **58**, **61**, **62**).

83 (Arriba izquierda) *Sant'Andrea in Mantua* (arqu.: Alberti): La nave central cubierta con bóveda de cañón, las bóvedas de cañón transversales de las naves laterales con diafragmas de estribado entre ellas y la ornamentación de esta típica iglesia renacentista se basan en modelos clásicos como los que encarna la basílica de Majencio (**58**, **61**, **62**).

85 (Izquierda) *Sant'Andrea in Mantua*. Los contrafuertes que estriban la bóveda principal (visibles justo debajo del borde del tejado en la parte superior derecha, véanse las flechas) están prácticamente ocultos a la vista por los edificios vecinos.

particular el ortoedro, el cilindro y la esfera, se consideraban expresiones de perfección platónica y, en consecuencia, las únicas dignas de la nueva arquitectura. **82**

En Italia se produjo muy pronto un retorno a las formas arquitectónicas antiguas, como la basílica romana abovedada. Edificios como Sant' Andrea en Mantua, de Leon Battista Alberti (iniciado en 1470), Santa María en Monserrato degli **83, 84, 85**
Spagnoli, de Antonio da Sangallo el Joven (iniciado en 1518),

89 (Arriba) Basílica de San Pedro. Diseño de inspiración clásica con bóveda de cañón longitudinal sobre la nave central y bóvedas transversales sobre las naves laterales.

87 (Arriba izquierda) Basílica de San Pedro, fachada frontal. El carácter marcadamente ortoédrico del edificio es claramente reconocible.

88 (Izquierda) Basílica de San Pedro. La fachada lateral, elevada artificialmente, oculta a la vista el complicado tejado.

90 Panteón, París. El muro pantalla, que acompaña al alero y oculta en gran medida el estribado a la vista desde la calle, es claramente reconocible (véase **94**).

86 Carácter marcadamente clásico del edificio ortoédrico de la catedral de San Pablo de Londres. El estribado está oculto a la vista desde el exterior (véase **95**).

91 *Il Gesù*, Roma (arqu.: Miguel Ángel, Vignola). Los contrafuertes de la fachada lateral izquierda están curvados y diseñados a juego con la voluta de la fachada frontal para ocultarlos en la medida de lo posible.

Il Gesù, de Miguel Ángel Buonarotti y Giacomo Barozzi da
91 Vignola (iniciado en 1568) y, por último, la Basílica de San
87, 88, 89 Pedro, de Miguel Ángel (desde 1547) y otros arquitectos, muestran un patrón básico claramente reconocible compuesto de nave central con bóveda de cañón y naves laterales, o más exactamente: capillas laterales u hornacinas, claramente separadas, normalmente cubiertas con bóvedas de cañón orientadas transversalmente.

Aquí reaparece el antiguo concepto de desviar los empujes de la bóveda mediante diafragmas transversales integrados en los espacios laterales e invisibles desde el exterior, y de evitar en lo posible las elaboradas construcciones de arbotantes o contrafuertes exteriores. Los nichos laterales se cubren con bóvedas de cañón transversales que no crean empujes hacia el exterior sobre el muro lateral, donde habría que arriostrarlos con estribos (visibles). Por ello, sólo ocasionalmente aparecen contrafuertes en el exterior de estas iglesias, como en Sant' Andrea, donde éstos sólo
84, asoman por encima de los tejados de las naves laterales
85 para sostener los riñones de las bóvedas. Por lo demás, en las iglesias del Renacimiento prevalece el claro esfuerzo por dejar que los contrafuertes, que en la época se percibían efectivamente como bochornosas muletas, desaparezcan en el edificio como se ha descrito anteriormente, diseñándolos de la forma más sobria y discreta posible, o bien ocultándolos completamente de la vista.[38]

Para preservar el aspecto formal exterior del edificio como ortoedro puro de corte clásico, con paredes exteriores verticales sin añadiduras —una verdadera obsesión de los arquitectos de la época—, no repararon prácticamente en nada. Ni siquiera en usar simulacros verdaderamente aparatosos: En la Basílica de San Pedro, el arquitecto sitúa un completo espacio añadido, deliberadamente peraltado, delante de la nave principal, por encima de las naves laterales, para ocultar completamente la volumetría de la cubierta desde el
89, 93 exterior. Más tarde, hacia finales del siglo XVII, Christopher Wren, notorio racionalista y científico precoz, no tiene reparo alguno en anteponer un muro ciego completamente inútil
95 delante de los arbotantes de San Pablo en Londres para hacerlos invisibles, y para, una vez más, preservar el aspecto de ortoedro puro en imitación de sus venerados modelos
86 renacentistas.[39] El hecho de que luego tuviera que añadir contrafuertes adicionales en el interior para sostener este muro ciego, desprovisto de soporte lateral, que se levanta libremente en el espacio, no le pareció molestar ni lo más mínimo (al fin y al cabo, no eran visibles desde el exterior).

7.3 La consumación del tipo basilical por Gaudí

Llevemos la presente excursión histórica un paso más allá: Antoni Gaudí se veía a sí mismo como el que condujo a su culminación final esta línea de desarrollo arquitectónico, aplicando la única solución estática y formalmente correcta, una verdadera forma de equilibrio, para las bóvedas de la iglesia de la Sagrada Familia en Barcelona: La sección trans-

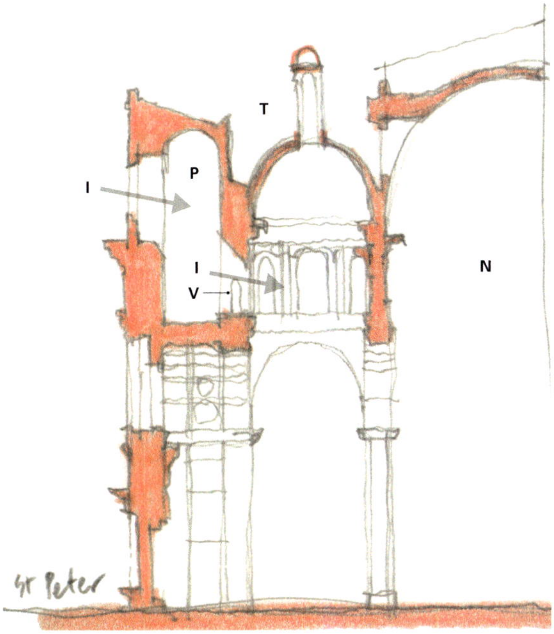

93 Basílica de San Pedro: La parte del edificio **P**, arriba a la izquierda, oculta a la vista el tejado (**T**), que por motivos estructurales tiene forma más bien complicada y a través del cual se estriba la nave central (**N**), y confiere al edificio un aspecto ortoédrico. Se utiliza una ventana interior (**V**) para minimizar el inconveniente de la iluminación reducida (**I**).

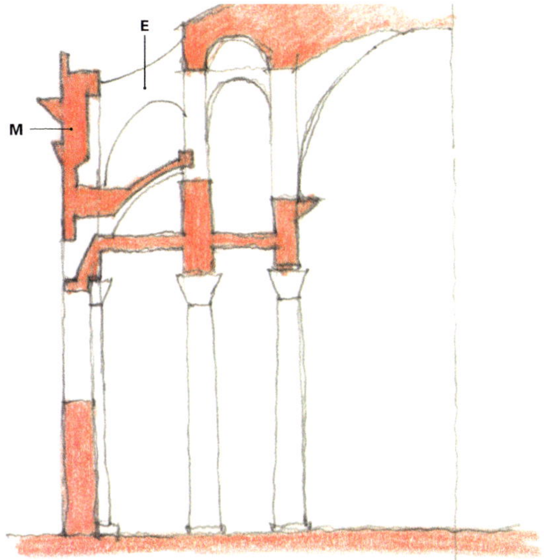

94 El Panteón de París: otro ejemplo de cómo se oculta deliberadamente el estribado (**E**) detrás de un muro ciego (**M**).

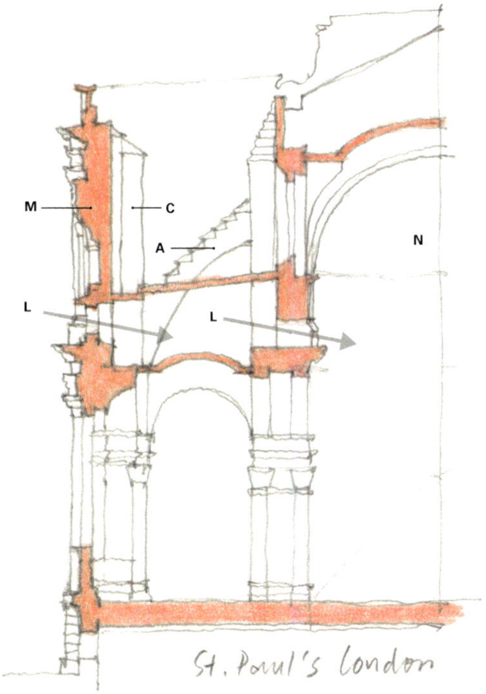

95 Catedral de San Pablo, Londres (arqu.: Christopher Wren): Los arbotantes exteriores (**A**) y el volumen constructivo de toda la nave central (**N**) quedan ocultos a la vista por un muro ciego (**M**), que a su vez debe ser sostenido por contrafuertes (interiores) (**C**). El objetivo es, una vez más, mantener un aspecto externo ortoédrico (limpio). Es especialmente destacable que Wren construyera la primera estructura portante dentro de la iglesia diseñada puramente como una forma de equilibrio (un paraboloide, revestido, por supuesto, haciéndolo invisible). Al igual que en la basílica de San Pedro (⧉**934**), se intenta dirigir al menos una parte de la luz hacia la nave central a través del muro ciego (**L**).

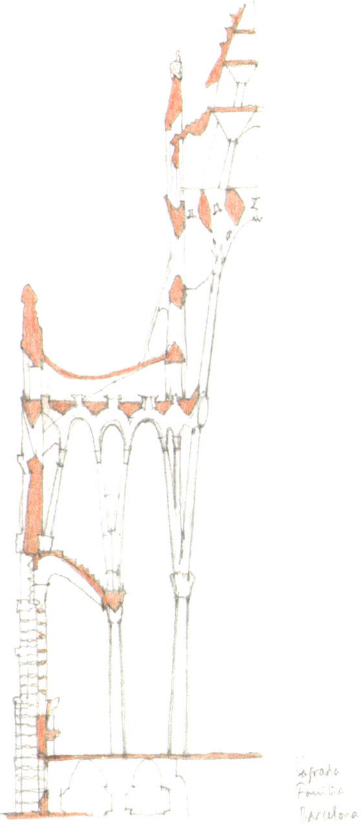

92 Sagrada Familia, Barcelona (arqu.: Gaudí): Diseño coherente de la sección transversal de la iglesia como forma de equilibrio pura según las líneas de empuje parabólicas. Sin embargo, queda la pared exterior vertical de la izquierda como última reminiscencia del ortoedro.

versal de la estructura muestra cómo fusiona las bóvedas
92 y los pilares de la nave en una línea antifunicular continua. Las columnas de ambos lados de la nave central están, por tanto, inclinadas a lo largo de esta línea de empujes, ya que en sus capiteles, donde los empujes horizontales de la nave central y de la primera nave lateral se compensan, predomina la fuerza horizontal de la primera. En consecuencia, la columna se opone a esta fuerza con su posición inclinada. O formulado de otra manera: La línea de empujes de la nave central se dobla hacia dentro en la cabeza de la columna por el efecto de la nave lateral (así como la carga del muro de la nave central que acomete verticalmente desde arriba), pero sigue siendo ligeramente oblicua debido a las relaciones de fuerza. La columna entre las dos naves laterales mantiene la posición perfectamente vertical debido a las condiciones de carga simétricas en ambos lados. El puntal exterior de la segunda nave lateral transfiere su fuerza oblicuamente a la pared exterior vertical. Su componente horizontal está parcialmente sobrecomprimida por la carga del muro exterior, deliberadamente peraltado, por lo que la línea de empujes se dobla más hacia el interior. El empuje horizontal restante se elimina por el contrafuerte exterior de fábrica en la parte
97 inferior del muro.

Y aún así: A pesar de la forma de equilibrio, realizada casi sin tacha, de la Sagrada Familia, siguen persistiendo los muros exteriores perfectamente verticales: un último vestigio de la forma original procedente de la construcción de piedra
96 apilada gradualmente. Sin embargo, siguen cumpliendo aquí

97 Sagrada Familia. Alineación de los pilares de acuerdo con la línea de empujes.

96 Sagrada Familia. Pared exterior vertical de la nave lateral (mitad derecha de la imagen).

una función estáticamente ventajosa: a saber, aproximar las líneas de empujes de los elementos de soporte inclinados más hacia la vertical por medio de su carga muerta vertical (aumentada deliberadamente por su altura incrementada).[40]

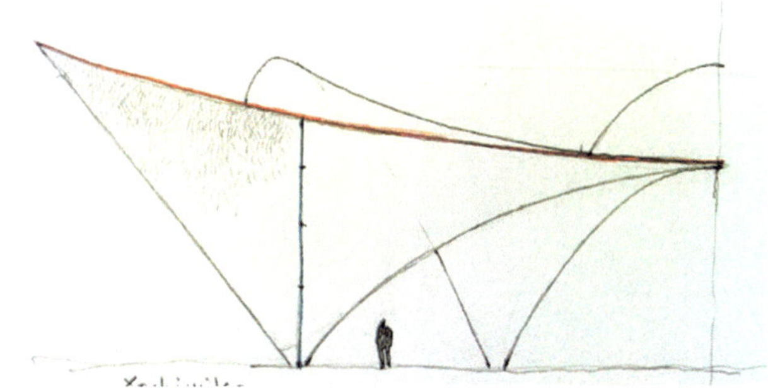

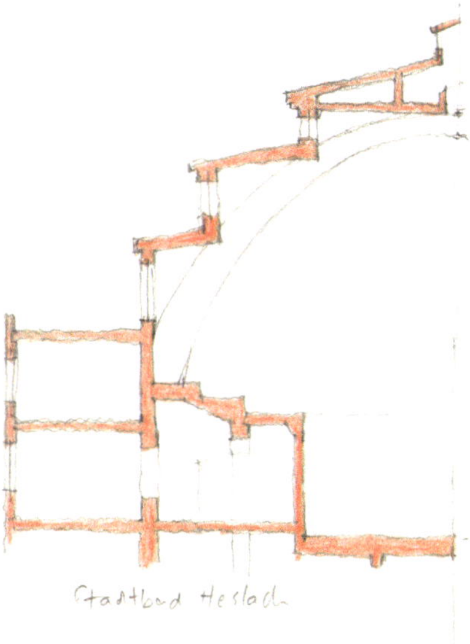

98 Piscina municipal de Heslach (Stuttgart): Se diseña la estructura portante (arco) como forma de equilibrio, pero se mantiene la forma ortoédrica en la fachada por razones de protección contra la intemperie.

103 (Arriba) Piscina municipal de Heslach (véase **98**), interior. Bandas de ventanas verticales apoyadas sobre el arco.

101 (Arriba izquierda) nave del mercado mayorista de Colonia. Al igual que en la piscina municipal de Heslach (véase **98**, **103**), se colocan sobre el cascarón, diseñado como una forma de equilibrio, lucernarios con fachadas verticales de vidrio.

102 (Arriba izquierda) nave del mercado mayorista de Colonia, interior.

99 (Arriba izquierda) estaurante Xochimilco, México (arqu.: F. Candela): Mientras el cascarón (rojo) adopta una forma curva de equilibrio, la fachada (azul) permanece en posición vertical.

100 (Izquierda) biblioteca de Tromsø. Combinación de cascarón curvo y fachada vertical de vidrio.

7.4 El avance definitivo hacia la forma pura de equilibrio en la arquitectura moderna

El movimiento moderno dio por fin el paso definitivo hacia la forma de equilibrio pura como factor determinante del diseño. Queda muy patente la emancipación de la envolvente del edificio, dominada por criterios físicos, de la estructura portante en un ejemplo como la piscina municipal de Heslach
98 en Stuttgart. La estructura del arco sigue (casi exactamente) la forma de equilibrio parabólica.[41] La envolvente del edificio, por su parte, se divide (una vez más) en superficies de cubierta de poca pendiente y bandas de ventanas verticales: un vestigio de la geometría ortoédrica, que en este caso no se debe a consideraciones estáticas, sino ciertamente a la dificultad, en aquella época (1929), de sellar permanentemente superficies acristaladas inclinadas (los muros exteriores verticales están óptimamente protegidos de la lluvia simplemente por su posición con respecto a la vertical: una

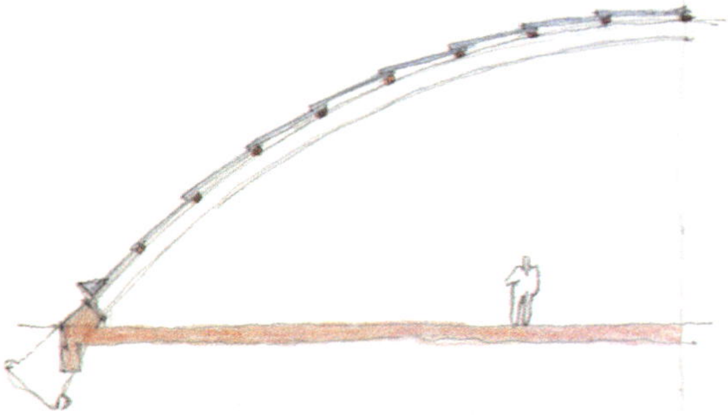

106 Cobertura en Badenweiler (ing.: sbp): La estructura portante y la envolvente del edificio (acristalamiento) siguen la misma forma de equilibrio.

105 Edificios olímpicos de Múnich: estructura portante curvada de cables con cerramiento vertical independiente.

104 Pista de patinaje sobre hielo en Múnich (arqu.: Ackermann; ing.: sbp): estructura portante laminar curvada con cerramiento lateral independiente de vidrio.

ventaja conocida y también frecuentemente utilizada desde tiempos inmemoriales, como ya se ha señalado).[42] De ahí la angulosa forma exterior prismática del edificio. **101, 102**

Incluso en los ejemplos más recientes, especialmente en formas de equilibrio por excelencia, los cascarones, la individualidad respectiva de la estructura, por un lado, y la envolvente, por otro, del edificio es claramente visible. La **99, 100** forma de la estructura se orienta en el flujo de fuerzas y optimiza este aspecto individual del diseño hasta el extremo material, por así decirlo. La fachada, en su mayoría un ligero acristalamiento, conserva casi siempre la posición vertical y se acomoda (de la forma más discreta posible) en los huecos de la estructura del cascarón. Su verticalidad se basa principalmente en consideraciones de utilidad, ya que en esta ubicación ocupa un espacio mínimo en planta y, en consecuencia, tiene el menor impacto sobre el uso. Además, con fachadas verticales, son mucho más fáciles de incorporar las aberturas y, sobre todo, de manejar (especialmente con hojas batientes) que con fachadas inclinadas. El constructor de cascarones Félix Candela comentó a menudo la dificultad fundamental de conciliar formalmente estos dos componentes del diseño: el cascarón y la fachada separada.[43]

Por último, la moderna tecnología de la construcción ha conseguido producir un acristalamiento inclinado suficientemente estanco y duradero, u otras construcciones envolventes translúcidas inclinadas, de modo que, en el último paso de la presente reflexión, la envolvente del edificio, prescindiendo de las ventajas especiales de la posición vertical (o ni siquiera dependiendo de ella), a su vez también asume en última instancia la forma de equilibrio definida por el flujo de fuerzas y, por tanto, sigue geométricamente la estructura portante. **106**

Al final de este desarrollo se encuentra la construcción de membranas, en el que la estructura de soporte y la envolvente se funden (de nuevo) y la forma de equilibrio determina casi por completo la forma del edificio. En los modernos materiales de membrana se combinan en el propio material la función portante, la protección contra la intemperie y la función de iluminación. Pero también son muy comunes las soluciones en la construcción con membranas en las que una fachada separada, normalmente de vidrio u otros materiales ligeros, se coloca verticalmente bajo la cubierta de membrana para aprovechar las ventajas funcionales del clásico muro exterior vertical. **105, 104**

8. El origen constructivo de las formas de edificio tradicionales

■ A partir de la geometría básica del ortoedro,[44] que predomina claramente en las formas de edificio, se ha tratado de poner de manifiesto la complejidad de las influencias que actúan sobre el diseño arquitectónico, hasta qué punto son interdependientes y están entrelazadas, y cómo ciertos aspectos parciales se imponen sobre otros, posiblemente contrarios. No siempre se imponen decisiones racionales en el proceso de proyecto, en la medida en que se puede valorar en retrospectiva evaluando lo que ya se ha construido. Es sorprendente la frecuencia con la que ciertos rasgos que han surgido de procesos de optimización puramente racionales bajo condiciones específicas se mantienen posteriormente de forma obstinada, a veces desafiando completamente a la razón, bajo condiciones límite cambiadas, o (por ejemplo en movimientos de resurgimiento como el Renacimiento) se vuelven a adoptar siglos después. Se ha llamado a este proceso una especie de mímesis. La dimensión simbólica de la arquitectura, que siempre está sujeta a fuertes móviles culturales y emocionales, parece a menudo extraordinariamente difícil de captar y de conciliar con las normas de la racionalidad técnica. Sin embargo, lo interesante es que los arquetipos arcaicos que posteriormente se imitan, se modifican, se abstraen estilísticamente y se subliman, surgieron originalmente de la más pura racionalidad —a veces técnica, muy a menudo también económica—. Por lo tanto, es razonable suponer que, desde una perspectiva histórica, la imaginación de los maestros de obras, arquitectos e ingenieros siempre se inflamaba primero con el modelo ya construido: Sólo la forma del edificio realmente existente (inicialmente respetuosa del uso, la economía y, por lo tanto, la construcción), que se presentaba a la vista, que podía experimentarse en su espacio interior deambulando por él, proporcionaba el objeto perceptible visualmente para las innovaciones que posteriormente se adoptaban a partir de este proyecto inspirador, y luego se reinterpretaban, a menudo también exagerándolas y estilizándolas. En este proceso, los conceptos estructurales originales, que eran coherentes, a menudo se desvirtúan, se contravienen y a veces (dentro de los límites de lo estructuralmente factible) se reducen al absurdo. Esto último está especialmente extendido en la actividad constructora actual, ya que se han ampliado enormemente los límites de lo materialmente posible con la ayuda de la tecnología de la construcción moderna —en comparación con las posibilidades de la construcción tradicional—, aunque no tanto como muchos profesionales de la construcción quisieran creer. En el siguiente apartado se profundizará en este punto. Por lo tanto, siempre es útil para el proyectista tener en cuenta los orígenes (casi sin excepción basados en la construcción) de las formas arquitectónicas convencionales, es decir, generalmente consensuadas.

9. La nueva libertad formal: un llamamiento

En los apartados anteriores se ha analizado el desarrollo de algunas formas arquitectónicas ejemplares a lo largo de un largo periodo histórico. Se ha puesto de manifiesto la influencia liberadora que innovaciones técnicas, especialmente en la tecnología de la construcción industrial, han tenido sobre las formas disponibles para el diseñador. Las posibilidades constructivas han seguido ampliándose considerablemente en los últimos años gracias a avances tecnológicos. La planificación también se ha beneficiado mucho de estas innovaciones. Una combinación de innovaciones técnicas y de proyecto que han surgido en los últimos treinta años aproximadamente ha llevado a la revocación de lo que solían ser leyes aparentemente inmutables del diseño arquitectónico. Tienen el potencial de producir diseños totalmente nuevos que no habrían sido factibles ni concebibles en el pasado. En los siguientes apartados, se tratará más de cerca este tema, así como algunas cuestiones relacionadas con la ética profesional.

☞ *Para más información, consúltese también Cap. 6., Aptdo. 8. Nuevas posibilidades, pp. 272 y ss.*

Innovaciones técnicas y de proyecto 9.1

■ En primer lugar, la compulsión por utilizar formas de edificio simples, elementales, geométrica o analíticamente fáciles de describir, ha desaparecido en gran medida, ya que hoy se dispone de posibilidades de definir en el espacio con precisión incluso las geometrías más complejas. Esto **107** también eliminó en gran medida la necesidad de operar con componentes rectilíneos o de superficie plana que pueden fabricarse mediante procesos industriales convencionales, ya que no sólo se pueden describir componentes de formas complejas con precisión geométrica, sino que también se dispone de procesos de fabricación automatizados que pueden producir estas piezas dentro de un marco de costes razonable. En cierto modo, esto también ha atenuado, al menos parcialmente, el dominio casi indiscutible del ángulo recto. La compulsión por realizar estructuras modulares basadas en tramas ortogonales con dimensiones modulares fijas tampoco existe hoy en día de la misma manera que en el pasado, especialmente según lo dictan las condiciones de la producción clásica industrial en serie. Así, la necesidad de construir con el menor número de piezas posible, siempre idénticas, se eliminó al menos como requisito ineludible. Las capacidades de los materiales que pueden utilizarse para la construcción también se han ampliado considerablemente en algunos casos gracias a la innovación tecnológica.

107 Gracias al CAD, ahora es posible describir y realizar con precisión incluso las geometrías más complejas.

☞ *Para más información, consúltese Cap. 3., Aptdo. 1.6 „Diseño de materiales", pp. 71 y s.*

CAD

Este cambio fue causado esencialmente por lo siguiente: por un lado, por la introducción de software CAD en la planificación. Esto permite generar en el proyecto geometrías complejas no ortogonales, no regulares y no planas y, sin gran esfuerzo, definirlas con precisión en términos de dimensiones; esto, en particular, a efectos de ejecución. Hasta no hace mucho, tal cosa sólo era posible con la ayuda de modelos físicos y dibujos técnicos, e incluso entonces sólo como una aproximación.

CAD-CAM, CNC

Este cambio también fue provocado por la introducción en la producción por control CAD-CAM o CNC. La transmisión de los datos de proyecto a la empresa ejecutora tiene lugar directamente a través de los registros de datos que el planificador proporciona desde su fichero de proyecto.

ELEMENTOS FINITOS

La introducción de métodos de cálculo de elementos finitos para el análisis estático y el diseño de formas constructivas y conexiones espacial y estáticamente complejas también ha ampliado notablemente el espacio de maniobra del diseñador. Permiten el análisis estático incluso de estructuras difíciles hiperestáticas. Pero también se pueden analizar y registrar numéricamente con la ayuda de modernos programas de simulación otros mecanismos físicos que tienen lugar en el edificio o actúan sobre él, ya sean térmicos, hígricos o acústicos.

SIMULACIÓN

Además, se produjeron importantes avances en la tecnología de los materiales. En este campo, los límites de lo —al menos aparentemente— posible se han ampliado notablemente reforzando materiales combinándolos con otros (nuevos materiales compuestos) o simplemente aumentando sus valores de rendimiento (hormigones de alta resistencia).

NUEVOS MATERIALES COMPUESTOS

Por último, cabe mencionar la introducción del software BIM en el trabajo de planificación cotidiano. Permite racionalizar los procesos de planificación y hacerlos más resistentes a errores, fomenta el trabajo en equipo, mejora la comunicación entre los proyectistas generales y los especializados, e integra los conjuntos de datos actuales de los fabricantes en la planificación en curso.

SOFTWARE BIM = *BUILDING-INFORMATION MODELLING*

Como se sabe, estos avances fueron impulsados y posibilitados en gran medida por la introducción de la tecnología informática en el sector de la construcción. A la vista de los cambios expuestos, realmente drásticos, conviene abordar brevemente las consecuencias para el trabajo del arquitecto proyectista, autor del proyecto conceptual y constructivo, así como del ingeniero civil, que ya son evidentes o previsibles para el futuro.

TECNOLOGÍA INFORMÁTICA

9.2 Las consecuencias: la proliferación de formas no ortogonales

108 Cascarón de celosía cubierto de vidrio concebido como una forma geométrica libre no elemental (Banco DZ, Berlín; arqu. F. Gehry; ing. sbp).

■ Hoy es posible construir y disponer de formas constructivas que antes ni siquiera eran realizables o, como mucho,
108 a pequeña escala. Se produjo una disolución o, al menos, una flexibilización del canon convencional histórico de formas arquitectónicas, que en gran parte todavía se transmite y conserva su vigencia hoy en día. Esto se aplica no sólo a la tradición milenaria de la construcción en obra de fábrica. Ésta sigue configurando claramente nuestra percepción de la arquitectura en la actualidad. Sólo que no somos realmente conscientes de ello. Esto también se aplica a gran parte del legado de la arquitectura moderna clásica de la Bauhaus, que todavía ejerce un dominio férreo, por así decirlo, sobre la idea generalizada de una arquitectura contemporánea adecuada al espíritu de la época actual. Nos enfrentamos a un punto de inflexión histórico, cuyo impacto total a largo plazo aún no se puede prever.

Esto sugiere o —en una visión más bien superficial— hace sacar la conclusión de que hoy, en contraste con el pasado, todo es técnicamente posible en la construcción. En consecuencia, ya se percibe una cierta proliferación de formas
109 „libres" tipo globo o burbuja. Sin embargo, a menudo están mal concebidas, sin conocimientos de ingeniería estructural. Al final terminan, si es que se construyen, casi regularmente como pesadas formas sometidas a flexión, construidas con costillas, que no obtienen ningún beneficio estático de la curvatura: Se ha visto ya que la rigidez a la flexión y el con-

siguiente aumento del consumo de materiales son el precio a pagar por el alejamiento de la forma constructiva real de la forma de equilibrio dada físicamente.

No cabe duda de que en el futuro no se producirá un abandono generalizado de sistemas ortogonales en favor de diseños curvos. No hay que malinterpretar la presente argumentación sobre este punto. Para ello, las ventajas de la forma simple del ortoedro son —como se ha explicado con detalle anteriormente— demasiado poderosas, sobre todo en cuanto a su capacidad de apilamiento en plantas y de rellenar el espacio sin dejar huecos. Se trata de ventajas funcionales de peso y siempre serán el factor decisivo cuando predominen sobre otros criterios: es decir, especialmente para escalas pequeñas y necesidades medias.

Pero la coexistencia, en igualdad de condiciones, de ambas geometrías básicas —ortogonales y curvas— abre ya, al menos en principio, la posibilidad de utilizar la forma para la capacidad de carga donde parezca sensato, eligiendo formas de equilibrio o al menos aproximaciones a ellas. Esto es especialmente cierto siempre cuando predomina la función portante: es decir ante todo para las escalas grandes o también para la construcción ligera extrema. Las geometrías ortogonales que encierran o engloban espacios generan, como se ha visto anteriormente, necesariamente momentos flectores que requieren mucho material, y esto se debe a que las fuerzas, es decir, las fuerzas distribuidas, tal y como prevalecen en la construcción, insisten obstinadamente en recorrer trayectorias curvas cuando se redirigen las fuerzas, no rectas. Esta es una ley física. Como individuos responsables en el sentido kantiano, tenemos la libertad de tomar nota de ello o de ignorarlo con pertinacia. Por tanto, las geometrías curvas abren al menos la posibilidad —las ortogonales no lo hacen— de realizar sistemas libres de esfuerzos flectores. Estas son muy superiores a las ortogonales en términos de eficiencia material, esbeltez y potencial de expresión formal.

109 Forma de burbuja generada digitalmente (Kunsthaus Graz, arqu.: P. Cook).

9.3 La disciplina de diseño con formas arquitectónicas no elementales

Prestar mayor atención a los sistemas sometidos a esfuerzos axiales o a los sistemas con tensiones de membrana, es decir, sistemas laminares libres de flexión, abre ciertamente nuevos repertorios formales. Sin embargo, también impone ciertas limitaciones al diseñador —ya sea el arquitecto o el ingeniero, como ya se ha comentado anteriormente—, así como una disciplina de diseño que no es diferente en su efecto normativo al de la práctica de diseño tradicional, por ejemplo, la construcción en piedra o madera: Para aprovechar las ventajas de los sistemas sometidos a esfuerzos axiales, la forma debe tener necesariamente al menos algo que ver con la trayectoria de la fuerza. Este estado de cosas debe formularse aquí de forma tan conservadora, ya que las posibilidades de desviarse de ella sin tener que renunciar a las ventajas de la eficiencia estática son —especialmente en el caso de estructuras laminares— todavía muy grandes. Esto se debe a que incluso las estructuras laminares que no están perfectamente diseñadas de acuerdo con una forma de equilibrio siguen, no obstante, funcionando sin flexión bajo carga externa siempre que ésta sea distribuida, es decir, en este sentido son extraordinariamente benevolentes.

La propia trayectoria de la fuerza viene determinada por las condiciones límite imperantes, que son parámetros de proyecto que el diseñador puede siempre definir él mismo: es decir, por ejemplo, manipulando la geometría del apoyo y la forma global tal como se desee. Sin embargo, la trayectoria ideal de la fuerza libre de flexión sigue, por lo demás, leyes puramente físicas —también se podría decir, naturales— dentro de unos límites bastante estrechos, que a lo sumo se ven modificados por cambios en las condiciones de carga.

Esto puede parecer una atadura, pero la verdad es que no lo es, porque las ventajas resultantes —desde un punto de vista sobrio e imparcial— superan con creces las desventajas que surgen de una cierta restricción del repertorio de formas disponible, repertorio que incluso en esta forma restringida de todos modos apenas conoce límites.

☞ *Véanse al respecto las consideraciones del Cap.1., Aptdo. 9. El arquitecto y el artista plástico, pp. 23 y ss.*

9.4 Métodos de diseño con soporte digital

■ Pero el desarrollo del mundo de la construcción va aún más allá: En una etapa adicional de abstracción del proceso de diseño —más allá del cambio de los métodos de representación analógicos a los digitales— los parámetros de forma, que hasta la fecha se venían definiendo libremente en virtud de la autonomía del proyectista, se tratan ahora como variables. Estos parámetros controlan determinadas características de la forma y pueden ajustarse en función de diversos criterios para variar la forma con el menor esfuerzo, someterla a prueba después y optimizar así los valores de rendimiento del diseño global: es decir, criterios como la física constructiva, la estática, la función, etc. En sucesivos pasos de iteración, la calidad global del diseño se llevará a un punto óptimo, al menos esta es la promesa de los predicadores de esta tesis. Dado que este proceso de generación, evaluación y selección de variantes recuerda a los modelos biológicos, también se denomina proceso de selección y optimización evolutiva. El proceso de planificación propiamente dicho se denomina diseño paramétrico.

SELECCIÓN Y OPTIMIZACIÓN EVOLUTIVA

DISEÑO PARAMÉTRICO

Sólo estamos al principio de esta evolución. Todavía no está claro si este método de diseño logrará los éxitos que algunos le auguran a largo plazo; en particular, si realmente puede garantizar mediante el uso de algoritmos matemáticos la calidad holística que se promete. Lo que sí es cierto es que las herramientas de planificación actuales y los avances en la tecnología de la construcción ofrecen a los diseñadores posibilidades antes insospechadas. Esto es un hecho. Casi nadie lo discutirá.

9.5 ¿Qué debemos hacer?

■ La cuestión crucial ahora es aparentemente:

¿Es todo realizable hoy en día, a diferencia de lo que ocurría en el pasado?

La respuesta correcta a esta pregunta insidiosa es probablemente:

> Sí, casi todo. Al menos gran parte de lo que hasta hace poco se consideraba no construible.

Esta pregunta y la respuesta tentativa van, en efecto, en gran medida al centro de la cuestión: De hecho, se puede argumentar que no es realmente una diferencia de grado lo que nos separa de nuestros antecesores profesionales de tiempos pasados: es decir, que hoy tenemos más opciones desde un punto de vista puramente técnico. Sin embargo, desde otra perspectiva, existe una verdadera diferencia cualitativa: En efecto, los arquitectos históricos estaban sujetos a estrechas limitaciones técnicas, que en cierto sentido, por necesidad puramente física y constructiva —según normas basadas en la racionalidad— pero también, como se verá al momento, respondiendo a una correspondencia aceptada cultural y socialmente entre la inversión requerida en términos de recursos y el resultado que se obtiene, generaban formas constructivas fundadas y sensatas, como si se tratara de un reflejo automático. Cualquier forma arquitectónica infundada según esta norma era en todo caso objeto de una estricta selección negativa: O bien se reconocían de antemano como inviables o incluso insensatas y se abandonaban en consecuencia o, si a pesar de todo se llegaban a materializar, simplemente se derrumbaban por sí solas y así desaparecían de la escena. (Los arquitectos que las diseñaron, igualmente, por cierto.[45])

Hoy, en cambio, tenemos la opción: Podemos construir con sensatez porque tenemos los conocimientos necesarios y la capacidad técnica para hacerlo. Pero también podemos —si es que así lo deseamos— construir estructuras desprovistas de sentido. Este es el verdadero avance innovador e históricamente único de nuestro tiempo.

9.6 Significación sociocultural

■ El sentido se mide predominantemente sobre la base de categorías culturales y sociales, ya no sobre la base de categorías técnicas o utilitarias. No se trata sólo de la eficiencia técnica o de la realización o habilitación de funciones de uso de un edificio (o incluso de las subfunciones constructivas del mismo), que en ejemplos actuales de diseños desprovistos de sentido, por así decirlo, a menudo se ven severamente restringidas, sino del propio sentido o significado de las formas arquitectónicas tal como se concibe en nuestro contexto cultural y social. El significado de su contenido simbólico para el espectador, o el grado de su identificación emocional con ellas, es la única medida real para evaluar la idoneidad, o más bien legitimidad, del aparato constructivo requerido para lograr esta expresión arquitectónica, es decir, la realización fáctica del diseño elegido.

Los predecesores históricos, como los lugares de culto de diversas religiones, sí poseían este profundo anclaje en

☞ Aptdo. 7.1.8 El sistema global conceptual de la basílica abovedada, pág. 223

los sistemas de creencias y valores sociales. El esfuerzo constructivo que requirieron fue, como se sabe, muy grande. También se sabe que a menudo rondaba el límite de lo comprensible en retrospectiva, como muestran las anteriores reflexiones sobre el Alto Gótico. Sin embargo, se invirtieron recursos en la elección de los materiales, la ornamentación o la creación de amplios e impresionantes espacios o formas arquitectónicas que entonces tenían un claro significado social y cultural; nunca, en cambio, en la realización material compulsiva de formas constructivas disparatadas o de esquemas surgidos de la extravagancia caprichosa, que sin necesidad ni justificación aparente se aproximan peligrosamente a los límites de lo estructuralmente factible. La construcción de edificios socialmente significativos siempre supuso, como hay que admitir, un gran esfuerzo y grandes costes. La conclusión inversa, es decir, que el esfuerzo constructivo extremo y el despilfarro de dinero también produce necesariamente, por así decirlo, sentido y significado, es obviamente errónea. Muchos proyectos arquitectónicos contemporáneos, profusamente divulgados en los medios de comunicación, muestran en este sentido un notable vacío y una chocante falta de sentido auténtico en el centro de su expresión simbólica.

Por otra parte, lo importante para valorar el significado de una forma de expresión arquitectónica es siempre ponderar, por un lado, el esfuerzo o la inversión necesaria para llevar a cabo la idea de diseño elegida y, por otro, el valor estético, simbólico o de otro tipo que surge (o no surge) de ella. Se trata, pues, de evaluar el factor de la expresión arquitectónica que se pretende conseguir con la „forma espectacular". O, dicho de otro modo, gira en torno a la pregunta: ¿Posee la forma extravagante realmente el contenido simbólico apropiado, socialmente perceptible y significativo, que justifique la realización de tales contorsiones constructivas? ¿O, por el contrario, no es la elección de tal forma (incompatible con el flujo de fuerzas) más bien un capricho arbitrario, nacido de la ignorancia de las condiciones físicas reales, que luego lo hacen casi imposible de construir? La cuestión crucial

110 Diseño estrambótico de un pequeño puente peatonal en Sarajevo, que pretende crear un efecto de sorpresa visual y presta poca atención al flujo de fuerzas. Gracias a la pequeña escala de la construcción, su actitud imprudente, casi pubertaria, acaba no teniendo consecuencias graves.

es por tanto: ¿No podría lograrse una expresión arquitectónica adecuada para la tarea también con otros esquemas formales más sensatos y eficientes en términos estáticos?

En estos ejemplos de auténticos desatinos arquitectónicos, no se utiliza la tecnología moderna más sofisticada para hacer posibles formas cultural y socialmente significativas provistas de sentido, sino para hacer construibles, contra toda razón y toda resistencia del material, unas formas que desde un principio, ya en la fase de concepto, resultan necias y carecen en gran medida de sentido. Así que el verdadero problema es que estas arquitecturas, construidas con gran aparato y complicación, no son más que artilugios baratos y superficiales que no tienen ningún valor significativo y, por tanto, no merecen el enorme esfuerzo que se requiere para convertirlos en realidad. Lo que puede quizá estar justificado en una escultura de tamaño moderado como exageración refrescante, interesante y provocadora de una forma constructiva llevándola hasta el extremo (como en el caso de la escultura de Noguchi en Berlín, por ejemplo), pierde inmediatamente su justificación a la escala de un edificio (posiblemente incluso muy grande), en el que la realización de este sistema estático rayano en lo imposible conlleva un coste constructivo injustificable.

☞ *Véase* **34** *en Cap. 1. Escala, pág. 27*

Así que el problema no es técnico, sino cultural. La falta de congruencia entre la forma expresiva y la forma estructuralmente razonable —además de la falta de significado de la propia forma arquitectónica— es también una manifestación de la fragmentación de nuestro saber. El sentido siempre es holístico y sólo puede surgir interconectando campos de conocimiento. La división de nuestras élites culturales en departamentos separados con profundos conocimientos especializados pero carentes de conocimientos cruzados es uno de los principales desencadenantes de estos lapsos. La especialización extrema del trabajo de investigación que se persigue, incluso se exige, estrictamente en las ciencias naturales —presumiblemente con razón—, según la cual debe ignorarse todo lo que no tenga relación directa con el objetivo de investigación, por lo general extremadamente estrecho,

111 La comparación directa entre la esbeltez y la naturalidad discreta del puente en arco del primer plano, concebido como una forma de equilibrio, y el puente Sheikh Zayed del fondo, que parece torpe y desmañado y está diseñado según criterios puramente formales, sin consideración alguna del flujo de fuerzas, lo dice todo. (Abu Dhabi, arqu: Z. Hadid). Obsérvese que los vanos individuales del puente del fondo no son mucho más grandes que el vano principal del delantero (¡!). La gran escala del puente Sheikh Zayed, habida cuenta de su diseño completamente arbitrario, sin vínculo alguno a la trayectoria de las fuerzas —a diferencia del puente de **110**, igual de lúdico y estáticamente ineficaz, pero pequeño— es inexorable y conlleva las correspondientes dimensiones ciclópeas.

puede que no proporcione realmente un modelo adecuado para el trabajo de diseño y construcción arquitectónicos, en el que lo fáctico siempre va estrechamente interrelacionado con inquietudes e ideas humanas.[46] El dominio casi abrumador que ejerce hoy el paradigma científico de pensamiento nubla a veces nuestra percepción de este hecho elemental.

9.7 El estado actual

■ En consecuencia, nos permitimos —no sólo ocasionalmente— realizar diseños que carecen de toda razón humana, que desafían toda racionalidad. Esto se demuestra con suficientes ejemplos. En estos edificios, se desperdicia material precioso sin pensarlo dos veces. Se emiten toneladas de contaminantes a la atmósfera o se desperdician megavatios de energía captada en el material o la elaboración. Se ponen en riesgo vidas humanas, se aceptan tácitamente accidentes mortales casi inevitables en la obra como el precio de la ejecución imprudente de construcciones que ya de partida están sujetas a un grave error conceptual. También se construye con torpeza grotesca, con proporciones verdaderamente ciclópeas que harían sonrojar a cualquier maestro de obras medieval; esto se debe, sobre todo, a que en la fase de concepción no se tiene la menor idea de la eficiencia o ineficiencia estática del plan de construcción elegido y, en el desarrollo posterior, cuando llega la hora de la verdad, hay que utilizar dimensiones mucho más robustas de lo que se suponía inicialmente para conseguir que la estructura del edificio se sostenga. **110, 111**

☞ *Véanse los comentarios al respecto en Cap. 1, Aptdo. 7. Planes de construcción eficientes e ineficientes, pág. 21, así como* **22** *a* **27**, *pág. 22.*

Estos edificios se burlan de todas las innovaciones técnicas de la era industrial al utilizarlas sin sentido ni provecho para la realización efectiva de su propia superfluidad. Pero esto no se hace ni mucho menos con actitud posmoderna y burlonamente irónica. Esto presupondría, de antemano, el conocimiento y la comprensión de las condiciones que se pretende satirizar. En cambio, la verdad es mucho más banal: Simplemente ocurre por ignorancia. Y esto en nuestra llamada sociedad del conocimiento.

9.8 El concepto de economía inteligente

■ La pregunta, sólo aparentemente decisiva, que es: „¿Se puede hoy construir cualquier cosa?", es insidiosa porque sugiere y presupone implícitamente que es básicamente muy natural y justificado pretender construir, sin excepción, todo lo que es posible.

CONSTRUCTIBILIDAD

Pero esto realmente no es lo queremos. El término „construible", tan útil en el pasado, ha quedado por tanto obsoleto como criterio de calidad. Que algo sea construible hoy no significa que sea apropiado. Lo apropiado, en cambio, es lo que obedece a una lógica de economía de medios y al uso ponderado e inteligente de los recursos disponibles. El objetivo de este enfoque intencionadamente funcional es siempre, como se ha comentado anteriormente, producir un auténtico significado cultural y social a través de la expresión arquitectónica. En este sentido, la economía no sólo debe entenderse en términos materiales en lo que respecta a la ejecución de un proyecto particular, sino que es necesaria ya en la fase conceptual, es decir, que debe rsponder a la pregunta de cómo se puede lograr la expresión arquitectónica deseada o el significado cultural contenido en la forma arquitectónica con una forma que simultáneamente sea racional en términos estructurales y constructivos, y al final tan económica como sea posible en términos materiales.

La realidad de que nuestros recursos son finitos y preciosos se está abriendo paso en la opinión pública con fuerza elemental. Esta lógica de la *economía inteligente* —puede llamarse así— es ciertamente autoimpuesta, no dada por Dios ni dictada por ninguna ley de la naturaleza. Es un acto de la voluntad, una decisión humana libre. Este precepto es profundamente humano. Es un imperativo surgido del respeto a uno mismo y es, por cierto, la base metódica de la prosperidad sin precedente que disfrutan las generaciones contemporáneas. Nuestra riqueza, que no es compartida por todos los seres humanos de esta tierra, esta riqueza que nos permite construir irracionalmente, se debe a que nuestros antepasados, que vivían en circunstancias mucho peores que las nuestras, siempre actuaron precisamente según esta máxima de economía inteligente.

ECONOMÍA INTELIGENTE

Por lo tanto, la cuestión realmente crucial es:

> ¿Hay que construir todo hoy, sólo porque es construible?

La respuesta a esta pregunta es: no.

Los humanos ya deberíamos haber aprendido a no hacer todo lo que realmente podríamos. Especialmente no porque simplemente podemos. El hecho de que precisamente el mundo de la construcción se resista a este imperativo elemental no deja de ser un misterio insondable.

Estas reflexiones sobre una cuestión de extraordinario alcance y con fuertes implicaciones éticas muestran que en el diseño contemporáneo de edificios no es posible (ya) esconderse detrás de supuestas necesidades, o incluso de libertades, técnicas —como hizo en parte la arquitectura moderna clásica declarándose, por así decirlo, como la única traducción formal correcta de la moderna tecnología de construcción de la época—, sino que se deben aplicar normas humanistas, puramente relacionadas con el ser humano, y se debe adoptar una postura ética. Esto es así porque las posibilidades tecnológicas son actualmente tan grandes que uno se debe enfrentar necesaria e ineludiblemente a la cuestión de qué hacer con ellas, lo que es una cuestión ética. Sin embargo, las normas que se deben aplicar no tienen por qué ser morales en el sentido estricto de la palabra. Al diseñar y construir sin sentido, ciertamente también se violan principios morales. Sin embargo, éstos están sujetos a diferentes visiones del mundo o incluso a ideas religiosas, obligan a penetrar en terrenos difíciles y suelen abrumar a los profesionales de la construcción. Lo que es mucho más grave, sin embargo, es que con el diseño descerebrado de edificios se violan esas instancias a las que los académicos —lo que a menudo son los profesionales de la construcción— están obligados como ningún otro: a saber, los conocimientos fácticos y el uso de la razón humana. Esto debería doler a los académicos en particular, porque al actuar algunos de ellos de forma ignorante en su propio campo de experiencia desprecian descaradamente el mandato que la sociedad les ha dado y por el cual les otorga —aún hoy— privilegios nada despreciables.

Por lo tanto, este llamamiento exige mantener una capacidad de juicio clara, a pesar de la abrumadora opinión general predominante. Hoy en día, ésta ya no aparece de forma totalitaria sino sugestiva, pero eso no la hace menos violenta o manipuladora. Así que el llamamiento es a resistir cuando se diseña el incesante bombardeo visual al que uno se ve expuesto, a considerar y juzgar con sobriedad, a enfrentarse siempre e inexorablemente a la pregunta sobre el verdadero significado de un proyecto arquitectónico.

CONOCIMIENTOS INSTRUMENTALES

CONOCIMIENTOS FÁCTICOS

Otro llamamiento pide al diseñador que se eduque y adquiera conocimientos. Esto también incluye, si bien no se limita a, conocimientos instrumentales („¿Cómo me vendo mejor?"), pero comprende especialmente conocimientos fácticos. Sólo así se adquiere la capacidad de evaluar las consecuencias de decisiones de diseño en una fase temprana y establecer así una relación adecuada y socialmente justificable entre el contenido simbólico deseado de la arquitectura y el esfuerzo necesario para conseguirlo. La presente obra pretende contribuir a ello mostrando las interdependencias que existen entre el diseño y la construcción, y viceversa. En este ámbito, el arquitecto puede beneficiarse de una cooperación temprana y estrecha con planificadores especializados. Desde este punto de vista, es evidente que tanto los arquitectos como los consultores especialistas necesitan urgentemente los conocimientos del socio colaborador para hacer justicia a las poderosas herramientas que las tecnologías modernas y los conocimientos acumulados entretanto les proporcionan a los diseñadores.

DISEÑO FUNDAMENTADO CONSTRUCTIVAMENTE

Por lo tanto, parece plausible que el concepto de diseño fundamentado en la construcción, un método que reconoce los estrechos vínculos entre el diseño y la ejecución material y constructiva y los transforma en potencial creativo, sea hoy tan relevante como siempre —quizás incluso más que nunca, dados los avances que se acaban de describir—. Para ello, sin embargo, es indispensable la capacidad de resistir la influencia manipuladora de la opinión sancionada imperante, y así, como individuos críticos en el sentido kantiano, escapar de la inmadurez autoinfligida asumiendo responsabilidad propia.

Notas

1 En su *Essay Concerning Human Understanding*, John Locke escribe que en los cuerpos organizados, como las plantas y los animales: „the shape is that which to us is the leading quality, and most characteristical part, that determines the species ... For however some men seem to prize their definition of animal rationale, yet should there a creature be found that had language and reason, I believe it would hardly pass for a man, how much soever it were animal rationale." („la forma es lo que para nosotros es la cualidad principal, y la parte más característica, que determina la especie... Por mucho que algunos hombres parezcan apreciar su definición de racionalidad animal, sin embargo, si se encontrara una criatura que tuviera lenguaje y razón, creo que difícilmente pasaría por hombre, por mucho que tuviera racionalidad animal".) *An Essay Concerning Human Understanding* (1690) London, Book III, Chap. VI, § 29, citado en Smil V (2023) *Size*, pág. 1.

2 La cuestión de si la fuerza sólo puede transmitirse a lo largo de una trayectoria material, o bien sólo por contacto, o también sin continuidad material a través de una fuerza de campo, incluso en el vacío, era controvertida en tiempos de Isaac Newton. Newton postuló, como se sabe, una fuerza gravitatoria que no dependía de la continuidad material ni del contacto, aunque él mismo admitió que era incapaz de explicar su naturaleza y origen. Gottfried Wilhelm Leibniz, por su parte, afirmaba que tenía que haber contacto físico para la transmisión de fuerza. En 1713, escribió que la física de Newton era "bárbara" y que sólo demostraba que a la humanidad le encantaba ser conducida de nuevo a la oscuridad. René Descartes también supuso, poco antes de la época de Newton, que los cuerpos celestes eran propulsados por diminutas partículas invisibles que los rodeaban en una especie de nube. En: M Strevens (2020) *The Knowledge Machine – How an Unreasonable Idea Created Modern Science*, Cap. 6.

3 Véase a este respecto: Institut für leichte Flächentragwerke (IL) (ed) (1998) *IL 24 – Prinzip Leichtbau – Lightweight Principle*, pág. 48

4 En estática, el término *normal* siempre significa *normal a la sección transversal*, es decir, a lo largo del eje baricéntrico. El término *axial* es equivalente en este contexto.

5 Claude Luis Marie Henri Navier (1785–1836), matemático y físico francés, realizó las primeras aportaciones al análisis estructural moderno. La localización exacta de la fibra neutra en la sección transversal sometida a flexión se debe a él (Galileo se equivocó con su teoría a este respecto).

6 El cálculo se realizó tomando como ejemplo una barra con un canto de L/16 (L = luz), lo que corresponde a una viga flectada relativamente compacta. Con una ejecución más esbelta y un canto menor, la relación entre la tensión de las fibras extremas y la tensión normal distribuida uniformemente aumenta en consecuencia.

7 Existen básicamente dos interpretaciones diferentes del término *forma de equilibrio* en circulación. Frei Otto y el autor los utilizan en una entrevista de la siguiente manera: „El lector

atento habrá observado que Otto y Moro entienden aquí el término "forma de equilibrio" de dos maneras diferentes. Para Otto, una forma de equilibrio es cualquier forma que sea físicamente factible y, por tanto, estable. Para Moro, una forma de equilibrio es una forma portante sin flexión, es decir, aquella que puede derivarse directamente del flujo de fuerzas y que depende de él. Para Otto, una forma de equilibrio es, por tanto, cualquier forma que *permita* tal equilibrio; para Moro, sólo la que *está determinada* por el equilibrio, es decir, no es una forma de flexión." Véase: Moro J L (ed) (2014) *Frei Otto zum 85sten – Festschrift zum Symposium anlässlich seines 85. Geburtstags*, edición propia del Instituto de Proyecto Conceptual y Constructivo, Universidad de Stuttgart. Aquí nos ceñiremos a la definición, más restringida, del diseño exento de flexión, que es también la más utilizada en los círculos de ingeniería.

8 Bivalente significa que de las tres direcciones posibles de movimiento en el plano (se considera aquí un sistema plano), a saber, desplazamiento en la dirección **x** ó **y** ó rotación, dos (a saber, ambos desplazamientos) están bloqueados, mientras que la rotación está permitida.

9 En otro lugar se hablará de las medidas que pueden adoptarse para limitar estos cambios de forma. Véase el *Cap. 7., Aptdo. 2.6 Sistemas de membrana, pág. 308.*

10 Un ejemplo muy conocido son los enormes cimientos de hormigón del cable principal de la cubierta de la tribuna del Estadio Olímpico de Múnich. Sin embargo, al estar en gran parte enterrados, quedan ocultos a la vista.

11 Esto se refiere en particular a forjados de planta, que en la construcción de pisos rara vez se diseñan como formas de equilibrio, por ejemplo como bóvedas o cúpulas. Además de la dificultad de hacer frente a grandes cantos (o monteas) de forjado en edificios de varias plantas, también influye el hecho de que la cara superior de molde de una estructura laminar siempre es curva y, por tanto, sólo puede convertirse en una superficie de suelo plana y transitable mediante rellenos o similares. Se explicará este punto más adelante.

12 Esta afirmación debe matizarse: Nuestros antepasados premodernos ni siquiera tenían la libertad de decidir adoptar una forma flectada y, por tanto, no tenían libertad de diseño sin restricciones. Esto se debe a que en el pasado no era posible absorber fuerzas de tracción en magnitudes dignas de mención, un esfuerzo que siempre va asociado a la flexión. La libertad de diseño desenfrenada, que a veces produce auténticos disparates, es básicamente una consecuencia de las posibilidades técnicas de que se dispone hoy en día, especialmente la capacidad de hacer frente a fuerzas de tracción: en cierto modo una novedad histórica. En la época premoderna, los vanos más grandes sólo podían salvarse mediante formas de equilibrio: a saber, bóvedas de cañón y, en particular, cúpulas.

13 Véanse a este respecto los comentarios en el *Cap. 1., Aptdo. 6.3 Modelos, pág. 18*. También cabe mencionar aquí el

error, a veces fatal, de suponer que si un modelo es estable, también lo es el edificio ejecutado; o que las esbelteces de componentes que pueden realizarse a escala de maqueta también pueden realizarse a escala de edificio: un error de apreciación generalizado pero especialmente insidioso.

14 Como suele ocurrir, hay al menos una excepción que confirma la regla: el famoso forjado en forma de cúpula plana del monasterio de San Lorenzo del Escorial (hacia 1580), uno de varios que hay en este edificio. Se encuentra bajo un crucero en la planta de la cripta, donde las condiciones de altura son ajustadas y, por lo tanto, era difícilmente viable una montea pronunciada en la construcción del techo. La cúpula está formada por dovelas dispuestas en aparejo en hiladas circulares concéntricas y termina en el centro con una dovela clave troncocónica invertida dividida en dos mitades iguales. En términos de configuración y comportamiento de carga, es comparable a un arco adintelado (pero girado alrededor de su eje central). Los grandes empujes resultantes de la escasa curvatura de la cúpula se introducen en las cuatro bóvedas de cañón de las naves vecinas que acometen por los cuatro lados de forma simétrica. La alta resistencia a la compresión del granito utilizado absorbe fácilmente las compresiones relativamente fuertes (también como resultado de la montea mínima); no así las juntas de mortero, que han reventado en la zona central. El diámetro de su circunferencia exterior es 6,72 m. Véase: Ávila Jalvo, J M (1998) *Análisis geométrico y mecánico de las bóvedas planas del Monasterio de San Lorenzo del Escorial*, 2° Congreso Nacional de Historia de la Construcción, CEHOPU. Estrictamente hablando, esta bóveda plana (que lo es sólo en términos geométricos) es en realidad una bóveda curva, aunque muy rebajada, si se tiene en cuenta que, inadvertidamente, se forma una línea de empujes (curva) dentro de la sección transversal de la bóveda. Las zonas de juntas inferiores de la bóveda descrita, en las que el mortero se ha desprendido, demuestran esta tesis. Por lo tanto, puede decirse que aquellas áreas de sección transversal que se hallan por encima o por debajo del núcleo central correspondiente a la línea de empujes no contribuyen realmente a la transferencia de carga, sino que, por el contrario, son material muerto que debe ser soportado. Lo mismo puede aplicarse probablemente a la cúpula plana que se muestra en 🗗 **40**.

15 Estas luces incrementadas de hasta casi 30 m sólo podían realizarse con cerchas trianguladas formadas por dos cabrios apoyados uno contra otro, una viga tirante cargada a tracción y cualquier elemento adicional como un pendolón, un nudillo o tornapuntas rigidizadoras. Este principio estructural parece haberse desarrollado en la antigüedad romana. Véase: Choisy A (1987) *Histoire de l'Architecture*, I, pág. 530. Véase al respecto también la nota 15.

16 Choisy A (1983), II, a partir de pág. 5.

17 Como ya se ha mencionado, incluso en la antigüedad romana era posible salvar vanos mayores con cerchas de madera.

Así, las naves centrales de muchas basílicas se cubrían con estructuras de madera. Véase al respecto Choisy, que nombra un vano principal de 75 pies (unos 25 metros) para la Basílica Ulpia y de 60 pies (unos 20 metros) para la Basílica de Fano de Vitruvio; (1987) I, pág. 531. Sin embargo, afirma que la construcción de la techumbre sobre la Ulpia era de bronce. Según la interpretación de Choisy (1987), I, pág. 531, Vitruvio se refiere a la cercha de la cubierta como una combinación de cabrios (*capreoli*) y vigas tirante (*transtra*), lo que hablaría a favor de un entramado triangulado a la manera de una cubierta de cabrios o de pares; véase: Vitruvius Pollio M (1981) *Zehn Bücher über Architektur*, 107, 17. Compárese también el aula palacial de Tréveris de Constantino, con techumbre de madera, construida a finales de la Antigüedad, con una luz de 27 metros. Curiosamente, se construyó prácticamente al mismo tiempo que la espectacular basílica abovedada de su rival Majencio. La técnica de la bóveda estaba, pues, bien desarrollada en Roma, pero evidentemente no en la remota provincia de la Galia. Es de suponer que, después de todo, las rutas de transporte de las tierras puzolánicas necesarias para producir el opus caementitium resultaron demasiado largas. Véanse también las notas 23 y 22 del *Capítulo 3*.

18 Choisy A (1983), II, pág. 162.

19 Opiniones de Christopher Wren sobre la construcción de San Pablo: „It was their [the masons', nota del autor] constant practice to bind curves and arches with iron chains, cramps, and ties, a method he had formerly criticized on the grounds that it should not be necessary if weights were properly poised and that iron was unreliable *on account of its tendency to rust and because the metal contained inequalities* [énfasis del autor];" („Era siempre su costumbre [de los albañiles, nota del autor] atar las curvas y los arcos con cadenas, abrazaderas y ataduras de hierro, un método que él había criticado anteriormente porque no era necesario si los pesos estaban bien distribuidos y porque *el hierro no era fiable por su tendencia a oxidarse y porque el metal contenía desigualdades*... [énfasis del autor].") Lang J (1956) *Rebuilding St. Paul's after the Great Fire of London*, Londres, pág. 151.

20 Por ejemplo en Vézelay (según Choisy A (1983), II, pág. 223), donde por primera vez en Europa la bóveda de la nave central se desplazó más hacia arriba para la iluminación lateral a través de un claristorio y al mismo tiempo se eligió para ello un arco de medio punto en lugar de un perfil de arco ojival. Todo ello aumentaba los empujes de la bóveda que había que absorber y dificultaba su disipación, por lo que el maestro de obras decidió inicialmente instalar tirantes. Hoy ya no existen, pero sus anclajes siguen siendo reconocibles. Los empujes de la bóveda fueron absorbidos posteriormente por los arbotantes exteriores exentos (utilizados aquí por primera vez).

21 Para conocer las ventajas inherentes a una conexión cargada por compresión frente a una conexión cargada por tracción, véase *Cap. 9., 7.1 Transmisión de compresión, pág. 517.*

22 Como por ejemplo, la Basílica Ulpia de Trajano (113 d. C.), el

Aula Regia de Domiciano (92 d. C.) y el Mercado de Trajano (113 d. C.), todos en Roma.

23 Como en el ejemplo más espectacular de basílica romana, la Basílica de Majencio en Roma. Para evaluar el logro constructivo, cabe señalar que la nave tenía más de 25 m de ancho y 35 m de altura (véase: Kultermann U (1996), *Die Maxentius-Basilika*, Weimar, pág. 65). Sin embargo, las termas también contaban con enormes construcciones abovedadas de dimensiones comparables, como por ejemplo el frigidarium de las Termas de Diocleciano en Roma, que hoy puede visitarse remodelado como Basílica de Santa Maria degli Angeli.

24 Entre las antiguas basílicas con cubiertas de madera sobre las naves se encuentran las de Fano (según Vitruvio, con una luz de unos 20 metros), Pompeya (con una luz de 11 metros) y Tréveris (con una luz de 27 metros). Según varios autores, la gran basílica Ulpia del Foro de Trajano tenía una techumbre de bronce (al igual que el vestíbulo del Panteón), diseñada esencialmente según los principios estructurales de la construcción de madera (25 metros de luz). Véase también la nota **17**.

25 Véase por ejemplo: Falter H (1999) *Untersuchungen historischer Wölbkonstruktionen*, disertación, Universidad de Stuttgart. Incluso esta obra, por lo demás muy clarividente, que pone claramente de manifiesto el papel de la construcción en el desarrollo de las formas, cae presa de este punto de vista. Pero véase también Nikolaus Pevsner, que en su obra de referencia Pevsner N (1989) *Europäische Architektur*, Múnich, se ocupa con gran detalle de las "energías del movimiento", las "energías espaciales" y el "impulso gótico hacia el cielo" [sic] (pp. 87–116), pero se ocupa relativamente poco de los planteamientos centrados en la construcción, por ejemplo de Viollet-le-Duc y "sus numerosos sucesores" (pág. 88), y los descarta por considerarlos en gran medida irrelevantes. Una vez más, parece como si Pevsner juzgara siempre los (indiscutibles) logros de diseño estético-formal de los maestros de obras góticos a toro pasado, por así decirlo, valorando los resultados desde la perspectiva actual, sin hacer gran esfuerzo por profundizar en las posibles motivaciones de los maestros o en la dinámica de etapas de desarrollo en términos de concepto de diseño de la época, que tal vez ya estuvieran latentes. Una vigorosa refutación de este enfoque, especialmente extendido entre historiadores del arte, puede encontrarse en: Aicher O (1991) *die welt als entwurf: schriften zum design*, capítulo *architektur als abbild des staates,* Berlín, pág. 95.

26 Hoy en día, gracias a la moderna tecnología de la construcción, también se pueden incorporar aberturas de iluminación en cubrimientos planos. Hay suficientes ejemplos de edificios eclesiásticos sin ventanas en la nave central, como (según Choisy A (1983), II, pág. 203) las iglesias románicas de las regiones francesas de Poitou y Charentes. Sin embargo, lo que llama la atención es que las proporciones de las naves

laterales son altas y esbeltas: obviamente con la intención de dirigir la mayor cantidad de luz posible hacia los lados de la nave central, que de otro modo sería muy oscura (ibid., pág. 205). Esto queda evidente en el interior de Saint-Savin. Cabe señalar aquí que esta medida también conlleva una mayor altura total del edificio y dificulta el desvío de los empujes, aunque sólo ligeramente, ya que la elevación para una mejor iluminación afecta a las naves laterales, no a la central. Las iglesias de sala, en las que todas las naves tienen la misma altura, también difieren del principio de iluminación mediante naves en cascada. En este caso, también resulta beneficioso el cortocircuitado de los empujes entre los cascarones de las bóvedas, pero como consecuencia se tienen que crear paredes laterales muy altas para mejorar la iluminación de modo que la luz penetre hasta en el centro de la sala. La consecuencia son contrafuertes exteriores pesados, necesarios para soportar los empujes de las bóvedas laterales situadas a gran altura en este caso. Ejemplos son Poitiers (1192) o St. Elisabeth en Marburg (1236). Las iglesias de una sola nave también intentan eludir la complicación de los arbotantes. En esos casos, lógicamente, aumentan la luz hasta la dimensión máxima técnicamente factible y aceptan contrafuertes correspondientemente pesados. Algunos ejemplos son la catedral de Angers (iniciada en 1145) y la de Albi (iniciada en 1282), donde la profundidad estructural necesaria de los contrafuertes se añadió (hábilmente) al interior formando nichos. El diseño de la catedral de Gerona, que tiene el espacio único más ancho de la arquitectura gótica (23 metros), sigue una estrategia similar a la de Albi. La mezquita islámica es un caso especial en este contexto. Merece una breve mención aquí por su interesante combinación de similitud con la basílica y, al mismo tiempo, radical diferencia. Como es bien sabido, el tipo de mezquita árabe antigua es esencialmente (de nuevo) una combinación en forma de sala de crujías o naves idénticas, que —a diferencia de la basílica cristiana, sin embargo— siempre tienen la misma altura. Sólo se introduce poca luz al interior: a veces a través de añadidos en forma de cúpula, preferentemente concentrados en ciertos puntos delante de la zona del mihrab, y a través de ventanas más o menos grandes en los muros de cerramiento, pero en mucha mayor medida a través de la fachada (a menudo completamente abierta) entre la zona cubierta de la mezquita y el espacio abierto del patio. Esto parece haber sido suficiente en las condiciones climáticas de Oriente Medio, al menos en la percepción de los constructores y usuarios. Quizá sea precisamente por eso (¡!) que la altura de la sala nunca desempeñó en la mezquita el mismo papel en términos de proyecto que en la iglesia cristiana, y quizá sea precisamente esta decisión conceptual elemental la que da lugar a la acentuada sobriedad de la configuración del espacio cúltico islámico, que no persigue otra cosa que proporcionar el contenedor espacial más ajustado y adecuado para las filas de fieles, que se apiñan apretadamente en un orden regular paralelo.

27 Incluso las iglesias de sala requieren una altura de sala y de construcción correspondientemente grandes, a saber, para evitar que la sala parezca opresiva (al menos según la percepción general del europeo medieval) y para permitir —como se ha mencionado— que penetre la mayor cantidad posible de luz diurna en las zonas centrales a través de las ventanas laterales. Ya se ha mencionado el caso diferente de la mezquita islámica en la nota anterior.

28 En la Edad Media, las cubiertas planas que hubieran permitido reducir la altura sólo eran viables, en la zona de expansión del cristianismo, en las condiciones climáticas de los países del sur de Europa, como España o el sur de Italia, o en Oriente Próximo (Siria, Palestina). De hecho existen ejemplos con cubierta plana y sin triforio, como Santa Ana y Abu Gosh en Palestina y las catedrales de Sevilla y Palma de Mallorca.

29 Por ejemplo, en las escuelas del románico de las regiones francesas de Normandía, Auvernia y Poitou (Choisy A (1983), II, pág. 196). Ejemplos: Jumièges, Bocherville.

30 Esta solución constructiva, que ya estaba firmemente establecida en la Antigüedad romana, por ejemplo en los baños públicos, apareció por primera vez en la Edad Media en las iglesias cruzadas de Palestina, donde los antiguos modelos seguían vigentes gracias a la influencia siria. El hecho ya mencionado en la nota **26** de que la altura total de los edificios pudiera reducirse en Oriente Medio debido a la ausencia de cerchas en los tejados también puede haber tenido un efecto favorable. Ejemplos de ello son las iglesias de Lydda, Abu Gosh y la Iglesia del Santo Sepulcro (Choisy A (1983), II, pág. 221). En Occidente, las bóvedas por arista sobre la nave central se introdujeron por primera vez en las escuelas cluniacenses (por primera vez en Vézelay en 1104) y renanas (ibid., pág. 222).

31 Las bóvedas por arista ya se habían utilizado en el románico alemán (por ejemplo, en la catedral de Speyer) (véase: Pevsner N (1989), pág. 88).

32 Choisy A (1983), II, pág. 301. Sin embargo, los arbotantes ya existían antes. En Santa Sofía, por ejemplo, hay arbotantes, pero parecen más bien pesados contrafuertes atravesados por una abertura en arco.

33 De ahí la muy elocuente denominación inglesa de los arbotantes: *flying buttresses* (= contrafuertes volantes).

34 En consecuencia, la importancia de las vidrieras del claristorio aumentó notablemente. Desde la perspectiva del autor, el (innegable) significado simbólico de los claristorios "que filtraban la luz celestial" posiblemente sólo se desarrolló a posteriori, es decir, sólo después de que se hubiera experimentado el efecto sobrecogedor de los primeros grandes ventanales de claristorio que se construyeron. El hecho de que (sólo entonces) se iniciara una dinámica propia hacia la sublimación y estilización de este elemento, surgido originalmente de sobrias consideraciones funcionales y constructivas, es totalmente compatible con nuestra hipótesis de trabajo.

35 Este ejemplo demuestra con meridiana claridad la aparición evolutiva de un elemento estilístico deliberadamente sublimado a partir de una necesidad conceptual.

36 Los ejemplos que podrían citarse son innumerables: Baste mencionar el Puente del Alamillo de Sevilla, diseñado por Santiago Calatrava, un rimbombante puente atirantado que salva un modesto vano con gran aparato estructural. La máxima prioridad en el diseño fue, por supuesto, la visibilidad del puente.

37 La *mímesis* es un término consolidado en los estudios literarios y artísticos, la psicología, la sociología y la antropología. En arquitectura, son los autores Viollet-le-Duc y Auguste Choisy quienes más se interesaron por este fenómeno. En el mundo anglosajón, existe el término relacionado *skeuomorphism* (griego *skeuos* = recipiente o herramienta; griego *morphe* = forma) en los ámbitos del arte, la artesanía y la tecnología industrial. Este término es de especial actualidad en la moderna tecnología del software, donde los programadores suelen diseñar deliberadamente interfaces de usuario virtuales gráficamente como si fueran modelos físicos, más familiares, para amortiguar el (al menos supuesto) choque de la digitalización para el usuario.

38 La famosa voluta de las fachadas de las iglesias renacentistas y barrocas, que apareció por primera vez en Florencia en la iglesia Santa Maria Novella de Leon Battista Alberti (a partir de 1456), pero que ya había empezado a aparecer en su Tempio Malatestiano de Rímini (1450), cumple —además de su tarea, muy citada en la historia del arte, de fusionar formalmente la nave central más alta con las laterales más bajas— presumiblemente también la importante función de ocultar los malqueridos pero a menudo indispensables contrafuertes situados sobre los tejados de las naves laterales, al menos en la vista de la fachada. Esto se aprecia especialmente bien en il Gesù de Vignola. No olvidemos: En cualquier caso, las dos obras de Alberti son revestimientos de edificios antiguos ya existentes y, por tanto, tienen una clara función de enmascaramiento, por así decirlo.

39 Al parecer, Christopher Wren se propuso seriamente, ya de primeras, arreglárselas sin ningún contrafuerte. Para ello, los pilares de los muros de la nave central se ejecutaron muy profundos y sólidos, como si fueran contrafuertes integrados invisiblemente en el muro con la ayuda de un truco visual. Sin embargo, durante la construcción se hizo evidente que no sería posible prescindir por completo de contrafuertes. Fue entonces, como muy tarde, cuando surgió la idea del muro cortina (Lang J (1956), pág. 111), que, además de su función disimuladora, ofrecía la ventaja de sobrecomprimir los empujes como consecuencia del aumento del peso muerto (ibid., pág. 111). La adhesión de Wren a los modelos antiguos o renacentistas también es claramente reconocible en su tratamiento de la cúpula interior, invisible, pero tan progresista, de San Pablo. Oculta su forma de equilibrio casi cónica, destinada a soportar la gran carga de la linterna, cuya

forma debía de ser un horror para la sensibilidad común de la época, con dos cúpulas esférica no portantes, una en el exterior y otra en el interior (ibid., pág. 234).

40 El muro vertical debe resolver, con mucho aparato, las dificultades que él mismo crea: un caso típico de un problema que uno mismo ha causado mediante decisiones tempranas de diseño (transferir las cargas inclinadas procedentes del techo a las paredes verticales) y que luego tiene que resolver con recursos correspondientemente (también formalmente) complejos (paradójicamente, una estrategia increíblemente exitosa en nuestro panorama arquitectónico actual). El autor debe admitir, sin embargo, que no sabe por qué Gaudí —en contra de la racionalidad estructural— se aferró al muro exterior vertical. ¿Tal vez tenía buenas razones? Como ya se ha mencionado, los muros inclinados no son estables por sí solos cuando se erigen y deben apuntalarse provisionalmente con un gran coste. Además, los muros exteriores inclinados visibles desde el exterior podrían haber resultado demasiado estrambóticos incluso para Gaudí.

41 Esta afirmación debe relativizarse en parte si se considera que las cargas de la cubierta no se aplican linealmente (como correspondería a la forma parabólica), sino en gran medida en puntos situados en los tres puntos de apoyo de la envolvente del edificio sobre el arco.

42 El Grossmarkthalle de Colonia (1940) y el Jahrhunderthalle de Wroclaw (1913) presentan soluciones similares con vidrieras verticales superpuestas sobre estructuras arqueadas o abovedadas.

43 Véase la entrevista en *arcus – Architektur und Wissenschaft*, cuaderno nº 18, Moro J L, Herzog T (1992) *Zum Werk von Félix Candela – die Kunst der leichten Schalen*, pp. 10–22, Entrevista con Félix Candela el 10 de mayo de 1991 en Madrid; Colonia

44 Tan interesante como el desarrollo histórico de la bóveda, tal como se ha hecho en relación con la forma básica del ortoedro, es el análisis de la construcción histórica de la cúpula. En este contexto, esto representa —al menos en parte— una variación del principio constitutivo de la bóveda, en la medida en que la cúpula corresponde al principio de la bóveda o arco girado alrededor del eje central.

45 En este contexto, resulta interesante la anécdota del maestro de obras del famoso puente de Mostar (Stari Most), en Bosnia-Herzegovina, Mimar Hayreddin, alumno de Sinan. Cuenta la leyenda que —si se permite la expresión— puso los pies en polvorosa poco antes del descimbrado del puente de arco de piedra recién terminado, una proeza extrema de la ingeniería moderna de la época, por miedo a perder la vida si la nueva estructura se desplomaba.

46 Véase al respecto Strevens M (2022) *The Knowledge Machine—How an Unreasonable Idea Created Modern Science*.

6 SUPERFICIES

J. L. Moro, *El proyecto constructivo en arquitectura — del principio al detalle*, https://doi.org/10.1007/978-3-662-70279-6_6

1. El edificio como conjunto de superficies

COMPONENTES SUPERFICIALES

Después de haber examinado los elementos básicos que el proyectista tiene a su disposición para el diseño conceptual y constructivo de un edificio, es decir, los materiales con los que éstos pueden fabricarse para formar un tejido constructivo utilizable y servible, trataremos ahora una importante cuestión constructiva que a menudo no se presenta con gran claridad en la mente del proyectista, pero que es una de las tareas fundamentales, a veces sin fácil solución, de todo proyecto: Se basa en la idea elemental de que los edificios están formados esencialmente por componentes superficiales que crean, por regla general, una envolvente espacialmente cerrada. Contemplar el edificio desde esta perspectiva, es decir, ante todo como una estructura más o menos compleja constituida por superficies construidas individuales, a las que se plantean exigencias en parte muy diferentes y que ante todo deben ser construidas y edificadas a escala habitual, es un ejercicio intelectualmente bastante útil. Es inusual, sin duda, y puede parecer a primera vista demasiado reduccionista, es decir, indebidamente simplista, ya que deja fuera de antemano toda una serie de aspectos de peso, emocionalmente muy cargados, de la percepción y la experiencia humanas de la arquitectura construida. Por lo tanto, nunca debe ir en detrimento del lado emocional y expresivo de la arquitectura, y no tiene por qué ser así. La sobria consideración de los principales componentes de un edificio como lo que son, es decir, superficies, facilita considerablemente la comprensión y la planificación de los factores esenciales que determinan decisivamente la construcción en la edificación, aunque no la determinen por completo.

1 Edificio sin envolvente cerrada. Consta prácticamente sólo de estructura portante. Su finalidad es principalmente simbólica.

2 Edificio con una envolvente espacial completamente cerrada con numerosas tareas de física constructiva. El espacio interior así creado desarrolla una utilidad inmediata.

La creación de capas u hojas bidimensionales

Los edificios no siempre están formados por superficies envolventes de grandes dimensiones —porque en algunos raros casos la estructura del edificio se libera de toda „utilidad" inmediata, por ejemplo en el caso de algunos edificios de culto o puramente escultóricos—, pero en la gran mayoría, 1
la que nos interesa en nuestro contexto, ciertamente sí. De hecho, estos últimos son principalmente edificios con una marcada función protectora: protección contra las inclemencias del tiempo, del frío o del calor, de la mirada de los demás o incluso de la intromisión de extraños en lo que se considera espacio íntimo, un recinto que a su vez está delimitado y marcado por superficies construidas. Estas deben haber 2
sido sin duda las tareas más antiguas de los edificios en la historia de su desarrollo. Siguen siendo el objetivo principal de una abrumadora mayoría de los edificios que erigimos, utilizamos y ocupamos hoy en día.

☞ *Sobre el tema de usos y funciones, véase Cap. 4. Funciones, pp. 162 y ss.*

FUNCIÓN PROTECTORA

Ya hemos hecho una primera distinción entre superficies envolventes verticales y horizontales, que, como hemos visto, se ha desarrollado más históricamente que en términos de justificación fáctica. La antigua combinación de componentes superficiales verticales y horizontales nos permite cerrar completamente espacios utilizables por todos los lados y, de este modo, garantizar una función protectora básica: Es decir, separar un espacio „privado" de nuestro entorno, por así decirlo, espacio que podemos amueblar, acondicionar y controlar climáticamente según nuestras necesidades y deseos personales.

☞ *Cap. 5. Forma, pp. 172 y ss.*

Sin embargo, también hay etapas preliminares a esta envolvente espacial integral: estructuras que constan (sólo) de uno o más componentes superficiales horizontales, es decir, cubiertas abiertas por todos los lados; o las que constan 3
únicamente de cerramientos verticales, es decir, recintos sólo cerrados pero abiertos hacia arriba. Es evidente que en estos ejemplos se obvian ciertas tareas a las que están sometidas las estructuras cerradas en su totalidad, mientras que otras se mantienen: Por ejemplo, en el caso de una

3 Estructura con una cubierta que protege de la lluvia y el sol, pero sin superficies laterales de cerramiento.

cobertura abierta lateralmente, la protección contra la lluvia
3 o el sol (que se mantiene) y la protección contra el frío o el calor (que desaparece necesariamente).

Hay que tener en cuenta que, en la mayoría de los casos, las subfunciones constructivas sólo pueden cumplirlas componentes superficiales —pensemos en la protección contra el calor y el frío, la protección contra precipitaciones o radiación solar—, mientras que unas pocas, si bien pueden cumplirlas componentes superficiales, no lo tienen que hacer necesariamente: Aquí, en particular, la función de transmisión de fuerzas, que también pueden realizarla elementos no superficiales como barras. Sin embargo, en el caso de cargas superficiales, se plantea la típica tarea constructiva de crear superficies continuas que puedan soportar estas cargas.

Por lo demás, operamos con componentes superficiales capacitados funcionalmente, es decir, aquellos a los que se les ha encomendado una tarea específica; esto significa que se trata de aquellos en los que dos dimensiones (longitud o altura y anchura) son mucho mayores que la tercera (el grosor). Las funciones individuales implicadas ya se han discutido en detalle anteriormente.

☞ *Cap. 4. Funciones, pp. 162 y ss.*

3. La continuidad funcional de capas bidimensionales

☞ *Más información sobre la definición de hoja y capa en Cap. 7., Aptdo. 2. Variantes básicas de composición, pp. 280 y ss.*

☞ *Cap. 1. Escala, pp. 4 y ss.*

A continuación, nos ocuparemos de la importante cuestión de cómo se pueden producir en términos geométricos y constructivos las superficies necesarias en el tamaño necesario, ya sean componentes completos o capas individuales u hojas. De hecho, se ha de partir de la premisa básica de que —como ya se ha comentado— nuestras estructuras son demasiado grandes para ser fabricadas a partir de una sola pieza sin juntas. La única excepción a esta importante regla básica de la construcción es la construcción de hormigón in situ, donde sí es posible levantar estructuras (más
4 o menos) monolíticas en la obra. Sin embargo, dado que ya no podemos fabricar edificios, al menos la gran mayoría de ellos, exclusivamente con hormigón (véanse las reflexiones anteriores), esta única excepción resulta irrelevante, por así decirlo.

Por lo tanto, construir siempre significa crear superficies que se componen de numerosas partes pequeñas. Hay dos cuestiones fundamentales que deben aclararse en este

4 Estructura portante monolítica moldeada en construcción de hormigón in situ. Sin embargo, la envolvente del edificio consta a su vez de numerosos componentes individuales.

contexto: En concreto, por un lado, cómo se puede garantizar la función específica de una hoja o capa a través de la junta de empalme entre dos piezas adyacentes que forman la superficie, y por otro lado, cómo ensamblar superficies planas, pero también no planas, a partir de productos iniciales consistentes en piezas pequeñas casi exclusivamente planas o con forma de barra rectilínea. A continuación examinaremos con más detalle qué estrategias constructivas y sistemas de ordenación geométrica están disponibles para cumplir con estas dos tareas.

JUNTA DE EMPALME

☞ *Esta cuestión se aborda en principio en Cap. 10., Aptdo. 3.4 Las funciones parciales en la junta, pp. 640 y ss.*

Medidas para evitar o simplificar juntas

4.

■ Las capas superficiales envolventes deben ser capaces de cumplir sus funciones protectoras en todos los puntos, por supuesto también en las uniones de sus partes individuales. Si no fuera así, habría una brecha en la cubierta protectora, por así decirlo, que pondría en peligro el cumplimiento de su función. Más adelante, en el contexto de los fundamentos del diseño constructivo, se abordarán cuestiones detalladas en relación con la formación constructiva de las propias juntas. Aquí nos interesan en primer lugar algunas medidas fundamentales que sirven al diseñador para asegurar la funcionalidad de las capas individuales, al igual que de sus empalmes.

☞ *Cap. 10., Aptdo. 3.4.4 Geometría de la junta, pp. 649 y ss.*

EVITAR JUNTAS

Esto incluye la medida elemental de evitar los empalmes a ser posible ya de antemano. Cada junta representa —a pesar de la tecnología de construcción más moderna disponible hoy en día— un punto débil potencial que los proyectistas siempre han evitado en la medida de lo posible. En consecuencia, esta estrategia implica el uso de componentes o de piezas individuales lo más grandes posible, al menos tan grandes como puedan fabricarse, transportarse y manipularse razonablemente en la obra. En la era industrial, estas dimensiones vienen dictadas principalmente por las limitaciones del transporte por carretera.

Un requisito industrial típico en este contexto es también —si es que las juntas son inevitables— dar preferencia a las juntas realizadas en la fábrica estacionaria sobre las realizadas en la obra. En la nomenclatura técnica, esto significa: preferir las conexiones de fábrica a las de montaje. **6, 9**

CONEXIÓN DE FÁBRICA/CONEXIÓN DE MONTAJE

Por supuesto, es mucho más fácil garantizar la calidad de ejecución en la fábrica que en la obra. (Por cierto, este principio se aplica no sólo a todas las funciones protectoras, sino también y especialmente a la función de carga).

Pero también puede ayudar a evitar las juntas un diseño geométrico favorable de un componente. Las transiciones continuas sin esquinas ni aristas son un buen punto de partida para trabajar sin juntas (dependiendo de la maleabilidad o la facilidad de deformación del material). **7, 8**

Además, una medida elemental muy sensata del diseño de juntas es reducir al máximo su exposición a factores externos: Esto incluye, por ejemplo, elevar las juntas en riesgo por encima de un plano de escorrentía (por ejemplo, con la ayuda de bordes de capa doblados hacia arriba), protegerlas **5**

5 Ejemplo de elevación de una junta fuera del nivel de escorrentía: levantamiento de la junta de conexión superior de una membrana de impermeabilización utilizando un reborde de la cubierta plana.

10 con un elemento cubriente adicional (como con un voladizo), o disponerlas de tal manera que ya se encargue la gravedad
11 de drenar el agua lo más rápidamente posible.

Otra medida elemental que simplifica las juntas de superficies en términos de diseño y reduce el riesgo de fallo es evitar las acumulaciones de juntas de diferentes capas interconectadas en un espacio reducido. Este tipo de acumulación de empalmes constructivos puede producirse fácilmente en las juntas de elementos de una envolvente multicapa. Normalmente, se aconseja separarlas en la me-
12 dida de lo posible.

Además, juega un papel la geometría global de la superficie de la capa: Cuanto más complicado sea su trazado, más difícil será, por regla general, garantizar la continuidad funcional en todos los lugares singulares en los que, de todos modos, no se pueden evitar empalmes (esquinas positivas y negativas, etc.). En detalle, esto significa, por ejemplo, que los retranqueos en el plano de la capa suelen dar lugar a correspondientes empalmes adicionales.

También en aquellos lugares en los que el tipo y el diseño —a veces también el material— de una capa específica cambian, surgen las correspondientes dificultades constructivas que requieren ser resueltas. Un buen ejemplo de este caso es la continuidad de una pantalla de intemperie a través de
13 la transición entre una fachada y una ventana. La función de sellado contra el agua de lluvia la asumen diferentes elementos en las zonas de la fachada y la ventana, respectivamente: En el caso de la fachada, por ejemplo, mediante un revestimiento tipo cortina, y en el caso de la ventana, mediante el cerco y la superficie del vidrio. Ni que decir tiene que la función correspondiente debe garantizarse de forma continua e ininterrumpida en todos estos ámbitos, que son fundamentalmente diferentes en cuanto a su construcción. Precisamente este tipo de tarea figura entre las más difíciles y exigentes en el proyecto constructivo de edificios.

5. La creación de capas bidimensionales continuas

■ Aunque casi nunca se consigue producir estructuras completas a partir de un único moldeado, en ocasiones sí que hay posibilidades de producir al menos capas individuales a partir de un continuo sin juntas. Los revoques sobre obra de fábrica pueden considerarse algo similar, aunque, estrictamente hablando, ellos mismos crean su sistema de juntas a posteriori, por así decirlo; porque siempre están atravesadas por una fina red de grietas microscópicas, que se forman posteriormente debido a la tendencia a la retracción inherente a todos los materiales minerales. Pero ciertamente hay capas formadas por vertido que pueden ejecutarse en la obra de hecho sin juntas, por ejemplo, impermeabilizaciones líquidas en cubiertas planas.

SUPERFICIES PLANAS

Sin embargo, el hecho sigue siendo que la gran mayoría de las capas superficiales de los edificios modernos deben componerse empalmando partes individuales. Las superficies planas (como hemos visto: superficies lo más sencillas posible en su trazado) son, por supuesto, especialmente fáciles de implementar en términos constructivos. Esta es otra razón, por así decirlo vinculada a la fabricación, por la que la construcción ha favorecido tradicionalmente las superficies de componente planas frente a las curvas, más complejas (además de las razones ya expuestas anteriormente). De entrada, se prefieren las superficies planas, sobre todo porque los materiales de construcción también se fabrican

☞ *En el Cap. 5. Forma, pp. 172 y ss.*

6 Conexión de fábrica: soldadura en un vértice de pórtico.

9 Conexión de montaje: conexión atornillada en el mismo pórtico.

7 Esta lima hoya curva permite una transición continua del revestimiento del tejado entre dos faldones planos formando ángulo entre sí. Véase también **22**.

8 Esta esquina de ventana redondeada hace innecesaria una junta en la esquina.

10 El vierteaguas situado sobre la junta de la puerta la protege del agua de la fachada que fluye por la superficie metálica lisa de la piel exterior.

11 El vierteaguas inclinado de este revestimiento de piedra natural permite que el agua de lluvia escurra y el reborde alzado lateral evita que penetre en la junta abierta vecina.

12 En esta construcción de vidrio, la fijación (fijación puntual) va separada del sellado (juntas de las lunas con sellador) en la zona del empalme. En las juntas de vidrios convencionales, ambas funciones confluyen en el mismo espacio.

13 Enlace de una ventana a un muro: La protección contra la intemperie debe ser asegurada sucesivamente (de izquierda a derecha) por el revestimiento de fábrica, la cobertura de la jamba de la ventana, el marco fijo de la ventana, el marco de la hoja y el vidrio. Todas las juntas entre estos elementos deben ejecutarse estancas.

16, 17 planos o rectos, salvo contadas excepciones. La mayoría de los métodos de procesamiento, ya sean artesanales o industriales, producen este tipo de geometría inicial. Esto tiene que ver principalmente con el hecho de que los procesos se basan en operaciones específicas de fabricación rectilínea: extrusión, laminado, aserrado, astillado, cepillado, trefilado y mucho más.

6. El teselado de la superficie

■ Dado que construir utilizando siempre las mismas piezas
individuales es casi una regla básica de la construcción de
edificios, lo que tiene un sentido inmediato por la simplifica-
ción del trabajo, la economía y la racionalidad que posibilita,
la creación de superficies de capa continuas impone un
primer requisito geométrico elemental a las piezas indivi-
TESELADO duales, a saber, que puedan ser *teseladas* en la superficie
sin que queden huecos. Se trata de un término matemático
que significa que la superficie puede rellenarse sin huecos
(y sin solapamientos, por supuesto) con la ayuda de po-
15, 14 lígonos regulares congruentes.[1] En una formulación algo
menos restrictiva y más apta para la construcción, también
se permiten otros elementos de área no regulares, incluso

16 Las piezas de madera se cortan longitudinalmente a partir de troncos en forma de barra en un proceso de producción lineal y a su vez tienen siempre la misma forma de barra.

17 El método de fabricación lineal de los componentes de madera (véase ⮺ **16**) no ha cambiado significativamente, ni siquiera con los modernos procesos de fabricación industrial.

15 Formación de una superficie cerrada utilizando adoquines ortoédricos.

14 Formación de una superficie cerrada mediante ladrillos —elementos superficiales rectangulares delgados— en forma de espinapez.

totalmente no poligonales, así como combinaciones de más de un tipo básico.

Una geometría que obviamente no cumple este requisito es el círculo. Es lógico que baldosas circulares, por ejemplo, **19, 20** no puedan cubrir una superficie sin dejar huecos. En cambio, los hexágonos regulares, por ejemplo, sí lo hacen. Y asimismo, esta condición la cumple la base geométrica del ortoedro, que tanto éxito tiene en la construcción: a saber, el cuadrado, o su modificación en forma de rectángulo (ya no puramente regular). Los rectángulos son capaces de rellenar siempre completamente una superficie formando un teselado, al tiempo que permiten una gran variedad de formas individuales por cualquier variación de la proporción de sus lados. Así pues, los rectángulos aparecen en la construcción no sólo como losas compactas, sino también como esbeltas barras rectilíneas. **18**

La variedad de posibles geometrías de despiece que permiten cerrar una superficie con piezas individuales idénticas es extremadamente grande y se analiza en detalle en otro lugar. Los arquitectos también han extraído siempre gran potencial gráfico y estético de estos patrones geométricos, sobre todo a través de arreglos ornamentales en capas visibles del exterior de los edificios. **21**

☞ *En **Vol. 2**, Cap. VII, Aptdo. 1.2.1 Teselado de la superficie, pp. 8 y ss.*

En este contexto, es interesante la posibilidad —que ya se ha insinuado más arriba— de no empalmar a tope las partes individuales de una superficie de capa, sino de colocarlas solapándose. Esta medida elemental abre de repente un amplio abanico de nuevas posibilidades: Las reglas estrictas del teselado quedan suspendidas por así decirlo. La posición de un elemento individual colocado previamente, o de un grupo de ellos, de repente ya no determina necesariamente la posición del elemento siguiente. El elemento puede girar con respecto al anterior o formar un ángulo con respecto a su plano. De pronto son posibles numerosas geometrías libres. Las transiciones entre planos situados en ángulo entre sí pueden hacerse de forma continua y curvada, como ocurre, por ejemplo, con algunas buhardillas en la construcción

SOLAPE

19 Mosaico de botones: Los círculos no pueden llenar un área sin dejar huecos. Las zonas restantes se cierran con mortero.

20 Mosaico de botones: Sin embargo, la falta de congruencia de los bordes contiguos de las baldositas permite una colocación más libre y una mejor adaptación a superficies curvas que con un estricto teselado.

18 Formación de una superficie cerrada utilizando elementos superficiales rectangulares delgados en un patrón ortogonal.

22 de cubiertas. Sin embargo, los proyectistas siempre han hecho un uso moderado de esta opción, bien porque las juntas solapadas son más difíciles de hacer estancas, bien porque el solapamiento consume siempre más material que la simple unión a tope.

Esto nos lleva a la disciplina más difícil de la creación de capas superficiales funcionales continuas, a saber, la producción de superficies no planas, es decir, curvas.

SUPERFICIES CURVAS

7. Características especiales de capas bidimensionales curvas

☞ *Cap. 5. Forma, pp. 172 y ss.*

CONSTRUCCIÓN ABOVEDADA

■ Ya se ha dicho que la construcción siempre ha favorecido las geometrías tipo ortoedro con superficies límite planas. Sin embargo, también se ha comprobado que el paso hacia la construcción de bóvedas curvas, que son más eficientes desde el punto de vista estático, que se dio en un momento histórico relativamente temprano, obligó, por así decirlo, en una fase temprana a tratar los problemas geométricos, de fabricación y de construcción resultantes de la creación de superficies curvas autoportantes. Las construcciones abovedadas estaban siempre (por buenas razones) ligadas al uso de material pétreo, es decir, a bloques de construcción individuales de mayores o menores dimensiones, según se tratara de ladrillos o sillares. Son elementos básicos muy adecuados para un uso geométricamente flexible y variable debido a sus dimensiones relativamente pequeñas en las tres direcciones espaciales: Esto se debe a que los elementos de partida en forma de bloque, de formato más bien pequeño, se prestan mucho más —por razones obvias— para crear superficies curvas, especialmente de doble curvatura, que, por ejemplo, elementos en forma de barra rectilínea larga. Las geometrías de aparejo en la construcción histórica de bóvedas y cúpulas de ladrillo son extraordinariamente variadas y de una sofisticación y perfección que no debe temer la comparación con muchos métodos de construcción de alta tecnología contemporáneos. Un ejemplo clásico son las técnicas de bóveda bizantinas en la construcción de ladrillo, que eran muy desarrolladas.[2]

21 Teselado ornamental de la superficie.

22 Redondeado de una lima hoya en una ventana abuhardillada. Esta solución es posible gracias al solapamiento y ligera oblicuidad mutua de las tejas planas. Véase también ⊟ **7**.

Elementos de partida: cintas, barras, placas, bloques

7.1

■ En principio, hay que distinguir claramente de antemano entre las condiciones previas que prescriben diversos elementos de partida: por ejemplo, elementos con forma de cinta (como bandas o láminas), con forma de barra (perfiles laminados, madera aserrada), con forma de placa (tableros de madera, chapas de metal) o con forma de bloque (ladrillo, bloque de hormigón, bloque de vidrio). Por supuesto, siempre hay que tener en cuenta la elasticidad o plasticidad específica del material en cuestión, que puede en ocasiones permitir una adaptación limitada a curvaturas, es decir, una cierta desviación limitada con respecto a la geometría plana o rectilínea específica del material. Sin embargo, ésta es bastante pequeña para la mayoría de los materiales utilizados habitualmente en la construcción. Por ejemplo, los elementos en forma de cinta pueden —como es característico en ellos— desenrollarse del rollo al plano, pero surgen inmediatamente restricciones si deben desviarse lateralmente cuando se colocan. Entonces, inmediatamente comienzan a arrugarse en el borde interior.

23–29 ELASTICIDAD, PLASTICIDAD

Algunos elementos con forma de barra o varilla, como varillas de madera delgadas, también tienen una cierta flexibilidad que se adapta bien a estos fines. Pueden combarse elásticamente en una dirección aplicando una fuerza hasta un determinado radio mínimo, o retorcerse a lo largo de su eje. Sin embargo, esta flexibilidad termina muy pronto en cuanto las secciones transversales se hacen más grandes, como en el caso de una viga.

Los tableros hechos de materiales de madera o de otros materiales (excepto el vidrio)[3] son deformables dentro de ciertos límites si no son demasiado gruesos en comparación con su superficie y el material lo permite. Incluso así, reaccionan de forma sensible cuando se les fuerza a adoptar geometrías con curvatura biaxial. Esto se debe a que en tal caso (a diferencia de geometrías con curvatura uniaxial) no sólo son necesarias deformaciones normales (simple flexión), sino también deformaciones tangenciales grandes a lo largo de la superficie (es decir, estiramientos). Los materiales de construcción habituales prácticamente nunca tienen la elasticidad necesaria para ello, ni siquiera las membranas constructivas.

De hecho, las barras de acero laminadas no son deformables elásticamente en mayor medida, salvo plásticamente utilizando fuerza bruta en la prensa de rodillos, un proceso que tiende a utilizarse con moderación y que, de todos modos, no sirve a pie de obra. Todos los componentes hechos de material mineral, por consiguiente también los bloques de construcción, no son moldeables ni por asomo debido a la extrema fragilidad del material.

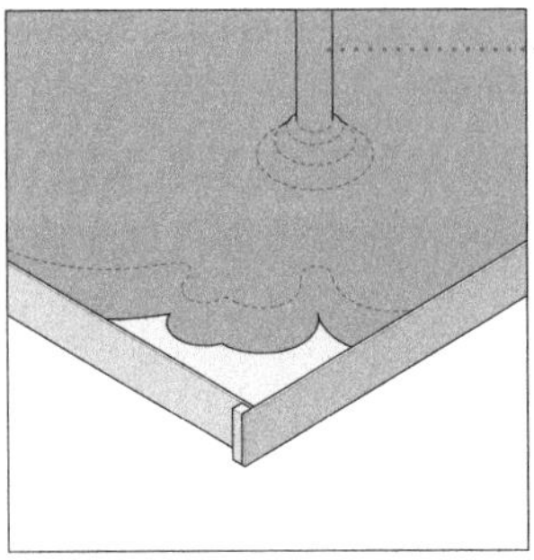

25 Hormigón.

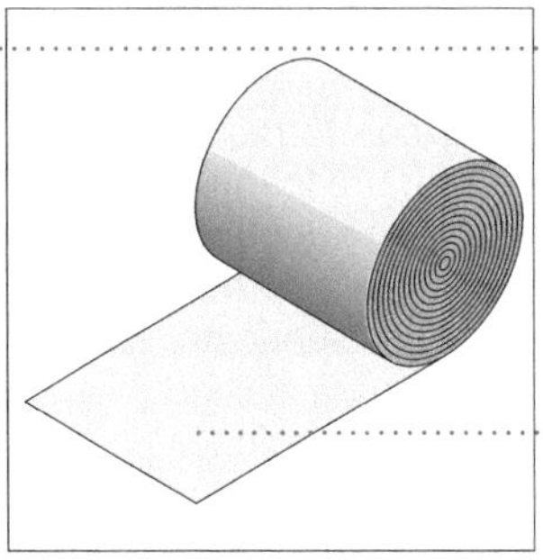

23 Faja textil.

elementos de partida moldeados

elementos de partida con forma de banda

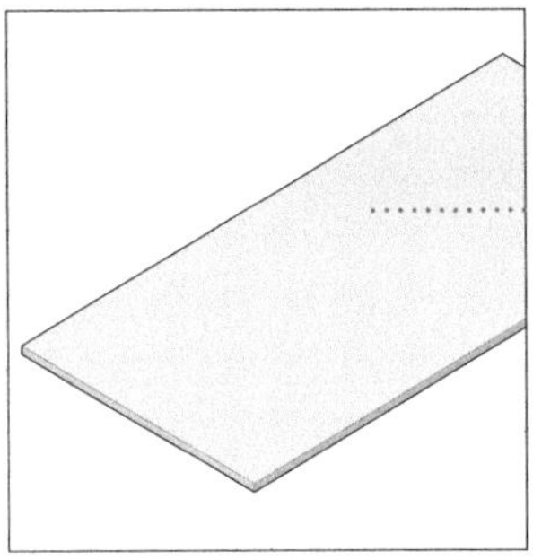

24 Tablero de derivado de la madera.

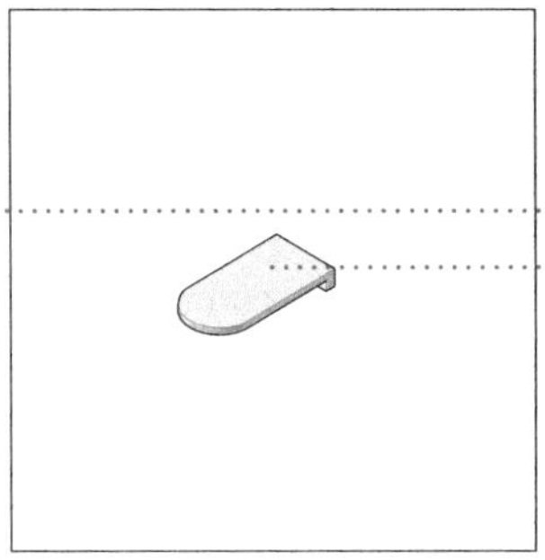

28 Teja.

elementos de partida con forma de placa

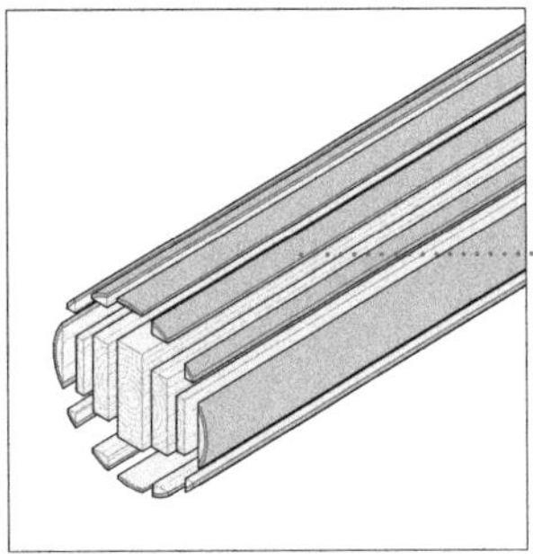

26 Madera aserrada.

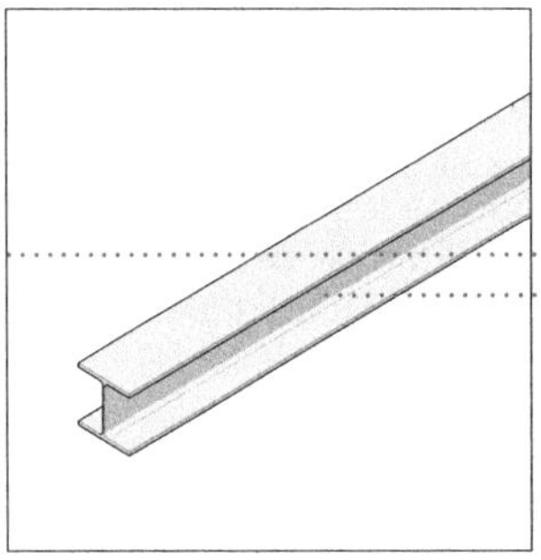

29 Perfil de acero.

elementos de partida con forma de barra

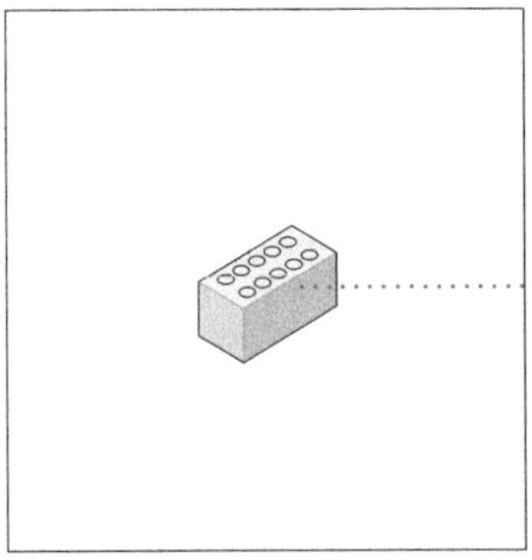

27 Ladrillo.

elementos de partida con forma de bloque

Curvatura

■ Para la evaluación de una superficie curva (de la que, a diferencia del plano, existen innumerables variantes geométricas) en cuanto a su idoneidad para la construcción con ayuda de los elementos básicos enumerados anteriormente, es decisiva la cuestión de si la curvatura es uniaxial o biaxial. CURVATURA UNIAXIAL Y BIAXIAL Las superficies curvas uniaxiales se denominan *torses* en TORSES matemáticas. Siempre se pueden desarrollar sobre la superficie y siempre son superficies *regladas* (sin embargo, no SUPERFICIES REGLADAS todas las superficies regladas presentan curvatura uniaxial y son desarrollables). Se llaman así porque pueden generarse a partir de generatrices rectilíneas. Las superficies curvas uniaxiales elementales son los cilindros y los conos. **30, 31**

A efectos constructivos, es importante, pues, distinguir claramente entre superficies curvadas de forma uniaxial y biaxial, es decir, entre superficies desarrollables y no desarrollables: DESARROLLABILIDAD En el caso de las de curvatura uniaxial, siempre se puede encontrar una recta contenida en la superficie, de manera que en todos sus puntos el plano tangencial asociado a la superficie curva es siempre el mismo. Con la **32** superficie de curvatura biaxial, pueden ocurrir dos cosas: O bien no se encuentra una línea recta contenida en ella, y por tanto tampoco una superficie tangencial según la definición **33 o** anterior; o sí se encuentra una recta contenida en ella (por ejemplo, una de las generatrices de una superficie reglada), pero cada uno de sus puntos, en cambio, tiene un plano tangencial a la superficie orientado de forma diferente: Estos planos de hecho siempre contienen la línea recta, pero giran a lo largo de ella, por así decirlo. O —en términos de **33 u** superficies regladas— formulado de otra manera: Todas las rectas generatrices de una superficie reglada de curvatura

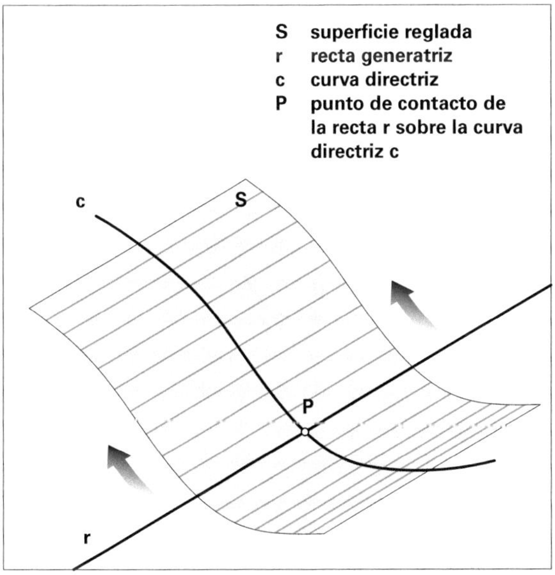

30 Superficie cilíndrica genérica: superficie reglada, de curvatura uniaxial, desarrollable. En el caso especial del cilindro circular regular, la curva directriz **c** es una circunferencia.

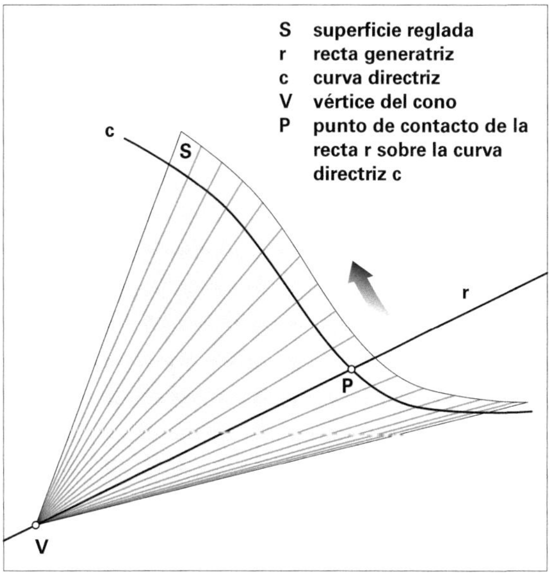

31 Superficie cónica genérica: superficie reglada, de curvatura uniaxial, desarrollable. En el caso especial del cono circular regular, la curva directriz **c** es una circunferencia.

uniaxial o bien se intersecan en un punto —como en el caso de un cono— o bien son paralelas entre sí en el espacio (es decir, se intersecan en el infinito) —como en el caso de un cilindro—. Esto no es válido para una superficie reglada de curvatura biaxial: Las líneas rectas generatrices adyacentes están sesgadas una con respecto a la otra (y como resultado sólo se cruzan, pero nunca se intersecan en el espacio).

7.3 Superficies desarrollables y no desarrollables

Sin embargo, esta distinción aparentemente insignificante entre las superficies desarrollables y no desarrollables tiene una enorme importancia constructiva: Esto se debe a que las superficies desarrollables, o torses, son relativamente fáciles de producir con barras rectilíneas. Por lo tanto, se
CONO trata esencialmente de superficies cónicas o cilíndricas, que no sólo incluyen a los conos circulares regulares y a los
CILINDRO **30, 31** cilindros circulares, sino también a los irregulares. Basta con colocar las barras rectilíneas una al lado de la otra y angularlas entre sí en los empalmes o —con mayor complicación— in-
34 gletearlas. Las juntas que se crean están siempre cerradas de forma continua. Esta norma se aplica estrictamente al cilindro. Para el cono, basta con cortar las barras en forma
35 de cuña. Sólo en este aspecto se diferencia del cilindro en su ejecución constructiva.

Por otra parte, con una superficie reglada no desarrollable, no basta con cortar las barras en forma de cuña (aunque al

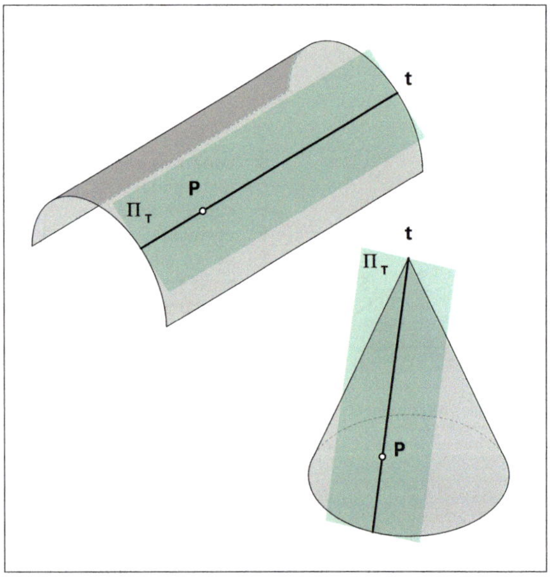

32 Para superficies de curvatura uniaxial, se puede encontrar una tangente **t** en cualquier punto **P** de su correspondiente plano tangente Π_T, de modo que el plano Π_T también es tangente a la superficie en *todos* sus puntos $\mathbf{P}_i$.

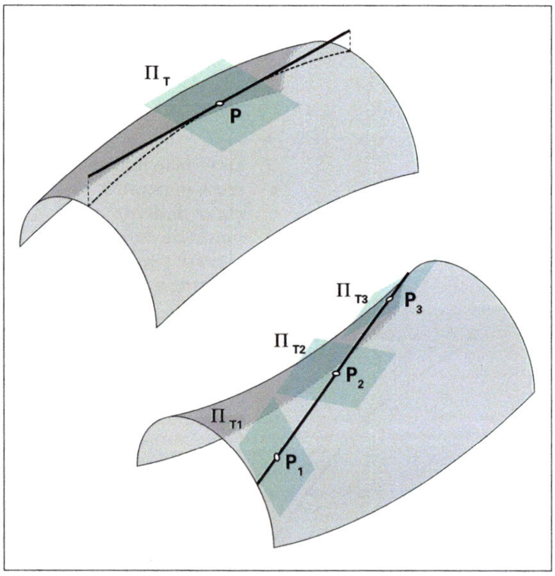

33 Para superficies de curvatura biaxial, no se puede encontrar una recta **t** que pase por **P**, de modo que el plano tangencial Π_T asociado al punto **P** sea tangente a la superficie en *todos* los puntos $\mathbf{P}_i$ de la recta **t**. En el caso superior, ninguna recta **t** puede estar contenida en la superficie. En el caso inferior, la recta **t** sí está contenida en la superficie, pero el plano tangente Π_{T2} en $\mathbf{P}_2$, por ejemplo, no puede ser tangente a la superficie en *ninguno* de sus otros puntos $\mathbf{P}_i$ (excepto en $\mathbf{P}_2$). Los planos tangentes Π_{Ti} en estos otros puntos $\mathbf{P}_i$ están girados con respecto a Π_{T2}.

menos es útil). Como las generatrices, a las que siguen esencialmente las barras, no son paralelas entre sí en el espacio y no se intersecan, esto significa que no se puede hallar un plano que contenga dos rectas adyacentes. En consecuencia, las juntas entre dos barras adyacentes comenzarán a abrirse en algún punto, y posteriormente se abrirán más y más. Este problema, geométricamente irresoluble, se manifiesta, por ejemplo, en el encofrado de paraboloides hiperbólicos fabricado con tablas. Sólo se puede recurrir a medidas sustitutivas, como insertar tablas cortadas en forma de cuña entre carreras de tablas a intervalos regulares y, por otra parte, aprovechar la limitada deformabilidad de la madera retorciéndola todo lo posible.[4]

Las superficies regladas no desarrollables son, por ejemplo, los conoides, los paraboloides hiperbólicos y los **39, 40** hiperboloides de una sola hoja. Como se acaba de describir, **38** se pueden ejecutar razonablemente bien a partir de barras rectilíneas utilizando ciertos trucos. Es bastante más difícil construir superficies no regladas a partir de barras rectas. Entre ellas figuran la mayoría de las superficies de revolución, es decir, las que se crean por la rotación de una generatriz en torno a un eje (pero no el cono y el hiperboloide de una sola hoja mencionados anteriormente, que son tanto superficies de revolución como superficies regladas), y aquí en particular, debido a su importancia constructiva, la esfera. **37**

CONOIDE

PARABOLOIDE HIPERBÓLICO

HIPERBOLOIDE DE UNA HOJA

ESFERA

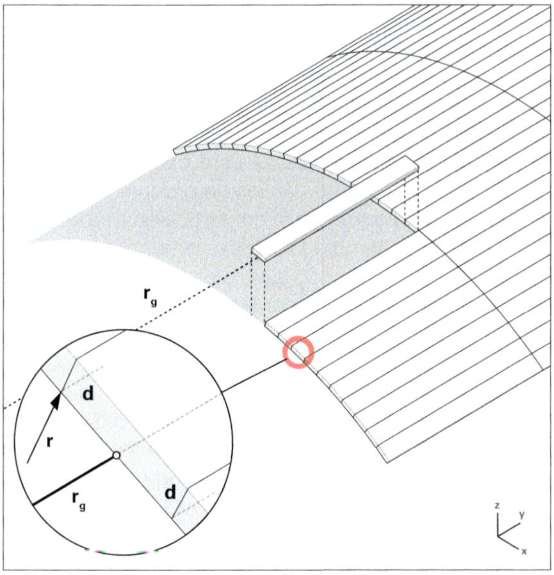

34 Colocación de material en forma de barra sobre una superficie cilíndrica a lo largo de la línea recta generatriz $\mathbf{r_g}$.

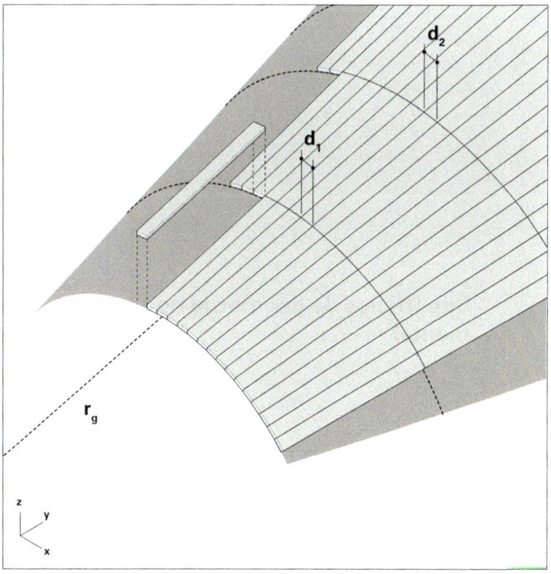

35 Colocación de material en forma de barra sobre una superficie cónica a lo largo de la línea recta generatriz $\mathbf{r_g}$. Las varillas se han de cortar en forma trapezoidal y son más anchas cuanto más se alejan del vértice del cono.

La superficie esférica está curvada biaxialmente, no puede crearse con líneas rectas y no puede desarrollarse. Esta experiencia elemental la hicieron —aparte de los antiguos maestros constructores— también los cartógrafos de la época moderna temprana, cuando intentaron sin verdadero éxito trasladar la superficie esférica de la tierra a un mapa plano. Sólo consiguieron desarrollar varios métodos de aproximación.

7.4 La cúpula

36 Superficie reglada conoidal de hormigón en obra, encofrada con tablas rectas (Puente 9 de Octubre, Valencia. arqu.: S. Calatrava).

FACETADO

En la historia del desarrollo de la construcción, la superficie esférica juega un papel importante en su manifestación como la cúpula. Es lícito afirmar que los constructores históricos se liberaron en gran medida del problema geométrico de realizar en términos constructivos una superficie no desarrollable simplemente gracias al comportamiento específico de carga de la cúpula: Las cúpulas son siempre estructuras portantes trabajando (predominantemente) en régimen de compresión y, por tanto, el material con el que se construían era siempre un material mineral frágil, que se procesaba en forma de bloque de construcción de pequeñas dimensiones (concretamente una unidad de albañilería) o como material vertido (como el hormigón), pero nunca con un elemento con forma de barra rectilínea. El bloque de construcción permitía ajustarse a la superficie de la esfera con una aproximación lo suficientemente precisa sin demasiada dificultad, o en otras palabras, producir un poliedro con facetas lo suficientemente finas como para que fuera visualmente indistinguible de una
41 esfera perfecta. Esta es sin duda una razón importante por la que, a pesar de que, en principio, la madera es capaz de absorber fuerzas de compresión, históricamente apenas existen construcciones de arcos de madera, y mucho menos construcciones de cúpulas de este material (los arcos de madera son, sin embargo, fáciles de producir hoy en día gracias al laminado, común en la construcción moderna de madera y, por lo tanto, también son relativamente corrientes).

7.5 Superficies de geometría no elemental

BÓVEDAS TABICADAS CATALANAS

☞ ***Vol. 1**, Cap. VI-2, Aptdo. 9.3.3 Aparejo—solapamiento actuando bajo adhesión, pp. 638 y ss.*

Además de la esfera de geometría regular, la capacidad de facetado de las construcciones de obra de fábrica también ha producido numerosas superficies complejas que no son definibles matemáticamente en términos elementales. Entre ellas se encuentran las diversas formas de cascarón de
43 las llamadas bóvedas tabicadas catalanas. Se construyen a mano con la ayuda de plantillas simples tomando medidas a ojo. Sin embargo, no eran clásicas bóvedas adoveladas; por el contrario, estaban aparejadas en diferentes capas de ladrillos planos superpuestos.

Incluso con las bóvedas adoveladas había desviaciones ocasionales de la forma esférica pura: como cúpulas realzadas, de forma más bien parabólica, o también las de
44 planta ovalada. Los plementos de relleno de las bóvedas de crucería medievales son también, casi sin excepción, superficies de aproximación o mediación, geométricamente difíciles de definir, entre los arcos travesaños y diagonales,

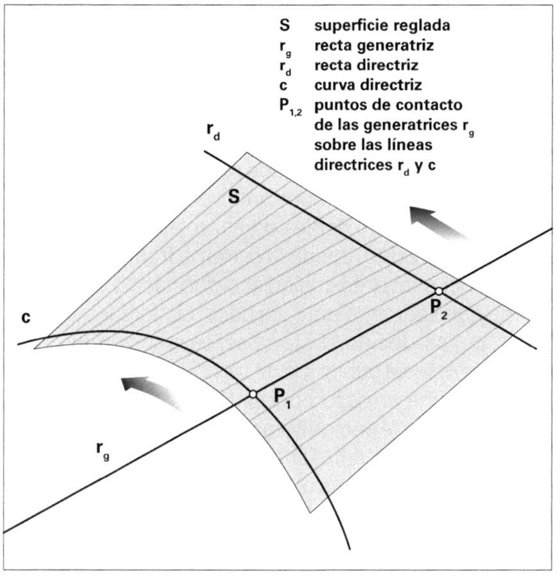

39 Superficie conoide: superficie reglada, de curvatura biaxial, no desarollable. Una curva directriz es una línea recta r_d, la otra es cualquier curva **c**.

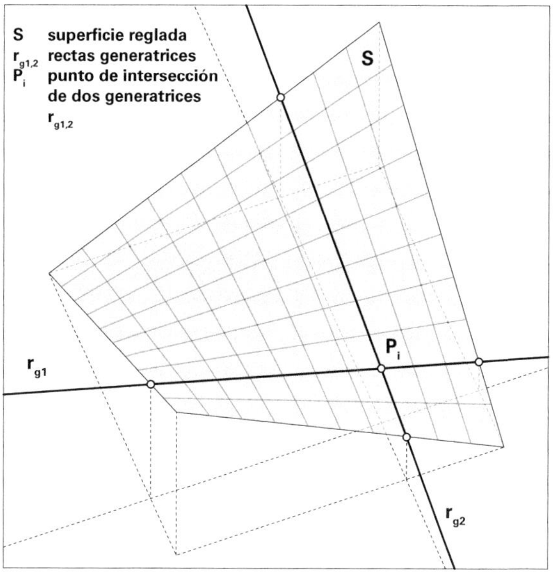

40 Paraboloide hiperbólico: superficie reglada, de curvatura biaxial, no desarollable; definido aquí como el producto de dos conjuntos de rectas que se cruzan.

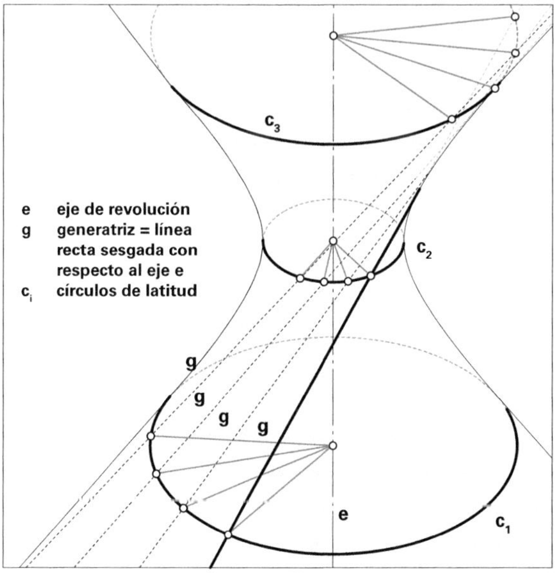

38 Hiperboloide de revolución de una hoja: superficie reglada, de curvatura biaxial, no desarollable. Al mismo tiempo, es una superficie de revolución, por ejemplo generada por la revolución de una línea recta e sesgada respecto al eje o de una hipérbola como línea meridiana.

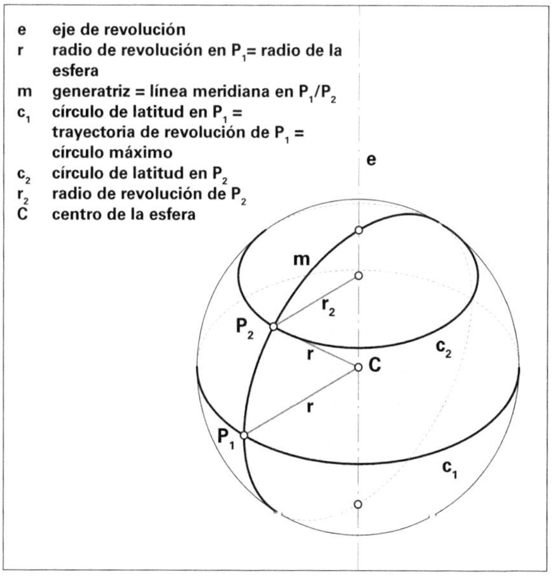

37 Esfera: superficie de revolución, de curvatura biaxial, no desarollable. Resulta de la rotación de un círculo con centro **C** sobre el eje de revolución **e**. La esfera no es una superficie reglada.

que se construían primero y prescribían en gran medida la
45 forma del plemento, como si fueran plantillas o cimbras. La
necesidad estática de mantener la estereotomía adovelada en forma de abanico radial para activar el comportamiento de bóveda agravaba bastante las dificultades geométricas en la producción técnica de estas formas constructivas.

Los poliedros facetados formados por superficies parciales perfectamente planas son importantes como solución sustitutiva para superficies de doble curvatura, especialmente en la construcción de vidrio, donde la extrema fragilidad del material prohibe por completo cualquier deformación deliberada (por mínima que sea) en la obra, es decir, el „forzar a adoptar una forma", por así decirlo.[5] Esto se aplica, por ejemplo, a los cascarones de celosía cubiertos de vidrio que se construyen
46 hoy en día con una armazón portante de madera o acero. De este modo, se pueden generar formas esféricas con un grado de aproximación suficiente con la ayuda de lunas de vidrio planas cortadas de forma trapezoidal.[6]

SUPERFICIE DE TRASLACIÓN O DESLIZAMIENTO

Lo mismo ocurre con superficies curvas más complejas, que pueden crearse como superficies de traslación o deslizamiento. Cualquier superficie curva que pueda generarse mediante el deslizamiento de una curva (generatriz) a lo largo de otra (directriz) puede definirse alternativamente como un poliedro resultante del deslizamiento rectilíneo escalonado de un polígono (concretamente la generatriz discretizada en subsecciones rectas) a lo largo de las secciones individuales rectas o lados de un segundo polígono (concretamente la
47 directriz discretizada en subsecciones rectas). Como siempre se trata de líneas rectas (los lados del polígono generador) que se desplazan en línea recta en el espacio (es decir, a lo largo de los lados del polígono director), esto crea inevitablemente planos. En este proceso, el polígono generador ni siquiera tiene que seguir siendo el mismo: Se puede agrandar o encoger continuamente de forma geométrica, es decir, transformarlo por homotecia. La variedad de superficies

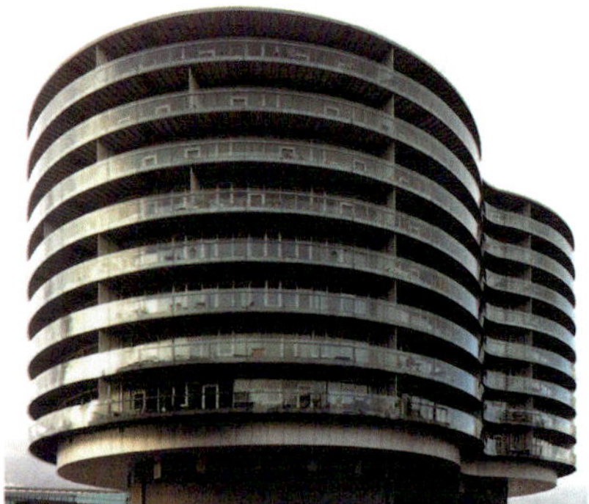

42 Superficie cilíndrica (facetada) compuesta por componentes superficiales planos (vidrios y paneles).

41 Cúpula facetada, de curvatura biaxial, formada por ladrillos: bloques individuales con forma ortoédrica.

43 Bóveda catalana de capas de ladrillo plano con forma geométrica no elemental (edificio de recepción, Ellis Island, NY).

de aproximación facetadas que pueden producirse de este modo a partir de superficies parciales planas es extraordinariamente grande. En la mayoría de los casos, apenas se distinguen visualmente —dependiendo de la pequeñez del facetado— de la superficie curva real.

p_d polígono director
p_g polígono generador

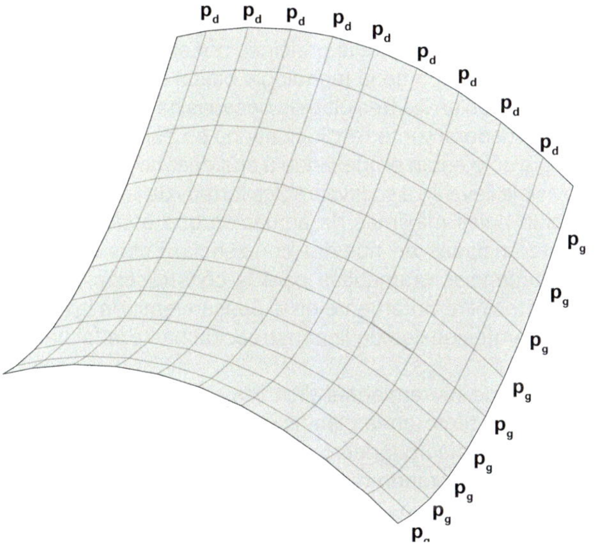

47 Superficie de traslación facetada formada por elementos superficiales planos. El polígono generador $\mathbf{p}_g$ barre a lo largo del polígono director $\mathbf{p}_d$. Puesto que todos los $\mathbf{p}_g$ y todos los $\mathbf{p}_d$ son idénticos entre sí, se deduce que dos aristas de elementos opuestas en el espacio son siempre paralelas entre sí. Esto a su vez significa que los elementos de la superficie son planos sin excepción.

44 Cúpula de fábrica sobre planta elíptica (*San Carlo alle Quattro Fontane*, Roma; arqu.: Borromini).

45 Bóveda de crucería: Los plementos de bóveda tienen una forma geométrica no elemental. Los nervios se utilizaron como plantillas durante la construcción (Monasterio de Bebenhausen, Alemania).

46 Cascarón de celosía facetado y curvado biaxialmente, fabricado con vidrios planos. Se trata de una superficie de traslación o deslizamiento (ing.: sbp, Bosch-Areal, Stuttgart).

8. Nuevas posibilidades

Hasta ahora, sólo se han tratado casos en los que las superficies curvas no se han producido en el sentido geométrico estricto, sino sólo en una aproximación suficientemente precisa a partir de partes individuales o componentes planos con la ayuda de algunas construcciones geométricas y técnicas auxiliares. Esta perspectiva se justifica porque la práctica de trabajar con elementos constructivos rectilíneos o planos es la base de casi todas las formas constructivas tradicionales, así como de la mayoría de las contemporáneas. Se ha visto que este enfoque surge de las necesidades de la fabricación de productos de construcción, así como de la definición geométrica exacta en el espacio de la estructura del edificio. La construcción con elementos rectilíneos o planos ha sido siempre la norma dominante. Algunos métodos constructivos de importancia limitada, en su mayoría artesanales, sólo permitían excepciones aisladas, que más bien confirmaban la regla principal, por así decirlo.

La introducción de la tecnología digital en el sector de la construcción en las tres últimas décadas ha provocado cambios verdaderamente revolucionarios en este sentido, que, aunque sólo están empezando a aparecer hoy, en un futuro previsible llevarán a socavar reglas férreas de la construcción y harán nulas máximas de actuación que están profundamente ancladas en nuestra conciencia. Estas esperadas consecuencias dramáticas para la construcción no están presentes ni remotamente en el pensamiento de la mayoría de los profesionales de la construcción hasta la fecha.

☞ *Véase al respecto también Cap. 5., Aptdo. 9. La nueva libertad formal: un llamamiento, pp. 232 y ss.*

8.1 Herramientas digitales

El uso de herramientas digitales en la construcción tiene efectos tanto en la planificación como en la ejecución. Aunque también pueden contribuir a apoyar la imaginación de diseño generando varianza,[7] en definitiva se trata principalmente de las posibilidades de realizar ideas construyéndolas, es decir: de las posibilidades de influir y controlar los procesos de construcción con el objetivo de transformar el proyecto (virtual) en realidad (material) construida. Porque las restricciones que históricamente condujeron a la tradición arquitectónica dominante basada en una geometría rectilínea-plana-ortogonal surgieron en gran medida por la imposibilidad —o al menos la dificultad— de imponer ideas formales, tal como fueron concebidas en el proyecto, al recalcitrante material de construcción. Esto dio lugar —en influencia inversa, por así decirlo— al conjunto tradicional de reglas de diseño y construcción que se han transmitido históricamente: Un manual de proyecto para producir formas constructivas que puedan gestionarse razonablemente desde un principio en términos de tecnología y economía.

8.2 Serie industrial e individualización

El mayor paso adelante en este desarrollo lo había dado hasta ahora la revolución industrial antes de la revolución digital. La máxima básica de la construcción, que siempre se ha seguido en la práctica, de construir con piezas individuales idénticas (en la medida de lo posible), un principio lógico de racionalización del trabajo generalmente válido, se intensificó claramente bajo el signo de la producción industrial en serie. El margen de individualización de componentes de construcción que aún quedaba más allá de esta regla básica en la práctica de la construcción artesanal se fue restringiendo cada vez más en el transcurso de una progresiva industrialización. El punto álgido (o bajo) de esta evolución en la construcción fue, como es sabido, la desoladora monotonía de la arquitectura moderna imperante en la segunda mitad del siglo XX.

☞ *Véase al respecto también Cap. 10., Aptdo. 2.1 Composición aditiva de estructuras de edificios, pág. 575.*

PRODUCCIÓN INDUSTRIAL EN SERIE

Métodos digitales de planificación

8.3

Aquí es exactamente donde entran en juego los métodos de planificación y de control de ejecución digitales: En primer lugar, permiten al proyectista crear un conjunto de datos completo que define la geometría de la estructura proyectada (todavía virtual) con cualquier precisión que se desee. Es posible, sin mayor esfuerzo, localizar en el espacio con precisión matemática cualquier punto deseado del objeto diseñado. Esta afirmación puede parecer trivial, pero representa una verdadera novedad en la historia de la tecnología de la construcción. La definición precisa de puntos clave de una forma diseñada no resulta demasiado complicada con geometrías básicas elementales —y aquí especialmente con las ortogonales—, pero ciertamente lo es cuando se levanta esta restricción y en su lugar se opera con formas constructivas no ortogonales, quizás incluso curvas. Cualquiera que haya diseñado una forma curva de mayor complejidad y haya intentado proporcionar suficiente información geométrica para que el ejecutante pueda deseempeñar su trabajo sabe lo difícil que es trasladar un pequeño modelo de trabajo no ortogonal y no plano a la forma construida a escala 1:1. Durante mucho tiempo, sólo se podía recurrir a métodos de medición más o menos precisos sobre el modelo físico reducido, o en algunos casos trabajar con formas constructivas curvas relativamente fáciles de describir y regulares en términos matemáticos. Un buen ejemplo de la primera opción son los métodos de medición aplicados a modelos físicos de suspensión de Frei Otto y Heinz Isler; un buen ejemplo de la segunda son los paraboloides hiperbólicos de Félix Candela, que, por su calidad de superficies regulares regladas, le facilitaron su definición geométrica, su ejecución y el análisis de su comportamiento portante.

48 Torre de oficinas en Hannover. Fachadas de doble curvatura (arqu.: F Gehry).

Los modernos programas CAD permiten al proyectista generar casi cualquier forma libre sin necesidad de manejar difíciles fórmulas matemáticas, pero permitiendo una definición geométrica suficientemente precisa para su construcción. En particular, sirven para este propósito las **48** mallas poligonales digitales, que pueden manipularse en gran medida de forma intuitiva y visual, es decir, no necesariamente mediante entrada numérica.

☞ *Para más información, consúltese **Vol. 2**, Cap. VII, Aptdo. 2.5 Mallas, pp. 72 y ss.*

MALLAS POLIGONALES

8.4 Métodos de fabricación con control digital

Una vez que se dispone del conjunto completo de datos cartesianos de un objeto, sólo se necesita el equipo mecánico adecuado para convertir la planificación en realidad material: es decir, transformar los datos recibidos del proyectista en una pieza material con la correspondiente precisión técnica. La moderna tecnología de fabricación automatizada, a menudo denominada tecnología de control numérico por ordenador (CNC), proporciona el mecanismo adecuado para completar el proceso sin interrupción desde la concepción hasta la definición geométrica precisa y la ejecución material según lo prescrito. Este proceso integrado de diseño y fabricación, sin ningún tipo de ruptura, único en la historia de la construcción, abre enormes posibilidades, hasta ahora inéditas, en la conformación de componentes y edificios. Si se cuenta con un equipo de fabricación adecuadamente preciso y flexible, que todavía se encuentra en las primeras fases de evolución pero que sin duda experimentará un importante desarrollo y propagación en un futuro próximo, es posible realizar de este modo casi cualquier forma curva compleja. Los costes adicionales que siempre han estado asociados a geometrías curvas no elementales ya se han reducido notablemente con la ayuda de la tecnología CNC disponible en la actualidad, y sin duda seguirán esta tendencia en el futuro.

Pero incluso la construcción con productos industriales planos semiacabados, como el material tipo tablero, que sigue dominando la práctica de la construcción hoy en día, ya se ha transformado gracias a las posibilidades de la fabricación flexible automatizada: La capacidad de cortar o fresar cualquier forma a partir de tableros planos o material sólido en forma de cubo, a la medida de cada pieza, ha permitido crear superficies facetadas de complejidad casi ilimitada o incluso con curvaturas continuas. **49–52**

49 Pabellón Landesgartenschau Schwäbisch-Gmünd. Fresado de los bordes de los paneles planos de derivado de la madera para crear una junta de encaje por forma. La geometría de cada junta de empalme es única.

50 Pabellón Landesgartenschau. Paneles planos almacenados tras el tratamiento de los cantos.

51 Pabellón Landesgartenschau. Montaje de los paneles individualizados.

52 (Derecha) Pabellón Landesgartenschau Schwäbisch-Gmünd. La forma libre del cascarón se divide en superficies planas individuales, es decir, es un poliedro. La búsqueda de la forma se realizó digitalmente en virtud de este requisito obligatorio (arqu.: ITKE/ICD, Universidad de Stuttgart).

Notas

1 Las superficies se pueden teselar sin huecos con numerosas variantes de triángulos y cuadrados, así como con hexágonos regulares. Sin embargo, sólo algunos pentágonos irregulares pueden hacerlo. Hasta ahora, se han identificado un total de 15. (Mientras tanto, la investigación matemática sobre este tema continúa.) Ahora bien, para la construcción este hecho sólo tiene una importancia limitada, ya que también se utilizan formas libres no poligonales y también se puede utilizar más de un elemento de forma para rellenar la superficie.

2 Véase al respecto Choisy A (1886) *L'art de bâtir chez les Byzantins*, Paris.

3 Hoy en día, incluso el vidrio se deforma dentro de estrechos límites compatibles con el material bajo el efecto de la fuerza en la obra para forzarlo a colocarse en su posición, por así decirlo. Esto se aplica en particular al vidrio laminado, donde la laminación y la capa intermedia elástica de PVB favorecen dicha deformación bajo fuerza. De este modo, se pueden producir superficies de vidrio de doble curvatura (no demasiado pronunciadas) sin pretratamiento térmico.

4 El constructor de cascarones Félix Candela habló varias veces con el autor sobre este problema técnico. Véase también la entrevista en *arcus – Architektur und Wissenschaft*, cuaderno n° 18, Moro J L, Herzog T (1992) *Zum Werk von Félix Candela – die Kunst der leichten Schalen*, pp. 10–22, Entrevista con Félix Candela el 10 de mayo de 1991 en Madrid; Colonia

5 Véase al respecto también la nota 3. Es evidente que no hay regla en la construcción que no tenga al menos una excepción: El autor conoce una empresa de fachadas de renombre mundial que hace exactamente esto. Como se ha mencionado, esto se hace preferentemente con vidrio laminado, que, debido a su estructura laminada, permite una deformación bastante mayor que el vidrio monolítico, debido también a la elasticidad de la capa intermedia de polibutiral. Ahora bien, se presta atención meticulosa a los límites de la deformación aún tolerable del vidrio.

6 Un ejemplo de ello es la cúpula del edificio del Reichstag de Berlín.

7 Se trata de herramientas de planificación para el diseño paramétrico, es decir, la capacidad de generar formas mediante algoritmos matemáticos.

7 COMPOSICIÓN

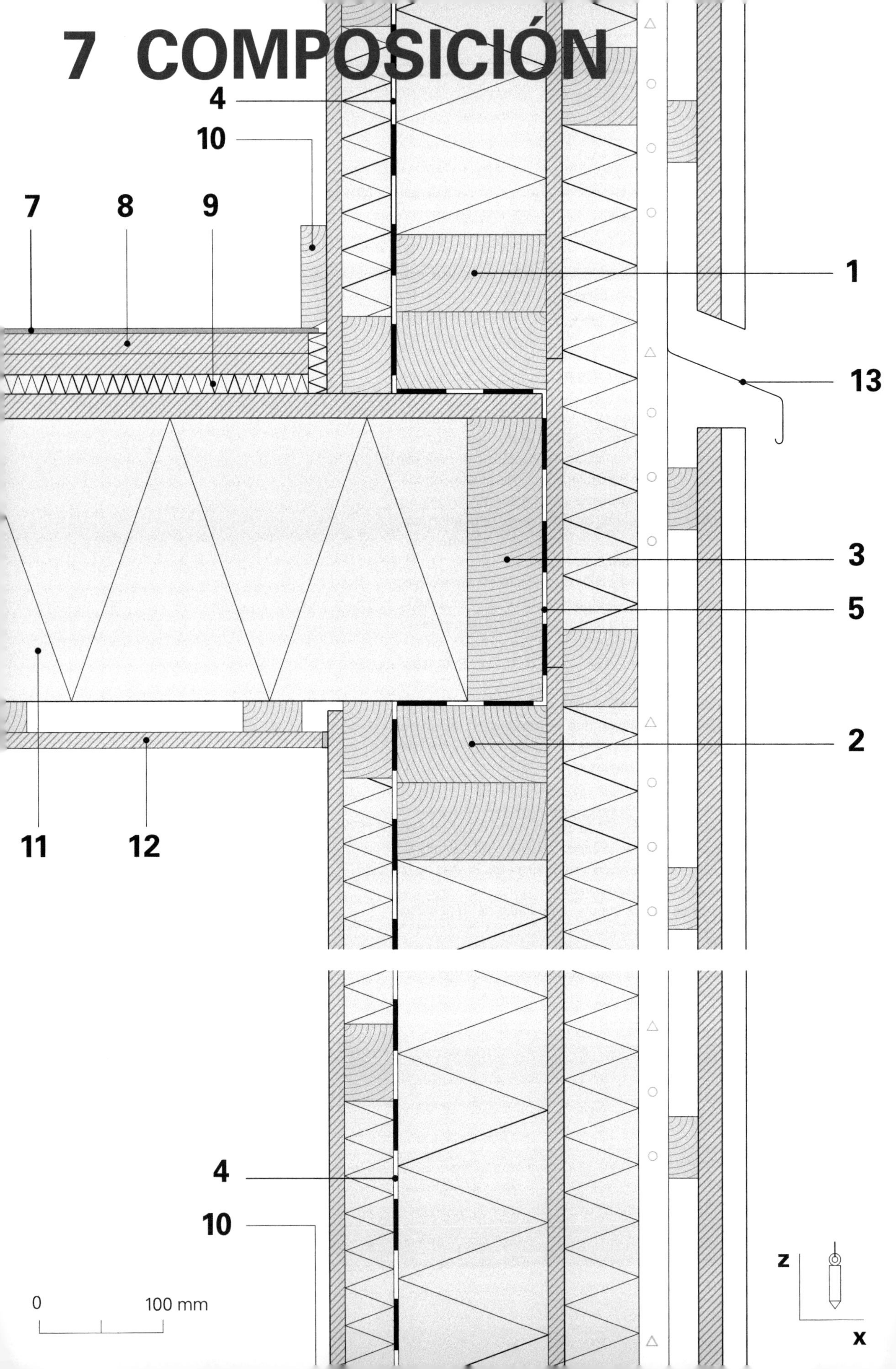

J. L. Moro, *El proyecto constructivo en arquitectura — del principio al detalle*, https://doi.org/10.1007/978-3-662-70279-6_7

1. Composición de componentes envolventes

Después de haber tratado en detalle en el capítulo anterior la cuestión de cómo una capa funcional de un componente superficial puede ensamblarse de forma constructiva sin que se produzcan huecos en las dos dimensiones principales de la superficie, en el presente trataremos la cuestión de cómo la interacción de las distintas subfunciones constructivas del componente, o de sus capas materiales que implementan la función, puede garantizarse con medios constructivos con el menor conflicto posible. Aquí, en lugar de las dos dimensiones de la superficie —la longitud o altura y la anchura—, será el centro de la atención la tercera dimensión que se ha pasado por alto hasta ahora, es decir, el grosor del componente. De hecho, ésta es decisiva en lo que respecta a las funciones de protección de la envolvente que deben garantizarse, ya que define la zona de transición entre el espacio interior y el exterior. Durante la operación normal del edificio se producen diferentes gradientes o diferencias de estado entre ambos lados del grosor del componente. Se trata de gradientes de temperatura en el estado de funcionamiento o de incendio, diferencias de presión de vapor, diferencias de energía acústica, diferencias de saturación de humedad, etc. Es en respuesta a ellos que el componente del edificio debe desarrollar su función protectora, cuya existencia y mantenimiento es la base del efecto protector de la envolvente del edificio desde un principio. En relación con las características materiales específicas del componente monohoja o monocapa o de sus capas individuales conectadas en serie, la dimensión del espesor o la suma agregada de los espesores de las capas individuales será, por tanto, decisiva para el rendimiento del componente bidimensional.

GROSOR DEL COMPONENTE

GRADIENTES

Se ha visto que, partiendo del componente original envolvente de una sola hoja, ya sea un muro de piedra sin revocar o una pared de madera maciza sin revestir, se produjo una diferenciación en varias capas individuales sucesivas relativamente pronto en la historia del desarrollo. Un primer paso en esta dirección ya es el revoque y el enlucido de un muro de piedra. El revoque exterior se utiliza principalmente para proteger contra la humedad y el viento; la hoja del muro de obra de fábrica, para la transferencia de cargas, el aislamiento térmico y el aislamiento acústico; el enlucido interior para el acabado interior y, si es necesario, para la regulación de la humedad del aire. La práctica de interconectar capas individuales más o menos monofuncionales dentro de un componente superficial es una característica de cualquier edificio razonablemente desarrollado y diferenciado y ha dado lugar al concepto constructivo descriptivo de *estratificación*. La composición constructiva o el estratificado de un componente envolvente se refiere, por tanto, a la secuencia de capas funcionales individuales que se conectan una tras otra y que se suman para formar un conjunto compatible y funcional.

☞ *Cap. 4., Aptdo. 1.2 Las subfunciones constructivas, pág. 171*

ESTRATIFICACIÓN

Las capas encargadas de una determinada función suelen tener una posición única dentro de la secuencia de capas que no se puede cambiar a voluntad. Esto tiene que ver con cuestiones del equilibrio hígrico dentro de la construcción de la envolvente, así como con las de su comportamiento térmico. Las capas o estratos poseen propiedades materiales especializadas que se aprovechan deliberadamente para desempeñar la función respectiva y difieren mucho entre sí —obviamente nada menos que la base operativa de cualquier construcción de varias capas, sin la cual no tendría sentido—. Las numerosas y variadas funciones que debe cumplir la construcción global son muy difíciles de cumplir con un solo material (en una construcción monocapa o de una sola hoja) en su conjunto y en medida suficiente.

CONFLICTOS FUNCIONALES

Además, veremos que las funciones de las distintas capas de un estratificado a menudo entran en conflicto entre sí. Los materiales de aislamiento térmico, por ejemplo, con su estructura material porosa, ofrecen un excelente efecto de frenado térmico, pero no obstaculizan la difusión de vapor. Esto puede provocar una condensación perjudicial en el interior del componente si, por ejemplo, se aplica un revestimiento impermeable (y, por tanto, también a prueba de vapor) en el lado exterior.

SOPORTE DE CARGAS Y AISLAMIENTO TÉRMICO

También pueden producirse conflictos similares cuando elementos asociados a diferentes funciones ocupan el mismo espacio en la construcción. Este es el caso, por ejemplo, con cerramientos de entramado de madera en los que los nervios y la capa de aislamiento térmico están en el mismo plano. La costilla, con su mayor resistencia mecánica (y por tanto mayor densidad y conductividad térmica), optimizada para la función portante, reduce notablemente el efecto de frenado térmico de la capa de aislamiento a nivel local. Este conflicto entre las dos funciones esenciales de soporte de carga y aislamiento térmico es aún más grave en el caso de componentes envolventes de un solo material. ¿Cómo se puede maximizar simultáneamente en un solo material la capacidad aislante, que se basa en características de material poroso y suelto, y al mismo tiempo la capacidad de carga, que por otro lado depende de la resistencia y una estructura material densa? Esta cuestión la analizaremos a continuación.

Las incompatibilidades entre los elementos portantes y los aislantes térmicos también se dan, como ya se ha mencionado anteriormente, entre los correspondientes elementos funcionales de un moderno componente de construcción multicapa: concretamente entre la capa de aislamiento térmico, que hoy en día tiene unas dimensiones de grosor importantes, y los elementos portantes o rigidizantes del estratificado. Estos últimos pueden presentarse, por ejemplo, como costillas o rastreles de una subestructura en un trasdosado adicional sobre una hoja portante o también como costillas portantes dentro de un elemento nervado. Siempre que estén integrados en el mismo nivel, ambos compiten, por así decirlo, por la mayor parte de la dimensión del grosor del componente envolvente: Para garantizar la mayor resistencia térmica posible, la capa de

☞ *Aptdo. 2.2 Componentes monohoja con trasdosado adicional, pp. 284 y ss.*
☞ *Aptdo. 2.5 Sistemas nervados, pp. 299 y ss.*

aislamiento térmico debe ser lo más gruesa posible, ya que la conductividad térmica disponible (un valor característico del material) no puede reducirse a voluntad. Los elementos portantes también dependen de los mayores espesores posibles de los componentes para maximizar su momento de resistencia, también porque no se pueden superar ciertas resistencias máximas de los materiales. El factor decisivo en este contexto es que las dos funciones mencionadas de la envolvente difícilmente pueden cumplirse al mismo tiempo en el mismo subespacio del estratificado constructivo, ya que los elementos portantes, que son sin excepción mucho más densos y, por tanto, más conductores de calor, anularían la función protectora del estrato aislante (véase el ejemplo mencionado de la pared de entramado de madera, donde esta solución sólo es tolerable gracias a la baja conductividad térmica de la madera). Se verá cómo este conflicto de objetivos fundamental influye notablemente en los diseños modernos de envolventes multicapa. A veces tiene como consecuencia que ambos elementos —capa de aislamiento térmico y estructura portante— se colocan estrictamente en dos niveles separados,[a] lo que no siempre es posible con absoluta coherencia (por ejemplo, cuando es inevitable una subestructura para afianzar una pantalla de intemperie) [b] y tiene que pagarse, por así decirlo, con un aumento notable del canto total del componente envolvente.

☞ [a] *Aptdo. 2.2.1 Posición exterior del trasdosado adicional, pp. 284 y ss., y Aptdo. 2.5 Sistemas nervados > Trasdosado adicional añadido en el exterior, pág. 303, para sistemas nervados con separación de nervaduras y aislamiento térmico*

☞ [b] *Aptdo. 2.2.2 Conflictos funcionales de objetivos, pp. 286 y s.*

2. Variantes básicas de composición

A efectos del análisis ulterior, se desglosará la composición de componentes superficiales en unas pocas variantes básicas esenciales que comparten características comunes y facilitarán la comprensión de las soluciones constructivas habituales. En esta clasificación, juega un papel importante la distinción conceptual entre capa y hoja: En la descripción constructiva de un componente envolvente, siempre se habla de hoja si (en contraste con la capa simple) tiene un mínimo de resistencia y rigidez a la flexión que le permite soportar cargas. Por otro lado, una capa es cualquier estrato material dentro de una construcción envolvente, independientemente de su capacidad de carga. Cada capa asume

CAPA Y HOJA

1 Pared exterior de fábrica monohoja sin revocar.

2 Pared exterior de fábrica monohoja revocada.

una subtarea asignada y, por lo tanto, está encargada de una función (de lo contrario, sería superflua). Además de la función portante ya mencionada, una hoja puede asumir otras funciones según el caso, es decir, cualquier función protectora como cualquier otra capa. Según esta definición, una hoja no es más que una capa con resistencia mecánica y rigidez adicionales y, por tanto, con capacidad para conducir fuerzas. Desde el punto de vista *constructivo*, un muro de respaldo de ladrillo es una hoja, pero una película formando barrera de vapor es una capa. Sin embargo, desde el punto de vista de la *física constructiva*, ambas se considerarían capas, siempre que la rigidez de la hoja no sea relevante para efectos físicos.[1] Debido a la dimensión de grosor no despreciable, que es característica de una hoja de este tipo por la razón mencionada, desempeña un papel dominante en la interacción constructiva de las capas funcionales y, por lo tanto, proporciona un criterio de ordenación decisivo en la siguiente clasificación.

Por lo tanto, es aconsejable distinguir las siguientes composiciones básicas.

Componentes de una sola hoja

2.1

■ El componente envolvente monohoja más sencillo desde el punto de vista constructivo es también el de una sola capa, en el que la hoja portante es a la vez la única capa que es efectiva en términos de física constructiva. A esta categoría **3**
pertenecen muros de piedra sin revestir, pero también, por **1**
ejemplo, paredes de madera maciza sin revestir.

CONSTRUCCIONES MONOHOJA DE FÁBRICA
CONSTRUCCIONES MONOHOJA DE MADERA MACIZA

La hoja única de esta categoría de componentes combina en sí misma todas las funciones que debe cumplir. Como ya se ha dicho, no es fácil integrar las funciones de carga y protección en una sola capa. Lo mismo ocurre con otras subfunciones constructivas. Algunas funciones requieren una estructura material densa (soporte de carga, posiblemente aislamiento acústico y protección contra incendios), mientras que otras requieren una estructura porosa (aislamiento térmico). Esta variante se caracteriza por el hecho de que requiere realizar un acto de equilibrio funcional, por así decirlo, cumpliendo todas estas funciones con un solo material. Es obvio que, en estas condiciones, sólo es posible un compromiso: es decir, usando materiales que normalmente pueden cumplir las funciones requeridas conflictivas sólo moderadamente bien, pero que, en contrapartida, pueden cumplir todas las funciones simultáneamente.

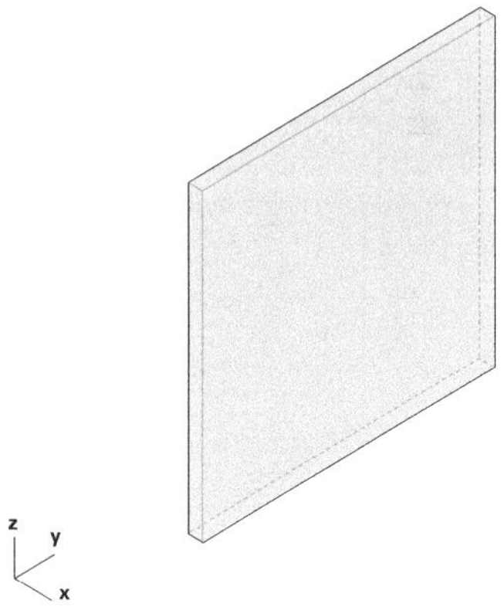

3 Componente monohoja sin trasdosado.

Las estructuras envolventes de una sola capa y de una sola hoja, que como muros de piedra durante mucho tiempo representaron el estándar de la construcción, son difíciles **4**
de ejecutar hoy en día en vista de los requisitos en términos de aislamiento térmico que aumentaron drásticamente. La única excepción son las paredes de madera maciza de una sola hoja.[2] En los otros casos, sólo se consigue un compromiso funcional entre las funciones portante y de aislamiento térmico, pero difícilmente abarcar el espectro funcional completo. De este modo, la hoja portante de construcciones de

obra de fábrica de una sola hoja, en su ejecución moderna, se hace lo suficientemente densa como para soportar las cargas de unas cuantas plantas (tantas como son comunes en la construcción residencial corriente), y al mismo tiempo tan porosa y a veces permeada de cavidades que se consigan los valores de aislamiento térmico incrementados de la construcción de bajo consumo energético. La estructura mineral porosa de la hoja, muy absorbente de agua por este motivo, debe estar al menos provista de un revestimiento
4, 2 protector en el exterior, por ejemplo, de un revoque. Como capa separada, esto ya representa un primer paso hacia una diferenciación funcional en estratos.

La optimización de una única subfunción no es posible en estas condiciones por razones obvias. Por otro lado, la variante monocapa de la estructura envolvente se caracteriza por una pronunciada simplicidad constructiva y gran robustez. No hay que temer dificultades debidas a incompatibilidades entre distintas capas funcionales.

2.1.1 Característica de diafragma

DIAFRAGMA ESTÁTICO

■ Es extremadamente importante para distinguir este tipo de construcción de los demás el hecho de que una hoja homogénea, como es característica de este tipo de construcción, tiene básicamente la capacidad de actuar como un diafragma en el sentido estático. Esto significa que es capaz de transferir fuerzas (casi arbitrariamente grandes), especialmente esfuerzos cortantes, alineadas a lo largo de su plano. O expresado de otra manera: Esta hoja despliega una enorme rigidez en su plano sin necesidad de medidas constructivas adicionales significativas, lo que se debe principalmente al considerable canto resultante de las dos grandes dimensiones del componente superficial, a saber, la anchura y la longitud (o altura). Estas dimensiones no se hallan en el orden de magnitud de espesores habituales de componentes, como el canto de una viga, sino en el de alturas de piso o de dimensiones de habitaciones, que suelen rondar la escala correspondiente a diez veces esa medida. Además, en lo que respecta a la rigidez del diafragma, esta dimensión no entra en el cálculo en la primera potencia, sino en la *segunda*. Esto se aplica tanto a componentes verticales (paredes) bajo carga vertical como a componentes horizontales (pisos) bajo carga horizontal. Las fuerzas que puede transmitir un elemento vertical tipo hoja, por ejemplo, son, en consecuencia, no sólo cargas verticales (carga muerta, carga de nieve) que someten a la hoja a compresión, sino también cargas horizontales (viento) que van orientadas en su plano y la someten a esfuerzo cortante. En sentido estático, la hoja actúa en tal caso como un diafragma. Este es un hecho importante: Porque, en consecuencia, este elemento puede absorber por sí solo, sin ninguna medida adicional, todas las cargas externas que se produzcan, siempre que estas fuerzas actúen a lo largo de su plano. Esto es muy importante para el arriostramiento horizontal de un edificio. (Sin embargo, permanece la sensibilidad de la hoja o del

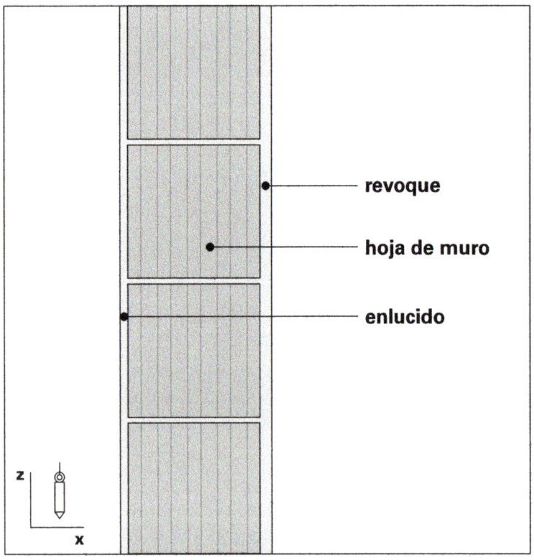

4 Muro exterior monohoja de fábrica aligerada con revoque y enlucido en ambas caras, ejemplo de muro exterior monohoja sin trasdosado adicional.

ARRIOSTRAMIENTO HORIZONTAL

diafragma a fuerzas *perpendiculares* a su plano).

Ahora bien, el requisito previo para la absorción combinada de fuerzas horizontales y verticales es, como se ha mencionado anteriormente, la rigidez al corte o al descuadre de la estructura misma del diafragma. En el caso de hojas homogéneas (como las de hormigón armado), esto está, por así decirlo, garantizado desde el principio; en el caso de hojas compuestas, normalmente puede activarse por medios relativamente sencillos: por ejemplo, por medio de tacos cuando se apilan troncos de madera o por medio de bloqueo por fuerza tangencial (bloqueo por rozamiento) cuando se colocan unidades de albañilería.

RIGIDEZ AL CORTE, AL DESCUADRE

Por cierto, la misma capacidad de carga del elemento de hoja simple también la desarrolla el componente de hoja simple con trasdosado adicional que se menciona a continuación.[3] Este último no tiene ningún efecto estático y puede considerarse inexistente desde este punto de vista.

☞ *Aptdo. 2.2 Componentes monohoja con trasdosado adicional, pp. 284 y ss.*

Los sistemas compuestos multicapa, como se comentarán a continuación, tendrían en principio la misma capacidad portante que una construcción monocapa si se tratara sólo de su tipo de construcción, pero su capa central (es decir, la capa de aislamiento térmico) es demasiado débil para absorber fuerzas del orden de magnitud de las cargas que se producen en una estructura portante primaria.

☞ *Aptdo. 2.4 Sistemas compuestos multicapa, pp. 296 y ss.*

Los sistemas nervados pierden inicialmente esta capacidad como resultado de la transformación de la hoja rígida a cortante en una armazón de costillas. Sin embargo, en condiciones favorables, se puede reactivar la rigidez de diafragma con medios adicionales relativamente sencillos, por así decirlo, retroactivamente: por ejemplo, utilizando la rigidez de diafragma del aplacado delgado que suele ser necesario de todos modos, o introduciendo riostras diagonales.

☞ *Aptdo. 2.5 Sistemas nervados, pp. 299 y ss.*

RIOSTRAS DIAGONALES

2.1.2 Tipos de ejecución

■ Los componentes envolventes sobre nivel, es decir, los que no están en contacto con el terreno, cumplen, en la variante con una sola hoja, las subfunciones constructivas esenciales con poco aparato constructivo. Debido al necesario aislamiento térmico, hoy en día se fabrican sobre todo con materiales minerales porosos, como material cerámico aligerado u hormigón celular. Requieren espesores de componente relativamente grandes para cumplir la función de aislamiento térmico y la función portante. Sin embargo, como se ha visto anteriormente, ambas tareas sólo son factibles dentro de límites relativamente estrechos con esta variante constructiva, es decir, tanto el aislamiento térmico como la capacidad de carga son sólo moderados. Dado que, por la razón mencionada, se trata siempre de materiales porosos, es decir, muy absorbentes de agua, la hoja por sí sola no está protegida contra la humedad, sino que —como se ha visto— debe ir provista también de un revoque, o al menos de un recubrimiento hidrófobo, tanto en el interior como en el exterior.

En posición inclinada, por ejemplo en una cubierta incli-

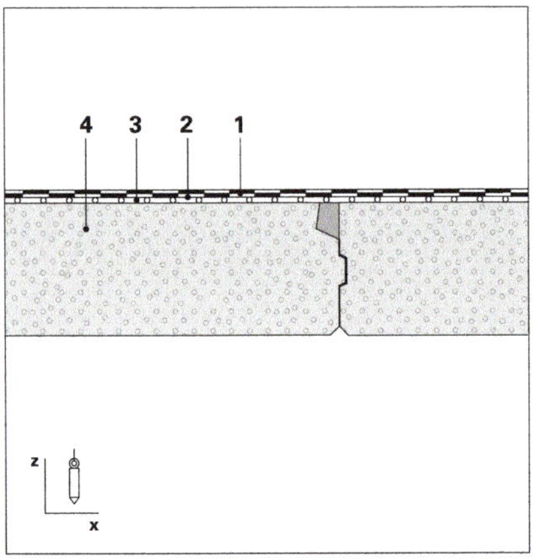

5 Construcción de una cubierta plana monohoja no aislada con una hoja portante de hormigón celular.

1 sellado: lámina bituminosa bicapa.
2 dos capas de adhesivo bituminoso.
3 capa de igualación de la presión de vapor.
4 hoja portante de paneles de cubierta de hormigón celular **d** = 200 mm.

La humedad que se condense en la hoja portante debe poder difundirse hacia el interior (abajo).

nada, esta variante constructiva apenas tiene sentido. En algunos ejemplos, se ejecuta como una hoja de hormigón de áridos ligeros con un recubrimiento hidrófobo en la cara superior; sin embargo, este tipo de solución constructiva, más bien forzada, se ha reservado hasta ahora para pocos objetos bastante extravagantes, que apuestan por soluciones difícilmente justificables en términos de física y de construcción, y nunca ha podido imponerse. Sin embargo, se puede conseguir una notable mejora del comportamiento a largo plazo aplicando una impermeabilización plenamente funcional y una protección adicional de la misma añadiendo una pantalla de intemperie, por ejemplo, una capa de chapa.

En el caso de una posición completamente horizontal, por ejemplo en cubiertas planas, es inexcusable cubrir la hoja con una barrera de agua que garantice pleno funcionamiento
5 en condiciones climáticas moderadas. Debido a la porosidad de los materiales minerales utilizados mayoritariamente para la hoja portante, el vapor de agua se difunde de abajo hacia arriba, pudiendo condensarse en la parte inferior de la impermeabilización. En este caso, hay que asegurarse de que esta humedad se disipe de nuevo en un momento determinado, es decir, hacia el interior, la única dirección posible.[4]

Por último, se deben tratar en este contexto los componentes en contacto con el terreno.[a] La variante de envolvente monohoja se utiliza aquí como muro de hormigón, ya sea vertido en obra o, cada vez más, como muro de elementos semiprefabricados. Por regla general, se realiza en hormigón normal para cuartos de sótano no aislados térmicamente. Se ejecuta como hoja de hormigón impermeable sin ningún otro revestimiento, o bien se cubre por fuera con una membrana impermeabilizante.

☞ [a] *Véase también Aptdo. 2.2.3 Variantes de ejecución > Paredes de sótano en contacto con el terreno, pág. 291*

2.2 Componentes monohoja con trasdosado adicional

■ Los puntos débiles de la construcción de una hoja en lo que respecta al cumplimiento de las funciones parciales elementales combinadas conducen lógicamente al primer paso de diferenciación de gran alcance, a saber, añadir a la hoja principal una estructura funcional separada consistente
8 en varias capas, es decir, un trasdosado.

2.2.1 Posición exterior del trasdosado adicional

POSICIÓN EXTERIOR DEL TRASDOSADO

■ Principalmente por razones de física constructiva, este conjunto de capas añadidas se encuentra siempre en el exterior de los componentes envolventes exteriores. Dado que la hoja portante forma parte necesariamente de la estructura portante primaria (como en el caso de forjados de cubiertas planas) o está conectado mecánicamente a la estructura portante primaria interna para compensar su debilidad estática en perpendicular a su plano, es decir, para sujetarlo en dirección horizontal (como en el caso de muros exteriores), pueden evitarse de este modo puentes térmicos nocivos con el trasdosado en posición exterior (en el que está siempre integrada una capa de aislamiento térmico). Suponiendo que se invirtiera la secuencia de capas, el trasdosado añadido (entonces situado en el interior), que en tal caso se encontraría entre la hoja y la estructura portante primaria interior, tendría que ser penetrado linealmente, o al menos en varios puntos, para crear una conexión mecánica entre ambos, lo que ocasionaría (innecesariamente) puentes térmicos importantes.

La posición exterior del estratificado de capas con respecto a los elementos portantes, eficaz desde el punto de vista de la física constructiva, es un principio constitutivo fundamental de construcciones envolventes exteriores modernas. De este modo, se ha trasladado definitivamente la estructura principal del edificio, es decir, la estructura portante, al interior (protegido) del edificio y, por tanto, se ha retirado de la vista desde el exterior de una vez por todas. En consecuencia, la arquitectura contemporánea, altamente aislada, es, vista desde el exterior, una arquitectura de piel delgada, no de masa constructiva pesada. Curiosamente, esto se aplica incluso a muros exteriores de carga que ni siquiera han completado el paso de la arquitectura moderna clásica hacia el muro cortina típico de la construcción de esqueleto, ya que en la mayoría de los casos están rodeados por un estratificado adicional y una delgada piel final, por las razones mencionadas anteriormente, que necesariamente oculta su masividad hacia el exterior.

El paso de evolución constructiva consistente en separar la función de aislamiento térmico de la hoja incorporándola en una capa separada de ella se lleva a cabo principalmente con el objetivo de aumentar significativamente la capacidad de aislamiento térmico del componente envolvente en su conjunto. Este es sólo el primer paso en el largo proceso de diferenciación funcional de los componentes de la envol-

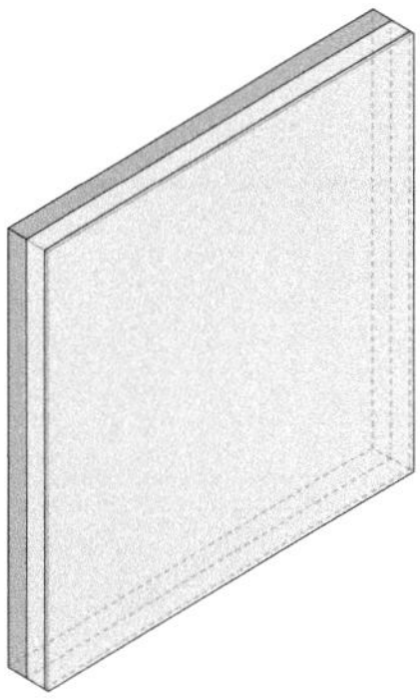

8 Hoja simple con trasdosado exterior.

1 corte con paleta
2 centrado a partir de una luz de forjado > 4.50 m
3 membrana bituminosa para cubiertas R500
4 capa de nivelación
5 lechada de sellado
6 revoque o revestimiento
7 vellón deslizante y de protección
8 placa de protección/drenaje

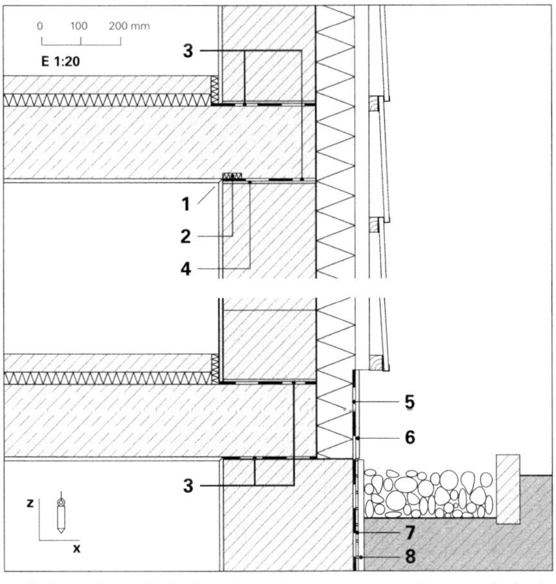

6 Enlace de un forjado y **base** de un muro exterior monohoja de fábrica aligerada con capa aislante y pantalla de intemperie ventilada.

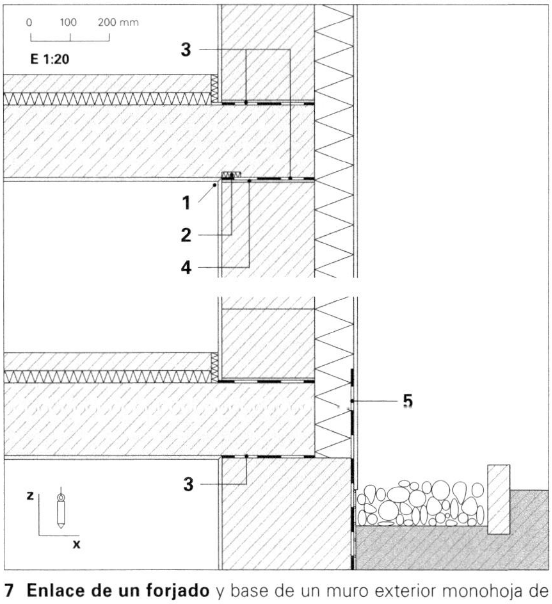

7 Enlace de un forjado y base de un muro exterior monohoja de fábrica aligerada con sistema compuesto de aislamiento térmico.

vente moderna, que en última instancia ha conducido a las construcciones multicapa actuales. La motivación para ello fue siempre el deseo de realizar capas (u hojas) lo más monofuncionales posible, con el objetivo final de maximizar su rendimiento (en cuanto a esta única función asignada a ellas). Al separar la capa de aislamiento de la hoja portante, aquella puede cumplir su tarea principal en ejecución monofuncional sin tener que realizar molestas tareas adicionales, como soportar cargas: a saber, la tarea de aislar el calor. Esto es posible gracias a que se emplea un material perfectamente adaptado a este fin, por ejemplo, un material de fibra intercalado con pequeños volúmenes de aire.

2.2.2 Conflictos funcionales de objetivos

■ Ahora bien, esta etapa de desarrollo no está totalmente exenta de conflictos: La capa de aislamiento fibroso o poroso, que en esas circunstancias estaría expuesta a la intemperie en el exterior, debe protegerse adecuadamente, ya que se satura de agua a la menor exposición a la humedad y, por tanto, pierde rápidamente su funcionalidad —aparte de la sensibilidad de un material blando y fibroso a los impactos, la abrasión y la intemperie. Esto significa que la capa de aislamiento térmico debe protegerse adicionalmente en

PANTALLA DE INTEMPERIE

el exterior con la llamada *pantalla de intemperie* u *hoja de*
6 *intemperie*. Se encarga simultáneamente de la protección contra la radiación ultravioleta o contra impactos mecánicos. Este último requisito exige que sea una capa de un material con una cierta rigidez. Ejemplos de este tipo de solución son revestimientos ligeros tipo cortina, como un entablado de madera, tejas de madera y revestimientos de paneles o
10 tableros. Sin embargo, estos deben afianzarse por la parte

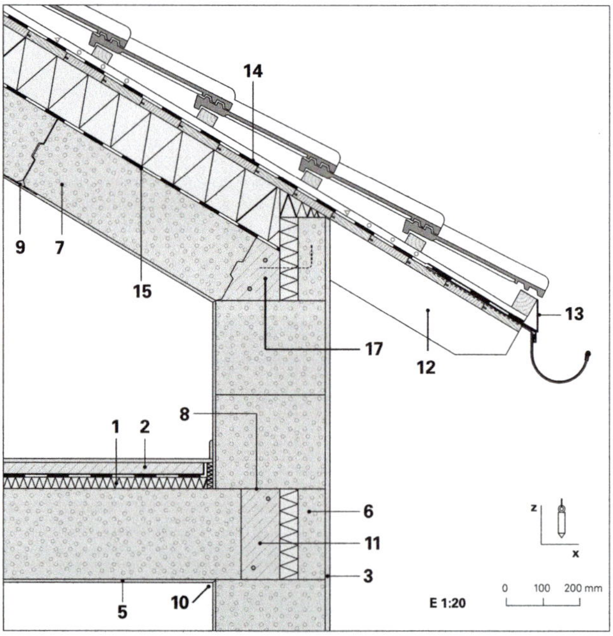

1 aislamiento acústico de impacto
2 solado flotante
3 revoque
5 enlucido
6 bloque de remate de forjado, laminado
7 bloque de hormigón celular
8 puede ser necesaria una capa de nivelación de mortero
9 inserto textil
10 corte con paleta en el enlucido
11 zuncho perimetral
12 par de cubierta
13 protección contra insectos
14 membrana bajo tejado, difusiva
15 en caso necesario, protección de la obra sin terminar contra la humedad

9 Alero y arranque elevado de una cubierta inclinada con trasdosado adicional: hoja portante de hormigón celular, revestimiento de teja, pared aquí monohoja de hormigón celular sin trasdosado.

posterior a la hoja interna portante. Esto sólo puede ocurrir penetrando la capa de aislamiento térmico con elementos de anclaje, creando ineludiblemente puentes térmicos y reduciendo así el rendimiento del aislamiento. En estos anclajes no sólo aumenta considerablemente el flujo y, por tanto, las pérdidas de calor, sino que también existe el riesgo de condensación en la superficie fría de estos anclajes. Cuanto más gruesa sea la capa de aislamiento, es decir, cuanto más eficiente sea el aislamiento térmico, mayor será este riesgo. Las subestructuras de madera para afianzar el revestimiento exterior representan un cierto compromiso en este sentido. Los favorables valores de conductividad térmica de este material garantizan que las dificultades debidas a puentes térmicos se reduzcan a un nivel tolerable. Sin embargo, en el caso de envolventes altamente aislantes, persiste el efecto reductor del rendimiento térmico de estas subestructuras.

PUENTES TÉRMICOS

CONDENSACIÓN

10 Revestimiento exterior ligero metálico sobre una subestructura portante. Esta última debe fijarse a través de la capa aislante a la estructura portante secundaria de la fachada y, en consecuencia, crea puentes térmicos.

La segunda solución posible a este difícil conflicto constructivo es aplicar una pantalla de intemperie suficientemente funcional (si no extraordinariamente buena) que se apoye firmemente en la propia capa de aislamiento térmico y, en consecuencia, no requiera anclaje a la hoja portante. Como ya se ha mencionado en el capítulo anterior, se trata de los modernos sistemas compuestos de aislamiento térmico. **7, 11**
En el proceso, se aplican revoques directamente sobre los paneles aislantes, que realizan un difícil acto de equilibrio funcional: Son (como corresponde a un revoque) suficientemente permeables al vapor para permitir que la humedad que haya penetrado se difunda hacia el exterior, pero al mismo tiempo suficientemente densos para proporcionar la protección necesaria contra la humedad del exterior, pero sobre todo también suficientemente elásticos[5] para absorber los movimientos del sustrato (en realidad muy deficiente mecánicamente), es decir, el aislamiento térmico, en la medida de lo posible sin formar grietas.[6] Para garantizar este complicado compromiso, la ejecución debe confiarse a profesionales cualificados que realicen todo el conjunto como un solo fabricante (no en vano se considera un *sistema* coordinado).

SISTEMAS COMPUESTOS DE AISLAMIENTO TÉRMICO

11 Sistema compuesto de aislamiento térmico exterior: capa de revoque aplicada directamente sobre la capa de aislamiento térmico sin conexión mecánica con la pared posterior, por lo que no hay puentes térmicos.

Variantes de ejecución

2.2.3

Los componentes monohoja con trasdosado añadido se realizan con extraordinaria frecuencia en la práctica de la construcción. Se presentan en las siguientes variantes principales de ejecución.

Cubierta sólida inclinada

Para las superficies de cubiertas inclinadas, se utiliza el tipo de construcción de componente de una sola hoja con trasdosado en forma de cubiertas sólidas. La mayor exposición a la intemperie resultante de esta posición particular requiere un diseño especial de la mencionada pantalla de intemperie situada por encima de la capa de aislamiento. Se compone de la cobertura del tejado, incluida una ventilación inferior en la mayoría de los casos, y una capa adicional para mejorar el efecto de estanqueidad. Esto es, en una forma de **9** ejecución u otra, característico de todas las construcciones de cubiertas inclinadas, independientemente del tipo de construcción envolvente utilizada. La penetración de agua en el conjunto del trasdosado se evita introduciendo una barrera de agua, en su mayor parte de funcionalidad completa. A veces se trata de una capa impermeable pero al mismo tiempo difusiva (una especie de principio *Gore-Tex®*),[7] ya que el objetivo es permitir que la humedad se difunda fuera de la capa de aislamiento hacia arriba. Se trata de membranas bajo tejado adecuadas. En el caso de cargas de humedad elevadas, por ejemplo con poca pendiente o coberturas especialmente permeables, también se puede utilizar una barrera de agua completamente estanca a la difusión, una subcubierta.

MEMBRANA BAJO TEJADO

SUBCUBIERTA

Cubierta plana convencional

Los sistemas compuestos de aislamiento térmico descritos anteriormente se han desarrollado para paredes exteriores verticales. Un principio constructivo análogo se utiliza también para cubiertas planas convencionales: La capa de aislamiento térmico colocada sobre la hoja portante está protegida de la intemperie hacia el exterior, es decir, en su cara superior, por una delgada pantalla de intemperie, normalmente pegada (una membrana impermeabilizante). Una vez más, no son necesarias conexiones mecánicas entre esta pantalla de intemperie y la estructura portante; en este caso, generalmente una losa de hormigón: por tanto, condiciones ideales en términos de física constructiva. La posición horizontal del componente de la cubierta plana evita cualquier momento de desalineación (es decir, cualquier riesgo de deslizamiento) entre la pantalla de intemperie y la hoja portante y, en consecuencia, permite capas de aislamiento de cualquier espesor

CUBIERTA PLANA 12

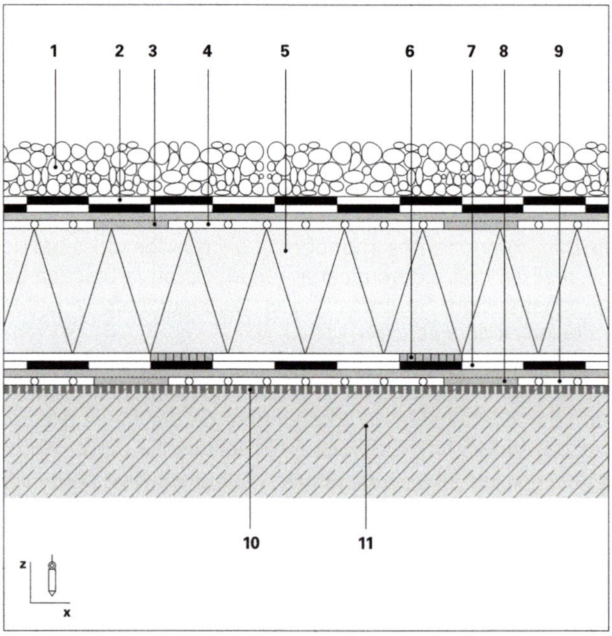

1 relleno de grava (granulometría 16/ 32).
2 dos o tres capas de impermeabilización bituminosa, pegadas solapadas sobre toda la superficie (no se muestra el compuesto bituminoso), capa superior de membrana bituminosa polimérica.
3 adhesivo bituminoso, pegado puntual en perforaciones de **4**.
4 capa de igualación de la presión de vapor: lámina de vellón de vidrio perforado, arenado grueso en la cara inferior.
5 aislamiento térmico.
6 adhesivado parcial.
7 barrera de vapor.
8 adhesivo bituminoso, pegado puntual en perforaciones de **9**.
9 capa de igualación de la presión de vapor, como **4**
10 imprimación.
11 losa de forjado (no se muestra la capa de pendiente).

12 Estratificado de una cubierta plana no ventilada con impermeabilización bituminosa (esquema).

discrecional, que, con la posición vertical de un componente de fachada, en algún momento alcanzaría sus límites. En la práctica de la construcción, esta opción consecuentemente se utiliza mucho, ya que el aislamiento de cubiertas planas se hace especialmente grueso. Debido a la fuerte carga de humedad sobre la cubierta plana, el compromiso precario entre la estanqueidad y la difusividad (el principio *Gore-Tex®* mencionado anteriormente), como se efectúa con el sistema compuesto de aislamiento térmico o las membranas bajo tejado, no es factible en este caso: Por tanto, se renuncia a la difusividad en favor de una impermeabilización lo más fiable posible. Como resultado de esta consideración, deben tomarse precauciones especiales para evitar de forma fidedigna que la humedad penetre en la capa de aislamiento: Por ejemplo, la pantalla de intemperie, extremadamente sensible a la misma (en este caso, la membrana impermeabilizante), que es al mismo tiempo fundamental para el cumplimiento de la función de protección contra la humedad, debe ejecutarse en la mayoría de los casos en varias capas y protegerse de forma fiable con una capa de grava contra la radiación ultravioleta, así como contra efectos mecánicos desde arriba. Del mismo modo, hay que evitar a toda costa que penetre humedad desde el interior: Nunca podría disiparse al exterior debido a la (inevitable) estanqueidad[8] al vapor de la membrana situada en la cara superior del trasdosado, membrana que es impermeable a la humedad y por tanto al vapor por necesidad, y se condensaría en la zona superior más fría de la capa de aislamiento térmico. Por esta razón, siempre se requiere una barrera de vapor estanca a la difusión entre la hoja portante y la capa de aislamiento térmico.

☞ *Véase al respecto también Cap. 10., Aptdo. 3.3.1 Protección contra la humedad > Control de la penetración de humedad desde el interior, pp. 597 y ss.*

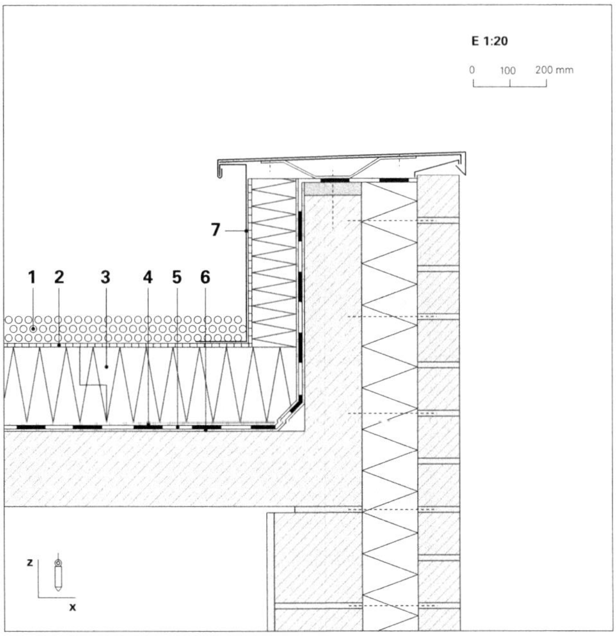

1 relleno de grava.
2 vellón filtrante (protección contra filtrado).
3 aislamiento térmico: espuma extruida, galcoado, cortado con pendiente.
4 lámina de fibra de vidrio como capa protectora.
5 impermeabilización.
6 lámina de fibra de vidrio como capa relajante o protectora.
7 chapa.

13 Estratificado de una cubierta invertida.

Cubierta invertida

■ Estos dilemas constructivos, difíciles de resolver y de los que la reputación de las construcciones de cubierta plana sigue sufriendo mucho hoy en día debido a su supuesta susceptibilidad a patologías, han llevado finalmente al desarrollo de una construcción alternativa aparentemente temeraria: a la llamada *cubierta invertida*, que se denomina, más propiamente, cubierta plana con capa aislante sobre capa impermeabilizante. (Las cubiertas planas convencionales son, por tanto, las que tienen capa impermeabilizante sobre capa aislante). La cubierta invertida desbarata prácticamente las consideraciones que se acaban de hacer. Esto se debe a que elimina de antemano el peligro de que la humedad quede atrapada en una capa de aislamiento estanca a la difusión por ambas caras —el principio constructivo de la cubierta plana convencional— exponiendo, sin más, la capa de aislamiento a la humedad y, al mismo tiempo, fusionando la barrera de agua en el exterior y la barrera de vapor en el interior en una
13 única capa dispuesta en el interior.

CUBIERTA INVERTIDA

De entrada, esto parece un poco extraño: Siguiendo la regla general de la física constructiva, la barrera de agua debe estar en el exterior de la capa de aislamiento. Esto conviene porque el aislamiento térmico está en tal caso protegido contra la humedad: normalmente un requisito básico para su funcionamiento. Por lo tanto, una condición necesaria para el funcionamiento de una cubierta invertida es que el material aislante utilizado sólo absorba una cantidad mínima de agua y en el proceso pierda sólo una parte insignificante de su funcionalidad, es decir de su capacidad aislante. Esto es precisamente lo que la industria química consiguió en los años 1960 con el desarrollo del llamado aislamiento

AISLAMIENTO PERIMETRAL

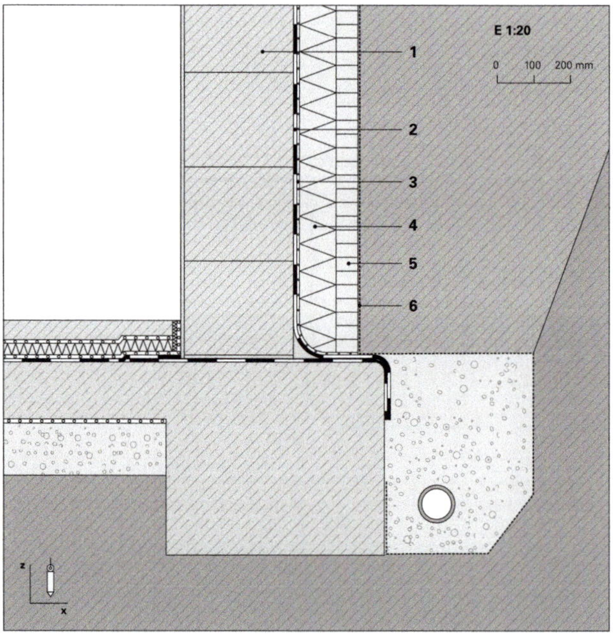

1 obra de fábrica
2 impermeabiliozación
3 vellón protector y deslizante
4 aislamiento perimetral
5 placa de drenaje
6 vellón filtrante

14 Zona de cimentación de un sótano calefactado con pared exterior de ladrillo **1** con capa adicional de aislamiento térmico **4**.

perimetral fabricado de espuma extruida (no expandida).[9]

Las ventajas de una cubierta invertida son, por tanto, evidentes: La impermeabilización extraordinariamente sensible, que está expuesta a todo tipo de influencias externas en las cubiertas planas ordinarias —es decir, las que tienen la capa de impermeabilización sobre la capa de aislamiento— queda protegida en la cubierta invertida de forma óptima al estar situada bajo el aislamiento térmico. Es cierto que la impermeabilización también actúa como barrera de vapor, pero con esta construcción simplificada esto no importa de todos modos, porque el vapor de agua procedente del interior ni siquiera puede llegar a las zonas frías, es decir, a las capas exteriores del aislamiento, ya que permanece en las capas exteriores (calientes por estar aisladas) de la losa portante —y si lo hiciera, no se perdería nada, ya que en la capa de aislamiento hay un ambiente húmedo de todos modos—. Con esta construcción de cubierta plana invertida, estas ventajas se adquieren sólo a costa de una mínima pérdida de la capacidad de aislamiento térmico de la capa aislante, que queda parcialmente empapada.

Paredes de sótano en contacto con el terreno

■ El principio constructivo que aquí se discute, consistente en un componente de una sola hoja con trasdosado, es de especial importancia para paredes de sótano en contacto con el terreno, que en este caso están aisladas térmicamente. A excepción de la función portante, las principales **14**
subfunciones constructivas de la variante con trasdosado separado pueden encomendarse a este último. Se trata, en particular, del sellado contra el agua, el aislamiento térmico y el drenaje del agua del suelo que pueda acumularse, además de la protección del propio trasdosado contra componentes del suelo con cantos afilados.

Una característica especial es la secuencia de capas dentro de este trasdosado. Siguiendo la regla general de la física constructiva, la barrera de agua debe hallarse en el exterior de la capa de aislamiento. Se ha visto arriba con la cubierta plana convencional por qué. Sin embargo, esto es inaceptable bajo el efecto del empuje de la tierra al que están sometidos todos los componentes verticales de la envolvente en contacto con la misma y debido al sustrato extraordinariamente inestable sobre el que se aplicaría la barrera de agua, es decir, el aislamiento térmico. La capa de impermeabilización se vería inevitablemente dañada, también a causa de piedras con cantos afilados, con las que siempre hay que contar en el terreno. Por este motivo, se opta por una secuencia de capas invertida similar a la introducida anteriormente con la cubierta invertida, es decir, el aislamiento térmico se coloca en el exterior y la capa de impermeabilización (extremadamente importante) en el interior, es decir, directamente sobre la hoja portante. Un requisito para ello es, una vez más, utilizar las llamadas espumas de célula cerrada, o espuma de vidrio, es decir, un aislamiento perimetral no hidrófilo.

☞ *Aptdo. 2.2.3 Variantes de ejecución > Cubierta plana convencional, pág. 288*

Las soleras de sótano o las soleras reposando sobre el terreno también suelen construirse de esta manera. El conjunto de capas funcionales puede aplicarse por debajo o por encima de la losa, según convenga.

2.2.4 Aislamiento acústico, protección contra incendios

☞ *Aptdo. 2.1 Componentes de una sola hoja, pp. 281 y ss.*

Por regla general, los componentes envolventes monohoja tienen propiedades de aislamiento acústico favorables. Esto se debe al efecto de la masa relativamente grande por unidad de superficie de las hojas portantes, en su mayoría minerales, que ofrece altos valores de aislamiento acústico, especialmente en combinación con la menor rigidez dinámica posible. Dado que la masa de la hoja individual mencionada anteriormente, carente de estratificado adicional, es entre moderada y baja debido a la necesaria porosidad, el aislamiento acústico también se resiente en consecuencia. Por lo tanto, la hoja simple puede desarrollar toda su capacidad de aislamiento acústico particularmente en la variante con trasdosado adicional que se discute aquí, ya que en este caso la hoja portante puede consistir en material pesado, por ejemplo, hormigón u obra de fábrica con una densidad mínima. Hay que cerciorarse de que la estructura añadida sea lo más elástica posible, porque de lo contrario podría perjudicar la función de aislamiento acústico de la pared.

También en lo que respecta a la protección contra incendios, la variante monohoja, tanto con como sin trasdosado, presenta claros puntos fuertes gracias a su estructura homogénea sin juntas y a su característica de material mayoritariamente mineral. Sin embargo, a efectos de protección contra incendios, la hoja única se utiliza a menudo como pared divisoria interna (sin trasdosado).

15 Componente de doble hoja con cavidad rellena de aislamiento.

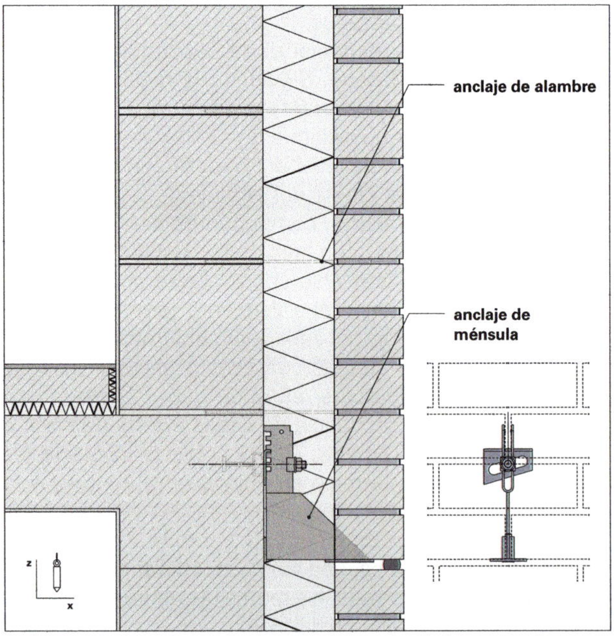

16 Obra de fábrica de doble hoja con aislamiento sin cámara, soporte de la hoja vista a la altura del forjado mediante anclajes de ménsula.

Componentes de doble hoja 2.3

La división de la hoja portante, originalmente simple, en dos hojas individuales conectadas en paralelo con un espacio intersticial entre ellas es un paso de desarrollo que parece comprensible a primera vista en el contexto de las consideraciones anteriores: Incluso en la versión más sencilla, el espacio intermedio puede quedar como una cavidad y desarrolla un cierto efecto aislante, aunque bastante moderado, que se debe a la escasa conductividad térmica del aire encerrado. Sin embargo, este efecto sólo puede producirse si el espesor de la capa de aire no supera unos pocos centímetros. Más allá de esa dimensión, el aire comienza a moverse entre las caras de las hojas y transporta el calor por convección, un fenómeno que debe evitarse. Por este motivo, esta variante sólo aparece en elementos envolventes modernos con el hueco[10] parcial o totalmente relleno de material aislante. De **15**
nuevo, con esta variante, se produce una desagregación de las subfunciones: La hoja interior asume esencialmente funciones portantes, el espacio intermedio las de aislamiento térmico y la hoja exterior la función de pantalla de intemperie.

19 Muro exterior de hormigón visto de doble hoja.

Dilemas constructivos inherentes 2.3.1

Al mismo tiempo, vuelve a aparecer el dilema constructivo fundamental que está, por así decirlo, vinculado causalmente a esta variante: Mientras que las propiedades de la hoja interior portante y la capa intermedia están bien adaptadas a sus tareas, la pantalla de intemperie exterior —en este caso una hoja con plena funcionalidad como tal— plantea la cuestión legítima de qué ventaja ofrece realmente su mayor resistencia y rigidez a la flexión. En la mayoría de los casos prácticos, estas características van acompañadas de un peso muerto considerable. Esto es especialmente cierto para las paredes exteriores de doble hoja sólidas: muros exteriores de doble hoja hechos de obra de fábrica o de hormigón, **20, 16–18**
ambos normalmente en calidad vista. Mientras que la hoja **19, 21**
interior siempre va conectada a la estructura portante primaria a intervalos regulares (al menos a todos los forjados de piso o a traviesas enlazadas), la hoja exterior queda sin

20 Muro exterior de fábrica de doble hoja sin revocar.

18 Los revestimientos de fábrica de doble hoja deben subdividirse en campos más pequeños mediante juntas de dilatación.

17 Esquina con junta de dilatación en la hoja vista de una fábrica de doble hoja.

apoyo, por así decirlo, y tendría que soportarse a sí misma; después de todo, está separada de la estructura primaria deliberada y consecuentemente por la capa de aislamiento continua. Sin embargo, nunca puede hacerlo con espesores de hoja razonables (recuérdese la notoria debilidad de los componentes de hoja simple en dirección perpendicular a su plano). Las hojas delgadas hechas de bloques de albañilería u hormigón no pueden permanecer estables con una altura de varios pisos sin un apoyo lateral por parte de traviesas o pisos adyacentes (lo que en esta hipotética opción se vería forzosamente impedido por la capa continua de aislamiento térmico). En consecuencia, estas hojas delgadas inestables tienen que anclarse por su parte posterior a la hoja interior portante por otros medios, lo que a su vez tiene que llevarse a cabo necesariamente penetrando el aislamiento térmico y
16 provocando molestos puentes térmicos. Cuanto más gruesa sea la capa de aislamiento térmico, mayor será la distancia entre las hojas y, en consecuencia, mayor será el momento de desalineación causado por la carga muerta (que no es precisamente pequeña en el caso de hojas) de la hoja exterior en relación con la interior, y más fuertes tendrán que ser los anclajes, lo que agrava aún más el problema del puente térmico: Un dilema a modo de espiral descendente difícil de resolver.

☞ *Aptdo. 2.1.1 Característica de diafragma, pág. 282*

Además, surgen otros problemas con los materiales minerales mencionados de los que se compone la hoja exterior: El hormigón, por ejemplo, no es ni mucho menos tan resistente a la intemperie y duradero como se suele suponer. Es sensible a la humedad, que se deposita en las grietas siempre presentes, principalmente inevitables grietas de retracción,

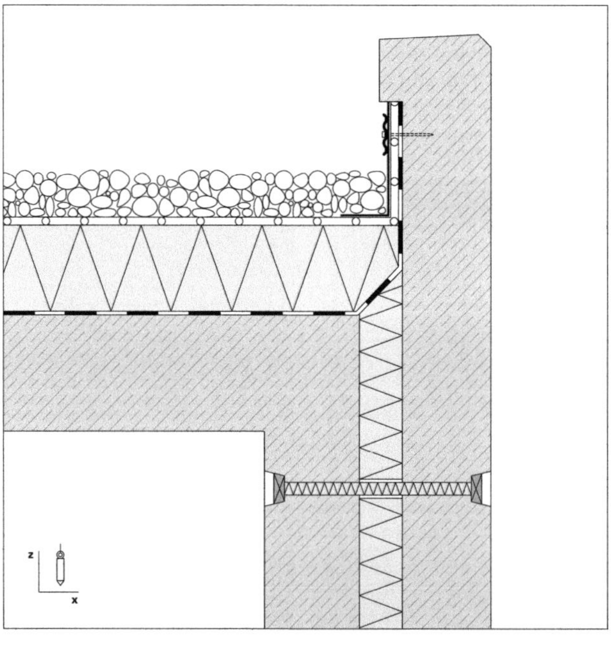

21 Muro de hormigón in situ de doble hoja; Hormigonado simultáneo de las dos hojas, paneles de encofrado acoplados con anclajes continuos. Ejecución de cornisa.

y que desarrolla un efecto explosivo cuando se congela. De este modo, la superficie de hormigón se va erosionando lentamente por meteorización. Debido a esta sensibilidad, parece especialmente cuestionable usar hormigón visto para la hoja exterior, un tipo de ejecución que no es ni siquiera medianamente capaz de hacer frente a la principal tarea de la hoja de cara vista: la protección contra la intemperie.

Al conectar mecánicamente la hoja exterior a la trasera, también se acoplan dos hojas que están sometidas a diferentes temperaturas (frío/calor) y que, por tanto, presentan dilataciones térmicas muy diferentes. Para evitar los esfuerzos por coacción resultantes, deben disponerse juntas de dilatación a intervalos regulares en la hoja exterior, ya que es ésta la que está sometida a la mayor dilatación. Es cues- **19**
tionable, cuanto menos, el hecho de que el aspecto exterior monolítico y sólido de esta construcción con hoja sólida vista (que es la principal razón por la que se utiliza y con la que se intenta salvar la imagen nostálgica del muro exterior portante, anteriormente monohoja) se vea malogrado por la red de juntas totalmente ajena al sistema constructivo que se pretende evocar,[11] un hecho bastante bochornoso, patente para cualquier observador razonablemente instruido (pero ¿quién se fija en algo así?).

Precisamente en las esquinas, estas juntas de dilatación son indispensables. Esto es así porque una hoja que se dilata **17**
a lo largo de su plano —un movimiento que se produce transversalmente al eje de los anclajes de alambre y que éstos no resisten— se trasladaría en la esquina a la hoja contigua que acomete en ángulo recto a su plano —un movimiento que discurriría a lo largo del eje de los anclajes de alambre de la última y que éstos bloquean inexorablemente—. Con la junta de dilatación de las esquinas, desaparece el rasgo más característico de las construcciones tradicionales de obra de fábrica, a saber, la esquina continua sin juntas en la que los paños de las paredes que se encuentran en ángulo recto se refuerzan mutuamente, frustrando así de forma embarazosa su propia intención original (sugerir solidez).

☞ *Cap. 8., Aptdo. 5.2.3 Ejecución de puntos fijos, pág. 385 y ss.*

La batalla por preservar la apariencia del muro exterior macizo tradicional de una sola hoja sólo puede perderse y, sin embargo, aún hoy en día a menudo se persevera obstinadamente y sin piedad en este empeño, a pesar de cualquier pérdida, a veces incurriendo costes espeluznantes (véase la construcción de hormigón visto de doble hoja) o **21**
contradicciones caricaturescas en la apariencia (véase la fábrica de doble hoja surcada por juntas de sellado). El poder de la mímesis en la construcción sigue intacto hoy en día.[12]

MÍMESIS

2.3.2 Diferentes ubicaciones en el espacio

■ En posición no vertical, los problemas de la variante de doble hoja siguen siendo en gran medida los mismos: Las superficies envolventes inclinadas de doble hoja hecha de materiales minerales se ven sometidas a grandes momentos de desalineación entre las dos hojas, es decir, a la necesidad de anclar la hoja exterior contra el deslizamiento (a través del aislamiento térmico). La superficie inclinada de la hoja mineral, que está más expuesta a la intemperie que en posición vertical, sufre mucho la meteorización y el consiguiente ensuciamiento, la penetración de humedad y la erosión.

Sin embargo, se dan algunos casos en los que se impone, contra toda resistencia (y toda razón), una parodia de tejado inclinado tradicional, pero vertido en hormigón. Por ejemplo, hay numerosas casas contemporáneas con cubierta a dos aguas y paredes, ambas de hormigón visto: una alienación intencionada del estilo de construcción tradicional con cubierta a dos aguas, con techumbre ligera de madera, que señala inequívocamente que aquí opera un arquitecto rabiosamente moderno, sin atisbo de añoranzas tradicionales. Resulta casi tragicómico, sin embargo, que la familiar y ya casi emblemática casa con cubierta a dos aguas surgiera en tiempos inmemoriales como forma constructiva precisamente por la fuerte erosión de estas mismas superficies de tejado, que nunca pudieron hacerse suficientemente funcionales y duraderas con material pétreo (lo que hubiera sido la solución más sencilla, pues era el material que se utilizaba para los muros) y, por tanto, tuvieron que ejecutarse inclinadas y escamadas. Ni siquiera el hormigón visto moderno puede resistir a largo plazo la meteorización en esta posición inclinada.

En posición horizontal, los momentos de desalineación entre las dos hojas desaparecen, pero la solución de dos hojas sólo se da en la práctica de la construcción en la medida en que cualquier capa protectora colocada sobre el trasdosado aislante puede entenderse como una hoja exterior. Sin embargo, la posición horizontal hace que la rigidez a la flexión de la hoja exterior, es decir la superior, inherente al sistema, sea en gran medida superflua. En este caso, sólo es necesaria en la medida en que haya que distribuir cargas puntuales sobre la superficie: Sin embargo, en lugar de hojas rígidas de gran superficie, es más probable que se utilicen rellenos sueltos (como de grava) o revestimientos de losas sueltas (como en suelos de terrazas) para este fin, ya que son más convenientes para el drenaje de la superficie y la dilatación térmica que hojas homogéneas sin juntas.

2.4 Sistemas compuestos multicapa

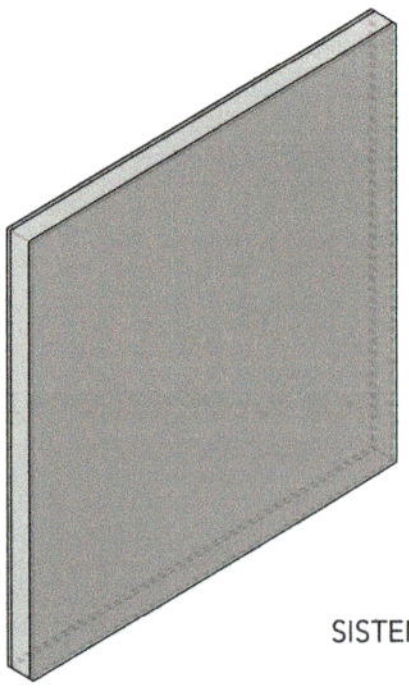

22 Sistema compuesto multicapa.

Los sistemas compuestos multicapa son un producto de la tecnología más moderna; en realidad se originaron en el campo de la construcción ligera extrema de la industria aeroespacial y posteriormente se adoptaron en la industria
23 de la construcción. Como su nombre ya indica, se trata de paquetes de varias capas, cada una de las cuales se une con la adyacente para formar un conjunto global que actúa mecánicamente como un compuesto (de ahí el nombre). A menudo se les denomina (con menos precisión) sistemas sándwich, aunque los sándwiches son sólo uno de varios subgrupos. Se caracterizan por tener una capa central de
24 material aislante, ya sea espuma o material de fibra. Además, los sistemas de núcleo alveolar en los que la capa del núcleo está formada por estructuras alveolares orientadas

transversalmente a la superficie del elemento también se consideran elementos compuestos multicapa. El efecto aislante de la capa central se debe a los pequeños volúmenes de aire encerrados en las cavidades del núcleo. La estructura estándar de los sistemas sándwich (ampliamente utilizados) es de tres capas: una capa de núcleo aislante (hecha de espuma o material de fibra sólido) y finas capas de recubrimiento (normalmente de metal) unidas a ella por ambos lados por adherencia o cualquier tipo de adhesivado. 22 (Fig. 25)

Principio de funcionamiento

■ Su principio de funcionamiento se basa esencialmente en dos capacidades fundamentales: Por un lado —como se ha señalado— la interconexión mecánica de todas las capas del estratificado, por lo que todo el espesor del componente

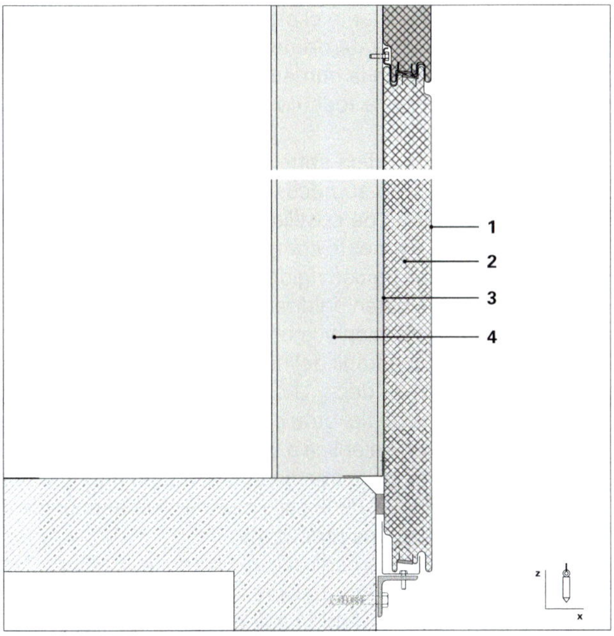

1 chapa cubriente exterior con recubrimiento de banda de acero.
2 núcleo aislante de PUR.
3 chapa cubriente interior con recubrimiento de banda de acero.
4 montante de fachada o columna

26 Base de una pared exterior tipo sándwich con dirección de montaje horizontal (sistema *ThyssenKrupp Hoesch*). Los paneles se afianzan de forma oculta y protegida de la intemperie mediante clips metálicos, que se fijan a la subestructura **4** y crean una unión por forma con los bordes de los paneles especialmente perfilados.

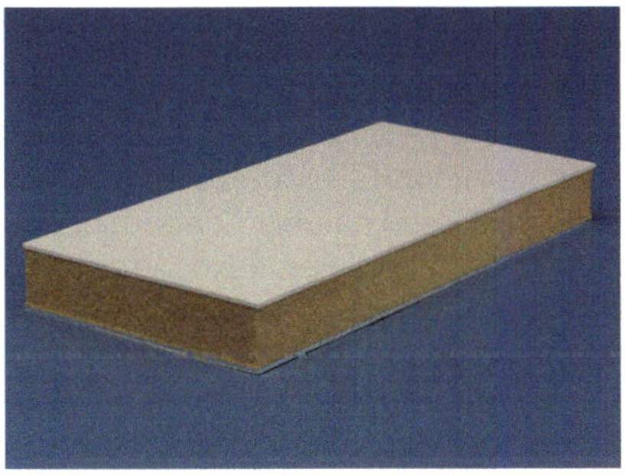

23 Sistema sándwich con una capa central de espuma de poliuretano.

24 Sistema de núcleo alveolar con una capa central de almas rigidizadoras dispuestas en ángulo recto respecto a la superficie. Los volúmenes de aire atrapados desarrollan un efecto de aislamiento térmico.

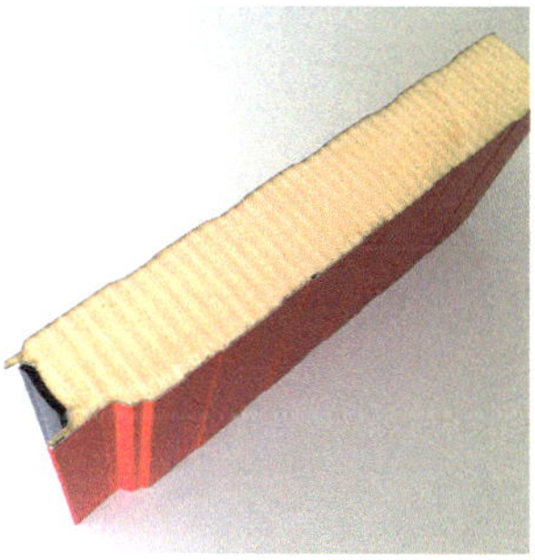

25 Panel sándwich con capas de recubrimiento de chapa.

27 Panel de cubierta sándwich con tapa adicional sobre la juntade empalme para instalación inclinada.

28 Fachada sándwich de un edificio industrial.

se activa estáticamente (no sólo la hoja interior como en la variante anterior) y, en consecuencia, se hace efectivo el módulo de sección del espesor completo del elemento; en segundo lugar, el uso de un material de aislamiento térmico que sea capaz de cumplir realmente tareas mecánicas en dicho compuesto —una excepción importante—, en este caso en particular la absorción de esfuerzos cortantes. El resultado es un estratificado de capas extremadamente ligero y extraordinariamente eficiente que obedece a los siguientes principios de acción en términos de física constructiva y mecánica.

En lo que respecta a las funciones protectoras, la delgada capa de recubrimiento exterior protege contra la humedad y el viento por el exterior; la capa central (mucho más gruesa) proporciona aislamiento térmico y la capa de recubrimiento interior remata visualmente el espacio interior y actúa como barrera de vapor. Se trata de un estratificado cerrado que no permite la salida de la humedad una vez penetrada, por lo que hay que evitar a toda costa (por ambos lados) que esto ocurra.

Debido a la unión rígida entre las capas y a la rigidez de la capa del núcleo, no se necesitan anclajes ni elementos intermedios en forma de costillas que penetren en la capa de aislamiento. El elemento compuesto multicapa actúa, no obstante, como una unidad rígida: De hecho, las delgadas y elásticas cubiertas están rigidizadas por la capa del núcleo; la resistencia a la tracción y la compresión de las cubiertas proporciona a la capa frágil del núcleo a su vez la suficiente rigidez a la flexión, es decir, la capacidad por una parte de absorber esfuerzos de flexotracción en las superficies exteriores. Esto también se aplica a la flexocompresión: No hay peligro de que la delgadísima capa exterior se abombe, ya que lo impide la rigidez de la capa central, que está unida a ella o adherida de alguna otra forma.

La funcionalidad de la capa aislante no se ve afectada. Se pueden realizar fácilmente mayores espesores de capa de aislamiento —también debido a la extrema ligereza de las cubiertas— siempre que la capa del núcleo sea capaz de absorber los esfuerzos cortantes que se producen.

Mecánicamente, se trata de una variante del principio de doble T, pero aplicada no a un elemento rectilíneo como una viga, sino a una superficie: El esfuerzo flector del componente envolvente, que es el esfuerzo determinante, se convierte en la sección transversal en flexocompresión y flexotracción, cada una de las cuales se absorbe en las coberturas exteriores, más resistentes, por analogía con las alas de una sección transversal de doble T. Para ello, ocupan la posición correcta en las zonas exteriores del compuesto. La capa central, por su parte, se encarga de absorber el esfuerzo cortante provocado por la flexión, por analogía con el alma de una sección transversal de doble T.

El conflicto fundamental entre la función de carga y la de aislamiento térmico, que se mencionó en las variantes constructivas anteriores, se resuelve sistemáticamente, por así decirlo, (sólo) en esta variante: A diferencia de la variante de doble hoja, por ejemplo, la capa aislante no interrumpe la función portante, sino que actúa como un componente de carga más en esta tarea. De este modo, se produce una especie de cooperación simbiótica entre las capas individuales, en la que ninguna capa u hoja tiene que soportar a ninguna otra. De ahí la extraordinaria eficiencia estática de esta variante constructiva. Ahora bien, este principio sólo funciona hasta un cierto límite: A partir de un determinado grosor, la capa de espuma o el núcleo fibroso ya no pueden absorber las fuerzas que surgen (especialmente los esfuerzos cortantes); llegados a este punto, se vuelve a plantear el conflicto antes mencionado entre la capacidad de carga y el aislamiento térmico, en la medida en que la resistencia mecánica de un material aislante térmico sólo puede aumentarse hasta un determinado límite.

Aislamiento acústico, protección contra la humedad

2.4.2

■ Desde el punto de vista práctico, la única desventaja relevante de esta solución es (paradójicamente) su escasa masa, desventaja que es difícil imputar como tal a un ejemplo de construcción extremadamente ligera. Especialmente el aislamiento acústico, pero también la capacidad de almacenamiento térmico, se resienten de la extrema ligereza de esta construcción. En consecuencia, el ámbito de los sistemas compuestos multicapa es un área en la que estas debilidades no son muy relevantes: la construcción comercial e industrial. **28**
Es precisamente ahí donde los bajos costes de esta solución también juegan un papel especialmente importante.

Los elementos compuestos multicapa también pueden instalarse en posición inclinada. Para aumentar la seguridad frente a la penetración de agua de lluvia, que sólo puede producirse a través de las juntas de empalme, la junta se eleva del plano de escorrentía mediante un perfilado adecuado de la sección transversal y se cubre adicionalmente con un tapajunta. Deben respetarse ciertas pendientes mínimas. **27**
Esta construcción no puede utilizarse completamente en horizontal hasta ahora.

Sistemas nervados

2.5

☞ *Aptdo. 2.1 Componentes de una sola hoja, pp. 281 y ss.*

☞ *Cap. 1. Escala, pp. 4 y ss.*

■ Los sistemas nervados son esencialmente una respuesta a un problema característico de las construcciones envolventes de una sola hoja, como se ha comentado anteriormente, porque éstas tienden a volverse desproporcionadamente pesadas con vanos y cargas mayores. Esto se debe a un fenómeno físico que ya se ha tratado, a saber, la influencia creciente del peso muerto a medida que aumenta el tamaño. Esto afecta especialmente a los sistemas estáticos ineficientes. En el caso de hojas planas sometidas a cargas perpendiculares a su superficie, que son especialmente ineficaces, a medida que aumenta el tamaño, el elemento acaba volviéndose tan pesado que se agota buena parte de las reservas de carga sólo para soportar su propio peso. En la práctica, esto ya ocurre con losas de forjado de hormigón normales, que utilizan dos tercios de su capacidad de carga sólo para este fin.

2.5.1 Principio de funcionamiento

■ Es pues aquí donde entran en juego los sistemas nerva-
33 dos, realizando un modelo estático alternativo: Manteniendo la rigidez y, por tanto, la capacidad de carga del elemento portante, la transferencia de carga no se produce de manera uniforme repartida sobre la hoja homogénea —o, en el sentido estático, la losa o la placa—, sino de manera concentrada o, por así decirlo, dirigida o encauzada a través
31 de engrosamientos locales del material. En el caso de com-
COSTILLAS, NERVIOS ponentes planos, éstos suelen ser filas de nervios o costillas
32, 30, 31 paralelas colocadas a intervalos. A veces se extienden en dos o más direcciones.

Así, la continuidad bidimensional del espesor de la losa homogénea, de entrada, se anula: Se crean oquedades entre las costillas, es decir entrepaños. Éstas van cerradas con una hoja o placa, bastante más delgada que la hoja original, para restaurar la capacidad de servicio del elemento, es decir, su planicidad cerrada. Esta placa delgada ya no salva la luz principal, como lo hacía la hoja original, sino sólo la separación de las costillas. Para la eficiencia estática del sistema nervado, es por tanto fundamental que las distancias entre
33a las costillas sean mucho menores que la luz principal y, por lo tanto, el panel bidimensional que cubre el entrepaño pueda ser mucho más delgado que la hoja o la placa homogénea original. Esta es una regla básica de los sistemas nervados, que viene dictada por la lógica de su transferencia de cargas. Al mismo tiempo, este principio portante da lugar a una importante reducción del peso total y a un menor consumo de material en comparación con la hoja homogénea. Por lo demás, la distancia entre las costillas puede seleccionarse libremente —con las reservas mencionadas— porque es un parámetro de proyecto independiente de la luz principal. El principio estático subyacente también puede formularse de otra manera: Una hoja delgada, que en realidad no es capaz de soportar la carga por sí misma, se capacita para hacerlo por medio de costillas sustentantes y rigidizantes sin provocar un aumento excesivo del peso total.

2.5.2 Jerarquización de los elementos portantes

■ Dado que la hoja delgada no soporta la carga por sí misma, necesita, pues, el apoyo que proporcionan las costillas. Dependiendo de la distribución de la rigidez, son concebibles diferentes tipos de reparto de tareas entre la costilla y la placa. En casos extremos, se produce una estricta jerarquización de los elementos portantes: Desde un punto de vista estático, las costillas se encargan en tales casos de la función principal, es decir, de salvar la luz principal, y la placa delgada de la función secundaria, ya que ya no descarga en la dirección de la luz principal (esto lo hacen las costillas), sino que (sólo) abarca la distancia entre las costillas transversalmente al vano principal. En este caso, la placa plana es superflua en lo que respecta al efecto portante. La armazón

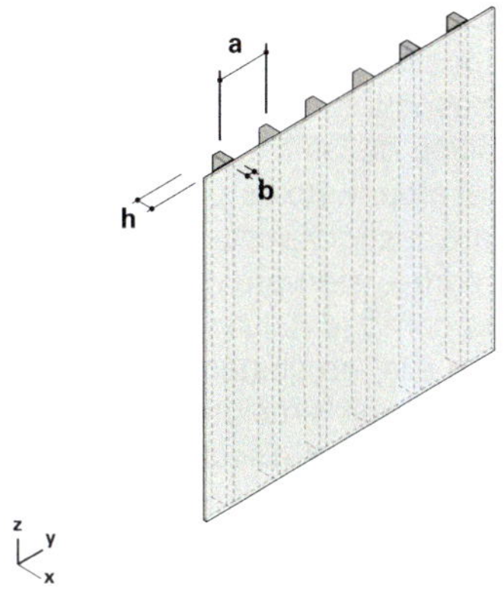

33 Elemento nervado con separación de la carrera de nervios portantes y la hoja superficial. Distancia entre nervios **a**; ancho de sección de nervio **b**; altura de sección de nervio **h**.

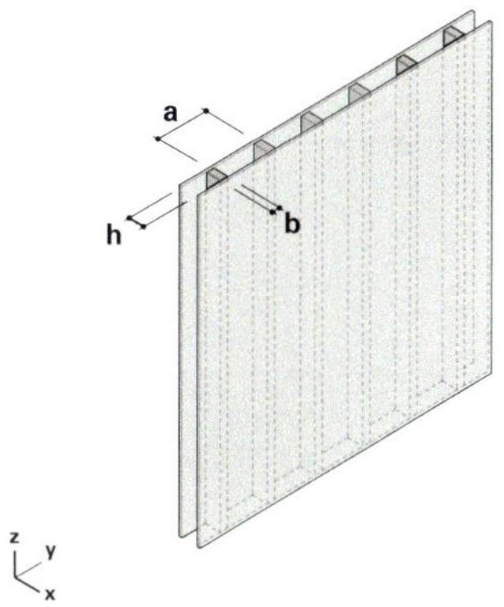

34 Elemento nervado compuesto por una carrera de nervios y aplacado en ambos lados. Distancia entre nervios **a**; ancho de sección de nervio **b**; altura de sección de nervio **h**.

31 Estructura de cascarón bidimensional con engrosamiento local en forma de filamentos de fibra de carbono rigidizadores. La estructura corresponde a un sistema nervado.

32 Un conjunto de nervios con un panel delgado cubriendo el espacio entre ellos en construcción de madera.

30 Dos conjuntos de nervios en direcciones ortogonales: emparrillado de vigas de hormigón armado.

29 Las fachadas acristaladas son prácticamente todas sistemas nervados. Como el vidrio no puede salvar grandes luces debido a sus propiedades materiales, éstas se reducen a un nivel tolerable disponiendo nervios (en este caso, los montantes de fachada) a pequeñas distancias.

de nervaduras soporta la carga igualmente sin ellas. Sin embargo, en muchos casos prácticos de construcción, la hoja delgada plana sí puede asumir funciones portantes propias, por ejemplo, la rigidización de las costillas contra esfuerzo cortante actuando en el área. Esto es porque en su propio plano, la hoja ciertamente desarrolla una rigidez considerable —una rigidez al descuadre— siempre que se evite que se abombe por cizalladura como la delgada hoja que es. Las costillas rígidas unidas a ella, no obstante, garantizan esto último. La posible cooperación simbiótica, por así decirlo, de ambos elementos se volverá a discutir más adelante.

Además de estos dos niveles jerárquicos, es decir el del nervio y el de la placa de entrepaño, también se pueden realizar otros, por ejemplo, introduciendo un segundo conjunto de costillas secundarias transversales a las costillas
38 principales. Este último, a su vez, sólo abarca la separación de las costillas principales y sus costillas, por consiguiente, pueden hacerse mucho más delgadas que las del primero. La placa de entrepaño finalmente sólo abarca el espacio (aún más pequeño) entre las costillas secundarias. Este proceso puede, en teoría, continuar indefinidamente, aunque más de dos niveles jerárquicos (costilla-placa) son bastante raros en la práctica actual de la construcción.

En general, siempre resulta una notable reducción de peso en comparación con la variante de una sola hoja, con condiciones de contorno inalteradas. El precio de la mayor eficiencia estática es el canto necesariamente mayor de las costillas (principales) en comparación con la hoja homogénea de referencia. Esto es una consecuencia directa de la concentración de carga sobre las costillas, cada una de las cuales soporta un área tributaria de carga más ancha (en relación con su propia anchura), es decir la zona de la superficie del componente cuyas cargas se transfieren a una costilla específica y, por tanto, las recoge o atrae por así decirlo. Se extiende desde el centro de uno de los dos entrepaños entre costillas adyacentes hasta el centro del otro. En cambio, el área tributaria de carga de una franja imaginaria de una losa homogénea sería tan ancha como la propia franja.

CONCENTRACIÓN DE CARGA
ÁREA TRIBUTARIA DE CARGA

Aunque la costilla, por este motivo, resulte tener mayor canto que la placa comparable, surgen oquedades entre las costillas, lo que puede producir efectos positivos: Ofrecen espacio para aislamiento térmico —una opción que obviamente no existe en el componente tipo hoja uniforme y que representa una ventaja importante de componentes envolventes de tipo nervado—, para elementos complementarios (por ejemplo, servicios técnicos) y estructuran y ritman visualmente el elemento bidimensional.

2.5.3 Ejecución constructiva

■ Para la terminación constructiva y funcional del sistema con objeto de aplicarlo a envolventes de edificios, es decisiva la cuestión de dónde se coloca la capa más importante del estratificado funcional restante del componente envolvente, es decir, el aislamiento térmico.

■ Si esto se hace en forma de un conjunto de capas añadido al exterior del sistema de costillas, las condiciones son similares a la solución ya discutida con una hoja plana y un trasdosado en el exterior. La única diferencia es que la placa portante plana es más ligera en el caso del elemento nervado. La delgada hoja que forma la superficie del sistema nervado se encuentra razonablemente en la parte exterior de las costillas en el caso de componentes envolventes y proporciona una superficie de afianzado adecuada para el trasdosado exterior, que —por sí mismo— no es capaz de soportar cargas. Es obvio que los respectivos cantos de los componentes (el de la estructura portante y el del trasdosado) se suman en esta variante y producen grosores de construcción correspondientemente grandes. Con esta solución se puede hacer visible la estructura de costillas en el interior. **36**, **40**

Trasdosado adicional añadido en el exterior

☞ *Aptdo. 2.2 Componentes monohoja con trasdosado adicional, pp. 284 y ss.*

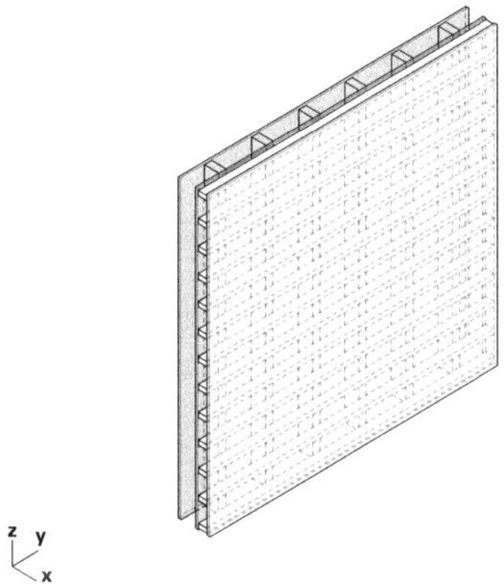

38 Elemento nervado con carrera de nervios transversal adicional de menor rango jerárquico. Los paneles mostrados (excepto el exterior de la derecha) son prescindibles.

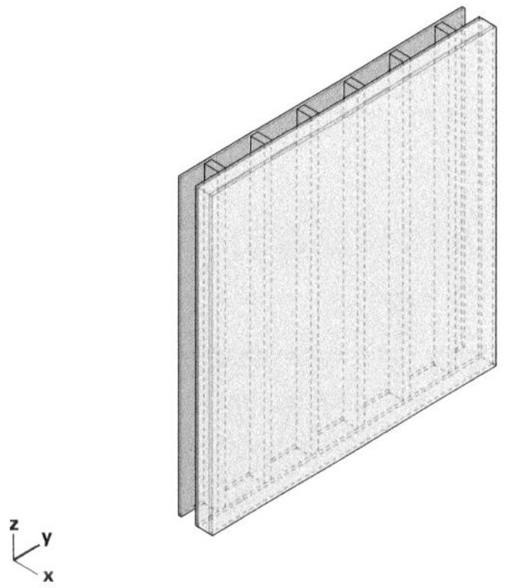

36 Elemento nervado con trasdosado añadido en el exterior.

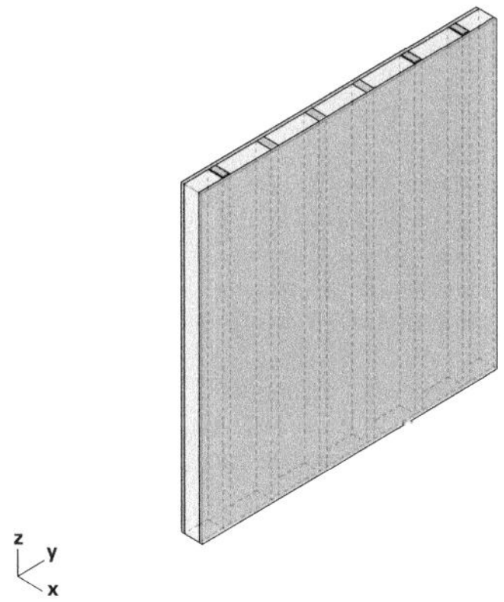

37 Elemento nervado como en ⊟ **34**. En este caso, los espacios entre las costillas se rellenan con aislamiento. Existe una combinación integral de las funciones portante y envolvente en el mismo plano.

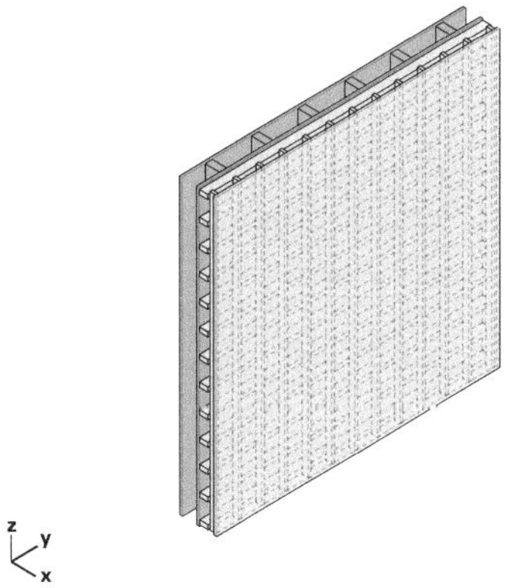

35 Elemento nervado con doble trasdosado exterior en diseño nervado. Si el conjunto de nervios más externo (exterior derecho) discurre verticalmente, puede efecturase una ventilación en los espacios entre ellos.

Estructura bidimensional integrada en el nivel de las costillas

Alternativamente, se pueden rellenar las cavidades entre las costillas con material aislante térmico, obteniendo así un doble aprovechamiento de este espacio parcial en la
37 profundidad o el canto de las costillas: Por un lado, la costilla lo utiliza con fines estáticos, ya que su dimensión de grosor, equivalente al canto de la costilla, se aprovecha en su totalidad aumentando el momento de resistencia de la estructura portante (no es el caso, por ejemplo, de la variante con ambos componentes separados comentada anteriormente), y también se utiliza al mismo tiempo (al menos en el entrepaño entre costillas) como capa de aislamiento.

Sin embargo, de nuevo nos encontramos en este caso con el conflicto de objetivos entre la capacidad de carga y el aislamiento térmico: Debido a su densidad material necesariamente mayor, el nervio siempre actúa como puente térmico en el plano de aislamiento. Ahora bien, gracias a la doble ocupación funcional de un único espacio constructivo, el grosor del componente se ve reducido aproximadamente a la mitad sin que se produzca una reducción significativa de su funcionalidad. De nuevo, el efecto de puente térmico de la costilla puede reducirse notablemente utilizando cos-

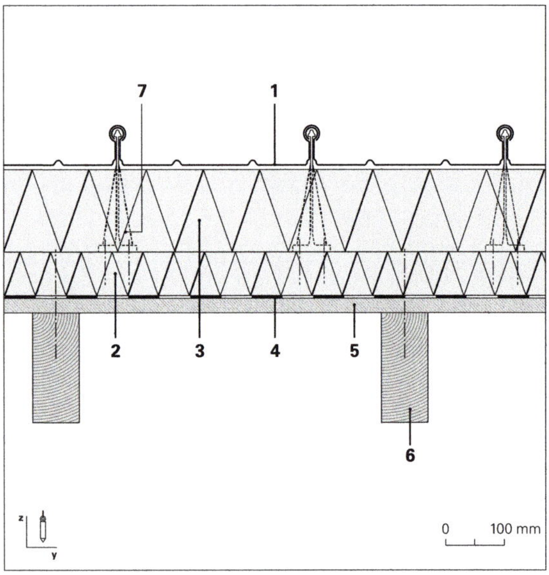

40 Trasdosado añadido en el exterior, independiente del sistema de nervios.

1 perfil de junta prensada de aluminio.
2 barra clip de aluminio.
3 fieltro aislante de lana de roca.
4 barrera de vapor.
5 entablado de madera.
6 pares de madera.
7 clip de aluminio con tapa térmica de plástico.

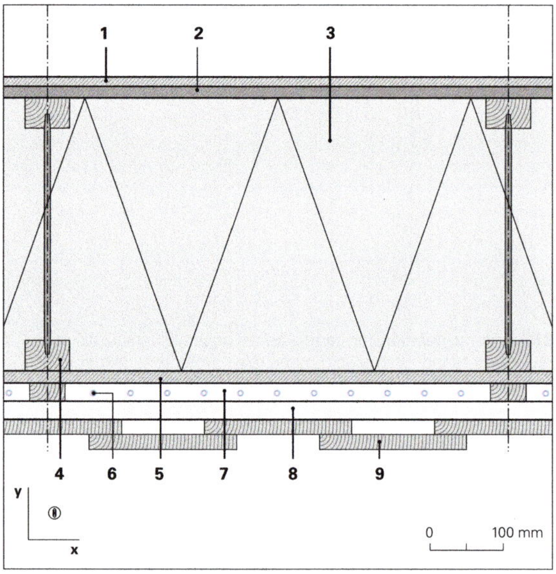

39 Paquete envolvente integrado con el sistema de nervios en el mismo plano que éstos. Perfiles de nervio compuestos en doble T.

1 remate interior, p. e. tablero de yeso laminado.
2 revestimiento interior del entramado de montantes, simultáneamente barrera de vapor y capa de estanqueidad.
3 aislamiento térmico.
4 nervio en doble T.
5 Revestimiento exterior del entramado de montantes, abierto a la difusión.
6 contralata.
7 cámara de aire ventilada, ventilación trasera.
8 rastrel transversal.
9 pantalla de intemperie.

tillas de madera. En esta variante con estructura portante y aislamiento integrados, tiene sentido proveer a la carrera de costillas no sólo por un lado, sino por ambos, con un delgado aplacado superficial, que cierra el elemento por ambos lados y al mismo tiempo le confiere, si se desea, la rigidez al descuadre de un diafragma.

Si, en un último paso, se quiere mitigar este desventajoso efecto de puente térmico, existen de nuevo dos posibilidades básicas: Por ejemplo, se puede concebir la costilla de manera que la sección transversal conductora de calor se reduzca al mínimo. Esto se hace mediante una sección transversal de doble T con un alma particularmente delgada o disolviendo **39**
este alma en una construcción de celosía o marco, lo que esencialmente crea una rotura de puente térmico o al menos un efecto de frenado entre las dos alas de la costilla.

■ Como alternativa a la solución anteriormente comentada, el puente térmico en la costilla también puede minimizarse o eliminarse casi por completo mediante una capa aislante continua aplicada adicionalmente: En ese caso, es aconsejable añadir una capa de aislamiento en el exterior, de modo que se coloquen varias carreras de costillas escalonadas una encima de otra o una al lado de la otra. Desde un punto **41**
de vista práctico, esto puede conseguirse, por ejemplo, mediante un conjunto de costillas secundarias que discurran en ángulo recto con las costillas, de modo que el puente térmico se reduzca a los puntos de intersección entre las costillas principales y las secundarias. A veces también se añade una capa de aislamiento interior (normalmente de forma adicional): Permite que una capa retardante de vapor o **42**

Múltiples niveles de nervios escalonados

1 yeso laminado.
2 aislamiento térmico.
3 retén de vapor/capa de estanqueidad.
4 nervio.
5 aplacado exterior del entramado de montantes, abierto a la difusión.
6 cámara de aire ventilada, ventilación trasera.
7 contralata.
8 rastrel transversal.
9 pantalla de intemperie de tejas de madera.

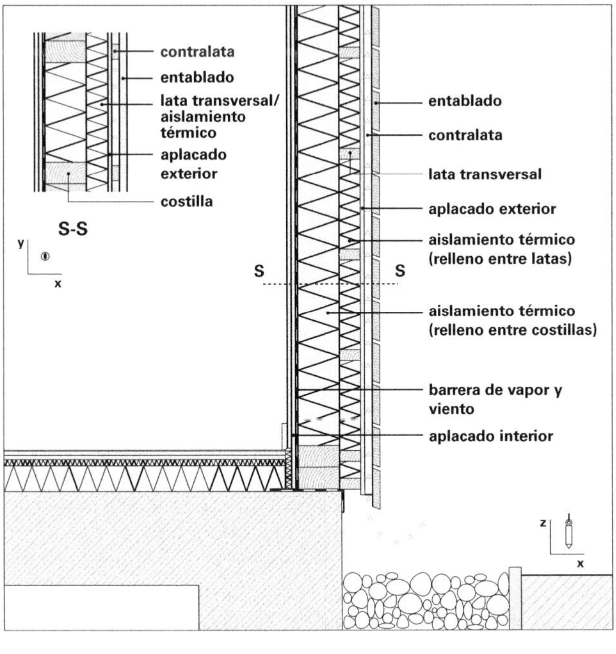

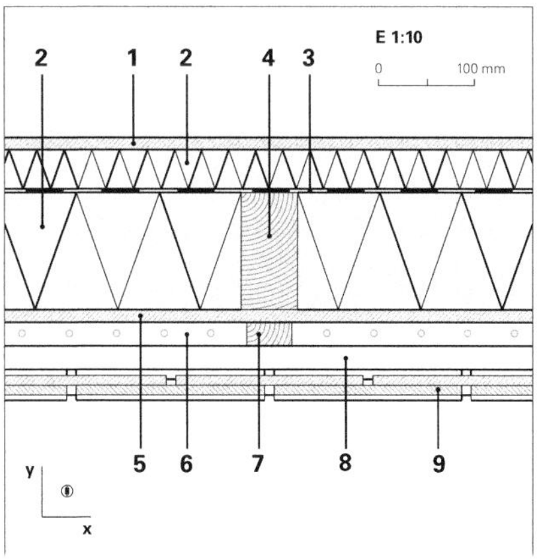

42 (Arriba) pared de entramado de madera con capa de aislamiento térmico añadida en la parte posterior.

41 (Izquierda) pared exterior en construcción nervada de madera según 35. El nivel de rastreles transversales se utiliza para duplicar el aislamiento térmico, mientras que el nivel de contralatas se utiliza para ventilar la pantalla de intemperie, cuyas tablas discurren lógicamente en horizontal.

barrera de vapor queden bien protegidas entre el aislamiento principal y el aislamiento adicional interior, de modo que no sea necesario dañarlas para instalar cables eléctricos y cajetines de conexión.

Los sistemas nervados que constan de varias carreras de costillas escalonadas jerárquicamente que discurren transversalmente entre sí, pueden ejecutarse para cerramientos exteriores de manera que la carrera de costillas más externa, situada detrás de la pantalla de intemperie, discurra verticalmente, de modo que puedan tener lugar un movimiento del aire y, por tanto, la ventilación posterior de
41 la pantalla de intemperie en los entrepaños entre costillas exteriores. Dado que se trata de una construcción extremadamente ligera y altamente difusiva para el vapor debido ya sólo a la existencia de huecos entre costillas principales, es necesaria en cualquier caso en el interior del estratificado al
42, 41 menos una capa retardante de vapor, posiblemente incluso una barrera de vapor.

La añadidura exterior de una capa de aislamiento como se acaba de describir es el resultado no sólo del deseo de eliminar el puente térmico de la costilla, sino también, fundamentalmente, del conocido conflicto entre la función de carga y el aislamiento térmico: Esto se debe a que los espesores de aislamiento requeridos hoy en día para las envolventes altamente aislantes son generalmente mayores que los cantos requeridos de las costillas. Por lo tanto, se recomienda dimensionar las costillas principales sólo de acuerdo con requisitos estáticos y añadir el resto del espesor
41 de aislamiento necesario por el exterior. También es posible hacer la costilla más esbelta dándole forma de sección transversal de doble T, tal como se ha mencionado anteriormente, aprovechando así a la vez al máximo la profundidad completa
39 del elemento como canto estático.

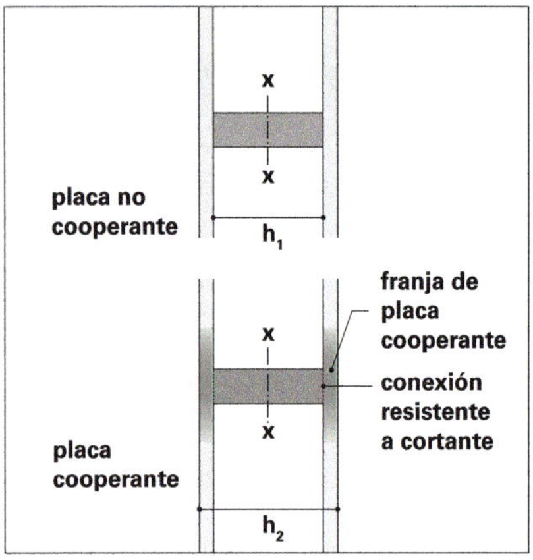

43 La cooperación estática de las placas resistentes a cortante conectadas al nervio aumenta el canto **h** del elemento nervado para la flexión en torno al eje **x-x** y, por tanto, su rigidez a la flexión.

2.5.5 Simbiosis entre el nervio y la hoja

Por último, cabe destacar la gran eficiencia estática de los sistemas nervados no sólo como placa sometida a flexión sino también como diafragma sometido a esfuerzo cortante en su plano: Ya se ha mencionado su buena aptitud como placa flectada (es decir, bajo carga transversal a su plano). Se puede mejorar notablemente si hay una unión a
43 esfuerzo cortante entre la costilla y la(s) hoja(s) delgada(s) del aplacado. En este caso, actúa una franja de aplacado en la zona próxima a la costilla como un cordón de compresión o de tracción de la misma, aumentando así el canto utilizable estáticamente hasta el grosor total del elemento y activando al mismo tiempo una especie de principio de efecto doble T. La costilla, más rígida a la flexión, refuerza la placa delgada, que es muy sensible en esta dirección y, por ejemplo, evita que ceda bajo flexocompresión. Por tanto, existe una interacción simbiótica entre estos dos elementos.

Algo similar ocurre en la dirección del diafragma, es decir del plano del elemento: La esbelta costilla, que es susceptible de volcar, ceder o pandear transversalmente a su eje fuerte, es decir en el plano del elemento, se refuerza con la placa delgada que corre en ángulo recto con ella. La costilla, a su vez, refuerza —como se comentó— la delgada hoja, que es sensible al pandeo lateral cuando se carga fuertemente en su plano, por ejemplo por cizalladura. El resultado es un elemento que actúa en términos de carga simultáneamente como placa y diafragma, combinados a efectos estáticos.

2.5.6 Diferentes posiciones de instalación

■ En principio, los sistemas nervados pueden utilizarse indistintamente en posición vertical, inclinada y horizontal. Los sistemas típicos de costillas verticales son, en particular, cerramientos exteriores en construcción de entramado de madera, pero también, por ejemplo, fachadas de montante y travesaño. Las construcciones de cubiertas inclinadas convencionales consisten en la mayoría de los casos en sistemas nervados de este tipo. Las cubiertas planas también pueden ejecutarse en este tipo de construcción. Para el estratificado en las posiciones inclinada y horizontal, se aplican las mismas consideraciones que en el caso de la construcción monohoja con trasdosado.

☞ *Aptdo. 2.2 Componentes monohoja con trasdosado adicional, pp. 284 y ss.*

2.5.7 Aislamiento acústico, protección contra incendios

■ Desde el punto de vista del aislamiento acústico, los sistemas nervados presentan claras desventajas, especialmente en comparación con los sistemas de una sola hoja, como se ha comentado anteriormente. Su eficiencia estática, que se refleja en su masa más bien escasa, resulta ser su perdición, por así decirlo, en términos de aislamiento acústico. Además, la masa no está distribuida uniformemente (porque se alterna entre las costillas y los entrepaños), de modo que la única masa acústicamente efectiva por unidad de superficie es muy pequeña, es decir, del orden de magnitud de la masa del delgado aplacado. Para conseguir unos valores de aislamiento acústico entre medianos y buenos, hay que utilizar en su lugar el principio acústico de un sistema *masa-muelle* o *masa-resorte*. Se basa en la existencia de dos hojas lo más pesadas posible y lo más blandas posible, que neutralizan la energía sonora, o la desplazan a rangos de frecuencia inaudibles, mediante su oscilación mutua. Es esencial la distribución de la masa entre ambas hojas (son favorables masas diferentes por unidad de superficie), una medida para evitar efectos de resonancia indeseables. Además, es crucial el acoplamiento entre las hojas. Debe ser lo más flexible posible. También tiene un efecto favorable una gran separación de las hojas.

SISTEMA MASA-MUELLE, MASA-RESORTE

En términos de protección contra el fuego, los sistemas nervados no tienen ninguna ventaja sobre los sistemas de una o dos hojas. Si se ejecutan como construcciones ligeras, por ejemplo de madera o acero, están en desventaja desde el principio debido a la sensibilidad al fuego de estos materiales y también a las numerosas juntas que son inevitables en estos tipos de construcción y que siempre representan puntos débiles contra el fuego. Incluso como construcciones sólidas hechas de materiales minerales, los sistemas nervados pueden tener ciertas desventajas en términos de protección contra el fuego en comparación con sistemas de hoja uniforme debido a la superficie relativamente delgada de la placa cubriente —una característica inherente a los sistemas nervados—.

2.6 Sistemas de membrana

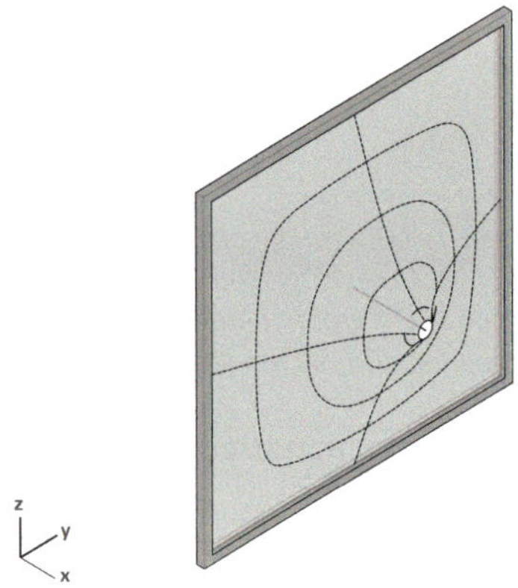

44 Elemento de membrana pretensado mecánicamente.

Finalmente, como última variante de componentes superficiales, consideramos su manifestación mínima, es decir, la
46 membrana textil o la película. Los sistemas de membrana, utilizados desde los primeros tiempos para viviendas nómadas extremadamente ligeras, han encontrado una aplicación más amplia en los últimos años gracias a nuevos materiales de membrana de alto rendimiento.

La formación de la superficie propiamente dicha se efectúa en la mayoría de los materiales de membrana relevantes para la construcción mediante un tejido entrelazado biaxialmente compuesto de hilos de trama y urdimbre, que actúa como estructura de soporte, y un revestimiento, normalmente en ambas caras, que confiere al material compuesto su impermeabilidad al viento y al agua. Además, también existen películas no tejidas compuestas por una sola capa homogénea de material.

Todas las subfunciones elementales están asignadas a la delgada capa de la membrana: transferencia de fuerzas, sellado contra el viento y el agua. Sólo la función de aislamiento térmico no puede confiarse a la membrana. Para ello, se requieren capas adicionales, en su mayor parte, suspendidas por debajo. En su versión más sencilla, no complementada con material aislante, las construcciones de membrana están, por tanto, predestinadas a usos temporales o a la mera cobertura sin cerramiento lateral.

☞ *Cap. 5., Aptdo. 2.1 Forma y fuerza, pp. 179 y ss.*

La eficiencia de estas construcciones para abarcar o encerrar espacios es nada menos que impresionante: Se pueden conseguir relaciones entre el grosor del material y la luz de 1 : 1.000 y más, mientras que una construcción normal de una sola hoja no supera el valor de 1 : 30.[13] Su comportamiento portante está estrechamente vinculado a su forma: Se trata de una forma de equilibrio pura en el sentido ya descrito anteriormente, y necesariamente así, porque la membrana no puede absorber básicamente momentos flectores, pues es flexible. En realidad, puede soportar un solo tipo de esfuerzo, que es el de tracción, pero en dos direcciones ortogonales, más o menos en la misma medida.[14]

De forma análoga a una cuerda, la membrana soporta entonces cargas verticales uniformemente distribuidas adoptando en esta dirección la forma de una línea funicular parabólica o de una línea catenaria. Esto sería suficiente si en la construcción no se tuviera que hacer frente a constantes cambios de carga: como el viento o la nieve. Dado que existe una forma de equilibrio estrictamente flexible, este sistema adaptaría bajo carga cambiante instantáneamente su forma a cualquier carga modificada: un fenómeno que no se puede tolerar por razones obvias de utilidad.

Por lo tanto, para evitar estos movimientos incontrolados, que también podrían conducir rápidamente a la destrucción de la estructura, las construcciones de membrana se someten siempre a pretensado, ya sea mecánicamente con la ayuda de una carrera de cables de pretensado, convexa con respecto a la carga, que corre transversalmente a la llamada carrera portante (las fibras del material textil curvadas en cóncavo con respecto a la carga), o por medio de presión de gas en el caso de membranas con pretensado neumático.

PRETENSADO DE MEMBRANA

45 PRETENSADO MECÁNICO

44 PRETENSADO NEUMÁTICO

Como resultado, las membranas pretensadas mecánicamente presentan la característica superficie anticlástica de doble curvatura, mientras que las neumáticas forman una superficie curvada sinclástica.

SUPERFICIE ANTICLÁSTICA DE DOBLE CURVATURA

SUPERFICIE SINCLÁSTICA DE DOBLE CURVATURA

Las membranas completamente planas, por esta razón, no soportan cargas perpendiculares a su superficie, cualquiera que sea el pretensado al que se las someta. Se deforman abandonando el plano bajo la más mínima carga y al mismo tiempo asumen la forma de equilibrio correspondiente. En términos prácticos, esto significa que membranas extendidas en un plano pueden servir, en el mejor de los casos, como láminas de sellado tendidas sobre estructuras portantes firmes, pero nunca como construcciones autoportantes. Simplemente las desgarraría cualquier ráfaga de viento medianamente fuerte.

Además, se requiere una cierta curvatura mínima para mantener las fuerzas de tracción que actúan en la membrana dentro de un margen tolerable. De hecho, existe una relación inversa entre la curvatura y la fuerza de tracción: cuanto mayor sea la primera, menor será la segunda. Las curvaturas más pronunciadas también son ventajosas para el drenaje del agua de lluvia.

Debido a la curvatura siempre pronunciada de superficies de membrana, es innecesario en este caso contemplar por separado componentes envolventes verticales, inclinados y horizontales.

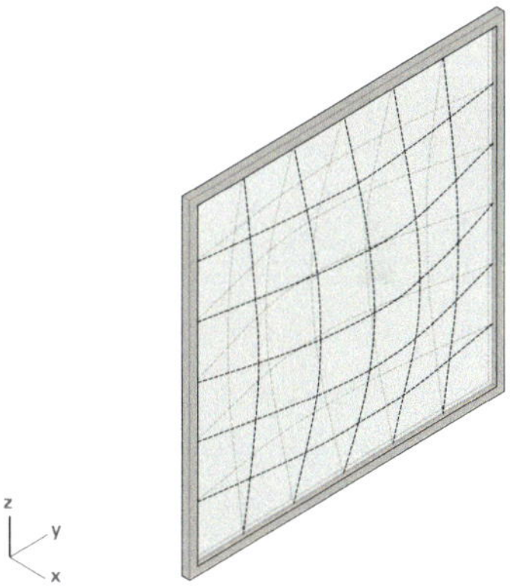

45 Elemento de membrana pretensado neumáticamente.

46 Membrana pretensada mecánicamente: conjunto de tirantes portantes cóncavo (arriba-abajo) y conjunto de pretensado convexo (izquierda-derecha).

Notas

1 Sin embargo, el muro de respaldo se considera una *hoja* a la hora de determinar el aislamiento acústico en términos de física constructiva, ya que su rigidez desempeña un papel a ese respecto.

2 La razón reside en la notable combinación de rigidez y ligereza de la madera, unida a una densidad suficiente para la protección contra la lluvia (al menos a través de la fibra). Su ligereza es la base de sus buenas propiedades de aislamiento térmico. Sin embargo, incluso la madera maciza con una conductividad térmica λ de unos 0,15W/(mK) ya no puede cumplir los requisitos más exigentes de la norma de casas pasivas, por ejemplo, de modo que se requieren capas adicionales de material aislante (λ = 0,035 W/(mK)).

3 En la terminología de la construcción, un trasdosado (añadido) suele distinguirse de un simple recubrimiento o de un revestimiento sobre un sustrato portante, como un enfoscado o un sellador bituminoso. En general, un trasdosado contiene una secuencia de capas adyacentes, lo que da lugar a un espesor mayor de relevancia constructiva. Se considera particularmente un trasdosado cuando incluye una capa de aislamiento térmico.

4 Este tipo de construcciones sólo se utilizan en edificios industriales sencillos con escasa humedad ambiental, concretamente como cubiertas de hormigón celular.

5 La elasticidad de los revoques está garantizada por el uso de aglomerantes de resina sintética.

6 En estos sistemas, el agrietamiento se evita mediante una armadura textil incorporada en toda la superficie. Los revoques tradicionales, sobre todo los de cal, en cambio, nunca se armaban y siempre estaban en gran medida libres de grietas debido simplemente a su elasticidad, consecuencia de la mezcla.

7 Aunque los industriales especializados lo pregonan a menudo, el principio *Gore-Tex®*, es decir, la combinación de impermeabilidad (de alto grado) y capacidad de difusión de vapor de membranas y películas, no existe (todavía). Sin embargo, esto revolucionaría las construcciones de capas prácticamente aplicables si llegara a producirse.

8 Véase la nota 2.

9 La legendaria marca de aislantes de Dow Chemical era *Roofmate©*. El material aislante sigue comercializándose con este nombre en la actualidad.

10 Existen esencialmente dos variantes: relleno completo de la cámara con aislamiento por un lado y dejar una cámara de aire móvil en la zona exterior para la ventilación posterior del revestimiento exterior. Sin embargo, esto cuesta espesor de aislamiento, que de todos modos es limitado debido al peso de la hoja exterior (por los momentos de desalineación). En ambos casos, la separación entre hojas no puede aumentarse más allá de un valor máximo (= 15cm) por razones constructivas.

11 Las llagas continuas, en particular, son estrictamente contrarias al sistema en la construcción de obra de fábrica auténtica

8 MÉTODOS CONSTRUCTIVOS

y, por lo tanto, llaman la atención a cualquiera con un mínimo de conocimientos técnicos.

12 Para evitar las dificultades de la hoja sólida exterior, a veces se utilizan variantes de hoja simple, como se explica en el *Apartado 2.1 Componentes de una sola hoja, pp. 281* y ss.

13 Incluso la cáscara de huevo, que suele citarse como ejemplo de construcción ligera natural, alcanza una proporción de 1 : 100 en el mejor de los casos.

14 Aquí se aborda la diferente resistencia a la tracción en la dirección de la urdimbre y de la trama. Como los hilos del tejido se estiran firmemente en línea recta en la dirección de la urdimbre (a diferencia de la trama), se puede absorber una mayor fuerza de tracción en esta dirección con deformación mínima.

J. L. Moro, *El proyecto constructivo en arquitectura — del principio al detalle*, https://doi.org/10.1007/978-3-662-70279-6_8

1. Fundamentos

■ En los capítulos anteriores se ha visto cómo crear una superficie funcional de tamaño relevante para la construcción a partir de los materiales y productos de construcción disponibles. En este capítulo se abordará la cuestión de cómo componer un edificio completo a partir de estos componentes bidimensionales y de los elementos adicionales que puedan ser necesarios. Debido a la complejidad y a la amplitud del tema, habrá que limitarse necesariamente a algunos tipos originarios —también se podría decir: métodos constructivos— para ilustrar algunos de los principios constructivos que se aplican. No se ambiciona ir más allá de este objetivo. Sin embargo, este propósito es suficientemente ambicioso en sí mismo.

MÉTODOS CONSTRUCTIVOS

En la siguiente clasificación de los métodos constructivos, una de las subfunciones constructivas, a saber, la función portante, pasa a primer plano en particular, ya que a nivel del edificio —con una escala de tamaño cada vez mayor, por así decirlo— esta función adquiere un papel cada vez más dominante en comparación con las demás subfunciones por las razones que ya se han analizado anteriormente. En el curso de este proceso, en algunos casos la estructura portante se independiza de los componentes envolventes y, por lo tanto, también aparece visualmente (y, por supuesto, constructivamente) como una entidad separada. Este es el
6 caso, como se verá, de las construcciones de esqueleto. Es obvio que este paso de desarrollo morfológico consistente en la desvinculación espacial de las funciones de carga y envolvente debe tener efectos profundos sobre la construcción, pero también sobre la configuración y organización global de un edificio, y tendrá una influencia decisiva sobre las consideraciones posteriores. Por esta razón, se coloca la distinción entre los sistemas de pared y de esqueleto en el nivel jerárquico más alto de la clasificación. A continuación, se examinarán más detenidamente los dos principios.

☞ *Cap. 1. Escala, pp. 4 y ss.*

SISTEMAS DE PARED, SISTEMAS DE ESQUELETO

2. Métodos constructivos de pared y de esqueleto

ESTRUCTURA DE PARED
ESTRUCTURA DE ESQUELETO

■ En este sentido, el efecto más trascendental y profundo sobre la estructura y la configuración de un edificio es siempre el hecho de que o bien se trata de una estructura de pared o bien de esqueleto:[1] Las características constitutivas esenciales del método de construcción de pared ya se han tratado en el capítulo anterior. Se derivan lógicamente de las propiedades mecánicas y el comportamiento estático de la hoja resistente al esfuerzo cortante, es decir, en sentido estático: del diafragma. En términos simplificados, esto se puede resumir de la siguiente manera.

☞ *Cap. 7., Aptdo. 2.1 Componentes de una sola hoja, pp. 281 y ss.*

2.1 Definición de los métodos constructivos de pared

■ El elemento básico del método de construcción de pared es un componente plano que tiene características especia-
5 les: En primer lugar, es capaz de encerrar espacios útiles y, por consiguiente, actúa como envolvente del edificio. Además, desde el punto de vista estático, se caracteriza por una pronunciada capacidad de soportar cargas a lo largo de su plano (es decir, en dos orientaciones mutuamente orto-

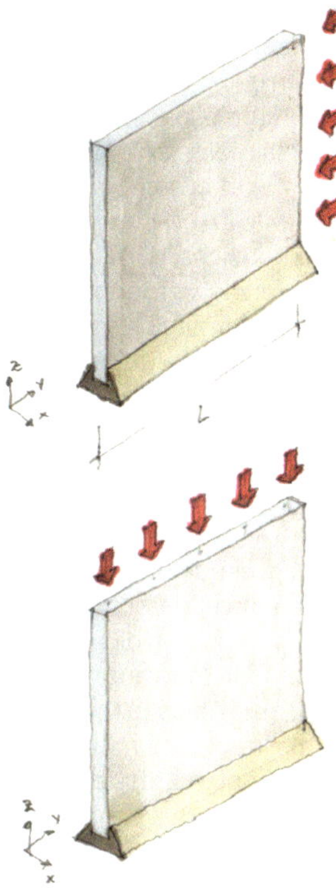

1 Como un diafragma, una pared apoyada linealmente puede soportar bien fuerzas a lo largo de su plano, incluso las que están alineadas paralelamente al apoyo (arriba). En este último caso, son decisivas la dimensión de longitud o anchura **L** (en →**y**) y la altura (en → **z**).

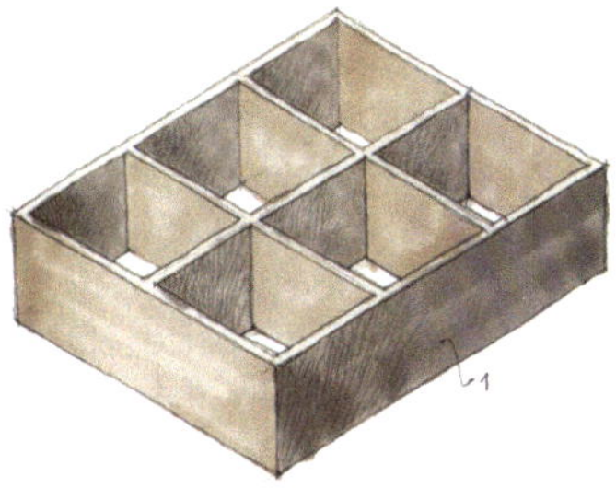

5 Construcción de pared a partir de elementos superficiales homogéneos y portantes (**1**).

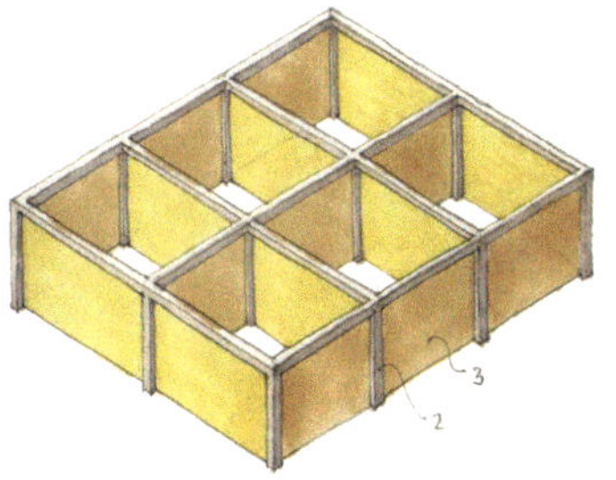

6 Construcción de esqueleto compuesta por una estructura portante principal en forma de barras (**2**) y elementos superficiales no portantes y de mero relleno (**3**).

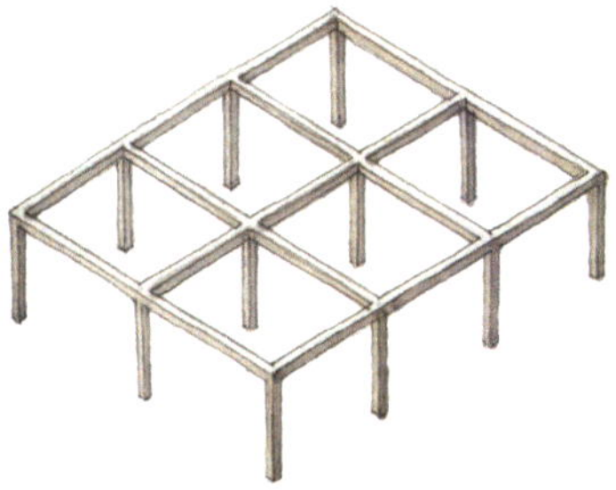

7 Los elementos de relleno no portantes (**3** en ⮺ **6**) pueden omitirse siempre sin que ello afecte a la estructura portante principal.

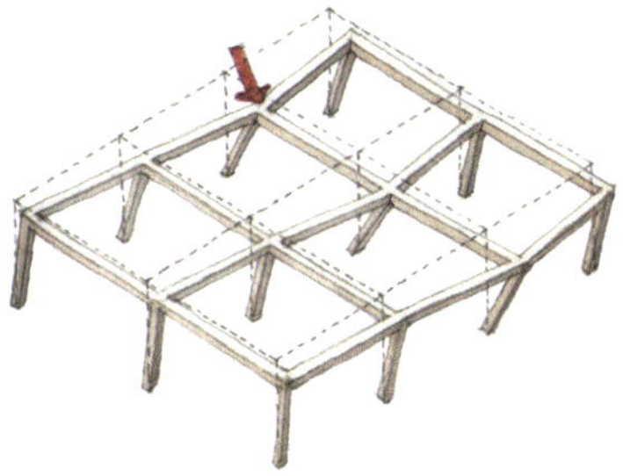

8 Sin arriostramiento, la armazón del esqueleto se derrumba bajo una fuerza horizontal.

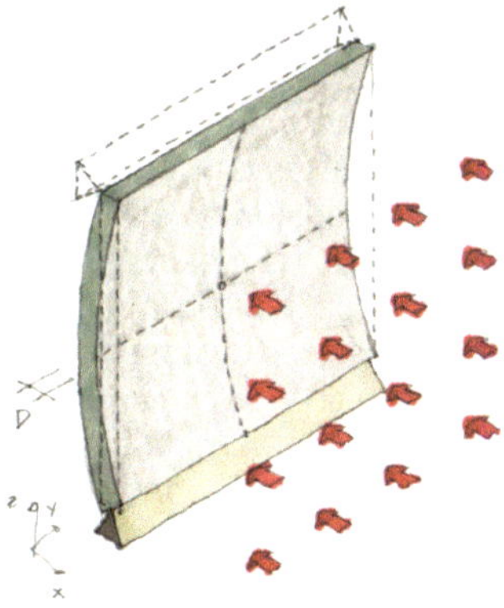

2 Un elemento en forma de pared puede soportar fuerzas en ángulos rectos a su plano como una placa menos bien que un diafragma como en ⮺ **1** en su plano. El factor decisivo en este caso es la dimensión del grosor (**D**), mucho menor en comparación con la longitud y la anchura (por definición). Esta debilidad relativa es una constante en los elementos superficiales planos y tiene implicaciones de gran alcance en el diseño.

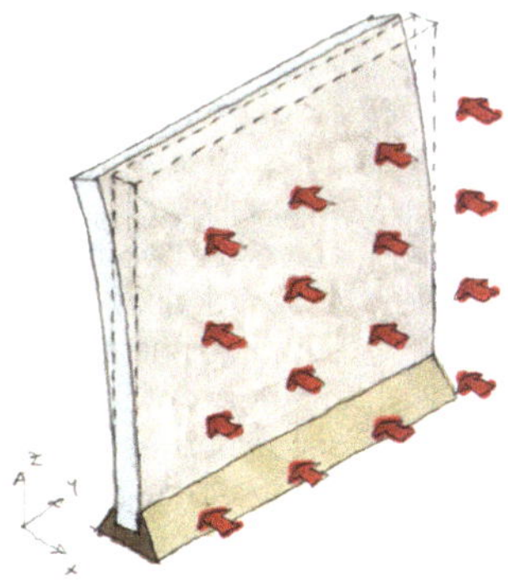

4 Una pared es más débil cuando sólo se sujeta por un lado, como en este caso con un empotrado.

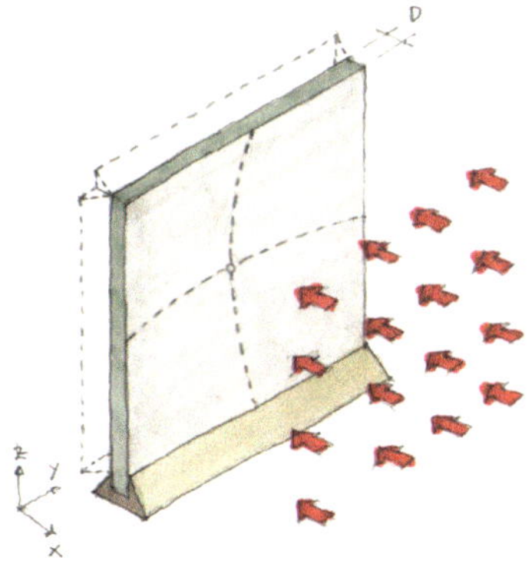

3 Apoyo de un muro sometido a carga perpendicular a su plano más favorable comparado con el caso en ⮺ **4**: lineal de cuatro lados.

1 gonales: en el sentido de su longitud y su altura o anchura), así como por una debilidad igualmente manifiesta en el caso de cargas perpendiculares a ella (es decir, en la dirección del
2 espesor). Este componente es siempre especialmente débil frente a cargas orientadas transversalmente si sólo se sujeta, o bien se empotra, por un borde. En el caso de una pared, esto suele significar el empotramiento en el apoyo del suelo.
4 Por otra parte, el componente bidimensional es siempre más fuerte (y más estable) frente a fuerzas perpendiculares a su plano cuando se sujeta por sus cuatro lados y no supera ciertas luces máximas (que, por supuesto, dependen del
3 espesor y del tipo de material).

Esto caracterizaría los métodos de construcción de pared en cuanto a sus rasgos elementales. A continuación, se desarrollará más detalladamente este punto.

2.2 Definición de los métodos constructivos de esqueleto

☞ *Cap. 7., Aptdo. 2.5.1 Principio de funcionamiento, pp. 300 y s.*

■ En el caso de las estructuras de esqueleto, se produce un paso de diferenciación similar, a nivel de edificio, como ocurre, a nivel de componente, en la transición de un componente de hoja uniforme a un componente nervado: la función portante —que, como se ha visto, es la única función parcial que no tiene que implementarse necesariamente como superficie— se desagrega, por así decirlo, espacialmente del componente superficial o envolvente delimitador de espacio y en el proceso se independiza como componente
6 individual en forma de barra (ahora monofuncional). Esto se hace en forma de soporte o columna en la dirección vertical, o como una viga expuesta en la dirección horizontal (este último paso, sin embargo, no está vinculado al concepto de construcción de esqueleto[2]).

ARMAZÓN DE BARRAS

El componente bidimensional portante (inicial) —la hoja— se transforma así estáticamente, en el sistema de ordenamiento ortogonal, en un entramado de barras horizontales
7 y verticales, es decir, en una armazón de barras. Ésta ya no es geométrica y estáticamente rígida y, en consecuencia,
8 deja de ser indeformable (como sí lo es la hoja uniforme). Al igual que ocurre con el sistema nervado en el nivel jerárquico de componente, el sistema de esqueleto pierde en este proceso, en el nivel jerárquico del edificio, su rigidez al esfuerzo cortante, y con ello su capacidad de transmitir fuerzas horizontales al subsuelo a través de los cimientos. Esta capacidad estrictamente indispensable de toda estructura de un edificio debe asegurarse a posteriori, por así decirlo, con medidas adicionales. En la nomenclatura técnica, se denomina el *arriostramiento* de los sistemas de esqueleto, una medida adicional introducida para garantizar una capacidad que no viene ya inherente al sistema constructivo (esto último, en cambio, sí es el caso con los sistemas de pared).

ARRIOSTRAMIENTO

2.3 Método constructivo y material

■ Es casi imposible determinar cuál de los dos sistemas constructivos, el de pared o el de esqueleto, es el más antiguo. Ambos van vinculados a un material distintivo y muy antiguo: los sistemas de pared a materiales minerales; los

9 Construcción de pared en piedra: apilamiento vertical de bloques de construcción para formar un muro superficial.

11 Esqueleto de madera: erigiendo y tendiendo barras de madera para formar una armazón portante.

10 Construcción de pared de madera: apilamiento vertical de maderos horizontales para formar una pared superficial.

12 Construcción de esqueleto en piedra: apilando y tendiendo bloques de piedra para formar una armazón portante.

13 Construcción de pared en hormigón: vertido de una pared superficial.

sistemas de esqueleto a la madera. Los sistemas de pared
surgen, pues, del principio arcaico del apilamiento de piedras
9 para formar muros de carga; los sistemas de esqueleto de
levantar y tender maderos para formar un marco estable
11 y rígido. Pero ambos sistemas no están necesariamente
asociados a estos dos grupos de materiales: La lógica de
la construcción de pared también subyace a una casa de
troncos apilados; la de la construcción de esqueleto a su vez
CONSTRUCCIÓN ADINTELADA
10 a una construcción adintelada de piedra hecha de columnas
12 y vigas de piedra. Incluso en el contexto de los materiales
más modernos, persiste la dualidad de estos dos sistemas:
Debido a su capacidad de moldeado, el hormigón es muy
adecuado para producir componentes superficiales y, por
tanto, está predestinado para los métodos de construcción
13 de pared. Por otra parte, gracias a su capacidad combinada
de absorber fuerzas de compresión y de tracción, también
146 está bien equipado para la construcción de esqueleto. El
acero es un material casi exclusivamente idóneo para sis-
18 temas de esqueleto.

3. Características de las construcciones de pared

■ A continuación, se procederá a definir otros rasgos característicos de los sistemas de pared. Para ello, hay que examinar más detenidamente la ya mencionada debilidad estática de los componentes tipo pared: es decir, la sensibilidad
2–4 (relativa) a fuerzas perpendiculares a su plano. En el caso de componentes superficiales verticales, es decir, paredes, que son determinantes para el sistema que se contempla, esto significa principalmente la sensibilidad a cargas de viento[3] y también a empujes que surgen en el propio sistema estructural procedentes de cubrimientos como bóvedas o cubiertas inclinadas. Esta debilidad se manifiesta en forma

PELIGRO DE VUELCO

de peligro de vuelco lateral de la pared. Sin embargo, la pared también es vulnerable a fuertes cargas verticales porque, si éstas son lo suficientemente grandes, corre el riesgo de

PELIGRO DE PANDEO

pandear o abombarse lateralmente, es decir, salirse de su plano, la única dirección de deformación posible.

En la práctica, hay dos maneras de abordar esta dificultad en términos constructivos. La primera (y más antigua) es contrarrestar el empuje con una contrafuerza efectiva: a
15 saber, el propio peso. En la construcción sólida, esta variante

SOBRECOMPRESIÓN

se denomina *sobrecompresión* de la fuerza horizontal. El requisito previo para ello es, comprensiblemente, construir con el mayor peso posible. En el caso de paredes verticales, esto significa —en vista de las densidades brutas no demasiado dispares del material pétreo— operar con espesores de pared especialmente grandes. Al mismo tiempo que aumenta el peso muerto, también aumenta la anchura, o la profundidad, de la superficie de apoyo y, por tanto, la estabilidad global de la pared. Esto se denomina muro de gravedad.

Este principio tiene obviamente ciertas ventajas: La pared es estable por sí misma y no depende de elementos rigidizantes separados (como la variante que veremos a continuación). Evidentemente, el riesgo de pandeo antes

14 Construcción de esqueleto en hormigón armado: vertido de una armazón portante.

mencionado se cancela ya de principio con espesores de pared sobredimensionados. La gran masa también puede tener efectos positivos en casos concretos, como en términos del comportamiento térmico del edificio.

Sin embargo, aquí las ventajas terminan pronto: La masa necesaria conlleva un consumo de material, de mano de obra y unos costes de transporte, que en un momento dado ya no son tolerables. Incluso con unas pocas plantas superpuestas, la carga muerta sumada alcanza órdenes de magnitud (literalmente) insoportables. Por esta razón, el muro de gravedad sólo se encuentra en tipos de edificio arcaicos y primitivos y no tiene ninguna importancia real para la actividad constructiva contemporánea.

La segunda (y mucho más eficaz) forma de afrontar el riesgo de vuelco de las paredes es sujetarlas lateralmente o, al menos, rigidizarlas. En lugar de buscar la solución de aumentar el espesor en toda la superficie de la pared, como en la primera variante, y generar (y por tanto aceptar) las cargas y el consumo de material correspondientes, en este caso esto sólo se hace localmente: La pared relativamente delgada se apoya lateralmente a intervalos regulares (más bien pequeños), y esto se efectuará —como veremos— por un engrosamiento más o menos profundo, sólo local, es decir un machón, botarel o espolón de fábrica, o incluso **16, 17** por una pared transversal completa, una traviesa. El engro- **22** samiento del muro provocado por el machón de fábrica y la consiguiente concentración o encauzamiento de la fuerza

18 Construcción de esqueleto en acero, el método de construcción predestinado para este material.

MACHÓN, BOTAREL, ESPOLÓN

TRAVIESA

☞ *Cap. 7. Aptdo. 2.5 Sistemas nervados, pp. 299 y ss.*

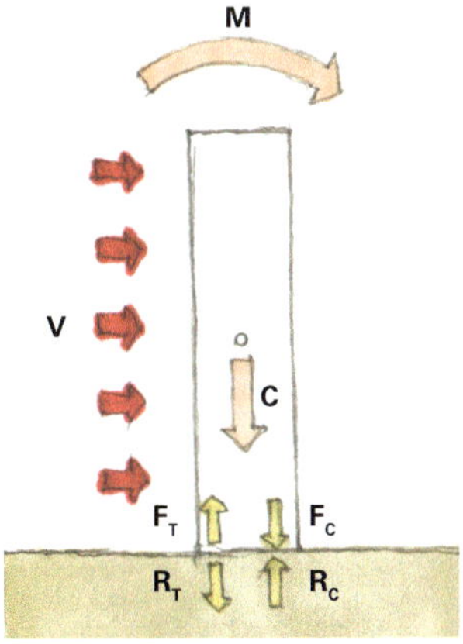

15 Estabilización de un muro utilizando su propio peso (muro de gravedad). El momento de vuelco **M** debido a la carga de viento **V** provoca el par de fuerzas formado por la fuerza de compresión $\mathbf{F_C}$ y la fuerza de tracción $\mathbf{F_T}$ en el apoyo. Serían necesarias las reacciones correspondientes $\mathbf{R_C}$ y $\mathbf{R_T}$ para restablecer el equilibrio. En este caso, sin embargo, $\mathbf{F_T}$ está sobrecomprimida por la carga muerta **C**, de modo que al final sólo actúa compresión sobre el apoyo.

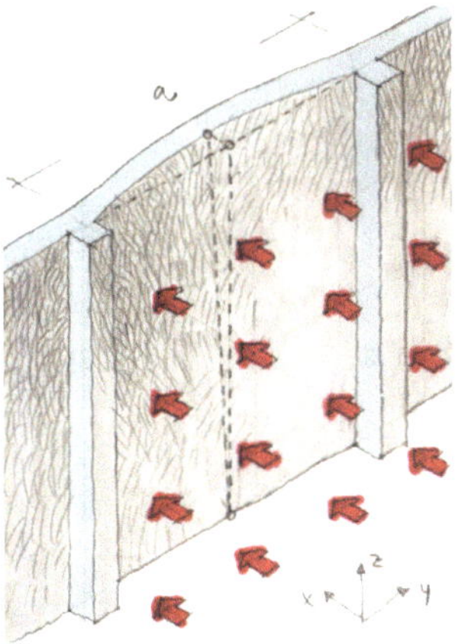

16 Estabilización de un muro contra cargas perpendiculares a su superficie mediante machones o contrafuertes. El borde superior, aquí libre, se comba. Por tanto, la distancia **a** entre contrafuertes no debe superar determinadas dimensiones máximas.

17 Refuerzo de un muro mediante machones: regrueso localizado de la sección transversal del muro.

muestra cierta similitud con el principio portante de los sistemas nervados descritos anteriormente o, al menos, representa una especie de forma de transición entre un sistema de hoja uniforme y uno nervado.

Para salvar la zona intermedia o el entrepaño, sin apoyo, entre los refuerzos laterales, debe ser suficiente el grosor o la rigidez de la propia pared delgada —en analogía a una placa delgada formando superficie en entrepaños entre costillas en un sistema nervado—. O formulado de otra manera: Los elementos de refuerzo laterales, dispuestos rítmicamente de forma regular, deben estar colocados cada uno a intervalos tan cercanos que la delgada pared entre ellos sea capaz de salvar (horizontalmente) bajo carga los entrepaños por sí misma, sin necesidad de medidas adicionales.

Si el sistema estructural se perfecciona de esta manera, es posible alcanzar grados de eficiencia extraordinariamente altos, sobre todo porque aquí se trata (a diferencia de los sistemas de esqueleto) de una capacidad combinada para encerrar el espacio y soportar cargas, una gran ventaja de los sistemas de pared.

Este principio constructivo y estático, descrito aquí en pocas palabras, es la base de los métodos de construcción de obra de fábrica tradicionales, pero también modernos. En el siguiente apartado, se indicarán dos posibilidades para implementar en términos constructivos los soportes

19 Los muros exteriores del edificio se refuerzan con contrafuertes macizos que se estrechan hacia arriba. El edificio, construido originalmente como almacén, tiene un interior amplio y abierto. Por razones funcionales, no había muros transversales de separación que pudieran haber rigidizado las paredes exteriores por dentro.

20 Robustos contrafuertes especialmente cubiertos con tejadillos protectores no sólo refuerzan el muro, sino que también se hacen cargo de los empujes de las bóvedas orientados horizontalmente procediendo del interior.

laterales de una pared delgada.

Estabilización mediante contrafuertes

Una mayor rigidez se consigue, pues, de primeras mediante un refuerzo rítmico espaciado consistente en machones de obra o contrafuertes que sobresalgan del paramento del muro. Estos últimos también pueden considerarse como **19, 20**
engrosamientos locales de la pared (como se ha descrito anteriormente), que dan al sistema la resistencia necesaria al vuelco y la requerida rigidez al pandeo. Lo ideal es que tanto los machones como los contrafuertes de los muros se integren en el aparejo de los mismos y desarrollen un efecto rigidizante con la profundidad total sumada del muro y del machón o contrafuerte.

En comparación con otras soluciones, los machones y los contrafuertes tienen la ventaja de que sólo sobresalen ligeramente del paramento. Esto es siempre crucial en el interior cuando la pared considerada encierra un mayor espacio homogéneo que debe mantenerse libre de elementos que estorben. Desde un punto de vista estático, no importa **19**
en qué lado del muro se encuentre el refuerzo. Fabricado con material mineral, es por supuesto más conveniente para absorber fuerzas de compresión. Sin embargo, como las fuerzas del viento de todos modos cambian su dirección de ataque, y las fuerzas de compresión y de tracción sobre el muro se alternan en consecuencia, este aspecto sólo juega un papel subordinado.

Sin embargo, no se puede despreciar cuando se producen mayores fuerzas permanentes desde una dirección determinada y no cambiante. Esto se aplica, por ejemplo, a los empujes de bóveda que actúan sobre la cabeza de un muro y que, por supuesto, siempre se dirigen hacia el exterior.

Los machones —que de primeras surgieron, una vez más, de mera necesidad constructiva— evolucionaron en el transcurso de un proceso de sublimación arquitectónica y estética formando pilastras, convirtiéndose así en un elemento de

21 Contrafuertes sobreelevados artificialmente para aumentar la carga muerta y sobrecomprimir las cargas horizontales.

21 diseño estructurador fundamental en los paramentos de la arquitectura pétrea.

Dado que los momentos de vuelco siempre conducen a peligrosas tensiones de tracción en la estructura del muro, no sólo los muros de gravedad sino también los contrafuertes agradecen básicamente cada kilonewton adicional de carga vertical que ayude a sobrecomprimir las fuerzas de tracción que se producen en el tendel. Por esta razón, los contrafuertes se construían a veces más altos de lo necesario, es decir,
21 más altos que el remate del muro. El llamativo coronamiento del contrafuerte era, en cierto modo, también un bienvenido suplemento de carga, que tenía un efecto favorable sobre la estabilidad de toda la construcción.

3.2 Estabilización mediante diafragmas transversales

■ La segunda forma de sujetar un muro esbelto con riesgo de volcar lateralmente es extender la profundidad del engrosamiento local horizontalmente, por así decirlo, hasta alcanzar la dimensión de una pared, es decir, utilizar también

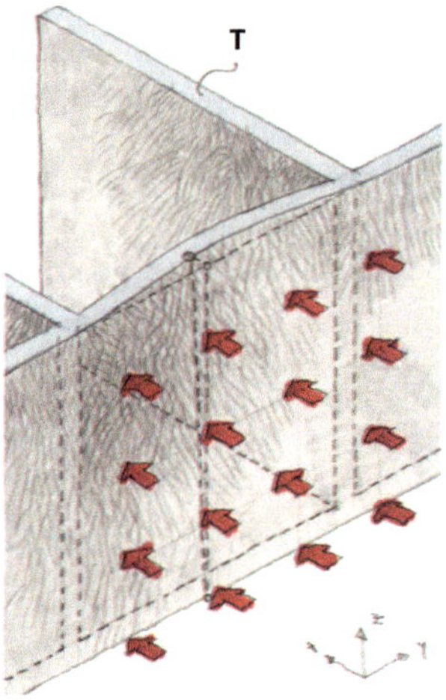

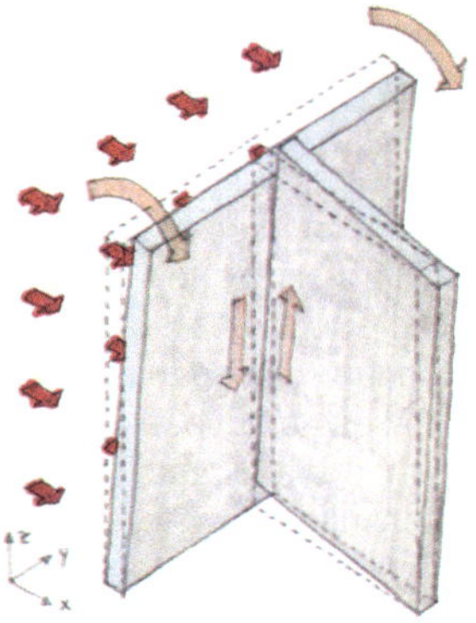

22 (Izquierda) estabilización de un muro contra cargas perpendiculares a su superficie mediante muros traviesa **T**.

25 (Derecha) para garantizar el efecto de rigidez entre una pared longitudinal y una transversal, es necesario conectar ambas de forma resistente a cortante. De lo contrario, se producirá un deslizamiento como se muestra en la imagen.

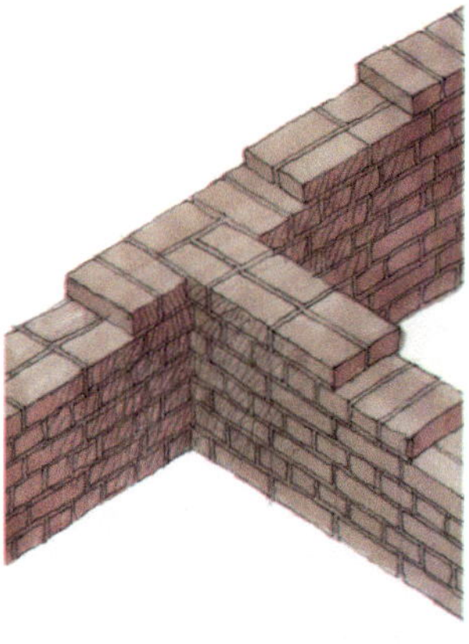

24 (Arriba) esquina de muro.

26 (Izquierda) enclavamiento resistente al esfuerzo cortante de muros longitudinales y transversales en la construcción tradicional de fábrica mediante enjarje mutuo.

23 (Derecha) esquina realizada en aparejo. Un rasgo característico de la auténtica construcción de obra de fábrica.

una pared para este fin. Ésta se sitúa entonces —como pared 22
transversal rigidizante o traviesa— en ángulo recto con la superficie del muro a rigidizar. Además, en la medida de lo posible, también se pueden utilizar para el mismo fin otros componentes superficiales delgados disponibles, es decir, forjados adyacentes lateralmente. Éstos también tienen una enorme rigidez en su plano, al igual que una traviesa, en la medida en que actúan como un diafragma en el sentido estático. Con estos elementos, por añadidura, se puede encerrar —como se ha visto— un espacio por todos los lados.

PARED TRANSVERSAL, TRAVIESA

Esta última afirmación parece bastante trivial al principio. En realidad, sin embargo, describe una idea constructiva y de diseño básica poco menos que brillante que subyace indistintamente a toda la construcción de obra de fábrica histórica, tanto en Oriente como en Occidente: a saber, la disposición inteligente y deliberada en el espacio de elementos estructurales con una grave debilidad inherente a su sistema (su susceptibilidad al vuelco y al pandeo), que se apoyan mutuamente (tanto figurada como literalmente) simplemente por la naturaleza de la estructura compuesta de pantallas perpendiculares mutuamente —sin ninguna otra medida— y erradican así esta debilidad, por así decirlo, en una interacción simbiótica. Lo esencial aquí es el término *simbiótico*: En esta estructura no hay jerarquías, al menos en lo que se refiere a las acciones de apoyar y ser apoyado: Cada pared soporta y al mismo tiempo se apoya en la traviesa colindante lateral —dependiendo de la dirección de aplicación de la carga. Al mismo tiempo, esta estructura crea exactamente lo que se pretende inicialmente con la construcción de un edificio: a saber, crear espacios utilizables cerrados por todos los lados.

Un requisito básico para la funcionalidad de este principio es —apenas parece necesario decirlo— el contacto real entre las paredes que colindan en ángulo recto.[4] Además, debido a las direcciones de carga que cambian habitualmente, no sólo es suficiente la resistencia de la conexión a la compresión, sino que también es necesaria la resistencia a la tracción. Además, para que la estructura de obra funcione según lo previsto, es necesario que la junta sea resistente al corte. De lo contrario, una pared sometida a una carga horizontal podría deslizarse a lo largo del borde de la pared
rigidizante. Todos estos requisitos se garantizaban en la 25
construcción tradicional de obra de fábrica incorporando el muro transversal en el aparejo del muro longitudinal, es decir
realizando un *enjarje*. En cambio, hoy en día, para facilitar 26
el trabajo, casi siempre se toman medidas sustitutivas en la práctica.

ENJARJE

Este principio constitutivo de la auténtica construcción de pared que acabamos de describir resulta especialmente manifiesto en la esquina visible de una estructura de obra de fábrica: El aparejo ininterrumpido de los muros que continúa horizontalmente rodeando una esquina siempre ha sido una característica inconfundible de una auténtica construcción de

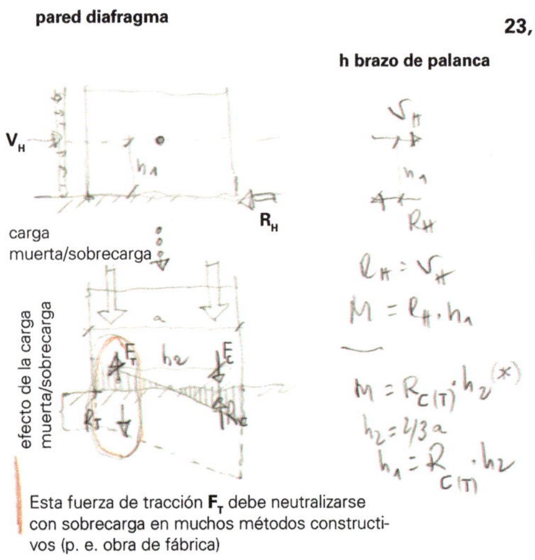

27 Efecto portante arriostrante de una pared diafragma contra la fuerza horizontal del viento (V_H): El momento resultante de la fuerza del viento V_H y la fuerza de reacción R_H en el apoyo (brazo de palanca h_1 = la mitad de la altura del diafragma) se mantiene en equilibrio por el par de fuerzas de las dos reacciones R_C (compresión) y R_T (tracción) con el brazo de palanca h_2 de 2/3 de la longitud de la pared **a**. La fuerza de tracción F_T debe ser neutralizada por R_T, lo que una construcción de fábrica sólo puede conseguir si hay suficiente carga muerta y sobrecarga, una regla fundamental de este método de construcción.

obra de fábrica portante (y, por supuesto, lo seguiría siendo
23, 24 hoy en día, si fuera visible desde el exterior[5]).

El efecto de rigidez muy eficaz de las paredes diafragma en su plano se basa en la conversión del momento de vuelco ocasionado por la carga horizontal y la fuerza de reacción horizontal en un momento de reacción igual producido por dos fuerzas verticales que actúan en el apoyo en direcciones opuestas, un par de fuerzas que consiste, pues, en una
27 fuerza de compresión y otra de tracción, ambas verticales.

Dos factores son esenciales para el modo de acción del arriostramiento mediante diafragma: En primer lugar, la gran distancia entre las fuerzas de reacción, es decir, el brazo de palanca del par de fuerzas estabilizante. Como es del orden de la longitud de una pared completa, siempre es mucho mayor que cualquier canto concebible de un componente ordinario que no tiene forma de muro, es decir, con forma de barra. Ésta es una noción elemental que a veces se pasa por alto. Esto también supone una ventaja importante de este elemento portante: el nivel de carga relativamente bajo de estas fuerzas de reacción resultante del gran brazo de palanca. De este hecho geométrico elemental —y no de medidas constructivas especiales— se deriva la considerable rigidez de las paredes diafragma frente a fuerzas horizontales, o de cualquier diafragma frente a cualquier fuerza imaginable, siempre que actúe a lo largo de su plano —y naturalmente tenga un retranqueo con respecto a la fuerza de reacción.

En segundo lugar, hay que recordar que la fuerza de reacción del par de fuerzas estabilizante más próxima a la fuerza externa, es decir, la fuerza de tracción ascendente, debe bloquearse de forma fiable. Esto parece una obviedad, ya que también se aplica de la misma manera a la otra fuerza de reacción, es decir, la fuerza de compresión. Pero esto sólo suena más fácil de lo que realmente es en condiciones prácticas. Esto es especialmente cierto en la construcción tradicional de obra de fábrica, que transfiere la compresión sin problemas a los cimientos mediante contacto de com-

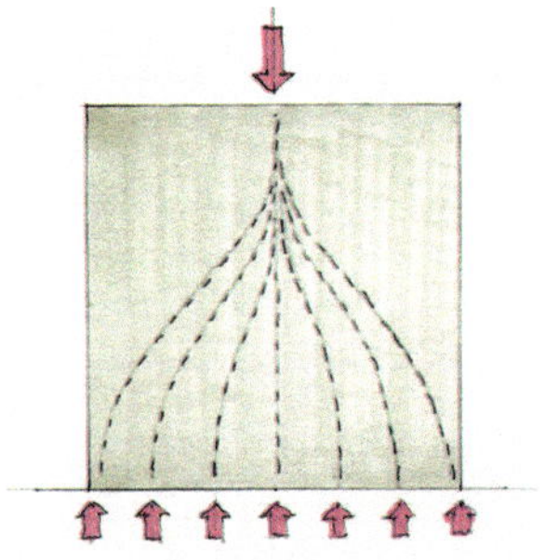

29 Distribución lateral de una carga concentrada dentro de un diafragma debido a su rigidez a cortante.

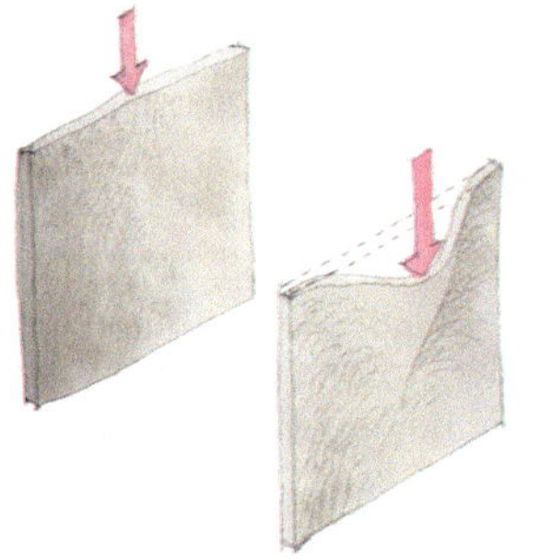

28 Pandeo de una pared diafragma sujeta por tres lados y libre en la parte superior (derecha) bajo una carga puntual excesiva. La delgada pared evade la fuerza de forma similar a un proceso de pandeo, deformándose lateralmente fuera de su plano.

30 Placa de alma, actuando en forma de diafragma, abombada de una viga de acero. Se puede ver claramente cómo las dos placas de rigidización en la parte superior han evitado localmente el abombamiento.

presión, pero que no puede absorber realmente la tracción debido a las fuerzas de elevación que se producen en la sensible junta horizontal a hueso o de mortero, es decir el tendel. Se abriría inmediatamente si no fuera por el efecto compensador (absolutamente esencial para este tipo de construcción) de la carga muerta y la sobrecarga combinadas. En la construcción de edificios, esta última se introduce principalmente en la pared por los forjados de piso apoyados. Estas cargas —carga muerta y sobrecarga— se superponen al efecto de las fuerzas ascendentes que surgen sistémicamente, por así decirlo, de la rigidez de la estructura global garantizada por diafragmas; las sobrecomprimen. El hecho de que el método de construcción de pared que más éxito ha tenido históricamente, es decir, el de obra de fábrica, conste de un material pesado no es probablemente una completa coincidencia en estas circunstancias.

MÉTODO DE CONSTRUCCIÓN CELULAR

El arquetipo constructivo que se acaba de describir se denomina método de construcción *celular*. La rigidez frente 31
a todas las influencias externas, sin importar la dirección, se expresa de forma clara con el concepto de célula cerrada.

Reparto de cargas

■ Un rasgo característico de los métodos de construcción de pared es la distribución o el reparto sistemático de las cargas introducidas en el plano de la pared, y aquí en particular las cargas verticales, que dominan sobre todas las demás, especialmente en la construcción sólida.

Esta regla básica se deduce de las propiedades estáticas del elemento básico constitutivo: el diafragma plano y delgado. Fuertes cargas locales concentradas que penetran en él provocarían con relativa facilidad su fallo, es decir, su pandeo o abombamiento: El factor decisivo en este proceso 28, 30
de flectado lateral bajo carga excesiva es, por supuesto, la dimensión débil del componente, es decir, en nuestro caso el espesor de la pared. Por lo tanto, el peligro bajo fuerte carga es básicamente la evasión en ángulo recto con el plano de la pared: la dirección en la que tiene, con diferencia, la menor rigidez. Esta debilidad, que es, por así decirlo, sistémica en el caso de componentes planos delgados, podría ciertamente, como se ha visto, compensarse creando localmente una rigidez adecuada en esta dirección (con un contrafuerte o una pared transversal), pero en principio desaconseja, como regla general, acumular localmente fuerzas en el sistema (sin embargo, esto es precisamente lo que ocurre en los sistemas de esqueleto).

ESPESOR DE PARED

La lógica constructiva del componente superficial delgado, que debido a su uniformidad, como es obvio, ha de dimensionarse *uniformemente* en función de la mayor carga localmente prevista, también es contraria, desde un principio, a concentraciones de carga, es decir, favorece su reparto. Esto es así porque el espesor del componente, que en este contexto se extiende de forma continua y constante sobre el mismo, tendría que dimensionarse en función de estos picos de carga locales; pero más allá de estos picos de carga

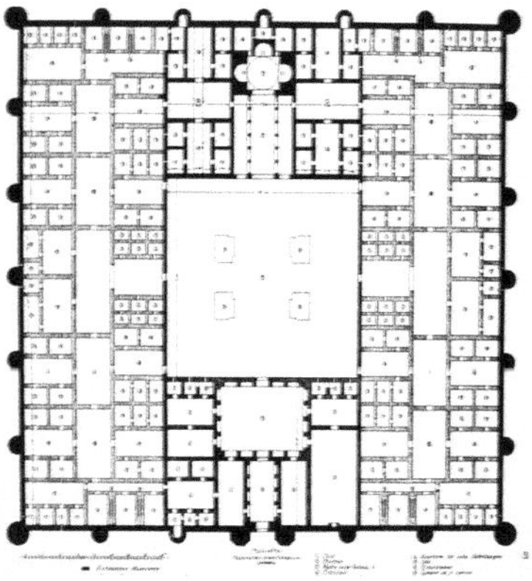

31 Ejemplo paradigmático de estructura celular de fábrica. La estructura del edificio ilustra perfectamente el principio constructivo (*Qasr Mshatta*, Jordania).

se produciría un sobredimensionamiento inútil.

La distribución consistente de cargas, intrínseca al sistema de los métodos de construcción de pared, siempre ha sido extraordinariamente conveniente para el más importante de ellos, es decir, el método de construcción de obra de ladrillo, ya que este material básicamente sólo puede soportar cargas moderadas. Si el sistema estructural se ejecuta de forma coherente, ni siquiera existe necesidad de concentraciones de carga. En un edificio de construcción celular, las cargas de los pisos superiores siempre se distribuyen de todos modos uniformemente cuando se transfieren a lo largo de la altura de la pared portante antes de ser introducidas en el paño de la pared inferior, ya que básicamente sólo se transmiten a través de diafragmas que, debido a su gran rigidez al esfuerzo cortante —véase más arriba— siempre
29 distribuyen las cargas, incluso las puntuales, lateralmente de manera consistente. Las cargas del forjado, a su vez, también pueden repartirse bien sobre los muros de carga, ya sea en el caso de una losa de hormigón, ya de primeras, debido a su uniformidad, o en el caso de un forjado de vigas, debido a la distribución que produce la carrera de vigas siempre idénticas colocadas a pequeñas distancias.

Sin embargo, al igual que en el caso del muro de gravedad, una estructura celular también acaba alcanzando, a pesar de su mayor eficiencia estática en comparación con el muro de gravedad, el límite de lo que es razonablemente factible cuando se apilan sucesivamente los pisos: Es precisamente la bidimensionalidad de los elementos portantes, es decir, las paredes, la que en algún momento hace inviable este principio estructural —como ocurre con todos los demás métodos de construcción de hoja uniforme—, es decir, cuando sus propias cargas ejercen un efecto desproporcionado con el aumento del tamaño (en este caso de la altura). El peso muerto de los componentes bidimensionales acaba siendo demasiado grande para ser soportado por las paredes inferiores (con espesores de pared aún razonables). Esta es la principal razón por la que los verdaderos edificios de gran altura no son edificios celulares.[6]

3.4 Huecos de pared

Por razones obvias de uso, las estructuras celulares no pueden realizarse en su forma pura, es decir, sin aberturas ni penetraciones. Las aberturas para entrar en los espacios creados en la estructura celular, así como para su iluminación y ventilación, son a este respecto tan intrínsecas al sistema como las paredes mismas y, por tanto, siempre deben integrarse cuidadosamente en el sistema estructural.

Hay que tener en todo momento en cuenta que las aberturas en un muro debilitan inevitablemente su capacidad de carga. En este caso, se presenta el ejemplo por excelencia de un conflicto de objetivos funcionales. Si las aberturas son demasiado grandes o numerosas, el diafragma de la pared se transforma en un tipo de marco o retícula. En las secciones transversales de la pared que quedan entre las aberturas, esto conduce inevitablemente a dos cosas: por un lado, a una fuerte concentración de cargas como resultado de la adición sucesiva de cargas verticales actuando sobre un área de sección transversal reducida, es decir, en los sectores de pared residuales entre huecos, por ejemplo las entreventanas, y por otro lado, a momentos flectores por la carga de descuadre de la pared, ahora perforada, que prácticamente ya no constituye un diafragma, sino más bien una retícula. Este tipo de esfuerzo se evita por principio y de forma sistemática en el método de construcción de pared, como se ha comentado anteriormente. Un material relativamente débil y sensible como la fábrica de ladrillo es especialmente susceptible a este fenómeno, pero lo son sobre todo las juntas, aún más débiles, que no pueden absorber fuerza alguna de flexotracción.

La primera regla que se deriva de estas circunstancias es, por tanto, limitar la superficie de los huecos en relación con las zonas residuales —los machones o entreventanas— de la pared, es decir mantener una pequeña proporción de superficie de hueco en la pared. O expresado de otra ma- **35, 34**
nera: Tradicionalmente, en las construcciones de pared las aberturas siempre fueron más bien pequeñas, y lo siguen siendo hoy en día en los edificios de auténtica obra de fábrica.

También se aplican normas relativamente estrictas en cuanto a la disposición y distribución de los huecos en un muro de carga: En primer lugar, hay que evitar que una abertura quede directamente adyacente a una esquina de la pared. La consecuencia sería que la zona de la pared aco- **32**
metiendo en la esquina en ángulo recto, directamente al lado de la abertura, ya no estaría rigidizada transversalmente a lo largo de toda su altura, porque allí habría un hueco y por tanto no habría pared transversal o machón de muro para efectos de rigidización. En tal caso, esto se denomina un borde libre de pared, que siempre debe evitarse en la construcción de obra de fábrica convencional. Si, por el contrario, el hueco se aleja lo suficiente de la esquina del muro para que quede en ella un machón de refuerzo suficientemente profundo, vuelven a satisfacerse en cambio las necesidades estáticas. **33, 37**
También por esta razón, la esquina del muro continua y sin interrupción es un rasgo característico, casi icónico, de los métodos genuinos de construcción de pared.

BORDE LIBRE DE PARED

Otra característica de los patrones de huecos en paramentos es la superposición alineada estricta de huecos de ancho idéntico, o alternativamente la superposición centrada **38**
de huecos que se ensanchan (sólo) hacia la parte superior. **43**
De este modo, las cargas verticales que fluyen en las entreventanas de la pared se transfieren de forma estrictamente vertical a la cimentación del edificio por el camino más corto posible. Un desplazamiento horizontal, planta por planta, de las ventanas contradice flagrantemente el principio básico de la construcción de pared, porque produce un desvío o redirección horizontal del flujo de fuerzas.[7] Esto provoca inevitablemente tensiones de tracción en la estructura de

35 Construcción tradicional de obra de fábrica con aplicación estricta del principio estructural básico: pequeños formatos de ventana, disposición estrictamente regular de las mismas, aberturas dispuestas una sobre otra. La economía era sin duda una prioridad para este edificio, construido originalmente como granero.

la pared, para las que ésta —al menos en su versión de obra de fábrica— no tiene suficiente resistencia. La única excepción significativa a esta regla es la construcción de muros de hormigón armado.

Dado que las cargas verticales sólo se transmiten en los machones de muro entre los huecos, las entreventanas, e incluso las cargas del forjado por encima de las aberturas deben introducirse en estos pilares, se deduce que los paños de muro entre el borde inferior de una abertura y el forjado del siguiente piso inferior —es decir, los antepechos— no tienen función portante y, por consiguiente, sólo se soportan a sí mismos. Por lo tanto, es posible, en su caso, omitirlas por completo y llevar la apertura hasta el suelo sin que este aumento notable de la superficie del hueco debilite
41 apreciablemente la estructura de la pared.[8] Esto se utilizó ampliamente en la construcción tradicional pétrea.[9]

Además, la anchura del propio hueco debe limitarse fuertemente, ya que, de lo contrario, o bien se necesitan vigas
40 rígidas a la flexión, es decir, dinteles, hechos de otro material para salvar el vano (en el caso de fábrica de ladrillo, elementos ajenos al material, por así decirlo), o bien arcos de fábrica,
42 cuyos empujes deben acomodarse en consecuencia en la estructura del muro: Es decir, se requieren paños de muro cerrados (machones de fábrica) bajo las impostas del arco para dirigir los empujes hacia el suelo. Todo ensanchamiento de una abertura conlleva inevitablemente un aumento de las cargas recogidas por el dintel o el arco y, por tanto, también de las cargas de apoyo sobre las dos jambas: concentraciones de carga, por tanto, que, como se ha comentado, son

34 Construcción tradicional de obra de fábrica con una modesta proporción de ventanas en la pared exterior. Obsérvense también las abrazaderas de hierro a la altura de los forjados de piso. Castillo de Turku, Finlandia.

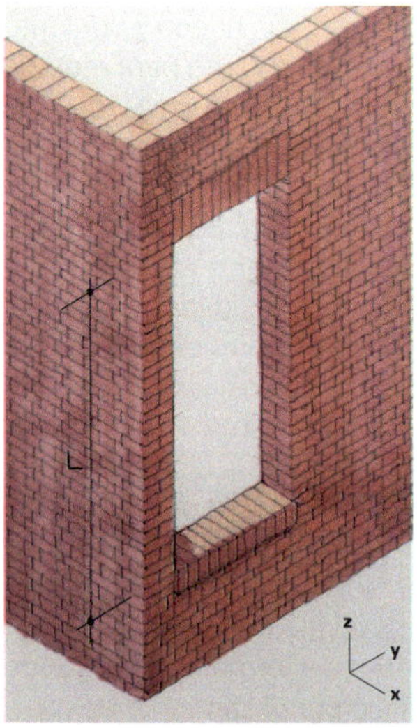

32 Abertura de ventana directamente adyacente a una esquina: El sector **L** del muro no se rigidiza lateralmente en →**y**. **L** es un borde libre de pared, que siempre debe evitarse en la construcción de fábrica.

33 Abertura de ventana apartada de la esquina: El machón **a** rigidiza el muro en →**y** en medida suficiente. Véase también **37**.

contrarias al sistema y no pueden soportarlas los materiales convencionales (o sea, los ladrillos). Los formatos de abertura preferidos de los métodos convencionales de construcción de muro en obra de fábrica son, en consecuencia, rectángulos verticales estrechos con suficiente distancia entre sí. Incluso en las construcciones de entramado de madera, **37, 38, 41**
hay que tener en cuenta el aumento de las cargas en las jambas de los huecos reforzando o duplicando los nervios de los bordes.

Esta lógica constructiva es el verdadero origen de la concepción de la ventana como abertura incisa en el paramento de un muro, rodeada por el mismo por todos sus lados y limitada en su superficie. La ventana, en este sentido, es una **36**
perforación o hendidura en la superficie de la pared que, por lo demás, queda inalterada. Este concepto es básicamente ajeno a un método constructivo con paredes exteriores ligeras tipo cortina, como es el de esqueleto. Por supuesto, también pueden utilizarse huecos de ventana de este tipo en construcciones de esqueleto, pero —al menos en esta forma— no son intrínsecas al sistema como en los métodos de construcción de pared mencionados: Su principio constitutivo procede, al contrario, de un mundo completamente distinto del de las armazones ligeras: del de la construcción sólida. El tratamiento gráfico de una fachada concebida como composición rítmica de un fondo claro (el muro) que rodea a modo de un marco unas superficies localizadas oscuras (las ventanas) también se basa estrictamente en las leyes constructivas de los muros de piedra.[10]

37 (Derecha) formación típica de una esquina en un edificio de fábrica: Los huecos de ventana están situadas lo suficientemente lejos de la esquina del edificio como para que quede un machón lo suficientemente grande como para rigidizar el lado de la pared testera del edificio (no visible, detrás de la esquina). Véase también **33**.

38 Construcción clásica de obra de fábrica con proporciones típicas entre la zona de muros y ventanas. Los huecos de las ventanas están rematados con arcos de punto hurtado rectos.

36 El concepto de ventana como abertura (negativa) en una superfice positiva, el paramento del muro, es característico de la construcción de obra de fábrica y tiene su origen en ésta.

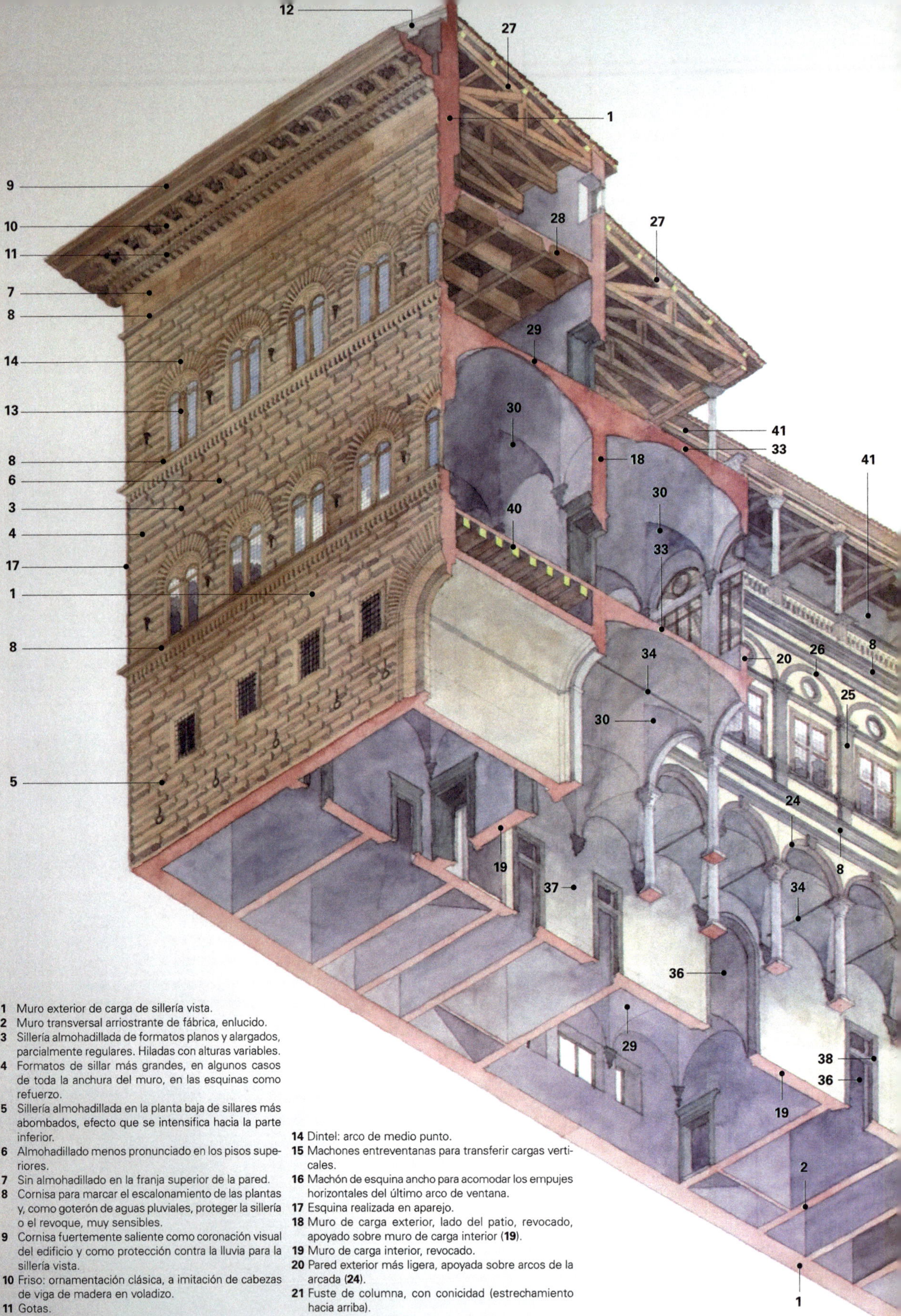

1 Muro exterior de carga de sillería vista.
2 Muro transversal arriostrante de fábrica, enlucido.
3 Sillería almohadillada de formatos planos y alargados, parcialmente regulares. Hiladas con alturas variables.
4 Formatos de sillar más grandes, en algunos casos de toda la anchura del muro, en las esquinas como refuerzo.
5 Sillería almohadillada en la planta baja de sillares más abombados, efecto que se intensifica hacia la parte inferior.
6 Almohadillado menos pronunciado en los pisos superiores.
7 Sin almohadillado en la franja superior de la pared.
8 Cornisa para marcar el escalonamiento de las plantas y, como goterón de aguas pluviales, proteger la sillería o el revoque, muy sensibles.
9 Cornisa fuertemente saliente como coronación visual del edificio y como protección contra la lluvia para la sillería vista.
10 Friso: ornamentación clásica, a imitación de cabezas de viga de madera en voladizo.
11 Gotas.
12 Cubierta inclinada para proteger la cornisa de piedra (**9**).
13 Ventanas divididas en dos por un parteluz de piedra; todas las ventanas dispuestas estrictamente una sobre otra en cada planta.
14 Dintel: arco de medio punto.
15 Machones entreventanas para transferir cargas verticales.
16 Machón de esquina ancho para acomodar los empujes horizontales del último arco de ventana.
17 Esquina realizada en aparejo.
18 Muro de carga exterior, lado del patio, revocado, apoyado sobre muro de carga interior (**19**).
19 Muro de carga interior, revocado.
20 Pared exterior más ligera, apoyada sobre arcos de la arcada (**24**).
21 Fuste de columna, con conicidad (estrechamiento hacia arriba).
22 Capitel; Transición formal entre columna portante y arco apoyado.
23 Base de columna: Transición formal entre el fuste de la columna (**20**) y el nivel del suelo.
24 Arco de la arcada, obra de fábrica; se hace visible al exterior por el color y el perfilado.
25 Pilastra: Elemento para la estructuración visual de la pared, para la transferencia de carga vertical desde los arcos de la arcada (**26**) y para rigidizar la delgada pared exterior (**20**).

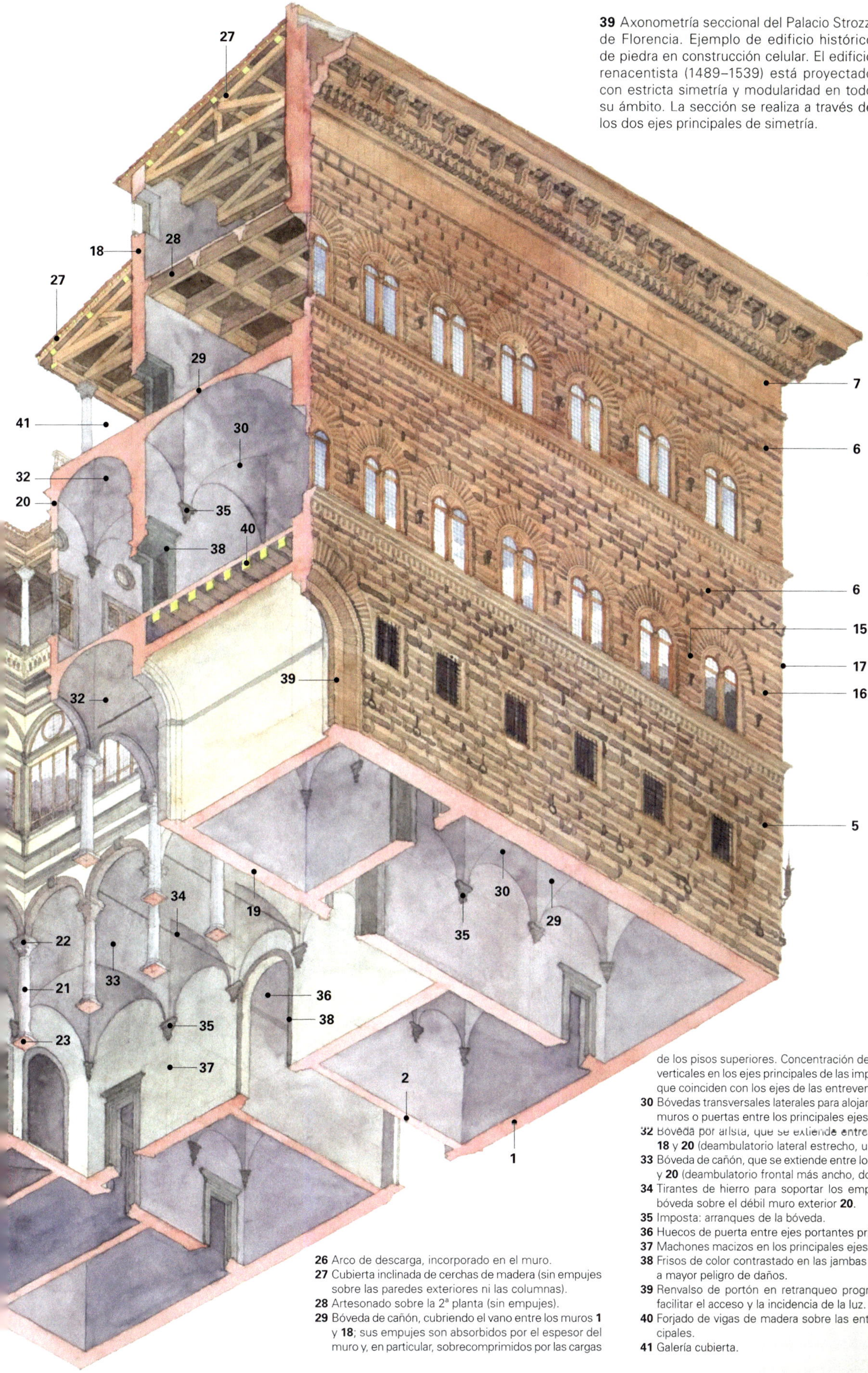

39 Axonometría seccional del Palacio Strozzi de Florencia. Ejemplo de edificio histórico de piedra en construcción celular. El edificio renacentista (1489–1539) está proyectado con estricta simetría y modularidad en todo su ámbito. La sección se realiza a través de los dos ejes principales de simetría.

26 Arco de descarga, incorporado en el muro.
27 Cubierta inclinada de cerchas de madera (sin empujes sobre las paredes exteriores ni las columnas).
28 Artesonado sobre la 2ª planta (sin empujes).
29 Bóveda de cañón, cubriendo el vano entre los muros **1** y **18**; sus empujes son absorbidos por el espesor del muro y, en particular, sobrecomprimidos por las cargas de los pisos superiores. Concentración de las cargas verticales en los ejes principales de las impostas (**35**), que coinciden con los ejes de las entreventanas (**15**).
30 Bóvedas transversales laterales para alojar huecos de muros o puertas entre los principales ejes portantes.
32 Bóveda por arista, que se extiende entre los muros **18** y **20** (deambulatorio lateral estrecho, una crujía).
33 Bóveda de cañón, que se extiende entre los muros **18** y **20** (deambulatorio frontal más ancho, dos crujías).
34 Tirantes de hierro para soportar los empujes de la bóveda sobre el débil muro exterior **20**.
35 Imposta: arranques de la bóveda.
36 Huecos de puerta entre ejes portantes principales.
37 Machones macizos en los principales ejes portantes.
38 Frisos de color contrastado en las jambas sometidas a mayor peligro de daños.
39 Renvalso de portón en retranqueo progresivo para facilitar el acceso y la incidencia de la luz.
40 Forjado de vigas de madera sobre las entradas principales.
41 Galería cubierta.

42 La forma clásica de salvar un hueco en una construcción de fábrica: un arco.

43 Muro exterior de carga de composición clásica de un edificio de fábrica con formatos de ventana esbeltos y verticales dispuestos estrictamente uno sobre otro. Los huecos están cubiertos por arcos. Siempre que no se superponen estrictamente los huecos unos sobre otros, como en el caso de los huecos de ventana centrales de los tres pisos, se hace de manera que la proporción de aberturas en la superficie del muro aumente hacia arriba, y no al revés. O dicho de otro modo: Donde se acumulan las cargas, es decir, en la parte inferior, hay más superficie de entreventana sólida disponible para la transferencia de cargas. Palacio en Venecia, Riva degli Schiavoni.

41 Los huecos de las ventanas bajan hasta el suelo. Un lienzo de antepecho no habría sido más que peso muerto. Debe quedar suficiente canto entre el borde del forjado y el dintel de la ventana inmediatamente inferior para redirigir las cargas del forjado por encima de la ventana hacia las entreventanas del muro. (Casa de la Panadería, Plaza Mayor, Madrid).

40 Puenteo de un hueco de puerta con una combinación de arco de descarga (arriba) y dintel (abajo). Ambos elementos están formados por sillares individuales cincelados en forma de prisma en colores contrastados, que se entrelazan intrincadamente en una figura ornamental. Un ejemplo de cantería exquisita. Mezquita del Sultán Hassan, El Cairo, iniciada en 1356.

3.5 El papel de los forjados

■ Ya se dijo anteriormente, en relación con el arriostramiento por medio de diafragmas transversales, que esta función estática la pueden asumir no sólo paredes verticales, sino también, en principio, forjados horizontales. Esta afirmación merece ser matizada.

Los forjados ciertamente pueden proporcionar un soporte lateral para una pared delgada en su borde superior, borde que de otro modo quedaría libre. En este caso, se puede afianzar un paño de pared de forma óptima en sus cuatro bordes: en su base, en dos paredes transversales laterales y, finalmente, en la parte superior con la ayuda de un elemento adicional, por ejemplo, un forjado diafragma. De lo contrario, **3** este borde libre flectaría bajo la carga horizontal y, en casos extremos, se rompería como resultado de las fuerzas de tracción que se producen. **16, 22**

3.5.1 Arriostramiento mediante forjados de vigas

■ Ahora bien, los forjados de planta tradicionales eran siempre forjados de vigas de madera y, como carreras de barras que son, no eran diafragmas resistentes al descuadre en el sentido estático. Por esta razón, los forjados de vigas no podían proporcionar el mismo soporte que los paños de pared resistentes al esfuerzo cortante (o como modernas losas de hormigón). Sin embargo, tradicionalmente se intentaba, al menos, utilizar el efecto de atado, aunque fuera parcial, de los forjados de vigas. Para ello, las cabezas de las vigas se ata- **47** ban, por ejemplo, a los muros de carga o muros arriostrantes a determinados intervalos regulares con la ayuda de anclajes de hierro. A menudo, estos anclajes situados a la altura de los **45–48** ANCLAJES pisos en las paredes exteriores aparecen en el exterior y, por lo tanto, a veces también están diseñados decorativamente. Las viguetas del forjado conectadas longitudinalmente en serie se empalmaban con abrazaderas o garras produciendo una unión entre muros de carga paralelos para garantizar una unión a tracción. Los muros paralelos a las viguetas también se ataban lateralmente de forma resistente a la compresión y a la tracción a las dos o tres primeras viguetas del forjado paralelas a ellos. Con estas medidas, las delgadas paredes se aseguraban lateralmente contra el pandeo o el abombado. Su longitud efectiva de pandeo se reducía así a una altura de un solo piso. A veces incluso se incorporaban a la estructura **44** tirantes completamente circunferenciales, unos zunchos de amarre, que daban a la obra de fábrica una resistencia a la tracción, de la que tanto carece este tipo de construcción, a la altura del piso a la manera de un aro de barril y hacían así que la superficie vertical del muro tuviera una capacidad de carga de diafragma al menos parcial.

☞ *Véanse las abrazaderas* ***7*** *en* 🗗 **47**

☞ *Véanse los anclajes* ***6*** *en todo el perímetro en* 🗗 **47**

ZUNCHO

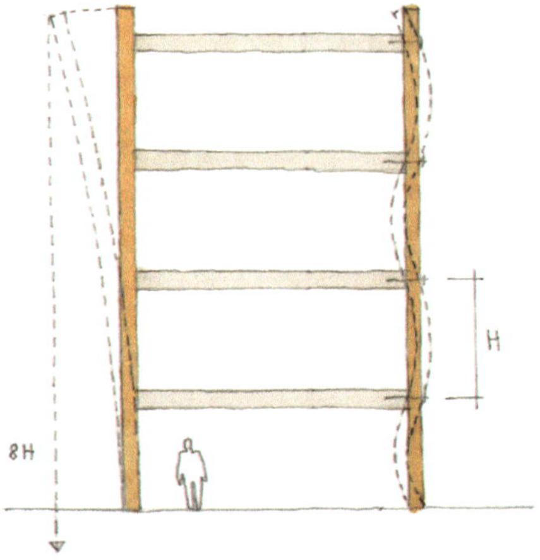

44 Efecto del apoyo lateral de un muro esbelto a través de los forjados: A la izquierda, la pared no está conectada a los forjados. Pandea bajo carga con una longitud de pandeo igual a ocho veces la altura del piso **8H** (en este edificio de cuatro pisos) y, por lo tanto, es extremadamente propensa al pandeo. No así la pared que se muestra a la derecha, que está conectada a los forjados. Sólo puede pandear con una longitud de pandeo igual a la altura del piso **H**. El requisito previo para el efecto rigidizador de los forjados es, por supuesto, que ellos mismos estén conectados a puntos fijos (por ejemplo, paños de pared paralelos al plano contemplado).

1 muro de carga
2 muro arriostrante
3 vigueta
4 cargadero
5 viga corredera
6 anclaje
7 abrazadera

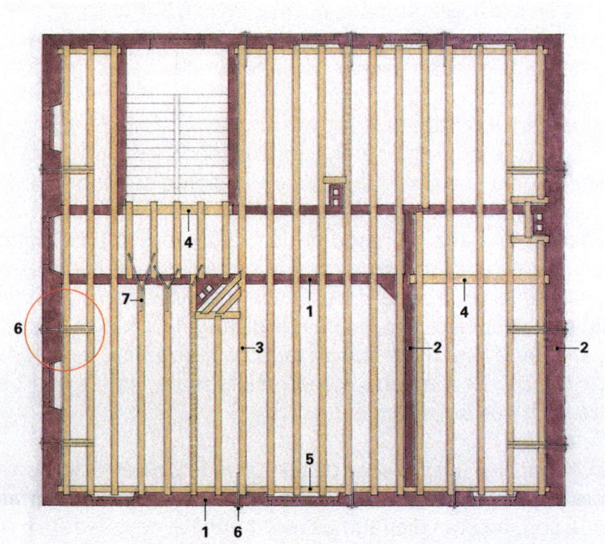

47 Plano de vigas de un forjado de vigas de madera en un edificio de fábrica. Se aprecia claramente la yuxtaposición de muros de carga (**1**), sobre los que descansan las viguetas del forjado, y muros arriostrantes no portantes (**2**). En este caso, presumiblemente por motivos de mayor simplicidad, se eligió una única orientación para las viguetas de piso, independientemente de las luces. También se muestra cómo las abrazaderas conectan la fábrica a la carrera de vigas. Esto se hace bien en la orientación de las viguetas fijando tirantes al lado de las viguetas, o transversalmente conectándolas a las dos viguetas cercanas a la pared (detalle **6**). Para ello, también se fija a media madera un travesaño corto. Las abrazaderas (**7**) crean una conexión continua a través de las testas de las vigas.

45 Arco de fábrica. Nótense las abrazaderas de hierro, que reflejan decorativamente el año de construcción.

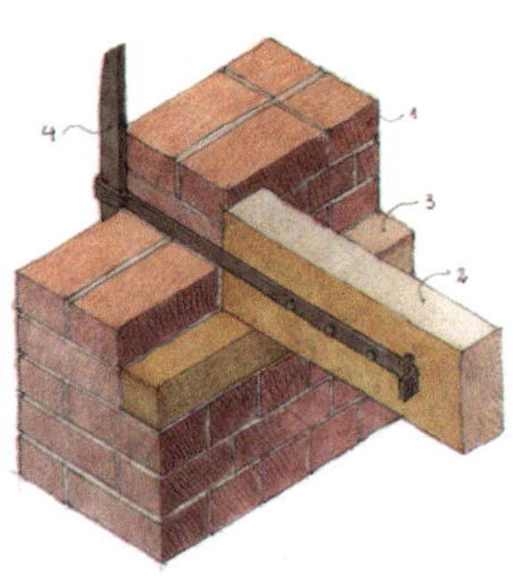

48 Detalle de una abrazadera como se representa en 43. **1** muro, **2** vigueta, **3** viga corredera, **4** abrazadera.

46 Abrazadera de hierro para soporte horizontal de una pared conectándola a un forjado. Una barra de hierro pasante se forja en forma de ojal en el extremo y se sujeta con una chaveta.

Sin embargo, fue la construcción moderna de hormigón armado la que realmente aprovechó el verdadero potencial oculto en el principio de la construcción de pared, en forma de la losa de hormigón resistente al esfuerzo cortante que actúa como diafragma estático rígido al descuadre (y al mismo tiempo como placa rígida a la flexión).[11] Lo que la **49** construcción pétrea tradicional nunca pudo lograr, es decir, producir componentes superficiales planos horizontales, lo logra la construcción moderna de hormigón con facilidad y, por lo tanto, ofrece a los muros verticales un soporte no sólo equivalente sino superior al de muros transversales, ya que también es capaz de absorber fuerzas de tracción de casi cualquier magnitud. La losa de hormigón puede integrarse bien en la armazón de la obra de fábrica y permite que las fuerzas horizontales se transfieran al muro simplemente por bloqueo por rozamiento.

Los forjados de losa de hormigón también tienen otra ventaja significativa sobre los forjados de vigas, que a su vez satisface un requisito fundamental de la construcción de pared: Mientras que los forjados de vigas, siendo construcciones portantes unidireccionales, sólo transfieren sus cargas a las dos paredes sobre las que se apoyan, dejando las otras dos de un cuadrilátero de paredes completamente descargadas, los forjados de losa bidireccionales distribuyen su carga uniformemente a los cuatro lados. Es obvio que estas condiciones se acercan mucho más al objetivo de una distribución de cargas lo más uniforme posible y un nivel de carga global lo más bajo posible, como ya se ha mencionado: El forjado macizo no sólo carga cuatro muros (en lugar de dos), sino que sólo deposita sobre cada muro la mitad de la carga que introduce un forjado de vigas unidireccional en los dos muros de carga.

Arriostramiento mediante forjados diafragma 3.5.2

☞ *Véase las dos categorías de muros de carga y de arriostramiento (**1**, **2**) en* **47**.

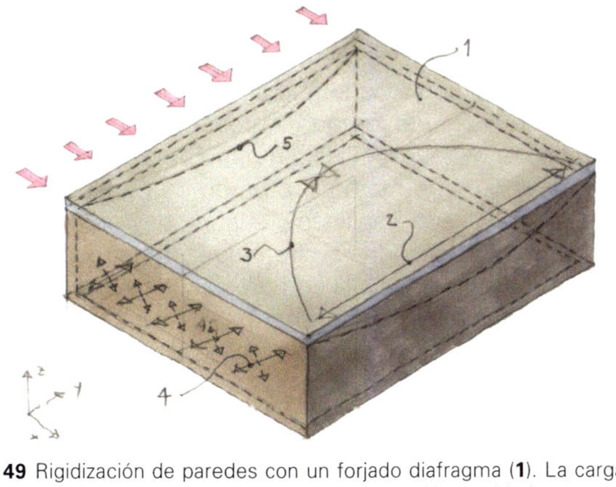

49 Rigidización de paredes con un forjado diafragma (**1**). La carga horizontal actuante genera un cordón de tracción en el lado opuesto a la fuerza (**2**) y un arco de compresión (**3**). El cordón de tracción está formado en los forjados de losa por la armadura, el arco de compresión por el hormigón. El forjado diafragma transfiere la fuerza a las dos paredes diafragma alineadas a lo largo de →**x**, que a su vez están sometidas a cortante (**4**). La pared expuesta a la carga se deformaría como (**5**) sin rigidizarse.

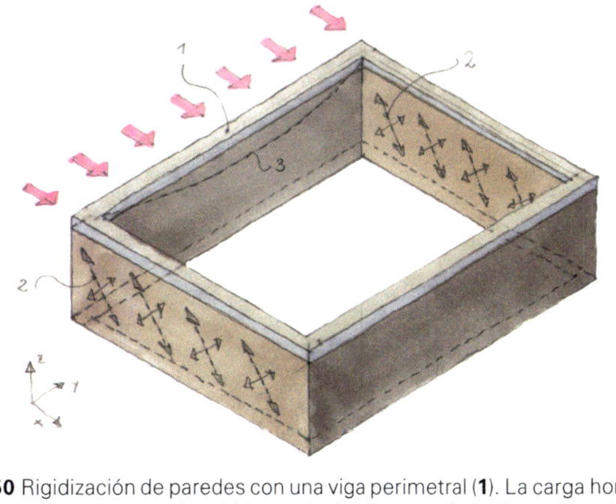

50 Rigidización de paredes con una viga perimetral (**1**). La carga horizontal actuante es absorbida por la viga (que actúa horizontalmente) (**1**) por flexión y transferida a las dos paredes diafragma alineadas a lo largo de →**x**, que a su vez están sometidos a cortante (**2**). La pared expuesta a la carga se deformaría como (**3**) sin rigidizarse. De este modo, el forjado queda liberado de la tarea de arriostramiento y puede ejecutarse, por ejemplo, como un forjado de vigas de madera convencional.

Por otra parte, la construcción moderna de madera sí que ofrece la posibilidad de transformar eficazmente un forjado de vigas en un diafragma, cosa que los antiguos carpinteros no lograban con el entablado convencional que lo remataba: Los modernos tableros de madera de gran formato rigidizan eficazmente una carrera de vigas contra esfuerzos cortantes en su plano aplicados como aplacado superior, transformándola así en un verdadero diafragma rígido al descuadre.

3.5.3 Arriostramiento mediante vigas perimetrales

VIGA PERIMETRAL

■ La construcción de hormigón armado permite sostener el borde superior de una pared incluso sin losa de hormigón: Basta con integrar en la construcción del muro una viga de hormigón rígida a la flexión horizontal, la llamada viga perime-
50 tral. Ésta restringe el flectado en sentido horizontal del borde superior del muro y transfiere las fuerzas horizontales a los dos muros diafragma transversales verticales que rigidizan el muro (en la misma dirección). En estas condiciones, vuelve a ser factible un forjado de vigas sin rigidez al descuadre. Por supuesto, la viga perimetral es capaz de asumir la misma función de unión y activación de un efecto de diafragma de los muros de carga que asume el anclaje mencionado arriba.

4. Métodos constructivos de pared en diferentes materiales

■ Hasta ahora, se han entendido los métodos de construcción de pared principalmente como principios estructurales abstractos y sólo se ha hecho referencia algunas veces al tipo especial de ejecución en un material concreto, a saber, la obra de fábrica, sin implicar por ello que no puedan realizarse
51 también en otros materiales. A continuación, se analizarán las características especiales de los métodos de construcción de pared en diferentes materiales: además de la obra de fábrica, también en madera —tanto los métodos de construcción en entramado como los métodos de construcción en madera maciza— y en hormigón armado.

4.1 Métodos constructivos de pared en obra de fábrica

■ La obra de fábrica, en las dos variantes de piedra natural y artificial, es, casi con toda seguridad, el material del que surgió originalmente este método de construcción de pared en términos de historia del desarrollo. En particular, los puntos débiles de este material, o grupo de materiales, a saber, su extraordinaria fragilidad y —al menos en el caso de ladrillos de arcilla secados al aire y ladrillos cocidos— su sólo moderada resistencia a la compresión, han conducido en última instancia a las estrictas normas de construcción y diseño que se analizaron en detalle anteriormente.

APAREJO

En la construcción de obra de fábrica, los lienzos o paños continuos de los muros de carga se crean mediante el aparejo de las piezas de albañilería. En su forma más primitiva, el aparejo de piedras de cantera o piedras halladas, poco trabajadas o incluso sin trabajar, se crea a partir del apilamiento vertical de piedras que encajan toscamente unas sobre otras y crean una unión mecánica con un enclavamiento
54, 53 más o menos irregular. En el caso de sillares trabajados o
52 unidades de albañilería artificiales, la unión se basa en la

superposición sucesiva de hiladas horizontales de piezas cuyas llagas (o juntas verticales) están desplazadas entre sí por una dimensión fija, generalmente modular. El desfase resultante entre las piezas superpuestas, el solapo, asegura la unión en la estructura pétrea con la cooperación de la carga y el rozamiento en la junta horizontal, el tendel.

SOLAPO

Los sistemas de ordenación modulares permiten un uso racional de los materiales de construcción. Esto se aplica en particular a bloques de construcción artificiales, para los que atenerse a una dimensión modular uniforme no supone complicación adicional: Al fin y al cabo, gracias al **52**
procedimiento de fabricación por moldeo plástico, pueden producirse sin dificultad desde un principio con las mismas dimensiones modulares.

☞ *Cap. 10., Aptdo. 2.2 Órdenes modulares, pp. 576 y s.*

Esto no es así con bloques de construcción hechos de piedra natural. Por razones pragmáticas de ahorro de mano de obra, las dimensiones de un sillar se suelen adaptar tradicionalmente a las dimensiones de la materia prima encontrada, es decir, por razones de economía, desde un principio se solían utilizar formatos de piedra variables. Las **53**
variantes de obra de fábrica mencionadas pueden procesarse tanto en seco como con mortero.

CONSTRUCCIÓN DE DIAFRAGMA

La construcción de pared —un término más preciso sería construcción *de diafragma*— se fundamenta en la idea básica de disponer elementos superficiales portantes y simultáneamente delimitadores de espacio, es decir las paredes diafragma, de manera que se apoyen mutuamente en una armazón espacial y creen una estructura estable. Para decirlo de forma aún más sucinta, la ventaja esencial de la construcción de pared es la siguiente: crear espacio y estabilidad con un solo elemento constructivo al mismo tiempo, por así decirlo, sin gastos adicionales.

Resulta muy interesante comprobar cómo esta idea elemental se ejecutó también en otros materiales, es decir, en materiales no pétreos. Y de hecho fue así. En este contexto,

51 Construcción celular de adobe. Siwa, Egipto.

54 Creación de un lienzo de muro mediante componiendo material pétreo de cantos irregulares, sin labrar o sólo ligeramente labrados. El resultado es un enclavamiento parcial dentro de la estructura del muro.

53 Creación de un lienzo de muro con un aparejo de sillares. Se utilizan distintos formatos, en función de las dimensiones de la materia prima disponible.

52 Creación de un lienzo de muro con un aparejo de piedras artificiales de dimensiones modulares fijas. El desfase horizontal entre ladrillos superpuestos es el solapo y constituye la base de la capacidad de carga de la estructura del muro. Lo mismo ocurre con la obra de sillería de **53** y, en parte, con la mampostería de piedra de cantera de **534**.

a veces es difícil determinar y evaluar si es esos casos se trata de una especie de transferencia mimética de la construcción de piedra a otros materiales, por ejemplo, porque estos eran a veces simplemente más baratos y más fáciles de conseguir que la piedra, o si se trata de una implementación técnica original e imaginativa de la idea constructiva básica, como se acaba de formular, en otro material que la piedra. Esta cuestión se plantea en particular cuando se aplica la idea de construcción de pared a la madera. Sin embargo, la construcción de muro también existe —lo que no es sorprendente— en el material moderno sucesor de la piedra, es decir, el hormigón armado. Este supera claramente a su antecesor, más modesto, en sus debilidades críticas: Tiene una resistencia a la tracción de la que la obra de fábrica carece prácticamente por completo, y puede (sobre todo en sus variantes modernas) absorber fuerzas de compresión mucho más elevadas que ésta, y además puede moldearse sin problemas para formar diafragmas completos de una sola pieza. Como era de esperar, estas capacidades del material no sólo tuvieron un efecto notablemente disruptivo sobre las férreas reglas de diseño de la construcción clásica de piedra: más bien, las han desquiciado por completo. La idea básica de la construcción de pared, que no va ligada a un material particular, sin embargo, permanece inalterada —como era de esperar— incluso con este material.

Veamos ahora algunas variantes especialmente interesantes de los métodos de construcción de pared en materiales distintos de la obra de fábrica.

4.2 Métodos de construcción de pared en madera

55 (Abajo izquierda) montaje de un paño de pared añadiendo maderos. En este caso se muestran tumbados. Sin embargo, este principio también puede aplicarse a maderos en pie. A la izquierda, rollizos en bruto; a su lado, soluciones con diseño de junta mejorado para una mayor estanqueidad.

56 (Abajo derecha) Construcción de empalizada: Troncos o medios troncos se entierran en el suelo.

Una forma muy elemental de fabricar un componente superficial de madera que soporte cargas y delimite el espacio consiste en colocar troncos de árbol en bruto o escuadrías de madera aserrada una al lado de la otra y así sumarlas para formar una superficie cerrada. Las juntas que queden abiertas pueden rellenarse simplemente con musgo, arcilla u otro material plástico, calafatearse como en la construcción naval o, en la variante técnicamente más sofisticada, machi-

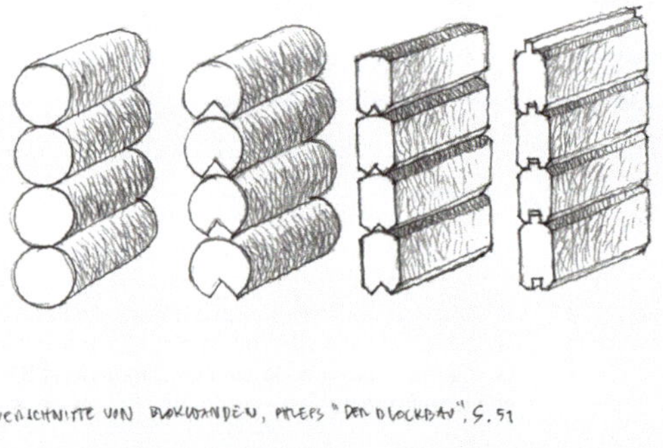

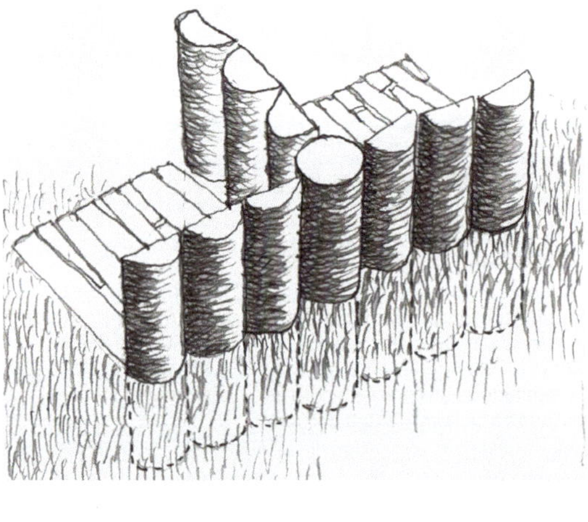

hembrarse. Las propias piezas de madera pueden colocarse **55**
en horizontal o vertical.

Construcción de empalizada

4.2.1

■ En la manifestación más primitiva, los maderos se erigen verticalmente en una especie de construcción de empalizada, simplemente enterrándolos en el suelo,[12] y así permanecen estables, tanto frente a cargas verticales como horizontales (una capacidad de carga de diafragma es, por supuesto, innecesaria en este caso).[13] Sin embargo, esta **56**
variante no tuvo un recorrido muy largo en la historia del desarrollo, por razones obvias: Los maderos enterrados se pudrían en muy poco tiempo.

Construcción de poste y tablón

4.2.2

■ Probablemente por comprensión técnica de este problema, el siguiente paso en el desarrollo fue enterrar sólo algunos montantes (especialmente los montantes de las esquinas y los montantes intermedios de enlace[14]), pero elevar del suelo los maderos que forman propiamente la superficie de la pared y colocarlos como relleno entre los maderos de la armazón principal, encajados en los montantes cuando se colocan en horizontal, o en la solera y la viga **59, 57**
cabecera cuando se colocan en vertical. Dependiendo del **58**
tipo de construcción, que no se puede seguir en detalle en el presente razonamiento, podría entonces tratarse ya de un primer paso hacia una construcción de esqueleto, en la que la pared se descompone en montantes de carga y relleno no portante. Más adelante se abordará esta línea particular de desarrollo en relación con los métodos de construcción de esqueleto. Aquí se trata, por lo pronto, de las primeras

58 Construcción primitiva de poste y tablón con postes enterrados y relleno intermedio de tablones horizontales (de: Vester Gøtland, según Phleps)).

57 Reconstrucción de una cabaña de postes en Burgheim junto al Danubio, según Phleps. Los tablones horizontales se encastran en los esquineros enterrados. El suelo está hundido como un pozo.

CONSTRUCCIÓN DE POSTE Y TABLÓN

variantes de la llamada construcción *de poste y tablón*, pero en su versión más temprana con montantes enterrados.[15]

Sin duda, es técnicamente más exigente, pero más inteligente, mantener la madera completamente alejada del suelo húmedo, en el que tarde o temprano se descompone. Por lo tanto, en la siguiente fase de desarrollo, se mantienen alejados del suelo también los montantes y se colocan primero con su madera testera directamente sobre una base de
60, 61 piedra y luego sobre una solera o durmiente, que finalmente

ANILLO DE SOLERAS, DE DURMIENTES

cierra completamente el perímetro del edificio como un anillo
64 y, a su vez, se apoya en una base seca de piedra.[16]

Con la eliminación completa del empotrado en el suelo de los pies derechos, se plantea entonces seriamente por primera vez el problema del arriostramiento. Las fuerzas horizontales, que antes absorbían los maderos empotrados en el suelo, las debe soportar ahora el mismo paño de la pared, por lo que ha de formar diafragma, ya que la estructura de montantes y tablones horizontales o verticales no es resistente por sí sola al descuadre.

Sin embargo, durante mucho tiempo se confió —sin acabar de comprender del todo al principio la envergadura de la tarea constructiva— en el enclavamiento mutuo contra la cizalladura como resultado del rozamiento en la unión entre

61 Poste esquinero **1** sobre anillo de soleras **3** con tablones horizontales encajados **2** sobre una base de piedra circundante **4**.

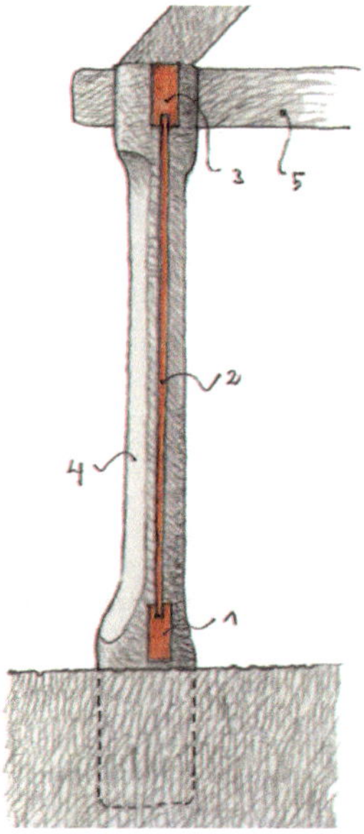

59 Construcción de poste y tablón con tablones verticales. Sección a través de la pared exterior. Los tablones (**2**) se encajan entre la solera (**1**) y el cabecero (**3**). **4** poste, **5** cabecero transversal. Tanto las bases enterradas de los postes como la ranura hacia arriba de la solera (**1**) están muy expuestas a la putrefacción. En el siguiente paso de desarrollo, se introduce el anillo circunferencial de soleras y se protege la parte superior de las mismas, por ejemplo como en ⊡ **67**. Castillo de Husterknupp, según Phleps.

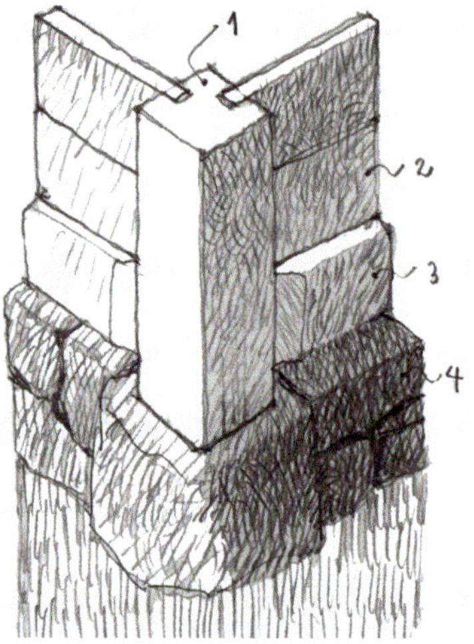

60 Poste esquinero **1** sobre base de piedra **4** con solera encajada **3** y tablones horizontales encajados **2**.

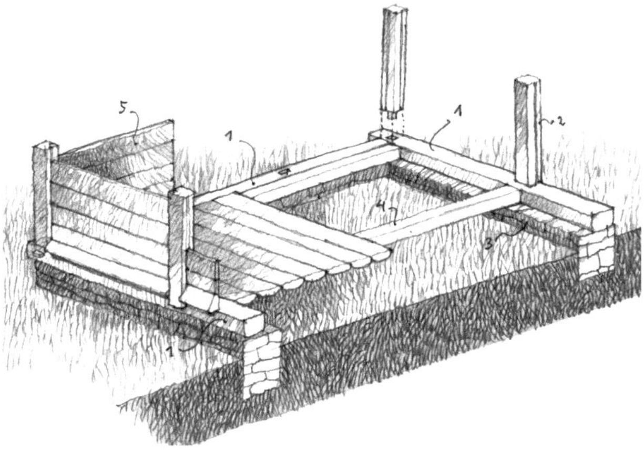

65 Construcción de poste y tablón con tablones horizontales **5** sobre un anillo circunferencial de soleras **1**, asentado a su vez sobre un zócalo de piedra circunferencial **3**. Una solución ideal en términos de protección contra la humedad. El arriostramiento horizontal, que antes se confiaba a maderos enterrados y, por tanto, sujetos, debe realizarse ahora dentro de la construcción de madera. **2** poste, **4** vigueta de suelo.

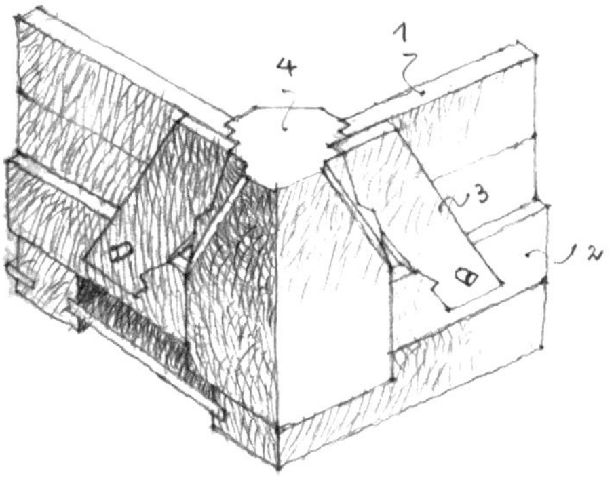

63 Poste esquinero **4** con solera encajada **2** y tablones horizontales renvalsados **1** con riostra a media madera **3**.

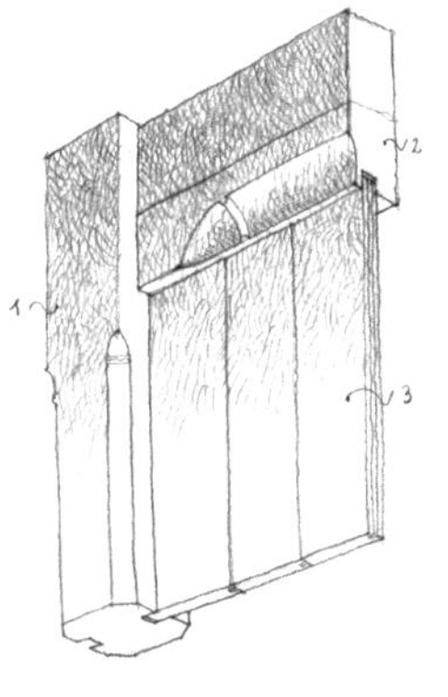

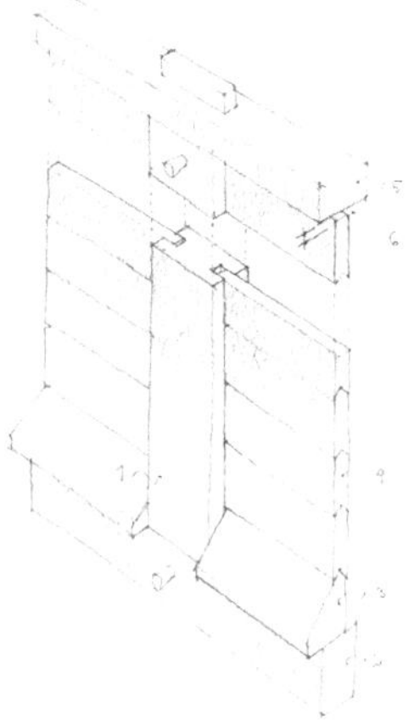

66 Construcción de poste y tablón con tablones verticales (**3**). Van ranurados tanto en el poste (**1**) como en el cabecero (**2**).

67 Construcción de poste y tablón con tablones horizontales (**4**). La merma crea una junta abierta (**6**) entre el cabecero (**5**) y la pared de tablones, de modo que éstas ya no proporcionan apoyo al cabecero. **1** poste, **2** solera, **3** Tablón saliente con goterón para proteger la solera.

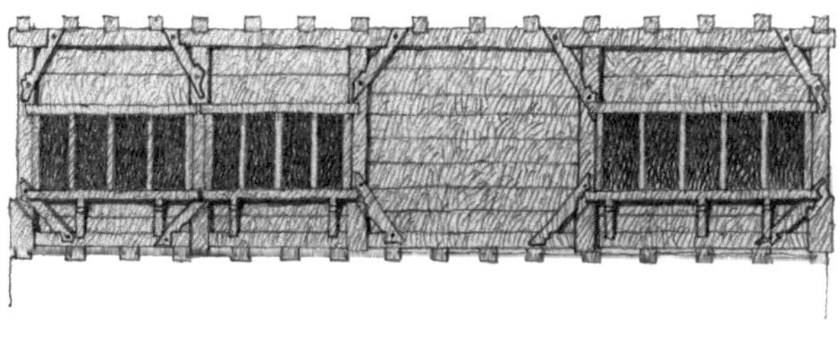

64 Armazón del ayuntamiento de Reichenau, de entramado de tablones horizontales, con riostras exteriores a media madera en la esquina superior e inferior. Es la realización coherente del método de construcción subyacente. Según Phleps.

62 Construcción de poste y tablón con tablones horizontales sobre una base de piedra circundante. No hay elementos arriostrantes reconocibles, con una sola excepción: En la parte inferior izquierda, se introdujo una riostra a media madera desde el exterior, al parecer posteriormente, después de que el lienzo de la pared empezara a descuadrarse. Granero en Straavalla, Suecia, según Phleps.

los tablones, a menudo machihembrada. Para edificios pequeños, esto probablemente funcionó bastante bien durante algún tiempo.[17] Sin embargo, pronto empezaron a añadirse
63 improvisadamente jabalcones diagonales a media madera desde el exterior a los montantes y durmientes, o vigas cabeceras, en la zona de las esquinas —presumiblemente una vez que ya había empezado a descuadrarse la armazón[18]—, los primeros precursores de los jabalcones de pie y cabeza típicos de la construcción clásica de madera.

Esta riostra de esquina corría inicialmente por el exterior
65 de los tablones, que eran continuos. Esto creaba un tipo de armazón rígida que hacía innecesaria la rigidez al corte del relleno y se utilizó ampliamente durante un tiempo en las
62, 70, 71, 72 construcciones (genuinas) de poste y tablón. Era básicamente irrelevante si los tablones de relleno iban en horizontal o
66, 67 en vertical. A veces se encuentran ambas soluciones incluso en el mismo edificio. Los tablones horizontales perdían su función portante para cargas verticales muy pronto después de la primera merma, ya que se asentaban y perdían el con-
67 tacto con la viga cabecera, que acababa soportando toda la carga vertical procedente de la techumbre o del forjado. Esto es un aspecto sólo aparentemente secundario, ya que este proceso bastante involuntario dio lugar de repente a una verdadera construcción de esqueleto, en la que las cargas verticales del forjado o la cubierta se recogen en la viga cabecera por flexión y se concentran en un elemento aislado vertical —el poste— y no en el paño de la pared. En cambio, los tablones de pie sí podían —gracias a la escasa merma en dirección de la veta— transferir las cargas de la techumbre o del forjado de forma distribuida sobre toda la longitud de la pared directa y permanentemente a la solera
66 o al durmiente, como un verdadero muro maestro.

4.2.3 Construcción de blocao

También se utilizaron maderos colocados en horizontal sin postes, es decir, en el método de construcción de blocao. Protegidos de la humedad sobre una base de piedra, se apilaban horizontalmente troncos o rollizos descortezados para formar los paños, y luego se encajaban a media o un tercio

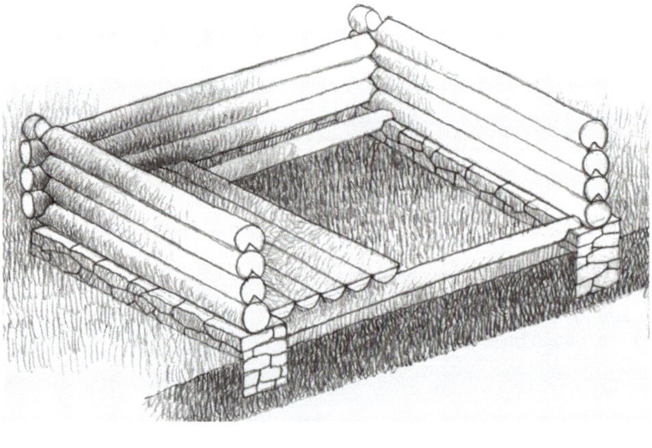

68 Construcción de blocao de maderos horizontales, asentados sobre un zócalo de piedra circundante.

72 Construcción de poste y tablón con tablones horizontales en Hedingen, Alemania.

70 Lienzo de pared de poste y tablón y vigas con tablones verticales arriostrados en las cuatro esquinas por riostras de cabeza y pie.

71 Construcción de poste y tablón con tablones horizontales. Markgröningen (Alemania).

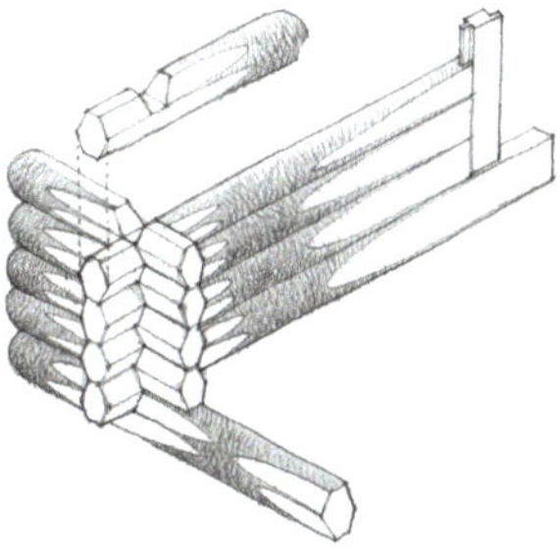

75 Unión a media madera de los troncos horizontales de una construcción de blocao en las esquinas. Los troncos en bruto sólo se desbastan en las uniones (según Phleps).

74 Formación de esquina en un edificio de blocao.

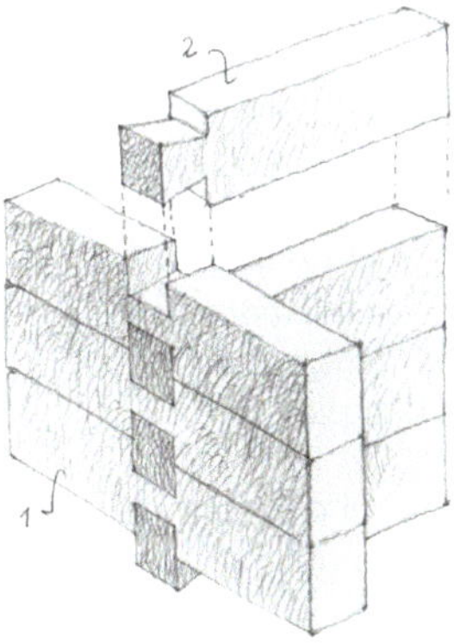

76 Construcción de blocao: Enlace de una pared transversal **2** a una pared exterior **1** mediante mortajado. La pared transversal impide que los tablones de la pared exterior se deslicen y la convierte así en un diafragma. Según Phleps.

73 Construcción de blocao de varias plantas. Se reconocen claramente las traviesas arriostrantes en la fachada del hastial. Andermatt, Suiza.

69 Construcción de blocao. Según Phleps.

68 de madera en las esquinas.[19] También era habitual enlazar las
75, 74 traviesas a la pared exterior con este método. Este bloqueo
76, 73 por forma, junto con otros medios utilizados ocasionalmente para este fin,[20] impedía que los maderos se deslizaran unos contra otros y activaba así la rigidez al descuadre de la pared. Al mismo tiempo, esta unión entre paredes acometiendo en ángulo recto permitía el arriostramiento mutuo de los paños de pared (en ángulo recto con respecto a su plano), que corrían el riesgo de volcarse, para formar una estructura celular estable en el sentido comentado anteriormente.

Los métodos históricos de construcción de pared que se discuten, realizados con troncos o maderos unidos entre sí, debían enfrentarse a dos problemas esenciales inherentes al material, por así decirlo (dado el grado de elaboración posible en la época): por un lado, con la linealidad de los elementos básicos, los troncos o tablones, que sólo pueden unirse para formar una superficie utilizable colocándolos uno al lado del otro, inicialmente siempre deslizándose mutuamente y sólo pudiendo transformarse en un diafragma verdaderamente rígido al descuadre con medidas adicionales. Se ha visto cómo esta opción ni siquiera llegó a emplearse en la construcción de poste y tablón, sino que se creaba la rigidez necesaria con riostras oblicuas, y así se daba el primer paso hacia la construcción de esqueleto. Sólo en la construcción de blocao se realizó esta solución —en ausencia de maderos verticales— mediante la conexión por forma de los troncos en las esquinas y el enlace de las traviesas acometiendo transversalmente en el blocao.

Pero la construcción de blocao también tuvo que enfrentarse a la segunda limitación del material: concretamente con su fuerte tendencia a la merma a través a la veta, es decir, aplicado al edificio, en dirección vertical. En la construcción de blocao, esto condujo con el tiempo a una importante reducción de la altura de las paredes y a las correspondientes dificultades con los huecos de ventanas y puertas. Como se ha visto, en la construcción de poste y tablón con tablones horizontales, la merma, en un proceso similar, acabó impidiendo que estos tablones contribuyeran a la función
67 de carga. En estas condiciones, que se derivan de la pronunciada anisotropía del material, los métodos clásicos de construcción de pared en madera eran bastante inadecuados para tareas más exigentes, como para escalas grandes o cargas elevadas debidas a pisos múltiples.

4.2.4 Métodos modernos de construcción de pared en madera maciza

■ Un cambio fundamental en estas condiciones lo provocaron nuevos productos industriales de madera: Las nuevas técnicas de encolado utilizadas en la fábrica estacionaria han producido —se puede afirmar: por primera vez en la historia de la construcción— productos de construcción de madera en gran medida isótropos. Se basan fundamentalmente en la idea básica de la madera contrachapada: es decir, combinar el material básico, que es (inevitablemente) anisótropo, en capas con direcciones de veta alternas para formar un componente superficial global que, en su conjunto, termina siendo isótropo. Este principio lo siguen tanto los elementos modernos de madera maciza como los elementos de construcción de madera maciza. Actúan como diafragmas rígidos al corte y del mismo modo como placas portantes bidireccionales apoyadas en cuatro lados. Otros productos crean elementos superficiales continuos, pero dan prioridad a una de las dos direcciones de la veta, como elementos de tablas apiladas, vigas laminadas y elementos de madera microlaminada. En tales casos trabajan con una dirección de fuerza principal; la dirección transversal sólo cumple una función subordinada de reparto transversal de cargas. Este comportamiento de carga se presenta, por ejemplo, en placas unidireccionales o en elementos de pared verticales con régimen de carga vertical dominante.

77

ELEMENTOS DE MADERA MACIZA

ELEMENTOS DE CONSTRUCCIÓN DE MADERA

ELEMENTOS DE TABLAS APILADAS

78 ELEMENTOS DE MADERA MICROLAMINADA

Las opciones de diseño y construcción que abre esta innovación técnica son enormes. Su alcance aún no se ha reconocido plenamente y está lejos de agotarse. Sin embargo, ya en la actualidad se observa una creciente difusión de estos métodos de construcción. Tienen casi todas las ventajas de la construcción clásica de obra de fábrica (capacidad de carga combinada con cierre espacial), pero su comportamiento portante básico no dependen tanto de la presencia de peso muerto o sobrecarga, ya que, a diferencia del material pétreo,

77 Modernos elementos de madera contralaminada con diferentes capas de tablas con orientaciones alternantes. El resultado global es un componente superficial isótropo.

78 Elemento de madera laminada encolada con capas de tabla unidireccionales.

79 Construcción celular de madera maciza. El principio estático-constructivo subyacente es idéntico al de una construcción de obra de fábrica.

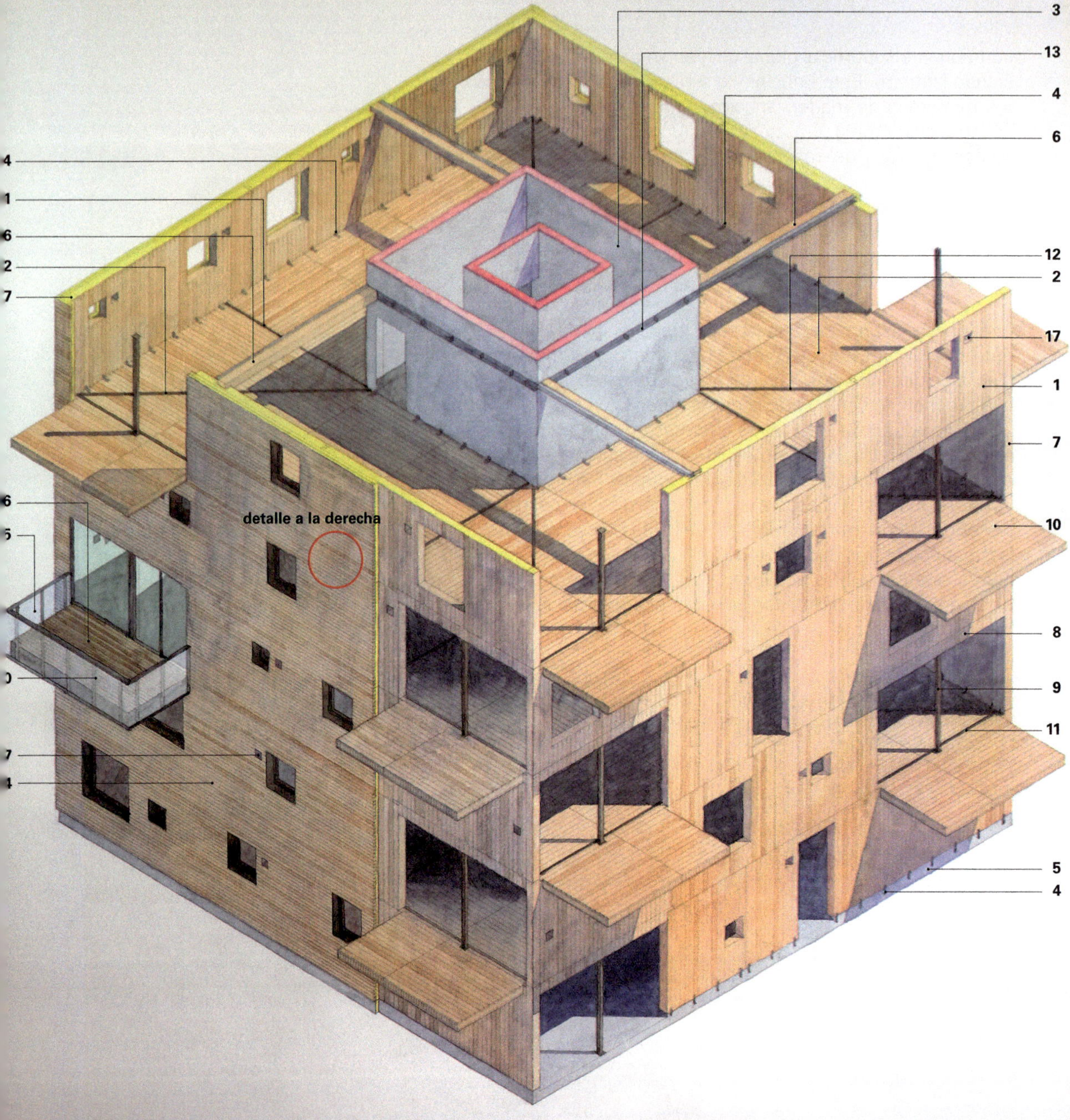

3
13
4
6
4
1
6
2
7
12
2
17
1
7
10
8
9
11
5
4
detalle a la derecha
6
5
0
7
1

80 Axonometría seccionada del *Woodcube* de Hamburgo (proyecto de la IBA 2013; arqu.: architekturagentur). Moderna construcción de pared en madera maciza. Se ha retirado el forjado de cubierta. Aquí se muestra la estructura de paredes de madera contralaminada y parte del revestimiento de la fachada en la mitad izquierda. El edificio consta de 8 viviendas.

La estructura de paredes está formada por el núcleo central del edificio, de hormigón armado (**3**), que arriostra la estructura portante, las paredes exteriores portantes (**1**) y los forjados que se extienden entre ellas sin apoyos intermedios (**2**). Estos últimos son unidireccionales, consisten en elementos de tablas apiladas (**26**), que está parcialmente rigidizada a cortante por un entablado transversal (**27**) en los lados superior e inferior, y están reforzados con un complemento en forma de diagonal de fleje de acero (**12**) para formar diafragma. Algunas columnas de acero (**9**) soportan cargas verticales en las grandes aberturas de los balcones. En las esquinas del edificio, donde se producen concentraciones de carga debido a las aberturas de los balcones contiguos, se han dispuesto soportes de madera maciza (**7**). La conexión entre los elementos planos de pared y forjado (**1**, **2**) se realiza mediante ángulos de acero (**4**). Las losas de balcón (**10**) se generan mediante el voladizo de las placas de forjado regulares unidireccionales (**2**). La construcción de madera parte del borde superior de la planta baja (**5**) y, por tanto, está protegida contra la humedad.

Los elementos de pared y forjado de madera maciza (**1**, **2**) consisten en láminas espigadas, no encoladas (**26**, **28**). Esto se debe al deseo de prescindir en la medida de lo posible de pegamentos, plásticos o materiales compuestos. Gracias a una estructura similar a la madera laminada cruzada, los paneles de pared desarrollan una característica parcial de diafragma suficiente para rigidizar el edificio en el plano vertical. Esta estructura es simétrica y consta de un núcleo de madera de tablas apiladas alineadas verticalmente (**28**), que se encarga esencialmente de transferir las cargas verticales desde los forjados (**2**) y los elementos de pared (**1**) situados encima, y tres capas de tablas alineadas diagonal, vertical y horizontalmente (**30**, **31**, **32**) dispuestas a ambos lados, que se encargan esencialmente de la distribución de la carga y la rigidización a cortante de los elementos de pared (**1**). En el exterior, se añade un trasdosado adicional compuesto de tableros de fibra de madera (**22**, **24**) y un entablado vertical (**23**) para cubrir los requisitos de aislamiento térmico. Tras la instalación, se coloca in situ en el exterior un revestimiento de madera de alerce (**18**) con ventilación posterior. Por razones de protección contra incendios, se introducen en la cámara de aire (**34**) barras cortafuegos horizontales (**20**) a intervalos de 50 cm.[21]

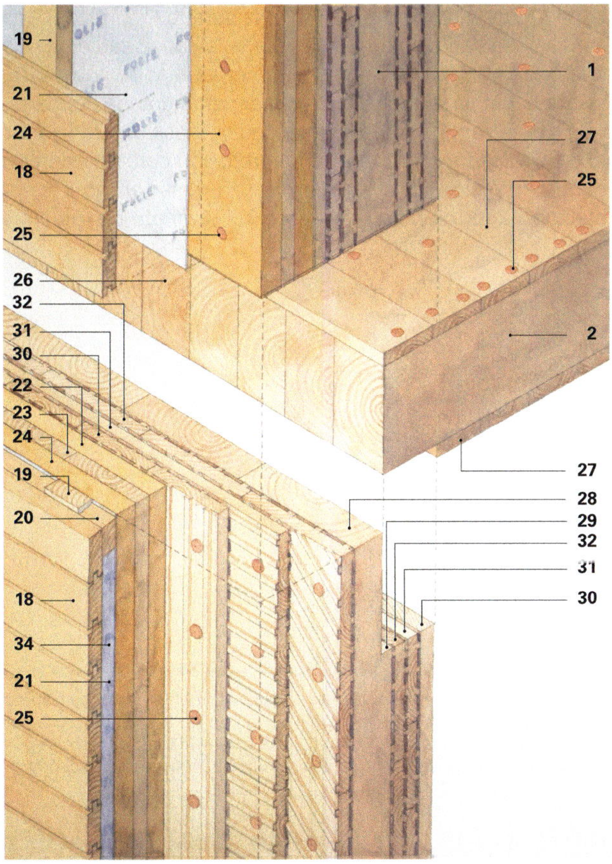

1 Elemento de pared prefabricado compuesto por un núcleo (**28**) de madera de tablas apiladas, tres capas de tablas (**31–32**) fijadas a ambos lados y un trasdosado adicional en el exterior compuesto por dos capas de aislamiento de fibra de madera blanda (**22**, **24**) y un entablado intermedio (**23**). Todas las capas están unidas con espigas (**25**), no van pegadas. El elemento se completa en el exterior con un entablado de alerce (**18**).
2 Elemento de forjado prefabricado; unidireccional, compuesto por tablas apiladas (**26**) y entablados (**27**) aplicados en la parte superior e inferior para la distribución transversal de la carga. Cada uno conectado por espigas (**25**). Esta conexión relativamente flexible no es suficiente para formar diafragma, por lo que se introduce una estructura adicional hecha de flejes de acero (**11**, **12**). Tamaño del elemento aprox. 2,50 x 5 m ó 2,50 x 7,5 m (apto para transporte por carretera).
3 Núcleo del edificio hecho de hormigón armado; proporciona el arriostramiento del edificio. Los forjados (**2**) van unidos a él a cortante. Se erige antes de instalar la construcción de madera.
4 Escuadras de acero para unir entre sí los elementos de forjado.
5 Planta baja de hormigón armado, forma parte de la construcción del sótano macizo (no se muestra aquí).
6 Viga de madera maciza para soportar los elementos de forjado unidireccionales (**2**) en la zona de las esquinas. Escuadra de acero conectada lateralmente para soporte enrasado del elemento de forjado (**2**).
7 Soporte esquinero de madera maciza para absorber las concentraciones de carga de las grandes aberturas de balcón.
8 Viga dintel de madera maciza.
9 Soporte de acero para apoyar la viga dintel (**8**).
10 Placa de balcón; voladizo de la placa de forjado (**2**).
11 Refuerzo de fleje de acero para rigidizar el forjado a cortante.
12 Fleje de acero diagonal para absorber los esfuerzos cortantes.
13 Apoyo del forjado (**2**) sobre perfil de acero.
14 Entablado romboidal de madera de cedro rojo/alerce; instalado in situ, con ventilación posterior.
15 Antepecho de balcón de vidrio laminado de seguridad esmerilado.
16 Suelo del balcón de tablones de madera.
17 Apertura de una unidad de ventilación de fachada (ventilación descentralizada).
18 Entablado romboidal de cedro rojo/alerce, 26 mm; in situ.
19 Rastreles 30/70 mm; in situ.
20 Barrera horizontal contra incendios de 30/50 mm, para evitar la propagación del fuego hacia arriba en la cámara de aire; in situ.
21 Lámina abierta de difusión, in situ.
22 Aislamiento de fibra de madera blanda 36 mm.
23 Entablado de madera de abeto 26 mm.
24 Aislamiento de fibra de madera blanda 40 mm.
25 Espiga de madera dura.
26 Apilado de tablas, con espigas.
27 Entablado transversal para distribución transversal de cargas y refuerzo parcial a cortante del forjado (**2**), espigado.
28 Núcleo de tablas apiladas formado por escuadrías de madera maciza en posición vertical, para transferir cargas verticales desde los forjados y los elementos de pared superiores, unido a tope con el elemento de pared superior.
29 Escotadura para soportar el forjado y transferir la carga del forjado al núcleo del muro (**28**).
30 Entablado veritcal.
31 Entablado horizontal.
32 Entablado diagonal para reforzar el elemento de pared a cortante.
33 Capa separadora para desacoplar el sonido.
34 Cámara de aire.

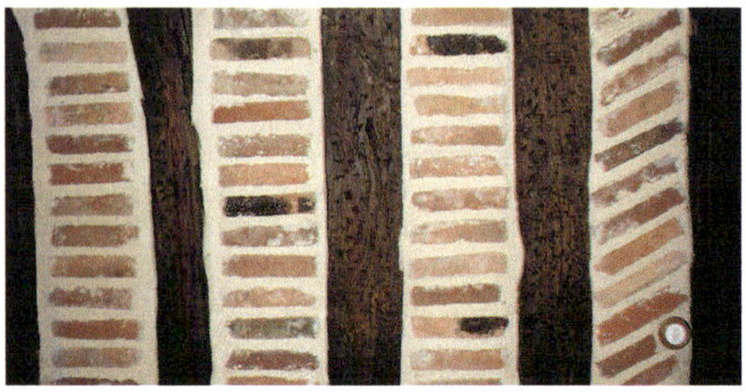

81 Pies derechos de madera dispuestos a intervalos estrechos con relleno de ladrillo entre ellos. El primer paso de una construcción de poste y tablón con tablones verticales a un auténtico edificio de entramado de madera.

son resistentes a la tracción y están mejor equipados para soportar cargas de levantamiento y disfrutan de todas las
79 ventajas de la construcción ligera. Se pueden premontar en forma de elementos prefabricados de gran superficie, por lo que son especialmente fáciles de montar y, además, se procesan completamente en seco (sin humedad atrapada, sin tiempos de fraguado).

Queda el problema de la abertura practicada en la pared. A veces se recorta en la misma obra con una motosierra, prácticamente según deseos del cliente, en el lugar deseado y con la proporción de hueco preferida, porque el problema del hueco en la pared, típico de la obra de fábrica, desaparece instantáneamente gracias a la resistencia a la tracción plenamente desarrollada del material. Sólo el paso (de regreso) a un componente de pared totalmente funcional en términos de física constructiva hecho de una sola hoja no se ha podido efectuar (todavía), ya que la conductividad térmica de la madera maciza es demasiado alta para los requisitos actuales y la madera expuesta no es precisamente ideal bajo la acción de la intemperie. Por este motivo, las construcciones de madera maciza actuales están equipadas, casi sin excepción, con una capa aislante y una pantalla contra la intemperie.

4.2.5 Construcción de entramado de madera

■ La característica de la construcción de madera maciza (bajo esta categoría se pueden englobar tanto la construcción de blocao como los modernos métodos de construcción de panel), que hasta ahora se ha considerado (con razón) una ventaja —a saber, la combinación de la capacidad de carga con la formación de espacio— tiene también, no obstante, una desventaja: el consumo relativamente grande de madera. En este sentido, no es casualidad que las construcciones que utilizan la madera con tanta profusión como el método de construcción de blocao, se hayan desarrollado y establecido de forma permanente exclusivamente en regiones

84 Edificio francés de entramado de madera con montantes muy juntos.

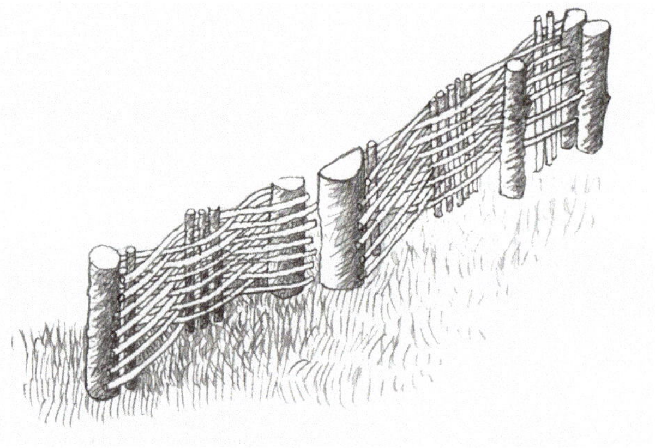

83 (Arriba) muro neolítico de zarzo con postes enterrados y tablones partidos.

82 (Izquierda) relleno de cañizo de un compartimento de un edificio de entramado de madera, que luego se cierra con enfoscado de arcilla. La construcción con entramado de madera se basa en formar superficies con una construcción mixta de entramado de madera y relleno más económico.

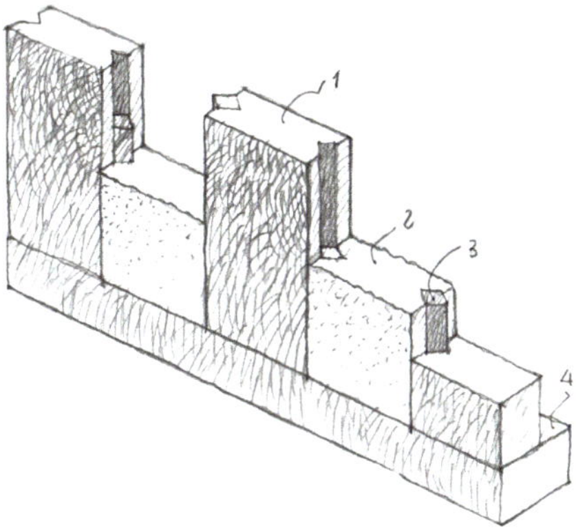

90 (Arriba) posición muy junta de montantes, típica de las construcciones entramadas inglesas, francesas y españolas. Las distancias son aproximadamente las mismas que las anchuras de los montantes. **1** montante, **2** relleno, **3** lengüeta, **4** solera.

86 (Arriba izquierda) edificio de entramado de madera alemánico: Los montantes están tan separados que entre ellos hay espacio para al menos una abertura de ventana (véase la hilera de ventanas del piso superior). Tubinga (Alemania).

87 (Izquierda) riostra atravesando varios montantes (casa con entramado de madera en Dijon).

88 (Abajo izquierda) construcción de poste con postes continuos de dos plantas. Las vigas del forjado van empotradas en ellas. Quedlinburg, del año 1349.

89 (Abajo centro) detalle de conexión de la viga del forjado al montante continuo en la construcción de postes mostrada en ⊡ **88**.

85 (Abajo derecha) construcción alemánica de entramado de madera con jabalcones superiores e inferiores (formando el "hombre" con forma de x). Ayuntamiento de Markgröningen (Alemania).

densamente boscosas (Canadá, norte de Europa, regiones montañosas).

El deseo de ahorrar madera explica probablemente el primer paso en el desarrollo hacia el entramado de madera histórico. El entramado de madera puede derivarse, en una línea de evolución bastante directa y sin interrupciones, de la construcción de postes y tablones verticales: Estos últimos en el entramado histórico ya no están dispuestos uno al lado
80 del otro sin huecos, sino a intervalos, pero conservan su función de soporte para la viga cabecera, en gran medida independientemente de la merma de la madera (porque son verticales), y por lo tanto para la construcción del forjado o la techumbre que se apoya en ella. En este proceso, el tablón colocado en vertical, que antes era sólo un relleno, se convierte ahora en un montante portante separado. Debido a las distancias relativamente pequeñas entre los postes, la construcción de entramado de madera puede seguir considerándose un auténtico método de construcción de pared (al menos como una aproximación al mismo). Separar los montantes (para ahorrar madera) ya era habitual en las construcciones primitivas neolíticas de empalizadas o postes, en las que los espacios entre los maderos empotrados en el
ZARZO, CAÑIZO **83** suelo se cerraban con zarzo o cañizo. También en los edificios de entramado de madera, los entrepaños se comienzan a rellenar de forma similar para ahorrar costes, o bien con
82, 80 cantos o ladrillos. En ocasiones, sólo se construyeron con paredes de tablones las estancias preferidas de una vivienda, por su mejor aislamiento térmico.

Además de las variantes con postes estrechamente espaciados (como en las construcciones de entramado franconas,
84, 86 inglesas, francesas o españolas),[22] se desarrolló la variedad
ENTRAMADO ALEMÁNICO alemánica,[23] en la que los montantes están lo suficientemente separados como para que quepa una ventana o una puerta
85, 90 entre ellos: una medida bien meditada que suele hacer innecesaria la alteración del ritmo de postes en la zona de
TRAVESAÑO DE ANTEPECHO, DE DINTEL huecos. Los travesaños de antepecho y de dintel enmarcan el hueco de la ventana por encima y por debajo entre dos montantes regulares adyacentes, rigidizando además estos montantes lateralmente y creando entrepaños enmarcados en todos los lados, que luego se rellenan con la ventana.

La rigidez a cortante de las armazones de las paredes se garantizaba en las primeras formas de entramado, con montantes poco espaciados, con la ayuda de riostras diagonales que iban conectadas a media madera por el exterior y
87 cruzaban varios postes.

En el mencionado paso hacia el aumento de las distancias entre montantes en la construcción de entramado alemánica, surgió la posibilidad (entonces profusamente
JABALCÓN utilizada) de alojar las riostras —es decir, los jabalcones de pie y cabeza— en un único entrepaño entre dos montantes adyacentes, de modo que la riostra diagonal sólo tenía que cruzarse a media madera (como máximo) con el travesaño de antepecho o de dintel, pero no con uno o más montantes

intermedios. La idea de unir el jabalcón de pie o de cabeza al montante a media madera por el exterior, solución que en realidad provenía del método de construcción de poste y tablón, en el que se permitía que los tablones pasaran por detrás de la riostra diagonal exterior, se abandonó entonces, lógicamente, en favor de tornapuntas o riostras encajadas en los postes y durmientes, uniéndolas generalmente sólo a los travesaños a media madera.[24] **85, 91** **93**

Para comprender mejor la lógica de los métodos de construcción de pared en madera, también merece la pena mencionar la transición del histórico método de construcción de montante continuo al de viga cabecera. En el antiguo método

93 (Abajo izquierda) entramado francón con riostras mortajadas en lugar de jabalcones a media madera superiores e inferiores. Tras el abandono de los tablones en la construcción entramada y el uso de rellenos de cañizo y arcilla en los compartimentos de los muros en su lugar, ésta era la solución lógica. **1** montante, **2** solera, **3** travesaño de dintel, **4** travesaño de antepecho, **5** riostra. Según Phleps.

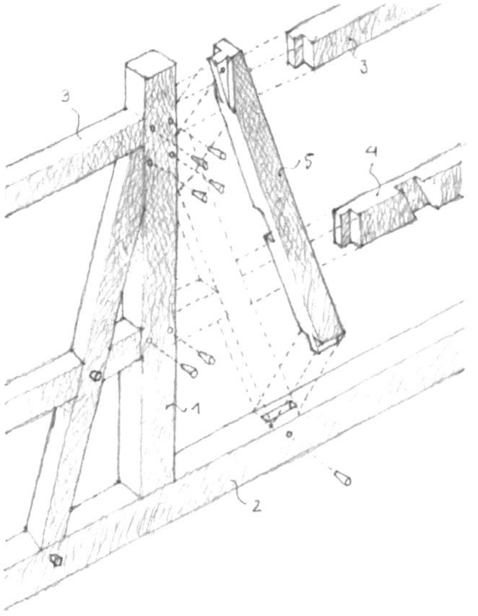

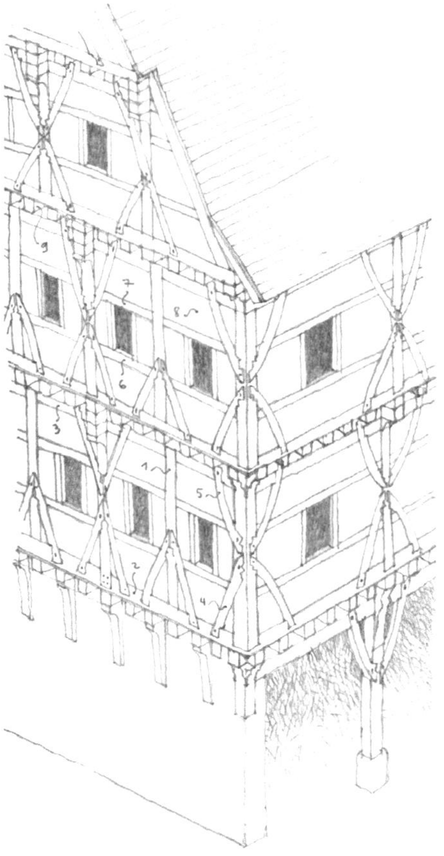

91 Entramado alemánico con sus elementos característicos: rigidización de los compartimentos mediante jabalcones arriba y abajo, cada uno de ellos dispuesto dentro de un compartimento único sin cruzar un montante. **1** montante, **2** solera, **3** viga cabecera, **4** jabalcón abajo, **5** jabalcón arriba, **6** travesaño de antepecho, **7** travesaño de dintel, **8** relleno, **9** vigueta de forjado. *Pequeño lagar* en Stuttgart, reconstrucción según Phleps.

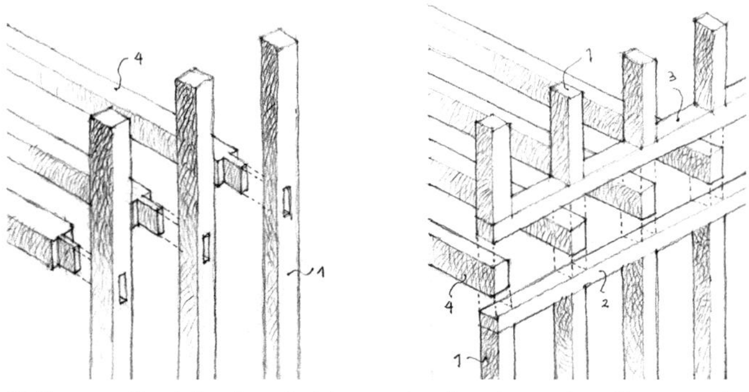

92 Comparación de los dos principios constructivos: la construcción con postes continuos (izquierda) y la construcción de viga cabecera (derecha). Ilustración del enlace del forjado a los montantes. En la construcción con postes continuos, los montantes **1** son pasantes abarcando varios pisos, y las viguetas del forjado **4** van unidas a sus lados, por ejemplo mortajadas como se muestra aquí. El perfil portante del montante se debilita en la mortaja. En cambio, en la construcción con viga cabecera, los montantes **1** se interrumpen planta por planta y las viguetas del forjado **4** se insertan entre la viga cabecera **2** y la solera **3**. Este apoyo es fácil de ejecutar y sigue el curso natural de la construcción. Sin embargo, los maderos horizontales (solera **3**, viga cabecera **2** y vigueta de forjado **4**) están comprimidos a través de la veta.

MONTANTES CONTINUOS de construcción con montantes continuos, los montantes
discurrían de forma continua a lo largo de dos o más plan-
88 tas,[25] de modo que las viguetas del forjado (o los forjados)
debían conectarse a los montantes continuos mediante
89 diversas soluciones constructivas. Esto podría solucionarse,
VIGA CORREDERA por ejemplo, con una viga corredera transversal sobre la que
se apoyaban las viguetas del forjado. Esta solución con mon-
tantes ininterrumpidos tiene la ventaja indiscutible de que
transfiere las cargas verticales a la cimentación del edificio
estrictamente a lo largo de la veta de la madera sin que se
produzcan empalmes, pero, por otro lado, obliga a utilizar
maderos muy largos (y muy caros) que no facilitan precisa-
mente el montaje de la estructura, además de debilitar la
sección transversal de los montantes para la conexión lateral
89, 92 de las viguetas del forjado, por ejemplo, mediante cajeado.

Para contrarrestar estas desventajas de la construcción de
CONSTRUCCIÓN DE VIGA CABECERA montante continuo, se desarrolló la llamada construcción de
viga cabecera, en la que la armazón de postes se divide en
secciones piso por piso que se rematan respectivamente
con una viga cabecera en la parte superior. Ésta proporciona
un apoyo ideal para la construcción del forjado que acomete
92 a esta altura. Un buen ejemplo de esta solución son los
edificios de entramado de madera alemánico ya mostrados
anteriormente. El inconveniente de la compresión trans-
versal de las vigas horizontales (durmiente, viga cabecera
y viguetas del forjado), que no puede evitarse con este
sistema (en realidad, es contrario al carácter del material),
se mitigaba en sus efectos por el sistemático reparto —y,
por tanto, reducción local— de las cargas. No obstante,
debido a esta debilidad, las alturas de edificio realizables
se veían, en principio, limitadas, pero podían aumentarse
gracias a la madera de roble, en parte de muy alta calidad,
que se utilizaba en aquella época. Por lo tanto, no son raros
los edificios de entramado de madera de siete a ocho pisos.

La construcción centroeuropea de entramado de madera representa un método constructivo histórico extraordinariamente exitoso que pone en práctica gran parte de la idea básica de la construcción de muro de piedra traduciéndola a un entramado bidimensional, no lineal como por ejemplo en una estructura de esqueleto, ejecutado en madera. En su variante clásica de diseño, está sujeta a reglas de proyecto similares a las de la construcción de piedra: Formatos de ventana estrechos verticales y dispuestos regularmente que aparecen claramente como aberturas locales en una estructura de pared que, por lo demás, está cerrada. Soluciones inteligentes y muy bien elaboradas, como las distancias finamente calibradas entre los montantes, que al mismo tiempo permitían alojar aberturas y jabalcones, así como una relación razonable en términos económicos entre la madera portante y el relleno, hicieron de este método constructivo una receta exitosa a lo largo de los siglos, que en una especie de sublimación decorativa produjo posteriormente un lenguaje arquitectónico inconfundible. Había ciertamente debilidades inherentes al sistema, como la compresión transversal de la madera y —para los estándares actuales— el innegable sobredimensionamiento de las escuadrías, que resultaba casi inevitablemente de las necesidades de las conexiones de carpintería. Sin embargo, no tenían mucho peso en las condiciones que prevalecían en aquel momento.

Construcción nervada de madera 4.2.6

☞ *Como se describe en Cap. 7. Composición, pp. 266 y ss.*

Este fue el punto de partida de las construcciones (relativamente modernas) nervadas de madera, que se basan esencialmente en la aplicación coherente del principio nervado y aprovechan sus nada desdeñables ventajas. Crean elementos de pared que son a la vez capaces de transferir cargas en sentido longitudinal (en una sola dirección) y resistentes al corte en general, que pueden utilizarse tanto como placas de forjado unidireccionales, así como paneles de pared que son intrínsecamente rígidos al descuadre contra fuerzas horizontales y a la vez portantes en sentido vertical. Esto significa que están presentes los elementos básicos necesarios de una construcción de pared pura y que se unen lógicamente según el principio de la construcción celular para formar un edificio global estable y funcional.

En la construcción nervada de madera, las paredes están formadas por una combinación de escuadrías de madera rectangulares estrechas (las costillas o los nervios) y un aplacado a ambos lados, originalmente de tablas, y más tarde de tablero. Con este sistema nervado puro, se consigue un **94**
importante ahorro de material en comparación con todos los métodos de construcción de madera maciza. La capacidad de carga necesaria de placa y de diafragma no se ve afectada. Ésta última se consigue ya sea por riostras diagonales integradas o por el efecto de rigidez al corte del aplacado.

Las cavidades entre las costillas pueden rellenarse con material aislante, de modo que el elemento nervado tiene una capacidad aislante media — es decir, promediada entre los nervios y los entrepaños— bastante mayor que el elemento de madera maciza. Como se ha indicado, los valores de aislamiento pueden mejorarse mucho aumentando la profundidad de las costillas más allá de lo estáticamente necesario o utilizando un trasdosado añadido. Por esta razón, los métodos de construcción nervada de madera son muy aptos para la construcción de bajo consumo de energía, simplemente porque activan el mismo espacio constructivo (el grosor de la pared) para dos funciones básicas al mismo tiempo: el soporte de cargas y el aislamiento térmico. Esto permite alcanzar los más altos niveles de aislamiento térmico con espesores de pared (aún) aceptables.

En su forma original de la construcción nervada de madera, que posiblemente evolucionó como una versión económica mucho más racionalizada de la construcción histórica de entramado de madera, los paneles nervados debían reforzarse contra fuerzas horizontales con la ayuda de jabalcones de pie y cabeza u otras riostras diagonales, de forma análoga a los **95**
antiguos métodos de construcción de poste y poste y tablón

NERVIO – APLACADO

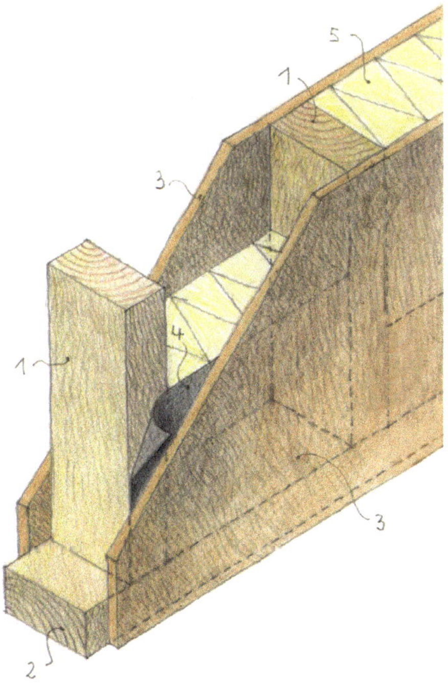

94 Principio constructivo de la construccion nervada de madera. **1** montante, **2** solera, **3** aplacado, **4** retén/barrera de vapor, **5** aislamiento térmico.

de madera. Estos elementos tenían que ir enrasados, unidos a media madera a los montantes, para aplicar un entablado, lo que obligó a debilitar considerablemente las costillas, que entonces eran muy delgadas.

El reparto uniforme de las fuerzas que se producen sobre numerosas piezas individuales, que son relativamente débiles en sí mismas, también ofrecía la ventaja de poder prescindir de las complejas y técnicamente exigentes conexiones por forma de la construcción de entramado histórica: Básicamente, eran suficientes conexiones a tope clavadas. La producción industrial en serie de clavos, que en la percepción moderna es un producto básico primitivo pero que en la época preindustrial debía forjarse laboriosamente a mano, hizo posible por primera vez en el siglo XIX esta solución técnica sencilla que ahorra tiempo y trabajo. Las viviendas de los pioneros del Oeste americano respondían a este principio básico de diseño que se acaba de describir.

Sin embargo, el verdadero potencial que se escondía en la construcción nervada de madera no se explotó hasta la producción industrial de material a base de madera plano.[26] El problema causado por las molestas riostras diagonales encajadas, indispensables para el arriostramiento, se resolvió de repente: El aplacado de tablero de madera, que a su vez podía afianzarse a la armazón de costillas con simple clavado,

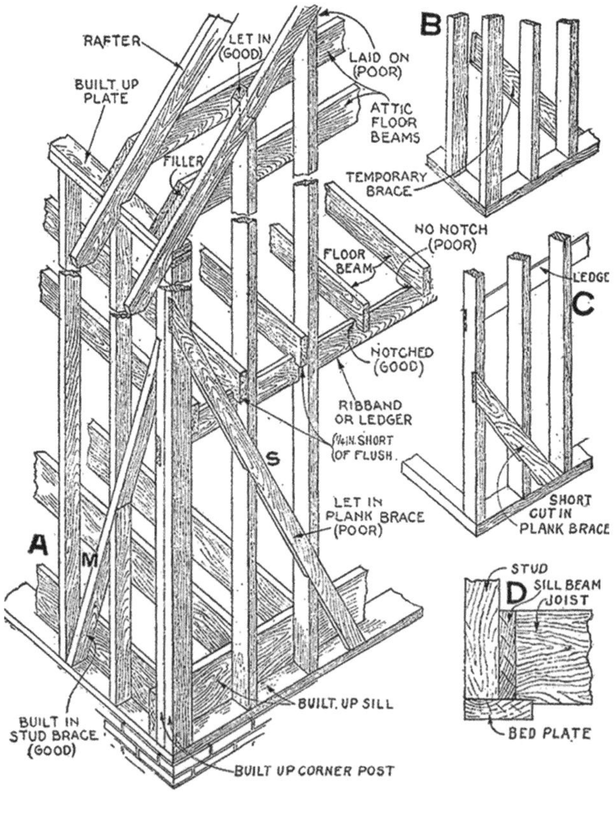

95 Ilustración de la estructura constructiva del método de construcción *balloon frame*. Las costillas esbeltas y muy juntas, que se extienden a lo largo de más de un piso, están reforzadas con riostras: a la derecha de la esquina con riostras conectadas a media madera solo por el exterior, a la izquierda con puntales totalmente continuos atravesando los montantes. La primera solución se califica aquí como inferior, la segunda como superior. De un manual de construcción estadounidense de 1923.

convertía el elemento de la pared en un diafragma rígido al descuadre sin más añadidos. Las riostras diagonales a media madera, necesarias mientras se usaba el antiguo entablado, resultaban, por tanto, superfluas. Incluso estaría justificado afirmar que la construcción nervada de madera sólo puede considerarse un método de construcción independiente desde que se empezaron a usar tableros bidimensionales, mientras que las primeras formas descritas con riostras diagonales no son más que variaciones de carácter industrial de los métodos de construcción históricos de entramado de madera.

La armazón constructiva resultante despliega, en su efecto **96** global como construcción celular —siempre que se respeten los límites relativamente estrechos del número de plantas y de la magnitud de carga—, una gran eficiencia en términos de material y de mano de obra y, en consecuencia, una economía casi insuperable. No en vano, un alto porcentaje de la construcción residencial en Estados Unidos y Canadá presenta aún hoy este método de construcción. En la variante industrializada, en gran parte prefabricada, de la construcción de panel de madera, también goza de un amplio uso en el ámbito de la construcción de casas prefabricadas en varios países. Este método constructivo extremadamente ligero también ofrece grandes ventajas con respecto a soluciones de la competencia en la construcción de viviendas de bajo consumo de energía.

CONSTRUCCIÓN DE PANEL DE MADERA

La armazón estrictamente racionalizada de los métodos de construcción nervada de madera, que combina compo- **96** nentes individuales muy reducidos en términos materiales y constructivos para formar una estructura suficientemente portante, establece especificaciones modulares muy estrictas: Un nervio del forjado (es decir, cada vigueta del piso) se apoya respectivamente en un nervio del elemento de la pared

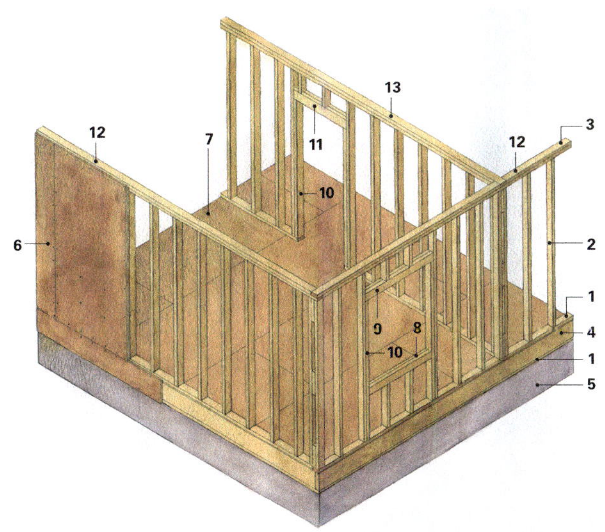

96 Representación esquemática de una construcción nervada de madera sin acabado. La densa carrera de montantes con aplacado a ambos lados crea paredes tipo panel resistentes al descuadre que se refuerzan mutuamente según el principio celular. Los huecos de puertas y ventanas deben recortarse siempre de la apretada carrera de montantes. **1** solera, **2** montante o nervio, **3** viga cabecera (doble), **4** madero testero, **5** zócalo de hormigón, **6** aplacado de la pared, **7** aplacado del suelo, **8** travesaño de antepecho (doble), **9** dintel de ventana (doble), **10** montante doble a ambos lados del hueco para apoyar el dintel de ventana, **11** dintel de puerta (doble), **12** pared exterior, **13** pared transversal arriostrante.

portante. Desplazamientos mutuos, como eran habituales en las construcciones históricas de entramado, son difícilmente viables en estas condiciones (con vigas cabeceras tan débiles). Cualquier abertura en la superficie de la pared requiere necesariamente interrumpir las costillas afectadas debido a la estrecha separación de las mismas. Encima del hueco de la pared, deben apearse sobre un travesaño o dintel. Dado que para este fin se pueden utilizar escuadrías de madera que son resistentes a la tracción y a la compresión, se pueden realizar aberturas más anchas con proporciones más libres en comparación con la construcción de muro de piedra. Las concentraciones de fuerzas que se producen en las jambas de los huecos, que aumentan proporcionalmente con la anchura de los mismos, requieren un refuerzo local

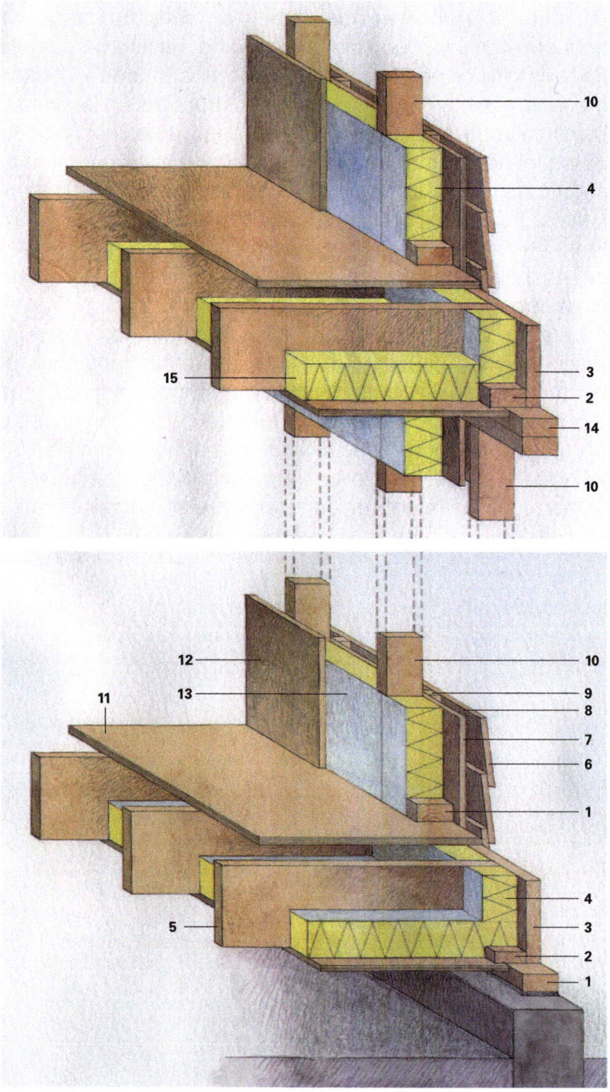

1 solera
2 madero de construcción
3 madero testero
4 aislamiento térmico
5 vigueta de forjado
6 pantalla de intemperie
7 aplacado exterior de pared
8 ventilación trasera
9 escuadría
10 nervio, montante
11 aplacado de forjado
12 aplacado interior de pared
13 barrera de vapor y capa de estanqueidad
14 viga cabecera (doble)
15 aislamiento de fibra para la amortiguación de cavidad

97 Ilustración simplificada del principio de construcción nervada de madera (método de construcción tipo *platform frame* americana). Se muestran el forjado más bajo del edificio sin sótano (imagen inferior) y un forjado intermedio (imagen superior), cada uno con el enlace a la pared exterior. Puede reconocerse el entramado de la pared compuesto por montantes (**10**), solera (**1**) y viga cabecera (**14**). Los maderos testeros (**3**) sirven como remate exterior y al mismo tiempo como protección antivuelco para las esbeltas viguetas del forjado (**5**). La cavidad de entrevigado está provista de aislamiento de fibra (**15**) con fines de insonorización.

de las nervaduras, que en esta construcción estrictamente modularizada se realiza simplemente duplicando o triplicando los perfiles de las costillas estándar en el elemento de pared.

CONSTRUCCIÓN TIPO *BALLOON FRAME*

Al igual que la construcción con entramado de madera, la construcción nervada también ha pasado de ser un tipo de construcción de montante continuo a transformarse en una variante de construcción de viga cabecera. También en los primeros métodos de construcción *balloon frame* americanos, los montantes abarcan más de una planta, y las viguetas del forjado se colocan a su vez sobre un larguero encajado en los montantes y se clavan a los lados de los mismos
para asegurarlas contra el vuelco. En la fase de desarrollo **98**
posterior, las paredes nervadas se interrumpen planta por
planta y se asienta sobre ellas la construcción del forjado: **99**
una transposición casi literal de la histórica construcción de
viga cabecera, que en América recibió el nombre de cons- **92**
trucción *platform frame*. De este modo se pudo racionalizar **99, 97**

CONSTRUCCIÓN TIPO *PLATFORM FRAME*

y acelerar el montaje, ya que con cada forjado se creaba una plataforma de trabajo bien aprovechable (de ahí, el nombre), sobre la que se podían montar los demás elementos de pared (que se podían premontar tumbados en el suelo). Este tipo de segmentación de la construcción también ha favorecido una prefabricación muy extensa de elementos completos de pared de gran formato, como es habitual hoy en día en los
métodos modernos de construcción con paneles de madera. **100**

La evolución histórica y morfológica de los métodos de construcción de pared en madera que se acaba de esbozar muestra —si se excluye la primitiva construcción de empalizada con maderos enterrados— formas constructivas tempranas que derivan con bastante claridad del desarrollo contemporáneo de los métodos de construcción de muro de piedra, surgiendo de una especie de proceso mimético de imitación. Esto es particularmente cierto en el caso de la

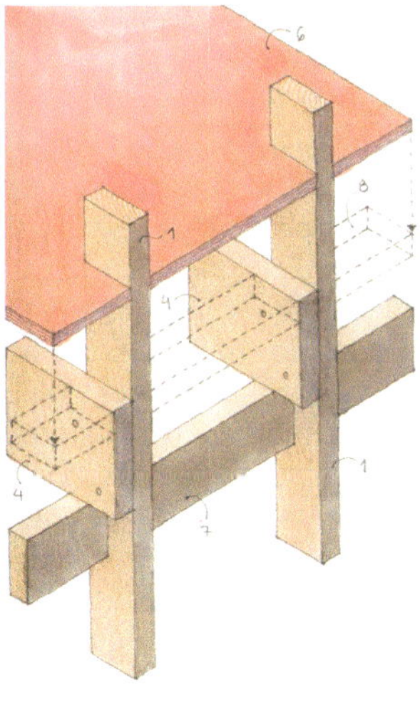

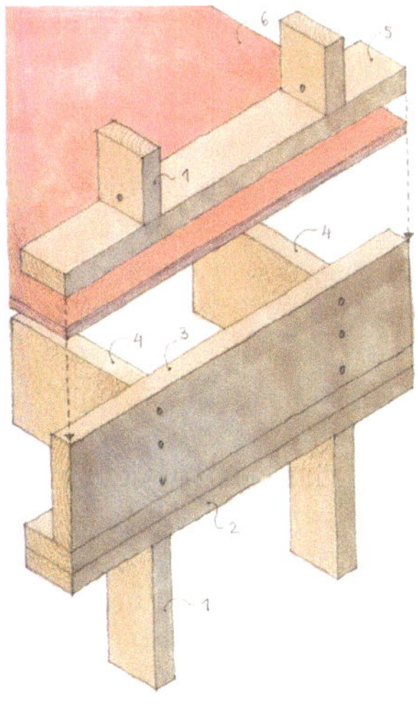

98 Principio constructivo del método de construcción *balloon frame*, enlace del forjado a una pared exterior.

99 Principio constructivo del método de construcción *platform frame*, enlace del forjado a una pared exterior.

1 montante
2 viga cabecera
3 madero testero
4 vigueta de forjado
5 solera
6 aplacado
7 viga corredera, encajada en el montante
8 madero de relleno para protección contra incendios.

construcción de blocao, cuyo despilfarro de valioso material de construcción sólo puede explicarse por la abundante disponibilidad del mismo, así como, con ciertas restricciones, en el caso de la construcción de poste y tablón. El paso de desarrollo hacia los métodos de construcción de armazón (entramado de madera y métodos modernos de construcción nervada de madera) es comprensible en el sentido de una racionalización y, sin duda, persigue un aumento de la eficiencia material. Sin embargo, siempre permanece la debilidad específica del material que surge de la prácticamente inexistente rigidez al corte de las armazones de pared compuestas por carreras de barras paralelas, una desventaja con la que también tienen que lidiar los métodos de construcción de madera maciza. La rigidez a cortante sólo puede crearse a posteriori con la ayuda de elementos adicionales, a saber, riostras diagonales en sus diversas formas. Por razones estáticas, estas diagonales tienen que estar dispuestas de forma que abarquen la mayor envergadura para generar el par de fuerzas necesario, por lo que generalmente ocupan (y en cierta manera, bloquean para ciertos usos) grandes espacios. Al mismo tiempo, las riostras debían enrasarse en el paramento en la medida de lo posible, pero por esta razón normalmente entraban en conflicto con las costillas, como se indicó, y debían coordinarse espacialmente con ellas produciendo un debilitamiento, como en empalmes a media madera.

Precisamente estos recursos constructivos forzados eran superfluos con los métodos de construcción de muro de piedra, ya que la rigidez al corte ya venía, por así decirlo, garantizada de entrada: en la construcción moldeada de hormigón, en todo caso; en la obra de fábrica (que básicamente también consiste en elementos horizontales apilados verticalmente, es decir, las hiladas de piedras o ladrillos) gracias al bloqueo por rozamiento activado por la gran carga muerta, la gran sobrecarga y la rugosidad del tendel. Por estas razones, se podría argumentar desde una perspectiva global que sólo la construcción nervada moderna de madera con su rigidez a cortante garantizada por el aplacado, así como los métodos modernos de construcción de madera maciza con sus elementos superficiales isótropos, representan la única aplicación del principio de construcción
101 de pared verdaderamente apropiada para la madera. Dado que, como se ha visto, estos métodos de construcción sólo pudieron surgir tras la introducción de productos industriales básicos producidos en masa (clavos, tableros de madera), esta observación no disminuye en absoluto nuestro aprecio por las habilidades técnicas y el ingenio de nuestros antepasados. Por un lado, muestra lo largos que son los ciclos efectivos de desarrollo de los métodos constructivos y el tiempo que se necesita para alcanzar la mayor eficiencia posible partiendo de una idea básica de diseño. No se miden en siglos, sino en milenios. Por otra parte, queda claro que una idea constructiva directriz —como en el caso que

nos ocupa, el aprovechamiento de la enorme rigidez de un elemento envolvente bidimensional en su propio plano, capacidad que nos viene, por así decirlo, regalada debido a los grandes cantos de las paredes que siempre0 están presentes por razones tanto estructurales como de uso— es esencialmente independiente del material utilizado (pero no está totalmente libre de su influencia). Por esta misma razón, se evitó clasificar los métodos constructivos principalmente en función del material utilizado, y se hizo en función del principio constructivo rector subyacente.

Métodos de construcción de pared en hormigón armado

■ Gracias a las características del material y a la forma en que se procesa, el hormigón armado cumple idealmente con los requisitos esenciales de la construcción de pared: Su carácter de material moldeable permite crear componentes superficiales sin juntas en casi cualquier dimensión y cumple así un requisito básico esencial para componentes de pared, a saber, el cerramiento más sencillo y económico posible del espacio. El hormigón armado resuelve esta tarea de forma **102**
más directa y natural que otros métodos de construcción de pared comparables, que siempre tienen que luchar con el fenómeno de la junta: ya sean de obra de fábrica o de madera. Además, el hormigón armado también satisface el segundo requisito esencial para una construcción de pared

100 Fabricación en horizontal de un elemento de pared tipo panel de madera en la fábrica.

101 Realización del principio de construcción de pared en la moderna construcción de panel de madera.

meramente por su característica de compuesto constructivo: la capacidad de soportar tanto fuerzas de compresión como de tracción, lo que hace que sea capaz de transferir a la cimentación no sólo cargas verticales en la pared, sino también horizontales gracias a la rigidez al corte del hormigón armado. Esto significa que, a diferencia de los métodos de construcción de muro de la competencia, el problema del arriostramiento se resuelve ya de principio o ni siquiera se plantea. Incluso en comparación con la construcción de obra de fábrica, que es relativamente ventajosa en este aspecto, pero que ocasionalmente se ve amenazada por el agrietamiento de los tendeles si la sobrecarga es insuficiente, la construcción de diafragmas de hormigón armado se caracteriza por una resistencia a la tracción de la que carecen todos los demás materiales minerales.

4.3.1 Reparto de cargas

El reparto uniforme de las cargas sobre la mayoría de los componentes implicados, típica de la construcción de pared, con la consiguiente reducción del nivel de carga, también beneficia naturalmente al método de construcción de muros en hormigón armado. Esto se debe a que un factor económico esencial que es, por así decirlo, inherente al sistema —la reducida dimensión del espesor de la pared— también permanece como un punto débil en este caso y pone en peligro el delgado panel de la pared que puede pandear o abombarse cuando se concentra la carga. No obstante, la propiedad del material como matriz moldeada armada también le permite adaptarse a concentraciones locales de fuerza, siempre que no se superen determinados valores. Para ello, basta con aumentar la armadura en consecuencia: Si es necesario, hasta el punto de que incluso se le confía a la misma la transmisión de fuerzas de compresión, una tarea que de otro modo estaría reservada al hormigón. Si se interpreta generosamente el principio estructural subyacente, también pueden integrarse localmente (y de forma invisible) componentes completos de acero en el hormigón en forma de construcción compuesta para absorber grandes fuerzas concentradas. Sin embargo, al igual que en la obra de fábrica, también es posible en la construcción de muros de hormigón armado formar machones a modo de contrafuer-

102 Construcción de muros de hormigón en obra.

tes que sobresalen del paramento si es necesario. No hay nada más fácil que esto con un material al que se le puede dar cualquier forma, imponiendo límites a esta práctica solamente los costes adicionales de encofrado y armadura.

4.3.2 Forjados de losa

■ La construcción de obra de fábrica no puede cumplir por sí misma un requisito básico esencial para poder aprovechar realmente las ventajas del reparto uniforme de cargas: a saber, construcciones de forjado planas con descarga bidireccional, es decir, apoyadas en cuatro lados —ejecutadas como construcción pétrea, como se ha visto, algo prácticamente imposible—. Por esta razón, en el pasado, en un edificio tradicional celular de obra de fábrica con forjados convencionales de vigas de madera unidireccionales, exactamente sólo la mitad de las paredes se veían cargadas verticalmente por los mismos, es decir, sólo aquellas sobre las que se apoyaban los forjados de vigas unidireccionales. Un reparto **47**
realmente uniforme de las cargas de los forjados sobre todas las paredes implicadas sólo podría conseguirse cambiando sistemáticamente las orientaciones de las vigas habitación por habitación y/o planta por planta: una especificación de proyecto nada fácil de cumplir. Este es el caso por la siguiente razón: Una vez determinada la proporción en planta de la habitación habiendo elegido la posición de las paredes, ésta será la misma para todas las plantas del edificio, ya que las paredes deben estar situadas forzosamente una encima de la otra. Esto también especifica la dirección de descarga preferida de la estructura del forjado en esta célula espacial para todas las plantas situadas encima o debajo de ella, es decir, la luz más corta. El cambio de la dirección del forjado en estas condiciones para un mejor reparto de la carga a veces obliga a orientarlo en la otra dirección (la luz mayor) en contra del sentido común constructivo.

Curiosamente, fue la construcción de hormigón armado con sus forjados sólidos de losa la que —como se comentó— dio a la construcción moderna de obra de fábrica la capacidad de transferir las cargas de los pisos de forma completamente uniforme a las cuatro paredes de apoyo, permitiendo así al principio de construcción de pared, en la variante de este antiguo método de construcción de obra de fábrica, a explotar realmente su potencial oculto sólo hacia el final de su devenir (o más bien período de dominio) histórico. Considérese también la ya mencionada capacitación de los forjados para sujetar lateralmente los muros de obra de fábrica, ya que son losas macizas de hormigón armado resistentes al corte.

4.3.3 Reglas de diseño

■ Con tales capacidades y tal versatilidad de uso, no debería sorprender que las reglas de diseño relativamente estrechas de la construcción tradicional de obra de fábrica queden, por así decirlo, sin efecto con este método de construcción. Es incluso difícil identificar cualquier restricción impuesta por el sistema constructivo en lo que respecta a la proyec-

tación de construcciones de muros de hormigón armado, aparte de la preservación de una característica general de elementos en forma de diafragma que es inherente a todos los métodos de construcción de pared —después de todo, la intención es crear delimitaciones espaciales—. Porque también en este aspecto las transiciones entre diferentes tipos de construcción con el mismo material son fluidas: La transición de un lienzo de muro de hormigón en gran parte cerrado y sólo localmente perforado a un componente en forma de retícula con una superficie de aberturas mayor que la del muro, para la que el material es igual de ade-
103 cuado, es continua y sin fracturas. Además, las aberturas pueden diseñarse y disponerse de forma casi arbitraria en el componente de la pared. A diferencia de la obra de fábrica, se pueden realizar sin problemas anchas aberturas horizontales de ventanas tipo banda. En la construcción de muros de hormigón armado, los diafragmas delgados que se refuerzan mutuamente, colocados en ángulo recto, ni siquiera tienen que tocarse para desarrollar su efecto de refuerzo mutuo: Basta con que estén conectados al mismo

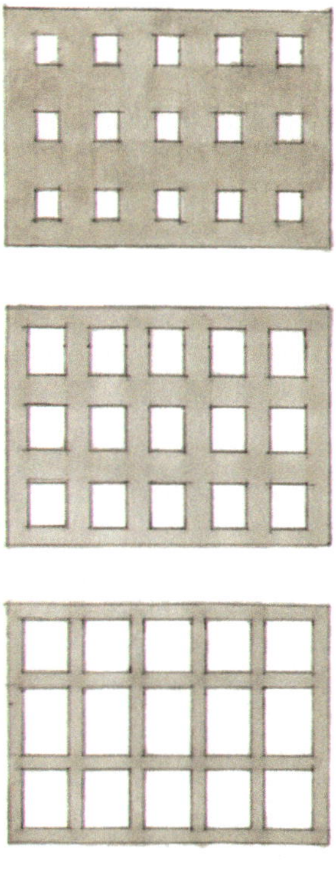

103 Paño de pared con diferentes proporciones de ventanas que aumentan de arriba a abajo.

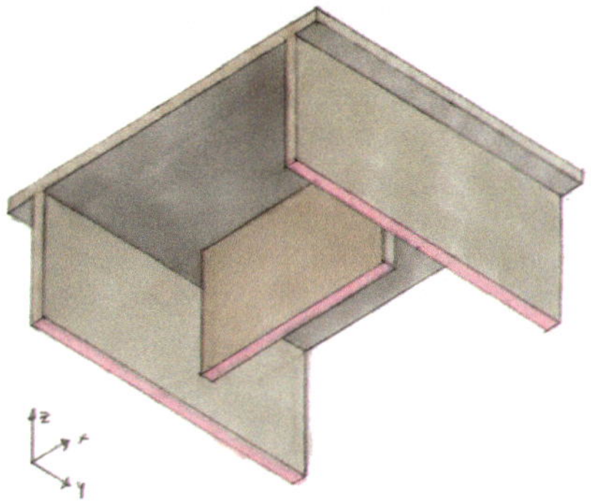

104 Arriostramiento mutuo de paños de pared sin contacto a través del diafragma del forjado.

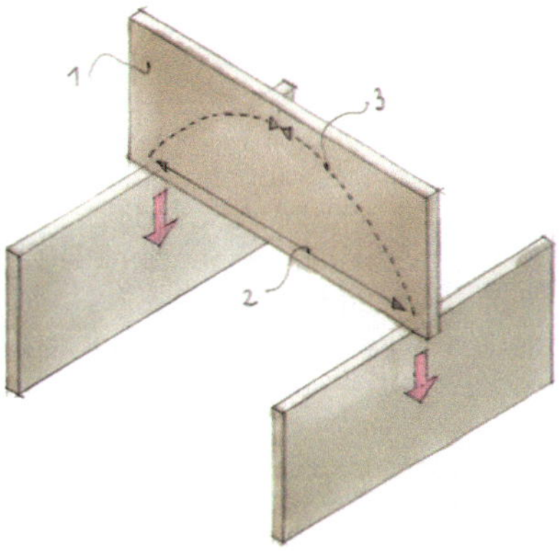

105 Apoyo puntual de un paño de muro de hormigón **1** sobre dos paños de muro transversales. Se forman un cordón de tracción **2** y un arco de compresión **3**. Se producen concentraciones de carga en los muros portantes en los puntos de apoyo.

forjado diafragma de forma resistente al esfuerzo cortante. 104 El principio tradicional de una esquina de muro continua sin aberturas en las proximidades se disuelve en la nada en la construcción de hormigón.

Vigas de gran canto

■ Sin embargo, las capacidades no terminan ahí: Mientras que los paños de muro de obra de fábrica requieren siempre un soporte lineal, por ejemplo en forma de cimentación corrida o de un muro situado debajo, los paneles de hormigón armado también pueden transferir su carga a soportes puntuales, es decir, cubrir una luz libremente entre ellos. 105
Actúan entonces como vigas de gran canto, cuya enorme rigidez se deriva del gran canto ya existente condicionado por la altura requerida en términos funcionales de (al menos) una planta. Para ello, basta con armar suficientemente una estrecha franja en el borde inferior del paño del muro, transformándolo en un cordón de tracción. El arco de compresión asociado se forma entonces por sí mismo en el hormigón, por ser resistente a la compresión. 105, 106

Las posibilidades que esto brinda —especialmente en la construcción de edificios— son extraordinarias: Debajo de construcciones de muros de varios pisos se pueden crear grandes espacios diáfanos, sin verse obstaculizados por ningún elemento de carga, sin ningún coste adicional. Las cargas recibidas simplemente se redirigen según las necesidades dentro de los muros diafragma de varias plantas de canto y se concentran en los soportes situados casi a cualquier distancia deseada. Estas posibilidades acabaron 106
por derribar el más importante de los dogmas de la construcción de piedra: a saber, superponer por necesidad exactamente, planta por planta, los muros de carga transfiriendo las cargas entre sí a través de su apoyo lineal continuo. En cambio, en la construcción de pared de hormigón armado, basta con apoyar una pared diafragma en cualquier planta por ejemplo sobre dos paños de pared paralelos entre sí, igualmente delgados y perpendiculares a ella, de modo que se garanticen dos soportes adecuados. Por lo demás, el muro diafragma puede cubrir la luz libremente sin obstáculos. Las concentraciones de carga que inevitablemente se 107
producen en los dos muros de carga en la zona del apoyo suponen, efectivamente, una ruptura del principio de reparto de cargas en la construcción de pared, pero en general se pueden absorber sin dificultad con armadura incrementada en el hormigón. La obsesión de la arquitectura contemporánea con la construcción de esqueleto ha pasado por alto a menudo estas posibilidades de gran alcance que ofrece la construcción de diafragma.[27]

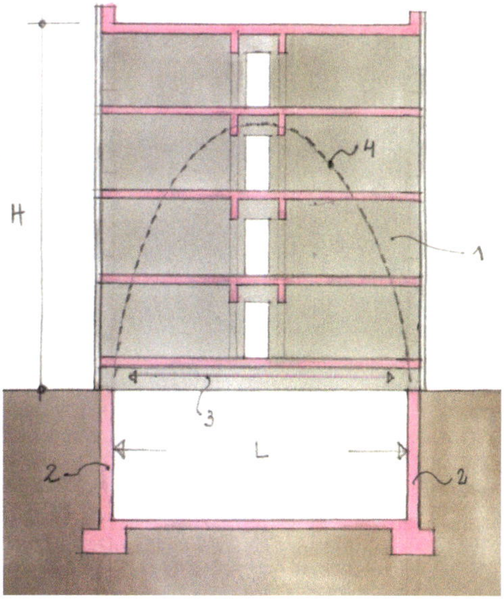

106 Cobertura libre de uns luz **L** sobre un espacio por un muro diafragma **1** de cuatro plantas de altura con la altura **H**, apoyado en los muros del sótano **2**. Las aberturas centrales de las puertas deben dejar dinteles de altura suficiente para que actúen el cordón de tracción **3** y los arcos de compresión, como el **4**.

4.3.5 Tipos de ejecución

Por estas razones, la construcción de diafragmas de hormigón armado se utiliza frecuentemente en la actualidad, especialmente en aquellos segmentos de la construcción en los que las funciones protectoras del tabique macizo y la losa desempeñan un papel importante: En particular, el aislamiento acústico y la protección contra incendios (junto con el efecto compensatorio del almacenamiento térmico) en edificios de viviendas. Si estos requisitos para la compartimentación de espacios no son esenciales, no se necesitan funciones de carga por salvar grandes luces con los forjados y se desea también la mayor reubicación posible de tabiques, los muros de hormigón armado suelen, en cambio, sustituirse por soluciones constructivas alternativas: tabiques ligeros de obra de fábrica o construcciones en seco. Esto es posible y se ve favorecido por las luces relativamente grandes que los forjados de losa de hoy en día pueden alcanzar económicamente.

Como material pesado con una estructura densa y la correspondiente alta conductividad térmica, el hormigón armado no ofrece, en principio, muchas ventajas como construcción de pared exterior. Los muros exteriores de hormigón normal, al igual que muchas construcciones de obra de fábrica, también deben ir provistos de una capa aislante y una pantalla de intemperie. En este sentido, este método de construcción no se comporta de forma muy diferente a la competencia: Los valores de aislamiento térmico exigidos hoy en día sólo pueden garantizarse en raras ocasiones con una construcción de pared exterior de una sola hoja.[28] Ya hemos visto que esto no se logra ni siquiera con los métodos de construcción de madera maciza. Sin embargo, si se quiere construir de hormigón armado no sólo el muro de respaldo sino también la pantalla de intemperie, creando una construcción de doble hoja, se tropieza con dificultades difíciles de dominar y surgen dilemas constructivos que a

108 (Arriba) edificio de oficinas formado por elementos tipo diafragma. La fachada es una estructura entramada de diafragmas de hormigón que abarca toda la planta baja sin soportes intermedios. La estructura portante interior también está formada por diafragmas apoyados en puntos cubriendo grandes luces. (arqu.: Jüngling & Hagmann, Chur, Suiza).

107 (Derecha) estructura compuesta de paneles de muro de hormigón cubriendo luces libremente. Ninguna pared está situada congruente encima de la otra.

menudo no producen los resultados deseados y/o provocan costes horrendos.[29]

☞ *Véase también Cap. 7., Aptdo. 2.3.1 Dilemas constructivos inherentes, pág. 293*

La sólo moderada idoneidad constructiva y física de diafragmas de hormigón armado como muros exteriores ha llevado (en última instancia) a una interesante y extendida variación de la construcción celular en hormigón armado: la construcción de mamparo. En este caso, simplemente se omiten los muros exteriores de hormigón armado, lo que permite realizar fachadas con acristalamientos de gran tamaño o de construcciones ligeras altamente aislantes. Ya se ha visto que los bordes libres —tal como aparecen en los extremos exteriores no soportados lateralmente de los muros transversales que discurren en ángulo recto con la fachada (los llamados mamparos en referencia a la construcción naval, o también traviesas)— no plantean ninguna dificultad seria en muros de hormigón armado. La rigidez transversal de los propios mamparos puede lograrse mediante paredes transversales internas o, alternativa o adicionalmente, mediante forjados diafragma, que a su vez van conectados a un punto fijo adecuado para el fin (por ejemplo, un núcleo). Siguiendo esta lógica conceptual, estos edificios constan únicamente de una fila de mamparos paralelos, que en conjunto crean células de estancia que se iluminan y ventilan por ambos lados, es decir, a través de las superficies diáfanas de las fachadas. Aplicadas a la construcción de viviendas, las superficies de fachada, de libre diseño, permiten una iluminación ideal del espacio interior y, por tanto, también simultáneamente un aumento de la profundidad del mismo (lo que también es ventajoso en términos económicos).

109 CONSTRUCCIÓN DE MAMPARO

MAMPARO

TRAVIESA

Por último, cabe destacar una variante especial de construcción de muros en hormigón armado: la construcción prefabricada con elementos superficiales o grandes paneles. La (justamente) vilipendiada y menospreciada construcción de paneles prefabricados de los años sesenta y setenta del

CONSTRUCCIÓN DE GRANDES PANELES

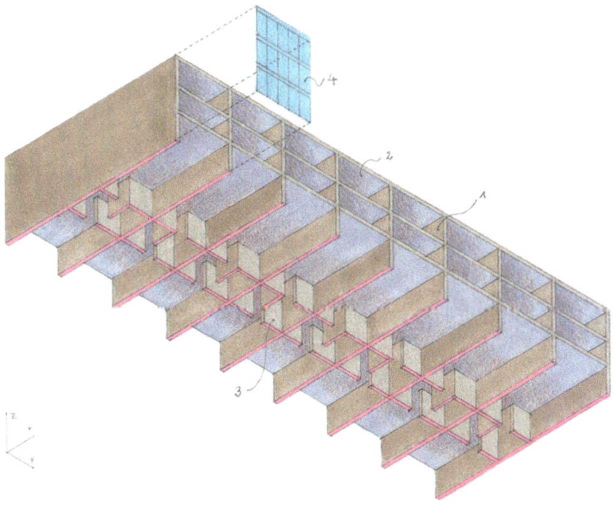

109 Construcción de mamparo compuesta por muros transversales **1** orientados en paralelo. En la dirección transversal (→ **y**), están sujetos por los forjados diafragma **2** y las paredes transversales **3** de las zonas centrales interiores. Las paredes exteriores no tienen función portante y pueden ejecutarse en construcción ligera, por ejemplo, acristalada (**4**).

siglo XX puso de manifiesto los lados más desagradables de la construcción modular y sucumbió, entre otras cosas, por la difícil tarea de producir muros exteriores de hormigón armado de doble hoja de buena durabilidad y con aislamiento de núcleo, una tarea a la que los minimalistas de la arquitectura, como ya se ha mencionado, siguen dedicándose hoy en día con fervor casi religioso, sin reparar en los costes.

Por esta razón, las construcciones modernas de paneles de gran tamaño suelen prescindir de una pantalla contra la intemperie hecha de hormigón armado, una capa funcional para la que el material no es muy adecuado. En cambio, se limitan a proporcionar una armazón básica portante de hormigón. A continuación, el edificio se complementa en el exterior con una capa de aislamiento y una de protección contra la intemperie de casi cualquier tipo de ejecución, según convenga.

Si la construcción de pared resulta demasiado rígida e inflexible para los requisitos de uso en algunos casos, se combina con algún método constructivo alternativo, por ejemplo con una construcción de esqueleto. La principal ventaja de la construcción de grandes paneles es, por supuesto, que elimina en gran medida las únicas desventajas realmente significativas de la construcción convencional de muros de hormigón armado (que no se ha mencionado hasta ahora), a saber, la necesidad de encofrar en la obra, así como la humedad incorporada y el tiempo de fraguado, que dificultan el proceso de construcción. En ese caso, se trata esencialmente de un método de construcción de montaje, es decir, un método de construcción en seco. El requisito previo para ello es, por supuesto, la creación de conexiones de montaje adecuadas: En este caso, la mayoría de las veces se trata de juntas de relleno en las que se puede
112 insertar una armadura adicional según sea necesario. Los bordes de los componentes convenientemente perfilados

111 Prelosa semiprefabricada antes de aplicar la capa de hormigón. Consiste en una delgada losa prefabricada de hormigón (encofrado permanente) con armadura longitudinal y armadura electrosoldada en celosía (arriba/abajo en la foto) incorporadas en ella. La armadura transversal (izquierda/derecha) se coloca en obra.

110 Enlace entre elementos de pared **1** y elementos de forjado **2** de una construcción de pared prefabricada. Los bordes del componente están perfilados (**3**) para acomodar el esfuerzo cortante de diafragma (en el plano del elemento) así como el esfuerzo cortante de placa (transversal a él). Los espacios de las juntas **4** se rellenan con hormigón in situ.

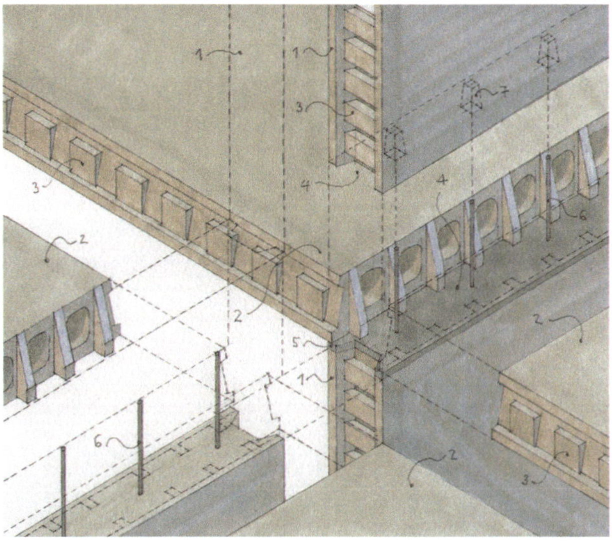

permiten transferir esfuerzos cortantes en dirección del plano y en ángulo recto al mismo: como hemos visto, un requisito básico esencial para la rigidización mutua del sistema utilizado compuesto de diafragmas de pared y forjado. Las desventajas derivadas del fraguado y secado de los rellenos de junta, localmente limitados, tienen poco impacto sobre el proceso de construcción. **110, 111**

CONSTRUCCIÓN SEMIPREFABRICADA

Sin embargo, el triunfo más espectacular de los últimos años no ha sido ni el de los métodos de construcción de muros vertidos in situ ni el de los prefabricados, sino una mezcla de ambos: los llamados métodos de construcción semiprefabricada. Combinan las ventajas más significativas de ambos métodos constructivos y, al mismo tiempo, mitigan o incluso eliminan por completo sus principales desventajas. El siempre complejo y costoso encofrado en obra se hace innecesario si, como en el caso de los métodos de construcción semiprefabricada mencionados, se trabaja con encofrados perdidos del mismo material, es decir, de hormigón armado. Las denominadas prelosas así como los muros semiprefabricados consisten en hojas delgadas de hormigón prefabricadas que se levantan en la obra y se completan con hormigón fresco para formar la estructura acabada. Dado que los espacios de junta entre los componentes están siempre armados y rejuntados, el resultado final es una construcción monolítica comparable a una estructura de hormigón in situ. Así, la creación de conexiones de fuerza se resuelve también con el propio proceso de construcción, por así decirlo de forma automática. Aunque los obstáculos que suponen el tiempo de fraguado y la humedad atrapada siguen existiendo con estos métodos constructivos —al igual que con el hormigón en obra—, han conquistado amplias áreas de la construcción actual debido a sus innegables ventajas, especialmente en el propio ámbito de la construcción clásica de hormigón en obra.

113 PRELOSAS

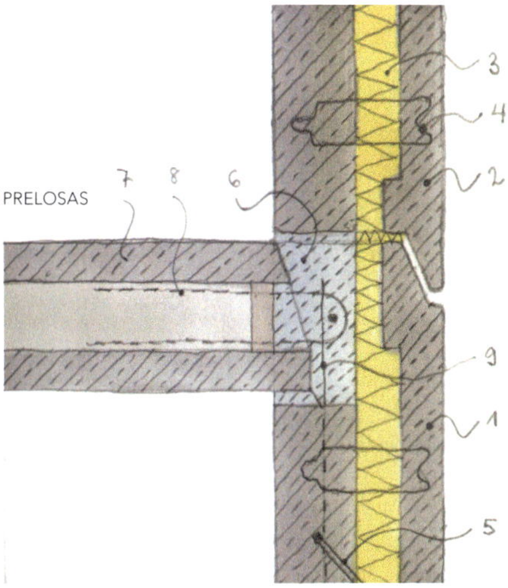

113 Construcción de muros prefabricados: Enlace de una pared exterior tipo sándwich de hormigón (elementos **1** y **2**) a un forjado de piso formado por elementos alveolares (**7**).

1 elemento sándwich inferior
2 elemento sándwich superior
3 aislamiento térmico
4 estribo de enlace
5 anclaje de soporte (para absorber el momento de desalineación entre las hojas)
6 relleno de hormigón
7 forjado alveolar
8 armadura de enlace con forma de estribo
9 armadura de enlace, esperas

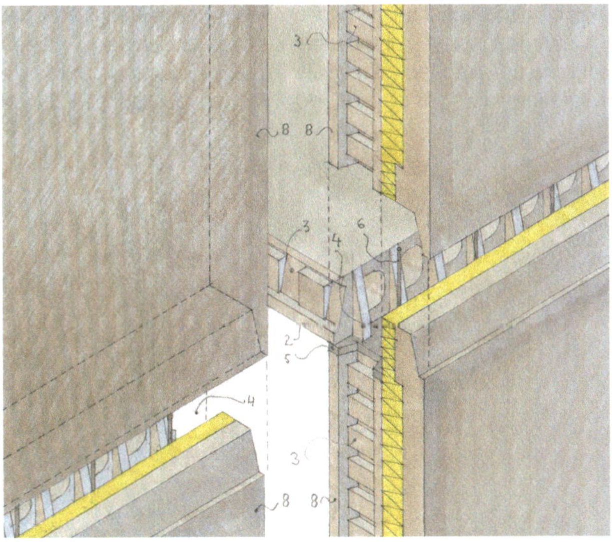

112 Enlace entre elementos sándwich de pared exterior **8** y elementos de forjado **2** de una construcción de pared prefabricada, análoga a **113**.

1 elemento de pared
2 elemento de forjado alveolar
3 perfilado para unión de cizalladura en el espacio de la junta de relleno
4 espacio de la junta de relleno
5 capa de mortero
6 barras de centrado y enlace
7 casquillos de centrado
8 elemento de pared exterior tipo sándwich

5. Métodos de construcción de esqueleto

SEPARACIÓN DE SOPORTE Y CERRAMIENTO

Como se ha visto, los métodos de construcción de esqueleto surgen del paso decisivo de desarrollo que consiste en desentrañar las dos funciones constructivas principales de soporte y cerramiento entre sí en los elementos superficiales
6 verticales que delimitan el espacio, es decir, las paredes.[30] En consecuencia, las cargas ya no se transfieren al suelo a través de pantallas, sino a través de barras o armazones de barras, de forma que los soportes estén lo suficientemente separados como para aprovechar la dimensión de la luz del forjado, es decir, en las dos direcciones principales del
114 plano del suelo. Si no es así, se considera que todavía está presente un método de construcción de pared a pesar de la existencia de grupos de barras —esta es la clasificación que se ha venido usando hasta ahora—, como cuando hay carreras de barras dentro de paredes nervadas portantes.[31] Las paredes bidimensionales que cierran el espacio en los auténticos edificios de esqueleto, que ya no soportan cargas primarias, se ven así liberadas de una tarea muy restrictiva, la de soportar, lo que les da mucha más libertad de diseño.

INTERCONEXIÓN DE CÉLULAS ESPACIALES

La disociación de las funciones portante y envolvente abre la importantísima posibilidad, en términos de uso, de interconectar las células espaciales, que vienen restringidas dimensionalmente por las limitadas luces de los forjados, para formar espacios interconectados más grandes. Las columnas, si bien dan ritmo a un espacio y lo estructuran, sin embargo no lo seccionan. Es de suponer que la necesidad de crear espacios mayores agregando células individuales fue el impulso decisivo para la transición tipológica de los métodos de construcción de pared a los de esqueleto.[32] La urgencia de encontrar una solución adecuada a este requisito funcional parece haber sido mayor que la de aliviar la sobrecarga de las paredes eximiéndolas de la función de carga utilizando columnas. Este último paso no es evidente, requiere una cierta capacidad de abstracción de mayor alcance y, en términos de historia del desarrollo, probablemente sólo tuvo lugar más tarde, después de que se reconocieran las posibilidades (aún no aprovechadas hasta la fecha) de la construcción de esqueleto, apreciándolas en edificios ya ejecutados. Algunos

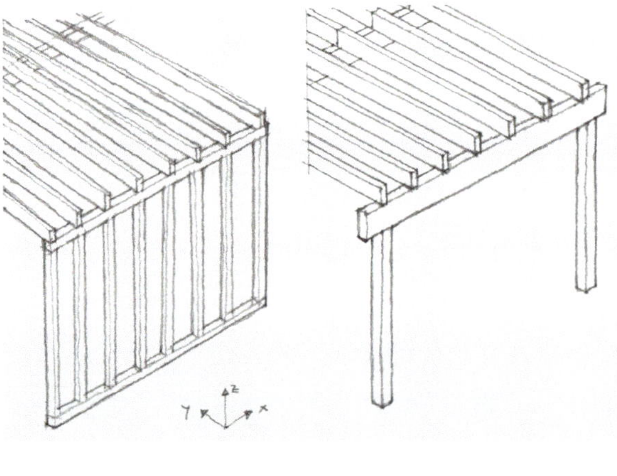

114 Comparación entre una estructura nervada (izquierda) y una estructura de esqueleto real (derecha). Ambas variantes pueden considerarse armazones. La diferencia decisiva para su categorización como construcción de pared o de esqueleto radica en la mayor distancia (en →**x**) entre las columnas (derecha), que es del mismo orden de magnitud que la luz del forjado (en →**y**). En consecuencia, sólo el ejemplo de la derecha puede considerarse una verdadera estructura de esqueleto, mientras que la variante de la izquierda ha de considerarse una construcción de pared, a pesar de su estructura de barras. El tipo de construcción de forjado no es relevante en este contexto y sólo se muestra aquí para mayor claridad.[34]

ejemplos muy antiguos de edificios de esqueleto, o más bien de métodos de construcción mixta de muro y esqueleto, se caracterizan por una combinación de estructura portante tipo esqueleto en el interior y, simultáneamente, paredes exteriores portantes y envolventes: ejemplos ilustrativos 115
de una solución híbrida estructural exitosa que aprovecha las ventajas respectivas de dos estrategias constructivas fundamentalmente diferentes.

Es difícil identificar con precisión, en cuanto a la historia de desarrollo, el paso definitivo que supone incluir también los cerramientos exteriores en el sistema constructivo del esqueleto, algo que inicialmente —como se ha visto— sólo se realizó en el interior. Un primer paso en esta dirección puede haber tenido motivos económicos: la separación de un muro de empalizada hecho de troncos apretados convirtiéndolo en una serie de estacas situadas a pequeños intervalos regulares, que luego se rellenan con material ligero. El paso decisivo hacia la construcción de esqueleto 83
puro puede haberse efectuado en Europa con la construcción de postes y tablones horizontales, en la que —como se ha visto[33]— los tablones de relleno colocados en horizontal siempre terminaban sustrayéndose de la función portante en una etapa temprana debido a la merma de la madera y, por lo tanto, dejaban que todas las cargas del piso se transmitieran a la viga cabecera. 67

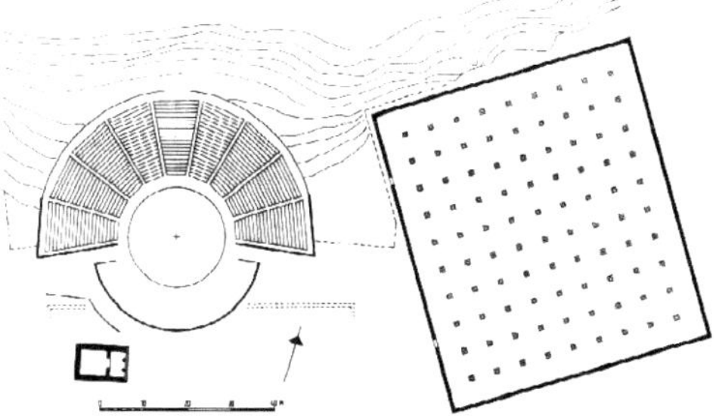

115 Odeión de Pericles en Atenas (aprox. 440 a. C.) (edificio de la derecha): una temprana sala hipóstila para asambleas con columnas regulares en el interior que crean un gran espacio y muros exteriores simultáneamente portantes y envolventes. El primer paso de la antigua construcción de pared a la estructuralmente más compleja construcción de esqueleto parece haber surgido de la necesidad de crear grandes salas de reunión. Las paredes exteriores que no se vieron afectadas por esta necesidad permanecieron inicialmente como paños de pared cerrados.

☞ *Aptdo. 4.2.2 Construcción de poste y tablón, pp. 339 y ss.*

Sin embargo, el paso conceptual plenamente consciente hacia la construcción de esqueleto pura nunca parece haber tenido lugar en Europa en la época premoderna. Sorprendentemente, se mantuvieron en gran medida, con la excepción de los métodos de construcción de poste, los principios constructivos y tipológicos de la construcción de pared.

CONSTRUCCIÓN DE ESQUELETO DE ASIA ORIENTAL

La situación fue diferente en Asia Oriental, donde los métodos de construcción de esqueleto en madera surgieron pronto y fueron plenamente reconocidos en cuanto a sus profundas consecuencias arquitectónicas. En particular, la concepción característica de la relación entre el espacio interior y el exterior en la arquitectura tradicional japonesa, que tanto influyó en los pioneros de la arquitectura moderna clásica, tiene su origen en este temprano y exhaustivo desarrollo de los principios de diseño constructivo y espacial de la construcción de esqueleto pura. Al primer paso de interconectar los espacios interiores, que de otro modo estarían segmentados, dentro de una retícula de columnas diáfana en dos direcciones en términos espaciales, le siguió en Asia Oriental el siguiente paso decisivo: el de transformar el muro exterior cerrado de carga en un entramado de barras en gran medida diáfano, de libre diseño, y, por lo tanto, crear una unión fluida del espacio exterior e interior.

☞ *Véanse también los comentarios sobre este tema en Aptdo. 6.1.3 Métodos de construcción modernos de esqueleto de madera, pp. 407 y ss.*

Efectos sobre la transferencia de cargas

■ Además de los cambios morfológicos y de uso que se acaban de mencionar, la evolución descrita de la construcción de muro a la de esqueleto también supuso necesariamente un cambio en la transferencia de cargas: Se abandona la distribución uniforme de cargas sobre pantallas planas verticales

CONCENTRACIÓN DE CARGAS

en favor de la concentración de cargas en columnas. La gran distancia de las columnas entre sí (en las dos direcciones posibles de descarga del forjado), que está, por así decirlo, predeterminada por el sistema, da lugar a zonas tributarias de carga correspondientemente grandes en el forjado e intensifica el efecto de concentración de carga sobre la columna. En este proceso, el apoyo, que solía proporcionar el muro de carga en los métodos de construcción de pared, lo ofrece una barra horizontal, una viga maestra o cargadero —a menos que se trate ya de principio de una losa con descarga bidireccional, como una losa de hormigón, algo que, no obstante, es un producto técnico moderno que no tiene ningún antecedente histórico significativo—. Además de las viguetas del forjado, que también eran necesarias en los métodos tradicionales de construcción de pared, en la construcción de esqueleto siempre aparece una viga principal fuertemente cargada sobre la que se apoyan las viguetas del forjado y que a su vez transfiere su carga a

TRANSFERENCIA DE CARGA INDIRECTA

las columnas —resultando en una transferencia de cargas
114 indirecta—. Estos cambios tienen algunas consecuencias interesantes, que se analizarán a continuación.

5.1.1 La lógica estática de la columna

■ La lógica estática de un paño de pared se basa en una distribución continua de material en el plano del paño, pero transversalmente en el menor espesor de pared posible. El elevado consumo de material en el plano de la pared, que es consecuencia obvia de su bidimensionalidad en contraste con la linealidad de una barra, se mantiene dentro de unos límites razonables, por así decirlo, siempre que el espesor, medido en ángulo recto con el plano de la pared, sea razonablemente pequeño. Este es un requisito elemental

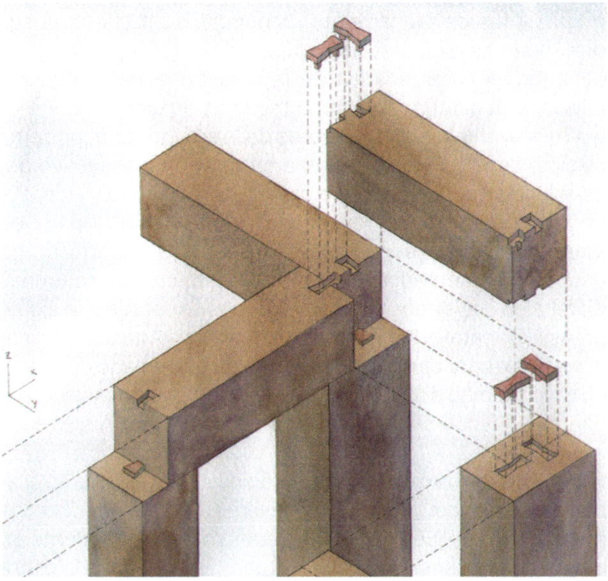

116 Ingenioso encaje de los bloques de piedra de la construcción adintelada del Templo del Valle (⧉ **120–124**) en la transición entre el vestíbulo **10** (en →**y**) y la sala principal **9** (en →**x**) con la ayuda de espigas de cobre en forma de cola de milano invisibles alojadas en rebajes. Se introdujeron para absorber fuerzas de tracción y cizalladura.

en términos de economía de toda construcción de pared. También por razones obvias relacionadas con el material y la producción, así como de estática, no se pueden, por otra parte, incumplir ciertos espesores mínimos. Estas reglas constructivas fundamentales se aplican pues, no sólo por razones económicas, siempre a todas las construcciones de pared. La dimensión débil del muro, es decir, su espesor, está expuesta al pandeo o al abombado bajo carga excesiva, un peligro que se contrarresta en este sistema (además del arriostramiento transversal gracias a muros y forjados) mediante el reparto sistemático de las cargas, es decir, manteniendo deliberadamente bajo el nivel de carga que actúa sobre los muros. Estos principios característicos de la construcción de pared ya se trataron en detalle anteriormente.

REPARTO DE CARGAS

☞ *Aptdo. 3. Características de las construcciones de pared, pp. 318 y ss.*

Esto cambia fundamentalmente con la construcción de esqueleto: Las fuertes cargas concentradas en las columnas presuponen la correspondiente rigidez al pandeo en *ambas* direcciones de orientación en planta, ya que los soportes, a diferencia de los muros, no están sujetos lateralmente (¿cómo podría ser de otra manera? Todo el principio conceptual de la estructura de esqueleto se basa precisamente en la transferencia de carga puntual en la columna exenta) y, en consecuencia, pueden pandear bajo carga en principio en cualquier dirección imprevisible. El soporte sometido a carga central, exento desde el punto de vista estático, requiere, por lo tanto, una sección transversal de geometría compacta, preferiblemente simétrica central, de dimensiones suficientes. El hecho de que ambas dimensiones de la sección transversal deban ser necesariamente —en condiciones de contorno no modificadas— mayores que el espesor de un muro en un sistema de pared comparable es obvio debido a la fuerte concentración de cargas sobre la columna y su peligro de pandeo en todas las direcciones. Querer integrar una columna a ras en una pared (en tal caso no portante) en estas condiciones es una incongruencia en la medida en que la pared de relleno en cualquier caso puede hacerse más delgada que la portante —al menos desde un punto de vista estático— y, por tanto, la columna debe ser (todavía) considerablemente más gruesa que esta última, aunque sólo sea por su función portante —por el hecho de que, incluso en comparación con un muro de carga, una columna debe por fuerza ser más gruesa, ya que siempre está sometida a cargas mucho mayores que un muro de carga en condiciones de contorno inalteradas—. 117

Incluso dentro de una pared de relleno gruesa y altamente aislante, tampoco procede incorporar la columna, ya que siempre interfiere localmente con la función aislante, así como posiblemente con otras subfunciones constructivas, debido a su estructura material más densa y a la mayor
conducción térmica resultante. El paso hacia el desentra- 118
ñamiento espacial completo de los ejes de las paredes y
de las columnas queda así prácticamente establecido en el 119
sistema constructivo. Por razones fácilmente comprensibles

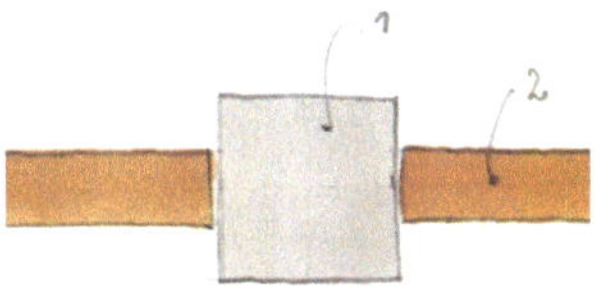

117 Columna (**1**) y pared más delgada no portante (**2**) en el mismo eje.

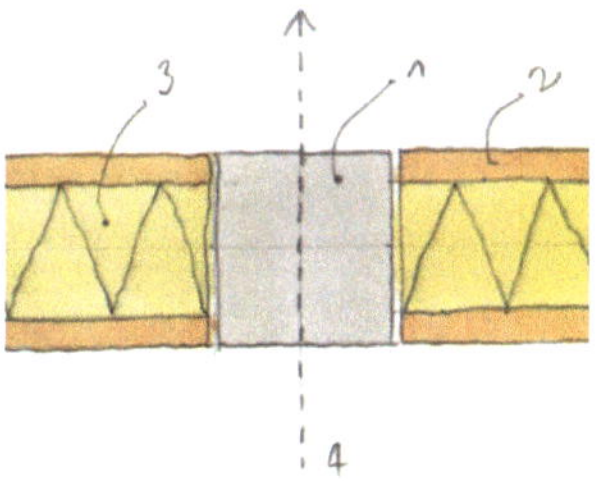

118 Columna (**1**) y pared no portante (**2**) de igual espesor con aislamiento térmico (**3**) en el mismo eje. Se crea un puente térmico (**4**) en la columna.

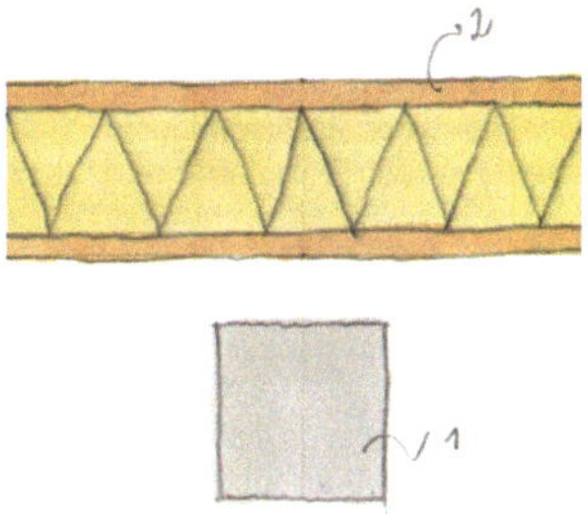

119 Separación de columna (**1**) y pared no portante (**2**) con aislamiento térmico. No hay puente térmico (exterior: arriba).

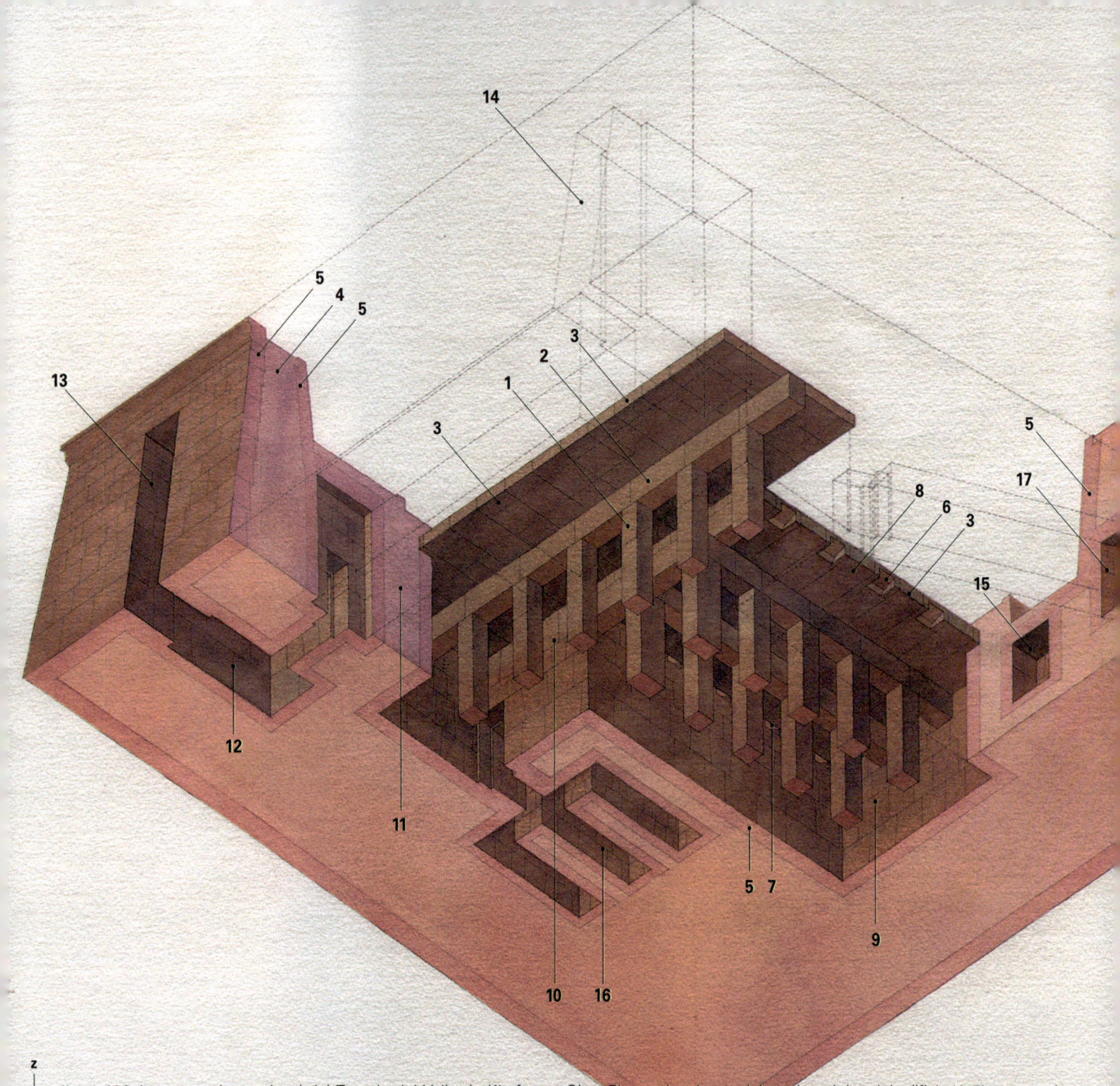

120 Axonometría seccional del Templo del Valle de Khafre en Giza, El Cairo, de la IV Dinastía, alrededor del 2500 a.C.[35] La estructura de pilares del interior del templo, que crea dos salas dispuestas en forma de T, es un ejemplo muy temprano, completamente geometrizado, de una estructura de esqueleto que pone en práctica el principio portante en su forma más pura. El vano primario (longitudinal entre los pilares (**1**), cubierto por el arquitrabe (**2**)) y el vano secundario (el de las losas de piedra del forjado **3**) se agotan cada uno en la medida de lo estructuralmente posible con la construcción de piedra maciza. El principio del esqueleto se limita al interior del edificio. La construcción envolvente circundante no consiste aquí en muros, sino en macizos volúmenes, en parte tallados en la roca local, en parte construidos con arenisca fácil de trabajar (**4**), que posteriormente se revisten con granito de labra precisa (**5**). Las habitaciones están recortadas en este volumen. Esta es otra prueba visible de los orígenes del principio del esqueleto en necesidades de uso, ya que obviamente se desarrolló inicialmente a partir de la necesidad de crear salas grandes interconectadas y sólo más tarde determinó también la envolvente del edificio.

El arriostramiento de la estructura de esqueleto contra fuerzas horizontales es innecesario en este caso, por un lado debido a la solidez de la construcción pesada del propio esqueleto, que, como una estructura de gravedad, sobrecomprime todas las fuerzas horizontales con su propia carga, y también debido al enlace del esqueleto con el cuerpo sólido circundante del edificio. No obstante, por razones de seguridad se insertaron tacos metálicos en las juntas de las piedras (⊡ **116**) para contrarrestar las fuerzas de tracción que pudieran surgir como resultado de cargas horizontales. La iluminación, que no puede proporcionarse mediante ventanas convencionales dentro del macizo núcleo del edificio (**4**, **5**), se resuelve en el vestíbulo principal (**8**) elevando ligeramente el nivel del forjado (**3**) por encima del nivel de la azotea e introduciendo unos pozos de luz laterales (**6**).

1 pilar de granito.
2 arquitrabe de granito.
3 losa de forjado de granito.
4 núcleo del edificio de arenisca, en parte roca local, en parte de obra.
5 revestimiento de sillares bien labrados de granito.
6 pozo de luz, desemboca en el surco **7**.
7 abertura de luz: hueco tallado en la superficie de granito de la pared y cubierto con un alféizar de alabastro blanco para mejor reflexión de la luz.
8 banda de la losa de forjado (**3**) apoyando sobre la hoja de granito de la pared **5**.
9 sala principal con doble hilera de pilares.
10 vestíbulo con fila simple de pilares.
11 antesala.
12 sala de entrada.
13 puerta principal izquierda.
14 puerta principal derecha.
15 cuarto del guarda.
16 almacenes.
17 pasadizo cubierto a la pirámide de Kefrén.

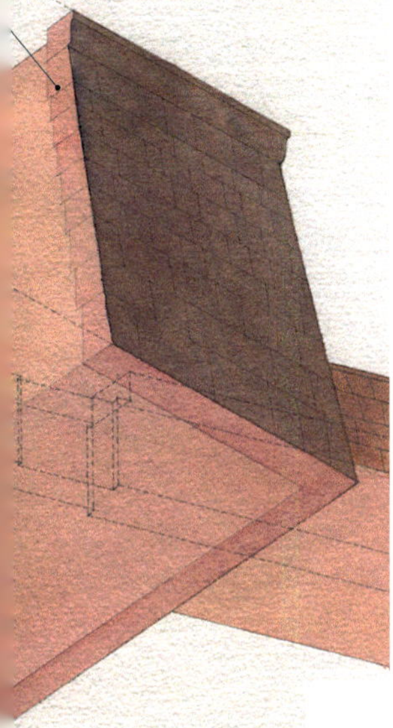

124 Construcción adintelada del templo. Al fondo se ve el revestimiento de granito de la pared, así como el núcleo de arenisca maciza en la parte superior, donde falta el revestimiento. En épocas posteriores, saqueadores picaron los pilares y los arquitrabes en las juntas para extraer las valiosas espigas de cobre (véase ⧉ **116**). Esto se puede ver en esta imagen a la izquierda en la cabeza del pilar y en los extremos de los arquitrabes.

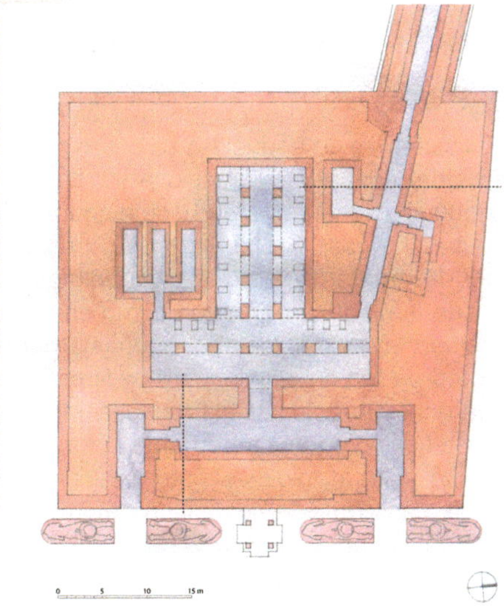

121 Planta del Templo del Valle. Los planos de sección de la axonometría de la izquierda se muestran como líneas discontinuas.

122 Sección transversal del Templo del Valle a través de la sala principal. Se reconocen las rendijas de luz a ambos lados del forjado de la sala, ligeramente elevado.

123 Vista de la crujía central de la sala principal.

de física constructiva, en los edificios modernos de esqueleto altamente aislados, el plano de las paredes se halla en el exterior y la columna en el interior.

5.1.2 Construcción de esqueleto como construcción ligera

Además, la necesidad impuesta por el sistema de pared de fabricar grandes superficies —es decir, paños de pared— enteramente de material que ya de por sí tiene capacidad portante —capacidad que, no obstante, no se requiere en todas partes— siempre ha limitado considerablemente la eficiencia material de esos sistemas. Por ello, los métodos de construcción de pared apenas se asocian a la construcción ligera. Cuando los muros se apilan piso a piso, este principio estático alcanza con bastante rapidez su límite de escala, como ya se ha definido, en el que el muro prácticamente sólo utiliza su capacidad de carga para soportar su propio peso. Debido a su aprovechamiento mucho más eficiente del material, que también caracteriza a los sistemas nervados en comparación con los sistemas de hoja uniforme, los métodos de construcción de esqueleto permiten alturas de edificio mucho mayores. Los edificios de gran altura se construyen exclusivamente con este método de construcción.

☞ *Cap. 1. Escala, pp. 4 y ss.*

5.1.3 Método constructivo y material

Por último, se plantea la cuestión de la relación causal entre el método de construcción y el material. Como en el caso de los métodos de construcción de pared, es cierto que los sistemas de esqueleto se basan fundamentalmente en una idea constructiva, funcional y organizativa característica, y que inicialmente no se hace ninguna afirmación sobre el material a usar. Se ha visto que, desde el punto de vista del desarrollo histórico, los esqueletos aparecen tanto en madera, piedra y hormigón como en acero. En el proceso, incluso leyes del material supuestamente categóricas se interpretaron en ocasiones muy liberalmente, si es que no fueron totalmente pasadas por alto: Incluso vigas principales sometidas predominantemente a esfuerzos flectores, como se dan por principio en el sistema de esqueleto, se fabricaron en la construcción adintelada pétrea nada menos que en material mineral frágil, a pesar de los esfuerzos de tracción
120 que cabían esperar.

CONSTRUCCIÓN ADINTELADA

No obstante, es innegable que las características de ciertos materiales los hacen especialmente idóneos para los sistemas de esqueleto: aquí, sobre todo, la capacidad de absorber por igual los esfuerzos de compresión y de tracción que se producen bajo flexión. Entre los materiales antiguos, sólo la madera podía cumplir esta condición. Por lo tanto, hay algunos indicios que sugieren que el concepto del esqueleto derivó originalmente de la construcción de madera. No cabe duda de que el arquetipo de la columna portante es el tronco del árbol. Transformada miméticamente en piedra, ésta en efecto se fabricó inicialmente de un solo bloque (presumi-
124 blemente en asociación inconsciente con el tronco). No fue hasta más tarde que se utilizó la superposición de piedras individuales típica de la construcción pétrea y, a partir de

ORIGEN DEL ESQUELETO EN LA CONSTRUCCIÓN DE MADERA

entonces, las columnas solían estar compuestas de tambores cilíndricos de piedra separados. A la madera se unieron posteriormente otros materiales más modernos, el acero y el hormigón armado, que eran resistentes a la compresión y a la tracción y, por tanto, prácticamente predestinados para la construcción de esqueleto.

5.2 El arriostramiento horizontal

■ Se ha visto que una de las ventajas de la construcción de pared, es decir, la rigidez de la estructura frente a fuerzas horizontales por el efecto de diafragma que siempre conlleva esa construcción, se pierde en el sistema de esqueleto y, por tanto, debe complementarse con medidas adicionales para garantizar el equilibrio de fuerzas necesario. La armazón de barras formada por dos columnas y una viga o cargadero que las une, que sustituye al muro en este sistema, no es geométricamente rígida y amenaza con colapsar dentro de su plano, así como fuera de él. Estas medidas complementarias se denominan en la terminología técnica el *arriostramiento* de la estructura portante. Por lo tanto, al estar vinculadas causalmente a la estructura de esqueleto y tener, como es lógico, una influencia decisiva sobre su diseño, es necesario dedicarles una mayor atención a partir de este punto.

5.2.1 Soporte horizontal de elementos portantes verticales

■ Como se ha visto en el estudio de los sistemas de construcción de pared, esos métodos constructivos contrarrestan la sensibilidad inherente al vuelco y al pandeo de los delgados muros en dirección perpendicular a su plano con una rigidización consistente mediante diafragmas adicionales
orientados transversalmente. En los métodos tradicionales **125**
de construcción de obra de fábrica, los diafragmas longitudinales y transversales se tocan y, por tanto, se estabilizan localmente, por así decirlo, en una interacción emparejada. O formulado de otra manera: Cada pared diafragma está asegurada contra el vuelco (y el pandeo) por al menos dos
diafragmas transversales conectados a sus bordes. Debido **128**
a su mayor rigidez a la flexión transversal a su plano, las delgadas paredes diafragma de hormigón armado, en cambio,

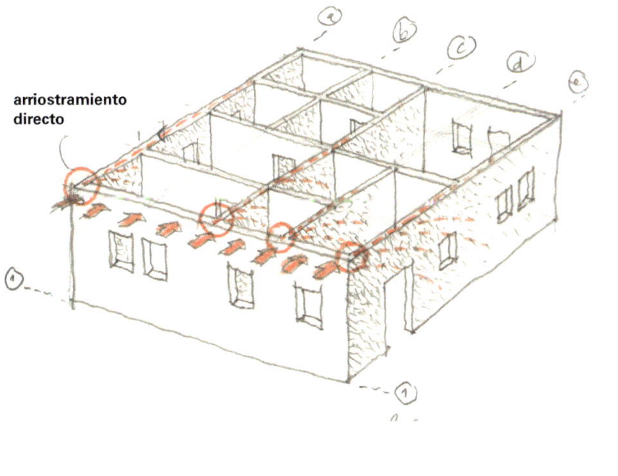

125 La carga de viento distribuida se transfiere de la fachada (eje **1**), que recibe la carga transversalmente a su superficie y es, por tanto, débil, a los paños interiores de pared (ejes **a**, **c**, **d**, **e**), que son muy rígidos en la dirección de la carga. Éstos transfieren la carga al suelo a través de su rigidez a cortante.

se conforman con una sola pared transversal, adosada en
126 ángulo recto en la medida de lo posible. Este tipo de sujeción
ARRIOSTRAMIENTO DIRECTO
lateral puede denominarse *arriostramiento directo.*

Sin embargo, con los ya mencionados métodos modernos de construcción con losas en hormigón armado, es posible, en un paso adicional, eliminar el contacto directo entre las pantallas que se rigidizan mutuamente, pero manteniendo su interacción sinérgica. Esto se hace de modo que la conexión portante entre ellas tiene lugar de forma indirecta, es decir, a través de un elemento separado —por así decirlo, a través de una etapa intermedia—, es decir, por medio de forjados
127 diafragma resistentes al esfuerzo cortante.

En cierto sentido, este importante proceso representa un paso esencial en la transición del principio de arriostramiento de la construcción de pared al de las estructuras de esqueleto: Esto se debe a que se elimina la restricción de diseño constructivo resultante de postular un contacto directo entre los paños de pared que se arriostran mutuamente (arriostramiento directo) y, por lo tanto, se elimina la segmentación del espacio en forma de células cerradas por todos los lados (como es el caso con los métodos tradicionales de construcción de pared). Los elementos portantes en sentido vertical y los arriostrantes en sentido horizontal —independientemente de si son barras o paneles— pueden ahora colocarse a distancia unos de otros, garantizando al mismo tiempo la rigidez global de la estructura y la mayor
130 libertad de diseño posible. Este método puede denominarse
ARRIOSTRAMIENTO REMOTO/INDIRECTO
arriostramiento remoto o *indirecto.* Es precisamente este principio el que subyace a los métodos de arriostramiento de edificios de esqueleto, lo cual no debe sorprender, ya que originalmente surgieron principalmente de este mismo deseo de generar espacios interconectados.

Por lo tanto, la rigidización local, individual, es decir, directa,

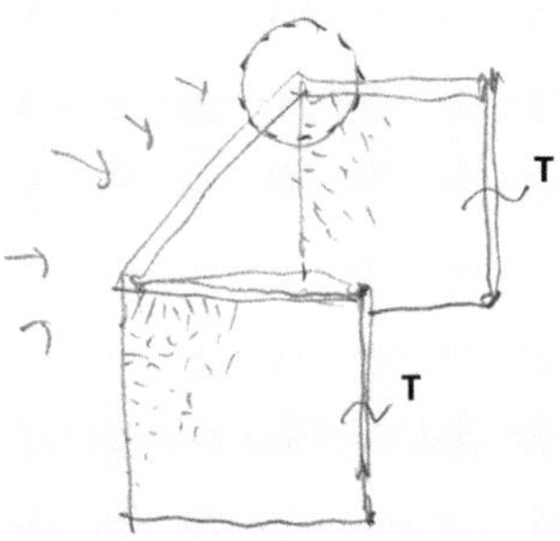

128 Apoyo lateral y rigidización de una pared mediante dos paredes traviesas **T** acometiendo en ángulo recto. La pared rigidizada debe tener suficiente rigidez transversal a su plano para salvar la distancia entre las paredes rigidizadoras. El soporte inferior en el suelo es beneficioso.

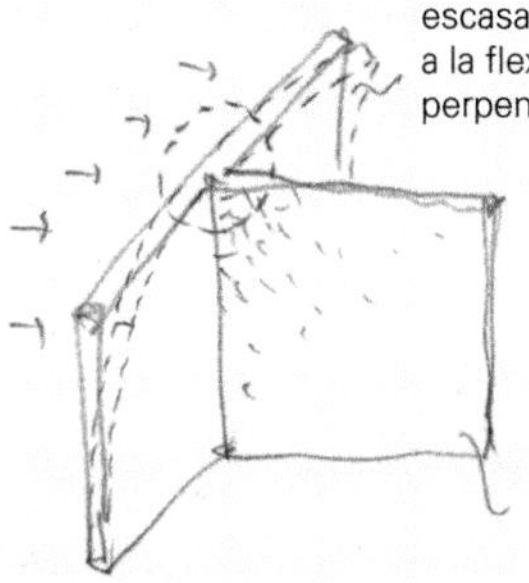

126 Refuerzo de un muro mediante un único muro transversal **T** conectado centralmente en una construcción de hormigón armado. La mayor rigidez a la flexión permite una mayor libertad que en la variante de la izquierda.

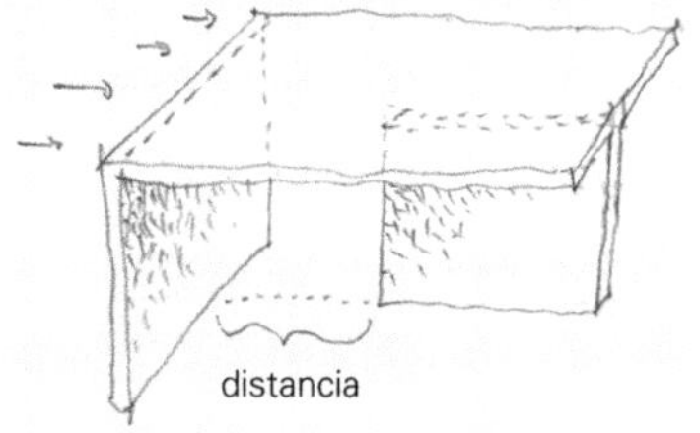

127 Rigidización a distancia de un muro por un muro transversal no en contacto con él por el efecto de enlace del forjado de hormigón armado. En los bordes de los muros se producen concentraciones de carga, que requieren una ejecución en hormigón armado.

de *todas* las armazones de barras sin forjados rígidos a cortante, no tiene siempre sentido si los elementos rigidizantes (cruces de San Andrés, riostras, diafragmas) obstaculizan o anulan esta interconexión espacial, lo que ocurre a menudo. Esto violaría uno de los principales objetivos de la construcción de esqueleto, a saber, la creación de grandes espacios interconectados que no se vean obstruidos por elementos portantes. Sin embargo, la rigidización local una por una de **129**
todas las armazones individuales como en las construcciones de muro convencionales (que no necesitan de forjados diafragma) sí que tiene sentido, por otra parte, si esta rigidez la proporcionan pórticos: elementos estructurales que combinan una elevada rigidez en su plano con permeabilidad espacial a través de ellos (una doble capacidad que, como es obvio, no poseen las paredes diafragma). Pero incluso con **131**
los pórticos, se produce una transmisión de fuerza horizontal a nivel del forjado, concretamente a través de sus largueros. Esto permite acoplar mutuamente armazones individuales que se encuentran en el mismo plano para que, a su vez, sea posible el arriostramiento a distancia dentro de este plano, o para conectar armazones no arriostradas con al menos una rigidizada y así darles estabilidad. **132, 136**

Por lo tanto, se puede formular el siguiente principio general: La disposición en gran medida libre de elementos portantes verticales de la construcción de esqueleto, que crea espacios interconectados, presupone siempre la posibilidad de transferir cargas horizontales de acción externa desde los puntos de aplicación, es decir, generalmente las paredes exteriores, a puntos fijos distantes, es decir los que transfieren las cargas horizontales a la cimentación o a otra construcción ya arriostrada por su parte situada debajo, en definitiva efectuando un arriostramiento a distancia. (Estos puntos fijos pueden ser paredes diafragma, barras diagonales, cruces de San Andrés, núcleos de servicio o también pórticos.) Esto debe efecturase necesariamente a través de la superficie del piso, ya sea con la ayuda de armazones de barras o con la ayuda de diafragmas bidimensionales. La forma de hacerlo en detalle es el tema del siguiente apartado.

PUNTOS FIJOS DISTANTES

5.2.2 La transferencia de cargas horizontales en el nivel del forjado

■ Veamos primero la variante más antigua, que es la construcción de forjado hecha de carreras de barras, y luego la más moderna con un forjado diafragma bidimensional.

Las cargas de viento distribuidas sobre una superficie inciden en la fachada y se agrupan por flexión de la misma en las barras horizontales o largueros situados en los ejes estructurales discurriendo en dirección de ataque de la fuerza. Para ello, hay que tomar precauciones para que haya **135**
suficiente rigidez a la flexión en el plano horizontal del piso para repartir esta carga lateralmente sobre ambos largueros: En el presente contexto del forjado compuesto de carreras de vigas, esta tarea la puede asumir la propia fachada o la viga paralela a la fachada a la que se conecta. En ese caso, ambas deben tener el canto necesario al efecto en la direc-

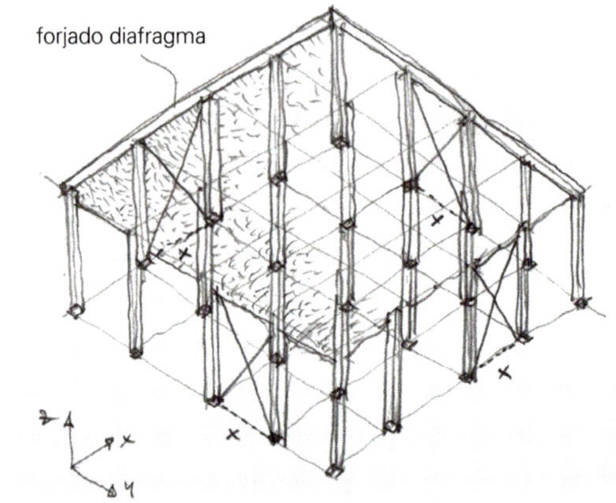

130 Arriostramiento "a distancia" de todos los soportes mediante cruces de San Andrés contra viento individuales (**X**), actuando de forma similar a diafragmas, orientadas en dos direcciones principales, cada una de ellas actuando unidireccionalmente, en un sistema de esqueleto con un forjado diafragma rígido al descuadre que distribuye la carga. Esto permite crear espacios interconectados, uno de los principales objetivos de los métodos de construcción de esqueleto.

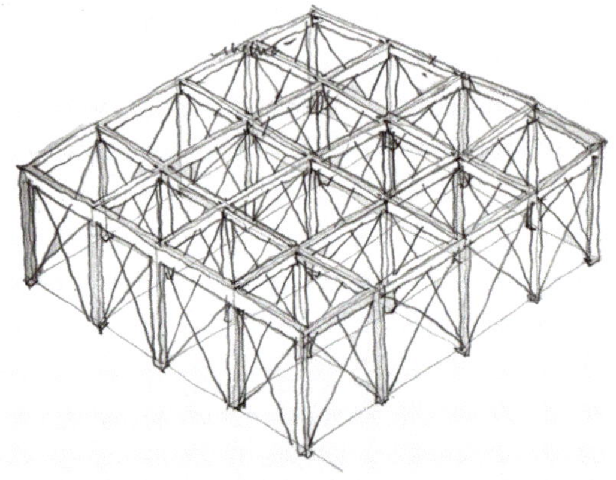

129 Un arriostramiento "no remoto", local y directo de cada soporte en este sistema de esqueleto en analogía con el principio de construcción de pared (véase **5**) da al traste con cualquier formación de espacio continuo si se utilizan medidas de rigidización aparatosas como estos arriostramientos contra viento, ya que esto subdivide el espacio en células individuales y, por lo tanto, contrarresta el objetivo de uso más importante de la construcción de esqueleto, a saber, crear espacios contiguos amplios y bien utilizables. Téngase en cuenta también la excesiva complejidad constructiva de esta solución.

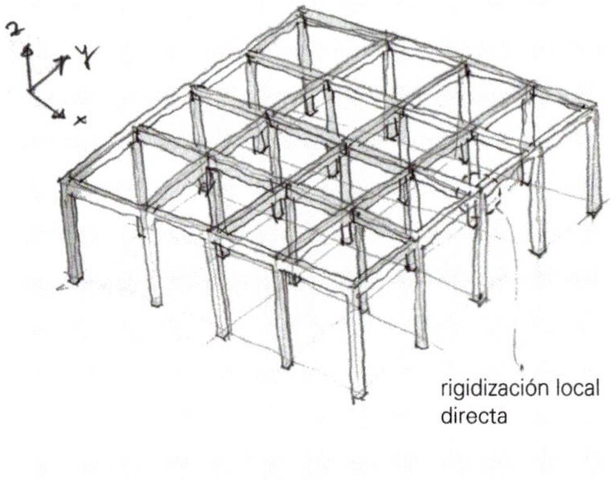

131 Rigidización local y directa de cada intercolumnio individual de un sistema de esqueleto formando pórtico en ambas direcciones principales. En estas condiciones, también tiene sentido para un sistema de esqueleto una rigidización local. En ese caso, no es necesario un forjado diafragma resistente al descuadre.

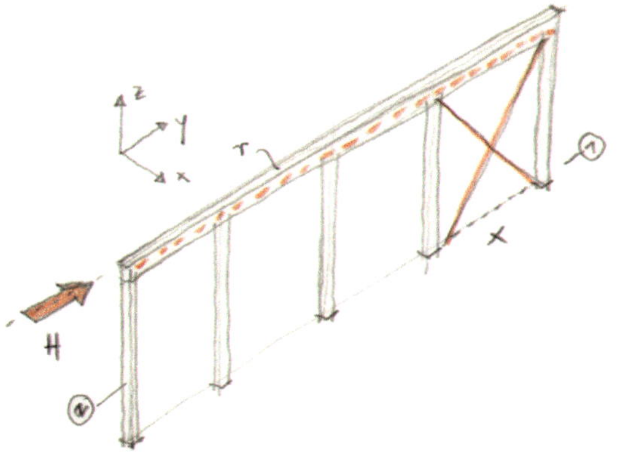

132 Apoyo "a distancia" del soporte delantero **a** (así como de todos los demás del mismo eje **1**) contra la fuerza **H** en →**y** conectándolo al punto fijo proporcionado por el arriostramiento contra viento (**X**) mediante el travesaño continuo **r** en el plano del forjado. Obsérvese que en ángulo recto (en →**x**) todo el sistema, incluido el arriostramiento contra viento, corre el riesgo de volcar.

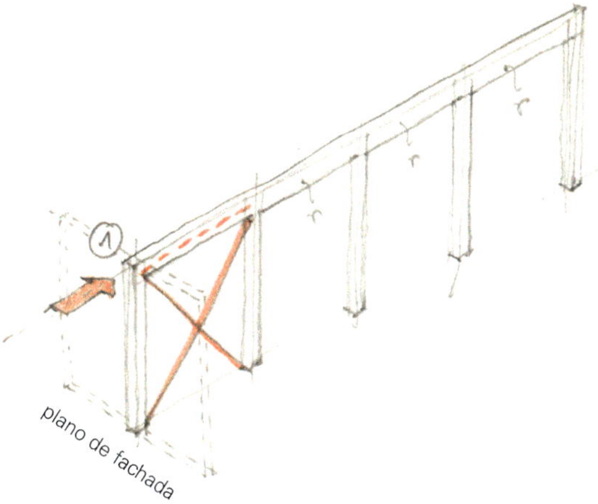

136 Transferencia directa de la carga al suelo en el punto fijo si está situado en las inmediaciones del punto de aplicación de la carga. Los largueros **r** no participan en transmitir la fuerza más allá del punto fijo.

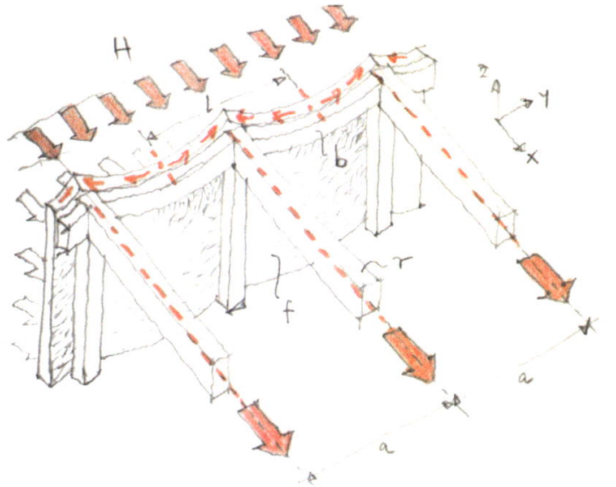

135 Transferencia de las fuerzas de viento distribuidas a través de la fachada **f** a los travesaños transmisores de fuerzas **r** a nivel del forjado y transmisión en estos a través esfuerzo axial hasta los puntos fijos. En cada caso, se debe salvar la distancia **a** entre ejes, ya sea mediante la rigidez a la flexión horizontal de la propia fachada, la viga **b** paralela a la fachada a la que se conecta, u otro elemento, como un diafragma horizontal rígido a cortante sobre los travesaños **r**.

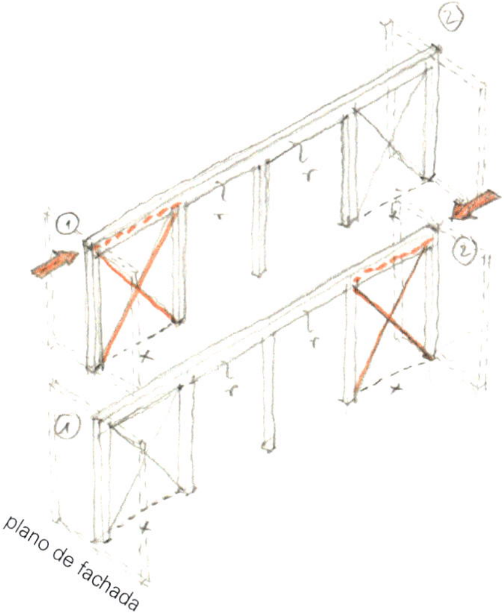

134 Transferencia directa de la carga al suelo en los dos posibles puntos de aplicación de la carga **1** y **2** disponiendo dos puntos fijos (**X**) en los vanos extremos del entramado de barras. Los largueros del otro lado del arriostramiento actuante no están sometidos a fuerza horizontal. Esto significa que los dos del centro no se cargan. Se trata de una solución habitual en las construcciones de nave, en las que los dos puntos de aplicación de la carga coinciden con las fachadas testeras (transversales).

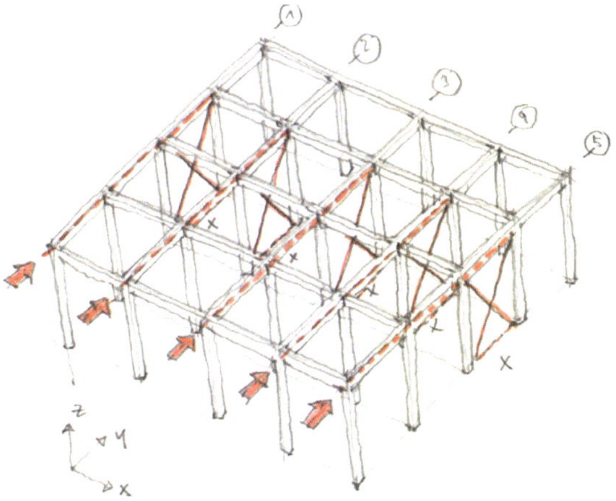

133 La aplicación literal del principio de transmisión de fuerzas ilustrado en 🗗 **132–136** requeriría un punto fijo (aquí: cruz de San Andrés **X**) en *cada eje* para un esqueleto multieje como el mostrado. También hay que tener en cuenta que la otra dirección principal (es decir, →**x**) también tendría que proveerse de puntos fijos en cada eje de la misma manera. Es obvio que este principio de arriostramiento restringe gravemente la coherencia espacial y la libertad de diseño.

ción de la carga, es decir, horizontalmente.
La fuerza horizontal se transmite axialmente a través del
larguero en la dirección de acción considerada (→**x**) y se
transfiere al final a un punto fijo dispuesto en este eje, que
la introduce definitivamente en la cimentación y, por tanto,
132 en el terreno. Dependiendo de si actúa presión o succión
de viento, el larguero se somete a compresión o tracción
normal. Si el punto fijo se encuentra (por casualidad) direc-
tamente detrás de la fachada cargada, la fuerza se transmite
directamente al suelo sin que los largueros más allá del punto
136 fijo sufran esfuerzos. Si se dispone, siguiendo esta regla, un
punto fijo en cada crujía extrema en un eje estructural, se
garantiza que la carga se desplace siempre hacia la cimen-
tación lo más rápidamente posible, independientemente de
la dirección de ataque del viento, de modo que los largueros
intermedios no tienen que soportar ninguna carga axial del
134 viento: Una estrategia frecuente en la construcción de naves.

☞ *En el ejemplo mostrado en* 🗗 **132** *y en los siguientes, este punto fijo se representa como una cruz de San Andrés, pero en principio puede adoptar cualquiera de las diferentes variantes de ejecución enumeradas previamente. Véase al respecto el Aptdo. 5.2.3 Ejecución de puntos fijos, pp. 385 y ss.*

Si se aplica ahora este principio elemental de arriostramien-
133 to a un esqueleto completo, queda claro que es necesario un
punto fijo correspondiente en cada eje estructural. Como se
ha considerado inicialmente una sola dirección de la fuerza,
tendría que estar provisto de un punto fijo individual cada eje
también en la otra dirección principal. La complicación de
este principio es evidente; se verían así muy restringidas la
continuidad espacial inherente a cada sistema de esqueleto
y la libertad en la disposición de puntos fijos.
La tendencia lógica sería, por tanto, eliminar simplemente
los puntos fijos que molesten. Los ejes estructurales que
entonces dejarían de estar sujetos estáticamente debido a la
inexistencia de puntos fijos no serían estables y colapsarían
138 bajo carga. Esto es así porque el efecto rigidizante de un
punto fijo en un eje estructural particular no puede evitar, en
las presentes circunstancias, el colapso de un eje adyacente
que no esté inmovilizado a su vez.
La solución a este problema se produce rigidizando al
menos un recuadro de forjado situado entre el eje estructu-
139 ral retenido y el no retenido. Esta armazón de barras rígida
en el plano del forjado provoca la transferencia transversal
de la carga horizontal de un eje estructural al vecino. En un
principio, es irrelevante en qué recuadro del forjado o en qué
armazón de barras está situado el elemento rigidizante, o
cuántos hay. Esto último sólo influye en las magnitudes de
fuerza que actúan en el o los elementos rigidizantes.

✎ *Estas y otras reflexiones comparables tienen en cuenta una única dirección de fuerza (aquí →* ***H****) y, por tanto, suponen que las demás están bloqueadas.*

RIGIDIZACIÓN TRANSVERSAL

La aplicación de este sencillo principio de rigidización
transversal en el nivel del piso permite, en principio, ubicar
libremente puntos fijos en el diseño de la planta y permite
respetar debidamente criterios no estructurales, es decir
funcionales o formales, a la hora de disponerlos. Por ejemplo,
si se rigidiza una estructura de esqueleto en una dirección
principal utilizando sólo dos puntos fijos en dos planos de
fachada orientados en esta dirección con la intención de
mantener el interior completamente libre de elementos
rigidizantes, los ejes intermedios, sin rigidizar, colapsarían

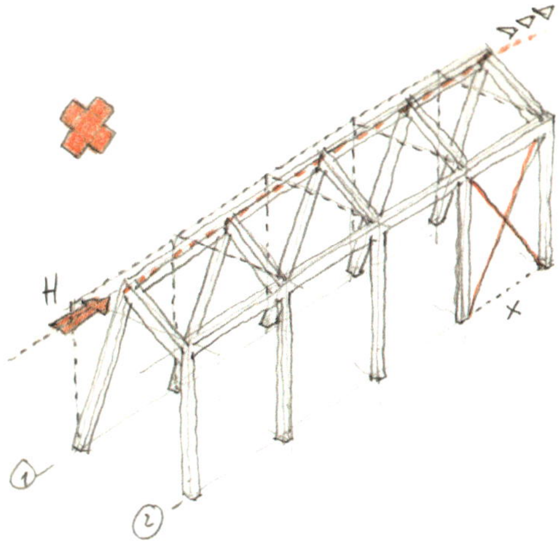

138 No hay sujeción de los soportes en el eje **1** debido a la falta de conexión transversal con el punto fijo del arriostramiento diagonal contra viento (**X**) situado en el eje vecino **2**.

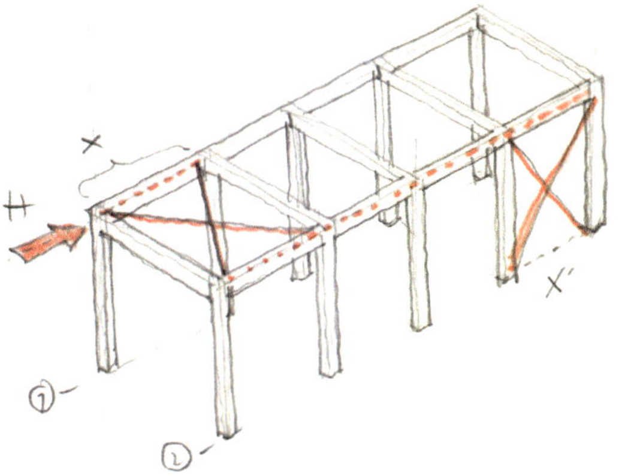

139 Sujeción indirecta de los soportes en el eje **1** mediante una conexión transversal al eje **2** que está rigidizado por el arriostramiento contra viento (**X**) mediante una cruz de San Andrés (**X'**) situada en el plano del forjado.

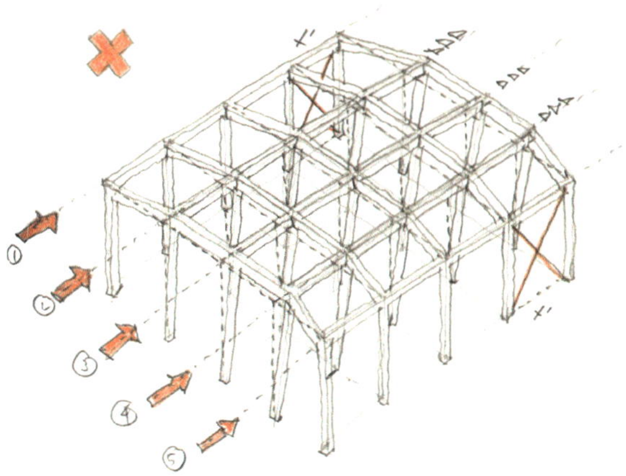

137 Una armazón de barras rigidizada con dos cruces de San Andrés **X** dispuestas en los lados (ejes **1** y **5**), pero que se mantiene libre de puntos fijos en el interior por razones de utilización, no está arriostrado en los ejes interiores **2** a **4**.

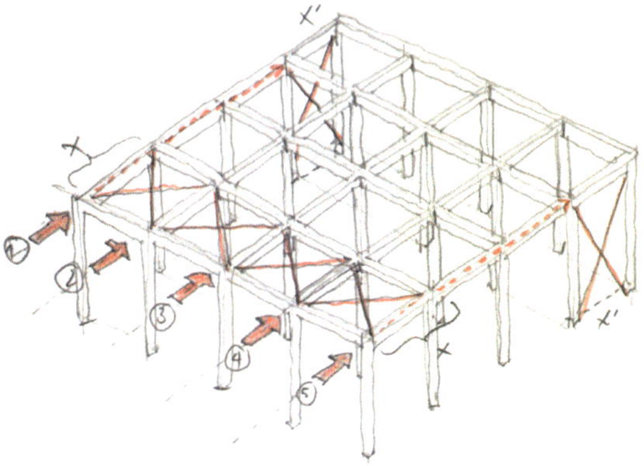

140 Un arriostramiento continuo a nivel del forjado desde el eje **1** al **5** distribuye la carga transversalmente a los dos ejes exteriores fijos **1** y **5** y, de este modo, rigidiza toda la estructura en la dirección de aplicación de la fuerza.

137 bajo carga. Un arriostramiento en plano horizontal a nivel de
forjado lo impide formando celosía y distribuyendo la carga
horizontal en sentido transversal a los dos largueros exte-
riores, que a su vez la transfieren a los puntos fijos situados
140 en su eje respectivo.

Si este principio de rigidización se aplica a las dos direc-
ciones principales posibles de acción de la carga de viento,
se equipan con arriostramientos los lados mutuamente
ortogonales o, con el fin de distribuir la fuerza de la forma
más simétrica posible, se crea una banda de recuadros de
142 forjado rigidizados en todo el perímetro. Además, también
se pueden realizar otras disposiciones más libres de los
arriostramientos, que siempre garantizan la estabilidad de
143 la construcción en cada caso.

Para simplificar, hasta ahora siempre se han considerado
sistemas de esqueleto con descarga bidireccional, es de-
cir, aquellos en los que ambas direcciones principales son
equivalentes en términos estructurales. Sin embargo, las
estructuras de barras son en su mayoría construcciones
unidireccionales, a menudo con niveles de vigas jerárquicos
superpuestos. Sin embargo, el principio de arriostramiento
descrito también sigue válido con estos sistemas: El nivel
de las vigas principales asume la transferencia de fuerzas
en una dirección principal; el nivel de vigas secundarias lo
144, 146 hace en ángulo recto con ella. Las fuerzas se transfieren a
los puntos fijos de manera axial a lo largo de los ejes de las
barras, como antes. Para que la transmisión de fuerzas sea lo
más favorable posible, los puntos de conexión del arriostra-
miento del forjado se colocan en los puntos de cruce de las
vigas principales y secundarias, de manera que la diagonal

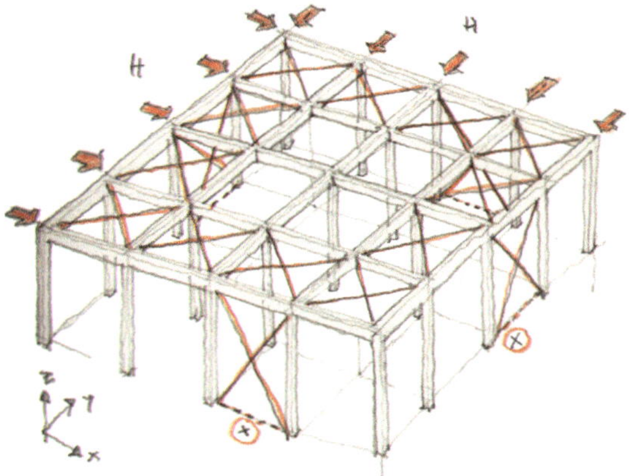

142 Si la solución de **140** se aplica a las dos direcciones principales →**x** e →**y**, se crea en el plano del forjado una banda de arriostramiento circunferencial, a modo de marco, que distribuye las cargas de ambas direcciones a los puntos fijos (**X**) correspondientes.

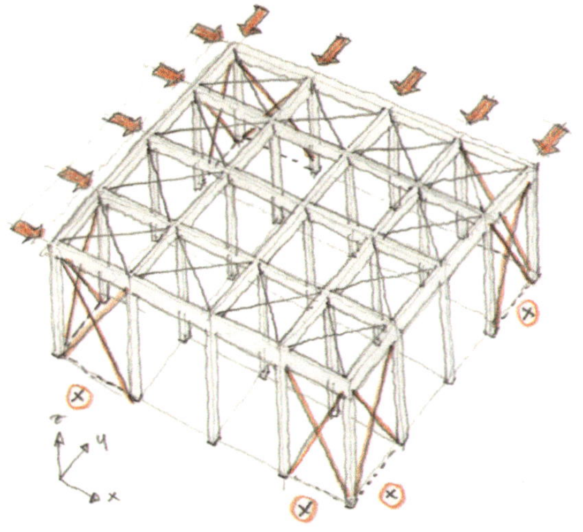

141 Si, en un paso posterior, se aplica la estrategia de las trayectorias de fuerza más cortas posibles, como se explica en **134**, al ejemplo de **139**, se colocan dos cruces de San Andrés (**X**) en cada una de las cuatro esquinas. Independientemente de la dirección principal del viento, la carga se transfiere siempre por la vía más directa al suelo.

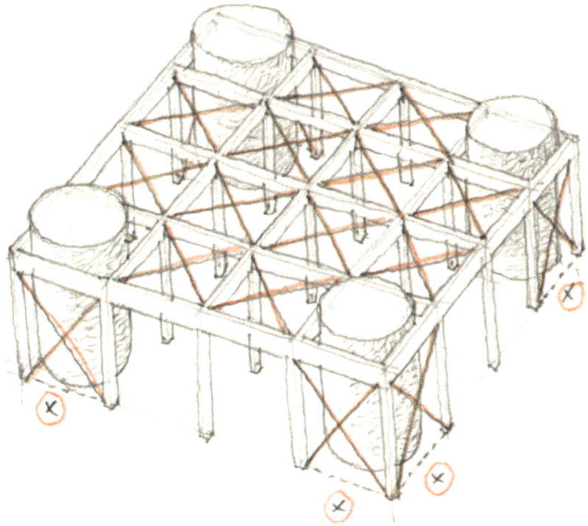

143 Existe un cierto grado de libertad a la hora de disponer el arriostramiento del forjado, como en este ejemplo, en el que los vanos de las esquinas están ocupados por elementos especiales y, por tanto, están bloqueados para el arriostramiento. El arriostramiento en los cuatro vanos centrales del forjado también podría omitirse, como en **141**.

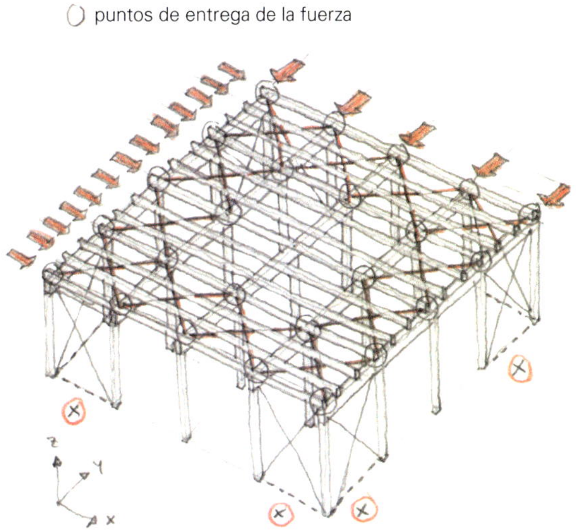

144 En los esqueletos con niveles de vigas apilados jerárquicamente, la transmisión horizontal de fuerzas tiene lugar a nivel de la viga principal o secundaria, dependiendo de la alineación. La transferencia de la fuerza tiene lugar en los puntos de cruce de la viga principal, la viga secundaria y el arriostramiento diagonal (marcados gráficamente).

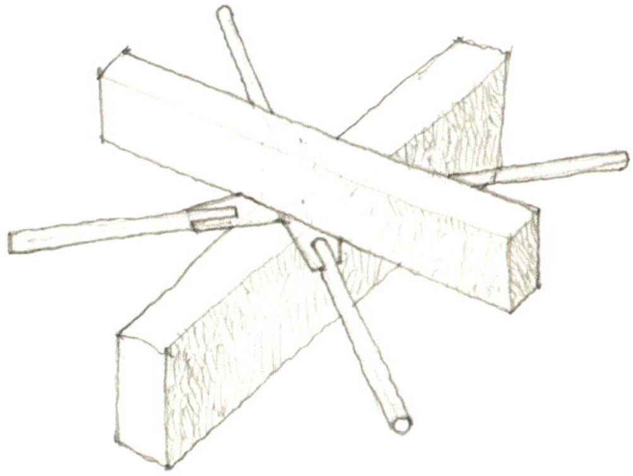

146 Formación de un punto de cruce de la viga principal, la viga secundaria y el arriostramiento diagonal, en el que el arriostramiento se sitúa preferentemente entre los dos niveles de vigas.

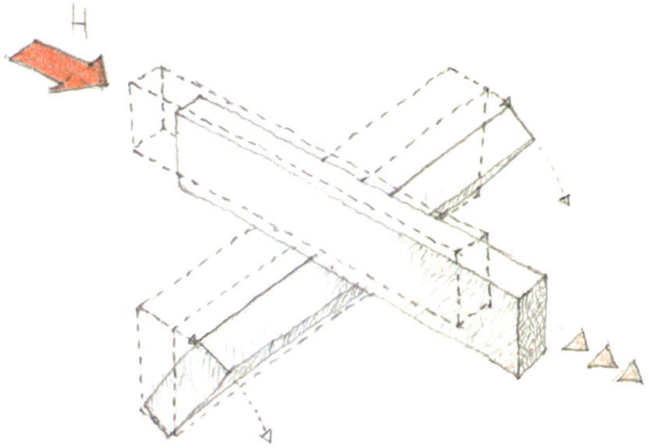

145 Riesgo de vuelco de la carrera inferior de vigas debido a la fuerza axial **H** actuando en el nivel superior debido al desfase de altura entre las dos direcciones de fuerza perpendiculares.

se sitúa entre los dos niveles de vigas. Cuantos más puntos de cruce y enlace de estos tres elementos resulten de la organización geométrica elegida de la estructura de barras, mejor será la distribución de fuerzas y más rígida será la estructura en conjunto. También hay que tener en cuenta **146**

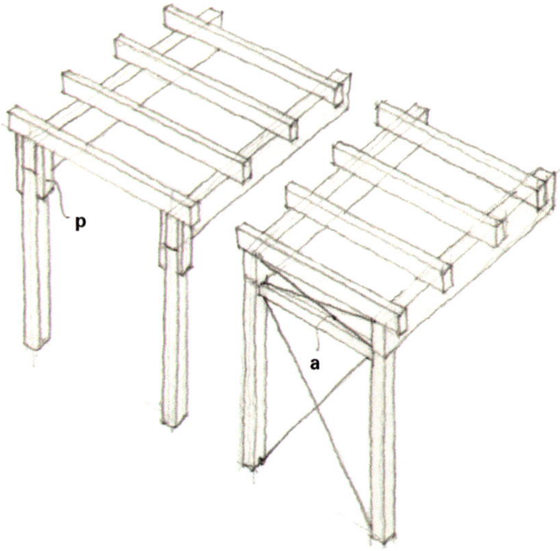

147 Protección contra el vuelco de la carrera de vigas principales mediante un apoyo en forma de horquilla en la cabeza del pilar por medio de platabandas (**p**) (típico de construcciones de madera) o por medio de un arriostramiento diagonal adicional (**a**) en el nivel de la viga principal.

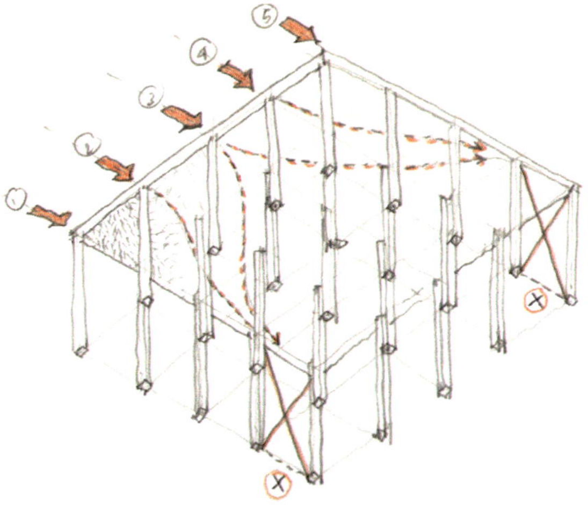

148 Distribución longitudinal y transversal de la fuerza horizontal dentro de la losa plana del forjado desde el punto de aplicación de la fuerza en el borde hasta los puntos fijos (**X**) distantes.

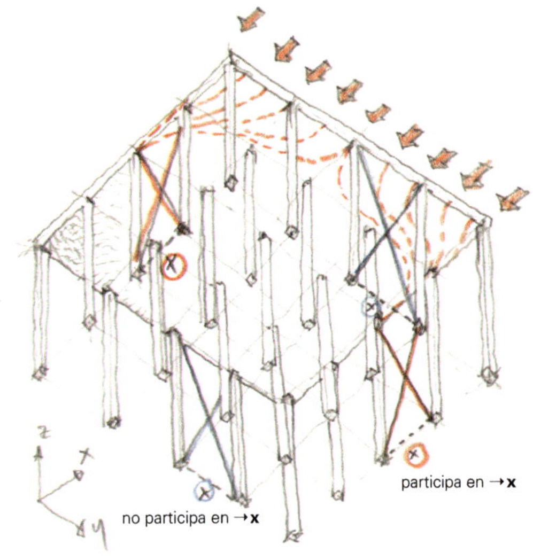

149 Condiciones equivalentes para la transmisión de fuerzas horizontales dentro de un forjado diafragma plano en ambas direcciones principales (aquí, →**x**).

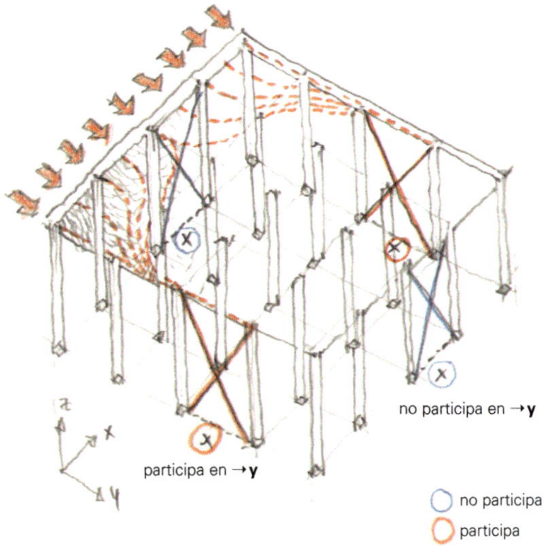

150 Como en ⧉ **149**, pero → **y**.

en este contexto que, evidentemente, hay un desfase de altura entre las dos direcciones de la fuerza y que, por esta razón, las vigas secundarias, al empujar o tirar, tienden a volcar lateralmente las vigas principales (en su mayoría, de
145 sección transversal alta y esbelta). Este peligro es especialmente grande cuando las vigas principales se apoyan en las cabezas de las columnas. En ese caso, es necesario adoptar
147 medidas de seguridad adecuadas.

En última instancia, es necesario considerar el efecto de carga horizontal de genuinos forjados diafragma: Es obvio que en este caso pueden efectuarse sin obstrucción en la superficie del diafragma tanto la conducción longitudinal como el reparto transversal de las cargas horizontales a los puntos fijos. Dado que las dos direcciones principales **146–148** de fuerza se transfieren en el mismo elemento plano, los problemas debidos a la desalineación, como se acaban de comentar con las estructuras de barras, se resuelven por sí solos. También debido a las grandes ventajas en términos de física constructiva y de uso de los forjados de losa de hormigón, esta solución constructiva ha encontrado una distribución extraordinariamente amplia en la actualidad.

Ejecución de puntos fijos

5.2.3

TIRANTES DIAGONALES

■ En aras de la simplicidad, siempre se supuso en nuestras consideraciones anteriores sobre el arriostramiento de estructuras de esqueleto que los puntos fijos eran tirantes diagonales. En este apartado se abordarán diferentes posibilidades geométricas y constructivas de la ejecución de puntos fijos. Aquí juegan un papel esencial dos objetivos fundamentales que, para disgusto del diseñador, están en conflicto casi irresoluble entre sí: Por un lado, utilizar las ventajas de los grandes pares, como se activan en el caso de paredes diafragma, con el fin de mantener bajo el nivel de las fuerzas de reacción que se producen, y por otro lado, limitar en la medida de lo posible las obstrucciones espaciales y las restricciones de uso que se producen por construcciones arriostrantes voluminosas, o incluso evitarlas por completo. Se verá cómo la mayoría de las soluciones convencionales para puntos fijos oscilan entre estos dos extremos, buscando compromisos situacionales lo más adecuados posible entre los dos objetivos de diseño divergentes.

Una solución (aparentemente) obvia para rigidizar una armazón de barras, como una estructura de esqueleto, en un punto fijo contra la carga horizontal es, obviamente, complementar la armazón consistente en dos pilares y una viga o jácena con una pared diafragma rígida a cortante (sólo insertada localmente). Esta solución es válida en principio, **151** pero encuentra dificultades en su aplicación. Por lo tanto, es relativamente rara en la práctica. En este caso, como se ha visto, las fuerzas de tracción ascendentes que necesariamente se producen no se pueden compensar con sobrecargas, a diferencia de lo que ocurre en las construcciones sólidas, simplemente porque éstas no se introducen en la pared diafragma, sino en la armazón de barras, por lo que la pared no se somete a carga vertical alguna. Además, existe el hecho, típico del esqueleto, de que esta pared diafragma es un punto fijo distante que —de nuevo en contraste con la construcción celular de pared— recoge, por así decirlo, las cargas horizontales y las concentra de ese modo. Como resultado, la carga horizontal actuando sobre este panel es mucho mayor que la que actúa sobre una pared arriostrante normal de una construcción celular. En particular, es proble-

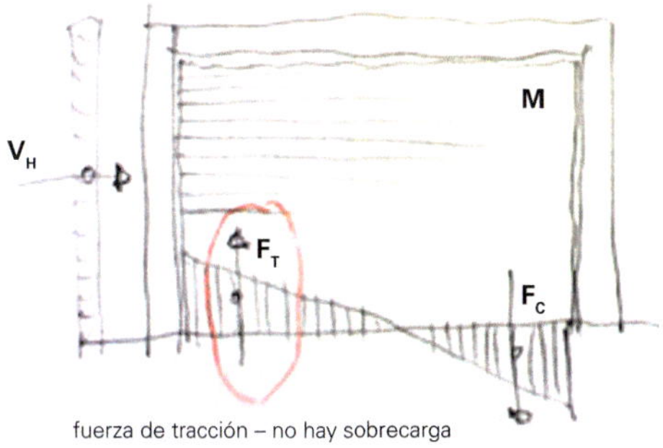

151 Arriostramiento de una armazón formada por dos pilares y una viga o dintel con la ayuda de un muro diafragma **M** rígido a cortante incorporado. En este caso, las fuerzas de tracción $\mathbf{F_T}$ que se producen necesariamente en el apoyo del muro no pueden ser sobrecomprimidas con ayuda de la sobrecarga, ya que ésta la soporta la armazón de barras y por tanto ya de primeras ni siquiera se introduce en la pared diafragma. Sólo queda la carga muerta del diafragma o su propia resistencia a la tracción y el anclaje resistente a tracción en la cimentación.

mática en este contexto la fuerza de tracción ascendente en el apoyo, como se ha indicado anteriormente. Los diafragmas de obra de fábrica, en particular, son difícilmente utilizables en estas condiciones debido a su marcada sensibilidad a la tracción. Además, esta solución se basa en un contacto completo y duradero entre la barra y el diafragma. La inevitable tendencia a la retracción del muro hecho de material mineral también puede convertir este aspecto en un problema. Por otra parte, esta solución se utiliza ocasionalmente en la construcción de madera, siempre que las fuerzas de tracción puedan introducirse bien en la pared rigidizante y, por ejemplo, no se produzcan tracciones transversales en la madera. Para ello son adecuados, por ejemplo, elementos tipo panel de madera que se afianzan en los cimientos contra las fuerzas de tracción ascendentes.

SISTEMAS SUSTITUTIVOS DE DIAFRAGMAS

En cambio, cuando se crean puntos fijos en la construcción de esqueleto, se suelen sustituir los diafragmas por construcciones alternativas, por lo que en la terminología técnica también se habla de sistemas sustitutivos de diafragmas.

DESCUADRE

La solución constructiva que aprovecha mejor el material es el ya mencionado arriostramiento diagonal o cruz de San Andrés: Su efecto se basa en impedir el descuadre, es decir, la desviación de la geometría prescrita perfectamente rectangular del estado inicial hacia la forma de un rombo o paralelogramo, del entramado de barras compuesto de columnas y viga, que no es rígido geométricamente, deformación que se produciría a la menor fuerza horizontal debido a las
152 conexiones articuladas. Las barras diagonales afianzan los puntos de esquina que amenazan con abandonar su posición, por así decirlo, e impiden este movimiento. Las armazones triangulares resultantes compuestas de columnas, viga y riostra diagonal son geométricamente indeformables, es decir, forman celosía.

Si se observa el juego de fuerzas en la armazón de barras diagonalizada, especialmente en comparación con la

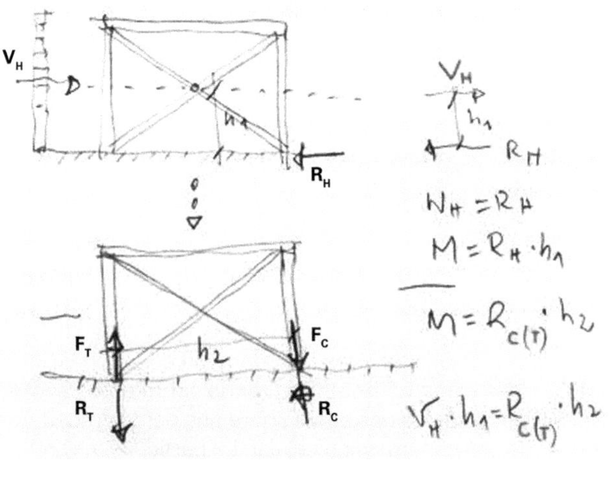

152 Equilibrio de fuerzas en una armazón de barras con arriostramiento diagonal. El momento que actúa externamente resultante de la carga de viento $\mathbf{V_H}$ y el brazo de palanca $\mathbf{h_1}$ es bloqueado por el par de fuerzas de las dos fuerzas de reacción $\mathbf{R_C}$ y $\mathbf{R_T}$ en el apoyo de los pilares. El brazo de palanca $\mathbf{h_2}$ de las reacciones es igual a toda la longitud del entramado de barras y, por tanto, está optimizado, por así decirlo, por lo que las fuerzas $\mathbf{F_C}$ y $\mathbf{F_T}$ que actúan en los apoyos son pequeñas en consecuencia. Debe garantizarse que la fuerza de tracción $\mathbf{F_T}$ en el apoyo del soporte del lado de la fuerza externa $\mathbf{V_H}$ quede anclada en la cimentación, sea sobrecomprimida por ésta o pueda transferirse al subsuelo de otra manera. Una barra diagonal se somete a compresión, la otra a tracción.

pared diafragma ya comentada, queda claro que cuando el momento de carga se convierte en momento de reacción, el par aumenta incluso en un tercio en comparación con la pared (de igual tamaño): Es idéntico a la distancia entre las dos columnas. En consecuencia, las fuerzas resultantes son menores. Esto es lo máximo que permite activar la llamada rigidez geométrica. (Se tratará este concepto con más detalle RIGIDEZ GEOMÉTRICA
en relación con los pórticos).

La barra diagonal enfrentada a la fuerza está sometida a compresión, la orientada en sentido contrario, a tracción. En **152**
consecuencia, la primera siempre corre el riesgo de pandear, pero no así la segunda. Dado que las cargas de viento cambian constantemente su dirección de ataque, las condiciones pueden invertirse en cualquier momento. Por esta razón, el sistema se ejecuta siempre simétrico. Existen básicamente dos posibilidades: hacer que las barras diagonales sean resistentes tanto a la compresión como a la tracción (de todas formas, ambas resistencias siempre aparecen conjuntas en los materiales adecuados para estructuras de barras), o **156**
alternativamente sólo resistentes a la tracción adoptando forma de delgados tirantes o cables. Si se opta por esta **153, 154**
última solución, sólo actuará la barra diagonal apuntando en la misma dirección que la fuerza, reteniendo la esquina que amenaza escaparse, por así decirlo, y manteniéndola en su posición. La otra barra es incapaz de soportar los esfuerzos de compresión que resultan de su orientación enfrentada a la carga debido a su extrema esbeltez o flexibilidad y, por tanto, pandearía. Por esta razón, no se puede realizar un **155**
arriostramiento diagonal simple (no doble) de una armazón con un único tirante, porque en este caso queda sin cubrir una de las dos direcciones de carga. Sin embargo, una sola barra diagonal con resistencia simultánea a la compresión y a la tracción sí es perfectamente factible, aunque la longitud siempre relativamente grande de las barras diagonales por razones puramente geométricas (y el aumento del esfuerzo al existir sólo una barra rígida y no dos) incrementa el riesgo de pandeo.

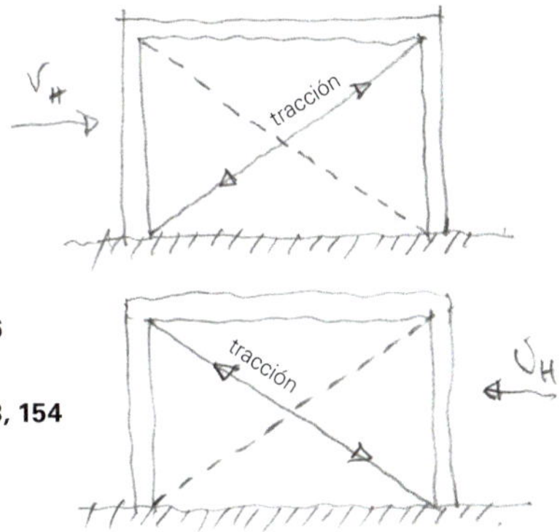

153 Arriostramiento diagonal formado por dos barras diagonales con resistencia a la tracción únicamente. Dependiendo de la dirección del ataque del viento, entra en acción (bajo tracción) sólo una barra en un momento dado. La otra no interviene en la transferencia de carga.

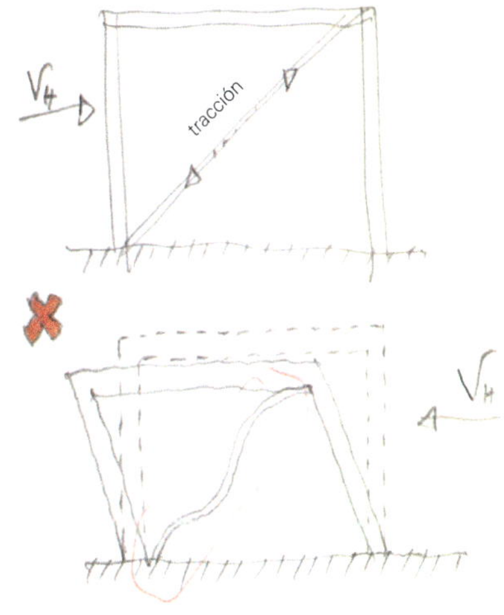

155 Arriostramiento diagonal formado por una sola barra diagonal resistente a la tracción. Debido a los cambios en la dirección del viento, la barra pandearía bajo compresión y la estructura se derrumbaría. Por tanto, esta solución no es adecuada como punto fijo para todas las cargas previstas.

156 Arriostramiento diagonal (cruz de san Andrés) de barras de madera resistentes a la compresión y a la tracción.

154 Arriostramiento diagonal hecho (sólo) de tirantes, como se describe en ⊞ **153**.

Una desventaja obvia e ineludible del arriostramiento diagonal que se acaba de comentar es su voluminosidad y las consiguientes restricciones en la disposición de pasos o aberturas en la crujía en cuestión. Por ello, se han desarrollado diversas alternativas que se adaptan mejor al uso. Una opción elemental es triangular la armazón rectangular no con dos diagonales como en la cruz de San Andrés, sino con dos puntales oblicuos que confluyen en el centro del
161 i larguero. Las soluciones de este tipo son habituales en la construcción de madera, por ejemplo, apareciendo como
ESTRUCTURAS APUNTALADAS
estructuras apuntaladas.

Las ventajas son evidentes: La longitud de la barra oblicua rigidizante se reduce en comparación con el arriostramiento en cruz, lo que es particularmente ventajoso para puntales bajo compresión debido a la reducción de la longitud de pandeo como resultado. Además, se crea un espacio en el centro del compartimento suficientemente grande para un paso o abertura, por ejemplo, una puerta. Un efecto secundario favorable es el apoyo central de la viga portante, lo que equivale a reducir a la mitad su luz. La celosía pura de barras resultante está sometida únicamente a cargas axiales (aparte de cualquier carga de piso lineal vertical sobre la
161 d viga). La inversión de esta geometría diagonal para que las barras no se junten en el larguero sino en el suelo tiene el mismo efecto arriostrante horizontal, pero prácticamente sólo aporta desventajas en comparación con la primera solución: No se apuntala el larguero; se requieren cimientos adicionales para las diagonales cuando sus bases se hallan a nivel del suelo; en plantas superiores, un soporte central equivalente situado a la altura del forjado de piso, que no está previsto en el sistema.

La construcción de madera, en particular, da un paso más

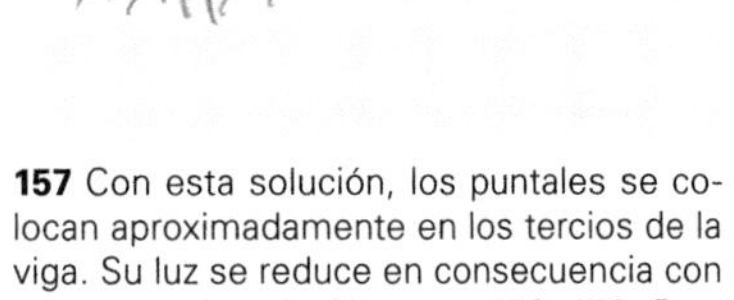

157 Con esta solución, los puntales se colocan aproximadamente en los tercios de la viga. Su luz se reduce en consecuencia con respecto a la solución en **152–156**. Para el efecto arriostrante se activa la rigidez a la flexión del tramo central de la viga entre ambos puntales: por lo tanto, no hay esfuerzo axial puro en la viga. El gálibo útil aumenta en consecuencia.

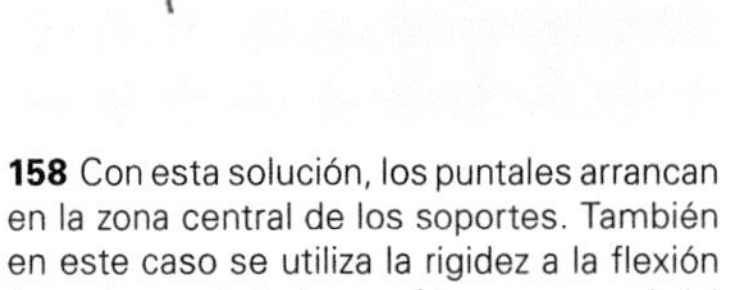

158 Con esta solución, los puntales arrancan en la zona central de los soportes. También en este caso se utiliza la rigidez a la flexión (ya existente) de la sección transversal del soporte. El gálibo libre sigue aumentando. Solución típica de la construcción de madera: los puntales se denominan *jabalcones*.

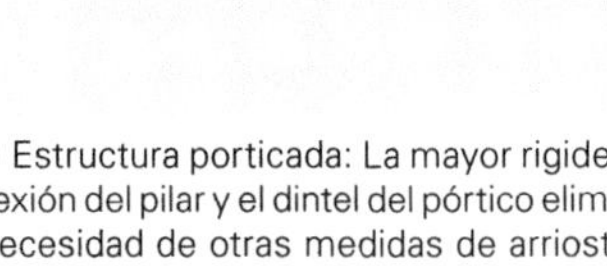

159 Estructura porticada: La mayor rigidez a la flexión del pilar y el dintel del pórtico elimina la necesidad de otras medidas de arriostramiento, como barras diagonales. Por lo tanto, todo el gálibo puede utilizarse libremente. Ahora bien, es necesario aumentar al efecto los cantos **d** de las barras.

en esta línea de desarrollo para aumentar o ampliar el perfil de espacio libre utilizable en el recuadro, desplazando los puntales desde el centro del larguero hacia las esquinas. 157
Aunque el tramo central del larguero entre los puntos de enlace de los dos puntales queda sometido a flexión debido a la carga horizontal, esta solución presupone que esta barra de todos modos tiene una cierta rigidez a la flexión (aunque sólo sea porque normalmente tiene que soportar cargas del piso). Entonces, el larguero se ve apoyado en sus tercios, lo que reduce aún más su luz efectiva (comparado con la solución anterior). Si se aplica la misma lógica a las columnas y se eleva el punto de enlace inferior de los puntales, se obtiene el puntal típico de la construcción de madera (el llamado jabalcón) y un perfil libre aún más amplio. 158 JABALCÓN

Siguiendo este proceso de aumentar continuamente el perfil libre y desplazar el puntal hacia las esquinas de la armazón, se llega al tipo estructural del pórtico. El pórtico 159 PÓRTICO
proporciona, de la misma manera que una armazón de barras sin arriostrar, el espacio libre rectangular completo para su uso a voluntad. Desde el punto de vista espacial y operativo, este elemento arriostrante es, por tanto, prácticamente inexistente. Sin embargo, esta importante e innegable ventaja en términos de uso tiene el precio de ciertas desventajas, principalmente en términos de diseño constructivo, que se verán con más detalle a continuación.

Al convertir el momento externo debido a la carga del viento en fuerzas internas, se pierden, en ausencia de barras diagonales como es el caso en el pórtico, los grandes pares internos de los sistemas tipo diafragma y triangulados —es decir, su gran rigidez geométrica—, los que en última instancia mantienen bajo el nivel de fuerzas internas que actúan en el sistema. En el caso de diafragmas, esto se manifiesta

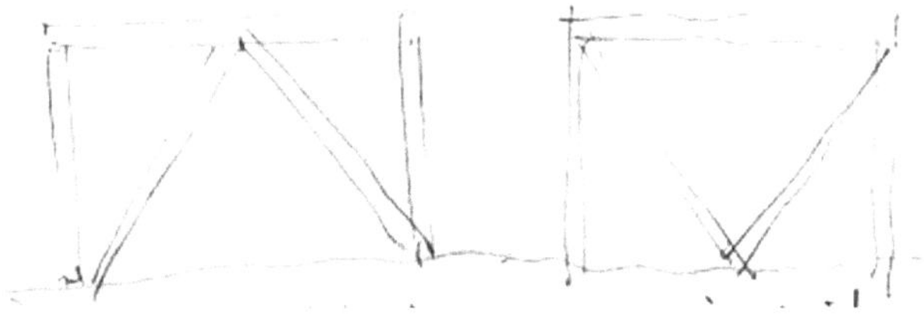

161 Formación alternativa de un arriostramiento contra viento en forma de dos puntales rigidizantes. El resultado es un entramado triangular puro actuando como celosía.

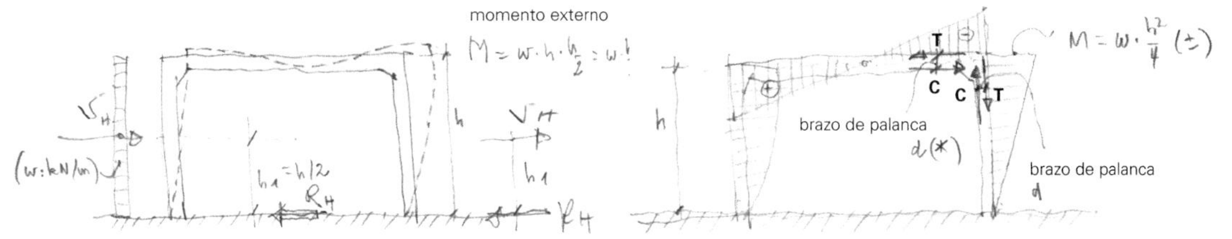

160 Pórtico: Distribución de los momentos **M** causados por la carga externa $\mathbf{V_H}$ a todos los miembros implicados, es decir, al dintel del pórtico y a ambos pilares del mismo. Cada mitad del momento externo se distribuye sobre las dos esquinas respectivamente. **C** compresión; **T** tracción.

en el reparto uniforme de la carga; en el caso de armazones trianguladas, en la carga predominantemente axial sobre las barras. Sin embargo, incluso con los sistemas apuntalados que acabamos de contemplar, la ampliación del perfil libre sólo fue posible aceptando momentos flectores, aunque restringidos. Este proceso termina con el pórtico, en el cual

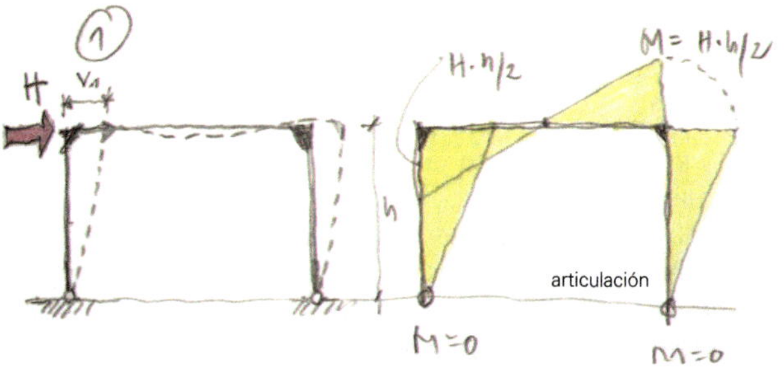

162 Pórtico con apoyo articulado (pórtico de doble articulación). Los mayores momentos flectores **M** se producen en las dos esquinas del pórtico.

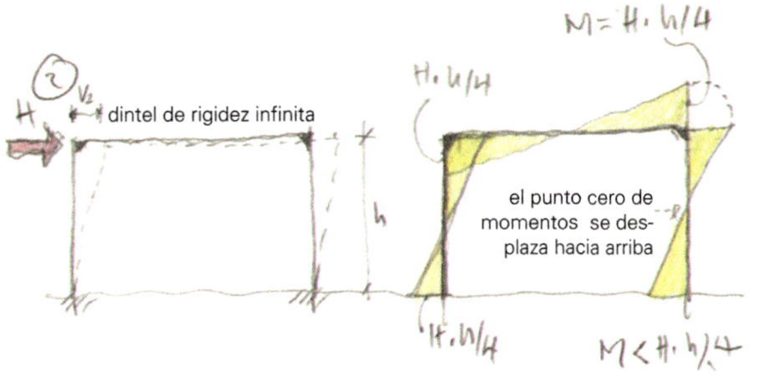

163 Empotrado de los pilares del pórtico con dintel muy rígido: Los momentos flectores **M** en las esquinas se reducen y se desplazan en parte hacia la base de los pilares.

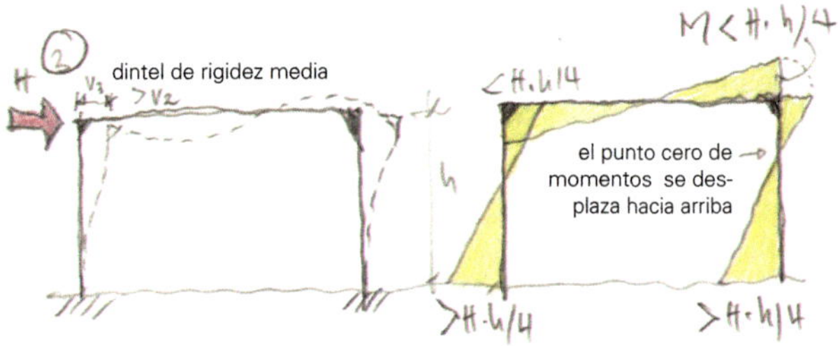

164 Empotrado de los pilares del pórtico con dintel de rigidez media: Los momentos flectores **M** en las esquinas siguen disminuyendo; los momentos en las bases de los pilares aumentan.

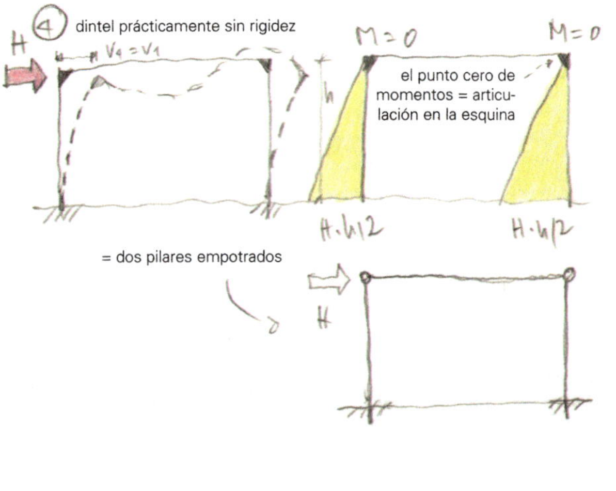

165 Empotrado de los pilares del pórtico con dintel flexible: Los momentos flectores **M** en las esquinas desaparecen; los momentos en los apoyos se hacen máximos y asumen el mismo valor que los momentos en las esquinas en ⊡ **162**.

existe un esfuerzo flector continuo sobre las barras, tanto las horizontales como las dos verticales. Debido a este **160** esfuerzo flector típico del pórtico en todo el entramado de barras, estas barras ya no se suelen denominar columnas y vigas, sino pilares y dinteles del pórtico, respectivamente.

PILAR Y DINTEL DE PÓRTICO

El momento de carga que actúa externamente se convierte así en el pórtico en momentos flectores internos sobre sus barras. Dependiendo del diseño del sistema estructural, se distribuye en diferentes proporciones sobre la esquina del pórtico (siempre rígida a la flexión) o sobre la base del pilar (opcionalmente empotrado). (En un momento dado, se **162–165** analizará este punto con más detalle). Dado que la ventaja de los grandes pares, como los presentes en diafragmas y arriostramientos diagonales, se pierde en los pórticos, sólo queda disponible para absorber el momento interno creado de esta manera el par *interno* de la sección transversal de la barra, que obviamente siempre es mucho más pequeño.

Hay que contemplar esta circunstancia más de cerca para comprender las consecuencias de este proceso: Dado que el momento externo y el interno deben estar en equilibrio, y que el primero se distribuye aproximadamente mitad y mitad sobre ambas esquinas del pórtico (o bases de los pilares) en el caso menos favorable, se infiere que una reducción a un décimo del par resulta en un quintuplicado de la fuerza en el par de fuerza interno.[36] Formulado aún más claramente: Cuando la fuerza horizontal se transfiere al suelo por medio de un pórtico, surgen fuerzas en la sección transversal de las barras que son varias veces mayores que la carga externa (¡!). En la terminología técnica, se dice que aquí se ha sustituido la rigidez geométrica por la rigidez material: Esta última cuesta material, mayores dimensiones visibles de barra y, además, nunca puede competir con la primera en términos de rigidez efectiva, lo que equivale a aceptar deformaciones mucho mayores: Este es el precio que se paga por obtener un perfil totalmente libre, o por la ausencia de una diagonal (ocasionalmente considerada molesta).

Volvamos a la cuestión del sistema estático elegido: Si se diseña en consecuencia, el mayor momento flector que se produce en el peor de los casos debido a la carga del viento (aproximadamente la mitad del momento de vuelco externo en el caso de un apoyo articulado) puede distribuirse de forma algo más ventajosa entre las barras. Para ello, se empotran las bases de los postes. De este modo, se distribuye **163–165** el momento externo no sólo sobre dos puntos rígidos a la flexión (las esquinas), sino sobre un total de cuatro (además sobre las dos bases de los pilares), y se consigue de nuevo una reducción aproximada a la mitad del momento flector interno (por tanto, una reducción total del momento externo a un cuarto). Sin embargo, con esto quedan agotadas las opciones. Por supuesto, el empotrado está asociado a una mayor complicación constructiva.

Si se continúa el proceso de desplazamiento de la rigidez a la flexión (y por lo tanto de los momentos flectores

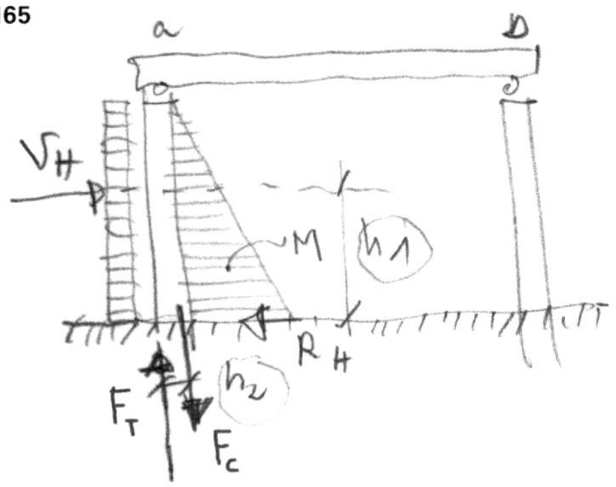

166 Rigidización de la armazón de barras empotrando los dos soportes. La viga ya no está sometida a momentos flectores y sólo actúa distribuyendo la carga axialmente sobre ambos soportes.

☞ *Véanse también las consideraciones de Cap. 9., Aptdo. Transmisión de flexión, pp. 549 y ss.,* **166**.

internos) hacia los puntos de base de los pilares, se llega al estado en el que se convierten las esquinas de la armadura en articulaciones y, por lo tanto, los momentos internos máximos (de nuevo la mitad de los externos) se trasladan,
166 por así decirlo, hacia el punto de base de los pilares. Por lo tanto, el efecto arriostrante de este punto fijo se confía ahora exclusivamente a los mismos; el larguero sólo tiene efecto distribuidor de la fuerza axial sobre las dos cabezas de los pilares (pero ya no participa en la flexión). En la terminología técnica, esto se denomina arriostramiento con ayuda de columnas empotradas.[37] Por lo tanto, en lo que respecta a los esfuerzos flectores, se presenta de nuevo un diseño de pórtico o punto fijo bastante desfavorable (comparable al pórtico con apoyo articulado), con la diferencia de que los momentos máximos no actúan en la parte superior en la esquina, sino en la parte inferior en el poste o más bien en el empotramiento del mismo. La deformación del sistema bajo carga, es decir, el desplazamiento horizontal de las cabezas de las columnas, es de nuevo tan grande como en el pórtico con apoyo articulado, es decir, mucho mayor que en el pórtico empotrado.

COLUMNAS EMPOTRADAS

Otra característica destacable de la columna empotrada es que, al ser un elemento puramente lineal que no se extiende sobre una superficie, como es el caso con el diafragma, ya no se limita a una única dirección de rigidez, sino que puede rigidizarse en las dos direcciones principales con sólo pocas medidas constructivas. Para ello, sólo hay que aumentar correspondientemente el momento de inercia de la sección transversal de la columna y la dimensión de la zapata de cimentación en la segunda dirección. Esta opción es bastante interesante en la práctica de la construcción, ya que hace superflua cualquier medida arriostrante adicional.

De la consideración de las diferentes variantes de diseño de los puntos fijos se desprende que el diseñador tiene opciones que oscilan entre dos extremos: por un lado, el diafragma superficial extraordinariamente rígido, que sin embargo segmenta el espacio y proporciona correspondientes especificaciones para el uso del edificio; por otro lado, la columna empotrada, que no difiere significativamente en su apariencia de una columna pendular regular, sólo en su sección transversal agrandada, y permite la mayor libertad posible en el diseño de los espacios interiores, pero a cambio es relativamente flexible y permite deformaciones correspondientemente grandes. Por lo tanto, la decisión a favor de una solución es siempre el resultado de una cuidadosa ponderación de consideraciones estáticas, constructivas y relacionadas con el uso, pero también, por supuesto, de diseño espacial y estético.

5.2.4 Disposición de los puntos fijos en el plano horizontal

■ Se ha visto que con estructuras sin forjados diafragma arriostrantes, cada eje estructural individual debe estabilizarse con al menos un punto fijo orientado en su dirección. Si, en cambio, existe una losa diafragma rígida al corte, la disposición de los puntos fijos de arriostramiento es mucho más variable. No obstante, hay algunas normas básicas que deben respetarse y que se comentarán brevemente a continuación.

Si se considera un forjado diafragma de este tipo en el plano horizontal, en el que éste debe afianzarse con la ayuda de puntos fijos verticales contra el efecto de las fuerzas del viento que actúan, se aplica, al igual que con todos los demás sistemas planos, que básicamente deben bloquearse tres libertades de movimiento, que siempre existen en el plano sin el efecto de bloqueo de apoyos con (al menos) tres ligaduras. Son las dos direcciones de desplazamiento mutuamente perpendiculares y la rotación, las tres produciéndose en el plano horizontal. Cada uno de los puntos fijos considerados hasta ahora (con la excepción de la columna empotrada biaxialmente) sólo es capaz de absorber fuerzas horizontales a lo largo de su propio eje; en cualquier otra dirección, sin embargo, estos puntos fijos no son capaces de soportar cargas. De esta simple consideración se deduce que son necesarios al menos tres puntos fijos que actúen linealmente en planta para afianzar de forma fiable un forjado diafragma contra el efecto de cargas horizontales. Como en **168**
cualquier otro sistema estático plano, los ejes activos de los apoyos no deben ser paralelos entre sí ni intersecarse en un **170, 169**
punto. Si este fuera el caso, no se podrían bloquear pares alrededor del eje vertical del espacio, es decir, actuando en el plano horizontal. En este caso, la losa con los tres puntos fijos orientados linealmente giraría y posteriormente colapsaría.

También es obvio que cuanto mayores sean las distancias mutuas entre los puntos fijos, mayores serán los pares de los momentos de reacción y, en consecuencia, menores serán los esfuerzos que actúan en ellos. Por esta razón, es **171, 172**
especialmente ventajosa la disposición de los diafragmas o arriostramientos diagonales en paredes exteriores opuestas y, además, es la que menos perturba la organización interna del espacio. Sin embargo, esto puede ser indeseable porque el paño de la fachada se pretende mantener diáfano o se van a colocar allí aberturas para ventanas o puertas.

Las longitudes de los diafragmas, y por tanto los pares internos que oponen a la carga horizontal, deben adaptarse en la medida de lo posible al tamaño de las cargas que se producen en su dirección principal, que en el caso de las cargas de viento —siendo cargas de área distribuidas de manera uniforme— es equivalente al tamaño de la fachada que discurre en ángulo recto con esta dirección. Si un edificio es marcadamente rectangular, es decir, con superficies de fachada de tamaños muy diferentes en las dos direcciones principales, las paredes diafragma más largas deben disponerse en paralelo a los lados más cortos de la fachada, es decir, en ángulo recto con las fachadas largas, que recogen la mayor carga de viento. **167**

También es importante no olvidar el efecto beneficioso de las sobrecargas, especialmente sobre las paredes diafragma

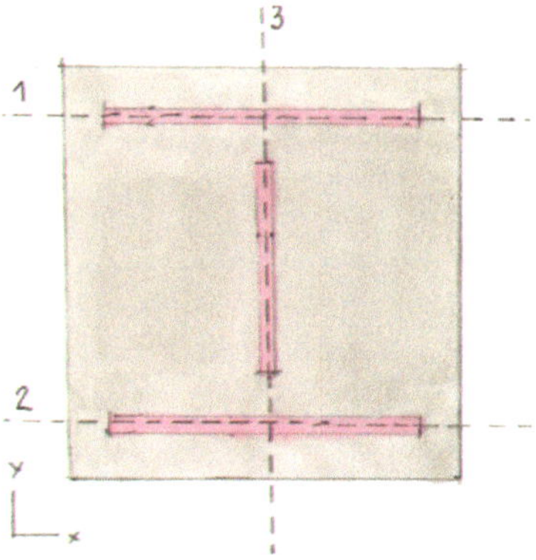

168 Bloqueo de las tres direcciones de movimiento posibles en el plano **xy** por tres puntos fijos **1**, **2** y **3**.

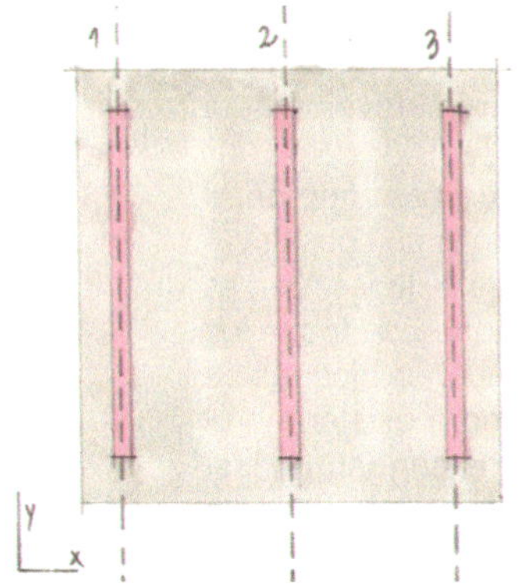

170 No hay bloqueo de la dirección de movimiento →**x** con tres puntos fijos en ejes paralelos **1**, **2** y **3** orientados a lo largo de →**y**.

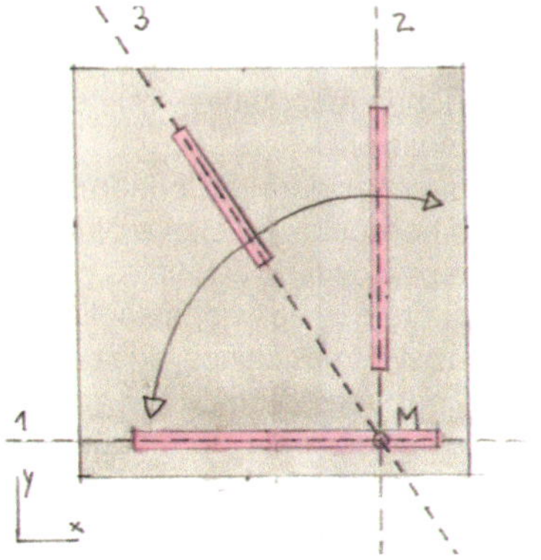

169 No hay bloqueo del movimiento de rotación (alrededor de **M**) con tres puntos fijos en los ejes **1**, **2** y **3** que se intersecan en **M**.

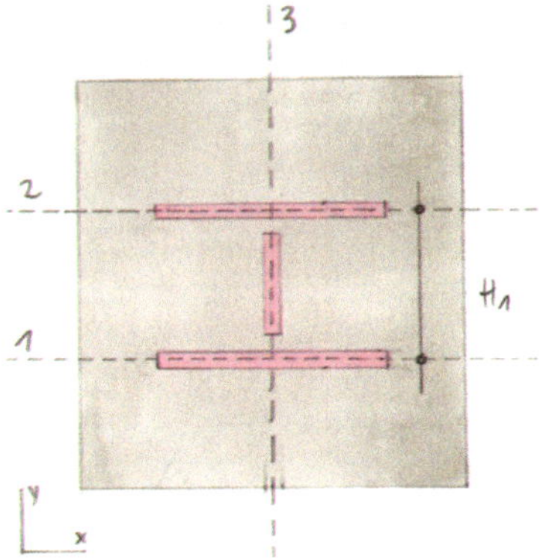

171 Pequeño brazo de palanca $\mathbf{H_1}$ de los dos ejes arriostrantes **1** y **2**.

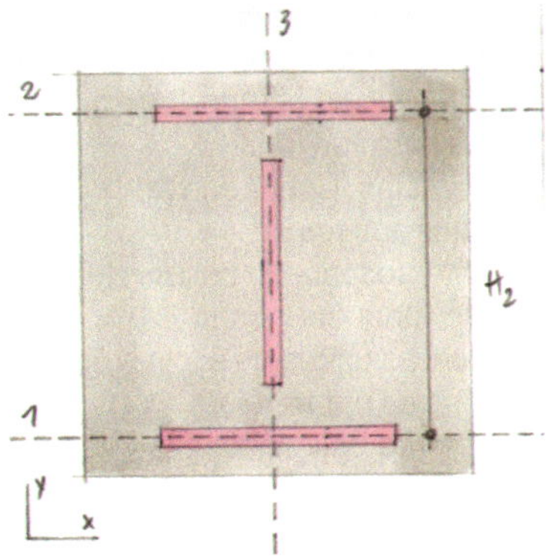

172 Gran brazo de palanca $\mathbf{H_2}$ de los dos ejes arriostrantes **1** y **2**.

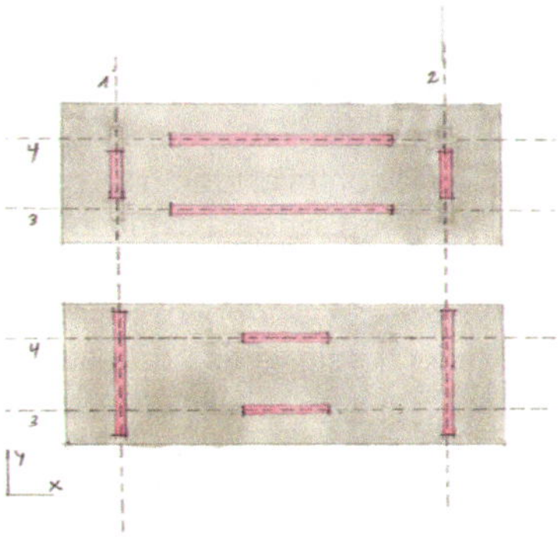

167 Disposición de los puntos fijos en una estructura esbelta: desfavorable (arriba) con los puntos fijos más fuertes (ejes **3**, **4**) en la dirección de la menor carga de viento (fachada más corta en →**y**); favorable (abajo) con condiciones invertidas.

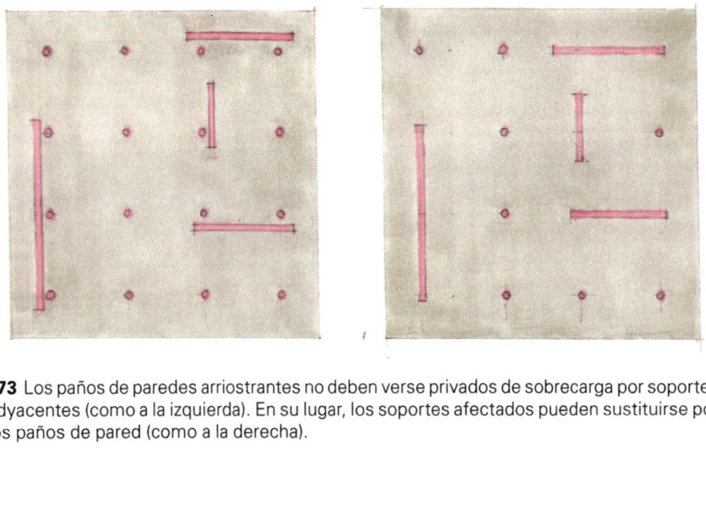

173 Los paños de paredes arriostrantes no deben verse privados de sobrecarga por soportes adyacentes (como a la izquierda). En su lugar, los soportes afectados pueden sustituirse por los paños de pared (como a la derecha).

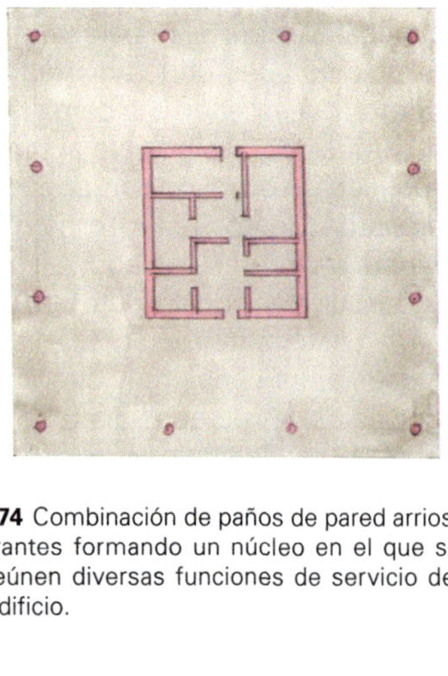

174 Combinación de paños de pared arriostrantes formando un núcleo en el que se reúnen diversas funciones de servicio del edificio.

arriostrantes. Como es sabido, sobrecomprimen las fuerzas de tracción ascendentes que pueden producirse como resultado de los momentos de vuelco. Una inferencia inmediata de esta necesidad es no privar a las paredes diafragma arriostrantes de esta sobrecarga. Esto siempre ocurre, no obstante, cuando se sitúan pilares en la proximidad de la pared. En cambio, el diafragma arriostrante debe entenderse **173** como un sustituto totalmente funcional de la columna (en lo que respecta a la transferencia de cargas verticales) y, por tanto, esta última debe ser sustituida por el primero.

En la práctica constructiva, la combinación de un total de cuatro paredes diafragma arriostrantes formando un núcleo de edificio cerrado ha demostrado ser extraordinariamente exitosa. En la mayoría de los casos, se sitúan usos auxilia- **174** res en el núcleo, que requiere un cierre espacial de todos modos por razones de funcionamiento del edificio: contiene cajas de escalera, cuartos húmedos, pozos de instalación y similares. La única desventaja realmente significativa de la pared diafragma, por lo demás extraordinariamente eficaz desde el punto de vista estructural, a saber, su efecto de segmentación espacial, se convierte con este concepto en una ventaja (adicional), por así decirlo. La mayoría de los edificios modernos con esqueleto tienen este tipo de arriostramiento por núcleo. Los forjados diafragma, que son esenciales para ello, siempre están presentes de todos modos debido a otras consideraciones constructivas —por razones de aislamiento acústico o protección contra incendios, por ejemplo—; las columnas del esqueleto se atan en tal caso horizontalmente a través del diafragma del forjado al punto fijo proporcionado por el núcleo y pueden ejecutarse como esbeltas columnas articuladas, denominadas columnas pendulares.

NÚCLEO DE EDIFICIO

ARRIOSTRAMIENTO POR NÚCLEO

COLUMNAS PENDULARES

Al igual que la (mencionada) adaptación requerida de las longitudes de los diafragmas arriostrantes al tamaño de la carga horizontal que actúa en la dirección respectiva, también deben determinarse en consecuencia las proporciones en planta del núcleo del edificio arriostrante. Esto significa que los cuerpos de edificio rectangulares se arriostran de manera más eficiente mediante núcleos que también son alargados, pero están orientados en la dirección *opuesta* al contorno del edificio; es decir, el lado largo del núcleo arriostra el lado de la fachada grande (que es perpendicular a él), y el lado corto arriostra la fachada pequeña. **175**

Los arriostramientos por núcleo pueden consistir en uno o más núcleos. Lo más ventajoso es colocar un único núcleo en el centro del edificio. Por lo general, esto tiene ventajas en términos de funcionamiento del edificio, ya que tanto los conductos de suministro como los elementos de acceso vertical, como escaleras y ascensores, pueden disponerse allí de la manera más conveniente. Además, esto también tiene **174** ventajas estructurales: Allí, la resultante céntrica de las cargas de viento distribuidas uniformemente puede bloquearse sin momentos torsores; allí los pares de las fuerzas de viento que posiblemente actúan de forma asimétrica son más pe-

queños. Además, lo que es muy importante: La estructura es libre de dilatarse hacia el exterior en cualquier dirección a partir del punto fijo. No hay que olvidar: Los puntos fijos no sólo tienen un efecto arriostrante, sino que, en circunstancias desfavorables, también actúan como impedimentos para dilataciones, que entonces ya no pueden desarrollarse libremente y provocan daños en la estructura. Por esta razón, en el caso de dos o más núcleos arriostrantes, hay que tener cuidado de que no se creen esfuerzos por coacción en la zona
176 intermedia del edificio. En este caso, a menudo es necesario seccionar el forjado en la dirección crítica, aproximadamente en el centro de la zona entre los núcleos, con una junta de dilatación o, de lo contrario, conectarlo de forma deslizante a uno de los núcleos. Sin embargo, esto elimina el efecto arriostrante de este único núcleo en la dirección considerada (pero no en la dirección perpendicular a ella).

RIGIDEZ TORSIONAL DEL NÚCLEO

Las posiciones descentradas de los núcleos de edificio conducen inevitablemente a una rotación de los forjados, que debe ser cercenada por la rigidez torsional del núcleo.

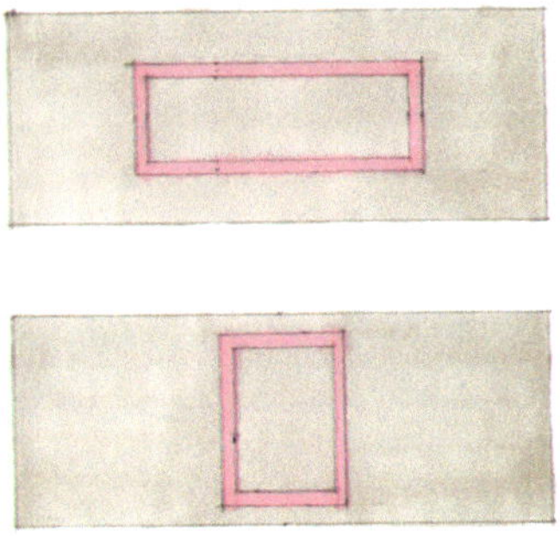

175 Condiciones como en **167**, aplicadas a un arriostramiento por núcleo. Desfavorable arriba, favorable abajo.

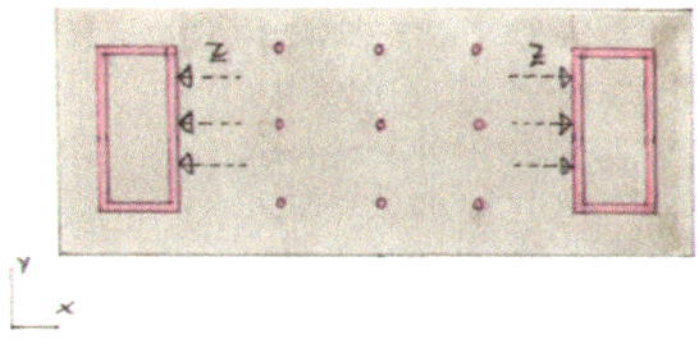

176 Coacciones (**Z**) debidas a núcleos situados a distancia en los extremos del edificio, que dificultan la dilatación longitudinal (→**x**) del edificio.

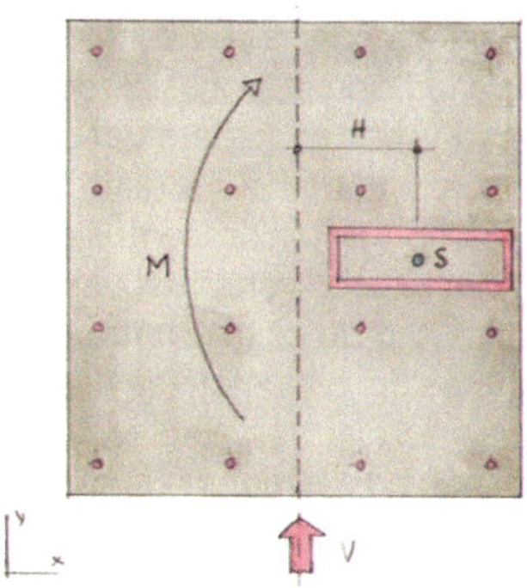

177 Posición no céntrica del núcleo: El centro de gravedad del núcleo (**S**) alejado de la resultante de la carga del viento (**V**) genera un par **M** debido al brazo de palanca **H**. Las proporciones alargadas del núcleo son desfavorables para absorber la torsión resultante.

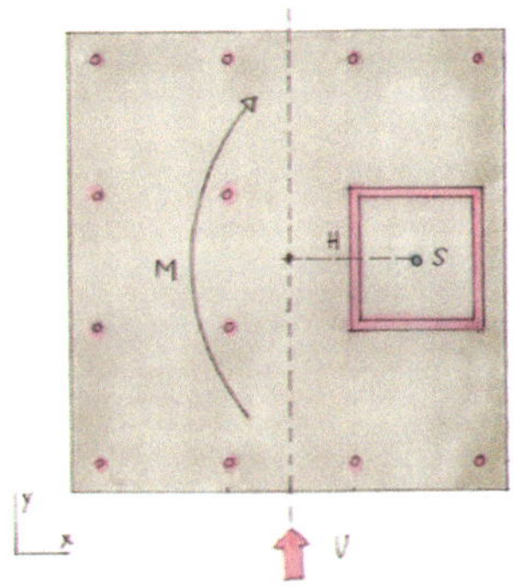

178 Posición no céntrica del núcleo: condiciones como en **177**, pero proporciones de núcleo más favorables para absorber la torsión.

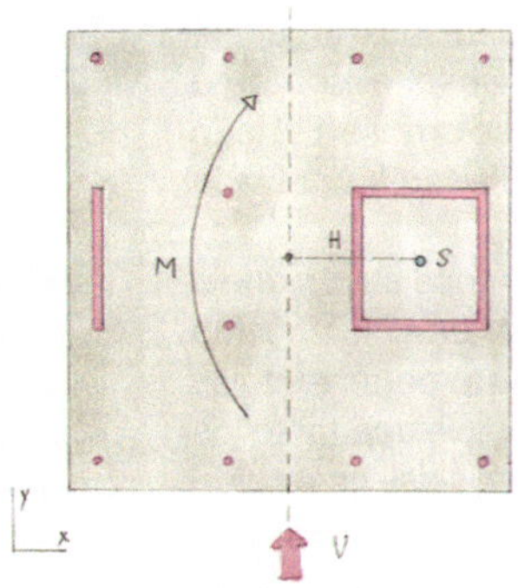

179 Posición no céntrica del núcleo: El paño de pared adicional de la izquierda, alineado en ángulo recto con la línea de unión entre él y **S**, impide la rotación alrededor de **S** y alivia el núcleo.

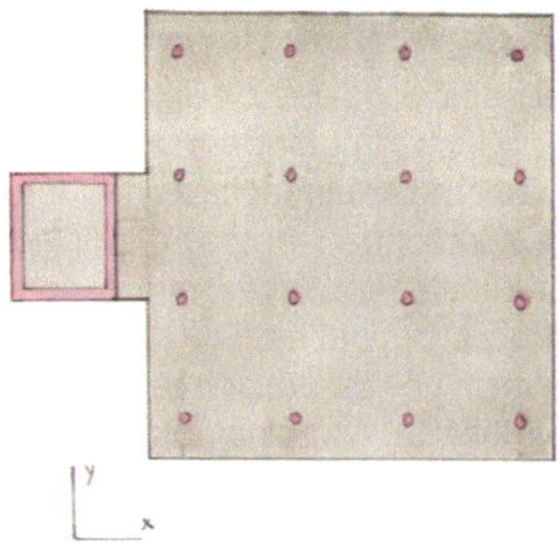

180 Posición periférica del núcleo: La sobrecarga procedente de los forjados sobre el núcleo es insuficiente para asumir tareas de arriostramiento.

Lo más ventajoso en este caso es una geometría de núcleo compacta, naturalmente con los mayores pares posibles en ambas direcciones principales. También una pared diafragma **177, 178** adicional, por ejemplo, lo más alejada posible tiene un efecto arriostrante contra la torsión de núcleos no dispuestos centralmente (cuya línea de acción, por supuesto, no debe intersecar el núcleo y, en el mejor de los casos, corre en ángulo recto con la línea que une la pared diafragma y el núcleo). A diferencia de los núcleos dobles mencionados **179** anteriormente, este diafragma no es capaz de activar ninguna coacción perjudicial, ya que —como cualquier muro— es extremadamente flexible en ángulo recto a su plano (es decir, en la dirección del núcleo).

Las consecuencias negativas de unos núcleos insuficientemente sobrecargados (véanse los comentarios anteriores sobre los diafragmas) son especialmente evidentes en los casos en los que no están situados en el centro, sino en la periferia del edificio, sobre todo en el caso extremo de núcleos exentos que colindan con el exterior del edificio. De **180** este modo, ya no reciben ninguna sobrecarga de los forjados vecinos. Esto puede ser a veces ventajoso en términos de organización funcional de la planta, ya que grandes zonas de la planta pueden quedar completamente diáfanas dentro del contorno del edificio, pero siempre se asocia con dificultades de transferencia de cargas. (Las necesidades constructivas y funcionales a menudo coinciden, pero no siempre).

Con frecuencia, también se combinan diferentes diseños de puntos fijos en un mismo edificio, dispuestos estratégicamente con el fin de aprovechar sus capacidades a nivel local. Un buen ejemplo de este enfoque son las naves **239** porticadas. En ellas, una dirección principal, lógicamente la dirección de la luz corta, se cubre con pórticos situados en paralelo entre sí, de modo que la transferencia de cargas verticales y horizontales en esta dirección ya viene garantizada en su plano sin necesidad de otras medidas. Los pórticos no obstaculizan el espacio libre y permiten el uso sin impedimentos del perfil de la nave —obviamente una necesidad básica de uso. Como el flectado de los pórticos tiene lugar exclusivamente en su plano, pueden ejecutarse relativamente esbeltos en ángulo recto con respecto a éste. La dimensión grande de las secciones rectangulares alargadas o en I de los largueros y pilares del pórtico se orienta así a lo largo del plano del mismo.

En la otra dirección principal, en la que no es obligatorio mantener un perfil libre entre las columnas (o más bien los pilares del pórtico), se suelen disponer arriostramientos diagonales, mucho más rígidos y más económicos en su conjunto (porque son geométricamente rígidos). Si los pórticos individuales están acoplados entre sí transversalmente a su plano con barras de compresión y tracción —tarea que pueden asumir las correas, que suelen ser necesarias de todos modos—, dos arriostramientos contra el viento, uno en cada fachada longitudinal, son básicamente suficientes

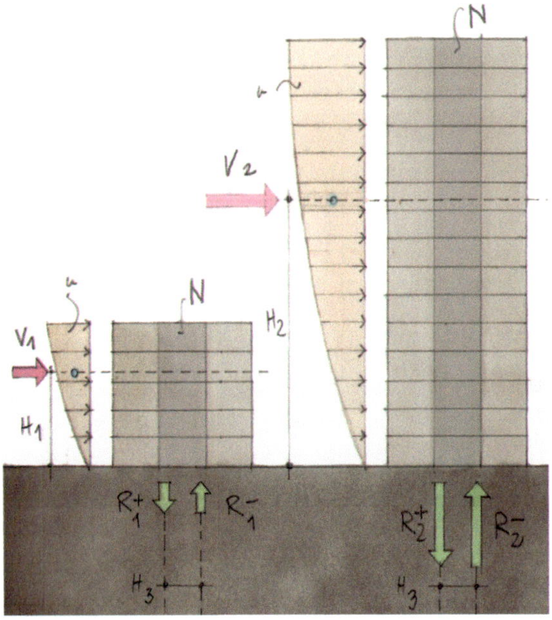

183 Comparación entre las magnitudes de carga para el arriostramiento por núcleo de un edificio bajo (izquierda) y uno alto (derecha). La fuerza del viento $\mathbf{V_2}$ es mucho mayor que $\mathbf{V_1}$, en parte debido al aumento desproporcionado de la carga del viento **v** con la altura $\mathbf{H_2}$. El brazo de palanca $\mathbf{H_2}$ también es mayor que $\mathbf{H_1}$. El momento de vuelco que actúa sobre el núcleo **N** es elevado en consecuencia. Sin embargo, el brazo de palanca $\mathbf{H_3}$ de las fuerzas de reacción $\mathbf{R\pm_1}$ y $\mathbf{R\pm_2}$ permanece invariable. Estas fuerzas de reacción llegan a ser muy grandes (las magnitudes de las fuerzas no están a escala).

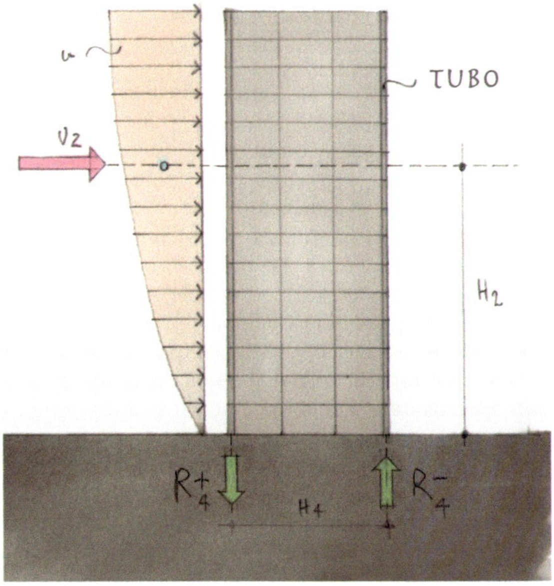

184 Arriostramiento tubular de un edificio de gran altura, comparable al representado en ⧉ **183**. Aumento notable del brazo de palanca $\mathbf{H_4}$ de las fuerzas de reacción $\mathbf{R\pm_4}$ con condiciones por lo demás invariadas. Así se reducen en gran medida las fuerzas de reacción.

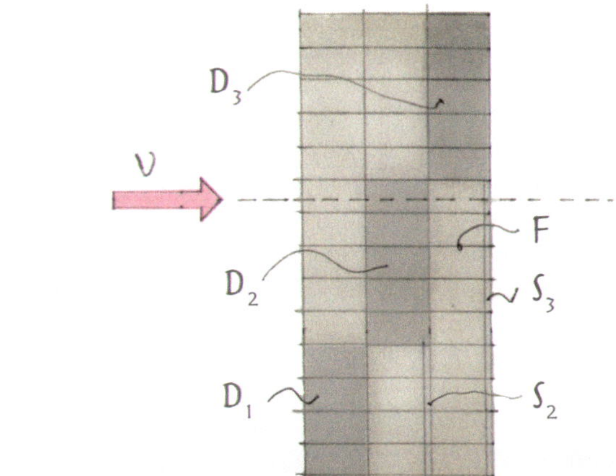

181 Arriostramiento de un edificio de gran altura mediante diafragmas escalonados. Los momentos de vuelco actuando sobre los diafragmas $\mathbf{D_2}$ y $\mathbf{D_3}$ se transfieren cada uno a través de la fuerza axial en los soportes $\mathbf{S_2}$ y $\mathbf{S_3}$ y el propio efecto de diafragma de $\mathbf{D_1}$ a $\mathbf{D_3}$. Los forjados **F** impiden el pandeo de los soportes.

182 Arriostramiento mediante pórticos de pisos (izquierda) y soportes empotrados (derecha).

para arriostrar la estructura en su conjunto en esta dirección. Con el fin de transferir las fuerzas del viento que inciden en la fachada testera a estos puntos fijos situados lateralmente, se introduce un arriostramiento de celosía a nivel de cubierta, que se conecta a ambos arriostramientos verticales de las fachadas laterales, preferentemente en la misma crujía. En total, esto se traduce en una especie de caballete rígido (al menos uno, pero también a menudo dos) que recorre la cubierta y las fachadas como una banda, y que arriostra la nave en sentido longitudinal. En la dirección transversal, esta tarea ya la realizan —como se indicó— los pórticos en cada eje. Para transferir lo más rápidamente posible las fuerzas del viento que actúan sobre las fachadas testeras al suelo (como se ha descrito anteriormente), a menudo se arriostran dos crujías, a saber, las dos crujías extremas de la nave.

5.2.5 Disposición de los puntos fijos en el plano vertical

■ Hasta ahora siempre se ha asumido (tácitamente) que hay presente un solo piso. Las reglas mencionadas para el arriostramiento de sistemas de esqueleto son, por supuesto, también válidas para edificios de varios pisos. Sin embargo, hay que hacer algunos comentarios importantes al respecto.

En principio, los elementos arriostrantes individuales que actúan como puntos fijos —ya sean paredes diafragma, arriostramientos en forma de celosía, pórticos o incluso columnas empotradas— pueden apilarse en altura (o, en el caso de estas últimas, prolongarse en altura) para que, a su vez, formen un elemento arriostrante eficaz en su conjunto.

Hay que tener en cuenta, en primer lugar, que cuanto más alto sea el edificio manteniéndose inalterada la huella del mismo, mayor será la superficie expuesta al viento y, por tanto, la carga total actuando sobre él (así como su par con respecto al plano de apoyo del suelo); en segundo lugar, que la carga aerodinámica por unidad de superficie aumenta desproporcionadamente al aumentar la altura; y en tercero, que en el caso de apilamiento simple, el par interno del sistema de diafragmas, o sustitutos de diafragma, que actúa en el apoyo —es decir, por ejemplo, la longitud efectiva del núcleo de un edificio en una dirección de ataque— y, por lo tanto, el tamaño del par de reacción de compensación permanecen inalterados. **183**

Es evidente que este proceso de aumento de altura, permaneciendo la planta al mismo tiempo inalterada, no puede progresar de forma interminable sin topar con límites. Este es un punto crítico, especialmente para edificios de gran altura. Debido a las proporciones poco favorables de los **183**
diafragmas arriostrantes en este tipo de edificios, pueden surgir grandes fuerzas de tracción ascendentes en el lado del sistema de diafragmas enfrentado al viento. Este es el caso, por ejemplo, con el arriostramiento por núcleo, que aún es suficiente para edificios de altura media, pero que falla a mayores alturas. En consecuencia, es inevitable en edificios de gran altura activar adicionalmente el plano del cerramiento exterior con fines de arriostramiento. De este **184**

185 Arriostramiento tubular de un edificio de gran altura. Las riostras diagonales confieren al tubo la rigidez necesaria a la cizalladura (*John Hancock Tower*, Chicago).

modo, se puede utilizar el par (mucho mayor) de la profundidad *total* del edificio. En este concepto, los cerramientos
185 exteriores están ejecutados como celosías diagonales o en forma de pórtico, que en conjunto forman un tubo muy rígido
ARRIOSTRAMIENTO TUBULAR a la flexión y a la torsión —de ahí el término arriostramiento tubular—.

Para transferir las cargas horizontales al suelo, es esencial conectar los elementos arriostrantes con el apoyo. Para hacerlo de la forma más corta posible, también es conveniente
183 apilarlos estrictamente uno encima del otro (como en **183**). Es obvio que el efecto arriostrante se pierde tan pronto como una sola planta queda sin arriostrar. Por supuesto, esto siempre tiene un efecto especialmente grave cuando se trata del piso más bajo, ya que las fuerzas que se producen allí son mayores. (Es precisamente en la planta baja de los edificios de gran altura, no obstante, donde por razones funcionales se suelen desear espacios diáfanos sin obstáculos).

No obstante, en principio es posible contrapear los diafragmas o las celosías arriostrantes entre sí planta por planta, siempre que se tomen precauciones para garantizar que las fuerzas verticales en las que los elementos arriostrantes convierten las cargas horizontales se transfieran a través
181 de columnas. Las fuerzas horizontales, por su parte, se transmiten de diafragma a diafragma a través de los forjados. Por razones obvias, no tiene ningún sentido dejar elementos arriostrantes en un piso superior colgando en el aire, por así decirlo, y pretender transferir dichas cargas verticales a un forjado a través de flexión. Los forjados, independientemente de su tipo de ejecución, siempre carecen de la elevada rigidez transversal a su plano necesaria para ese propósito.

Cuando se apilan los elementos arriostrantes planta por planta, también hay que tener en cuenta su rigidez o su deformación bajo carga: Lo que se ha dicho hasta ahora sobre el apilamiento vertical, sin mencionar impedimentos, se aplica en su totalidad a elementos muy rígidos, como paredes diafragma o arriostramientos diagonales (con rigidez geométrica), pero sólo parcialmente a soluciones estructurales menos rígidas, como pórticos o, en particular, columnas empotradas.

PÓRTICOS DE PISOS Los pórticos apilados (denominados pórticos de pisos) son un método constructivo que se encuentra con frecuencia en la construcción de edificios, ya que se pueden ejecutar completamente sin puntos fijos de tipo núcleo y, por lo tanto,
182 l permiten la mayor flexibilidad de uso posible en planta. Debido a las deformaciones horizontales relativamente grandes bajo carga, que se acumulan por el apilamiento vertical, el número de pisos de estas estructuras, no obstante, se ve claramente limitado.

Se establecen límites de altura aún más estrictos para el
182 r arriostramiento mediante columnas empotradas: Dado que el arriostramiento tiene lugar en el suelo y que, por tanto, las columnas deben ser rígidas a la flexión a lo largo de varias plantas y el brazo de palanca de reacción también es mínimo

(sólo el grosor de apoyo en la base de una columna en esta dirección, no toda la anchura de apoyo de un pórtico de pisos, por ejemplo), las grandes deformaciones horizontales de este sistema (aumentan efectivamente con la tercera potencia de la altura) son tan perjudiciales que con dos o tres plantas ya se alcanza prácticamente el límite de lo posible.

6. Métodos de construcción de esqueleto en diferentes materiales

Ahora que se han discutido las reglas básicas de diseño de métodos de construcción de esqueleto aplicables a cualquier material, es el momento de examinar las especificidades más importantes de su aplicación en los materiales relevantes para la construcción más importantes.

Aunque los métodos de construcción de esqueleto también se han venido realizando —de forma análoga a los métodos de construcción de pared— en todos los materiales esenciales, su ejecución en piedra debe considerarse, sin embargo, como un fenómeno marginal. Las construcciones de esqueleto de piedra, por ejemplo la construcción adintelada histórica, pueden considerarse con cierta justificación como adopciones imitativas de otros materiales (en concreto, de la construcción de madera). Debido a sus grandes cargas muertas, quedan liberados por adelantado, por así decirlo, de la típica cuestión del arriostramiento horizontal que siempre se presenta con la construcción de esqueleto. Las columnas clásicas de piedra se mantuvieron en pie por sí solas durante siglos después del derrumbe de los arquitrabes —es decir, sin su participación— por lo que es evidente que siempre fueron bastante capaces de sobrecomprimir por su propio peso las fuerzas de tracción debidas a la carga horizontal y, por tanto, podían funcionar en el contexto del edificio ya desde el principio como un elemento arriostrante de acción local, por así decirlo, como columnas empotradas.[38] Por esta razón, se dejarán de lado en gran medida las construcciones de esqueleto de piedra.

6.1 Métodos de construcción de esqueleto en madera

La situación es diferente con las construcciones de esqueleto en madera: Como se ha mencionado, fueron la inspiración para la construcción adintelada y son, casi con

186 Edificio de madera de Asia oriental compuesto de pórticos formados por columnas y vigas, sin riostras diagonales ni jabalcones. Pekín.

187 Portal de madera realizado como pórtico. Realización paradigmática de un elemento básico de la arquitectura de Asia Oriental. Tokio, entrada al Santuario Meiji.

toda seguridad, los sistemas de esqueleto más antiguos. Ya se ha esbozado anteriormente la posible transición evolutiva de los métodos de construcción de pared a los de esqueleto en madera. Es lógico que la disponibilidad del material en forma de barra, así como su capacidad para transmitir fuerzas de compresión y de tracción, haya favorecido claramente su aplicación en forma de esqueleto. La separación del esqueleto en una armazón portante y un cerramiento no portante es muy antigua —es la base de casi todos los métodos de construcción nómada ligera—, pero tardó bastante en imponerse en edificios permanentes. En una forma sistemática y deliberada conceptualmente, esto tuvo lugar por primera vez en los métodos de construcción de madera de Asia Oriental. Ya se ha abordado brevemente este punto. Es muy interesante observar cómo la arquitectura de Asia Oriental se ha negado siempre obstinadamente a utilizar la variante de arriostramiento diagonal. La opción de arriostramiento preva-
187, 186 lente en Asia Oriental ha sido siempre el pórtico. La exquisita artesanía, la máxima precisión y la estricta selección de materiales en la ejecución fueron requisitos indispensables para realizar pórticos portantes con madera, un material que en realidad no es adecuado para este sistema estructural. (Sin embargo, tuvo un efecto favorable la escasa altura de la mayoría de los edificios). Incluso las cerchas de techumbre

☞ *Aptdo. 5. Métodos de construcción de, pp. 368 y ss.*

☞ *Aptdo. 5. Métodos de construcción de, pp. 368 y ss.*

☞ *Véase las reflexiones sobre cómo formar nudos rígidos a la flexión en madera en el Cap. 9. Aptdo. Transmisión de flexión, pp. 549 y ss.*

188 Cercha apilada en construcción. China.

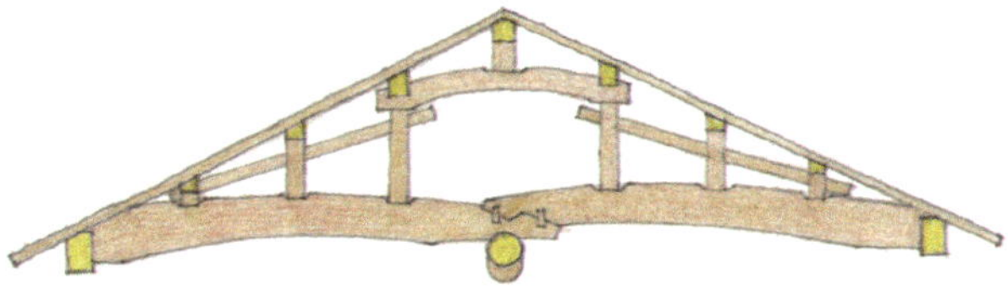

189 Cercha de cubierta apilada de Asia oriental sin triangulación. Según Graubner.

190 Cercha de cubierta de Asia oriental realizada como construcción en voladizo. Jardín Chino, Zúrich.

diseñadas como construcciones en voladizo o porticadas muestran una llamativa indiferencia hacia las ventajas estáticas de las cerchas triangulares geométricamente rígidas (¿o incluso ignorancia de las mismas?). **188, 189**

Como ya se ha señalado, los edificios de esqueleto de pura cepa, por así decirlo, eran raros en la época preindustrial en Europa. Muy común en la construcción de madera, por otra parte, era la forma mixta ya descrita anteriormente de muros de entramado con efecto de diafragma (siempre cuando era necesario el cierre espacial) y de auténtico esqueleto en el interior del edificio (siempre cuando había que crear espacios diáfanos). Es obvio que fueron, como mínimo, los cerramientos exteriores los que se ejecutaron siempre como elementos portantes compuestos de postes o costillas. Buenos ejemplos de este tipo de edificios son los graneros medievales del sur de Alemania:[39] Grandes edificios de varias plantas con amplias salas interconectadas en ambas direcciones de la construcción del forjado. Pero también los **199** grandes salones de actos de los ayuntamientos medievales en construcción de entramado de madera muestran construcciones de esqueleto similares dentro de una estructura que, por lo demás, se asemeja a una estructura de muro. El uso de métodos de construcción de esqueleto de madera en Europa puede, por tanto, haber sido más pragmático y situacional que en Asia Oriental.

☞ *Aptdo. 4.2.5 Construcción de entramado de madera, pp. 348 y ss.*

Columna continua

6.1.1

La cuestión fundamental que surge inmediatamente en los edificios de varias plantas, a saber, si los elementos portantes verticales son continuos a lo largo de varias plantas o están unidos a tope en varios tramos (como ha dado lugar en la construcción de pared a los dos métodos de construcción de montante pasante y de viga cabecera), naturalmente también influye profundamente la construcción de esqueleto. En cuanto a la historia del desarrollo, el paso inicial también es fabricar los soportes de una sola pieza haciéndolos

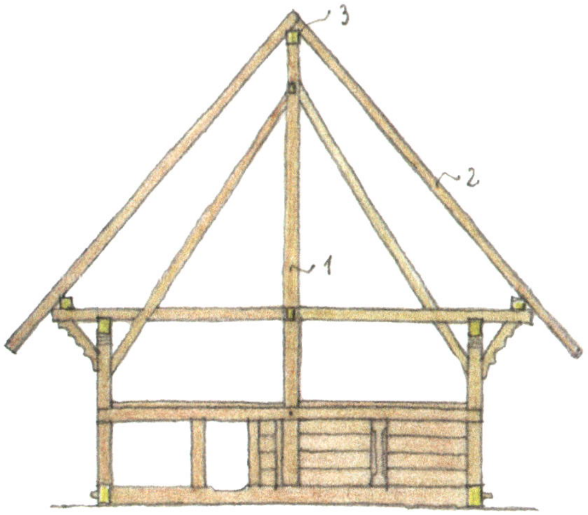

191 Edificio con columna de cumbrera y cabrios continuos. Según Phleps. **1** columna de cumbrera, **2** cabrios, **3** viga cumbrera.

pasantes hasta la cubierta, sin introducir juntas. Este concepto se aprecia especialmente bien en las construcciones medievales de poste, que a su vez son de tipo esqueleto en su interior, concretamente en la columna de cumbrera.

COLUMNA DE CUMBRERA

191 En los edificios más antiguos, ésta se colocaba en el centro del edificio, ejecutada en un solo tramo sin junta hasta el caballete. La viga cumbrera horizontal, antiguamente llamada árbol de cumbrera, apoyada en las columnas de cumbrera, se consideraba un elemento fundamental de la estructura portante, ya que de ella pendían los pares o cabrios colgantes (sólo atados, no apeados en el lado del alero) de la cubierta a dos aguas. Como elemento constitutivo fundamental de la estructura de los edificios, se le asignó a la columna de cumbrera un significado simbólico especial en aquella época, que se expresó en ornamentos correspondientes, en los nombres que difieren según la región y en su frecuente aparición en la literatura.[40]

VIGA CUMBRERA

CABRIOS

Aunque los edificios de madera más antiguos eran de una sola planta y las columnas de cumbrera atravesaban visiblemente el interior sin forjado intermedio,[41] se planteó naturalmente la cuestión, a más tardar con edificios modernos de varias plantas, de cómo se podía conectar la construcción del forjado con la columna continua de cumbrera. Mientras que en la antigua construcción de poste las vigas del forjado podían apoyarse en los montantes continuos de los cerramientos exteriores con conexiones sencillas, como
93 una conexión de caja y espiga,[42] apareció inmediatamente en la columna de cumbrera el fenómeno de concentración de fuerzas típico del esqueleto, lo que dificultó considerablemente la conexión porque hubo que debilitar la sección transversal de la columna, fuertemente cargada, debido a las conexiones de caja y espiga, o a media madera, prácticamente inevitables.[43]

6.1.2 Columna empalmada

Sin embargo, en el curso del desarrollo técnico posterior, se hizo evidente relativamente pronto que con el aumento de la altura del edificio, el aumento continuo de las cargas del forjado que debe soportar la columna de cumbrera y la escasez creciente así como el aumento del precio de la madera suficientemente derecha y larga, se hizo inevitable hacer tope con las columnas. En este sentido, este desarrollo afectó no sólo a la construcción de pared, sino de la misma manera también a la de esqueleto.

Es interesante observar la reacción evolutiva ante un dilema típico de la construcción en madera, es decir, ante las siguientes preguntas:

¿Debería uno, en una primera posible solución, empalmar directamente tramo de columna contra tramo de columna, transfiriendo así entre ellas la carga vertical limpiamente y sin interrupción, y sólo entonces mirar cómo conectar el esfuerzo cortante de la viga a la columna? Esto tendría que hacerse con una llamada conexión a cortante, una tarea constructiva prácticamente irresoluble en la construcción

CONEXIÓN A CORTANTE

de madera de carpintería de la época. ¿Se debería, en lugar de ello, conectar la viga con su testa a la cara de la columna por cajeado para introducir en ésta la carga de la viga? Sin embargo, esto habría provocado un debilitamiento de la sección transversal de la columna, que ya de por sí está sometida a una gran carga.

¿O es mejor, en una segunda posible solución, intercalar la viga entre dos tramos de columna y pasar la carga vertical a través de ésta al siguiente tramo de columna? Esto habría creado un apoyo sencillo y limpio para la viga; pero a cambio se habría generado una compresión transversal de la madera de la misma por la carga de la columna, un esfuerzo ante el que la madera es extremadamente sensible y ante el que reacciona con grandes deformaciones.

Como se sabe, nuestros antepasados eligieron la última opción. Ya se había elegido la misma estrategia para la transición de la construcción de montante pasante a la de viga cabecera: También allí los montantes de los cerramientos se interrumpían piso por piso y se apeaban sobre durmientes horizontales.

Sin embargo, las cargas sobre una columna interior son de un orden de magnitud completamente diferente a las de los montantes, es decir —como es intrínseco al sistema de esqueleto, como se ha visto—, son mucho mayores. Los antiguos maestros carpinteros reaccionaron ante esta dificultad con zapatas de madera: Éstas distribuyen la carga de la columna sobre un área mayor en el apoyo de la viga y protegen así la madera de la misma contra la cabeza de la columna que presiona desde abajo en ángulo recto con sus fibras. En la parte superior de la viga, es decir en la base del tramo superior de la columna, no había espacio para un elemento distribuidor de carga tan grande como la zapata, aunque sea igual de necesario allí desde el punto de vista constructivo. Una zapata sobresaliendo del nivel del suelo

☞ *Véanse* ⊡ **154–156** *en Cap. 9., 7.3 Transmisión de esfuerzo cortante, pág. 542.*

195 Zapata entre columna y cargador (Santuario Meiji, Tokio).

192–195 ZAPATAS

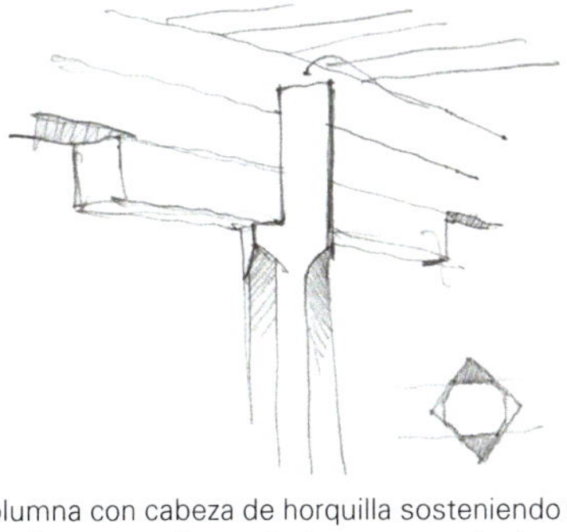

192 Columna con cabeza de horquilla sosteniendo dos escuadrías de un cargadero apiladas y una zapata. La columna se colocó en diagonal con la cabeza cortada a escuadra (a partir de la sección bruta original) para disponer de sección suficiente para la cabeza de la horquilla. En la zona inferior del fuste de la columna, se transforma en una sección transversal octogonal direccionalmente neutra. En este caso, la horquilla sólo tiene la función de prevenir el vuelco y, al ser más corta, obviamente no soporta ninguna carga procedente del tramo superior de columna.

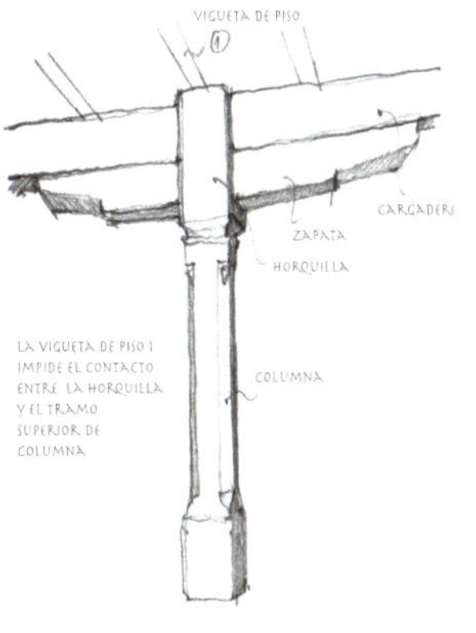

193 Columna con cabeza de horquilla soportando un cargador y una zapata. Casa de Durero, Nuremberg.

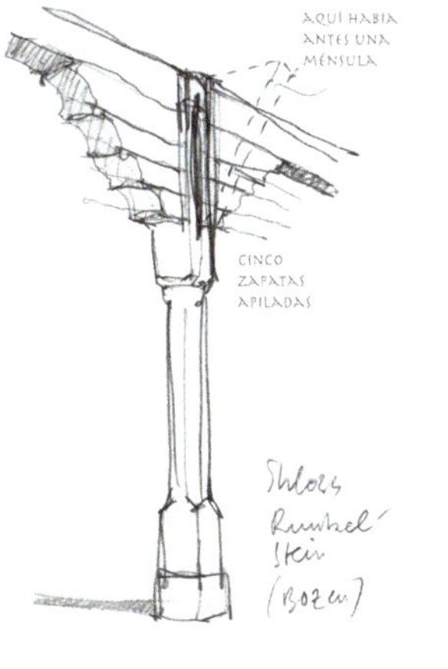

194 Columna con cabeza de horquilla soportando un cargador y varias zapatas apiladas.

hubiera sido un obstáculo de uso en estancias habitadas que no se toleró en esas circunstancias. Los asientos resultantes de la inevitable fuerte compresión transversal de la madera de las vigas (causada en su cara superior) estaban, pues, programados y son bien reconocibles hoy en día en numerosos edificios antiguos.

Sin embargo, el claro sobredimensionamiento de las estructuras históricas de madera (desde el punto de vista actual)[44] alivió notablemente este problema, pues mayores secciones transversales reducen comprensiblemente las tensiones que se producen. La solución de compromiso alternativa (que aparece ocasionalmente) del enlace de columna y viga, a saber, continuar la columna hacia arriba bifurcándola y pasándola por ambos lados de la viga como una horquilla y crear así un soporte adecuado para el tramo superior de la columna y así circuir (literalmente) la compresión transversal de la viga, se utilizó relativamente poco debido a las enormes secciones transversales de tronco necesarias para ello, de las que habría que cortar conjuntamente el fuste de la columna y la horquilla de la cabeza. Estas horquillas se utilizaban más bien para asegurar contra el vuelco las escuadrías de madera, a veces múltiples,—zapatas y vigas, a veces compuestas— apiladas sobre la
192–194 cabeza de la columna.[45]

Sin embargo, las complicaciones constructivas en la cabeza de la columna de las construcciones históricas de esqueleto no terminaron ahí: Además del cargadero en la dirección principal (que hemos considerado hasta ahora), hubo que integrar vigas adicionales por encima de la columna, concretamente en la dirección transversal, es decir, en la dirección
196 de las viguetas del piso. El motivo no era la transferencia de cargas verticales del piso (la combinación de cargadero y viguetas ya lo garantizaba), sino la rigidez frente a cargas horizontales, es decir, el arriostramiento del edificio. (Esto no debe sorprender, porque aún hoy la solución del nudo entre columna y viga y el tipo de arriostramiento del edificio son respectivamente los dos rasgos más característicos de un tipo de edificio de esqueleto).

En los casos en los que no se disponía de diafragmas interiores portantes y arriostrantes, es decir, en las zonas de edificios tipo esqueleto que se están examinando aquí, se recurrió al arriostramiento por medio de pórticos. La solución clásica de pórtico en la construcción de madera en aquella época era, como ya se ha indicado, la armazón
JABALCONES con jabalcones de cabeza (y, siempre que fuera posible,
198 también con jabalcones de pie). En aquella época no se disponía de verdaderos forjados diafragma que pudieran distribuir una carga horizontal sobre las paredes. Por esta razón, las cabezas de las columnas solían hacerse rígidas en
TACOS **197** ambas direcciones con jabalcones o, al menos, con tacos. En la dirección principal, el fuerte cargadero podía utilizarse como larguero del pórtico, pero en la dirección secundaria, la delgada vigueta del forjado no podía hacerlo por sí sola, por

lo que había que introducir un larguero de pórtico adicional por debajo: En consecuencia, también debía integrarse en la cabeza de la columna esta sección de viga.

■ En comparación con los métodos históricos de construcción de madera, los modernos gozan de algunas ventajas significativas. A continuación se discutirán con más detalle estos aspectos, así como sus consecuencias para el proyecto general.

Por un lado, las técnicas de conexión de la construcción de madera de ingeniería prácticamente han suplantado a las de la carpintería. Esencialmente, esta moderna tecnología evita las desventajas de la madera, como material, a la hora de transferir fuerzas en una junta, utilizando acero, un material mucho más fuerte y rígido. A menudo, esto se hace de tal manera que en las proximidades de la zona del nudo —es

Métodos de construcción modernos de esqueleto de madera

6.1.3

CONSTRUCCIÓN DE MADERA DE INGENIERÍA

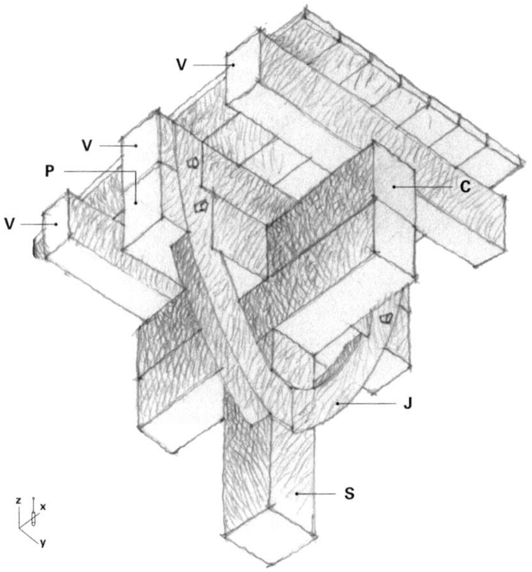

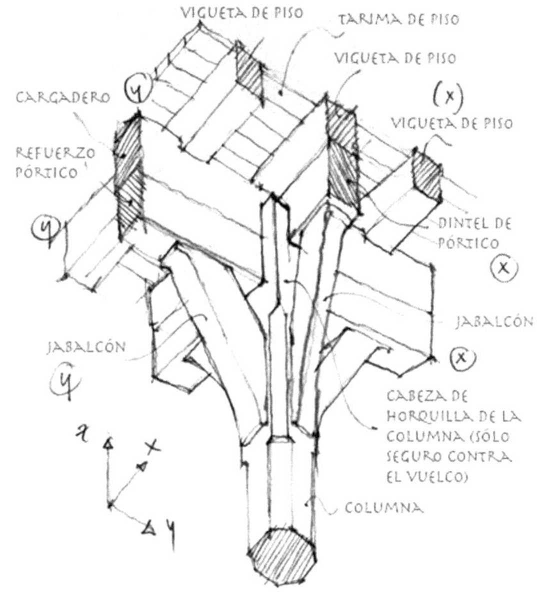

196 Típica solución de nudo constructivo en la construcción de esqueleto alemánica, ilustrada con la cabeza de columna del *Edificio Antiguo* de Geislingen (véase también ⧉ **199**): El cargador **C** compuesto de dos partes se apoya en el soporte **S**, que se interrumpe en este punto. Por su parte, las viguetas **V** del forjado descansan sobre él. Un larguero de pórtico **P** discurre transversalmente al cargador, es decir, en →**y**, que se sitúa bajo la vigueta del forjado asociada y se cruza con él a la altura de la escuadría superior del cargador. Un enlace mutuo a media madera (presumiblemente existente) permite que ambas escuadrías se asienten firmemente sobre el soporte. El jabalcón **J** está atado lateralmente a media madera y, por lo tanto, debilita considerablemente tanto el soporte como el larguero (e incluso la vigueta del forjado en la parte superior, que se ve así obligada a cooperar con el larguero). En este caso, no se activa ningún efecto de pórtico en la dirección del cargadero (→**x**) (porque no hay jabalcón). En este caso, tampoco hay zapata.

197 Una verdadera solución modélica de un nudo de columna en una construcción de entramado de madera alemánico medieval: Se reconoce muy claramente la superposición de la transferencia unidireccional de la carga vertical (cargadero en →**y** y vigueta de forjado en →**x**) y el arriostramiento horizontal (larguero del pórtico en →**x**).Los elementos implicados se describen de forma análoga en ⧉ **196**. Aquí, a diferencia de allí, las dos direcciones de pórtico se activan mediante dos grupos de dos jabalcones cada uno en las dos direcciones principales →**x** e →**y**. Los cuatro jabalcones están encajados en el soporte, a pesar del inevitable debilitamiento de su sección transversal. Los maderos apilados con riesgo de vuelco se sujetan lateralmente mediante la horquilla del soporte. Sin embargo, el tramo de columna que acomete en la parte superior (no se muestra aquí) descansa completamente sobre la vigueta de forjado y, por tanto, la somete a compresión transversal. También se reconoce muy claramente cómo la columna, ejecutada totalmente en consonancia con las uniones, se recorta sucesivamente en sus cantos desde una sección cuadrada en la cabeza de la horquilla (la sección bruta original del tronco de árbol recortado) hasta formar la sección octogonal en el fuste (columna en el ayuntamiento de Esslingen, 1420).

16
16
17
5
15
18
19
12
13
10
11
2
14
18
19
17
16
18
19
17
2
2
2
2

199 Axonometría seccional del *Edificio Antiguo* de Geislingen, Alemania (alrededor de 1445). El edificio es un ejemplo temprano de una construcción europea típica de entramado de madera. Incluso en la pared exterior, donde edificios de tipo similar tienen estructuras de montantes parecidas a paredes, muestra una característica disposición tipo esqueleto con montantes muy espaciados (**1**) —también se les podría llamar soportes—, cada uno dispuesto en los ejes principales de los soportes interiores (**2**). Los muros intermedios (**3**) son compartimentos no portantes. Incluso están presentes implícitamente bandas horizontales de ventanas (**4**), aunque en este edificio concebido como almacén no se ejecutaron como tales —porque no se consideraron necesarias—. La estructura del forjado (**5**) es unidireccional, con la dirección principal de descarga a lo largo del eje longitudinal (→**y**) y la dirección secundaria a lo largo del eje transversal del edificio (→**x**). Debido a la falta de paredes interiores rígidas a esfuerzos cortantes, que son un estorbo en estos interiores abiertos usados para almacenamiento, así como de forjados rígidos al descuadre, la estructura se arriostra formando pórtico. En el plano de la pared exterior, esta tarea la realizan los jabalcones de cabeza (**6**) y pie (**7**) (que forman el llamado *hombre*) unidas a media madera por el exterior al estilo alemánico en conjunción con la solera horizontal (**8**) y los maderos cabeceros (**9**). En el interior, todas las cabezas de los soportes (**10**) están ejecutadas con jabalcones de cabeza a media madera (**11**) en ambos lados en la dirección transversal (→**x**). Las viguetas de forjado asociadas (**12**) (vigas secundarias en esta dirección) se duplican por debajo (**13**) para absorber el momento flector adicional debido al efecto pórtico. En las paredes exteriores, los jabalcones de cabeza (**14**) están unidos a media madera a los montantes de la pared (en realidad soportes). En la zona de cubierta, esta tarea la realizan tornapuntas (**15**). En esta dirección (→**x**) actúan las mayores fuerzas horizontales porque en este lado está expuesta al viento la fachada más larga y grande (la fachada lateral mostrada aquí). Las paredes exteriores que proporcionan rigidez en esta dirección (los muros del hastial no representados aquí, orientados en →**x**) están, en consecuencia, más separados entre sí y sólo pueden desarrollar su efecto rigidizador de forma limitada. Sin embargo, en la dirección longitudinal del edificio (→**y**), están equipadas con jabalcones de cabeza sólo algunas pocas cabezas de columna (**16**). Sin duda, esto puede explicarse por el hecho de que esta es la dirección del edificio más rígida en general por las razones mencionadas anteriormente. Las vigas principales (**17**), que siempre se ejecutan como vigas dobles, también actúan aquí como largueros de pórtico. Además, en esta orientación (→**y**), donde obviamente causan poco estorbo en el funcionamiento del edificio, también se introducen algunos jabalcones de base (**18**), junto con el larguero del pórtico asociado, la solera (**19**). Toda la planta baja es una construcción de piedra por razones de preservación constructiva de la madera. Las cargas verticales altamente concentradas de los montantes (**1**) (o soportes), típicas de un esqueleto, se distribuyen cuidadosamente para introducirlas en la obra de fábrica de la planta baja (**23**), posiblemente de no muy alta calidad, con la ayuda de soleras (**21**) presumiblemente encastradas en las vigas pasantes del forjado (**20**) y ménsulas adicionales de gran formato (**22**). El detalle señalado se muestra y explica en ⊟ **196**.

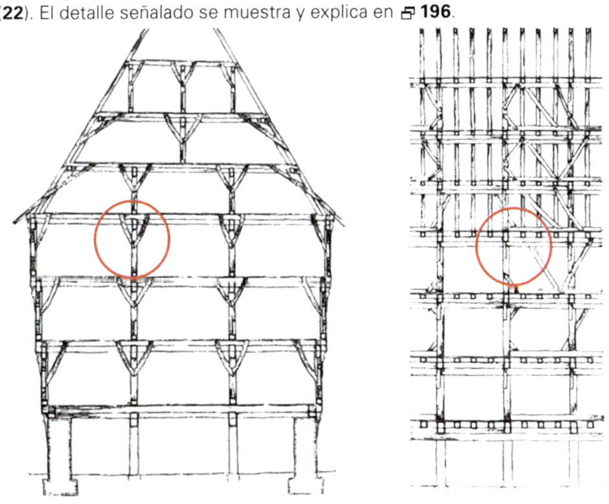

198 Sección transversal y longitudinal a través de la estructura interior de esqueleto del edificio de entramado de madera representado en ⊟ **199**. Se puede ver cómo la rigidez en las direcciones transversal y longitudinal es proporcionada por armazones compuestos de soportes, largueros y jabalcones de cabeza. Los largueros se añaden a la parte inferior de las viguetas del forjado que van en la misma dirección. Los arranques de los jabalcones se bajan más en las paredes exteriores, donde interfieren menos con el funcionamiento que en el centro de los interiores, para activar un brazo de palanca mayor. En la sección longitudinal también pueden apreciarse algunos jabalcones de base. El detalle señalado se muestra y explica en ⊟ **196** (el *Edificio Antiguo* en Geislingen, 1445).

decir, donde comienzan las dificultades constructivas— la
sección transversal de una barra regular de madera simple-
mente termina y se convierte en una sección transversal de
200 acero que se hace cargo de la transferencia de la fuerza en
la junta. En este sentido, esta tecnología puede considerarse
una especie de solución híbrida en la que se aprovechan las
ventajas y los puntos fuertes de dos materiales en el lugar
adecuado. Con cierta justificación, en el caso de las cone-
xiones de ingeniería para madera también se puede hablar
de una especie de construcción compuesta.

Además, la construcción moderna de vigas laminadas ha
eliminado las estrictas restricciones sobre la forma de los
componentes de madera que prevalecían en la construcción
tradicional de madera: Hoy en día, las vigas laminadas pue-
den fabricarse en casi cualquier forma y tamaño de sección
201 transversal. De este modo, los recorridos de la veta pueden
adaptarse de forma óptima a la distribución de fuerzas en el
componente al encolar las láminas. Se verá más adelante
qué efectos han tenido estas posibilidades constructivas
sobre la ejecución de esquinas de pórtico rígidas a la flexión.

☞ *Cap. 9., Aptdo. 7.4 Transmisión de flexión, pp. 549 y ss.*

CONECTORES DE DISEÑO ESPECIAL

Además, también han cambiado las condiciones que
rigen la ejecución del nudo de la columna, el cargadero y
la vigueta de piso: Con la ayuda de modernos conectores
de diseño especial, ahora es posible realizar conexiones de
esfuerzo cortante puras entre la columna y la viga sin tener
204 que debilitar significativamente la sección de la primera.
Recuérdese que tal cosa siempre fue imposible en la cons-
trucción tradicional de madera. Las construcciones en pinza
tan comunes hoy en día, en las que dos vigas gemelas se
conectan a cada lado de una columna, se deben a la dispo-
nibilidad de dichas conexiones.

CONSTRUCCIONES EN PINZA

Si la trama de colocación de las viguetas del piso se
desplaza medio módulo con respecto al eje de la columna,
también pueden pasar al lado de la misma sin colisionar con
204 ella. Tanto los cargaderos como las viguetas de piso pueden
ejecutarse en tal caso con voladizos.

A la inversa, entonces también es posible aprovechar la
transferencia por compresión pura colocando la viga sobre
204 la columna, interrumpiendo la misma. La desventaja de la
compresión transversal de la madera de la viga puede evitar-
se mediante conexiones de acero adecuadas, que pasan la
fuerza entre los tramos de la columna a través de una ranura
en la viga, eludiéndola por así decirlo, sin cargarla transver-
salmente a la veta. Además, las vigas también pueden co-
nectarse al lateral de una columna mediante piezas de chapa
con forma de ménsula o también tacos de material a base
de madera más resistente y denso en forma de conexión de
esfuerzo cortante sin tener que debilitar significativamente
205 la sección transversal de la columna.

En lugar de ejecutar la viga en forma de pinza y la columna
continua, también puede realizarse en forma de pinza esta
última para que abrace lateralmente una única sección de
206 viga continua. Sin embargo, esta solución es menos común,

200 Moderna construcción de ingeniería de madera: Construcción mixta con piezas de unión de acero.

ya que ambos fustes gemelos de la columna, bastante delgados, han de asegurarse adicionalmente contra el pandeo, por ejemplo, acoplándolos con maderos de relleno a intervalos regulares.

TABLEROS DE DERIVADOS DE MADERA

Además de las nuevas técnicas de conexión y fabricación, también ha revolucionado la construcción de madera la disponibilidad de materiales a base de madera planos y con buenas propiedades mecánicas. En este contexto, es especialmente significativo el hecho de que hoy en día es posible construir fácilmente forjados de vigas de madera como diafragmas rígidos al descuadre. La disponibilidad de secciones transversales de acero plano de cualquier longitud ya permite la diagonalización completa de una superficie de piso sin penetraciones obstructivas aplicando un fleje de acero plano a las viguetas de piso.

APLACADO DEL FORJADO

RECUADROS RÍGIDOS A CORTANTE

La solución constructiva más sencilla y ventajosa para transformar un forjado de vigas en un diafragma, no obstante, es utilizar la rigidez a cortante del aplacado superior del forjado (necesario en cualquier caso), que hoy en día consiste casi sin excepción en tableros a base de madera fabricados industrialmente. Si se respetan ciertas reglas en el afianzado de los tableros a las vigas (que persiguen esencialmente la creación de recuadros rígidos a cortante fijados en todo su contorno y de superficie limitada) y se dimensionan los tableros algo más gruesos para absorber las fuerzas de cizalladura, si es necesario, la característica de diafragma ya está garantizada sin ninguna medida adicional significativa.

Los materiales a base de madera de tipo tablero, como la madera laminada cruzada o la madera de tablas apiladas, ya forman diafragmas de forjado rígidos al descuadre por sí solos. Lo mismo ocurre con los forjados compuestos de madera y hormigón, en los que la propia losa de hormigón garantiza la capacidad de carga como forjado diafragma. En los forjados compuestos prefabricados también se produce un efecto de diafragma activando la resistencia a la cizalladu-

201 Madera laminada encolada.

202 Elementos portantes de forma libre fabricados con tableros de derivados de la madera. La forma libre no resulta de la curvatura de los componentes individuales (costillas), que son estrictamente planos y rectos, sino de su contorno. En conjunto, se crea visualmente una superficie envolvente de forma libre (*Metropol Parasol*, Sevilla; arqu.: J. Meyer H.).

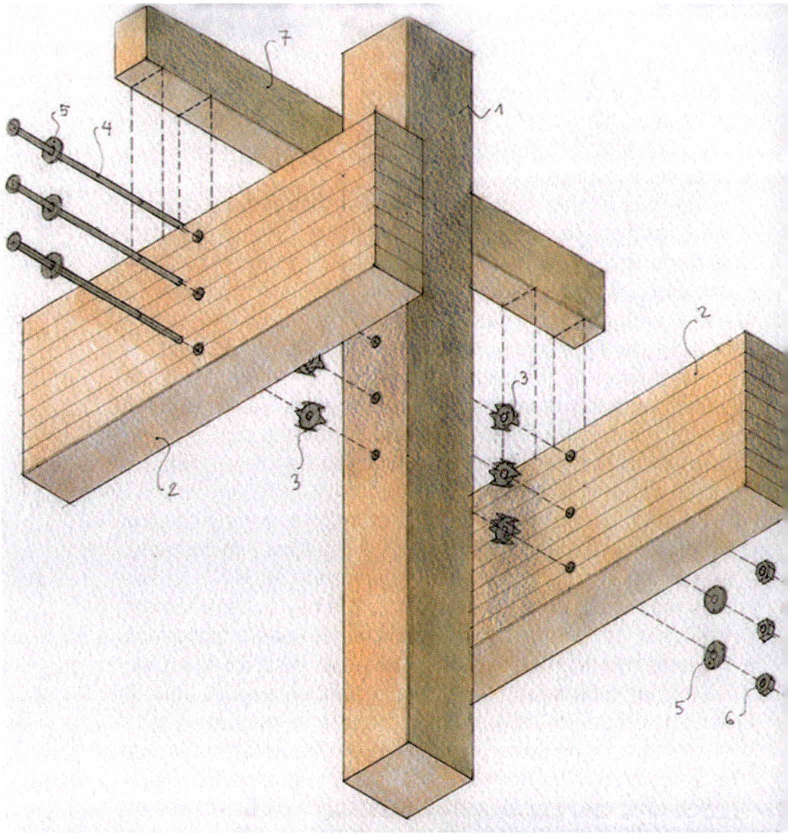

203 Enlace viga/soporte: Construcción de abrazadera con conexión de esfuerzo cortante pura mediante conectores de diseño especial **3**. La transferencia del esfuerzo cortante entre la viga y el soporte no se consigue mediante el esfuerzo cortante de los pernos (sólo tienen una función de aseguramiento), sino por el enclavamiento de ambos componentes efectuado por los conectores.

1 soporte
2 viga principal
3 conector de diseño especial
4 perno roscado
5 arandela
6 tuerca
7 vigueta de piso (apoyada)

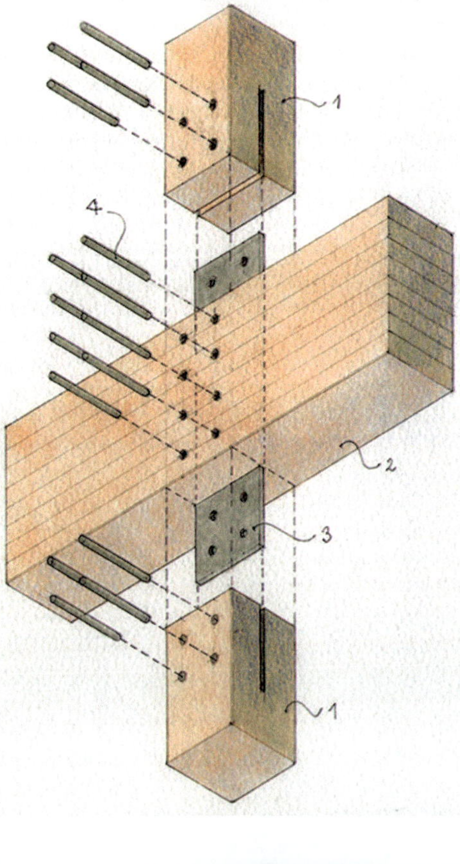

204 Enlace viga/soporte: viga continua, soporte empalmado. La fuerza vertical procedente del tramo superior de columna **1** se transfiere a través de la viga hasta el tramo inferior de columna por medio de una placa de conexión **3**, sin comprimir la viga **2** transversalmente a la fibra.

1 soporte
2 viga
3 placa de conexión (pasante)

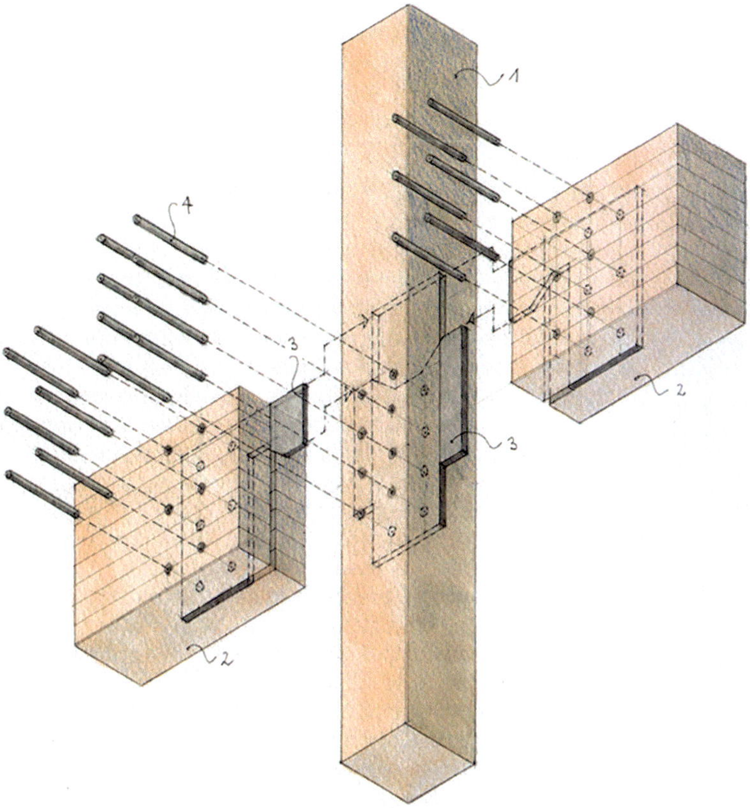

205 Enlace viga/soporte: soporte continuo **1**, viga **2** enganchada lateralmente mediante una placa de conexión **3** en forma de gancho.

1 soporte
2 viga
3 placa de conexión (gancho y muesca)
4 pasador cilíndrico

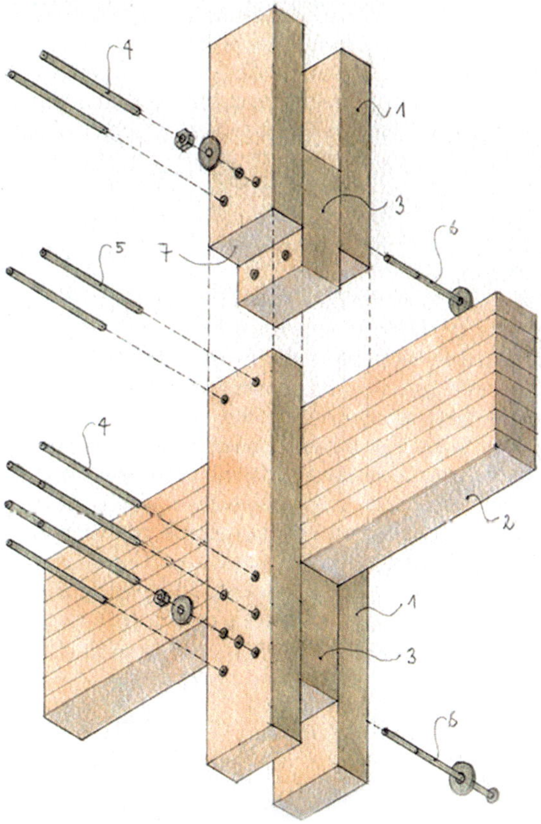

206 Enlace viga/soporte: soporte continuo en dos partes **1**, viga **2** continua. La fuerza vertical se transmite por contacto en la junta de apoyo a tope **7**. La carga vertical de la viga se transfiere a la madera de relleno inferior (**3**) y se introduce en el soporte a través de los pasadores cilíndricos **4**. Los pasadores **5** montados in situ aseguran la junta contra el deslizamiento horizontal.

1 soporte (de dos piezas)
2 viga (continua)
3 madero de relleno
4 pasador cilíndrico (premontado)
5 pasador cilíndrico (montado in situ)
6 perno roscado (premontado, para asegura-miento)
7 empalme de soporte

ra de las juntas de empalme, por ejemplo inyectando lechada en las juntas o utilizando conectores mecánicos.

☞ *Aptdo. 5.2.1 Soporte horizontal de elementos portantes verticales, pp. 375 y ss.*

La libertad resultante en la disposición de los puntos fijos verticales, como paredes diafragma, arriostramientos diagonales o pórticos, es importante, como se ha descrito en detalle anteriormente.

Cruz de San Andrés

El tipo de punto fijo preferido en la construcción moderna de esqueleto de madera suele ser el arriostramiento
207 diagonal, o más concretamente la cruz de San Andrés. Este puede resolverse muy bien con la ayuda de tirantes de acero extraordinariamente delgados. Con la geometría diagonal del arriostramiento en cruz, también se activa el mayor par (geométrico) posible. Las delgadas barras de tracción se anclan en los nudos de la armadura de madera compuesta de columnas y vigas con la ayuda de placas de acero; para fuerzas menores, el punto de cruce de los dos tirantes se ejecuta de la forma más sencilla con barras de acero sin empalmar que pasan una al lado de la otra, con lo que simplemente se acepta una ligera excentricidad, o bien se empalman con la ayuda de una placa de conexión.

Madera maciza de construcción

Balance ecológico

☞ *Véase Cap. 3., Aptdo. 11.4 Análisis del ciclo de vida, pp. 152 y ss.*

A pesar de las innegables ventajas de la construcción de esqueleto de madera, no puede decirse que este tipo de construcción se haya impuesto adecuadamente hasta la fecha de acuerdo con su potencial. Tras un renacimiento moderno transitorio del esqueleto de madera en la segunda mitad del siglo pasado, ahora ha encontrado su dominio preferido en un nicho de aplicación: la construcción industrial. En este caso, este método de construcción puede desplegar sus puntos fuertes en competencia con otros materiales, a saber, su ligereza, su gran precisión en el procesamiento (especialmente cuando se utiliza la moderna madera maciza de construcción, bien presecada y cepillada con precisión), los cortos tiempos de montaje y, por último, pero no menos importante, el efecto psicológico que este material, tan estrechamente vinculado al desarrollo cultural humano, sigue ejerciendo hoy en día (por no hablar de su balance ecológico positivo).

Las jácenas de madera laminada permiten alcanzar luces útiles del orden de 15 m, y bastante mayores, para la cons-
208 trucción de naves. En la solución clásica de construcción de madera, las correas se colocan transversalmente sobre las jácenas y se cubren con tablero en la parte superior. De este modo, las correas y las jácenas forman recuadros rectangulares que pueden complementarse con arriostramientos diagonales, si es necesario, con el fin de arriostrar el edificio, situados preferentemente en el plano entre las dos carreras de vigas.

Por supuesto, también se puede activar el aplacado para formar diafragma. Dichas carreras de correas discurriendo en transversal a las jácenas principales se sustituyen a menudo por chapas trapezoidales, más ligeras, que pueden cubrir fácilmente luces entre jácenas del orden de 5–6 m. El atado mutuo longitudinal de las jácenas principales en

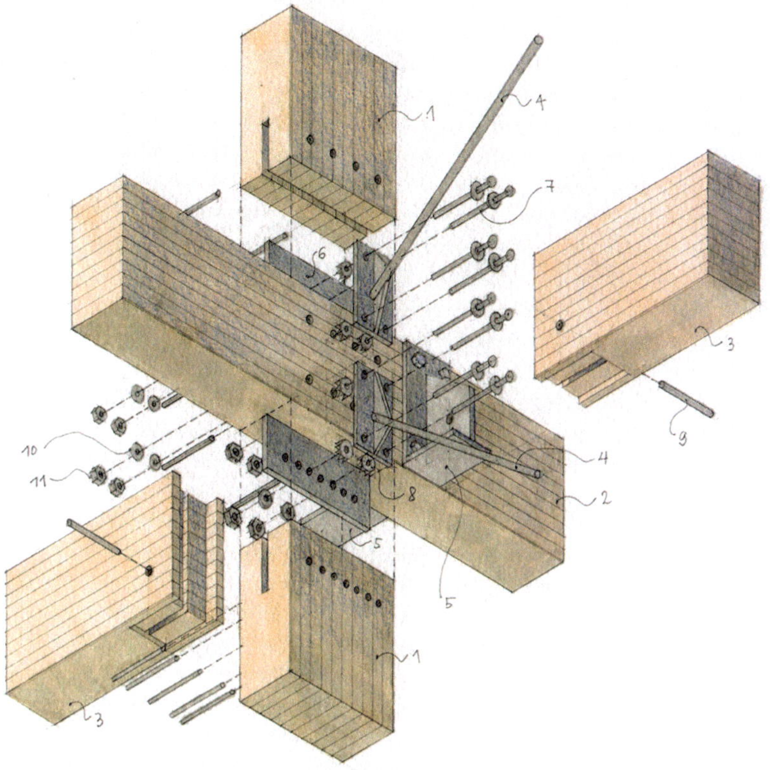

207 Enlace viga/soporte: nudo con dos barras diagonales **4** con placa de conexión soldada. Viga principal continua **2**, soporte **1** empalmado con placa de acero pasante **6** para la transmisión de fuerzas. Las vigas secundarias **3** se conectan desplazadas con respecto al eje del soporte para desenredar el nudo (*HL-Technik*, Múnich; arqu: Fahr).

1 soporte
2 viga principal (continua)
3 vigueta (desplazada)
4 riostra diagonal de acero
5 ménsula
6 placa de acero
7 pernos roscados de ajuste
8 conectores de diseño especial
9 pasadores cilíndricos
10 arandela
11 tuerca

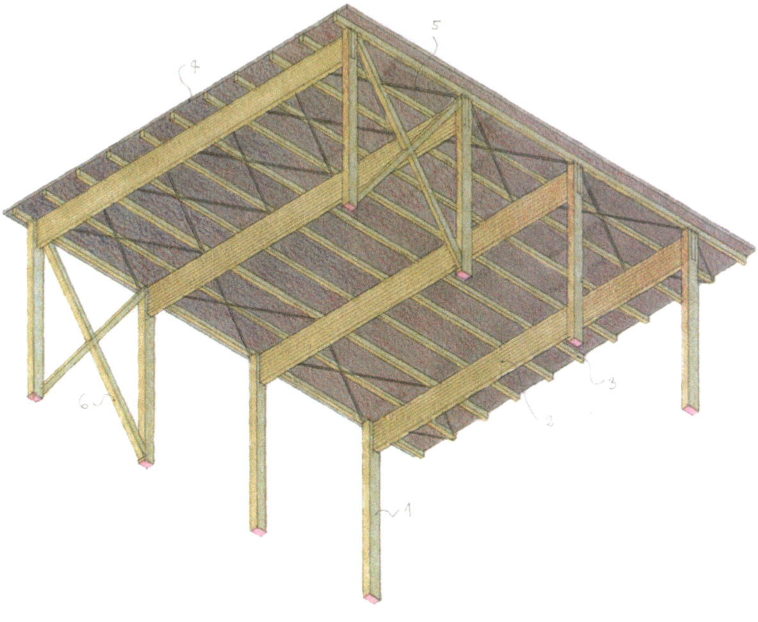

208 Sección de una nave prototipo en construcción de esqueleto de madera (seccionada a la derecha en la dirección de las correas; no se muestra el arriostramiento en dirección transversal de la nave).

1 soporte de horquilla
2 jácena de madera laminada encolada
3 correa/viga secundaria
4 aplacado, entrevigado
5 arriostramiento diagonal de varillas de acero en el plano de cubierta
6 arriostramiento diagonal de barras de madera en el plano de fachada

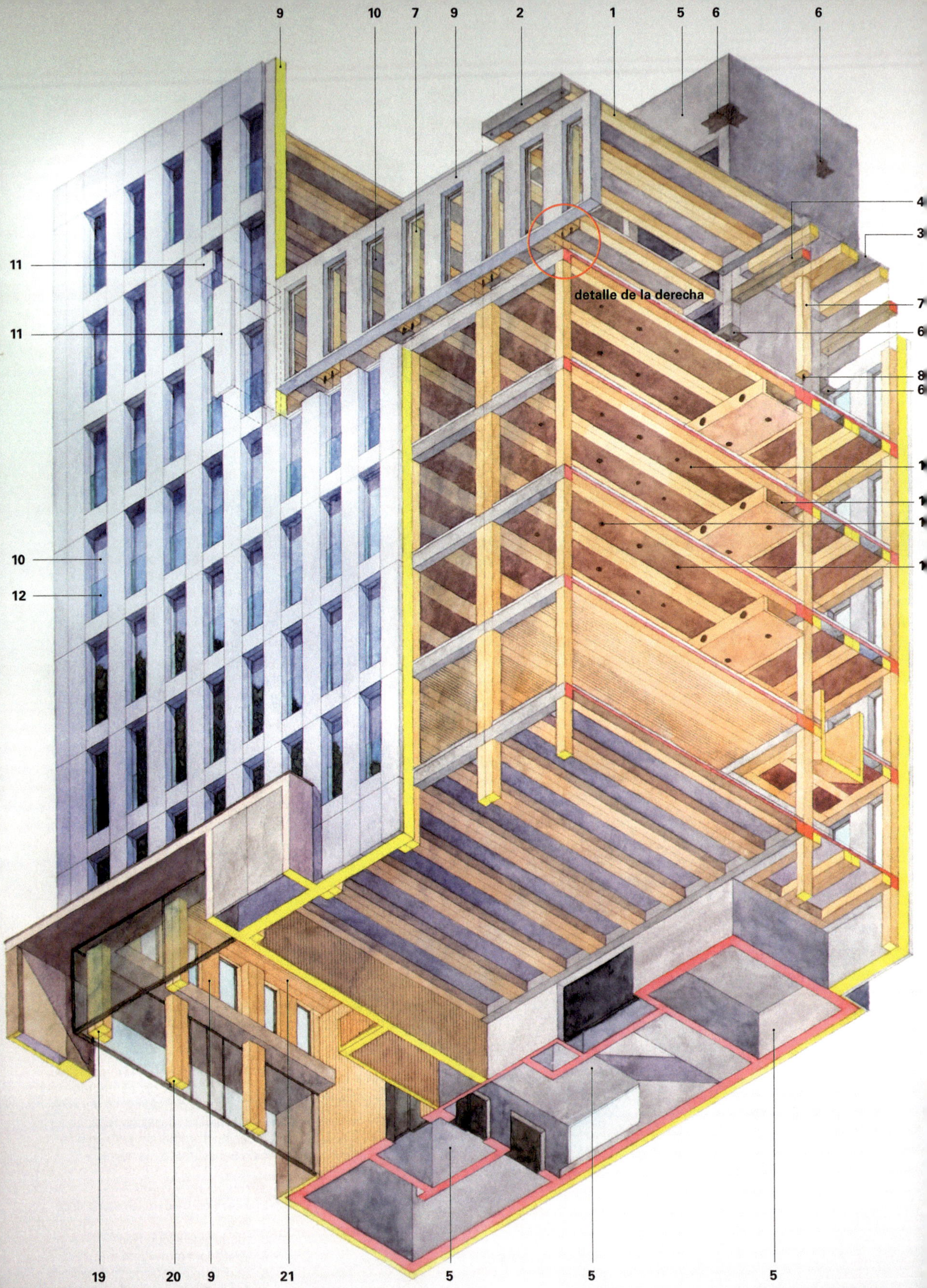

9
10
7
9
2
1
5
6
6
4
3
7
6
8
6
11
11
detalle de la derecha
10
12
19
20
9
21
5
5
5

209 Axonometría seccional de la *LifeCycle Tower* (*LCT*) en Dornbirn (Suiza) (arqu.: H Kaufmann Architekten). Moderna construcción de esqueleto de madera con una altura justo por debajo del límite de edificio de altura. El edificio está concebido como prototipo de construcción modular sostenible de madera y, por tanto, ofrece un modelo para otros posibles edificios de madera en todo el mundo.

La protección contra incendios se garantiza principalmente por carbonizado exterior de los componentes de madera, que están expuestos prácticamente en su totalidad. Esto significa que el armazón de madera portante permanece visible en el interior. Los forjados compuestos de madera y hormigón (**1**) son resistentes al fuego y, junto con las vigas de borde de hormigón armado (**2**), crean una barrera horizontal continua contra el fuego. Estas últimas también evitan la compresión transversal de la madera del forjado debido a concentraciones de carga en los soportes (**7**). La vía de evacuación vertical a través del hueco de la escalera se encuentra en el núcleo macizo del edificio (**5**), que también es responsable del arriostramiento horizontal del mismo. En función de la normativa local de protección contra incendios, también podría ser totalmente de madera. En este caso, debido a la naturaleza piloto del proyecto, se instaló un sistema opcional de rociadores (**15**), pero también podría omitirse si se cumplen las normas de protección contra incendios vigentes en la ubicación correspondiente.

Los elementos prefabricados del forjado (**1**) se unen mediante lechada para formar una losa diafragma y se conectan al núcleo del edificio (**5**), arriostrando así la estructura de madera contra cargas horizontales.

La fachada, incluidas las ventanas (**10**), se instala en forma de grandes elementos prefabricados (**9**) a los que ya van conectados los soportes de madera laminada encolada (**7**). Consiste en una construcción de entramado de madera altamente aislante térmicamente. Por fuera, está revestida con elementos compuestos de aluminio (**11**) que, gracias a su incombustibilidad, evitan la propagación del fuego por la fachada. Al mismo tiempo, ofrecen una buena durabilidad a la intemperie. Si la normativa local de protección contra incendios lo permite, la piel exterior de la fachada también podría estar hecha de una construcción de madera ventilada por detrás, en la que la propagación vertical del fuego tendría que impedirse mediante mamparos horizontales contra incendios en la cámara de aire.[46]

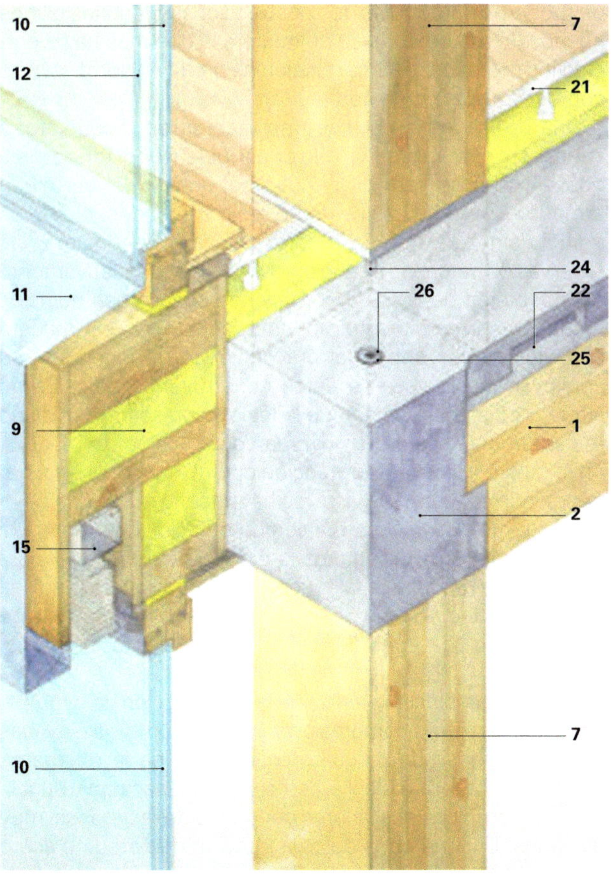

1 Elemento de forjado nervado prefabricado 2,7 x 8,10 m; Construcción mixta madera-hormigón con vigas laminadas 24 x 28 cm y losa de hormigón de 8 cm de grosor. Unión por muescas, encajadas sin elementos de unión. Soporte puntual, en el lado de la fachada sobre los soportes, en el lado del núcleo sobre ménsulas de acero (**6**). Las vigas de borde (**2**) de hormigón armado en forma de cargaderos en los extremos proporcionan un soporte para las dos vigas de madera centrales. Las juntas entre elementos de forjado vecinos se rellenan con hormigón para crear una losa diafragma homogénea. Vigas de madera dimensionadas para el carbonizado necesario en caso de incendio. Forjado resistente al fuego REI 90 ó REI 120.

2 Viga de borde de hormigón armado. Creación de un soporte en forma de ménsula para la viga de madera entallando el extremo de la viga. La viga de hormigón permite transferir la carga vertical concentrada a los soportes sin provocar compresiones transversales en los componentes horizontales de madera del forjado. Al mismo tiempo, crea una barrera horizontal contra incendios que impide que el fuego se propague de columna a columna entre los pisos.

3 Elemento de forjado como **1**, descargando en la dirección longitudinal del edificio.

4 Viga prefabricada de hormigón armado.

5 Núcleo del edificio de hormigón armado, levantado antes del montaje de la construcción de madera.

6 Ménsulas de apoyo de acero, protegidas contra el fuego con placas de yeso. Apoyo para los elementos del forjado (**1**) y las vigas de hormigón (**4**).

7 Soporte de madera laminada encolada 24 x 24 cm. Centrado mediante conexión enchufable. Agrupados en columnas dobles o triples (**19**) en las esquinas del edificio. Dimensionado para el carbonizado necesario en caso de incendio.

8 Conexión enchufable de tubo y mandril: El tubo saliente de un tramo de columna se inserta en el del tramo de columna contiguo. Esto permite un ajuste preciso. A continuación, el espacio restante (**26**) en el rebaje de la viga de hormigón (**2**) se rellena con mortero de baja retracción.

9 Elemento de fachada prefabricado de entramado de madera, grosor 48 mm, valor U = 0,19 W/(m²K). Ventanas premontadas (**10**) y soportes dobles ya conectados (**7**).

10 Ventana con triple acristalamiento aislante; hoja batiente practicable.

11 Elementos de fachada tipo muro cortina hechos de paneles compuestos de aluminio. Sólo se instala a posteriori debido al riesgo de daños.

12 Antepecho de vidrio laminado.

13 Conducto de ventilación; puede integrarse en el pasillo cuando la planta diáfana se acaba y subdivide.

14 Techo suspendido; cierra por la parte inferior el hueco del techo, en el que se disponen las instalaciones prefabricadas modulares.

15 Cabeza de rociador

16 Detector de incendios

17 Caja de escaleras

18 Pozo de ascensor

19 Soporte de esquina triple

20 Soportes en los lados estrechos del edificio; no son relevantes para el efecto portante de los forjados unidireccionales (**1**), pero reducen el flectado de los elementos de borde del forjado (**21**) y evitan así deformaciones importantes en su conexión con la fachada (**9**). Al mismo tiempo, se consigue un aspecto uniforme de la fachada desde el interior.

21 Suelo hueco

22 Junta de relleno con rebajes para crear un enclavamiento en forma de taco con el fin de absorber los esfuerzos cortantes de diafragma a lo largo de la junta.

23 Caja de persiana veneciana

24 Mandril del tramo superior del soporte, soldado a la placa base de acero; se inserta en el tubo (**25**) del tramo de soporte inferior; centrándose así. Parte de la conexión enchufable de tubo y mandril (**8**).

25 Tubo del tramo de soporte inferior para sujetar el mandril (**24**). Parte de la conexión enchufable de tubo y mandril (**8**).

26 Manguito para guiar el tubo (**25**); embebido en la viga (**2**). Parte de la conexión enchufable de tubo y mandril (**8**). Se rellena con mortero tras el montaje.

dirección transversal a ellas se deja a veces en manos de la propia chapa trapezoidal para fuerzas horizontales menores; para fuerzas mayores, se deben insertar barras de atado adicionales entre las jácenas, preferiblemente por debajo del nivel de la chapa trapezoidal. Sin embargo, se trata de barras de compresión y tracción pura y lo más ventajoso es que estén hechas de perfiles tubulares. A su vez, entre estas barras de atado se pueden integrar en el mismo plano arriostramientos en cruz para estabilizar el edificio. Gracias a la moderna tecnología de vigas laminadas, hoy existen numerosas naves ejecutadas con estructura de madera.

BARRAS DE ATADO

Sin embargo, la ventaja de la amplia libertad en la distribución en planta pierde importancia en aquellas áreas en las que ésta no se necesita realmente: es decir, especialmente en la construcción de viviendas, donde las distribuciones de planta están mucho más predeterminadas y requieren menos variabilidad que en otros tipos de uso. En este caso, los métodos de construcción de pared descritos en el apartado anterior tienen claras ventajas sobre el esqueleto de madera, ventajas que se deben a la simultaneidad de soporte y cerramiento espacial. En particular, ha sido la disponibilidad de modernos productos de construcción industriales planos hechos de material a base de madera lo que más ha favorecido los métodos de construcción de pared en competencia con el esqueleto de madera.

Una de las ventajas más importantes del esqueleto, a saber, su extraordinaria eficiencia para soportar cargas, que —como se verá en el caso del acero y el hormigón armado— permite básicamente realizar grandes alturas de edificio sin que el peso muerto acumulado consuma las reservas de carga, no puede aprovecharse exhaustivamente en su versión de madera por razones obvias: Los edificios verdaderamente altos sólo pueden construirse en madera con dificultades debido al mayor riesgo de incendio que conllevan (aunque ya se están construyendo edificios de altura media después de que la legislación se haya relajado recientemente, para promover la construcción de madera, en lo que respecta a la protección contra incendios —o, dependiendo del punto de vista, se haya hecho más realista—). Por este motivo, la construcción de edificios de gran altura queda descartada de entrada, a partir de cierta altura, para el esqueleto de madera (al menos por ahora), aunque no sea del todo inadecuado para este fin desde el punto de vista de su capacidad de carga y de la eficiencia inherente al sistema.

6.2 Métodos de construcción de esqueleto de acero

■ Tanto la combinación, típica de la construcción de esqueleto, de esfuerzos de compresión y tracción como las elevadas concentraciones de carga características de la misma se acomodan de forma ideal al acero con su tenacidad y ductilidad, así como con sus valores generales de resistencia muy elevados. Los métodos de construcción de pared en acero son —como ya se apuntó— prácticamente inexistentes en la construcción moderna: En la construcción de edificios, sólo la construcción de esqueleto permite aplicar de forma realmente exhaustiva las inauditas resistencias de este material. En comparación con los métodos de construcción de esqueleto de madera que se acaban de comentar, el camino de desarrollo hasta la aparición de los métodos modernos de construcción de esqueleto de acero fue relativamente corto. El acero es un material de construcción moderno basado en la tecnología de materiales industriales. Sin embargo, sólo se desarrolló gradualmente a partir de sus materiales predecesores, el hierro fundido y el hierro forjado, y sólo en el siglo XX adquirió las propiedades materiales a las que se debe su actual dominio en muchos ámbitos del mundo de la construcción.

HIERRO FUNDIDO

HIERRO FORJADO

Mientras que el hierro fundido y el forjado sólo podían utilizarse como medio de unión de menores dimensiones en la construcción durante largos periodos históricos y eran extraordinariamente caros en comparación con otros materiales,[47] la revolución industrial supuso la introducción de innovaciones tecnológicas decisivas en la fundición del hierro, que permitieron esencialmente tres cosas: producir piezas de hierro de mayores dimensiones adecuadas para la construcción, mejorar continuamente sus propiedades materiales y mantener los costes dentro de límites razonables gracias a la producción industrial en serie. Los edificios de hierro de la revolución industrial fueron, por tanto, los primeros edificios construidos íntegramente con material metálico.

Una vez más, no debe sorprender que los primeros proyectistas del hierro no comprendieran del todo al principio las posibilidades inéditas de este nuevo material y sus implicaciones para el diseño, y que durante la fase pionera se orientaran en cambio —en una especie de proceso mimético— en formas de diseño asociadas a materiales conocidos con propiedades afines: En el caso de la fundición, quebradiza, muy resistente a la compresión y libremente moldeable, solía ser la inspiración la piedra, mientras que la madera lo era para el hierro forjado, resistente a la compresión y a la tracción.

6.2.1 Primeros edificios con esqueleto de hierro

■ Los primeros edificios de esqueleto de hierro pueden clasificarse en términos de tipo de edificio en la categoría de grandes edificios de fabricación o almacenamiento con grandes interiores interconectados. Éstos fueron hilanderías inglesas de finales del siglo XVIII.[48] El esqueleto de hierro se limitaba —de forma análoga a los graneros medievales que sirvieron de modelo— a la estructura portante interior. **210**
Los muros exteriores, en cambio, seguían siendo de obra de fábrica. (Otra prueba clara del predominio de los criterios relacionados con el uso en el proceso de desarrollo de los sistemas de esqueleto.)

En esta primera etapa de evolución, el esqueleto completo se fabricaba exclusivamente con hierro fundido, que era bastante más barato que el hierro forjado, cuya producción era mucho más costosa. El material era ideal para columnas

sometidas a cargas de compresión; las vigas de material de fundición frágil, en cambio, sometidas a esfuerzos de flexión, debían hacer frente a esfuerzos de tracción, para los que estaban mal equipadas debido a su falta de ductilidad: Sin embargo, fueron beneficiosas las luces relativamente pequeñas de la época,[49] al igual que la sección en T invertida elegida, que distribuía las tensiones de flexotracción, peligrosas para el material frágil, sobre el ala inferior más grande y, por tanto, las hacía inofensivas (al menos en la zona de los
213 momentos del vano). La gran libertad de conformación de las piezas fundidas permitió formar el borde superior de las viguetas de piso como huso en función de los momentos
211, 212 flectores. Los tramos de columna se unían a la altura del apoyo del piso mediante conexiones enchufables. En algunos casos, la fuerza se transmitía a través del cargadero, lo que —a diferencia de la madera— no causaba mayores dificultades con el material de fundición, isótropo y resistente
213 a la compresión. Los entrevigados solían construirse como rellenos de bóveda de ladrillo, solución que posteriormente se impuso en forma de bóvedas de Bohemia o Prusia. Los
213 empujes de la bóveda se cortocircuitaban mediante tirantes.

El paso definitivo hacia un edificio puramente de tipo esqueleto, en el que los cerramientos exteriores ya no son portantes, sino que, en algunos casos, aparecen como paneles de antepecho y se apean de planta a planta sobre travesaños horizontales de la fachada, no se produjo hasta mediados del siglo XIX.[50] Al mismo tiempo, el frágil hierro

211 (Arriba) cordelería en Plymouth (1728). Vista interior.

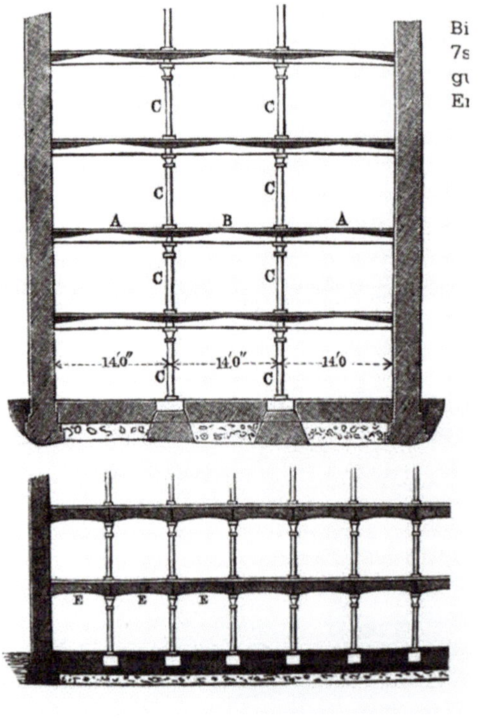

210 (Izquierda) típica construcción de esqueleto temprana con muros exteriores macizos de carga y esqueleto interior. Las grandes plantas interconectadas permiten el uso como fábrica o almacén (Fábrica de algodón Philipps, Wood & Lee, Manchester-Salford, 1801. Arqu.: Boulton & Watt).[51]

fundido fue sustituido paulatinamente por el hierro forjado, más duro y resistente, en la fabricación de vigas sometidas a esfuerzos flectores, que paso a paso dejó de procesarse principalmente de forma manual y empezó a fabricarse en trenes de laminación industriales.[53] El ejemplo más famoso de esta mezcla de materiales, en la que los elementos sometidos a esfuerzos de compresión y flexión son de hierro fundido, mientras que los sometidos a esfuerzos de tracción son de hierro forjado,[54] es el Palacio de Cristal de Londres de 1851. Mientras que incluso los diseños de edificios posteriores

Palacio de Cristal de Londres **214, 217, 218, 219**

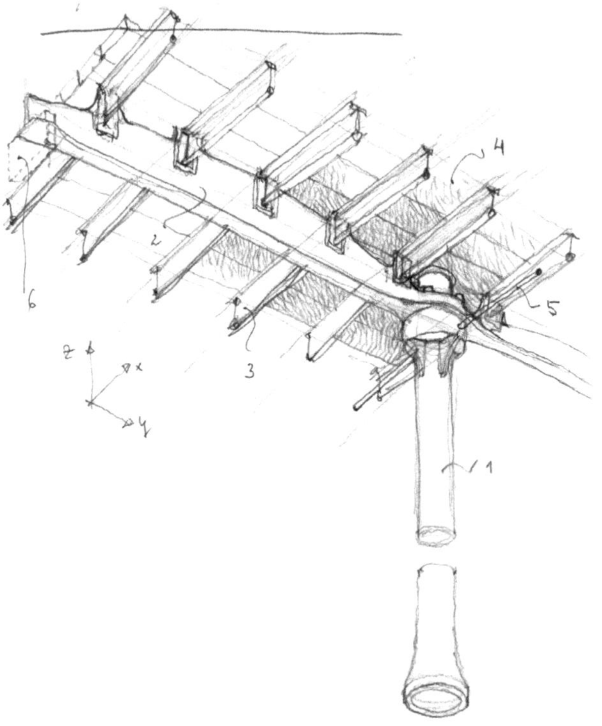

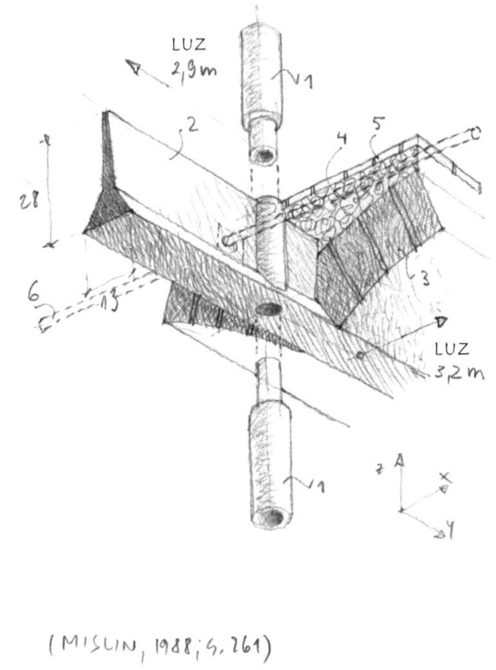

212 Construcción temprana del esqueleto de hierro fundido de la cordelería en Plymouth mostrada en **211**. La viga cargadero de dos tramos (→**y**) se funde en una sola pieza y pasa por encima de la columna. Esta va empalmada en el apoyo. El tramo superior de columna contiguo se reconoce bajo las losas de piedra del suelo. La viga cargadero tiene la típica sección en T invertida de hierro fundido sin ala superior. No es de temer el pandeo lateral (→**x**) de su débil cordón superior, sometido a compresión, debido a su reducida luz (aprox. 4 m) y al apoyo lateral por las viguetas del forjado (→**x**). Tiene forma abombada en la parte superior, coincidiendo con el momento flector de carga. Las viguetas del forjado (→**x**) (también con forma abombada, pero en la parte inferior) tienen un reborde de apoyo para las losas de piedra del piso (→**y**) y un cordón inferior. Se insertan en muescas de apoyo moldeadas en el cargadero. A la izquierda, la viga cargadero va montada sobre una ménsula de piedra en el muro exterior.

1 columna de hierro fundido, de un piso de altura.
2 viga cargadero, hierro fundido, abombada en la parte superior.
3 vigueta de forjado, hierro fundido, abombada en la parte inferior.
4 losas de piedra.
5 tirante.
6 ménsula de piedra en la pared exterior (apoyo).

213 Construcción del esqueleto de hierro fundido de la hilandería de lino de Shrewsbury de los años 1796–97 por el arquitecto Bage. La carga procedente de la columna se transmite a través de un ensanchamiento en forma de manguito del cargadero, que se fabrica continuo, mientras que la columna se interrumpe. El ancho cordón inferior es típico del hierro fundido y sirve también de estribo para el arranque de la bóveda de ladrillo, que cubre el entrevigado y cierra el forjado. Anteriormente, la misma construcción se realizaba con una viga cargadero de madera;[52] (la ejecución de la columna es presumible).

1 columna
2 cargadero (hierro fundido)
3 bóveda de ladrillo
4 relleno (arena)
5 pavimento de suelo
6 tirante

tenían dificultades con captar conceptualmente y explotar plenamente las características y los puntos fuertes de la estructura de esqueleto durante las décadas siguientes,[55] el Palacio de Cristal presentó de repente a los espectadores un edificio de esqueleto impecablemente puro, como si procediera de otro mundo. *Todas* las características de un edificio de esqueleto moderno, sin excepción, se manifestaban en él. Aparentemente, sólo alguien como Joseph Paxton, que no era arquitecto y estaba libre de los patrones de pensamiento académico convencionales, podía crear un concepto tan innovador: un logro intelectual desprejuiciado de primer orden.

FÁBRICA DE CHOCOLATE MENIER

Pero aún faltaba mucho para que estos principios se trasladaran de un invernadero (que es lo que a fin de cuentas era el Palacio de Cristal) a edificios convencionales. La famosa fábrica de chocolate Menier en Noiselle-sur-Marne, construida en 1872 por Jules Saulnier, se considera como
216, 215 el primer edificio de esqueleto de hierro forjado puro. Aun-

214 El Palacio de Cristal en Hyde Park, Londres (1851, arqu.: Joseph Paxton).

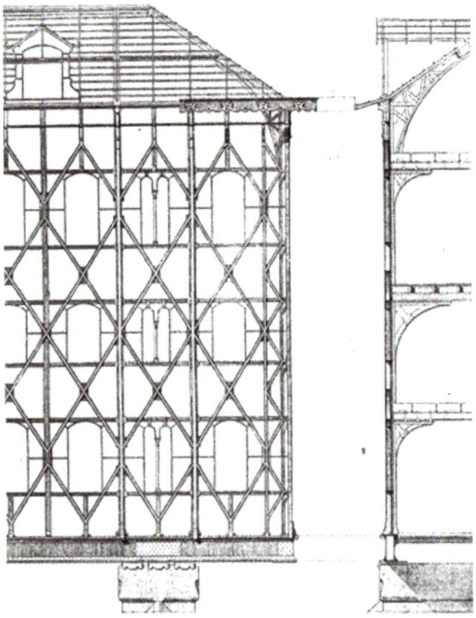

216 Fábrica de chocolate *Menier* en Noisiel-sur-Marne (1872) de Jules Saulnier.

215 Fábrica de chocolate *Menier* en Noisiel-sur-Marne (1872) de Jules Saulnier.

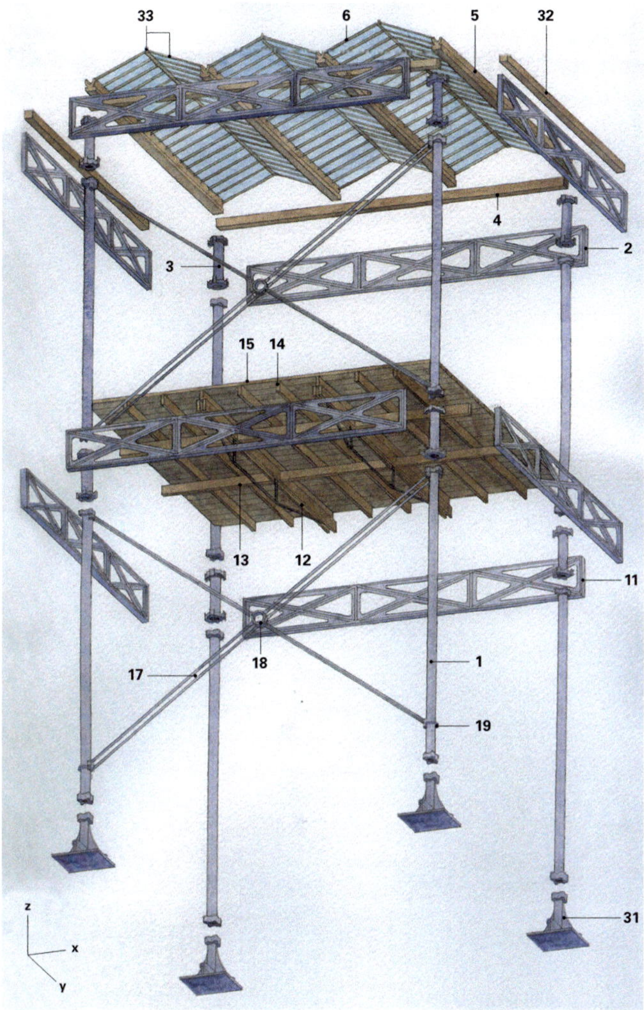

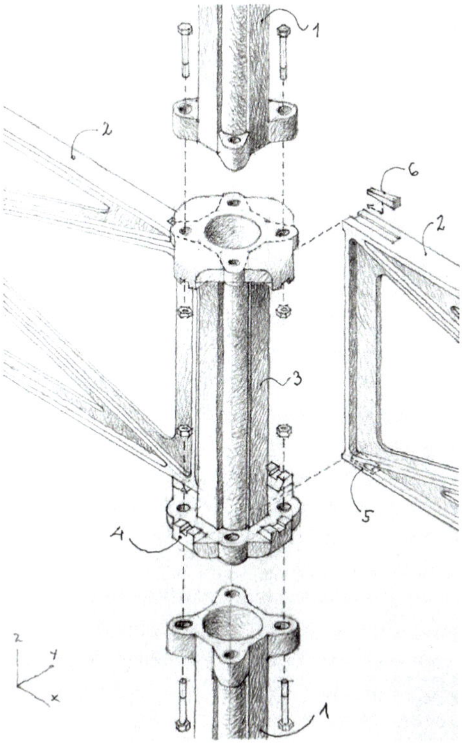

217 El sistema modular de construcción del Palacio de Cristal (designaciones como en ⧉ **219** al dorso). Además:

31 base de columna prefabricada.
32 madero de relleno.
33 nervio de cumbrera e intermedio de madera.

Aunque la estructura portante es un sistema direccional con transferencia de carga unidireccional, las jácenas estándar (**2**, **11**) se instalan siempre en dos direcciones →**x** e →**y**. En primer lugar, esto permite cambiar las direcciones de descarga de los vanos del forjado, de modo que las cargas se distribuyan mejor y se alivian los componentes portantes (en este caso, las jácenas). Las jácenas sin carga se utilizan para transferir fuerzas horizontales a los arriostramientos (**17**) o para soportar horizontalmente y, por tanto, a prueba de pandeo, las columnas **1**, excepcionalmente esbeltas y, por tanto, sometidas a grandes cargas. Además, como en el recuadro de forjado de la galería mostrado, por ejemplo, parte de las cargas son transferidas por los cargaderos (**13**) a las dos jácenas laterales (en →**y**), lo que descarga la jácena en →**x**. Parece que se prestó mucha atención a reducir al máximo las concentraciones de carga típicas del esqueleto.[59] Era la única manera de conseguir la esbeltez y la amplia estandarización de los elementos.

218 Enlace entre viga y columna en el Palacio de Cristal.[60] La jácena (**2**) se inserta ligeramente volcada (como se muestra a la derecha) ligeramente inclinado en el hueco entre las dos pinzas superpuestas (**4**), encaja con un taco (**5**) en la ranura de la pinza inferior, se levanta y finalmente se fija introduciendo martilleándola una cuña de hierro (**6**) en la ranura de la pinza superior. La conexión es completamente desmontable. Sólo genera un momento de desalineación mínimo entre la columna y la jácena, ya que la brida del extremo de la jácena toca casi directamente la pared de la columna.

1 columna.
2 jácena de celosía.
3 pieza de conexión.
4 ménsula en forma de pinza para recibir la jácena.
5 taco moldeado para el centrado y el aseguramiento lateral de la jácena (**2**).
6 cuña de seguridad de hierro; se inserta en la ranura del ala de la viga y, martillando en →**x**, en la ranura de la pinza superior.

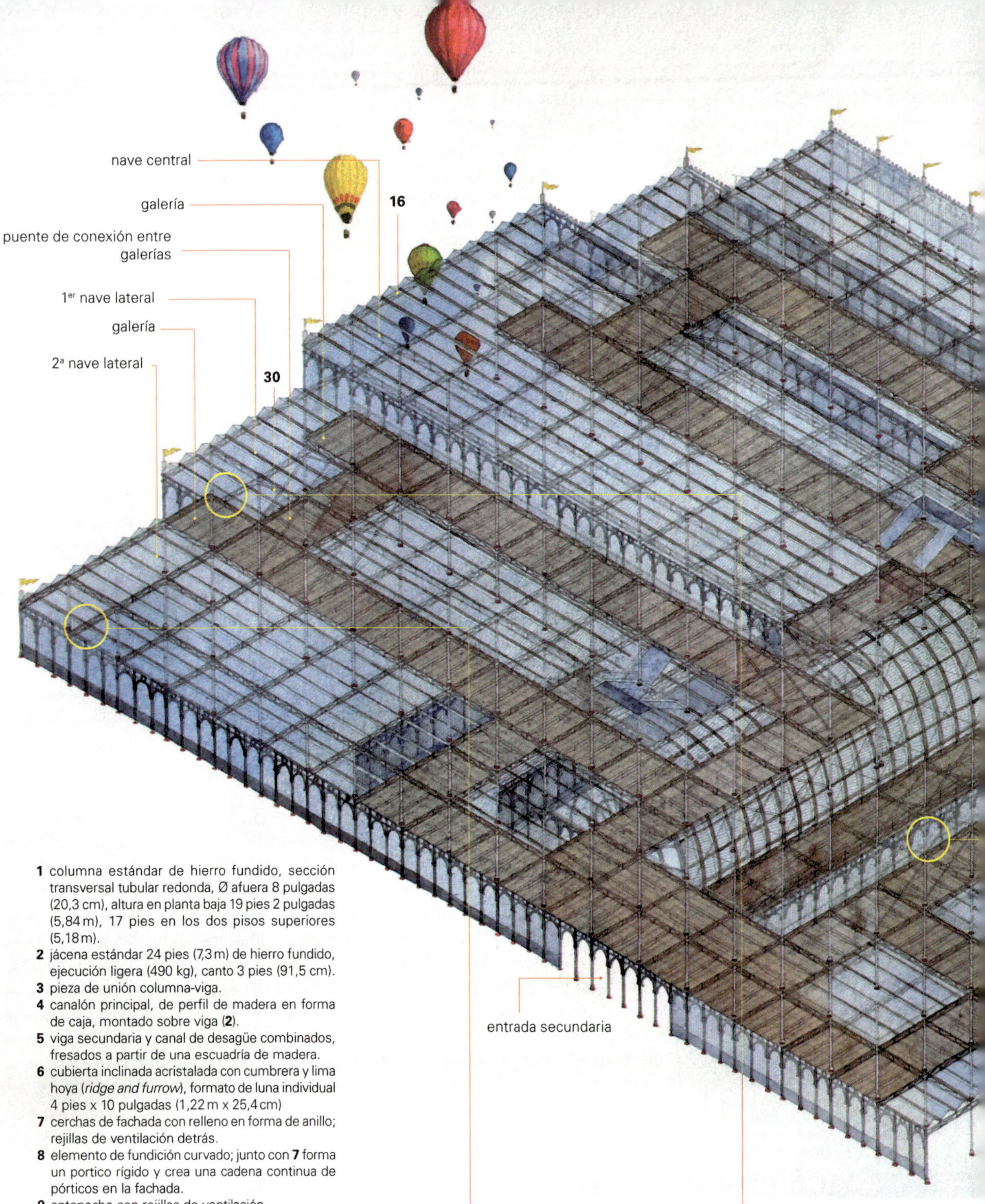

1 columna estándar de hierro fundido, sección transversal tubular redonda, Ø afuera 8 pulgadas (20,3 cm), altura en planta baja 19 pies 2 pulgadas (5,84 m), 17 pies en los dos pisos superiores (5,18 m).

2 jácena estándar 24 pies (7,3 m) de hierro fundido, ejecución ligera (490 kg), canto 3 pies (91,5 cm).

3 pieza de unión columna-viga.

4 canalón principal, de perfil de madera en forma de caja, montado sobre viga (**2**).

5 viga secundaria y canal de desagüe combinados, fresados a partir de una escuadría de madera.

6 cubierta inclinada acristalada con cumbrera y lima hoya (*ridge and furrow*), formato de luna individual 4 pies x 10 pulgadas (1,22 m x 25,4 cm)

7 cerchas de fachada con relleno en forma de anillo; rejillas de ventilación detrás.

8 elemento de fundición curvado; junto con **7** forma un portico rígido y crea una cadena continua de pórticos en la fachada.

9 antepecho con rejillas de ventilación.

10 jácena de cuberita 48 pies (14,6 m) de hierro forjado (662 kg), canto como **2**, sobreelevado 4 pulgadas (10 cm) para el drenaje del agua.

11 viga más pesada de la galería (debido a la mayor carga viva) (610 kg), mismas dimensiones que **2**, pero con mayores espesores de material.

12 viga gemela con subtensión hecha con dos tablones de madera (**14**).

13 cargadero, 23/9 cm.

14 vigueta de forjado.

15 suelo, entablado d = 3,2 cm, con juntas apretadas, lo que podría haber provocado un efecto diafragma (limitado).

16 jácena de cubierta 72 pies (21,9 m) de hierro forjado (1778 kg), canto como **2**, sobreelevada 10 pulgadas (25,4 cm) para el drenaje del agua.

17 cruces de San Andrés para el arriostramiento en

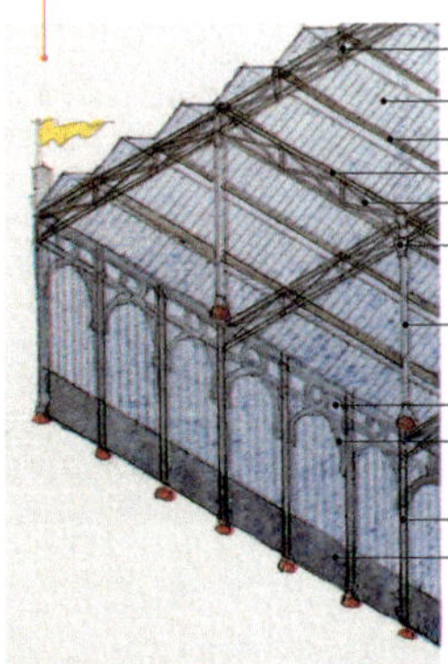

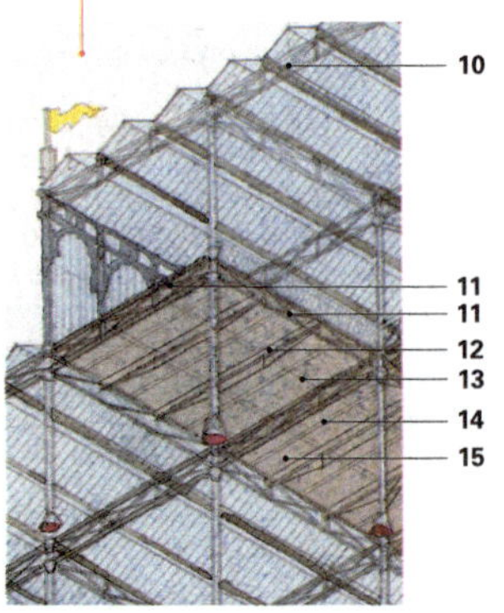

219 Sección axonométrica a través del centro del Palacio de Cristal en el Hyde Park londinense, 1851.[61] El edificio de hierro, madera y vidrio materializa como ningún otro de la época los principios de construcción y diseño de la construcción en esqueleto. Pasaron décadas antes de que los principios básicos de la construcción de esqueleto se aplicaran con esta pureza a otras tareas de construcción de forma similar. Sólo el plano de fachada rompe con el sistema de esqueleto, ya que se abandona la retícula modular de 24 pies y en su lugar se introduce una carrera de columnas poco espaciadas con una distancia entre ejes de 8 pies: una última reminiscencia de los antiguos métodos de construcción de muro (véase también la solución de fachada en el edificio *Home Insurance*, **220**). La modularidad del edificio se mantiene con implacable coherencia, lo que parece comprensible dada la imperiosa necesidad de rapidez de producción y montaje: La trama de columnas es muy estrecha (módulo base de 24 x 24 pies) para minimizar las concentraciones de carga típicas del esqueleto en las columnas. Secuencias de columnas largas con riesgo de pandeo siempre van sujetas lateralmente por jácenas, como entre la 1ª y la 2ª planta. En los casos en los que la sección transversal estándar de la columna se sobrecarga irremediablemente, como en el crucero, la columna no se agranda (y, por tanto, se introduce una sección especial), sino que simplemente se duplica (**28**). Las cargas variables sobre los componentes tampoco se contrarrestan en otros casos modificando la geometría, es decir, saliéndose del sistema modular. En cambio, esto se consigue reforzando el material o cambiándolo (hierro fundido/forjado), como en el caso de la jácenas en sus variantes **2**, **10**, **11**, **16**, conservando estrictamente las dimensiones modulares. Cuando esto es imposible, se multiplican las dimensiones de los módulos, como en el caso de las grandes jácenas **23**.

El arriostramiento horizontal del edificio se realiza en la dirección transversal →**x** mediante arriostramientos contra viento (**17**) a ambos lados del crucero y (**30**) a ambos lados de los puentes entre las galerías. Arriostramientos contra viento (**20**) a ambos lados del crucero cubren la dirección longitudinal →**y**, por lo que es probable que existieran más cruces de San Andrés (aquí fuera de la sección) en los extremos del edificio. Con toda probabilidad, todos los planos de fachada actuaban como cadenas de pórticos rígidas. También cabe suponer que las galerías tenían un efecto de diafragma, bien (al menos hasta cierto punto) debido al suelo de entablado de madera o a algún arriostramiento en posición horizontal, cuya ubicación exacta es difícil de reconstruir. Estas últimas eran probablemente inevitables, al menos en el nivel de cubierta de los pisos superiores, para transferir las fuerzas a los puntos fijos distantes (arriostramientos contra viento). Presumiblemente, había secuencias completas de cruces arriostrantes en los vanos de la cubierta cercanos a la fachada (no mostrados aquí).

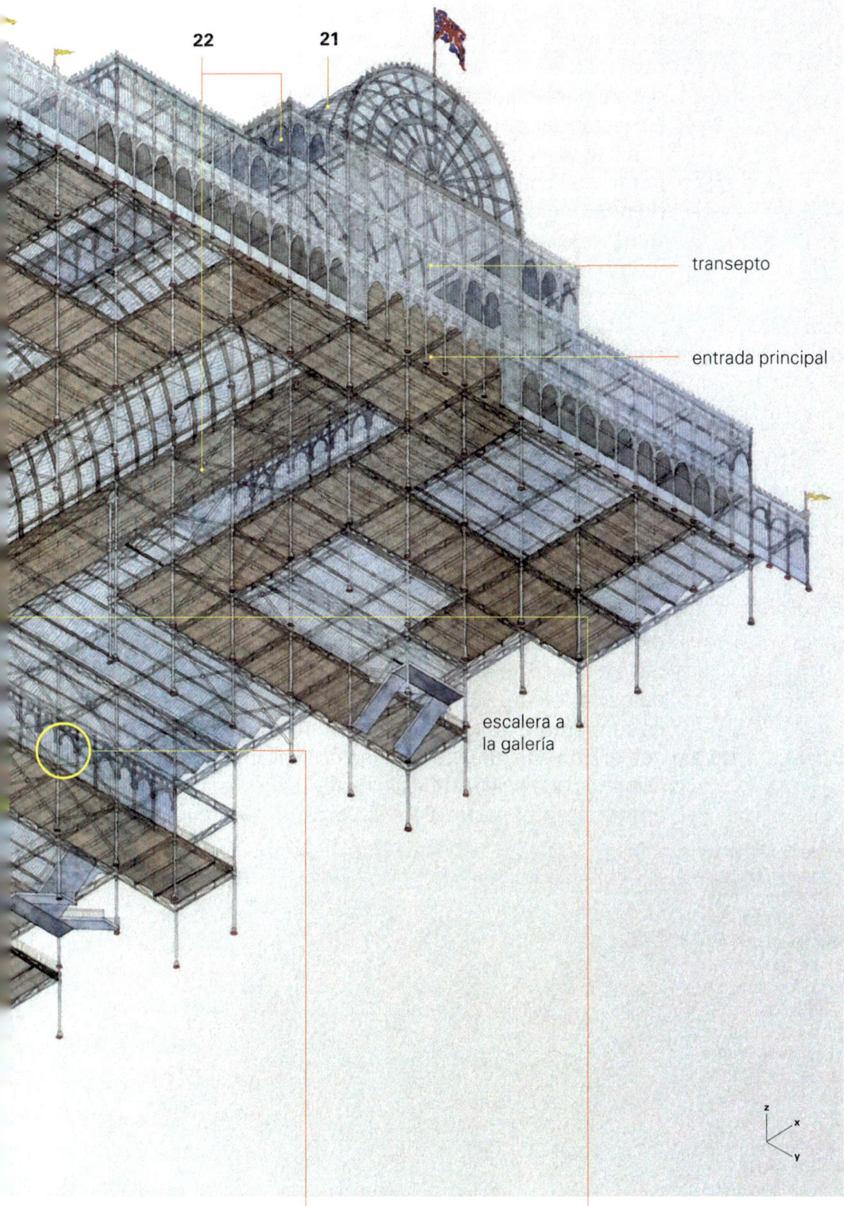

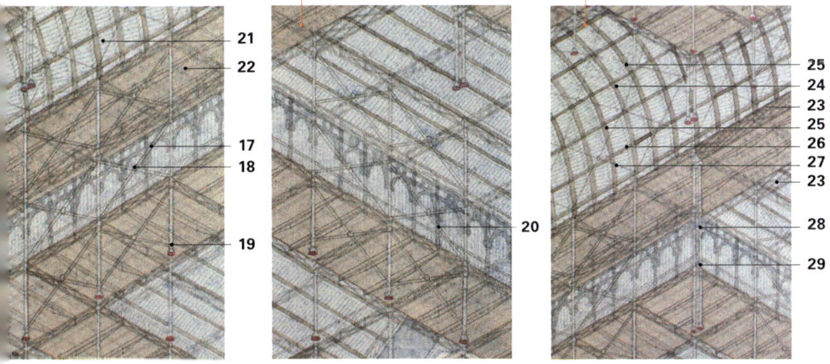

→**x**, en dos intercolumnios, abarcando tres pisos. Barras redondas gemelas de hierro, acopladas en el centro a un anillo de hierro (**18**).

18 anillo de hierro.

19 arranque inferior de los tirantes diagonales por encima de la base del pilar, elevado para estorbar menos; todas las diagonales tienen pues la misma inclinación a pesar de las diferentes alturas de las columnas (véase **1**).

20 cruces de San Andrés para el arriostramiento del edificio en →**y**, ejecución como **17**.

21 bóveda de cañón de vidrio sobre el transepto.

22 vano de cubierta cerrado y cubierto de metal a ambos lados de la bóveda de cañón para mejor drenaje del agua pluvial que escurre hacia abajo, de 7,3 m de ancho.

23 jácena especial de 21,9 m (72 pies) para soportar las mayores cargas bajo la bóveda de cañón, también en el lado del recuadro de cubierta cerrado en una versión ligeramente más ligera; doble canto de 6 pies (1,82 m), de hierro forjado.

24 costilla principal de hierro, cad 24 pies (7,3 m).

25 lima hoya de madera con canalón integrado, apoyada sobre la correa (**26**).

26 correa de madera.

27 riostra diagonal para rigidizar la bóveda de cañón en →**x**, cada una entre costillas principales (**24**), presentes en cada recuadro.

28 doble columna para absorber las cargas mayores en la intersección de la nave central y el transepto.

29 enlace de la columna doble, muy cargada, al sistema de vigas para reducir la longitud de pandeo.

30 cruces de San Andrés contra viento para rigidizar el edificio en →**x**, dispuestas a ambos lados de los puentes de conexión entre galerías. Ejecución como **17**, pero aquí de dos plantas.

que es un edificio moderno de hierro, su diseño recuerda mucho a los graneros medievales de madera: El muro exterior puede considerarse (apenas) un esqueleto de hierro revestido de ladrillo, pero tipológicamente está muy cerca del antiguo edificio de entramado de madera, a pesar de que las distancias entre los montantes son ligeramente mayores. Las diagonales, dispuestas de forma algo extraña desde un punto de vista estático en forma de rombos,[56] aseguran la rigidez longitudinal de la estructura portante; en la dirección transversal, en ausencia de un forjado diafragma, se utiliza (como en el caso del antigua entramado de madera) un refuerzo de la cabeza de la columna o del montante en forma de jabalcón. La proximidad con la construcción de madera convencional es llamativa, lo que no debería sorprender dadas las similitudes entre los dos materiales, la madera y el hierro forjado, que son resistentes simultáneamente a la compresión y a la tracción, y el poder psicológico de los conceptos de construcción familiares.

☞ *Véase también el edificio en Geislingen en* 🗗 **198, 199**, *pp. 392 y s.*

6.2.2 Primeros rascacielos

Como es sabido, la transición indiscutible a la construcción de verdaderos esqueletos de hierro tuvo lugar en Estados Unidos, más concretamente en Chicago: Tras el desarrollo de los primeros edificios de gran altura con muros exteriores de carga y un ligero esqueleto interior de hierro, se dio un paso importante en el desarrollo de la construcción moderna de esqueleto en 1885 con un muro cortina no portante o un cerramiento exterior apoyado en travesaños de la fachada con el Home Insurance Building de William Le Baron Jenney. Mientras que en este edificio el travesaño de la fachada sigue apoyado en el parteluz de la ventana —un último vestigio

Home Insurance Building **220, 221**

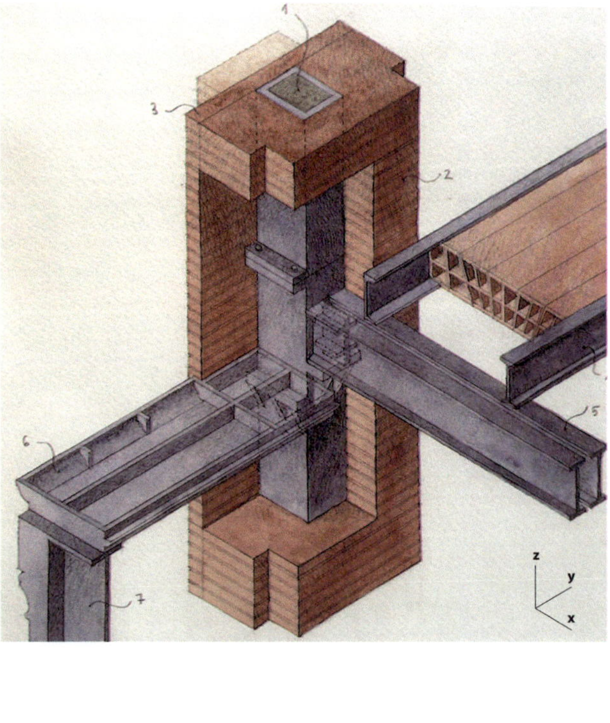

220 Enlace constructivo del *Home Insurance Building* en Chicago, 1885, de William Le Baron Jenney (véase también la foto en 🗗 **221**). Ilustración del enlace del forjado a un soporte externo. Algunas de las características que definen a un edificio moderno de esqueleto de acero ya se pueden ver aquí: Las cargas primarias verticales se transmiten exclusivamente por el soporte de fundición (**1**) formado por un perfil rectangular relleno de hormigón. El revestimiento de ladrillo (**2**) sólo cumple funciones formales (el acero desnudo aún no era presentable en 1885) y protege contra el fuego. Es interesante y (todavía) no corresponde del todo a la construcción de esqueleto la ejecución del travesaño de la fachada (**6**) (plano **yz** de la fachada), que aparece aquí como dintel de ventana. Este no cubre libremente la luz entre soportes principales vecinos, como cabría esperar en una estructura de esqueleto pura, sino que se apoya una vez entre ambos con la ayuda de parteluces de ventana portantes de acero (**7**). Sin embargo, éstos sólo soportan la carga de los paños de antepecho situados sobre ellos o sus cargas acumuladas desde arriba. No hay entrada de cargas procedentes del forjado, ya que la orientación del mismo (al menos en este caso) es paralela a la fachada en →**y**. El soporte, el parteluz de la ventana y el travesaño del dintel son de hierro fundido, las vigas (**4**, **5**) de hierro forjado o acero.[57] El perfil de la columna se empalma planta por planta y se escalona en su sección transversal para adaptarse a las cargas. Los enlaces de la viga al soporte se realizan (como es habitual en fundición) mediante ménsulas moldeadas. **3** hoja de revestimiento.

del muro exterior de carga—, en los edificios posteriores se extiende libremente por todo el vano entre columnas vecinas de la fachada.[58] Este es el último paso conceptual en la construcción de rascacielos hacia la construcción pura de esqueleto. Las superficies de fachada pueden de ahí en adelante acristalarse a discreción, y las zonas interiores de los espacios pueden recibir suficiente luz natural: una ventaja que se aprovechó plenamente en los edificios administrativos de Chicago. De este modo, se superó por fin la tradicional y milenaria fachada de piedra perforada (si se exceptúa la construcción de madera, que no conocía tales fachadas). Los principales problemas asociados al nuevo tipo de edificio en altura de hierro, como el acceso vertical y la protección contra incendios, se resolvieron de antemano en cada caso mediante el uso de ascensores y el revestimiento de piedra de la estructura de hierro.

220, 222
223, 226

Estos primeros edificios de gran altura se arriostraron inicialmente con la ayuda de diafragmas verticales y horizontales: muros relleno de ladrillo, preferentemente en la zona de circulación vertical del núcleo, y forjados de hormigón. Un testigo presencial informó en su momento:

> Tuve la oportunidad de estar en el piso 11 de un edificio porticado, pero el edificio se balanceó tanto que no me fue posible permanecer allí arriba por más tiempo. Pero cuando se rellenó la obra de fábrica más tarde, no se notó ningún movimiento.[62]

221 *Home Insurance Building* en Chicago (1885) de William Le Baron Jenney. Véase también **220**.

223 *Reliance Building*, Chicago, 1895 (arqu.: D. Burnham & W. Root). El hueco de fachada pasa de ser una ventana perforada, típica de la construcción de muro, a una banda de ventanas, típica de la construcción de esqueleto. Véase también **226**.

222 Foto de la demolición del *Home Insurance Building*. Se reconoce claramente a la derecha la construcción principal mostrada en **220** con el travesaño de la fachada apoyado en el parteluz de la ventana.

En el caso de edificios altos, la municipalidad de Nueva York exigía que se utilizaran riostras diagonales contra viento.[63] Sin embargo, en la medida en que la altura del edificio lo permitía, se utilizaba cada vez más el arriostramiento con
227, 224 pórticos por razones de uso del edificio.

6.2.3 El desarrollo de los aceros modernos

■ El proceso de sustitución del hierro fundido por el hierro forjado, más elástico, comenzó, como se ha visto, con las vigas sometidas a esfuerzos de flexión y finalmente afectó también a las propias columnas. A pesar de la ventajosa moldeabilidad libre del hierro fundido, que permitía, por ejemplo, moldear fácilmente las piezas de unión necesarias,
225 como ménsulas de apoyo, y a pesar de su buena resistencia a la compresión, el material resultó finalmente demasiado poco fiable debido a su extrema fragilidad. Algunos espectaculares fallos de estructuras de hierro fundido[65] y el rápido desarrollo de aceros dulces más resistentes[66] condujeron a la desaparición definitiva de este material para componentes
228 portantes hacia finales del siglo XIX. En la década de 1920 ya existían aceros estructurales normalizados comparables a los actuales aceros estándar en cuanto a sus propiedades materiales.[67]

TECNOLOGÍA DE LA SOLDADURA

Aunque los fundamentos técnicos de la soldadura se desarrollaron unos 50 años antes,[68] la tecnología moderna de la soldadura sólo pudo imponerse a las conexiones roblonadas, que habían dominado hasta entonces, en torno a 1930 y también necesitó un largo periodo de desarrollo técnico adicional para alcanzar su actual predominio. En particular, la difícil desviación de los momentos flectores en las esquinas de pórtico, que utilizando la técnica del roblonado sólo
229 podía resolverse con gran complicación, pudo simplificarse

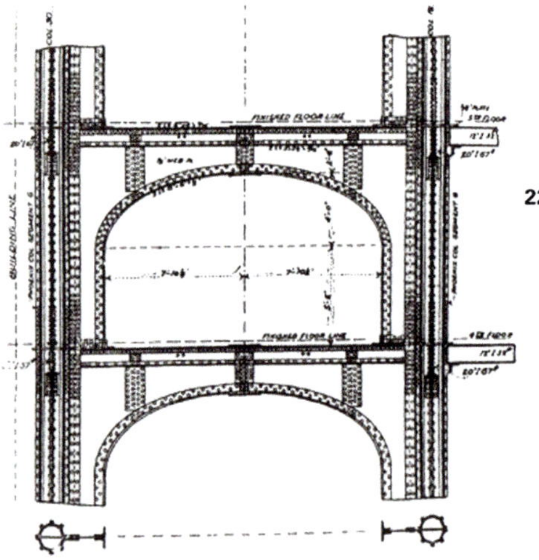

224 (Arriba) estructura porticada roblonada, (*Old Colony Building*, Chicago, 1890) (véase también 227).

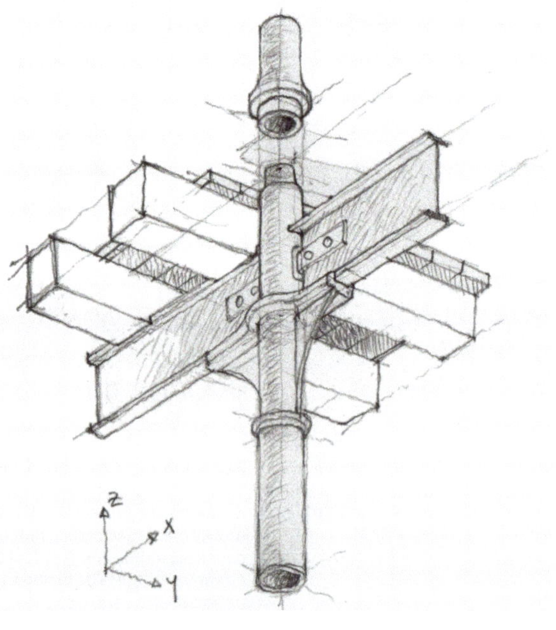

225 (Derecha) ejecución, típica de la época, del nudo de una estructura de esqueleto de hierro compuesto por columnas de hierro fundido, vigas de hierro forjado y viguetas de madera en un edificio comercial de Berlín de 1876. La viga se une a la columna mediante una ménsula moldeada cuyos bordes alzados impiden que la viga se desplace lateralmente. Una orejeta insertada a través de la columna impide que la viga vuelque. El tramo de columna superior se afianza con una sencilla conexión enchufable.[64]

considerablemente gracias a la técnica de la soldadura. Tanto la introducción de las modernas calidades de acero estructural como la normalización de una amplia gama de perfiles laminados estándar —junto con la maduración de la técnica de unión cuasi-integral de la soldadura— habían sentado en conjunto las bases esenciales para la construcción moderna de esqueleto de acero.

Moderna construcción de esqueleto de acero

6.2.4

■ Después de esta excursión histórica, pasemos a los fundamentos de la construcción moderna de esqueleto de acero: Para lograr la mayor comparabilidad posible con métodos de construcción de esqueleto en otros materiales, es obvio que al caracterizar las soluciones estándar de la construcción moderna de esqueleto de acero hay que volver a contemplar las dos características esenciales del diseño constructivo del mismo: a saber, la solución del nudo formado por la columna y las vigas conectadas a ella, así como el arriostramiento del edificio.

Conexión columna-viga

■ El diseño de la conexión de la viga con la columna, que es tan difícil en la construcción de madera, es mucho más fácil en la construcción de acero, ya que en este caso se puede realizar una conexión de esfuerzo cortante real sin más; o más bien: La conexión de esfuerzo cortante es el tipo preferido de conexión (articulada) entre una viga y una columna en la construcción de acero. El esfuerzo cortante se transmite con la ayuda de conexiones empernadas de

☞ *Cap. 9., Aptdo. 7.3 Transmisión de esfuerzo cortante, pp. 542 y ss.*

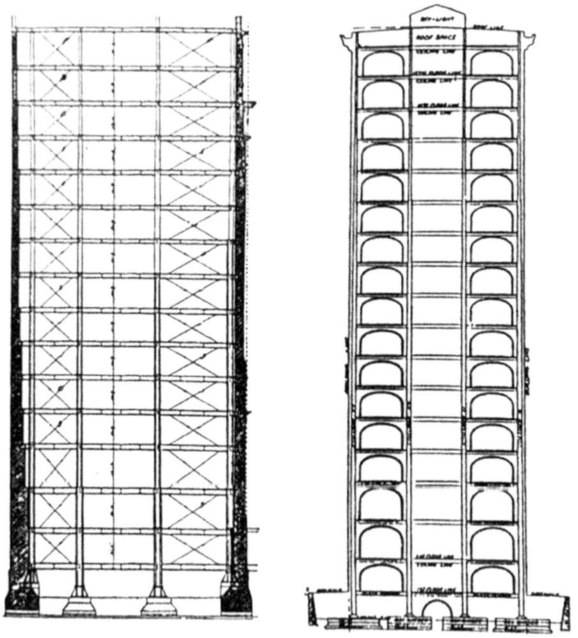

227 Arriostramiento de edificio con cruces de San Andrés (izquierda, *Havemeyer Building*, Nueva York, 1889) y con pórticos (derecha, *Old Colony Building*, Chicago, 1890) (véase también 🗗 **224**).

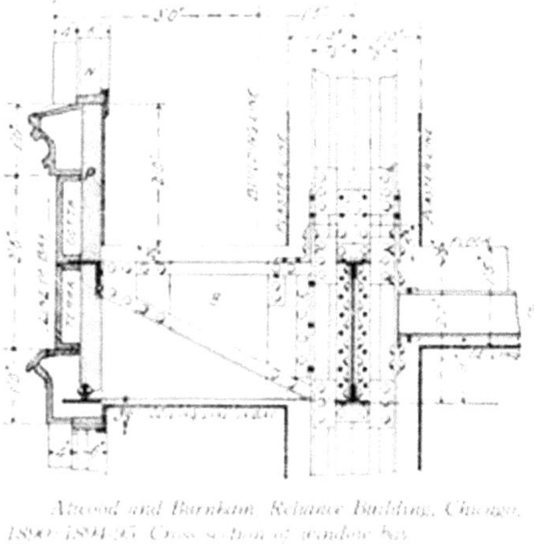

226 *Reliance Building*, sección de la fachada en la zona del mirador saliente. Se reconoce la suspensión de la fachada de una ménsula. El robusto travesaño de la fachada cubre la luz total entre los soportes de la fachada. Véase también 🗗 **223**.

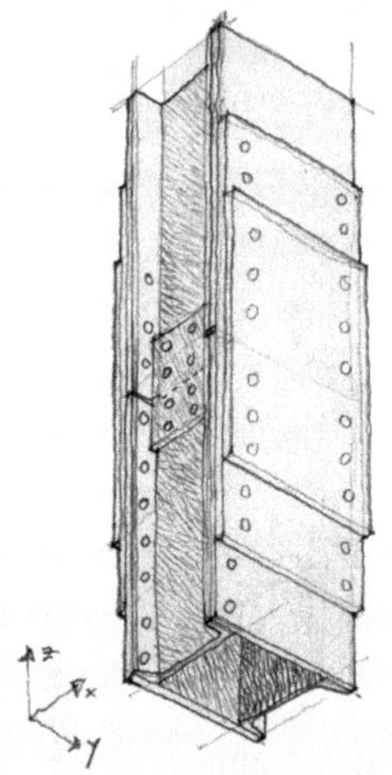

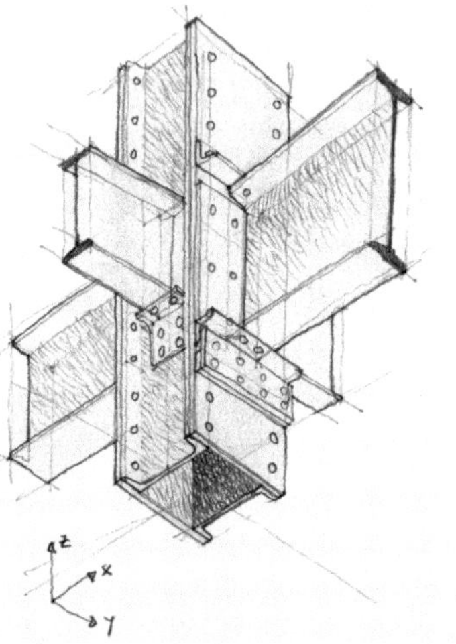

233 Empalme de columna roblonado con placas de conexión aplicadas.

228 Ejecución contemporánea estándar de un nudo roblonado compuesto por columna, viga principal y viga secundaria de acero laminado. La carga vertical pasa por el nudo a través de la columna continua; las vigas se conectan lateralmente. Las típicos ménsulas de apoyo de fundición (moldeadas), que ya no pueden utilizarse con este material, se sustituyen por ángulos roblonados.

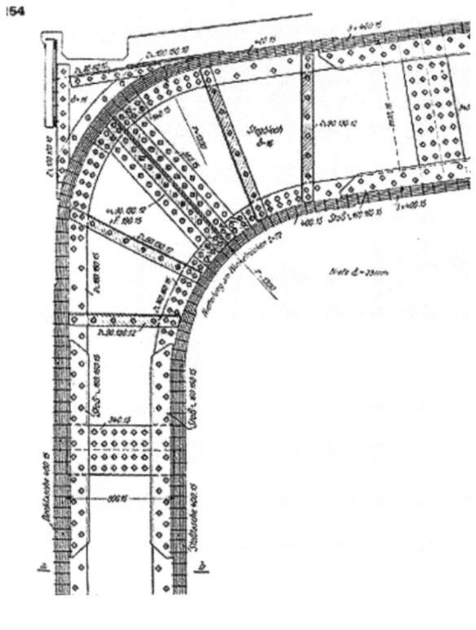

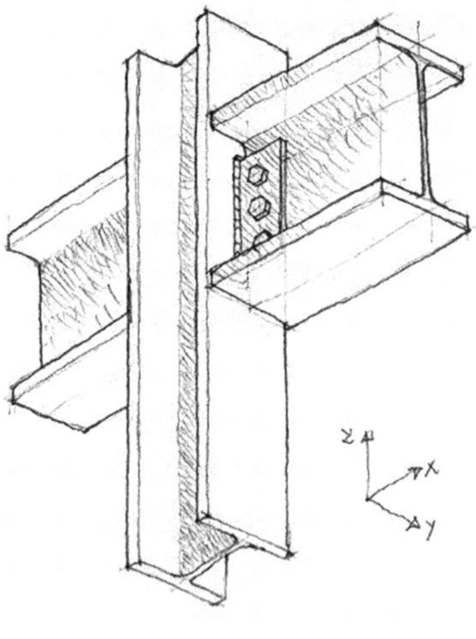

229 Ejecución roblonada de una esquina de pórtico de principios del siglo XX. Aquí aún no se ha producido el desvío brusco en esquina del pilar hacia el dintel: Los cordones aún tienen que curvarse (al estilo de la construcción de arcos), lo que conlleva complicación correspondiente. No fue hasta la introducción de la tecnología de soldadura cuando este nudo se simplificó considerablemente.

230 Enlace moderno convencional de una viga a una columna (conexión a cortante, por el lado del ala).

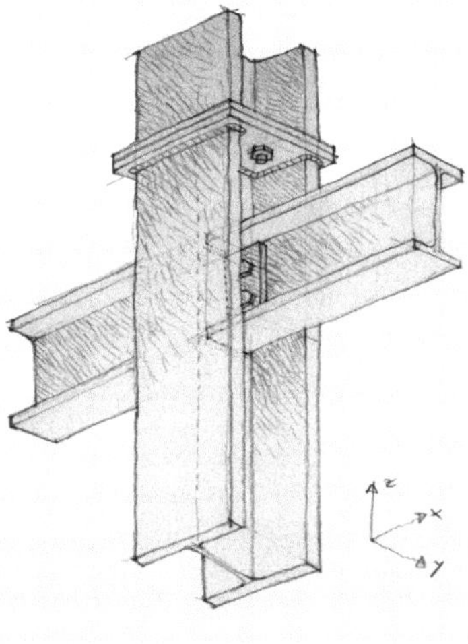

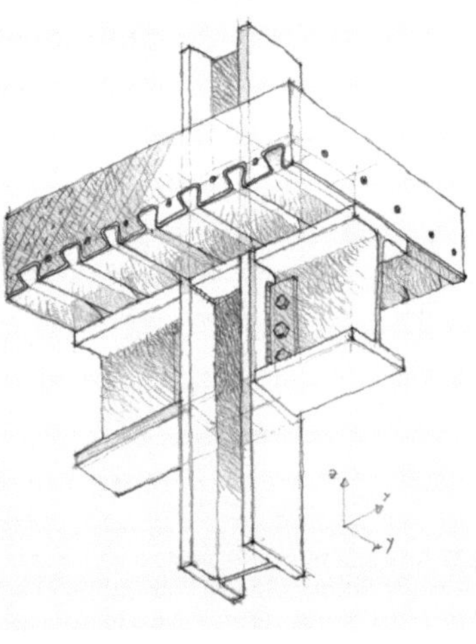

231 Enlace articulado moderno convencional de una viga a una columna (conexión a cortante, lado del alma).

232 Nudo constructivo de acero sin nivel de vigas secundarias, con forjado compuesto.

casquillo que son fáciles de establecer en obra. De ello se desprende que no es necesario interrumpir el perfil de la columna e insertar la viga para su apoyo (y así convertir el esfuerzo cortante en una fuerza de compresión), como se hacía antes a menudo en la construcción de madera debido a la falta de conexiones reales a cortante.[69] Por lo tanto, la columna puede ser continua y sólo necesita empalme donde se considere oportuno por razones de transportabilidad. 230

Construcciones de forjado

■ Aunque la conexión lateral de las vigas con una columna no plantea grandes dificultades ni en el ala ni en el alma con los perfiles en I que se utilizan habitualmente en la construcción, la tarea de conectar mutuamente dos vigas desde dos direcciones formando ángulo recto apenas se plantea en la construcción de esqueleto de acero, aunque sólo sea porque carreras de vigas secundarias no suelen existir en la construcción metálica moderna de edificios. En función de las necesidades, se utiliza una chapa trapezoidal ligera (especialmente para cubiertas de naves) o un forjado compuesto de acero y hormigón (en la construcción de pisos) que se tiende entre las vigas. Tanto la construcción de forjado como la de cubierta son capaces de cubrir fácilmente vanos de entre 7 y 9 m. En esta última variante, el apoyo directo de la losa de hormigón sobre la viga principal permite activar un efecto estático de compuesto, en el que la losa actúa como un cordón de compresión de la viga de acero y la alivia notablemente de la carga. Como alternativa, se puede utilizar para estos forjados una chapa trapezoidal o una losa de elementos semiprefabricados como encofrado perdido (si es necesario, contribuyendo estáticamente). La unión estática entre la losa y la viga se activa durante el hormigonado de la losa embebiendo conectores de corte con cabeza soldados sobre el ala superior de la viga. 231 232

CHAPA TRAPEZOIDAL

FORJADO COMPUESTO DE ACERO Y HORMIGÓN

☞ *Véase al respecto Aptdo. 4.3.5 Tipos de ejecución, pág. 364,* **111**.

CONECTORES DE CORTE CON CABEZA

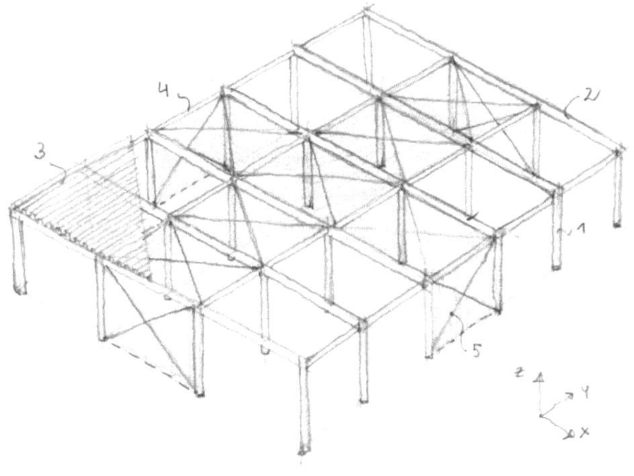

234 Nave con arriostramiento contra viento de cruces de San Andrés. La disposición de una banda de vanos rigidizados diagonalmente (**5**) en cada una de las dos direcciones principales (→**x**, →**y**), dispuestas aquí en el centro respectivo, es la versión más simple concebible de arriostramiento diagonal. Para unir las zonas de esquina a los puntos fijos o para transmitir la fuerza en →**y** a éstos se necesitan barras de atado (**4**), pero éstas no actúan aquí como vigas de flexion, sino como barras de compresión y tracción. La estructura secundaria de cubierta es en este caso una capa de chapa trapezoidal.

1 columna
2 viga principal
3 capa de chapa trapezoidal
4 barra de atado
5 arriostramiento diagonal

Construcción de naves industriales

Si la madera, como material resistente a la compresión y a la tracción con forma de barra, puede hacer valer algunos de sus puntos fuertes en la construcción de naves industriales, esto se aplica en mayor medida al acero como material. Este sector está firmemente en sus manos, por así decirlo.

Las estructuras de naves de acero con columnas puramente pendulares pueden diseñarse de forma similar a los esqueletos de madera ya descritos: La superficie de la cubierta se puede convertir en un diafragma rígido a cortante con la ayuda de recuadros de la cubierta rigidizados en diagonal que consisten en vigas principales y secundarias (o jácenas y barras de atado). En ese caso, basta con disponer al menos tres, pero normalmente cuatro, arriostramientos diagonales, es decir, uno respectivamente en cada fachada longitudinal y testera, para arriostrar completamente la estructura contra
234 fuerzas horizontales.

Debido a las grandes luces que se pueden cubrir con chapas trapezoidales (hasta algo menos de 10 m), a menudo se utiliza una capa de chapa trapezoidal en lugar de una carrera de correas como segunda jerarquía de carga para las cubiertas de naves. Además del soporte de cargas verticales, también se le pueden asignar a la chapa otras tareas: el atado longitudinal de las jácenas (siempre que las cargas horizontales no sean demasiado grandes) —de lo contrario, de forma análoga a la solución de construcción de madera descrita anteriormente, deberían introducirse
235 de nuevo barras de atado bajo la chapa trapezoidal—; o incluso la rigidización completa de la superficie de la cubierta en sustitución de cruces arriostrantes. Sin embargo, esto último presupone crear recuadros rígidos a cortante, lo que requiere la subdivisión de la superficie de la chapa trapezoi-

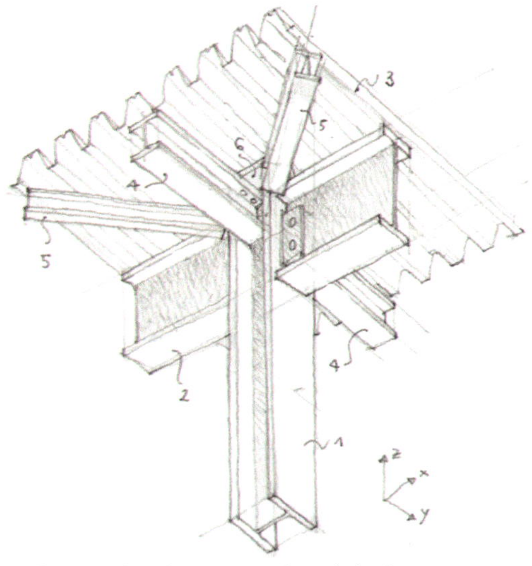

235 Solución ejemplar para un nudo estándar de una nave como en ⊟ **234**: **1** columna, **2** viga principal, **3** chapa trapezoidal, **4** barra de atado, **5** riostra diagonal, **6** placa de conexión.

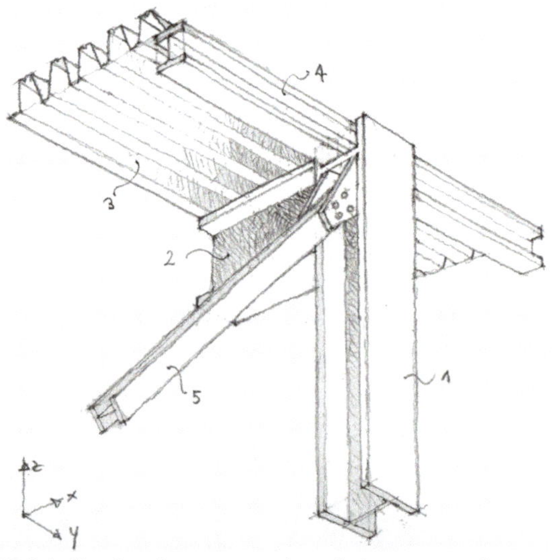

236 Solución ejemplar para un nudo estándar con una columna exterior de una nave como en ⊟ **234**: **1** columna, **2** viga principal, **3** chapa trapezoidal, **4** barra de atado, **5** riostra diagonal.

dal en recuadros individuales pequeños, cada uno de ellos enmarcado por vigas principales y travesaños y conectado a ellos de manera mecánica. 238

Otra solución clásica de nave en acero es la nave porticada. 239 La configuración constructiva más utilizada se corresponde bastante con el tipo ideal que se muestra aquí. Este tipo de construcción se beneficia del hecho de que las esquinas de los pórticos, rígidas a la flexión, son relativamente fáciles de producir con acero en comparación con otros materiales, incluso a pie de obra con la ayuda de conexiones empernadas. Esto no puede decirse de ningún otro material utilizado habitualmente en la construcción.

La cuestión del tipo de ejecución de la estructura portante secundaria, que ya se ha discutido, también se plantea con esta variante portante: bien una carrera de correas, una 237, 239 simple chapa trapezoidal o una combinación de esta última y barras de atado.

Mientras que en el caso de las naves descritas anteriormente con columnas pendulares, por regla general sólo hay que transferir cargas verticales a la cimentación (con la excepción de las columnas que flanquean las crujías de arriostramiento), al pie de los pórticos (con la única excepción de los asimétricos) siempre hay empujes que deben introducirse en los cimientos. Por regla general, no se suelen exponer a cizalladura a los anclajes de la placa base en el hormigón, que normalmente serían responsables de

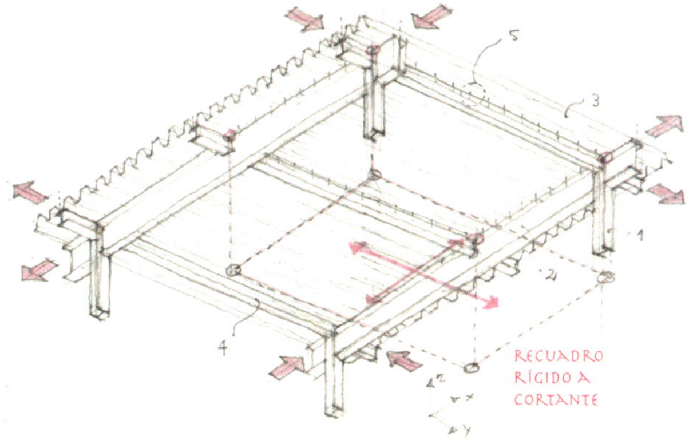

238 Ejecución constructiva de un recuadro rígido a cortante en la capa de chapa trapezoidal. La chapa trapezoidal se afianza mecánicamente en forma de marco circundante sobre la viga principal (**2**) y la viga transversal introductora de carga (**4**) introducida a tal efecto (ésta también puede asumir la función de barra de atado, es decir, la transferencia de carga horizontal) y se asegura así contra el pandeo. El travesaño central se introduce para limitar el tamaño del recuadro rígido a cortante. El tamaño de un solo recuadro rígido se resalta gráficamente para una mejor comprensión. El recuadro asume la misma función de rigidización que un arriostramiento diagonal contra viento en posición horizontal y, en consecuencia, lo sustituye. **1** columna, **2** viga principal, **3** chapa trapezoidal, **4** barra de atado/viga introductora de carga, **5** conexión chapa trapezoidal/viga.

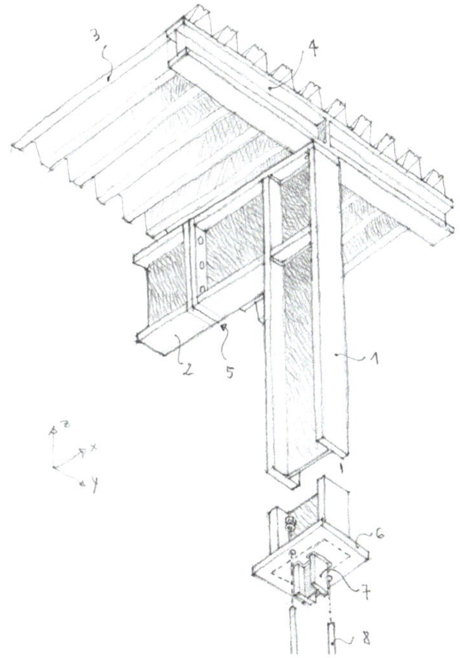

237 Solución ejemplar para el nudo de la esquina de un pórtico en una nave como se muestra en **239**. La junta de montaje (**5**) del pilar del pórtico (**1**) se desplaza a la zona de los puntos de momento cero. Tanto el pilar (**1**) como el dintel (**2**) son, por tanto, fáciles de transportar. La esquina del pórtico, sometida a grandes momentos flectores, puede fabricarse como construcción soldada de fábrica. En la parte inferior de la placa base (**6**) se suelda un taco de cizalladura (**7**) para transferir los empujes en el apoyo. La base es articulada. **1** pilar de pórtico, **2** dintel de pórtico, **3** chapa trapezoidal, **4** correa, **5** junta de montaje empernada, **6** placa base, **7** taco de cizalladura, **8** barras de anclaje (embebidas en la zapata).

TACO A CORTANTE soportar los empujes, sino que se inserta al efecto un taco a cortante adicional bajo la misma. Las fuerzas horizontales se transfieren del taco a la zapata por contacto de compresión; los anclajes, en consecuencia, sólo se cargan a tracción, no a esfuerzo cortante. A veces, los pórticos empotrados también se insertan con sus pilares en cavidades de las zapatas, las llamadas zapatas de cáliz, para que la transferencia de la fuerza pueda tener lugar directamente. Por razones de proceso en la construcción, los pilares se introducen en un pozo en las zapatas ya vertidas o prefabricadas, se ajustan y se hormigona la cavidad.

237

ZAPATAS DE CÁLIZ

240

Construcción de forjados de acero

Otro ámbito clásico de la construcción con esqueleto de acero es la construcción de pisos. El único obstáculo, aunque de peso, que ha impedido el libre desarrollo de los puntos fuertes del material en este ámbito es el riesgo de incendio asociado a las estructuras de acero. Este aspecto ha hecho que se haya preferido el hormigón armado en numerosos proyectos de edificios de gran altura,[70] sobre todo en los últimos años (por supuesto, esto también se ha visto favorecido por el desarrollo de hormigones innovadores de alto rendimiento). Sin embargo, la protección contra incendios necesaria puede garantizarse con relativa facilidad mediante la construcción compuesta de acero y hormigón. Además, sólo requiere un encofrado limitado, por lo que es un método

PROTECCIÓN CONTRA INCENDIOS

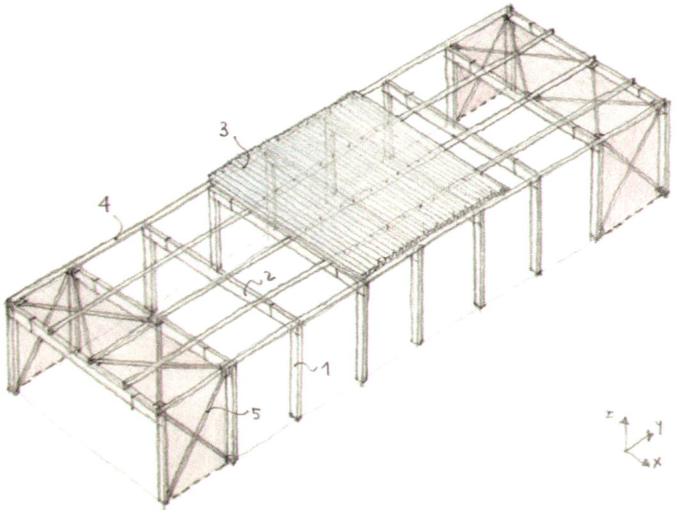

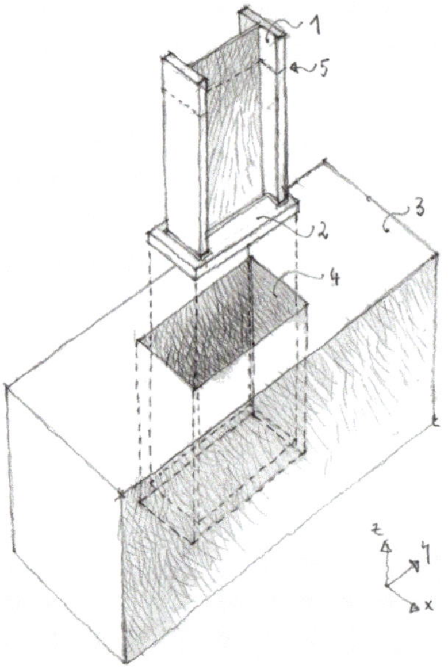

239 Nave porticada en construcción de acero. Cada una de las crujías de los extremos está rigidizada con un arriostramiento contra viento (**5**) para absorber la fuerza horizontal en →**y**. En →**x** es absorbida por el pórtico (**1/2**), ya rígido de por sí. **1** pórtico biarticulado: pilar, **2** dintel de pórtico, **3** chapa trapezoidal, **4** correa, **5** arriostramiento diagonal.

240 Empotrado del pilar del pórtico en un pozo de la zapata. En la zapata ya vertida y totalmente fraguada se deja abierto un pozo de empotrado en el que se inserta y alinea el pilar. Posteriormente, se rellena con hormigón la cavidad restante entre el perfil de acero y la pared del pozo.
1 pilar del pórtico, **2** placa base/de anclaje, **3** zapata, **4** pozo de empotrado, **5** borde superior del rejuntado.

de construcción muy interesante para la construcción de forjados de acero, que puede contrapesar las ventajas de la construcción de hormigón en muchos casos.

Dado que los forjados en los edificios de varias plantas son de hormigón invariablemente (la necesaria protección contra el fuego y el ruido no puede lograrse de ninguna otra manera), como se ha visto anteriormente también en los edificios con esqueleto de acero, y por lo tanto se crean losas de forjado portantes en cualquier caso, la variante de arriostramiento preferida en los edificios de pisos de acero hasta alturas medias es el arriostramiento por núcleo en combinación con forjados rígidos a cortante. Las desventajas **241** del método de construcción húmeda introducido en tal caso como elemento extraño, por así decirlo, se pueden transigir en vista de las ventajas que ofrece. Debido a los inevitables forjados de hormigón, la construcción en seco en su forma pura no es factible de todos modos en la construcción de pisos de acero. Losas compuestas de acero-hormigón, losas de elementos semiprefabricados, losas alveolares completamente prefabricadas, así como modernos encofrados rampantes para la construcción de los núcleos, reducen al mínimo los costes de la construcción en húmedo. En contrapartida, la combinación de losa sólida de forjado y núcleo garantiza el arriostramiento horizontal completo de todo el edificio hasta un determinado límite de altura, sin recurrir a elementos adicionales como arriostramientos diagonales o pórticos. Como resultado, todas las columnas pueden ejecutarse como esbeltas columnas pendulares, y las conexiones de las vigas pueden articularse en consecuencia. Si **243, 244, 245** las cámaras de los perfiles de las piezas de acero expuestas se rellenan adicionalmente con hormigón en forma de construcción compuesta, también es posible —como se ha mencionado anteriormente— cumplir los requisitos de protección contra incendios con un coste adicional mínimo. **241** Incluso la preferencia actual por las losas planas sin cuelgue, que permiten la libre conducción de instalaciones o la completa eliminación de techos suspendidos (la misma tendencia se observa en los métodos de construcción de esqueleto de hormigón armado que se discutirán más adelante), puede satisfacerse con una construcción especial, a saber, cargaderos a haces con la losa: al efecto, o bien se hormigona un cordón de tracción de acero en la parte inferior de la losa maciza y se une a ella de forma resistente a cortante con ayuda de conectores de corte con cabeza, o bien se integra **246** una viga en I completa a ras entre dos elementos de losa alveolar contiguos.[71]

ARRIOSTRAMIENTO POR NÚCLEO

LOSAS ALVEOLARES

ENCOFRADOS RAMPANTES

LOSAS PLANAS

CARGADEROS A HACES

Construcción en altura

■ Sin embargo, los puntos fuertes de la construcción de esqueleto de acero donde realmente se hacen notar es en los edificios de gran altura. Se basan, en particular, en la extraordinaria resistencia del material, que —a pesar del elevado peso específico del mismo, que es aproximadamente tres veces mayor que el del hormigón— mantiene pequeña

3
2
4
2
2
4
3
1
2
1
9
detalle a la derecha
9
8
14
13
12
20
1
2
22
23
14
12
25
24
23
22
z
x
y

41 Seagram-Building, Ciudad de Nueva York, de udwig Mies van der Rohe, acabado en 1958. Ilus-ración del principio de construcción en tres fases e la erección: arriba: esqueleto de acero; centro: structura de acero revestida de hormigón para rotección contra incendios; abajo: muro cortina nontado.

El edificio es un ejemplo de una solución elemental ara la construcción de estructuras de acero: una structura portante unidireccional estrictamente nodular compuesta por columnas (**1**), cargaderos 2) (en →**x**), vigas de borde y viguetas de forjado (**4**,) (cada una en →**y**). La organización modular del dificio, coherente y casi sin concesiones, es una aracterística típica de la construcción clásica en cero de edificios.

El edificio está arriostrado por su núcleo o (**22**) y orjados diafragma de hormigón armado resistentes descuadre (**23**). El núcleo, que tiene una huella ectangular, desarrolla su mayor rigidez en →**x**, ya ue tiene su mayor dimensión en esta dirección. Sin mbargo, las mayores fuerzas de viento se produ-en en la otra dirección, es decir, en →**y**, ya que la uperficie de la fachada en →**x** es bastante mayor ue en →**y** y, por tanto, también recoge cargas de ento mucho mayores. Por esta razón, el núcleo se efuerza en →**y** con paños de muro adicionales (**23**) n la parte trasera del edificio, que se revisten por el xterior con la fachada de vidrio y apenas son visibles l menos desde el exterior).

La trama de columnas tiene intercolumnios cuadra-os con la *misma* distancia de centro a centro de 27′ (8,46 m) en *ambas* direcciones →**x** e →**y**. Esto no s una consecuencia lógica de la estructura portante nidireccional) elegida, sino que presumiblemente esulta del deseo de continuar el muro cortina mo-ularizado, con módulo base de 1,41 m, alrededor de la esquina sin cambios y continuarlo en las fachadas laterales (→**y**) con la misma modularización que en la fachada frontal (→**x**). La estricta trama básica, que constituye la base tanto de la estructura portante como de la fachada (y de parte del equipamiento interior), también se aplica de forma coherente a la parte trasera del edificio.

La estructura de forjado está formada por viguetas (**3**) y cargaderos (**2**) de canto (lógicamente) más grande, que recogen las cargas y las transmiten a las columnas. Las vigas de borde (**4**) con dimensiones idénticas a los cargaderos, orientadas en la dirección de las viguetas de forjado (**3**) (→**y**) rompen con la lógica de la estructura portante unidireccional, pero presumiblemente pueden explicarse por el deseo de crear las mismas condiciones de conexión para la fachada en los laterales (→**y**) que en el frente (→**x**).

El muro cortina se conecta a la estructura portante en el canto (de hormigón) del forjado. Se trata de una fachada de montante, en la que maineles exteriores (**14**) desempeñan la función de montantes. Los vidrios enmarcados de la fachada (**12**) y los paneles de antepecho hechos de paneles sándwich (**13**) se sujetan en una construcción prensada (**17**) entre maineles (**14**). La fachada no está aislada térmica-mente y no tiene rotura de puente térmico. Desde la perspectiva actual, no cumple los requisitos en términos de física constructiva. Los espacios interi-ores están totalmente climatizados y se abastecen mediante convectores (**21**) próximos a la fachada. Las superficies acristaladas (**12**) no pueden abrirse. El acristalamiento simple (**12**) está tintado para proporcionar un control solar moderado. Además, se proporcionan persianas interiores, que pueden ajustarse en sólo tres posiciones para evitar que las fachadas aparezcan demasiado arbitrarias en el exte-rior. Bandas de iluminación continuas (**25**) integradas en el falso techo (**24**) proporcionan una iluminación artificial difusa para las zonas próximas a la fachada.

Foto de la fachada frontal desde Park Avenue.

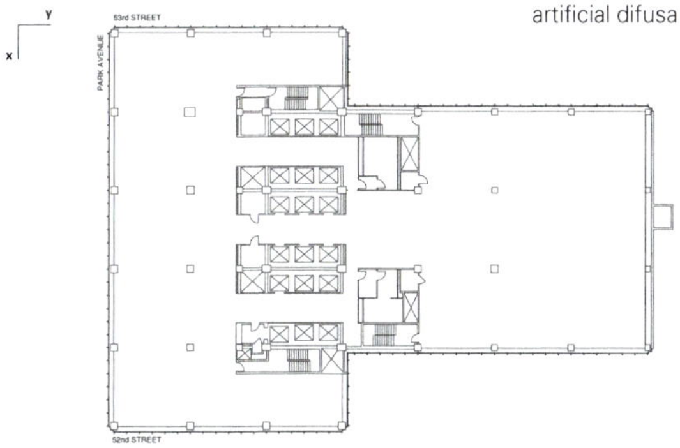

Izquierda: planta tipo; planta 8ª.

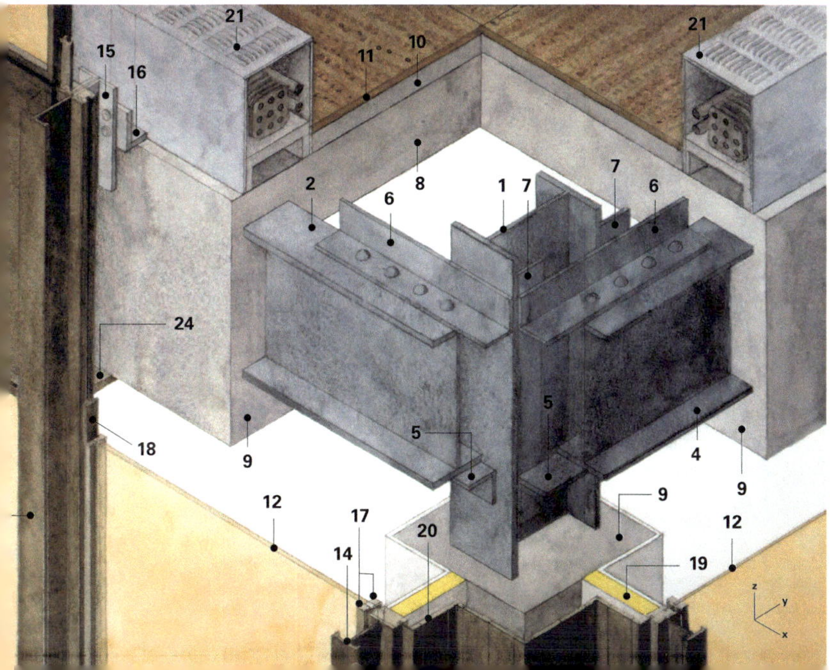

1 perfil de columna. Las columnas se empalman en cada piso justo por encima de la altura del forjado. Los tramos de columna se colocan uno encima de otro y se unen en los lados del alma y del ala con orejetas (la junta de empalme y el tramo de columna superior contiguo no se muestran en el dibujo de detalle). Hormigonada con fines de protección contra incendios.
2 cargadero. Se fija lateralmente al ala de la columna (**1**) mediante tacos (**5**) y ángulos de seguridad (**6**). Hormigonado con fines de protección contra incendios.
3 vigueta de forjado, apeada sobre el cargadero (**2**). Hormigonada con fines de protección contra incendios.
4 viga de borde. Mismo perfil que el cargadero (**2**). Conectada lateralmente a la columna (**1**) del lado del alma. Hormigonada con fines de protección contra incendios.
5 taco
6 perfil de seguridad
7 ángulo de conexión
8 entrevigado de hormigón, cubriendo la luz entre viguetas **3** (en →**x**), encofrado y hormigonado in situ. La vigueta (orientada en →**y**) no se ve en el dibujo de detalle.
9 Revestimiento de hormigón de la estructura de acero con fines de protección contra incendios.
10 soladao adherdido
11 pavimento de suelo
12 acristalamiento simple tintado, altura de piso; acristalamiento fijo, no se puede abrir
13 paño de antepecho; panel sándwich de color bronce, sujeto entre tiras metálicas (**17**)
14 mainel de fachada, de color bronce; conectado al borde del forjado mediante ángulos (**15/16**)
15 ángulo de conexión para afianzar el mainel (**14**)
16 ángulo de conexión, afianzado sobre el forjado (**8**)
17 perfiles metálicos para sujetar el vidrio (**12**) y los antepechos (**13**); fijados a la brida del ángulo de conexión (**18**)
18 ángulo de conexión en forma de T, fijado en la ranura del mainel **14**
19 panel
20 revestimiento de esquina de chapa, color bronce; afianzado en la ranura del perfil del mainel (**14**); ‚esquina negativa' retranqueada
21 unidad de aire acondicionado
22 núcleo del edificio; arriostrante
23 muro arriostrante
24 falso techo
25 banda de luminarias en la zona próxima a la fachada

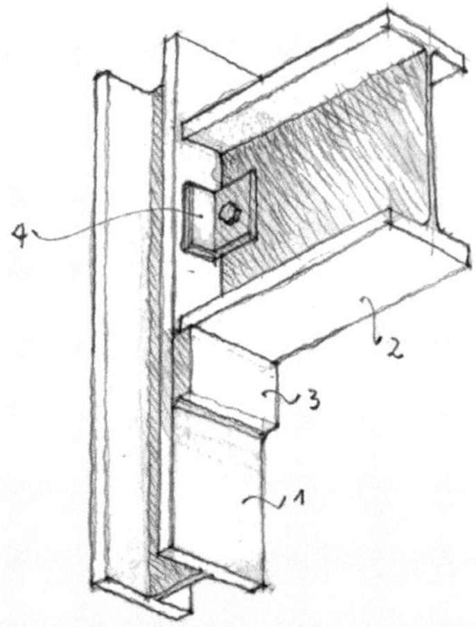

244 Enlace articulado de una viga (**2**) a una columna (**1**): apoyo sobre taco. **1** columna, **2** viga, **3** taco, **4** conexión de orejetas para asegurar la viga contra el vuelco.

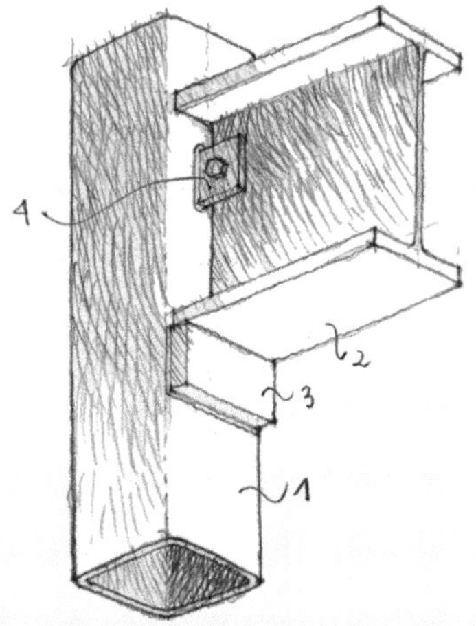

245 Enlace articulado como en ⧉ **244**, pero perfil de columna (**1**) como tubo cuadrado. **1** columna, **2** viga, **3** taco, **4** conexión de orejetas para asegurar la viga contra el vuelco.

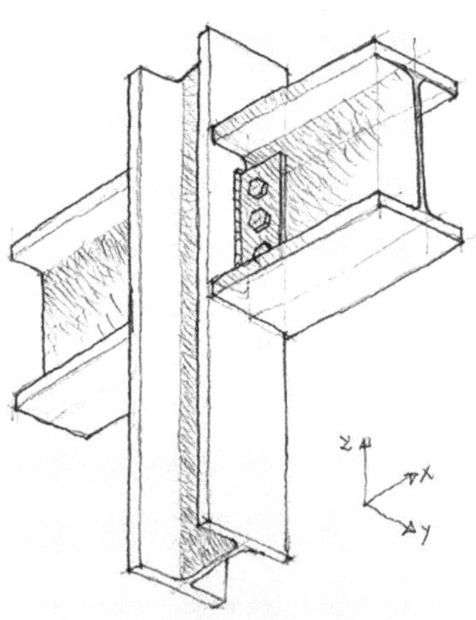

246 Enlace articulado a cortante por el lado del ala. Conexión articulada de montaje más común en la construcción de esqueleto de acero. Véase también ⧉ **250**.

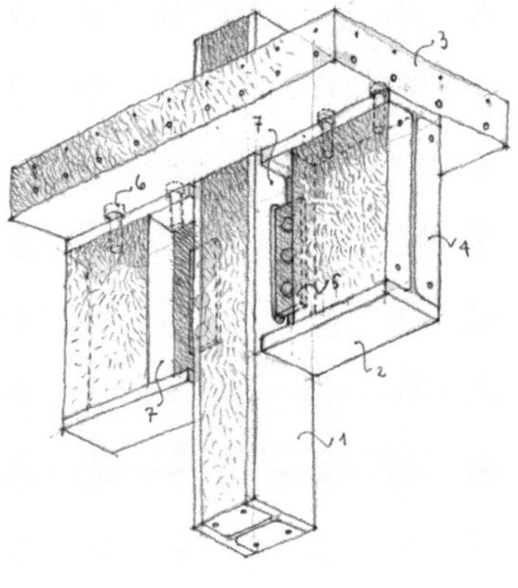

242 Enlace articulado a cortante para una estructura mixta de acero y hormigón. Las cámaras de los perfiles se rellenan de hormigón en la fábrica (**4**). Un rebaje (**7**) en el extremo de la viga permite una conexión empernada in situ. Posteriormente se rellena con hormigón o lana mineral y una tapa. **1** columna compuesta, **2** viga compuesta, **3** losa de forjado, **4** relleno de cámara de hormigón, **5** orejeta, **6** conector de corte, **7** rebaje.

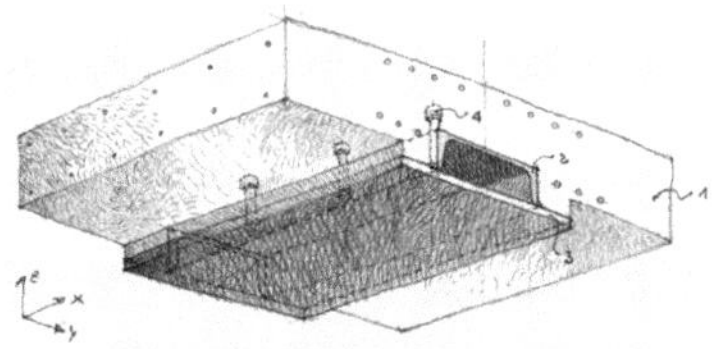

247 Variante de ejecución de un cargador a haces del forjado para una losa maciza (sistema *Slim Floor*). El perfil UPE (**2**) soldado a una chapa metálica forma el cordón de tracción. La conexión a cortante se realiza mediante conectores de corte (**4**). **1** losa de hormigón, **2** perfil UPE, **3** chapa de acero, **4** conector de corte.

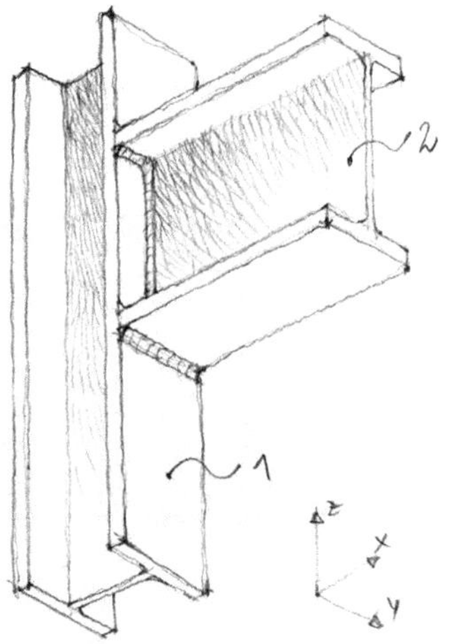

243 Posible ejecución de un enlace rígido soldado entre una viga (**2**) y una columna (**1**), aquí sin rigidizadores (con esfuerzos internos menores), a la derecha en ⧉ **243** con rigidizadores (**3**) (con esfuerzos internos mayores). Se trata de una conexión de fábrica. **1** columna, **2** viga.

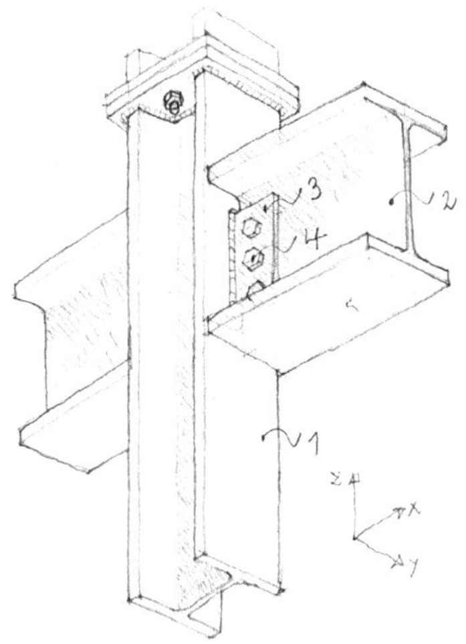

251 Enlace articulado a cortante por el lado del ala con orejeta soldada (**3**). Empalme de comuna encima. Véase también ⊞ **231** y ⊞ **246**. **1** columna, **2** viga, **3** orejeta soldada a la columna, **4** atornillado a cortante y aplastamiento.

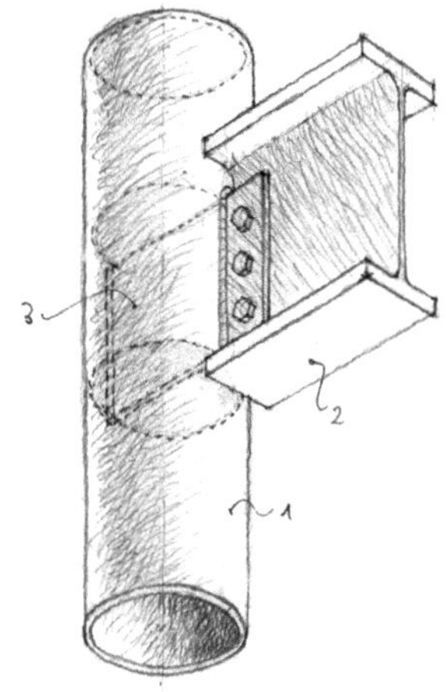

250 Enlace articulado a cortante de una viga en I (**2**) a una columna redonda (**1**) con orejeta insertada en una ranura y soldada (**3**). **1** columna redonda, **2** viga, **3** orejeta, atravesando toda la sección transversal de la columna (**1**) y soldada en todo su perímetro en ambas ranuras de la columna.

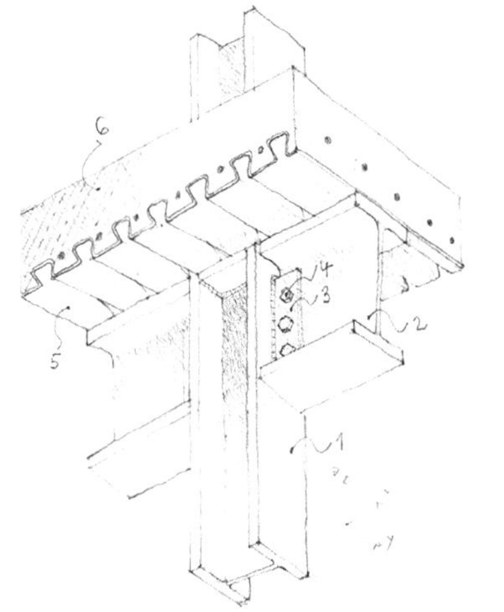

252 Enlace articulado a cortante por el lado del ala de una viga (**2**) a una columna (**1**) con forjado compuesto (unión a cortante con conectores de corte, no mostrados aquí). **1** columna, **2** viga, **3** orejeta soldada a la columna, **4** atornillado a cortante y aplastamiento, **5** chapa trapezoidal, **6** trasdosado de nivel de hormigón.

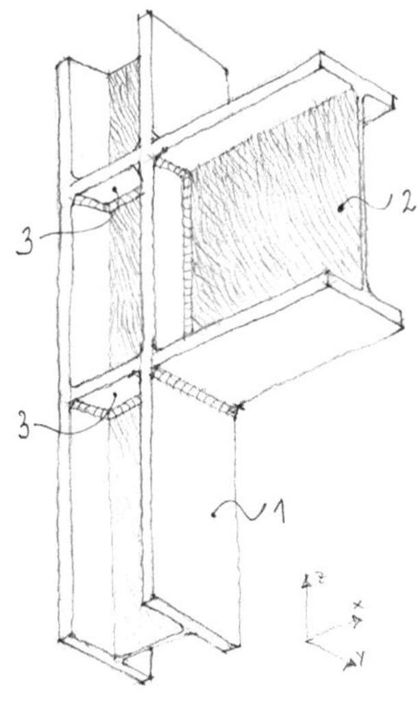

253 Variante de ejecución de un enlace rígido soldado entre una viga (**2**) y una columna (**1**), análogo a ⊞ **243**, pero con rigidizadores (**3**) (con esfuerzos internos mayores). Se trata de una conexión de fábrica. **1** columna, **2** viga, **3** rigidizador.

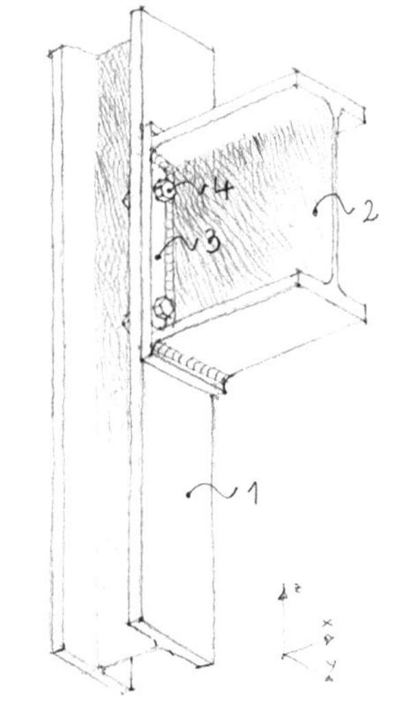

248 Enlace atornillado de una viga (**2**) a una columna (**1**) con una placa frontal soldada (**3**). En la cámara del perfil sólo se dispone de una unión empernada (**4**) para absorber los momentos flectores, en particular las fuerzas de flexotracción que se producen normalmente en la parte superior. Por tanto, los esfuerzos cortantes que pueden absorberse son pequeños, en parte debido a la falta de rigidizadores. **1** columna, **2** viga, **3** placa frontal, **4** atornillado a cortante y aplastamiento.

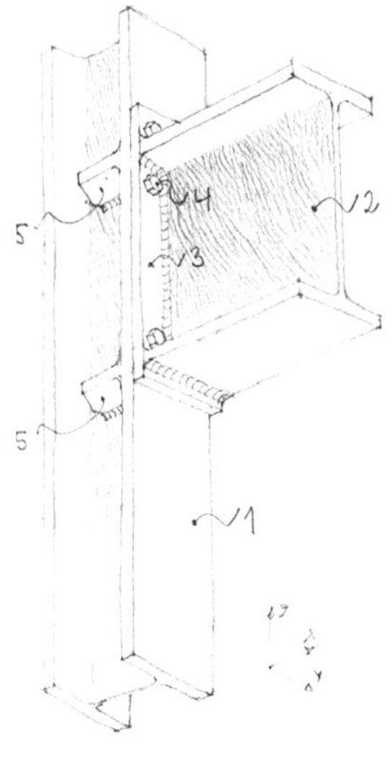

249 Enlace atornillado como en ⊞ **248**, pero con placa frontal alargada (**3**) y unión empernada adicional (**4**) por encima del ala. Ahora se dispone de un doble atornillado (**4**) para absorber las fuerzas de flexotracción. El alma se refuerza a la altura del ala con rigidizadores (**5**), que en este caso, sin embargo, no se prolongan hasta el ala opuesta de la columna (**1**). Se pueden absorber fuerzas seccionales mayores. **1** columna, **2** viga, **3** placa frontal, **4** atornillado a cortante y aplastamiento, **5** rigidizador.

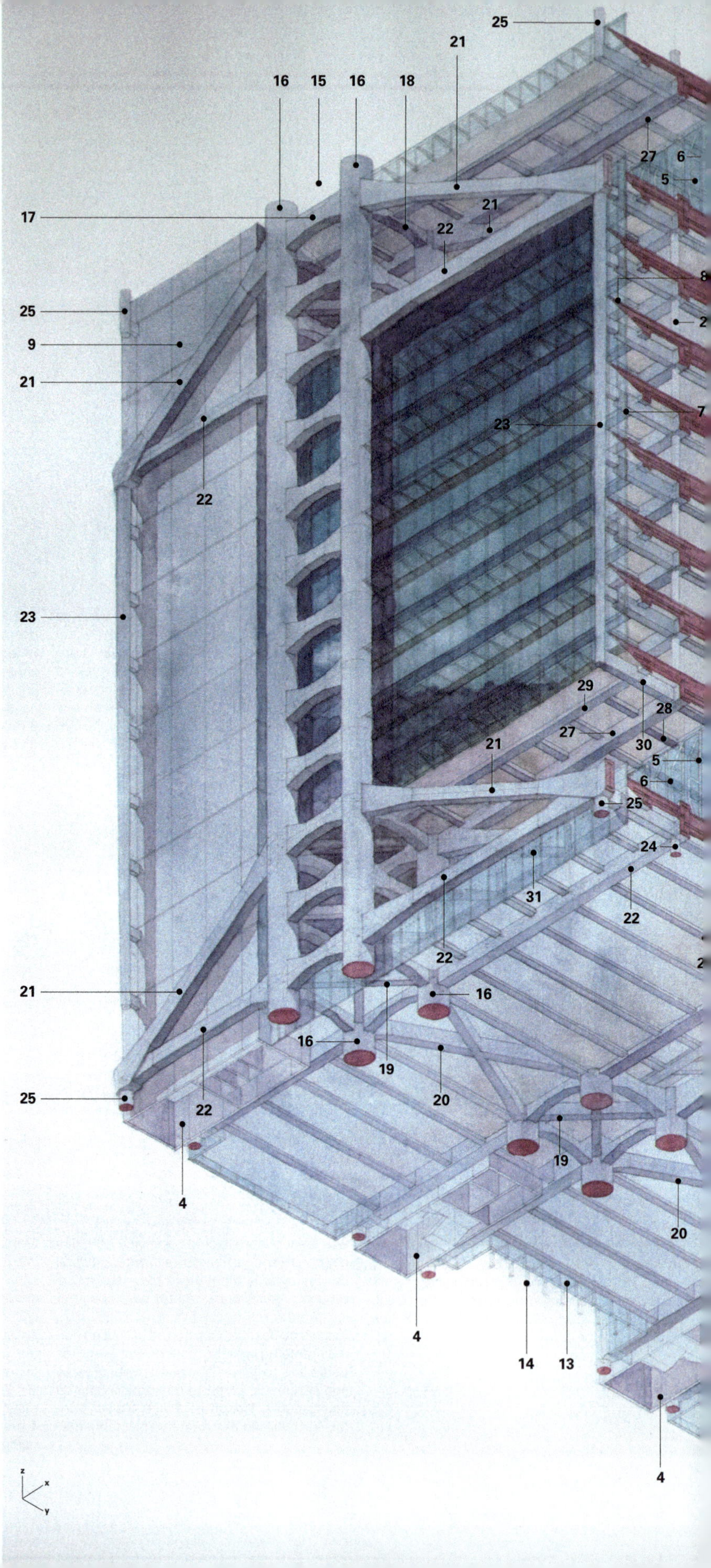

254 *Hong Kong and Shanghai Banking Corporation*, Hong Kong (arqu.: Norman Foster & Ass.). La axonometría seccional representa la mitad de un módulo de plantas compuesto por 7 plantas de oficinas estándar (**1**) y dos plantas de sala sin columnas (**2**) en la parte superior e inferior. El plano de sección pasa por el eje de simetría.

Un importante principio rector de este edificio administrativo crear espacios utilizables con el menor número posible de puntos fijos de modo que puedan individualizarse con flexibilidad. Para ello, los núcleos (**4**) se trasladan a la periferia del edificio y se realizan grandes luces mediante construcciones de forjado compuesto. La estructura portante principal consta de un total de 8 pilones de soporte (**15**), de los cuales sobresalen dos voladizos a ambos lados a la altura del piso de las salas. Los forjados de las plantas están suspendidos de ellos. De este modo, las plantas de sala (**2**) quedan completamente libres de columnas, salvo los pilones. Cavidades de suelo y techo (**10**, **12**) permiten un alto grado de instalación.

Estas elevadas concentraciones de carga en unos pocos elementos portantes verticales pueden resolverse especialmente bien con construcciones de acero, sobre todo en un edificio de gran altura de este tipo, que también está expuesto a grandes cargas de viento. La protección contra incendios se proporciona en parte mediante estructuras compuestas (forjados) y en parte mediante revestimientos.

1 planta de oficinas estándar.
2 planta de sala más alta y sin columnas.
3 atrio.
4 núcleos con escaleras y cuartos de servicio.
5 fachada de la planta de sala (**2**).
6 maineles exteriores de la fachada (**5**); ejecución como cerchas de celosía.
7 fachada de la planta de oficinas (**1**); acristalamiento integral.
8 balcones de mantenimiento exteriores.
9 pared exterior modularizada de los núcleos (**4**): paneles metálicos.
10 suelo elevado.
11 forjado mixto portante.
12 falso techo.
13 fachada acristalada del atrio (**3**).
14 maineles exteriores de la fachada (**13**); ejecución como cerchas de celosía.
15 Pilón de soporte principal formado por cuatro cordones tubulares (**16**) y ataduras transversales (**17**), (**18**), así como arriostramientos diagonales horizontales (**19**).
16 perfil de tubo redondo formando el cordón del pilón portante.
17 atadura transversal; conexión rígida a la flexión con acartelado al tubo redondo **16** en →**x**; tubo **16** y traviesa **17** forman una cadena porticada.
18 atadura transversal, como **17**, pero en la otra dirección →**y**.
19 cruz de San Andrés en posición horizontal dentro del pilón portante (**15**) para arriostramiento en el plano **xy**.
20 arriostramiento en plano horizontal entre pilones para absorber las cargas de viento en →**x** y atar los pilones portantes (**15**).
21 tirante inclinado del sistema de suspensión en el pilón portante (**15**); a nivel de las plantas de sala (**2**).
22 barra de compresión del sistema de suspensión; en la zona interior, al mismo tiempo el cargadero de la construcción de forjado de la planta de sala.
23 tirante vertical en la punta del sistema de suspensión, que se estrecha hacia abajo a medida que disminuye la carga.
24 tirante vertical como (**23**), en el interior.
25 arranque del tirante vertical **23**.
26 arranque del tirante vertical **24**.
27 cargadero compuesto de la construcción de forjado; apoxado en el tirante **24**.

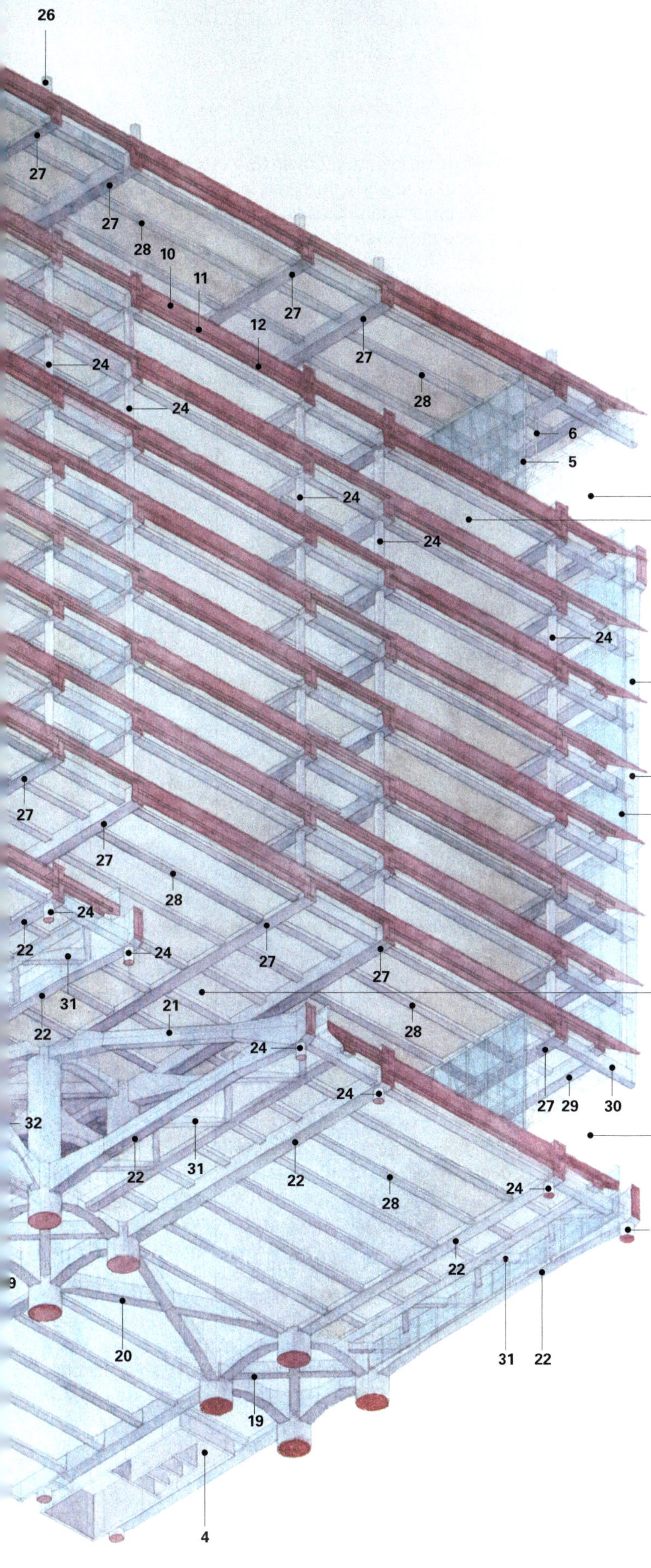

Vista frontal del edificio completo. La axonometría seccional de la izquierda muestra la parte del edificio resaltada en gris.

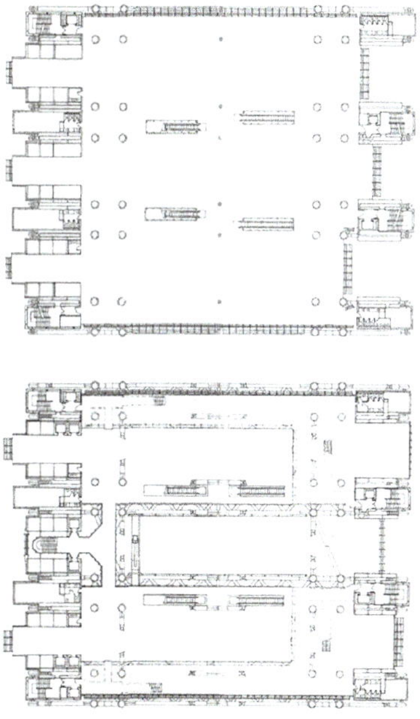

Planos de la planta de oficinas estándar (**1**) (arriba) y de la planta de sala sin columnas (**2**) (abajo). Gris: la parte del edificio que aparece en la axonometría seccional.

28 vigueta de forjado compuesta, apoyada sobre cargadero **27** o barra de compresión **22**; a su vez proporciona el apoyo del forjado compuesto (**11**).

29 brochal en el borde del forjado.

30 travesaño para recibir el brochal **29**.

31 arriostramiento en posición horizontal en el borde del forjado para absorber las cargas del viento en → **y**.

32 arriostramiento en posición horizontal en el plano **yz** en el atrio **3** para arriostramiento horizontal contra cargas de viento; atado de los pilones portantes **15** entre sí.

la carga muerta de la estructura en términos generales. Esto permite concentraciones de carga a una escala que sería impensable con los materiales de la competencia. La rapidez de montaje de este método de construcción puramente en seco es también una gran ventaja, que se manifiesta sobre todo en el caso de edificios de gran altura.

En edificios altos, las cargas horizontales del viento tienen una importancia desproporcionada conforme aumenta la altura. Determinan claramente el diseño del edificio a partir de cierto límite. El arriostramiento del edificio, que en las reflexiones precedentes ya se trató como un rasgo característico de las construcciones de esqueleto hechas de cualquier material, está en este caso aún más en el punto de mira del proyectista.

A partir de un determinado límite de altura, el arriostramiento horizontal ya no puede garantizarse sólo por la acción de núcleos, como se ha descrito anteriormente para el caso normal de la construcción de pisos de acero. En particular, esto se debe a que la huella del núcleo, que es decisiva para la estabilidad del edificio y que especifica el par de las fuerzas de reacción en el apoyo, a partir de una determinada altura no es lo suficientemente grande para hacer frente al momento de vuelco provocado por la fuerza del viento. Las fuerzas de tracción ascendentes debidas al momento de vuelco que se producen en el suelo a partir de una determinada esbeltez del núcleo ya no pueden ser absorbidas razonablemente. Sin embargo, por motivos de funcionamiento del edificio, el núcleo no puede agrandarse a voluntad con la altura del mismo.[72]

Por encima de este límite, en el que el arriostramiento por núcleo queda eliminado como opción, hay que recurrir a métodos de arriostramiento más eficaces. Se basan esencialmente en un aumento del par de las fuerzas de reacción en el apoyo más allá de las dimensiones restringidas del núcleo, y por lo tanto una reducción significativa del nivel de carga: En alturas medias se pueden utilizar construcciones
253 porticadas. A mayor altura, también se ofrecen los sistemas de balancín (o de *outrigger*). En ellos, los núcleos interiores están conectados a tirantes situados en el plano de la fachada, una especie de obenques, a través de voladizos que suelen tener una altura mínima de un piso, de modo que se produce una rigidización externa global de los núcleos. De este modo se activa un par de fuerzas de reacción que corresponde a toda la anchura o profundidad del edificio, y no sólo a la anchura o profundidad del núcleo como en el caso de la rigidización por núcleo pura.

SISTEMAS DE BALANCÍN O DE *OUTRIGGER*

SISTEMAS TUBULARES

Algo similar ocurre también con los sistemas tubulares, en los que el plano de la fachada se ejecuta como una estructura de celosía o marco resistente al corte. La huella del elemento portante que proporciona estabilidad se ensancha así notablemente, mutando éste, por así decirlo, de núcleo a envolvente del edificio. Esta última, ahora portante, debe ejecutarse como una rejilla perforada para lograr una ilumi-

☞ *Véase Aptdo. 5.2.4 Disposición de los puntos fijos en el plano horizontal, pp. 392,* **179, 180**.

nación (y posiblemente una ventilación) suficiente de los espacios interiores; curiosamente, una especie de retorno al muro exterior perforado portante de los sistemas de muro clásicos. Los sistemas de arriostramiento tubular se utilizan generalmente para los edificios más altos que se realizan actualmente.

6.3 Estructuras de esqueleto de hormigón

■ El hecho de que el hormigón armado no sólo posea unas propiedades extraordinarias para su uso en métodos de construcción de muro, sino que también pueda utilizarse con gran ventaja para métodos de construcción de esqueleto, es una indicación de sus características materiales extraordinariamente multifacéticas, complejas y difíciles de reducir a un simple denominador. Esto queda demostrado por el hecho que, tras una competencia salvaje con otros materiales que duró más de un siglo, hoy la mayor parte de los esqueletos de edificios en la mayoría de los países se construyen de hormigón.

El hecho de que las estructuras de hormigón armado aparezcan a menudo como armazones y no como sistemas de muro parece extraño al principio, porque se supone que la idea de transformar este material moldeable y de libre configuración precisamente en forma de barras no es especialmente obvia. De hecho, en sus inicios, el material tendía a utilizarse más para estructuras portantes superficiales, ya fueran bóvedas y cúpulas romanas en forma de cascarón o, tras su renacimiento en la era moderna, las jardineras de Monier o grandes contenedores industriales. Incluso hoy en día, el hormigón armado reclama un monopolio casi total en la creación de superficies de forjados en la construcción de edificios. Ningún otro material puede ni siquiera por asomo disputárselo —como se ha señalado más arriba al analizar los métodos de construcción de esqueleto de acero—. En este sentido, el desarrollo técnico de los métodos de construcción de esqueleto en hormigón armado es complejo y en parte contradictorio (y en este sentido no difiere significativamente del de otros métodos de construcción). A continuación se trazarán sus líneas y etapas más importantes.

6.3.1 Primeros edificios de hormigón armado

■ El hormigón se introdujo en la construcción moderna con una función más bien subordinada como material de relleno vertido sobre hojas de bóveda colocadas entre las viguetas de forjado portantes hechas de hierro, es decir como una especie de trasdosado de nivel.[73] En el proceso, recubría la construcción de hierro y le daba la (urgentemente necesaria) resistencia al fuego.

Sólo paulatinamente, una vez reconocidas las sorprendentes propiedades estáticas del (auténtico) material compuesto de hierro y hormigón, se pasó a sustituir los principales elementos portantes del esqueleto de hierro embebidos en el hormigón por armaduras de acero que seguían específicamente la trayectoria de los esfuerzos de tracción. Este desarrollo fue impulsado por varios pioneros.

ARMADURAS DE ACERO

LOSA NERVADA

En este contexto, parece sorprendentemente avanzada una temprana losa nervada bidireccional de hormigón armado, construida ya en 1865 por el proyectista e inventor inglés **255, 256** William Boutland Wilkinson. Los rasgos característicos de la construcción moderna de hormigón, como el encofrado perdido, la armadura correctamente colocada en la zona

TRANSFERENCIA DE CARGA BIDIRECCIONAL

de tracción (elevada en las zonas de apoyo) y la auténtica transferencia de carga bidireccional, son ya reconocibles en ella. Como suele ocurrir, este increíble logro pionero pasó desapercibido en su época.[74]

MONIER, HENNEBIQUE

En cambio, las patentes posteriores de Joseph Monier y François Hennebique, que fueron objeto de licencias en todo el mundo, tuvieron un efecto mucho más duradero en el desarrollo de la construcción de esqueleto de hormigón armado. Aunque Monier, como simple jardinero que fue y siguió siendo durante toda su vida, aparentemente no acabó de comprender el principio estático del hormigón

WAYSS Y FREITAG

armado hasta el final de su vida,[75] sus licenciatarios Wayss y Freitag en Alemania, en particular, contribuyeron a situar la construcción de hormigón armado sobre una base científica y hacerla competitiva.

En este contexto, el hormigón armado competía encarnizadamente con el hierro, aunque tenía la ventaja decisiva de la resistencia contra incendios. Esta ventaja competitiva era especialmente importante en el sector de la construcción industrial, muy disputado de por sí, en el que, además del grave riesgo de incendio y de la carga de fuego a veces enorme, también había que hacer frente a los efectos químicos, un ámbito en el que el hormigón también tenía excelentes propiedades. Por esta razón, los primeros métodos de construcción de esqueleto en hormigón armado se desarrollaron en la construcción industrial. En este contexto, es interesante observar que el tipo de construcción de esqueleto industrial más extendido inicialmente se asemejaba bastante a los almacenes medievales con estructura de madera[76] y a los edificios de esqueleto de hierro de la construcción industrial inglesa temprana: tipos de edificios de esqueleto que se

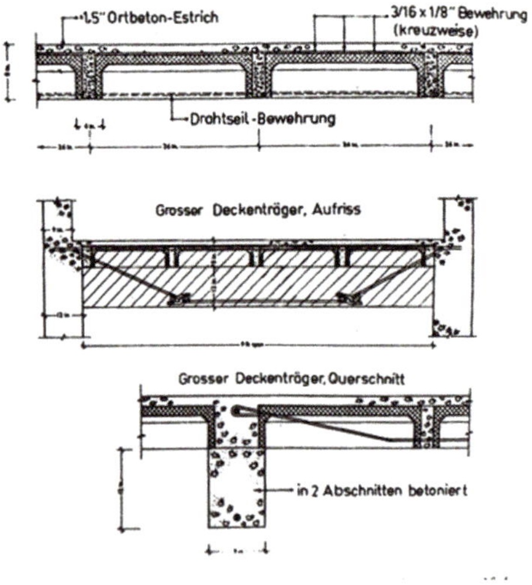

255 (Izquierda) forjado de casetones de un edificio residencial en Newcastle-upon-Tyne por William Wilkinson del año 1865. Foto del derribo en el año 1955.

256 (Arriba) los detalles muestran que el forjado no difiere básicamente de un casetonado moderno.

han estudiado con más detalle en los apartados correspondientes. Esencialmente, pues, se trataba de estructuras con muros exteriores sólidos y estructuras portantes interiores de esqueleto, que en conjunto creaban grandes espacios útiles interconectados. Los esqueletos se ejecutaron como **257**
construcción unidireccional, es decir, con descarga en una sola dirección, con cargaderos y viguetas de forjado.

☞ *Aptdo. 6.2.1 Primeros edificios con esqueleto de hierro, pág. 419*

Fusión monolítica de elementos portantes 6.3.2

■ Hennebique, el segundo titular de una patente de construcción de esqueleto de hormigón armado aparte de Monier, reconoció la ventaja decisiva que ofrecía la moldeabilidad del material e hizo que los principales componentes del esqueleto —pilares, cargaderos, vigas de forjado y losa de forjado— se fusionaran para formar una construcción monolítica sin juntas. Aunque la solución híbrida de los edificios **258**
industriales de Hennebique y otros contemporáneos, consistente en muros exteriores de obra de fábrica y un esqueleto interior de hormigón armado con armazones compuestos de pilares y vigas transversales a los muros, parece (de nuevo) una transferencia mimética a un nuevo material de los tipos de edificio medievales de madera antes mencionados,[77] el paso hacia la construcción monolítica puede considerarse ciertamente como un importante avance conceptual en el desarrollo de formas constructivas específicamente adaptadas al hormigón.

En primer lugar, como resultado de la fusión (con cantos superiores a haces) de las vigas principales y secundarias, se redujo notablemente el grosor total del forjado en comparación con estructuras de forjado compuestas de vigas apiladas, típicas de la construcción de madera y hierro. Con un material diferente, esta solución constructiva habría supuesto el abandono del efecto continuo de la vigueta o, alternativamente, un cajeado (inviable desde un punto de

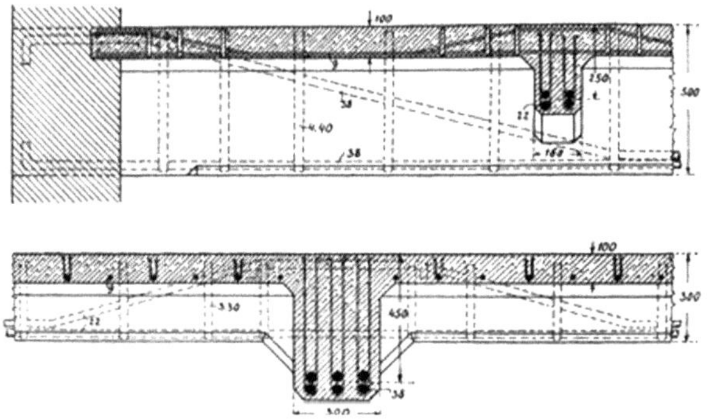

258 Detalles de la construcción de forjado del sistema Hennebique. La vigueta del forjado se fusiona con la losa del entrevigado para formar una losa nervada: la construcción general es monolítica, típica del hormigón.

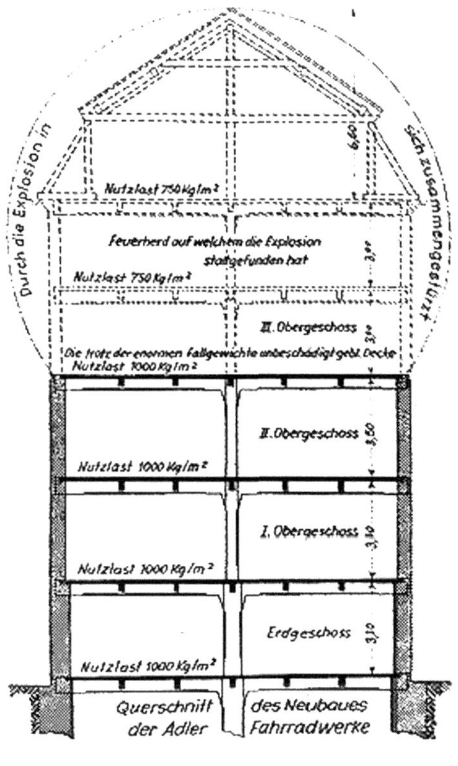

257 (Derecha) fábrica *Adler* en Fráncfort del Meno. Típico edificio industrial de la época basado en el sistema Hennebique con esqueleto interior de hormigón armado y muros exteriores macizos. El arriostramiento horizontal del edificio en la dirección transversal se consigue mediante el efecto pórtico de la viga cargadero y el pilar.

vista realista) y el consiguiente debilitamiento de la viga principal para permitir una vigueta continua a través de la caja. Sólo la fusión monolítica de ambas vigas permitió un efecto de carga continuo de *ambos* elementos.

EFECTO DE PÓRTICO

Además, esto activó un efecto de pórtico en la dirección principal, sin ninguna medida adicional significativa, por así decirlo, y así resolvió el arriostramiento horizontal del edificio en esta orientación. Al final, también se aprovecharon las

INDETERMINACIÓN ESTÁTICA MÚLTIPLE

ventajas de la indeterminación estática múltiple: es decir, la provisión de reservas de carga, que demostró ser muy útil especialmente en caso de explosiones, incendios, terremotos y otros accidentes graves y promovió a largo plazo la reputación del nuevo tipo constructivo como indestructible y a prueba de desastres.[78]

La armadura y su diseño en el sistema Hennebique de principios de siglo es aparentemente muy moderno: barras de armadura correctamente dobladas en las zonas de apoyo, así como estribos de flejes colocados verticalmente para
258 absorber los esfuerzos cortantes.[79]

También comienza relativamente pronto la sustitución del muro exterior sólido por un esqueleto. Edificios industriales basados en el sistema Hennebique, como la hilan-
261, 262 dería Barrois de Lille de 1892, ya presentan una fachada totalmente acristalada entre los pilares en la alineación del muro exterior. Otros proyectos, como el gran almacén de harina de Nantes de 1894, tienen un diseño de fachada en forma de marco típico de la construcción de hormigón
263 con grandes ventanas perforadas. Esta solución clásica de fachada se encuentra también en el primer edificio de gran altura de hormigón armado, el edificio Ingalls de Cincinnati,

ALBERT KAHN

264 en Estados Unidos, de 1902. La fábrica Packard de Albert Kahn en Detroit muestra inequívocamente que la lógica de la construcción del esqueleto de hormigón armado ya había sido entendida en sus consecuencias esenciales y aplicada
265, 266 en forma arquitectónica pura en 1905.

260 Forjado continuo unidireccional entre jácenas paralelas.

259 Forjado bidireccional apoyado circunferencialmente sobre un cuadrado de jácenas.

261 (Ariba) *Filature Barrois Frères* en Lille, construida en 1896 como un esqueleto de hormigón armado según el sistema Hennebique, con una fachada totalmente acristalada entre columnas exteriores.

262 (arriba derecha) *Filature Barrois Frères* en Lille, vista exterior.

263 Almacén mayorista de harina en Nantes, 1894. Ejemplo temprano de un típico muro exterior en forma de retícula de hormigón con ventanas perforadas de gran formato.

264 *Ingalls Building* en Cincinatti, 1902. Primer rascacielos de hormigón armado, construido según la patente Ransome por los arquitectos Elzner y Anderson.

265 Fábrica de automóviles *Packard* en Detroit, 1905, por Albert Kahn, estado actual. Todas las características esenciales de la moderna construcción en esqueleto de hormigón armado ya se materializaron en su forma más pura en este edificio.

266 Fábrica de automóviles *Packard* en Detroit; vista inferior del forjado.

6.3.3 Losa bidireccional apoyada en todo su perímetro

Un nuevo paso conceptual tuvo lugar cuando se reconocieron las ventajas de la losa de hormigón armado bidireccional apoyada en todos sus bordes. Inicialmente se creó omitiendo los nervios de la losa nervada, una medida comprensible para reducir los costes de encofrado relativamente elevados de dichos forjados nervados, lo que en un primer paso de desarrollo dio lugar a losas planas unidireccionales que se
260 extendían entre cargaderos. Posteriormente, se introdujeron vigas transversales, de modo que un sector de losa quedaba enmarcado en todos sus lados por vigas y se apoyaba en
259 ellas. Las vigas, unidas monolíticamente al pilar, formaban en su conjunto cadenas de pórticos que arriostraban el edificio contra fuerzas horizontales en ambas direcciones principales. Los sectores de losa aproximadamente cuadrados garantizaban que la misma se utilizara por igual en ambas direcciones. A diferencia de los forjados de losa sometidos a descarga unidireccional que atraviesan las vigas con efecto de continuidad, en este caso ya tiene lugar una transferencia de carga bidireccional. Esta solución técnica se basa en la idea de que —a diferencia de todos los materiales de la competencia, como la madera o el acero— el hormigón armado no sólo tiene la capacidad de extenderse homogéneamente como componente superficial en dos direcciones espaciales, sino también de soportar fuerzas simultáneamente (y en el mismo orden de magnitud) en ambas direcciones. Esto se debe a que el propio hormigón, resistente a la compresión, es completamente isótropo y a que la armadura de acero, resistente a la tracción, embebida en el hormigón, aunque sea lineal y en consecuencia unidireccional, no obstante puede colocarse en capas en más de una dirección en forma de malla. El factor decisivo al respecto es que estas barras portantes, en este caso las barras de armadura, pueden cruzar unas a otras (por encima y por debajo) en un patrón entrecruzado sin penetrar unas en otras, lo cual es algo que otras estructuras portantes de descarga bidireccional hechas de madera o acero no pueden lograr.

CADENAS DE PÓRTICOS

SECTORES CUADRADOS DE LOSA

TRANSFERENCIA DE CARGA BIDIRECCIONAL

6.3.4 La losa plana apoyada en puntos

Sin embargo, quedaba pendiente un último paso decisivo hacia la plena explotación de las posibilidades constructivas del hormigón armado como material. Ya en 1906, Kahn realizó en su fábrica de armas Winchester de New Haven losas planas sin nervaduras con expansiones de las cabezas de
267 las columnas en forma de hongo, las llamadas losas hongo. Se trata ya de un primer prototipo de losa plana apoyada en puntos. Dado que, debido al pequeño canto de las losas planas (inherente al sistema), ya no es posible un efecto de pórtico real de la losa en combinación con el pilar, la rigidez horizontal de la estructura deben proporcionarla otros puntos fijos, es decir, paredes diafragma o núcleos, en combinación con el diafragma de la losa que está presente de todos modos y tiene un efecto rigidizante horizontal correspondiente.

LOSA HONGO

Se considera que Claude Allen Porter Turner fue uno de los primeros en plasmar esta solución constructiva elemental en

CLAUDE ALLEN PORTER TURNER

una forma estructural optimizada. Ya en 1906 diseñó losas
hongo puras y en 1908 registró la patente correspondiente
en Estados Unidos. Se impusieron a las losas nervadas 268
en Estados Unidos en una feroz competencia de costes.
ROBERT MAILLART
Un poco más tarde, en 1910, Robert Maillart construyó la
primera losa hongo de Europa en el almacén Gießhübel de
Zúrich. Una aplicación arquitectónica convincente de este
elemento portante se encuentra, por ejemplo, en la Boots
Wet Factory de Owen Williams en Nottingham de 1932. 272

LE CORBUSIER
Le Corbusier reconoció relativamente pronto las amplias
posibilidades arquitectónicas de la losa plana apoyada en
SISTEMA DOM-INO
puntos y las formuló ya en 1914 sobre la base de su sistema
Dom-Ino. La losa plana sin nervaduras permite la disposición 269
PLAN LIBRE
completamente libre de tabiques, es decir, el *plan libre* pre-
conizado por Le Corbusier. Y lo que es más importante: La 271
transferencia de cargas verticales a través de pilares, y no a
través de paredes de separación, permite una distribución
libre en planta, incluso planta por planta, ya que las paredes

267 *Winchester Gun Factory* en New Haven, 1906 construida por Albert Kahn. Se trata de un ejemplo muy temprano de losa plana apoyada en puntos. A la izquierda se aprecia la ejecución en forma de hongo de la cabeza de la columna con regrueso en forma de placa del forjado alrededor. El cabezal del pilar aún no es simétrico, probablemente una reminiscencia de los antiguos sistemas unidireccionales. El pilar gemelo en el centro de la nave tampoco puede explicarse por el principio estructural y posiblemente responde más bien a imperativos de uso.

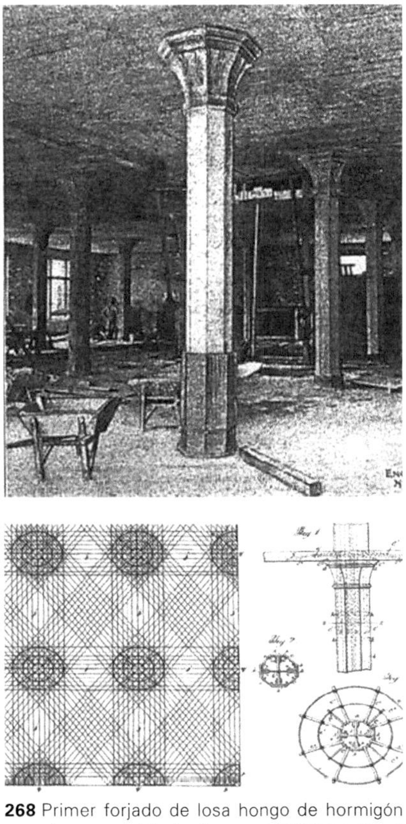

268 Primer forjado de losa hongo de hormigón armado con casi todas las características de un diseño moderno. *Johnson-Bovey Building* en Minnesota, por C. A. P. Turner, 1906. Abajo se puede ver la disposición de la armadura, incluido al armadura anular y radial en la zona de los apoyos. Turner hablaba (un poco en broma) de una transferencia de carga *cuatridireccional*, ya que armaba además las dos direcciones diagonales.[80]

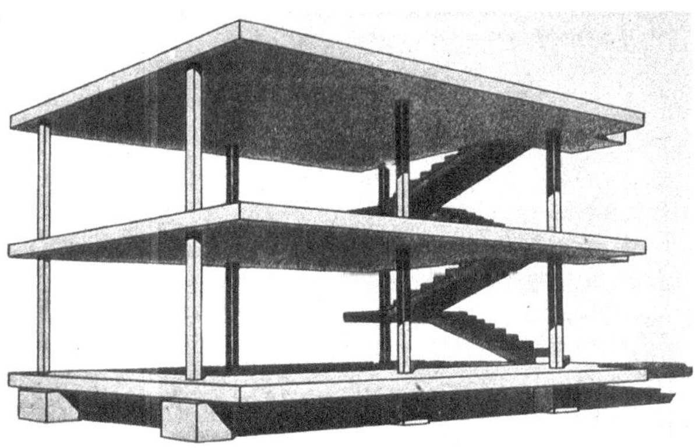

269 Sistema Dom-Ino (Le Corbusier).

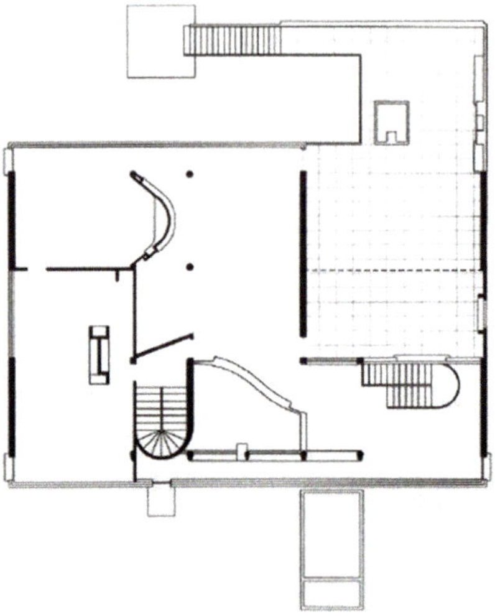

271 Plan Libre (villa en Garches, Le Corbusier).

272 *Boots Wet Factory* (arqu.: O. Williams, 1932).

270 Armadura contra punzonamiento con conectores de una losa plana antes del hormigonado. Las largas esperas del centro están preparadas para el tramo de columna contiguo.

de separación de las diferentes plantas no tienen que estar necesariamente superpuestas (los pilares sí, por supuesto). Además, la losa debe rodear la cabeza del pilar por todos sus lados en sus bordes para que la introducción de fuerzas puntuales no provoque esfuerzos cortantes excesivos, es decir, fuerzas de punzonamiento, en la delgada losa de forjado. La ligera protuberancia resultante del borde de la losa más allá de los pilares exteriores hace que el cerramiento exterior, conectado al borde de la losa, esté desplazado necesariamente del eje de los pilares, de modo que pase por delante de los mismos sin ser interrumpido ni verse impedido de otra forma por ellos.

Un último avance técnico, las armaduras especiales de punzonamiento y de cortante compuestas de listones de
270 pernos para las zonas de apoyo de los pilares, han hecho
277 que las cabezas de los pilares tipo hongo resulten superfluas
278 hoy en día: una nueva simplificación con la correspondiente reducción de costes de encofrado. La losa plana apoyada en puntos, tal y como se acaba de describir en sus primeras manifestaciones, es la solución estándar que se utiliza hoy en día en la construcción de plantas tipo esqueleto. Esta solución, surgida de un proceso de selección casi evolutivo que duró casi un siglo, es el final (provisional) de un desarrollo técnico en el que, tras las primeras soluciones tentativas que imitaban conceptos de eficacia comprobada pero ajenos al material, surgió sólo gradualmente el diseño adecuado para
273–278 un material específico y un principio portante concreto. El ya mencionado Turner lo comentó con acierto:

> The history of the development of structural work shows that the engineer has been largely influenced in his first efforts to design any new type by the forms of construction to which he has been previously accustomed.[81]

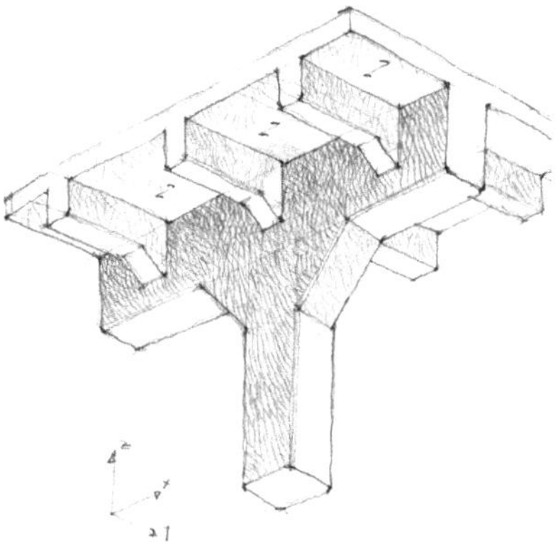

273 Primera generación de esqueletos de hormigón, según C. A. P. Turner: imitación de un esqueleto de madera con cargadero, efecto de pórtico como un jabalcón entre columna y cargadero (→**x**) así como viguetas de forjado (→**y**).

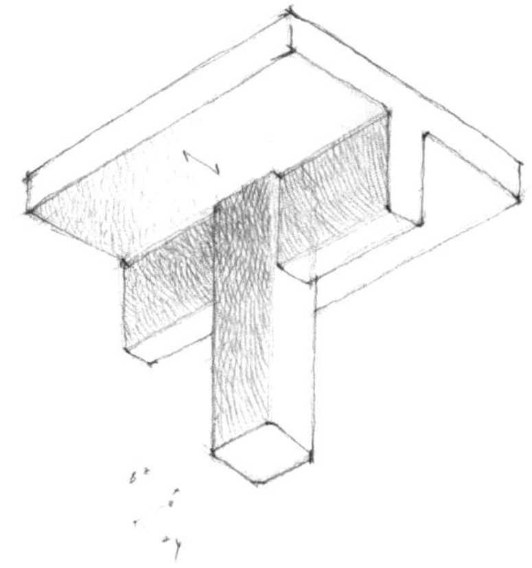

274 Segunda generación de esqueletos de hormigón: pórtico unidireccional formado por pilar y cargadero (→**x**) y losa plana unidireccional sin viguetas (→**y**). Una simplificación importante del encofrado en comparación con la generación anterior (□ **273**).

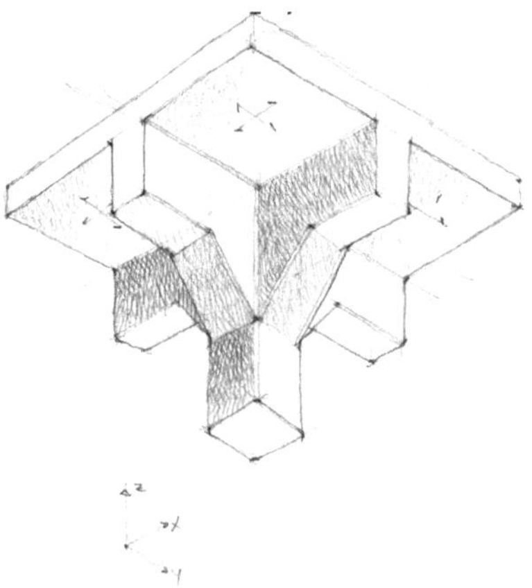

275 Tercera generación de esqueletos de hormigón: pórtico bidireccional formado por pilar y cargadero (→**x**, →**y**) y losa plana bidireccional entre cargadero y cargadero (→**x**, →**y**). Se aprovechan las ventajas de la placa apoyada circunferencialmente. En general, la construcción es bidireccional.

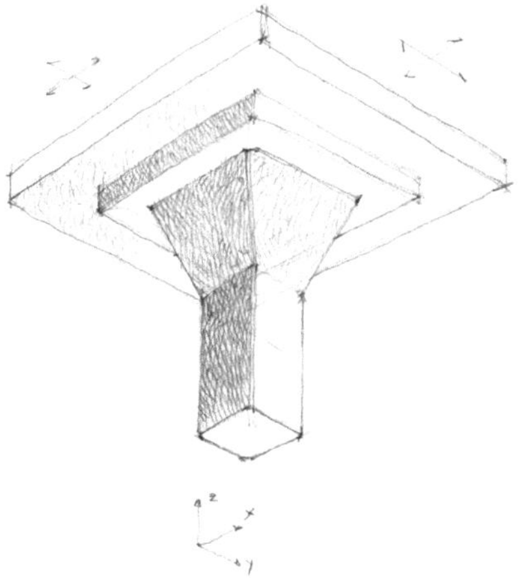

276 Cuarta generación de esqueletos de hormigón: losa plana apoyada en puntos bidireccional (→**x**, →**y**) o losa hongo. Sin nervios; la solución más sencilla en cuanto a encofrado. En este ejemplo, se moldea un regrueso adicional de la losa de forjado en la zona de las columnas.

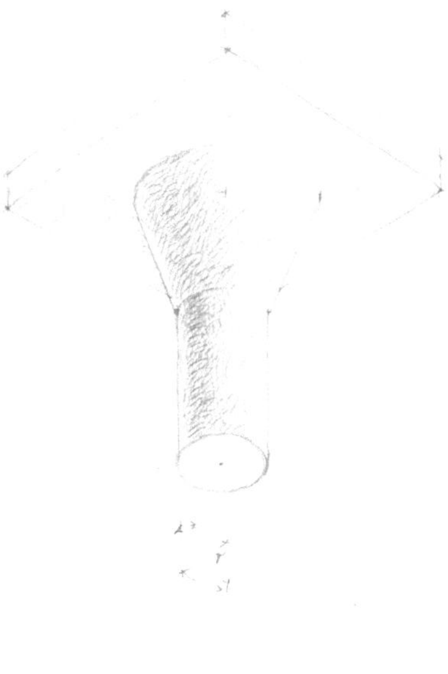

277 En un paso más de desarrollo, y como consecuencia de la construcción estrictamente bidireccional, el pilar se hace redondo y la cabeza de la seta cónica.

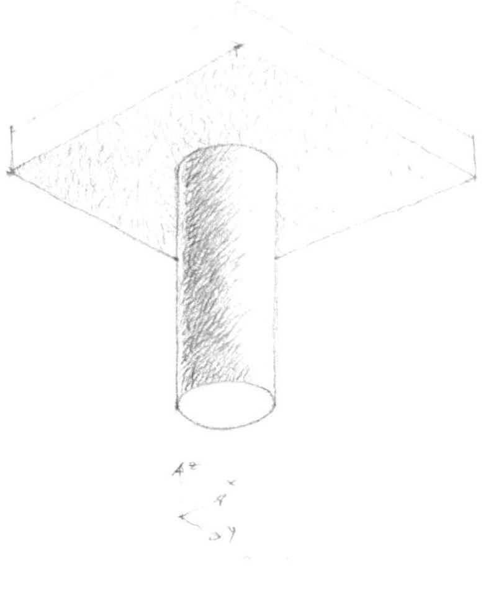

278 Finalmente, desaparece la cabeza de hongo: Los esfuerzos cortantes se absorben mediante una armadura especial (armadura especial contra punzonamiento como en □ **270**). Losa plana apoyada en puntos moderna.

6.3.5 Construcción prefabricada

La construcción de esqueleto prefabricada está sujeta a leyes completamente diferentes a las de la construcción de esqueleto en hormigón in situ. A pesar de que los materiales son idénticos y la tecnología de armadura no es muy diferente, el carácter claramente industrial de la tecnología de prefabricados impone sus propias características a este método de construcción. Esto se debe principalmente a la tecnología específica de fabricación en la planta estacionaria y al transporte a la obra, sobre todo por carretera, de los elementos prefabricados. Para comprender mejor las peculiaridades de la construcción de hormigón prefabricado, vale la pena examinar de cerca estos dos factores.

FABRICACIÓN EN PLANTA ESTACIONARIA

TRANSPORTE POR CARRETERA

Las condiciones de contorno mucho más favorables en las que se pueden producir componentes de hormigón en la fábrica en comparación con la construcción de hormigón in situ abren toda una gama de métodos de fabricación especiales que no están disponibles en la obra. Entre ellos se encuentran, por ejemplo, los procesos de extrusión, los dispositivos vibratorios para una mejor compactación del hormigón (un factor que influye decisivamente en la calidad del mismo), el tratamiento con vapor y mucho más. Encofrados de alta calidad, que permiten fabricar componentes excepcionalmente precisos y de dimensiones exactas con una calidad de superficie especialmente alta, son mucho más fáciles de utilizar en la fábrica que en la obra. Las técnicas de pretensado, como la fabricación con pretesado, es decir, el pretensado con adhesión inmediata tras el fraguado del hormigón, ni siquiera están disponibles en la obra.

PRETESADO

PRETENSADO CON ADHESIÓN INMEDIATA

POSICIONES DE HORMIGONADO

Un factor importante al que a menudo no se le presta la atención que merece son las posiciones de hormigonado, que son de libre elección en la fábrica. Mientras que en la obra, por razones obvias, el hormigonado sólo puede llevarse a cabo en la posición de instalación definitiva del componente,[82] lo que puede causar ocasionalmente dificultades en el caso de componentes altos y esbeltos como muros o columnas,[83] dichos componentes pueden hormigonarse tumbados (o también inclinados) en la fábrica y sólo posteriormente instalarse en la posición nominal real. También por razones obvias, la posición de hormigonado horizontal hace superflua una superficie de encofrado completa (es decir, la que se encuentra en la parte superior) y, debido a la escasa profundidad de vertido, facilita el mismo y la compactación del hormigón, que de otro modo serían críticos.

Aunque el proceso de vertido y desencofrado de la pieza tras el fraguado del hormigón (así como el posterior montaje, tal y como se describe con más detalle a continuación) impone ciertas restricciones a la libertad de diseño del proyectista o constructor, en la construcción industrial prefabricada es posible crear formas relativamente libres en comparación con otros métodos y materiales de construcción.[84]

En conjunto, estas ventajas permiten la producción relativamente económica de componentes de alta calidad, si es necesario también con un diseño elaborado, diferentes calidades de superficie y (por ejemplo con pretensado) componentes extraordinariamente delgados.

TRANSPORTE, MONTAJE

El transporte y el montaje también son esenciales para el método de construcción prefabricada. El transporte especifica las dimensiones máximas de los componentes, que se derivan de la superficie de carga disponible y del gálibo libre del transporte por carretera. Esto significa que se pueden transportar elementos superficiales en forma de panel, es decir, elementos de pared o de forjado de hasta una altura máxima de 4 m (también en este caso son posibles varias posiciones de transporte), o elementos en forma aproximada de barra, como columnas o vigas.

CONSTRUCCIÓN DE MURO, DE ESQUELETO

☞ *Véase Aptdo. 4.3 Métodos de construcción de pared en hormigón armado, pp. 359 y ss.*

Ambas variantes de elementos prefabricados transportables conducen lógicamente a dos métodos de construcción de elementos prefabricados fundamentalmente diferentes, a saber, la construcción de muro y la construcción de esqueleto. Mientras que la primera, aparte del propio proceso de montaje, no difiere significativamente de la construcción de muros o forjados en otros métodos de construcción, especialmente la construcción de hormigón in situ, existen peculiaridades características en la construcción de esqueleto a partir de elementos prefabricados. Para entender la lógica constructiva de esta variante específica de la construcción de esqueleto es esencial el hecho de que el alto grado de prefabricación que puede alcanzarse —un punto fuerte de este método de construcción en competencia directa con otros— prohíbe en realidad mucho trabajo de montaje. En consecuencia, en la obra prácticamente sólo se pueden realizar conexiones articuladas, ya que las rígidas a flexión son prácticamente imposibles de realizar debido a al mayor complicación de montaje que conllevan —siendo principalmente trabajos de relleno de juntas, que dificultarían un montaje rápido—.

CONEXIONES ARTICULADAS

Las consecuencias para la elección de los sistemas estructurales que pueden utilizarse razonablemente son considerables, especialmente para el tipo de esqueleto, que ha conquistado un cierto nicho de mercado en feroz competencia con los métodos de construcción de acero y madera (concretamente en la construcción de naves industriales). Juegan aquí un papel decisivo los tiempos de montaje más cortos posibles, por lo que las variantes de arriostramiento como el arriostramiento por núcleo o por diafragmas (que es esencialmente de lo que se está hablando), que conllevan

CONSTRUCCIÓN DE NAVES INDUSTRIALES

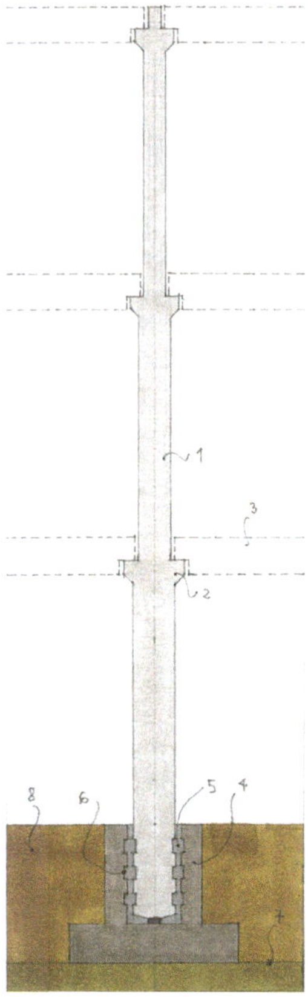

279 Columna de ménsulas prefabricada (**1**) continua a través de tres plantas, con empotrado de cáliz.

1 columna prefabricada.
2 ménsula moldeada.
3 construcción de forjado.
4 zapata de cáliz.
5 hormigón de relleno.
6 perfilado en la pared del cáliz y de la columna para enclavamiento.
7 terreno excavado.
8 relleno.

un extenso trabajo de relleno de juntas, quedan descartados
desde el principio. Dado que las conexiones de esquina
rígidas a la flexión son prácticamente inviables por las razo-
nes mencionadas, se excluyen en principio construcciones
porticadas. Los arriostramientos diagonales de acero son
ajenos al material base y hacen que entre en juego un oficio
más, el de la construcción de acero. Prácticamente sólo
EMPOTRADO DE COLUMNAS queda empotrar las columnas: Y esta es precisamente la
variante de arriostramiento preferida en la construcción de
esqueletos de hormigón prefabricado.

Como consecuencia directa de este principio de arrios-
tramiento, se han desarrollado elementos constructivos
característicos en la construcción prefabricada: por un lado,
COLUMNAS DE VARIAS PLANTAS la columna de varias plantas de altura, generalmente hor-
MÉNSULAS DE APOYO migonada en posición horizontal y provista de ménsulas de
ZAPATAS DE CÁLIZ apoyo, así como zapatas de cáliz vertidas in situ o a su vez
279 prefabricadas en su mayoría. Esto elimina prácticamente
por completo la necesidad de realizar trabajos de hormigo-
nado in situ. Los soportes se introducen en los huecos de
los cimientos y se rejuntan. A pesar de las dificultades de
transporte, para reducir aún más el trabajo de montaje, las
columnas y los cimientos se entregan a menudo en la obra
ya fundidos en una sola pieza y se montan allí simplemente
sobre el terreno preparado.

Las conexiones de montaje articuladas de la construcción
UNIONES DE BLOQUEO POR FORMA prefabricada suelen ser uniones con bloqueo por forma que
no suponen complicación adicional en la obra y entran en
efecto de hecho inmediatamente después de asentar el
componente. En este contexto, son especialmente típicas
CONEXIONES CON MÉNSULAS las conexiones con ménsulas. Las cargas verticales se trans-
fieren a través del apoyo de la ménsula y el componente se
ASEGURAMIENTO CONTRA EL VUELCO asegura contra el vuelco, ya sea por su propia forma o por
281 una conexión mecánica que puede ejecutarse rápidamente.
En principio, la forma de los componentes se diseña general-
mente de manera que ya son estables durante la colocación
y, por lo tanto, no requieren soportes temporales. Por lo
tanto, también son típicas, por ejemplo, las secciones de
VIGA ARTESA **280** viga en forma de artesa invertida. Los elementos de losa
LOSA NERVADA nervada en forma de π también son intrínsecamente estables
debido a la forma de su sección transversal.

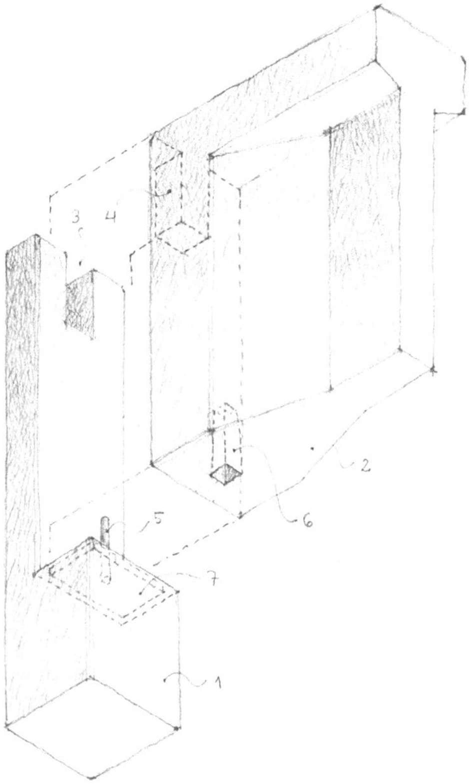

281 Enlace articulado de una jácena (**2**) a una columna (**1**) en la construcción de esqueleto con prefabricados. La jácena es estable inmediatamente después de colocarla sobre el apoyo (**7**) gracias al seguro contra vuelco que proporciona la conexión de caja y espiga creando bloqueo positivo (**3**, **4**).

1 columna prefabricada
2 jácena prefabricada
3 caja
4 espiga
5 pasador de centrado
6 casquillo de centrado
7 cojinete elastomérico

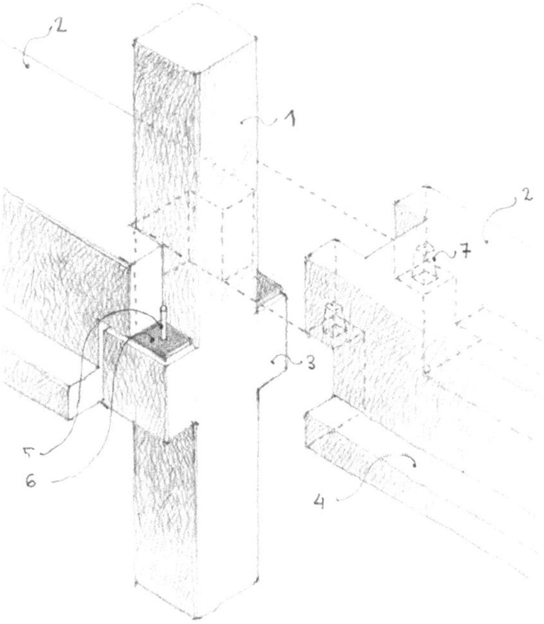

280 Enlace articulado de una viga con sección de artesa (**2**) a una columna de ménsula (**1**) en construcción prefabricada de esqueleto. La viga es estable inmediatamente después de colocarla sobre el apoyo (**6**) debido a su forma de artesa.

1 columna de ménsula prefabricada
2 jácena con forma de artesa invertida
3 ménsula
4 viga corredera para apoyar el forjado
5 pasador de centrado
6 cojinete elastomérico
7 casquillo de centrado

Notas

1 Por supuesto, también hay ejecuciones mixtas de ambos. A continuación examinaremos algunas de ellas. Sin embargo, esto no cambia significativamente la validez y utilidad de la presente clasificación.

2 La transformación de la losa maciza plana en una losa nervada puede entenderse como una transformación del forjado en esqueleto. Se trata de un proceso análogo a la conversión del muro de carga en un soporte y un cerramiento no portante. Sin embargo, el concepto de construcción de esqueleto no se refiere al primer proceso, sino únicamente al segundo. Como muchas otras cosas en la construcción, probablemente se trate de una convención derivada del status quo, en el que los forjados de vigas de madera también eran habituales en la construcción de muro.

3 Aunque intervienen varios tipos de cargas horizontales, como el empuje de la tierra, las cargas de impacto, las cargas de frenado y aceleración, los terremotos y las fuerzas procedentes de posiciones inclinadas, en aras de la simplicidad sólo hablaremos a continuación de la más importante, es decir, la carga del viento.

4 Una cierta excepción en este contexto son las construcciones de muro modernas en las que la transmisión efectiva de fuerzas entre la pared arriostrante y la pared arriostrada no se produce por contacto directo, sino indirectamente a través del forjado.

5 Se alude a la imposibilidad práctica de dejar el aparejo de un muro de carga visible al exterior en la actualidad. En su lugar, debe aplicarse siempre una capa aislante añadida y un revestimiento contra la intemperie. Ni siquiera la fábrica monohoja puede dejarse sin revocar, ya que el material arcilloso, necesariamente poroso por razones de aislamiento térmico, absorbería la humedad.

6 Un caso típico del llamado *tamaño límite* que se habría alcanzado en este caso. Véase el *Capítulo 1. Escala.*

7 El desplazamiento de los huecos de ventana planta por planta era una ruptura deliberada y provocadora con esta regla férrea de la construcción maciza, contra la que se trataba de diferenciarse. Uno se pregunta, sin embargo, por qué este truco de diseño (que hoy parece algo pubertario en su postura de desafío sin causa) está celebrando su apogeo 100 años después de los días pioneros del modernismo.

8 También en este caso hay que tener en cuenta la rigidez a cortante de toda la hoja y la transmisión de las cargas del forjado en la zona de la abertura a nivel del suelo, aunque ambas se mantienen siempre que por debajo queden dinteles suficientemente altos, es decir, hasta el hueco inmediatamente inferior.

9 Véase la famosa ventana francesa.

10 Los pioneros de la arquitectura moderna clásica lo reconocieron pronto y siempre hablaron despectivamente de las fachadas perforadas. Al parecer, Mies van der Rohe se burlaba de los resultados de este método de construcción calificándolos de „cajas con agujeros troquelados". Los gran-

des de la arquitectura moderna clásica siempre violaron (en sus fachadas no portantes) las mencionadas reglas de diseño de la construcción convencional en piedra con gran gozo y persistencia: interminables bandas horizontales continuas de ventanas; disposición libre, no reticulada, de los huecos de ventana; huecos de ventana situados provocativamente en las esquinas; omisión total de ventanas localizadas en favor de un amplio acristalamiento en forma de muro cortina.

11 Sin embargo, es casi trágico que la misma construcción de hormigón haya hecho que la construcción convencional de fábrica sea cada vez más insignificante.

12 Phleps considera que el origen de la pared de postes enterrada se remonta más bien a una especie de estabilización de fosos subterráneos, que „primero sirvió como retención de taludes para la casa enterrada en el suelo". (Phleps H (1981) *Holzbaukunst – Der Blockbau – Ein Fachbuch zur Erziehung werkgerechten Gestaltens in Holz*, reimpresión de la edición original de 1942, Karlsruhe, pág. 50).

13 Según Phleps (1988) *Alemannische Holzbaukunst*, reimpresión de la edición original de 1967, Karlsruhe, pág. 7, Según Phleps, los edificios de numerosos asentamientos neolíticos muestran este método de construcción, por ejemplo el asentamiento de Federseemoor, cerca de Aichbühl, en Alta Suabia (entre el año 2800 y el 200 a. C.), donde los tablones de pie estaban enterrados a un metro de profundidad en el suelo y unidos entre sí con cuerdas. Hacia el año 1000 d. C., las paredes de tablones de este tipo seguían siendo comunes en Escandinavia y las Islas Británicas.

14 Los montantes de atado son aquellos a los que se conectan por el interior los tabiques portantes o rigidizadores.

15 Phleps H (1988), pág. 8, enumera ejemplos nórdicos de construcción de poste y tablón de alrededor del año 1000 d. C. para la disposición vertical de los tablones sobre maderos solera.

16 Sobre la evolución de los montantes, que inicialmente se asentaban sobre zócalos de piedra con travesaños de base (no soleras) encajadas en sus laterales, hasta el actual anillo de traviesas circunferencial, unidas a media madera, encajadas o ranuradas con montantes asentados en la parte superior, véase Phleps H (1988), pp. 14 y ss. En la variante anterior tampoco se podía prescindir de los travesaños de base debido a la necesaria conexión de los pies de los tablones verticales.

17 Una vez más según Phleps H (1988), pág. 10, en un principio no se utilizaron riostras en las esquinas. Cita ejemplos daneses y suecos.

18 Phleps muestra un ejemplo interesante de una riostra de esquina que obviamente se añadió más tarde; Phleps H (1988), pág. 93, fig. 23.1. Reproducido aquí en 🗗 **62**.

19 Mientras que Phleps ve el origen de la pared de tablones (verticales) en una primitiva estabilización de foso (cf. nota **12**), sospecha el origen de la construcción de blocao hecha con maderos horizontales en el „anillo de soleras de una casa enterrada [...], sobre la que se atrevieron poco a poco

a colocar un nuevo anillo y crear así un muro hacia arriba", véase Phleps H (1981), pág. 50.

20 Además del enclavamiento mutuo de las paredes longitudinales y transversales, se utilizaron, por ejemplo, pasadores a modo de espigas entre las capas de tablones o elementos especiales como muros cónicos (refuerzos internos estrechos a modo de pilares) y tenazas formadas por dos maderos verticales a ambos lados del muro.; véase Phleps H (1981), pp. 66–71.

21 DETAIL Green, 1/2014, *Wohngebäude in Hamburg – Haus ohne Zusatzstoffe.*

22 La práctica de trabajar inicialmente con compartimentos estrechos entre montantes que tenían aproximadamente la misma anchura que los mismos (véase **90**) se expresa muy claramente en el término inglés „half-timbered construction", en contraste con „timber frame construction". El primero se refiere a la construcción de entramado de madera con paneles de relleno estrechos, el segundo a la construcción de madera maciza compuesta de postes y tablones sin paneles de relleno.

23 A continuación se analizará con más detalle la estructura alemánica de entramado de madera como representante del principio de construcción subyacente. No es posible ni conveniente, en el marco de esta obra, tratar con una profundidad comparable las diferentes variantes de la construcción europea con entramado de madera. El ámbito cultural alemánico (llamado así por la tribu germánica de los alamanes) comprende las regiones de Alsacia, valle del Alto Rin, Selva Negra, Suiza germanoparlante y partes de Austria (Vorarlberg).

24 Originalmente típico construcción de entramado de madera de Franconia, más tarde adoptada al estilo alemánico en los siglos XV–XVI.; véase. Phleps H (1988), pág. 12.

25 Por ello, el método de construcción de poste solía denominarse construcción de varios pisos y los edificios resultantes, edificios de postes largos. Los montantes también atravesaban varias plantas en los métodos de construcción de poste y tablón anteriormente comentados. Debido a las distancias relativamente grandes entre ellos y a su reducido número resultante, la desventaja de las largas longitudes de madera no fue un factor decisivo a la hora de comprarlos y montarlos.

26 En la década de 1850 comenzaron a comercializarse los primeros materiales derivados de la madera aptos para el aplacado superficial, los tableros contrachapados de chapa de madera (Smil V (2023) *Materials and Dematerialization—Making the Modern World*, pág. 68).

27 El proyecto de un edificio comercial en Chur, realizado por Jüngling & Hagmann y Jürg Conzett, es un buen ejemplo de la utilización inteligente de las opciones de diseño de las vigas de gran canto. Véase al respecto Moro J L en: Baumeister (Septiembre 2000), *Verwaltungsgebäude in Chur von Jüngling und Hagmann*, pp. 62–67, así como *Jürg Conzett im Gespräch mit José Luis Moro und Christoph Affentranger,*

pp. 68–71.

28 Pero también aquí, como en la construcción de obra de fábrica, hay soluciones al menos aceptables: el hormigón ligero, por ejemplo, que alcanza valores de aislamiento aceptables, siempre que su grosor sea bastante grande.

29 Sin embargo, arquitectos hechos y derechos no se dejan disuadir por estos obstáculos. A pesar de sus casi irresolubles contradicciones constructivas y funcionales, el muro de hormigón visto de doble hoja se ha convertido en un auténtico icono del minimalismo arquitectónico y se ha consagrado transformándose en un emblema de clientes adinerados que no están especialmente interesados en la funcionalidad y la inteligencia vivida de sus edificios. Véase al respecto el atrículo: Moro J L (1999) *Sichtbeton – zwischen konstruktiver Funktion und ästhetischem Grauwert*, en Baumeister, número de mayo, pp. 26–29.

30 Sin embargo, la construcción de esqueleto no tiene por qué considerarse una evolución de la construcción de muro. En vista de que los hechos son muy inciertos, en principio también puede derivarse de los orígenes de la construcción de madera, aunque —como intentamos demostrar en este capítulo— no es en absoluto seguro que la construcción de esqueleto represente la verdadera forma original de la construcción de madera. Este era el punto de vista del teórico Marc-Antoine Laugier, por ejemplo, que veía los orígenes de la arquitectura en una cabaña primitiva hecha con cuatro troncos de árbol, una especie de manifestación embrionaria de la construcción de esqueleto. Sólo acepta el edificio clásico adintelado tipo esqueleto como auténtica arquitectura: „c'est aussi le nud du mur qui ôte à l'Architecture toute sa grace. Moins il en paroîtra, puis l'ouvrage sera beau; & s'il n'en paroît rien du tout, l'ouvrage sera parfait." Laugier M A (1755) *Essai sur l'architecture*, pág. 58. (También es la desnudez del muro lo que priva a la arquitectura de toda su gracia. Cuanto menos se muestre, más bella será la obra; y si no se muestra nada en absoluto, la obra será perfecta.)

31 En vista de las numerosas formas de transición entre la construcción de muro y la de esqueleto, en las que los paños de muro se sustituyen por carreras más o menos espaciadas de montantes en forma de barra, como la histórica construcción de entramado de madera, parece razonable hablar de una construcción de esqueleto pura sólo cuando las barras de soporte están tan separadas en el plano de la pared que las ventajas de la respectiva luz de forjado realizable, o el orden de magnitud de la misma, se aprovechan realmente en esta dirección, es decir, en la del plano de la pared. De acuerdo con esta norma, los edificios con entramado de madera seguirían teniendo que clasificarse como sistemas de muros, mientras que los muros de postes y tablones horizontales tendrían que clasificarse como estructuras de esqueleto. A pesar de la utilidad de este criterio, hay que admitir que existe cierto margen de interpretación en la categorización.

32 Este proceso de desarrollo puede verse muy claramente

en las antiguas salas hipóstilas: grandes salones de asambleas con dimensiones más allá de lo que se podía abarcar sin soportes intermedios en la época (véase ⊡ **115**). Por razones de uso, no había otra opción que crear un espacio interconectado y, en consecuencia, convertir la estructura de soporte en un sistema de columnas. Por ello, se construyen con una estructura de columnas o pilares en el interior, densa para nuestros estándares, y las paredes exteriores suelen estar cerradas. Las salas hipóstilas con proporciones especialmente extremas entre columnas y espacio residual son las del antiguo Egipto, como la de Karnak (aprox. 1250 a.C.) (véase *Cap. 5.*, ⊡ **45**, **46** en pág. 207). Muy interesante es el Tersilion de Megalópolis (360 a.C.), en el que la retícula de columnas no responde a una trama ortogonal, como cabría suponer por razones de transferencia de carga, sino radial confluyendo hacia el centro para mantener libres las correspondientes líneas de visión a un orador: un ejemplo interesante de cómo, en este caso, los aspectos estructurales se subordinaron deliberadamente a los requisitos funcionales en un conflicto de objetivos.

33 Véase el *Apartado 4.2 Métodos de construcción de pared en madera, pág. 338* y ss.

34 Otro escollo metodológico acecha en la definición y aplicación del término *construcción de esqueleto*: La interpretación algo más generosa del término hace hincapié únicamente en la forma de barra de los elementos portantes verticales, es decir, las columnas, y acepta también forjados en forma de losa. Por tanto, los edificios de varias plantas con losas de forjado pero con pilares exentos se consideran estructuras de esqueleto. Una interpretación más restringida del término exigiría que *toda* la estructura portante primaria tuviera forma de barra o nervadura, incluidos los componentes horizontales. Una catedral gótica, por ejemplo, sería una estructura de tipo esqueleto puro en este último sentido.

35 Reconstrucción según Hoelscher U et al (1912) *Das Grabdenkmal des Königs Chefren*, Leipzig. Siguiendo las recientes investigaciones de Ricke H y Schott S (1970) *Der Harmachistempel des Chefren in Giseh*, Wiesbaden, se introdujo una cornisa de piedra con perfil de caveto y se aumentó la altura de las puertas de entrada, desviándose de la reconstrucción hipotética de Hoelscher. También se muestra aquí el extremo norte del edificio, no ortogonal y ligeramente inclinado, según Ricke y Schott.

36 Un cálculo sencillo basado en un pórtico de dos articulaciones con una altura de 3 m y un grosor de barra de 0,25 m da como resultado que el nivel de carga se multiplica nada menos que *por seis* en comparación con la carga de viento exterior (que aquí actúa a la altura del travesaño) con un brazo de palanca interior utilizable en la sección transversal de dos tercios del grosor, es decir, 0,17 m.

37 En ocasiones, sin embargo, la armazón resultante también se denomina *pórtico* en la nomenclatura profesional.

38 Por supuesto, el soporte exento reduce considerablemente

la superficie expuesta al viento. Por otro lado, la carga de viento sobre las fachadas del edificio intacto podría distribuirse entre numerosos pilares interiores. La suposición de que las columnas pesadas de piedra tenían el mismo efecto global que las columnas rígidas empotradas probablemente se acerque bastante a la realidad.

39 Véase, por ejemplo, el llamado *Alter Bau* (Edificio Viejo) de Geislingen, un granero de ocho pisos construido hacia 1445, representado en **198** y **199** en pág. 409. Sin embargo, en este caso concreto, una mirada más atenta revela que la estructura de soporte es una construcción de esqueleto impecable: Hay columnas en las paredes exteriores, no montantes.

40 Véase al respecto, por ejemplo, Phleps H (1988), XIV, pág. 41: „La importancia de la columna de cumbrera y el valor especial que se le concedía como columna central en la construcción de casas en épocas tempranas (véanse los relatos del canto de Beowulf, Halle Heorot y relatos de la antigua Islandia) se reflejaba también en la representación simbólica del „árbol de la vida" en la decoración de edificios de madera y entramados, así como en costumbres populares como la erección del „palo de mayo". También es indudablemente relevante que la columna de cumbrera —llamada „könning" en bajo alemán, entre otras cosas— fuera el único gran pilar central llamado también „Kraftkönig" (rey fuerte) y „stapol" (barra), expresión que se continúa en el inglés „steeple" = torre de iglesia —sin necesidad de entrar en más detalles sobre el término „Kaiserstiel" (poste del emperador)—."

41 Véase al respecto Phleps H (1988), pág. 50, o ibid. (1981), pág. 117.

42 Como el actual museo de entramado de madera de Quedlinburg, un edificio de postes largos de la primera mitad del siglo XIV.

43 Véase al respecto Phleps H (1988), pág. 39.

44 Como ya se ha mencionado (véase el *Capítulo 9., Apartado 7.2 Transmisión de tracción, pp. 527* y ss.), el fuerte dimensionamiento de las escuadrías en las construcciones de madera tipo carpintería no se debe tanto a los esfuerzos a los que están sometidas como a la necesidad de realizar uniones por forma, la única técnica de unión de la que disponían los carpinteros.

45 Incluso en los casos en que se ejecutó esta horquilla, suele haber una vigueta transversal de forjado encima (claramente visible desde abajo), que impide cualquier contacto directo entre los extremos de la horquilla y el tramo superior de la columna. Ejemplos de este tipo de columna: vestíbulo inferior del castillo de Tauberbischofsheim; planta baja de la Dürerhaus de Núremberg; gran sala del ayuntamiento de Tubinga (todos en Phleps H (1988)). En cualquier caso, la sección residual de los extremos de las horquillas habría sido demasiado pequeña para soportar la carga concentrada de la columnapilar.

46 M W Lennartz (2012) *Der LifeCycle Tower One – eine Blau-*

pause für den weltweiten Städtebau, Greenbuilding, número 07–08/12, pp. 22–29.

47 Como ocurre a menudo, hay algunas excepciones a esta regla, como la llamada *Columna de Hierro* de Delhi (India), un objeto de hierro forjado de unos 7 metros de largo, fabricado hacia el año 400 d. C. En la época preindustrial, si se disponía de los conocimientos técnicos adecuados, era muy posible forjar lupas individuales más bien pequeñas (trozos incandescentes de hierro) formando un componente mayor, más o menos isótropo. Las barras de hierro de unos 9 metros de largo que se utilizaron en Santa Sofía en el siglo VI d. C. también lo demuestran. De ahí el término *hierro de soldadura*, término alternativo al de hierro forjado. Sin embargo, la regla general es que tales componentes eran demasiado caros para el uso constructivo regular —porque requerían una gran cantidad de trabajo manual— y eran demasiado poco fiables debido a la falta de homogeneidad en la estructura del material que difícilmente podía evitarse.

48 Mislin M (1988) *Geschichte der Baukonstruktion und Bautechnik von der Antike bis zur Neuzeit*, Düsseldorf, pág. 261, cita la fábrica de algodón *Philipps, Wood and Lee* de Manchester-Salford de 1799–1801 como prototipo de este tipo de edificio moderno. Los arquitectos eran Boulton y Watt. Un ejemplo aún más antiguo se encuentra en Shrewsbury (1796–97, arquitecto: Bage).

49 Sólo 2,9 m en Shrewsbury y 4,3 m en Manchester-Salford (Mislin M (1988), pág. 261).

50 Werner F y Seidel J (1992) *Der Eisen: vom Werdegang einer Bauweise*, Berlín, citan un edificio industrial de cuatro plantas en Nueva York diseñado por el arquitecto James Bogardus en 1849 como la estructura de esqueleto pura más antigua hecha de hierro fundido. Varios edificios similares, algo posteriores, de Bogardus siguen en pie hoy en Nueva York, por ejemplo en 254–260 Canal Street (1857), 75 Murray Street (1858), 85 Leonard Street (1860–61).

51 Werner, Seidel (1992)

52 Mislin (1988), pág. 261

53 Este proceso puede considerarse un avance tecnológico significativo, ya que el hierro fundido, que era quebradizo, de baja resistencia a la tracción y poco fiable bajo esfuerzos dinámicos (¡véase la construcción de puentes!) fue sustituido por un material elástico, resistente y dúctil, capaz de soportar esfuerzos de tracción y, al igual que los aceros estructurales modernos, de aliviar los picos de tensión fluyendo; véase Werner, Seidel (1992), pág. 38.

54 Werner, Seidel (1992), pág. 39.

55 Bien mirado, resulta sorprendente que Peter Behrens, siendo diseñador artístico jefe del Grupo *AEG* en 1909, siguiera mostrándose reacio a continuar las fachadas acristaladas de la sala de turbinas de Berlín por ambos lados de la esquina y en su lugar introdujera una esquina de hormigón (se podría decir un tapiz de hormigón) completamente ajena al sistema, presumiblemente para satisfacer los hábitos estéticos

(acostumbrados a la construcción sólida) de sus clientes. Además del mencionado Palacio de Cristal de 1851, también se encontraban en Giengen el edificio de la fábrica *Steiff* de 1903 y el edificio de la fábrica *Koppel* de 1905. La esquina de vidrio ya se había realizado en ellos en su forma más pura. El verdadero diseñador de la sala de turbinas, el ingeniero Karl Bernhard, comentó lo siguiente: „Todo el mundo ve el frontón, formado por una fina piel de hormigón armado antepuesta a la estructura de hierro, como un monumental edificio de hormigón. La fachada de vidrio y hierro de la Berlichingenstraße, en cambio, es una auténtica e intocable obra de arte de la construcción de hierro, un logro artístico, algo que resulta dudoso en el caso del frontón" (Mislin M (1988), pág. 274). En vista de tal autoinhibición, no es sorprendente que Walter Gropius, astuto propagandista en causa propia, todavía fuera capaz de convencer a los expertos (desinformados) con su Faguswerk de 1913 (!) de que era él el verdadero perfeccionador de la construcción de esqueleto puro, porque era el inventor de la esquina de vidrio sin soporte de esquina, una opinión que aún persiste en la literatura sobre historia de la arquitectura hasta nuestros días (cf. por ejemplo Giedion S (1954) *Walter Gropius — Mensch und Werk*, pp. 26 y s.). Sin embargo, una mirada más atenta a la planta del edificio revela que la esquina acristalada en sí no tiene nada que ver con la lógica de la estructura de esqueleto, sino que es una consecuencia modular y geométrica de la forma en que la estructura portante unidireccional circunda la esquina.

56 A primera vista, sorprende que el arriostramiento, aparentemente ejecutado como diagonales bajo tracción pura, no confluya en un único nudo con el forjado y los montantes, sino por separado respectivamente a la altura del suelo y del centro de la altura de la ventana. El resultado son momentos flectores y trayectorias de fuerza más largas. No obstante, la solución elegida es comprensible: Está claro que el objetivo era mantener los huecos de las ventanas libres de montantes y diagonales, aunque no siempre se consiguiera, como en el caso de la escalera.

57 La transición del antiguo hierro forjado o soldado al moderno acero estructural convencional fue un proceso continuo que comenzó a mediados del siglo XIX y no terminó hasta el cambio de siglo. Los aceros estructurales generalmente normalizados sólo estuvieron disponibles tras la introducción de la norma *DIN 1612* en 1925; véase Werner, Seidel (1992), pp. 39 y ss.

58 El vano libre del travesaño de fachada entre columnas de fachada en la trama estructural, típico de la construcción de esqueleto, ya apareció en 1861 en el cobertizo para botes del astillero naval de Sheerness (Kent, Reino Unido), obra de John Rennie. Una vez más, se puede ver cuánto tardaron estos pasos de desarrollo conceptual elementales (desde la perspectiva actual) en asentarse firmemente en la mente de los profesionales de la construcción.

59 Ernst Werner también apoya esta tesis. Sus recálculos está-

ticos de los forjados de las galerías muestran: „En conjunto, por tanto, una buena distribución de la carga, que se consiguió gracias a la disposición de las vigas, aparentemente complicada. Es de suponer que por la extensión superficial de las distintas galerías, las crujías entre columnas se organizaron a modo de tablero de ajedrez, con el fin de lograr una igualación aún mayor de las cargas sobre las vigas". Véase Werner E (1970) *Der Kristallpalast zu London 1851*, Düsseldorf, pág. 45.

60 Según Werner E (1970), pág. 47.

61 Los detalles del Palacio de Cristal proceden principalmente de Werner E (1970). A pesar de los detallados dibujos contemporáneos de los componentes individuales, sigue siendo difícil reconstruir todo el edificio en su estado original. Por si fuera poco, el edificio se reconstruyó en Sydenham en 1854, aunque de forma muy modificada, por lo que los dibujos o fotografías muestran a veces diseños aparentemente contradictorios. Esto se aplica en particular al arriostramiento horizontal de todo el edificio. Los arriostramientos contra viento que se muestran aquí están documentados. Otros, que presumiblemente eran necesarios para arriostrar la estructura en su conjunto, sólo pueden reconstruirse presumiblemente. En los planos de fachada propiamente dichos, es concebible que la estrecha posición de columnas (8 pies) junto con los tramos de arco intermedios hubieran creado una especie de cadena de pórticos que hubiera sido rígida en su plano sin medidas adicionales como un arriostramiento diagonal. Sin embargo, la rigidez a nivel de forjado de la galería y de cubierta es particularmente incierta. Esta era esencial para transferir las fuerzas horizontales del viento a los puntos fijos verticales (arriostramientos diagonales) en ambas direcciones de arriostramiento. Esta función podría haberla desempeñado el entablado apretado de los forjados de las galerías o cualquier arriostramiento horizontal diagonal situado bajo los forjados. Werner (1970) firma: „Se instalaron arriostramientos contra el viento bajo las galerías, pero también bajo la cubierta. Las columnas de las esquinas de las crujías cuadradas se unían en diagonal con barras de hierro redondas a la altura de la cubierta y las galerías. Junto con las vigas, esto dio lugar a jácenas de cordones paralelos de gran luz" (pág. 42). Por tanto, debió de haber cadenas enteras continuas de riostras diagonales, presumiblemente en las crujías directamente adyacentes a las fachadas. Estas preguntas sin respuesta no pueden ser exploradas en profundidad en esta obra, ya que el objetivo principal aquí es presentar un principio estructural ejemplar y no reconstruir con precisión el estado real del edificio en 1851.

62 Engel B (1930) *Amerikanischer Eisenrahmenbau.* Deutsche Bauzeitung, Berlín (58) (1924), pág. 199. Citado en Werner, Seidel (1992).

63 Werner, Seidel (1992), pág. 188.

64 Según Mislin (1988), pág. 292.

65 Como el desastre del puente *Tay* en 1879, un puente que se derrumbó arrastrando un tren que lo cruzaba, un accidente

que se atribuyó, al menos en parte, al fallo de piezas de hierro fundido. El incidente sirvió de modelo para el poema *Die Brück' am Tay* (el puente sobre el Tay) de Theodor Fontane.

66 La definición de acero dúctil de Filadelfia de 1876: „Se denomina hierro dúctil a todos los compuestos de hierro maleable de composición ordinaria que se han obtenido por colada a partir de un estado líquido y que no se endurecen sensiblemente al calentarse al rojo vivo y enfriarse en agua. Todos los compuestos de hierro de este tipo que pueden endurecerse de la forma especificada por cualquier motivo se denominan acero dulce". (Werner, Seidel (1992), pág. 37) En 1925, la reunión de presidentes del Comité de Materiales determinó que: „... todo el hierro que pueda forjarse sin tratamiento posterior debe etiquetarse como acero. El acero producido en estado líquido se denomina acero dulce y el producido en estado pastoso, acero de soldadura o pudelado." Citado en ibid. pág. 37.

67 En 1925, la norma *DIN 1612* introdujo cuatro tipos de acero estructural normalizados: St37 como grado estándar y tres grados especiales: St34, St42 y St44. El acero St 37 (a pesar de algunos cambios posteriores en las propiedades del material para garantizar su idoneidad para la soldadura) seguía siendo el acero estructural estándar generalmente utilizado hasta la introducción de la normalización europea hace unos años; véase Werner, Seidel (1992), pp. 41 y s.

68 Los ingenieros rusos Bernados y Salvianoff desarrollaron los fundamentos de la soldadura por arco con electrodos en 1886–87; véase Werner, Seidel (1992), pág. 104.

69 Se ha visto que esto ni siquiera ocurría en las construcciones históricas de hierro, donde los soportes de hierro fundido solían ser continuos y las vigas se apoyaban en ménsulas moldeadas lateralmente. No fue hasta la transición al acero laminado cuando se realizaron conexiones remachadas para esfuerzo cortante mediante abrazaderas o platabandas remachadas. Con frecuencia, sin embargo, se utilizaba un tipo de soporte de ménsula sobre angulares remachados (véase **228**). Véanse algunas consideraciones fundamentales en el *Cap. 9., Aptdo. Transmisión de flexión, pp. 549* y ss.

70 El atentado contra el *World Trade Center* de Nueva York desempeñó un papel decisivo en esta evolución.

71 Estas construcciones se distribuyen comercialmente con el nombre de *Slim-Floor*, por ejemplo.

72 Lo cual no resolvería el problema de todos modos, porque la carga del viento aumenta desproporcionadamente con la altura. El área de la fachada impactada, a la que es proporcional la carga superficial, ya aumenta con el cuadrado, mientras que el brazo de palanca del núcleo hipotéticamente ampliado sólo aumenta a la primera potencia.

73 Como con la placa acartelada de Koenen, por ejemplo (1898). Véase al respecto Mislin M (1988), pág. 314, así como Huberti G (ed) (1964) *Vom Caementum zum Spannbeton*, vol. 1, pág. 86.

74 Véase al respecto Huberti G (1964) pp. 26 y ss.

75 Véase al respecto Huberti G (1964), pág. 68.
76 Vischer y Hilberseimer también apoyan esta tesis: „Como todas las estructuras de armazón, la construcción en hormigón armado también está relacionada con la construcción medieval de madera. [...] La construcción medieval con entramado de madera anticipó toda una serie de opciones de construcción de armazón." Hilberseimer utiliza el término *construcción de armazón* para referirse a la *construcción de esqueleto*. Vischer J, Hilberseimer L (1928) *Beton als Gestalter*, Stuttgart, pág. 8.
77 La cabeza de columna acartelada, por ejemplo, puede interpretarse como una traslación literal de la cabeza de columna con zapata de la construcción medieval de entramado de madera, al igual que las nervaduras del forjado como una imitación de las viguetas de madera del forjado.
78 Un buen ejemplo en este contexto es la explosión de los pisos superiores de la fábrica *Adler* de Fráncfort en 1900, construida como un esqueleto de hormigón armado según el sistema Hennebique, en el que los cuatro pisos inferiores simplemente recogieron los escombros que caían de los pisos superiores destruidos permaneciendo intactos. El trabajo simplemente continuó dentro de ellos. Véase al respecto Huberti G (1964), pág. 119.
79 Véase Huberti G (1964), pág. 118.
80 Según Elliott M (2010), *CSH Construction History Society of America*, edición número 13.
81 Véase Elliott M (2010) *Construction History Society of America at AIA Iowa*: „La historia del desarrollo de las estructuras portantes demuestra que, en sus primeros esfuerzos por diseñar un determinado nuevo tipo, el ingeniero siempre se ve influido por las formas de construcción a las que se había acostumbrado anteriormente".
82 Hablamos aquí de construcción de hormigón in situ en el sentido convencional, es decir, no de prefabricación local en fábricas a pie de obra.
83 Esto se debe a que es muy difícil introducir de forma fiable el hormigón en las zonas inferiores sin cavidades y compactarlo uniformemente si los
84 espacios de hormigonado en el encofrado son muy estrechos.
85 Los diseños del arquitecto Angelo Mangiarotti son ejemplares e inigualables. Véase al respecto: Bona E D (1980) *Il processo del costruire*, Electa, Milán.

9 UNIONES

J. L. Moro, *El proyecto constructivo en arquitectura — del principio al detalle*, https://doi.org/10.1007/978-3-662-70279-6_9

1. Conexiones - una definición

La construcción siempre presupone una reunión espacial de partes individuales, que al final resultan o conforman la estructura edilicia terminada y dedicada al uso, el edificio terminado. Para que la armazón así creada resista las influencias externas y cumpla su función a lo largo de su vida útil, las partes individuales deben estar unidas entre sí de forma permanente y firme. Esto garantiza que las fuerzas resultantes de las cargas externas se transfieran en última instancia al subsuelo de tal manera que tanto la seguridad de la estructura del edificio como su capacidad de servicio queden garantizadas al limitar las deformaciones que se producen.

El hecho de que se presente la tarea de combinar partes individuales pequeñas para formar una estructura mayor tiene que ver con el gran tamaño de los edificios. Rara vez es posible producir una estructura a partir de una sola pieza en un proceso de construcción ininterrumpido, lo que sería la única forma de prescindir del proceso de unión en la construcción.

☞ *Cap. 1. Escala, pp. 4 y ss.*

☞ *Cap. 6. Superficies, pp. 248 y ss.*

La conexión también es necesaria debido a la separación espacial entre el lugar de producción y el lugar de construcción: un rasgo característico del mundo moderno de la construcción industrializada. Siempre depende del transporte de piezas individuales, lo que a su vez determina su tamaño máximo, obliga a descomponer la estructura del edificio en secciones más pequeñas y, en consecuencia, hace imprescindible su conexión.

El término *conexión* se entiende, en primer lugar, como el acercamiento y la unificación de piezas individuales sólidas con una forma definida, o de dichas piezas individuales y material moldeable. A excepción de algunos elementos móviles, en la construcción se supone que las piezas individuales permanecen en su ubicación asignada durante toda su vida útil. Incluso en el caso de elementos móviles, el movimiento no es ilimitado, sino que el proceso de movimiento se suele controlar con precisión, normalmente —como en el caso de una puerta— restringiéndolo a una sola dirección y limitando al mismo tiempo el espacio de movimiento —en el ejemplo

2 Conexión entre elementos sólidos de una forma definida.

1 Conexión de un elemento sólido de forma definida (ladrillo) con un material temporalmente amorfo (mortero).

de la puerta, por ejemplo, mediante un tope—. Esto, a su vez, equivale a asignar un espacio de coordinación cuyos límites no puede sobrepasarlos el componente, independientemente de su estado tras un movimiento. Si bien en estas condiciones no se transmiten fuerzas en la dirección del movimiento, sí que se transmiten fuerzas en ángulo recto con respecto a él —en el ejemplo de la puerta, esto sería la carga vertical de la puerta en las bisagras de la misma—.

ESPACIO DE COORDINACIÓN

Por ello, también se habla de estructuras estáticas, es decir, de estructuras inamovibles, o de la estática de un edificio.[1] La conducción de fuerzas entre componentes con el fin de crear un equilibrio de fuerzas en la estructura del edificio en su conjunto es, por lo tanto, una condición indispensable para asegurar la fijación posicional permanente de cualquier componente de la construcción en su lugar asignado. En este sentido, la subfunción constructiva de conducir fuerzas ocupa una posición primaria y dominante frente a otras subfunciones: estanqueidad, aislamiento térmico, etc.: Mientras que estas últimas funciones en algunos edificios a veces no aparecen, en la construcción siempre y sin excepción nos vemos confrontados con la transmisión de fuerzas.

ESTÁTICA

☞ *Cap. 6., Aptdo. 2. La creación de capas u hojas bidimensionales, pp. 255 y s.*

Así, en primer lugar, antes de cumplir otras tareas igualmente importantes, es necesario conducir fuerzas entre las partes que se van a conectar. Éstas pueden variar en magnitud: Puede tratarse de la transmisión de una fuerza pequeña, como la necesaria para presionar un labio de sellado sobre una superficie, o puede tratarse de la transmisión de fuerzas grandes, como las que fluyen dentro de estructuras portantes primarias, es decir, grandes cargas muertas de componentes de gran formato o grandes cargas vivas actuando sobre las superficies externas o internas de la envolvente. Aunque en la construcción se ha convertido en una costumbre hablar de conexiones *de fuerza* (las que transmiten fuerzas de una pieza a otra) y *de atado* (que al menos no transmiten fuerzas primarias), no existe una conexión en el sentido estricto en la que no fluya alguna fuerza.

CONEXIONES DE FUERZA/DE ATADO

Por lo general, se tiende a utilizar el término conexión de forma algo restrictiva, es decir, a considerar sólo aquellas

4 Apilamiento de bloques.

3 Colocación de una viga: transmisión de la carga principal por simple contacto a compresión; aseguramiento adicional contra el deslizamiento mediante piezas metálicas.

conexiones en las que interviene algún medio de conexión mecánico o se aplican fuerzas mediante ayudas técnicas, como las mecánicas. Sin embargo, el tipo de conexión más importante en la construcción a menudo se pasa por alto

APILAMIENTO, ESTRATIFICACIÓN

—por ser tan evidente—: a saber, el simple apilamiento o la estratificación de elementos de construcción, como se
4 efectúa, por ejemplo, al apilar piedras, naturales o artificia-
3 les, o al colocar vigas sobre subestructuras portantes, etc.
También pueden intervenir fijaciones mecánicas, pero en ese caso suelen tener una función secundaria de aseguramiento, como cuando se colocan dos tramos de columna uno encima del otro: La fuerza principal se transmite a través del contacto a compresión entre los tramos de columna apilados; pernos aseguran adicionalmente la conexión contra el deslizamiento

BLOQUEO

GRAVEDAD

lateral. La fuerza que actúa en este proceso, que forma el llamado bloqueo, es la gravedad. Une las superficies de contacto bajo compresión y lo hace de forma permanente: una fuerza de conexión absolutamente fiable que funciona automáticamente sin nuestra intervención. Cuanto mayor sea la masa o el peso de los componentes, mayor será la fuerza gravitatoria que genera la oclusión. Una vez que ésta ha alcanzado una determinada magnitud, ya no la pueden anular cargas que actúan externamente: Se dice que la gra-

SOBRECOMPRIMIR

vedad simplemente *sobrecomprime* estas cargas externas no deseadas. Este es el principio funcional fundamental de las llamadas estructuras de gravedad, pero también de métodos constructivos tan importantes como la obra de fábrica, un tipo de construcción que ha tenido una influencia profunda sobre las actividades constructivas del ser humano durante miles de años. Por eso, en ocasiones puede ser no sólo superfluo sino incluso contraproducente ahorrar peso simplemente por principio, o puede ser engañoso e inútil calcular y proclamar con orgullo las pocas toneladas que pesa una estructura.

☞ *Cap. 10. Diseño constructivo, pp. 562 y ss.*

Además de la muy importante, pero no única, función de transmisión de fuerzas, las conexiones también pueden tener otras funciones. Esto es especialmente cierto cuando se trata de conexiones dentro de componentes envolventes que están expuestos a la intemperie —en el caso de com-
7 ponentes de la envolvente exterior— o que están sujetos a otros requisitos físicos, como la protección acústica o contra el fuego —en el caso de componentes envolventes interiores—. Esencialmente, hay que imponer los mismos requisitos al empalme de superficie, es decir, a la junta, que a la propia superficie del componente: estanqueidad, capacidad de aislamiento térmico etc. De lo contrario, la función protectora de la envolvente climática del edificio se vería perjudicada: como con un gran agujero en un jersey o la suela de un zapato.

EMPALME, JUNTA

El modo en que la función protectora de la superficie de una determinada capa de un estratificado a la que se le ha encomendado una tarea constructiva y física específica pue-de mantenerse a través de un empalme o una junta de este tipo y, por lo tanto, garantizarse de forma fiable, será objeto de un estudio posterior: es decir, por ejemplo, la cuestión de cómo la función aislante de una capa de aislamiento en una construcción de fachada puede llevarse a cabo de forma continua, sin ruptura funcional, a través de un espacio de junta —que, como su nombre indica, suele ser simplemente un espacio vacío— de componente a componente adyacente. Este proceso de diseño de juntas entre componentes envolventes, en el que confluyen en un espacio muy reducido numerosos requisitos bastante diferentes, que a veces se obstruyen mutuamente o incluso se excluyen, es una de las tareas más exigentes del proyectista.

☞ *Cap. 10. Diseño constructivo, pp. 562 y ss.*

Pero volvamos a la tarea elemental de conducir fuerzas en las conexiones: Es lo suficientemente importante —porque al fin y al cabo, como se ha señalado, es imprescindible— como para dedicarle algunas reflexiones y observaciones esenciales.

El principio constructivo

2.

■ En vista de las dificultades que siempre causan los empalmes por las razones que se acaban de exponer, parece obvio procurar prescindir de ellos ya de primeras en la medida de lo posible. Aunque, como se ha visto, esto no es fácil en la construcción, sí puede lograrse a la escala del edificio global en ciertas condiciones: por ejemplo, fundiendo una estructura completa en una sola pieza, al menos prácticamente sin juntas, de hormigón u otro material moldeable. Este tipo de construcción responde al *principio de construcción integral*

PRINCIPIO DE CONSTRUCCIÓN INTEGRAL

7 Conexión con función de sellado.

6 Parte frontal de un pilar de puente (Kronprinzenbrücke Berlín) fabricado a partir de una sola pieza de acero fundido según el principio de construcción integral.

5 Principio de construcción integral a nivel de componente: columna de madera tallada a partir de un tronco de árbol mediante el método sustractivo.

PRINCIPIO CONSTRUCTIVO INTEGRAL

o *principio constructivo integral.* Los términos "principio de construcción" y "principio constructivo" se refieren a los métodos fundamentales de cómo las partes individuales se unen, y si acaso lo hacen, para formar una estructura general de un edificio. El centro de atención es la forma en que se transmite la fuerza dentro de la estructura del edificio: ya sea a través del material continuo no perturbado (es decir, integral), en una junta de forma distribuida sobre una superficie o línea (cuasi-integral) o de otro modo puntualmente localizado (diferencial). En este sentido, se distingue entre el principio de construcción *integral*, el *cuasi-integral* y el *diferencial.*[2] A este respecto, ambos términos, *principio de construcción* y *principio constructivo*, se aplican no sólo a edificios, sino también a cualquier tipo de objeto técnico hecho por el hombre: también a vehículos, aviones y artículos de uso cotidiano.

PRINCIPIO DE CONSTRUCCIÓN CUASI-INTEGRAL

PRINCIPIO DE CONSTRUCCIÓN DIFERENCIAL

Sin embargo, la cuestión del principio constructivo que se aplica en cada caso puede no sólo referirse al edificio en su conjunto, sino también a sus componentes, que también tienen que ser fabricados y muy a menudo están compuestos a su vez por piezas individuales. A este respecto, se distinguen diferentes jerarquías de contemplación. Por lo tanto, cabe preguntarse qué principio constructivo se utilizó bien para producir un edificio entero o bien para producir un componente específico. Esta distinción entre diferentes jerarquías de contemplación debe hacerse siempre con sumo cuidado.

JERARQUÍA DE CONTEMPLACIÓN

Pero volvamos al principio de construcción integral: Siempre está presente cuando un elemento se fabrica de una sola pieza sin juntas. Hay varias formas de hacerlo: Se puede fundir el elemento a partir de material maleable en
6, 8 un molde negativo; puede formarse con material plástico,

8 (Arriba izquierda) fabricación integral por moldeo de un material amorfo: el vidrio.

9 (Derecha) fabricación integral por eliminación sustractiva de material: fresado de una pieza de metal.

10 (Abajo izquierda) fabricación integral por eliminación sustractiva de material: corte de una pieza de madera.

por ejemplo, amasándolo; o, finalmente, se puede cortar, 11 cincelar, fresar o tallar de cualquier otro modo extrayéndolo de un gran bloque de material de forma fija. 5, 9, 10

Aunque se reconocen las ventajas que ofrece la estructura del objeto exenta de juntas, ya se sospechan las dificultades que surgen de estos procedimientos de conformación. Cuanto más compleja sea la forma, más difícil será el modelado. Un buen ejemplo es el coste de encofrado en la construcción de hormigón. Esto es porque antes de poder fundir una forma, hay que construirla previamente en inversión negativa como un encofrado. Esto suele hacerse con otros materiales que a su vez no pueden moldearse libremente (por ejemplo, madera), que pueden no ser tan fáciles de transformar en una forma complicada y que, por sí mismos, requieren aplicar principios de construcción completamente diferentes.

PROCEDIMIENTOS SUSTRACTIVOS

Incluso con los llamados procedimientos sustractivos, en 5, 9, 10, 12 los que se retira material superfluo de un gran bloque hasta que queda la forma deseada —por ejemplo, por fresado, cincelado, etc.— puede ser necesario invertir mucho tiempo, trabajo y energía para producir la forma deseada, por no mencionar el gran consumo de material que puede darse en el proceso. Las admirables formas talladas en piedra, como las que se encuentran en el arte plástico y la arquitectura (especialmente la premoderna), siempre han consumido una gran cantidad de energía humana (ahora mecánica) y tiempo de trabajo en el proceso de fabricación. Por otro lado, la 13 ventaja es que se obtiene una estructura homogénea sin discontinuidades, en la que puede tener lugar un flujo de fuerzas bien distribuido sin peligrosas concentraciones de tensiones y en la que las deformaciones pueden desplegarse en gran medida libremente y sin limitaciones dentro del continuo del

11 (Arriba izquierda) fabricación integral por amasado de material plástico moldeable: laminado en frío de un perfil metálico.

12 (Derecha) principio de construcción integral: extracción sustractiva de material mediante el cincelado de un gran bloque en bruto partido en la cantera; columnas monolíticas de piedra natural. (Panteón, Roma).

13 (Abajo izquierda) decoraciones de piedra producidas con mucho trabajo por sustracción.

material, y en la que no hay costosas juntas susceptibles de fallar. Ahora bien, también hay que tener en cuenta que estructuras integrales deben destruirse forzosamente al final de la vida útil si es que se quieren reciclar o desmantelar, ya que por definición carecen de juntas que, dado el caso, pudieran actuar como una especie de punto de ruptura predeterminado para el efecto. También por definición y por el mismo motivo es imposible reemplazar una parte de una estructura integral si resulta dañada, sino que siempre hay que sustituirla por completo. Otra desventaja es que, una vez más por definición, no es posible combinar diferentes materiales en una pieza integral, algo que sí permiten los otros principios de construcción.

Cuando no pueda realizarse un principio de construcción integral, deberán introducirse juntas de empalme. En primer lugar, existe la opción de repartir las fuerzas a través de la junta hacia el elemento colindante en lugar de concentrarlas en puntos específicos. Esto se hace, por ejemplo, pegando, soldando, morterando o uniendo de otro modo los flancos de la junta en toda la superficie, o al menos de forma lineal. Esto crea condiciones, si no idénticas, al menos desde un punto de vista mecánico igualmente favorables que con el principio de construcción integral. Es esto por lo que este principio de construcción se denomina cuasi-integral.

Este método de construcción puede, aunque no necesariamente, tener desventajas en comparación con el integral: Hay conexiones cuasi-integrales, como el encolado de la
14 madera, que son mecánicamente más fuertes que el propio material base y, por tanto, al menos desde el punto de vista mecánico, crean condiciones incluso más favorables que con la fabricación integral. Sin embargo, esto a su vez puede ser un obstáculo para el desmantelamiento o el reciclaje. Además, la conexión cuasi-integral permite unir diferentes materiales. Por razones obvias, el principio de construcción integral no ofrece esta opción, ya que por definición sólo implica un único material continuo. En el caso del principio de construcción cuasi-integral, también se produce una transmisión de fuerzas continua y ampliamente distribuida entre las partes que se van a conectar, sin que las tensiones se concentren localmente y perjudiquen la cohesión.

Si tampoco es aplicable o adecuado el principio de construcción cuasi-integral, queda la posibilidad de conectar elementos contiguos de forma puntual. Para ello, se suelen

14 Principio de construcción cuasi-integral: adhesivado superficial de láminas de madera en la producción de madera laminada encolada.

15 Principio de construcción diferencial: conexión puntual mediante fijaciones mecánicas.

emplear los correspondientes elementos de fijación mecánicos que se insertan a través de orificios en el material. Pero 15
también pertenece a esta categoría, por ejemplo, la soldadura por puntos. Esto se llama el principio de construcción diferencial. Al igual que el cuasi-integral, también permite unir elementos de distintos materiales. Se trata de una ventaja nada despreciable. De este modo, se pueden combinar distintos materiales con capacidades diferentes disponiéndolos específicamente donde resulten más beneficiosos, como ocurre por ejemplo en la construcción compuesta o en métodos de construcción híbridos como la construcción de madera de ingeniería, en la que los componentes de madera se combinan con elementos de fijación de acero. En este caso, es relativamente fácil asegurarse de que la conexión sea desmontable para poder modificarla o desmantelarla: especialmente cuando se utilizan elementos de fijación desmontables, como tornillos. A diferencia de muchas conexiones cuasi-integrales, en estos casos no es necesario dañar el material base del elemento para el desmontaje.

La principal desventaja del principio de construcción diferencial es la concentración del efecto de la fuerza en las conexiones puntuales. Esto suele provocar aumentos locales de tensión, que pueden llegar a ser peligrosos en condiciones desfavorables. Además, si se utilizan fijaciones mecánicas, hay que perforar el material base y, por tanto, se debilita inevitablemente. Se verá a continuación que esto puede provocar aún más desventajas que pueden hacer aumentar aún más las tensiones acumulándose localmente.

☞ *Efecto de entalla, descrito en el Aptdo. 7.2 Transmisión de tracción, pp. 527 y ss.*

Aunque se producen deformaciones internas como consecuencia directa de la típica estructura discontinua de objetos técnicos compuestos unidos diferencialmente en caso de cambios de temperatura y efectos similares, lo que puede dar lugar a esfuerzos de coacción locales, las conexiones diferenciales, a diferencia de las cuasi-integrales, pueden ejecutarse de manera que se transmitan fuerzas en ciertas direcciones especificadas, pero se permitan movimientos en otras. De este modo, en la medida en que sea necesario, las deformaciones de componentes contiguos que aparecen localmente también pueden desplegarse libremente a nivel local a través de las correspondientes uniones móviles.

Aunque la elección del principio de construcción es fundamentalmente una decisión de proyecto, el material base elegido ya proporciona ciertas especificaciones: Se ha visto que el hormigón, como material moldeable y sin forma fija, ofrece condiciones ideales para el principio de construcción integral. Sin embargo, como pieza prefabricada, puede procesarse de la misma manera tanto de forma integral (por adhesivado) como diferencial (por empernado).

Aparte del hormigón, los materiales minerales, como las piedras artificiales, se unen en la mayoría de los casos de forma cuasi-integral en el aparejo de albañilería. La transferencia de fuerzas se produce siempre de forma bidimensional, ya sea por contacto directo a hueso o a través de una junta de mortero.

La madera se puede unir de forma integral mediante encolado (sólo en la fábrica), pero por lo demás se une de forma diferencial. Los elementos de madera sólo pueden fabricarse a nivel de componente mediante el aserrado, el curvado, el fresado, etc., por lo que tienen un efecto limitador las especificaciones dimensionales del tronco del árbol, así como la trayectoria de las fibras, que suele ser estrictamente recta.

El acero se puede procesar según el principio de construcción integral en la fundición de acero. Sin embargo, en tal caso se especifican ciertos tamaños máximos que hacen imposible el uso de acero fundido a escala del edificio completo. Por lo demás, el acero se une de forma cuasi-integral mediante soldadura o, alternativamente, de forma diferencial con la ayuda de fijaciones mecánicas como pernos roscados.

Una vez considerada la configuración espacial en la que se transmiten las fuerzas, ya sea en la estructura material o entre elementos contiguos, se tratarán otras cuestiones espaciales y se examinará el método mecánico por el que puede producirse la transmisión de fuerzas entre superficies contiguas.

3. La transmisión de fuerzas en el espacio

MOVIMIENTO

■ A la hora de considerar cómo se pueden juntar dos componentes con conexión de fuerza, es decir, cómo se puede transferir una fuerza de un componente a otro, es importante darse cuenta primero de que se está operando en un espacio tridimensional. Las fuerzas no son visibles; sólo lo son sus efectos en forma de movimientos o deformaciones (suficientemente grandes). Se habla de movimientos cuando el elemento considerado cambia su posición global en el

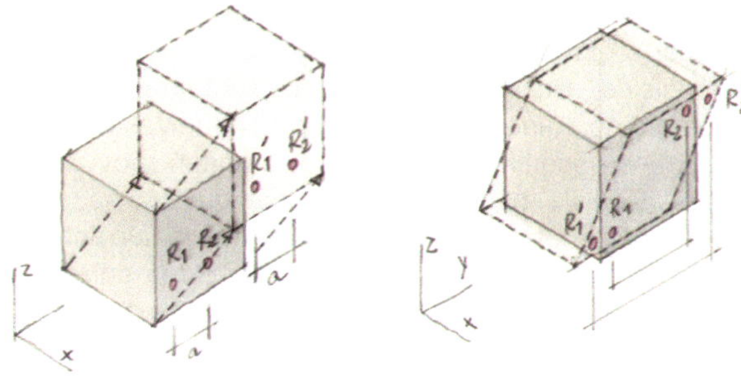

16 Movimiento de un cuerpo en el espacio tridimensional (izquierda): No se produce ningún cambio en la forma y, por tanto, tampoco en la posición relativa de los dos puntos de referencia $\mathbf{R_1}$ y $\mathbf{R_2}$. Derecha: deformación o cambio de forma de un mismo cuerpo: Se produce un cambio en la posición relativa de los puntos de referencia.

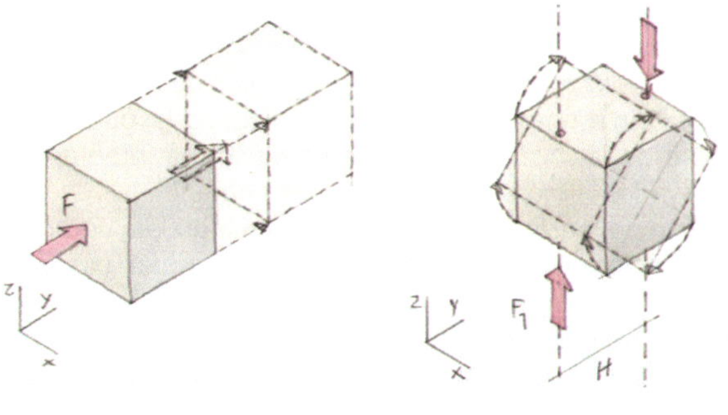

17 Desplazamiento o traslación de un cuerpo en el espacio tridimensional (izquierda) en →**y+** debido al efecto de la fuerza **F**. Derecha: rotación del mismo cuerpo alrededor de un eje paralelo a →**x**, es decir, dentro del plano de coordenadas **yz**, por efecto del par de fuerzas $\mathbf{F_1}$, $\mathbf{F_2}$ con el brazo de palanca **H**.

espacio sin modificar su propia forma; de deformaciones **16 i** DEFORMACIÓN
cuando sí cambia su propia forma, es decir, cuando puntos de referencia situados en él cambian su posición relativa entre sí. Si se considera el movimiento libre en el espacio **16 d**
como el efecto más visible de una fuerza, se puede distinguir básicamente entre dos formas de movimiento: a saber, un desplazamiento o traslación y una rotación o giro. La trasla- **17 i, 17 d** DESPLAZAMIENTO, TRASLACIÓN
ción es el efecto de una sola fuerza; la rotación es el efecto de un par de fuerzas o de un momento. ROTACIÓN

Veamos primero la traslación: Es sabido que en la física clásica una fuerza se modela siempre como un vector. Esto significa que una fuerza en el espacio siempre tiene no sólo una *dirección* específica de acción, sino también un *sentido* de acción. O dicho de otra manera: una dirección de acción comprende dos sentidos de acción, el positivo y el negativo. Si se considera el espacio tridimensional, que se ordena con la ayuda de un sistema cartesiano de coordenadas compuesto por tres ejes **x**, **y** y **z**, cada movimiento de traslación puede dividirse en tres movimientos individuales a lo largo de uno de los tres ejes de coordenadas en cada caso. En consecuencia, para cualquier acción de fuerza se obtienen dos veces tres, lo que da *seis* sentidos concebibles de traslación en el espacio.

Si se añade la rotación, que puede dividirse en un máximo de tres rotaciones parciales dentro de los planos de coordenadas **xy**, **yz** y **xz**, obtenemos entonces dos veces tres sentidos de rotación adicionales, lo que da seis *sentidos* de rotación (en el sentido de las agujas del reloj y en sentido contrario) en el espacio. Por lo tanto, son posibles en el espacio un total de *doce sentidos de movimiento* (traslación y rotación).

En la contemplación bidimensional, que a menudo se prefiere por razones de simplificación, las relaciones son naturalmente más simples: En total, hay dos direcciones de traslación (a lo largo de →**x**, →**y**) o dos veces dos dan cuatro sentidos de traslación, así como un plano de rotación (**xy**) o dos sentidos de rotación (en el sentido de las agujas del reloj/en sentido contrario): eso hace un total de *seis sentidos de movimiento*.

Por lo tanto, al diseñar una conexión, de debe tener siempre presente si de hecho se está bloqueando completamente estos doce posibles sentidos de movimiento —es el caso de las llamadas conexiones inmóviles, como la soldadura o el encolado— o liberando o habilitando alguno de ellos —como es el caso de las conexiones móviles (siempre sólo en sentidos de movimiento escogidos), como un cojinete deslizante en un puente—.[3] Esto ocurre deliberadamente, por ejemplo **18**
para permitir una deformación. Nunca debe un proyectista olvidar un solo sentido de movimiento, ya que en ese caso la conexión puede dañarse o fallar en condiciones adversas.

En general, los sentidos bloqueados o libres necesarios de una conexión resultan de las especificaciones supraordenadas del sistema estático en el que van incorporados

18 Cojinete deslizante. Permite el movimiento horizontal del larguero del pórtico (izquierda) con respecto al pilar del mismo (derecha), en ambas direcciones de movimiento, es decir, hacia la derecha y hacia la izquierda. Esto permite, por ejemplo, la dilatación térmica. Todos los demás sentidos de traslación están bloqueados.

los componentes considerados. Obviamente, el sistema estático también es un producto del proyecto general y, por tanto, una determinación del propio diseñador. Algunos sistemas estáticos —los llamados isostáticos— permiten que las deformaciones se desplieguen libremente. También permiten identificar claramente las trayectorias de las fuerzas y determinar sus magnitudes mediante métodos de cálculo sencillos. Por lo tanto, a menudo —pero no siempre— se basan en la existencia de correspondientes conexiones móviles. A su vez, otros sistemas estáticos —los hiperestáticos— se basan en el hecho de que las deformaciones están bloqueadas o, al menos, obstaculizadas en su despliegue y, en consecuencia son posibles —en función de la distribución de la rigidez en la estructura— diferentes trayectorias de fuerzas. Los segundos sistemas tienen más salvaguardas y reservas; los primeros están esencialmente libres de coacciones internas que son difíciles de predecir y, por tanto, de controlar.

SISTEMAS ISOSTÁTICOS

SISTEMAS HIPERESTÁTICOS

Una vez aclaradas las condiciones geométricas generales de la transmisión de fuerzas en el espacio tridimensional, se procederá a analizar la cuestión del principio mecánico según el cual se puede transmitir una fuerza entre dos compañeros de conexión.

4. El principio de la transmisión de fuerza

■ Para comprender el modo de acción mecánica de una *unión* —por lo que se entiende el bloqueo de uno de los sentidos direccionales mencionados— y, por tanto, el de toda la *conexión* —el bloqueo completo de los doce— es muy útil conocer los tres principios esenciales de la transmisión de fuerzas en las superficies de contacto entre dos compañeros de conexión. También se habla de los tres tipos de *bloqueo* o de *oclusión* que pueden entrar en acción.

UNIÓN, CONEXIÓN

TIPO DE BLOQUEO, DE OCLUSIÓN
BLOQUEO POSITIVO
BLOQUEO MATERIAL
BLOQUEO POR FUERZA

Se distinguen los siguientes tipos de bloqueo: bloqueo positivo o por forma, bloqueo material y bloqueo por fuerza. En cada caso, se consideran dos superficies de contacto de socios de conexión contiguos, que deben mantenerse unidos por medios técnicos y sobre los que actúan fuerzas externas, es decir, cargas.

Es importante tener presente que cada tipo de oclusión sólo se define en un determinado sentido direccional en el espacio, es decir, según la nomenclatura introducida anteriormente: para una determinada *unión*. La dirección a contemplar viene determinada por la dirección de acción de la carga. Así, por ejemplo, si la carga actúa a lo largo de →**-y**, se define también el tipo de bloqueo asociado a lo largo de →**-y**. Se pueden dar diferentes tipos de bloqueo en diferentes direcciones. Esto es más bien la regla. O dicho de otra manera: Para describir una conexión completa en términos de transmisión de la fuerza sin omisiones, se deben identificar o determinar los tipos de bloqueo que actúan en *todos* los doce sentidos direccionales mencionados.

Bloqueo positivo o por forma

■ Siempre actúa un bloqueo positivo, o por forma, cuando la carga aplicada actúa directamente en ángulo recto con el plano de las superficies de contacto, y se dirige hacia ellas. Esto significa que la fuerza externa, que es siempre 20
indeseable y hay que bloquear, en este, y sólo en este, caso de bloqueo por forma actúa —afortunadamente— de tal manera que cierra automáticamente el par de superficies de contacto sin más intervención —es decir que no lo abre o mueve mutuamente de una forma u otra como ocurre invariablemente en otros tipos de bloqueo—.

Por consiguiente, no es necesaria ninguna fuerza artificial o técnica para cerrar la unión en la dirección considerada, es decir, para neutralizar el efecto de la carga externa. Como su nombre indica, es especialmente importante en este tipo de bloqueo la *forma* de la conexión. En detalle: Si se consigue disponer un par de superficies activas o de contacto con la orientación correspondiente a cada dirección de carga imaginable, la conexión quedaría bloqueada por completo contra los doce sentidos de movimiento, sin ningún efecto de fuerza de bloqueo adicional, sólo por la forma. La orientación más eficaz de las superficies de contacto para este propósito sería, por supuesto, exactamente perpendicular a la dirección de la carga.

Esto es (casi) exactamente lo que ocurre con la mayoría de las conexiones con bloqueo por forma; con la única restricción de que se debe necesariamente mantener libre al menos uno de los doce sentidos de movimiento —para siquiera poder establecer la conexión acercando las piezas—. Una vez compuesta (como se verá más adelante, así se denomina en un cierto tipo de conexión por forma), basta con bloquear este sentido de movimiento todavía libre con un elemento adicional, o bien con la ayuda de la gravedad, para crear una conexión completamente cerrada, totalmente

☞ *Véase el Aptdo. 5.1 Componer, pp. 488 y ss.*

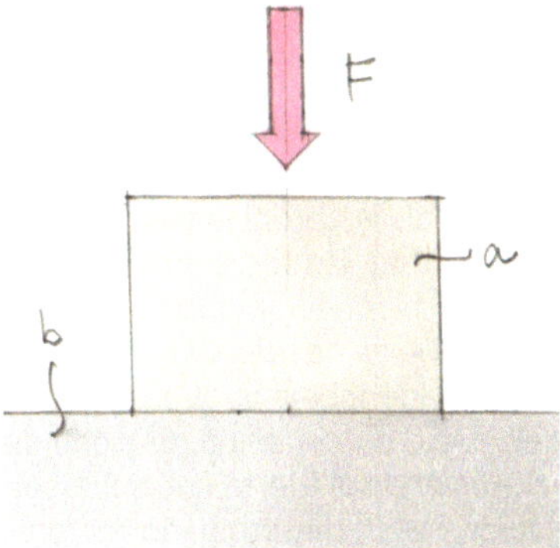

20 Bloqueo positivo entre las contrapartes de unión **a** y **b**: La carga **F** aplicada externamente actúa en perpendicular a la superficie de contacto **a/b** y está orientada hacia ella. Por tanto, bloquea por sí misma este sentido del movimiento (sin necesidad de una fuerza de bloqueo).

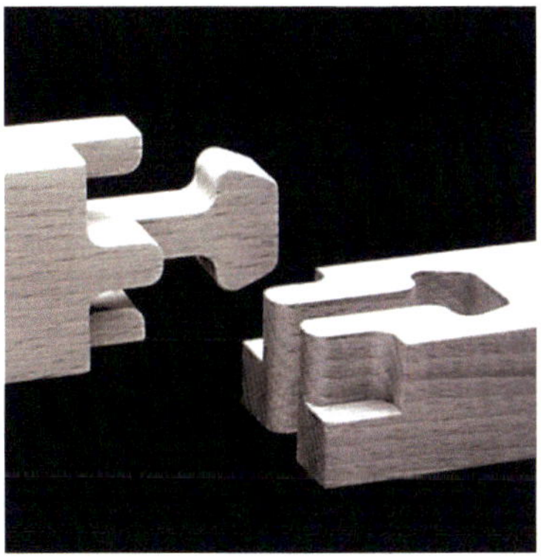

19 Conexión de madera con bloqueo positivo: Sólo hay una dirección de montaje posible (vertical de arriba abajo). Una vez montada la conexión, ésta permanece móvil y debe fijarse adicionalmente (fijación no mostrada aquí).

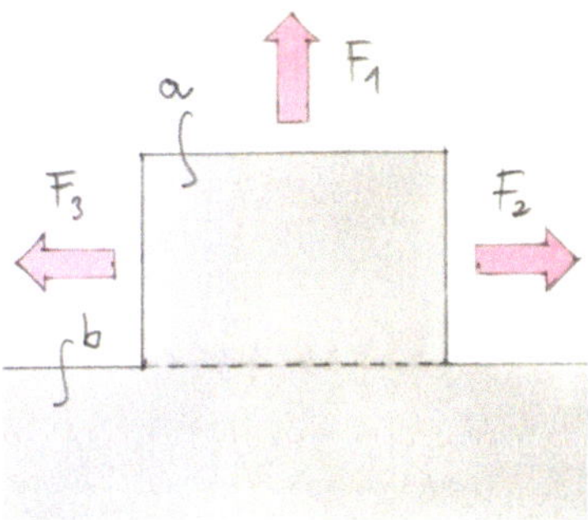

21 Bloqueo material entre las contrapartes de unión **a** y **b**: Todas las cargas aplicadas externamente $\mathbf{F_1}$, $\mathbf{F_2}$ y $\mathbf{F_3}$ con cualquier orientación se bloquean en la superficie de contacto **a/b** mediante fuerzas de unión del material.

inmóvil. En ese caso, basta con retirar este afianzamiento para volver a deshacer la conexión en el sentido inverso a aquel en el que se compuso, sin que se produzcan daños. Por lo tanto, las conexiones con bloqueo por forma son en su mayoría (pero no siempre) desmontables y, en consecuencia, son básicamente adecuadas para fines de reciclaje.

HOLGURA

Las conexiones con bloqueo por forma se caracterizan además por tener holgura. Esto significa que los pares de superficies de contacto de las piezas de unión siempre están sueltas, nunca apretadas una contra otra. También se dice que no están sometidas a un pretensado deliberado, como en el caso de la conexión con bloqueo por fuerza, por ejemplo, de la que se hablará a continuación. Si no existiera esta holgura, la conexión no podría ni siquiera establecerse —en el sentido direccional específico en el que se compuso la misma— ya de primeras, puesto que una de las partes de la conexión en el proceso se quedaría atascada en el espacio de conexión previsto. Sin embargo, la holgura siempre se cierra posteriormente por el efecto de la carga externa en la respectiva dirección de la fuerza, tras superar un deslizamiento inicial, de modo que los pares de superficies de contacto se tocan efectivamente y la carga se bloquea inmediatamente.

DESLIZAMIENTO INICIAL

Las conexiones con bloqueo por forma son muy comunes en la construcción. El mencionado apilamiento o apeo, por ejemplo, crea —con respecto al efecto de la gravedad, es decir, en sentido vertical— un bloqueo por forma entre las superficies de contacto. Las conexiones de la carpintería artesanal tradicional en la construcción de madera también se cierran por forma. En ese caso resulta beneficiosa la sencilla mecanización de la madera, que permite crear conexiones de formas complejas con esfuerzo razonable.

4.2 Bloqueo material

CONTINUIDAD MATERIAL

☞ *Cap. 3., Aptdo. 5.1 Fuerzas de cohesión, pp. 76 y ss.*

COHESIÓN

■ El bloqueo material es —en la definición técnica más bien restrictiva que se aplica en esta obra— una unión entre interfaces de socios de conexión por la que se establece
21 una continuidad material real entre ellos. La unión mecánica del par de superficies de contacto tiene lugar en este caso activando el efecto de unión de las fuerzas de valencia atómicas o moleculares —dependiendo del material— que actúa en la estructura material de las propias piezas. Esto significa que, en este caso concreto, la fuerza de unión —a diferencia de lo que ocurre con el bloqueo por forma, se trata en este caso realmente de una *fuerza de retención* planificada y creada técnicamente— es idéntica a la que mantiene unido el propio material, es decir, su *cohesión*. O dicho de otra manera: Se activa la cohesión más fuerte que se puede obtener bajo la especificación de un determinado material base de modo que la unión resulta equivalente, al menos en términos mecánicos, a un material continuo inalterado.

En el caso del bloqueo material, la estructura de partículas del material de los dos socios de conexión se disuelve por medio de calor, agentes químicos o similares de tal manera que posteriormente se crea una unión material íntima entre las interfaces cuando se juntan. Nótese el singular "... del material": Por supuesto, se trata de piezas del *mismo* material, ya que de otro modo no se podría producir una continuidad material.

Como resultado directo, se obtiene una conexión siempre inmóvil, es decir inmóvil en todos los doce sentidos direccionales, que es capaz de bloquear cualquier fuerza con dirección arbitraria o cualquier par de fuerzas que rote en cualquier sentido. La fuerza de unión no difiere de la propia cohesión del material, por lo que con este tipo de bloqueo se consigue —como se comentó— que la junta de empalme prácticamente desaparezca, al menos en lo que a la transmisión de la fuerza se refiere. Esto tiene ventajas porque se acerca a la idea de producir un edificio de una sola pieza, es decir, de modo integral. Ahora bien, también puede resultar una desventaja, ya que las conexiones por bloqueo material básicamente no permiten ningún movimiento, ni siquiera en un solo sentido direccional, por lo que las deformaciones siempre se bloquean y posiblemente conducen a peligrosas coacciones. También en el caso del reciclaje al final de la vida útil, siempre es necesario separar el material base, ya que por definición no hay conexiones desmontables que puedan facilitar este trabajo.

En la construcción, el (auténtico) bloqueo material prácticamente sólo se produce para estructuras portantes primarias con la soldadura de componentes de acero. Incluso **22**
los aceros tienen que ser soldables en primer lugar para ser adecuados para este fin. No todos los tipos de acero lo son. Otros materiales generalmente no tienen las propiedades necesarias para unirlos con bloqueo material. Entre ellos se encuentran (por desgracia) todos los minerales, cuyo punto de fusión es demasiado alto para posibilidades constructivas. Pero, como se sabe, tampoco la madera es fusible y su estructura material, de todos modos, está demasiado diferenciada para crear fácilmente una continuidad material en cualquier interfaz.

22 Junta soldada: Se crea un continuo material entre los socios que se conectan.

También en lo que respecta a otros requisitos para la junta de empalme no relacionados con la fuerza, como la estanqueidad, la junta queda prácticamente eliminada con el bloqueo material. Las soldaduras realizadas por profesionales también pueden considerarse herméticas y estancas. Esto desempeña un papel importante, por ejemplo, en el caso de vigas cajón de puentes hechas de acero en las que no se puede entrar para inspecciones y que tienen soldaduras estancas en todos los lados, ya que de esta manera se puede descartar la corrosión en el interior.

Bloqueo por fuerza

4.3

■ Por último, pasemos al bloqueo por fuerza: el requisito básico para el bloqueo por fuerza es, como el nombre ya indica, una fuerza generada deliberadamente, que presiona los pares de superficies activas entre sí, es decir, los pone bajo pretensado, neutraliza la carga externa y así crea la conexión.

BLOQUEO POR FUERZA NORMAL

En primer lugar, consideramos el llamado bloqueo por

fuerza *normal*. Es normal porque tanto la carga externa como la fuerza de bloqueo actúan en ángulo recto con res-
24 pecto al par de superficies de contacto. La fuerza de carga externa se aleja del par de superficies de contacto, mientras que la fuerza de bloqueo actuante se dirige hacia él y, en consecuencia, lo cierra. O dicho de otra manera: La fuerza de bloqueo generada, suficientemente grande, se opone al efecto de la carga externa y, en consecuencia, la anula.

Las conexiones con bloqueo por fuerza se distinguen de las de bloqueo por forma, en primer lugar, en que la fuerza de carga —desfavorablemente y a diferencia de las conexiones con bloqueo por forma— se dirige en dirección *contraria* al par de superficies de contacto y, en consecuencia, trata de separarlas. Por lo tanto, en este caso hay que aplicar una fuerza adicional, a saber, la fuerza de bloqueo (por tanto, el bloqueo *por fuerza*). El par de interfaces está constantemente bajo *pretensado elástico previo* como resultado de la fuerza de bloqueo aplicada de esta manera. El pretensado actúa a lo largo de toda la vida útil de la conexión, no sólo —como en el caso del bloqueo por forma— cuando actúa una carga externa. Esto significa, por tanto, que las conexiones con bloqueo por fuerza nunca tienen holgura. En cambio, ésta es una característica inconfundible del bloqueo por forma.

PRETENSADO ELÁSTICO PREVIO

Las fuerzas que pueden utilizarse con efecto generador de bloqueo se producen en la construcción en su mayoría por medios mecánicos, es decir, por ejemplo, mediante una conexión de tornillo. Sin embargo, también son posibles otros tipos de fuerza, como fuerzas de campo. Se trata de

FUERZAS DE CAMPO

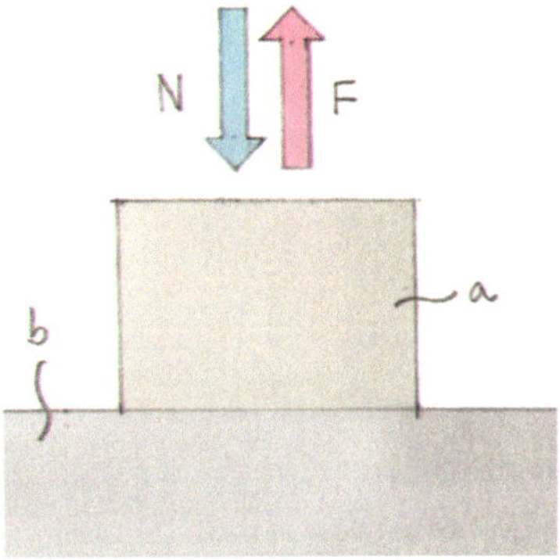

24 Bloqueo por fuerza normal entre las contrapartes **a** y **b**: La carga **F** aplicada externamente actúa en ángulo recto con respecto a la superficie de contacto **a**/**b** y está orientada en sentido opuesto. Separaría el par de superficies de contacto **a**,**b**. Esto se evita mediante la contrafuerza **N** aplicada deliberadamente al efecto. Presiona la pieza de conexión **a** contra la superficie de contacto de **b** y bloquea así el movimiento.

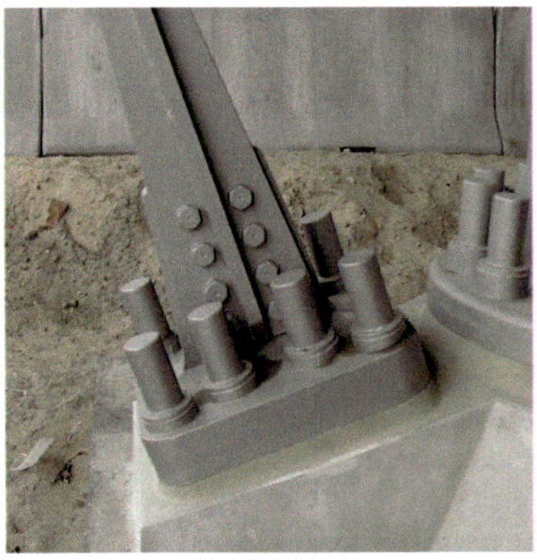

25 Bloqueo por fuerza normal: La fuerza de tracción en el tirante (**F** en ⧉ **24**) se mantiene en equilibrio por la fuerza de reacción activada por los tornillos (**N** en ⧉ **24**) orientados en sentido contrario.

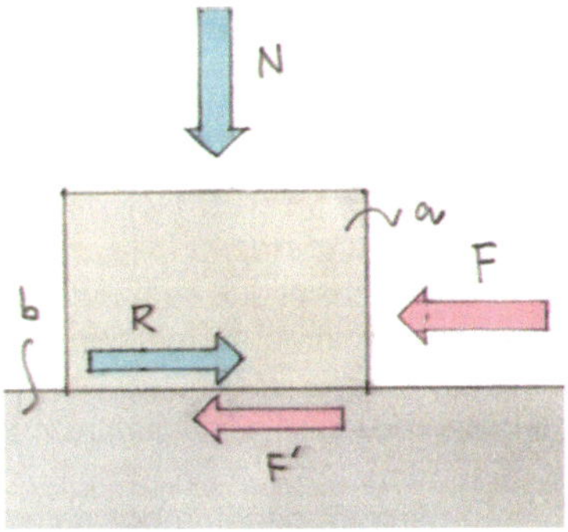

23 Bloqueo por fuerza tangencial entre las contrapartes **a** y **b**: La carga **F** aplicada externamente actúa en paralelo con respecto a la superficie de contacto **a**/**b**. El movimiento resultante no se bloquea por una fuerza externa que actúa en sentido contrario (como en el caso del bloqueo por fuerza normal), sino por una fuerza programada **N**. Como resultado de la resistencia por rozamiento, **F** activa una fuerza de reacción **R** en la superficie de contacto. Actúa paralela o tangencialmente a la superficie de contacto **a**/**b** y, por tanto, se opone a la fuerza **F** que actúa externamente. **R** bloquea el movimiento.

fuerzas magnéticas (bastante raras), o de la ya mencionada gravedad, que no es otra cosa que una fuerza de campo y no requiere ningún medio mecánico para desplegar su eficacia.

FUERZAS ADHESIVAS

Además, también sirven para este fin fuerzas electromagnéticas, en este contexto, fuerzas adhesivas. Bajo su efecto no se crea, sin embargo, una verdadera continuidad material como en el caso del bloqueo material. En cambio, sólo se activan las denominadas *fuerzas de valencia secundarias* (fuerzas de Van der Waals, fuerzas de puente de hidrógeno), que mantienen permanentemente unidas las interfaces de las parejas de unión. A menudo es necesario un aditivo, un adhesivo, para activar estas fuerzas de forma útil.

☞ *Cap. 3., Aptdo. 5.1 Fuerzas de cohesión, pp. 76 y ss.*

☞ *Cap. 3., Aptdo. 5.1.4 Enlaces de valencia secundarios, pág. 79*

Es obvio que en este caso, a diferencia del bloqueo material, también se pueden unir socios de conexión hechos de materiales diferentes, lo que sin duda es una ventaja importante de este tipo de bloqueo. Sin embargo, las fuerzas de bloqueo que actúan son más débiles que las fuerzas de valencia atómica o molecular del bloqueo material.

BLOQUEO ADHESIVO

Estas llamadas conexiones *con bloqueo adhesivo* en algunas partes de la literatura técnica se atribuyen al bloqueo material. Como se ha dicho, no se sigue esta práctica en la presente obra.

Por último, dentro de las conexiones con bloqueo por fuerza, hay que examinar otra categoría importante: Hasta ahora se ha considerado el llamado bloqueo por fuerza normal, en el que se supone que la fuerza de carga está orientada en ángulo recto hacia la superficie de contacto. Además, también existe el llamado bloqueo por fuerza *tangencial*. En este último caso, la carga externa no está orientada en ángulo recto, sino *paralela* —o tangencial— al par de superficies de contacto. Por otro lado, la fuerza aplicada que genera el bloqueo permanece alineada en ángulo recto con el par de superficies de contacto. O bien: La fuerza de bloqueo está alineada *en ángulo recto* (¡no opuesta!) con respecto a la carga actuante. Se trata de una aparente contradicción. Sin embargo, se resuelve si se considera que al presionar el par de superficies entre sí se produce una fuerza de rozamiento que sí que actúa en el plano —es decir, ya directamente opuesta a la carga— que bloquea efectivamente el movimiento relativo del par de superficies activas tangente a este plano. Esta es la razón por la que se utiliza menudo la denominación alternativa de bloqueo por rozamiento o por fricción para esta variante tangencial del bloqueo por fuerza.

23 BLOQUEO POR FUERZA TANGENCIAL

BLOQUEO POR ROZAMIENTO, POR FRICCIÓN

26 Derrape en curva (arriba), frenada brusca (abajo).

Un requisito previo para la eficacia de este tipo de bloqueo es, por supuesto, el rozamiento en la superficie de contacto, o la rugosidad de las superficies de contacto que lo provoca. Este se mide con el llamado coeficiente de rozamiento μ de las superficies. El aumento del rozamiento incrementa la fuerza de reacción que genera el bloqueo en la zona de contacto. Sin embargo, también aumenta el efecto de bloqueo un incremento de la fuerza de compresión aplicada, como ocurre con todas las demás conexiones con bloqueo por fuerza. Esto es particularmente ventajoso cuando el coeficiente de rozamiento del material no puede aumentarse significativamente. La construcción de obra de fábrica, que sería inconcebible sin un bloqueo por fuerza tangencial, hace un amplio uso de esta última opción, simplemente sobrecomprimiendo las fuerzas horizontales en el tendel (junta horizontal) entre bloques mediante una sobrecarga suficiente. La obra de fábrica extremadamente ligera sin cargas adicionales procedentes de los pisos no sería realmente portante: A la menor ráfaga de viento, un muro se derrumbaría o los "bloques" simplemente saldrían volando. Por el contrario, una estructura de obra de fábrica con superficies de tendel hipotéticamente lisas como un espejo, sin rozamiento digno de mención, no sería capaz de soportar cargas horizontales, aunque existiera una fuerza de pretensado perpendicular: Los bloques simplemente escurrirían unos sobre otros y el muro se derrumbaría.

Otro ejemplo: Las fuerzas centrífugas horizontales que se producen al derrapar un automóvil en una curva son absorbidas por el bloqueo por fuerza tangencial entre las superficies (rugosas) de los neumáticos y la superficie
26 (rugosa) de la carretera. La fuerza de pretensado aplicada en este caso es de nuevo la gravedad, es decir, el propio peso del vehículo. Lo mismo ocurre, por supuesto, con la fuerza de frenado, o más bien con la fuerza de inercia de la masa del vehículo en movimiento neutralizada por ella, que se detiene por el efecto de rozamiento (debido al peso del vehículo) de la rueda que deja de girar.

Un último ejemplo para ilustrar los diferentes modos de acción de los tres tipos principales de bloqueo: Contra el efecto del deslizamiento de unos pantalones hacia abajo —es decir, de la gravedad— los tirantes suelen actuar con bloqueo por fuerza; una correa con bloqueo por rozamiento o bloqueo por fuerza tangencial; el cinturón atado sin apretar sobre un vientre sobresaliente, pero más estrecho que la circunferencia del vientre, con bloqueo por forma; el cordón de soldadura entre una parte superior (de plástico) y un pantalón (de plástico) con bloqueo material.

5. Tecnología de conexión

Se acaba de discutir el principio de la transmisión de la fuerza en la superficie de contacto entre dos socios de conexión, y siempre en una sola dirección o en un solo sentido direccional, es decir, para una *unión* específica. Para completar la reflexión con el análisis de la *conexión* completa,

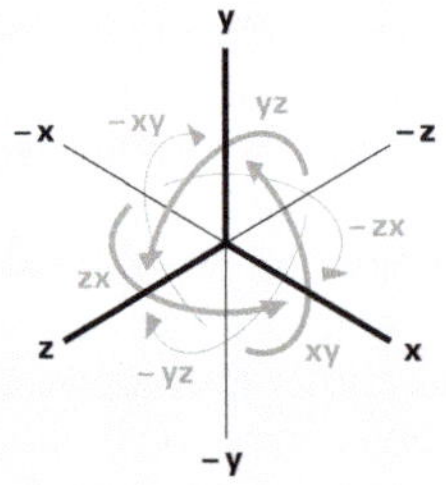

$$\mathbf{B}_{a,b} = \begin{pmatrix} x & -x & yz & -yz \\ y & -y & zx & -zx \\ z & -z & xy & -xy \end{pmatrix}$$

$$\mathbf{B}^{T}_{a,b} = \begin{pmatrix} E_f & E_f & g & g \\ g & E_f & r & r \\ E_f & E_f & g & g \end{pmatrix}$$

27 Matriz de bloqueo entre dos piezas de unión **a** y **b** ($\mathbf{B}_{a,b}$). El sistema de coordenadas de la izquierda muestra el total de 12 sentidos de movimiento (6 traslaciones, 6 rotaciones) en el espacio, que se resumen en la matriz arriba a la derecha. La matriz de abajo, la matriz de tipo de bloqueo ($\mathbf{B}^{T}_{a,b}$), muestra los tipos de bloqueo que actúan en cada uno de los sentidos para una conexión ejemplar: $\mathbf{E_f}$ bloqueo cuasi-positivo; **g** bloqueo gravitatorio; **r** bloqueo por rozamiento.

deben investigarse los (once) sentidos direccionales que faltan. Se obtiene entonces una matriz (en la terminología técnica: matriz de tipo de bloqueo), que describe sin omisión el tipo de transmisión de fuerzas en una conexión en los doce sentidos direccionales. 27 MATRIZ DE TIPO DE BLOQUEO

Sin embargo, dado que, en la mayoría de los casos, en diferentes direcciones también actúan diferentes tipos de bloqueo, la denominación de un único tipo de bloqueo no es útil para la clasificación inequívoca de conexiones (en su conjunto) con respecto al tipo de transmisión de fuerzas. Esto es así porque decir que una conexión actúa con bloqueo por fuerza significa en casi todos los casos sólo que el *sentido principal* de la fuerza (es decir, uno de un total de doce) está bloqueado con la ayuda de este tipo de bloqueo. Esto no dice nada sobre los otros once, que pueden ser tan importantes en un contexto constructivo como el particular sentido de la fuerza descrito. El tipo de bloqueo solamente es, pues, equívoco en cuanto a criterio de clasificación de una conexión. Con la matriz de tipo de bloqueo ciertamente se obtiene una descripción mucho más precisa; ahora bien, el funcionamiento de la conexión sólo se describe con ella con respecto a la *transmisión de la fuerza*. Todavía no se ha dicho nada sobre la naturaleza de la conexión en sí, es decir, la forma en que se establece *materialmente* esta conexión. Esto es exactamente lo que hace el indicar la *tecnología de conexión*, que ahora se examinará con más detalle.

TECNOLOGÍA DE CONEXIÓN

El concepto de tecnología de conexión, también se podría decir: el concepto de *método de conexión*, aún no está muy extendido en la construcción. Esto es porque sigue siendo habitual clasificar las conexiones principalmente (es decir, en el primer nivel jerárquico) según los materiales, es decir, según los materiales que se van a unir, no según los materiales de los elementos de fijación. Por ejemplo, se habla de un tornillo de madera y normalmente no se refiere a un tornillo "de" madera (que también existe), sino a un tornillo de metal para la construcción de madera, un tirafondo. En efecto, este tornillo tiene un aspecto diferente al de un tornillo para construcciones de acero (a continuación se verá por qué); sin embargo, el punto decisivo es que no hay ninguna diferencia *fundamental* entre un tirafondo para la construcción de madera y un perno roscado para la construcción de acero en lo que respecta a su principio de funcionamiento. Esta idea es la base de una especie de visión *transmaterial* de las conexiones, que se ha establecido en la ciencia moderna de la construcción hoy en día, y que también subyace a las presentes consideraciones. Se trata de un punto de partida mental, por así decirlo, para superar el acceso automático e irreflexivo a un conjunto estandarizado de conexiones para madera o acero o de otras conexiones presuntamente típicas de un material, y comprobar, en cambio, qué método o principio de conexión es realmente el más adecuado para la tarea en cuestión. En este sentido, esta práctica está muy en consonancia con los objetivos generales de esta obra.

MÉTODO DE CONEXIÓN

PERSPECTIVA TRANSMATERIAL

9 Uniones

DIN 8593

Pero volvamos a la tecnología de conexión: Se describe en la norma *DIN 8593*. Aunque la mayor parte de esta norma ha sido redactada, obviamente, por ingenieros mecánicos, como se desprende del predominio de las conexiones típicas de la ingeniería mecánica, ofrece, no obstante, una clasificación que también es útil para el sector de la construcción. Veámosla con más detalle.

La norma distingue entre los siguientes métodos de conexión:

componer
rellenar
aplicar o insertar a presión
unir por conformación primaria
unir por deformación
unir consolidando materiales

El hecho de que todos sean verbos muestra claramente que aquí se abordan diferentes formas de *ejecutar* conexiones. Existe una cierta correlación entre el método de conexión y el tipo (principal) de bloqueo utilizado con él, pero no hay una correlación unívoca. Ya se hablará de esto más adelante.

A continuación, se estudiarán los métodos de conexión que incluyen las conexiones más importantes relevantes para la construcción.

5.1 Componer

El nombre de este grupo de conexiones ya da una buena indicación de sus características: Las piezas de unión se juntan espacialmente de manera que las respectivas geometrías de conexión encajen entre sí, normalmente de manera que una parte (positiva) que sobresale se inserte en una parte (negativa) en forma de bolsillo o caja, o una parte en forma de pasador se inserte en un orificio o cavidad.

El rasgo distintivo esencial es que la inserción tiene lugar con holgura (de lo contrario, el proceso no sería posible ya de primeras), y que hay al menos una dirección de posicionamiento fija en la que la conexión se realiza por primera vez y en la que puede desmantelarse de nuevo, y que debe bloquearse durante el período de servicio. Ya se sospecha: Se trata claramente de un bloqueo por forma: el tipo de bloqueo más común en este tipo de conexión.

La norma distingue entre las siguientes subvariantes de composición:

apoyar, apear, estratificar,
insertar
introducir
enganchar
ajustar
insertar elásticamente

28 Conexión de carpintería histórica: unión a media madera con seguro de clavija.

Así, se cubre un espectro que va desde la simple superposición y el apeo hasta las conexiones por clic. Las conexiones compuestas son desmontables y, por tanto, muy adecuadas para el reciclaje.

Conexiones mediante composición especialmente relevantes para la construcción son, por ejemplo, las ya mencionadas conexiones de carpintería artesana. En la época 28
preindustrial, no existían elementos de fijación metálicos utilizables que pudieran absorber fuerzas mayores, por lo que las conexiones debían realizarse con bloqueo por forma, ejecutando los ensambles cuidadosamente de forma artesanal. Algunas dificultades se debían a la tendencia de la madera a mermar (lo que se contrarrestaba en aquella época secando adecuadamente la madera que se utilizaba), lo que podía provocar un aflojamiento de la junta; además, la debilidad de la madera en sentido transversal a la dirección de la veta, que era particularmente notable en el caso de barras que se apoyan transversalmente (como un montante sobre un durmiente). En principio, las secciones transversales de los maderos estaban en su mayoría moderadamente sobredimensionadas, ya que no estaban predeterminadas por el cálculo estático (que no existía en aquella época), sino principalmente por las geometrías de conexión (se volverá a este punto más adelante). Las conexiones compuestas en la construcción de madera vuelven a estar en auge hoy en día, ya que se dispone de equipos de carpintería CNC
EQUIPOS DE CARPINTERÍA CNC
excepcionalmente precisos y potentes para producir juntas de caja y espiga y similares que se ajustan con precisión. 29, 30

El ensamble compuesto a media madera que aparece en la imagen ilustra muy bien el principio básico de la conexión 28
compuesta: una única dirección de posicionamiento (perpendicular al plano de la pared) y una salvaguarda adicional de este sentido direccional en forma de pasador o clavija de madera que actúa por rozamiento en el agujero perforado resultado de la presión de impacto al introducirlo.

En la construcción de obra de fábrica, se utilizan prácticamente de forma exclusiva conexiones compuestas:

31 Bloqueo por fuerza tangencial: En la junta de contacto entre sillares adyacentes de fábrica seca, el efecto de la carga muerta activa una fuerza de rozamiento que bloquea las cargas horizontales.

29 Fresadora CNC de carpintería: El fresado de una cavidad de apoyo para un cabrio se realiza de forma totalmente automática.

30 Conexión por composición: Conexión de cola de milano con bloqueo positivo entre la viga de lima tesa y el par adyacente.

31 mediante un simple apilamiento de unidades de albañilería.

BASE DE COLUMNA

CONEXIONES DE BULÓN ARTICULADO

Las conexiones compuestas típicas de la construcción de acero son —además del simple apilamiento de componentes como en otros métodos constructivos— las bases de columna sobre cimientos de hormigón y las conexiones de bulón articulado. Las primeras transmiten la fuerza principal vertical a través del contacto a compresión en la base de la
33 columna, para lo cual se requiere una placa base y un cojinete de apoyo elástico (cojinete elastomérico) o el relleno bien apretado del espacio entre la placa y la superficie de la zapata con mortero tumescente. Esta es la única manera de compensar las grandes tolerancias entre el acero y el hormigón y garantizar la transferencia de carga en toda la superficie. El aseguramiento contra el deslizamiento lateral se realiza mediante una conexión empernada que, sin embargo, no interviene en la transmisión de la carga principal vertical.

32 En las conexiones de bulón articulado, se inserta un perno cilíndrico sin apretar a través de un orificio, lo que permite la rotación libre de las piezas de conexión alrededor del eje central (los bulones siempre se presentan individualmente, no en grupos como los pernos roscados). No hay pretensado de las piezas a unir a lo largo del eje central del bulón (como en el caso del perno roscado): como ya se ha indicado, un rasgo característico del bloqueo por forma. Al fin y al cabo, se pretende permitir el giro libre. El perno remata a tope en un extremo por medio de un collar o brida, en el extremo pasante del perno éste se asegura contra la caída por medio de un dispositivo adicional, como una chaveta partida o un disco atornillado que sobresale.

En la construcción de hormigón, las conexiones compuestas se encuentran principalmente en la construcción prefabricada. La gran libertad de conformación de los componentes de hormigón permite dar una forma adecuada a las conexiones. También se utilizan conexiones de caja y espiga similares a las de la construcción de madera. Las conexiones compuestas con bloqueo por forma se adaptan a la práctica de la construcción prefabricada para producir rápidamente conexiones generalmente articuladas en un proceso de montaje rápido. El aseguramiento de la dirección de posicionamiento más común de los pesados elementos

33 Apoyo de una columna de acero sobre una cimentación de hormigón.

32 Conexión de bulón articulado.

prefabricados de hormigón (de arriba a abajo) suele hacerse por gravedad y rozamiento en la superficie de apoyo, sin ningún dispositivo adicional.

☞ *Cap. 8. Métodos constructivos, pp. 308 y ss.*

Rellenar

5.2

■ El proceso de llenado puede no ser reconocible como una unión a primera vista, pero ciertamente crea un vínculo entre dos socios a unir: a saber, entre un medio gaseoso o líquido (el relleno) y un elemento sólido (y estanco) que lo rodea. La norma distingue dos subvariantes:

llenar
impregnar

En la construcción, el relleno se produce, por ejemplo, en construcciones neumáticas, entre el aire y una membrana envolvente. La impregnación es un proceso en el que se introduce un líquido en los poros de la superficie de un material para influir en sus propiedades.

Aplicar o insertar a presión

5.3

■ El añadido *a presión* da una clara indicación del funcionamiento por fuerza de este grupo de conexiones: Los pares de superficies activas de las contrapartes de conexión se presionan entre sí con la ayuda de una fuerza aplicada, de modo que las superficies de contacto están en contacto constante durante todo el tiempo de funcionamiento de la conexión. Por lo tanto, las conexiones de esta categoría también se denominan *conexiones pretensadas*. Se trata obviamente del tipo de bloqueo por fuerza. Recuérdese: En el caso del bloqueo por forma, los pares de superficies activas no se presionan entre sí deliberadamente, ya que sólo se tocan bajo el efecto de la carga externa y así transmiten la fuerza. Por lo demás, la holgura hace que normalmente ni siquiera se toquen. En este sentido, las conexiones por aplicación o inserción a presión difieren fundamentalmente de las conexiones compuestas descritas anteriormente.

CONEXIONES PRETENSADAS

En las conexiones a presión, la fuerza de pretensado aplicada no suele dejarse al azar, sino que se dosifica en función de los requisitos. Si se vuelve a liberar el pretensado, una conexión pretensada suele poder volver a desmontarse, un factor importante en cuanto a la idoneidad de este grupo de conexiones para su desmontaje o reutilización.

En concreto, la norma distingue entre los siguientes subgrupos:

atornillar
abrazar
grapar
unir por presión
clavar, introducir por impacto
acuñar
acodalar

El atornillado y el clavado son especialmente importantes para la construcción, por lo que en lo siguiente se dicutirán estos dos grupos de unión.

5.3.1 Atornillar

ROSCA
ROSCA EXTERIOR O DE PERNO
ROSCA INTERIOR, DE TUERCA O DE ACOPLAMIENTO
CONEXIÓN DIRECTA
CONEXIÓN INDIRECTA
TORNILLO DE AFIANZADO
TORNILLO DE AJUSTE

■ El principio de funcionamiento de una conexión atornillada se basa en la rosca. Se trata de una muesca en forma de espiral en el vástago del tornillo o perno, denominada rosca exterior o de perno, que se enrosca en una rosca coincidente, denominada rosca interior, de tuerca o de acoplamiento, practicada en la contraparte (en el caso de
34i la llamada conexión directa) o en un medio de conexión o pieza de conexión auxiliar (en el caso de la llamada conexión
34d indirecta). Por lo tanto, se produce un movimiento relativo de ambas piezas entre sí a lo largo del eje del vástago, de modo que en el caso del tornillo *de afianzado* (la norma en la industria de la construcción) se aplica una compresión de contacto a la junta o a las piezas que se van a unir. Con el tornillo *de ajuste*, sólo se ajusta la posición relativa de las piezas de conexión. Sin embargo, éste sólo tiene importancia
32 secundaria en este contexto.

ROSCA DE ACOPLAMIENTO PREFORMADA
TORNILOS AUTORROSCANTES, AUTOPERFORANTES

Esta definición se aplica a los tornillos con rosca de acoplamiento preformada. Son la norma en la construcción de acero. En el caso de los tornillos *autorroscantes* o *autoperforantes*, la rosca del tornillo se inserta automáticamente girando en un material más blando y corta la propia rosca
37 de acoplamiento en el proceso. Se conoce este mecanismo por el tirafondo convencional para madera. Un taladro previo
37d es innecesario con tornillos autoperforantes. Se pueden atornillar en cualquier lugar del material base. Aunque esto ahorra trabajo y resuelve de antemano todos los problemas de tolerancia (los tornillos se atornillan exactamente donde se necesitan), sólo funciona si las diferencias de dureza entre el tornillo y el material base son suficientemente grandes. O formulado de otra manera: Siempre funciona si el material del tornillo es lo suficientemente duro y el material base lo suficientemente blando.

tipo de conexión	directa	indirecta con tuerca
efecto de apriete por medio de	collar en perno roscado	cabeza de tornillo y tuerca
conexión de apriete		

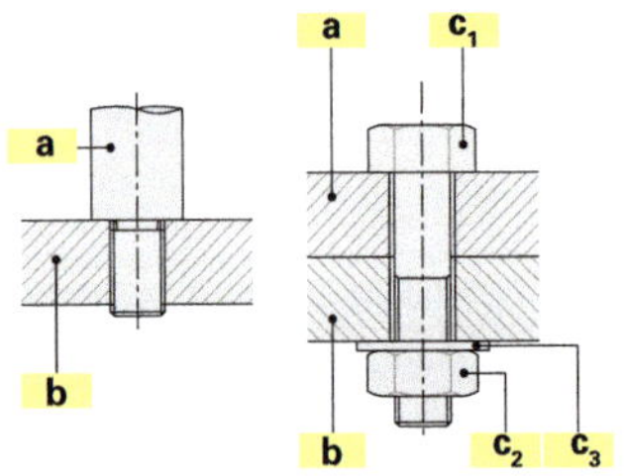

34 Uniones atornilladas directas e indirectas de dos contrapartes **a** y **b** (c_1 a c_3 = elementos de sujeción, según *VDI/VDE 2251)*. El efecto de apriete se genera, por un lado, por el collar del perno roscado (izquierda) y, por otro, por la cabeza del perno y la tuerca (derecha). En la unión indirecta (derecha), las contrapartes **a** y **b** no tienen rosca, es decir, no participan en la creación de la unión atornillada. Esto se hace exclusivamente mediante el juego de tornillos compuesto por tornillo c_1, tuerca c_2 y arandela c_3.

35 Tornillos de ajuste en dos ménsulas de fachada. Los espárragos roscados orientados en ángulo recto respecto a la superficie de la imagen permiten ajustar el mandril vertical en esa misma dirección para recibir un panel de fachada.

El proceso se facilita en el caso de materiales base más duros si se realiza primero un pretaladrado y el tornillo (sólo) tiene que cortar la rosca en la pared del taladro preparado, no también el propio taladro. Los tornillos de este tipo se 37i
denominan *tornillos autorroscantes*. Sin embargo, el problema de la tolerancia vuelve a surgir con toda su crudeza, ya que el taladro previo debe posicionarse con exactitud y no permite ningún repaso como en el caso de tornillos de máquina convencionales con tuercas, en los que la rosca de acoplamiento se encuentra en cambio en una pieza de unión auxiliar (la tuerca), está por tanto separada del orificio taladrado y permite agrandarlo.

TORNILLOS AUTORROSCANTES

Una vuelta completa del tornillo se llama un paso. La distancia recorrida a lo largo del eje del tornillo es la longitud de paso (también denominada simplemente *paso* algunas veces). Por consiguiente, la longitud del paso es la medida 36
inversa de su "densidad" o finura: cuanto menor sea el paso, más densa y fina será la rosca.

PASO

LONGITUD DE PASO

Mecánicamente, esto conduce a conclusiones importantes: Cuanto más densa sea la rosca (cuanto menor sea el paso), más estrecha será la unión entre la rosca de perno y la rosca de acoplamiento o el material base. A la inversa: Cuanto más pequeño sea el paso, más veces habrá que girar el tornillo (una desventaja bastante trivial), pero más

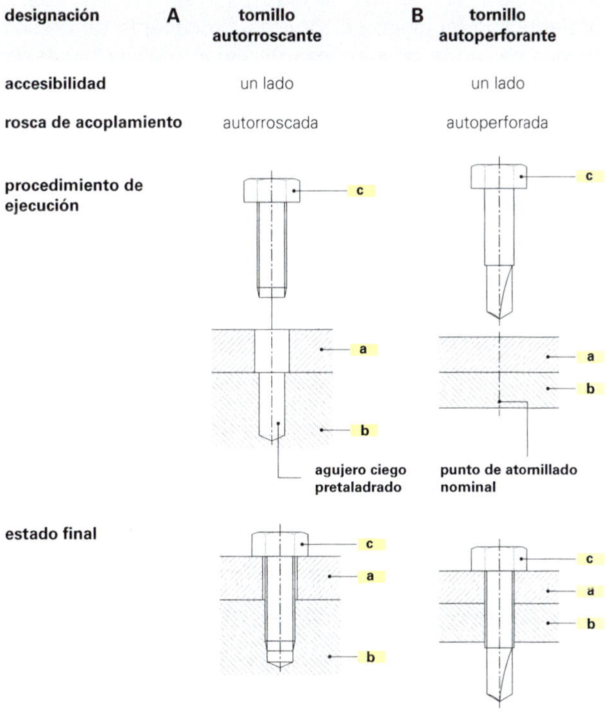

37 Yuxtaposición de una conexión atornillada autorroscante y una autoperforante. El orificio ciego (izquierda) se taladra con una dimensión reducida para que la rosca del vástago del tornillo forme la rosca interior en la propia pieza de conexión **b**.

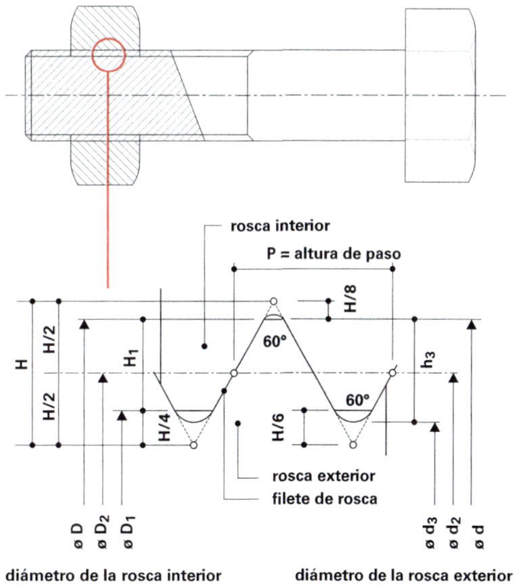

36 Tornillo de máquina. Características de una rosca métrica *ISO* según *ISO 965-1*.

P	paso
H	altura del triángulo base = (√3/2) · **P**
D = d	diámetro nominal de la rosca
$\mathbf{D_2 = d_2}$	diámetro de filete
$\mathbf{d_3}$	diámetro del núcleo
$\mathbf{h_3}$	profundidad de rosca de perno
$\mathbf{H_1}$	profundidad de rosca de acoplamiento

fuerza habrá que aplicar para girar un tornillo autoperforante o autorroscante en un material base (cualquiera que haya girado a mano antiguos tirafondos de la época anterior a tornillos *Spax* sabe de qué se está hablando). Por lo tanto, los tirafondos modernos tienen grandes pasos. Las ventajas mecánicas del paso pequeño —es decir, el encaje más estrecho entre el tornillo y el material base, más estrecho porque un mayor número de filetes de rosca presionan unos contra otros— no pueden utilizarse de todos modos con la madera, un material blando, porque ésta se rompería antes de la rosca (por muy densa que sea).

CONEXIÓN INDIRECTA, ACCESIBLE POR DOS LADOS

TORNILLO DE MÁQUINA

ROSCA ISO

La conexión atornillada tiene gran importancia práctica en la construcción de acero, concretamente en forma de conexión indirecta, accesible por dos lados. Para ello se utiliza el
38 tornillo de máquina con la llamada rosca ISO, estandarizada
36 en todo el mundo. El término *indirecta* significa que no son las propias piezas de unión las que se roscan (suelen ser demasiado grandes para este fin, otra consecuencia de la gran escala en la que opera la construcción), sino una pieza de unión auxiliar, es decir, un producto en masa fabricado con precisión: el juego de tornillos compuesto por tornillo, tuerca y, si es necesario, arandela(s).

La conexión indirecta tiene otra ventaja inestimable para la construcción: La rosca de perno y la rosca de acoplamiento se hallan, como se indicó, en el mismo producto prefabricado (el juego de tornillos) procedente de un solo fabricante; en la propia pieza de unión sólo es necesario taladrar (no cortar rosca). Cuanto más grande es el taladro, mayores son las tolerancias que se pueden acomodar entre la pared del mismo y el vástago del tornillo (las tolerancias de construcción relativamente grandes son de nuevo una consecuencia indirecta de las grandes escalas utilizadas en la construcción), y esto dos veces (¡!) en cada una de las dos partes de conexión. Si es necesario, se puede corregir in situ con los medios más sencillos, es decir, se puede ensanchar ligeramente un taladro (o incluso los dos).

Además de estas ventajas, la conexión de perno pasante también permite que las llamadas fuerzas de aplastamiento actuando sobre el taladro (véase más adelante) se transmitan a lo largo de *toda* la longitud del vástago en el agujero perforado, ya que la rosca (que no puede cargarse

38 Tornillo de máquina de cabeza hexagonal con tuerca y arandelas.

transversalmente y no puede contabilizarse estáticamente) se encuentra fuera de él, concretamente en el tramo de vástago que sobresale y sobre el que se enrosca la tuerca.
Esto no se aplica a las conexiones con taladros ciegos (es 37
decir, no pasantes) accesibles desde un lado o aquellas con tornillos autoperforantes o autorroscantes en los que la rosca se encuentra en el taladro y por tanto *dentro* de la sección transversal del componente. Estas consideraciones explican en gran medida el predominio de la conexión indirecta con tornillo de máquina en la construcción.

Para entender el principio de acción mecánica de las conexiones atornilladas (como de cualquier otra conexión) es fundamental el tipo de bloqueo que actúa en las direcciones espaciales esenciales. Se ha visto que el bloqueo por fuerza es el principio dominante de transmisión de fuerzas en las conexiones atornilladas. Una fuerza de tracción actuando en las piezas de conexión a lo largo del eje del tornillo se contrarresta con la fuerza de pretensado aplicada, es decir, con un bloqueo por fuerza.

Por otro lado, en lo que respecta a cargas transversales al eje del tornillo, hay que distinguir dos grupos, a saber, las conexiones a cortante y aplastamiento y las conexiones pre-
tensadas antideslizantes. Aunque estos términos tienen su 42
origen en la construcción de acero, también pueden aplicarse a conexiones atornilladas en otros tipos de construcción.

CONEXIONES A CORTANTE Y APLASTAMIENTO

CONEXIONES PRETENSADAS ANTIDESLIZANTES

Básicamente, la diferencia entre estos dos tipos de conexiones atornilladas se basa en el principio predominante de transmisión de fuerzas o en el tipo de bloqueo, contemplado transversalmente al eje del tornillo. Las conexiones a cortante y aplastamiento transmiten la fuerza por esfuerzo cortante sobre el vástago del tornillo a lo largo de la superficie de contacto entre las partes a unir (por eso *a cortante*) y la presión del vástago contra la pared del taladro (esto se llama *aplastamiento*). Ambos esfuerzos son activados por la carga externa que actúa transversalmente al eje, una vez superada la holgura entre el vástago y la pared del taladro (en lo que se denomina deslizamiento inicial). Sin holgura, el tornillo ni siquiera podría introducirse en el taladro. El lector

39 Tirafondo de cabeza hexagonal con paso grande.

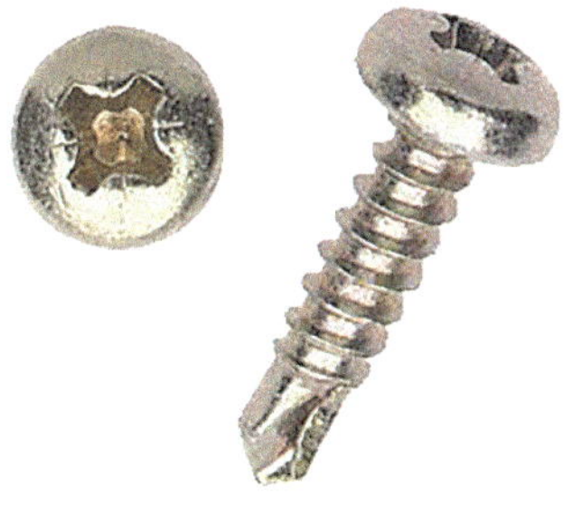

40 Tornillo autoperforante de cabeza Phillips con paso grande.

41 Tornillo autoperforante para chapa fina, atornillado en la chapa inferior; chapa superior pretaladrada.

ya lo sospecha: En realidad, no se trata de un bloqueo por fuerza, sino por forma. En consecuencia, se tendría que asignar este tipo de unión atornillada, con mayor precisión, al grupo de conexiones por composición comentado anteriormente. Son mucho más comparables a las conexiones de bulón articulado, aunque con las conexiones de tornillos a cortante y aplastamiento (a diferencia de los bulones articulados) no se permite el giro de las piezas de conexión entre sí, ya que un giro de las mismas volvería a aflojar la conexión tarde o temprano. Sin embargo, un giro es imposible en este caso simplemente porque las conexiones a cortante y aplastamiento —como todas las demás conexiones atornilladas— aparecen siempre en grupos de tornillos y, por tanto, bloquean de antemano cualquier giro concebible.

La otra categoría, las conexiones pretensadas antideslizantes, transmiten fuerzas transversales al eje del tornillo a través de la fuerza de pretensado aplicada, que presiona firmemente las piezas de conexión en la superficie de contacto y activa así una fuerza de rozamiento, es decir, un bloqueo por fuerza tangencial. El contacto del vástago del tornillo con la pared del taladro no es necesario ni está previsto. La fuerza de pretensado, consecuencia del par de apriete aplicado a la cabeza del tornillo, debe ser necesariamente dosificada con precisión. La mayor rugosidad de las superficies de contacto favorece el efecto de bloqueo de la conexión. Para poder aplicar correctamente la fuerza de pretensado, en la construcción de acero se prescriben para las conexiones pretensadas antideslizantes tanto tamaños de llave mayores como arandelas especiales.

Las conexiones a cortante y aplastamiento son las más sencillas, las que soportan menores esfuerzos y las menos firmes de la construcción de acero. Sin embargo, son fáciles de producir. Los ingenieros mecánicos ni siquiera se toman la molestia de usar conexiones atornilladas tan toscas: Básicamente sólo utilizan conexiones pretensadas antideslizantes.

Estas últimas son las conexiones más fuertes, rígidas y fiables de la construcción de acero, pero también son más complejas de fabricar. Como conexiones de ensamblaje en obra, son comparables a juntas soldadas en cuanto a sus propiedades mecánicas. Ya que en la edificación las soldaduras se evitan en obra siempre que sea posible, éstas hallan un sustituto equivalente, pero mucho más fácil de instalar, en las conexiones pretensadas antideslizantes.

ASEGURAMIENTO CONTRA EL AFLOJAMIENTO

Por último, hay un punto importante que hay que señalar: el aseguramiento contra el aflojamiento de conexiones atornilladas. La gran ventaja de que la conexión sea fácil de deshacer sin daños también tiene un inconveniente: Si una conexión atornillada se afloja involuntariamente por sí misma, puede perder su efecto de bloqueo, con consecuencias potencialmente catastróficas. Este riesgo es una desventaja competitiva importante para los tornillos en comparación con otros tipos de conexión (como remaches), especialmente en sectores tecnológicos en los que predominan

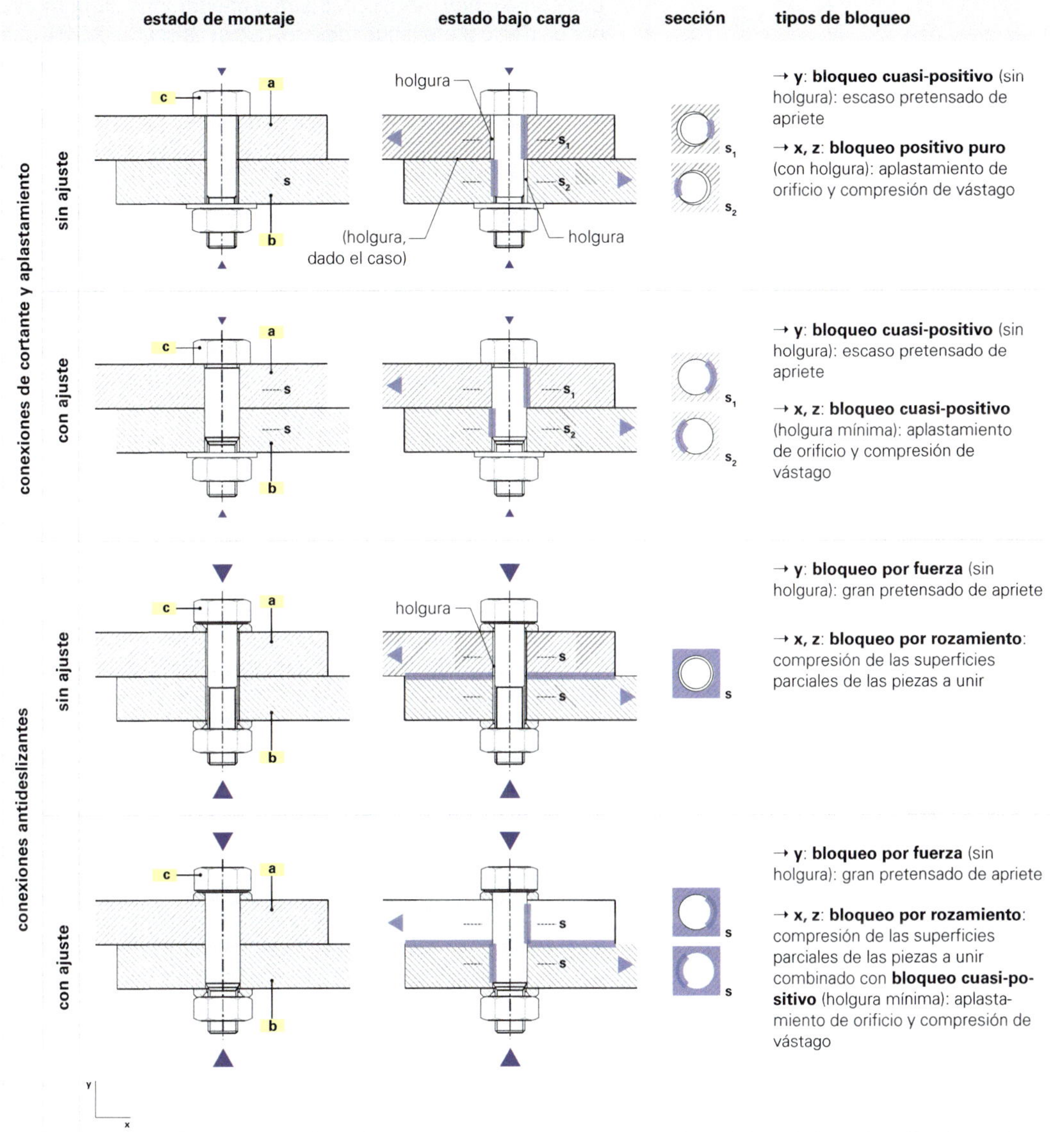

42 Conexiones a cortante y aplastamiento y **conexiones pretensadas antideslizantes**, dos tipos de conexión atornillada de la construcción de acero. Para una mayor rigidez, ambas pueden fabricarse también con tornillos de ajuste, cuyos vástagos tienen holgura mínima en relación con el taladro.

las cargas dinámicas, es decir, cambiantes —por ejemplo, en la construcción de aviones o vehículos—, que pueden provocar un aflojamiento gradual de la conexión atornillada. Sin embargo, esta desventaja no tiene un efecto dramático en la construcción con sus cargas predominantemente estáticas. Pero también pueden provocar el aflojamiento de una conexión atornillada otras influencias, como la contracción de un material.

Las conexiones atornilladas están aseguradas de primeras por un cierto pretensado mínimo, que se aplica siempre y que
AUTOBLOQUEO provoca en la mayoría de los casos un autobloqueo suficiente debido al rozamiento en el que resulta. Se podría decir que esto equivale a un bloqueo secundario por rozamiento para asegurar la unión. La siguiente medida obvia para evitar al menos las peores consecuencias de un aflojamiento involuntario es, en el caso de conexiones atornilladas dispuestas verticalmente (indirectas), colocar la tuerca en la parte inferior y no al revés. Si se cae, permanece en el taladro al menos el vástago del tornillo. Además, hay toda una serie de medidas de seguridad adicionales, como arandelas de tensión, arandelas dentadas y acanaladas, arandelas elásticas, tuercas de seguridad o tuercas almenadas con bloqueo por chaveta,
43, 45 que pueden evitar el aflojamiento involuntario.

Además de la construcción de acero, la conexión atornillada también se da en la construcción de madera, allí en dos variantes: la indirecta preformada, accesible por dos lados
PERNO ROSCADO **44, 48, 47** (como con el perno roscado) y la directa autoformante (autoperforante o autorroscante), accesible por un lado (como
TIRAFONDO **46** con el tirafondo convencional para madera).

Sobre el primer grupo hay poco que decir que no se haya dicho ya sobre las conexiones a cortante y aplastamiento, a las que pertenecen según su principio mecánico de acción (el parentesco entre el tornillo de máquina, típico de la construcción de acero, y el perno roscado como se emplea en la construcción de madera es una buena prueba de la existencia de principios de acción de conexiones que son comunes a diferentes materiales). Se trata de uniones

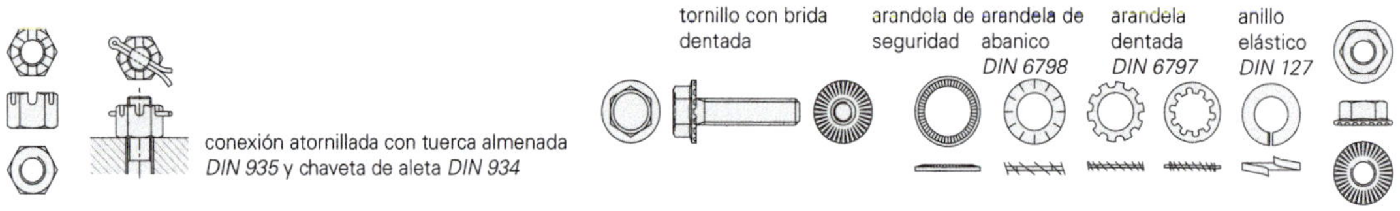

43 Ejemplos de posibles **bloqueos antiaflojamiento** para conexiones roscadas. La tuerca castillo (arriba) crea un bloqueo positivo con la ayuda de la chaveta, mientras que el perno estriado y las diversas arandelas (abajo) crean un bloqueo por rozamiento y enclavamiento como resultado de la precarga de apriete.

45 Bloqueo antiaflojamiento mediante contratuerca.

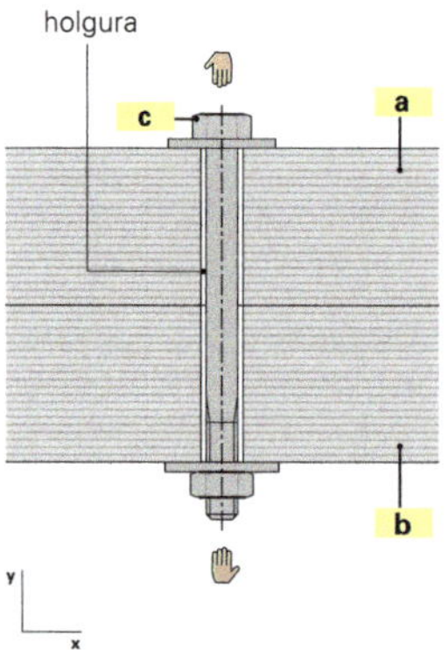

44 **Conexión de perno roscado** en la construcción de madera.

relativamente flexibles con bloqueo por forma que no aplican ninguna fuerza de pretensado significativa a las piezas de conexión, algo que la madera, un material blando, no toleraría en absoluto (especialmente en perpendicular a la veta). Arandelas grandes transfieren las pequeñas fuerzas de pretensado a la madera produciendo poca deformación. Después de cierto tiempo, es necesario volver a apretar para compensar la merma de la madera.

El segundo grupo, la unión atornillada convencional para madera con tirafondo, se atornilla directamente en el ma- **39, 46**
terial base, es decir la madera: para diámetros de tornillo pequeños, esto se efectúa sin pretaladrado (por ejemplo, tornillos *Spax*); para los más grandes, con pretaladrado —y según la norma con dos diámetros, para la rosca y el vástago respectivamente, lo que no simplifica exactamente este tipo de conexión—.

En la construcción de madera, el atornillado compite con el clavado y, por supuesto, tiene la ventaja de una resistencia a la extracción mucho mayor, pero no la simplicidad de producción. En cuanto a su principio mecánico de acción, las conexiones atornilladas para madera son, a su vez, conexiones con bloqueo por forma con esfuerzos de aplastamiento, contempladas en perpendicular a su eje. Si el tirafondo es lo

48 Pernos roscados.

47 Conexión de pernos roscados en una cercha.

tirafondo avellanado con entrada cruciforme (*DIN 97*)

tirafondo con cabeza de gota con ranura (*DIN 96*)

tirafondo con cabeza hexagonal (*DIN 571*)

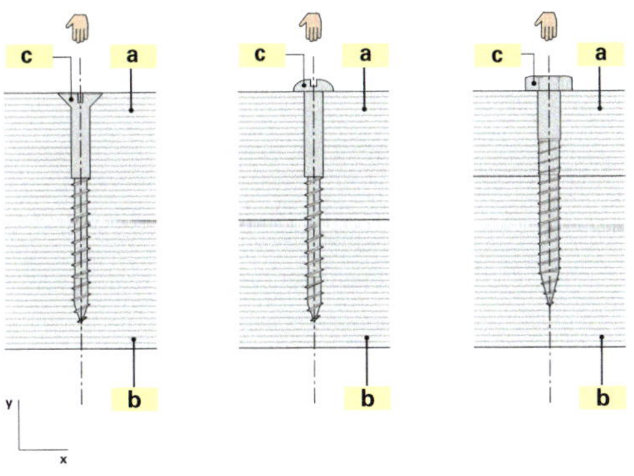

→ **y**: **bloqueo por fuerza**: a causa del pretensado de apriete

→ **yz, xy**: **bloqueo cuasi-positivo** (sin holgura): escaso pretensado de apriete

→ **zx**: **bloqueo por rozamiento** a causa del pretensado de apriete: no computable estáticamente

→ **x, z**: **bloqueo cuasi-positivo** (sin holgura): aplastamiento del orificio y compresión/flexión del vástago

46 Conexión de tirafondos en la construcción de madera.

suficientemente largo, se suele añadir un esfuerzo flector al tornillo debido a la blandura del material base (lo mismo se aplica, por cierto, a pernos roscados largos).

La aplicación del tirafondo para madera en la obra, realizada sólo por un lado e independiente de la tolerancia, en el punto nominal exacto del material base, es una gran ventaja de este tipo de conexión.

5.3.2 Clavar

49 Esto último también se aplica en su totalidad al clavado. El clavado es una unión muy antigua y fácil de realizar en la que se clava un pasador metálico en un material base (convenientemente blando) desde un lado a mano, hoy en día también con aire comprimido. La relación correcta entre resistencia del clavo y blandura del material base prácticamente sólo se encuentra en la construcción de madera usando clavos metálicos, por lo que este tipo de unión sólo se utiliza allí.

Cuando el clavo se clava en la madera, la fibra se desplaza al penetrar el vástago del clavo y se crea un efecto de compresión (limitado) que asegura el clavo como resultado de un bloqueo por rozamiento para que no sea arrancado. En este sentido, se puede decir que el clavado es una conexión por inserción a presión. Sin embargo, el efecto de presión sobre las superficies de contacto de las piezas de conexión es limitado y no es realmente decisivo para el bloqueo. Los clavos no pueden someterse a un esfuerzo de arrancado digno de mención. El principio de transmisión de la fuerza sólo se despliega transversalmente al eje del clavo, por lo que es comparable al de conexiones a cortante y aplastamiento, es decir, al bloqueo por forma. Además de la cizalladura y la presión sobre el vástago del clavo o sobre la pared del taladro, también hay que contar con la flexión debida a la esbeltez del clavo y a la blandura de la madera

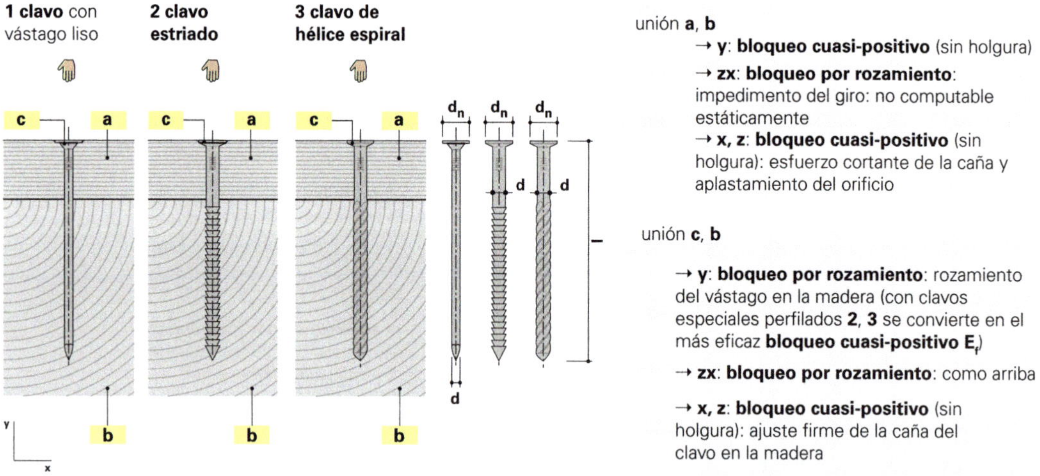

49 Conexión clavada en la construcción de madera. Tipos de bloqueo efectivos entre dos contrapartes **a**, **b** y entre el clavo **c** y el segundo socio de conexión **b**.

como material base.

Las conexiones clavadas son más rígidas cuando se hacen con clavos relativamente delgados en agrupaciones densas. 51

AGRUPACIÓN DE CLAVOS

Según la norma, nunca se producen con un único clavo — al igual que las conexiones atornilladas—. Las placas clavo ofrecen un método racional para producir grupos completos de clavos en una sola operación. Sólo se prestan para la producción en fábrica. 50

PLACAS CLAVO

Al ser la madera un material fibroso, siempre hay que prestar atención al efecto de hendidura que provoca la caña del clavo mientras se introduce a presión. Por lo tanto, la dirección de clavado preferida es siempre en ángulo recto con la veta, no en la madera testera.

5.4 Unir por conformación primaria

Siempre se han asumido implícitamente hasta ahora socios de conexión de forma geométrica fija en las dos categorías de conexiones por composición así como por aplicación e inserción a presión discutidas anteriormente. Cuando, además de al menos uno de estos socios de conexión sólidos, también interviene en la producción de la unión un material moldeable, que se endurece y produce así una unión sólida deliberada, se trata de una unión por conformación primaria. Algunos subgrupos relevantes para la construcción, según la norma, son:

MATERIAL MOLDEABLE

rellenar por vertido
embeber
verter

En principio, hay que distinguir dos casos importantes: En primer lugar, las conexiones en las que se rellena un espacio de junta entre dos piezas de unión contiguas (sólidas, geométricamente definidas) con material moldeable y se forma una unión entre ambas después del fraguado. Este es el caso, por ejemplo, de juntas de relleno entre elementos prefabricados de hormigón armado.

JUNTA DE RELLENO

Veamos con más detalle esta variante: El hormigón de relleno fraguado se adhiere inicialmente a los flancos de la junta, por lo que se podría suponer que se trata de una conexión por fuerza adhesiva (no de una conexión por bloqueo

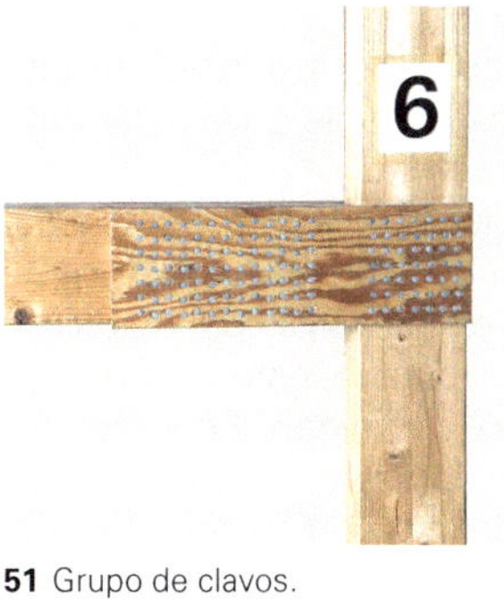

51 Grupo de clavos.

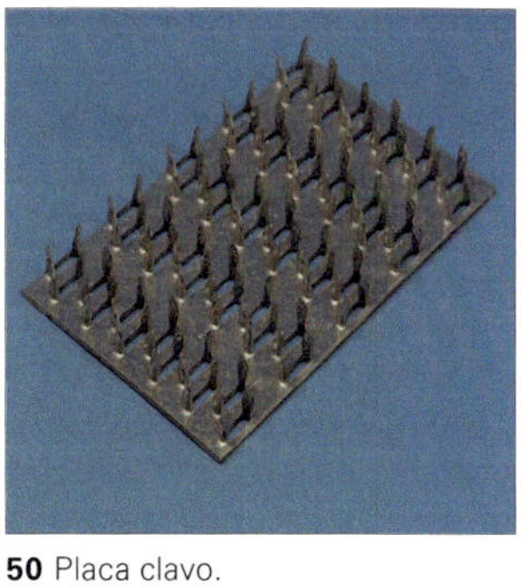

50 Placa clavo.

material, dado que el hormigón fresco topa con el hormigón ya endurecido y, en consecuencia, no se puede establecer una continuidad material). Sin embargo, esta unión sólo es efectiva durante un corto periodo de tiempo y se rompe pronto, entre otras cosas por la inevitable tendencia a la retracción del hormigón de relleno. Por lo tanto, no es realmente decisiva para el efecto de unión en esta categoría; en este sentido, las uniones por conformación primaria difieren fundamentalmente de las uniones puramente adhesivas, como el encolado o la soldadura sin fusión. Lo que queda, sin embargo, es —siempre que el espacio encapsulado tenga la forma adecuada— un bloqueo por forma eficaz que transfiere la fuerza presionando el volumen encapsulado contra el flanco de la junta bajo la acción de la correspondiente carga externa a través de la superficie de contacto, como ocurre siempre con un bloqueo por forma. Todos los pasadores perfilados (como varillas roscadas) embebidos en cavidades de relleno funcionan en términos mecánicos según este principio. En la mayoría de los casos, la introducción local de fuerzas del acero al hormigón se lleva a cabo según este principio, por ejemplo, también en el caso de anclajes de acero embebidos en cimientos. También pertenecen a esta categoría las varillas roscadas encoladas en la madera.

Otra conexión por conformación primaria puede no ser reconocible como tal a primera vista, pero tiene una influencia importante en la construcción: la unión entre el acero de armadura y el hormigón circundante en el hormigón armado. Se puede afirmar que el hormigón armado, un material compuesto, se basa en su conjunto en este principio de unión. Los fenómenos mecánicos en la interfaz entre el hormigón y el acero son extremadamente complejos, pero para los presentes fines pueden resumirse como sigue.

Dependiendo de los esfuerzos en las superficies de contacto, entran en funcionamiento los siguientes tipos de bloqueo uno tras otro en el transcurso de la vida útil de un componente de hormigón: inicialmente, el bloqueo por fuerza adhesiva, que, sin embargo, falla rápidamente; luego un bloqueo por rozamiento y finalmente un bloqueo por forma, en la construcción moderna de hormigón como resultado del perfilado de las barras de armadura. En el cálculo estructural, también se habla de los tres niveles de carga sucesivos del uno al tres. Por lo tanto, la última etapa, la del bloqueo por forma, es, al igual que la junta de relleno del hormigón prefabricado, la responsable de la activación de las mayores fuerzas de unión.

NIVELES DE CARGA

Dado que esta categoría implica un material moldeable, este tipo de juntas sólo se encuentran en la construcción de aquellos tipos de estructuras en los que se puede utilizar un material amorfo idóneo. Por supuesto, esto se aplica en primer lugar a la construcción de hormigón. En los métodos de construcción compuesta de acero y hormigón (que deben distinguirse claramente del método de construcción de hormigón armado mencionado anteriormente), las piezas

CONSTRUCCIÓN COMPUESTA DE HORMIGÓN Y ACERO

de acero, como conectores de corte con cabeza, también se embeben en el hormigón según el principio de unión por conformación primaria. Este tipo de conexión también se utiliza, pero con menos frecuencia, en métodos constructivos como la construcción de acero (el material moldeable es en este caso metal líquido fundido) o la construcción de madera (embebiendo barras en cola de carpintero).

En la mayoría de los casos, este tipo de conexión sólo puede desmontarse parcialmente, ya que al menos debe dañarse el volumen de relleno implicado para poder aflojar la conexión. En el caso del material compuesto de hormigón armado, tiene que ser destruido para este propósito incluso un socio de conexión, el hormigón.

Unir por deformación

5.4

■ El principio de fabricación de este tipo de conexión es sencillo: En un primer proceso, se colocan las piezas a unir, incluyendo cualquier medio de unión o piezas de unión auxiliares, y luego se deforma al menos una pareja de unión o también un medio de conexión de tal manera que se crea una conexión. Al mismo tiempo, suele evitar el aflojamiento indeseado de la conexión una deformación deliberada. Si, como en el caso de una conexión remachada, se introduce un pasador con cabeza en un lado a través de un orificio practicado en dos piezas y el extremo que sobresale se deforma plásticamente por impacto, está presente una unión por deformación. Si, por otra parte, dos chapas superpuestas se deforman juntas localmente con una herramienta de manera que se produzca una muesca o un punzonado en ambas piezas de unión (como en el recalcado o estampado), la unión también tiene lugar por deformación. El anudado simple también pertenece a este grupo, al igual que el trenzado o el encordado. La norma prevé numerosas subcategorías de este grupo en varios niveles jerárquicos. Estos son los esenciales:

- Unión por deformación de cuerpos en forma de alambre
- Unión por deformación para piezas de chapa, tubos y perfiles
- Unión por remachado

El tipo de bloqueo efectivo es, en la mayoría de los casos, un bloqueo por forma, en el que se bloquea contra el aflojamiento involuntario por el proceso de deformación sólo la dirección de posicionamiento de la pieza, o sólo el sentido direccional correspondiente (recuérdese: el duodécimo y último en el espacio). Este tipo de afianzado, permanentemente fiable, predestina a este grupo de conexiones —como ya se ha indicado— para construcciones sometidas a esfuerzos dinámicos, como los que se producen en la construcción de aviones o vehículos, en la variante del remache. Por otro lado, esto también dificulta la posibilidad de separar la conexión, ya que en la mayoría de los casos, al menos un elemento de fijación, si no un compañero de conexión, debe dañarse

REMACHE

53 Roblones en la construcción de hierro histórica.

52 Proceso de roblonado en la construcción metálica histórica: Tres trabajadores se encargan del roblonado (izquierda), la retención (centro) y la captura (derecha).

54 Remache en construcción metálica.

o destruirse para este fin. Sin embargo, esto sólo ocurre si la conexión se realizó por deformación plástica —es decir, no reversible—. En caso contrario, el tipo de conexión es completamente desmontable si está presente una deformación puramente elástica: Hay que dañar un remache para aflojarlo; un trenzado, por el contrario, puede deshacerse sin causar daños.

Hay que tener en cuenta que para acumular la fuerza de deformación se requiere también una fuerza de reacción, normalmente generada oponiendo resistencia, lo que dificulta un poco la realización de la conexión durante el montaje y además suele requerir que la conexión sea accesible desde ambos lados. Por lo tanto, se necesitaban dos trabajadores para realizar las conexiones roblonadas de la construcción
53 de acero (ahora consideradas históricas): uno golpeaba y el otro resistía el golpe. Un tercero (el captador) también tenía que atrapar los remaches incandescentes que le lanzaban y
52 pasárselos a los otros dos. (Es obvio que estas técnicas de conexión, que requieren mucha mano de obra, no tienen cabida en la economía moderna y, en consecuencia, han desaparecido, por así decirlo, en un proceso evolutivo).

Como puede verse en la lista anterior de subcategorías de la norma, este grupo de conexiones es de gran importancia sobre todo para la unión de piezas flexibles y fácilmente conformables de alambre o chapa en la construcción metá-
54 lica (no en la construcción de acero) y especialmente en la construcción de cables.

Es obvio que este tipo de conexión requiere un material que ya de primeras permita la deformación necesaria. Los materiales minerales, todos ellos, quedan descartados desde el principio por su fragilidad. El acero —aunque resiliente en sus características materiales— sólo sirve para este tipo de conexión cuando se presenta en forma de chapas finas o alambres: Por este motivo, casi no se produce en la construcción de acero, ya que la fuerza que se necesitaría para deformar componentes de acero en la obra para su unión es demasiado grande. La madera sólo se une de esta manera en algunos casos: Debido a su elasticidad, permite crear conexiones de tipo trenzado, pero siempre que se den las correspondientes dimensiones y proporciones de la sección transversal, así como los correspondientes radios mínimos de curvatura. Por lo demás, este grupo de conexiones no tiene importancia para la construcción de madera. Por otra parte, la estructura de todos los tejidos se basa, obviamente, en este tipo de conexión.

Unir consolidando materiales

📖 *DIN 8593*

■ Por último, llegamos a la unión por consolidación de materiales. La norma en la que vamos a orientarnos ante el desacuerdo generalizado que prevalece respecto a la clasificación de conexiones en círculos profesionales subsume dos subgrupos esenciales bajo este término: La conexión por bloqueo puramente material, tal como se ha definido, representada por la soldadura con fusión y los tipos de conexión por fuerza adhesiva a los que pertenecen la soldadura sin fusión y el adhesivado. En este sentido, el concepto de consolidación de materiales se aproxima lingüísticamente al concepto de bloqueo material, aunque no hay equivalencia conceptual entre ambos.

SOLDADURA

Empecemos con la soldadura: Ya se han descrito los principios de acción básicos de este grupo de conexiones en relación con el bloqueo material. El único tipo de conexión puramente por bloqueo material relevante para la construcción es la soldadura en la construcción de acero (aparte de la soldadura en la construcción de membrana). No hay otro. **55** Como se ha visto, esto no es del todo sorprendente, ya que casi ningún otro material relevante para la construcción (a excepción de los plásticos) puede ofrecer las características materiales necesarias: tenacidad y fundibilidad.

55 Soldadura por arco en la construcción metálica.

Con la simplificación apropiada para los fines presentes, las características esenciales de este tipo de conexión pueden describirse como sigue: El proceso de unión se basa en la fusión del material base (acero soldable) en la zona de la junta de empalme y la posterior creación de una continuidad material entre los dos socios de unión. (Es evidente que esto sólo es posible entre piezas del mismo material. Por lo tanto, este tipo de conexión queda descartado desde el principio para unir materiales diferentes.) Esto se hace añadiendo un material de relleno (en el caso de los llamados procesos de soldadura por fusión) o (si es necesario, adicionalmente) presionando las dos partes a unir (en el caso de los procesos de soldadura de fragua o de forja).

SOLDADURA POR FUSIÓN

SOLDADURA DE FRAGUA, DE FORJA

Este proceso parece sencillo y poco problemático, pero está sujeto a algunas dificultades importantes que el proyectista debe conocer.

TENSIONES RESIDUALES DE SOLDADURA

Dado que la fusión tiene lugar calentando el material *sólo localmente* en la zona de soldadura, se producen necesariamente tensiones internas —las denominadas tensiones residuales de soldadura— como resultado de la diferente dilatación de las zonas calentadas y no calentadas o sólo ligeramente calentadas de la pieza, que en el caso de piezas delgadas suelen manifestarse en forma de alabeado, pero que a veces pasan desapercibidas y pueden dar lugar a fracturas espontáneas. Sin embargo, esto puede evitarse mediante un recocido posterior para aliviar tensiones, en el que la estructura material de las zonas soldadas y adyacentes afectadas por la soldadura se asimila por recristalización.

RECOCIDO POSTERIOR

El líquido de fusión de la junta de soldadura no debe entrar en contacto con los gases del aire (O, N). Para ello, se protegerá mediante diversos procedimientos: Entre ellos se encuentran revestimientos de electrodo, fundentes especiales de soldadura o gases de protección.

No sólo por lo mencionado anteriormente, la soldadura es un tipo de conexión que tiene requisitos especiales en cuanto al proceso de fabricación. Por lo general, las condiciones necesarias sólo pueden crearse con dificultad en la obra (por ejemplo, construyendo elaborados habitáculos para el soldador a fin de proteger el proceso contra influencias atmosféricas perturbadoras). Por esta razón, la soldadura tiende—al menos en lo que respecta a la construcción de edificios— a considerarse una conexión puramente de taller. La soldadura por encima de la cabeza, en particular, se considera peligrosa y generalmente se evita en la obra. (Ya se ha visto que las conexiones atornilladas pretensadas antideslizantes ofrecen un sustituto adecuado de la soldadura in situ).

Otra limitación nada trivial de este tipo de conexión es que no puede utilizarse para producir conexiones superficiales en una sola operación, sino sólo conexiones lineales en el mejor de los casos, o posiblemente sólo conexiones pun-
56 tuales, según el proceso. Aquí es donde la soldadura difiere fundamentalmente del adhesivado, en el que se pueden unir superficies de contacto de cualquier tamaño en toda la superficie sin que se tenga que acceder a ellas desde el
55 exterior. La soldadura por arco, en cambio, requiere siempre la accesibilidad del electrodo desde el exterior. Por lo tanto,

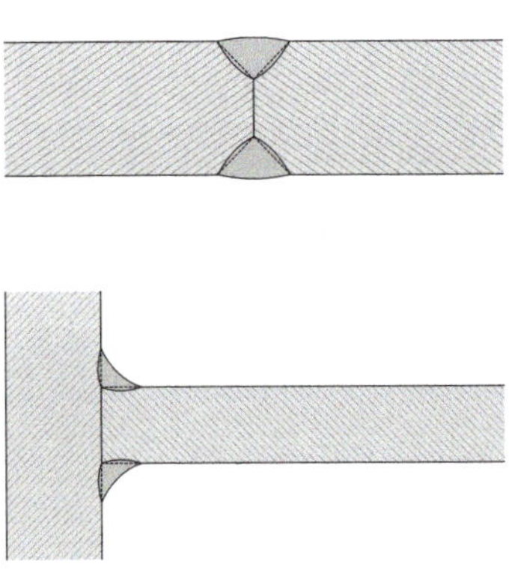

56 Conexión de dos chapas sin soldadura pasante: Doble costura en Y en la parte superior, cordón de filete en la parte inferior. La conexión se realiza linealmente a lo largo del cordón de soldadura (aquí en ángulo recto con respecto al plano de la imagen).

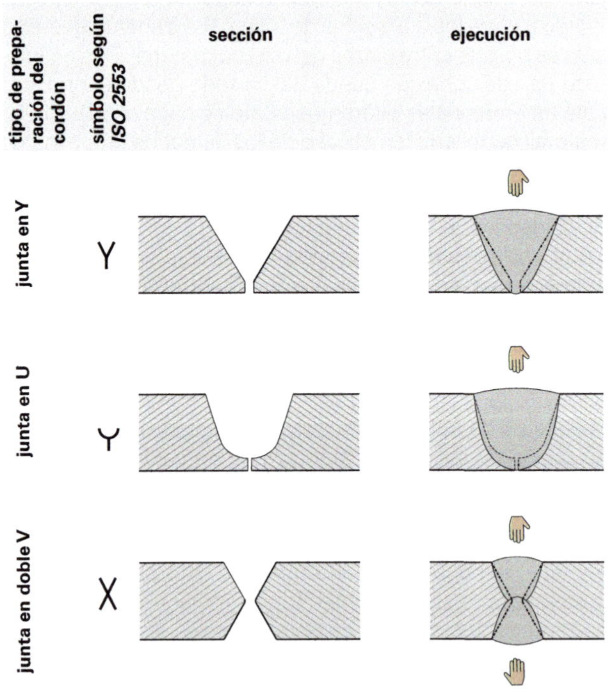

57 Tipos de **preparación de cordón** en la construcción metálica y ejecución del cordón de soldadura asociado. Las tres versiones pueden considerarse como soldadas pasantes.

grandes secciones transversales de piezas sólo pueden soldarse por completo si los cantos de la junta se han biselado adecuadamente, es decir, si se ha realizado una preparación adecuada para el cordón. El grosor del cordón de la soldadura 57
por fusión convencional (soldadura por arco) también es limitado, lo que obliga a aplicar sucesivamente varias capas de soldadura para conseguir mayores anchuras de unión.

PREPARACIÓN DE CORDÓN

En general, se evitan las acumulaciones locales de cordones en el diseño constructivo: Por ejemplo, en el caso de soldaduras en cruz, se interrumpe un cordón en el punto de cruce o se evita la conexión en cruz ya de antemano modificando adecuadamente la geometría de la unión (desentrañándola).

ACUMULACIÓN DE CORDONES

58 Láminas de madera adhesivadas en una madera laminada encolada.

Hasta aquí las dificultades más relevantes de la soldadura a tener en cuenta. No hace falta decir que la conexión soldada es, sin embargo, el método de conexión preferido en la construcción moderna de acero. Crea una continuidad material casi genuina (¿se puede esperar más de una técnica de unión?) y, cuando se suelda la sección completa, permite que las fuerzas de compresión y tracción se transmitan a través de la unión sin el más mínimo debilitamiento de la sección transversal. Expone una superficie mínima susceptible de corrosión a la intemperie (las conexiones atornilladas no pueden equiparar esto) y se puede hacer desaparecer por completo visualmente mediante un trabajo de mecanizado adecuado.

ADHESIVADO

Veamos ahora el adhesivado, la última técnica de unión por consolidación de materiales relevante para la construcción: Ya se ha visto que en este caso no se crea una continuidad material. En cambio, las partes que se van a unir están unidas por fuerzas adhesivas que no son idénticas a las fuerzas de valencia atómicas o moleculares, sino que surgen de la carga electromagnética que actúa en las interfaces de los elementos implicados. Estas últimas suelen ser más débiles que las primeras, lo que significa que, bajo esfuerzo, la unión falla antes que el propio material. Esto se aplica a la soldadura sin fusión, por ejemplo. Sin embargo, esta regla no se aplica al adhesivado (o encolado) de la madera. Este 58
fenómeno, al igual que otras peculiaridades de la madera, se debe a su estructura material extraordinariamente compleja y jerarquizada en múltiples niveles. El factor decisivo para la rotura de la madera en la mayoría de los enlaces no es la dirección fuerte de la madera, es decir, la de las cadenas de moléculas de celulosa con estructura cristalina que conforman las micelas a lo largo de la fibra, sino que son los enlaces de puente de hidrógeno mucho más débiles a través de la misma, es decir, entre las fibras individuales o los haces de fibras. Como resultado, la madera no se agrieta por el esfuerzo en la junta encolada, sino en las zonas de la madera cercanas a la junta (como todo carpintero aficionado sabe por experiencia propia).

☞ *Cap. 3., Aptdo. 9.1 Madera > 9.1.1 Estructura material, pp. 121 y s.*

Por experiencia personal, todo el mundo sabe también que una superficie a adhesivar debe estar limpia y libre de polvo, ya que de lo contrario no se puede desarrollar la fuerza adhesiva de la unión. Esto es porque las partículas de polvo y otros materiales sueltos atan y neutralizan el efecto aglutinante del adhesivo. Una cierta rugosidad de la superficie a adhesivar suele favorecer el efecto adhesivo adicionalmente. Esto crea una especie de enclavamiento mecánico entre el adhesivo (una vez endurecido) y la interfaz de la pieza, que incrementa la fuerza de unión mediante una conexión con bloqueo por forma (además de la adhesión específica basada en la fuerza del adhesivo; esto también se denomina adhesión mecánica).

ADHESIÓN ESPECÍFICA/ADHESIÓN MECÁNICA

También forma parte de nuestro repertorio de experiencias cotidianas el hecho de que las uniones por adherencia son siempre fijas en todas las direcciones espaciales (no hay grados de libertad posibles), y que no se pueden desmontar. La separación de las superficies adheridas después del fraguado (sin producir daños) sólo es posible con uniones relativamente débiles, que normalmente no son suficientes para las magnitudes de fuerza que se producen en la construcción. Los denominados adhesivos sensibles a la presión son adhesivos cuya fuerza adhesiva se mantiene deliberadamente débil (como en el caso de notas *Post-it*) y que sólo se utilizan ocasionalmente en la construcción para conexiones subordinadas, por ejemplo, en el caso de adhesivos para moquetas relativamente fáciles de despegar que facilitan la retirada de moquetas antiguas cuando se reemplazan.

ADHESIVOS SENSIBLES A LA PRESIÓN

Los mecanismos típicos de fallo de las uniones adhesivas pueden entenderse mejor imaginando cómo uno rompería
62 a la fuerza preferentemente una unión. La forma más fácil de hacerlo es separando progresivamente dos elementos
PELADO **62.3** superficiales flexibles, es decir, pelándolos. El pelado es, de hecho, la forma más peligrosa de someter a esfuerzo una superficie adhesivada. Se puede imaginar este proceso de tal manera que la unión se afloja primero sólo localmente en el borde por la carga que actúa en su dirección débil, es decir, normal a la superficie de la unión, y la grieta se propaga gradualmente por la tracción continua a lo largo de toda la unión. Sin embargo, es obvio que esto sólo ocurre

59 Soldadura en ángulo, cordón de filete.

60 Costura HV soldada pasante.

61 Costura en V soldada pasante con costura de raíz.

con piezas delgadas y flexibles (como chapas finas), ya que la deformación por flectado es un requisito geométrico para este proceso. Por este motivo, a veces es necesario asegurar adicionalmente una junta adhesiva contra el pelado mediante fijaciones mecánicas, concretamente en su borde: el único lugar donde este mecanismo de pelado puede iniciarse. Por el contrario, una unión adhesiva es mucho más fuerte contra el desprendimiento de toda la superficie (en ángulo recto con respecto a la superficie adhesiva), pero sobre todo —y **62.1** esta es la regla a la que hay que atenerse cuando se diseña una unión adhesiva— contra la cizalladura (a lo largo de la superficie adhesiva). **62.2**

DESPRENDIMIENTO

CIZALLADURA

Hay dos aplicaciones de uniones adhesivas relevantes para la construcción: en la construcción de acero y de madera. El acero se adhesiva sólo en casos excepcionales, más a menudo adhesivando chapas finas, pero se prefiere el adhesivado para metales no ferrosos, como aluminio o titanio. Con frecuencia, el acero también se adhesiva al hormigón para reforzarlo (como en reformas). En esta aplicación es donde la unión adhesiva puede hacer valer su ventaja de poder conectar diferentes materiales entre sí. En principio, cualquier conexión mecánica (es decir, diferencial) también puede hacerlo. En comparación con éstas, la unión adhesiva, sin embargo, tiene la ventaja de su carácter cuasi-integral, gracias al cual las cargas no se concentran sino que se distribuyen (sin picos de tensión).

Estas últimas propiedades hacen que el adhesivado sea muy interesante para la construcción de madera, es decir, para un material que tolera mal las concentraciones de carga, especialmente en perpendicular a la dirección de la veta. Los carpinteros premodernos no podían recurrir a las técnicas de encolado porque el encolado a escala de componentes principales de una estructura —vigas, columnas, etc.— no era técnicamente posible en aquella época, una consecuencia típica, una vez más, de la gran escala a la que se construye siempre, en contraste con la ebanistería, por ejemplo, donde el encolado es habitual para construir muebles desde tiempos inmemoriales. Sólo las prensas de encolado modernas de gran formato lo permiten. Pero incluso hoy en día, los **63** requisitos para el proceso de encolado son tan elevados que

☞ *Cap. 1. Escala, pp. 4 y ss.*

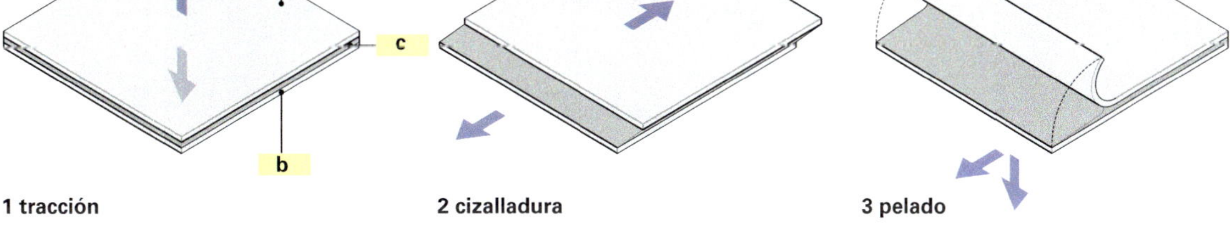

1 tracción **2 cizalladura** **3 pelado**

62 Tipos de esfuerzo en una unión adhesivada.

sólo se autoriza ejecutarlo en el taller. Así que en la obra, el encolado de la madera no es (por desgracia) una opción, al menos por ahora y sin aprobaciones administrativas complejas en casos individuales.[4]

La madera no puede encolarse en un empalme entre caras testeras, es decir ortogonal a la veta. O dicho de otra manera: Las superficies testeras no pueden encolarse *por principio*. No hay posibilidad de transferir la fuerza (de tracción) por contacto adhesivo entre los extremos de las fibras de madera que se enfrentan. Para ello, la superficie de contacto debe cortarse de forma fuertemente oblicua con respecto al eje de la veta en un ángulo agudo (el prescrito es 1/10). En la terminología técnica, se trata en tal caso de una conexión

TESTA EN SESGO **64** de testa en sesgo, de corte de pluma o de pico de flauta. De este modo, el área de unión se incrementa mucho en comparación con la unión en la cara testera, y la fuerza puede introducirse mejor en la sección transversal de la madera gracias a la adherencia predominantemente lateral de las fibras, de manera parecida a un solape.

Las conexiones de testa en sesgo múltiples en la superficie de encolado entre tramos de madera representan el estándar en la construcción moderna de madera: se

CONEXIONES DE DIENTES TRIANGULARES **65–67** denominan conexiones de *dientes triangulares*. Se fabrican mecánicamente por medio de cabezales de fresado y aumentan notablemente la superficie adhesiva al tiempo que reducen el tamaño de la zona de unión en comparación con una superficie oblicua de igual magnitud tipo testa en sesgo.

Por último, se pueden derivar algunas reglas elementales de diseño constructivo para las uniones encoladas a partir de lo dicho anteriormente: Las uniones encoladas a tope entre superficies de corte rectangular de separación ya son desfavorables en principio porque la superficie de encolado suele ser pequeña. Equivale obviamente al grosor de la pieza. Más favorable es el solapamiento: Permite cualquier ampliación deseada de la zona de contacto. Es importante tener en cuenta las excentricidades que puedan producirse, por ejemplo, en caso de un número impar de superficies de cortadura, especialmente en el caso de una única: En

63 Prensa de encolado.

64 Conexión de pico de flauta.

65 Conexión de dientes triangulares.

tales condiciones, se produce inevitablemente un momento flector en la junta y se inicia el temido pelado de la junta pegada. Por consiguiente, las uniones adhesivadas deben ser lo más simétricas posible con respecto al eje de la conexión. El biselado de los bordes expuestos de las piezas a unir también puede reducir el riesgo de pelado progresivo.

La tecnología de unión adhesiva está experimentando un rápido desarrollo en la tecnología de la construcción moderna y se espera que en el futuro se convierta en un mayor competidor de otras tecnologías, especialmente de las uniones mecánicas.

Geometría de la conexión

6.

■ La configuración geométrica básica de una conexión determina profundamente su tipo y modo de funcionamiento. Los problemas constructivos se deben en su mayoría a problemas geométricos. (Incluso las propiedades del material —incluyendo las fuerzas de cohesión que conforman el material— se basan esencialmente en configuraciones espaciales geométricas de las partículas elementales). Por ello, las especificaciones sobre la posición mutua de las piezas en el espacio tienen una importancia fundamental. Esta es, en cualquier caso, una de las tesis básicas de esta obra. Es obvio que las especificaciones realizadas en una fase anterior de proyecto con respecto a la geometría de la construcción general proporcionan directrices claras para la elaboración detallada de un nudo constructivo particular. Si, por ejemplo, se proyecta un pórtico biarticulado, resulta inevitable que un componente en forma de barra, a saber, el pilar del pórtico, se apoye en el suelo o los cimientos en una posición (al menos aproximadamente) vertical y se articule allí. Estas son, por así decirlo, las condiciones límite geométricas primordiales bajo las cuales tiene lugar la elaboración posterior del detalle constructivo. Todas las demás opciones geométricas a nivel de detalle del nudo constructivo se conservan, es decir, son una cuestión del proceso de desarrollo técnico de ese nudo. Con demasiada frecuencia, el proyectista ni siquiera reconoce las variantes geométricas reales de que dispone en una fase temprana de

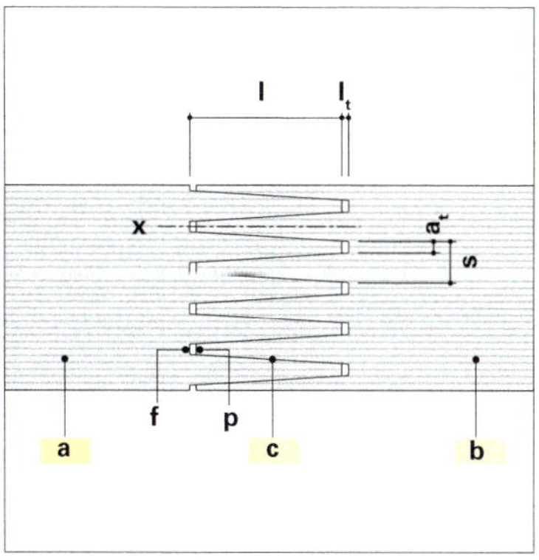

67 Producción a máquina de una junta dentada encolada entre láminas de tabla en la construcción de madera laminada encolada.

66 Perfil típico de una junta de dientes triangulares.

- **a, b** contrapartes de la conexión
- **c** superficie adhesiva en los flancos de los dientes
- **l** longitud de diente
- **s** subdivisión del dentado
- **f** fondo de dentado
- a_t ancho del fondo de diente
- l_t holgura de dentado
- **p** punta de diente
- **x** eje de simetría del diente

proyecto y, por consiguiente, ni siquiera las tiene en cuenta.

Para examinar los efectos de la geometría sobre el modo de acción de una conexión, es aconsejable examinar de cerca las subfunciones constructivas más importantes, a saber, la conducción de fuerzas y la higrotérmica, y esto por separado. Se hará en los apartados siguientes.

6.1 Geometría y transmisión de fuerzas

☞ *Cap. 5., Aptdo. 2.1.1 Redirección de fuerzas, pp. 180 y ss.*

■ Empecemos por la función elemental de la conducción de fuerzas: Para transmitir una fuerza de un componente a otro, se pueden elegir básicamente geometrías más o menos favorables. Las favorables son, sobre todo, las que permiten una transmisión de la fuerza lo más directa posible, es decir, las que tienen un recorrido o una trayectoria de la fuerza lo más corta posible (siguiendo la regla de "no llevar de paseo a las fuerzas" si es posible) o no desviar fuerzas innecesariamente. Por ejemplo, es importante evitar desfases geométricos entre los ejes de las barras que convergen o se intersecan en el espacio, es decir, alinear estos ejes (en el caso de dos barras) o, si es posible, hacerlos intersecar en un único punto del espacio (en el caso de más de dos
68 barras). Esta regla se aplica, pues, tanto a componentes que hacen tope a lo largo de un eje común (es decir, en este caso entran en congruencia los ejes baricéntricos) como a más de dos que hacen tope en ángulo (es decir, se hace que los ejes baricéntricos se intersequen en un solo punto). Si esto no ocurre, la fuerza tendría que deflectarse en tal caso, lo que inevitablemente provoca momentos de desalineación
70 y requiere material adicional (inútil, de hecho).

También son favorables las geometrías de conexión que introducen la fuerza exactamente en el lugar en el que la propia pareja de conexión tiene la mayor rigidez o resistencia. Por ejemplo, una carga concentrada no debe introducirse
69, 71 en la pared de un tubo en dirección normal, sino tangencial. Esto se debe a que el delgado tubo es extremadamente susceptible de pandear en dirección normal a su superficie. En tangencial, la pared del tubo se opone en cambio a la fuerza aplicada con la mayor rigidez posible —un fenómeno puramente geométrico—.

También son ventajosas las geometrías nodales que evitan que los componentes converjan en un ángulo demasiado
74 agudo. Cuanto más angosto sea el ángulo, más grandes
73 serán las áreas de intersección y más estrechas serán las distancias entre los componentes, que se necesitan generalmente para manipular elementos de fijación o herramientas. Un buen ejemplo son las geometrías nodales en estructuras de barras, especialmente cuando hay que insertar pernos
72 o bulones articulados lateralmente en uniones de lengüeta.

Por cierto: En la construcción, siempre se evitan, en la medida de lo posible, intersecciones demasiado agudas de cualquier construcción o de piezas individuales. En la mayoría de los casos, este problema puede solucionarse con especificaciones geométricas apropiadas, por ejemplo, mediante despieces favorables de componentes superficia-

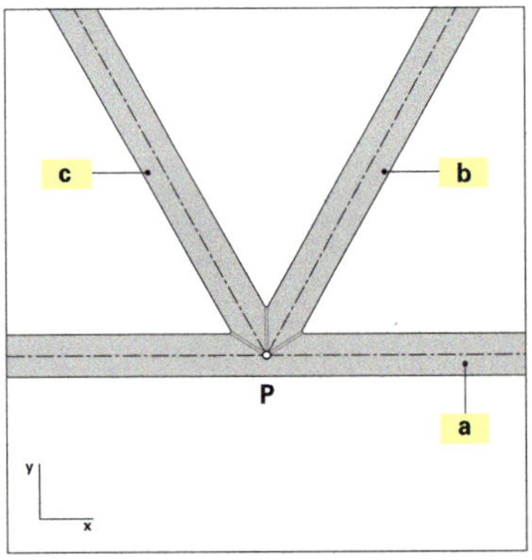

68 Confluencia de los ejes baricénricos de los componentes **a**, **b** y **c** en un punto **P**.

les. Un buen ejemplo son bordes de pavimentos de baldosas que acometen en una pared en un ángulo muy agudo. Esto sucede a menudo cuando hay grandes imprecisiones dimensionales en la obra básica. O el despiece de baldosas no casa del todo en el rodapie y requiere recortes de baldosa muy estrechos que son casi imposibles de cortar (una pesadilla para cualquier alicatador). La colocación en diagonal resuelve **77, 76** este problema de raíz desde un principio. Estas geometrías de despiece pueden observarse en muchos edificios históricos (que tienen grandes tolerancias de construcción).

Volvamos a las conexiones: Una "desagregación" geométrica de las funciones también puede simplificar una conexión. Si, por ejemplo, las funciones de sellado y de conducción de fuerzas, que están unidas espacialmente en la misma construcción del nudo en el caso de un acristalamiento a presión, **75** se separan geométricamente en un acristalamiento fijado por puntos, por un lado en el apoyo, que conduce fuerzas,

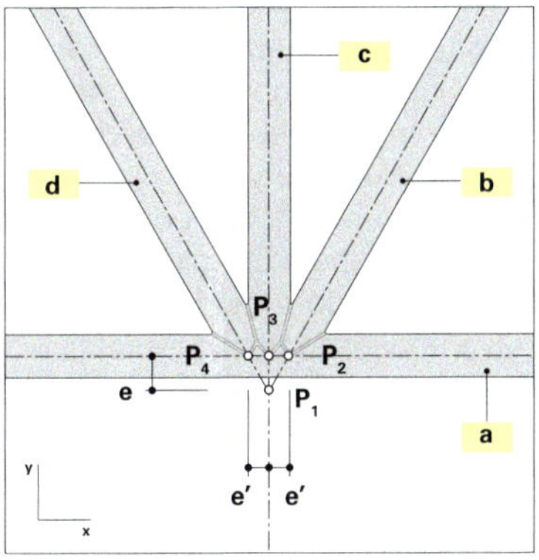

70 Intersección de los ejes del sistema de los componentes **a**, **b** y **c** en varios puntos $\mathbf{P_1}$ a $\mathbf{P_4}$. Se producen momentos flectores por la excentricidad **e** ó **e′**.

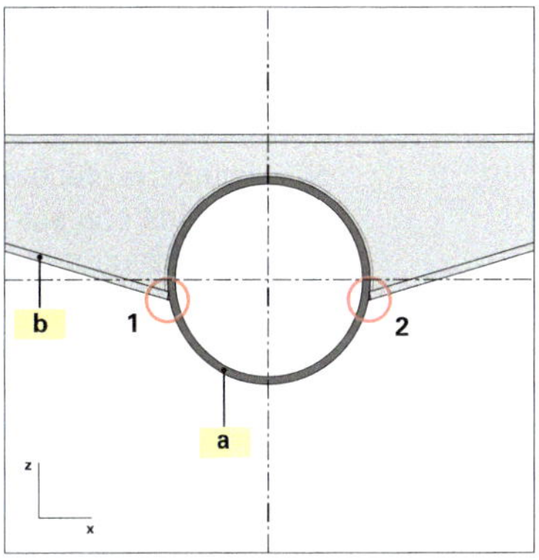

69 Nervio **b** con ala superior e inferior unido a un perfil tubular **a**. La fuerza axial en el ala inferior se transmite en gran medida transversalmente a la pared del tubo en esta posición geométrica (unión a tope con la pared del tubo), lo que puede provocar el pandeo (puntos **1** y **2**).

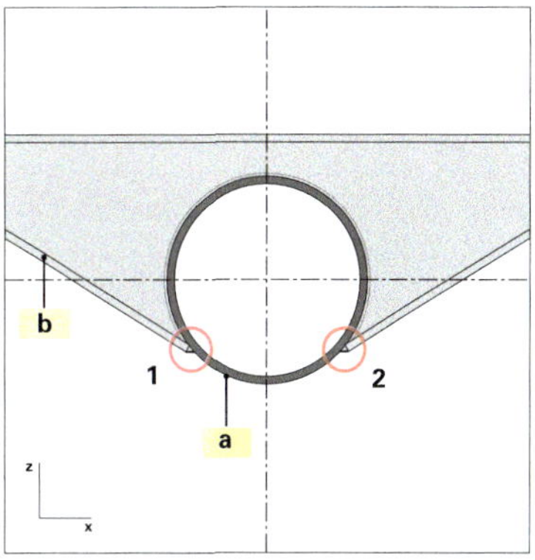

71 Conexión como en **69**; sin embargo, el ala inferior de **b** se encuentra aquí con el tubo **a** en posición tangencial. Con esta geometría, la fuerza puede transferirse mejor a la pared del tubo (en los puntos **1** y **2**).

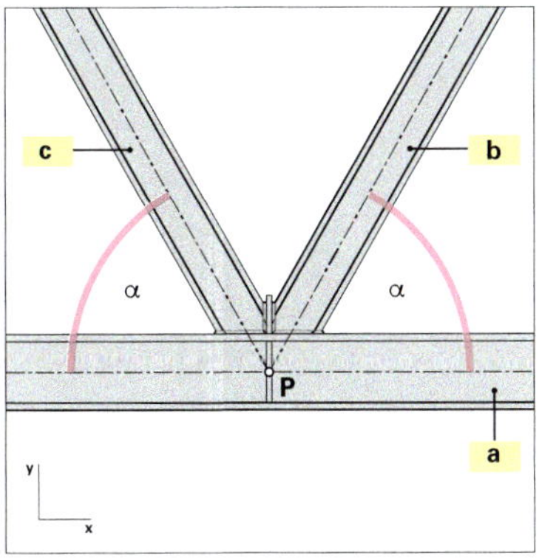

74 El ángulo α determina las condiciones de unión en la conexión de los componentes **a**, **b** y **c**.

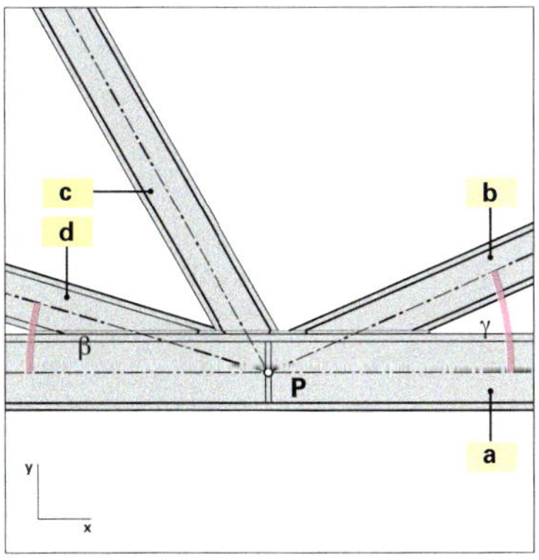

73 Los ángulos β y γ pequeños provocan ángulos de conexión muy agudos y condiciones de conexión posiblemente difíciles para los componentes **b** y **d**.

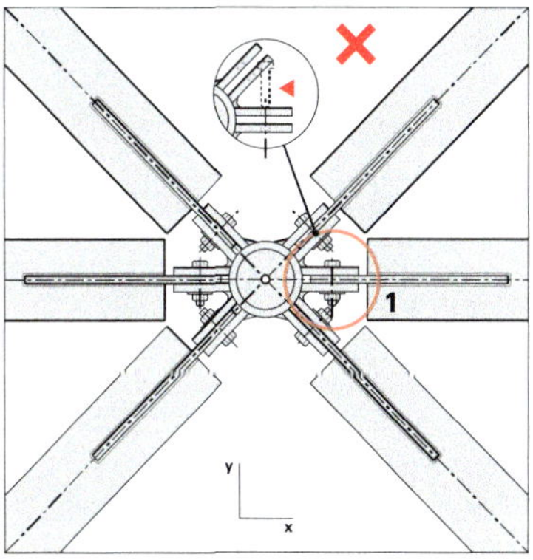

72 Condiciones espaciales desfavorables: no hay espacio suficiente entre las orejetas de conexión (en el punto **1**) para insertar el tornillo.

80 y por el otro en el sellado del empalme de las lunas, esto representa una simplificación constructiva (al menos en la junta de empalme).

POSICIÓN MUTUA

Incluso la posición local mutua de las piezas que se encuentran en la unión suele estar aún sin determinar al principio del proceso de diseño y merece una cuidadosa consideración. Las especificaciones a este respecto determinan, por ejemplo, si en la zona del nudo los componentes deben interrumpirse o pueden ejecutarse continuos. En la medida en que los tamaños máximos de los componentes disponibles lo permitan, el proyectista siempre tratará de evitar en lo posible uniones de componentes. Ya se sabe: En realidad, sería siempre preferible construir estructuras de una sola pieza (lo que, por desgracia, casi nunca es posible). Si, por ejemplo, se coloca una viga secundaria en un nivel
78 por encima de la viga principal, se puede permitir su continuidad, lo que ofrece no sólo ventajas constructivas (no se requiere junta; el apoyo se proporciona sin medida adicional, simplemente apilando), sino también ventajas estáticas (el efecto de continuidad de la vigueta reduce los momentos flectores). Es obvio que puede haber casos en los que, no obstante, es preferible, en general, colocar vigas secundarias y principales con sus cantos superiores a ras, por lo que la viga secundaria debe empalmarse (por ejemplo, con el fin de reducir el canto total de un forjado o de crear un nivel
79 de apoyo enrasado para un entrevigado que lo remata). Sin embargo, este ejemplo muestra claramente cómo las especificaciones geométricas relativas a la posición mutua de las piezas de conexión predeterminan el diseño.

ESPACIO DE MOVIMIENTO Y DE TRABAJO

Por último, hay que asegurarse de que una conexión pueda montarse en términos geométricos ya de principio. Se necesitan espacios de movimiento y de trabajo suficientemente grandes para colocar las piezas de unión en su posición y ejecutar la conexión, lo que a veces tiene que hacerse con herramientas voluminosas (prensas hidráulicas, equipos auxi-

77 Tiras estrechas de baldosa difíciles de cortar (izquierda) en la unión con la pared de un suelo de baldosas.

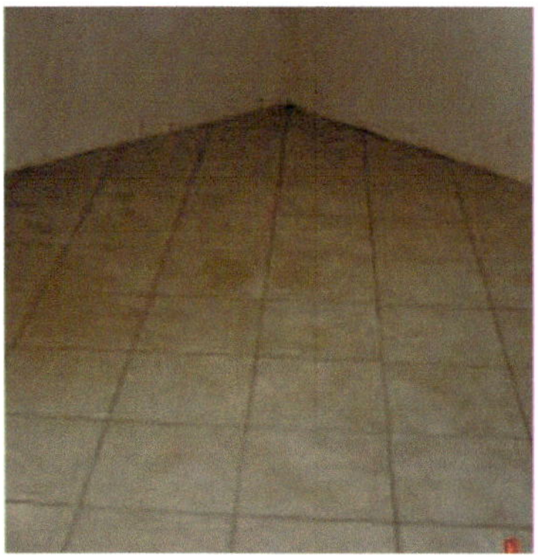

76 Colocar las baldosas en diagonal evita la dificultad de **77** ya de primeras, simplemente cambiando las condiciones geométricas de contorno.

75 Acristalamiento de perfil de presión: La función de estanqueidad (perfiles de sellado) y la función de transmisión de fuerza (perfil de aluminio) están integradas en la misma conexión.

liares de todo tipo, incluso simples llaves inglesas necesitan espacio de movimiento). Estas cuestiones deben tenerse muy en cuenta durante el proceso de diseño. Conviene dejar una conexión accesible incluso durante su tiempo de funcionamiento para permitir que se realicen trabajos de mantenimiento.

Tener en cuenta la geometría siempre vale la pena, no sólo a nivel del diseño del edificio, sino también de los detalles constructivos. Las determinaciones geométricas correctas tomadas de antemano (con clara conciencia de sus consecuencias constructivas, por supuesto) proporcionan la mejor base para un diseño constructivo eficiente de una conexión.

Geometría e higrotérmica

6.2

☞ *Cap. 4., Aptdo. 2.Asignación de funciones parciales a componentes o capas, pp. 172 y s.*

■ Desde el punto de vista higrotérmico, la geometría también juega un papel importante, especialmente en las conexiones de componentes envolventes. Si estos últimos consisten en un estratificado de capas funcionalmente diferenciadas en el sentido de las consideraciones anteriores, deben conectarse las distintas capas funcionales entre sí en el empalme entre componentes superficiales. Por razones de física constructiva, se disponen en el componente constructivo en una determinada secuencia fija. Si se encuentran dos componentes envolventes con estratificados idénticos, es importante asegurar la función parcial en el nivel correspondiente de la
capa respectiva a través del hueco de la junta. Sin embargo, **82**
si se juntan componentes envolventes con estratificados diferentes, como por ejemplo en el enlace de una ventana
con un cerramiento exterior, por regla general se producirán **81**
inevitablemente retranqueos de plano. En ocasiones, éstos perjudican notablemente la funcionalidad de las capas (como en el caso de puentes térmicos geométricos en esquinas positivas) o incluso pueden poner en peligro la integridad de la capa (como en el caso de rebordes de telas asfálticas en cubiertas planas). Aunque por lo general no se pueden eliminar por completo los retranqueos en estas conexiones,

80 Vidrio apoyado en puntos: La función de estanqueidad (junta de sellado) y la función de transmisión de fuerza (soporte puntual) son independientes entre sí.

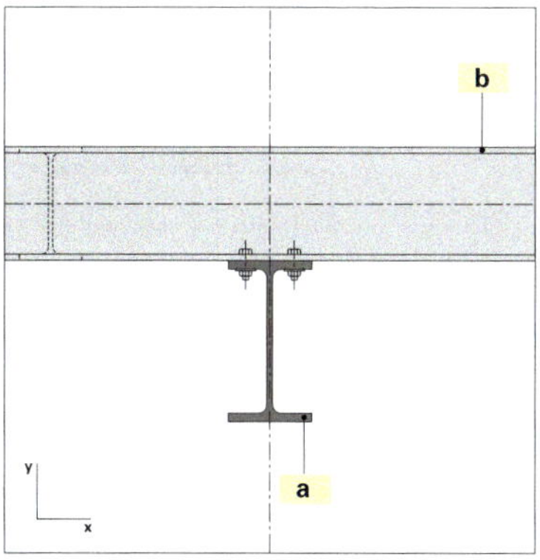

78 La posición geométrica de los dos componentes **a** y **b** entre sí (apilamiento simple) permite conectar las dos piezas sin interrumpirlas.

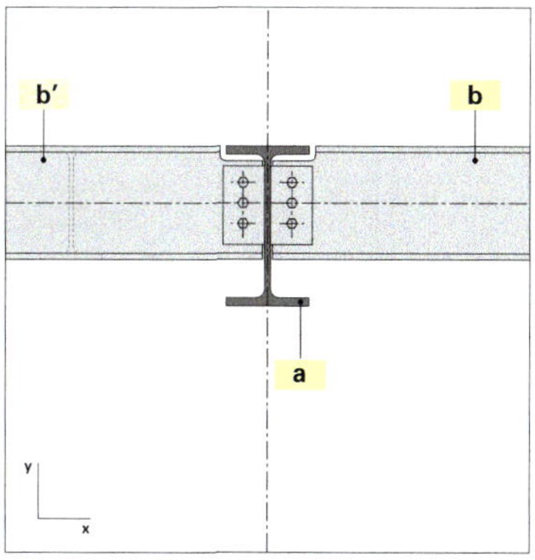

79 La posición geométrica de los dos componentes **a** y **b** que deben conectarse (bordes superiores a la misma altura) requiere que al menos uno de los dos perfiles (aquí **b**) se interrumpa.

es ventajoso al menos evitarlos en la medida de lo posible o mantenerlos al mínimo.

Pueden producirse en las juntas de empalme incluso entrecruzamientos espaciales de capas de dos componentes superficiales contiguos. Aunque este tipo de cambios de plano son bastante raros en la práctica de la construcción, sí pueden ser necesarios ocasionalmente. Cruces de capas de aislamiento térmico y de impermeabilizaciones se producen, por ejemplo, en los enlaces de ventanas o en transiciones entre cubiertas planas convencionales y cubiertas invertidas.

7. Mecánica de la transmisión de fuerzas

■ El concepto de conducción de fuerzas se ha mencionado a menudo en las explicaciones anteriores, pero no se han abordado en detalle los problemas constructivos que surgen al transferir fuerzas entre dos socios de conexión. A continuación se hará de forma muy resumida.

Por lo tanto, se contemplará la cuestión de qué medios mecánicos pueden utilizarse para crear un equilibrio de fuerzas en una conexión, es decir, cómo las cargas externas que actúan sobre una conexión pueden ser contrarrestadas por las correspondientes contrafuerzas, o fuerzas de reacción, que crean un equilibrio estático global, el objetivo de casi todas las conexiones en la construcción. Para poder presentar este tema, extraordinariamente amplio y complejo, de

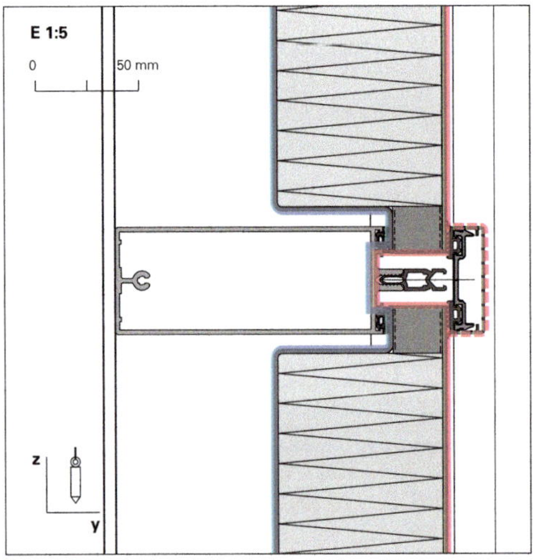

82 Continuación de la capa de sellado contra el agua y el viento (rojo) de los elementos sándwich a través de la junta en una construcción de perfil de presión en el mismo plano. La cobertura trasera (azul), que cumple principalmente una función de barrera contra el vapor, debe alabearse geométricamente por razones de la conexión de perfil de presión.

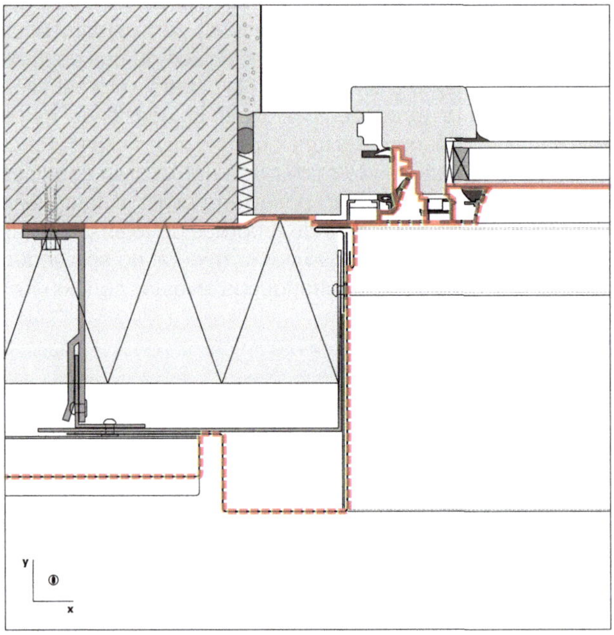

81 Retranqueo geométrico múltiple de un plano funcional (en este caso, estanqueidad al agua y al viento) en el enlace de una ventana con una pared exterior (sección horizontal). Se producen varios cambios de material en el nivel de sellado más exterior (chapa de acero-aluminio-vidrio), así como múltiples cambios entre un sellado de varias fases (combinación de líneas rojas discontinuas y continuas) y un sellado de una sola fase (por ejemplo, el vidrio de la ventana de la derecha). Línea roja discontinua: efecto de frenado; línea roja continua: efecto de sellado.

forma razonablemente fundada y al mismo tiempo concisa, nos limitaremos a los cuatro efectos de fuerza esenciales a los que puede estar sometida una conexión,

compresión,
tracción,
momento flector,
esfuerzo cortante,

siempre en el contexto de los componentes que se van a conectar. A nivel de la conexión, los esfuerzos que actúan a nivel de los componentes se transforman a menudo en otros esfuerzos, como se verá. Además, sólo se examinarán conexiones de piezas con forma de barra. Para las piezas planas, se aplican las mismas consideraciones de forma análoga. Sólo hay que extender mentalmente las soluciones constructivas de la barra a la superficie, extruyéndolas en el espacio, por así decirlo.

Transmisión de compresión

7.1

■ Empecemos por la tarea más sencilla: la transmisión de compresión. La transferencia de compresión es la tarea más sencilla de la tecnología de conexión porque sólo hay que poner en contacto las interfaces de las piezas de conexión. La fuerza que actúa se transmite inmediatamente a la otra pieza que se va a unir a través del contacto a compresión. Al mismo tiempo, garantiza que la junta permanezca permanentemente cerrada y que las superficies de contacto —si se excluyen otras cargas que la compresión— no se muevan entre sí. Dado que en este caso elemental no es necesario que haya piezas interpuestas y que la fuerza —al menos en condiciones ideales— puede distribuirse uniformemente por toda la superficie de contacto (sin que sea necesario debilitar las secciones transversales de las piezas de conexión que se encuentran), las condiciones son efectivamente las mismas —al menos en lo que respecta a la transmisión de la compresión— que en el caso de un material continuo, es

86 CONTACTO A COMPRESIÓN

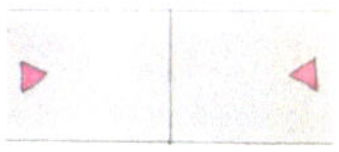

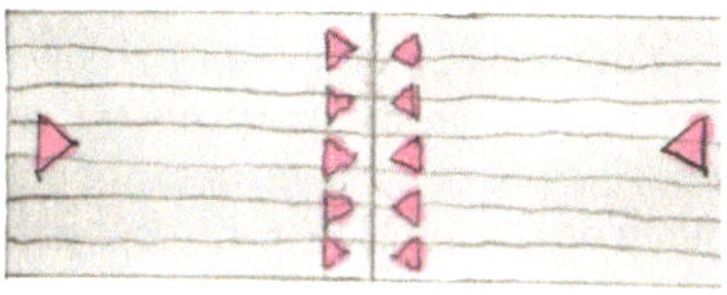

83 El contacto a compresión en toda la superficie equivale a una continuidad material a efectos de la transmisión de una fuerza de compresión.

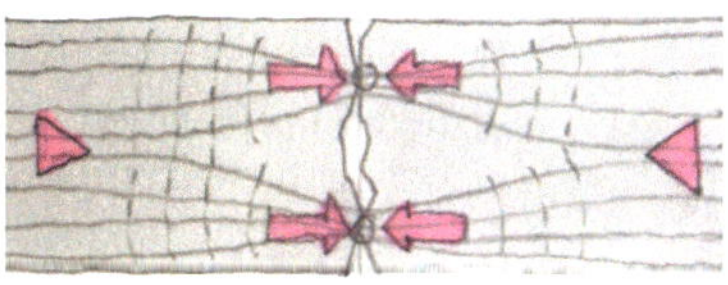

84 Las imprecisiones en las superficies de contacto provocan concentraciones de fuerza en los puntos de contacto con superficie reducida.

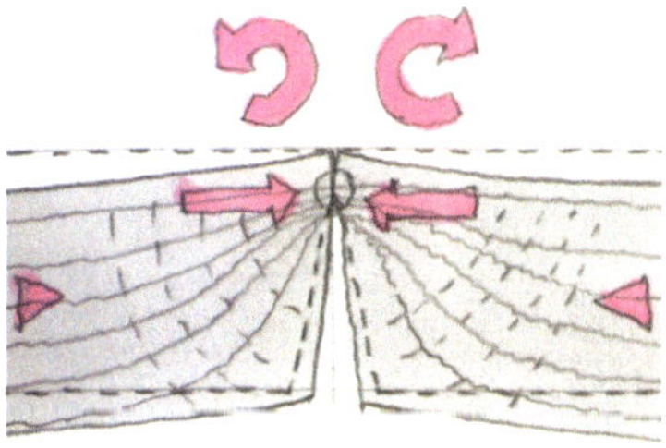

85 Las zonas de contacto dispuestas asimétricamente en relación con el eje baricéntrico provocan esfuerzos flectores.

83 decir, el caso ideal en el que no hay ninguna conexión. Sin embargo, esto es cierto bajo algunas condiciones importantes que el proyectista no debe olvidar.

CONTACTO DE SUPERFICIE COMPLETA

Primero: El contacto entre las superficies contiguas de las piezas de unión debe efectuarse de hecho en la superficie completa. Las más mínimas imprecisiones conducen a una reducción de la superficie transmisora de la fuerza y, por
84 tanto, a un aumento de las tensiones en el material y, en el caso de una superficie de contacto asimétrica con respecto al eje baricéntrico, por añadidura a esfuerzos flectores no
85 deseados en la pieza de unión. Las irregularidades de las superficies de contacto, como ocurren por ejemplo con elementos tan rugosos como los ladrillos, deben igualarse en caso necesario, por ejemplo con una capa plástica intermedia, es decir argamasa, para que el contacto se produzca no obstante en toda la superficie y la fuerza se transmita adecuadamente después de que la capa intermedia se haya
88 endurecido. También se sigue un procedimiento análogo cuando se juntan componentes con grados de precisión muy
87, 89 diferentes, por ejemplo, cuando se coloca la placa base de una columna de acero, muy precisa, sobre una cimentación de hormigón rugosa, rellenando el hueco con mortero tumescente. En otros métodos de construcción, se coloca una capa intermedia elástica, por ejemplo un cojinete elastomérico.

Por supuesto, la condición básica para la eficacia de una junta de contacto a compresión también se anula, a pesar de un contacto de superficie completa, si con el tiempo al menos una de las partes de la conexión se sustrae, por así decirlo, del contacto, es decir, cuando la fuerza que genera el bloqueo —la compresión— simplemente desaparece. Por ejemplo, en el caso de una conexión de compresión entre dos componentes de madera unidos en T, existe el riesgo de que la junta de contacto a compresión se abra debido a la merma del componente de madera cargado transversalmente. Esto se debe a que la merma de la madera es mayor en esta dirección, es decir a través de la veta. Si, tras la merma del componente comprimido y la consiguiente abertura de la junta, el componente que comprime no es capaz de volver a unirse al anterior y cerrar de nuevo la junta —como es posiblemente el caso del nudo de una barra de relleno y el cordón inferior de una viga de celosía—, el contacto a compresión se eliminaría por completo. La fuerza de compresión en tal caso no debería transmitirse a través del contacto a compresión, sino por otra vía, es decir, como se verá, convirtiendo la fuerza de compresión en un esfuerzo cortante, por ejemplo, con una conexión de lengüeta.

86 Transferencia de la carga vertical de la columna a la base de piedra mediante contacto a compresión en toda la superficie.

Segundo: La superficie de contacto debe estar dispuesta en ángulo recto con respecto al eje de la fuerza. Sólo en este caso se produce una compresión pura. Si ésta está inclinada, surge al mismo tiempo una componente transversal que desplaza ambas piezas de unión una contra otra, es decir,
91 un esfuerzo cortante dentro de la junta de contacto. Esto se evita sistemáticamente en el diseño de arcos de sillería

u obra de fábrica, por ejemplo, mediante el adovelado radial de las juntas, ya que entonces las juntas de contacto están siempre alineadas en ángulo recto con el flujo curvilíneo de las fuerzas de compresión, es decir, con la línea de empujes. Los esfuerzos cortantes resultantes de otro ángulo entre la fuerza y la junta no pueden absorberse de forma fiable en la junta de contacto entre las dovelas. **92**

Tercero: Obviamente, las condiciones equivalentes a las de un material continuo sólo prevalecen en una junta de contacto a compresión cuando se juntan partes del *mismo* material o, para decirlo con más precisión: Materiales de igual resistencia a la compresión. Si no es así, es decir, si una parte de unión más resistente se encuentra con una menos resistente, es la tensión que puede absorber el material más débil, por supuesto, la que es decisiva para limitar la fuerza externa que se puede soportar en la superficie de contacto, no la del material más fuerte.

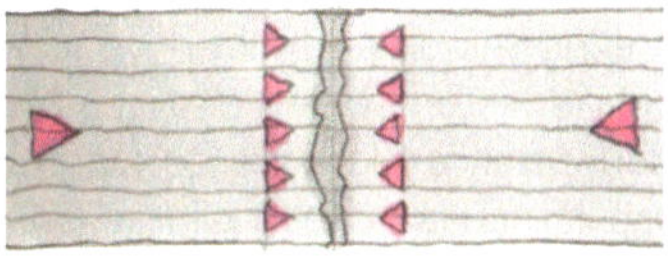

88 Capas intermedias plásticas al introducirlas o, alternativamente, elásticas permanentemente compensan las irregularidades de ambas superficies de contacto y crean las mismas condiciones que con el contacto de superficie completa como se muestra en ⧉ **83**.

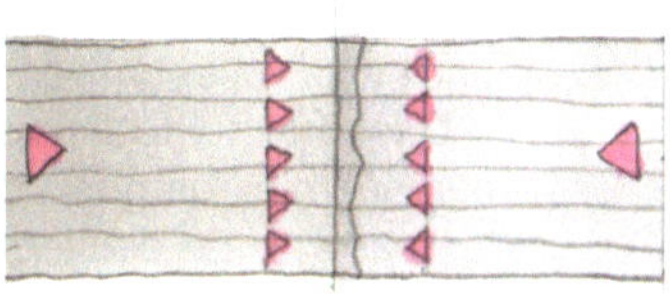

89 Las capas intermedias como en ⧉ **88** también sirven para compensar grados de precisión muy diferentes de las superficies de contacto, lo que es particularmente importante cuando se juntan diferentes oficios.

87 Transmisión de la fuerza por contacto a compresión con placa intermedia de plomo de compensación.

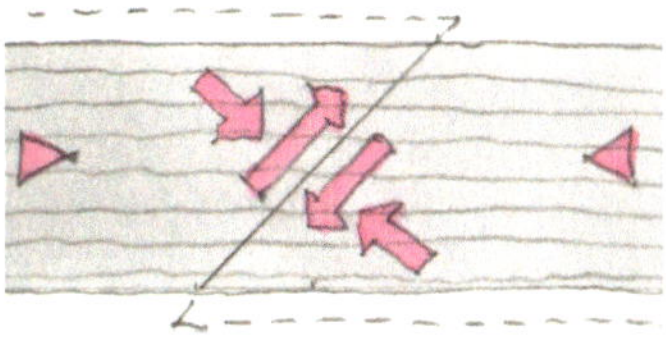

91 Con una junta oblicua, además de la componente de compresión (en tal caso reducida), existe también una componente de fuerza de cizalladura, que tiende a desplazar las superficies de contacto una contra otra.

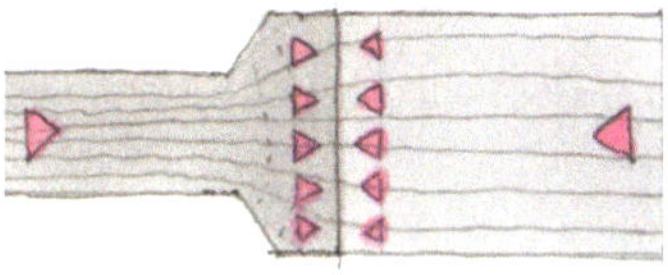

90 Agrandamiento de la zona de contacto de compresión durante la transmisión de la fuerza entre un material más firme (izquierda) y otro más blando (derecha).

92 Arco de fábrica con juntas de contacto a compresión en abanico radial alineadas en ángulo recto con el flujo de la fuerza de compresión a lo largo de la línea de empujes.

Sin embargo, existe una forma constructiva sencilla de resolver este dilema: un incremento deliberado del área de
90 contacto. En sentido estricto, debe agrandarse no sólo la superficie de contacto, sino también la sección transversal completa de la parte de unión más débil para que pueda absorber la mayor tensión, es decir, la misma fuerza con menos resistencia. Esto significa que, con una fuerza (mayor) dada en la parte más firme, la tensión se reduce en la parte más débil. Recuérdese: La tensión es la fuerza distribuida sobre el área efectiva, es decir, la fuerza dividida por el área efectiva.

Esto es exactamente lo que ocurre con una cimentación: La fuerza de compresión concentrada en el pilar o el muro actuando sobre el suelo (normalmente más blando) se distribuye sobre una superficie mayor, la de la zapata, de modo que la tensión global sobre el subsuelo del edificio se reduce y, por tanto, llega a situarse por debajo de la respectiva compresión admisible del suelo. También en la base de una columna de acero fuertemente cargada apoyada sobre una cimentación de hormigón puede observarse a menudo un ensanchamiento de la sección transversal de la columna en
95 forma de una placa base agrandada. Recuérdese: El acero estructural ordinario tiene una resistencia a la compresión unas diez veces mayor que el hormigón normal.

Desde el punto de vista de la historia del desarrollo, los agrandamientos que se encuentran en la base de las co-
93 lumnas clásicas de piedra, las llamadas bases y plintos, son probablemente una especie de reminiscencia de las antiguas formas de construcción de madera que se derivaron de este principio constructivo: a saber, losas de piedra que distribuyen la compresión —y protegen de la humedad— situadas bajo las columnas, que antiguamente eran pies derechos o postes de madera. Sin embargo, en la construcción de piedra, estos agrandamientos no se pueden justificar (mecánicamente) porque coincide material pétreo idéntico por ambas partes. Curiosamente, lo mismo ocurre con el remate
94 superior de la columna clásica, es decir, el capitel: Éste también es una reminiscencia de formas arcaicas de construcción de madera y, estrictamente hablando, no se puede justificar en la construcción pura de piedra desde el punto de

95 Ensanchamiento de la superficie de contacto en la transición de un material más resistente (acero) a otro menos resistente (hormigón) mediante una placa base.

93 Ensanchamiento de la base de la columna, aunque coincide piedra con piedra: adopción mimética de una solución constructiva procedente de la construcción de madera.

94 Ensanchamiento de la cabeza de la columna en forma de capitel. Lo mismo se aplica que a la base de la columna (🗗 **93**).

vista del flujo de fuerzas, tan poco como la base agrandada de la columna. Sin embargo, el agrandamiento sí puede explicarse en la construcción de madera —donde entra en contacto madera con madera— si se considera que la carga de la viga se introduce en la madera de la columna a lo largo de la veta (es decir, en la dirección fuerte de la madera, un material anisótropo), mientras que la fuerza de reacción del apoyo, de la misma magnitud, entra en la madera horizontal de la viga en transversal a la veta, es decir, en la dirección débil del material. Recuérdese la sensibilidad de la madera a la compresión transversal. En este sentido, es cierto que, en este caso, un material débil se encuentra con uno más fuerte en la cabeza de la columna. La respuesta constructiva fue, una vez más, ensanchar la cabeza de la columna, o más bien —porque era más sencillo en términos de carpintería— interponer una zapata de madera más ancha que distribuyera **96** la compresión, ya fuera de madera más dura o, si estaba hecha de la misma madera, fácilmente reemplazable si fuera necesario después de un posible asiento por compresión. A partir de la zapata de madera se desarrolló posteriormente el capitel de piedra: un ejemplo muy interesante de la transmutación de formas constructivas derivadas (en su día) estrictamente de un determinado tipo de construcción hacia elementos estilísticos —abstraídos de su funcionalidad original— aplicados a otro tipo de construcción. Este tema de extraordinaria importancia para el desarrollo de formas constructivas se trata en detalle en otra parte.

☞ *Cap. 3., Aptdo. 9.1.3 Comportamiento deformacional, pp. 125 y s.*

☞ *Cap. 5. Forma, pp. 172 y ss.*

Pero volvamos a las condiciones que hacen que una junta de contacto a compresión sea tan eficaz como un material continuo: La cuarta y —para la presente reflexión— última condición es que se impida el deslizamiento mutuo de las superficies de contacto. A veces, las fuerzas de compresión y el rozamiento en las superficies de contacto son tan grandes que el deslizamiento es imposible y, en consecuencia, no son necesarias otras medidas constructivas. Recuérdese:

☞ *Véase Aptdo. 7.4 Transmisión de flexión, pp. 549 y ss.*

96 Zapata entre columna y viga apoyada.

Se produce un bloqueo por rozamiento o por fuerza tangencial. Esto se aplica, por ejemplo, a una junta de tendel en un aparejo de obra de fábrica convencional. Sin embargo, si sigue existiendo el peligro de deslizamiento lateral, se debe asegurar adicionalmente la conexión de contacto a
98 compresión. Esto se hace, por ejemplo, en placas base de columnas de acero sobre cimientos de hormigón. Una modesta conexión empernada es suficiente para absorber las fuerzas, en su mayoría relativamente pequeñas, transversales al eje de la columna; después de todo, no se trata de fuerzas de compresión regulares a lo largo del eje del pilar.

La transmisión de compresión resulta por tanto una tarea constructiva elemental que puede resolverse con la ayuda de medios relativamente sencillos cuando se utiliza el simple contacto a compresión. Tiene una gran importancia para la construcción de conexiones en su conjunto. Más adelante se verá que —en realidad— también las otras variantes de esfuerzo, a saber, la tracción, el momento flector y el esfuerzo cortante, se transmiten en última instancia a menudo, aunque no siempre, efectivamente a través de compresión. Esto suele ocurrir después de una transformación específica y bien estudiada de la fuerza externa dentro de la junta de conexión seleccionando una geometría de junta adecuada: Una conexión de pasador solapada convencional bajo trac-
99 ción, en la que el pasador suele estar dispuesto transversal a la dirección de acción de la tracción, convierte la misma entre las partes de la conexión en una compresión entre el pasador y la pared del taladro. (Nótese, sin embargo, el cambio en la jerarquía de contemplación: actúa tracción a nivel del componente, pero compresión al nivel del elemento de fijación, es decir el pasador. En la jerarquía de contemplación de la junta, es decir, del tramo de junta solapado,

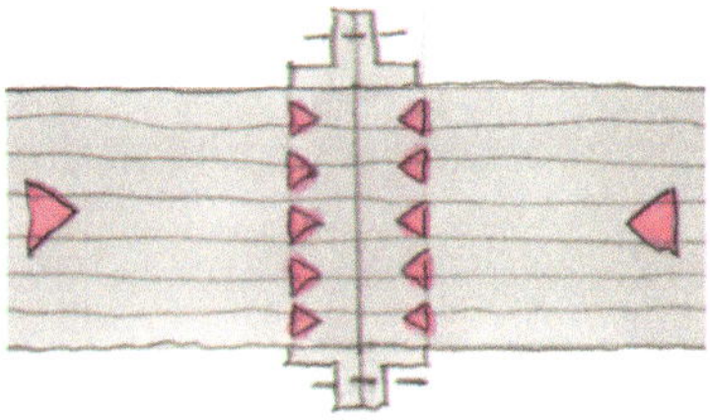

98 Aseguramiento de una conexión de contacto a compresión contra el deslizamiento lateral.

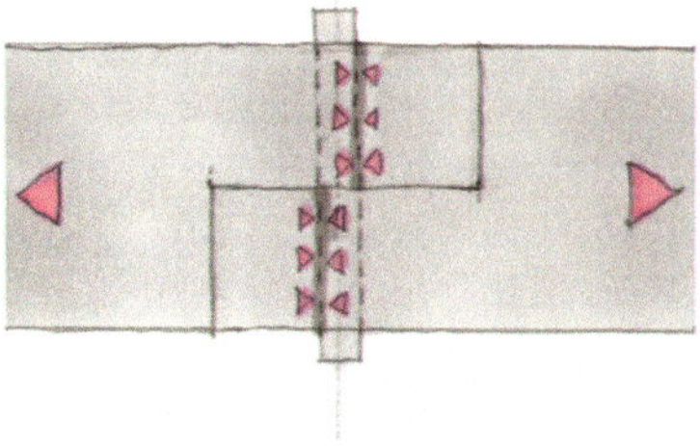

99 Conexión de pasador bajo tracción: Conversión del esfuerzo de tracción de los componentes en un esfuerzo de compresión entre el pasador y la pared de la perforación modificando adecuadamente la geometría de la junta. Al nivel de contemplación de la junta, se trata de una carga de esfuerzo cortante. El pasador, por lo demás, está sometido a cizalladura.

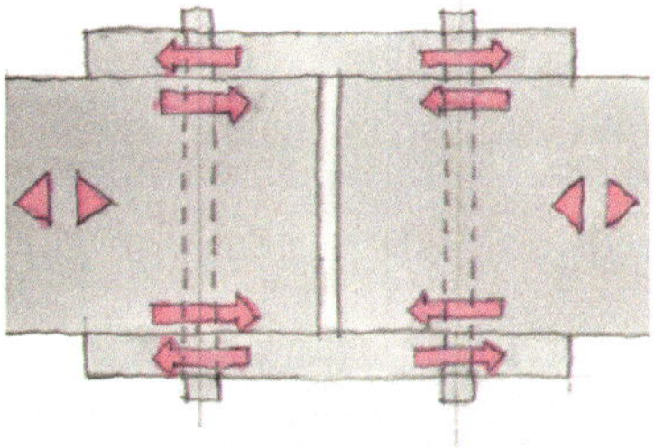

97 Conexión de pasador bajo compresión, sin contacto directo a compresión entre los componentes. Conversión del contacto a compresión en una cizalladura debido a la redirección de la fuerza a través de dos platabandas. Esta conexión también sirve para transmitir tracción, en analogía a ⊡ 98. No se imponen condiciones especiales a las caras testeras.

prevalece a su vez el esfuerzo cortante. Por lo tanto, debe garantizarse siempre una cuidadosa diferenciación de la jerarquía de referencia).

De manera similar, los empalmes a compresión también pueden producirse sin contacto inmediato entre las superficies de la junta, por ejemplo, utilizando lengüetas. **97**
Esto puede ser conveniente a veces, por ejemplo, si no se pueden garantizar las condiciones mencionadas de planitud, precisión y escuadría de las superficies de contacto o si esto sería demasiado costoso. Lo mismo ocurre con una conexión a esfuerzo cortante con pasadores. Esto se debe a que de **100**
hecho no existen muchos medios mecánicos para transmitir una fuerza de tracción pura (y un esfuerzo cortante) sin la participación de la compresión (en el caso del momento flector, que no es más que una combinación de compresión y tracción provocada por un par de fuerzas, la fuerza de flexotracción también resulta al final ser la problemática). Sin embargo, nos ocuparemos próximamente de la absorción de las fuerzas de tracción; volvamos primero a la compresión.

Si se aplican los conocimientos elementales que se han obtenido hasta ahora a los materiales habituales para estructuras portantes primarias, resulta lo siguiente: El acero puede unirse por contacto a compresión sin más si las superficies de contacto se mecanizan con la precisión adecuada, y sin ninguna restricción en cuanto a la posición relativa de las piezas de unión entre sí, ya que es un material casi totalmente isótropo. Por lo tanto, el peligro de que un componente acometa a otro en la dirección "equivocada", como ocurre con enlaces en ángulo recto de piezas de madera (véase más adelante), no existe con el acero, al menos en lo que respecta al propio material —se verá enseguida que, en cambio, sí puede existir a nivel de componente—. Los empalmes de

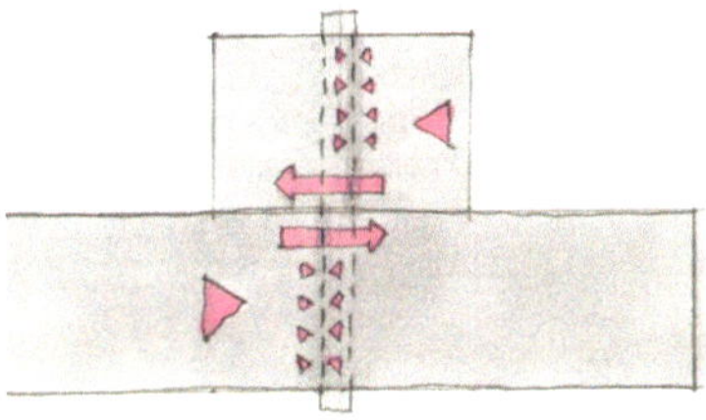

100 Conexión de esfuerzo cortante con pasadores: Conversión de la fuerza de cizalladura en contacto a compresión entre el pasador y la pared de la perforación (nivel de contemplación: el del elemento de fijación). Al nivel de contemplación del componente y la junta, actúa un esfuerzo cortante.

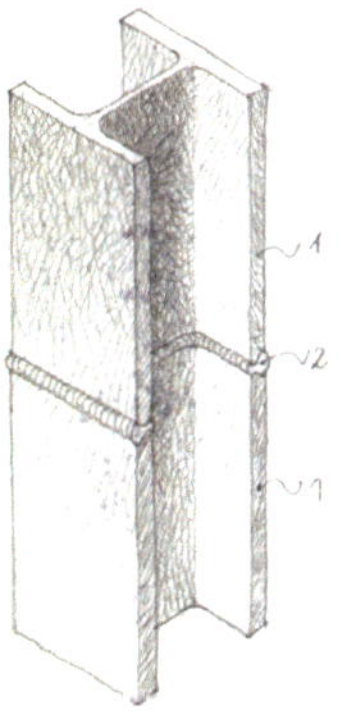

101 Empalme de dos tramos de columna (**1**), soldadura a tope (**2**).

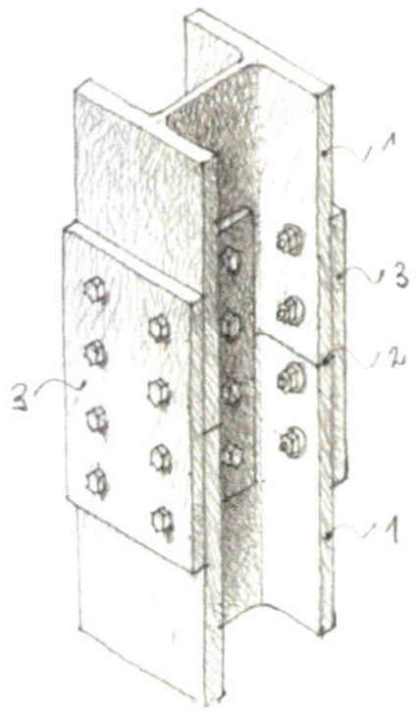

102 Empalme de dos tramos de columna (**1**) con contacto a compresión (**2**). Placas atornilladas (**3**) aseguran el empalme contra el deslizamiento.

tramos de columna, conexiones típicas casi siempre sometidas a cargas de compresión, también pueden fabricarse en construcción de acero con contacto directo —además de la variante totalmente soldada, que equivale a un material
101 continuo—: Ya sea a través de secciones de perfil planas
102, 105, 106 mecanizadas adecuadamente, o con chapas frontales planas
103 interpuestas. Como ya se ha mencionado, la posición debe estar siempre asegurada contra el deslizamiento lateral, lo
102, 105 que se hace a veces con tornillos, a veces soldando placas.[5]

En este contexto, hay que señalar la debilidad relativa de las secciones en I en transversal a su eje, que siempre es decisiva cuando una barra se encuentra con otra en ángulo recto u oblicuo. Se deriva del riesgo de pandeo de la delgada alma. Esto es porque es el alma (no las alas) la que, con su plano a lo largo del eje efectivo de la fuerza, posee la mayor rigidez en este caso. A continuación, se hacen algunas reflexiones más detalladas sobre este punto. A partir de una determinada magnitud de fuerza, puede ser necesario reforzar el alma a lo largo del eje de aplicación de la fuerza con una placa o nervio rigidizador soldado para absorber la
104 fuerza orientada transversalmente. Dependiendo del nivel de
107 fuerza, se puede utilizar un rigidizador parcial o completo. Por

☞ *Aptdo. 7.4 Transmisión de flexión, pp. 549 y ss.*

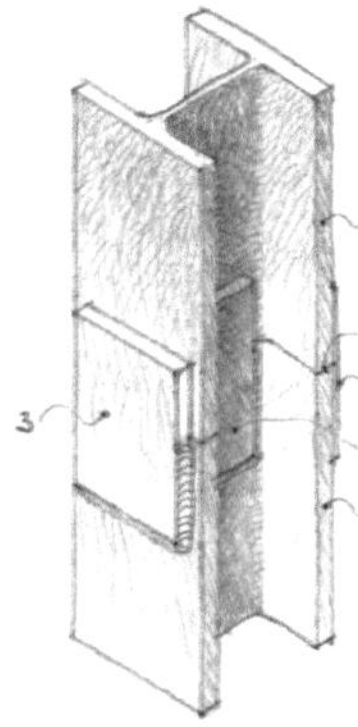

105 Empalme a tope de dos tramos de columna (**1**) con contacto a compresión (**2**). Placas (**3**) soldadas al tramo inferior abrazan el tramo superior y aseguran la junta contra el deslizamiento.

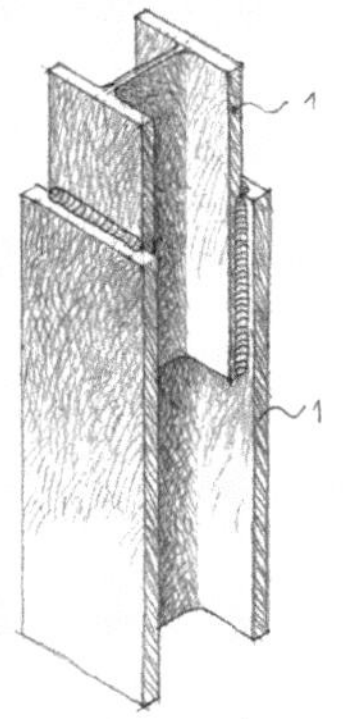

106 Empalme de dos tramos de columna (**1**) con perfiles encajados y soldados uno a otro. Para ello, se recorta el alma de la sección inferior de modo que ambos perfiles se enchufan.

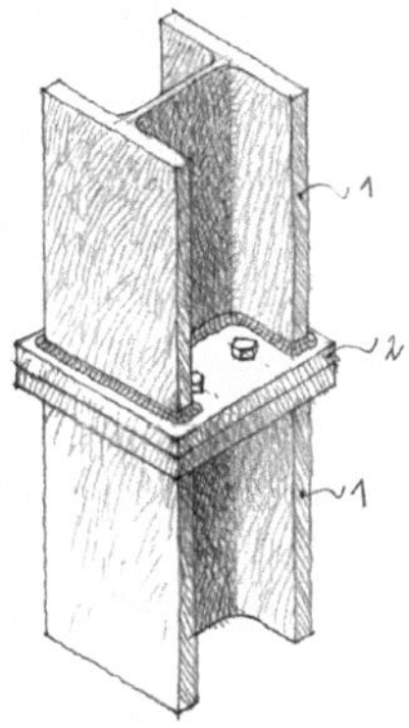

103 Empalme de dos tramos de columna (**1**) con placas terminales atornilladas (**2**).

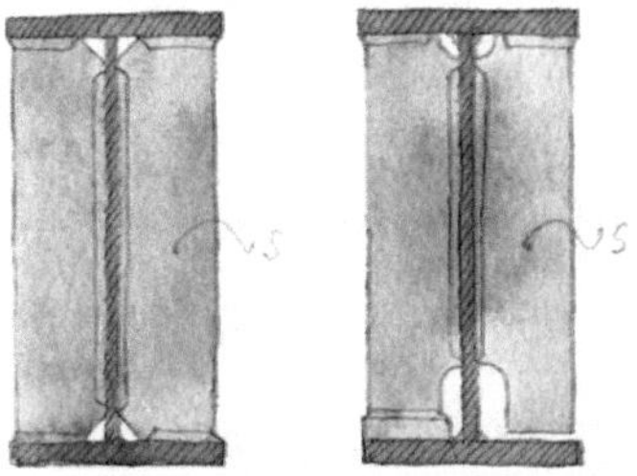

104 Placa rigidizadora sobre apoyo.

107 Chapas rigidizadoras **S**, costillas completas en dos variantes de ejecución.

lo tanto, la anisotropía de la viga en I (no del acero mismo) no se debe al material, como en el caso de la madera, sino que resulta de la particular geometría de la sección transversal, es decir la forma de I. Este caso se da en la práctica, por ejemplo, cuando vigas en I se apoyan en soportes, cuando 104
se introducen fuerzas en perpendicular a un perfil o cuando vigas secundarias se colocan sobre vigas principales. 108

La madera, un material intrínsecamente anisótropo, se comporta de forma diferente, como ya se ha visto: Cuando mejor funcionan los empalmes por contacto a compresión con la madera es cuando se juntan dos superficies testeras, es decir, con un empalme axial de barras de madera. En 109
la junta de contacto se enfrenta, en este caso, siempre la dirección fuerte del material, es decir, la dirección a lo largo de la veta. Los tramos de columna, por ejemplo, se unen a tope y se aseguran contra el deslizamiento lateral y, a veces, 147
se rodean adicionalmente con zunchos metálicos para evitar que se partan o astillen bajo compresión. En la carpintería tradicional, existían empalmes parecidos a injertos, juntas de compresión elaboradas con protección contra el deslizamiento lateral mediante bloqueo por forma, pero no llegaron a imponerse.[6] 110

Se recomienda tener precaución —como ya se ha explicado— con uniones transversales de barras en las que la

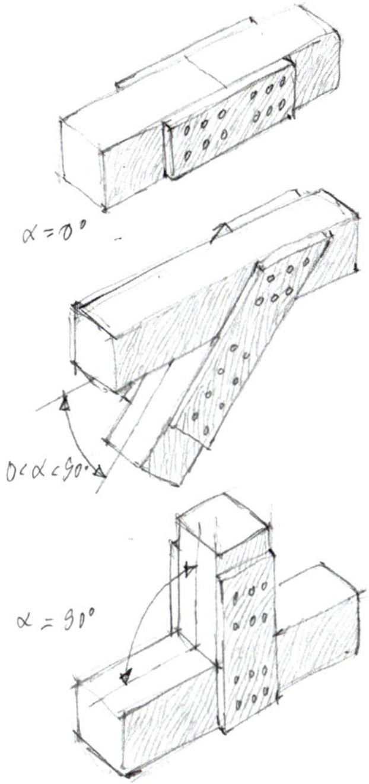

109 Transmisión de compresión entre barras de madera contiguas en diferentes ángulos. Las dos variantes inferiores generan compresión transversal sobre la barra horizontal.

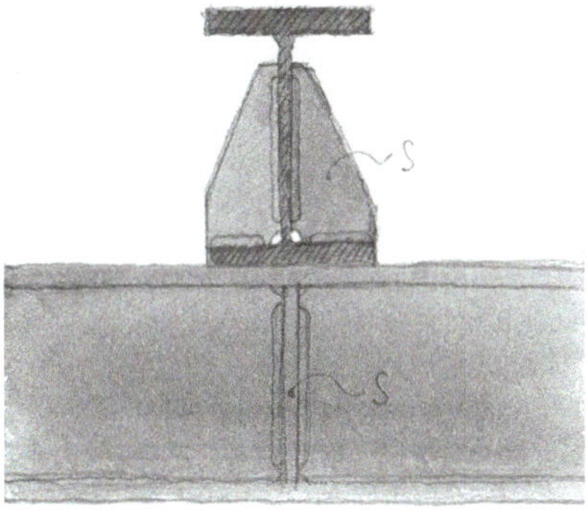

108 Placas rigidizadoras cuando una viga secundaria se apoya en una viga principal. La fuerza se concentra en la intersección de las dos almas.

112 Apoyo de montantes sobre solera.

111 Ampliación de la superficie de transferencia de la compresión transversal sobre la viga mediante una zapata de madera.

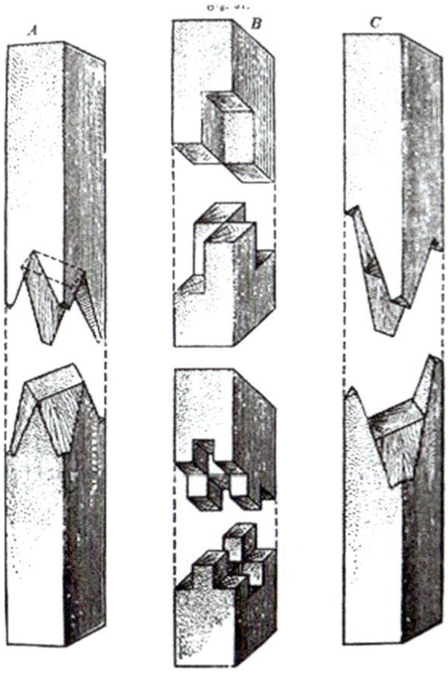

110 Injertos.

fuerza se introduce sometiendo a compresión transversal a un compañero de conexión. Este caso es a menudo inevita-
112 ble, por ejemplo con montantes apeados sobre durmientes, con barbillas o con tramos de columna sobre (o bajo) vigas. Para evitar mayores deformaciones, se puede mantener la carga dentro de ciertos límites repartiéndola sistemáticamente (lo que se hace, por ejemplo, con montantes sobre soleras dispuestos a poca distancia), o bien se aumenta la superficie de contacto y se reduce así la compresión (lo que ocurre, por ejemplo, con zapatas de madera o placas base
111 de acero). Vigas apoyadas una sobre otra que discurren transversalmente entre sí también transmiten la fuerza a través de compresión transversal de la madera, y esto en
113 ambas parejas de unión. Sin embargo, ya que las vigas de una carrera van colocadas generalmente a poca distancia unas de otras, el nivel de fuerza resulta más bien moderado, ya que el área tributaria de carga de una viga es pequeña.

114 Hay que prestar atención a los apoyos con entalladura. Debido al esfuerzo cortante alineado verticalmente que actúa en ellos, los haces de fibras recortados, que no apoyan, pueden desprenderse. En ese caso, es necesario adoptar medidas de seguridad adecuadas, por ejemplo, pasadores de acero que mantengan la sección transversal unida verticalmente.
114 Las vigas secundarias que acometen lateralmente en la zona inferior de una viga principal también pueden provocar efectos análogos en la misma. En estos casos, la fuerza de apoyo debe ser redirigida a la zona de fibra superior de la viga principal por medio de accesorios adecuados. (En este caso, sin embargo, ya se trata de una conexión a esfuerzo cortante pura).

☞ *Véase Aptdo. 7.3 Transmisión de esfuerzo cortante, pág. 542,* **160**.

Con los materiales minerales, el contacto a compresión es siempre el método preferido de conexión (entre ellos), ya que son isótropos y soportar fuerzas de compresión es su principal punto fuerte: Un ejemplo es el apilamiento de bloques de albañilería.

De nuevo la advertencia: Todo lo que se ha dicho hasta ahora es válido bajo la premisa (aunque significativa) de que exista siempre una fuerza de compresión fiable sobre la superficie de contacto que genere el bloqueo. Si ésta falla, está claro lo que ocurre entonces: La junta se abre y a partir

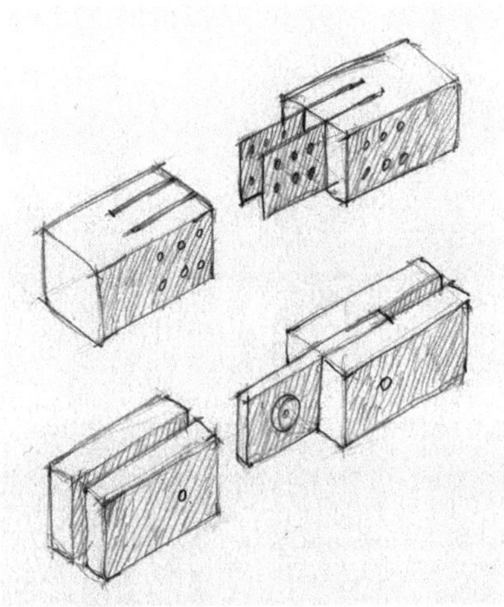

115 Nudo sometido a tracción (arriba): transmisión de fuerza mediante pasadores y placas de conexión alojadas en ranuras. Nudo sometido a esfuerzos de compresión y tracción (abajo): transmisión de fuerza mediante conectores; pasadores sólo para asegurar la conexión contra el desprendimiento; placa de conexión más gruesa por riesgo de pandeo.

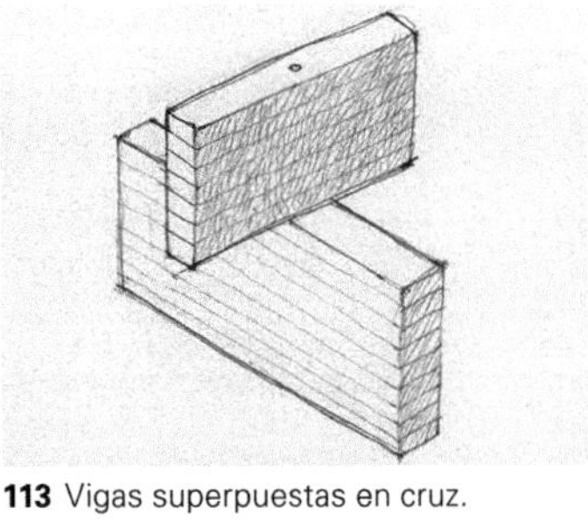

113 Vigas superpuestas en cruz.

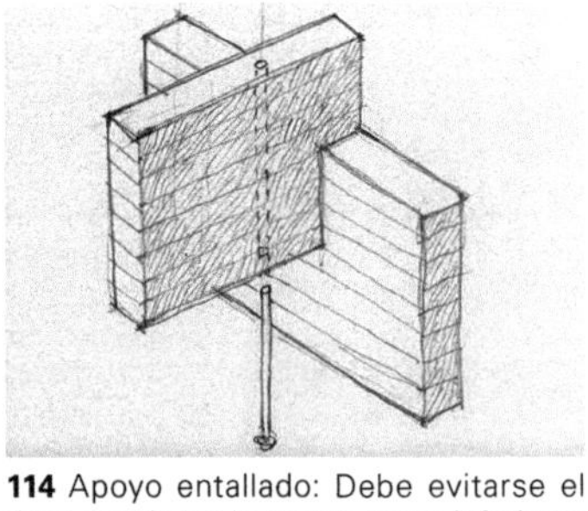

114 Apoyo entallado: Debe evitarse el desgarro de los haces de fibras inferiores de la viga apoyada, por ejemplo, utilizando una varilla roscada encolada.

de ese momento deja de ser mecánicamente efectiva. En el mejor de los casos, la fuerza busca un camino alternativo, lo que puede dar lugar a condiciones críticas de carga. En el peor de los casos, falla toda la construcción. El que una fuerza de compresión desaparezca también resulta ser un hecho no del todo improbable porque en la construcción intervienen cargas muy cambiantes, es decir, cargas de tráfico, viento y nieve, y una condición de carga de compresión puede cambiar rápidamente a una de tracción en determinadas circunstancias.

Veamos a continuación este caso de carga de tracción con más detalle.

Transmisión de tracción

7.2

De las consideraciones anteriores ya se puede deducir que las condiciones para absorber tracción no son tan simples como para absorber compresión. Las superficies de junta expuestas al riesgo de separación por efecto de la tracción sólo pueden unirse, como se ha indicado, por pocos medios alternativos. Esto se debe a que en el diseño de una junta de tracción sólo existen las siguientes dos formas fundamentalmente diferentes de transmitir una fuerza a través de la junta: O bien se acumula una contrafuerza de al menos la misma magnitud (no transmitida mecánicamente) oponiéndose así a la fuerza de tracción externa, neutralizándola; o, alternativamente, como se ha explicado anteriormente, la construcción de la junta está diseñada de tal manera que la fuerza de tracción que actúa se convierte en una fuerza de compresión, que a su vez puede ser absorbida por un simple contacto a compresión en superficies de contacto adecuadamente dispuestas y formadas.

Entre las contrafuerzas que se pueden crear por medios no mecánicos (aparte de las propias fuerzas de unión del material, que se activan con la soldadura, por ejemplo, y crean una especie de auténtico continuo material) se encuentran sólo las siguientes:

fuerzas adhesivas
fuerzas de campo

Las primeras entran en acción en las uniones adhesivadas, pero son en su mayoría insuficientes para el nivel de fuerza típico de estructuras portantes primarias (una excepción importante, sin embargo, es el encolado de componentes de madera). Algo similar ocurre con las fuerzas de campo: Las fuerzas magnéticas que pueden producirse en términos prácticos son también demasiado débiles para la mayoria de las tareas típicas de construcción y, de todos modos, sólo pueden actuar con metales ferrosos. Sin embargo, hay una excepción de enorme importancia: la fuerza de gravedad. Contemplemos en lo siguiente con más detalle esta única fuerza de campo realmente relevante para la construcción.

GRAVEDAD

El principio de crear una conexión expuesta a carga de tracción simplemente oponiéndose a la carga que actúa

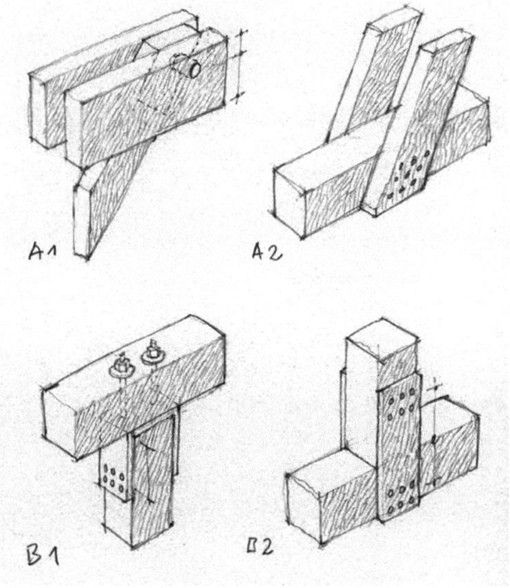

117 Empalmes sometidos a tracción (izquierda) y empalmes sometidos a tracción y compresión (derecha) de barras de madera. Posición de las fijaciones para evitar tracciones transversales.

A1 empalme oblicuo bajo tracción: disposición de la conexión (árbol cardán) en la zona superior de las barras horizontales; eje cardán clavado con barra diagonal.
A2 empalme oblicuo bajo tracción y compresión: distribución uniforme de los pasadores sobre las secciones transversales.
B1 empalme perpendicular bajo tracción: disposición de los pasadores en la zona inferior de la abrazadera (suficiente cogote en la barra vertical); introducción de la fuerza de tracción en la barra horizontal en su borde superior mediante pernos pasantes.
B2 empalme perpendicular bajo tracción y compresión: transmisión de compresión por contacto; transmisión de la tracción mediante pasadores en la zona de la sección transversal inferior de la barra horizontal y en la zona superior del tramo de platabanda junto a la barra vertical (suficiente longitud de cogote).

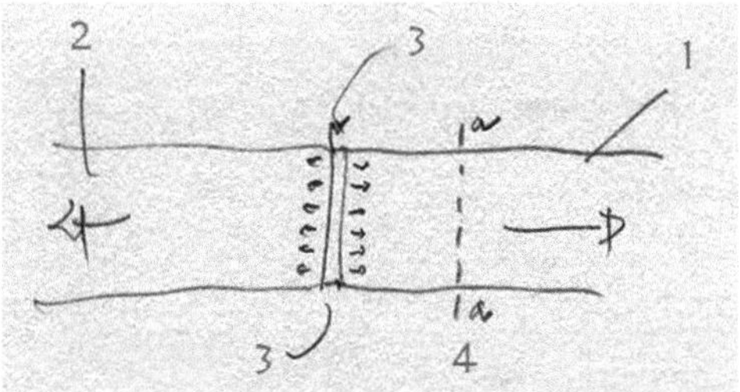

116 Adhesivado de las caras testeras de las piezas a unir en el corte recto perpendicular. **1**, **2** piezas de unión; **3** superficie de adhesivado; **4** superficie de sección transversal **a-a** igual a la superficie de adhesivado **3**. Empalme bajo tracción.

externamente con una fuerza de campo opuesta es tan plausible y sensato porque, en este caso, no se requiere ninguna medida constructiva real para crear y asegurar la conexión: Al igual que la junta de compresión, la junta puede ejecutarse como una superficie de contacto simple, idealmente plana. Esto se debe a que al absorber las fuerzas de tracción por medio de fuerzas de campo, en realidad nos vemos de nuevo ante una junta de contacto a compresión —aunque disfrazada—: La fuerza de campo debe superar necesariamente en magnitud a la mayor carga de tracción que cabe esperar, lo que en la terminología técnica se denomina sobrecompresión. Dado que la fuerza de campo en cualquier caso debe ser mayor que la carga de tracción que actúa externamente y también mantiene su efecto cuando no hay ninguna fuerza de tracción externa que actúe sobre la conexión, nos vemos de nuevo ante una típica unión por contacto que está permanentemente sometida a compresión.

Las juntas de tracción sobrecomprimidas por carga (que en realidad ni siquiera son juntas de tracción en sentido estricto) son probablemente las más comunes en la construcción, sobre todo si se tiene en cuenta que dominan la construcción de obra de fábrica en forma de la junta de tendel entre unidades de albañilería y que, en cualquier caso, este tipo de construcción representa la mayor parte del volumen edificado en muchas regiones del mundo. Imagínese: Una técnica de unión que, en última instancia, actúa como una fuerte fuerza de atracción que simplemente mantiene unida una sencilla junta de contacto de forma fiable ante cualquier esfuerzo de tracción que surja, sin ninguna medida constructiva.

La única limitación real de este principio constructivo radica en la orientación exclusivamente *vertical* de esta fuerza de bloqueo —en otras orientaciones simplemente no está disponible, al menos no en toda su magnitud y sin generar molestos esfuerzos cortantes adicionales en la junta— y en la necesidad de garantizar un tamaño de fuerza mínimo, es decir, operar con material de construcción pesado. El hecho de que, en la construcción, la durabilidad sólo esté disponible en combinación con la pesadez, es decir, en forma de materiales minerales, no ha hecho más que fomentar este principio constructivo en la historia del desarrollo de la construcción. Es probable que la humanidad no haya inventado conscientemente este truco constructivo tan inteligente, extraordinariamente económico y eficiente, ni lo haya percibido inicialmente como tal, sino que simplemente lo haya descubierto empíricamente mientras apilaba material de construcción pesado.

El hecho de que las juntas de tendel de un material pétreo estratificado ejecutado profesionalmente —independientemente de si el muro en su conjunto es horizontal o inclinado— siempre discurren exactamente en horizontal, sin importar si el muro haya sido construido en Yucatán o en China, se explica por la necesidad (ya mencionada anteriormente en la discusión de las juntas sometidas a compresión) de que la superficie de contacto (a compresión) debe discurrir siempre en ángulo recto con respecto a la fuerza actuante, y consecuentemente en ángulo recto con respecto a la gravedad, que va orientada verticalmente, —es decir, en horizontal—. La construcción sólida se llama así, entre otras cosas, porque no sería funcional sin carga aplicada deliberada y sistemáticamente. En ocasiones, el proyectista tiene que aumentar esta carga de forma artificial, por así decirlo, tomando medidas de proyecto adecuadas para garantizar de forma fiable la capacidad de carga de la conexión bajo tracción sobrecomprimida. Esto sucede a menudo en la construcción de obra de fábrica.

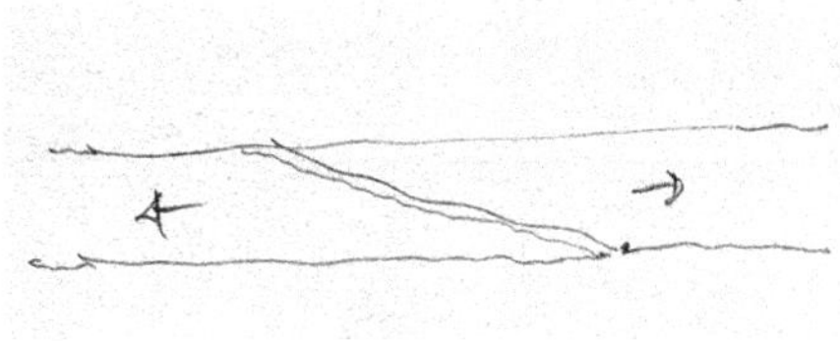

118 Testa en sesgo: empalme adhesivado en la construcción de madera.

Pasemos ahora a la otra fuerza de bloqueo en las conexiones bajo tracción: las fuerzas adhesivas, que en la práctica de la construcción aparecen en la forma del adhesivado. Las uniones adhesivadas tienen grandes ventajas con respecto a las que tienen fijaciones mecánicas, de las que se hablará a continuación: Pueden arreglárselas sin ningún tipo de elemento de fijación; sólo se requieren superficies precisas en contacto completo, en el caso más sencillo cortes planos
en ángulo recto en las partes unidas; además, distribuyen **116**
la fuerza por toda la superficie de la sección transversal y la aprovechan al máximo, es decir —incluso en el caso más sencillo (y mecánicamente bastante menos favorable): a saber, en el caso de un corte en ángulo recto— la superficie de adherencia es siempre, como mínimo, idéntica a la superficie de la sección transversal, es decir, no hay debilitamiento de la última. (Ya se sospecha: Este último no es el caso con la siguiente categoría de conexiones bajo tracción, es decir, las que convierten el esfuerzo de tracción en esfuerzo de compresión o cizalladura con la ayuda de medios constructivos.)

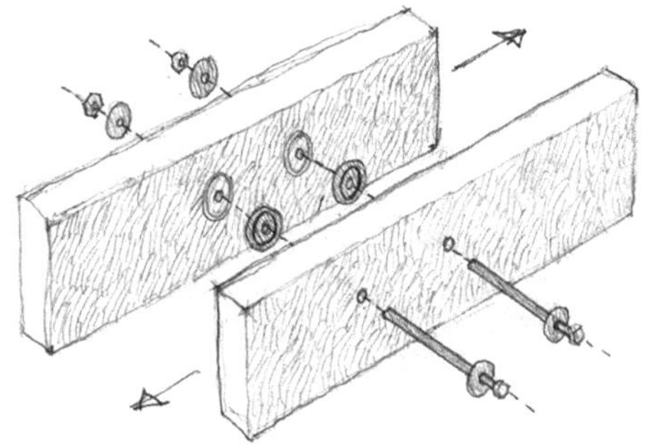

120 Conexión con conectores de diseño especial en construcciones de madera.

El hecho de que, a pesar de estas ventajas sustanciales, las juntas adhesivas no se utilicen con mucha más frecuencia en la construcción se debe —como se ha señalado— a la relativa debilidad de las fuerzas adhesivas que actúan en ellas. Como se ha visto en la discusión del bloqueo material, su nivel de fuerza es muy inferior al de las fuerzas que mantienen la cohesión del material. O formulado de otra manera: Las uniones adhesivas son en su mayoría más débiles que la cohesión interna del propio material. Si dos piezas que se van a conectar están unidas a tope entre sí en dos caras extremas en ángulo recto, se creará inevitablemente un punto débil bajo tracción. Esto se aplica incluso a juntas encoladas entre piezas de madera, que de por sí pueden resultar más resistentes que la cohesión de la madera misma, pero que en este caso de una unión de caras testeras, donde convergen fibras cortadas, no pueden desarrollar su fuerza adhesiva real. Además, la resistencia a la tracción de una junta adhesiva, es decir, normal a su superficie, es mucho menor que su resistencia al corte, es decir, a lo largo o tangencial a su superficie, como ya se ha indicado.

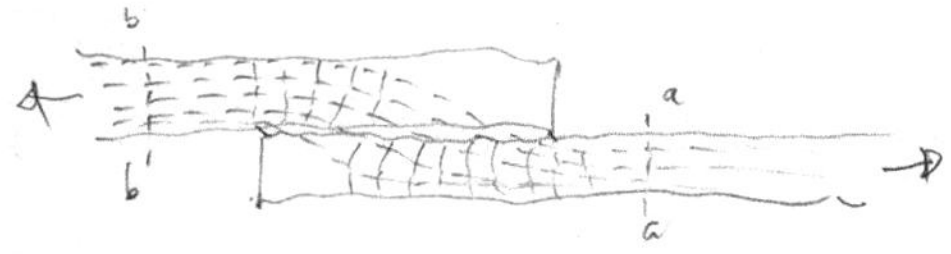

119 Solapamiento por adherencia: la fuerza se redirige.

☞ *Aptdo. 5.6 Unir consolidando materiales, pág. 505,* **62**

Una primera forma obvia de evitar este problema es au-

☞ *Aptdo. 5.6 Unir consolidando materiales, pág. 505,* **64**

mentar el área de la junta sesgándola (como en la junta de testa en sesgo en la construcción de madera) y, al mismo tiempo, convertir parte de la fuerza de tracción en esfuerzo
118 cortante, más apropiado para el adhesivado. En el caso de la junta encolada entre piezas de madera, el ángulo entre fibras encoladas aumenta la fuerza de unión considerablemente. Sin embargo, dependiendo del ángulo de sesgo, queda una cierta componente de tracción en el esfuerzo de la junta adhesiva. Ésta puede eliminarse completamente creando una junta solapada o encajada, como en el caso de una junta tipo caja y espiga. Aquí se presenta ya un primer ejemplo de la estrategia de manipular a nuestro favor el esfuerzo dentro de una construcción de junta creando una geometría de junta favorable, es decir, transformándola de tal manera que el esfuerzo resultante pueda acomodarse bien con los medios constructivos preferidos: en este caso, convirtiendo un esfuerzo de tracción desfavorable (en el caso de una junta a tope en ángulo recto) en un esfuerzo cortante, más favorable (en el caso de una junta solapada o una junta de caja y espiga). Así que aquí, a nivel de la junta, ya se presenta un tipo de esfuerzo, el cortante, que se examinará con más detalle más adelante, pero allí a nivel del componente.

SOLAPE

ENCAJE

☞ *Aptdo. 7.3 Transmisión de esfuerzo cortante, pp. 542 y ss.*

La junta solapada es, de hecho, una solución construc-
119 tiva preferida de la técnica de adhesivado. Permite que la superficie adhesiva sea lo suficientemente grande como para absorber las fuerzas que se producen determinando básicamente de forma libre la longitud de solapamiento. No hay especificaciones geométricas para las piezas a unir, sólo la existencia de superficies límite planas en cada caso. Hasta aquí la teoría. En la práctica, sin embargo, hay límites a la longitud de solapamiento, ya que con su aumento, también se hace notar la deformación por flexión de las partes unidas y comienza de nuevo el peligro de pelado progresivo. Por tanto, existe una medida de solape óptima.

Aunque el diseño básico de las juntas solapadas es muy favorable al adhesivado, también tienen desventajas: El retranqueo necesario de los planos de los componentes no siempre es bienvenido cuando se proyecta. Evidentemente, es menos perceptible en componentes delgados (en los que se produce con mayor frecuencia la unión por solapamiento),

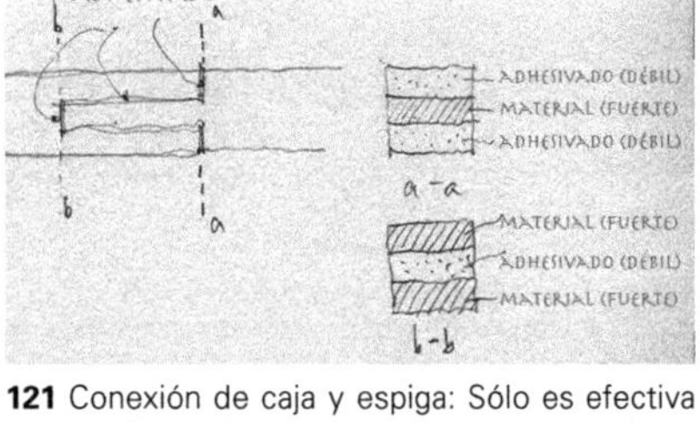

121 Conexión de caja y espiga: Sólo es efectiva la superficie adhesiva paralela a ejes sometida a esfuerzo cortante.

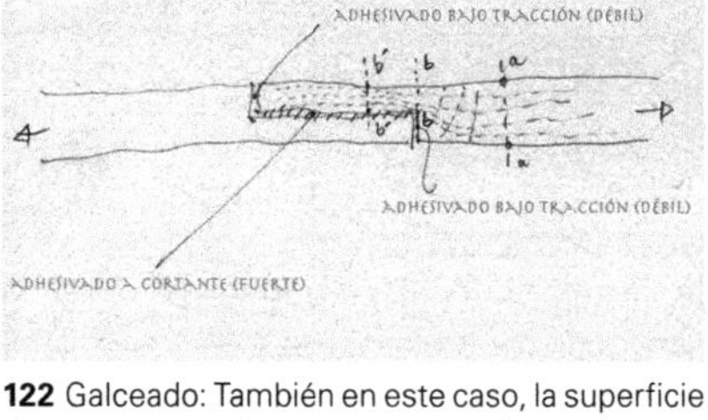

122 Galceado: También en este caso, la superficie de adhesivado efectiva es la superficie paralela al eje sometida al esfuerzo cortante.

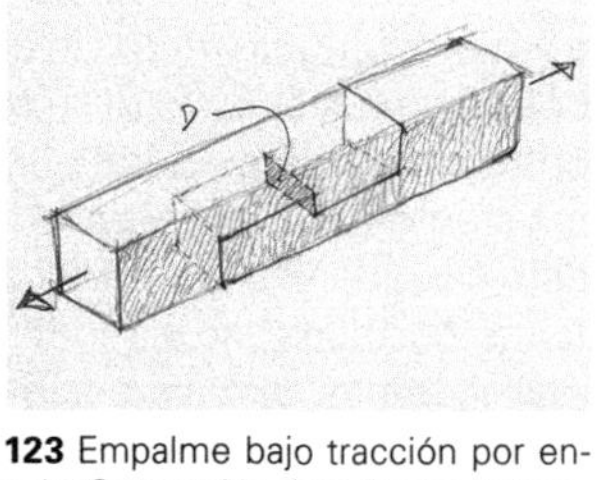

123 Empalme bajo tracción por encaje: Conversión de la fuerza de tracción en una fuerza de compresión en la superficie de contacto **D** mediante un diseño adecuado de junta.

pero éstos a su vez son blandos a la flexión y, por lo tanto, corren un riesgo especial de pelado progresivo, ya que la deformación por flexión va, por así decirlo, intrínseca debido al momento de desalineación resultante de la excentricidad de los ejes de los componentes en el solapamiento de una sola cortadura.

Sin embargo, un solapado también ofrece por sí mismo una superficie de ataque particularmente grande para pelado progresivo: concretamente en los dos extremos expuestos de los componentes. Una forma de evitar esta dificultad es utilizar la ya mencionada junta de caja y espiga (o también a media madera o de galce). En el caso de un enclavamiento geométrico, como en el caso de una junta de tipo caja y espiga, es principalmente la superficie de unión paralela al eje, más fuerte porque está sometida a esfuerzo cortante, la que actúa. En este sentido, las condiciones son similares a las del solapamiento. Por otro lado, el necesario debilitamiento de la sección transversal que conduce la fuerza en la zona de la caja tiene un efecto desventajoso. Considérese que la superficie adhesiva sólo actúa débilmente en ángulo recto con respecto a la dirección de la carga y no puede entenderse como una continuación de la sección transversal portante. El aumento de la deformación por flexión de las piezas unidas (el momento de desalineación aplicado favorece el pelado progresivo) también tiene un efecto perjudicial sobre la capacidad de carga. La dificultad del debilitamiento de la sección transversal en la unión de las contrapartes, ya indicada aquí, se encontrará con mayor frecuencia en las siguientes variantes constructivas de uniones resistentes a la tracción.

JUNTA DE ESPIGA

121, 122 JUNTA A MEDIA MADERA, JUNTA DE GALCE

DEBILITAMIENTO DE SECCIÓN

Pasemos ahora a la categoría más importante de conexiones resistentes a la tracción en la construcción: la que convierte la fuerza de tracción en una fuerza de compresión a través del diseño geométrico y constructivo específico de la junta, compresión que a su vez se transmite de una a otra parte de la junta a través del puro contacto de las superficies de empalme. También se clasificarán y discutirán aquellas conexiones en este grupo en las que la fuerza de compresión no surge como resultado de la carga externa, por sí misma, por así decirlo, sino que es aplicada deliberadamente por el proyectista. En este contexto, para una mejor comprensión, no debe importar si la fuerza de compresión que surge en la junta está alineada de forma paralela o normal a la fuerza de tracción que actúa externamente. Ya se ha visto que una fuerza de compresión puede desencadenar una fuerza de reacción no sólo normal, sino también paralela (se dice entonces: tangencial) a su superficie de contacto. Este último caso se denomina —como se indicó— bloqueo por rozamiento o por fuerza tangencial.

☞ *Véase el Aptdo. 4.3 Bloqueo por fuerza, pp. 483 y ss.*

Hasta aquí la característica común esencial de esta clase de conexión, que es muy importante para la construcción. La pregunta ahora es ¿cómo se puede transformar una simple junta a tope, que por sí misma no puede soportar fuerza de tracción, de manera que las superficies de contacto, o parte

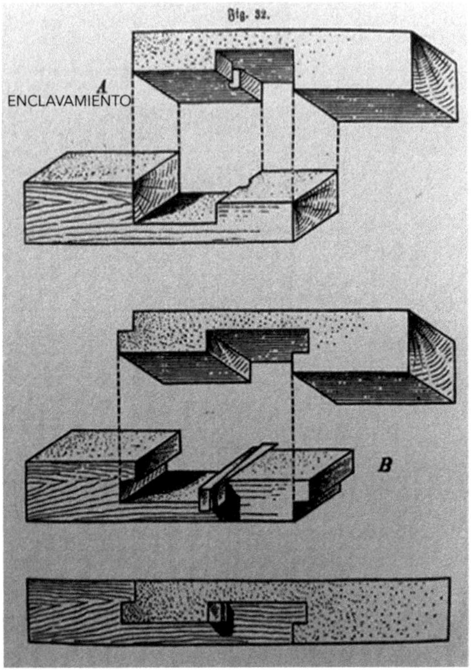

125 Empalme de llave con aeguro de pasador (arriba) y de cuña (abajo). De este modo se evita que la unión por encaje se deshaga en la dirección de montaje opuesta.

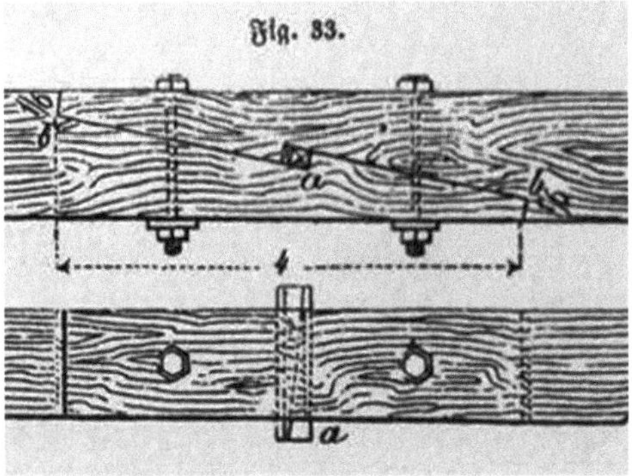

124 Ensamble de rayo de Júpiter.

de ellas, entre las piezas de unión se bloqueen mutuamente y provoquen así una fuerza de compresión que forma bloqueo? Una posibilidad es diseñar la geometría de la interfaz de manera que se cree una especie de enclavamiento entre las partes unidas. De este modo, se capacita a la junta a absorber fuerzas de tracción, simplemente por el diseño geométrico de sus superficies. La fuerza se transmite según el principio de bloqueo por forma.

Veamos ahora con más detalle las condiciones en la zona de conexión. Efectivamente, parece que la fuerza de tracción que actúa en el exterior se convierte en una fuerza de compresión como consecuencia del engranaje. Esto ocurre, obviamente, en aquellas superficies parciales de la junta originadas por el dentado que se bloquean mutuamente. Es inmediatamente obvio que el tamaño de esta superficie capaz de soportar fuerzas es considerablemente menor que el área de la sección transversal de las partes a unir, y necesariamente siempre representa un área parcial de la misma. Como en el caso de las uniones adhesivadas con galce o con caja y espiga, se produce un debilitamiento de la sección transversal. Esto da lugar a un dilema constructivo de difícil solución: Si las secciones transversales de las piezas que se van a unir están dimensionadas de tal manera que las fuerzas de tracción que se producen hacen un uso económico del material, es decir, que las tensiones que se producen están justo por debajo de las admisibles, entonces las tensiones en este área de sección transversal reducida en la zona de unión son ciertamente superiores a las admisibles, ya que la misma fuerza se reparte sobre una superficie menor. O dicho de otra manera: Si se utiliza este tipo de junta bajo carga de tracción, la sección transversal de las partes a unir tendría que estar muy *sobredimensionada*, con el fin de garantizar que las tensiones que se producen en las superficies parciales reducidas de la junta sometidas a compresión sigan estando dentro del margen admisible. Aunque este enfoque no parece tener sentido a primera vista, es notable que precisamente esta estrategia se persigue con bastante frecuencia al proyectar. Por ejemplo, esto es lo que ocurría en la construcción tradicional de carpintería de madera, en la que las secciones transversales portantes no se dimensionaban principalmente en función de la capacidad de carga de las propias barras, sino en función de la de las conexiones por forma asociadas, por lo que las secciones transversales de las barras se dimensionaban más fuertes de lo realmente necesario. Esto tampoco ha cambiado en la construcción de ingeniería moderna de madera.

En carpintería, este principio de conexión se da en forma
125 de empalme longitudinal a un tercio de madera. Para reducir el riesgo de hendidura, se desarrolló una variante, el empal-
124 me de rayo de Júpiter. Unas cuñas adicionales garantizaban el contacto total de las superficies sometidas a compresión y permitían volver a tensar la junta después de cualquier merma de la madera.

El debilitamiento de la sección transversal en la conexión, que se ha explicado aquí utilizando el ejemplo de una conexión de engarce por forma, es un problema fundamental que se produce en todas las conexiones de esta clase, es decir, en las que convierten la fuerza de tracción en una fuerza de compresión. Esto se aplica tanto a las conexiones con bloqueo por forma (como el engranaje mencionado) como a todas las conexiones de pasador en las que el material debe necesariamente perforarse.

No obstante, hay formas de sortear este problema, por ejemplo, dando forma a las superficies de contacto de manera que se produzca un enclavamiento múltiple. Mediante este **127**
artificio, se puede crear el área de transferencia necesaria (es decir, al menos tan grande como el área de la sección transversal de las piezas de unión) sumando las superficies parciales de unión en serie (pero sigue habiendo un debilitamiento de la sección transversal).[a] Esta solución de principio constructiva encontró aplicación práctica, por ejemplo, en la

☞ [a] *Véanse a este respecto las condiciones en* ⊡ **127** *y* **128**

127 (Abajo izquierda) dentado múltiple para multiplicar la superficie de transmisión de la fuerza: La suma de las áreas parciales conductoras de fuerza Δ $\mathbf{A_1}$ a Δ $\mathbf{A_3}$ da como resultado el área total de la sección transversal **A**; sin embargo, la fuerza **Z** debe transmitirse en primer lugar a través de la sección transversal Δ**B**, muy reducida, lo que equivale a un debilitamiento significativo (inevitable) de la conexión en su conjunto. La fuerza se transmite a la pieza de unión por esfuerzo cortante en las superficies de cizalladura **S**. Se requiere una dimensión **a** suficiente en cada caso **a** (longitud de cogote).

128 (Abajo derecha) ensamble de rayo de Júpiter múltiple: Debido a la posición inclinada del dentado, queda un área parcial ligeramente mayor Δ**B** o Δ**B'** para la transmisión de la fuerza en comparación con ⊡ **127**, que disminuye gradualmente según la distribución de la fuerza. El esfuerzo cortante a lo largo del plano de cizalladura **S** persiste, pero el corte diagonal reduce el riesgo de desprendimiento en la dirección de la fibra.

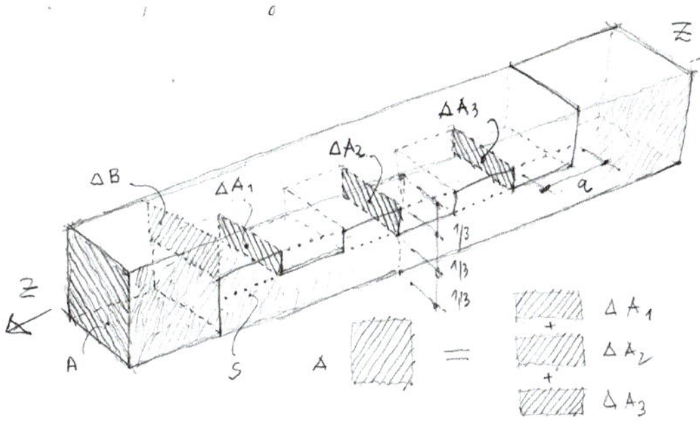

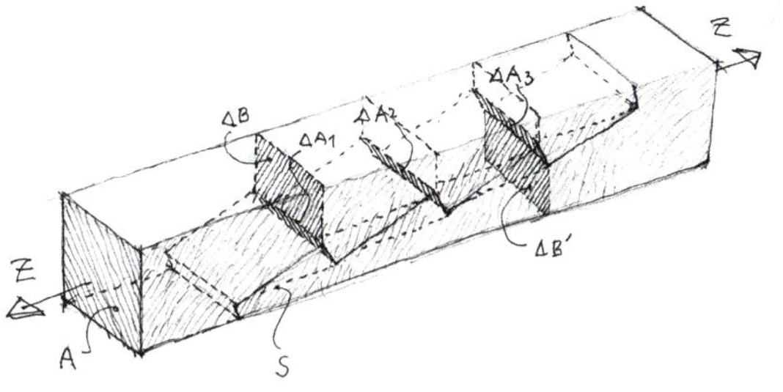

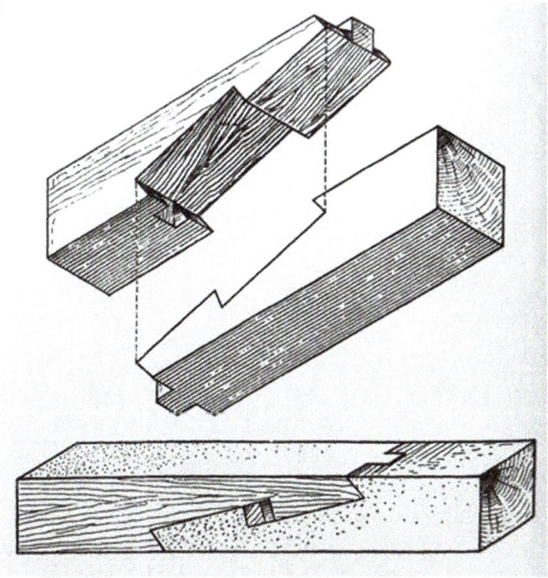

129 Rayo de Júpiter: similar a la solución de ⊡ **124**, pero con bloqueo adicional con caja y espiga para evitar el deslizamiento lateral.

126 Conexión con tacos de madera dura entre escuadrías de madera apiladas.

construcción de madera con el empalme dentado de carpin-
128 tero o el empalme de corte diagonal (múltiple) o corte tipo
129 rayo de Júpiter (múltiple). Además, estas conexiones (con bloqueo por forma) deben estar aseguradas para que no se separen, por ejemplo, mediante pernos pasantes, juntas de cola de milano o mediante zunchos de acero envolventes. Es obvio que estas conexiones suponen una gran complicación y requieren la máxima precisión durante la fabricación. Para una buena transmisión de la fuerza, debe garantizarse que todas las superficies de contacto se trabajen con la misma precisión, de modo que la fuerza se distribuya efectivamente de forma uniforme sobre todas las superficies parciales. En la construcción de madera, han desaparecido de la práctica.

Es obvio que el principio de conexión que se acaba de explicar, que hace uso de un bloqueo por forma, sólo puede realizarse de forma razonable con secciones transversales de componente rectangulares, tal y como aparecen en la construcción convencional de madera en forma de escuadrías. En el caso de secciones transversales perfiladas, como las habituales en la construcción de acero, este principio es difícilmente viable debido a las dificultades geométricas elementales que surgen y, por lo tanto, se encuentra raramente.

MEDIOS DE CONEXIÓN MECÁNICOS

Otro método de bloquear fuerzas de tracción que actúan entre una pareja de caras de contacto de dos piezas de unión es utilizando *medios de conexión mecánicos*. Estos, en una primera aproximación a la tarea, se encargan de transmitir

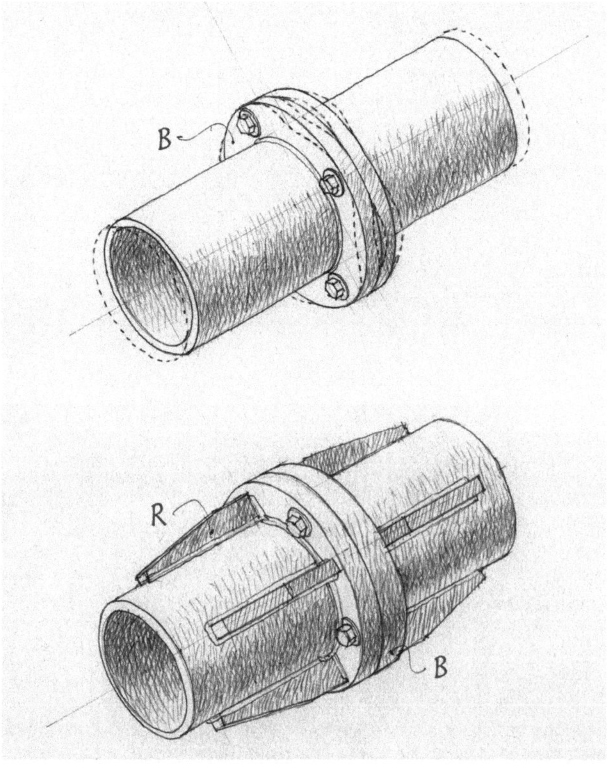

130 Empalme de brida de dos tubos de acero redondos: bajo compresión, la fuerza se transmite directamente a través del contacto a compresión. Bajo tracción, la fuerza se transmite a través de la unión atornillada de las bridas extremas **B**. Los tornillos están sometidos a tracción, las bridas a flexión. Si las bridas son demasiado delgadas para la fuerza (arriba), esto puede dar lugar a grandes fuerzas de apoyo que las deforman como se muestra (línea discontinua). Esto puede remediarse engrosando las bridas y/o reforzándolas con rigidizadores **R** (abajo).

la fuerza de tracción una vez más por compresión de superficies de unión parciales, como los collares que forman las cabezas de perno y la tuerca de una junta atornillada sometida a tracción. Se trata, por ejemplo, de juntas embridadas, en las que los pernos van orientados en dirección de **130**
la fuerza de tracción, o lo que es lo mismo, en dirección del eje de las piezas de unión, viéndose sometidos por tanto a tracción pura. En este tipo de junta, los medios de conexión mecánicos, los pernos, simplemente se trasladan hacia el exterior de la sección transversal, donde pueden manipularse para el montaje y el apretado. La bridas, obviamente, cumplen este cometido. Por su parte, se ven sometidas a flexión. Para incrementar el área de sección transversal ac- **130**
tuante, se puede aumentar el número de pernos formando una secuencia apretada. De este modo se puede igualar **131**
con la suma de los vástagos de perno el área de sección transversal de las piezas mismas. Simultáneamente, se alivia el problema de la flexión sobre las bridas. Alternativamente, este tipo de empalme también puede realizarse sin bridas sobresalientes alojando los pernos en tal caso en rebajes practicados en las piezas, que deben ser suficientemente grandes para introducir el perno en el orificio y apretarlo después. Esto obviamente implica un debilitamiento de la sección transversal. La conexión embridada también sirve para soportar flexión, ya que en tal caso un lado del grupo de pernos actúa a tracción y en el lado opuesto la flexocompresión se transmite por contacto entre bridas adyacentes. **131**

131 Conexión embridada de un perfil tubular de acero con una secuencia apretada de pernos actuando a tracción. Empalme adecuado también para soportar flexión, que de hecho es el esfuerzo predominante en este caso particular.

Consideremos otra posible solución a la tarea de formar juntas resistentes a la tracción: Se ha visto cómo, en el caso de las uniones a tracción con bloqueo por forma que se acaban de comentar, al menos una superficie parcial de junta se situaba paralela al eje del componente, de modo que al aplicar la fuerza de tracción, se produciría un desplazamiento mutuo de los componentes, que es precisamente lo que bloquea e impide el enclavamiento. Sin embargo, este bloqueo de un posible desplazamiento mutuo también puede generarse de una manera diferente a la conformación misma de las partes a unir, es decir, por elementos adicionales. Estos pueden ser medios de conexión mecánicos. Se hace convirtiendo el esfuerzo de tracción, tal y como aparece en las juntas a tope, en un esfuerzo cortante actuando en un plano orientado paralelamente al esfuerzo de tracción.

En un primer paso, el enclavamiento puede crearse mediante elementos similares a tacos, que se insertan en la junta en rebajes adecuados y evitan el deslizamiento mutuo de los componentes. Desde un punto de vista mecánico, las **126**
condiciones son comparables en tal caso a las del enclavamiento con bloqueo positivo que se acaban de comentar. Una vez más, la fuerza se contrarresta por el contacto a compresión en las interfaces de los tacos y los rebajes del componente. En la construcción de madera, se utilizaban en el pasado bloques de madera dura para este fin; hoy en día **133**
se emplean conectores metálicos de diseño especial según

132 Conector de diseño especial.

CONECTORES DE DISEÑO ESPECIAL

☞ *Véase el Aptdo. 7.3 Transmisión de esfuerzo cortante, pp. 542 y ss.*

132 la norma. Se insertan en agujeros fresados (conectores de inserción) o simplemente se introducen a presión en la madera sin más preparación (conectores de prensado). Una vez más, hay que evitar que los componentes se separen, por ejemplo, utilizando pernos pasantes.

En el último paso, queda la variante probablemente más importante de esta serie lógica: Juntas en las que la fuerza de tracción (de nuevo) se convierte en un esfuerzo cortante (cizalladura) incorporando superficies parciales de junta paralelas al eje, y en las que ésta se bloquea mediante pasadores orientados en ángulo recto respecto a la superficie de corta-
136 dura. Por este motivo, éstas se denominan conexiones de pasador y, en referencia al esfuerzo, conexiones a cortante, pero en la jerarquía de la junta, no del componente. Se utilizan ampliamente en la construcción moderna de madera y son además el estándar en la construcción de acero (como se verá, no sólo para conexiones a tracción sino también, lógicamente, para conexiones a cortante puras a nivel de componente, de las que se hablará en el siguiente apartado).

CONEXIONES DE PASADOR

CONEXIONES A CORTANTE

El efecto de bloqueo de los pasadores puede, a su vez, desarrollarse de dos maneras fundamentalmente diferentes. Ya se han explicado los dos mecanismos de transmisión de fuerza. Recuérdese: Por un lado, el bloqueo se produce porque las paredes del taladro topan con los pasadores por efecto de la fuerza de tracción externa: Se trata en tal caso de conexiones a cortante y aplastamiento. Por un lado, el pasador está sometido a esfuerzo cortante —al menos predominantemente; a veces también a flexión, siempre cuando el pasador es largo y el taladro es grande y/o el material del componente es blando, como en el caso de la madera—. Por otro lado, la perforación sufre el llamado aplastamiento (que, hablando coloquialmente, puede hacer que el agujero se "desgaste"). Las conexiones a cortante y aplastamiento son similares a las uniones con bloqueo por forma comentadas anteriormente en el sentido de que sólo la carga aplicada externamente activa el bloqueo de la unión, como ocurre con todas las uniones con bloqueo por forma. Si la conexión no se realiza con demasiada precisión, se producirá el llamado deslizamiento inicial hasta que se supere la tolerancia y las superficies de contacto bajo compresión estén efectivamente en contacto entre sí.

☞ *Véase el Aptdo. 5.3.1 Atornillar, pp. 492 y ss.*, **42**.

CONEXIONES A CORTANTE Y APLASTAMIENTO

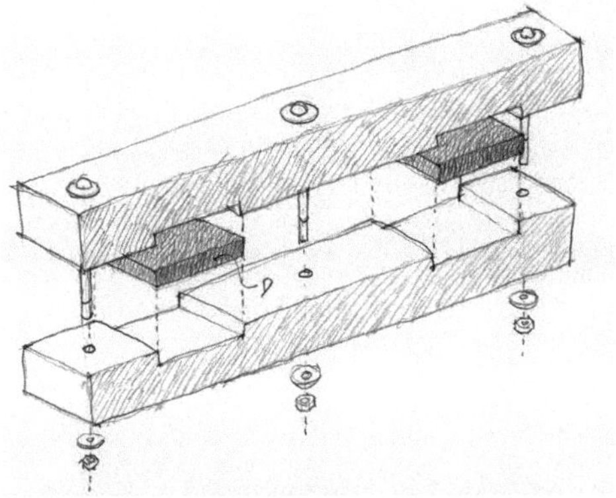

133 Taco de madera dura **D**. Aseguramiento de la conexión con pernos roscados.

Alternativamente, el efecto de bloqueo del pasador contra el deslizamiento también puede activarse simplemente presionando las superficies expuestas al esfuerzo cortante entre sí como resultado de la acción del pasador o de va-
134 rios pasadores. Sin embargo, éstos deben ejecutarse de manera que puedan aplicar el pretensado previo necesario a la superficie de cortadura, es decir, por ejemplo, en forma de tornillos o pernos con cabeza y tuerca. Se trata entonces de una conexión a cortante pretensada antideslizante y de un bloqueo por fuerza tangencial (o por rozamiento) como mecanismo de transmisión de fuerza en la superficie de cortadura. Es obvio que las superficies bajo cizalladura deben

☞ *Véanse las conexiones pretensadas antideslizantes en el Aptdo. 5.3.1 Atornillar, pp. 492 y ss.*

tener una rugosidad correspondiente para que se produzca el rozamiento necesario. Las superficies de junta que son normales al eje no intervienen en absoluto en este mecanismo de transmisión de fuerzas de pieza a pieza; los pernos en este sentido (sólo) lo hacen indirectamente, porque sólo aseguran la compresión por contacto en la superficie de cizalladura, pero no se ven sometidos a su vez a la misma.

En principio, sin embargo, también son concebibles otros medios para aplicar la compresión por contacto necesaria que no tengan forma de clavija, como elementos tipo zuncho que presionen las piezas a unir una contra otra, pero que no las perforen y, por tanto, las debiliten. Un contacto de los pa- **135**
sadores contra la pared del taladro puede ser adicionalmente útil y aumentar la rigidez de la conexión,[7] pero generalmente ni siquiera está previsto. A diferencia de la mayoría de las conexiones a cortante y aplastamiento, la junta pretensada creada de esta manera no sufre deslizamiento inicial.

CONEXIÓN A CORTANTE ANTIDESLIZANTE

Las uniones a cortante pretensadas o antideslizantes son soluciones constructivas típicas en la construcción de acero y pueden rivalizar con las soldaduras (es decir, con el material continuo) en cuanto a su capacidad de carga y rigidez. Incluso las sustituyen mayoritariamente en la obra, al menos en la construcción de edificios, donde se tiende a obviar la soldadura. Sin embargo, las conexiones pretensadas no están disponibles en la construcción de madera porque el material base no puede soportar las fuertes compresiones transversales necesarias debido a su naturaleza especial (como hemos visto).

Veamos ahora algunos de los rasgos característicos de las conexiones mencionadas, que actúan a nivel de la conexión a través del esfuerzo cortante y que tienen una influencia decisiva en su diseño constructivo: En primer lugar, hay que tener en cuenta que, de forma similar a las soluciones de principio constructivas comentadas anteriormente, se produce inevitablemente un debilitamiento de la sección transversal en el caso de las conexiones a cortante con fijaciones mecánicas, debido a varios factores.

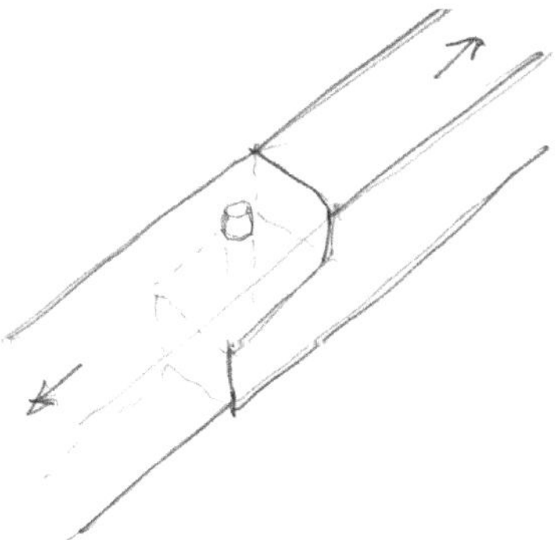

136 Conexión de pasador.

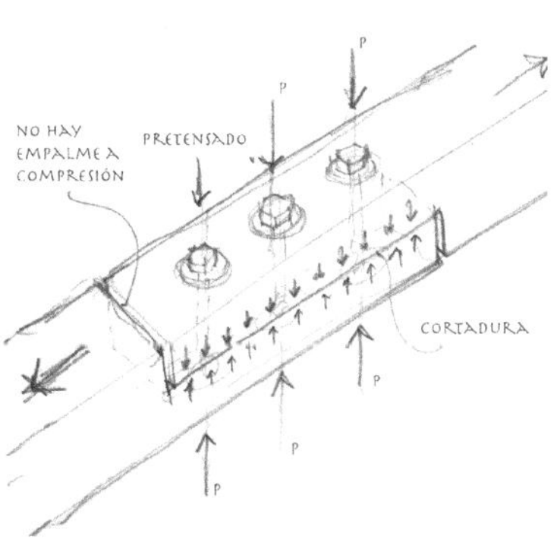

134 Conexión de pasador: Los pasadores ejercen una compresión por contacto sobre la superficie de la junta paralela al eje, generando un bloqueo.

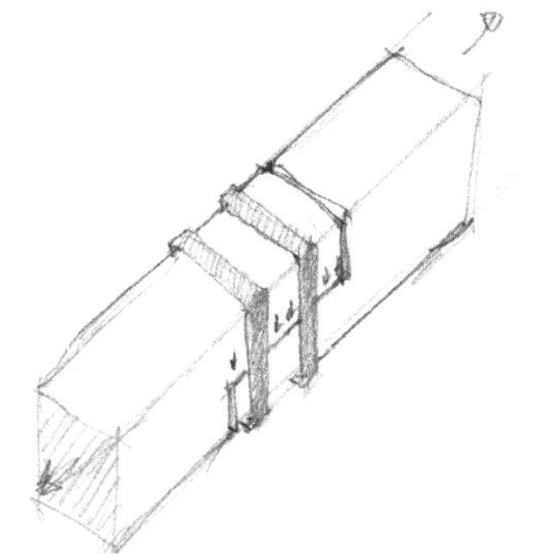

135 Generación de la compresión por contacto necesaria para el bloqueo mediante elementos circundantes en forma de zuncho.

En primer lugar, esto ocurre debido a los taladros necesarios para acomodar los pasadores. Por un lado, reducen el área de la sección transversal conductora de la fuerza en la zona del orificio, lo que se denomina debilitamiento por orificio. **137** Por otro lado, aquí se hace notar un fenómeno mecánico, que en la terminología técnica se llama *efecto de entalla*. Si las líneas de fuerza que discurren paralelas en línea recta en la sección transversal no debilitada, las denominadas trayectorias de tensiones principales, se desvían localmente **138** en el orificio, surgen inevitablemente concentraciones de tensión cerca del mismo que pueden ser varias veces el valor normal en la sección transversal no debilitada. Cuanto más difiera de la forma redonda o cuanto más puntiaguda sea la perforación en transversal al flujo de la tensión, mayores **139** serán estos picos de tensión. En este caso, un material dúctil, como el acero estructural, resulta ventajoso, ya que puede hacer que estas concentraciones locales de tensión resulten inocuas sufriendo una deformación plástica local. La madera también se comporta de forma bastante benigna en este sentido porque cede a las concentraciones de tensión en la conexión debido a su relativa blandura. Los materiales más frágiles, en cambio, corren el riesgo de romperse.

DEBILITAMIENTO POR ORIFICIO

EFECTO DE ENTALLA

CONCENTRACIONES DE TENSIÓN

En principio, el problema del debilitamiento de la sección transversal a la hora de transmitir fuerzas a través de la cizalladura del perno y la presión del mismo sobre los taladros

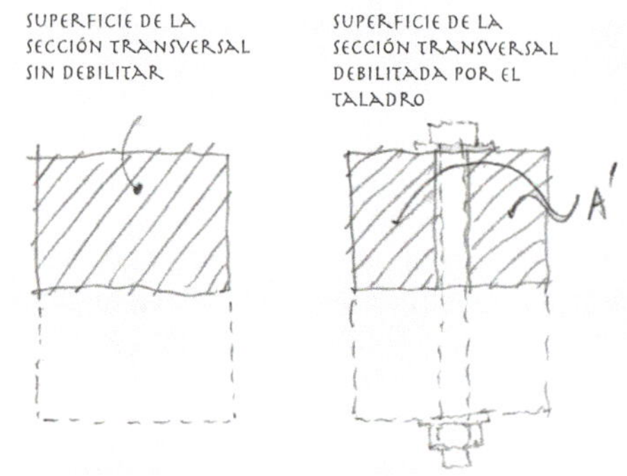

137 Debilitamiento de la sección transversal debido al orificio del pasador (debilitamiento por taladro).

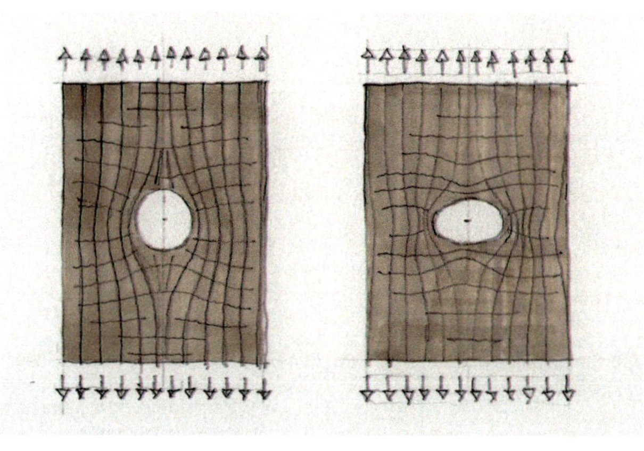

138 Efecto de entalla en un orificio: Las trayectorias de tensiones principales (aquí, tracción vertical, compresión horizontal) se desvían en el orificio y se concentran más en sus proximidades, lo que equivale a una multiplicación local de las tensiones (véase también 139). Esto es aún más pronunciado con el agujero ovalado (derecha). Además de las tensiones de tracción, también se producen tensiones de compresión orientadas transversalmente.

puede contrarrestarse aumentando el número de pernos a lo largo de la dirección de la fuerza. Sin embargo, el debilitamiento por orificio de la sección transversal del componente sigue siendo inevitable con las conexiones de pasador. Teóricamente, se pueden insertar tantos pasadores como sean necesarios para conseguir con la suma de sus paredes el mismo tamaño que la sección transversal estándar de la pieza a unir. Deben respetarse las distancias necesarias entre los bordes y las distancias mínimas entre ellos para transferir bien la fuerza al material y, por ejemplo, para reducir el riesgo de hendidura en la madera. Estas distancias se especifican en la norma. También hay que tener en cuenta que puede ser que la fuerza se distribuya de forma desigual sobre los pasadores en función de las condiciones de rigidez. En la práctica, son la norma para estas uniones de pasadores las agrupaciones de pasadores cuidadosamente diseñadas, **141**
especialmente en la construcción de madera, donde se trata de un material relativamente blando y las fuerzas se distribuyen mejor de esta manera. En conjunto, esta estrategia conduce obviamente a un aumento significativo de la zona del componente que está ocupada por la conexión.

Además, en el caso de las uniones a media madera, con galce o de caja y espiga que se han analizado hasta ahora, en las que las partes a unir se encajan al ras externamente, se solapan o se entrelazan, se produce inevitablemente (como ya se ha visto) un debilitamiento de la sección transversal, además, uno sustancial: con un simple enlace a media **122**
madera o un galce, por ejemplo, a poco menos de la mitad. Pero hay algunas formas de eludir esta dificultad: Por ejemplo, la conexión a cortante entre las partes de unión puede realizarse utilizando un elemento de conexión hecho de un material más fuerte que transmita la misma fuerza con un área de sección transversal muy reducida; en la construcción de madera, por ejemplo, una placa de acero alojada en una ranura. Las ranuras pueden mantenerse estrechas, y así el **140**
debilitamiento de la sección transversal puede mantenerse pequeño.

141 Grupo de pasadores.

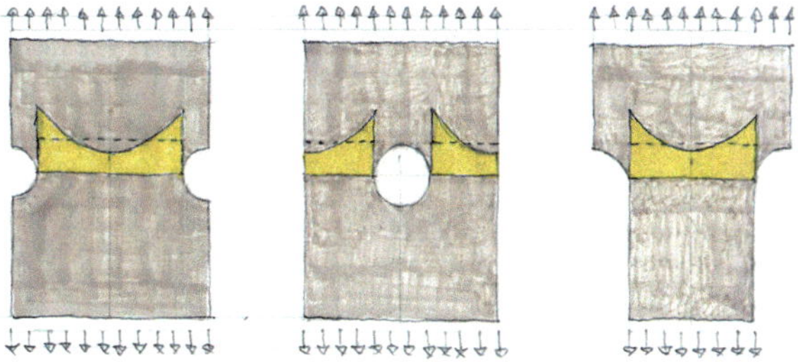

139 Efecto de entalla en taladros y muescas: tensiones de entalla (amarillo) y tensiones nominales (líneas discontinuas).

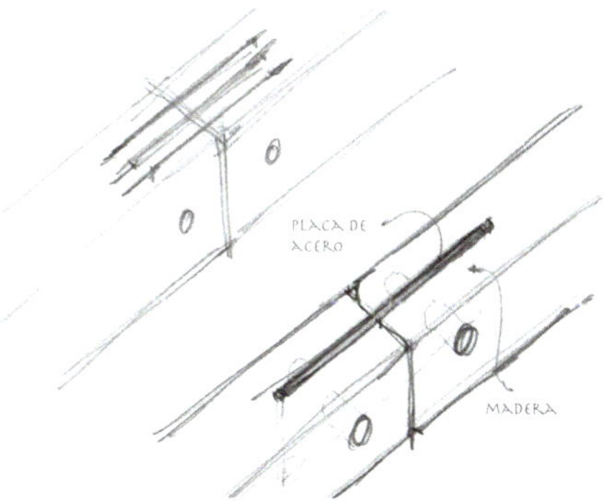

140 Transmisión de la fuerza a través de un elemento de menor sección transversal pero mayor resistencia, por ejemplo, chapa de acero en ranura, con pasadores.

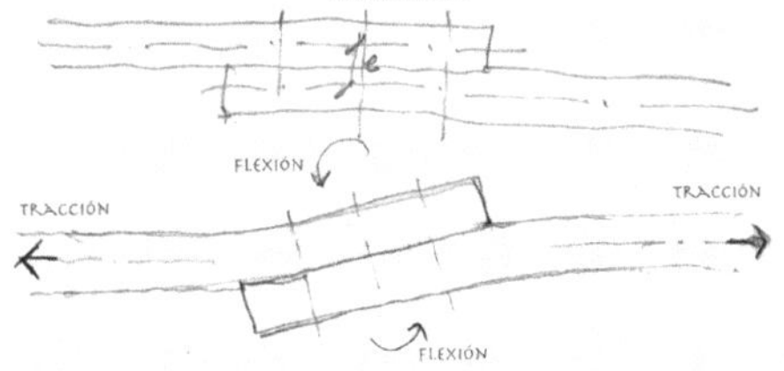

142 Solape de las contrapartes. El resultado es una excentricidad y, por tanto, un esfuerzo flector.

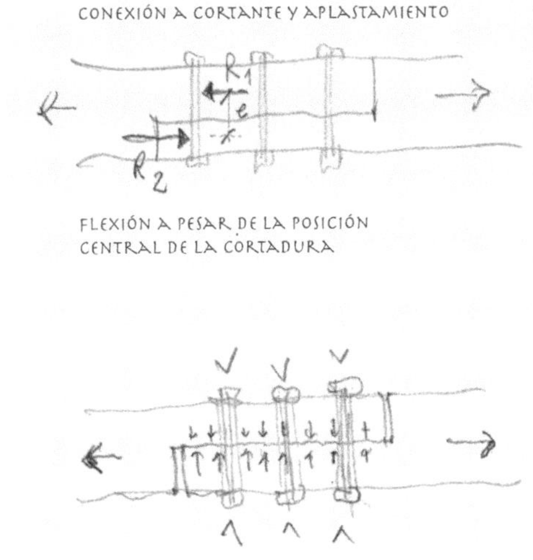

143 Unión a media madera de las contrapartes. El resultado es una excentricidad **e** y, por tanto, un esfuerzo flector.

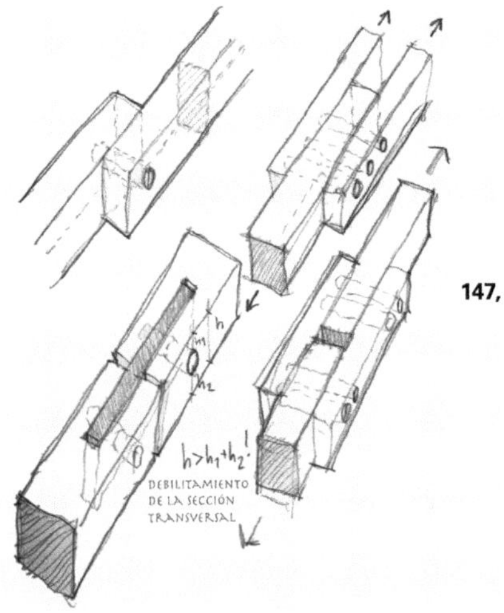

144 Para una conexión de varias cortaduras con un número par de cortaduras (aquí dos, excepto arriba a la izquierda), prevalecen las relaciones de fuerza simétricas. No hay esfuerzos flectores.

Otro paso obvio para minimizar el debilitamiento de la sec-
ción transversal es —si se está dispuesto a prescindir como
requisito del enrase externo de las piezas de unión— el
142 escalonamiento y el solapamiento mutuo de las mismas.
Las secciones transversales prácticamente no se debilitan y
se puede elegir la dimensión del solapamiento (y el número
de pasadores dispuestos en serie) tan grande como sea
necesario para transmitir la fuerza sin concentraciones de
tensión. Además de la desalineación geométrica, que no
siempre es fácil de tolerar desde el punto de vista construc-
tivo, también surge una excentricidad mecánica de los ejes
de las piezas de unión, que las somete a esfuerzos flectores.
Esta excentricidad ciertamente ya aparecía en el galce (una
143 conexión a cortante y aplastamiento); sólo que su efecto se
intensifica con el aumento de la excentricidad, lo que ocu-
142 rre con el solapamiento puro: los momentos flectores son
mayores. Este fenómeno es especialmente perjudicial en
el caso de una conexión de pasador simple, que no puede
bloquear la torcedura mutua de las partes deformadas por
la flexión. Las condiciones son algo mejores con pasadores
múltiples en serie.

La verdadera solución a esta dificultad, típica de las
conexiones con cortaduras impares (especialmente con la
simple), es crear una conexión simétrica, es decir, crear un
144 número par de cortaduras, por ejemplo doble. Así, si la barra
simple se transforma en dos barras gemelas por un lado,
las barras gemelas (bajo carga de tracción pura) pueden
teóricamente diseñarse cada una con la mitad del área de la
sección transversal de la barra simple. No obstante, siguen
existiendo los aumentos de tensión debidos a la redirección
de la fuerza en la junta solapada.

Si se quiere evitar duplicar las barras, lo que puede ser el
caso por razones estéticas o, por ejemplo, porque las barras
gemelas exponen casi el doble de superficie a la intempe-
rie o al fuego, se pueden utilizar dos presillas laterales del
145 mismo material, lo que a su vez permite acoplar dos barras
individuales. En un último paso, el grosor de las presillas
aplicadas sobresaliendo de la superficie de la pieza de unión
puede reducirse mucho haciéndolas de un material más
resistente, por ejemplo, acero o material a base de madera
147, 148 si las piezas de unión son de madera.

Todo lo que se ha dicho hasta ahora se aplica esencialmente a los dos materiales madera y acero, en los que las uniones con pasadores son habituales y están muy extendidas, así como a diversos tipos de fijaciones con pasadores como:

tornillos,
pernos roscados,
bulones articulados,
remaches,
clavos,
pasadores cilíndricos,
grapas,

que, a pesar de sus claras diferencias en términos de forma y tecnología de conexión, transmiten las fuerzas esencialmente según el mismo principio.

A pesar de las grandes similitudes entre los dos materiales madera y acero en cuanto a su comportamiento en conexiones de pasador, es necesario hacer una cierta diferenciación al final de la presente reflexión: En primer lugar, la madera es un material anisótropo, mientras que el acero es un material isótropo. En el caso de la madera, esto se manifiesta cuando se introduce un esfuerzo cortante a lo largo de la veta (como ocurre siempre que el esfuerzo de tracción axial se transmite localmente a través de pasadores), en particular debido al gran riesgo de hendidura entre haces de fibras vecinos, es decir, a lo largo de la veta. De este modo, cada pasador presiona frontalmente, por así decirlo, contra un haz de fibras con la anchura del pasador y tiende a separarlo del conjunto de fibras a lo largo de dos planos tangenciales a ambos lados del pasador, o tiende a dividir la madera en un plano a través del eje del pasador a lo largo de la veta. Pero la introducción de un esfuerzo cortante en la sección de la madera en la dirección de las fibras sólo puede tener lugar utilizando precisamente esta fuerza de unión (relativamente débil) de la estructura del material, es decir, la resistencia a la cizalladura entre las fibras. Por esta razón, siempre hay que tener disponibles suficientes longitudes de cogote para este fin, es decir la longitud de la parte de madera situada del lado opuesto a la fuerza y que se opone a la hendidura, de

151 LONGITUD DE COGOTE

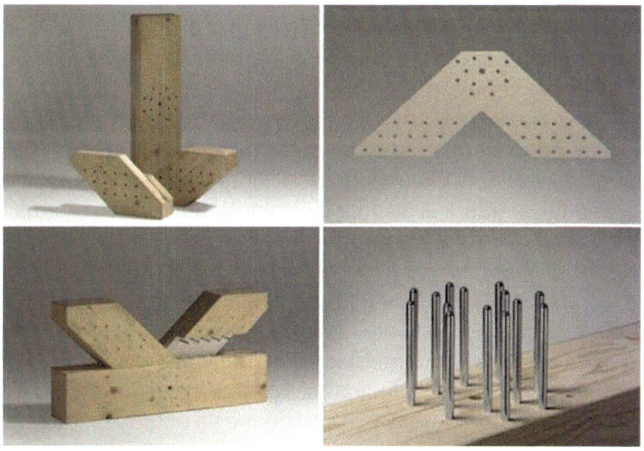

149 Conexiones de pasador con pasadores cilíndricos.

150 Pasadores cilíndricos.

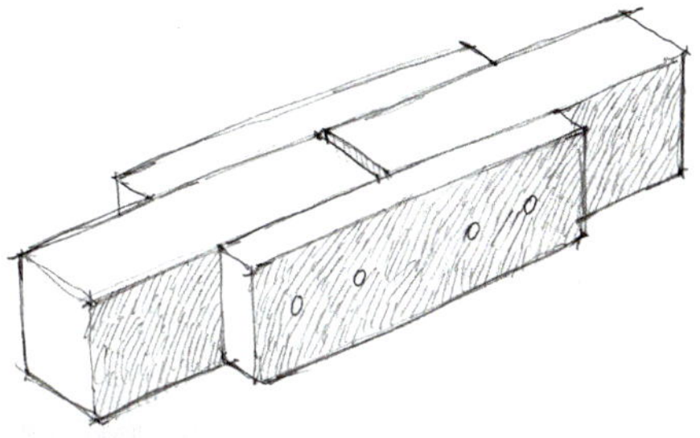

145 Conexión solapada de dos cortaduras con presillas.

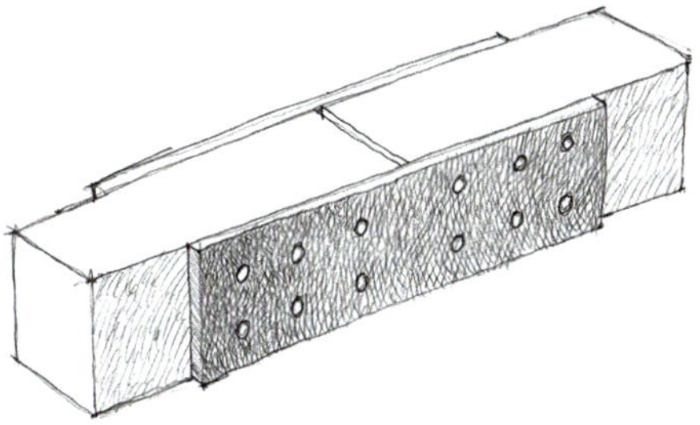

147 Conexión solapada de dos cortaduras con presillas de acero. Sólo una ligera protrusión lateral de las platabandas.

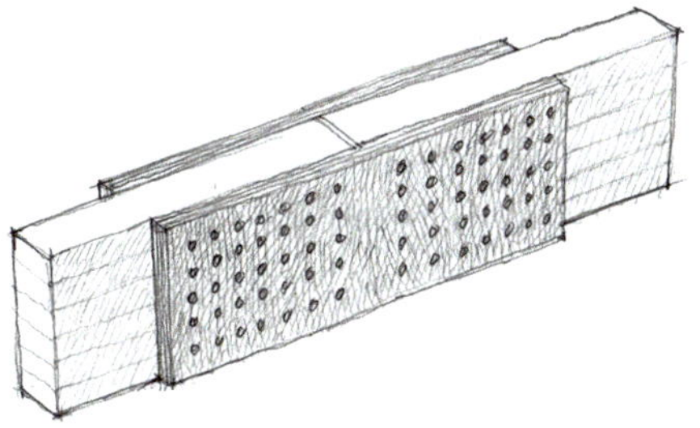

148 Conexión solapada de dos cortaduras con presillas a ambos lados hechas de material derivado de la madera más firme (p. p. contrachapado).

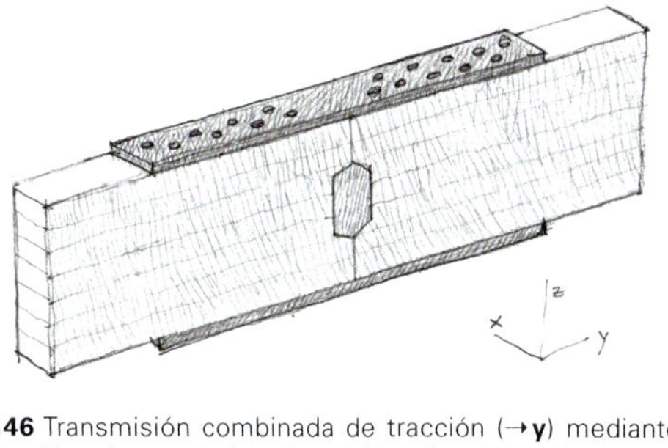

146 Transmisión combinada de tracción (→**y**) mediante presillas de acero clavados y de esfuerzo cortante (→**z**) mediante un taco de madera dura insertado.

modo que si bien no se puede aumentar la fuerza adhesiva (un valor específico del material), al menos se aumenta la superficie adhesiva y se reduce así proporcionalmente el esfuerzo cortante. Sin embargo, nada de esto se plantea con un material como el acero.

Se ha visto que la gran sensibilidad de la madera a la compresión transversal descarta de entrada las conexiones a cortante *pretensadas* en la construcción de madera, mientras que éstas desempeñan un papel importante en la construcción de acero. En la ingeniería mecánica incluso representan la regla. La marcada tendencia de la madera a mermar también requiere, por ejemplo, que los pernos roscados se vuelvan a apretar algún tiempo después de realizar la conexión para evitar que se aflojen por sí mismos. La relativa blandura de la madera conduce (como ya se ha indicado anteriormente) a un fuerte esfuerzo flector con pasadores largos, también porque el material de base cede bajo una gran carga en comparación con el material mucho más fuerte de los pernos (acero), es decir, que se hace notar el aplastamiento sobre el agujero.

Otra diferencia significativa entre la madera y el acero radica en las diferentes formas estándar de la sección transversal: secciones mayoritariamente rectangulares en el caso de la madera; secciones con diferentes perfiles en el caso del acero, por otro lado. Las primeras son la base de nuestras consideraciones anteriores, que a este respecto también son aplicables a secciones transversales rectangulares de acero, es decir, a chapas y flejes. Sin embargo, las secciones transversales de acero perfiladas, como perfiles en I, perfiles de tubos cuadrados, rectangulares y circulares, presentan condiciones especiales.

7.3 Transmisión de esfuerzo cortante

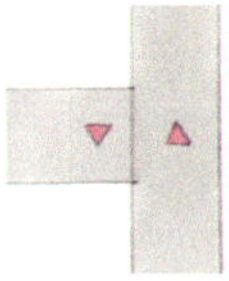

■ Las condiciones esenciales de conexiones cuya misión principal es transmitir esfuerzo cortante ya se han tratado en el capítulo anterior al discutir las uniones sometidas a cargas de tracción, pero en referencia a la conexión, no al componente. Se ha visto cómo, en numerosas uniones resistentes a la tracción, se produce una conversión de la fuerza de tracción en esfuerzo cortante localmente en la zona de la junta, que es bloqueado por medios constructivos adecuados. Son precisamente estos medios los que se utilizan también en la ejecución constructiva de conexiones a esfuerzo cortante puro a nivel de referencia de los socios de la conexión global. Recuérdese que —además de las uniones con bloqueo puramente material, como la soldadura, que crean un continuo material rígido para todos los esfuerzos— se pueden utilizar para este fin tanto las uniones por encolado (que son aún más resistentes al esfuerzo cortante que a la tracción) como las uniones por enclavamiento, espigas y pasadores. Estas últimas, a su vez, pueden realizarse alternativamente como conexiones a cortante y aplastamiento o como conexiones con bloqueo por fuerza tangencial pretensadas.

Una conexión a esfuerzo cortante común que a menudo

ni siquiera se percibe como tal es la junta de tendel entre unidades de albañilería. Ya se ha hablado de ella con más detalle al discutir la junta de tracción. La misma fuerza de compresión que es indispensable para la capacidad de carga y que asegura el tramo del muro situado por encima de un tendel particular contra el levantamiento, es decir, contra la fuerza de tracción vertical, genera simultáneamente una conexión con bloqueo por fuerza tangencial en el plano de tendel, que absorbe las fuerzas de corte (horizontales) que se producen. En el aparejo de un muro, las fuerzas horizontales se absorben siempre a través de una conexión a esfuerzo cortante pretensada (debido a la carga vertical) actuando con bloqueo por rozamiento (sin pasador alguno).

El principio del enclavamiento con bloqueo por forma para absorber esfuerzos cortantes queda bien ilustrado con la conexión de carpintería de barbilla. En ella se combinan fuerzas **151** BARBILLA
de compresión y cortantes. Estas últimas se introducen por la cara testera de la espiga en el madero horizontal (vigas de atado o cabecera), de manera que siempre hay suficiente longitud de cogote para introducir los esfuerzos cortantes en la estructura de la madera sin hendir los haces de fibras. Los tacos (como ya se han comentado) eran también conexiones típicas para esfuerzo cortante de la construcción tradicional de madera. Siguen existiendo hoy en día en forma de conexiones modernas que utilizan conectores de diseño especial, posiblemente la conexión a esfuerzo cortante más **152**
común que se utiliza actualmente en la construcción de madera para estructuras portantes primarias. **153**

Otra conexión típica a esfuerzo cortante es la conexión de una viga o viguetas a una columna, o de un forjado a un muro de carga. En la medida de lo posible, la construcción tradicional de madera ha tratado de evitar la conexión a esfuerzo cortante puro. Pero exactamente la misma se crearía al conectar el extremo de una viga con el lado de una columna continua. Esta sería la solución más obvia en un principio, ya que (al menos en el caso de estructuras de varios pisos) la carga debe transmitirse entre tramos de columna superpuestos (siempre a lo largo de la veta) a través de una junta de contacto a compresión, a ser posible sin interrupción. Una conexión entre la viga y la columna según el principio de enclavamiento —es decir, una conexión de barbilla o de caja y espiga— no sería lo suficientemente resistente con dicha conexión debido al debilitamiento resultante de la sección transversal de la columna en vista de la

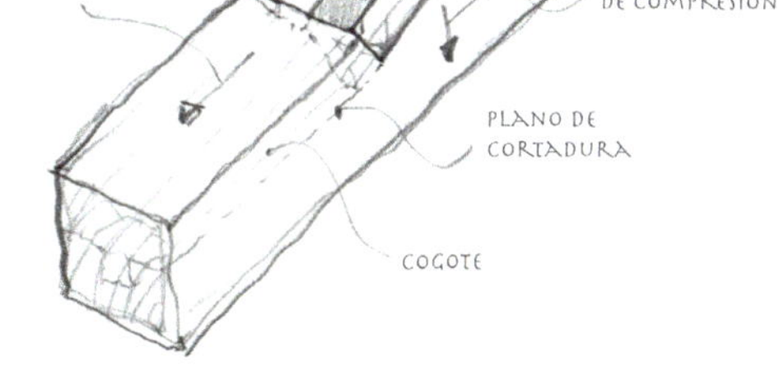

151 Empalme de barbilla con espiga achatada en carpintería de madera. La espiga no interviene en la transmisión de la fuerza principal (a excepción de su cara testera), sino únicamente en el aseguramiento de la conexión contra el deslizamiento lateral. La fuerza de compresión que actúa sobre la cara frontal genera una cizalladura a lo largo de un plano de corte en el madero horizontal que debe ser absorbida por una longitud de cogote suficiente.

152 Conectores de diseño especial según *EN 1995-1-1* (véase también ⊟ **132**).

magnitud de las fuerzas que cabe esperar. Esto es sólo una opción para cargas menores y se puede ejecutar con un taco
155 encajado en la columna. Sin embargo, en la caja se produce un debilitamiento de la sección transversal de la columna. En la época premoderna no se disponía de conexiones de pasador suficientemente resistentes para este fin.

En su lugar, la conexión a esfuerzo cortante se solía convertir en una conexión predominantemente a compresión. Aplicado al presente ejemplo: Se prefería colocar la viga sobre un soporte portante y así transferir la carga mediante contacto a compresión, por ejemplo, bifurcando la cabeza
156 de la columna o interrumpiendo la columna para apoyar la
157 viga en toda la superficie. En este último caso se aceptaba —en vista del dilema constructivo— incluso la compresión transversal de la madera de la viga horizontal, pero se intentaba minimizarla aumentando la superficie de contacto al menos en el tramo inferior de la columna (interponiendo
158, 159 zapatas de madera, tacos o jabalcones). Es cierto que no se podía evitar la compresión ejercida por el tramo superior

155 Apoyo de una viga sobre una columna continua mediante un taco o ménsula. No se trata de una sola viga, sino de un cargadero que recoge la carga de varias viguetas del forjado y por tanto transfiere fuerzas grandes a la ménsula. Ésta no parece estar mortajado, sino (lógicamente) cortada de un solo tronco de árbol junto con el perfil de la columna. Ejemplo procedente de Mostar, Bosnia-Herzegovina.

153 Conectores a presión de diseño especial.

154 Martilleando el conector a presión en una de las piezas a unir antes de realizar la conexión.

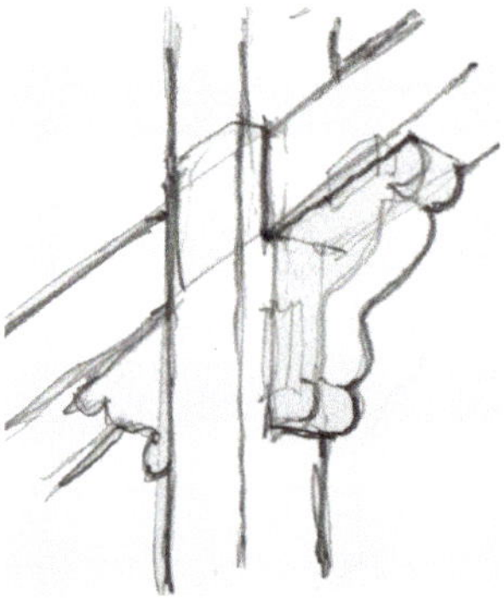

156 La cabeza de la columna en horquilla permite transferir la carga a ambos lados de la viga apoyada entre los dos tramos de la columna sin ejercer compresión transversal sobre la viga.

157 Apoyo del tramo superior de la columna sobre la viga. La carga vertical de la columna se transmite a través de compresión transversal de la madera de la viga, lo que provoca una mayor deformación de la madera.

de la columna sobre la viga, a no ser que se tolerara otra zapata por la parte superior, siempre un obstáculo desde el punto de vista de uso que prácticamente nunca se ejecutó de esta forma. Este aumento de la compresión transversal se hace notar en edificios antiguos por correspondientes asientos de la columna.

En cambio, la construcción moderna de madera sí dispone de fijaciones mecánicas adecuadas de acero para crear una conexión a esfuerzo cortante pura a nivel de componente: Principalmente se trata de conectores de diseño especial, así como de placas de conexión de acero y pasadores cilíndricos. Sin embargo, también en construcciones modernas de madera se intenta, en la medida de lo posible, no introducir esfuerzos cortantes mayores en la viga por la parte testera, sino lateralmente: El resultado es la construcción en pinza tan típica de la madera, con ensambles de conector dispuestos lateralmente entre la columna y las vigas gemelas continuas.

☞ *Véase el ejemplo en Cap. 8. Métodos constructivos,* **203** *en pág. 412.*

Mientras que, en una construcción de madera, la introducción de la fuerza en una conexión a esfuerzo cortante entre una columna y una viga tiene lugar en vertical a lo largo de la veta de la columna, las condiciones geométricas y, por tanto, en términos de conducción de la fuerza, cambian en una conexión a tope en ángulo recto entre dos vigas. Si la fuerza de la viga secundaria se introduce en la zona inferior de la viga principal, existe el riesgo de que los haces de fibras inferiores se desprendan por efecto de la tracción transversal y que la madera se hienda. Por esta razón, la fuerza se introduce siempre en la zona superior, de modo que se crea una fuerza de compresión transversal en la viga, un esfuerzo **160** que la madera puede tolerar mejor. Como alternativa, la viga también puede asegurarse contra la hendidura con varillas

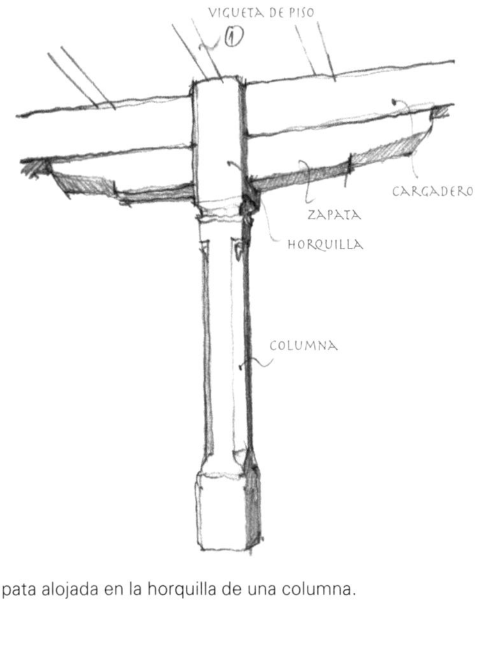

158 Zapata alojada en la horquilla de una columna.

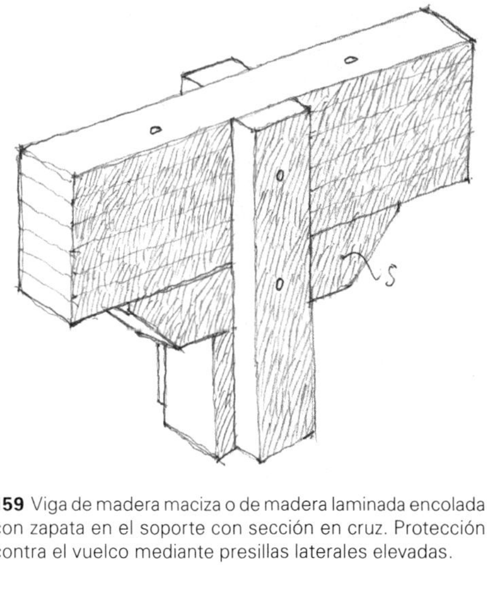

159 Viga de madera maciza o de madera laminada encolada con zapata en el soporte con sección en cruz. Protección contra el vuelco mediante presillas laterales elevadas.

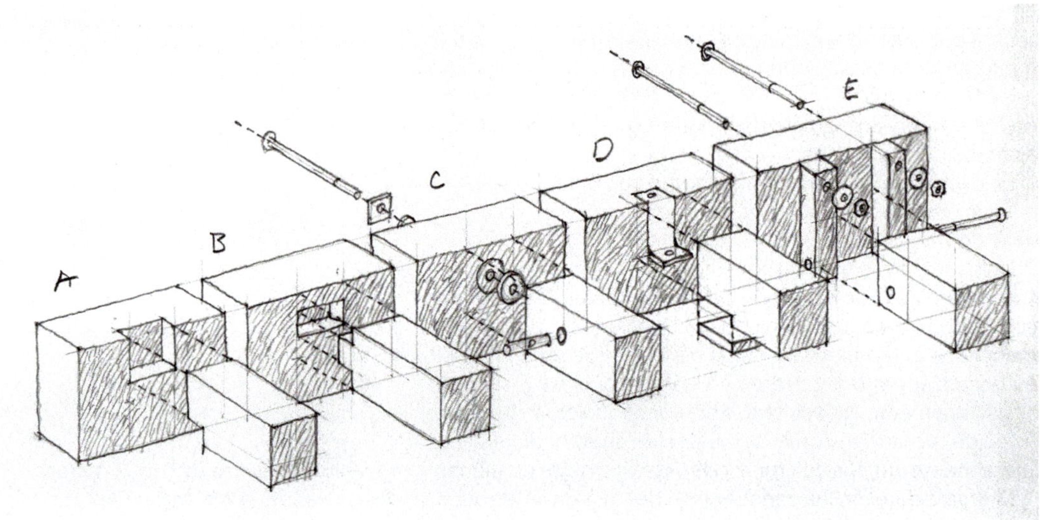

160 Conexión del esfuerzo cortante en el apoyo lateral de una vigueta sobre un cargadero: La carga debe introducirse en la zona superior del cargadero y, preferiblemente, en la zona inferior de la vigueta para evitar que se desgarren los haces de fibras inferiores. Esto se hace aquí con la ayuda de varias soluciones constructivas **A** a **E**.

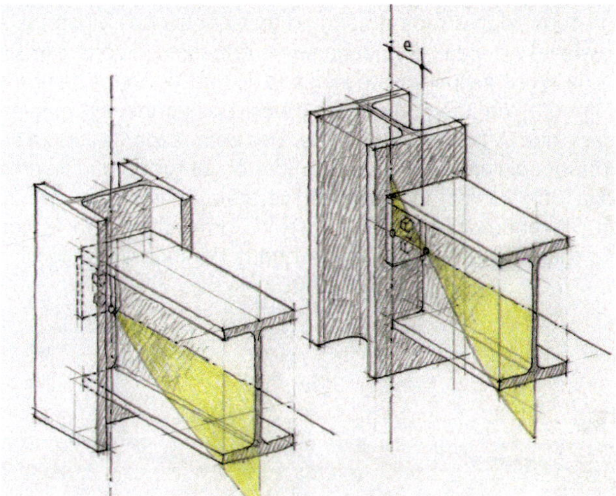

162 Unión atornillada de una viga a una columna; a la izquierda por el lado del alma, a la derecha por el lado del ala. La conexión del lado del ala (derecha) genera un momento en la columna debido a la excentricidad **e**. Curva de momentos en amarillo.

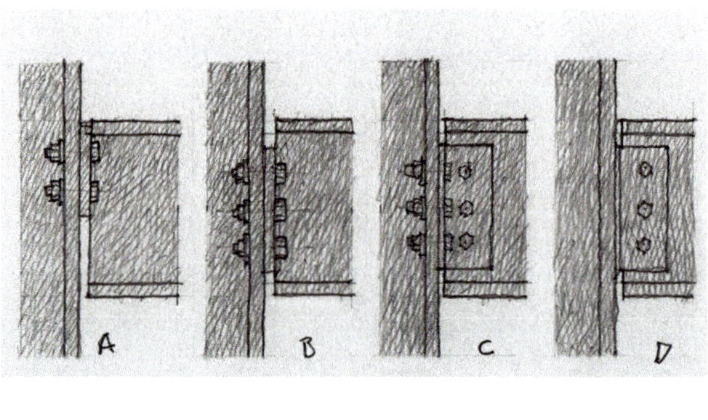

161 Conexión de esfuerzo cortante en una conexión columna-viga en varios diseños. La unión atornillada se realiza por el lado del ala.

A placa frontal, soldada al ala y al alma de la viga.
B placa frontal, soldada al alma de la viga.
C casquillo de angular doble, atornillado a la columna.
D cartela, soldada a la columna.

de acero pasantes (varillas roscadas encoladas, tirafondos totalmente roscados, pernos roscados).

En la construcción de acero, las conexiones a cortante puras son conexiones preferentes entre columnas y vigas, concretamente en la variante de la conexión de pasador mediante pernos. La alta resistencia tanto del material base como del material de fijación (en este caso, a diferencia de la construcción en madera, el mismo), la gran precisión de este método de construcción y la posibilidad de sustentar las piezas con la grúa largos períodos (es una construcción ligera) favorecen esta técnica de conexión. El ensamble articulado convencional entre la columna y la viga se realiza como una conexión a cortante y aplastamiento sobre casquillos de angular atornillados o cartelas soldadas. Las conexiones a **161, 163** cortante basadas en el principio de enclavamiento se utilizan en la construcción de acero, por ejemplo, como uniones de taco con bloqueo por forma, en las que la carga de la viga se transmite a su vez a la columna a través de una superficie de contacto a pura compresión. Una conexión empernada **164** adicional evita que la viga vuelque. Las conexiones de taco también son comunes en la construcción de acero en las bases de pórticos, donde se producen esfuerzos cortantes particularmente grandes. Las conexiones de tacos a cortante para la construcción de acero también pueden clasificarse

CASQUILLOS DE ANGULAR, CARTELAS

CONEXIONES DE TACO

CONEXIONES DE TACOS A CORTANTE

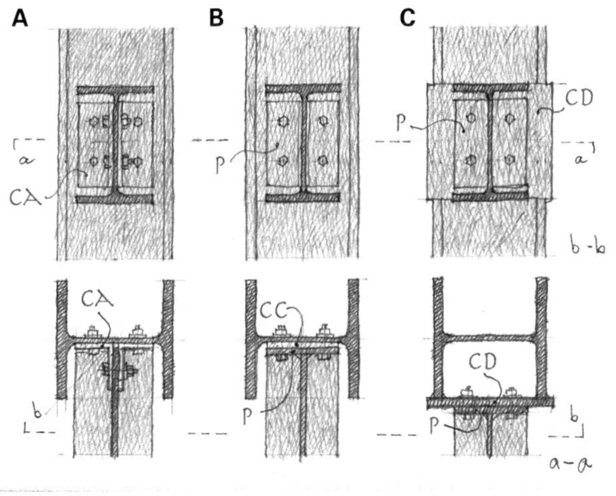

163 Conexión de esfuerzo cortante en un enlace columna-viga en varios diseños. La conexión se realiza en el lado de la cámara del perfil.

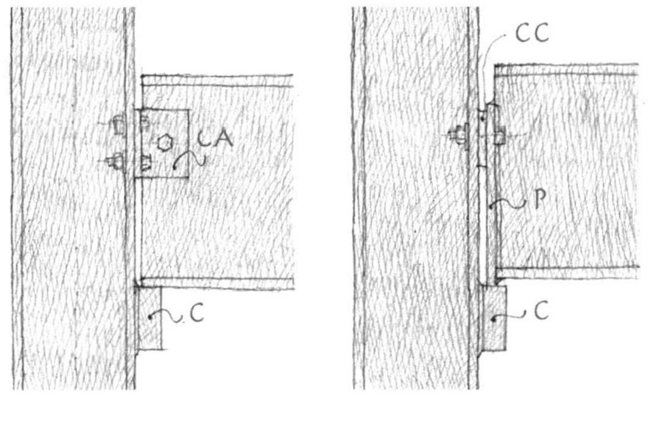

164 Conexiones de casquillo.

P placa frontal
CA casquillo de angular
CC calce
CD chapa de distribución
C casquillo

165 en la categoría de enclavamiento.

En las uniones con cizalladura, la fuerza interna del esfuerzo cortante viene asociada con frecuencia a la flexión, que siempre se produce cuando hay un par suficientemente grande entre las fuerzas aplicadas, es decir, entre la carga y
161 la reacción y las partes a unir son suficientemente esbeltas.
En el ejemplo de la conexión a cortante entre la columna y la viga, esto se expresa en la excentricidad entre el eje de la columna y el ensamble de la viga. A pesar de la conexión puramente articulada (que no siempre puede realizarse de forma pura), hay que contar con que en ella se produzcan flexiones, que se transfieren a la columna y aumentan su sensibilidad al pandeo. Esto también (y sobre todo) se aplica a las conexiones de ménsula. Las conexiones de pinza en la construcción de madera minimizan este efecto por medios geométricos produciendo un contacto directo entre las caras laterales de la columna y de las vigas y neutralizan el efecto residual de la excentricidad mediante el diseño simétrico de la unión, es decir, equilibrado en términos de fuerza.

En la construcción de acero —se contemplan soluciones con perfiles en I— hay básicamente dos formas de conectar
162 la viga con el perfil de la columna: en el ala o en el alma. Aunque la conexión en el alma permite eliminar prácticamente los momentos de desalineación debidos a la excentricidad, dificulta el montaje de la viga por las condiciones de confinamiento espacial en la cámara del perfil del socio de conexión. Con la conexión de ala, más fácil de montar, hay que tener en cuenta los momentos flectores adicionales sobre la columna debidos a la excentricidad, dada la mayor distancia de la conexión al eje de la columna (que, sin embargo, la cargan en su eje de flexión fuerte).

Las conexiones de ala pueden realizarse con placa frontal
161 ABCD o con casquillos de angular o cartelas soldadas. Las uniones de alma se realizan más fácilmente con ángulos atornillados, que facilitan el roscado de la viga en la cámara del perfil y permiten mayores tolerancias. Las conexiones con placas

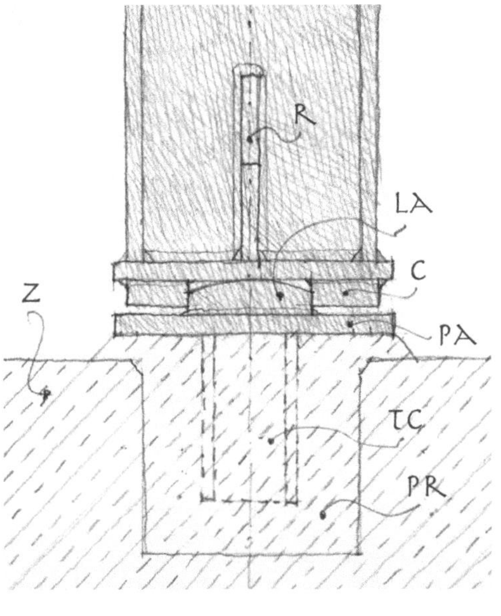

CT cartela
CA casquillo de angular
R rigidizador
C casquillo
PA placa de apoyo
LA listón de apoyo, redondeado
TC taco a cortante
PR pozo de relleno
Z zapata de cimentación

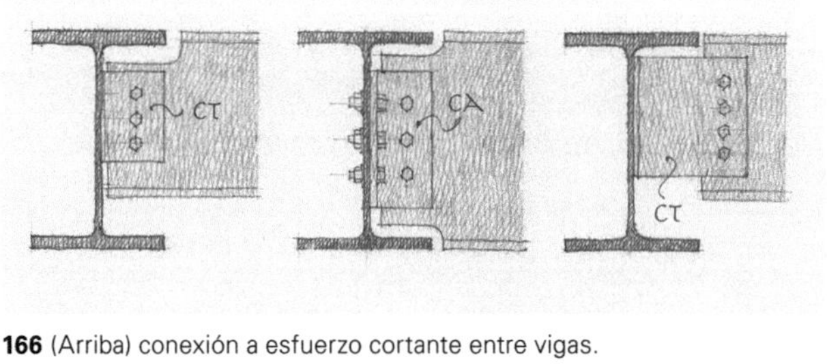

166 (Arriba) conexión a esfuerzo cortante entre vigas.

165 (Izquierda) conexión con taco entre un pilar de pórtico y la placa de apoyo **AP** en la base de un pórtico. El empuje se transmite al cimiento a través de un taco a cortante **TC**.

frontales son posibles tanto directamente en el alma como 163 ABC
en los cantos de las alas, aunque esta última solución pro- 163 B, 161 A
voca a su vez momentos de desalineación.[8]

Para el ensamble entre dos vigas, que en la práctica se atornilla, se dan condiciones similares a las del ensamble articulado columna-viga: De nuevo, el proyectista se enfrenta 166
a la elección entre dos opciones: por una parte, reducir el momento de desalineación y conectar al alma; esto requiere que la viga que acomete tenga una entalladura al menos en la parte superior, ya que para carreras de viguetas de forjado se requiere obviamente un soporte enrasado para el entrevigado. Como alternativa, la conexión se puede realizar fuera de la cámara del perfil, aceptando en tal caso momentos de desalineación en favor de un montaje más sencillo. En este caso, éstos actúan como momentos torsores sobre la viga continua, que es relativamente sensible a ellos, especialmente si su sección transversal es esbelta.[9]

Las conexiones a cortante empernadas que se acaban de comentar son típicas de las construcciones modernas de acero. Permiten un montaje rápido y, gracias al ensamble atornillado a cortante y aplastamiento y a la ductilidad del material, actúan efectivamente como conexiones *articuladas* a pesar de ser conexiones atornilladas múltiples.

Transmisión de flexión

7.4

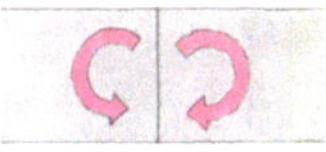

■ Las conexiones sometidas principalmente a esfuerzos flectores se encuentran entre las tareas constructivas más difíciles, especialmente cuando se realizan en la obra. Por lo tanto, es una regla general que las conexiones sometidas a esfuerzos flectores se fabriquen en la fábrica si es posible, aunque esto no siempre puede cumplirse por varias razones. Algunos métodos constructivos incluso evitan sistemáticamente las conexiones de montaje rígidas a la flexión ya desde el principio (como la construcción prefabricada de hormigón). En cambio, son más comunes en la construcción de acero. Como se verá, esto se debe a las condiciones favorables que prevalecen a este respecto con este material, a saber, las altas resistencias del material base y la gran capacidad de carga de los elementos de fijación disponibles. En la construcción tradicional de madera, las conexiones rígidas a la flexión son prácticamente inexistentes. Sin embargo, en la construcción moderna de madera de ingeniería, se pueden encontrar ciertamente conexiones rígidas a la flexión (en su mayoría hechas en fábrica).

Para entender las dificultades constructivas inherentes a una conexión rígida a la flexión, es aconsejable considerar las fuerzas que se producen y su magnitud relativa: Los momentos flectores son equiparables a *pares de fuerzas* cuyas líneas de acción están separadas entre sí una cierta medida, a saber, la medida del *brazo de palanca*. En la propia conexión, en la superficie de contacto entre las partes de la unión, estas fuerzas aparecen como una fuerza de compresión y otra de tracción, las llamadas fuerza de flexotracción y flexocompresión, con la distancia del brazo de palanca entre

PARES DE FUERZAS

BRAZO DE PALANCA

FLEXOTRACCIÓN, FLEXOCOMPRESIÓN

sí. Los momentos flectores siempre van acompañados de correspondientes esfuerzos cortantes que, además de las fuerzas de flexotracción y flexocompresión, se absorben en la misma conexión o también, ocasionalmente, por separado. Dado que el momento flector es el producto de la fuerza por el brazo de palanca, un aumento de este último (manteniendo inalterado el momento flector) tiene como efecto una reducción proporcional de la fuerza actuante. A la inversa, una reducción del brazo de palanca conduce a su vez a un aumento proporcional de la fuerza actuante. Traducido a términos constructivos y geométricos, esto significa que el proyectista se esfuerza (al menos en términos estáticos) por mantener el brazo de palanca de una conexión lo más grande posible dentro de los límites justificables.

Ahora bien, es importante reconocer un hecho fundamental: a saber, que aunque existe un *equilibrio* necesario en el sistema estático entre el momento que actúa externamente (el medido desde la carga que actúa externamente y su brazo de palanca hasta el siguiente apoyo disponible) y el momento flector que actúa dentro de la conexión, existe inevitable e ineludiblemente una clara *desigualdad* entre las magnitudes de los respectivos brazos de palanca de ambas componentes de momento flector en la mayoría de los sistemas estructurales: El brazo de palanca del momento externo es *grande* (por ejemplo, la mitad de la luz de una viga de un solo vano con carga central); el del momento interno en la conexión suele ser necesariamente *pequeño* (dos tercios del canto del larguero horizontal de un pórtico **167** o la cabeza de la columna contigua). Como consecuencia directa de este simple e ineludible hecho geométrico, se puede inferir que las fuerzas en el interior de la conexión —es decir, los mencionados esfuerzos de flexotracción y flexocompresión— son *muchas veces mayores* que la fuerza que actúa en el exterior, es decir, por el mismo factor que el brazo de palanca interior es menor que el exterior. Este hecho es ineludible porque los proyectistas y constructores operan (forzosamente) con cantos que son mucho menores que los vanos. Cualquier otra cosa sería absurda, al menos en condiciones constructivas normales (raras excepciones son las vigas de gran canto, por ejemplo; pero sus cantos

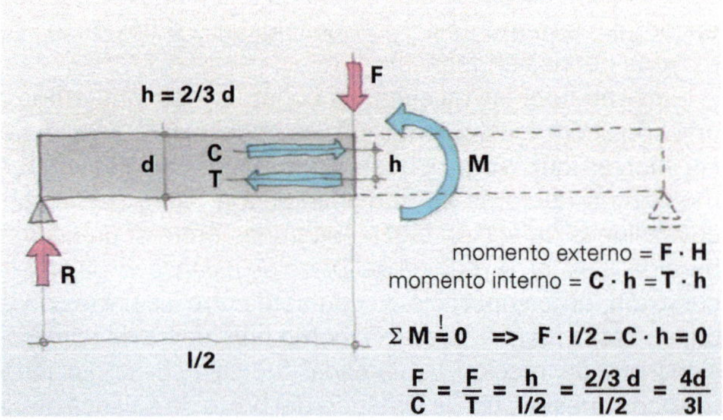

167 Comparación entre las magnitudes respectivas de la luz **l** y el canto **d**, así como de las fuerzas externas e internas, utilizando el ejemplo de una viga de un solo vano cargada en su centro. La magnitud de la fuerza externa **F** que actúa se relaciona con la de los esfuerzos internos **C** o **T** como el brazo de palanca **h** de los esfuerzos a la mitad de la luz **l/2**. Dado que la media luz es siempre un múltiplo del brazo de palanca interior en condiciones normales, se deduce que las fuerzas internas son un múltiplo de la fuerza externa. Para una viga flectada con un canto **d** de **l**/20, la fuerza interna **C** o **T** es 27 veces mayor (¡!) que la fuerza externa **F**.

no se dimensionan según criterios estáticos, sino de diseño de espacios interiores —es decir, su altura— y, por tanto, según criterios de uso).

Por lo tanto, son las grandes fuerzas internas de flexotracción y flexocompresión las que dificultan la ejecución de conexiones rígidas a la flexión en estructuras portantes primarias (especialmente en la obra), ya que estas fuerzas deben transferirse entre las partes de la conexión a través de la junta sometida a esfuerzos flectores por medios constructivos adecuados. Sin embargo, en el caso de tracción y compresión (axiales) puras, así como en el caso de conexiones con esfuerzos cortantes, las fuerzas de conexión son del *mismo* orden de magnitud que las fuerzas externas. Como se ha visto en los apartados anteriores, la fuerza de flexocompresión suele transmitirse con relativa facilidad entre las contrapartes contiguas a través de contacto a compresión, incluso en el caso de conexiones sometidas a esfuerzos flectores; la fuerza de flexotracción, en cambio, debe transmitirse con conexiones resistentes a tracción o a esfuerzo cortante, que suelen ser bastante complejas.

☞ *Cap. 5., Aptdo. 2.1.2 Consideración comparativa de esfuerzos axiales y flectores, pág. 182*

La construcción de madera de carpintería (hay que señalar: la occidental) no pudo o no quiso hacer frente a las fuerzas que se producen con conexiones rígidas a la flexión (dentro del canto disponible de los componentes). En el caso de la madera son especialmente desventajosas las conexiones rígidas a la flexión en las que las fuerzas inducidas por la misma deben transferirse *alrededor de un codo*, por ejemplo, en el caso de codos de pórtico. En este caso, las fuerzas de flexocompresión y flexotracción que se presentan (a lo largo de la veta) en la junta del codo deben introducirse necesariamente de forma *transversal* a la veta en el componente contiguo, que está dispuesto en ángulo recto (de nuevo un problema básicamente geométrico): siendo la madera un material anisótropo, una tarea extremadamente problemática.

Esta conexión sólo podía evitarse del todo si la forma de crecimiento de un tronco de árbol (tal y como se presenta) correspondiera aproximadamente a la geometría requerida del componente. La trayectoria continua de las fibras cur- **168**
vadas en el tronco curvo natural ofrece en tal caso unas condiciones relativamente favorables para absorber los momentos flectores. Esta estrategia estaba especialmente extendida (y los troncos curvos eran correspondientemente codiciados y caros) en la construcción naval de madera, donde las formas acodadas y curvas aparecían frecuentemente (por ejemplo, en forma de cuadernas), no tanto en la construcción de edificios.

Como ya se ha indicado anteriormente, la construcción de madera en Asia Oriental sí que produjo conexiones tipo pórtico entre postes y vigas, al menos parcialmente rígidas a la flexión, sería más preciso decir: flexibles, pero en general suficientemente rígidas. Las conocidas juntas de caja y espi- **169**
ga, exquisitamente elaboradas, de la construcción tradicional de madera japonesa (lo mismo ocurre con la construcción de

madera china) crean un ensamble con bloqueo por forma, que incluso está pretensado por el secado previo de la madera y el posterior hinchamiento en condiciones normales, tan rígido a la flexión que puede soportar de forma fiable las fuerzas horizontales que surgen del viento y los terremotos por la acción de pórtico (complementado por una o dos paredes diafragma).[11] Este método de construcción se manifiesta claramente por la ausencia total de riostras diagonales en la construcción de madera de Asia Oriental, elementos estructurales que, por el contrario, eran imprescindibles en Occidente para asegurar la estabilidad de la estructura bajo cargas horizontales.

Parece razonable suponer que esta estrategia constructiva oriental es también la causa de la transparencia y diafanidad de estos edificios de entramado de madera, tan llamativa a los ojos occidentales, y que no era posible en esta medida en los edificios de entramado de madera de Occidente, que se veían obstruidos por voluminosos arriostramientos y apuntalados. Esta comparación es reveladora: Por un lado, este ejemplo puede considerarse una muestra de los orígenes constructivos del diseño arquitectónico. Por otro lado, también muestra las dificultades asociadas al concepto de adecuación al material: Evidentemente, los llamados límites de lo que es factible con un determinado material no son sólo una restricción dada *físicamente*, sino también una restricción predeterminada *culturalmente*, una decisión tomada más bien libremente dentro de ciertos límites extensibles (¿Eran los carpinteros occidentales demasiado cómodos o poco cualificados para hacer uniones tan elaboradas y precisas como los japoneses, o era más bien que a sus ojos el esfuerzo manual necesario simplemente no estaba en relación razonable con la ganancia estética y funcional: es decir, poder prescindir en principio de las riostras diagonales?). Las posibilidades técnicas de las que se dispone hoy en día

169 Nudo de pórtico mortajado entre columna y viga en construcción tradicional china de madera. Conexión rígida a la flexión y al mismo tiempo flexible de un pilar a un dintel de pórtico.

168 Los maderos combados se utilizaban mucho en la construcción naval de madera para componentes curvos, e incluso se cultivaban especialmente para este fin.[10]

—así como las coordenadas culturales actuales— también inducen a ampliar los límites de lo que se *hace realmente* con los materiales (ni siquiera hablemos de lo que es *factible*) cada vez más hacia ámbitos que en el pasado se habrían considerado imposibles o simplemente absurdos.

Pero volvamos a la construcción tradicional occidental en madera después de esta digresión: En Europa, el método preferido para producir codos rígidos a la flexión por medios constructivos, a pesar de las dificultades mencionadas relacionadas con el material, era por tanto, como se comentó, el refuerzo externo del nudo en forma de riostra oblicua o de jabalcón. Debido a su voluminosidad (y el riesgo de **172** JABALCÓN
cabezada), este madero inclinado —al igual que la riostra diagonal inclinada— siempre fue un obstáculo funcional (y probablemente no tuviera un aspecto muy satisfactorio), pero era extremadamente práctico: pues disolvía el momento flector en un par de fuerzas con brazo de palanca *mucho mayor* que el canto de los maderos de la armadura, lo que redujo notablemente los esfuerzos en la conexión. Esto era necesario, entre otras cosas, porque, debido a las condiciones geométricas, la compresión producida por el jabalcón se introduce en el poste y el larguero respectivamente *en ángulo recto* con la dirección de la veta, algo a lo que la madera es extraordinariamente sensible, como es bien sabido. Si aparecían también momentos inversos, que habrían provocado fuerzas de tracción en ese lugar, se introducía simplemente otro jabalcón en el lado opuesto, que a su vez se veía sometido siempre a compresión. La **172**
conexión de carpintería más resistente entre el jabalcón y el poste o larguero era la de barbilla, resistente a cortante, ya comentada.

También en la construcción moderna de madera son convenientes y frecuentes las soluciones en las que el momento flector se absorbe mediante riostras o con construcciones en

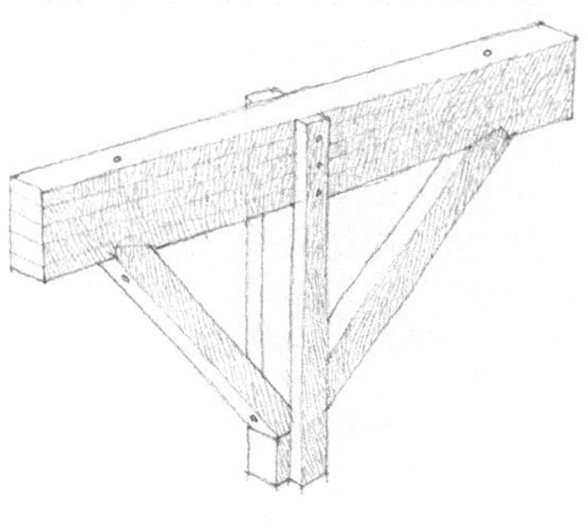

172 Nudo de pórtico rígido a la flexión en construcción de madera con jabalcones de cabeza en ambos lados. Sección transversal de columna en cruz con presillas elevadas lateralmente para seguro contra vuelco del dintel del pórtico. En los extremos superiores de los jabalcones, la fuerza se introduce mediante una barbilla; en los inferiores se transfiere a la columna en cruz recortada al efecto.

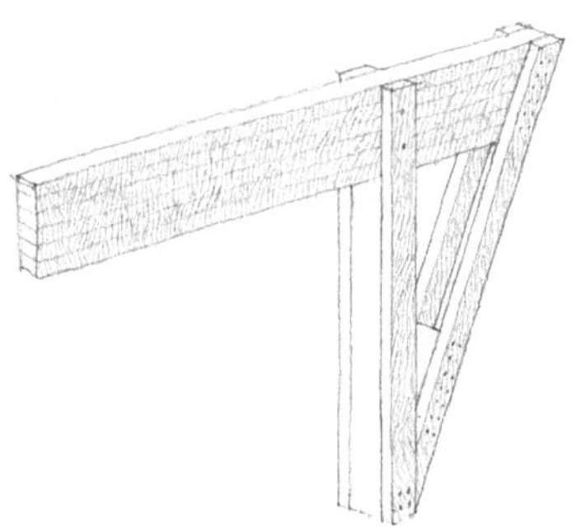

171 Codo de pórtico rígido a la flexión en la construcción de madera.

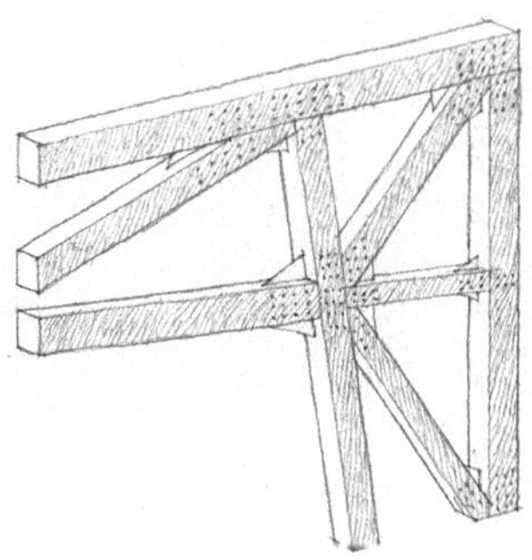

170 Codo de pórtico rígido a la flexión en la construcción de madera ejecutado como celosía.

RIGIDEZ GEOMÉTRICA

RIGIDEZ MATERIAL

171 forma de celosía, como se ha indicado. Estas aprovechan la
rigidez geométrica debida al aumento del brazo de palanca
(en lugar de basarse en la rigidez del material, como en el
caso de un codo de pórtico normal). Los dos pares de cor-
dones de compresión y tracción respectivamente se hacen
converger en forma de celosía, de manera que, gracias a los
brazos de palanca interiores agrandados, se reduce el nivel
de fuerza en las conexiones de las barras acometiendo en
ángulo recto y se alivia así el problema de la compresión o
170 tracción transversal.

☞ *En el Cap. 3., Aptdo. 1.2 El concepto de adecuación al material, pp. 68 y s., o en la comparación de las construcciones de madera occidentales y orientales realizada anteriormente*

La construcción moderna de madera de ingeniería es ciertamente capaz de crear codos de pórtico sin arriostrar externamente con jabalcones, pero hay muchos que juzgan que un codo de pórtico rígido a la flexión ejecutado en madera no es realmente adecuado al material. (El difícil tema de la adecuación al material ya ha sido tratado en detalle.)

Hay varias soluciones disponibles para codos de pórtico en
madera hoy en día: Mediante el encolado curvo de láminas
173 de madera delgadas y flexibles, se pueden crear en la cons-
trucción de vigas laminadas (en fábrica) condiciones similares
a las de una sección transversal de madera ininterrumpida
(o a las de la curvatura natural), es decir, una trayectoria de
fibras continua (redondeada) a lo largo del codo. Las láminas
exteriores suelen estar sometidas a esfuerzos de tracción
(bajo momentos negativos) y las interiores a esfuerzos de
compresión. Gracias a la técnica de encolado, el propio codo
puede realizarse con cualquier canto, es decir, con (casi)
cualquier tamaño de brazo de palanca.

Otra solución se basa en la conexión de dientes triangu-
lares —de nuevo en la fábrica— del poste y el larguero en
174 un corte a inglete o también en la variante con dos uniones
diagonales con una pieza de esquina cortada en forma de
175 cuña, que aumenta el ángulo entre las fibras enfrentadas y
reduce así la compresión o la tracción transversal sobre la
madera. También en este caso, la fuerza puede transmitirse
favorablemente a lo largo de la veta. También son posibles
uniones de montaje en obra rígidas a la flexión, en las que
el momento flector se convierte en esfuerzo cortante rota-
cional mediante un diseño adecuado de las superficies de
contacto, un esfuerzo que puede ser absorbido, por ejemplo,
178 por grupos circulares de pasadores cilíndricos o también por
179 conectores de diseño especial en agrupaciones de pasado-
res con el mayor radio posible.

ACERO SECCIONAL

Antes de abordar las consideraciones constructivas esenciales para conexiones rígidas a la flexión en la construcción de acero, es necesario hacer algunas reflexiones básicas sobre el acero estructural seccional: En la construcción de acero se opera con un material mucho más resistente que en la construcción de madera. (Recuérdese: Incluso el acero estructural de menor calidad es aproximadamente diez veces más resistente que la madera estructural en su dirección más fuerte, es decir, a lo largo de la veta.)

Por un lado, esto se manifiesta en la relativa sencillez de

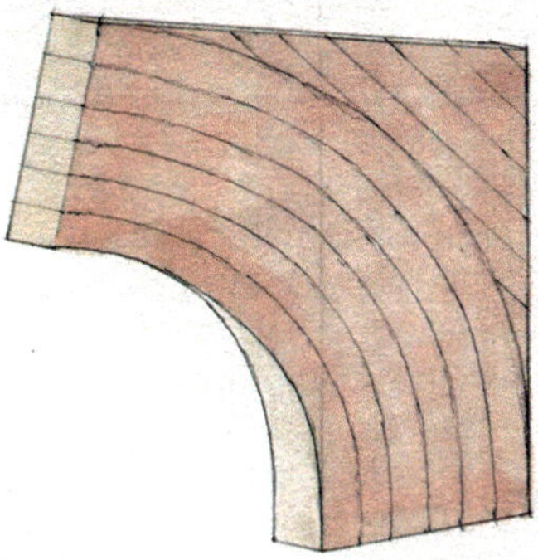

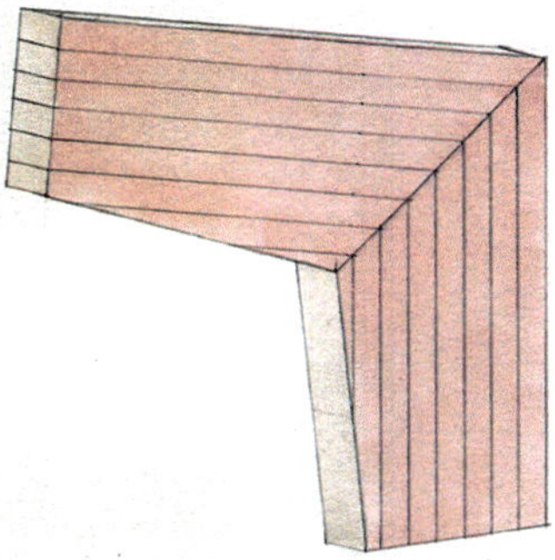

173 Producción de una esquina de pórtico rígida a la flexión en la construcción de madera laminada encolada combando las láminas de tabla.

174 Producción de una esquina de pórtico rígida a la flexión en la construcción de madera laminada encolada por junta encolada de dientes triangulares en el corte a inglete.

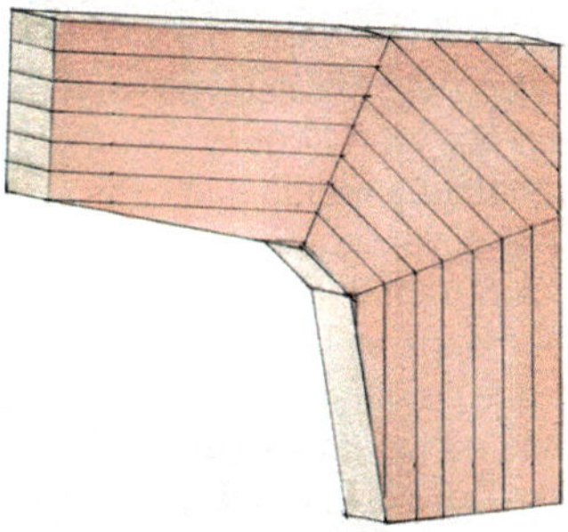

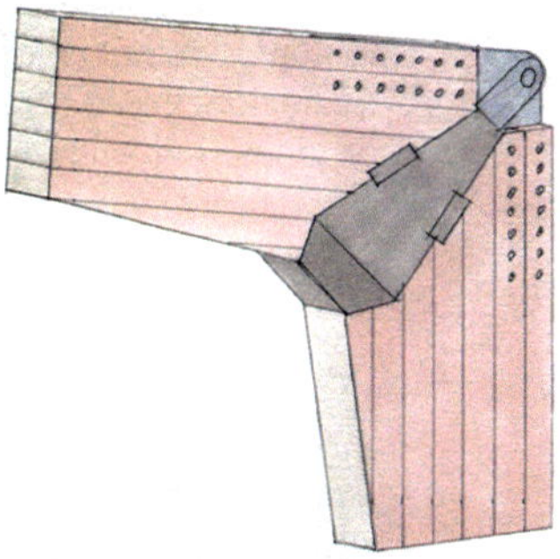

175 Producción de una esquina de pórtico rígida a la flexión en la construcción de madera laminada encolada por doble junta encolada de dientes triangulares formando una pieza de esquina cortada en forma de cuña.

176 Esquina de pórtico rígida a la flexión en la construcción de madera laminada encolada. Las fuerzas seccionales se dividen en flexotracción, actuando sobre una placa de acero alojada en una ranura (azul), y flexocompresión, actuando sobre una cuña de madera dura encajada y espigada (gris).

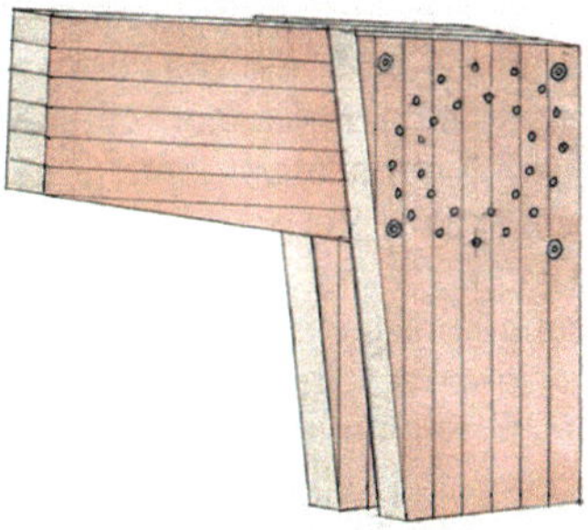

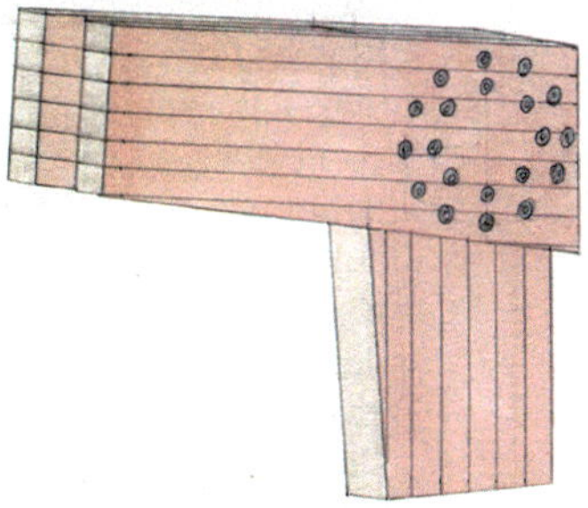

178 Esquina de pórtico rígida a la flexión en la construcción de madera laminada encolada. Absorción de los momentos flectores mediante conversión en fuerza cortante giratoria en los planos de cortadura de la conexión y bloqueo mediante dos anillos de pasadores cilíndricos concéntricos. Cuatro tornillos adicionales evitan que la conexión se desmonte.

179 Solución análoga a ⊡ **178**, pero con conectores de inserción de diseño especial. En este caso, está ejecutado como pinza el dintel del pórtico en lugar del pilar.

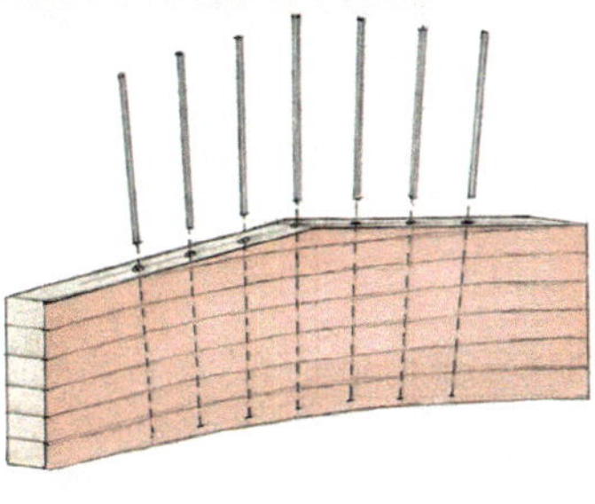

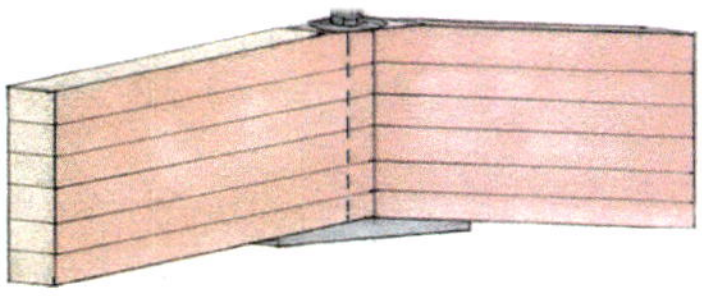

180 En esta viga de flexión angulada, existe el riesgo de que los haces de fibras inferiores (cordón de tracción) se rompan bajo el efecto de la tracción transversal. Esto se evita con varillas roscadas encoladas.

177 Mismas condiciones que en ⊡ **180**. Aquí, junta de dientes triangulares con varilla roscada pasante vertical y platillos.

producir conexiones rígidas a la flexión en acero, incluso en la obra. Por otro, esta ventaja indiscutible del acero conduce lógicamente a componentes correspondientemente delgados con sección transversal esbelta. Las secciones transversales de los perfiles típicos de las estructuras portantes primarias se explican por el deseo de disponer el material *sólo* donde es más eficiente, y omitirlo donde no se utiliza realmente. Sin embargo, es obvio que la eficiencia de la sección transversal tiene que estar asociada a un determinado esfuerzo de refe-
181 rencia. En el caso de los perfiles laminados en I habituales, éste es la flexión uniaxial alrededor del llamado *eje fuerte*, es decir, el eje de simetría entre las dos alas, que discurre paralelo a ellas (**a-a** en **181**). El factor decisivo para la rigi-

MOMENTO DE ÁREA

dez a la flexión de la sección transversal es su *momento de área*, que es tanto mayor cuanto más superficie seccional (es decir, material) se disponga lo más lejos posible del eje de flexión. Por lo tanto: Son decisivas las alas, relativamente gruesas, espaciadas al máximo, y en segundo término el alma intermedia (más delgada), que obliga a las dos alas a interactuar pero contribuye relativamente poco a la rigidez global a la flexión de la sección transversal del perfil.

Es este tipo de esfuerzo flector para el que los perfiles en I están optimizados, esfuerzo que ciertamente se produce con mucha frecuencia, sobre todo en los denominados perfiles esbeltos, en los que la altura del perfil es bastante mayor que su anchura. Los tres componentes de la sección transversal —las dos alas y el alma— tienen tareas claras en este contexto: las alas absorben las fuerzas de flexotracción y flexocompresión respectivamente (si es necesario, también las fuerzas normales); el alma absorbe los esfuerzos cortantes biaxiales —para vigas flectadas, por ejemplo, horizontales y verticales—. La rigidez de diafragma relativamente grande del alma, que se explica principalmente por la necesidad antes mencionada de crear la mayor distancia (es decir, el mayor brazo de palanca o canto) posible entre las dos alas, de modo que la altura del alma debe resultar grande, permite que esta alma se haga extraordinariamente delgada. Pero el alma también es bastante más delgada que las alas porque las fuerzas que actúan en la sección transversal ante todo en el alma como resultado del esfuerzo cortante son, en su mayoría, mucho menores que las fuerzas de flexotracción y flexocompresión, que se concentran ante todo en las alas. Esto es inmediatamente obvio cuando se considera que la luz **l** entra en la segunda potencia en los momentos flectores **M** de, por ejemplo, una viga de un solo vano,

$$\mathbf{M_{max} = q \cdot l^2 / 8}$$

en el esfuerzo cortante **Q**, por otro lado, sólo en la simple:

$$\mathbf{Q_{max} = q \cdot l / 2}$$

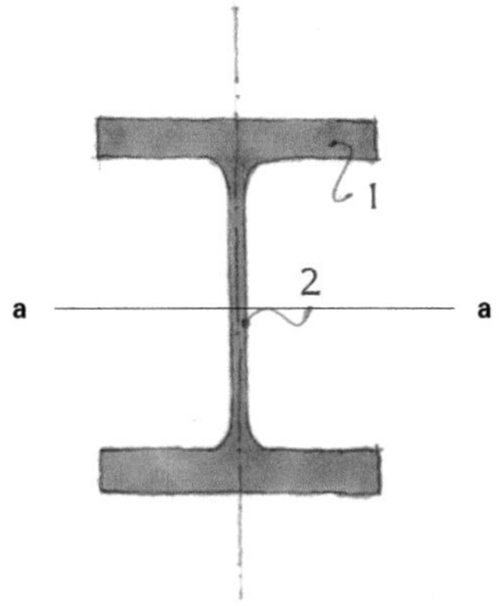

181 Sección transversal de un perfil laminado en I; **1** ala, **2** alma, **a-a** eje de flexión fuerte.

La sección transversal continua sin variar a lo largo del eje longitudinal del perfil es, también, básicamente un compromiso surgido de la tecnología de fabricación, ya que la distribución de las fuerzas seccionales suele variar considerablemente a lo largo del componente. Por ejemplo, con la viga de un solo vano: Los momentos son nulos en los apoyos, pero allí los esfuerzos cortantes son máximos (por lo que no se necesitan alas); los momentos son máximos en el centro del vano, pero allí el esfuerzo cortante es nulo (por lo que no es necesaria un alma). 183

Pero quedémonos con la sección transversal en I optimizada en términos de flexión: Predomina en la construcción de acero tanto en componentes horizontales (vigas, largueros) sometidos a esfuerzos flectores puros como en componentes verticales (columnas —sometidas principalmente a esfuerzos axiales, pero con riesgo de pandeo y, por tanto, expuestas a la flexión— y, especialmente, en pilares de pórtico).

Si dos barras con secciones en I que están alineadas *a lo largo de sus ejes* se unen testa a testa con el objetivo de crear una conexión rígida a la flexión, el proyectista se enfrenta a la siguiente tarea: transferir la fuerza de flexotracción de un ala al ala contigua; análogamente, transferir la fuerza de flexocompresión al ala opuesta, y (principalmente) el esfuerzo cortante entre las almas contiguas. Veamos a continuación 185
las soluciones constructivas soldadas y empernadas disponibles para esta tarea.

La variante de la conexión soldada a tope no requiere nin- 187A
guna medida constructiva especial. Únicamente el cordón de soldadura del ala de tracción, algo más crítico y cuya capacidad de carga debe verificarse estáticamente, puede reforzarse con una placa de atado soldada. En el caso de 186
esfuerzos predominantemente *dinámicos* (que no son decisivos en la construcción de edificios, pero sí en la construcción de puentes), la conexión puede mejorarse evitando cruces de costuras, es decir, mediante muescas en el punto de cruce, especialmente en la zona de tracción, o mediante 182
desentrelazado geométrico, es decir, reubicando las juntas de las alas en relación con la junta del alma.[12] 184

Si la conexión debe ir atornillada, como es el caso de la mayoría de las conexiones de montaje en obra, por ejemplo, todas las fuerzas parciales de la sección pueden transferirse

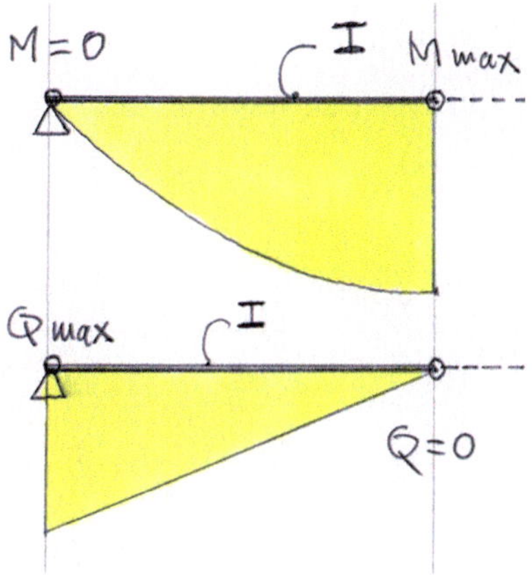

183 Distribución de los momentos flectores **M** (arriba) y de los esfuerzos cortantes **Q** a lo largo de la mitad izquierda de una viga de un solo vano sometida a carga lineal.

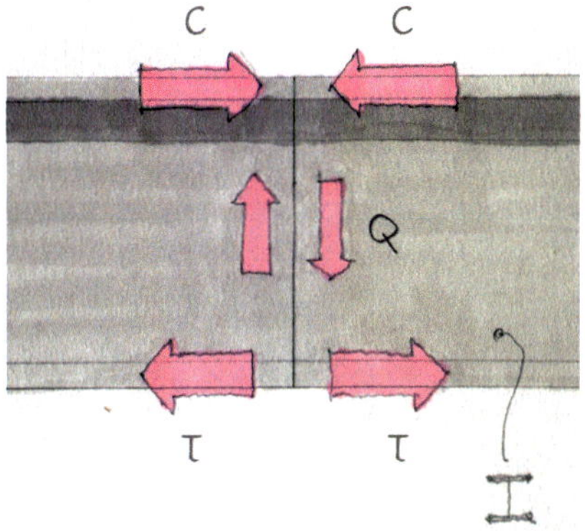

185 Fuerzas seccionales a transmitir en una unión rígida de dos perfiles en I. **C** compresión, **T** tracción, **Q** esfuerzo cortante.

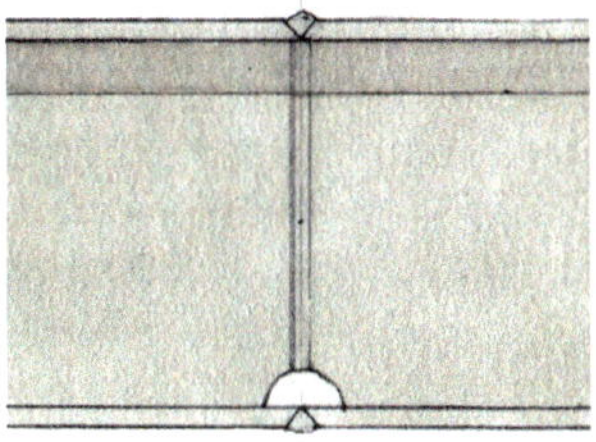

182 Empalme de vigas soldado; muesca en la intersección de costuras sometidas a tracción.

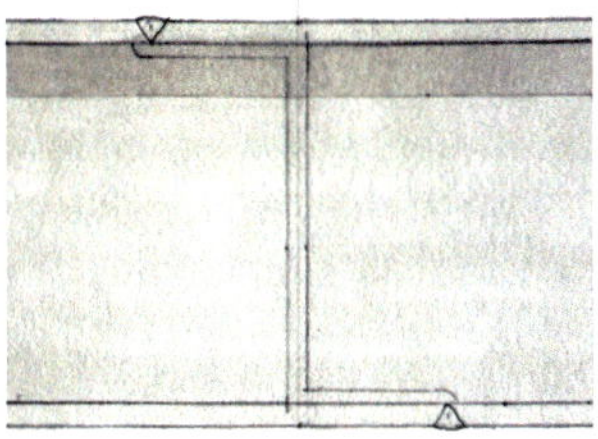

184 Empalme de vigas soldado; unión recortada con juntas de ala desplazadas.

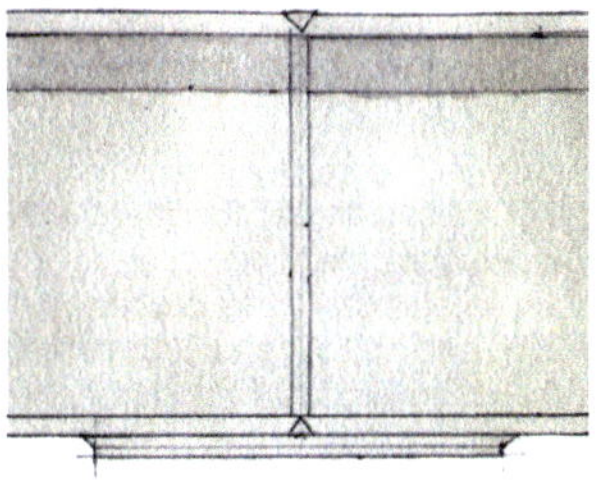

186 Empalme de viga soldado con platabanda de tracción soldada en la parte inferior. De este modo se alivia la soldadura crítica sometida a tracción en las alas bajo tracción.

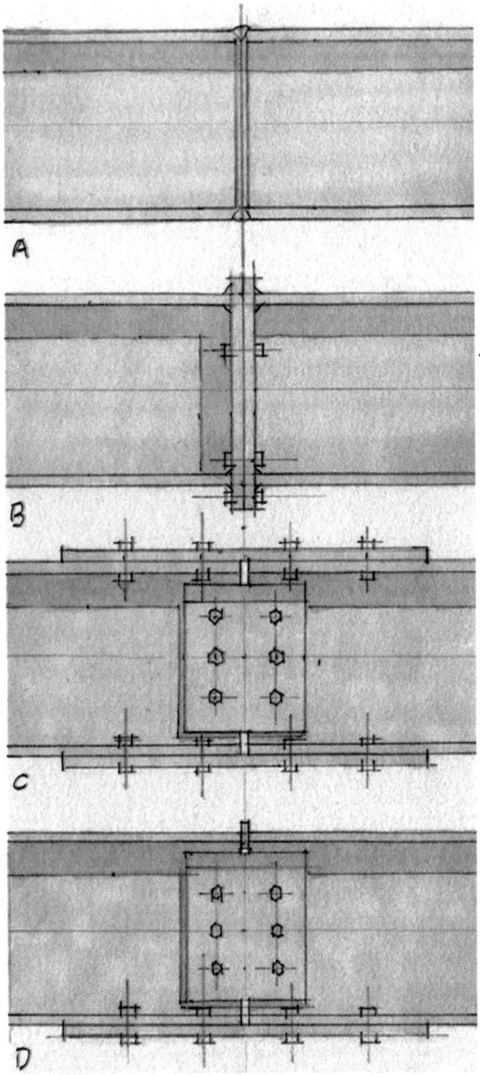

187 (Arriba) enlace frontal rígido a la flexión de dos tramos de viga.

A soldado: costura sometida a tracción en la el ala inferior, costura sometida a compresión en el ala superior; costura sometida a esfuerzo cortante en el alma.

B con placas frontales: transmisión de fuerza en el ala superior por contacto a compresión; en el ala inferior por pernos bajo tracción a ambos lados del ala; perno bajo esfuerzo cortante adicional a la altura del alma.

C empalme de cartela: cartela de tracción y compresión en el ala inferior y superior respectivamente; cartela de esfuerzo cortante en el alma.

D con pieza de calce y cartelas: transmisión de compresión en la parte superior a través de fleje de calce; transmisión de tracción a través de platabanda en la parte inferior; cartela para esfuerzo cortante a la altura del alma.

187 C en principio con la ayuda de conexiones a cortante: En cada caso, platabandas de tracción y compresión sobre las alas (en uno o ambos lados), así como cubrejuntas para cortante —en su mayoría en ambos lados del alma—. La junta en el ala de compresión también puede ejecutarse como una junta de contacto a compresión sin orejetas, como ya se ha
187 D mencionado varias veces. A menudo, se coloca con este fin una pieza de forro delgada entre las piezas de conexión para salvar la tolerancia de la junta que queda entre ellas (necesaria para el montaje) y garantizar el contacto estrecho de toda la superficie de las alas de compresión, lo cual, como se ha visto, es esencial para la transmisión de la compresión.[13]

187 B, La unión también puede realizarse con la ayuda de placas
184 frontales. De nuevo, en este caso, la fuerza de compresión se transmite a través del contacto de las placas frontales enfrentadas en la zona del ala de compresión; en el caso del ala de tracción, una conexión empernada a lo largo de su eje se encarga de las fuerzas de tracción que surgen. Por supuesto, estos pernos sometidos a tracción deben estar lo más cerca posible del ala de tracción para evitar mayores desviaciones de fuerza. Dado que, por razones de espacio, los ejes de los pernos no pueden situarse en el eje efectivo de la fuerza, es decir, en el eje central del ala, sino sólo desplazados con respecto a él, ya sea sólo en el interior o, en el caso de una fuerza mayor, adicionalmente en el exterior, es decir en la placa frontal que en tal caso sobresale, se crea inevitablemente un momento flector en las placas frontales.
188 Si éstas se comban por este motivo, la capacidad de carga de los pernos se reduce como resultado de las fuerzas de apoyo que surgen. Unas placas frontales más gruesas mitigan este efecto. Por lo tanto, sólo es necesaria una conexión empernada en el ala de tracción, no en la de compresión, donde la fuerza se transfiere por contacto. Además, suelen ser necesarios pernos en la zona del alma para absorber los esfuerzos cortantes entre las piezas de conexión. Suelen colocarse cerca del ala de compresión para garantizar al mismo tiempo la estabilidad posicional.

Si no se permite que las placas frontales sobresalgan del perfil, lo que suele ocurrir en construcciones de forjado aplacadas o con losa de entrevigado, no hay más remedio que desplazar los pernos cercanos al ala de tracción hacia la
189 zona del alma, lo que crea una excentricidad con respecto al eje del ala. En este caso, la fuerza del cordón de tracción se transmite mediante una placa rigidizadora adicional situada en el centro de gravedad de la unión empernada.[14]

Por último, se considerará el caso, algo más difícil, de dos perfiles que confluyen en ángulo recto en un codo, es decir, el caso de un codo rígido a la flexión, un codo de pórtico. Al igual que en el nudo comentado anteriormente, es necesario introducir momentos flectores de una barra en la pareja de unión, es decir, las fuerzas seccionales parciales de flexotracción y flexocompresión, esfuerzo cortante (y en el caso del pórtico también fuerza normal). Es especialmente

relevante para el diseño constructivo la introducción de las fuerzas de flexocompresión y flexotracción de las dos alas del larguero (horizontal) en el perfil vertical, el pilar del pórtico. En comparación con éstas, el esfuerzo cortante y la fuerza normal son pequeños. Así, ya no se trata de introducir dos fuerzas locales relativamente grandes *a lo largo* del eje de una barra (como en el caso anterior), sino *en ángulo recto*. Dado que los perfiles en I están siempre orientados con su eje fuerte en la dirección de la flexión predominante, esto significa que estas fuerzas que actúan en el plano de la estructura deben ser absorbidas por el alma de la pareja de unión situada en ángulo recto, aquel componente de su perfil que —en esta dirección— tiene el mayor canto y por lo tanto la mayor rigidez. Sin embargo, es precisamente en este punto donde la esbeltez del alma, que se ha inferido racionalmente más arriba en condiciones normales de flexión, presenta un grave inconveniente. Bajo los esfuerzos flectores normales habituales en un codo rígido a la flexión, la delgada alma está expuesta al riesgo de pandeo. Desde **190**
el punto de vista estático, representa un diafragma delgado sometido a una fuerte carga concentrada que actúa en su plano en torno al punto de aplicación del ala que acomete en ángulo recto. Por lo tanto, debe reforzarse adecuadamente con medios constructivos. Esto se efectúa con la ayuda de placas rigidizadoras dispuestas transversalmente al plano del pórtico y del alma, que garantizan que la fuerza se introduzca

PLACAS RIGIDIZADORAS

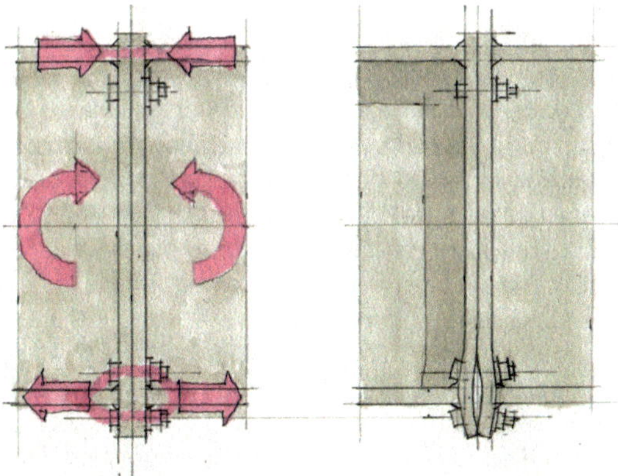

188 Izquierda: empalme de placas frontales con unión atornillada a ambos lados del cordón de tracción; ilustración de los esfuerzos actuando en la junta de empalme. Las placas frontales sobresalen abajo para crear espacio para pernos. Derecha: empalme de placas frontales como a la izquierda; deformación por flexión de las placas frontales debida a la excentricidad entre los ejes del ala y de los pernos.

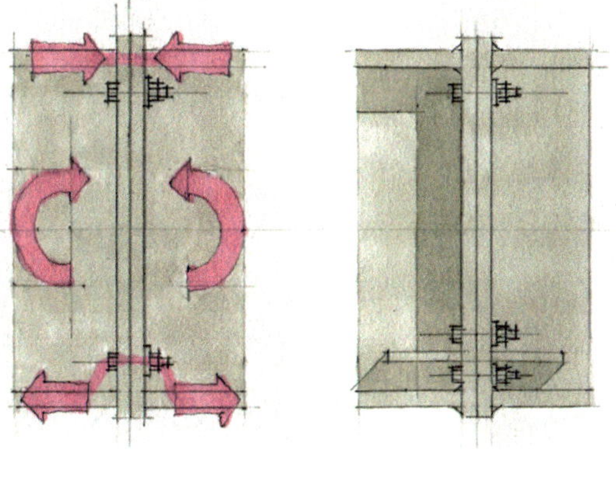

189 Empalme de placas frontales con placas enrasadas por fuera. La unión atornillada en la zona del ala a tracción debe reubicarse en la zona del alma. Izquierda, con conexión de perno simple para cargas menores; derecha, con conexión de perno doble y rigidizadores para momentos flectores mayores.

continuamente en el alma, a ser posible a lo largo de toda
191 su anchura, de forma lineal, sin que se produzca un pandeo. Estas placas deben estar lo más cerca posible del punto de aplicación de la carga, es decir cerca del ala bajo compresión que acomete, y orientadas a lo largo del eje efectivo de la fuerza. Con cargas menores, también pueden hacerse más cortas que la anchura total del alma.

☞ *Aptdo. 7.1 Transmisión de compresión, pp. 517 y s.*

ANISOTROPÍA DEL PERFIL DE ACERO

Como ya se ha señalado anteriormente, es notable que, a pesar de la isotropía casi total del acero como *material*, nos encontramos en términos de diseño con una pronunciada anisotropía del *perfil* de acero. Al igual que una barra de madera, que sólo tolera mal los efectos de fuerzas locales transversales a su eje, la geometría estandarizada de la sección transversal en forma de I de los perfiles laminados convencionales conlleva restricciones constructivas comparables. Un interesante paralelismo (más) entre los métodos de construcción de acero y de madera, aparentemente tan distantes.

Pero volvamos a nuestra tarea de diseño constructivo: Partamos del caso convencional de un codo de pórtico sometido a un esfuerzo flector negativo y comencemos con la solución soldada, que es la estándar para la producción
192 en fábrica (que siempre suele ser la preferida).

En el diseño constructivo habitual, el pilar se ejecuta de forma continua, el ala inferior y el alma del larguero que conecta se recortan dejando libre el ala superior y ésta se suelda a la cabeza del perfil del pilar. De este modo, la transmisión de la fuerza de flexotracción tiene lugar directamente a través de la sección transversal del ala del larguero, que va soldada al alma del perfil del pilar en toda su longitud. La fuerza de compresión del ala inferior del larguero se transmite al alma del pilar con la ayuda de una placa rigidizadora soldada al alma en la cámara del perfil a lo largo de todo el cordón de soldadura, es decir, en toda la anchura del alma.

PLACA DE ESQUINA

La llamada placa de esquina delimitada de este modo por las alas y la placa rigidizante está sometida a esfuerzo
193 cortante, por lo que tiende a descuadrarse y pandear bajo este esfuerzo. Si las fuerzas son demasiado grandes, esta zona debe reforzarse: bien con la ayuda de placas rigidizan-
194 tes diagonales, orientadas o bien a lo largo de la fuerza de compresión o bien la de tracción, o sino mediante engrosa-
195 miento, por ejemplo con una placa adicional plana soldada.[15]

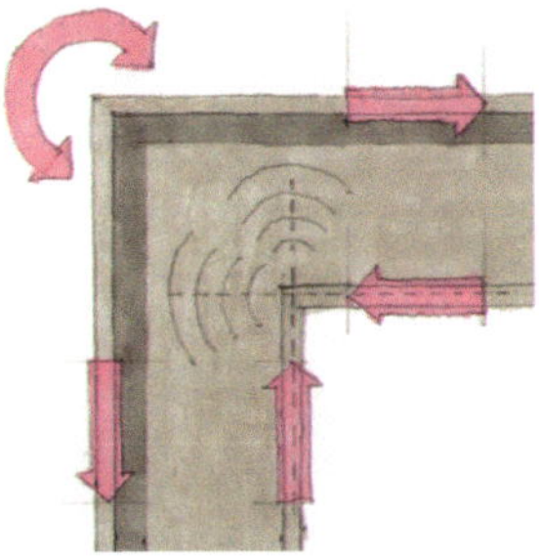

190 Riesgo de pandeo del alma en una esquina de pórtico debido a la fuerza de flexocompresión concentrada de las alas contiguas.

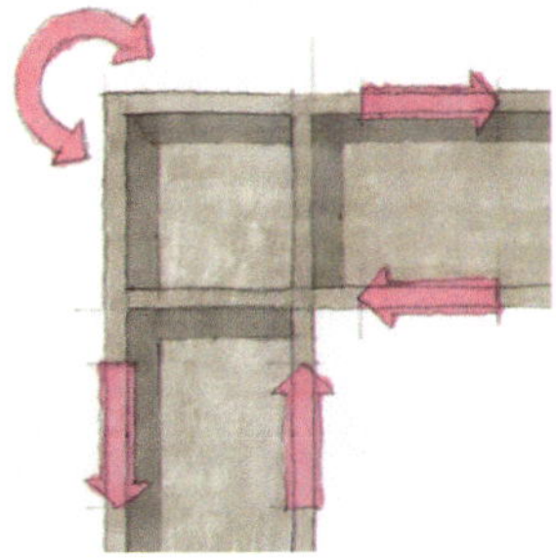

191 Rigidización del alma mediante placas rigidizadoras en la dirección en la que actúa la fuerza de flexocompresión.

Este tipo de codo de pórtico totalmente soldado se utiliza o bien cuando se trata de pórticos pequeños que pueden prefabricarse y transportarse en su totalidad, o bien cuando las juntas de montaje se colocan más allá de los momentos máximos situados en los codos del pórtico, por ejemplo en la zona de los momentos mínimos en el larguero. Los acartelamientos habituales de los largueros, y a veces también de los pilares, aumentan el brazo de palanca interior de la conexión en el codo y reducen en consecuencia las fuerzas seccionales.

Para facilitar el transporte, la junta de montaje a veces también se coloca directamente en el codo del pórtico, ya que así se pueden transportar los componentes del larguero y del poste, ambos en forma de barra, separados uno de otro sin necesidad de operar con voluminosos codos, aunque es en el codo donde suelen producirse los mayores momentos flectores. Se trata entonces de una junta de placa frontal **197**
atornillada, que se contemplará brevemente al final.

Básicamente, las condiciones son similares a las de la junta de perfiles alineados que se comentaron al principio: En primer lugar, la fuerza de flexocompresión del cordón inferior, que se transmite a través de contacto a compresión entre la placa frontal y el ala del pilar, debe introducirse en el alma del pilar a través de un rigidizador; por otro lado, se debe transmitir la fuerza de tracción del cordón superior del

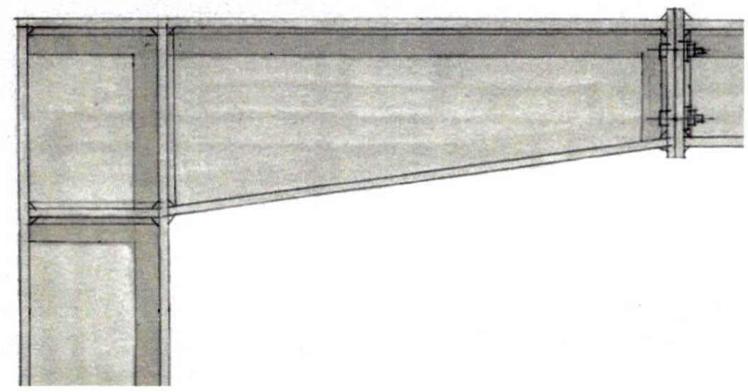

192 Esquina de pórtico soldada. Junta de montaje aproximadamente en el punto cero de momentos al final del acartelado.

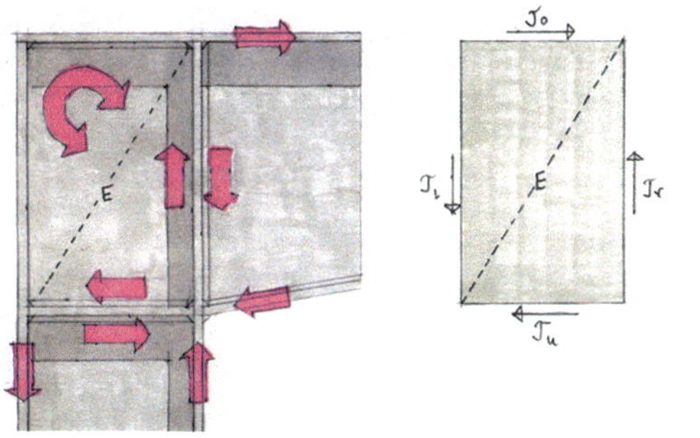

193 Tendencia al pandeo de la placa de esquina **E** bajo esfuerzo cortante τ.

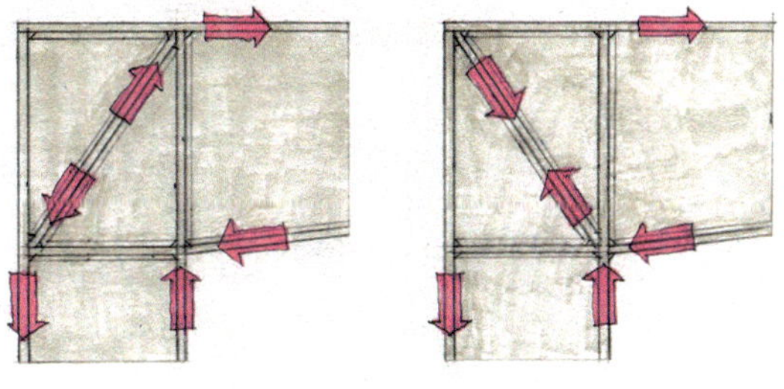

194 Rigidización de la placa de esquina mediante placas rigidizadoras diagonales, alternativamente en dirección de tracción (izquierda) o de compresión (derecha).

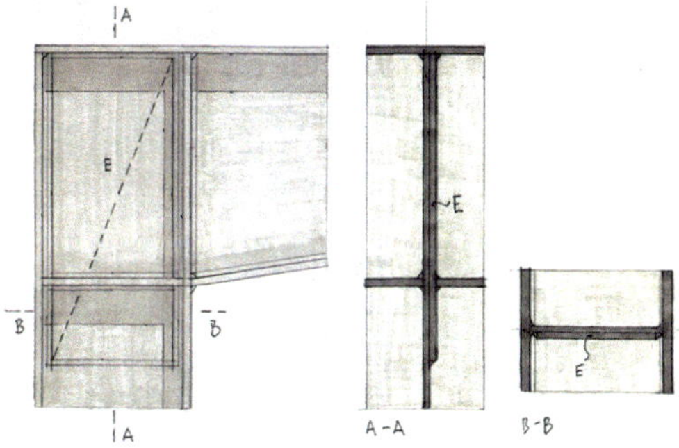

195 Refuerzo de la placa de esquina mediante placa adicional soldada **E.**

larguero en la junta de la placa frontal a través de un empernado suficiente. Una vez más, son posibles soluciones con placas frontales tanto enrasadas como salientes para poder acomodar los pernos, normalmente al menos cuatro, some-
196 tidos a tracción en la zona del cordón de tracción. También en este caso, con la placa frontal a ras, los cuatro pernos se pueden desplazar a la zona del alma (**A**). Otros dos pernos en la zona inferior del cordón de compresión transmiten los esfuerzos cortantes y aseguran la posición de la junta de contacto. Alternativamente, si la junta de placa frontal va dispuesta horizontalmente en la zona del pilar (**C**), se aplica esencialmente lo mismo, ya que hay que transmitir allí las mismas fuerzas seccionales parciales.

Alternativamente, la fuerza de tracción en el cordón superior puede transmitirse entre el larguero y el pilar del pórtico
198 por medio de una platabanda de atado aplicada, es decir, en forma de una conexión a esfuerzo cortante, como ya se ha descrito anteriormente. Los pernos de la platabanda tirante se someten a esfuerzos cortantes transversales a su eje. Para obtener una rigidez suficiente de la conexión, la unión atornillada se realiza generalmente al menos con pernos de ajuste, a veces también como una conexión pretensada antideslizante.[16] Si la junta se dispone a lo largo del cordón
199 inferior del larguero del pórtico, prevalecen condiciones esencialmente análogas.

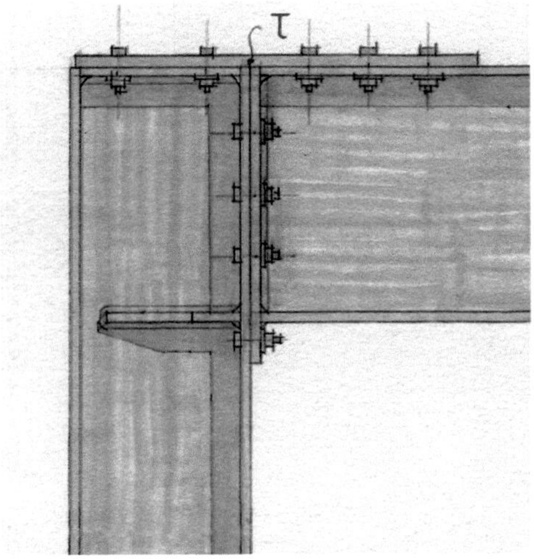

198 Transmisión de la fuerza de tracción **T** mediante una platabanda tirante atornillada (conexión a cortante a nivel de contemplación del ala).

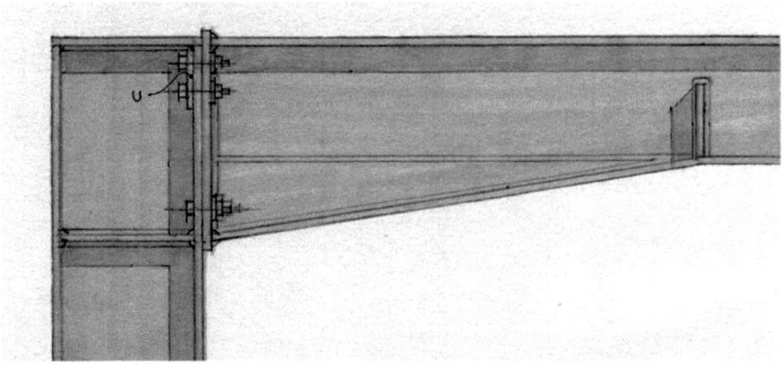

197 Una junta de montaje atornillada en la esquina del pórtico facilita el transporte de sus piezas componentes. El grupo de pernos superior absorbe las fuerzas de tracción del momento flector; una placa de calce **U** rigidiza el ala delgada de la columna. El tornillo inferior absorbe los esfuerzos cortantes y también tiene función de aseguramiento.

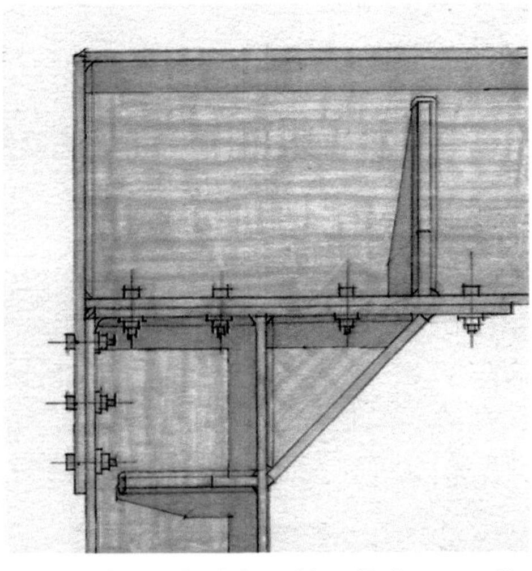

199 Junta de montaje a lo largo del cordón de compresión: transmisión de la fuerza de compresión mediante una unión atornillada (unión a cortante a nivel de contemplación del ala).

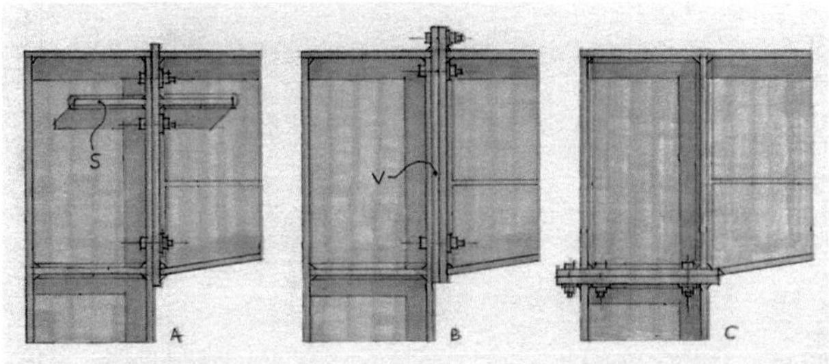

196 Esquinas de pórtico con junta de placa frontal enrasada (**A**) y sobresaliente (**B**, **C**) y unión atornillada cuádruple en la unión del cordón de tracción.

Todo lo que se ha dicho hasta ahora sobre las conexiones se ha basado (en gran medida) en la suposición tácita de que todos los componentes que se van a conectar están mecanizados con precisión y encajan perfectamente en las uniones. Por otro lado, cualquiera que haya tenido algo que ver con la construcción, y más aún cualquiera que haya montado grandes componentes a mano, sabe que en la realidad práctica esto es la excepción y no la regla. En cambio, la regla es que los componentes presentan imprecisiones, el montaje in situ suele ser inexacto, los materiales rara vez son completamente inertes, es decir, completamente libres de deformaciones, y por tanto están sujetos a cambios de forma y de dimensión (a menudo, incluso inherentes al material) —ya sólo por razones de cambios de temperatura— y que, para colmo, coinciden oficios que operan con grados de precisión muy diferentes (basta pensar en el acero y el hormigón). El hecho de que la construcción siquiera pueda tener lugar en estas condiciones se debe a dos circunstancias.

Por un lado, a medidas correctoras efectuadas durante el montaje, donde las imprecisiones se manifiestan al final, es decir, en la obra: una laboriosa reelaboración —manual— para corregir tales inexactitudes. Ya puede uno imaginar qué métodos toscos, hasta el uso de la fuerza bruta, se utilizan a veces con esta estrategia. Suele ser igualmente fastidioso **200**
cuando un componente es demasiado grande y sólo puede montarse en su posición si se repasa, o a la inversa, demasiado corto, de modo que queda un hueco abierto que luego hay que rellenar o cubrir de alguna manera, o cuando un componente sobresale de una alineación visible, etc.

El otro método, más elegante e inteligente, es de proyecto: La mayor previsión posible de las imprecisiones esperadas y la precaución técnica en forma de márgenes de ajuste dentro de los cuales se pueden acomodar las imprecisiones para que el montaje pueda llevarse a cabo según el procedimiento previsto a pesar de las desviaciones dimensionales. Estos márgenes de ajuste se crean, a su vez, de dos maneras: Por un lado, con dimensiones de componentes colindantes reducidas deliberadamente, con el objetivo de garantizar que ningún sobredimensionamiento (involuntario) haga imposible el montaje sin repaso manual. Por lo tanto, los componentes se hacen *ligeramente más pequeños* (pero no innecesariamente pequeños) para que el posicionamiento esté siempre garantizado. Un buen ejemplo de esta estrategia es la junta de mortero convencional, relativamente ancha, entre ladrillos, que permite importantes desviaciones dimensionales de los mismos. Por otro lado, el posicionamiento exacto del **201**
componente —cuando, como en el caso de conexiones solapadas, el proceso crítico no es una especie de *encastre*— puede facilitarse mediante medidas de diseño adecuadas a pesar de las imprecisiones: Ejemplos conocidos son agujeros ranurados en conexiones atornilladas. Dado que el margen **202**
de ajuste mencionado persigue el objetivo de posibilitar o admitir las imprecisiones que de todos modos no pueden

Tolerancias

200 Enlace de una construcción de madera a una cabeza de muro de hormigón. Se puede ver que el borde superior del muro de hormigón tuvo que picarse para crear espacio suficiente para montar la placa de conexión de acero en la posición prevista. Típico caso de confluencia de diferentes oficios existiendo tolerancias insuficientes, lo que inevitablemente da lugar a reelaboraciones.

REELABORACIÓN

201 Las imprecisiones de los cantos se absorben en la junta de mortero.

202 Agujeros ranurados en un soporte de acero para ajustar los tornillos de fijación.

TOLERANCIA

evitarse completamente, es decir, las tolera, se denomina *tolerancia* en la terminología técnica. Además, este término se utiliza a menudo con un significado algo diferente para describir las propias inexactitudes.

El primer método mencionado, la reelaboración in situ, fue durante mucho tiempo característico de la construcción, o más exactamente de la construcción artesanal tradicional. Era bien compatible con los principios generales de esa práctica constructiva y su prevalencia se explica fácilmente por el hecho de que una hora de trabajo manual en la obra valía (o costaba) más o menos lo mismo que una en el taller del artesano. Sin embargo, este principio no se aplicaba sin restricciones: Basta mencionar los suelos de armadura previa de los carpinteros, que premontaban por completo las armazones de las techumbres en el taller, con el fin, entre otras cosas, de prefabricarlas con la mayor precisión posible y montarlas en la obra lo más rápido posible.

En cambio, la situación es muy diferente en la tecnología de construcción industrializada. La separación característica de la producción estacionaria en fábrica, en su mayoría totalmente mecanizada, y el montaje in situ tiene consecuencias de gran alcance en cuanto a hacer frente a imprecisiones. En estas circunstancias, es prohibitivo repasar en obra por razones obvias: En primer lugar, la hora de trabajo en la obra cuesta bastante más que en la fábrica. La reelaboración extensiva en la obra elevaría los costes de construcción a niveles prohibitivos y, de paso, haría que la idea básica de la construcción industrializada, a saber, utilizar las ventajas de la prefabricación de la forma más amplia posible, pierda sentido.

En segundo lugar, en el caso de componentes que se fabrican en parte con procedimientos mecánicos muy complejos, la reelaboración manual simplemente no es posible en obra, pues se carece de la infraestructura técnica necesaria para el propósito. Los retoques in situ también son tan problemáticos porque en los edificios de hechura industrial, de gran complejidad, compuestos por muchos oficios diferentes, los problemas de tolerancia suelen surgir entre los propios oficios y a menudo hay que aclarar las competencias y responsabilidades antes de abordar cualquier corrección. Un buen ejemplo de ello son, una vez más, las interfaces entre las obras de hormigón y las de acero, especialmente cuando hay que hormigonar anclajes de acero en la estructura maciza, es decir, un clásico solapamiento espacial inevitable o una superposición de oficios muy divergentes en términos de tolerancias y que no pueden en absoluto separarse físicamente.

La planificación modular típica de la construcción industrializada ha dado lugar a un modelo teórico específico para la planificación de la tolerancia, que ya se abordó en relación con los sistemas de ordenamiento dimensional. Recuérdese: A cada componente se le asigna un *espacio de coordinación* dentro de cuyas superficies limítrofes éste se inserta sin

☞ *Cap. 10., Aptdo. 2.2 Órdenes modulares, pp. 576 y ss.*

penetrar nunca en el espacio de coordinación de un componente adyacente. La reducción necesaria de la dimensión del componente con respecto a las dimensiones del espacio de coordinación virtual es la tolerancia. La posición y la naturaleza de los espacios de coordinación vienen determinadas por los ejes o los planos modulares del proyecto.

Hasta ahora se ha hablado principalmente de las llamadas tolerancias de *fabricación* y *montaje*. Sin embargo, las tolerancias también pueden tener la función de permitir *deformaciones* o *dilataciones* de los componentes en sus uniones en el estado de funcionamiento sin que se produzcan daños. Pueden depender de la carga, la temperatura, la humedad o, en general, del material.

La planificación de las tolerancias es una tarea compleja que plantea grandes exigencias al proyectista, pero siempre es indispensable para la viabilidad técnica, la economía, la durabilidad y, por último, pero no menos importante, para una apariencia estética satisfactoria de las estructuras de los edificios. Al tratarse de una parte de la planificación de *seguridad*, el diseñador se enfrenta a los dilemas típicos de este tipo de tareas: Hay que hacer ciertas provisiones para imprevistos que pueden —o no— producirse. Por muchas razones, las tolerancias deben estar siempre suficientemente dimensionadas, pero al mismo tiempo mantenerse tan ajustadas como sea razonable; porque no sólo causan costes los repasos, sino que también conducen rápidamente a un enorme aumento de los costes unas especificaciones de tolerancia muy estrictas por parte del proyectista, es decir, una alta precisión de la estructura que al final resulta ser innecesaria. Por ello, siempre hay que buscar compromisos razonables.

Notas

1 *Estática*, de „griego *statiké* (*téchne*) = el arte de pesar: de *statikós* = parando, pesando, de: *statós* = parado."

2 Véase Hertel H (1960) *Leichtbau Bauelemente, Bemessungen und Konstruktionen von Flugzeugen und anderen Leichtbauwerken*, Berlin, pp. 7 y ss. El término "método de construcción", que suele utilizarse en lugar de "principio de construcción" en ámbitos técnicos no relacionados con la construcción de edificios, también en la obra mencionada, ya se utiliza (lamentablemente) corrientemente con un significado diferente en el sector de la construcción (véase *Capítulo 8*). Por este motivo, en esta obra se utilizan los términos alternativos "principio de construcción" o "principio constructivo" para evitar confusiones.

3 Véase también el ejemplo de la puerta en el apartado anterior.

4 En la construcción, apenas existe una regla para la que no haya una excepción: Recientemente, también se han encolado in situ elementos de madera de gran formato con aprobación de las autoridades de construcción en casos individuales. Kindmann R, Stracke M (2010) *Verbindungen im Stahl- und Verbundbau*, Berlín, pp. 65 y s.

5 Kindmann R, Stracke M (2010) *Verbindungen im Stahl- und Verbundbau*, Berlín, pp. 65 y s.

6 Warth O (1982) *Konstruktionen in Holz*, Hannover, pág. 19.

7 Esto es exactamente lo que ocurre con las conexiones de ajuste pretensadas antideslizantes, en las que el vástago del tornillo sólo encaja en el orificio taladrado con una tolerancia mínima. Son más rígidas que las conexiones pretensadas antideslizantes estándar sin ajuste.

8 Kindmann, Stracke (2010), pp. 98 y ss.

9 Ibid., pág. 88.

10 "El crecimiento curvado o retorcido no era motivo para no utilizarlos. Los troncos de roble bifurcados eran a veces un artículo caro y escaso en la construcción naval [...] Para la construcción naval se utilizaban diversos tipos y formas de madera, incluidas troncos curvados especialmente seleccionados o cultivados." (Scheidegger F (1990) *Aus der Geschichte der Bautechnik*, volumen 1, pp. 61 y ss.)

11 Tokarz B (1995) *Konstruktives Entwerfen: Holzbau*, Stuttgart, pág. 130.49 y ss.

12 Kindmann, Stracke (2010), pág. 76.

13 Ibid. pág. 74.

14 Ibid. pág. 272.

15 Ibid. pp. 116 y s.

16 Petersen C (1997) *Stahlbau*, Wiesbaden, pp. 670 y s.

DISEÑO
TRUCTIVO

J. L. Moro, *El proyecto constructivo en arquitectura — del principio al detalle*, https://doi.org/10.1007/978-3-662-70279-6_10

1. El concepto y el proceso del proyecto constructivo en el contexto del proyecto general

En los capítulos precedentes se han tratado aspectos esenciales relacionados con la construcción de edificios, pero no se ha profundizado en el proceso del proyecto constructivo propiamente dicho. Para subrayar la hipótesis principal de esta obra, a saber, que reconocer y aplicar correctamente principios de solución es crucial para el éxito del proyecto constructivo, merece la pena examinar más de cerca el propio proceso: es decir, ante todo el proceso proyectivo que da como resultado la concepción básica y la definición detallada de la construcción de un edificio.

PROYECTO DE EJECUCIÓN

El proceso de proyecto constructivo en el sentido abordado puede entenderse como una fase específica dentro del
1 proceso global de planificación de un edificio y es en gran medida idéntica a la fase de proyecto de ejecución tal como se define en las diversas tablas nacionales de honorarios. Aunque se concibe como un campo de actividad en gran medida independiente, el proyecto constructivo está estrechamente vinculado a las fases de trabajo vecinas, esencialmente a la fase de proyecto conceptual precedente y a la posterior dirección de obra. Los solapamientos temporales entre estas fases (en realidad separadas) también forman parte de la práctica cotidiana: Un buen ejemplo es la llamada planificación simultánea con la construcción, un término más bien irónico y jocoso que alude a un solapamiento, en realidad indeseable, entre el proyecto de ejecución y el proceso de construcción; es decir, cuando aun no se han resuelto los detalles constructivos que están pendientes de ejecutarse en la obra, más o menos viviendo al día.

ITERACIONES

A pesar de la secuencia un tanto lineal del proceso de planificación, de lo más general a lo más concreto, hay que tener siempre en cuenta que esta secuencia se ve a menudo interrumpida por numerosos pasos de retroalimentación, las llamadas *iteraciones*. En este proceso, se abandonan las vías de solución adoptadas, cuando se ve que no conducen al éxito, por lo que se vuelve a entrar en una etapa de proyecto (algo) anterior, en un proceso similar a un bucle, con el objetivo de encontrar nuevas soluciones más prometedoras.

Pero volvamos a la secuencia típica de un proceso de planificación: En la formulación general, no necesariamente restringida a la construcción, los pasos de planificación son
2 los siguientes:[1]

clarificar la tarea
concebir una solución
definir la construcción — diseño definitivo
elaborar

CONCEBIR UNA SOLUCIÓN

Un paso crucial en esta secuencia es la concepción de una solución. Aquí es donde se toman las decisiones importantes que tienen una fuerte influencia sobre los pasos de trabajo posteriores (definir, elaborar). A menudo, este paso —el concebir una solución— se realiza por costumbre, recurriendo a esquemas de solución ya conocidos y posiblemente conven-

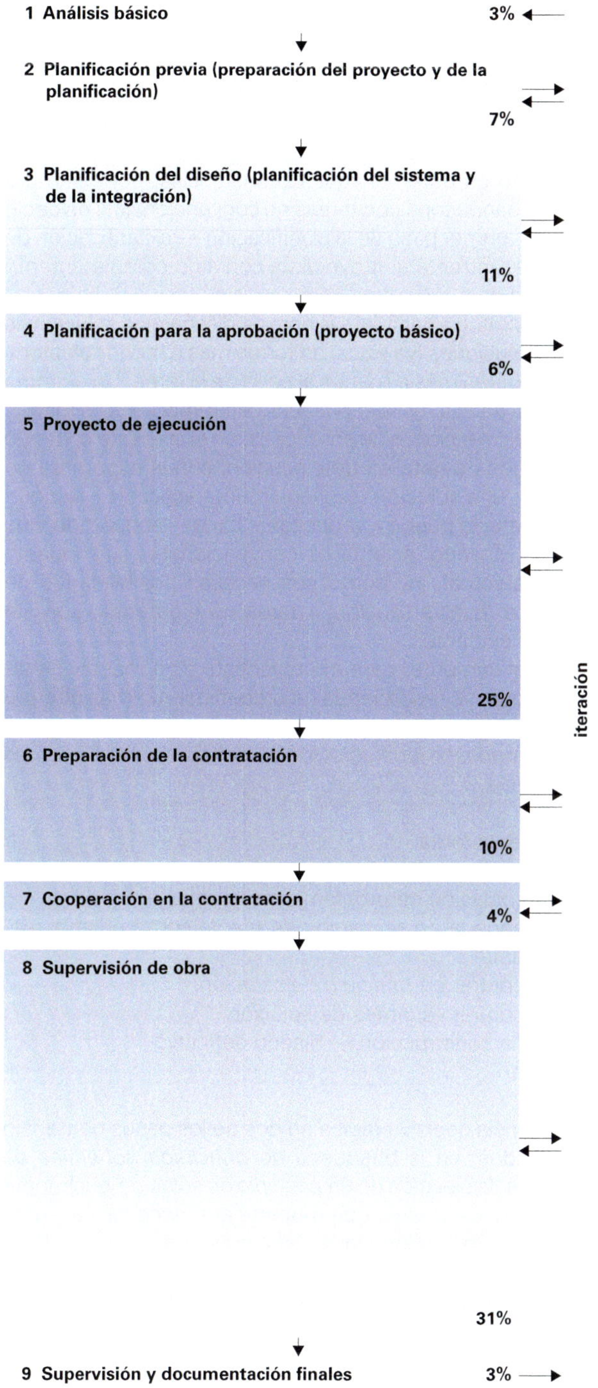

1 Fases de trabajo según tabla genérica de honorarios. Representación del proceso de planificación de edificios o inmuebles con el porcentaje asociado del perfil de rendimiento completo. La fase central y el área de influencia del proyecto constructivo se indican en tonos grises graduados.

MÉTODOS CONSTRUCTIVOS

cionales. Esto no es necesariamente erróneo o perjudicial. Los métodos constructivos establecidos y generalmente aceptados se basan esencialmente en este proceso. En lugar de buscar soluciones nuevas e inusuales, este procedimiento se basa en lo que ya ha demostrado su eficacia, en recetas constructivas, por así decirlo. Esta estrategia puede tener éxito en determinadas circunstancias, pero siempre fracasa cuando topa con tareas no convencionales: es decir, cuando el primer paso de la planificación —la clarificación de la tarea— enfrenta al proyectista con algo completamente desconocido.

Otra estrategia habitual a la hora de diseñar una solución es buscar soluciones (ya listas) de forma más o menos aleatoria que se ajusten más o menos al perfil de la tarea. Un ejemplo ilustrativo de esto es la exploración sin rumbo, más o menos al azar, de colecciones de soluciones, en el presente contexto colecciones de detalles de ejecución, con la esperanza de encontrar una solución razonablemente aplicable.[2] Aunque esta estrategia puede a veces tener éxito —sobre todo, una vez más, cuando la tarea es convencional— su modesto nivel intelectual, así como sus escasas posibilidades de éxito para resolver cualquier tarea no elemental, son sin embargo evidentes.

Alternativamente, para el proyectista algo más exigente y ambicioso, se recomienda un procedimiento más diferenciado, más o menos según el siguiente patrón, en el que el paso de *concebir una solución* se subdivide en diferentes subpasos:

- clarificar la tarea
- concebir una solución
    - formulación de problemas esenciales
    - búsqueda de *principios de efecto* como posible respuesta
    - encontrar un *principio de solución*
    - encontrar variantes de solución
- definir la construcción — diseño definitivo
- elaborar

PRINCIPIO DE EFECTO
PRINCIPIO DE SOLUCIÓN
VARIANTE DE SOLUCIÓN

La diferencia decisiva radica en dos de los pasos de trabajo enumerados: en la búsqueda de *principios generales de efecto* y en la elección de un *principio de solución* igualmente general vinculado a él, que muestra entonces las variantes de solución más adecuadas y eficaces.

Los principios de efecto describen el efecto físico, así como las características físicas y materiales significativas que pueden servir para cumplir una función. Un ejemplo de principio de efecto relativo a la función parcial de conducción de fuerzas podría ser un bloqueo por forma en una conexión.

El principio de solución da un paso concreto hacia la materialización de la construcción o el hallazgo de la solución constructiva. Siguiendo con el presente ejemplo, el principio de solución podría ser una junta de caja y espiga en la cons-

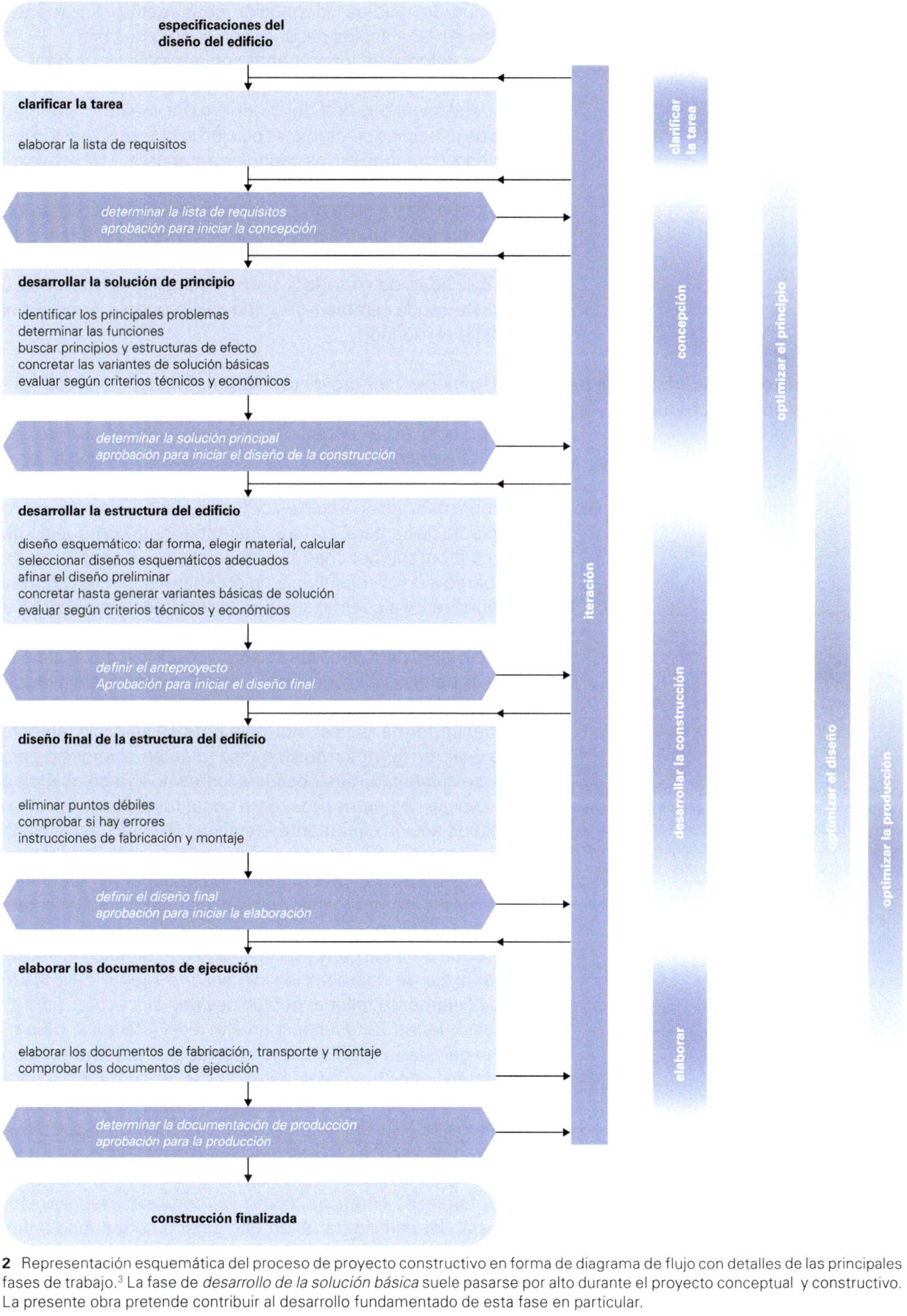

2 Representación esquemática del proceso de proyecto constructivo en forma de diagrama de flujo con detalles de las principales fases de trabajo.[3] La fase de *desarrollo de la solución básica* suele pasarse por alto durante el proyecto conceptual y constructivo. La presente obra pretende contribuir al desarrollo fundamentado de esta fase en particular.

trucción de madera; la solución constructiva, finalmente, podría ser una espiga pasante con seguro de cuña.

Este enfoque es congruente con la hipótesis general de esta obra, a saber, que el camino que va de los principios a los detalles es prometedor y certero. Es exactamente este tipo de principios de efecto y solución lo que se ha venido señalando y tratando en los capítulos anteriores. El objetivo de este enfoque, más metódico y sistemático, es abrir y explorar una gama más amplia de soluciones concebibles. El campo de soluciones así ensanchado agudiza considerablemente la perspectiva del proyectista y aumenta notablemente sus posibilidades de éxito (por no mencionar el hecho de que de este modo también *se entiende* lo que se pone en el papel o el monitor).

2. Ordenamiento y subdivisión de las estructuras constructivas

ORDEN

3 La estructura sólo aparentemente desordenada de un muro de piedra de mapostería resulta ser el resultado de un planteamiento planificado para seleccionar y colocar las piedras y alinearlas siguiendo una cuerda y una plomada: formatos similares de piedras planas, alineadas horizontalmente, piedras más grandes dispuestas en las esquinas, colocadas encajando lo mejor posible unas con otras.

■ El proceso del proyecto constructivo requiere siempre una planificación precisa de la ubicación de cada elemento del edificio en el espacio tridimensional. Incluso en las estructuras constructivas más sencillas y primitivas, este proceso no se produce de forma indiscriminada, sino que siempre está ligado a ciertos órdenes. Hasta un simple muro de piedra de cantera, aunque aparentemente compuesto de forma arbitraria por mampuestos irregulares, obedece sin
3 embargo a un claro principio de ordenamiento: Se replantea en línea recta a cuerda; se erige verticalmente a plomo; los mampuestos son todos de tamaño comparable; son lo suficientemente pequeños como para que los levante a mano el albañil, pero lo suficientemente grandes como para avanzar en el trabajo lo más rápidamente posible. Aunque los cantos no tienen forma regular, normalmente se seleccionan para que cuadren lo mejor posible y se giran en el espacio para que se ajusten lo más posible a los cantos ya colocados o para encajarlos entre ellos. Esto constituye en sí mismo un curso de acción claramente identificable como sistemático y planificado. Las estructuras de edificio más complejas, especialmente las producidas industrialmente, requieren un sistema de ordenamiento espacial bien meditado que asigne en el espacio a cada elemento del edificio no sólo una ubicación definida con precisión, sino que también le asocie un espacio de coordinación dimensionalmente delimitado que el elemento rellena, por así decirlo.

FUNCIÓN, FORMA

ORGANIZACIÓN FUNCIONAL

Las órdenes ya resultan a un alto nivel jerárquico de proyecto general del edificio, que a su vez está predeterminado por intenciones funcionales y estéticas. Por un lado, se trata de crear espacios cubiertos y, en su mayoría, completamente cerrados, que se dispondrán según un esquema organizativo adaptado al uso. Ya con esto, se hacen especificaciones para ubicar los elementos constructivos. Las determinaciones o preferencias estéticas, como las derivadas del proyecto general del edificio, también dan lugar a correspondientes prescripciones tanto para la disposición como para la relación posicional mutua de los elementos constructivos. La posición en el espacio ejerce una importante influencia en el diseño constructivo de las piezas individuales: Deben realizarse transiciones y conexiones a los elementos vecinos; dependiendo de su posición dentro de la estructura global, el elemento tendrá que absorber más o menos fuerzas acumuladas procedentes de las partes del edificio adyacentes o, en términos generales, de zonas distantes del edificio; la posición del componente con respecto a la vertical puede influir de forma decisiva en los esfuerzos que surgen dentro de él, en particular en el grado de esfuerzo flector (un componente con forma de barra, por ejemplo, debe ejecutarse para ser más fuerte y resistente a la flexión producida por cargas verticales si se instala en horizontal en lugar de vertical).

Además de las dos variables que se acaban de mencionar, la función y la forma, ambas pertenecientes a la famosa tríada vitruviana, las cuestiones de materialización constructiva —el tercer factor en la tríada— también establecen condiciones marco esenciales para localizar la materia en el espacio en el contexto de la construcción de edificios. A continuación se analizarán con un poco más de detalle.

4 Aparejo de ladrillos estrictamente modular en la Puerta de Ishtar, de más de 2.500 años de antigüedad.

TRÍADA VITRUVIANA: FORMA, FUNCIÓN, CONSTRUCCIÓN

Composición aditiva de estructuras de edificio 2.1

■ Como se desprende del ejemplo del muro de cantería que se acaba de citar, en la mayoría de los casos, aunque no en todos, construir significa juntar elementos básicos que son siempre los mismos, o al menos similares entre sí, para formar una estructura de mayor complejidad. Esto **5, 4**
se explica principalmente por la racionalidad del proceso de construcción, es decir, tanto la fabricación o el suministro de los elementos básicos de construcción como su montaje, colocación o ensamblaje en la obra. Los procesos de fabricación repetitivos, que siempre subyacen tanto a los procesos de fabricación artesanales como a los industriales,

5 Orden repetitivo de una bóveda modular (Monasterio de Maulbronn, Alemania).

6 Estructura aditiva del edificio formada por módulos de habitaciones idénticos (Centro Sindical de Madrid).

7 El ancestral principio organizativo aditivo basado en construir con unos pocos elementos recurrentes condujo a la ornamentación en un proceso de sublimación estética.

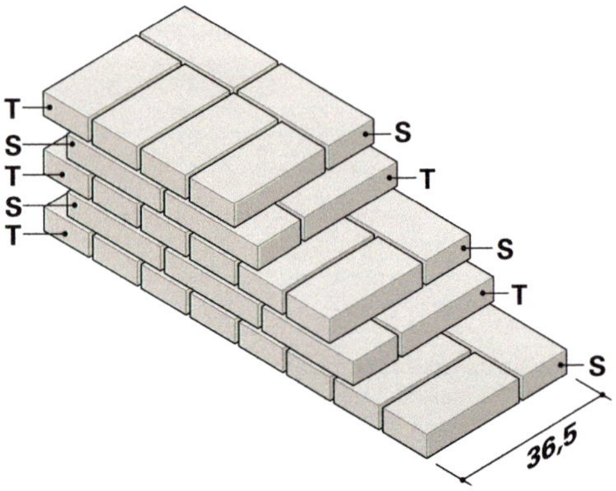

9 Disposición del ladrillo, un elemento modular, en diferentes posiciones dentro de un sistema dimensional normalizado ilustrado con el ejemplo del aparejo a sogas y tizones (**S** hilada de sogas, **T** hilada de tizones).

8 El ladrillo, estrictamente normalizado, permite crear una esquina al poder orientarse en dos direcciones perpendiculares.

conducen en última instancia al típico patrón básico aditivo de la mayoría de las estructuras de edificio. Éstas no sólo están formadas por unidades constructivas individuales y repetitivas, sino que a menudo también constan de células
6 espaciales compuestas, es decir, unidades espaciales utilizables individualmente, cuyo tamaño también está codeterminado por especificaciones de racionalidad: debido a la limitación de las luces de la estructura que los cubre. Todo ello conduce a un orden rítmico compuesto de módulos básicos repetitivos, principio constitutivo fundamental de la arquitectura y la construcción en general, que también ha in-
7 fluenciado profundamente nuestra sensibilidad estética. Los órdenes repetitivos que revelan un principio de ordenamiento elemental claramente reconocible a la vista transmiten una imagen arquitectónica armoniosa y serena.

Los órdenes aditivos, basados en un elemento básico recurrente, se denominan modulares. Aunque las construcciones tradicionales de obra de fábrica, constituidas de ladrillos siempre idénticos, también obedecen a órdenes puramente modulares, la construcción modular (así como el diseño modular) ha cobrado especial importancia con la producción industrial en serie. Esto es porque la serie industrial clásica se basa en la mayor reducción posible de la varianza, es decir, en la restricción al menor número posible de tipos, que se producen en la mayor cantidad posible. Ahora bien, también se conocen los excesos de esta práctica de diseño y construcción estrictamente repetitiva: por ejemplo, desolados edificios de paneles de hormigón prefabricado. Sin embargo, las modernas tecnologías de construcción con soporte digital prometen alejarse de las series industriales clásicas y, en principio, permiten una amplia individualización de componentes. Aunque esta tendencia ya es perceptible hoy en día, al menos por el momento no cambia el predominio del principio aditivo de ordenamiento y diseño en el mundo de la construcción.

2.2 Órdenes modulares

☞ *Véase al respecto también Cap. 5., Aptdo. 3. El predominio del ortoedro, pp. 192.*

■ La temprana aparición de un elemento constructivo casi industrial producido en masa, a saber, el bloque de cons-
8 trucción artificial en forma de ladrillo secado al aire o cocido, probablemente demostró relativamente pronto las grandes ventajas de una disposición planificada y meditada de los elementos constructivos en el marco de un sistema modular tridimensional. En el mejor de los casos, esto permite colocar los ladrillos en diferentes posiciones (a lo largo, a lo ancho, tumbados de canto, de pie de canto) sin tener que cortarlos
9 o procesarlos de otro modo).

Además, la modularización ofrece otra ventaja decisiva: Los bloques modulares no tienen por qué estar adaptados al proyecto de construcción en cuestión. Siempre que se acuerden de antemano ciertos formatos básicos con validez general, es decir, formatos estandarizados, los bloques de construcción también pueden producirse previamente en masa, es decir, sin ser específicos a un proyecto particular, y pueden comprarse y procesarse con total independencia del fabricante. Esta estandarización ya se logró implantar en la época preindustrial, aunque, en el mejor de los casos, a nivel regional. Un hito histórico bien conocido en este contexto fue la estandarización general de los formatos de ladrillo en todo el Imperio Romano.

NORMATIVA, ESTANDARIZACIÓN

La estandarización de gran alcance era y es, por las razones que se acaban de señalar, así como por los requisitos generales de racionalidad y producción en masa, una base esencial de la fabricación industrial. Tras la creación de un importante requisito previo a finales del siglo XVIII con la introducción de una unidad de medida casi mundialmente adoptada, el metro, se han ido introduciendo gradualmente desde entonces especificaciones normativas generalmente aceptadas para la producción y el procesamiento de productos de construcción industriales. Un hito importante fue el desarrollo del llamado sistema dimensional octamétrico. **11**
Se basa en el módulo básico del octavo de metro, es decir, 12,5 cm, que se aproxima a la anchura tradicional de los ladrillos —la medida de agarre con la mano— y, al mismo tiempo, puede derivarse matemáticamente de forma directa del metro estándar dividiéndolo por ocho. El sistema dimensional octamétrico sigue regulando los formatos de los ladrillos, así como los de diversos componentes constructivos que a veces se instalan en huecos de construcciones de obra de fábrica y que, en consecuencia, se ajustaron ya desde el principio a este sistema dimensional (asociado a la albañilería). Esto se aplica en particular a los formatos de puerta, pero también a otros elementos constructivos como tableros de yeso laminado.

METRO

SISTEMA DIMENSIONAL OCTAMÉTRICO

MEDIDA DE AGARRE

Dado que el método de construcción de obra de fábrica había perdido su predominio, a más tardar, a mediados del siglo XX, se introdujo otro sistema dimensional, esta vez independiente del método constructivo, que se recoge en las normas *ISO 1006* e *ISO 2848* y que también se designa de acuerdo con ellas.[4] Se basa en el módulo básico de 10 cm **10**
(1 **M**) y los multimódulos de 30 cm (3 **M**), 60 cm (6 **M**) y 90 cm (9 **M**) derivados por multiplicación. Este sistema dimensional coexiste hoy en día en la industria de la construcción con el sistema dimensional octamétrico. Por ejemplo, ahora se pueden adquirir tableros de yeso laminado según el sistema dimensional octamétrico con una anchura de 125 cm (= 12,5 cm x 10), así como según la norma *ISO 1006/2848* con una anchura de 60 cm (= 6 **M**) ó 90 cm (= 9 **M**).

SISTEMA DIMENSIONAL SEGÚN *ISO 1006, ISO 2848*

Siendo sistemas de ordenamiento virtuales, los sistemas dimensionales especifican las dimensiones efectivas de los productos de construcción. Estas últimas resultan de las dimensiones modulares prescritas por el sistema de ordenamiento dimensional una vez deducida la tolerancia dimensional. Ya se han tratado más detalles sobre las tolerancias en el *Capítulo 9*. Tanto el sistema dimensional octamétrico como las normas internacionales *ISO 1006* e *ISO 2848* parten de la base de que los componentes están

TOLERANCIAS DIMENSIONALES

☞ *Cap. 9., Aptdo. Tolerancias, pp. 563 y ss.*

ESPACIO DE COORDINACIÓN

encajados en un espacio de coordinación que se les asigna, cuyas superficies límite nunca penetran y del que mantienen una distancia mínima —es decir, la tolerancia— para que sea posible sin obstáculos el montaje y puedan desarrollarse deformaciones posteriores sin impedimentos ni daños. El uso de dimensiones normalizadas ya en una fase temprana de proyecto garantiza que éstas puedan seguir utilizándose en la posterior elaboración constructiva del diseño, incluso a un nivel jerárquico inferior al del componente o de la pieza individual. Esto está avalado por el hecho de que todas las dimensiones estándar son el resultado de la multiplicación de un módulo base y, por lo tanto, siempre pueden reconducirse a éste mediante la división.

Aunque las dimensiones estandarizadas son la base de gran parte de la práctica de la construcción actual, los métodos de construcción modular estandarizados siguen coexistiendo con numerosos métodos constructivos en gran medida no estandarizados. Los métodos de construcción altamente prefabricada favorecen una amplia estandarización de las dimensiones de la construcción; por otro lado, los métodos constructivos claramente artesanales o ejecutados en gran medida in situ suelen eludir este requisito de planifi-

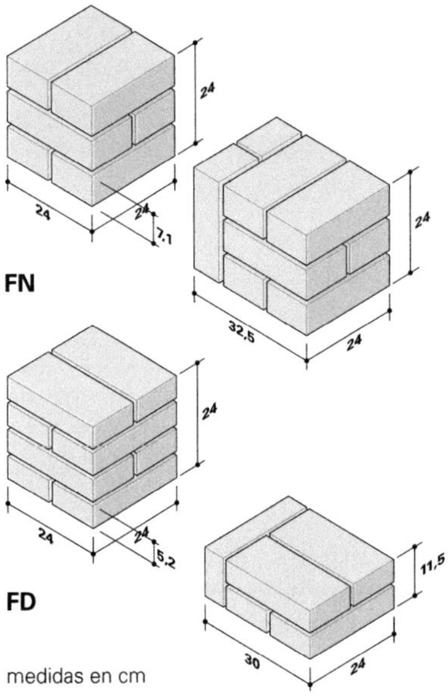

medidas en cm

11 El **sistema dimensional octamétrico** se basa en el módulo básico de 12,5 cm, el octavo metro (**om**). Corresponde aproximadamente a la dimensión de agarre de la mano del albañil. Las dimensiones axiales de los formatos se obtienen a partir del octavo de metro, menos 10 mm para la llaga y 12 mm para el tendel. Esto da como resultado un tamaño de unidad de 240 x 115 x 71 mm para el formato normal **FN**:

- **longitud** 24 cm + 1 cm de junta = 25 cm (= 2 x 12,5 cm)
- **anchura** 11,5 cm + 1 cm de junta = 12,5 cm
- **altura** 3 x (7,1 cm + 1,2 cm de junta) = 25 cm

Además de los formatos normales **FN**, también existen los **formatos delgados FD**, cuya altura (en lugar de 7,1 cm) es de 5,2 cm.

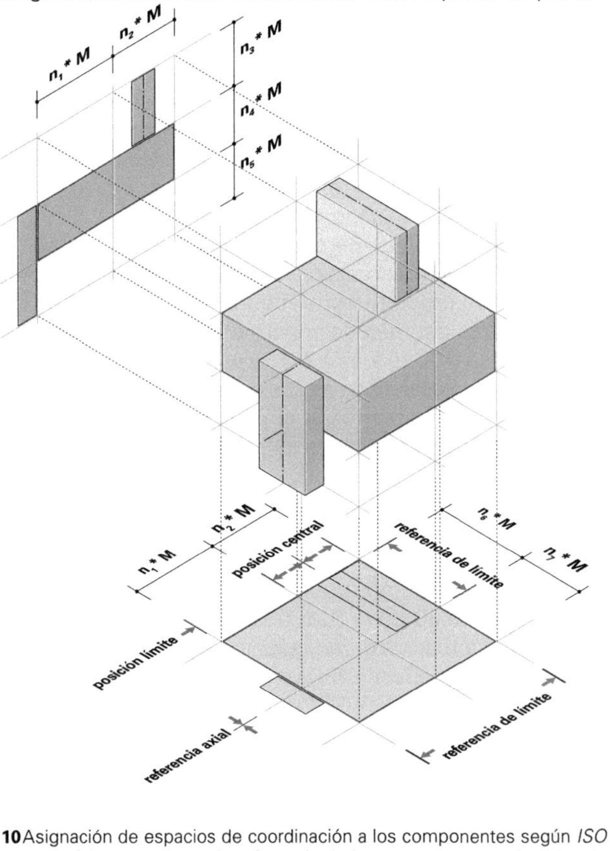

10 Asignación de espacios de coordinación a los componentes según *ISO 1006* e *ISO 2848* y tipos de referencia de los componentes a los ejes de referencia.

cación. Estos últimos incluyen, en particular, la construcción de hormigón in situ, mientras que los primeros incluyen los métodos de construcción de montaje modularizados. La tendencia, cada vez mayor, a utilizar componentes constructivos prefabricados industrialmente y, en su mayoría, no específicos a un proyecto particular, como puertas, ventanas o incluso elementos completos de fachada con instalación integrada, también exige un estricto cumplimiento de dimensiones modulares. Pero incluso al nivel de complejidad algo menor del producto de construcción semielaborado, es decir, un producto industrial que se produce en acopio sin ser específico a un proyecto, los proyectistas suelen estar atados a dimensiones estándar. Por ejemplo, los perfiles de acero estándar se fabrican siempre según unas dimensiones normalizadas sobre las que el proyectista no tiene ninguna influencia. En aras de un proyecto constructivo eficiente, conviene incorporar estas especificaciones dimensionales ya en una fase temprana.

COMPONENTES CONSTRUCTIVOS

PRODUCTO DE CONSTRUCCIÓN SEMIELABORADO

3. Principios de efecto y de solución para el cumplimiento de las subfunciones constructivas

■ Se acaba de investigar qué condiciones dimensionales prevalecen al disponer los elementos constructivos en el espacio tridimensional y qué especificaciones pueden derivarse de ello para el proyecto constructivo. Esto puede entenderse como una cuestión técnica —y, por tanto, más bien instrumental— que cubre meramente la organización espacial y la coordinación mutua de elementos constructivos. Se procederá ahora, más allá de cuestiones de coordinación constructiva, a investigar uno de los principales requisitos del proyecto constructivo, a saber, la tarea de implementar materialmente las subfunciones físicas que son de cumplimiento necesario para el uso de un edificio con la ayuda de la construcción material. Esta cuestión, por otra parte, puede entenderse como el verdadero objetivo fundamental del proyecto constructivo, ya que sólo la realización efectiva de estas funciones parciales permite que se desempeñe la verdadera función básica del edificio, es decir, la función de uso, que en resumidas cuentas es la razón principal por la que se construye.

A continuación, una vez definidas anteriormente las subfunciones constructivas, se mostrarán las estrategias o principios de solución que permiten cumplir estas funciones por medios constructivos. Esto se hace por separado: Por un lado, se contempla la superficie del componente y, por otro, en el siguiente apartado, la junta de empalme. Se hace referencia a las características específicas de los materiales, que representan un requisito básico esencial para el cumplimiento de las tareas abordadas, así como a las relaciones geométricas elementales y las interrelaciones entre los componentes o las condiciones en una junta entre los mismos. Como se indica en la metodología de proyecto descrita anteriormente, el elegir uno (o varios) de estos principios de efecto y de solución es un primer paso esencial para desarrollar una solución constructiva técnicamente detallada.

☞ *Cap. 4., Aptdo. 1.2 Las subfunciones constructivas, pág. 165*

SUPERFICIE DE COMPONENTE

JUNTA DE EMPALME

3.1 Continuidad del principio de efecto

Una cuestión importante en este contexto es hasta qué punto una determinada función parcial presupone que el efecto utilizado para cumplirla existe en *todos* los puntos de la superficie envolvente sin excepción, o lo que es lo mismo: si esta subfunción debe aplicarse necesariamente de forma continua y superficial. Este es el caso de la mayoría de las llamadas funciones protectoras, que incluyen la protección térmica, la protección acústica, la protección contra el viento y la protección contra el fuego. En el caso de la protección térmica, sin embargo, hay que distinguir entre el aislamiento térmico, que debe ser continuo en toda la superficie, y el almacenamiento térmico, que requiere una superficie mínima pero no una superficie envolvente continua sin interrupciones. Además, en el caso de la subfunción de transmisión de fuerzas —que obviamente no es una función protectora— también hay que distinguir entre los efectos de las fuerzas procedentes de la estructura portante primaria, secundaria o terciaria. Como es sabido, las primeras no tienen por qué descargarse de forma superficial. Esto se aplica, por ejemplo, a cargas verticales en la construcción de esqueleto, que se soportan con columnas en forma de barra. Las fuerzas actuando sobre la estructura portante secundaria también pueden disiparse de forma discreta, es decir, no continua, como en el montante de fachada de una envolvente modular. Las fuerzas sobre la estructura portante terciaria, como las fuerzas de viento sobre la superficie exterior de un componente envolvente, no pueden ser absorbidas de otra manera que no sea de forma continua y superficial (si es que por su parte se producen en superficie).

FUNCIONES PROTECTORAS

12, 13, 14

ESTRUCTURA PORTANTE PRIMARIA, SECUNDARIA Y TERCIARIA

La cuestión de la homogeneidad o uniformidad del principio de efecto que debe cumplir una determinada función parcial en la superficie envolvente es importante para el diseño tanto de la propia superficie envolvente como de las juntas de empalme entre los distintos componentes.

13 Estructura portante primaria: viga de acero.

12 Estructura portante secundaria: maineles de fachada verticales. Transmiten la carga a la estructura portante primaria (viga de acero en la parte superior).

14 Estructura portante terciaria: Construcción de parteluces de la fachada. Transmiten la carga a los maineles de la estructura portante secundaria.

3.2 Gradualidad del principio de efecto

SELLADO EN UNA ETAPA

SELLADO EN VARIAS ETAPAS

Otra cuestión importante es la gradualidad del principio de efecto utilizado para una determinada subfunción, o formulado de forma diferente: en cuántas etapas dispuestas sucesivamente se cumple en su totalidad la particular función parcial. Las subfunciones afectadas por esta cuestión son, una vez más, las funciones protectoras mencionadas anteriormente, especialmente las que implican procesos de sellado. En este sentido, se habla de sellado en una etapa, en dos etapas, etc. El término *sellado* designa aquí el efecto, no el elemento físico de la junta. El sellado en una o varias etapas se refiere tanto a la superficie como a la junta de empalme. En el caso de un sellado en varias etapas, la función de sellado —en este caso, el sellado contra el agua y el viento— sólo se cumple parcialmente en la primera etapa o nivel de sellado; por lo tanto, se produce inicialmente más **15** bien una especie de frenado o retención del medio afectado (agua o aire a presión), no un bloqueo completo. Esto último sólo tiene lugar posteriormente, en el siguiente nivel o los siguientes niveles de sellado.

El sellado en varias etapas tienen la ventaja de garantizar normalmente un mayor grado de seguridad y durabilidad. Puede considerarse relativamente robusto. Los sellados en una sola etapa, en cambio, son más sensibles y arriesgados (basta con que falle un solo nivel, el único existente, para que se produzcan daños), pero son más sencillos de ejecutar y, en general, menos costosos.

3.3 Las funciones parciales en la superficie

En el primer paso, se examinará qué principios de efecto y solución están disponibles para cumplir las subfunciones constructivas en la superficie. Ya se ha visto anteriormente que todas las funciones parciales dependen de la activación (completa o al menos parcial) de la superficie envolvente. A continuación, se analizará en detalle cómo se puede efectuar.

3.3.1 Protección contra la humedad

Una de las subtareas constructivas esenciales que atrae gran parte de la atención del proyectista es la protección de la estructura del edificio contra los efectos nocivos del agua. No se trata de proteger completamente la estructura del contacto con el agua propiamente —algo imposible por razones obvias— ni siquiera de mantener el agua en gran medida alejada del edificio, sino más bien, como se ha formulado anteriormente, de ralentizar o neutralizar el poder de este medio para destruir y descomponer la materia. Al hacerlo, se acepta que los componentes se verán impactados o afectados por el agua de una manera u otra. Incluso se tolera, según las reglas reconocidas del arte de la construcción, que la humedad se acumule dentro de la construcción, siempre que se garantice que esta humedad pueda volver a difundirse hacia el exterior durante un periodo de secado (o, si es necesario, primero hacia el interior y sólo después hacia el exterior a través de la ventilación por ventana) y no cause ningún daño permanente.

15 Sellado de varias etapas: La primera etapa consiste en una pantalla de intemperie con juntas abiertas que no es completamente impermeable, sino simplemente resistente a la lluvia.

Esto también indica inmediatamente qué estrategia básica

HUMEDAD PERMANENTE

☞ *Cap. 3., Aptdo. 6.1 Interfaces, pp. 83 y s., y 6.4 Procesos de descomposición, pp. 90 y s.*

ESTANQUEIDAD

EVACUACIÓN CONTROLADA DEL AGUA

se persigue para la protección contra la humedad: es decir, evitar a toda costa que se acumule humedad *permanente* en la construcción. Pues ésta es la base necesaria para la mayoría de los procesos de destrucción, que reducen la funcionalidad o capacidad de servicio de los materiales y **17** componentes y, en última instancia, los descomponen. Para controlar la penetración de la humedad en la medida de lo posible, son importantes las cuestiones relativas a la estanqueidad de los materiales utilizados en el componente superficial y también de las juntas de empalme. Estas últimas se abordan en el siguiente apartado.

Otra estrategia muy importante de la protección contra la humedad es eliminar el agua de la superficie de los componentes del edificio lo más rápidamente posible y evacuarla del conjunto del edificio de la forma más controlada posible, es decir, garantizar que el agua eliminada localmente no afecte a la superficie de otro componente[5] —con lo que no se ganaría mucho— sino que se elimine completamente del **18, 16** edificio. A continuación, se entrará en más detalles.

Por razones obvias, la protección contra la humedad es una función que debe estar garantizada sin interrupción en *toda* la superficie envolvente. Aunque esto parezca una obviedad, ya se ha visto más arriba que otras funciones no lo requieren necesariamente. En general, se espera que los componentes, en su conjunto, sean impermeables al agua. Por buenas razones, no se tolera que el agua penetre en espacios interiores. En el caso de una capa o varias capas individuales del estratificado del componente envolvente que son responsables de cumplir la función parcial de protección contra la humedad, las condiciones pueden, sin embargo, ser algo más diferenciadas: En estos casos, la protección contra la humedad puede tener como objetivo crear superficies continuamente impermeables o, alternativamente, (al menos) impenetrables para la lluvia, es decir, **15** no completamente impermeables. La distinción entre estos dos objetivos es importante: El primero significa bloquear

17 El efecto desintegrador de la humedad permanente tanto sobre la madera de la puerta como sobre la piedra de las jambas es claramente visible en la zona inferior.

18 Tanto las gárgolas de la cornisa de remate como las robustas molduras canalizan el agua de lluvia de forma controlada y protegen las delicadas esculturas de la fachada.

16 Drenaje controlado del agua pluvial mediante un canalón. Así se evita que el agua de lluvia recogida en el tejado gotee por los aleros y el viento la empuje contra la pared lateral. Esto causaría más daños que si la pared sólo estuviera expuesta ella misma a la lluvia.

completamente el agua (esto se llamaría impermeabilidad al agua o estanqueidad); la segunda significa bloquear sólo la mayor parte del agua que incide, tolerando al mismo tiempo cierta penetración de la misma (esto se llama impenetrabilidad a la lluvia) en la construcción (nunca en el interior). Ambos efectos se producen, por ejemplo, con los sellados en varias etapas introducidos anteriormente: un frenado en la primera etapa; el bloqueo completo a continuación en la etapa posterior (o en las etapas posteriores).

IMPERMEABILIDAD AL AGUA

IMPENETRABILIDAD A LA LLUVIA

Bloqueo del agua de precipitación

■ Al considerar la protección contra la humedad, hay que hacer una importante distinción: Como ya se ha señalado en relación con las subfunciones, en la mayoría de los casos hay que distinguir diferentes lugares del edificio en los que prevalecen condiciones muy divergentes. Esto también se aplica a la protección contra la humedad: Aquí hay que distinguir entre, por un lado, componentes del edificio *sobre nivel* o *rasante*, es decir, que están por encima del nivel del suelo, y que están expuestos esencialmente al agua de precipitación, y, por otro lado, componentes del edificio que están en contacto con el terreno y que están expuestos a la humedad del subsuelo o incluso tienen que soportar presión hidráulica. En este apartado se abordará el primer grupo.

COMPONENTES SOBRE NIVEL, SOBRE RASANTE

COMPONENTES EN CONTACTO CON EL TERRENO

El bloqueo completo del agua de lluvia, tal y como se ha definido anteriormente, se consigue mediante capas continuas de materiales especiales impermeables al agua. Se trata, en particular, de materiales bituminosos o elastoméricos hidrófobos, pero también de algunos metálicos que son permanentemente impermeables al agua. Algunos ejemplos son membranas de asfalto, membranas sintéticas o también revestimientos de aluminio, de aleación de titanio/zinc o de cobre. Otras capas, aunque no son completamente imper- **19**
meables al agua, tienen una estructura material lo suficientemente densa y un grosor de capa suficiente como para impedir que la humedad penetre en el interior. Se trata, por ejemplo, de capas gruesas de madera u hojas de materiales minerales como piedra natural o ladrillos cerámicos. Aunque estos últimos tienen una cierta capacidad de absorción, son —siempre que se cumpla un mínimo de densidad bruta y de grosor de capa— capaces en su conjunto de mantener la humedad fuera del espacio interior.

Por último, también hay ejemplos en los que se tolera una penetración marginal de humedad con la condición de que esta humedad residual pueda ser evacuada por difusión constante hacia el espacio interior (de uso subalterno) y posteriormente por ventilación hacia el exterior. Esto se aplica, por ejemplo, a paredes de sótano hechas de hormigón impermeable. El requisito para ello es, de nuevo, que el hormigón sea lo más denso y libre de grietas posible y que se respeten ciertos espesores mínimos. Las opciones mencionadas son todas superficies de sellado en una sola etapa.

Sellar contra el agua con capas completamente impermeables al agua es una estrategia que a primera vista parece

19 Sellado del agua de precipitación con una capa metálica impermeable al agua en una fachada.

obvia y prometedora. Sin embargo, está sujeta a dos grandes dificultades.

DAÑOS MECÁNICOS

Por un lado, estos sellados en una sola etapa son, como se ha indicado, arriesgados porque suelen ser relativamente delgados y extraordinariamente sensibles a daños mecánicos u otros efectos perjudiciales. El menor punto débil en esta capa puede provocar daños constructivos graves. Un buen ejemplo son cubiertas planas, cuya reputación de producir goteras sigue aún en la actualidad luchando con este estigma. Sin embargo, las capas totalmente impermeables son siempre inevitables cuando la carga de humedad es alta; por ejemplo, para las cubiertas planas mencionadas o también, y en particular, para elementos constructivos en contacto con el terreno. En vista de esta debilidad, la estrategia constructiva consiste en que, si bien están expuestas inevitablemente a un alto riesgo de fallo debido a su sensibilidad, al menos estén protegidas contra influencias externas de la mejor manera posible. En el caso de cubiertas planas, por **20, 21** ejemplo, esto se hace con la ayuda de grava u otras capas; en el caso de componentes en contacto con el terreno, con la ayuda de diversas capas de esteras protectoras. En cierto modo, esta protección añadida ya puede considerarse una especie de primera etapa de sellado en el conjunto de un sellado en varias etapas.

ESTANQUEIDAD A LA DIFUSIÓN DE VAPOR

☞ *Véase al respecto el Cap. 7., Aptdo. 2.2 Componentes monohoja con trasdosado adicional, pp. 284 y ss., en particular la nota 7 del apéndice del capítulo.*

Por otro lado, una capa impermeable también tiene, como sin quererlo, el efecto de bloquear la difusión del vapor de agua hacia el exterior. Los materiales de los que se dispone nunca ofrecen —para pesar general— ambas características al mismo tiempo, a saber: capacidad de impermeabilización y difusión de vapor, ambas completas y fiables. Esto contraviene un principio esencial del diseño constructivo, es decir, que la humedad debe difundirse fuera de la construcción hacia la atmósfera en la medida de lo posible, entre otras cosas, porque la experiencia básica nos dice que la humedad rara vez puede mantenerse alejada del interior de una estructura de forma satisfactoria y permanente. Obviamente, la penetración de agua se opone (necesariamente) con capas

20 Sellado de una etapa: La impermeabilización de cubiertas planas sin protección es extremadamente propensa a agrietarse.

21 Sellado de una etapa: Protección de la impermeabilización de la cubierta plana con una capa de grava.

22 Revestimiento resistente a la lluvia, pero no totalmente impermeable, fabricado con paneles de pizarra imbricados.

de sellado exteriores de este tipo, a la vez impermeables y estancas al vapor. Puesto que hay que conformarse con esta desventaja, la única opción es reducir el riesgo de daños, y por tanto el riesgo de que la humedad penetre en la construcción, en la medida de lo posible, o más bien justificable, o bien mantener otras vías abiertas para que el vapor de agua se difunda hacia fuera. Lo primero se consigue **23** con las capas protectoras ya mencionadas o también con el sellado multicapa; lo último, por ejemplo, en cubiertas planas, introduciendo las denominadas capas igualadoras de presión de vapor bajo la capa de sellado, que ofrecen una vía de transporte alternativa al exterior, al menos parcialmente eficaz, para la humedad que ha penetrado.

REDUCIR EL RIESGO

SELLADO MULTICAPA

CAPA IGUALADORA DE PRESIÓN DE VAPOR

Otra forma similar, muy eficaz, de eliminar la humedad una vez que ha penetrado en la construcción es evacuarla en una cámara de aire que ventila en su cara posterior una pantalla de intemperie, es decir, la capa, la hoja o el revestimiento exterior directamente expuestos a la meteorización. Esta cámara de aire en movimiento está en contacto con el aire exterior (y, por tanto, a menudo es etiquetada, de forma algo equívoca, como cámara de aire ventilada) y, al ir situada directamente detrás de la pantalla de intemperie, se

CÁMARA DE AIRE VENTILADA

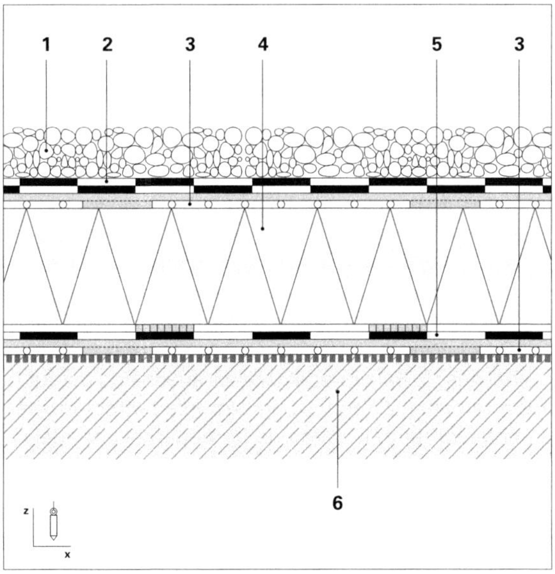

23 Estratificación de una cubierta plana no ventilada con impermeabilización bituminosa (representación esquemática). La impermeabilización **2** es un sellado de una sola etapa. Se reconocen las precauciones de seguridad adoptadas: capa de grava **1**; doble o triple capa **2**; doble capa **3**.

1 capa de grava.
2 impermeabilización bituminosa de 2 a 3 capas superpuestas en toda la superficie, capa superior de membrana bituminosa polimérica para mayor seguridad.
3 capa de igualación de la presión de vapor.
4 aislamiento térmico.
5 barrera de vapor.
6 losa de hormigón.

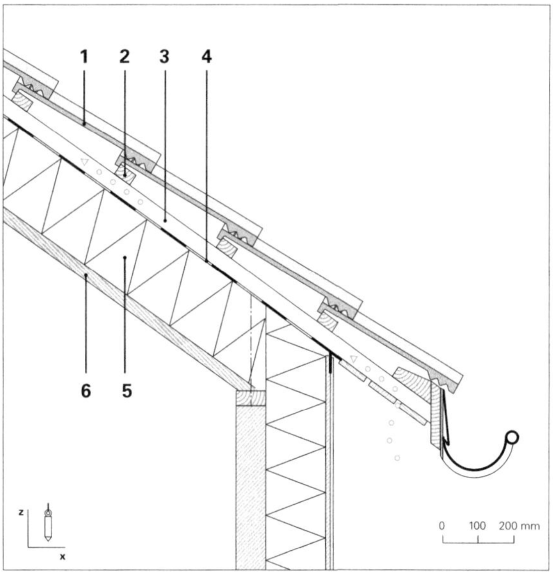

24 Cubierta inclinada con revestimiento resistente a la lluvia pero no estanco (**1**) y una membrana bajo tejado (**4**) para mayor seguridad.

1 tejado.
2 lata.
3 contralata/nivel de ventilación trasera.
4 membrana bajo tejado, permeable al vapor.
5 aislamiento térmico.
6 elemento de construcción de madera con aislamiento térmico integrado.

VENTILACIÓN TRASERA

denomina ventilación *trasera*). Permite, por así decirlo, eludir la ya mencionada imposibilidad de combinar estanqueidad y capacidad de difusión del vapor de agua en un mismo material desagregando ambas funciones: El vapor de agua procedente del interior (o también del exterior, tras haber penetrado la pantalla de intemperie) se disipa en la cámara de aire y se evacúa al exterior; la pantalla de intemperie ofrece impermeabilidad (incluso prácticamente total si se desea) hacia el exterior. Sin embargo, siempre deben darse las condiciones necesarias para que la ventilación trasera funcione correctamente: La forma más fiable de producir un movimiento de aire es la flotabilidad térmica, lo que significa que el componente ventilado debe ser idealmente vertical, es decir, una pared, o al menos razonablemente inclinado (es decir, una cubierta inclinada). Por este motivo, las cubiertas planas casi nunca se presentan en versión ventilada (en este caso) por debajo.

Otra línea argumentativa en cuanto a la cuestión de cómo proceder ante el dilema constructivo mencionado, consistente en la simultaneidad de impermeabilidad al agua y al vapor en capas selladoras —una constante en el proyecto constructivo—, también conduce a una conclusión similar: Cuando la carga de humedad no es extrema, por ejemplo con componentes verticales sobre rasante, es decir, cerramientos exteriores, se tiende a evitar barreras de agua de una sola etapa completamente estancas por la razón antes mencionada de un mayor riesgo de fallo y de la resultante condensación interna. En cambio, se intenta dejar las capas exteriores del estratificado abiertas a la difusión en el mayor grado posible, según resulte aconsejable y razonable en cada caso. Dado que esto, en inversión de las condiciones mencionadas, significa a su vez que habría que aceptar restricciones en la estanqueidad de la capa expuesta para la humedad procedente del exterior, debe reforzarse en consecuencia la protección contra la humedad exterior con el fin de minimizar el riesgo. Esto puede hacerse añadiendo por fuera una capa retardante, al menos parcialmente protectora, que reduzca notablemente la carga de humedad —por adelantado, por así decirlo— pero no la difusión de vapor hacia el exterior. Por lo tanto, ya se trata de un sellado de superficie en varias etapas. Esto es precisamente lo que hacen las mencionadas pantallas de intemperie ventiladas por detrás, que por lo general por este motivo sólo son *resistentes a la lluvia*, aunque en principio —como se dijo— también
22 pueden hacerse completamente estancas; o también lo que hacen cubiertas de pendiente relativamente pronunciada con lonas semidifusivas incorporadas. La cobertura de teja en sí también va en su mayoría imbricada, es decir, no es
24 completamente estanca. Si la pendiente del tejado no es lo suficientemente pronunciada, es decir, si se aproxima a una mayor carga de humedad, como en el caso de una cubierta plana, es necesario de nuevo introducir inmediatamente una capa completamente impermeable (y, por tanto, no difusiva)

☞ *Véase al respecto el Cap. 7., Aptdo. 2.2 Componentes monohoja con trasdosado adicional, pp. 284 y ss.*

bajo la cobertura de teja. 24

Como ya se ha indicado, hay otra medida importante que contribuye a la seguridad de la construcción de sellado, a saber, el drenaje controlado más rápido posible del agua de precipitación de la superficie de la capa de sellado. De este modo se reduce el riesgo que siempre existe mientras permanezca agua estancada, que tarde o temprano puede 26 encontrar una brecha o grieta para penetrar en la estructura, o abastecer de agua a una delgada fisura de filtración, por lo demás no peligrosa, durante un período de tiempo largo.

El principio de efecto más importante para drenar aguas superficiales lo más rápidamente posible es el uso de *pendientes*. Por este motivo, siempre se evitan en el diseño, en la medida de lo posible, superficies completamente horizontales expuestas a la intemperie. Las imprecisiones 28, 27 habituales en la ejecución harán que sobre éstas siempre queden acumulaciones de agua en forma de charcos. Cuanto más lisa sea la superficie de un componente, más fácil y rápido será el escurrimiento del agua. Para las rugosidades superficiales que se dan efectivamente en la construcción, se considera que una pendiente del 2% es la mínima con la que el agua escurre de forma razonablemente fiable. Sin embargo, siempre conviene conseguir mayores inclinaciones. 25 Las cubiertas inclinadas han evolucionado precisamente a partir de esta idea básica. Los pequeños „tejados" sobre las

PENDIENTE

26 En las cubiertas planas sin pendiente, permanecen charcos, lo que aumenta el riesgo de daños durante largos periodos de tiempo. Esto se debe, en particular, al flectado del forjado. Una ligera pendiente garantiza un drenaje inmediato.

28 Incluso en una superficie horizontal, no se puede asumir que el agua drene completamente.

27 Señales de meteorización mucho más fuertes en la superficie horizontal de la pieza de hormigón, donde el agua permanece, que en las superficies laterales, donde el agua escurre inmediatamente de forma automática.

25 Cabecera de murete inclinada para un rápido drenaje del agua de lluvia.

cabeceras de muros expuestos a la intemperie, las albardi-
31 llas, son otros ejemplos de esta estrategia básica.

Que la humedad penetre en superficies horizontales o muy
poco inclinadas también se evita, o al menos se dificulta,
29 ocasionalmente empleando material denso. Las hiladas de
panderetes o sardineles en las cabezas de muros aprovechan
para este fin las superficies laterales de los ladrillos, soga
y tizón, más cocidas y algo más densas. Las albardillas pla-
nas de piedra natural en cabeceras de muro, normalmente
provistas de una cierta pendiente mínima para el drenaje
del agua, también ilustran este principio, ya que la piedra
natural, con su estructura más densa, es menos susceptible
a humedecerse que el muro de ladrillo situado debajo.

Por último, cabe mencionar que la preservación construc-
tiva de la madera se basa esencialmente en este principio
básico de drenar el agua de precipitación lo más rápidamente
30 posible.

Como ya se ha señalado anteriormente, generalmente
es mejor evitar dirigir el agua de lluvia, una vez recogida, a
otro componente situado más abajo. Una oleada de agua
concentrada es, por razones obvias, más dañina que la propia
precipitación. Incluso pequeñas cantidades de agua canaliza-
da localmente pueden dejar claras marcas de meteorización
34, 32 en la superficie de un componente. Por lo tanto, siempre se
intenta dirigir el agua, una vez recogida, directamente a un
sistema de canalones y tuberías, o bien —si esto no fuera
posible o aconsejable por alguna razón— al menos asegu-
rarse de que la tromba de agua se dirija al suelo lo más lejos
posible del edificio. La primera opción corresponde al uso
BAJANTES, TUBERÍAS PLUVIALES 37, 36 de canalones y tuberías pluviales; el último al de gárgolas.
GÁRGOLAS A veces, el chorro de agua se encauza adicionalmente, por
ejemplo, con la ayuda de una cadena colgante, a un punto
del suelo donde un sumidero garantiza el drenaje.

En cuanto a la ejecución de cubiertas, se persiguen dos
estrategias fundamentalmente diferentes: En un caso, el
objetivo es el drenaje rápido del agua con pendiente hacia
el exterior del edificio, donde se evacua con la ayuda de
un sistema de canalones y tuberías. Este es el principio de
35, 37 funcionamiento de cubiertas inclinadas. Si existe un determi-
nado gradiente mínimo, se utilizan construcciones de sellado
en varias etapas con capacidad de difusión hacia el exterior.

En el otro caso, el agua pluvial se recoge primero en la
superficie de la cubierta, que en tal caso tiene forma de
artesa con rebordes alzados, y luego se conduce por una
(ligera) pendiente[6] hasta un punto más o menos central del
42 edificio, donde se drena a través de un sumidero. Este es el
modo de actuación de las cubiertas planas, en las que la capa
de impermeabilización siempre se eleva en la periferia del
edificio formando artesa.[7] Debido a la gran carga de humedad
resultante de la posición horizontal, en este segundo caso se
trata de capas de sellado completamente estancas y un se-
llado en una sola etapa, como se ha descrito anteriormente.

Ya se mencionó que en fachadas se aplican estrategias

31 Pequeña albardilla en la cabecera del muro para protegerlo y evacuar rápidamente el agua de lluvia.

29 Ejecución de la cabecera de un murete de arcilla extremadamente sensible para protegerlo de la penetración del agua de lluvia: un enfoscado fino y denso de mortero de cal.

30 Redondeo de las superficies meteorizadas de los extremos para evitar que se estanque el agua.

34 Incluso pequeñas cantidades de agua, concentradas en la cabecera inclinada del muro de la derecha, provocan huellas visibles de meteorización en el paramento del muro en la transición a la horizontal.

32 La junta abierta en la albardilla del muro en la parte superior concentra el agua de lluvia y crea claras marcas de chorreo localizadas en el paramento del muro.

33 Notable solución constructiva para el efecto mostrado en ⊡ **32**: Un canal drena el agua que se filtra por la junta de forma controlada.

de sellado en varias etapas similares a las de las cubiertas inclinadas: Una cámara de aire ventilada[8] detrás de la pantalla de intemperie no sólo sirve para disipar la humedad en forma de vapor, sino también para evacuar el agua pluvial en estado líquido que haya podido penetrar. Por lo tanto, en el punto más bajo de esta cámara de aire se deben prever aberturas de drenaje adecuadas.

Otra medida, evidentemente muy eficaz, para aliviar la meteorización sobre las capas de sellado es protegerlas parcialmente, o incluso en gran medida, de precipitaciones. Esto prácticamente sólo es posible con componentes verticales, es decir, fachadas, utilizando voladizos de cubierta, otros **35, 38**
tipos de voladizo u otras proyecciones dispuestas por encima de ellos. Dependiendo de la profundidad de las mismas, la protección puede ser parcial o temporal (cuando hay poca profundidad), entre otras razones porque el viento tiende a empujar el agua de lluvia fuera de la vertical haciendo que incida en la fachada; o incluso puede ser casi completa con

35 Este alero saliente protege en gran medida la fachada de precipitaciones directas.

voladizos profundos, al menos para las zonas superiores de
la fachada. Esta medida no sólo reduce la carga de humedad
sobre la construcción de sellado de la fachada (también en
lo que respecta a los efectos nocivos de la radiación ultra-
violeta), sino que también ralentiza el envejecimiento de las
39 capas expuestas de los componentes. El efecto protector
de voladizos se aprecia claramente en el grado de enveje-
cimiento muy diferente de las zonas de la fachada según
estén situadas en la zona protegida o no.

Incluso pequeños salientes horizontales sobresaliendo de
los paramentos de la fachada, como molduras o cornisas,
desarrollan un efecto claramente protector para las zonas
43 situadas debajo. Esto se debe al hecho de que la cortina de
agua que baja por la fachada (agua superficial concentrada
ya recogida) se rompe en éstas y se dirige hacia el exterior,
lejos de la fachada. En este sentido, estos elementos tienen
un efecto similar al de las gárgolas. Es importante asegurar
que esta cortina de agua, al llegar al borde inferior de la mol-
dura o la cornisa, no vuelva a fluir hacia atrás en el sofito en
dirección de la fachada. En efecto, esto puede ocurrir debido
a la capacidad de humectación de la cara inferior del saliente.
Para ello, hay que disponer cantos agudos. Alternativamente,
este reflujo también puede interrumpirse con una ranura de
41 goteo, o un goterón, en la parte inferior. En ambos casos, la
película de agua se desprende en esos cantos y gotea hacia
abajo. El fuerte perfilado de la fachada, tan pronunciado en la
arquitectura pétrea clásica, despliega este ventajoso efecto
protector. Lo mismo ocurre con los tejadillos en forma de
frontón que sobresalen por encima de huecos de ventana
40 en la arquitectura clásica.

GOTERÓN

☞ *Véase, por ejemplo, el edificio en Cap. 8. Métodos constructivos,* **39** *en pág. 331.*

ZONA DE ZÓCALO

Por último, hay que mencionar la zona del zócalo de un
muro exterior sobre rasante, ya que está expuesta a mayores
cargas de humedad: Recibe el impacto del agua pulverizada
44 que salpica desde el suelo y va contaminada con impurezas;

38 La franja seca en la acera junto a la fachada muestra claramente el efecto protector del ligero voladizo del alero en la parte superior.

37 Un sistema de canalones y tuberías conduce el agua de lluvia desde la superficie del tejado hasta el suelo de forma controlada, donde se filtra.

36 La gárgola conduce el agua de lluvia de forma controlada alejándola del paramento de la pared y formando un chorro concentrado hacia una rejilla de drenaje en el suelo. En la superficie del muro cercana a la rejilla, son (a pesar de todo) claramente visibles rastros de salpicaduras de agua.

está especialmente expuesta a daños mecánicos; y se ve
aún más amenazada por su proximidad a la humedad cons-
tante del suelo. Por estas razones, el diseño constructivo de 47
las zonas del zócalo suele ser diferente al de las zonas de
muros exteriores situadas encima. A menudo, se prolonga 45
el estratificado del muro exterior de un sótano en contacto
con el terreno hasta la zona del zócalo en forma ligeramente
modificada. Esto se suele hacer hasta una altura de 30–
50 cm sobre el terreno. En las construcciones tradicionales
de muros monohoja, especialmente de ladrillo, los zócalos
(incluidos los muros de sótano) se hacían de material pétreo
más denso, por ejemplo, piedra natural pesada. 45

Al igual que con la mayoría de las capas protectoras de las que se hablará en este contexto, es ventajosa desde el punto de vista constructivo una geometría de componente que sea

42 Cubierta plana ejecutada como artesa cerrada en su perímetro: drenaje mediante sumideros locales.

39 Incluso este alero relativamente pequeño tiene un efecto protector claramente reconocible en la fachada de tejas de madera, que no muestra signos de envejecimiento en la zona superior protegida.

43 En la arquitectura pétrea clásica, las molduras y los repetidos perfilados horizontales de la fachada garantizan que el agua de lluvia se evacue en gran medida o se desprenda directamente del paramento de la fachada.

41 Canto de desprendimiento, goterón con una ranura circunferencial en el sofito. Impide que el agua retroceda al adherirse al plafón del saliente.

40 Pequeños tejados individuales sobre las ventanas proporcionan protección adicional a los huecos de la fachada, especialmente sensibles a la humedad.

RESALTOS, RETRANQUEOS

lo más continua posible, sin demasiados resaltos ni protuberancias. En particular, las capas de sellado en una sola etapa, completamente impermeables, son extraordinariamente sensibles a daños en las esquinas positivas y negativas y, en consecuencia, especialmente susceptibles de fallar. Esto se aplica, por ejemplo, a membranas impermeabilizantes asfálticas en las esquinas negativas en ángulo recto, como rebordes de cubiertas planas, en los que el ángulo recto se
48 achaflana para este fin insertando cuñas de material aislante.

Bloqueo del agua del terreno

■ El bloqueo del agua del terreno en componentes envolventes en contacto con el mismo plantea a las capas de sellado unas exigencias de seguridad incomparablemente mayores que en el caso de componentes sobre nivel. Esto es así por varias razones: En contraste con las condiciones por encima del nivel del suelo, dentro de él prevalece una

CARGA DE HUMEDAD PERMANENTE

carga de humedad *permanente*. Esto puede causar un daño severo y duradero a cerramientos exteriores en contacto con el terreno y hacer que las estancias sean básicamente inhabitables o incluso completamente inutilizables debido a la alta humedad del aire interior causada por las superficies interiores húmedas de las paredes. Debido a la acción capilar, la humedad del suelo también puede ser arrastrada, en ausencia de contramedidas adecuadas, hacia los componentes del edificio que no están en contacto directo con el mismo

44 Rastros claros de agua salpicada en la zona del zócalo de una fachada.

46 Zócalo de material pétreo denso bajo un muro de ladrillo para proteger de la humedad capilar ascendente.

45 Ejecución constructiva y selección de material especiales para la base de una fachada enlucida sensible a la humedad y a daños mecánicos.

47 Huellas de desintegración en la sillería de arenisca de la zona del zócalo debido a la humedad ascendente del suelo y a las salpicaduras de agua.

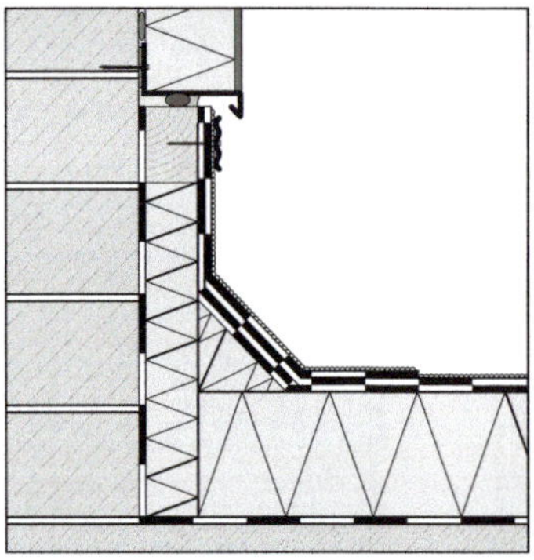

48 Achaflanado del doblez de una membrana de impermeabilización de cubierta utilizando una cuña triangular de material aislante.

y causar más daños allí. Algunos métodos constructivos, 50
como la construcción de madera, incluso evitan por principio el contacto con la humedad del suelo, por ejemplo, colocando la construcción sobre soportes suficientemente altos, sobre zócalos o pisos enteros de piedra, alejándola así de la proximidad al terreno. 49

CONDICIONES GEOTÉCNICAS

SUELOS PERMEABLES

SUELOS COHESIVOS

Dentro del propio suelo, es decir, rodeando los componentes superficiales en contacto con el terreno, las condiciones geotécnicas determinan el grado de la carga de humedad o el riesgo asociado. Los más inofensivos son los suelos permeables, entre los que destacan los arenosos; los suelos cohesivos, en los que el agua de infiltración puede acumularse y ejercer presión hidráulica contra el cerramiento, conllevan mayores requisitos. Estos incluyen suelos arcillosos. Las condiciones más peligrosas se dan cuando los componentes del edificio están por debajo del nivel de agua de diseño, es decir, completamente sumergidos en el agua subterránea.

PRESIÓN HIDROSTÁTICA

En ese caso actúa una fuerte presión hidrostática sobre la envolvente, no sólo lateralmente sobre los componentes verticales de la misma, sino también verticalmente hacia

50 Humedad del suelo ascendente por capilaridad en obra de fábrica porosa.

49 La elevación de esta construcción de madera sobre el nivel del suelo garantiza una protección permanente y fiable contra la humedad.

arriba sobre la solera, así como sobre todo el edificio. En tal caso actúan potentes fuerzas de flotación.

FLOTACIÓN

Otro factor desfavorable es que es muy difícil localizar y reparar las zonas dañadas, pues esto requiere excavar por fuera, ya que las capas susceptibles de sufrir daños están siempre situadas en el exterior.

Al igual que en el caso de componentes sobre nivel, el grado de las precauciones de seguridad se basa razonablemente en las cargas y los riesgos previstos. En principio, hay que tener en cuenta que en componentes del edificio en contacto con el terreno sólo se utilizan capas completamente
51 estancas. La única excepción a esta regla son, como ya se ha indicado, muros de hormigón impermeable.

☞ *Cap. 7., Aptdo. 2.1 Componentes de una sola hoja, pp. 281 y ss.*

Si las condiciones geotécnicas son favorables, basta con aplicar una capa espesa de asfalto líquido en el exterior del muro; en caso de que se acumule agua de infiltración, ya es necesaria una impermeabilización completa; en el caso de agua bajo presión permanente, ésta debe protegerse adicionalmente de manera elaborada, por ejemplo, incorporándola o prensándola entre hojas de muro rígidas (entre la hoja portante ejecutada con paramento liso y el llamado muro de respaldo externo, igualmente ejecutado liso). Esta última medida es para garantizar que ningún cambio incontrolado de la
52 presión que actúa en el exterior dañe la impermeabilización. Este último tipo de ejecución se conoce comúnmente como impermeabilización exterior de membrana. La otra variante de ejecución, en cambio, está formada por los mencionados componentes sólidos y densos de hormigón impermeable
53 que no se cubren adicionalmente con capas de sellado.

MURO DE RESPALDO

IMPERMEABILIZACIÓN EXTERIOR DE MEMBRANA

HORMIGÓN IMPERMEABLE

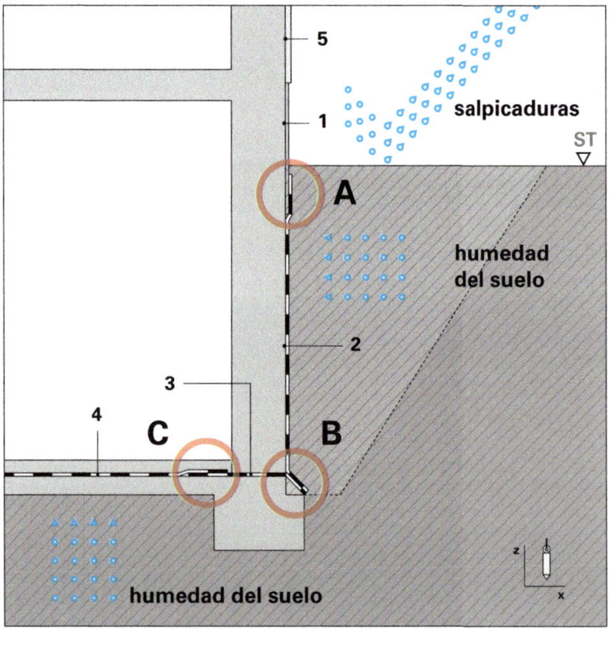

51 Posición de los distintos niveles de sellado del componente en contacto con el terreno y enlace entre sí. En este caso, la impermeabilización de la zona del zócalo se sustituye por un revoque hidrófugo.

- **1** revoque base hidrófugo.
- **2** impermeabilización vertical en la zona del terreno.
- **3** impermeabilización horizontal por encima de los cimientos (impermeabilización transversal; sólo para obra de fábrica).
- **4** impermeabilización horizontal de la solera.
- **5** revoque ordinario por encima de la zona del zócalo.

- **A** Enlace de la impermeabilización del muro con la protección contra salpicaduras de agua del zócalo.
- **B** Enlace de la impermeabilización del muro con la impermeabilización sobre el cimiento: solape y adhesivado.
- **C** Enlace de la impermeabilización de la solera con la impermeabilización por encima de los cimientos: solape y adhesivado.

Ya se señaló en otro lugar el orden inverso, desde el punto de vista de la física constructiva, de las capas en el estratificado exterior de los componentes envolventes en contacto con el terreno. En vista del mayor riesgo de daños existente bajo tierra, las capas impermeables se protegen con capas adicionales, aunque con diferentes grados de exigencia dependiendo de las condiciones geotécnicas, como se ha

☞ *Cap. 7., Aptdo. 2.2 Componentes monohoja con trasdosado adicional, pp. 284 y ss.*

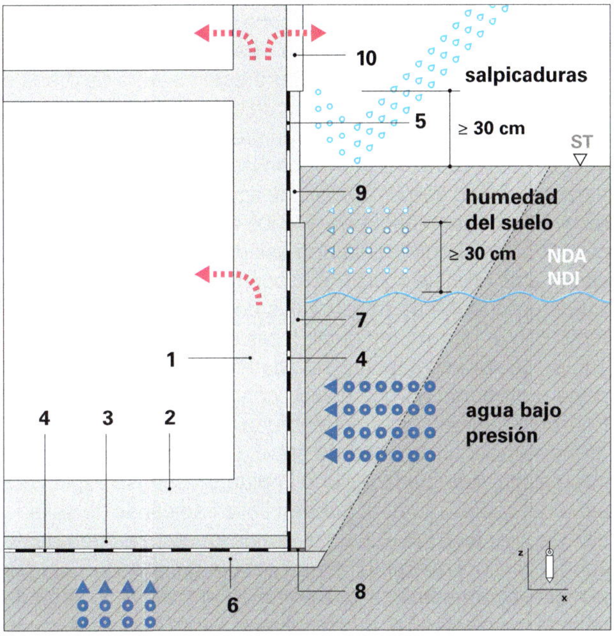

52 Impermeabilización exterior de membrana en una construcción de pared y suelo en contacto con el terreno en caso de agua a presión. Independientemente de la impermeabilización, la humedad puede difundirse hacia el exterior o el interior.

1 hoja de muro de hormigón regular.
2 solera de hormigón regular.
3 hormigón protector.
4 impermeabilización, embutida y comprimida.
5 hormigón de fondo.
6 muro respaldo.
7 capa deslizante.
8 trasdosado con aislamiento térmico, dado el caso.
9 trasdosado en la zona en contacto con el aire.

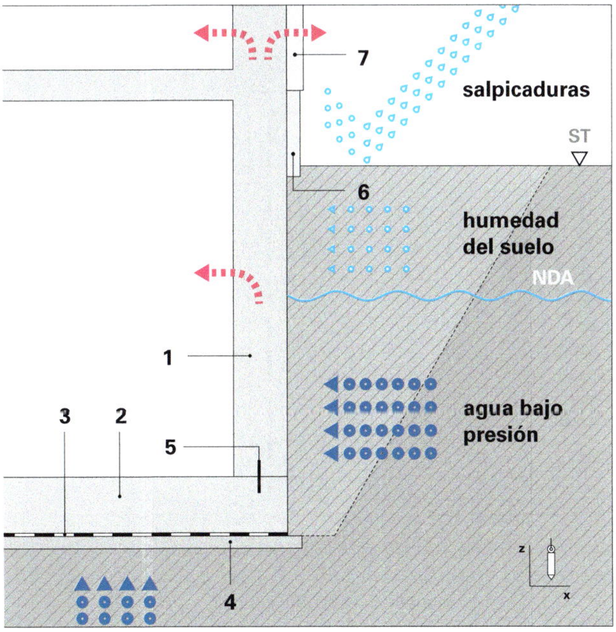

53 Impermeabilización mediante componentes estancos de hormigón impermeable en una construcción de pared y suelo en contacto con el terreno en caso de agua a presión.

1 hoja de muro de hormigón impermeable.
2 solera de hormigón impermeable.
3 capa separadora de película de plástico.
4 capa de limpieza.
5 cinta selladora en la junta de hormigonado.
6 trasdosado con aislamiento térmico, si se da el caso.
7 trasdosado en la zona en contacto con el aire.

descrito anteriormente, pero siempre sin excepción. Además de su función protectora, estas capas suelen cumplir una segunda función: el drenaje del agua acumulada en el suelo.

ESTERAS DE DRENAJE

Las denominadas esteras de drenaje están intercaladas con cavidades o canales interconectados que sirven para drenar el agua hacia abajo actuando como capa de infiltración y, por tanto, para reducir la presión hidrostática que pueda
54 acumularse. Si se trata de suelos cohesivos, es decir, si hay riesgo de estancamiento, este agua se drena a través de un

SISTEMA DE TUBERÍAS DE DRENAJE

sistema de tuberías de drenaje a nivel de los cimientos. Para
54 evitar que sean arrastrados lodos a este sistema de drenaje de alivio consistente en esteras de drenaje o de infiltración y, si es necesario, en tuberías de drenaje, estos elementos

ESTERAS FILTRANTES

se cubren en todo su exterior con las denominadas esteras
53, 55 filtrantes. Dado que un drenaje de aguas subterráneas no es razonablemente factible, ya que los volúmenes de agua implicados son simplemente demasiado grandes, este tipo de sistema de drenaje no se utiliza por debajo del nivel freático.

Los componentes horizontales de la envolvente en contacto con el terreno, es decir, losas de solera, suelen estar cubiertos por una capa de sellado en la parte superior, que debe protegerse con un solado contra daños desde arriba. Por regla general, en la parte inferior se dispone el llamado

DRENAJE SUPERFICIAL

drenaje superficial hecho de grava: una capa de infiltración intercalada con cavidades que impide el ascenso capilar del
54 agua del suelo. También pueden aplicarse capas de sellado por debajo de la solera si las condiciones reinantes así lo aconsejan, por ejemplo, en presencia de grandes cargas puntuales sobre la losa que pondrían en peligro la capa de sellado (o un solado delgado aplicado sobre ella). Es el caso,

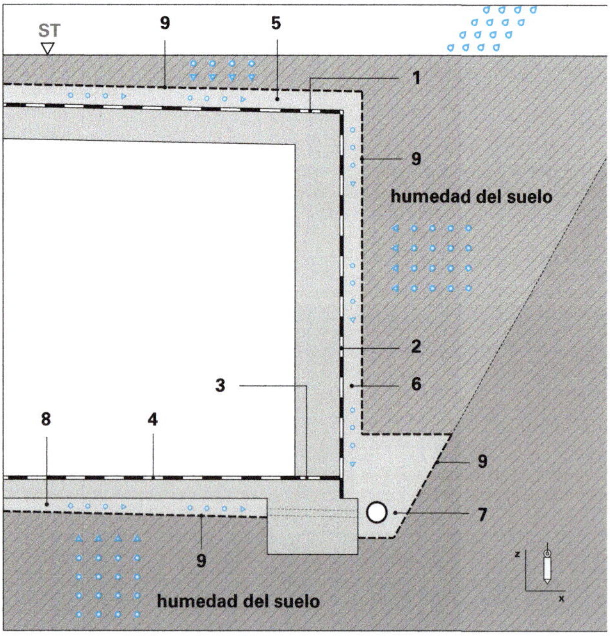

54 Varias capas de drenaje superficial y drenaje perimetral en una parte ejemplar de un edificio en contacto con el terreno y cubierto por él. Las capas de drenaje superficial percoladoras **5**, **6** reducen cualquier posible presión del agua sobre las superficies componentes y canalizan el agua del suelo recogida hacia el sistema de drenaje perimetral **7**. Este sistema de tuberías drena el agua alejándola del edificio. Capas filtrantes **9** (mantas, telas no tejidas) garantizan que no entren lodos en la capa de drenaje.

1 impermeabilización horizontal por encima del forjado.
2 impermeabilización vertical en la zona del terreno.
3 impermeabilización horizontal sobre el cimiento (sólo con obra de fábrica).
4 impermeabilización horizontal de la solera.
5 capa de drenaje superficial horizontal sobre el forjado, en pendiente.
6 capa de drenaje superficial vertical en la pared.
7 drenaje perimetral en pendiente.
8 drenaje superficial horizontal bajo la solera, en pendiente.
9 capa filtrante.

por ejemplo, de naves industriales.

Hay que prestar especial atención a la transición entre la impermeabilización vertical del paramento exterior del muro y la de la solera. Lo ideal es que ambas se conecten. Aunque esto en principio es posible en términos geométricos (como es el caso con la mencionada capa de sellado bajo la solera) debajo de la cimentación, no es factible técnicamente porque se suele evitar el riesgo de asientos, que son difíciles de controlar, y de las grandes fuerzas de compresión que actúan allí, y esto también se evita por el riesgo de daño a la impermeabilización durante el proceso de construcción y debido a su posterior inaccesibilidad para reparaciones. En su lugar, siempre que sea posible, se sitúa la impermeabilización a nivel del suelo y se pasa por debajo del muro exterior uniéndola a la impermeabilización del muro exterior. Sin embargo, en la norma también se permiten otras alturas dentro del propio muro. Esto se denomina una impermeabilización transversal. En particular, se pretende evitar que la humedad ascienda dentro de la pared exterior por acción capilar. Sin embargo, este sellado continuo atravesando la **51** sección transversal del muro sólo es posible de esta forma con construcciones de obra de fábrica y suele realizarse directamente en la junta de tendel a nivel del suelo.

Esto no es posible en cambio con muros de sótano hechos de hormigón, en parte porque la armadura de enlace que discurre verticalmente entre los cimientos y el muro penetraría esta capa de sellado y la haría ineficaz. Dado que la única vía de penetración en este caso es la junta capilar entre la solera (o los cimientos) y el muro, que se crea debido al proceso de hormigonado, basta con embeber en el hormigón una banda de sellado vertical que bloquee la junta capilar. **53**

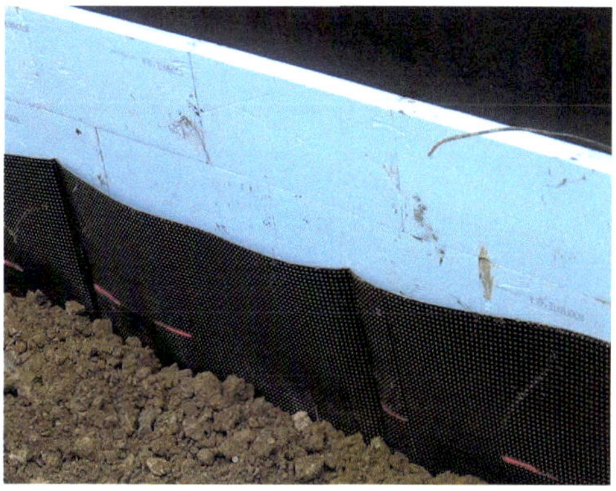

55 Manta filtrante delante del aislamiento perimetral (azul) en una pared exterior en contacto con el terreno. En la parte superior puede verse el sellado bituminoso del muro de respaldo.

IMPERMEABILIZACIÓN TRANSVERSAL

HUMEDAD ASCENDENTE

Control de la penetración de humedad desde el interior

Además de la carga de humedad procedente del exterior, que se debe esencialmente a las condiciones atmosféricas externas, también hay que prestar mucha atención a la posible entrada de humedad desde el interior de las estancias. La fuente de humedad en este caso es el agua ligada al aire ambiente, que se mide mediante la humedad relativa del aire. Este agua, a su vez, procede de diversas fuentes, como la respiración de los residentes, cuartos húmedos y plantas de interior. Normalmente, la presión de vapor es mayor en el interior que en el exterior en condiciones climáticas moderadas. Sólo en raras ocasiones, sobre todo en verano, se invierten las condiciones durante un breve periodo de tiempo. Por lo tanto, en principio se puede suponer que en los componentes de la envolvente siempre hay una presión de vapor dirigida hacia el exterior. Ésta influye en el equilibrio hígrico dentro de la construcción, ya que por ese motivo la humedad siempre tiende a migrar a través de la construcción desde el interior hacia el exterior.

FUENTES INTERNAS DE HUMEDAD

HUMEDAD RELATIVA DEL AIRE

PRESIÓN DE VAPOR

Desde el punto de vista constructivo, hay que distinguir dos casos: elementos constructivos monohoja sin añadido aislante, como si se tratara de una hoja multifuncional; y com-

COMPONENTES MONOHOJA

COMPONENTES MULTICAPA

ponentes de construcción multicapa con una capa aislante monofuncional. En la actualidad, los primeros consisten casi exclusivamente en materiales minerales porosos, ya que son los únicos que cumplen los requisitos de capacidad de carga y capacidad de aislamiento térmico al mismo tiempo. Son difusivos desde el punto de vista hígrico y tienen una resistencia a la difusión moderada. En particular, son de material homogéneo en su espesor total. Por lo tanto, hay un transporte de vapor continuo y uniformemente distribuido a través del componente envolvente que no se ve perturbado o discretizado por ninguna capa que bloquee o ralentice la
56 difusión. Siempre que el vapor de agua pueda difundirse libremente hacia la atmósfera en la superficie exterior, no cabe esperar dificultades en cuanto al balance de humedad.[9]

Los elementos constructivos de una sola hoja con trasdosado adicional en su exterior provisto de aislamiento térmico también se comportan de la misma manera en condiciones
59 favorables: Si la resistencia a la difusión del vapor de la hoja interior, que frena el transporte del vapor desde la estancia hacia el interior de la construcción, es suficientemente alta y la correspondiente resistencia de las capas exteriores a la difusión de la humedad hacia el exterior es suficientemente

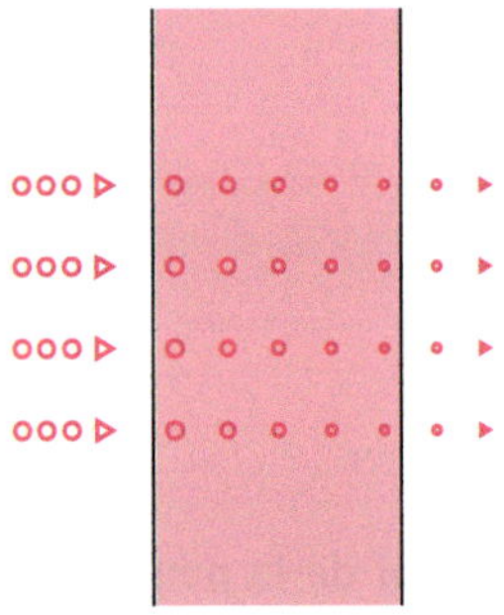

56 Efecto de retención de vapor por la resistencia a la difusión del vapor de una hoja homogénea en un componente monohoja.

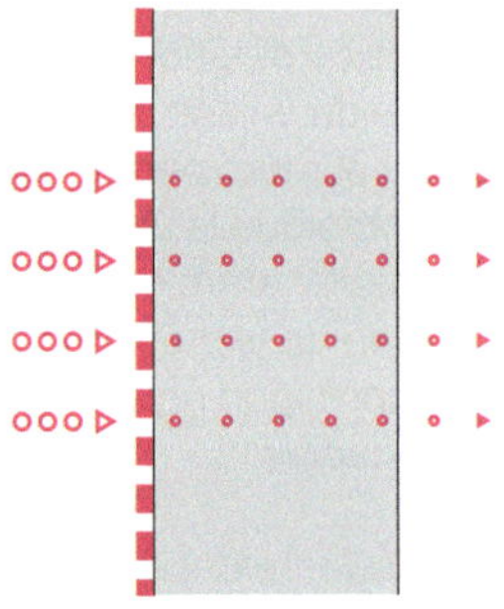

57 Efecto de retención de vapor por la resistencia a la difusión del vapor de una capa individual (retén de vapor) en un componente multicapa.

58 Efecto de bloqueo de vapor por la alta resistencia a la difusión del vapor de una capa individual (barrera de vapor) en un componente multicapa.

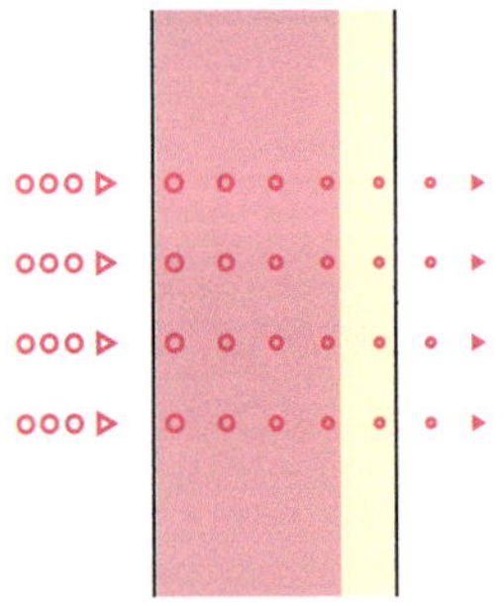

59 Componente monohoja con trasdosado adicional permeable a la difusión y aislante térmico en el exterior: Con resistencias a la difusión calibradas, es posible la disipación de humedad.

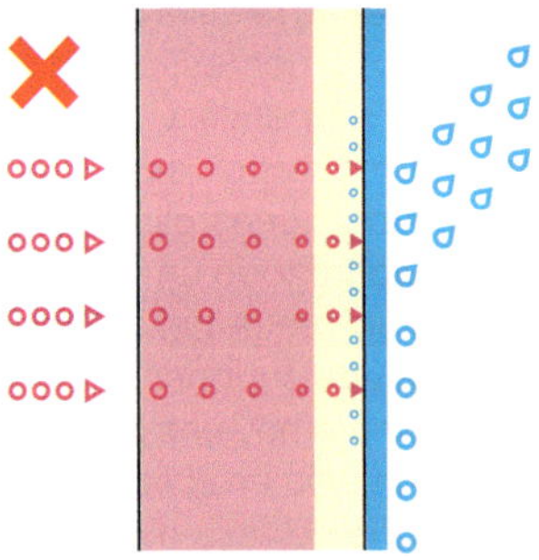

60 Componente como en → **59**, pero con una pantalla de intemperie que inhibe la difusión: Se forma condensación en o sobre las capas exteriores frías.

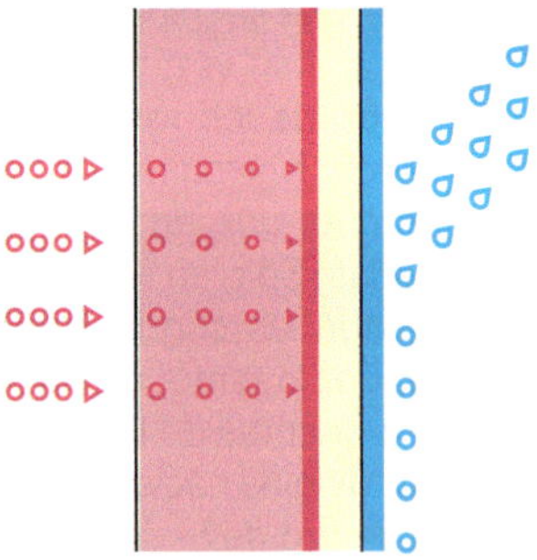

61 Componente como en → **60**, pero con una capa de barrera de vapor en la cara interior del trasdosado: No se produce condensación.

baja, no hay que preocuparse por dificultades. Sólo debe haber una relación equilibrada entre ambas resistencias a la difusión. Debe garantizarse que no pueda penetrar en la construcción más vapor de agua del que se difunde hacia el exterior al mismo tiempo. Si así fuera, la humedad se acumularía en las capas exteriores del aislamiento térmico, es decir, donde la temperatura cae por debajo del punto de rocío, y se condensaría en agua. Básicamente por tanto, **60**
siempre es deseable una gradación de las resistencias a la difusión de una secuencia de capas dentro de una construcción envolvente, de manera que las resistencias más altas posibles se hallan en el interior y las más bajas en el exterior. Este último requisito a veces no es fácil de realizar —como se expuso—, ya que es esencial proteger la capa aislante con capas adecuadas de la humedad procedente del exterior. Como se ha visto, esto suele conllevar también un aumento de la resistencia a la difusión de las capas protectoras exte- **60**
riores.[10] Cuando la difusión hacia el exterior no se garantice, deberá impedirse del todo que penetre vapor desde dentro introduciendo una capa con alta resistencia a la difusión a pesar de la existencia de una hoja interior que ralentice la difusión, por ejemplo, entre ésta y la capa de aislamiento. **61**
Este es el caso de las cubiertas planas sobre losas portantes de hormigón en las que la capa más exterior, es decir, la membrana de impermeabilización, es completamente (e inevitablemente) estanca a la difusión. En consecuencia, se impide ya de primeras que entre vapor en la capa de aislamiento. Por esta razón, el estratificado de cubiertas planas debe tener siempre una barrera de vapor[11] plenamente funcional debajo de la capa de aislamiento térmico. **23**

☞ *Cap. 7., Aptdo. 2.2 Componentes monohoja con trasdosado adicional, pp. 284 y ss.*

BARRERA DE VAPOR

En este sentido, también corren especial riesgo las construcciones envolventes cuyo espesor consiste prácticamente sólo en materiales de aislamiento térmico. Esto se aplica a **63**
construcciones nervadas en la zona entre costillas, así como a sistemas compuestos multicapa. Esto es así porque el material aislante fibroso o poroso no opone al transporte

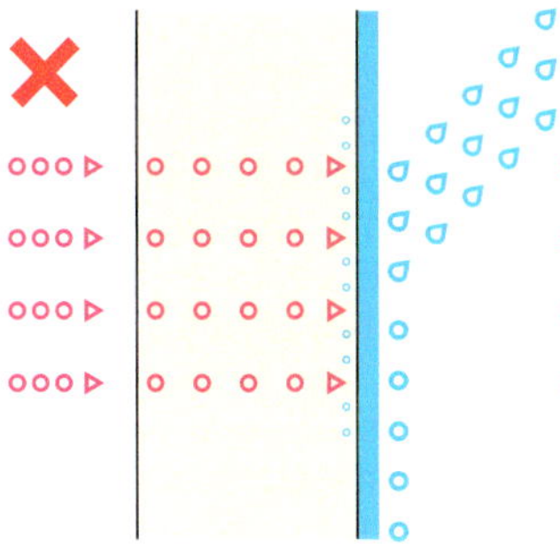

63 Componente ligero de material permeable a la difusión con pantalla de intemperie estanca al agua y al vapor, o retardadora del vapor: condensación en o sobre las capas exteriores frías.

62 Componente como en ⧉ **63**, pero con una capa de barrera de vapor en el lado interior de su estructura: No se produce condensación.

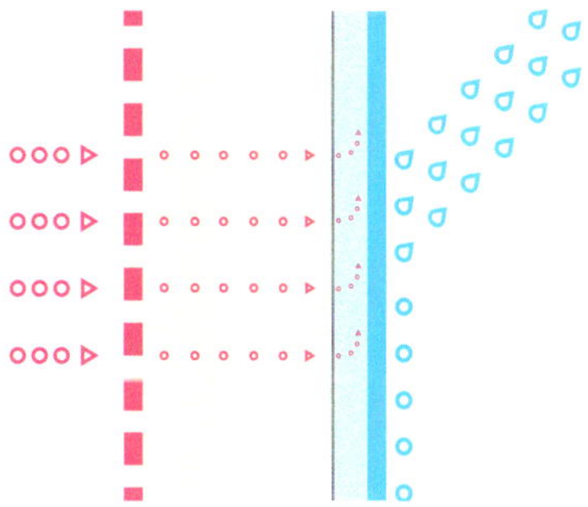

64 Componente ligero con retén de vapor y paso parcial del vapor, pero con ventilación trasera que elimina el vapor del interior.

de vapor una resistencia a la difusión significativa, pero en el exterior son inevitables en la mayoría de los casos capas con mayor resistencia a la difusión, ya que —como se acaba de mencionar— la capa de aislamiento debe estar protegida de la humedad exterior. Por lo tanto, existe un gran peligro de que el vapor de agua se condense en las zonas exteriores de la capa de aislamiento térmico, donde no puede difundirse hacia el exterior con suficiente rapidez y
63 prevalecen temperaturas por debajo del punto de rocío. Por este motivo, en este tipo de construcciones se requiere en el interior una capa retardante de vapor o retén de vapor, o en
62 casos desfavorables incluso una barrera de vapor completa. Éstas dificultan o impiden desde el principio el transporte de vapor hacia el interior de la construcción, de modo que el problema se ataja de raíz, por así decirlo. En cierta medida, esta capa inhibidora o bloqueadora de la difusión, que en estas construcciones suele ejecutarse como una delgada película, asume la misma función hígrica reguladora que la hoja interior presente en la variante anterior. Además, esta delgada película suele cumplir a la vez la función de crear estanqueidad al aire, ya que también si el aire ambiente penetra en la construcción, puede entrar humedad no deseada.

RETÉN DE VAPOR

Las medidas comentadas hasta ahora regulan la entrada de humedad del interior a la estructura mediante el uso selectivo de capas inhibidoras del vapor de agua o incluso barreras de vapor de agua y capas herméticas. Sin embargo, una vez que la humedad ha penetrado en la estructura —independientemente de la dirección: por el aire ambiente o a través de la impermeabilización desde el exterior— la única salida posible de la construcción —al menos para los componentes envolventes sobre rasante— es volver al exterior, no al interior. Como se ha señalado, esto se debe al gradiente de presión de vapor que prevalece en el componente envolvente, que se dirige hacia el exterior, donde la presión de vapor es menor. En este sentido, las medidas adecuadas al efecto son comparables a las destinadas a mantener fuera la humedad procedente del espacio exterior: esencialmente una pantalla de intemperie lo más abierta posible a la difusión o, alternativamente, un sistema
64 de ventilación posterior que también sea compatible con una pantalla de intemperie completamente impermeable (es decir, en el que, al menos idealmente, sólo se pretenda eliminar la humedad procedente del interior). Estas medidas ya se han mencionado anteriormente. Las condiciones son comparables.

☞ *Aptdo. 3.3.1 Protección contra la humedad, pp. 581 y ss.*

En particular, estas consideraciones sobre el equilibrio hígrico ponen de manifiesto la estrecha relación que existe entre las dos subfunciones de la protección contra la humedad y la protección térmica. Por ello, en el lenguaje técnico se utiliza el término *funciones protectoras higrotérmicas*, a veces también llamadas termohígricas, para ambas. Las consideraciones anteriores sobre las capacidades combinadas de difusión de vapor de las capas individuales justifican la no-

FUNCIONES PROTECTORAS HIGROTÉRMICAS

ción de un *control del vapor de agua* dentro de la estructura.

CONTROL DEL VAPOR DE AGUA

3.3.2 Protección contra el viento, estanqueidad al aire

■ En cuanto a la aplicación bidimensional de la función de protección contra el viento y el requisito de hermeticidad, prevalecen condiciones similares a las de la función de protección contra la humedad descrita anteriormente. Es necesario que las superficies de los componentes sean continuas y sin interrupciones. Las dificultades surgen más bien en la ejecución de los empalmes, tema que se trata a continuación. Si se han tomado precauciones para proteger contra la humedad en la superficie, normalmente también se ha hecho lo necesario para cumplir los requisitos de protección contra el viento y de hermeticidad.

La combinación de viento y lluvia, que se podría denominar lluvia batiente, también tiene un efecto negativo, al igual que la lluvia torrencial concentrada. Aumenta significativamente la carga de humedad sobre las superficies, lo que en particular tiene un impacto en las juntas de empalme (más sobre esto a continuación), pero no tanto en la propia superficie. La nieve también puede ser impulsada por el viento, en forma de nieve a la deriva, hacia zonas que de otro modo estarían protegidas, o acumularse sobre una superficie formando gruesos paquetes de nieve. El viento también puede distribuir cenizas volantes en caso de incendio, provocando así la propagación del fuego. Aunque estos efectos no están directamente relacionados con la protección contra el viento, ilustran los efectos nocivos causados indirectamente por el mismo.

LLUVIA BATIENTE

LLUVIA TORRENCIAL

NIEVE A LA DERIVA

CENIZAS VOLANTES

3.3.3 Protección térmica

■ La protección térmica es una subfunción constructiva extremadamente importante para componentes modernos de la envolvente. Su importancia ha aumentado notablemente con la emergencia de la construcción sostenible y de bajo consumo de energía y, dados los espesores de capa aislante que son comunes hoy en día, a veces dificulta la ejecución de construcciones envolventes. El aislamiento térmico influye profundamente en el diseño y la construcción de envolventes de edificios modernos. Esta circunstancia se ha señalado detalladamente en repetidas ocasiones.

☞ *Cap. 7. Composición, pp. 272 y ss.*

Además del aislamiento térmico, debe entenderse como una segunda subfunción de la protección térmica en este contexto el almacenamiento de calor. Esto parece apropiado porque este último —además de su función en cuanto al aprovechamiento de ganancias solares en el período de invierno— juega un papel esencial en el contexto de la protección térmica de verano. Dado que, a la vista de las envolventes de edificios modernos altamente aislantes y del uso extensivo de acristalamientos de gran superficie, así como del aumento generalizado de las temperaturas medias como consecuencia del cambio climático, el aislamiento térmico también se ha vuelto cada vez más importante en verano en latitudes moderadas (sobre todo en los climas cálidos), este enfoque parece más que justificado.

ALMACENAMIENTO DE CALOR

PROTECCIÓN TÉRMICA DE VERANO

Aislamiento térmico

La función del aislamiento térmico es ralentizar la velocidad del transporte de calor a través de los componentes de la envolvente, es decir, reducirlo en su conjunto. (De ahí que el término *aislamiento* resulte algo engañoso, puesto que efectivamente no se bloquea el flujo de calor, sino que se retarda.) En este sentido, es fundamental para el objetivo de crear un microclima controlable dentro de los edificios que sea independiente de las condiciones climáticas externas. Esto se aplica tanto a los climas cálidos como a los fríos.

CONDUCCIÓN, RADIACIÓN, CONVECCIÓN

El transporte de calor puede efectuarse a través de tres mecanismos físicos: Conducción, radiación y convección del calor. El más importante para las cuestiones constructivas en este contexto es la conducción del calor. Las pérdidas (o ganancias) de calor más importantes tienen lugar a través de la vía de transporte de la llamada *transmisión* a través de los componentes de la envolvente. El empeño del proyectista siempre es, pues, minimizarlos en el sentido del objetivo general mencionado anteriormente. Esto se aplica como principio general a componentes envolventes opacos, pero sólo en parte a componentes envolventes transparentes o translúcidos. En estos últimos se desea, de hecho, el paso de la luz y, por tanto, de la radiación solar (es decir, un transporte de calor principalmente por radiación luminosa de onda corta, sólo muy levemente por transmisión), de modo que pueda tener lugar siempre que sea bienvenida la entrada de calor deliberada al interior. Este caso especial se tratará a continuación.

TRANSMISIÓN

RESISTENCIA TÉRMICA

Sin embargo, por el momento, el objetivo principal de todos los componentes opacos de la envolvente es minimizar la transmisión de calor a través de ellos. El grado o alcance de la misma viene determinado por la resistencia térmica del conjunto de la envolvente, que a su vez se compone de la suma de las resistencias individuales de las capas de las que se compone. Las resistencias dependen a su vez del grosor de la capa y de la conductividad térmica del material del que consiste. Por lo tanto, intentando maximizar el aislamiento térmico, el proyectista se esforzará por utilizar capas lo más gruesas posible hechas de materiales que sean lo menos conductores posible.

CONDUCTIVIDAD TÉRMICA

Ambas estrategias alcanzan obviamente sus límites: Por un lado, se requiere una construcción que no ocupe demasia-

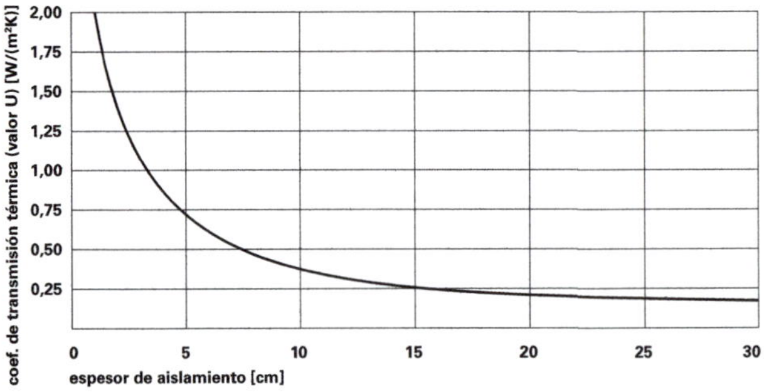

65 Relación entre el grosor del aislamiento de un componente envolvente y el coeficiente de transmisión térmica asociado (valor **U**). Es evidente que, a medida que aumenta el grosor, la mejora del valor **U** es cada vez menor. No hay un óptimo claro en la zona de la derecha de la curva.

do espacio, por lo que los espesores de capa son limitados; además, las capas extremadamente gruesas —especialmente las que tienen poca capacidad de carga— pueden dar lugar a problemas constructivos difíciles de resolver. Son sobre todo las capas de aislamiento térmico las que están sujetas a estas restricciones.

☞ *Cap. 7., Aptdo. 2.2 Componentes monohoja con trasdosado adicional, pp. 284 y ss., y Aptdo. 2.3 Componentes de doble hoja, pp. 293 y ss.*

Otro efecto, en este caso de física constructiva, que limita los espesores de aislamiento es el hecho de que el efecto de reducción del consumo de energía se debilita constantemente al aumentar el espesor. Mientras que los primeros centímetros de aislamiento suponen una importante mejora energética, los aumentos masivos en el rango superior de espesores sólo ofrecen un ahorro modesto. Sin embargo, no se puede determinar un límite superior claramente reconocible de lo que es sensato.[12] **65**

Por otra parte, la conductividad térmica de los materiales no puede reducirse a placer. En este caso hay unos límites inferiores claros, que se establecen principalmente por razones de coste, ya que los materiales aislantes más eficientes que ya son técnicamente viables hoy en día —como aerogeles de sílice o aislamiento al vacío— son, por desgracia, demasiado caros en la actualidad para el uso constructivo convencional.[13]

AEROGELES DE SÍLICE, AISLAMIENTO AL VACÍO

Por otra parte: Cuando se eligen materiales con coeficientes de conductividad térmica extremadamente bajos, es decir, materiales de aislamiento térmico, hay que aceptar grandes limitaciones en términos de resistencia y capacidad de carga.[14] Este dilema y sus implicaciones para el diseño de cerramientos de edificios ya se ha tratado con detalle en otro lugar. Esto se debe a que los materiales con baja conductividad térmica, tal y como se utilizan en la práctica de la construcción como materiales aislantes, van intercalados con pequeños volúmenes de aire. Se trata, pues, de materiales fibrosos, espumosos o porosos. La escasa conducción del calor, que resulta ventajosa para la construcción, no se debe tanto al material de base en sí mismo, sino a la muy escasa conducción de calor del aire encerrado. Con un coeficiente de conductividad térmica λ de aproximadamente 0,025 W/(mK) tiene un valor muy favorable. El requisito previo para utilizar esta ventaja es que se excluya en gran medida el movimiento del aire debido a la convección. De lo contrario, el transporte de calor a través de este mecanismo anularía las ventajas de una mala conducción del calor. Sin embargo, no hay que temerlo porque los volúmenes de aire son muy pequeños. Sin embargo, a partir de un tamaño de alrededor de 1 cm, la convección ya empieza a hacerse notar.

☞ *Cap. 7. Composición, pp. 272 y ss.*

La conducción del calor también puede ralentizarse o impedirse por completo mediante un vacío, incluso con mayor eficacia que con aire estacionario. Aunque ya existe en el mercado un aislamiento al vacío extremadamente eficaz, todavía no ha podido imponerse por razones de coste —como se comentó anteriormente.

Los aislamientos térmicos son capas envolventes conti-

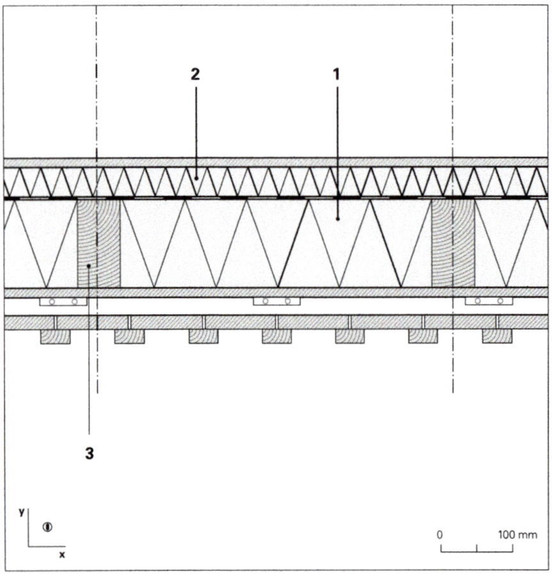

66 En esta pared nervada de madera, la costilla de madera **3** dentro de la capa principal de aislamiento térmico **1** representa un puente térmico lineal debido a su conductividad térmica (relativamente) más alta en comparación con el material de aislamiento térmico. En este ejemplo, esto se neutraliza parcialmente mediante la capa de aislamiento térmico **2** añadida en el lado interior.

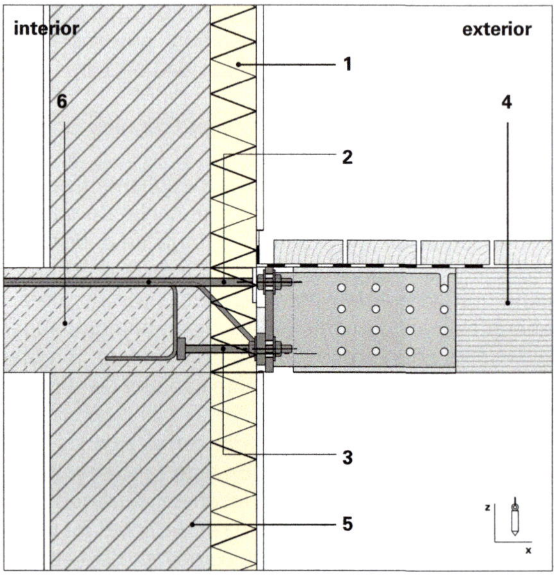

67 Puentes térmicos localizados debidos al anclaje (**2**, **3**) del balcón en voladizo **4** a la cara frontal del forjado **6** a través de la capa de aislamiento térmico **1**; **5** muro de respaldo.

nuas y sin huecos que encierran completamente la estructura. En este sentido, son comparables a capas de protección contra la humedad. Huecos o interrupciones en la capa de aislamiento provocan inmediatamente una pérdida de calor, especialmente por movimiento de aire, es decir, por convección, o también por otros mecanismos de transporte de calor. Este problema se plantea en particular con juntas y se trata en un apartado posterior.

☞ *Aptdo. 3.4 Las funciones parciales en la junta, pp. 640 y ss.*

PUENTES TÉRMICOS

Sin embargo, también pueden producirse graves pérdidas de calor por los llamados *puentes térmicos*. Se producen cuando los espesores de aislamiento se reducen considerablemente a nivel local, o bien se disponen en ellos materiales de mayor conductividad térmica. Esto ocurre, por ejemplo, con paredes nervadas de madera, en las que las costillas de madera integradas en la capa de aislamiento forman
66 puentes térmicos (relativos). Esto se debe a que la madera estructural, con una conductividad térmica de alrededor de 0,13 W/(mK),[15] conduce casi cuatro veces más calor que un material aislante normal (λ = 0,035 W/(mK)). En cambio, los anclajes metálicos que penetran en la capa de aislamiento representan puentes térmicos no sólo relativos sino reales: El acero, por ejemplo, conduce 1.500 veces más calor (λ = 50 W/(mK)) que el material aislante.

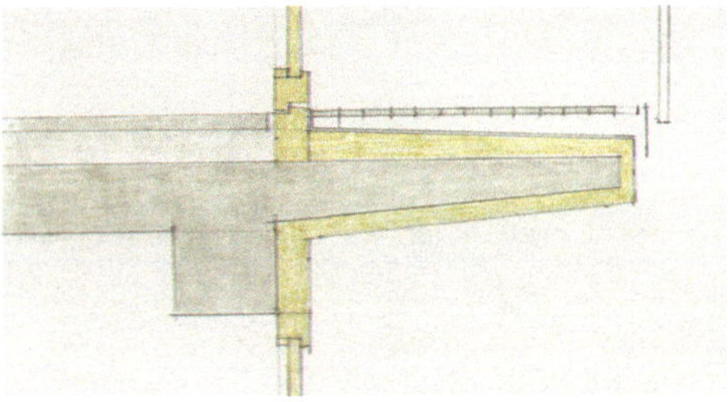

68 Envoltura completa de una losa de balcón en voladizo con aislamiento térmico para eliminar el puente térmico.

PUENTES TÉRMICOS LOCALES/LINEALES

También existe una diferencia cualitativa real en la cuestión
67 de si el puente térmico es puntual, como por ejemplo con un anclaje de acero, o lineal, como por ejemplo con una losa de forjado que atraviesa la capa de aislamiento. Las diferencias entre ambos casos en cuanto al área total de la

sección transversal conductora de calor son, por supuesto, muy grandes. En la medida en que los puentes térmicos no puedan ser eliminados por completo, lo que ocurre con bastante frecuencia en la construcción, el diseñador se esforzará por reducirlos siempre a puntos.

El efecto nocivo de los puentes térmicos no sólo radica en el aumento de la pérdida de calor por transmisión a través de ellos, sino sobre todo en el mayor riesgo de condensación. En la zona del puente térmico, más fría, el vapor de agua contenido en la construcción puede condensarse formando agua. Así, se programan daños correspondientes. Cuanto mayor sea la capacidad de aislamiento térmico de la capa, más grave será este peligro. Si son inevitables los puentes térmicos locales en forma de anclajes de acero, a menudo se elige, por este motivo, acero inoxidable como material. Por un lado, este acero tiene una conductividad térmica menor que el acero estructural (λ = 17–30 W/(mK) en comparación con 50 W/(mK)); por otro, al menos no es susceptible de sufrir corrosión, si no se puede evitar del todo la condensación.

Los puentes térmicos se producen siempre con elementos salientes, como balcones y marquesinas, así como con **67**
elementos portantes expuestos que están conectados a la estructura portante interna, como columnas en una zona de planta baja abierta. En estos casos existen básicamente tres estrategias: La solución más segura desde el punto de vista de la física constructiva es simplemente envolver completamente el componente que sobresale con una capa de aislamiento. Desde el punto de vista físico, el elemento **68**
en tal caso está integrado térmicamente en el interior. Sin embargo, las implicaciones constructivas y sobre todo estéticas de esta solución son evidentes.

No obstante, desde el punto de vista térmico, en la mayoría de los casos basta con aislar al menos un determinado tramo o franja del elemento saliente en todos o ambos lados. La **69**
trayectoria de transporte de calor resultante, bastante más larga, equivale en gran medida a eliminar el puente térmico.

ROTURA DE PUENTE TÉRMICO

La última solución, posiblemente la más común, es conseguir la mayor *rotura de puente térmico* posible. Esto significa interrumpir la sección transversal del elemento que sobresale, hacer que la capa de aislamiento sea continua a través de la junta así creada y volver a anclar mecánicamente el elemento penetrando la capa de aislamiento con la ayuda de la menor cantidad posible de sujeciones con pequeña sección transversal o, idealmente, prescindir de ellas por completo. A veces, se trata de anclajes locales de acero, que permiten una reducción significativa de la sección transversal conductora del calor. Si es técnicamente factible, también se utilizan en este caso materiales con bajos coeficientes de conductividad térmica, por ejemplo, aceros inoxidables o también plásticos, con los que debido a su escasa conductividad térmica ($\lambda \approx$ 0,25 W/(mK)) prácticamente se elimina el efecto de puente térmico.[16] **71**

Asimismo, queda la opción de sostener el elemento

69 Columna situada en el exterior con aislamiento parcial en la zona de su cabeza para eliminar el puente térmico.

73 saliente por separado con su propia estructura portante. En ese caso, no se necesita ningún anclaje en la estructura del edificio o sólo unos mínimos para soportar las fuerzas horizontales, por lo que apenas se crean puentes térmicos.

En vista de estas condiciones, es obvio que evitar ya de principio componentes que sobresalen y que están conectados mecánicamente al cuerpo del edificio es una estrategia extraordinariamente previsora y eficaz. En definitiva, esta premisa ha provocado que en los edificios modernos la capa de aislamiento se aplique siempre en el exterior de la estructura del edificio con un mínimo de penetraciones. Desde el punto de vista térmico, los componentes esenciales del edificio, en particular la estructura portante, se disponen así en el interior y se protegen de la mejor manera posible contra las fluctuaciones de temperatura y la acumulación de humedad.

☞ *Véase al respecto también Cap. 7., Aptdo. 2.2 Componentes monohoja con trasdosado adicional, pp. 284 y ss.*

PLANO DE AISLAMIENTO

En conjunto, el proyectista crea así un *plano de aislamiento* continuo.[17] Puede adoptar diferentes formas constructivas en distintas zonas de la envolvente del edificio: por ejemplo, en la transición entre una pared exterior cerrada y una ven-
72 tana. La función parcial de aislamiento térmico se realiza en ambas zonas con diferentes principios de efecto: en la pared exterior con la ayuda de una capa de aislamiento térmico; en el vidrio de las ventanas, con la ayuda de una combinación de una capa estática de gas poco conductora de calor y de recubrimientos que reflejan el calor. Sin embargo, es importante que la función parcial de aislamiento térmico se cumpla sin interrupción a través de la conexión —incluyendo el cerco de la ventana—.

RETRANQUEOS DEL PLANO DE AISLAMIENTO

En el caso de retranqueos, se debe siempre asegurar que el espesor del aislamiento (o al menos la resistencia térmica global)[18] no se reduzca excesivamente.
72 A veces, sirve para este propósito un solapamiento suficiente entre capas de aislamiento paralelas retranqueadas mutuamente (como cuando se conecta un cerco de ventana resaltado con respecto a una capa de aislamiento).

Teniendo en cuenta las condiciones que se acaban de comentar, es ventajoso que las capas de aislamiento térmico, al igual que las capas de protección contra la humedad, se conduzcan de la forma más continua posible, en gran medida sin desviaciones. Desde esta perspectiva, la noción de un *plano* de aislamiento es comprensible, aunque estrictamente no tiene por qué ser un plano real. Esto es porque, al menos desde el punto de vista de la física constructiva, se procura colocar todos los componentes de la envolvente (paredes exteriores, ventanas) en el mismo plano con el fin de evitar en lo posible los resaltos, siempre perjudiciales desde el punto de vista del aislamiento.

FACTOR DE SUPERFICIE ENVOLVENTE, RELACIÓN A/V

☞ *Cap. 1., Aptdo. 5.1 La influencia de la escala sobre las condiciones físicas, pp. 9 y ss.*

Además, para la función de aislamiento térmico conviene minimizar el llamado *factor de superficie envolvente*: la relación entre la superficie envolvente y el volumen encerrado del edificio (relación A/V). Como ya se ha mencionado en otro contexto, será más favorable —es decir, será menor— cuanto más compacto sea el diseño, pero también cuanto más grande sea el edificio manteniendo la forma inaltera-

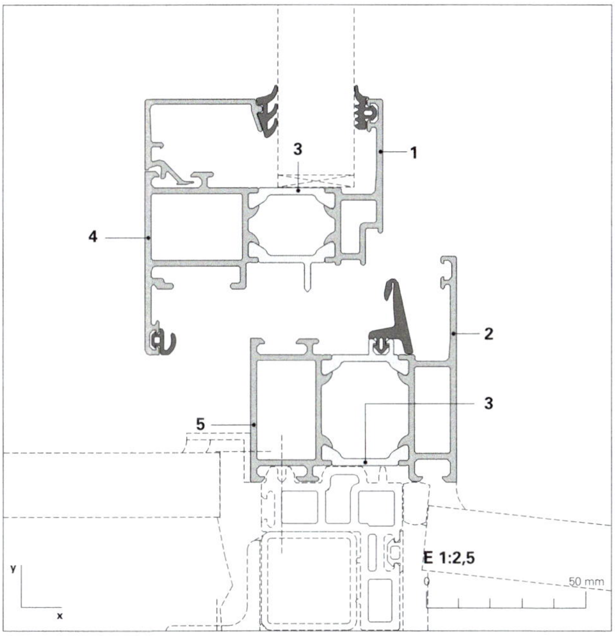

71 Rotura de puente térmico entre las hojas exteriores de la hoja y el marco de una ventana de aluminio (**1**, **2**), por una parte, y las hojas interiores de los mismos (**4**, **5**), por otra; unidas mediante conectores de plástico **3** poco conductores térmicamente.

73 Soporte separado para la escalera y el rellano para evitar puentes térmicos en la pared exterior.

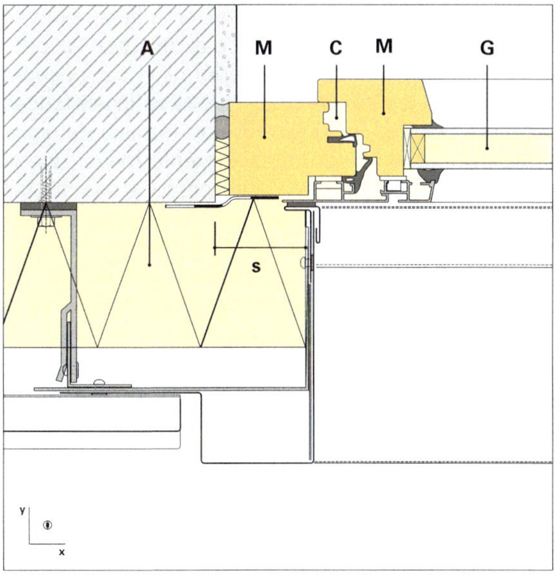

72 Aseguramiento de la continuidad de una capa aislante (en amarillo) con diversos medios en un enlace constructivo: **A** capa aislante; **M** marco de madera; **C** cámara de aire estática; **G** relleno de gas. Obsérvese el solapamiento **s** de la capa de aislamiento térmico con el marco, requisito necesario para la continuidad del nivel de aislamiento con tales resaltos de plano. Véanse también ⧉ **115**, **116**.

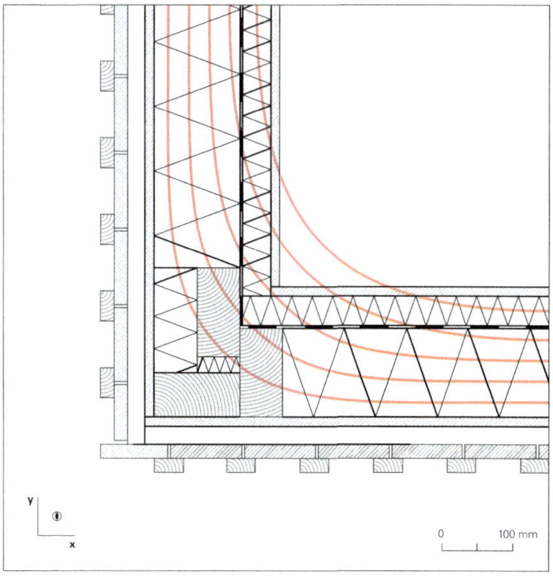

70 Puente térmico geométrico en una esquina positiva; curvas isotérmicas aproximadas (en rojo). Se puede observar que las temperaturas en las caras interiores de la esquina son más frías que en las otras zonas de la pared.

da. La compacidad significa, a su vez, que se reducen en lo posible los retranqueos y los resaltos.[19] Por otro lado, el tamaño de los edificios, especialmente la profundidad, viene limitado en su mayoría por criterios no constructivos, como consideraciones de proyecto urbanístico, iluminación y ventilación natural de interiores, o de la estructura portante. En este caso, los aspectos de física constructiva tienden a estar al final de la lista de prioridades.

PUENTE TÉRMICO GEOMÉTRICO

Las esquinas y los salientes también son térmicamente desfavorables por otra razón: Representan el llamado *puente térmico geométrico*. Las condiciones geométricas de una esquina positiva hacen que las isotermas de la pared sean „arrastradas" hacia el interior, por así decirlo, lo que significa que la temperatura de las superficies interiores de la envolvente en la zona de la esquina es más baja que en las
70 zonas regulares de la pared. En condiciones desfavorables pueden producirse humedades y moho. O formulado de otra manera: El equilibrio simétrico, por lo demás existente en un componente envolvente convencional plano, entre la superficie exterior expuesta y la superficie interior calefactada se ve alterado en la esquina positiva: se produce un aumento de la superficie exterior simultáneamente con una disminución de la superficie interior. Las condiciones se invierten naturalmente en la esquina negativa. Sin embargo, esto no elimina ni compensa el problema térmico y de humedad de la esquina positiva.

Los materiales de aislamiento deben protegerse siempre cuidadosamente contra la humedad. Si esto no se garantiza y se saturan de agua, pierden inmediatamente su funcionalidad: Las cavidades encerradas, que son las principales responsables del aislamiento térmico, se llenan en tal caso de agua y el flujo de calor se intensifica entonces notablemente debido a la conductividad térmica del agua ($\lambda = 0{,}6\,W/(mK)$), que es considerablemente mayor que la del aire ($\lambda = 0{,}025\,W/(mK)$). Por lo tanto, como se ha visto, las capas de aislamiento, que siempre se colocan en el exterior por buenas razones, deben estar protegidas de la intemperie en su superficie exterior con una pantalla de intemperie, o al menos un recubrimiento que desempeñe la misma función. Las consecuencias constructivas de esta necesidad ya se han discutido en detalle en otro lugar.

☞ *Cap. 7., Aptdo. 2.2 Componentes monohoja con trasdosado adicional, pp. 284 y ss., y Aptdo. 2.3 Componentes de doble hoja, pp. 293 y ss.*

Si las condiciones lo permiten, es decir, si la carga de humedad no es extrema, es aconsejable asegurarse de que la humedad que haya penetrado en la capa de aislamiento pueda difundirse de nuevo a la atmósfera exterior. Esto requiere, como ya se ha explicado anteriormente, evitar capas con alta resistencia a la difusión del vapor de agua en la cara exterior de la capa de aislamiento. En el caso de una exposición a la humedad superior a la media (como ocurre con una cubierta plana), esta posibilidad no existe, ya que la impermeabilidad de la pantalla de intemperie tiene prioridad absoluta en estas condiciones y —como se indicó—, para disgusto del proyectista, no existe el material ideal que posea

☞ *Aptdo. 3.3.1 Protección contra la humedad > Bloqueo del agua de precipitación, pp. 583 y ss., y > Control de la penetración de humedad desde el interior, pp. 597 y ss.*

simultáneamente una impermeabilidad fiable y capacidad de difusión del vapor de agua.

Como alternativa, se puede tomar otra medida, a saber, ventilar por detrás las pantallas de intemperie. Sin embargo, como ya se ha dicho, esta opción prácticamente sólo se ofrece para paredes exteriores y cubiertas inclinadas por las razones mencionadas.

Por último, cabe señalar una vez más que también hay que proteger la capa de aislamiento de la entrada incontrolada y potencialmente dañina de humedad desde el interior. Esto, a su vez, suele significar que las capas con la mayor resistencia a la difusión posible deben estar dispuestas en el interior. Ya se ha tratado este tema en detalle previamente en relación con la protección contra la humedad.

☞ *Aptdo. 3.3.1 Protección contra la humedad > Control de la penetración de humedad desde el interior, pp. 597 y ss.*

Almacenamiento de calor

CONDICIONES ESTACIONARIAS/TRANSITORIAS

■ A diferencia del aislamiento térmico, que influye en las condiciones térmicas estacionarias, la función parcial del almacenamiento de calor permite, para cubrir necesidades de uso, controlar las condiciones transitorias, es decir, temporalmente cambiantes. Influye tanto en la comodidad como en la eficiencia energética. Mientras que las condiciones climáticas tienden a ser constantes en invierno, las condiciones cambiantes se dan preferentemente en verano, por ejemplo bajo radiación solar cambiante o también con fuertes fluctuaciones de temperatura entre el día y la noche. En invierno, prevalecen condiciones transitorias especialmente cuando se calefactan o enfrían espacios interiores, así como con radiación solar cambiante.

CONDUCTIVIDAD DE TEMPERATURA

TASA DE PENETRACIÓN DE CALOR

En todos estos procesos, juega un papel importante el almacenamiento de calor de los componentes, o de los materiales procesados en ellos. Los factores relevantes que influyen en estos procesos son la *conductividad de temperatura* y la *tasa de penetración del calor*, ambos parámetros específicos del material que en particular describen el proceso de almacenamiento.[20] La cantidad de almacenamiento de calor se mide físicamente mediante las dos cantidades de la *capacidad calorífica específica*, un parámetro del material, y la *capacidad de almacenamiento de calor* de un componente en forma de placa de un determinado grosor hecho de un determinado material con una densidad bruta correspondiente. Básicamente, se puede afirmar que el proceso de absorción de calor (cuantificado mediante los dos primeros parámetros) depende principalmente de la conductividad térmica λ, de la capacidad calorífica específica $\mathbf{c}$ y de la densidad aparente ρ del material, mientras que la cantidad de calor (registrada en los dos últimos parámetros), además de la capacidad calorífica específica $\mathbf{c}$, está determinada principalmente por la densidad aparente ρ. O, para decirlo de forma más concisa: Cuanto más pesado y conductor sea un material, más calor absorberá o emitirá en un periodo de tiempo más corto. En este contexto, esto también se denomina la *inercia térmica* de una determinada construcción.

CAPACIDAD CALORÍFICA ESPECÍFICA

CAPACIDAD DE ALMACENAMIENTO DE CALOR

INERCIA TÉRMICA

La inercia térmica de la estructura de un edificio se manifiesta en su comportamiento térmico en el interior bajo condiciones cambiantes de temperatura exterior, por ejemplo por la variación diaria de la temperatura exterior entre el **74** día y la noche, en forma de dos fenómenos físicos: por un

DESFASE TEMPORAL

lado, en el *desfase temporal* entre los extremos de temperatura, es decir, los máximos y los mínimos, fuera y dentro respectivamente. Debido a la inercia térmica de un edificio, la temperatura máxima en el interior, por ejemplo, se produce con un retraso respecto al exterior. Desde el punto de vista del confort interior, es ventajoso calibrar este desplazamiento a unas 12 horas para que las temperaturas interiores más altas coincidan con las temperaturas exteriores más bajas (es decir, por la noche) y, a la inversa, las temperaturas interiores más frías se produzcan cuando hace más calor en el exterior (es decir, al mediodía). Este desfase temporal despliega un beneficioso efecto térmico compensatorio.

AMORTIGUACIÓN DE AMPLITUD

Por otro lado, la inercia térmica también se manifiesta en una *amortiguación de la amplitud* de las temperaturas interiores en comparación con las exteriores, es decir, las fluctuaciones de la temperatura interior son mucho meno-
74 res que las de la exterior. La curva de temperatura interior se suaviza, por así decirlo, en comparación con la curva de temperatura exterior. Este efecto es comparable al del aislamiento térmico. Tanto el desplazamiento de fase como la amortiguación de amplitud son siempre mayores cuando la inercia térmica es alta.

Para aprovechar los efectos de la inercia térmica de la estructura de un edificio, no sólo es decisiva la presencia de masa de almacenamiento, sino también su distribución y, en particular, su posición en relación con cualquier capa de aislamiento térmico existente.

En primer lugar, la distribución: Es lógico que cuanto mayor sea la superficie expuesta de una masa de almacenamiento, más calor se intercambia en periodos de tiempo más cortos.

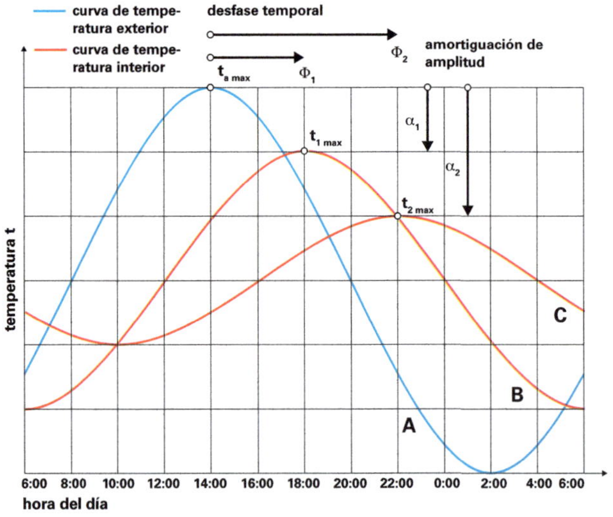

74 Efectos de las masas constructivas de almacenamiento térmico: **desfase** ϕ **y amortiguación de amplitud** α; La curva **A** de la temperatura exterior se suaviza hasta el valor máximo $\mathbf{t_{1max}}$ en el interior del edificio por efecto de masas de almacenamiento moderadas (curva **B**) y hasta el valor $\mathbf{t_{2max}}$ por efecto de grandes masas de almacenamiento (curva **C**). Además, la inercia térmica provoca un desfase temporal ϕ_1 ó ϕ_2 de los extremos con respecto a la curva de temperatura exterior (curva **A**), también en función del tamaño de las masas de almacenamiento.

En este caso (a diferencia del intercambio de calor a través de la envolvente del edificio, que se intenta ralentizar), es deseable una rápida transferencia de calor: por consiguiente, también lo es el *mayor* factor de superficie envolvente (relación A/V) posible de los componentes almacenantes. Por lo tanto, las masas de almacenamiento térmico realmente relevantes son las de los componentes envolventes bidimensionales, como suelos, techos y paredes. Cuanto más cerca están las masas térmicas de la superficie, más eficaces son en términos de almacenamiento de calor. Esto significa que son principalmente los primeros centímetros de material detrás de una superficie los más eficaces en este sentido. Sin embargo, esto depende a su vez de la mencionada conductividad térmica del material, que determina la velocidad de penetración del calor. Por lo tanto, en materiales más conductores, las capas superficiales más gruesas son más eficaces desde el punto de vista térmico que en los menos conductores. No obstante, se aplica el principio de que la masa, para que sea eficaz desde el punto de vista térmico, debe distribuirse uniformemente por la superficie expuesta en la medida de lo posible.

Por esta razón, se puede argumentar que el almacenamiento de calor es, de hecho, una función parcial que —al igual que la protección contra el calor o la humedad, por ejemplo— debe cumplirse en gran medida en una superficie. En este caso, sin embargo, no se requiere una continuidad estricta de la capa efectiva. Huecos y aberturas no perjudican su funcionamiento. Siempre que las paredes exteriores estén suficientemente aisladas térmicamente, lo que se puede presuponer hoy en día, no importa mucho si la masa de almacenamiento se sitúa en paredes exteriores o interiores.

MASAS DE ALMACENAMIENTO INTERIORES

Sin embargo, el factor decisivo para el efecto térmico de la masa de almacenamiento es en qué lado de la capa de aislamiento térmico (si está presente como una capa separada) se encuentra en las paredes exteriores. Las masas de almacenamiento que se encuentran al exterior de la capa de aislamiento son en gran medida irrelevantes para el espacio interior. Al fin y al cabo, están desacopladas térmicamente del interior, por así decirlo, por efecto del aislamiento térmico. Las que se encuentran en el interior, en cambio, sí son determinantes para la inercia térmica de los espacios interiores. Por lo tanto, en términos de inercia térmica, siempre se contemplan las masas de almacenamiento *interiores*. Si se quiere aprovechar el efecto de la masa de almacenamiento, este requisito coincide bien con la necesidad de disponer las hojas portantes en el interior y las capas de aislamiento en el exterior por razones de aislamiento térmico. Ya se ha abordado esta cuestión anteriormente.

☞ *Aptdo. 3.3.3 Protección térmica > Aislamiento térmico, pp. 602 y ss.*

Para comprender mejor el efecto de las masas de almacenamiento, es importante considerar las consecuencias prácticas de su existencia o inexistencia en la construcción. Porque si no hubiera estados cambiantes de temperatura, las masas de almacenamiento (estamos hablando de las masas de almacenamiento *interiores*, las únicas realmente efectivas) serían prácticamente irrelevantes. Las construcciones ligeras, como las de madera, sólo tienen una inercia térmica entre baja y moderada. Se calientan rápidamente cuando se aplica calor y se enfrían con la misma rapidez cuando se disipa de nuevo. Si este flujo de calor se ve fuertemente frenado en la envolvente exterior por un aislamiento térmico eficaz, es decir, si el interior está aislado en gran medida de las fluctuaciones térmicas exteriores, las temperaturas interiores se mantendrán (al menos en teoría) en gran medida constantes, lo que constituye de hecho el objetivo más importante del proyectista. Esto equivale, en términos simplificados, a crear una especie de *termo* independiente del espacio exterior en cuanto a su comportamiento térmico. **75**

CONSTRUCCIONES LIGERAS

TERMO

Aunque este modelo teórico funciona relativamente bien en condiciones invernales (no en vano está muy extendido en las regiones frías), en cambio tiene desventajas en el clima de verano: Dado que la envolvente exterior está necesariamente provista de aberturas como ventanas —lo que perturba sensiblemente el comportamiento térmico del termo cerrado—,[21] cabe esperar que se produzcan entradas de calor no deseadas en verano, concretamente a través de la radiación solar y la ventilación de las ventanas (además de las inevitables entradas residuales debidas a la transmisión a través de la envolvente no transparente del edificio).[22] Aunque una protección solar eficaz situada delante de las superficies acristaladas es ventajosa en este caso, los aportes de energía por esta vía no pueden eliminarse completamente. Como consecuencia, el interior se calienta en exceso. Incluso con un aislamiento térmico muy bueno y una protección solar eficaz, siempre cabe esperar en edificios ligeros una especie de *acumulación progresiva* de calor y un incremento progresivo de la temperatura interior durante un periodo de calor prolongado. Sin embargo, sí que es posible remediar la situación aumentando la ventilación nocturna, en la que la falta de masa de almacenamiento, particularmente, tiene un efecto favorable.[23]

ACUMULACIÓN PROGRESIVA DE CALOR

Si se introducen ahora masas de almacenamiento interiores, el exceso de calor puede almacenarse en ellas durante el

75 Casa de madera en Finlandia: construcción ligera típica de los países nórdicos con buen aislamiento térmico y pequeños huecos de ventana para una casi total separación climática hacia el espacio exterior. Las fluctuaciones de la temperatura exterior tienen un efecto relativamente pequeño sobre el interior.

día para que las temperaturas del aire interior se mantengan
bajas a pesar de las altas temperaturas exteriores. Si éstas
vuelven a caer por la noche, el calor almacenado durante
el día se libera lentamente hacia el interior, lo que provoca 74
un efecto de calentamiento equilibrante. Este fenómeno es
un resultado del desfase temporal ya mencionado. En este
sentido, se puede afirmar que los métodos de construcción
pesada se comportan relativamente bien en verano, incluso
con una manipulación indisciplinada de las ventanas. Sin embargo, como se ha comentado, el requisito previo para ello
es que haya de hecho fluctuaciones de temperatura notables
entre el día y la noche. El calor almacenado debe poder salir
de nuevo de la construcción. Esto ocurre por la noche por la
correspondiente diferencia de temperatura entre el aire de la
estancia, más fresco, y las superficies de almacenamiento,
más calientes, de modo que el calor se evacúa en definitiva
al exterior a través de la ventilación por las ventanas. Si esto
no es suficiente, debe intensificarse con una correspondiente
ventilación nocturna intensiva (accionada mecánicamente
si es necesario). De este modo, el aire ambiente se enfría
más rápidamente con el aire exterior más fresco y el calor se
extrae de la masa de almacenamiento y se disipa al exterior
en mayor cantidad y con mayor rapidez.[24]

Si no existen fuertes oscilaciones de temperatura a lo largo
del día, es decir, fuertes diferencias entre las temperaturas
diurnas y nocturnas, como en regiones con clima tropical, 76
las masas de almacenamiento resultan ineficaces por este
motivo. Probablemente no sea una coincidencia que los métodos constructivos autóctonos de los países tropicales no
sean generalmente pesados,[25] pero sí lo son en las regiones
áridas y secas con grandes fluctuaciones de temperatura en
el ciclo día-noche.[26] 77

USO PASIVO DE LA ENERGÍA SOLAR

Otra función importante de las masas de almacenamiento
térmico merece ser mencionada: El uso pasivo de la energía
solar es prácticamente imposible sin ellas. Esto se debe, una 78
vez más, al hecho de que el suministro de energía solar nunca
llega realmente cuando se necesita, incluso en el período
de invierno, cuando es básicamente bastante deseable la
radiación solar en el edificio. Porque si las ganancias solares
durante el período frío se consiguen a través de las ventanas,

76 Típica casa tradicional en el trópico (Sulawesi, Indonesia): masas de almacenamiento reducidas, ventilación intensiva gracias a las paredes exteriores semiabiertas y a estar situada a gran altura sobre pies derechos.

77 Casas tradicionales típicas de una región árida y calurosa (Túnez) con gran masa de almacenamiento gracias a una construcción sólida y pequeños huecos de ventana para minimizar la entrada de energía solar en el interior.

78 Un invernadero requiere una masa mínima de almacenamiento térmico, en este caso, por ejemplo, la losa del suelo, para suavizar al menos parcialmente el curso fluctuante de la radiación solar.

la entrada de calor realmente beneficiosa puede conducir rápidamente a un sobrecalentamiento desagradable del aire interior en construcciones ligeras debido a la falta de masa de almacenamiento; lo que a su vez significa que el calor excedente tiene que evacuarse a través de la ventilación por las ventanas para mantener una temperatura ambiente agradable y, por tanto, se pierde irremediablemente. Si, por el contrario, se dispone de suficientes masas de almacenamiento, este calor puede almacenarse y recuperarse cuando se necesite, es decir, cuando vuelvan a bajar las temperaturas.

Si hay un acristalamiento a gran escala en la envolvente del edificio, es incluso casi inexcusable proporcionar suficientes masas de almacenamiento térmico. La construcción ligera está prácticamente descartada en estas condiciones. Esto se debe tanto a las condiciones de verano como de invierno. O expresado de otra manera: Una vez que el *termo* está expuesto a las condiciones exteriores cambiantes por el efecto de aberturas transparentes, sólo las masas de almacenamiento térmico pueden proporcionar alivio compensando las inevitables fluctuaciones de temperatura.

Hasta aquí un breve resumen de los procesos térmicos extraordinariamente complejos que dependen de la inercia térmica de una determinada construcción. Incluso hoy en día se discute mucho sobre si es la construcción ligera o la sólida la que ofrece las mejores condiciones para una construcción eficiente en términos térmicos y energéticos.[27] En principio, hoy en día existe un cierto consenso en que el aislamiento térmico de verano debe combinarse siempre con la inercia térmica en la medida de lo posible.

Las condiciones climáticas regionales influyen, como ya se ha señalado, considerablemente sobre la elección del método constructivo. En vista de los cambios climáticos que también caben esperarse en las zonas climáticas moderadas, que provocarán un cambio de prioridades hacia la protección térmica de verano, es obvio que, también en estas regiones, es preciso prestar la debida atención a las masas de almacenamiento térmico.

Además, también desempeñan un papel las cuestiones relacionadas con el uso: En casos especiales, las masas de almacenamiento pueden ser bastante indeseables por razones de funcionamiento del edificio. Los edificios que sólo se utilizan periódicamente y que, por ello, deben calentarse o enfriarse lo más rápidamente posible —como edificios de oficinas— suelen beneficiarse de una baja inercia térmica.

3.3.4 Protección acústica

■ El aislamiento acústico es un requisito fundamental para componentes envolventes. Surge de la necesidad de proteger las actividades o los usos que tienen lugar en el interior del edificio del ruido procedente del exterior o, de otro modo, de evitar que las distintas actividades de un edificio interfieran entre sí acústicamente. De este último objetivo se derivan requisitos especialmente elevados, lo que ocurre siempre que diferentes unidades de uso, por ejemplo, viviendas, están situadas en proximidad espacial. Por lo tanto, son en particular los tabiques y los pisos de las plantas los que deben cumplir unas normas estrictas desde el punto de vista del aislamiento acústico.

Hay que hacer una distinción básica entre el sonido transmitido por la estructura y el sonido transmitido por el aire, es decir, el sonido estructural y el aéreo. El sonido estructural se genera por la excitación de un objeto sólido que comienza a vibrar. Como resultado, el aire adyacente también comienza a vibrar, de modo que la energía sonora se transporta a través del espacio. Se genera sonido aéreo. El sonido aéreo, a su vez, es capaz de hacer vibrar un componente superficial, como una pared, en cuanto incide sobre él en el espacio aéreo. Así, el sonido se transmite a través de este componente envolvente a un espacio de aire adyacente. Impedir esta transmisión de energía sonora de una estancia a otra vecina, o al menos atenuarla, es el principal objetivo del aislamiento acústico aéreo. Alternativamente, también es suficiente con desplazar el sonido que penetra a una gama de frecuencias que no es perceptible para el oído humano.[28]

SONIDO ESTRUCTURAL, SONIDO AÉREO

AISLAMIENTO ACÚSTICO AÉREO

El sonido transmitido por estructuras se produce en la construcción principalmente como sonido de pisadas. El aislamiento acústico de impacto tiene, por tanto, como objetivo ralentizar o impedir la transmisión del sonido estructural, que se genera en un forjado por pisadas, a las estancias vecinas. El aislamiento acústico a ruido aéreo y a ruido de impacto se combinan en el término *aislamiento acústico*, que es sinónimo de acústica constructiva.

SONIDO DE PISADAS

AISLAMIENTO ACÚSTICO DE IMPACTO

ACÚSTICA CONSTRUCTIVA

En este caso, es inmediatamente obvio que, al igual que con otras subfunciones constructivas, el aislamiento acústico debe proporcionarse de forma continua y sin interrupciones. Las aberturas o huecos en los componentes del edificio que encierran espacios abren obviamente la puerta al paso del sonido.[29] Esto también ocurre con ranuras o juntas relativamente estrechas. Sólo de esta observación ya puede deducirse que los métodos de construcción prefabricados compuestos por numerosos componentes individuales se ven penalizados ya de principio con una gravosa hipoteca con respecto al aislamiento acústico, ya que siempre están necesariamente intercalados con juntas. Se verá dentro de un momento que en su calidad de edificios ligeros, que en su mayoría lo son, tienen que lidiar con otra dificultad inicial, a saber, precisamente su escasa masa. En cualquier caso, los métodos de construcción sólida monolítica sin apenas juntas abiertas ofrecen claras ventajas a este respecto.

CONTINUIDAD SUPERFICIAL

Aislamiento acústico aéreo

■ Existen esencialmente dos principios físicos de efecto fundamentales que permiten reducir a un nivel tolerable el paso del sonido aéreo a través de un componente superficial. El primero tiene por objeto amortiguar las vibraciones acústicas mediante una masa pesada y lo más flexible posible. Se hace efectiva en este caso la inercia dinámica del elemento a las

MASA PESADA FLEXIBLE

vibraciones, por así decirlo. Es característico de los métodos de construcción sólida. La segunda se basa en la disipación de la energía acústica mediante la oscilación mutua de dos hojas paralelas, un proceso que es suficientemente eficaz incluso con masas relativamente pequeñas. Por lo tanto, es especialmente adecuado para la construcción ligera. Se denomina *principio masa-muelle*.

PRINCIPIO MASA-MUELLE

Consideremos en primer lugar el aislamiento acústico aéreo utilizando la masa. Se entiende intuitivamente que la presencia de material pesado amortigua notablemente el paso del sonido a través de un componente. Cuanto más pesada es una pared, mayor es el aislamiento acústico que se espera que proporcione. Esto corresponde esencialmente a las condiciones físicas reales, pero sólo hasta cierto punto: En realidad, no existe una proporcionalidad pura entre la
79 masa y el aislamiento acústico aéreo. La curva del diagrama muestra una clara meseta en los valores medios de masa para la mayoría de las ejecuciones estándar de muros. Esto significa que el aumento de la masa del muro en esta zona no supone ninguna mejora del aislamiento acústico. Esto se debe a efectos de resonancia desfavorables entre el aire y el componente.[30] Se hacen más evidentes cuanto más rígido a la flexión es el material. Los materiales más flexibles o elásticos no presentan este aplanamiento de la curva (como chapas finas o el yeso laminado). Sin embargo, esto ya pone de manifiesto un dilema fundamental al que se enfrenta el proyectista en materia de aislamiento acústico a ruido aéreo: En la mayoría de los casos, un aumento de la masa implica también un aumento de la rigidez a la flexión,[31] ya sea aumentando el grosor de la pared (con el mismo material) o eligiendo un material de pared más denso (y normalmente más rígido). Esto, a su vez, empeora el comportamiento acústico del componente.

Sin embargo, hay otras medidas que pueden poner remedio: Si el espesor del elemento se divide en varias capas separadas, la rigidez a la flexión disminuye considerablemen-
80 te (con la misma masa). Alternativamente, si la hoja pesada

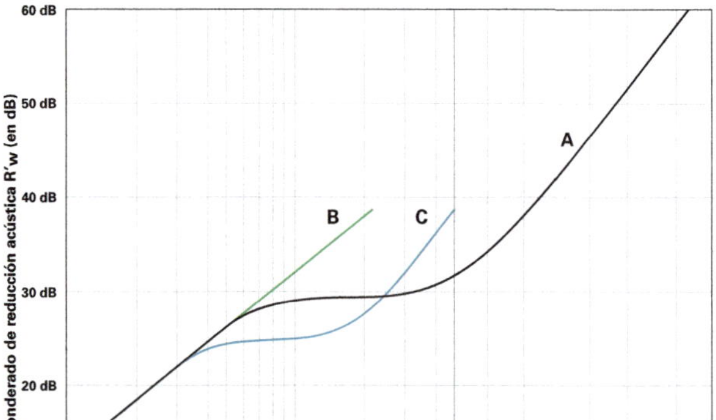

79 Relación entre la masa por unidad de superficie **m'** y el índice ponderado de reducción acústica $\mathbf{R'_w}$ según Gösele y Lutz.[33]

A paredes y forjados monohoja de materiales como hormigón, piedra artificial, yeso, vidrio

B chapa de acero de hasta 2 mm de espesor, chapa de plomo, planchas de caucho

C materiales derivados de la madera

está provista de ranuras o surcos en un lado (o incluso en ambos lados), también se produce una reducción notable de la rigidez a la flexión del elemento. En ambos casos, los valores de aislamiento acústico aumentan significativamente, pero al mismo tiempo puede ser que haya que sacrificar la rigidez estática a la flexión, un precio que a menudo no se puede o no se quiere pagar.

La amortiguación interna o la amortiguación del material, por ejemplo en forma de cavidades rellenas de arena en el interior del componente, también puede dar lugar a mejoras notables en el aislamiento acústico. Los materiales que son intrínsecamente pesados y al mismo tiempo flexibles (como el plomo) no suelen prestarse realmente a la construcción por diversas razones.[34] Sin embargo, si no se requiere rigidez a la flexión, como cuando se coloca un relleno granulado o de piedras sueltas sobre un forjado, se pueden alcanzar **81** altos valores de aislamiento acústico con masas flexibles. Sin embargo, desde el punto de vista estático, estas capas no son más que un lastre, ya que no tienen rigidez estática a la flexión, por lo que deben ser soportadas y dan lugar a un sobredimensionamiento correspondiente de los componentes portantes.

MASA POR UNIDAD DE SUPERFICIE

Es importante tener en cuenta con este principio de efecto que la masa por sí sola no proporciona suficiente aislamiento acústico. También depende de su distribución uniforme sobre toda la superficie del componente. No en vano se habla en este contexto de la masa *por unidad de superficie*. Si la masa se distribuye de forma desigual entre costillas y tableros delgados en los entrepaños, como es el caso con sistemas nervados, sólo se puede contabilizar para el aislamiento acústico la masa de la delgada placa de los entrepaños, con la desventaja de que su rendimiento en términos de acústica es aún peor que el de una placa delgada no rigidizada por costillas, debido a la rigidez dinámica de éstas.

El segundo principio físico de efecto del aislamiento acús-

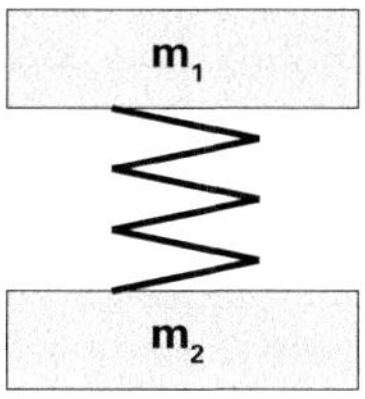

82 Representación esquemática del principio masa-muelle de aislamiento acústico.

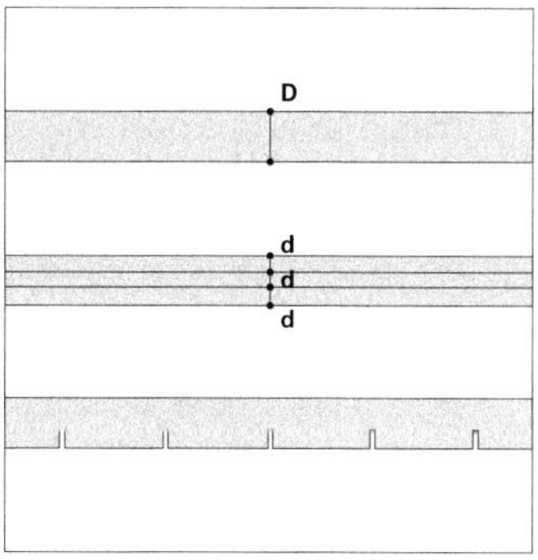

80 Reducción de la rigidez a la flexión de un panel de grosor **D** separándolo en tres paneles individuales de grosor **d** conectados entre sí de forma espaciada (por ejemplo, en forma de puntos) o hendiéndolos en forma de retícula.

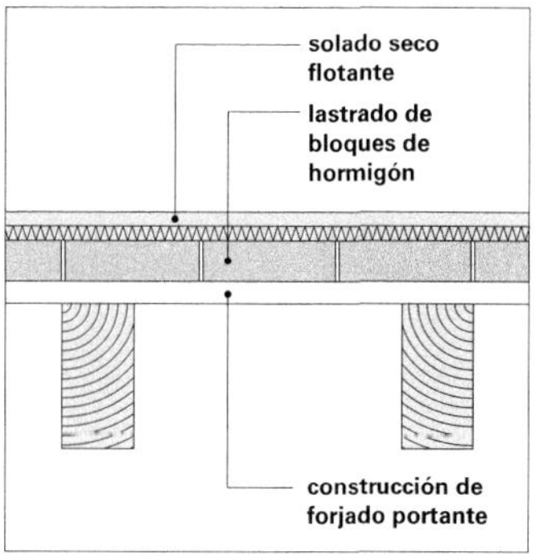

81 Mejora del aislamiento acústico de un forjado ligero lastrándolo con piedras artificiales.

tico no se basa en la disipación de la energía sonora por el efecto de masa inerte, sino en su neutralización por dos hojas
82 vibrantes. Al igual que el sistema vibratorio aire/hoja de las construcciones de una sola hoja, donde en ciertas zonas la masa de la hoja no proporciona un buen aislamiento acústico debido a la coincidencia de las frecuencias de vibración del aire y de la hoja, hay frecuencias en las que ambas hojas del sistema de doble hoja vibran en sincronía. Ambas, por así decirlo, se impulsan mutuamente en el proceso. En un principio, esto reduce drásticamente los valores de aisla-

FRECUENCIA DE RESONANCIA

83 miento acústico. Esto se llama la *frecuencia de resonancia* de ambas hojas. La tarea consiste, en consecuencia, en desplazar esta frecuencia de resonancia hacia el espectro inaudible o no molesto de las frecuencias bajas calibrando el sistema de doble hoja adecuadamente. Sin embargo, en las frecuencias más altas, el efecto de aislamiento acústico al mismo tiempo aumenta significativamente porque las hojas individuales que vibran a diferentes frecuencias se neutralizan acústicamente entre sí. Esta es esencialmente la estrategia constructiva que persiguen los sistemas de masa-muelle en términos acústicos.

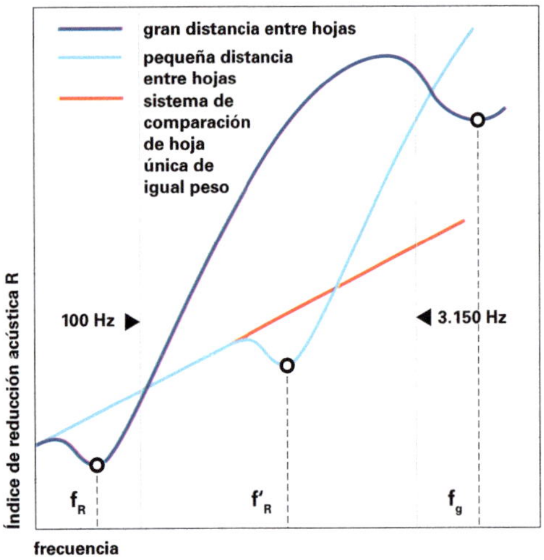

83 Aislamiento acústico de sistemas de doble hoja con aislamiento mínimo a la **frecuencia de resonancia** respectiva f_R y f'_R. El mínimo en f_R se encuentra fuera del espectro de frecuencias relevante. La depresión en la parte superior derecha correspondiente a f_g corresponde a la **frecuencia de corte de coincidencia** de la hoja individual del sistema doble.[32]

Los factores que permiten desplazar la frecuencia de resonancia de los componentes de doble hoja a rangos bajos son, en particular, una gran masa de las hojas, una separación de las hojas lo más grande posible y un relleno del espacio entre las hojas lo más elástico posible. Veamos estos tres factores en detalle.

Una masa grande, especialmente una que sea lo más flexible posible, mejora notablemente el aislamiento acústico aéreo en los componentes superficiales de doble hoja, tal como ocurre con los de hoja simple. En principio, los elementos de doble hoja ofrecen mejoras notables en comparación con los elementos de una sola con la misma masa total (sin embargo, el requisito previo es que haya una distancia mínima entre hojas que garantice que la frecuencia de resonancia se empuje por debajo del umbral aún audible
84 de 100 Hz). Los elementos de doble hoja también muestran, al igual que los elementos de una sola, un intervalo de masa medio en el que no se produce una mejora significativa del aislamiento acústico debido al efecto de resonancia de las hojas. Ejemplos de componentes envolventes pesados de doble hoja son muros de hormigón u obra de fábrica con una capa de aislamiento de fibra separadora. Este tipo de división de una masa por unidad de superficie en dos hojas separadas ofrece ventajas acústicas pero, como ya se ha señalado, reduce notablemente la rigidez estructural del espesor del elemento, que de otro modo sería homogéneo. Esto no siempre es posible o deseable.

INFLUENCIA DE LA DISTANCIA ENTRE HOJAS

☞ *Cap. 7., Aptdo. 2.3 Componentes de doble hoja, pp. 293 y ss.*

Se aplica el principio general de que el aislamiento acústico aéreo aumenta significativamente con el aumento de la distancia entre hojas. Sin embargo, ya se han señalado anteriormente las dificultades de diseño y constructivas asociadas a grandes distancias entre hojas pesadas. Esto

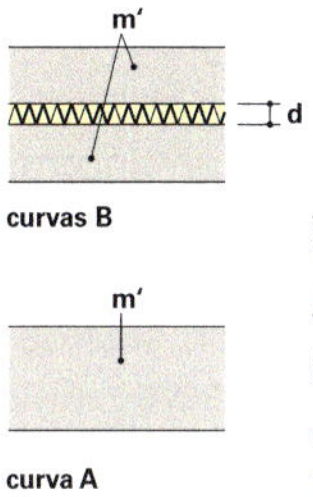

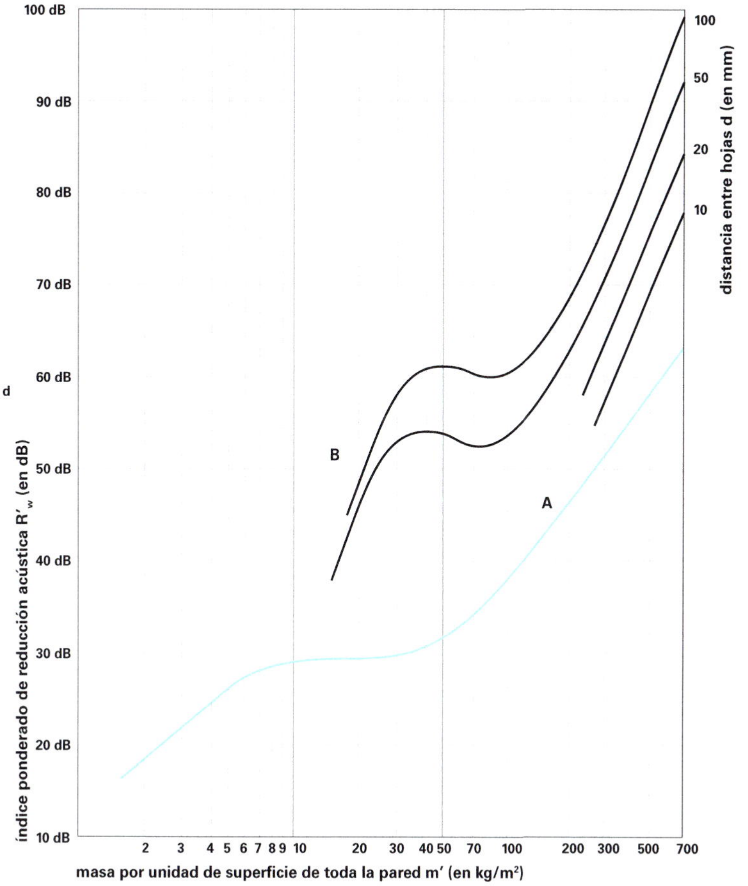

84 Índice de reducción acústica ponderado $\mathbf{R'_w}$ de paredes de doble hoja formadas por hojas aproximadamente iguales en función de la masa por unidad de superficie **m'** y de la separación entre hojas **d**.[35] Como curva de comparación (**A**), los valores de los componentes monohoja (véase también **79**).

cuestiona hasta cierto punto la combinación de grandes distancias entre hojas y grandes masas de las mismas, aunque no se pueden negar las ventajas acústicas de estas soluciones. Para reducir los efectos estáticos adversos de esta solución, conviene hacer que las hojas sean ligeras y, en lugar de confiar en el efecto de absorción de sonido de la masa pura, aprovechar las ventajas del sistema de doble hoja oscilante. Sin embargo, dado que las hojas delgadas, que son lo más flexibles posible, no pueden sostenerse por sí mismas, tienen que ser soportadas por costillas adecuadas a intervalos regulares dentro de la cavidad: Nos vemos entonces ante un sistema nervado. Aunque las costillas del sistema global de doble hoja representan claramente derivaciones de transmisión acústica desfavorables que conducen el sonido con mucha más fuerza que las zonas huecas entre las costillas, su efecto negativo puede mitigarse con dos medidas: haciendo que el nervio sea lo más elástico posible, como en el caso de montantes en C de tabiques de construcción en seco; y a través de la mayor elasticidad **85**
posible de las placas de yeso laminado, como cuando se

duplican estas, también en tabiques de entramado.[36] Los valores de aislamiento acústico más elevados se consiguen en estos casos afianzando los nervios de refuerzo a cada
86 hoja por separado. Esta medida interrumpe completamente las derivaciones de sonido.

Para que las cavidades de los elementos de doble hoja desarrollen su eficacia acústica, deben tener una resistencia al flujo suficiente para atenuar la transmisión del sonido. El revestimiento de la cavidad con material aislante de fibra

AMORTIGUACIÓN DE CAVIDAD

blando ya muestra un claro efecto. Esto se llama *amorti-*
85, 86 *guación de cavidad.* Sin embargo, los mejores valores se consiguen rellenando completamente la cavidad con este tipo de material.

Aislamiento acústico de impacto

Como se ha señalado anteriormente, el ruido estructural molesto está causado en la práctica de la construcción principalmente por pisadas sobre pisos, por lo que en esta categoría se trata principalmente de forjados. Al igual que con la transmisión del sonido aéreo, grandes masas superficiales también tienen un efecto favorable en la amortiguación del sonido de impacto. Es lógico que cuanto más pesado sea un forjado, más difícil será hacerlo vibrar mediante excitación mecánica. En el caso de forjados de losa de hormigón armado, muy extendidos, este objetivo coincide en gran medida con la necesidad, prescrita por la estática, de utilizar losas con pesos superficiales del orden de 500 a 750 kg/m^2. Aunque esto proporciona una buena base con respecto al aislamiento acústico de impacto necesario, los valores requeridos no pueden alcanzarse sólo con esta masa repartida. Un mayor aumento de la masa sólo con fines acústicos no es

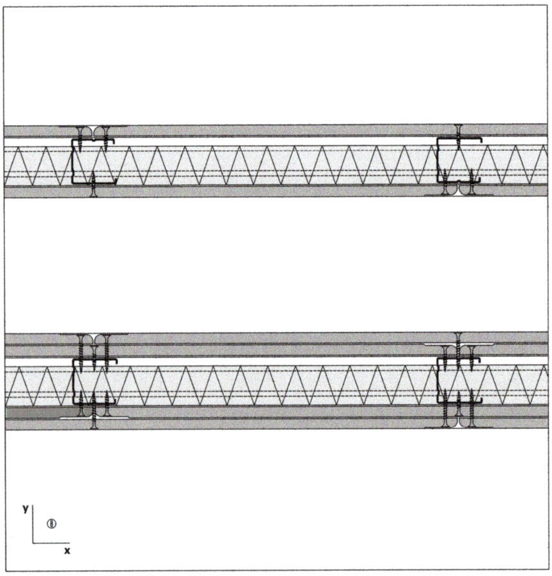

85 Tabiques ligeros de entramado aplacados con yeso laminado, con aplacado simple y doble.

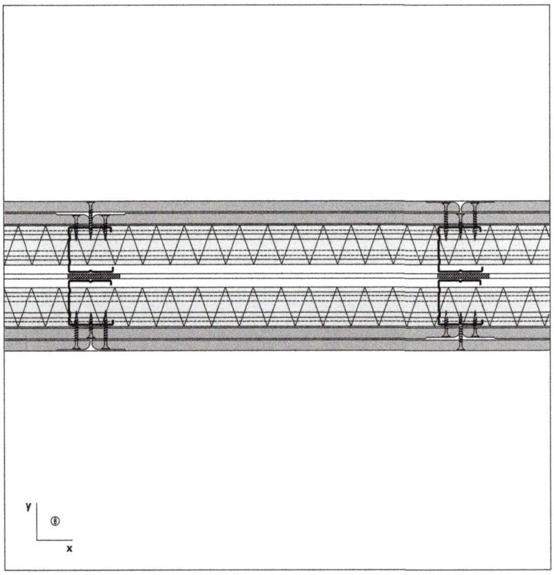

86 Tabique ligero de entramado aplacado con yeso laminado, con entramado separado.

razonable desde el punto de vista estructural. El forjado de losa con 750 kg/m² de peso superficial ya gasta dos tercios de su capacidad de carga sólo para sostenerse a sí mismo. Así, alcanza casi su tamaño límite. Por ello, hay que tomar medidas adicionales.

REVESTIMIENTOS DE SUELO BLANDOS

Revestimientos de suelo blandos sobre forjados sólidos y pesados permiten garantizar el aislamiento acústico de impacto requerido. Esto se hace principalmente amortiguando la generación de sonido ya en la fuente, es decir, en la superficie del suelo. Esta solución ofrece la gran ventaja de poder disponer libremente tabiques sobre el forjado sin que se produzcan conducciones sonoras a través de vías secundarias (como por delgados solados flotantes). Por este motivo, esta solución de forjado pesado de losa de gran luz y revestimientos de suelo blandos se encuentra sobre todo en edificios administrativos con grandes exigencias de flexibilidad de uso.

Otra opción es colocar un delgado panel flexible —un trasdosado aplicado— sobre el forjado o suspenderlo por debajo. Lo primero corresponde a un solado flotante, lo segundo a **88** un techo suspendido. Ambas medidas transforman el forjado **87** en un sistema vibratorio de doble hoja según el principio masa-muelle, compuesto por una hoja rígida pesada y una hoja de trasdosado aplicada delgada y flexible. Veamos con más detalle ambas opciones.

SOLADOS FLOTANTES

En el caso de solados flotantes, es importante utilizar capas aislantes separadoras con baja rigidez dinámica, es decir, capas blandas si es posible. Además, deben evitarse cuidadosamente puentes sonoros hacia la hoja portante, así como hacia los muros flanqueantes. Colocar tabiques sobre solados flotantes tiene un efecto perjudicial sobre la acústica. Se crea una vía de transmisión sonora lateral a través de la delgada losa del solado, lo que reduce drásti-

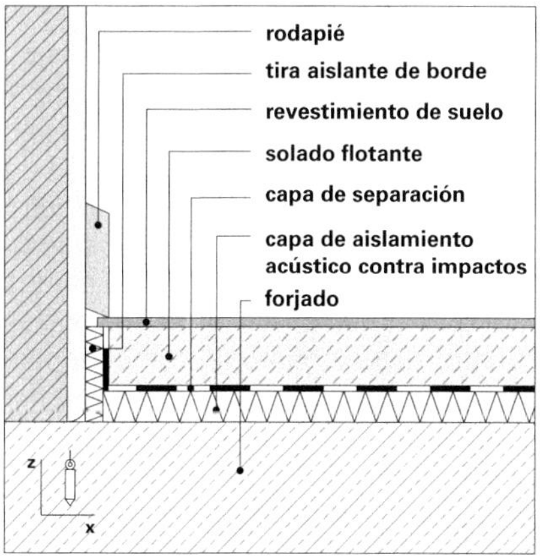

88 Solado flotante: ejecución sin puente acústico de la conexión a un tabique con la ayuda de una banda aislante perimetral.

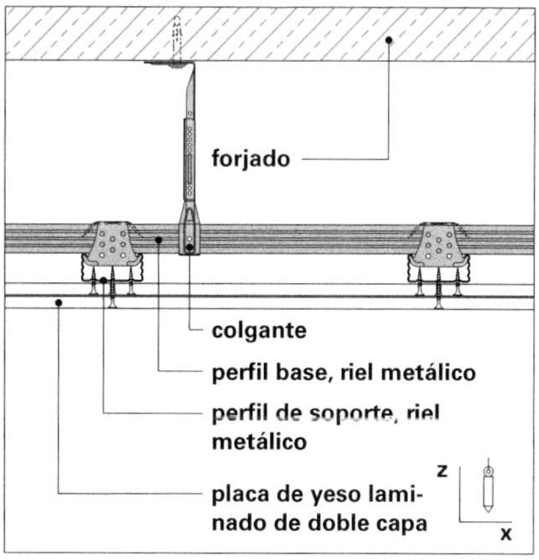

87 Falso techo de placas de yeso laminado sobre subestructura de raíles metálicos con suspensión elástica. Los nudos de la suspensión tienen distancias mínimas. Cortar a lo largo de la cara testera de los tableros.

camente el aislamiento acústico al impacto. Por esta razón, los tabiques deben ser conducidos hasta el forjado o, de lo contrario, debe seccionarse la losa de solado bajo el tabique. Ambas medidas dificultan la libre reposición del mismo. Los solados flotantes se utilizan sobre todo en la construcción de viviendas, donde la flexibilidad de uso no es tan importante como, por ejemplo, en edificios administrativos.

TECHOS SUSPENDIDOS

Los techos suspendidos mejoran notablemente el aislamiento acústico de impacto y el aéreo. Para ello, deben estar suspendidos de la hoja portante con la mayor elasticidad posible y a una distancia suficiente. Los sistemas de falso techo habituales en la actualidad garantizan ambas cosas. También es importante utilizar hojas delgadas y flexibles. Éstas oscilan con deflexiones relativamente pequeñas y, por tanto, provocan el llamado efecto de irradiación, que tiene un resultado favorable sobre el aislamiento acústico (los delgados tableros de yeso laminado sobre montantes de tabique tienen un efecto similar). Una vez más, como en el caso de la transmisión del sonido aéreo, la amortiguación de cavidad del espacio entre el forjado portante y el techo suspendido mejora el efecto de aislamiento del sonido de impacto. Los techos suspendidos proporcionan un aislamiento eficaz del ruido de impacto cuando se cumplen estas condiciones. Esto es especialmente importante en aquellos casos en los que la hoja o la estructura portante del forjado no ofrece buenas condiciones por sí misma. Esto se aplica a forjados ligeros de vigas según el principio nervado, especialmente en la construcción de madera. Al ser una construcción ligera, no pueden (ni deben) ofrecer una masa comparable a la de losas sólidas ya de principio. En estos casos, estos techos suspendidos también pueden asumir tareas adicionales de protección contra incendios, subfunción constructiva que se examinará a continuación.

EFECTO DE IRRADIACIÓN

3.3.5 Protección contra incendios

■ Dos objetivos esenciales de la protección constructiva contra incendios son, por un lado, proteger los elementos portantes esenciales —y, por tanto, toda la estructura— contra el colapso debido a los efectos del fuego, al menos hacerlo durante el tiempo necesario para la evacuación de las personas que se encuentran en el edificio, y, por otro lado, evitar en la medida de lo posible que el fuego se propague. El primer requisito se aplica a todos los elementos portantes, independientemente de si son bidimensionales o no. El último se refiere, naturalmente, a componentes superficiales, ya que un incendio sólo lo pueden contener dichos componentes actuando como cortafuegos. Ambos objetivos están interrelacionados: Una forma eficaz de evitar que las estructuras de edificio sufran daños graves o incluso se derrumben por completo es detener la propagación del fuego, incluso dentro del propio edificio. Viceversa, en el caso de componentes superficiales de separación, los elementos portantes deben ser suficientemente resistentes al fuego o, alternativamente, estar adecuadamente protegidos

PROPAGACIÓN DEL FUEGO

contra el fuego para que permanezcan estables (al menos durante un cierto tiempo) y puedan desarrollar su efecto protector. Una vez más, es obvio que, al igual que otras funciones protectoras, la función de formar barrera contra incendios debe cumplirse de forma continua y bidimensional. Huecos y juntas abiertas en componentes superficiales del edificio permiten que el fuego penetre en la estancia vecina.

COMPORTAMIENTO ANTE EL FUEGO DE MATERIALES

COMPORTAMIENTO ANTE EL FUEGO DE COMPONENTES

Dos factores son decisivos para una protección constructiva contra incendios que persiga los objetivos mencionados: el comportamiento ante el fuego de los materiales utilizados y el de las estructuras o componentes compuestos por ellos. Aunque a primera vista ambos aspectos parezcan depender el uno del otro, en realidad sólo es así en una medida muy limitada. Esto se debe a que las ventajas de ciertos materiales pueden perder su relevancia cuando se utilizan en el componente, o a que ciertas debilidades del material pueden compensarse en el componente con medidas constructivas adecuadas.[37] Veamos primero la influencia del comportamiento de los materiales cuando se exponen al fuego.

COMBUSTIBILIDAD, INCOMBUSTIBILIDAD

CONSUMO POR FUEGO

CARGA DE FUEGO

Desempeña un papel importante la cuestión si un material es combustible o incombustible. La incombustibilidad es, en principio, una ventaja importante de los materiales, porque ayuda a que un incendio se propague mucho más lentamente que con materiales combustibles. Además, esto reduce el consumo del propio material por la acción del fuego, un proceso que agota lentamente las reservas de carga del componente y, por tanto, acelera el fallo. Por último, un material incombustible no contribuye a la carga global de fuego, es decir, a la cantidad total de materiales potencialmente combustibles, y por tanto dañinos, en el edificio.

Otra cuestión crucial es la rapidez y el modo en que el material pierde finalmente su capacidad de carga bajo el fuego. Aquí hay claras diferencias entre los materiales utilizados habitualmente en la construcción. Es cierto que incluso algunos materiales incombustibles, como el acero, pierden su resistencia relativamente pronto, es decir, a temperaturas de incendio relativamente bajas. Otros, como la madera, si bien son combustibles, sólo arden lentamente en sus capas exteriores. En el caso de la madera, el proceso de combustión se ralentiza adicionalmente por el efecto del manto de carbón vegetal que se forma en el proceso. **89**
Otros materiales, como los minerales, muestran en cambio no sólo incombustibilidad sino también una resistencia al fuego extraordinariamente alta. Sólo pierden su cohesión material a temperaturas muy altas y, gracias a su gran masa, también son capaces de almacenar grandes cantidades de calor y, por tanto, de enfriar el componente antes de que se alcancen las verdaderas temperaturas críticas de incendio. El comportamiento ante el fuego de los principales materiales utilizados en la construcción, en particular los adecuados para estructuras portantes primarias, ya se ha tratado en detalle en otro lugar.

☞ *Cap. 3., Aptdo. 6.5 Impacto del fuego, pág. 92*

El parámetro más importante con el que se registra el

comportamiento ante el fuego de los componentes del edificio es la duración de la resistencia al fuego. Expresa el período mínimo especificado durante el cual un componente del edificio tiene que cumplir su función de carga o de cierre espacial, o ambas al mismo tiempo. Además del material seleccionado, que, como se ha descrito anteriormente, puede tener una influencia favorable o menos favorable, es decisivo para la duración de la resistencia al fuego efectivamente alcanzable en particular la ejecución constructiva del componente. Algunos factores de influencia, que puede manipular el proyectista para sus propósitos, juegan un papel esencial.

DURACIÓN DE RESISTENCIA AL FUEGO 90

En primer lugar, es importante la cantidad de superficie expuesta directamente al fuego en comparación con el volumen del componente. Esto es importante porque la superficie está expuesta a la fuerza destructiva del fuego, además de recoger el calor del fuego e introducirlo en el componente. Los volúmenes de los componentes encerrados por estas superficies, especialmente los de gran densidad aparente o gran capacidad de almacenamiento de calor, son capaces a su vez de desarrollar un efecto refrigerante favorable. Cuanto mayor sea por tanto la superficie expuesta al fuego en comparación con el volumen del componente, es decir, cuanto mayor sea la denominada relación A/V o el factor de superficie envolvente del componente, menos favorables serán las condiciones bajo el efecto del fuego. Esto significa que los componentes especialmente delgados, de forma compleja o delicados corren un riesgo particularmente alto en caso de incendio. En la construcción de acero, por ejemplo, esto se registra mediante el llamado factor de perfil, que esencialmente relaciona la superficie expuesta al fuego del componente por unidad de longitud con el volumen encerrado, también por unidad de longitud. En el caso de componentes superficiales, este criterio desempeña un

RELACIÓN A/V

FACTOR DE SUPERFICIE ENVOLVENTE

FACTOR DE PERFIL

89 La capa de carbonilla creada por la combustión externa protege la sección transversal portante de la madera como una capa de aislamiento térmico y, por lo tanto, ralentiza el consumo por el fuego.

designación de la autoridad de edificación	designación según DIN 4102	abrev.
sin periodo de resist. al fuego	sin periodo de resist. al fuego	**F 0**
retardante del fuego	clase de resist. al fuego **F 30**	**F 30**
altamente retardante del fuego	clase de resist. al fuego **F 60**	**F 60**
resistente al fuego	clase de resist. al fuego **F 90**	**F 90**
	clase de resist. al fuego **F 120**	**F 120**
	clase de resist. al fuego **F 180**	**F 180**

90 Designaciones de las clases de resistencia al fuego según las normativas de construcción estatales (izquierda) y *DIN 4102*.

papel bastante secundario por razones obvias. Sin embargo, es especialmente relevante para componentes exentos expuestos al fuego por varios lados, como columnas o vigas. Por lo tanto, las secciones transversales lo más compactas posible con un factor de perfil pequeño tienen un efecto favorable en este caso.

Pero también hay que tener en cuenta que el tamaño absoluto de un componente también influye en la relación A/V. Cuanto más grande es, más favorable es en términos de protección contra incendios. Evidentemente, el grosor absoluto de un componente superficial monohoja también influye en el factor de superficie envolvente, ya que este factor disminuye cuando se aumenta el grosor, pero el área de su cara expuesta sigue siendo la misma. Además, un aumento del grosor del componente también puede ser ventajoso en lo que respecta a la carbonización lenta por el fuego desde el lado expuesto. Esto se hace, por ejemplo, al dimensionar componentes de madera sujetos a riesgo de incendio.

Al igual que con el aislamiento térmico, también deben evitarse en el diseño constructivo de componentes con una duración mínima de resistencia al fuego los puentes térmicos. Las conexiones y los enlaces deben estar ejecutados para ser tan resistentes al fuego como el propio componente. Este aspecto se desarrollará a continuación.

SISTEMA ESTRUCTURAL

El sistema estático o estructural del componente o de la estructura general también desempeña un papel: Los sistemas redundantes, es decir, los hiperestáticos, presentan ciertas ventajas porque en situaciones críticas se dispone de varias vías de descarga alternativas. Esto significa que incluso si partes individuales de la estructura fallan cuando se exponen al fuego, puede seguir siendo estable en su conjunto, ya que otros componentes aún intactos pueden asumir la función de soporte. En cambio, los sistemas isostáticos se desploman por completo en cuanto falla un solo componente. Ahora bien, una desventaja de los sistemas hiperestáticos es que las dilataciones térmicas, al producirse bajo el fuego, pueden dar lugar a coacciones peligrosas. En principio, la provisión de ciertas reservas de carga adicionales en el diseño de los componentes estructurales siempre tiene un efecto favorable en cuanto a la protección contra incendios.

REVESTIMIENTO TÉRMICAMENTE AISLANTE

Un medio esencial para ampliar la duración de la resistencia al fuego de un componente del edificio es rodearlo de un revestimiento térmicamente aislante y al mismo tiempo resistente al fuego. Puede consistir en placas o también en **91**
capas que se espuman bajo el calor del fuego y desarrollan un efecto de aislamiento térmico. (En cierta medida, la capa de carbonilla que se forma en los componentes de madera que se carbonizan actúa de forma análoga). También hay que prestar mucha atención a la ausencia de huecos y puentes térmicos en estos revestimientos.

Como alternativa al revestimiento de aislamiento térmico,

ENFRIAMIENTO EN CASO DE INCENDIO

también se pueden tomar medidas para enfriar un componente del edificio en caso de incendio. Esto puede hacerse, por ejemplo, rociando agua sobre ellos o llenando de agua componentes huecos. Con su capacidad de almacenamiento de calor relativamente alta, el agua tiene un efecto refrigerante. Un ejemplo son columnas rellenas de agua fabricadas con perfiles tubulares de acero. Otros materiales con gran capacidad de almacenamiento de calor, como materiales minerales pesados, tienen un efecto refrigerante similar, aunque no tan grande como el agua en términos de peso unitario.[38] En combinación con componentes de acero, el hormigón en la construcción compuesta de acero-hormigón, por ejemplo, puede ejercer una función refrigerante muy
92 favorable. De este modo, se puede retrasar notablemente el alcance de la temperatura crítica, a la que el acero pierde su capacidad de carga. Como resultado, se pueden conseguir duraciones de resistencia al fuego mucho mayores.

3.3.6 Durabilidad

La vida útil relativamente larga que se exige a la mayoría de las estructuras de edificio está muy por encima de la que deben alcanzar otros objetos técnicos. No en vano, la exigencia de durabilidad ocupa un lugar importante dentro de las tareas de construcción. Por lo tanto, se tratará aquí como una subfunción constructiva más. Esto se debe a que, para cumplir de forma fiable las funciones parciales comentadas hasta el momento, incluida la función de soporte de carga que queda por abordar, durante el periodo de uso previsto, las capas de material efectivas deben permanecer en gran medida intactas a largo plazo. Para ello, es necesario detener o al menos ralentizar varios procesos de descomposición atmosférica que actúan sobre ellos. De lo contrario, podrían perjudicar la utilidad de la estructura del edificio o incluso destruirla por completo. Los procesos físicos implicados y las medidas de protección esenciales disponibles ya se han introducido en otro lugar para los materiales más importantes.

☞ *Cap. 3., Aptdo. 6.4 Procesos de descomposición, pp. 90 y s.*

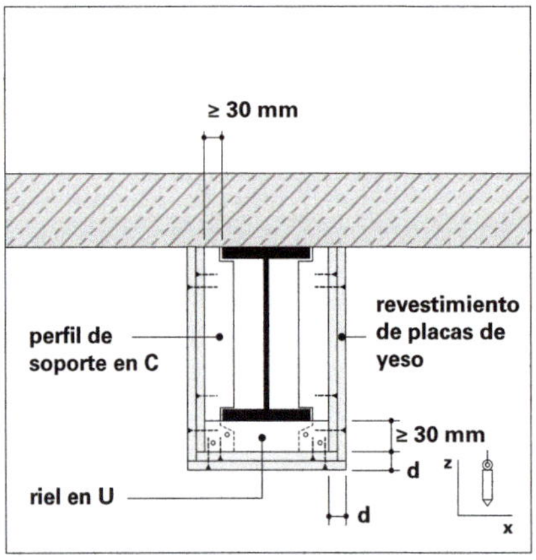

91 Revestimiento de una viga de acero con paneles ignífugos de yeso laminado.

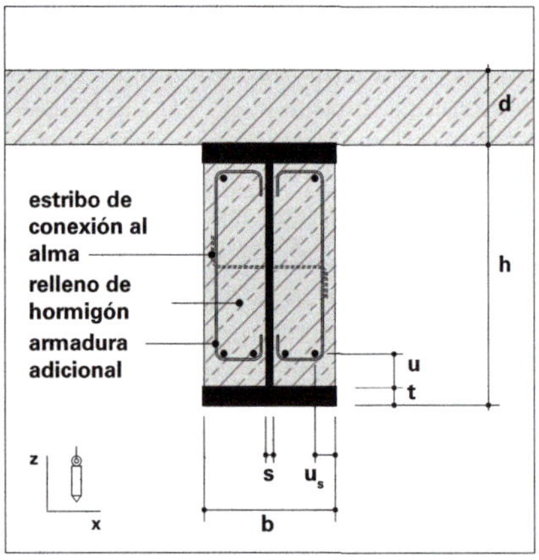

92 Ejecución de una viga compuesta con cámaras de perfil rellenas de hormigón. Las dimensiones indicadas se especifican en la norma.

En este apartado, se harán algunas consideraciones adicionales en relación con un componente superficial ejemplar.

Protección contra la corrosión

■ La corrosión es un proceso de destrucción físico y químico que amenaza tanto a los metales ferrosos como a los materiales minerales, entre ellos especialmente el hormigón. El vidrio también está expuesto a la corrosión en determinadas condiciones. Debido a su importancia constructiva y también a la peligrosidad de las consecuencias de la corrosión, nos concentraremos en este contexto en los materiales acero y hormigón, o mejor dicho, acero y hormigón armado.

PASIVACIÓN

ÓXIDO

Los metales ferrosos, como se utilizan en la construcción ante todo en forma del acero, están expuestos a un grave riesgo de corrosión. Los metales no ferrosos, que se presentan en su mayoría con función no portante, o bien no se ven afectados por la corrosión en absoluto o bien son capaces de formar por sí mismos una capa de óxido protectora en su superficie, que los protege de la corrosión progresiva. Estas capas protectoras autoformadas se denominan capas pasivas y el proceso en sí se llama pasivación. Los metales 93 ferrosos, por el contrario, después de haber sido procesados en un procedimiento de fabricación complejo y que consume mucha energía, partiendo del mineral de hierro —predominantemente óxidos de hierro— hasta llegar al producto de alta calidad que es el acero, muestran la inconveniente tendencia a revertir a la forma química original del óxido de hierro a causa de la oxidación atmosférica. Esto destruye la 95 estructura material cristalina del acero o del hierro. Como resultado, se pierden su cohesión y resistencia en un proceso de oxidación progresivo desde el exterior hacia el interior, que —a diferencia de los metales no ferrosos— *no* lo detiene la capa de óxido que se forma. Las capas de óxido de hierro que se crean son frágiles, se desprenden hacia el exterior debido a su importante aumento de volumen y, como resultado de la estructura material estratificada del acero laminado, suelen formar una estructura de capas sueltas parecida a un hojaldre. De este modo, se consumen 94 lentamente desde el exterior las secciones transversales portantes, y se pierde gradualmente su capacidad de carga, un proceso que puede tener consecuencias catastróficas para las estructuras de edificio.

CORROSIÓN POR OXÍGENO

CORROSIÓN POR CONTACTO

La corrosión por oxígeno, que tiene especial relevancia en este contexto,[39] es una reacción electroquímica. En este proceso, los iones de oxígeno del aire se unen a los iones de hierro del cuerpo metálico con la ayuda del agua que actúa como electrolito. Se forma óxido de hierro, que aparece como herrumbre en una mezcla con agua de cristalización. También es importante para las condiciones prácticas de construcción que este proceso electrolítico puede acelerarse notablemente si el hierro también está en contacto con otros metales de diferentes potenciales eléctricos.[40] Este proceso se denomina *corrosión por contacto*. El metal menos noble del par en contacto se destruye por rápida corrosión. En las condiciones prácticas de la construcción, el hierro o el acero, de nobleza moderada en este sentido, se ve especialmente amenazado por los metales más nobles, como el cobre, pero no por los menos nobles, como el cromo, el zinc o el aluminio. Por lo tanto, los elementos de fijación, si están hechos de metales diferentes, deben ser siempre de un metal más noble que el material base, que es normalmente el acero. De lo contrario, fallarían a corto plazo como resultado de la corrosión por contacto.

El proceso de corrosión por oxígeno puede ralentizarse técnicamente o evitarse por completo mediante tres medidas principales: O bien se mantiene el oxígeno lejos del metal ferroso; o se hace lo mismo con el agua, que como electrolito es un requisito básico para la reacción electroquímica; o finalmente se reduce la diferencia de potencial entre los elementos galvánicos implicados, de modo que se detiene la reacción. Los dos primeros objetivos se persiguen esencialmente con la mencionada pasivación o protección pasiva contra la corrosión, mientras que el último se persigue con las llamadas medidas de protección activa contra la corrosión. Veamos con más detalle estas opciones.

PROTECCIÓN PASIVA/ACTIVA CONTRA LA CORROSIÓN

Para proteger los metales ferrosos del efecto corrosivo del agua o la humedad, hay varios métodos a elegir: lo más obvio es aplicar medidas similares a las de la protección contra la humedad ya comentadas, es decir, en primer lugar, mantener el metal tan lejos del agua como sea constructivamente posible o justificable. Las partes de acero o hierro en interiores no corren riesgo de corrosión de todos modos, ya que no hay ambiente húmedo. Si, por ejemplo, una cavidad, como una viga cajón en la construcción de un puente, puede hacerse completamente hermética y estanca mediante una soldadura bien ejecutada, el metal ferroso del interior también queda aislado del efecto corrosivo de la atmósfera. En el caso de componentes exteriores, es aconsejable asegurarse de que el agua pluvial no afecte en absoluto a los componentes —

93 Capa de óxido autoformada (capa pasiva) sobre una superficie de aluminio.

95 Superficie oxidada. El aumento de volumen de las superficies oxidadas en comparación con la superficie de acero intacta (mancha en el centro a la derecha) es claramente visible por el tamaño del grano.

94 Estructura suelta y estratificada de acero oxidado.

como por ejemplo, situándolos bajo voladizos de cubierta— o que, de lo contrario, el agua no pueda acumularse nunca sobre la superficie del componente y se drene siempre de forma controlada y lo más rápidamente posible. Por esta razón, deben evitarse cuidadosamente cavidades cóncavas en forma de artesa, cámaras de perfil abiertas en la parte superior o incluso ranuras estrechas que podrían arrastrar el agua por capilaridad. **98**

Estos métodos, cuyos objetivos coinciden esencialmente con los de la protección contra la humedad, son un requisito básico importante para una protección eficaz contra la corrosión, pero no ofrecen una protección completa contra la humedad transportada por el aire, el agua de condensación y también contra los procesos de corrosión traicioneros y difíciles de controlar que ya se ponen en marcha en pequeños defectos de la superficie del metal, como en el caso de la corrosión por picaduras. La corrosión puede producirse incluso en gotas de agua estacionarias. Por este motivo, las piezas de acero deben protegerse contra los efectos de la humedad y el oxígeno atmosférico con medidas adicionales, aunque se respeten los imperativos mencionados anteriormente. En la práctica de la construcción, esto se hace con la ayuda de recubrimientos que separan eficazmente el metal ferroso de la atmósfera. Esto incluye pinturas protectoras **97** y recubrimientos metálicos aplicados galvánicamente. El **96** mismo efecto se consigue pasivando el metal ferroso con capas de óxido autoformantes. **93**

CORROSIÓN POR PICADURAS

PINTURAS PROTECTORAS

RECUBRIMIENTOS METÁLICOS

CAPAS DE ÓXIDO AUTOFORMANTES

Las pinturas protectoras son medidas básicas de protección contra la corrosión, relativamente sencillas y baratas. Los recubrimientos metálicos pueden ser de metales nobles o básicos. Un recubrimiento noble utilizado en la práctica es el cromado.[41] El cromo forma una capa protectora de óxido de cromo en su superficie que impide cualquier corrosión progresiva. El recubrimiento metálico más utilizado, en cambio, está hecho de un metal base, el zinc: el galvanizado en caliente. Este acabado por inmersión proporciona una **96** protección anticorrosiva duradera, fiable y de bajo coste. El recubrimiento de metal base no sólo forma una capa protectora continua. La protección contra la corrosión es aún más completa: Si el recubrimiento está dañado, es la capa de zinc la que se corroe y no el metal ferroso, más noble. Por consiguiente, con el galvanizado en caliente se presenta un caso de protección anticorrosiva tanto pasiva como activa.

CROMADO

GALVANIZADO EN CALIENTE

Las capas de óxido pasivante en metales ferrosos pueden conseguirse mediante aleaciones adecuadas del material base. Esto ocurre, por ejemplo, con los aceros resistentes a la intemperie con un contenido relativamente alto de cobre. **99** Con esto, se forma una capa exterior de óxido bajo la acción atmosférica, que —a diferencia del acero convencional— detiene en gran medida el progreso de la corrosión. No obstante, puede producirse una visible escorrentía de óxido hacia componentes vecinos.

ACEROS RESISTENTES A LA INTEMPERIE

La formación de óxido puede eliminarse por completo

ACEROS INOXIDABLES

100 con aceros inoxidables. Se trata de aleaciones de hierro con cromo y níquel o con contenidos de cromo, níquel y molibdeno. Se forma una película protectora de óxido de cromo pasivante en la superficie del material base. Los aceros inoxidables proporcionan una protección eficaz contra la corrosión, tienen la ventaja adicional de una conductividad térmica inferior y están disponibles en resistencias comparables a las de aceros estructurales convencionales (pero son relativamente caros).

ÁNODOS DE SACRIFICIO

PROTECCIÓN CATÓDICA CONTRA LA CORROSIÓN

La protección activa contra la corrosión se lleva a cabo en la construcción mediante los llamados ánodos de sacrificio hechos de metal menos noble, que se fijan a la estructura de acero —aquí el elemento catódico—. Por lo tanto, también se denomina protección catódica contra la corrosión, que también puede garantizarse mediante electrodos conductores. Los ánodos de sacrificio se disuelven con el tiempo y se sustituyen periódicamente.

CORROSIÓN DEL HORMIGÓN

CARBONATACIÓN DEL HORMIGÓN

Además de la corrosión de los metales ferrosos, es
101 igualmente importante la corrosión del hormigón.[42] También aparece en la práctica especialmente en el hormigón armado, y se debe al reciente fuerte aumento del contenido de cloruro en el medio ambiente, por ejemplo, por el uso de sal de deshielo. Las superficies de hormigón expuestas a la intemperie (las superficies interiores no se ven afectadas por este proceso) suelen estar surcadas por finas grietas a través de las cuales el agua llega al acero de armadura. El alto contenido de cloruro conduce a la llamada carbonatación del hormigón bajo la influencia del dióxido de carbono
111 atmosférico. Esto neutraliza el entorno alcalino del hormigón circundante, que de otro modo protegería de la corrosión, y hace que se forme óxido en el acero. El aumento del volumen del acero oxidado provoca el desprendimiento del recubrimiento de hormigón. A continuación, se pone en marcha un proceso de autointensificación en el que los insertos de acero quedan sucesivamente más expuestos, oxidándose progresivamente y desprendiendo así cada vez

98 Corrosión metálica en una canaleta abierta hacia arriba en la unión de dos perfiles.

97 Perfiles de acero con pintura protectora.

96 Perfiles de acero galvanizados en caliente.

más el recubrimiento de hormigón, etc. Este proceso de destrucción, que afecta aproximadamente a los 2,5 cm más externos del hormigón, se contrarresta constructivamente aumentando el recubrimiento de hormigón hasta 3–4 cm, un valor que representa el estándar para componentes de hormigón expuestos en la actualidad.

Protección contra la putrefacción

☞ *Cap. 3., Aptdo. 6.4 Procesos de descomposición > palabra clave: putrefacción, pág. 91*

■ Ya se ha visto en otro lugar cómo los procesos de descomposición biológica, denominados putrefacción, ponen en peligro materiales biológicos como la madera. Se deben principalmente a la infestación por hongos e insectos y destruyen la estructura material de la madera. Es posible controlar **102**
estos parásitos directamente, ya sea destruyéndolos o atrayéndolos lejos de la madera por medios adecuados. Estos son los objetivos de la preservación química y biológica de la madera, respectivamente. Una de las desventajas de los agentes químicos, que son esencialmente venenosos y que suelen introducirse en las capas exteriores de la madera con la ayuda de diversos procesos de impregnación y empapado, es que también pueden ser perjudiciales para el ser humano. Por este motivo, entre otros, se aplica el principio de que, antes de adoptar cualquier medida química, se deben agotar las posibilidades de la llamada preservación constructiva de la madera. Curiosamente, al igual que la corrosión de los metales ferrosos, la humedad constante en contacto con el aire es también el requisito básico para el daño del material en el caso de la putrefacción. Esto es así porque es este tipo de ambiente el que proporciona el hábitat necesario para los parásitos de la madera. Si es, pues, posible evitar humedad constante sólo con el proyecto y con medios constructivos, ya se ha dado un paso importante en cuanto a la protección contra la podredumbre.

PRESERVACIÓN QUÍMICA
PRESERVACIÓN BIOLÓGICA

PRESERVACIÓN CONSTRUCTIVA DE LA MADERA

Dado que la preservación constructiva de la madera persigue objetivos similares a los de la protección general contra la humedad, algunos de sus principios básicos esenciales **104,**
son idénticos a los ya discutidos en ese contexto. Entre **102**

☞ *Aptdo. 3.3.1 Protección contra la humedad, pp. 581 y ss.*

99 Puente peatonal de acero resistente a la intemperie. Una capa de óxido protege el acero de la corrosión progresiva.

100 Anclaje de cable de acero inoxidable.

101 Corrosión del hormigón: desprendimiento de la cubierta protectora de hormigón debido a la carbonatación y exposición resultante de la armadura.

ellos, evitar la acumulación de agua en superficies más o menos horizontales o ligeramente inclinadas; el drenaje rápido y controlado del agua pluvial; levantamiento de la construcción de madera fuera de la zona húmeda del suelo; la protección de las superficies de madera con la ayuda de cubiertas, voladizos o salientes; la ventilación trasera de pantallas de intemperie; ventilación y calefacción adecuadas de los espacios interiores; evitar los puentes térmicos y, sobre todo —un requisito general importante en la construcción de madera— evitar inclusiones de humedad en el interior de los componentes de madera, que pueden ser causadas por capas inhibidoras de la difusión (especialmente externas) o incluso bloqueadoras de la misma. En principio, debe garantizarse siempre que los componentes de madera estén bien ventilados y puedan disipar rápidamente la humedad a la atmósfera por difusión.

PENETRACIÓN CAPILAR DE AGUA EN LA TESTA

Un aspecto importante de la preservación constructiva de la madera relacionado con el material —en contraste con el caso del metal ferroso, que es isótropo— es el peligro de que penetre agua por vía capilar a través de la superficie testera. En el proceso, las fibras de madera abiertas atraen activa-
105 mente el agua hacia el interior. Por este motivo, la madera de testa debe protegerse de la humedad con especial cuidado. Para ello, las bases de columna se elevan preferentemente por encima de los niveles que conducen o contienen agua (como el suelo) colocándolas, por ejemplo, sobre piezas
104 metálicas o plintos de hormigón. Las superficies de testa de tablas o tablones expuestos a la intemperie se protegen, por ejemplo, con listones o tapas dispuestas en ángulo recto respecto al eje de la pieza. Las cabezas de viga expuestas a la intemperie se cubren con tablas u otros revestimientos

102 Edificio de madera japonés: Un voladizo de cubierta muy saliente protege la construcción de madera de la humedad. Todas las testas de las vigas están provistas de cubiertas metálicas (de color claro) para proteger la madera testera.

del mismo modo o, alternativamente, se cortan en oblicuo 102
para que la testa quede lo más alejada posible de la lluvia y ésta se escurra lo más rápidamente posible. Las piezas de madera también deben protegerse cuidadosamente de la humedad que se acumula en estructuras de obra. Si la madera se coloca encima de un material mineral, se intercalará siempre una impermeabilización entre ambos. 106

Conducción de fuerzas, soporte 3.3.7

■ Por último, queda por investigar cómo puede cumplirse la subfunción de conducción de fuerzas, por analogía con las subfunciones ya tratadas anteriormente y en comparación con ellas, mediante principios físicos de efecto adecuados y principios constructivos de solución. En este contexto, es necesario hacer algunas observaciones previas.

A diferencia de las tareas comentadas hasta ahora, que son funciones opcionales, conducir fuerzas es una función obligatoria. Sin duda, también hay estructuras que no ofrecen ni protección térmica ni contra la humedad. También existen edificios sin aislamiento acústico. Otros, por otro lado, están exentos del requisito de permanencia o durabilidad, por ejemplo, los temporales. En cambio, no hay ninguna estructura de edificio que no tenga que conducir fuerzas hacia el terreno. En este sentido, la función parcial de conducción de fuerzas ejerce un cierto predominio en la interacción con las otras. Por esta razón, goza de cierta precedencia en el proyecto constructivo, se tome o no nota de este hecho. Este significado especial se expresa también, entre otras cosas, en el hecho de que uno de los tres grupos funcionales principales —es decir, uno de los tres componentes principales de cualquier estructura de un edificio— se asigna únicamente a esta singular función parcial de soportar cargas, a saber,

106 Placa de plomo bajo una columna de madera: capa para simultáneamente distribuir la compresión y sellar contra la humedad ascendente.

☞ *Cap. 4., Aptdo. 1.1 Las funciones principales, pp. 169 y s.*

103 Putrefacción: descomposición de la estructura material de la madera debido a la acción de parásitos en un entorno constantemente húmedo.

104 Preservación constructiva de la madera: drenaje rápido del agua de lluvia mediante el biselado de las superficies del zócalo; elevación de la madera por encima del hormigón para evitar la humedad constante. A pesar de estas medidas, se observa un ennegrecimiento en la parte inferior de la madera de la columna en la zona de la testa: primeros signos de putrefacción como resultado de humedad ascendente.

105 Daños en la madera testera debido a la entrada de agua capilar a pesar de la elevación del componente sobre el suelo.

la estructura portante, lo que convierte la función parcial en función principal como sin quererlo, en cierto modo. Para los presentes propósitos, nos contentaremos con asignar la transmisión de fuerzas como función principal sólo a la estructura portante primaria, mientras que en el contexto de los componentes bidimensionales la consideraremos como una función parcial y, en consecuencia, asignaremos esta última al grupo o subsistema funcional secundario, es decir al envolvente. Los componentes superficiales pueden, según el caso, pertenecer sólo a la estructura portante secundaria o terciaria (como en la construcción de esqueleto) o, por el contrario, también a la estructura portante primaria (como en la construcción de pared).[43] Por estas razones, en nuestra consideración de la carga como función parcial, no tendremos en cuenta la estructura portante primaria que está separada de la envolvente —como la presente en la construcción de esqueleto—.[44] Esta se ha tratado en profundidad en otro lugar en el contexto de los métodos constructivos. La estrecha interacción de la función de soporte con el resto de las subfunciones constructivas se examina en otro lugar, especialmente al analizar construcciones envolventes.

☞ *Cap. 8., Aptdo. 5. Métodos de construcción de esqueleto, pp. 368 y ss.*
☞ *Cap. 7., Aptdo. 2. Variantes básicas de composición, pp. 280 y ss.*

HOJA

La función portante se asigna siempre a una *hoja* bidimensional en el caso de componentes superficiales, independientemente de que ésta pertenezca a la estructura portante primaria, secundaria o terciaria. Esto es siempre forzoso porque las cargas externas que actúan sobre la superficie (viento, nieve, cargas vivas) también deben absorberse de manera superficial para luego transmitirse de forma concentrada, si se da el caso. Incluso las cargas puntuales externas presuponen hojas bidimensionales, a menos que su punto de aplicación esté predeterminado desde el principio y, en consecuencia, pueda preverse (lo que suele no ser el caso). Esto se aplica, por ejemplo, a cargas de personas sobre forjados. Si la hoja bidimensional forma parte de la estructura portante primaria, transfiere las cargas a otros componentes estructurales primarios o directamente al suelo. Si pertenece a la estructura portante secundaria, lo hace a la estructura portante primaria. Como parte de la estructura portante terciaria, finalmente transfiere las cargas a la estructura portante secundaria.

La hoja tiene una rigidez mínima a la flexión que le permite conducir fuerzas. Esto es cierto para la mayoría de los casos prácticos de la construcción en los que la hoja está sometida esencialmente a compresión o flexión. Además de la flexión, también la compresión requiere una cierta (aunque menor) rigidez a la flexión de la hoja para evitar el pandeo. La tracción, en cambio, no requiere ninguna rigidez a la flexión. Un esfuerzo de tracción puro se produce en el componente de la envolvente con membranas y mallas de cables, pero es la excepción en la práctica de la construcción. Las principales características de este caso especial ya se han tratado por separado en otro lugar.[45]

☞ *Cap. 7., Aptdo. 2.6 Sistemas de membrana, pp. 308 y ss.*

La capacidad de soportar la flexión distingue fundamentalmente la hoja de la capa. Además de la función de soporte de cargas, la hoja puede en algunos casos cumplir también otras funciones parciales al mismo tiempo. Un ejemplo ilustrativo son muros de carga con funciones de protección térmica y contra la humedad, como un muro tradicional de ladrillo de una sola hoja. La rigidez a la flexión de la hoja requiere, a su vez, dimensiones de espesor correspondientes, que siempre deben respetarse. Es evidente que estos espesores mínimos dependen directamente de la resistencia o la rigidez de los materiales implicados. Sin embargo, desde un punto de vista práctico, el grosor habitual de una hoja es mucho mayor que el de ciertas capas que desempeñan otras funciones, como la mayoría de las capas de impermeabilización, por ejemplo membranas impermeabilizantes. La única excepción es la capa de aislamiento térmico, que en el caso de envolventes de edificios modernos altamente eficientes ha alcanzado ya los espesores de hojas portantes, o más bien los supera en mucho.[46] Por esta razón, también existe un cierto predominio de los componentes portantes en el contexto del diseño constructivo de envolventes de edificio, aunque hoy en día comparten este dominio con la capa de aislamiento térmico.[47]

☞ *Ya se hizo la distinción conceptual entre hoja y capa en el Cap. 7., Aptdo. 2. Variantes básicas de composición, pp. 280 y ss.*

Resumiendo: La rigidez a la flexión requerida de una hoja determina directamente su espesor y, por tanto, el espacio que ocupa en la estructura de la envolvente. Para la rigidez a la flexión que debe presentar la hoja de un componente superficial, y por tanto para su dimensión de espesor o adicionalmente también para su ejecución constructiva, son decisivos otros factores además de la magnitud absoluta de la carga externa actuante: Esto incluye la forma (plana o curva), el apoyo y, en particular, la alineación de la fuerza externa con respecto a la superficie del componente. Sin embargo, dado que en este contexto se está examinando un componente superficial genérico, una pieza diferencial recortada, por así decirlo, no son tanto estos factores externos los que interesan, sino el esfuerzo (interno), es decir, las fuerzas seccionales internas que estos parámetros externos provocan en la sección transversal del componente para establecer un equilibrio de fuerzas.[48] Se trata de compresiones y tracciones normales, momentos flectores y esfuerzos cortantes.

FUERZAS SECCIONALES

En aras de la simplicidad, se considerarán en primer lugar componentes planos, que marcan la pauta en la construcción. Aquí se aplica que las condiciones más favorables, es decir, los menores esfuerzos y, por tanto, las dimensiones de grosor más reducidas, se dan siempre cuando el componente tiene que absorber sólo una flexión mínima. Esto se debe a que, entre las fuerzas seccionales mencionadas, la flexión es la que carga más desfavorablemente el material y, en consecuencia, también exige las mayores dimensiones de sección transversal. Una flexión mínima se da en componentes superficiales planos siempre cuando la carga predominante actúa a lo largo de la superficie del componente.

COMPONENTES SUPERFICIALES PLANOS

Esto se aplica, por ejemplo, a paredes verticales cargadas verticalmente. Para carga vertical, representan verdaderas formas de equilibrio en gran medida libres de flexión en el sentido ya definido.

☞ *Cap. 5., Aptdo. 2.1.3 La forma de equilibrio libre de flexión, pp. 183 y ss.*

Las cargas externas más desfavorables son las que están alineadas en ángulo recto con la superficie plana del componente. Provocan los mayores esfuerzos flectores en la sección transversal y, por lo tanto, también requieren las mayores dimensiones de espesor. Este caso se da con pisos o cubiertas planas horizontales, ambos cargados verticalmente. Dado que en las condiciones prácticas de la construcción las cargas verticales predominan claramente sobre las horizontales en la mayoría de los casos,[49] se puede inferir la siguiente conclusión general: En principio, la hoja o estructura portante en componentes superficiales planos en posición horizontal requiere un mayor grosor que en los verticales, porque en esta posición tiene que *redirigir* la carga vertical dominante. O formulado de otra manera: Las cubiertas planas y los pisos deben dimensionarse siempre con mayor grosor en sus partes portantes que los muros. Los pisos, a su vez, suelen tener que ejecutarse más resistentes que las cubiertas porque las cargas verticales que actúan sobre ellos (especialmente las cargas vivas) son bastante mayores que las de las cubiertas (es decir cargas de viento y de nieve). Por lo tanto, los componentes superficiales planos inclinados ocupan una posición intermedia entre los horizontales y los verticales en cuanto a su carga y dimensionamiento.

☞ *Véanse también los comentarios en Cap. 5., Aptdo. 2.1.1 Redirección de fuerzas, pp. 180 y ss.*

COMPONENTES SUPERFICIALES CURVOS

ESTRUCTURAS LAMINARES

TENSIONES DE MEMBRANA

Los componentes superficiales curvos ofrecen básicamente buenas condiciones para minimizar el grosor de la hoja. Esto se debe a que, a diferencia de las superficies planas, las curvas pueden actuar como estructuras laminares[50] o como verdaderas superficies de equilibrio, incluso con cargas externas aplicadas a ellas en ángulo recto. A pesar de la componente de carga externa, que es normal, es decir, perpendicular, a su superficie resultante del efecto de la carga vertical, las estructuras portantes de tipo laminar, como bóvedas y cúpulas, están, sin embargo, sometidas a
107 las llamadas tensiones de membrana puras. Son esfuerzos exclusivamente tangenciales a la superficie.[51] Son comparables a las fuerzas axiales o normales en componentes planos o en forma de barra y, en consecuencia, sólo causan tensiones mínimas en la sección transversal del componente. La flexión no está involucrada, ya que las auténticas estructuras laminares están básicamente libres de flexión. Por esta razón, los espesores de las hojas pueden reducirse considerablemente en este caso. Frecuentemente tienen espesores de unos pocos centímetros. Principalmente por razones de fabricación, pero también por su complejo comportamiento de carga, que es difícil de determinar, este tipo de componente superficial curvo tiende a ser la excepción en la práctica de la construcción. Las razones para ello se han expuesto en detalle en otro lugar.

☞ *Cap. 6., Aptdo. 7. Características especiales de capas bidimensionales curvas, pp. 262 y ss.*

1 estado de membrana

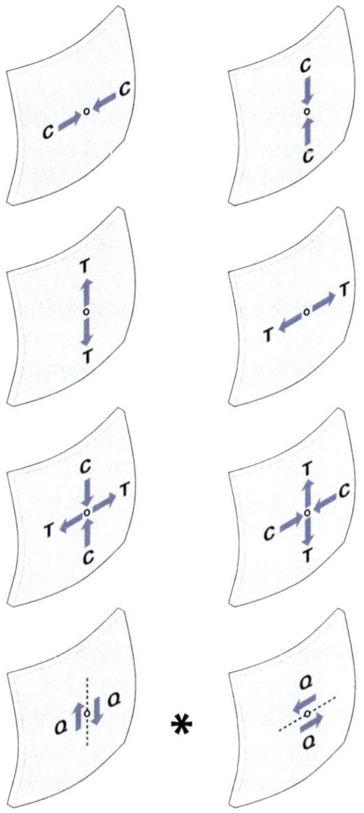

compresión

tracción

compresión/tracción

esfuerzo cortante tangencial

2 estado de flexión

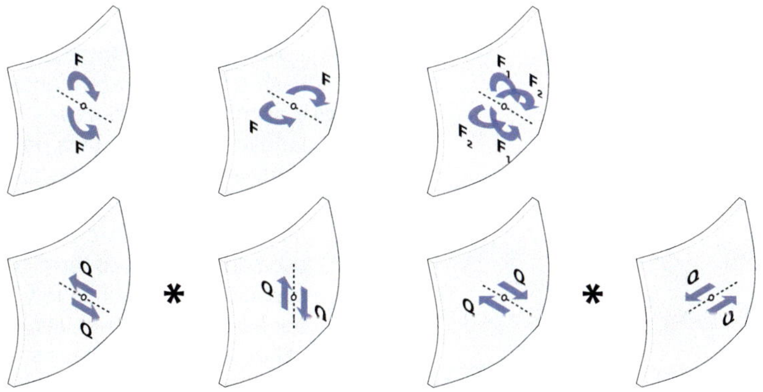

flexión

esfuerzo cortante perpendicular

107 Ilustración de **tensiones de membrana** ejemplares (alineadas tangencialmente) (compresión, tracción, esfuerzo cortante) y —alineadas transversalmente al componente— **tensiones no de membrana** (flexión, esfuerzo cortante) utilizando el ejemplo de un componente en forma de cascarón de doble curvatura. Los pares de esfuerzos cortantes señalados con * aparecen siempre conjuntamente.

Aunque la variación de los espesores de la hoja es un factor importante en el diseño, tiene una influencia bastante marginal sobre la estructura básica de un componente superficial: Siempre que la hoja sea uniforme, es decir, que no esté perfilada o acanalada, existen interfaces planas inalteradas con las otras capas de un estratificado a ambos lados de la hoja. Si el esfuerzo en la sección transversal de la hoja aumenta y, por tanto, su espesor se incrementa más allá del límite en el que las secciones sólidas aún son aceptables por motivos de peso, las condiciones pueden cambiar. El siguiente paso lógico es recurrir a sistemas nervados. Hay que distinguir varias soluciones posibles.

SISTEMAS NERVADOS

La forma más sencilla de reducir el excesivo peso muerto de hojas macizas pesadas es simplemente ahuecarlas. Esto ocurre, por ejemplo, con placas alveolares en la construcción de hormigón o con elementos de construcción de madera. Como las dos interfaces de la hoja siguen siendo planas, esta solución constructiva no afecta a la estructura global del estratificado de capas.

PLACAS ALVEOLARES

108, 110

Si, por el contrario, se utilizan sistemas nervados con nervios expuestos, hay que distinguir dos casos esenciales: Si la construcción de las costillas permanece separada espacialmente del resto de la estructura, las condiciones constructivas son de nuevo comparables a las de hojas sólidas. La construcción de costillas en tal caso siempre está provista en un lado (o en ambos lados) de una superficie portante continua, un aplacado o entrevigado, lo que a su vez crea una interfaz plana e inalterada con el resto de la estructura. Aunque estas soluciones se utilizan para forjados de piso o cubiertas planas, por ejemplo, como pisos de vigas o viguetas con un trasdosado de capas situado en la parte superior, tienen la desventaja evidente de un gran canto de construcción. Al fin y al cabo, se suma el canto de la costilla y la del resto del estratificado, mientras que las cavidades entre las costillas quedan sin utilizar desde el punto de vista constructivo.

Aquí es donde entra la segunda opción que se ofrece: Se basa en el entrelazamiento espacial del grupo de costillas y al menos una o varias capas del estratificado residual. La capa más adecuada para rellenar los espacios entre las costillas es la capa de aislamiento térmico. Esto conlleva una reducción considerable del canto total de la construcción, ya que, como se ha visto, ambos componentes —la hoja y la capa de aislamiento térmico— ya de por sí ocupan el mayor espacio del estratificado y en este caso ambos se funden, por así decirlo, en un mismo canto común. Esta solución se utiliza para componentes superficiales horizontales (especialmente cubiertas),[52] pero sobre todo para verticales, es decir, paredes. Esto se debe a que en este último caso, tanto el grosor total del estratificado juega un papel especialmente importante (el grosor de la pared también consume superficie pisable) como que las costillas expuestas en interiores generalmente estorban por razones funcionales. Un método

ENTRELAZAMIENTO ESPACIAL DE NERVIOS Y AISLAMIENTO

109

108 Losas alveolares prefabricadas de hormigón armado.

constructivo clásico que persigue esta estrategia es la construcción nervada de madera. 111

El entrelazado o la integración espacial de las costillas y la capa de aislamiento térmico en el mismo plano ofrece la ventaja de una construcción de pequeño grosor, pero crea inevitablemente puentes térmicos en el plano de aislamiento provocados por las costillas, que necesaria e inevitablemente tienen una conductividad térmica bastante mayor que el material de aislamiento térmico. Esto se aplica incluso a costillas de madera, como se ha visto anteriormente. Allí también se habló de las dificultades higrotérmicas que pueden surgir en el proceso, así como de las posibles respuestas constructivas a las mismas.

☞ *Aptdo. 3.3.3 Protección térmica > Aislamiento térmico, pp. 602 y ss.*

Por último es necesario abordar, en este contexto, las cuestiones relativas a la transmisión de fuerzas que plantea el uso de construcciones de doble hoja. Aquí hay que señalar algunas consideraciones elementales que ya se hicieron en otro lugar. Ponen de manifiesto los graves dilemas constructivos de las construcciones reales de doble hoja. Se deben esencialmente al hecho de que la rigidez a la flexión de la hoja exterior, intrínseca al sistema, en realidad no es necesaria para su única tarea relevante —la de pantalla de intemperie— y sólo causa dificultades debido a los grandes pesos muertos que necesariamente conlleva. Esto se 114
aplica en principio a todas las posiciones del componente superficial con respecto a la vertical: en cualquier caso, para elementos verticales, es decir, paredes, en las que se producen grandes momentos de desalineación entre las hojas; con ciertas restricciones también para elementos inclinados, como cubiertas; e incluso para componentes horizontales como cubiertas planas, en los que no hay momentos de desalineación entre las dos hojas, pero la hoja exterior, es decir, la superior, no es mucho más que peso muerto sobre la hoja del piso o de la cubierta que soporta la carga (que ya de por sí está más expuesta a la flexión debido a su posición horizontal). Por esta razón, las únicas hojas exteriores real-

☞ *Cap. 7., Aptdo. 2.3 Componentes de doble hoja, pp. 293 y ss.*

110 Elementos de construcción de madera nervados con caras superior e inferior planas.

109 Entrelazado de nervio y nivel de aislamiento en el mismo plano en un elemento de entramado de madera (en producción).

111 Construcción de entramado de madera en obra. A continuación, la construcción de costillas, visible en la foto, se rellena con material aislante y se aplaca por fuera.

mente justificables desde el punto de vista constructivo no lo son propiamente dicho, sino que son más bien capas de material relativamente delgadas, no especialmente rígidas a la flexión y, por tanto, no especialmente pesadas, que proporcionan suficiente protección contra la intemperie a la capa
112 de aislamiento térmico adyacente. La conexión mecánica de las pantallas ligeras de intemperie con la hoja interior, más rígida y gruesa, a través de la capa de aislamiento térmico, también provoca puentes térmicos en determinados puntos, pero éstos son mucho menos perjudiciales que con hojas exteriores pesadas, debido a los momentos de desalineación muy reducidos que provoca el revestimiento exterior ligero.

3.4 Las funciones parciales en la junta

Ahora que se ha examinado en detalle la implementación técnica de las subfunciones constructivas en la superficie del componente, es el momento de examinarlas también bajo las condiciones especiales de la junta del mismo. Allí existen condiciones muy especiales: La junta de empalme equivale a una interrupción física de las superficies de las capas funcionales. Dado que ha resultado evidente que varias subfunciones constructivas requieren una estricta continuidad de la capa funcional, esta circunstancia por sí sola pone en peligro el cumplimiento fiable y duradero de la subfunción respectiva. Esto se aplica en particular a la protección contra la humedad, pero también al aislamiento térmico, el aislamiento acústico y la protección contra el fuego. Por lo tanto, hay que utilizar esencialmente métodos constructivos que permitan garantizar la función parcial respectiva de forma continua y sin interrupción a través del hueco de la junta de empalme, como si en términos puramente funcionales no existiera separación física de la superficie de la capa. Incluso en el caso de la transmisión de fuerzas entre elementos contiguos, que no requiere necesariamente una continuidad bidimensional y también puede resolverse de forma puntual, sigue siendo necesario en la mayoría de los casos crear conexiones constructivas a través de la junta a intervalos limitados en el espacio de la misma. Estas también tienen una influencia decisiva sobre la ejecución constructiva del empalme.

3.4.1 Dificultades en la zona de la junta

Aquellos con poca experiencia en la construcción podrían asumir que esta tarea no es tan crítica. Puede parecer posible cumplir con esto simplemente juntando los elementos lo más cerca posible para que los efectos adversos del empalme se minimicen o incluso se eliminen. No fijándose demasiado detenidamente, se podría pensar que de tal forma se ha conseguido restablecer algo parecido a una continuidad material. Sin embargo, esto es una equivocación.

JUNTA APRETADA

En primer lugar, hay que tener en cuenta que incluso una junta apretada, es decir, aquella en la que los flancos de la junta se tocan entre sí y se hallan bajo compresión, ya no proporciona una protección fiable contra la humedad. Esto es debido a la capacidad de absorción capilar de dichas juntas, que ya se ha tratado en otro contexto. Más bien lo contrario: Una junta apretada incluso atrae activamente el agua hacia el hueco de la junta, a diferencia de una junta abierta. A continuación se verá qué contramedidas constructivas pueden adoptarse.

☞ *Cap. 3., Aptdo. 6.1 Interfaces, pp. 83 y s.*

☞ *Aptdo. 3.4.3 Principios de sellado en la junta, pp. 643 y ss.*

ESPACIOS DE TOLERANCIA

También hay que tener en cuenta que estas uniones a presión o a tope no siempre son adecuadas como uniones de empalme. Esto se aplica tanto a componentes pequeños como, en mayor medida, a elementos constructivos de gran formato. En cambio, a menudo hay que dejar libres espacios de tolerancia para las juntas de empalme, es decir, huecos abiertos con anchos de junta más o menos grandes. Esto es así por varias razones: Por un lado, en la junta de empalme siempre deben absorberse dilataciones de los componentes colindantes, ya sea ocasionadas por cambios de temperatura o por factores específicos del material como deformaciones higroscópicas, por ejemplo, la merma y la hinchazón en la madera. Mientras que, en una estructura **113** superficial homogénea, las dilataciones se distribuyen en gran medida de forma uniforme y sin coacciones hasta un determinado tamaño máximo, esto no ocurre en el caso de componentes superficiales formados por piezas individuales. En estos últimos, las inhomogeneidades hacen que puedan acumularse localmente fuerzas de coacción. Si no hay espacios de expansión en las juntas de empalme, estas coacciones pueden llevar a la destrucción de componentes colindantes.[53] Por otro lado, también hay que prever espacios de tolerancia en las juntas de empalme por razones de montaje. Los componentes, especialmente los más grandes, **117** no pueden montarse de otra manera.

Estos espacios de tolerancia en las juntas, que desde el punto de vista de la estanqueidad no son más que huecos abiertos en la envolvente del edificio expuestos a efectos atmosféricos, están sometidos, desde el punto de vista

114 Obra de fábrica de doble hoja: La pesada hoja vista, que actúa como pantalla de intemperie, debe interrumpirse a intervalos regulares con juntas de dilatación (véanse las juntas abiertas) y anclarse en la hoja posterior. Esto provoca numerosos puentes térmicos.

112 Pantalla de intemperie ligera fabricada con placas de pizarra imbricadas. El escaso peso permite reducir al mínimo los puentes térmicos debidos al anclaje posterior.

113 Brecha abierta en el revestimiento de madera para ventilación y absorción de deformaciones.

118 La continuidad de varias subfunciones constructivas debe garantizarse conectando esta fachada de montante y travesaño (izquierda) a una pared exterior sólida (derecha) mediante varios elementos. De izquierda a derecha: vidrio aislante; marco; dos perfiles de presión; pared exterior.

constructivo, a la dificultad adicional de que modifican constantemente su anchura a lo largo del tiempo como consecuencia de las mencionadas deformaciones de los componentes superficiales enfrentados. Los elementos que salvan esta brecha para restablecer la funcionalidad de las capas deben ser capaces —por añadidura a su cometido funcional primordial— de acomodar estos movimientos diferenciales periódicos, y hacerlo de forma permanente durante ciclos de renovación lo más largos posibles. Esto es un reto constructivo nada despreciable.

ESQUINAS

DISCONTINUIDADES

Pero también surgen otras complicaciones: La idea de que la geometría de las superficies de capas continuas en las juntas de empalme siempre hace transición de forma totalmente inalterada a ambos lados de la junta no suele corresponder a las condiciones reales. A menudo, las superficies de las capas tienen que desplazarse o resaltarse para hacer frente a las condiciones especiales de la zona de unión. Lo mismo ocurre si hay una discontinuidad en la forma constructiva en la junta de empalme, por ejemplo, en una esquina. Estas discontinuidades pueden provocar dificultades constructivas. Además, ocurre con bastante frecuencia que confluyen en la junta de empalme componentes superficiales con estratificados completamente diferentes. O más bien al revés: Si éste es el caso, es inevitable de todos modos una unión de empalme. En este caso, las funciones deben transferirse de la superficie de la capa correspondiente de un componente a la superficie de la capa asociada (de diseño y estratificación diferente) del componente vecino. A veces, las subfunciones constructivas de los respectivos componentes contiguos también se realizan según principios de efecto diferentes, por lo que hay que establecer una transición adecuada entre ambos. Un buen ejemplo de ello es el cambio entre una pared exterior aislada térmicamente y un vidrio aislante de

118

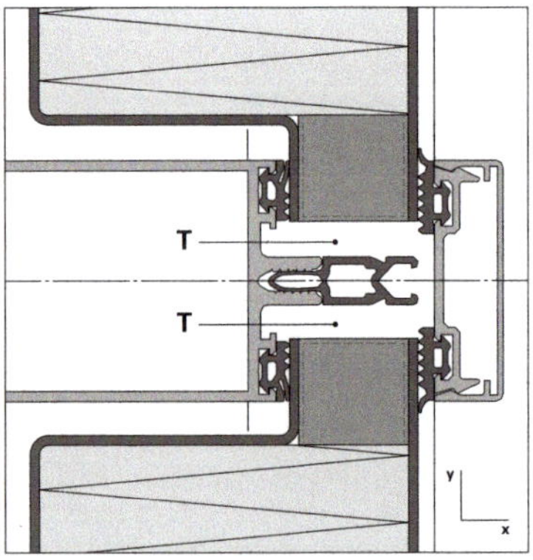

117 Espacios de tolerancia **T** en el galce de una fachada de montante y travesaño para absorber las dilataciones en el plano de los componentes (en →**y** ó →**z**).

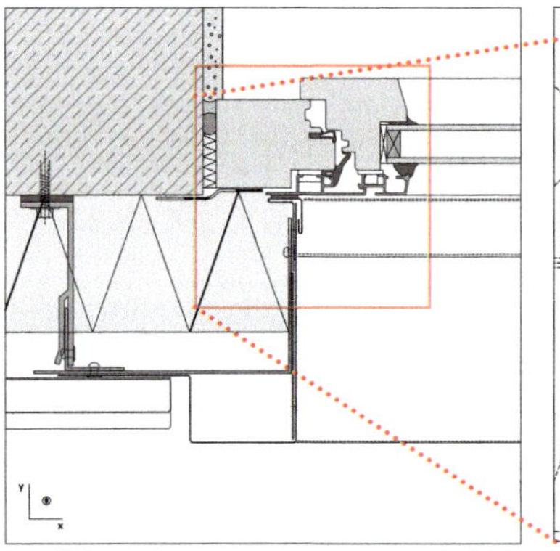

115 Enlace de una ventana a una pared exterior, sección horizontal. Las medidas constructivas necesarias para gestionar la transición entre los distintos estratificados de los componentes contiguos (muro exterior a la izquierda y ventana a la derecha) son claramente reconocibles.

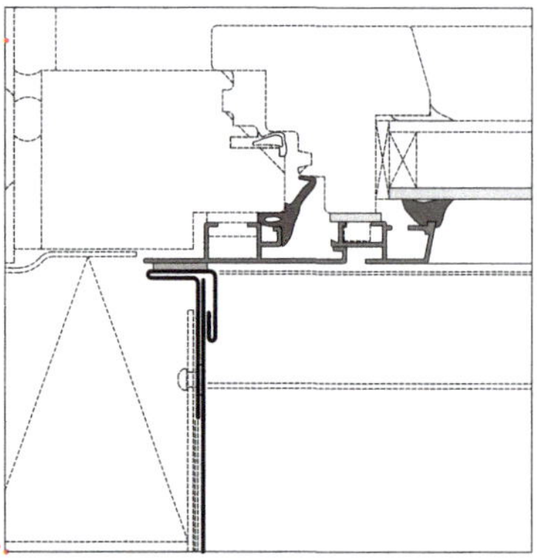

116 Enlace de ventana de la izquierda: Secuencia de diferentes elementos constructivos que se encargan de garantizar la continuidad la función parcial de estanqueidad al agua. Véase también ⊞ **72**.

doble luna en el marco de una ventana. Mientras que en la pared exterior asume la función de aislamiento térmico una capa de aislamiento térmico independiente, es decir, de fibra o espuma, en el marco de la ventana de madera lo hace, por ejemplo, el propio perfil del marco, y en el vidrio aislante el volumen de gas encerrado en el espacio entre los vidrios. Las transiciones entre principios de sellado en una y varias etapas pueden causar dificultades similares. **115, 116**

Prevención de juntas en el proyecto 3.4.2

■ Principalmente por estas razones, el diseño de juntas enfrenta al proyectista a tareas que a veces son difíciles de resolver. La reacción más obvia a esto es evitar por completo las juntas ya de primeras, si es posible, con medidas de proyecto adecuadas. Esto equivale a la aplicación del principio de construcción integral y, a ser posible, al nivel jerárquico de la estructura global. Esta opción ya se discutió en detalle en otro lugar. También se señalaron otras posibilidades para mitigar las dificultades constructivas en la zona de la junta: Por ejemplo, reubicando la junta en zonas menos amenazadas o expuestas, simplificando la geometría de los componentes o desligando al máximo las subfunciones constructivas de la junta.

☞ *Cap. 6., Aptdo. 4. Medidas para evitar o simplificar juntas, pág. 257*

Principios de sellado en la junta 3.4.3

■ Ya se ha visto anteriormente que la mayoría de las subfunciones constructivas son funciones protectoras, es decir, las que se basan en un efecto de sellado contra diversas acciones externas, es decir, atmosféricas o de otro tipo, como la humedad, el viento, el calor, el sonido o el fuego. A continuación, se tratará la cuestión de qué principios constructivos de solución están disponibles para cumplir las funciones protectoras.

☞ *Aptdo. 3.1 Continuidad del principio de efecto, pág. 580*

En este contexto, se distinguen dos casos: La junta abierta, en la que los flancos de junta de los componentes enfrentados no se tocan o lo hacen sólo parcialmente, por lo que no pueden desarrollar una función de sellado completa; así como la junta cerrada, en la que el hueco de la junta está diseñado de tal manera que se crea una barrera física efectiva capaz de contrarrestar los efectos externos atacantes y así se consigue una estanqueidad total.

Junta abierta

■ En primer lugar, las juntas abiertas: A la vista de la anterior constatación de que las juntas con flancos de unión unidos a presión, y más aún las que están completamente separadas, no ofrecen ninguna protección real contra la humedad, puede parecer extraño que en este contexto se hable siquiera de juntas abiertas. Sin embargo, esto no deja de ser razonable, ya que las juntas abiertas sí que pueden cumplir funciones útiles en la(s) primera(s) etapa(s) de sellado de una junta de varias etapas. Aunque no ofrecen estanqueidad real por sí mismas, pueden aliviar notablemente, gracias a su efecto de frenado, una etapa de sellado completamente hermética situada detrás de ellas. Las juntas abiertas pueden, por ejemplo, proporcionar estanqueidad a la lluvia, es **119**

119 Junta abierta, diagrama esquemático.

decir estanqueidad parcial, siempre que exista una relación favorable entre la anchura y la profundidad del hueco. Las juntas estrechas y profundas contienen una buena parte de las precipitaciones y también son capaces de disipar la presión del viento. Si no se superan ciertos tamaños de unos pocos centímetros y el espacio de la junta no está en contacto directo con la atmósfera, también se garantiza una protección térmica tolerable.

Esta funcionalidad limitada de las juntas abiertas es un precio que a menudo se paga con gusto en vista de sus grandes ventajas: De hecho, las juntas abiertas permiten absorber las mencionadas deformaciones de componentes superficiales simplemente dejando aumentar o disminuir la separación de la junta sin necesidad de otras medidas constructivas. Para conseguir esto, las juntas cerradas deben, en cambio, contar con elementos elásticos u otros dispositivos constructivos. Por lo tanto, también suponen siempre una mayor complicación constructiva. Los cantos de juntas abiertas pueden producirse de la forma más sencilla, sin perfilar, mediante corte de separación u otros procesos de mecanizado elementales. Las imprecisiones dimensionales, tanto en la fabricación como en el montaje, también se pueden acomodar fácilmente en el hueco de la junta abierta.

Sin embargo, la aparente desventaja de la estanqueidad sólo incompleta que ofrecen las juntas abiertas también puede reinterpretarse como una importante ventaja: Su permeabilidad a la humedad y al vapor de agua es siempre ventajosa cuando se trata de secar los componentes del edificio, como se ha visto, una necesidad fundamental en construcciones. Es, por supuesto, un requisito previo la posición adecuada dentro del estratificado de capas del componente: Las juntas abiertas en pantallas de intemperie, por ejemplo, permiten que la humedad atrapada en el componente se difunda a la atmósfera, y también proporcionan una protección aceptable, si bien no completa, contra la
122 lluvia desde el exterior.

Junta comprimida o a tope

■ Las juntas comprimidas merecen una consideración
120 especial. En ellas, los flancos de la junta están en contacto entre sí. También se pueden denominar juntas a tope, ya que se producen prácticamente cada vez que los componentes de una construcción se apoyan directamente unos contra otros. Este es un caso muy frecuente, como es obvio. En cuanto a su efecto de sellado, hay que distinguir claramente entre dos casos.

Si se juntan dos flancos de junta de material elástico y hay un efecto de compresión lateral suficiente para mantener ambos permanentemente cerrados, se puede suponer una estanqueidad efectiva. A continuación se comentará con más detalle este principio de sellado. Sin embargo, este caso especial no tiene ninguna importancia práctica, ya que los componentes superficiales —y, por tanto, sus flancos de junta— prácticamente nunca están hechos de un material tan blando, sobre todo si también hay que aplicar una fuerza de compresión.

El segundo caso es mucho más relevante: Dos flancos de junta de material rígido a la flexión están en contacto directo entre sí. Como ya se ha señalado, así no se garantiza la estanqueidad. Todo lo contrario: La junta absorbe el agua por vía capilar. Por lo tanto, se denomina una junta

JUNTA CAPILAR

capilar. La razón es que, a diferencia de la junta comprimida 121
hecha de material flexible descrita anteriormente, el hueco de la junta nunca puede cerrarse realmente, al menos con la precisión necesaria para bloquear de forma fiable las moléculas de agua. Las imprecisiones habituales en la construcción, que no pueden evitarse razonablemente desde un punto de vista práctico, hacen que queden huecos que siempre son bastante más grandes que el tamaño de una molécula de agua.[54] El efecto de adsorción o la capacidad de humectación de los flancos de las juntas, que es alta en la mayoría de los materiales de construcción, en combinación con la anchura (para este efecto demasiado) estrecha de las juntas, garantiza la afluencia capilar. Depende del contexto constructivo si este efecto, que el proyectista debe conocer y poder evaluar, se tolera o no. A veces, las juntas comprimidas son inevitables e inofensivas, a menudo en el caso de componentes solapados en los que no pueden producirse coacciones (más adelante se hablará de esto) y en los que una limitada entrada de agua no puede causar daños permanentes. Sin embargo, las uniones a presión no son viables en superficies de madera de testa expuestas, por ejemplo. Estas son las razones por las que las juntas a compresión o a tope deben seguir considerándose en la construcción como juntas abiertas en lo que respecta a su función de sellado.

Junta cerrada

■ Por lo tanto, para producir una junta cerrada en términos de tecnología de sellado, se requiere un cierre físico efectivo de la brecha —o de más de una brecha— de la junta de tal manera que no pueda penetrar ninguna molécula de agua.

122 Juntas abiertas en una fachada de piedra natural.

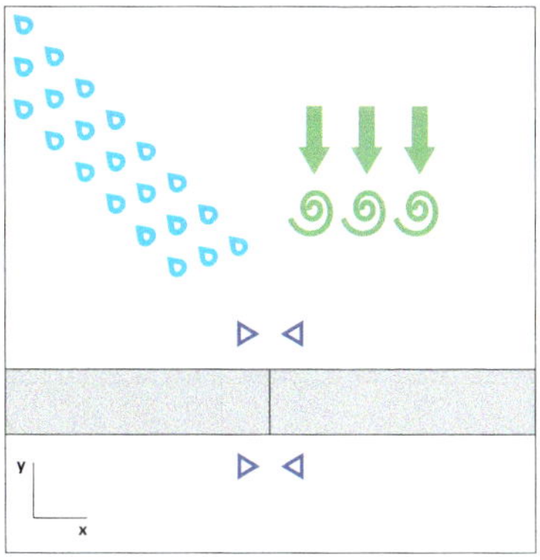

120 Junta a presión o **haciendo tope**.

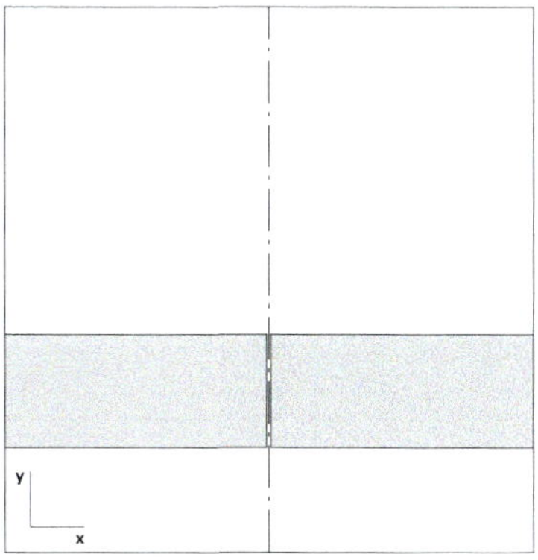

121 Junta capilar.

Para ello, existen básicamente tres métodos constructivos o principios de solución a elegir.

JUNTA CERRADA POR UNIÓN MATERIAL

La medida más obvia es cerrar completamente la brecha de la junta, simplemente fusionando los materiales entre los flancos de la junta que se tocan. Esto puede tener lugar, por ejemplo, mediante soldadura con fusión, que crea una auténtica unión material, es decir, una continuidad material
125 efectiva (como si se tratara de un material ininterrumpido). O bien se crea una unión estrecha por el efecto de fuerzas adhesivas electromagnéticas (como en el caso del adhesivado), medida que también bloquea el paso del agua. El medio que actúa externamente se enfrenta así a una barrera física efectiva, funcionalmente equivalente a la del componente superficial continuo, no empalmado. Esto crea condiciones similares, por así decirlo, a la ausencia de una junta.

Esto es correcto desde el punto de vista del sellado, pero desde el punto de vista constructivo la junta por supuesto sigue existiendo: En primer lugar, debe efectuarse en las condiciones adecuadas desde el punto de vista de la tecnología de la construcción y, a veces, la junta no puede reproducir totalmente las propiedades del material continuo en todos los aspectos, como ocurre, por ejemplo, con muchas juntas encoladas. Si bien pueden transmitirse fuerzas a través de la junta, no pueden en cambio absorberse movimientos relativos entre los componentes. Si en la junta se crea una unión real entre las piezas adyacentes, esto último no siempre es absolutamente necesario. Esto es siempre el caso cuando las deformaciones pueden desplegarse homogéneamente sin coacciones, como en un material realmente continuo —a menos que haya que crear una junta de dilatación efectiva más allá de un cierto tamaño máximo del componente o parte del edificio, para lo cual este tipo de diseño de juntas es obviamente inadecuado ya de primeras—.

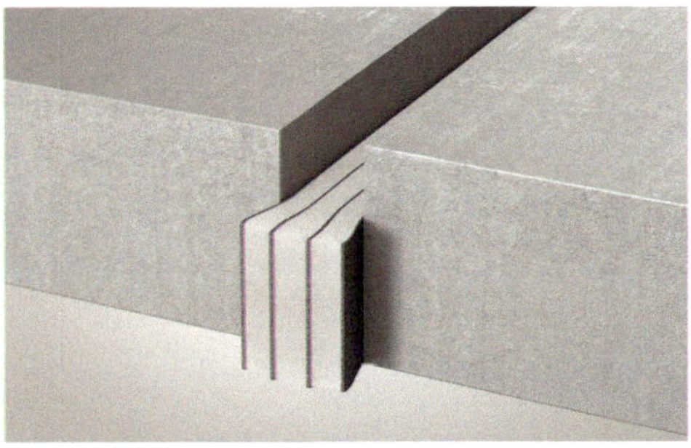

126 Sellado elástico de juntas bajo compresión: resultante de la elasticidad del perfil de sellado introducido con sobremedida.

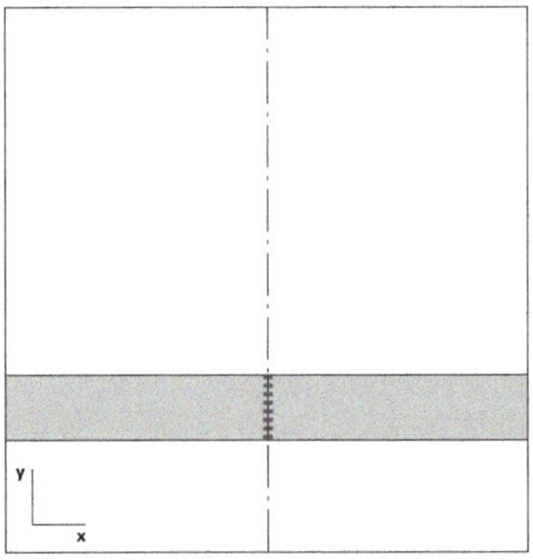

125 Junta con unión material.

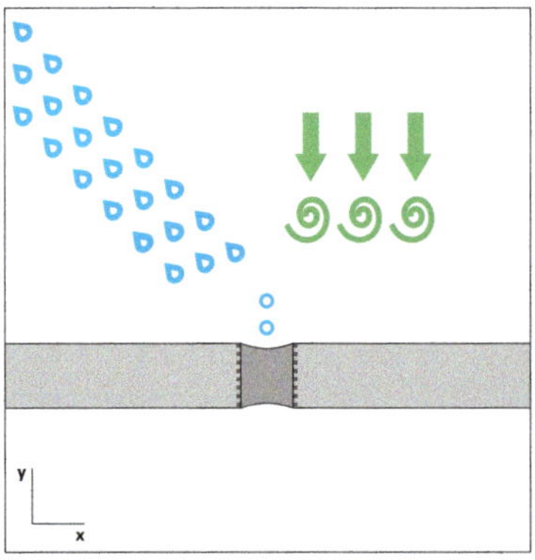

123 Junta con relleno elástico y adhesión a flancos.

124 Un cordón de soldadura ejecutado profesionalmente puede considerarse estanco al agua y al aire.

Este principio de sellado de juntas mediante la unión de materiales es especialmente importante en la soldadura en la construcción de acero.[55] Las costuras de soldadura cuidadosamente ejecutadas proporcionan una estanqueidad fiable frente a todas las influencias externas y se acercan mucho a una continuidad material real. **123**

RELLENO ELÁSTICO CON ADHERENCIA A FLANCOS

Otro método muy importante para cerrar una brecha en la junta y crear así una junta estanca es rellenar la misma con material elástico, produciendo una adhesión entre éste y el flanco de la junta. De este modo, el material de relleno **124**
elástico se adhiere por ambos lados a los respectivos flancos de junta de los componentes superficiales contiguos y, por tanto, cierra eficazmente la brecha de la junta. En cierto modo, este principio es similar al descrito anteriormente en el sentido de que la brecha entre las interfaces del borde del componente y el material de relleno se cierra por el efecto de fuerzas adhesivas electromagnéticas, es decir, por adherencia al flanco. La diferencia esencial con el sellado por medio de la unión material radica en la elasticidad del relleno. Se trata de un factor esencial, ya que —a diferencia de la variante anterior— en este caso sí se permiten movimientos relativos entre los componentes adyacentes: una ventaja extraordinariamente relevante en términos constructivos. Sin embargo, por razones obvias no son transferibles fuerzas entre componentes. El efecto de sellado permanente depende, por un lado, de la durabilidad del propio material de relleno y, por otro, de la de su adherencia al flanco. Esto requiere unas características químicas específicas del material y en términos prácticos sólo puede garantizarse mediante una gama relativamente limitada de materiales de relleno. Se trata esencialmente de selladores aptos para la construcción, que se aplican en estado plástico húmedo y desarrollan posteriormente consistencia resiliente y deformabilidad elástica adhiriéndose al mismo tiempo por efecto de humectación y tensión superficial. **127**

SELLADORES

RELLENO ELÁSTICO BAJO COMPRESIÓN

Por último, queda la opción de rellenar el hueco de la junta con material blando y elástico, asegurando que las superficies de contacto del borde del componente y el relleno se cierren de forma fiable y hermética. Esto se hace, como se ha descrito anteriormente, activando una compresión de contacto. Hay, de nuevo, dos métodos a **128**
elegir para aplicarla: Por una parte, se aplica externamente para que los dos componentes superficiales se presionen mutuamente poniendo así el relleno elástico bajo compresión. Un método alternativo, que se da con mucha mayor **129**
frecuencia en la práctica, consiste en fabricar el elemento de relleno elástico con sobremedida para que presione de forma elástica sobre los dos componentes superficiales fijos al instalarse. A diferencia del relleno elástico con adherencia **126**
a flancos, no hay requisitos especiales para las características químicas del material. Sin embargo, debe garantizarse a lo largo del periodo funcional el efecto de resorte constante del relleno elástico.

Medidas acompañantes

El efecto de frenado de las juntas abiertas, así como el efecto de sellado de las juntas cerradas, puede mejorarse, o dotarse de una mayor seguridad contra fallos, con medidas especiales, sobre todo en lo que respecta a la protección contra la humedad y el viento. Básicamente, estos métodos pretenden dificultar al máximo la penetración de la humedad o el viento en los huecos abiertos. Esto se aplica en particular a juntas abiertas, pero también a juntas cerradas que pierden su efecto de sellado, ya sea localmente o en su conjunto, y presentan brechas abiertas a través de las cuales pueden penetrar en la estructura la humedad o el viento.

HIDROFOBIZACIÓN DE LOS FLANCOS DE LA JUNTA

Una medida al menos parcialmente eficaz es la hidrofobización de los flancos de la junta. En el caso de materiales de construcción que, por lo demás, son casi siempre hidrófilos, puede suprimirse la capacidad de humectación mediante un tratamiento adecuado (o con la elección del material para el flanco de la junta), de modo que la humedad sea repelida
131 activamente en lugar de ser atraída. Esto tiene un efecto favorable en juntas abiertas razonablemente estrechas —es en gran medida ineficaz en las anchas— y especialmente en juntas capilares, ya que el efecto capilar se basa esencialmente en la capacidad de humectación o adsorción de los flancos de la junta.

GRAVEDAD

Más eficaz y completamente independiente de las propiedades del material es aprovechar la gravedad. Incluso una ligera inclinación hacia el exterior de la sección transversal de una junta horizontal en la dirección de la caída del agua garantiza que se aplique una contrafuerza eficaz para contrarrestar la entrada de agua por la presión del viento, el efecto
130 de humectación o la atracción capilar. Esta fuerza puede incrementarse proporcionalmente aumentando la inclinación y alcanza su máximo en posición vertical. Aunque las juntas, dependiendo de la posición del componente superficial en el que se encuentran, no siempre pueden ejecutarse con un ángulo pronunciado o incluso a plomo, siempre existe la posibilidad de colocar de esta forma al menos un tramo

127 Relleno elástico de la junta con adhesión a flancos: junta de sellante.

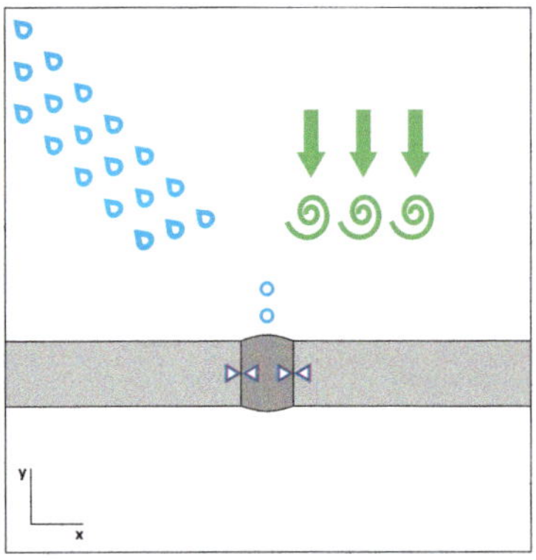

128 Junta con relleno elástico y compresión, aplicada externamente o como resultado de la elasticidad del elemento de relleno.

129 Sellado elástico de junta bajo compresión por efecto de la unión atornillada del perfil metálico a presión.

de ellas. Más adelante se examinará esta opción con más detalle en relación con el diseño de la geometría de junta.

Con respecto a la protección contra la humedad y el viento, también puede ser ventajoso incorporar ensanchamientos en forma de cámara en la trayectoria de la junta. Se trata de las llamadas cámaras de relajación. Éstas interrumpen cualquier entrada capilar de humedad dentro de los tramos de junta no ensanchados y, siempre que la cámara esté inclinada o incluso a plomo, permiten que se drene el agua que haya penetrado. Además, las cámaras de junta alivian parcialmente la presión del viento al hacer arremolinar el aire. Según el principio de funcionamiento de una junta de varias etapas, puede aliviarse de esta manera una etapa de sellado estanca subsiguiente. La forma más eficaz es conectar varias cámaras en serie, ya que suman su efecto.

132 CÁMARAS DE RELAJACIÓN

Geometría de la junta 3.4.4

La influencia más profunda sobre el comportamiento de una junta con respecto a las subfunciones constructivas, así como en otros aspectos constructivos importantes —como la absorción de movimientos relativos, la fabricación o el montaje— es el diseño geométrico general de la construcción de la junta. Se trata de la geometría de la junta contemplada en la sección transversal, es decir, el recorrido de la junta desde una cara del componente hasta la opuesta. Antes de entrar en otros detalles de la ejecución, como la elección de materiales o la ejecución detallada de los elementos de unión, esto ya establece condiciones decisivas, cuyas consecuencias (ventajosas o desventajosas) se aprecian claramente en las fases posteriores de acabado. A continuación, se contemplarán las variantes más importantes y se examinarán sus efectos con respecto a las subfunciones constructivas más relevantes u otros requisitos en cada caso. Dependiendo de la relevancia, también se considerará la aplicación de los principios de sellado discutidos anteriormente a la geometría de junta respectiva.

131 Superficie hidrófoba de una membrana.

130 El corte oblicuo de los listones de madera garantiza que se escurra el agua por la parte superior (por gravedad) y crea una arista de goteo en la parte inferior.

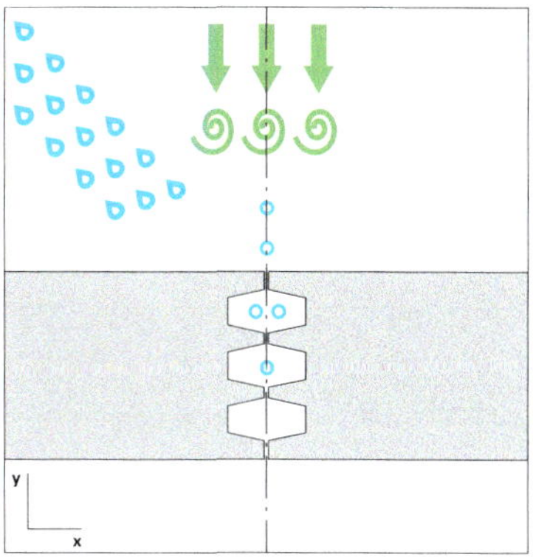

132 Cámaras de relajación.

Junta recta perpendicular

■ La geometría de junta más sencilla es la rectilínea en
134 ángulo recto. Fue la base de las consideraciones anteriores. Esta variante de junta puede ejecutarse abierta o cerrada. Ya se han visto anteriormente las ventajas que ofrece este diseño de junta. Se deben principalmente a la simplicidad de su producción. Los cantos rectangulares de las piezas son relativamente resistentes a daños mecánicos, que pueden producirse principalmente durante el transporte y el montaje, en comparación con piezas de cantos más afilados o de diseño más complicado.

Es característico y especialmente significativo para este tipo de juntas, como ya se ha señalado, que la anchura de la junta depende de las deformaciones de los componentes superficiales en su plano. Debido a las proporciones fuertemente divergentes entre las dos dimensiones de la superficie —ancho y largo o altura— y el grosor del componente, las dilataciones en ángulo recto con los flancos de la junta —es decir, paralelas a la capa— tienen un efecto mucho más fuerte que las que están en ángulo recto con ella —es decir, paralelas a los flancos de la junta u ortogonales a la capa—. En consecuencia, la anchura de la junta varía notablemente con el tiempo, independientemente de la causa de la deformación respectiva. Además de las influencias sobre el efecto de sellado que ya se han comentado anteriormente en el contexto de los principios de sellado, esto también puede tener efectos estéticos no deseados, siempre que la superficie de la capa sea visible.

PARALELO A LA CAPA

ORTOGONAL A LA CAPA

☞ *Aptdo. 3.4.3 Principios de sellado en la junta, pp. 643 y ss.*

Las diferencias en la anchura de las juntas también pueden deberse a un montaje impreciso. Una junta rectilínea en ángulo recto muestra al ojo atento las imprecisiones con pertinacia implacablc. La variación de la anchura de las juntas influye, como se ha indicado anteriormente, en el efecto de frenado de juntas abiertas contra la humedad y el viento.

En el caso de juntas muy estrechas, puede ocurrir incluso que se supere el umbral crítico de las juntas capilares al ex-

134 Geometría de junta: junta recta en ángulo recto.

133 Junta en ángulo recto con cordón de sellante desprendido de los flancos de la junta.

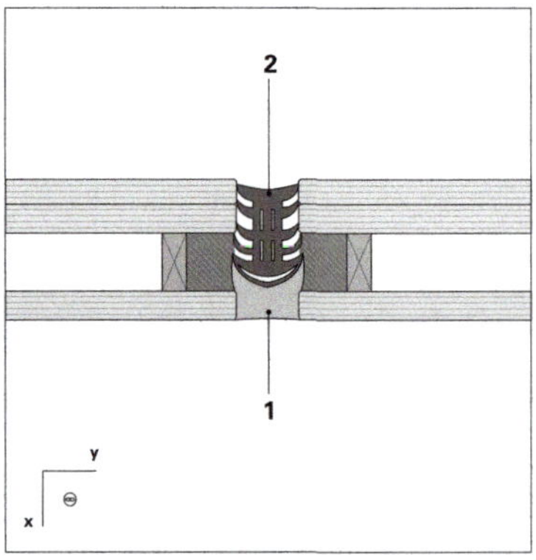

135 Junta en ángulo recto: junta de empalme de dos vidrios aislantes con junta de sellador en el exterior (**1**) y perfil de estanqueidad elástico como fondo para el sellado en el interior (**2**).

pandirse los componentes superficiales. Esto puede tener desventajas de sellado.

En el caso de juntas cerradas, puede neutralizar los efectos de la variación de la anchura de junta, como ya se ha indicado, un relleno elástico. Cuando se rellena la junta con adherencia a flancos, hay que asegurarse de que el material de relleno no se desgarre bajo tracción excesiva cuando los componentes superficiales se encogen o que no falle la adherencia a flancos. En el caso del relleno elástico con **133**
efecto de resorte, debe asegurarse la compresión de contacto permanente entre el material elástico y el flanco de la junta, ya que en el caso extremo de ensanchamiento de la junta debido a retracción, ésta puede desaparecer completamente. Con esta geometría, a diferencia de algunas de las siguientes variantes, no se puede aplicar razonablemente una compresión de contacto externa al relleno elástico, ya que ésta tendría que actuar de forma paralela a la capa, es decir, los componentes superficiales adyacentes tendrían que presionarse mutuamente, como ya se ha señalado anteriormente. Por lo tanto, prácticamente sólo puede crearse por la acción de resorte del propio elemento de relleno.

EFECTO DE RESORTE

Otra desventaja de esta categoría de juntas es su relativamente escasa profundidad. Se deduce del espesor de la capa, una dimensión pequeña por definición, por así decirlo, que siempre es mucho menor que las dimensiones en el plano de la capa. En este caso concreto, el grosor de la capa determina la profundidad de la junta y, por tanto, también la longitud máxima de la misma en la sección transversal. En determinadas circunstancias, esto puede dificultar la realización de las funciones de sellado, ya que entonces deben comprimirse en el menor espacio posible. Sin embargo, esto no causa excesivas dificultades con juntas de sellado, ya que la profundidad del cordón de sellado está limitada de todos modos debido a la técnica de inyección utilizada. Estos sellados suelen estar hechos con un solo cordón en el exterior o también con uno doble —exterior e interior— y con material de relleno elástico entre ellos, lo que proporciona un fondo de junta adecuado para el sellador. Puede ser incluso **135**
que no sea posible ejecutar una junta rectangular a tope si el espesor de capa es demasiado pequeño, ya que en tal caso no se ofrecen condiciones adecuadas para realizar las funciones de sellado debido a la profundidad minúscula de la junta disponible. Un buen ejemplo de ello son membranas o láminas que, si se trata de una unión cerrada, prácticamente no se pueden empalmar de esta manera.[56]

Junta oblicua

■ Un primer paso elemental para alargar la junta —suponiendo un cierto grosor mínimo de capa— es inclinarla con respecto al plano de la capa. Cuanto más agudo sea el ángulo, **137**
más larga será la trayectoria de la junta, pero también más puntiagudos y, en consecuencia, más sensibles serán los cantos agudos de los componentes enfrentados. La ventaja del aumento de la longitud de junta desempeña un papel

importante en adhesivados en la construcción de madera en forma de la junta de testa en sesgo. Se consigue tanto ampliar la superficie de adhesión como obtener un recorrido de junta más favorable con respecto a la dirección de la veta (idealmente paralela a la capa).

JUNTA DE TESTA EN SESGO

En la medida en que se realicen secciones transversales de junta inclinadas hacia el exterior, en la dirección de escorrentía, en juntas alineadas horizontalmente, entra en juego el efecto favorable de la gravedad como se ha señalado anteriormente. Además, el canto agudo de la parte superior proporciona un borde de goteo para la película de agua que fluye hacia abajo en la superficie de la capa exterior, evitando así el reflujo en la junta. Todas estas son mejoras significativas con respecto a la geometría de junta rectangular. No obstante, el inconveniente de la variación de la anchura de junta debido a deformaciones se mantiene, aunque de forma atenuada.

Junta cubierta

Se puede conseguir una mejora notable en el efecto de frenado o sellado de una junta perpendicular que, por lo demás, es recta, tapando el hueco abierto de la junta con un cubrejunta o tapajunta. Esto puede tener lugar tanto en el exterior, tapándola, como en el interior, respaldándola. El recorrido de la junta tiene, en estas condiciones, prácticamente forma de T y está dividido en dos tramos claramente diferenciados: en el tramo de junta perpendicular (a la capa), todavía existente, y el tramo paralelo a la misma, que aquí consiste en las dos superficies de contacto entre la capa y el cubrejunta adicional.

CUBREJUNTA, TAPAJUNTA **136**

TRAMO DE JUNTA PERPENDICULAR A LA CAPA

TRAMO DE JUNTA PARALELO A LA CAPA

Esto tiene interesantes consecuencias: Aunque sigue produciéndose una variación de la separación de la junta debido a deformaciones, en particular de su tramo perpendicular, no tiene ningún efecto ni constructivo ni estético. Visualmente, el tramo de junta en ángulo recto queda oculto por el cubrejunta. En términos constructivos, se puede acomodar

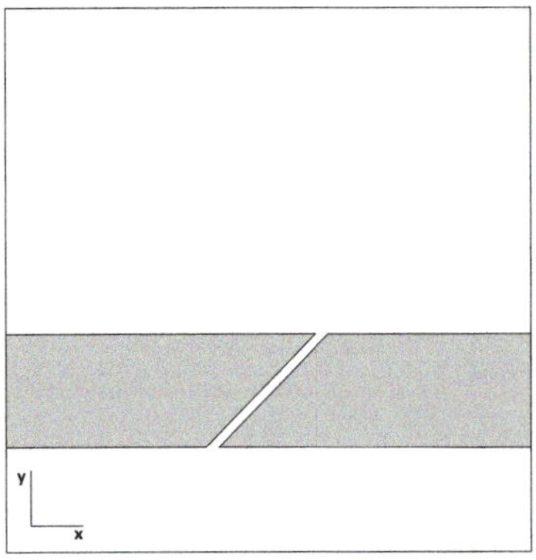

137 Geometría de junta: junta oblicua.

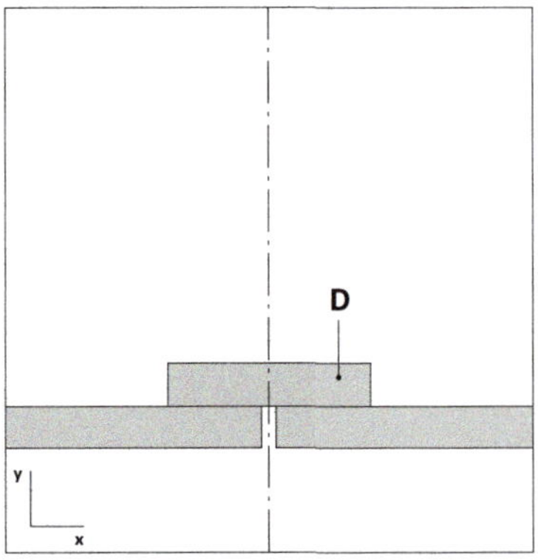

136 Geometría de junta: junta cubierta exteriormente con elemento tapa **D**.

cualquier dilatación deseada de los elementos superficiales dimensionando libremente el hueco de la junta orientado en ángulo recto. El requisito previo para ello es, por supuesto, la capacidad de deslizamiento de la tapa sobre la superficie de la capa, al menos en uno de los dos lados, lo que se presupone aquí.[57] Esto puede lograrse, por ejemplo, uniéndola a una sola pareja de unión o, alternativamente, a través del
hueco de la junta a una subestructura trasera. La función de **139**
sellado y de absorción de movimientos relativos se asignan así a diferentes tramos de la junta, separándolos entre sí, por así decirlo. El sellado tiene lugar preferentemente en las dos superficies de contacto entre la capa y el cubrejunta. La longitud de estos dos tramos de junta es, en principio, arbitraria y puede determinarse libremente variando el ancho del tapajunta. También se pueden insertar rellenos elásticos, que pueden garantizar una estanqueidad fiable aplicando una presión externa (por ejemplo, con la ayuda del mencionado
afianzado a través del hueco de la junta). Los movimientos **138**
paralelos a las capas de los componentes superficiales no pueden reducir la compresión de contacto en este caso, ya que se despliegan en ángulo recto con respecto a ella. Sin embargo, debe garantizarse que el elemento de sellado elástico pueda absorber los movimientos de deslizamiento entre el componente superficial y el cubrejunta. Sin embargo, supone una desventaja de esta solución la protuberancia del cubrejunta sobre la superficie de la capa, especialmente si la capa está integrada en un estratificado. Por este motivo, esta solución se da con mayor frecuencia en capas exteriores meteorizadas, es decir, en pantallas de intemperie. Sin embargo, este saliente puede provocar ocasionalmente la acumulación de agua de lluvia, siempre que el cubrejunta esté alineado en contra de la dirección del flujo de agua, es decir, en horizontal. Puede ser útil en tal caso el biselado de los bordes laterales. Esta solución también se utiliza con frecuencia en forma de bordes cosidos o soldados cuando el

139 Junta tapada: nudo montante-travesaño con fijación del elemento tapa (perfil de presión en primer plano) a través del galce de la junta a la estructura portante secundaria (perfil montante en el fondo).

138 Junta tapada: acristalamiento con perfil de presión.

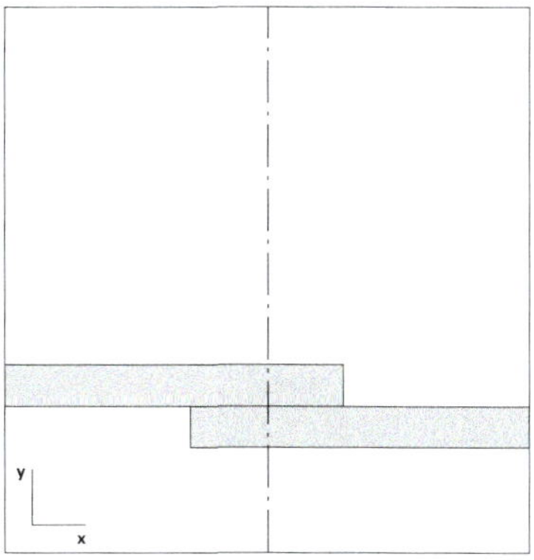

140 Geometría de junta: junta solapada.

grosor de las capas es mínimo, por ejemplo en membranas.

La mayoría de las observaciones en este contexto son igualmente aplicables a las juntas con respaldo. Siempre que se trate de una capa exterior expuesta, seguirán siendo visibles naturalmente los cambios en la anchura de la junta.

Junta solapada

140 La variante de la junta solapada es de gran importancia. El solapamiento permite, ya de primeras, aumentar casi a placer la longitud total de junta en comparación con la junta recta perpendicular. En la superficie de contacto entre las dos capas que se solapan se produce tanto la absorción de los movimientos relativos por deslizamiento como el cumplimiento de las funciones de sellado necesarias. Las condiciones relativas a estas últimas son comparables a las de la junta cubierta, tal como se ha descrito anteriormente. No obstante, hay que prestar la debida atención al afianzado de las capas. A diferencia de la junta cubierta, en la que el tapajunta puede afianzarse por separado de ambas capas, en este caso debe garantizarse que la fijación de los propios componentes superficiales permita los movimientos de deslizamiento que se producen como consecuencia de la dilatación.

El inconveniente de la protuberancia de las capas sigue existiendo aquí, o incluso se agrava. Esto es así porque una superposición continuada en la misma dirección haría que el plano de la capa se retranqueara cada vez más. Esto puede evitarse solapando alternativamente o disponiendo las superficies de las capas en un ligero ángulo para compensar el solapamiento. Naturalmente, hay que procurar que los salientes en la superficie de la capa producidos por el solapamiento no impidan el drenaje del agua. De lo contrario, el agua se acumularía en la sensible abertura de la junta, lo que comprometería especialmente el efecto de sellado. Se solapará en consecuencia siempre en la dirección de flujo.

La instalación imbricada con juntas solapadas es muy
144 común especialmente en la construcción de madera. Esto garantiza una protección suficiente contra el viento y, al menos en el caso de pantallas de intemperie exteriores, suele tener un efecto de frenado suficiente, aunque no un efecto de sellado completo contra la humedad. No se puede descartar que, debido a la fuerte tendencia a la deformación de la madera, se produzca una penetración capilar al menos local en la superficie de contacto entre los maderos, mientras que en otras zonas hay una brecha abierta. Por este motivo, entre otros, se recomienda en estos casos una ventilación trasera. El agua que haya podido penetrar puede escurrirse así o puede difundirse la humedad.

Junta de galce

Las ventajas de la junta en ángulo recto, es decir, el enrasado y la uniformidad ininterrumpida de las superficies de las capas enfrentadas, y las de la junta solapada, es decir, la sencilla absorción de movimientos relativos, así como la trayectoria de junta de longitud casi arbitraria y paralela a

la capa en la que se produce el sellado, se combinan en la junta de galce. Sin embargo, permanece el hueco de junta **141**
visible tanto en el interior como en el exterior que cambia su anchura —como en la junta perpendicular— en función de la dilatación de los componentes superficiales. A diferencia de la junta solapada, la dimensión máxima de dilatación viene de nuevo limitada, en este caso, por la anchura de los tramos de junta perpendiculares a la capa, o la más pequeña de ambos. De forma análoga a la junta solapada, se plantean cuestiones relativas al afianzado de los componentes superficiales contiguos con movilidad simultánea entre sí. Cuando se exponen a la intemperie juntas de galce horizontales, hay que asegurarse de que la brecha exterior expuesta de la junta se encuentra en la parte inferior. De este modo, se aprovecha el efecto de la gravedad en el tramo de junta paralelo a la capa, de modo que se impide que el agua sea arrastrada verticalmente en el tramo de junta con contacto. **143**
La disposición inversa, en cambio, no tiene sentido en términos de sellado. Si los flancos del tramo de junta exterior se inclinan adicionalmente hacia abajo, se forma un borde de goteo en el componente superior, se dificulta adicionalmente la penetración del agua en la junta y, además, puede fluir hacia fuera en el flanco de junta inferior inclinado.

144 Junta solapada: entre las tablas de entablado de un revestimiento de madera.

Junta machihembrada

Una variante del galce es el machihembrado. Sin embargo, **145**
en lugar de una, se crean dos tramos de junta paralelos a la capa. En ambos se puede llevar a cabo la correspondiente función de sellado. La refracción múltiple de la trayectoria de la junta produce así tanto un alargamiento notable de la junta en su conjunto como una cámara de relajación entre el fondo de la ranura y la cara extrema de la lengüeta. Esto resulta necesariamente de la dimensión de la tolerancia que debe respetarse para permitir movimientos relativos de los componentes superficiales que colindan. Si esta cámara está inclinada o incluso a plomo, el agua que se acumula en ella

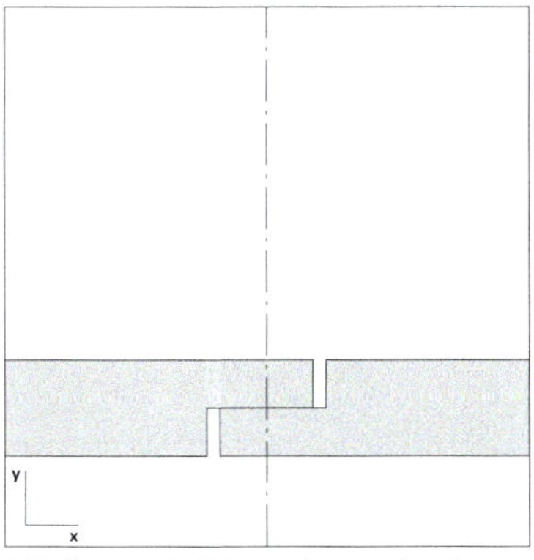

141 Geometría de junta: junta galceada.

142 Junta galceada.

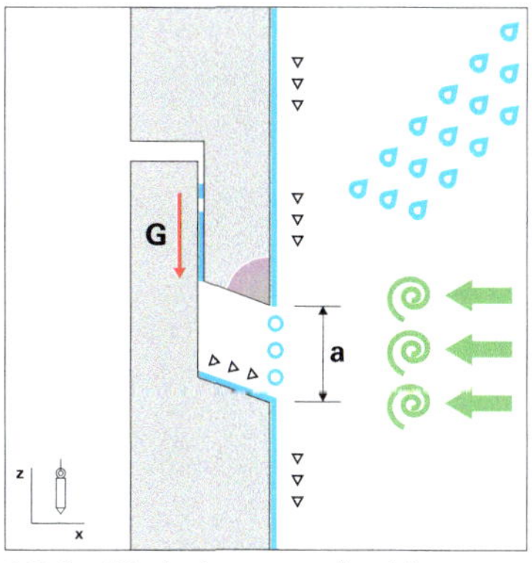

143 Se dificulta la penetración del agua ensanchando la tramo **a** de junta del lado de la intemperie, inclinando los flancos de la junta y utilizando la gravedad **G** en el tramo de junta paralelo a la capa (→ **z**).

puede drenarse. El viento que haya penetrado en la junta a través de huecos abiertos lateralmente entre la lengüeta y la ranura se relaja en esta cámara por turbulencia. En este caso, los componentes superficiales o las capas contiguas quedan afianzados o se sujetan mutuamente en su posición por el ajuste por forma entre la lengüeta y la ranura. Esta es una diferencia característica entre esta variante y una junta solapada o cubierta. Otras formas especiales de este principio de unión son, por ejemplo, las juntas de lengüeta con lengüeta postiza o también las juntas dentadas con múltiples juntas en forma de Z, como las utilizadas en la construcción de madera, las juntas de dientes triangulares.

JUNTA CON LENGÜETA POSTIZA

JUNTA DE DIENTES TRIANGULARES 146

Junta con costilla

148 Otra variante de diseño de junta relevante para la construcción es la junta con costilla. Esta última puede proyectar alternativamente en ambas direcciones desde la superficie de la capa. Se crea angulando las zonas de borde de la capa para que se cree un único tramo de junta ortogonal a la capa. Aunque este diseño de junta se parece a la simple junta en ángulo recto, no obstante tiene ventajas decisivas: La longitud de la junta en el tramo transversal aumenta considerablemente; puede elegirse casi a voluntad. En cuanto al efecto de sellado contra la humedad, también se gana mucho con superficies envolventes inclinadas u horizontales: La brecha abierta de la junta, que por ejemplo en la junta recta perpendicular quedaría expuesta, se eleva claramente por encima de la superficie de la capa, que es la que conduce el agua, gracias al doblez. Por lo tanto, experimenta ya de primeras una carga de humedad mucho menor que otras geometrías de junta.

Sin embargo, en lo que respecta a la absorción del movimiento relativo entre las capas, se dan condiciones similares a las de la junta simple en ángulo recto. También en este caso, la anchura de la junta varía en función de las deformaciones relativas de las superficies de las capas. Si, por el contrario, éstas tienen cierta flexibilidad, la junta puede ir cerrada mecánicamente en su extremo sobresaliente y los

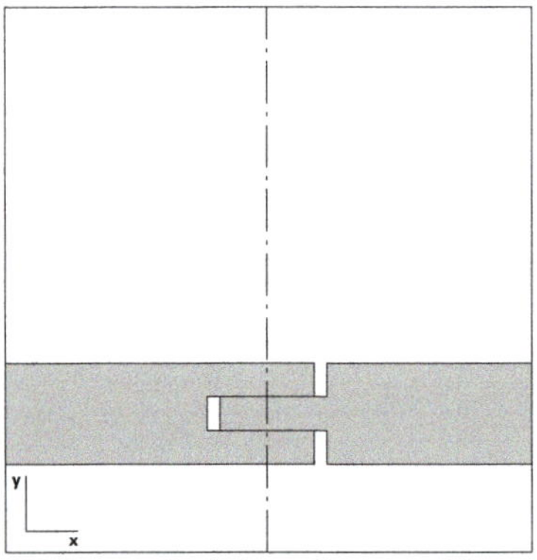

145 Geometría de junta: junta machihembrada.

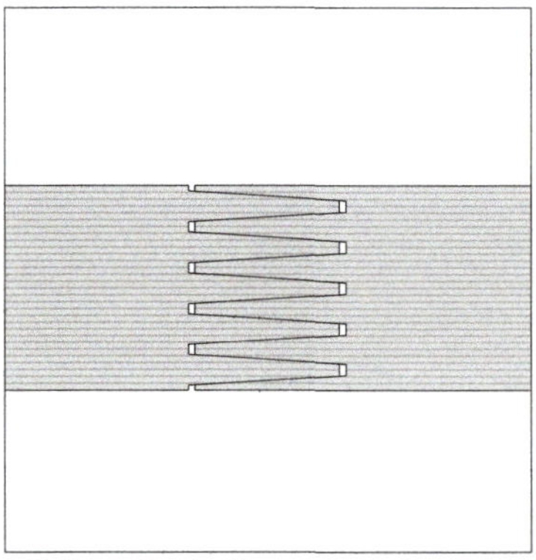

146 Conexión de dientes triangulares en la construcción de madera.

movimientos relativos pueden absorberse por deformación de las costillas, que en tal caso son relativamente flexibles. Al ser éstas perpendiculares a la dirección del movimiento, se adaptan a él, al contrario que la propia superficie de la capa, que es paralela y se opone a ella con la correspondiente rigidez. Por esta razón, esta solución se utiliza a menudo para superficies de capa extraordinariamente delgadas con cierta elasticidad, por ejemplo, revestimientos metálicos delgados, como cubiertas de chapa de junta alzada. La costilla sobresaliente también simplifica el afianzado mutuo de las superficies de las capas enfrentadas, una tarea que difícilmente podría resolverse con capas tan delgadas utilizando una simple junta a tope en ángulo recto sin recurrir a elementos adicionales (como un cubrejunta). Otra ventaja adicional de esta geometría de junta en esta aplicación es el claro efecto rigidizante de los dobleces sobresalientes de la capa, que garantiza la planicidad y la rigidez a la flexión de la delgada superficie de la misma, que por lo demás es muy flexible.

147 CHAPA DE JUNTA ALZADA

149 Junta machihembrada entre tablas de revestimiento.

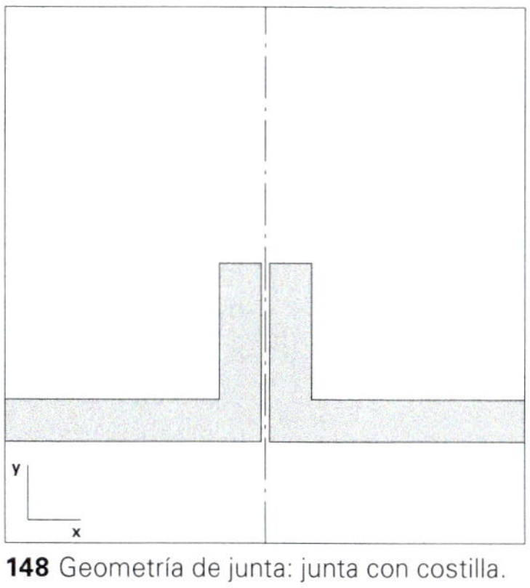

148 Geometría de junta: junta con costilla.

147 Junta con costilla: chapa de junta alzada.

Notas

1 Adoptamos aquí la clasificación de Pahl G, Beitz W (1997) *Konstruktionslehre*, Berlín, pág. 85, con una pequeña modificación. En lugar de „diseñar la construcción", aquí utilizamos el término „definir la construcción". La razón radica en el diferente significado que tiene el término *diseño* en ingeniería mecánica y en construcción. Mientras que los ingenieros mecánicos (desde su perspectiva escribe Pahl) tienden a referirse al diseño preciso y la definición técnica de una estructura como *diseñar*, los proyectistas de edificios suelen utilizar este término para describir las primeras fases conceptuales del proceso de planificación. En esta última concepción del término, la atención no se centra en la construcción, sino en la forma general del edificio.

2 El autor es muy consciente del componente más o menos caótico y anárquico de cualquier planteamiento innovador. Basta con leer la famosa obra de Paul Feyerabend (2010) *Tratado contra el método—Esquema de una teoría anarquista del conocimiento*. Sin embargo, esto no contradice necesariamente un enfoque global de la planificación al menos razonablemente estructurado. En vista de la gran responsabilidad social del proyectista, el riesgo de un enfoque no estructurado es sencillamente demasiado grande; a la vez no se debe equiparar el hojear al azar colecciones de detalles constructivos con un enfoque creativo simplemente por su componente caótico. Obviamente, aquí se está sacando una conclusión invertida falsa. Esta obra reconoce plenamente que un enfoque innovador exige a veces prescindir conscientemente de los corsés metodológicos. Sin embargo, la conclusión inversa es errónea: Un enfoque no metódico no siempre es innovador. O dicho de otro modo: Un enfoque metódico en general no tiene por qué sofocar la innovación desde el principio.

3 Pahl G, Beitz W (1997)

4 La norma alemana *DIN 18000*, que regulaba esta cuestión, ha sido retirada. Hoy en día se sustituye por las normas internacionales *ISO 1006 Building Construction—Modular Coordination—Basic Module* e *ISO 2848 Building Construction—Modular Coordination—Principles and Rules*.

5 Esto es exactamente lo que ocurre cuando los aleros de un tejado inclinado se ejecutan sin canalones: El agua de lluvia recogida en la superficie del tejado, que es muchas veces mayor que la que afectaría a una fachada expuesta de la misma superficie, suele ser impulsada contra la fachada de abajo por el viento al caer desde el borde del alero. Como resultado, la carga de humedad sobre esta pared exterior es considerable.

6 A veces se esgrime el argumento de que una cubierta plana o bien es estanca o bien filtra y que, por tanto, no es necesaria una pendiente en ningún caso: Si es hermética, un gradiente es superfluo; si tiene fugas, un gradiente es ineficaz. De hecho, las cubiertas planas también pueden ejecutarse sin pendiente alguna, es decir, completamente planas. Este caso está previsto en la norma. Sin embargo, en consonancia

con nuestros comentarios sobre los riesgos constructivos, en este caso es necesario adoptar medidas de seguridad adicionales (véanse las directrices del gremio de techadores).

7 Aunque también existen algunas cubiertas planas que siguen el mismo principio de evacuación del agua de lluvia que las cubiertas inclinadas, es decir, conducirla al exterior del edificio y recogerla allí mediante canalones, esta variante nunca se ha impuesto. La unión permanentemente estanca de los bordes de la membrana impermeabilizante sin levantarlos del peligroso nivel de escorrentía, como en el caso del borde alzado, es demasiado arriesgada.

8 Se utiliza este término (a primera vista de perogrullo, hay que reconocerlo) de *cámara de aire ventilada* para dejar claro que la existencia de una cámara de aire por sí sola, aunque sea una cámara de aire en movimiento, no es suficiente para cumplir la función necesaria, sino que debe estar necesariamente en contacto con la atmósfera exterior, es decir, debe estar *ventilada*.

9 Durante largos periodos históricos, la humanidad ha confiado en este principio constructivo y físico usando muros exteriores macizos de una sola hoja. También se aplica esencialmente a ladrillos o materiales pétreos con una resistencia a la difusión ligeramente superior a la de los modernos materiales porosos de albañilería.

10 Esto se debe a que la estanqueidad sin una mayor resistencia a la difusión del vapor es casi imposible de conseguir. El material mágico que combina ambas cosas, es decir, estanqueidad al agua y resistencia a la difusión realmente baja, aún no está disponible.

11 Las barreras de vapor tienen una resistencia a la difusión del vapor de agua infinitamente alta, medida utilizando el valor μ o el espesor equivalente de capa de aire s_D.

12 Se trata de una cuestión muy controvertida desde hace tiempo: a saber, la cuestión de dónde se encuentran los mayores espesores de aislamiento térmico que siguen teniendo sentido. Cada vez se aduce más en este debate la energía gris que hay que utilizar en la producción del material aislante y que (supuestamente) anula de antemano al menos parte del ahorro energético previsto. El factor decisivo en este contexto es, lógicamente, la relación entre la energía primaria utilizada para la producción y la energía de funcionamiento del edificio a lo largo de toda su vida útil. Esta última sigue siendo hoy en día la principal fuente de consumo en la mayoría de los casos (a pesar de la tecnología de casas pasivas). Desde este punto de vista, parecen estar (todavía) justificados espesores de aislamiento aún mayores.

13 Se trata, por ejemplo, de aislantes al vacío o aislantes de aerogel o nanogel con valores de conductividad térmica de entre 0,025 y 0,004 W/(mK) aproximadamente, dependiendo de cómo se procesen.

14 La investigación sobre materiales está haciendo grandes progresos en este campo. Ya se están desarrollando materiales con un compromiso aceptable entre aislamiento térmico y

capacidad de carga. Es posible que este conflicto clásico entre objetivos constructivos se resuelva a medio plazo, lo que permitiría simplificar considerablemente los diseños constructivos de los edificios. Sin embargo, aún no se ha alcanzado este estado.

15 La siguiente información sobre la conductividad térmica procede de las normas *DIN 4108-4* y *EN ISO 10456*.

16 Es el caso, por ejemplo, de los perfiles de ventana de aluminio con rotura de puente térmico. La conexión mecánica entre las dos hojas del perfil se realiza mediante conectores de plástico con escasa conductividad térmica.

17 El término „nivel de aislamiento" es algo engañoso: Sugiere que la capa de aislamiento térmico está siempre en un solo plano, lo que en realidad ocurre en muy pocos casos prácticos de construcción. En cambio, hay numerosos resaltos. A veces, la capa aislante, que sigue a un elemento envolvente curvo, tampoco es plana. Quizá sería más exacto hablar de una *superficie aislante*, un término que no obstante aún no se ha impuesto en el mundo de la construcción.

18 En casos concretos, se puede evitar la formación de puentes térmicos localizados incluso con un espesor de capa reducido utilizando materiales con una conductividad térmica más baja en este punto. Sin embargo, en la práctica, esto sólo puede conseguirse dentro de unos límites muy estrechos, por ejemplo, utilizando espumas de poliuretano o materiales aislantes de aerogel en lugar de materiales aislantes convencionales. En conjunto, la resistencia térmica seguiría manteniéndose a pesar de la reducción del grosor del aislamiento.

19 Es interesante que los criterios de iluminación y ventilación naturales se opongan a los requisitos de minimización del factor superficie envolvente. En lugar de compacidad, exigen la mayor superficie posible de pared exterior en relación con el volumen encerrado, porque es la forma más fácil de proporcionar sol, luz y aire a los espacios interiores.

20 La conductividad de temperatura de un material describe la velocidad de propagación de un campo de temperatura en un material. Depende directamente de la conductividad térmica λ del material e indirectamente de la densidad aparente y de la capacidad de almacenamiento de calor. El coeficiente de penetración del calor describe el comportamiento térmico de los materiales durante los procesos de flujo de calor a corto plazo. Los valores bajos son característicos de los materiales que absorben el calor lentamente y se sienten calientes al tacto en su superficie, como la madera. Por el contrario, los metales, por ejemplo, tienen valores elevados. Véase Schüle W, Gösele K (1985) *Schall, Wärme, Feuchte*, Wiesbaden, Berlín, pp. 168 y s.

21 Una de las razones es que, incluso hoy en día, las superficies acristaladas no alcanzan los mismos valores de aislamiento térmico que las opacas. Las paredes exteriores opacas altamente aislantes ofrecen una capacidad de aislamiento térmico unas cinco veces superior a la de envolventes acristaladas de última generación. Ya en este sentido,

las superficies acristaladas del *termo* son comparables a puntos débiles térmicos, que ponen en entredicho la fuerte segregación térmica del mismo respecto al espacio exterior. Por otra parte, esto también se debe al hecho de que —a diferencia de los muros opacos— las superficies acristaladas generan ganancias continuas de calor por radiación solar, al menos durante el día: a veces menores con luz diurna difusa, a veces mayores con luz solar directa, pero constante e ininterrumpida.

22 Al fin y al cabo, en realidad se trata de un *ralentizado* térmico, no de un *aislamiento* térmico. El flujo de calor del exterior al interior se ralentiza, pero no se interrumpe por completo.

23 Véase al respecto Schüle, Gösele (1985), pág. 195.

24 Esto ocurre, por ejemplo, en los modernos edificios de oficinas con suficiente masa de almacenamiento y paredes exteriores ampliamente acristaladas. Las masas de almacenamiento térmico pueden calentarse tanto durante el día que la ventilación normal de las ventanas por la noche no basta para disipar el calor almacenado. Una cortina de aire inducida mecánicamente fluyendo sobre las superficies expuestas de los componentes proporciona entonces un remedio.

25 Como los métodos de construcción de madera del sudeste asiático o el Caribe.

26 Como en el sur de Europa, Oriente Medio o el norte de África.

27 También está la cuestión fundamental del grado de transparencia de la envolvente del edificio, es decir, la proporción de superficies acristaladas. Es un factor que influye mucho en la sensación espacial, sobre todo en la conexión (o falta de ella) entre el interior y el exterior, o entre el edificio y la naturaleza. El tema también tiene una gran carga ideológica. Se trata de un ejemplo notable de la estrecha interrelación e interdependencia entre los factores de diseño y los de construcción y de física.

28 La *frecuencia* expresa el número de pulsaciones u oscilaciones de un sonido por segundo y se mide en hercios. La frecuencia determina el tono en nuestra percepción. Por otro lado, la *amplitud*, o el tamaño de la desviación de la oscilación en sí, determina el volumen en nuestra percepción. Son audibles para el ser humano los rangos de frecuencia entre 16 Hz y unos 20.000 Hz. Sin embargo, sólo las frecuencias comprendidas entre unos 100 Hz y 3.150 Hz son relevantes en términos de aislamiento acústico porque se perciben como molestas.

29 Esto se aplica en primer lugar al aislamiento acústico a ruido aéreo, pero también al aislamiento acústico a ruido de impacto, ya que el ruido transmitido por las estructuras siempre genera ruido aéreo en la misma sala. A continuación, penetraría en la habitación vecina a través de las aberturas.

30 Esto se debe al llamado efecto de coincidencia de ondas, en el que las vibraciones del aire y del material de la pared se amplifican mutuamente, por así decirlo, reduciendo así el efecto de aislamiento acústico. La frecuencia más baja a la que se produce este efecto se conoce como *frecuencia de*

corte de coincidencia.

31 Aunque esta regla se aplica en principio, también hay que mencionar que con paredes de hormigón pesadas y (por tanto) muy rígidas, por ejemplo, la meseta del efecto de coincidencia de ondas, o la frecuencia de corte asociada, se desplaza a rangos de baja frecuencia (alrededor de 100 Hz), que ya no son audibles para nosotros y, por tanto, ya no resultan molestos. Véase Schüle, Gösele (1985), pp. 40 y ss.

32 Schüle, Gösele (1985), pág. 46.

33 Ibid. pág. 39 y Lutz et al (2002) *Lehrbuch der Bauphysik*, pág. 39

34 Cabe señalar que la combinación de ligereza y alta rigidez a la flexión es una gran ventaja estructural, pero una grave desventaja en términos de aislamiento acústico. La madera como material corresponde exactamente a este perfil y muestra claras deficiencias en cuanto a aislamiento acústico. También aquí nos encontramos con un típico conflicto de objetivos entre subfunciones —en este caso, aislamiento acústico y conducción de fuerzas—, comparable al que existe entre aislamiento térmico y conducción de fuerzas.

35 Según Gösele, Schüle (1985), pág. 47.

36 Esto equivale a la medida antes mencionada de dividir el grosor de una hoja en dos o más capas. La rigidez a la flexión del conjunto se reduce considerablemente si los paneles sólo se grapan entre sí en determinados puntos. Además, se produce una especie de amortiguación de masas debido a la capa de aire encerrada entre las superficies límite.

37 La incombustibilidad del acero no garantiza un período utilizable de resistencia al fuego en el componente. Sin embargo, en combinación con el hormigón dentro de una estructura compuesta, esta desventaja puede compensarse por medios constructivos.

38 Sin embargo, lo compensan con una mayor densidad aparente, es decir, un mayor peso por unidad de volumen, que el agua: Con el hormigón, por ejemplo, es 2,5 veces mayor.

39 Además de la corrosión por oxígeno, también existe la corrosión por ácido. Dependiendo de la naturaleza del aire y las precipitaciones, esta última también puede desempeñar un papel importante, por ejemplo, si hay un alto contenido de sal en el aire y el agua en climas marinos.

40 En este contexto, se distingue entre la llamada serie de tensión normal de los metales, que los clasifica según su potencial eléctrico, es decir, su nobleza. Los metales nobles son el oro, la plata y el cobre. En cambio, los metales base son el hierro, el cromo, el zinc y el aluminio.

41 Aunque el cromo es menos noble que el hierro, sus propiedades químicas frente a la corrosión por oxígeno son comparables a las de un metal noble.

42 Como ya se ha mencionado, también existe la corrosión de la piedra natural. Sin embargo, debido a la escasa importancia constructiva de este material tradicional en la actualidad, no hablaremos de ella aquí.

43 Esta aparente contradicción metodológica, a saber, que la

conducción de fuerzas es simultáneamente una función principal y parcial, puede resolverse en cierta medida mediante la siguiente consideración: La diferenciación entre una función portante, una envolvente y otra de suministro y eliminación, que constituye la base del concepto de las tres funciones principales o los tres grupos funcionales principales, surge de una visión bastante indiferenciada de la función portante: Se refiere principalmente a la estructura portante primaria e ignora la estructura portante secundaria y terciaria. Los componentes primarios de carga son los forjados, los muros de carga y los pilares. Consideramos componentes portantes secundarios a las subestructuras de fachada, por ejemplo, que agrupan fuerzas y las transfieren a la estructura portante primaria. Los componentes portantes terciarios son todos aquellos que absorben fuerzas de menor magnitud y las transfieren concentradas a la estructura portante secundaria. Se trata, por ejemplo, de paneles de fachada, puertas, vidrios de ventanas, etc. La limitación del concepto de estructura portante a la estructura portante primaria se debe a la diferenciación constructiva entre la estructura portante y la envolvente del edificio. Esta noción se remonta en última instancia a la distinción conceptual entre la construcción de muro y la de esqueleto. Por otra parte, considerar la función portante como una subfunción tiene en cuenta el hecho de que, incluso en las estructuras de esqueleto, las estructuras portantes secundarias y terciarias están estrechamente interrelacionadas con la envolvente del edificio y, desde un punto de vista constructivo, dependen estrechamente de las demás subfunciones.

44 En este contexto puede seguirse una interesante línea de pensamiento: Si pudiéramos hacer que todas las superficies envolventes fueran lo suficientemente resistentes sin hacerlas excesivamente pesadas, no habría ninguna necesidad de separar una estructura portante de la envolvente del edificio. Como ya se ha comentado en el *Capítulo 7, Apartado 2.5 Sistemas nervados*, los métodos de construcción de esqueleto son una respuesta a la ineficacia estática de los componentes superficiales sólidos no discretizados (es decir, no acanalados). Ya vimos en el *Capítulo 1. Escala*, lo rápido que alcanzan los llamados tamaños límite. En este caso hipotético, nuestros edificios podrían consistir simplemente en superficies relativamente delgadas que separaran los espacios interiores del exterior y cumplieran las funciones constructivas de protección necesarias: protección contra la humedad, aislamiento térmico, aislamiento acústico etc. (Al fin y al cabo, de eso trata principalmente la construcción, porque garantiza el cumplimiento de las funciones de uso que tienen lugar en el edificio.) Esto no es posible porque nuestros materiales actuales no son suficientemente ligeros ni resistentes. Desde otra perspectiva, esto demuestra una cierta prioridad de las funciones constructivas de protección con respecto a la función portante: Esencialmente construimos (sólo) para asegurar las funciones de protección, pero

técnicamente no podemos hacer otra cosa que construir (para este fin) estructuras portantes más o menos masivas, que consumen material y espacio.

45 A diferencia de las hojas rígidas convencionales expuestas a esfuerzos de compresión y flexión, las membranas, verdaderos componentes superficiales, sólo tienen espesores mínimos del orden de 1 mm. Debido al escaso grosor y a la falta de rigidez a la flexión de la membrana, estaría justificado denominarla una *capa* según nuestra definición.

46 Sin embargo, esto puede cambiar rápidamente en cuanto los materiales de aislamiento térmico con cifras de conductividad térmica mucho más bajas sean más competitivos en términos de coste.

47 Por este motivo, en el *Capítulo 7 Composición* hemos elegido el tipo de diseño y la relación posicional mutua de la envolvente portante y la capa de aislamiento térmico como criterio de clasificación decisivo para las diferentes estructuras de envolvente.

48 En sentido estático, las fuerzas internas son, por un lado, las fuerzas normales (compresión o tracción), que se denominan así porque están orientadas normal (en ángulo recto) respecto a la sección transversal del componente (por tanto, están alineadas a lo largo del eje del componente, razón por la que a veces se denominan también, de forma confusa, fuerzas *axiales*); además, también existe la flexión (compresión y tracción simultáneas), que de nuevo aparece al final como fuerzas de compresión y tracción que actúan normalmente y de forma simultánea, y esfuerzo cortante, que no va orientado normal, sino tangencialmente.

49 Sólo en el caso de edificios relativamente altos puede invertirse la situación en determinadas condiciones.

50 Nótese la ambigüedad ya mencionada del término hoja (véase el *Capítulo 7. Composición*, nota **1**).

51 A diferencia de las cargas externas, que están alineadas *normales* con la superficie. O dicho de otro modo: En el caso de las formas curvas de equilibrio, las cargas externas (distribuidas) que actúan *normalmente* sobre la superficie curva sólo provocan fuerzas internas *tangentes* a la superficie. Estas someten al material sólo a escaso esfuerzo. Esta es una ventaja extraordinaria de este tipo de estructura portante y explica su extraordinaria eficacia estructural.

52 También en forjados de piso se suele colocar una capa aislante en el mismo plano que el nivel de nervios o vigas. En estos casos, sin embargo, el aislamiento no suele utilizarse para aislar del calor, sino del ruido. Se trata de una amortiguación acústica de cavidades en la que suele rellenarse todo el espacio entre las vigas con material aislante.

53 Esto se aplica esencialmente a capas razonablemente rígidas con un cierto grosor mínimo, no a capas flexibles extremadamente delgadas. Estas últimas son películas en las que la dilatación se neutraliza mediante un ligero abultamiento y la contracción mediante un ligero tensado, o bien membranas que ya están deliberadamente sometidas a un pretensado

de tracción, en las que un estiramiento de cualquier tipo provoca una reducción parcial o un ligero aumento de la tensión de tracción.

54 El diámetro aproximado de una molécula de agua es de 1 nm o 10^{-9} metros. Los niveles de precisión en este rango son inalcanzables en la construcción de edificios.

55 Los cordones de soldadura estancos son una importante medida constructiva de protección cuando se fabrican cajones de acero para puentes, por ejemplo.

56 Los cortes de junta complicados y con ángulos geométricos son igual de difíciles de realizar con espesores de capa tan pequeños. En cualquier caso, un corte de separación recto es la única forma de crear un borde en membranas y láminas. La única geometría de unión que se ofrece es prácticamente el solape, que se utiliza mucho con estos materiales, tanto en forma soldada como pegada o cosida.

57 Se aplican las mismas restricciones que en la nota 53.

ANEXO

J. L. Moro, *El proyecto constructivo en arquitectura — del principio al detalle*, https://doi.org/10.1007/978-3-662-70279-6

ÍNDICE

A

B

C

E

F

G

N

O

S

T

V

W

Y

Z

BIBLIOGRAFÍA

- Aicher O (1992) *Die Welt als Entwurf.* Berlín, Ernst & Sohn
- Albert A, Heisel J P (ed) (2018) *Schneider Bautabellen für Architekten mit Entwurfshinweisen und Beispielen.* 23ª ed. Colonia, Bundsanzeiger-Verlag
- Arnold, Dieter (1992) *Die Tempel Ägyptens.* Zúrich, Artemis & Winkler
- Arnold, Dieter (1994) *Lexikon der ägyptischen Baukunst.* Zúrich, Artemis & Winkler
- Ávila Jalvo, J M (1998) *Análisis geométrico y mecánico de las bóvedas planas del Monasterio de San Lorenzo del Escorial,* 2° Congreso Nacional de Historia de la Construcción, CEHOPU
- Baar S, Ebeling K (2016) *Lohmeyers Stahlbetonbau: Bemessung – Konstruktion – Ausführung.* Springer Vieweg, Wiesbaden
- *Badger's Illustrated Catalogue of Cast-Iron Architecture,* 1865 (1982) Dover Publications
- Badger D D (1865) *Illustrations of Iron Architecture made by the Architectural Iron Works of the City of New York.* Nueva York, Baker & Goodwin Printers
- Baker, Godwin (1865) *Illustrations of Iron Architecture Made by The Architectural Iron Works of the City of New York,* Nueva York
- Beck W, Moeller E (2018) *Handbuch Stahl: Auswahl, Verarbeitung, Anwendung.* Múnich, Hanser
- Becker K, Rautensbach K (2012) *Ingenieruholzbau nach Eurocode 5 – Konstruktion, Berechnung, Ausführung.* Berlín, Ernst & Sohn
- Beitz W, Pahl G (1997) *Konstruktionslehre – Methoden und Anwendung.* Berlín etc., Springer
- Belz W, Gösele K, Hoffmann W, Jenisch R, Pohl R, Reichert H (1999) *Mauerwerk Atlas.* 5ª ed. revisada, Múnich, Institut für internationale Architekturdokumentation
- Bindseil P (2007) *Stahlbetonfertigteile.* Düsseldorf, Werner
- Blaser W (1991) *Mies van der Rohe.* 5ª ed., Zúrich
- Boake,T M (2012) *Stahl verstehen – Entwerfen und Konstruieren mit Stahl.* Basilea, Birkhäuser
- Boake T M (2014) *Diagrid Structures – Systems, Connections, Details.* Basilea, Birkhäuser
- Boake T M (2015) *Architecturally Exposed Structural Steel – Specifications, Connections, Details.* Basilea, Birkhäuser
- Boesiger W, Stonorov O (ed) (1964) *Le Corbusier – Oeuvre Complète,* Zúrich, Artemis
- Bögle A, Schmal PC, Flagge I (2003) *leicht weit – Light Structures. Jörg Schlaich, Rudolf Bergermann.* Prestel, Múnich, Berlín, Londres
- Bollinger K et al. (2011) *Atlas Moderner Stahlbau: Material, Tragwerksentwurf, Nachhaltigkeit.* Múnich, Institut für Internationale Architektur-Dokumentation
- Bona E D (1980) *Angelo Mangiarotti : il processo del costruire.* Milán, Electa
- Bürklin T, Reichardt J (ed) (2019) *Albert Kahns Industriearchitektur.* Basilea, Birkhäuser
- Burelli A R, Gennaro P S (2008) *Die Moschee von Sinan – Sinan's Mosque.* Wasmuth, Tubinga, Berlín
- Choisy A (1983) *Histoire de l'Architecture,* vol. 1 y 2. Slatkine Reprints, Ginebra, París
- Cremers J, Binder M, Bonfig P, Hartwig J, Klos H, Leuschner I, Sohn E, Stark T (2015) *Atlas Gebäudeöffnungen: Fenster, Lüftungselemente, Außentüren.* Múnich, Detail, Institut für Internationale Architektur-Dokumentation
- Diamond J M (2020) *Colapso: Por qué unas sociedades perduran y otras desaparecen,* Debate
- Diamond J M (2016) *Sociedades comparadas: Un pequeño libro sobre grandes temas.* Debate
- Diamond J M (2013) *El mundo hasta ayer: ¿Qué podemos aprender de las sociedades tradicionales?* Debate
- Durm J (1881) *Handbuch der Architektur.* Darmstadt, Diehl
- Eisele J et al. (2016) *Bürogebäude in Stahl – Handbuch und Planungshilfe – nachhaltige Büro- und Verwaltungsgebäude in Stahl- und Stahlverbundbauweise.* Berlín, DOM publishers
- Engel H (1985) *Measure and Construction of the Japanese House.* Tokio etc., Tuttle Publishing
- Faber C (1965) *Candela und seine Schalen.* Múnich, Callwey
- Falter H (1999) *Untersuchungen historischer Wölbkonstruktionen,* disertación, Universidad de Stuttgart
- Feix J, Walkner R (2012) *Lehrbuch Betonbau.* Innsbruck, Studia Universitätsverlag
- Fitchen, John (1988) *Mit Leiter, Strick und Winde: Bauen vor dem Maschinenzeitalter,* Basilea, Boston, Berlín, Birkhäuser-Verlag
- Foster, Norman (1989) *Norman Foster Associates – Buildings and Projects 1971-1978,* vol. 2, Berlín, Ernst & Sohn
- Foster, Norman (1989) *Norman Foster Associates – Buildings and Projects 1978-1985,* vol. 3, Berlín, Ernst & Sohn
- Friemert, Chup (1984) *Die Gläserne Arche – Kristallpalast London 1851 und 1854.* Múnich, Prestel-Verlag
- Gayle, Carol (1998) *Cast-Iron Architecture in America: The Significance of James Bogardus.* WW Norton & Co
- Gayle, Margot and Gillon, Edmund V. (1974) *Cast-Iron Architecture in New York: A Photographic Survey.* Dover Publications Inc.
- Giedion S (1954) *Walter Gropius – Mensch und Werk.* Zúrich, Max E. Neuenschwander.
- Gildemeister Torsten (2007) *Wandkonstruktionen in Holzhausbau – Anforderungen, Konstruktion und Bauausführung,* Grin Verlag
- Gösele K, Schüle W (1985) *Schall - Wärme - Feuchte – Grundlagen, Erfahrungen und praktische Hinweise für den Hochbau.* Wiesbaden Berlín, Bauverlag
- Graubner, Wolfgang (1994) *Holzverbindungen – Gegenüberstellungen japanischer und europäischer Lösungen,* Stuttgart, DVA
- Hanses K (2015) *Basics Betonbau.* Zúrich, Birkhäuser
- Hauff V, Weltkommission für Umwelt und Entwicklung (1987) *Unsere gemeinsame Zukunft [der Brundtland-Bericht der Weltkommission für Umwelt und Entwicklung].* Greven, Eggenkamp
- Heinle E, Schlaich J (1996) *Kuppeln aller Zeiten - aller Kulturen.* Stuttgart, Dt. Verl.-Anst.
- Hertel H (1960) *Leichtbau – Bauelemente, Bemessungen und*

Konstruktionen von Flugzeugen und anderen Leichtbauwerken. Berlín, Springer

- Hertel H (1980) *Leichtbau – Bauelemente, Bemessungen und Konstruktionen von Flugzeugen und anderen Leichtbauwerken.* Berlín, Springer
- Herzog T, Krippner R, Lang W (2016) *Fassaden Atlas: Zweite überarbeitete und erweiterte Auflage - Grundlagen, Konzepte, Realisierungen.* Múnich, DETAIL, Institut für Internationale Architektur-Dokumentation
- Hoag J (1976) *Islamische Architektur*, Stuttgart/Milán, Belser/ Electa,
- Hoelscher U (1912) *Das Grabmal des Königs Chephren.* Leipzig, Hinrichs
- Huberti G (ed) (1964) *Vom Caementum zum Spannbeton – Beiträge zur Geschichte des Betons.* Vol. 1–3. Wiesbaden, Bauverlag
- Institut für leichte Flächentragwerke (IL) (ed) (1998) *IL 24 – Prinzip Leichtbau – Lightweight Principle*, Stuttgart
- Jammer M (1980) *Das Problem des Raumes*, Darmstadt, Wissenschaftliche Buchgesellschaft,
- Jeska S et al. (2014) *Neue Holzbautechnologien – Materialien, Konstruktionen, Bautechnik, Projekte.* Basilea, Birkhäuser
- Joedicke J (1962) *Schalenbau – Konstruktion und Gestaltung,*Stuttgart, Karl Krämer Verlag
- Kaufmann H et al. (2011) *Bauen mit Holz – Wege in die Zukunft.* Múnich, Prestel
- Kaufmann H, Krötsch S, Winter S (2017) *Atlas Mehgeschossiger Holzbau.* Múnich, Edition DETAIL
- Kind-Barkauskas F, Kauhsen B, Polónyi S, Brandt J (2009) *Stahlbeton Atlas: Entwerfen mit Stahlbeton im Hochbau.* Múnich, Institut für Internationale Architektur-Dokumentation
- Kindmann R, Stracke M (2010) *Verbindungen im Stahl- und Verbundbau.* Berlín, Ernst
- Klasen, Ludwig (ed) (1981) *Handbuch der Hochbau-Constructionen in Eisen*, reimpresión de la edición original de 1876, Edition „libri rari", Hannover, Th. Schäfer GmbH
- Klingsohr K, Messerer J, Bachmeier P (2012) *Vorbeugender baulicher Brandschutz.* 8ª ed. Stuttgart, Kohlhammer
- Kopff B (2018) *Holzschutz in der Praxis: Schnelleinstieg für Architekten und Bauingenieure.* Wiesbaden, Springer Vieweg
- Krahwinkel M, Kindmann R (2016) *Stahl- und Verbundkonstruktionen.* SpringerLink: Bücher. Wiesbaden, Springer Vieweg
- Küttinger G, Fritzen K (2014) *Holzrahmenbau: bewährtes Hausbau-System.* Holzbau Deutschland, Bund Deutscher Zimmermeister im Zentralverband des Deutschen Baugewerbes. Colonia, Bruderverlag
- Kultormann U (1996), *Die Maxentius-Basilika – ein Schlusselwerk spätantiker Architektur.* Weimar, VDG-Verlag
- Lambot I et al. (1989) *Norman Foster – Buildings and Projects of Team 4 and Foster Associates.* Vol. 1, Berlín, Ernst & Sohn
- Lamprecht H O (1985) *Opus caementitium – Bautechnik der Römer.* Düsseldorf, Beton-Verlag
- Lang J (1956) *Rebuilding St. Paul's after the Great Fire of London*, Geoffrey Cumberledge. Londres, Nueva York, Toronto, Oxford University Press
- Laugier, Marc-Antoine (1755) *Essai sur l'Architecture.* Reimpresión 1966. París, Gregg Press Ltd.
- Laugier, Marc-Antoine (1758) *Des P. Laugier eines Jesuiten Versuch in der Bau-Kunst : ... mit einem Wörterbuche der darinnen befindlichen Kunst-Wörter auch mit den Beantwortungen der vom Herrn Frezier ... und andern dawider gemachten Einwürfen vermehret; aus dem französischen ins deutsche übersetzet,* Franckfurth, Leipzig, Fischer
- Leicher G W (2002) *Tragwerkslehre in Beispielen und Zeichnungen.* Düsseldorf, Werner
- Liz Guiral J (1988) *El puente de Alcántara: arqueología e historia*, CEHOPU – Fundación San Benito de Alcántara, Madrid
- Loos A (2009) *Warum Architektur keine Kunst ist – Fundamentales über scheinbar Funktionales.* Viena, Metroverlag
- Lückmann R (2006) *Baudetail-Atlas Stahlbau.* Kissing, WEKA MEDIA
- Lutz P, Jenisch R, Klopfer H, Freymuth H, Petzold K, Stohrer M (2002) *Lehrbuch der Bauphysik, Schall – Wärme – Feuchte – Licht – Brand – Klima*, Stuttgart, Leipzig, Wiesbaden; Teubner
- Mainstone R J (1988) *Hagia Sophia – Architecture, Structure and Liturgy of Justinian's Great Church.* Londres, Thames and Hudson
- Markschies A (2000) *Gebaute Pracht – der Palazzo Strozzi in Florenz* (1489-1534). Freiburg im Breisgau, Rombach
- Masson, Ann and Schmalz, Lydia (2011) *Cast Iron and the Crescent City*
- Menges A, Schwinn T, Krieg O D (2017) *Advancing Wood Architecture – A Computational Approach.* Londres, Nueva York, Routledge
- Mettler D, Studer D (2018) *Made of Beton.* Zúrich, Birkhäuser
- Minnert J, Wagenknecht G (2013) *Verbundbau-Praxis – Berechung und Konstruktion nach Eurocode 4.* Berlín, Viena, Zúrich, Beuth Verlag GmbH
- Miodownik M (2013) *Stuff Matters—Exploring the Marvelous Materials that Shape Our Man-Made World*; Boston, Nueva York; Houghton Mifflin Harcourt
- Mislin, Miron (1988) *Geschichte der Baukonstruktion und Bautechnik: von der Antike bis zur Neuzeit.* Düsseldorf, Werner-Verlag
- Mislin M (1997) *Geschichte der Baukonstruktion und Bautechnik, Band 1. Antike bis Renaissance*, 2ª ed., Düsseldorf, Werner
- Moro J L (ed) (2013) *Frei Otto zum 85sten*, Stuttgart
- Moro J L (2015) *Fußböden.* Vol. 1, Múnich, Edition DETAIL.
- Moro J L (2016) *Fußböden.* Vol. 2, Múnich, Edition DETAIL.
- Moro J L (2023) *El proyecto constructivo en arquitectura – del principio al detalle*, vol. 1 *Fundamentos*, 1ª ed. Berlín, Heidelberg, Springer-Verlag
- Moro J L (2024) *El proyecto constructivo en arquitectura – del principio al detalle*, vol. 2 Concepción, 1ª ed. Berlín, Heidelberg, Springer-Verlag
- Moro J L (2024) *El proyecto constructivo en arquitectura – del principio al detalle*, vol. 3 Ejecución, 1ª ed. Berlín, Heidelberg, Springer-Verlag
- Müller-Vienaer, Wolfgang (1988) *Griechisches Bauwesen in der*

Antike, Múnich, Beck-Verlag
- Murray P (1975) *Architektur der Renaissance*, Stuttgart/Milán, Belser/Electa,
- Natterer J, Herzog T, Schweitzer R, Volz M, Winter W (2003) *Holzbau Atlas*. 4ª ed. revisada. Basilea, Birkhäuser
- Neuburger A (1919) *Die Technik des Altertums*, Leipzig
- Ohr K (1973) *Die Basilika in Pompeji*, disertación, TH Darmstadt
- Pahl G, Beitz W (2021) *Konstruktionslehre – Methoden und Anwendung erfogreicher Produktentwicklung*, Berlín, Heidelberg, Springer-Verlag
- Pauser A (1998) *Beton im Hochbau – Handbuch für den konstruktiven Vorentwurf*. Düsseldorf, Verlag Bau und Technik
- Paxton, Joseph; Fox, Charles (1994) *Crystal Palace: [London 1851] / [architects:] Joseph Paxton and Charles Fox*. John McKean, architecture in detail
- Pech A, Gangoly H, Holzer P, Maydl P (2015) *Ziegel im Hochbau: Theorie und Praxis*. Basilea, Birkhäuser
- Peck M (ed) (2013) *Moderner Betonbau Atlas – Konstruktion, Material, Nachhaltigkeit*. Múnich, Institut für internationale Architektur-Dokumentation
- Petersen C (1997) *Stahlbau – Grundlagen der Berechnung und baulichen Ausbildung von Stahlbauten*. Braunschweig etc., Vieweg
- Petersen C (2013) *Stahlbau – Grundlagen der Berechnung und baulichen Ausbildung von Stahlbauten*. Wiesbaden, Vieweg
- Pevsner N (1963) *Europäische Architektur – von den Anfängen bis zur Gegenwart*. Prestel, Múnich
- Pfeifer G, Ramcke R, Achtziger J, Zilch K (2001) *Mauerwerk Atlas*. Basilea, Boston, Berlín, Birkhäuser-Verlag für Architektur
- Phleps H (1981) *Holzbaukunst – der Blockbau, ein Fachbuch zur Erziehung werkgerechten Gestaltens in Holz*. Karlsruhe, Bruderverlag
- Phleps Hermann (1988) *Alemannische Holzbaukunst*, Reprint der Originalausgabe von 1967, Karlsruhe, Bruderverlag.
- Phleps Hermann (1989) *Holzbaukunst – Der Blockbau – Ein Fachbuch zur Erziehung werkgerechten Gestaltens in Holz*, reimpresión de la edición original de 1942, Karlsruhe, Bruderverlag
- Reichel A (2006) *Bauen mit Stahl – Details, Grundlagen, Beispiele. Detail Praxis*. Múnich, Institut für Internationale Architektur-Dokumentation
- Reiss M J (1989) *The allometry of growth and reproduction*. Cambridge etc., Cambridge University Press.
- Ricke H, Schott S (1970) *Der Harmachistempel des Chefren in Giseh*. Wiesbaden, In Komm. Franz Steiner
- Scheidegger F (1990) *Aus der Geschichte der Bautechnik, Band 1: Grundlagen*, Basilea, Brikhäuser
- Scheidegger F (1992) *Aus der Geschichte der Bautechnik, Band 2: Anwendungen*, Basilea, Brikhäuser
- Schinkel, Karl Friedrich (1980) *Sammlung architektonischer Entwürfe: eine Auswahl von 40 Bildtafeln u. erläuternden Texten aus der Ausgabe Potsdam 1841-43*, Berlín, Arani
- Schmidt P, Kempf H, Gütelhöfer D (2012) *Holzbau nach EC 5*. Düsseldorf, Werner
- Schmidt-Nielsen K (1984) *Scaling – why is animal size so important?* Cambridge etc., Cambridge University Press
- Schöler, Richard (1904) *Die Eisenkonstruktionen des Hochbaues*, reimpresión de la 2ª edición, Leipzig, Reprint-Verlag,
- Schulitz H C, Sobek W, Habermann K (1999) *Stahlbauatlas*, Múnich, Institut für internationale Architekturdokumentation
- Schünke M (2000) *Topographie und Funktion des Bewegungssystems, funktionelle Anatomie*. Stuttgart, Thieme
- Sinn B H (1973) *Und machten Staub zu Stein – die faszinierende Archäologie des Betons von Mesopotamien bis Manhattan*. Düsseldorf, Beton-Verlag
- Smil V (2017) *Energy and Civilization—A History*. Cambridge (Mass.), Londres, MIT Press
- Smil V (2021) *Grand Transitions*; Nueva York, Oxford University Press
- Smil V (2023) *Growth—From Microorganisms to Megacities*. Cambridge (Mass.), Londres, MIT Press
- Smil V (2023) *Materials and Dematerialization—Making the Modern World*. Hoboken, Wiley
- Smil V (2023) *Size—How It Explains the World*, Penguin Random House UK
- Steiger L (2013) *Basics Holzbau*. Basilea, Birkhäuser
- Stiewe, Heinrich (2007) *Fachwerkhäuser in Deutschland. Konstruktion, Gestalt und Nutzung vom Mittelalter bis heute*, Darmstadt
- Strevens M (2022) *The Knowledge Machine—How an Unreasonable Idea Created Modern Science*; Penguin
- Szabó I (1979) *Geschichte der mechanischen Prinzipien und ihrer wichtigsten Anwendungen*. Basilea u.a., Birkhäuser
- Thoma E (1999) *... dich sah ich wachsen – über das uralte und das neue Leben mit Holz, Wald und Mond*. Scharnstein, Edition Grüne Erde
- Thompson D W (Verf), Bonner JT (ed) (2007) *On Growth and Form*. Cambridge, Cambridge University Press
- Tokarz B, Pelke E (1990) *Konstruktives Entwerfen Verbundbau*. Stuttgart, Institut für Tragkonstruktionen und Konstruktives Entwerfen
- Vischer J, Hilberseimer L (1928) *Beton als Gestalter – Bauten in Eisenbeton und ihre architektonische Gestaltung ausgeführte Eisenbetonbauten*. Stuttgart, Hoffmann
- Vitruvius Pollio M (1981) *Zehn Bücher über Architektur*. Darmstadt, Wissenschaftliche Buchgesellschaft
- Warth O (1900) *Die Konstruktionen in Holz*. Hannover, reprint Verlag Th. Schäfer, reimpresión 1982
- Weinand Y (2017) *Neue Holztragwerke – architektonische Entwürfe und digitale Bemessung*. Basilea, Birkhäuser Verlag
- Werner, E (1970) *Tragwerkslehre – Baustatik für Architekten*. Düsseldorf, Werner
- Werner, Ernst (1970) *Der Kristallpalast zu* Londres *1851*. Düsseldorf, Werner-Verlag,
- Werner F, Seidel J (1992) *Der Eisenbau – vom Werdegang einer Bauweise*. Berlín, Múnich, Verlag für Bauwesen
- West G (2017) *Scale – the universal laws of growth, innovation, sustainability, and the pace of life in organisms, cities, economies, and companies*. Londres, Weidenfeld & Nicolson
- Wilkinson, Richard (2005) *Die Welt der Tempel im Alten Ägypten*.

Darmstadt, Wissenschaftliche Buchgesellschaft
- Wundram M (2004) *Kunst-Epochen Renaissance*, vol. 6. Stuttgart, Reclam

PROCEDENCIA DE ILUSTRACIONES

Las siguientes ilustraciones van designadas por su número de orden. Todos los dibujos y diagramas esquemáticos que no figuran en el siguente listado fueron realizados en el Instituto de Diseño Conceptual y Constructivo (IEK). Todos los dibujos manuales fueron realizados por el autor. El autor posee todos los derechos sobre los dibujos técnicos y manuales. La reproducción o publicación de los mismos sólo está permitida con autorización expresa.

A pesar de nuestros esfuerzos por investigar la procedencia de todas las ilustraciones, faltan las fuentes de algunas de ellas porque no pudimos identificar a los autores. No obstante, para mayor claridad de las explicaciones, hemos decidido utilizar también estas imágenes en la obra. Nos gustaría dar las gracias a los propietarios desconocidos y pedirles, si bien a posteriori, su consentimiento

Portada del volumen 4: El autor

1 ESCALA

Portada El autor
2 Autor: Tysto; Public Domain: https://commons.wikimedia.org/wiki/File:Akashi_Bridge.JPG
3 El autor
7 http://www.stern.de/panorama/weltgeschehen/dmitri-donskoj--weltgroesstes-atom-u-boot-in-der-ostsee-unterwegs---russlands-stolz-7553060.html; http://www.modelluboot.de/KITS/Skipjack/Skipjack.html
8 El autor
9 http://www.baltic-ev.de/baltic/herren-schuhe-in-blau-3167.html
12 http://www.planet-wissen.de/natur/insekten_und_spinnentiere/ameisen/index.html
13 http://www.berliner-zeitung.de/panorama/finnwal-vor-new-york-gestrandeter-wal-ist-tot-6093024 – Quelle: http://www.berliner-zeitung.de/6093024 ©2017 Foto: imago stock&people
15 Szabó I (1979) *Geschichte der mechanischen Prinzipien und ihrer wichtigsten Anwendungen.* Basilea y. o., Birkhäuser, tabla IV
14, 16, 17 El autor
18 IEK
19 El autor
20 IEK
23 El autor
24 https://www.archdaily.com/805982/mercedes-benz-museum-unstudio/58ae3d49e58ece2b4500026b-mercedes-benz-museum-unstudio-section
25 El autor
26 http://www.skyscrapercity.com/showthread.php?t=288068&page=153
27 http://www.caparol.de/referenzen/sportfreizeit/vogelnest-sorgt-fuer-furore.html
28 Berthold Werner; Eigenes Werk; Gemeinfrei; https://commons.wikimedia.org/w/index.php?curid=5084614
29 Public Domian, Wikimedia Commons
30 Autor: Till Niermann, Public Domain; Wikimedia Commons
31 CC BY-SA 2.5; https://commons.wikimedia.org/w/index.php?curid=649764
32 De Adal-Honduras – Flickr, CC BY 2.0, https://commons.wikimedia.org/w/index.php?curid=7334522
33 Von Krcal Franz Robert – Eigenes Werk; CC BY-SA 3.0 at; https://commons.wikimedia.org/w/index.php?curid=25932489
36 El autor
37 By Mikado 1201, Public Domain, Wikimedia Commons

2 SOSTENIBILIDAD

Portada El autor
4 Autor: Usien, Wikipedia Commons, Stw. Abriss (Bauwesen),
6 Autor: Jim Bain; Wikimedia Commons, Stw. Betonrecycling;

3 MATERIALES

Portada El autor
1 El autor
2 https://upload.wikimedia.org/wikipedia/commons/a/ab/Oglala_girl_in_front_of_a_tipi2.jpg
3 IEK
4 IEK
20, 21 El autor
26, 27 El autor
28 IEK
29 El autor
30 IEK
32 El autor
33 IEK
34–43 El autor
45 El autor
47–51 El autor
52 Public Domain, Wikimedia Commons
53 Con autorización de *Stahl-Zentrum*
57, 58 El auto
59 Con autorización de *Badische Stahlwerke GmbH*, Kehl
60 Con autorización de *Badische Stahlwerke GmbH*, Kehl
61 PMR Werbeagentur, Marcus Miesler, 2008; Public Domain, Wikimedia Commons
63 http://www.alusteck.de/aluminium-rundrohre-rohrprofile-hohlprofile-rund/
64 Con autorización de *Badische Stahlwerke GmbH*, Kehl
65 Con autorización de *Stahlton-Vorspanntechnik*
66 Public Domain, Wikimedia Commons, palabra clave „Trapezblech"
67 Con autorización de *Stahlwerke Bremen GmbH*, Grupo Arcelor, Auf den Delben 35, 28237 Bremen, www.swb.

arcelor.com
68 By Kjellberg Finsterwalde – Own work, CC BY-SA 3.0, https://commons.wikimedia.org/w/index.php?curid=48400505
69 El autor
70 By Giftzwerg 88 – Own work, CC BY-SA 3.0, https://commons.wikimedia.org/w/index.php?curid=81911189
71 El autor
72 IEK
75, 77–79 El autor
82–95 Universidad de Stuttgart, Institut für Baukonstruktion 1, Prof. Cheret. Fotografie: Ing.-grad. Hans-Joachim Heyer, Boris Miklautsch, Dipl.-Ing. Florian Heim
96 El autor
97 Con autorización de *Lignatur GmbH*, Mooshalde 785, CH-9104 Waldstatt
102 Con autorización de *Badische Stahlwerke GmbH*, Kehl
103 Con autorización de
104 Empresa *Wienerberger*; https://www.wienerberger.de/produkte/wand/ziegel/poroton-planziegel-t8-36,5.html#product

4 FUNCIONES

Portada El autor
1,2 El autor
3 IEK
4 El autor

5 FORMA

Portada El autor
1 El autor
6 Der Autor
12, 13 El autor
34, 35 El autor
40–44 El autor
45, 46 Public Domain, Wikimedia Commons, palabra clave „Karnak“
48 El autor
49 By User: Bgabel at wikivoyage shared, CC BY-SA 3.0, https://commons.wikimedia.org/w/index.php?curid=23022987
50 El autor
55 IEK
57 El autor
62 El autor
63 www.projekte.kunstgeschichte.uni-muenchen.de
72 Heinz_Stoll, Public domain, Wikimedia Commons
73 By Urban (resized by Ceterum censeo capitalismum esse delendam 23:49, 26 March 2008 (UTC)) – Tournus 43.jpg, Public Domain, https://commons.wikimedia.org/w/index.php?curid=3780837
75–77 Choisy A (1983) *Histoire de l'Architecture*, vol. 2. Slatkine Reprints, Ginebra, París
78 By Jean-Christophe BENOIST – Own work, CC BY 2.5, https://commons.wikimedia.org/w/index.php?curid=2085864
80 Choisy A (1983) *Histoire de l'Architecture*, vol. 2. Slatkine Reprints, Ginebra, París
81 By Rolf Kranz, x-default, Public Domain, Wikimedia Commons
82 El autor
83 By Tango7174 – Own work, GFDL, https://commons.wikimedia.org/w/index.php?curid=6848233
84 By Sailko, Public Domain, Wikimedia Commons
85 By Zairon, Public Domain, Wikimedia Commons
86 Cornell University Library, Public Domain
87 By Joaquim Alves Gaspar, Public Domain, Wikimedia Commons
88 By Livioandronico2013, Public Domain, Wikimedia Commons
89 Der Autor
90 By Taxiarchos228, Public Domain, Wikimedia Commons
91 By Giovanni Battista Falda, InfoRoma, Public Domain, Wikimedia Commons
96 By Katonams, Public Domain, Wikimedia Commons
97 By Ank Kumar, Public Domain, Wikimedia Commons
100 By Bernt Rostad, Public Domain, Wikimedia Commons
101 By Superbass, Public Domain, Wikimedia Commons
102 By 44penguins (Angela M. Arnold), Public Domain, Wikimedia Commons
105 El autor
107, 108 El autor
109 By Thomas Ledl – Own work, CC BY-SA 4.0, https://commons.wikimedia.org/w/index.php?curid=52743677
110 El autor
111 **Валерий Дед,** CC BY 3.0, https://commons.wikimedia.org/w/index.php?curid=56109543

6 SUPERFICIES

Portada El autor
1, 2 El autor
3 IEK
4–20 El autor
21 Achmed Rasch
22 El autor
36 El autor
41–46 El autor
48 By ChristianSchd, Public Domain, Wikimedia Commons
49–52 Con la amable autorización de ICD/ITKE, Universidad de Stuttgart

7 COMPOSICIÓN

Portada El autor
1, 2 El autor
10, 11 El autor
17–19 El autor

20 IEK
23, 24 IEK
25 El autor
27, 28 El autor
29–32 El autor
46 El autor

8 MÉTODOS CONSTRUCTIVOS

Portada Con autorización de Neil Taberner
9, 11 El autor
10 IEK
12 Berthold Werner, Public Domain, GNU Lizenz für freie Dokumentation
13, 14 El autor
17 El autor
18 IEK
19–21 El autor
24 El autor
30 El autor
31 El autor, foto tomada en el Museo Pergamon, Berlín
34 El autor
35–38 El autor
40–43 El autor
45, 46 El autor
51–54 El autor
70 El autor
71 El autor
72 GNU-Lizenz Wiki Commons, Stichwork „Bohlenständerbau"
73, 74 El autor
77, 78 El autor
79 Con autorización de la empresa *Ing. Erwin Thoma Holz GmbH Forschungszentrum*, A-5622 Goldegg
81, 82 El autor
84 Pans de bois; classé MH; Wikipedia Commons, Stichwort „Timber Framing" > „Half Timbered"
85, 90 El autor
87 Amir Çausevic
88, 89 Wikimedia Commons, Stichwort „Holzständerbauweise"
95 De: *Audel's Carpenter's and Builder's Guide*; Copyright 1923; Theo. Audel; 72 Fifth Ave; Nueva York; Public Domain, Wikimedia Commons, palabra clave „Balloon Framing"
100 El autor
101 Con autorización de *Lignatur AG*, Mooshalde 785, CH-9104 Waldstatt
102 El autor
108 El autor
111 Con autorización de *Badische Stahlwerke GmbH*, Kehl
123, 124 El autor
154 El autor
156 IEK
185 IEK
186–188 El autor
190 El autor
195 El autor
198 Phleps (1988) *Alemannische Holzbaukunst*, pp. 344 y s.
201, 202 El autor
210 De: Werner, Seidel (1992) *Der Eisenbau*, pág. 15
215 By Benh LIEU SONG - Own work, CC BY-SA 3.0, https://commons.wikimedia.org/w/index.php?curid=3019646
216 De: Durm (1881) *Handbuch der Architektur*
224 De: Mislin (1988) *Geschichte der Baukonstruktion und Bautechnik*, pág. 311
227 De: Mislin (1988) *Geschichte der Baukonstruktion und Bautechnik*, pp. 310, 312
229 De: Werner, Seidel (1992) *Der Eisenbau*, pág. 154
254 (Foto arriba a la derecha) By The original uploader was Louisehui at English Wikipedia. – Transferred from en.wikipedia to Commons., CC BY-SA 3.0, https://commons.wikimedia.org/w/index.php?curid=2539456 (Grundrisse) Foster, Norman (1989) *Norman Foster Associates – Buildings and Projects 1978-1985*, Volume 3, S. 204
255, 256 De: Huberti, Günter (ed) (1964) *Vom Caementum zum Spannbeton*, vol. 1, pág. 28
257 De: Huberti, Günter (ed) (1964) *Vom Caementum zum Spannbeton*, vol. 1, pág. 119
258 De: Huberti, Günter (ed) (1964) *Vom Caementum zum Spannbeton*, Bd. 1, S. 118
261 Aus: Huberti, Günter (ed) (1964) *Vom Caementum zum Spannbeton*, vol. 1, pág. 118
262 El autor
263 De: Huberti, Günter (ed) (1964) *Vom Caementum zum Spannbeton*, vol. 1, pág. 119
259, 260, 268 De: Elliott M (2010) *Square Buildings and Round Bars: C. A. P. Turner and the Minneapolis Warehouse District*, Construction History Society of America, Issue no 13, October 2010
267 https://industryinform.wordpress.com/category/factory-design/
269 Boesiger W, Stonorov O (Hg) (1964) *Le Corbusier – Oeuvre Complète*, pág. 23
270 IEK
271 Boesiger W, Stonorov O (Hg) (1964) *Le Corbusier – Oeuvre Complète*, pág. 142

9 UNIONES

Portada El autor
2 El autor
5, 6 El autor
12–14 El autor
15 IEK
18 El autor
25 El autor

28, 31 El autor
29, 30 Con autorización de la empresa *Hans Hundegger AG*
32 El autor
35 Con autorización de la empresa HALFEN DEHA *Vertriebsges. mbH*
38 IEK
45, 47 El autor
50 IEK
51 El autor
58 El autor
59–61 IEK
63, 64 El autor
67 El autor
75 IEK
80 El autor
86, 87 El autor
92–96 El autor
111, 112 El autor
124, 125, 129 Warth O (1900) *Die Konstruktionen in Holz*
126 IEK
131 El autor
132 IEK
141 Con autorización de la empresa *Finnforest Merk GmbH*
150 El autor (izquierda); IEK (derecha)
152 IEK
155 El autor
168 De: Scheidegger F (1990) *Aus der Geschichte der Bautechnik*, pág. 62
169 El autor
200 IEK
201 El autor

10 DISEÑO CONSTRUCTIVO

Portada El autor
3–7 El autor
8 IEK
12–22 El autor
25–30 El autor
31 IEK
32–47 El autor
49 IEK
50 El autor
55 El autor
69 El autor
73 El autor
75 IEK
76 Public Domain; Collectie Tropenmuseum Paalwoning Sulawesi TMnr 10021564.jpg
77 IEK
78 El autor
89 Con la autorización del cuerpo de bomberos voluntarios de Bietigheim – Robert Krause
93, 95 El autor
94 Con autorización de Prof. Dr.-Ing. habil. Ulf Nürnberger
96–101 El autor
102 Julia Moro López
103, 104 IEK
105 El autor
108, 109 El autor
110 Con autorización de *Lignatur AG*, Mooshalde 785, CH-9104 Waldstatt
111–113 El autor
114 IEK
118 El autor
122 El autor
124, 127 El autor
126 ISIFLEX Fugenelement, Hochbau Brandschutz Technik (HBT) GmbH
129 IEK
130, 131 El autor
133 El autor
138, 139 El autor
142, 144 IEK
147, 149 Der Autor

ANEXO

Portada By Donatas Dabravolskas, Public Domain, Wikimedia Commons (Real Gabinete Portugues de Leitura, Rio de Janeiro)

9783662702789